Abfallwirtschaft

Bernd Bilitewski • Georg Härdtle

Abfallwirtschaft

Handbuch für Praxis und Lehre

4., aktualisierte und erweiterte Auflage

Springer Vieweg

Prof. Dr.-Ing. habil. Dr. h. c. Bernd Bilitewski
INTECUS GmbH
Dresden, Deutschland

Dr.-Ing. Georg Härdtle
INTECUS – Umweltberatungs-
Beteiligungsgesellschaft mbH
Berlin, Deutschland

ISBN 978-3-540-79530-8
ISBN 978-3-540-79531-5 (eBook)
DOI 10.1007/978-3-540-79531-5

Die Deutsche Nationalbibliothek verzeichnet diese Publikation in der Deutschen Nationalbibliografie; detaillierte bibliografische Daten sind im Internet über http://dnb.d-nb.de abrufbar.

Springer Vieweg

Gedruckt auf säurefreiem und chlorfrei gebleichtem Papier

Springer Vieweg ist eine Marke von Springer DE. Springer DE ist Teil der Fachverlagsgruppe Springer Science+Business Media.
www.springer-Vieweg.de

Vorwort

Die Abfallwirtschaft ist ein sich rasch wandelndes Fachgebiet. Seit dem Erscheinen der 3. Auflage des Buches ergaben sich in Deutschland grundlegende Änderungen. Einerseits durch neue politische Vorgaben, andererseits durch technische und organisatorische Weiterentwicklungen.

So trat zum Beispiel am 1. Juni 2005 das Verbot der Deponierung unvorbehandelter Abfälle in Kraft und damit eine Abkehr von der Ablagerung (Beseitigung, Deponierung) hin zu mehr Wiederverwendung und Verwertung (Recycling, energetische und sonstige Verwertung). Durch die Deponieverordnung ist ein bedeutender Schritt in Richtung nachhaltiger, ressourceneffizienter Stoffstromwirtschaft erfolgt, in der eine weitestgehende Verwertung von Abfällen erreicht werden soll.

Im Bereich der Elektroaltgeräte hat sich ebenfalls etwas getan. Das im März 2005 von der Politik verabschiedete Gesetz zum „Elektronikschrott" (Elektro- und Elektronikgerätegesetz – ElektroG) verpflichtet zum einen die Kommunen, alte Geräte, Medizintechnik sowie Lampen und Lichtröhren kostenlos zurückzunehmen, und zum anderen die Industrie, diese zu bestimmten Quoten zu verwerten. Diese ab 24. März 2006 verbindlich gewordenen Rücknahme- und Verwertungspflichten bilden einen Anreiz für die Industrie, stärker als bisher bei der Herstellung ihrer Geräte umweltverträgliche Materialien zu verwenden. Dadurch wird der Anteil der Wiederverwendung und der Verwertung erhöht. Mit diesen Maßnahmen zielt der Gesetzgeber auf die Produktverantwortung des Erzeugers ab, mit dem Gedanken, Abfallvermeidung am besten dadurch zu erreichen, dass der Erzeuger in die Verantwortung genommen wird. Diese und viele weitere Gesetze, Verordnungen und Richtlinien dienen im Wesentlichen dazu, den Wandel von der Wegwerfgesellschaft hin zu einer stoffstromorientierten Kreislaufwirtschaft mit entsprechender Ressourcenschonung zu forcieren. Dies führt bei vielen Ressourcen zu einer Steigerung ihrer Nutzungsintensität und liegt damit ganz im Sinne des Konzeptes der Nachhaltigkeit.

Die Umsetzung solcher politischer Vorgaben und Rahmenbedingungen führte und führt immer wieder zu Entwicklungssprüngen in der Sortiertechnologie und in den Verwertungstechniken, aber auch zur Entstehung neuer oder zur Veränderung etablierter Entsorgungs- und (Sekundär)Rohstoffmärkte.

In der vorliegenden vierten Auflage wurde diesem Wandel Rechnung getragen. Zahlreiche technische, wirtschaftliche, organisatorische und rechtliche Entwicklungen auf dem Gebiet der Abfallwirtschaft waren einzuarbeiten. Hier ist unter anderem hinzuweisen auf die technischen Möglichkeiten zur Herstellung und Nutzung von sogenannten

Ersatzbrennstoffen, die Implementierung von Rücknahmesystemen für ausrangierte Elektrogeräte, die Neuordnung der Abfallbehandlungs- und Recyclingmethoden, sowie ökologische, technische und wirtschaftliche Bewertungsmethoden abfallwirtschaftlicher Maßnahmen. Der Aufbau des Buches in seiner Gliederungsstruktur wurde beibehalten. Alle Kapitel wurden überarbeitet und die dort enthaltenen Daten aktualisiert.

Bei der Vorbereitung der vierten Auflage waren wieder viele mit großem Engagement dabei. Besonderer Dank gilt dem Team der INTECUS GmbH Abfallwirtschaft und umweltintegratives Management, Dresden, Frau Dipl.-Ing. Janett Baumann, Herrn Dipl.-Ing. Marko Günther, Herrn Dipl.-Ing. Thomas Kügler, Herrn Dipl.-Ing. Jan Reichenbach und Herrn Dipl.-Ing. Jörg Wagner für die fachliche Zuarbeit und organisatorische Unterstützung. Unser besonderer Dank gilt Frau Dipl.-Ing. Kerstin Heidrich, die für die gesamte redaktionelle Bearbeitung verantwortlich war.

Herrn Oberregierungsrat Dr.-Ing. Alexander Janz danken wir für Rat, Unterstützung sowie für die Erstellung wichtiger juristischer und technischer Textbausteine des Buches. Frau Rechtsanwältin Dr. jur. Rebecca Prelle sowie Herrn Oberregierungsrat Jürgen Seitel gilt unser Dank für ihre ausgearbeiteten Vorschläge, Anregungen und die kritische Durchsicht des Kapitels Rechtliche Grundlagen.

Ein abschließender Dank gilt auch Herrn Klaus Marek der bereits seit einigen Jahren aus dem Autorenkreis ausgeschieden ist.

Wir wünschen der vierten Auflage des Buches *Abfallwirtschaft* eine weiterhin große Akzeptanz und Verbreitung, sowohl bei Studierenden, Lehrenden und Praktikern, als auch bei allen abfallwirtschaftlich interessierten Fachleuten anderer Disziplinen.

Berlin, im August 2012

Prof. Dr.-Ing. habil. Dr. h. c. Bernd Bilitewski
Dr.-Ing. Georg Härdtle

Inhaltsverzeichnis

Abkürzungsverzeichnis

EAG	Elektro- und Elektronikaltgeräte
örE	öffentlich-rechtlicher Entsorgungsträger

Einführung in die Abfallwirtschaft

1

1.1 Geschichte der Abfallwirtschaft

Schon ca. 8000 bis 9000 Jahre vor unserer Zeitrechnung haben Menschen gelernt, ihre Abfälle außerhalb der Ansiedlungen abzulagern. Es handelte sich dabei sowohl um Speisereste wie Muschelschalen und Knochen als auch um zerstörte Haushaltsgegenstände wie Tonscherben. Es ist zu vermuten, dass die Menschen diese Abfallplätze anlegten, um der Belästigung durch Ungeziefer, Gestank und wilde Tiere zu entgehen.

Im Altertum wurden die Abfälle in vielen Städten des europäischen und asiatischen Raumes z. B. in Tonvasen gesammelt und abtransportiert. In verschiedenen anderen Gebieten wurden Gruben für die Sammlung der Abfälle und Fäkalien angelegt, die nach einiger Zeit geleert und gereinigt wurden. Auch Vorschriften (320 v. Chr. Athen) für die tägliche Straßenreinigung durch die Anlieger sind aus dieser Zeit überliefert, obwohl zu diesem Zeitpunkt der Zusammenhang zwischen Hygiene und den Geißeln der Menschheit wie Pest, Pocken und Cholera etc. noch nicht bekannt war.

In Athen mussten Abfuhrunternehmen den Straßenmüll und Fäkalien mindestens 2 km außerhalb der Stadtmauern ablagern [28].

Die Ärzte, wie z. B. der griech. Gelehrte Hippokrates (um 400 v. Chr.) und der arabische Arzt Avicenna (Ibn Sina, 1000 n. Chr.), ahnten als erste einen Zusammenhang zwischen Hygiene, schlechtem Wasser und verdorbenen Lebensmitteln sowie Seuchen.

Der römische Kaiser Domitian (81–96 n. Chr.) ließ regelrecht Jagd auf Ungeziefer machen, da seine Berater erkannten, dass mit abnehmender Stadthygiene die Population an Läusen, Wanzen, Ratten etc. zunahm. Kaiser Vespasian (69–79 n. Chr.) ließ öffentlich irdene Urintöpfe aufstellen und deren Wächter mit einer Urinsteuer belegen, „Pecunia non olet".

Rom verfügte 300 n. Chr. über 144 öffentliche Bedürfnisanstalten mit darunter fließendem Wasser [28].

Trotz allem beutelten die Seuchen die Menschheit, ließen Kulturen untergehen und entvölkerten ganze Landstriche.

B. Bilitewski, G. Härdtle, *Abfallwirtschaft*,
DOI 10.1007/978-3-540-79531-5_1, © Springer-Verlag Berlin Heidelberg 2013

Mit dem Untergang des Römischen Reiches und den Wirren der Völkerwanderung ging das Wissen um die Kulturtechnik und die ersten Hygienetechniken des Altertums für fast 1000 Jahre verloren. Bis in das letzte Jahrhundert hinein wurden Straßen, Flüsse und das Grundwasser durch die Abfälle und Fäkalien von Menschen und Tieren verschmutzt.

Im 6. Jahrhundert wie im 14. Jahrhundert wüteten die Seuchenzüge in dem dichtbesiedelten Europa, denen ca. 1/3 der Bevölkerung (25 Mio. Menschen) in wenigen Jahren (1347–1352) zum Opfer fielen [28].

Erst im 15. Jahrhundert wurden auf Anweisung der Ratsversammlungen der Städte Straßen gepflastert, so dass niemand mehr im Kot und Abfallschlamm versinken musste. Stadtluft machte nicht nur frei, sondern stank auch zum Himmel. Den Bürgern wurde bei hohen Strafen äußerste Sauberkeit verordnet. Deshalb wurden Abfallsammelbehälter eingeführt, die Straßen regelmäßig gereinigt und Tierleichen eingesammelt sowie die Habe von Pesttoten verbrannt.

Der Durchbruch wurde zwischen 1850 und 1890 durch die Ärzte und Wissenschaftler Ignaz Semmelweiß, Sanitärrat Thilenius, Louis Pasteur und Robert Koch erreicht, die erstmals Bakterien und Viren als Krankheitserreger und deren Verbreitungspfade in Abhängigkeit zur Hygiene nachwiesen.

Im 19. Jahrhundert gab es allein in Preußen in den Jahren von 1831 bis 1873 bei neun Choleraepidemien etwa 380.000 Tote [1]. Der Zusammenhang zwischen Hygiene und Sterblichkeit war erkannt und damit der notwendige naturwissenschaftliche Hintergrund den Zweiflern entgegengesetzt. Die Forderung nach Wasser- und Klärwerken, luftigen Wohnungen, sorgsamer Lebensmittelüberwachung und öffentlicher Gesundheitsvorsorge wurde gegenüber den Stadträten lauter. Ingenieure und Techniker waren nun gefordert, Technologien zu entwickeln, die diesen Problemen Abhilfe schaffen sollten. Dies führte in England 1876 unter anderem zum Bau der ersten Müllverbrennungsanlage.

Besonders deutlich wurden diese Erfordernisse 1892 in Hamburg, als ca. 9000 Menschen der Cholera (Schmutzwasserseuche) zum Opfer fielen. Die Hamburger „Stadtwasserkunst" pumpte abfall- und fäkalienverunreinigtes Elbwasser in die Leitungen der Stadt und förderte damals die Seuchenausbreitung. Das preußische Altona und Wandsbek, mit jeweils einem eigenen Wassernetz mit Reinigungsstufen, blieb neben den „stark durchseuchten" Vierteln St. Pauli und Eimsbüttel von der Krankheit verschont. Ein Wasserwerk mit Sandfilter hätte die Ratsherren damals ca. 22 Mio. Gold-Mark gekostet, die Cholera jedoch forderte 430 Mio. Gold-Mark als Tribut [28].

1893 wurde der Hamburger Senat durch die Bevölkerung des Umlandes, die die Unterbringung des von der Cholera verseuchten Abfalls der Stadt verweigerte, gezwungen, die erste Müllverbrennungsanlage im Deutschen Reich zu bauen und zu betreiben. Beim Betrieb der Hamburger Müllverbrennungsanlage, an dessen Planung englische Experten beteiligt waren, zeigten sich zu Beginn erhebliche Probleme. Diese rührten daher, dass die Hamburger Anlage angelehnt an die Müllverbrennungsanlage in England konzipiert wurde, sich die Hamburger Hausmüllzusammensetzung jedoch erheblich von der englischen unterschied [9].

Der essenzielle Zusammenhang zwischen Umwelthygiene und lebensbedrohenden Krankheiten lässt sich auch heute noch deutlich in Entwicklungsländern nachvollziehen. Überall dort, wo die Flüsse als Abfall- und Fäkalienpfade dienen, wo Menschen auf Mülldeponien aus Armut ihr Auskommen suchen, wo eine Abfallentsorgung, Wasser- und Abwasserorganisation aus Gründen von Katastrophen, Kriegen und Unterentwicklung nicht möglich ist, finden selbst 1999 Seuchen ihre nahezu unbegrenzbare Ausbreitung.

Um die Jahrhundertwende wurde neben der Energienutzung aus der Müllverbrennung erstmalig das Recycling von Wertstoffen aus Hausmüll eingeführt. Die erste Handsortieranlage der USA wurde 1898 in New York City gebaut, die den Abfall von 116.000 Einwohnern entsorgte. Dabei wurden 37 Gew.-% des Inputs als Wertstoff wiedergewonnen [2]. Auch in Deutschland wurden zu dieser Zeit Handsortieranlagen in Berlin-Charlottenburg, Hamburg und München betrieben. Mit einer Kombination von Siebtrommeln und Förderbändern konnte z. B. die Sortieranlage in München 300 Mg Abfall pro Tag verarbeiten.

Die moderne Abfallwirtschaft in Deutschland begann Mitte der sechziger Jahre. Die Bundesregierung hatte mittlerweile die rechtlichen Voraussetzungen geschaffen, um die Städte und Gemeinden als Abfallbeseitigungspflichtige mit entsprechender Strafandrohung zu bestimmen. Im Oktober 1965 wurde die „Zentralstelle für Abfallbeseitigung" beim Bundesgesundheitsamt in Berlin von Bund und Ländern gegründet. Aktuelle Fragen der Abfallbeseitigung wurden in Expertenrunden erörtert und in entsprechenden Merkblättern schriftlich festgehalten. Diese Merkblätter dienen den Beseitigungspflichtigen seitdem als Grundlage ihrer Arbeit.

In Folge des enormen Wirtschaftswachstums hatte sich das Müllaufkommen Anfang der siebziger Jahre bereits zu einer „Mülllawine" [13] entwickelt, wofür die Steigerung der industriellen Produktion und des privaten Konsums maßgeblich verantwortlich waren.

Die Produktion und der Verbrauch von Gütern in einem Gewinnungs-, Fertigungs-, Veredelungs- und Dienstleistungsprozess zeichnet sich u. a. dadurch aus, dass neben dem eigentlichen Produkt zwangsläufig Nebenprodukte und -leistungen entstehen. Die Gründe für die Entstehung solcher Nebenleistungen bzw. -produkte sind vielfältig und resultieren aus verfahrenstechnisch bedingten Zusammenhängen [6].

Der Verbrauch von Gütern in Haushalten hielt in den letzten Jahren mit der gestiegenen Prosperität Schritt. Seitdem quantitative und qualitative Bedürfnisse erfüllt sind, spielen zunehmend tertiäre Kaufmotivationen eine entscheidende Rolle, was einer der Gründe für den Anstieg der Hausmüllmengen ist. Tertiäre Kaufmotivationen sind z. B. das Design des Produktes, welches unter Umständen durch eine aufwendige Verpackung erzielt wird, oder die Bequemlichkeit beim Konsum, die die Verwendung von Wegwerfverpackungen und -produkten begünstigt.

Die Abfallentsorgung in der Bundesrepublik stand in diesen Jahren in erster Linie vor der Bewältigung des Massenproblems.

Die Abfälle wurden bis Ende der sechziger Jahre auf einer Vielzahl von kleinen Kippen lediglich abgelagert, so dass noch 1972 die im Laufe des Jahres angefallene Hausmüllmenge nur grob auf 9 bis 18 Mio. Mg geschätzt werden konnte [13]. Neben den ca. 50.000

Ablagerungsplätzen wurden ungefähr 130 geordnete Deponien, 16 Kompostwerke und 30 Verbrennungsanlagen betrieben, die nur ungefähr 37 % des Hausmülls ansatzweise umweltgerecht entsorgen konnten. Als vordringliches Ziel wurde daher die Schließung einer Vielzahl kleiner Müllkippen erklärt [12, 14] und die Einführung geordneter Entsorgungsanlagen gefordert. Die Umweltproblematik der geforderten Beseitigungsverfahren war jedoch bereits bekannt (Grundwassergefährdung und Gasemissionen durch Deponien, Schadgasemissionen aus der Müllverbrennung und Schwermetallbelastung des Kompostes), so dass eine weitere Forderung nach der Ordnung der Entsorgung unter Ausschluss einer Gefährdung der Gesundheit von Mensch und Tier erhoben wurde. Die gesetzliche Verankerung dieser Forderung wurde schließlich durch das Abfallbeseitigungsgesetz vom 7. Juni 1972 geschaffen. 1975 wurde das Studium für technischen Umweltschutz an der TU Berlin eingeführt und 1977 das erste deutsche Institut für technischen Umweltschutz in Berlin gegründet. Der Umweltschutzingenieur sollte sich fortan als fachübergreifender Wissenschaftler der organisatorischen und technischen Qualität des Umweltschutzes annehmen.

In den nachfolgenden Jahren konnten eine erhebliche Reduzierung der ursprünglich 50.000 Hausmülldeponien sowie eine kontinuierliche Verbesserung des technischen Standards von Deponien erreicht werden. So wurden im Jahr 1980 in der Bundesrepublik noch 530, 1984 noch 385 Deponien betrieben, die noch etwa 70 % des Hausmülls entsorgten [10]. Nach 1990 kam es auch in den neuen Ländern zu einer drastischen Reduzierung der zum Zeitpunkt der Wiedervereinigung 7983 Hausmülldeponien. 1993 waren 292 Deponien in Betrieb, in den alten Ländern waren es 270 [3]. Im Jahr 2000 lag die Zahl der Hausmülldeponien (Deponieklasse II) bei 358. Im Vorfeld des 1. Juni 2005 kam es zu einer vermehrten Stilllegung unzureichend ausgestatteter oder verfüllter Deponien (s. Kap. 1.3.6), im Juni 2005 wurden noch 162 Hausmülldeponien betrieben [7]. Obwohl sich die Deponietechnik bis hin zum Multibarrierenkonzept weiterentwickelte, mit Hilfe dessen eine Gefährdung von Mensch und Umwelt mittelfristig ausgeschlossen werden soll, kann die Dichtigkeit der Systeme auf Dauer nicht garantiert werden. Als warnendes Beispiel kann die bis 1979 betriebene Deponie Georgswerder in Hamburg dienen. Dort wurden, nach dem damaligen Stand der Technik, Sonderabfälle in Hausmüll eingebettet. Bereits 1983 wurden in den Sickerwässern eine unüberschaubare Vielfalt von Schadstoffen und hohe Konzentrationen an Dioxinen gefunden, so dass die Deponie für mehrere hundert Millionen DM saniert werden musste [16]. Von den 50.000 Altablagerungen in der Bundesrepublik sind ca. 10 % als sanierungsbedürftige Altlasten einzustufen [17], darunter auch größere Deponien, auf denen inzwischen Siedlungen errichtet wurden.

Bis 1981 wurde die Verbrennungskapazität für Hausmüll auf 42 Verbrennungsanlagen erhöht. Dies hatte eine Zunahme der Schadgasemissionsmengen zur Folge, die durch den zunehmenden Anteil chemischer Produkte im Hausmüll teilweise überproportional anwuchsen. 1981 besaßen alle Anlagen zwar bereits Entstaubungseinrichtungen, aber nur 1/3 der Anlagen verfügte über eine weiter gehende Rauchgasreinigung [15]. 1987 waren demgegenüber schon 2/3 der nunmehr 46 Müllverbrennungsanlagen mit einer weitergehenden Rauchgasreinigung ausgestattet. Die Hälfte dieser Anlagen ist mit

Entschwefelungseinrichtungen ausgerüstet, so dass die Schwefelemissionen weitgehend reduziert werden konnten [10]. Trotzdem kamen die Verbrennungsanlagen durch die Emissionen von den durch die Seveso-Katastrophe berüchtigten Dioxinen mehr und mehr in den Blickpunkt öffentlicher Diskussionen.1999 waren 51 Verbrennungsanlagen in Betrieb, 2005 ist die Zahl auf 68 Anlagen gestiegen, davon eine Pyrolyseanlage und eine Anlage mit Duotherm-Verfahren. Weitere 7 Anlagen befanden sich 2005 in der Bau- oder Genehmigungsphase [11]. In den letzten 40 Jahren ist eine Zunahme der thermisch behandelten Siedlungsabfallmenge zu verzeichnen. Neben der Anzahl der Müllverbrennungsanlagen ist auch der durchschnittliche Anlagendurchsatz angestiegen [29]. Im Zuge der 17. BImSchV, die 1990 in Kraft trat, mussten alle bestehenden Anlagen mit einem anspruchsvollen Abgasreinigungssystem nachgerüstet oder stillgelegt werden. Heute sind alle Müllverbrennungsanlagen mit einer Abgasreinigung ausgestattet und müssen die vorgeschriebenen Grenzwerte einhalten.

Die Ent- und Vergasungsverfahren für Hausmüll führten bisher aufgrund vielfältiger technischer Schwierigkeiten nicht zur Durchsetzung von Großanlagen. Diese Verfahren konnten mittelfristig nur für getrennt erfasste Fraktionen, wie z. B. gemischte Kunststoffe, Altreifen, etc., Verwendung finden.

Ein weiteres Verfahren der Abfallbehandlung stellt die Kompostierung dar. Die Zahl der Hausmüll-Kompostierungsanlagen stieg bis 1987 auf 28. Während der Hausmüll früher überwiegend aus leicht abbaubarer organischer Substanz beschaffen war, veränderte sich dessen Zusammensetzung zunehmend zugunsten schwer abbaubarer Inhaltsstoffe bzw. zunehmenden Anteilen an Glas, Metallen und Verbundmaterialien. Diese Veränderung führte unter anderem zu einer Erhöhung der Schwermetallbelastungen im Kompost, mit dem Resultat wachsender Absatzschwierigkeiten dieses Produktes. Der Trend innerhalb der Hausmüllentsorgung ging daher in Richtung einer vom übrigen Hausmüll getrennt erfassten organischen Fraktion, dem sogenannten Biomüll, der nach der Rotte ein absatzfähiges Produkt darstellt. Im Jahr 1993 waren bundesweit weniger als 10 Anlagen für die Hausmüllkompostierung und ca. 80 Anlagen für die Bioabfallkompostierung in Betrieb; 18 Anlagen waren im Bau und weitere 71 im Genehmigungsverfahren. Neben der Verbesserung der Kompostierungsverfahren entwickelte sich auch die anaerobe Vergärungstechnologie. Dieses Verfahren zur Biogaserzeugung mit einem geringen Platzbedarf bieten sich als mögliche Ergänzung zur Kompostierung an. 1999 sind über 400 Bioabfallkompostierungsanlagen in Betrieb, 2008 sind es annähernd 1000 Bioabfall- und Grünschnittkompostierungsanlagen, sowie 85 Bioabfallvergärungsanlagen [31].

Neben der großen Anzahl von Bioabfallkompostierungsanlagen sind im Jahr 2007 46 mechanisch-biologische Anlagen (MBA) zur biologischen Behandlung von Hausmüll in Betrieb. Ein hoher technischer Standard der Anlagen wird durch die 30. BImSchV gefordert.

Die Herstellung von Brennstoff aus Müll (BRAM) konnte die Anfang der achtziger Jahre gestellten Erwartungen, einen problemlosen und emissionsarmen Energieträger zu erzeugen, nicht erfüllen. Heute werden in der MBA heizwertreiche Abfallfraktionen gewonnen, die als Ersatzbrennstoffe (EBS) in der Co-Verbrennung (z. B. in Zementwerken) oder in EBS-Kraftwerken eingesetzt werden.

Während zwar das ursprüngliche Ziel des Abfallbeseitigungsgesetzes, die Abfallbeseitigung zu ordnen, grundsätzlich erreicht wurde, konnte der Anspruch, auch die Abfallmenge zu steuern, bisher nicht erfüllt werden. Der Begriff der Abfallvermeidung als primäres Ziel der Abfallwirtschaft vor einer Verwertung und Ablagerung fand erst 1986 mit der 4. Novelle des Abfallbeseitigungsgesetzes Eingang in das umbenannte Abfallgesetz (AbfG). Der Begriff der Abfallvermeidung umfasst nicht nur abfallarme Technologien, sondern auch die Wiederverwertung von Produkten, ihre recyclinggerechte Konstruktion sowie die Erhöhung ihrer Lebensdauer.

Der Druck auf die Industrie und den Handel, sich mit der Abfallvermeidung über Produktgestaltung, Transportsicherung und Konsumentenwirkung auseinander zu setzen, konnte 1991 bis 1993 durch Erlass verschiedener Verordnungen auf Grundlage des damaligen § 14 AbfG bzw. des damaligen § 22 KrW-/AbfG, beträchtlich verstärkt werden. Hierdurch wurden Industrie und Verbraucher zur Auseinandersetzung mit dem Umweltschutzgedanken veranlasst.

Das Recycling von Haushaltsabfällen beschränkt sich im Wesentlichen auf die Stoffe Glas, Papier, Kunststoff und Metall. Dabei ist eine getrennte Erfassung der Wertstoffe eine Voraussetzung um möglichst hochwertige Sekundärrohstoffe zu gewinnen. Aus den recycelten Wertstoffen aus gemischt erfasstem Hausmüll ließen sich nur ungenügende Produktqualitäten erzielen, was zu einer schlechten Wirtschaftlichkeit von Sortieranlagen führte. Seit Mitte der achtziger Jahre wird die weitgehende Trennung der Wertstoffe vor der Sammlung angestrebt, analog der Entwicklung bei getrennt erfassten organischen Substanzen.

Mit der Einführung und Weiterentwicklung von Reinigungstechniken traten und treten zusätzliche Abfallmengen auf. So fallen zum Beispiel aus der kommunalen Abwasserreinigung pro Jahr 50 Mio. m^3 Klärschlämme mit 5 % Trockensubstanzgehalt an [10]. Bei der Abwasserreinigung sowie in der Luftreinhaltung werden die Schadstoffe dem zu reinigenden Medium entzogen und in eine feste Form gebracht, was zu einer Verlagerung der Schadstoffe führt und die Abfallwirtschaft vor neue Aufgaben stellt. Mit Einführung des Investitionserleichterungsgesetzes 1993 und der eindeutigen Festlegung des Standes der Technik durch die Technische Anleitung Abfall (TA Abfall) und TA Siedlungsabfall 1993 sollte den langen Laufzeiten von Genehmigungsverfahren (siehe dazu auch Kap. 1.3.6) entgegengesteuert werden.

Durch die Novellierung des Abfallgesetzes zum Kreislaufwirtschafts- und Abfallgesetz (KrW-/AbfG) am 6.10.1996, mit seinen definierten Schwerpunkten auf Abfallvermeidung und Kreislaufwirtschaft, wurde die Grundlage für ein nachhaltiges Stoffstrommanagement in der Abfallwirtschaft geschaffen. Mit dem aktuellen Kreislaufwirtschaftsgesetz (KrWG), welches am 01. Juni 2012 in Kraft trat, soll die Entwicklung der Abfall- und Kreislaufwirtschaft hin zu einer ressourceneffizienten Stoffstromwirtschaft weiter forciert werden.

Nach der Wiedervereinigung Deutschlands bestand für die neuen Bundesländer erheblicher Nachholbedarf sich den Erkenntnissen einer modernen Abfallwirtschaft anzupassen. Mit Wirkung zum 01.07.1990 wurde das bestehende Umweltrecht für die neuen Bundesländer wirksam. Durch den Aufbau neuer bzw. Nutzung der in der ehemaligen DDR (Sero-System) bestehenden Strukturen boten sich für die Abfallwirtschaft einzigartige Chancen, bisherige Fehler zu vermeiden. Diese Möglichkeiten wurden mitunter nicht genutzt. Es wurden neue zum Teil schwerwiegende Fehler gemacht, die sich auch langfristig nachteilig auswirken werden. Dies bedeutet für die an der Abfallwirtschaft Beteiligten, also private wie industrielle und kommunale Abfallerzeuger, öffentliche wie private Entsorger, beratende und planende Ingenieure, Wissenschaftler und Gesetzgeber, eine große Herausforderung, nach wie vor, da:

- die Abfallverbrennung auf Akzeptanzprobleme stößt,
- die Deponien zukünftige Altlasten darstellen und vorhandene Kapazitäten nur noch wenige Jahre nutzbar sind,
- die Kompostierung ein absatzfähiges Produkt erzeugen muss und nur noch mit Biomüll als Input sinnvoll zu betreiben ist,
- Verfahren wie die Pyrolyse, noch immer keine großtechnische Umsetzung erwarten lassen,
- neue abfallarme Verfahren beim Aufbau neuer Industrien angewendet werden sollten, die Strukturen zur getrennten Erfassung hinsichtlich Reinheit der Sammelware und der Kosten optimiert werden müssen,
- die Technik der Demontage für viele Konsumprodukte und Gebäude nach dem Gebrauch anwendbar ist,
- weitere Impulse in Richtung Abfallvermeidung unternommen werden können.

Bei der Lösung dieser Aufgaben kann es zu interessanten Entwicklungen im Hinblick auf die Produkt-Rücknahmeverpflichtungen für die Produzenten sowie für den systematischen Rückbau von Gebäuden und die Optimierung des Baustellenbetriebes zur Förderung des Bauschuttrecyclings kommen.

In den 80er Jahren zeigte sich die Abfallbeseitigungssituation für die sog. Sonderabfälle ähnlich wie für die Abfälle aus Haushaltungen. So ermittelte das Umweltbundesamt 1987, dass jährlich ca. 1 Mio. Mg Sonderabfälle in nicht geeigneten Anlagen bzw. im Ausland entsorgt werden. Während Verbrennungskapazitäten für die 1987 angefallenen 1,8 Mio. Mg fehlten [10], sind die $\sim$ 30 in Deutschland betriebenen Sonderabfallverbrennungsanlagen zur Zeit nicht ausgelastet, da kostengünstigere Entsorgungssysteme entwickelt wurden oder die Abfälle auch in den zweifelhaften Bergversatz gehen. Auch bei den Sonderabfällen wirken sich die Ziele der Vermeidung und Verwertung aus. Zunehmend sind die Ansätze zur Abfallreduzierung im industriellen Bereich zu erkennen, da sich die Industrie einem verstärkten Druck seitens der Gesetzgebung, der Entsorgungskosten und -kapazitäten und zum Schutz der betrieblichen Substanz gegenüber sieht. Ein System zur Sonderabfallvermeidung in der Industrie stellt die Retrologistik® dar, die sich entsprechend des damaligen § 25 KrW-/AbfG als freiwilliges Rücknahmesystem u. a. für Chemikalienabfälle etabliert hat. Mit diesem System soll die getrennte Sammlung von gebrauchten Chemikalien erleichtert und die Rückführung von Rohstoffen in den Produktionsprozess ermöglicht werden [30].

Ein junger stark mit der Abfallwirtschaft verknüpfter Bereich ist seit Anfang der achtziger Jahre die Altlastensanierung. Etliche Altlasten wurden insbesondere in der Vergangenheit durch mangelhaften bzw. unverantwortlichen Umgang mit gefährlichen Stoffen verursacht. Dieser Bereich rückt wieder mehr in den Hintergrund und steht aufgrund der hohen Kosten nicht mehr im Mittelpunkt der Abfallwirtschaft.

Nach Abschluss der Erhebung von Altlastenverdachtsflächen, gegliedert in Altablagerungen und Altstandorte, ergaben sich für die alten Bundesländer für 1992 rund 80.000 Verdachtsflächen. In den neuen Bundesländern müssen mit Stand 1996 rund 60.000 Verdachtsflächen hinzugerechnet werden. Der gewaltige Sicherungs- und Sanierungsaufwand beschäftigt die Abfallwirtschaft noch gegenwärtig.

1.2 Umweltpolitische Prinzipien und Maßnahmen

1.2.1 Grundzüge

Die Ziele und Prinzipien der Umweltpolitik müssen durch eine Regierung mit Hilfe von entsprechenden umweltpolitischen Instrumenten in die Praxis umgesetzt werden. Ziel der umweltpolitischen Instrumente ist es, die ökologischen Schäden bei Produktion und Konsum von Gütern zu vermeiden, zu verringern oder nachträglich zu beseitigen.

Umweltpolitik und Umweltrecht basieren auf folgenden drei Prinzipien:

- Vorsorgeprinzip,
- Verursacherprinzip,
- Kooperationsprinzip.

Das *Vorsorgeprinzip* ist das inhaltliche Leitbild der Umweltpolitik. Durch den frühzeitigen Einsatz entsprechender Maßnahmen sollen vorbeugend Gefahren für den Menschen und mögliche Umweltbelastungen abgewehrt werden [8].

Das *Verursacherprinzip* ist als ein Grundsatz der Kostenzuordnung zu verstehen, dem höchste politische Priorität eingeräumt wird. In seiner ursprünglichen Fassung besagt das Verursacherprinzip: Jeder, der die Umwelt belastet oder sie schädigt, soll für die Kosten dieser Belastung oder Schädigung aufkommen. Dieses Prinzip erscheint auf den ersten Blick angemessen und problemlos, offenbart jedoch bei näherer Analyse beträchtliche Schwächen [4]. Für Schadstoffemissionen gibt es in der Regel mehrere Verursacher, die direkt oder indirekt an Umweltbelastungen beteiligt sind. Umweltbelastungen entstehen durch Konsumgüter bei deren Produktion, Verwendung oder Beseitigung. Eine vollständige Zuordnung der anteiligen Umweltbelastung einzelner Verursacher ist häufig nicht möglich, weshalb die daraus entstehenden Kosten von der Allgemeinheit getragen werden.

Es handelt sich also oft um ein *Gemeinlastprinzip* anstelle des angestrebten Verursacherprinzips. Das Verursacherprinzip ist kein Grundsatz, der primär auf das Vermeiden von Umweltschäden abzielt. Vielmehr lässt das Verursacherprinzip Umweltbelastungen durch einzelne zu, die von der Gesellschaft getragen werden müssen. Der Verursacher zahlt lediglich Abgaben, die ihn dazu veranlassen sollen, seine Umweltbelastung zu reduzieren.

Dem *Kooperationsprinzip* liegt die Idee zugrunde, Konflikte durch Beteiligung aller Betroffenen einverständlich zu regeln. Es wird versucht, bestimmte Umweltgüteziele in Verhandlungen, beispielsweise mit dem Ergebnis freiwilliger Selbstbeschränkungen anstelle staatlicher Vollzugsgewalt, durchzusetzen. Das Kooperationsprinzip findet auch zwischen Bund und Ländern Anwendung. Innerhalb von Gesetzen ist es meist im Rahmen von Anhörungsklauseln verankert.

1.2.2 Umweltpolitische Instrumente

Als umweltpolitische Instrumente nach dem Verursacherprinzip können vor allem unterschieden werden [5]:

1. Umweltabgaben,
2. Umweltlizenzen,
3. freiwillige Instrumente,
4. Kooperationslösungen für Branchen,
5. Umweltauflagen,
6. umweltbewusste staatliche Beschaffungspolitik,
7. Umweltsteuern.

Die umweltpolitischen Instrumente nach dem *Gemeinlastprinzip* sind [5]:

1. direkter und indirekter staatlicher Umweltschutz mittels Steuerfinanzierung,
2. Subventionen für den Verzicht auf Umweltschädigungen,
3. Umweltsubventionen zur Förderung umweltfreundlicher Produktionsverfahren, Produkte und Einsatzstoffe,
4. staatliche Förderung der umwelttechnischen Innovation,
5. öffentliche Ausgaben zur nachträglichen Beseitigung von Umweltschäden.

Die umweltpolitischen Maßnahmen lassen sich auch wie folgt ordnen:

1. eingreifende Maßnahmen wie z. B. Ge- und Verbote,
2. leistende Maßnahmen, die von öffentlichen Einrichtungen, Förderungen, Beratungen oder Ersatzleistungen ausgehen,
3. planende Maßnahmen auf Grundlage von Programmen (Abb. 1.1).

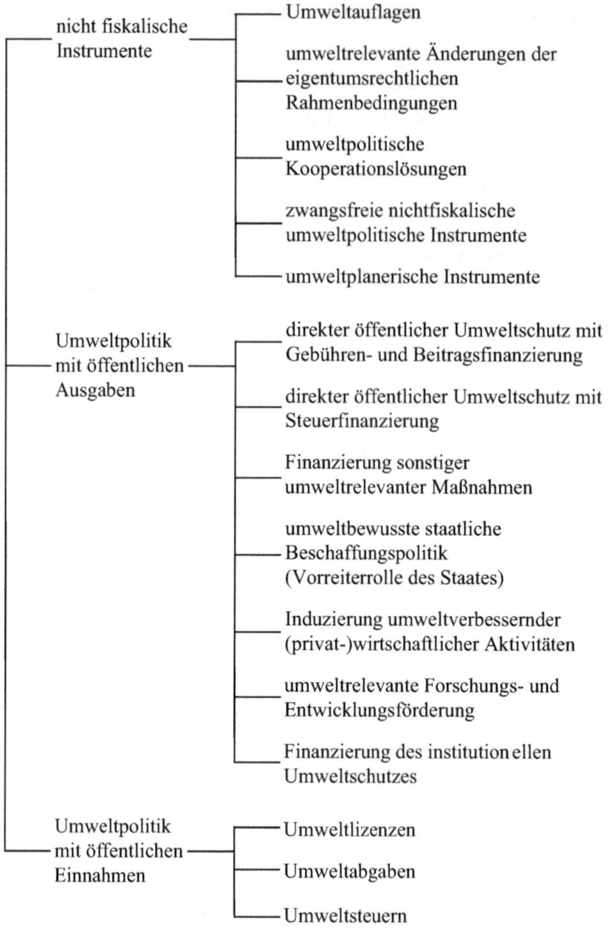

Abb. 1.1 Gesamtüberblick über die umweltpolitischen Instrumente, umgearbeitet. (Nach [5])

1.3 Rechtliche Grundlagen

Mit den bislang angeführten Maßnahmen können die umweltpolitischen Ziele jedoch weder verbindlich festgelegt, noch Zielkonflikte entschieden werden. Ihre Verbindlichkeit wird erst durch eine rechtliche Verankerung bewirkt.

1.3.1 Europäisches und nationales Abfallrecht

Auf europäischer Ebene gibt die EU ihren Mitgliedstaaten den rechtlichen Rahmen in Form von *Europäischen Verordnungen, Europäischen Richtlinien, individuellen Entscheidungen und Empfehlungen* vor. Während die Verordnungen unmittelbar in allen Mitgliedstaaten gelten, ohne dass weitere Umsetzungsschritte erforderlich sind, müssen europäische Richtlinien innerhalb bestimmter Fristen in innerstaatliches Recht umgesetzt werden. Die Richtlinien sind hinsichtlich ihrer Ziele verbindlich, überlassen jedoch den Mitgliedstaaten die Art und Weise der Umsetzung.

Als ein Beispiel einer unmittelbar wirkenden europäischen Verordnung lässt sich die Europäische Abfallverbringungsverordnung nennen (siehe Kap. 1.3.8.3.), welche durch das deutsche Abfallverbringungsgesetz lediglich ergänzt wird. Beispiele für die Umsetzung von EU-Richtlinien in nationales Recht sind die EU-Richtlinien 2002/96/EC „Waste electrical and electronic equipment" (WEEE) und 2002/95/EC „Restriction of the use of certain hazardous substances in electrical and electronic equipment" (RoHS), beide aus dem Jahr 2003, welche in Form des Elektro- und Elektronikgerätegesetzes (ElektroG) im Jahr 2005 in deutsches Recht umgesetzt wurden.

Auf nationaler Ebene sind in Deutschland *Bundesgesetze* und *Rechtsverordnungen* die wichtigsten Rechtssätze. *Ländergesetze* können durch Bundesgesetze ergänzt werden, sofern sie nicht unter die ausschließliche, d. h. alleinige Gesetzgebungskompetenz des Bundes fallen (vgl. Art. 70 Abs. 1 GG). Nach Art. 74 Abs. 1 Nr. 24 GG steht dem Bund die konkurrierende Gesetzgebungskompetenz für den Bereich der Abfallwirtschaft zu. Konkurrierende Gesetzgebungskompetenz bedeutet, dass die Bundesländer für einen bestimmten Bereich gesetzgebungsbefugt sind, solange und soweit der Bund von seiner Gesetzgebungszuständigkeit nicht durch Gesetz Gebrauch gemacht hat (vgl. Art. 72 Abs. 1 GG).

Durch die Änderung des Grundgesetzes vom 28.08.2006 ist der bisherige Begriff „Abfallbeseitigung" durch den Begriff „Abfallwirtschaft" ersetzt worden. Damit stellte der Gesetzgeber klar, dass die konkurrierende Gesetzgebungskompetenz auf alle Phasen der Abfallentsorgung, also auch der Sammlung, Lagerung, Beförderung und Behandlung von Abfällen, anzuwenden ist.

Die Abfallwirtschaft wird auch seit der Änderung des Grundgesetzes am 28.08.2006 nicht mehr durch die Erforderlichkeitsklausel nach Art. 72 Abs. 2 beschränkt, da sie dort nicht aufgelistet ist. Der Bund kann das Abfallrecht folglich ohne besondere Erforderlichkeitsprüfung abschließend regeln.

Beispiele für die konkurrierende Gesetzgebung sind die Länderabfallgesetze. Diese regeln Bereiche, für die der Bund noch keine abschließenden bzw. lückenhafte Normen gesetzt hat, beispielsweise die Eigenschaft als öffentlich-rechtlicher Entsorgungsträger, die Erstellung kommunaler Abfallwirtschaftskonzepte, -bilanzen und entsorgungspläne, Ausschlüsse einzelner Abfallarten von der Andienungspflicht sowie die Ermächtigungen zum Erlass von Abfallentsorgungs- und Abfallgebührensatzungen.

Unterhalb der Länderebene stehen die *kommunalen Satzungen*, z. B. Gemeindesatzungen zur Abfallentsorgung oder Abfallgebührensatzungen.

Rechtsverordnungen werden von Bund oder Ländern zur Konkretisierung von Gesetzen erlassen, sofern sie dazu durch Gesetz besonders ermächtigt worden sind. Kennzeichen von Rechtsverordnungen ist, dass sie grundsätzlich nicht von der Legislative sondern von der Exekutive erlassen werden. Gerade bei Rechtsverordnung der Bundesregierung auf Grundlage des Kreislaufwirtschaftsgesetzes ist aber trotzdem häufig die Mitwirkung von Bundesrat und Bundestag vorgesehen.

Verwaltungsvorschriften sind zunächst nur innerhalb der Verwaltung verbindlich („Selbstbindung der Verwaltung") und wirken gegenüber Dritten erst durch ausdrücklichen Verwaltungsakt.

Technische Normen und Richtlinien wie z. B. DIN-Normen oder VDI-Richtlinien können nur durch ausdrücklichen Verweis in Gesetzen oder Rechtsverordnungen rechtlich verbindlichen Charakter erlangen. Für die Umsetzung von EU-Recht reicht der Erlass normenkonkretisierender Verwaltungsvorschriften nach der EuGH-Rechtsprechung nicht aus.

1.3.2 Europäische Abfallrahmenrichtlinie

Die novellierte Europäische Abfallrahmenrichtlinie (EU-AbfRRL) vom 19.11.2008 trat am 12.12.2008 in Kraft und war innerhalb von 2 Jahren in nationales Recht umzusetzen. Sie enthält die wesentlichen Begriffe und Zielsetzungen des europäischen Abfallrechts. Insbesondere gehören zu ihren wesentlichen Zielsetzungen eine „Europäische Recycling-Gesellschaft" und die Ressourcenschonung. Die Gesamtauswirkungen der Ressourcennutzung sollen reduziert und die Effizienz der Ressourcennutzung verbessert werden. Sie beinhaltet neben neuen Definitionen eine fünfstufige Abfallhierarchie für die Abfallvermeidung und -bewirtschaftung [23]:

1. *Vermeidung*: Maßnahmen zur Verringerung der Abfallmengen, schädlicher Auswirkungen sowie des Gehalts an schädlichen Stoffen in Materialien und Erzeugnissen vor ihrer Abfalleigenschaft
2. *Vorbereitung zur Wiederverwendung*: Verwertungsverfahren zur Prüfung, Reinigung oder Reparatur von Abfällen, so dass sie ohne weitere Vorbehandlung wiederverwendet werden können
3. *Recycling*: Verwertungsverfahren zur Herstellung von Erzeugnissen, Materialien oder Stoffen aus Abfällen zu ursprünglichen oder zu anderen Zwecken.
4. *Sonstige Verwertung*, z. B. energetische Verwertung
5. *Beseitigung*: Alle Verfahren, die keine Verwertungsverfahren sind, auch wenn das Verfahren zur Nebenfolge hat, dass Stoffe oder Energie zurück gewonnen werden.

Die Abfallhierarchie ist nicht zwingend, sondern als Prioritätenfolge genannt (Art. 4 Abs. 1). Die Mitgliedstaaten können von dieser Hierarchie unter dem Aspekt der besseren Umweltoption abweichen, sofern dies durch Lebenszyklusanalysen hinsichtlich der Auswirkungen der Erzeugung und Bewirtschaftung dieser Abfälle gerechtfertigt ist.

Als neu eingeführter Begriff der *Wiederverwendung* ist gemäß Abfallrahmenrichtlinie jedes Verfahren zu verstehen, bei dem Erzeugnisse oder Bestandteile, die *keine Abfälle* (bzw. keine Abfälle mehr) sind, wieder für den selben Zweck verwendet werden, für den sie ursprünglich bestimmt waren [23]. Der Unterschied zwischen der „Wiederverwendung“ und der „Vorbereitung zur Wiederverwendung“ liegt demnach in der Abfalleigenschaft [20]. Bei der „Wiederverwendung“ werden keine Abfälle eingesetzt, sie ist somit eine Abfallvermeidungsmaßnahme. Von Bedeutung ist diese Unterscheidung beispielsweise bei der Deklaration von Elektroaltgeräten, die ins Ausland exportiert werden. Offiziell (und zutreffend) zur Wiederverwendung deklariert gelten sie als Wirtschaftsgüter, die nicht dem Abfallverbringungsrecht unterliegen.

Unter *Recycling* werden Verwertungsverfahren verstanden, durch die Stoffe, Materialien oder Erzeugnisse für den ursprünglichen oder für andere Zwecke aufbereitet werden. Nicht dem Recyclingbegriff zuzuordnen ist die energetische Verwertung und die Aufbereitung von Materialien, die für die Verwendung als Brennstoff oder zur Verfüllung bestimmt sind. Die Aufbereitung organischer Materialien dagegen kann dem Recycling zugeordnet werden.

Als *Verwertung* wird nach der neuen Abfallrahmenrichtlinie jedes Verfahren definiert, als dessen Hauptergebnis Abfälle innerhalb der Anlage oder in der weiteren Wirtschaft einem sinnvollen Zweck zugeführt werden, indem sie andere Materialien ersetzen, die ansonsten zur Erfüllung einer bestimmten Funktion verwendet worden wären, oder durch das Abfälle so vorbereitet werden, dass sie diese Funktion erfüllen. Grundsätzlich kann die Verwertung werkstofflich (z. B. Stahlschrott zu neuem Stahl), rohstofflich (z. B. Kunststoffe zu Pyrolyseöl bzw. Kunststoffe als Reduktionsmittel anstelle von Koks im Hochofenprozess) oder energetisch (z. B. Ersatzbrennstoff als Brennstoff in der Zementindustrie) erfolgen.

Die Abfallverbrennung kann als Verwertung angesehen werden, wenn die Verbrennungsanlage eine gewisse Energieeffizienz erfüllt. Eine entsprechende *Energieeffizienzformel* („R1-Formel“) findet sich im Anhang der EU-AbfRRL. Danach müssen neue MVA über eine Energieeffizienz von mindestens 0,65, bestehende MVA, die vor dem 1.1.2009 genehmigt worden sind, über eine Effizienz von mindestens 0,60 verfügen, um den Status als Verwertungsanlage zu erhalten. Dieser Status bedeutet jedoch nicht, dass darin behandelte *Abfälle zur Beseitigung* automatisch als energetisch verwertet gelten! In Deutschland *können* diese Anlagen Abfälle nur dann energetisch verwerten, wenn auch die Abfälle selbst für eine energetische Verwertung gemäß § 8 KrWG zugelassen sind.

Als Behandlung werden Verwertungs- und Beseitigungsverfahren, einschließlich der Vorbereitung vor der Verwertung und Beseitigung bezeichnet.

Neu in der Abfallrahmenrichtlinie sind auch die Definitionen zum *Ende der Abfalleigenschaft* und zu *Nebenprodukten*, also zu der Frage, ob ein Stoff Abfall ist bzw. ab wann er ggf. kein Abfall mehr ist. So werden in Art. 5 und 6 Voraussetzungen geregelt, nach denen die Eigenschaft als Produkt oder Nebenprodukt bestimmt werden kann.

Nach der neuen Abfallrahmenrichtlinie gilt ein Stoff, der das Ergebnis eines Herstellungsverfahrens ist, dessen Hauptziel nicht die Herstellung dieses Stoffes ist, als Nebenprodukt, wenn

- sicher ist, dass der Stoff weiterverwendet wird
- der Stoff direkt ohne weitere Verarbeitung, die über die normalen industriellen Verfahren hinausgehen, verwendet wird
- der Stoff als integraler Bestandteil eines Herstellungsprozesses erzeugt wird, und
- die weitere Verwendung dieses Stoffes rechtmäßig ist, d. h. der Stoff alle einschlägigen Produkt-, Umwelt und Gesundheitsschutzanforderungen für die jeweilige Verwendung erfüllt und insgesamt nicht zu schädlichen Umwelt- oder Gesundheitsfolgen führt.

Als Beispiel eines Nebenprodukts kann sog. „REA“[1]-Gips genannt werden, der im Zuge der Rauchgasentschwefelung im Kraftwerksbereich im qualitätsgesicherten Verfahren gewonnen wird und der die zuvor genannten Kriterien erfüllt. Das Hauptziel des Verfahrens ist die Energiegewinnung, nicht die Gipsherstellung. Der Gips fällt in einem integralen Verfahren an. Die Verfestigung des Gipses durch Entwässerung ist als Teil des normalen industriellen Verfahrens anzusehen. Für den REA-Gips existiert im Bausektor eine gesicherte Abnahmeprognose, wenn die Anforderungen an Produktqualität sowie an Umwelt- und Gesundheitsschutz erfüllt sind.

Das *Ende der Abfalleigenschaft* soll einen möglichst frühzeitigen Übergang vom Abfall- in den Produktstatus ermöglichen. Produkte unterliegen dann nicht mehr der abfallwirtschaftlichen Überwachung. Hierdurch soll das Recycling von Abfällen gefördert werden. Das Ende der Abfalleigenschaft ist an das Durchlaufen eines Verwertungsverfahrens gemäß EU-AbfRRL geknüpft; zudem müssen bestimmte Kriterien erfüllt sein, d. h.

- der Stoff oder Gegenstand wird für bestimmte Zwecke verwendet
- es besteht ein Markt oder eine Nachfrage danach
- der Stoff oder Gegenstand erfüllt bestimmte technische Anforderungen für bestimmte Zwecke, und
- die Verwendung des Stoffs oder Gegenstandes führt insgesamt nicht zu schädlichen Umwelt- oder Gesundheitsfolgen.

Diese allgemeinen Leitlinien werden von der EU-Kommission im sog. *Komitologieverfahren* jeweils bezogen auf spezifische Stoffströme konkretisiert. Das Komitologieverfahren auf europäischer Ebene entspricht im Grundsatz dem Verordnungsverfahren auf nationaler Ebene. Die Kommission wird hierbei auf Grundlage einer durch Verordnung oder Richtlinie genau abgegrenzten Ermächtigung initiativ tätig, ohne mit dem Entwurf das formelle Rechtsetzungsverfahren zu durchlaufen. Das Europäische Parlament (EP) und der Rat haben in diesem Komitologieverfahren im Vergleich zu einem formellen Rechtsetzungsverfahren nur eingeschränkte Möglichkeiten der Einflussnahme. Soweit und solange die EU-Kommission von ihrer Ermächtigung keinen Gebrauch macht, können die Mitgliedsstaaten nationale Regelungen zum Ende der Abfalleigenschaft für bestimmte Stoffströme treffen. Erstmals durchgeführt wurde das Komitologieverfahren zum Ende der

[1] „REA“ = **R**auchgas-**E**ntschwefelungs-**A**nlage.

Abfalleigenschaft im Zeitraum 2010 bis 2011 für Eisen-, Stahl- und Aluminiumschrotte[2]. Zukünftig sollen weitere Verordnungen mit Kriterien für das Ende der Abfalleigenschaft bei Papier, Glas, Kupfer, Bioabfällen und Kunststoffen erlassen werden.

Zur Förderung von Wiederverwendung und Recycling ist EU-weit bis 2015 die getrennte Sammlung zumindest der Fraktionen Papier, Metall, Kunststoff und Glas einzurichten. Gemäß Art. 11 Abs. 2 soll bis 2020 eine *Wiederverwendungs- und Recyclingquote* dieser Fraktionen von mindestens 50 Gewichtprozent erreicht werden, sofern diese Abfallströme aus Haushalten bzw. haushaltsähnlichen Quellen stammen. Diese Quoten bleiben deutlich unter den Verwertungsquoten der bereits gültigen deutschen Verpackungsverordnung.

Des Weiteren sollen bis 2020 mindestens 70 Gewichtsprozent der nicht gefährlichen Bau- und Abbruchabfälle zur Wiederverwendung vorbereitet, recycelt oder sonstig stofflich verwertet werden, beispielsweise auch in Form von Verfüllungen.

Daneben wurde mit der neuen Abfallrahmenrichtlinie erstmals die *erweiterte Herstellerverantwortung* auf europäischer Ebene im allgemeinen Abfallrecht verankert (Art. 8), während sie zuvor nur Gegenstand von speziellen, produktspezifischen Richtlinie wie der WEEE (siehe Kap. 1.3.7.2) oder der Batterierichtlinie (siehe Kap. 1.3.7.3) war.

1.3.3 Kreislaufwirtschaftsgesetz (KrWG)

Das ursprüngliche Abfallgesetz wurde in seiner 1. Fassung 1972 als *Abfallbeseitigungsgesetz* (AbfG) verabschiedet. Das AbfG war stark ordnungsrechtlich ausgerichtet und zielte auf eine Verbesserung der kommunalen Hygiene durch geordnete Abfallentsorgung. Mit der 4. Novelle des AbfG 1986 wurden dann die Begriffe der Abfallvermeidung und -verwertung als vorrangige Ziele erstmals eingeführt.

Das am 27.09.1994 erlassene und am 07.10.1996 in Kraft getretene *Kreislaufwirtschafts- und Abfallgesetz* (KrW-/AbfG) enthielt weitere entscheidende Weichenstellungen auf dem Weg von der Abfall*beseitigung* hin zur *Abfallbewirtschaftung*. So wurde in § 1 des KrW-/AbfG die Förderung der Kreislaufwirtschaft zur Ressourcenschonung besonders herausgestellt. Zudem wurde die dreistufige „Abfallhierarchie" eingeführt, die der Abfallvermeidung und der Abfallverwertung den Vorrang gegenüber der Abfallbeseitigung einräumte [22]. Ein abfallwirtschaftlicher Meilenstein des KrW-/AbfG bestand in den Regelungen zur Produktverantwortung, mit der eine verursacherorientierte, private Kreislaufwirtschaft anstelle einer öffentlich-rechtlichen Abfallentsorgung forciert wurde [19].

Das KrW-/AbfG wurde zum 01. Juni 2012 durch das Kreislaufwirtschaftsgesetz[3] (KrWG) abgelöst. Das KrWG setzt die Europäische Abfallrahmenrichtlinie in nationa-

[2] Ratsverordnung (EU) No. 333/2011, die zum 09. Oktober 2011 wirksam wurde.

[3] Gesetz zur Förderung der Kreislaufwirtschaft und Sicherung der umweltverträglichen Bewirtschaftung von Abfällen (Kreislaufwirtschaftsgesetz – KrWG).

les Recht um und soll die Ressourcenschonung durch Kreislaufwirtschaft weiter stärken. Das Leitgesetz der deutschen Abfallwirtschaft beinhaltet folgende Schwerpunkte:

- Grundsätze und Grundpflichten von Erzeugern und Besitzern von Abfällen sowie von öffentlich-rechtlichen Entsorgungsträgern
- Abfallwirtschaftliche Produktverantwortung
- Planungsverantwortung (Abfallbeseitigung, Abfallwirtschaftspläne/Abfallvermeidungsprogramme, Anlagenzulassung)
- Pflichten zur Abfallberatung und Öffentlichkeitsarbeit
- Überwachungspflichten (Registrier- und Nachweispflichten, Transportgenehmigung) (s. Kap. 1.3.8)
- Entsorgungsfachbetriebe
- Betriebsorganisation, Beauftragter für Abfall und Erleichterungen für auditierte Unternehmensstandorte.

1.3.3.1 Begriffsbestimmungen

Im § 3 Abs. 1 des KrWG wird der europäische Abfallbegriff inhaltlich und formal in das deutsche Recht übernommen. Abfälle sind danach Stoffe oder Gegenstände derer sich ihr Besitzer entledigt, entledigen muss („objektiver Abfallbegriff") oder entledigen will („subjektiver Abfallbegriff"). Gemäß § 3 Abs. 1 Satz 2 sind Abfälle zur Verwertung solche, die *tatsächlich* verwertet werden, Abfälle zur Beseitigung hingegen solche, die *nicht* verwertet werden.

Aufgrund der Vorgaben der novellierten EU-Abfallrahmenrichtlinie ist im Rahmen der Abfalldefinition des neuen KrWG die Zugehörigkeit zu den Abfallgruppen Q 1–16 (ehemals Anhang I des KrW-/AbfG) entfallen. Dieser Verweis hatte auch bisher nur deklaratorischen Charakter und war für die Abfalldefinition insoweit nicht prägend. Auch die Definition „bewegliche Sache" ist entfallen, da der europäische Abfallbegriff diese Einschränkung nicht kennt. Vielmehr erfolgt zukünftig eine Einschränkung des Anwendungsbereichs dahingehend, dass das Gesetz nicht für „Böden (in situ) einschließlich nicht ausgehobener kontaminierter Böden und dauerhaft mit den Böden verbundene Gebäude" gilt.

Der Gesetzgeber unterscheidet gemäß § 3 Abs. 5 in gefährliche Abfälle, die besonders überwacht werden, und in nicht gefährliche Abfälle [18]. Die Festlegung der Gefährlichkeit von Abfällen erfolgt durch Rechtsverordnung auf Grundlage von § 48 Satz 2. In Deutschland ist dies die Abfallverzeichnis-Verordnung (AVV, vgl. Kap. 1.3.5). Gefährliche Abfälle zeichnen sich nach § 3 AVV dadurch aus, dass sie in Anlehnung an Anhang III der EU-Richtlinie 91/689/EWG über gefährliche Abfälle beispielsweise

- gesundheitsgefährdend
- krebserzeugend
- toxisch
- erbgutverändernd

- ökotoxisch
- explosibel/brennbar oder
- infektiös

sind. Die Einteilung von Abfällen gemäß ihrer Überwachungsbedürftigkeit in nicht überwachungsbedürftig, überwachungsbedürftig und besonders überwachungsbedürftig wurde aufgegeben.

Die Anlagen 1 und 2 zum KrWG benennen Beseitigungsverfahren (D 1–15) bzw. Verwertungsverfahren (R 1–13), zählen diese aber nicht erschöpfend auf. Andere Verfahren, die in diesen beiden Listen nicht genannt sind, können trotzdem Beseitigungs- und Verwertungsverfahren sein, wenn sie der jeweils entsprechenden Definition i. S. d. KrWG entsprechen, da § 3 Abs. 26 Satz 2 KrWG bzw. § 3 Abs. 23 Satz 2 KrWG ausdrücklich von einer nicht abschließenden Liste sprechen.

1.3.3.2 Abfallvermeidung, Abfallbewirtschaftung und Abfallhierarchie

In § 6 Abs. 1 wird die Abfallhierarchie des Kreislaufwirtschaftsgesetzes festgelegt. Sie folgt der 5-stufigen Abfallhierarchie der Europäischen Abfallrahmenrichtlinie (Abb. 1.2) und gibt der *Abfallvermeidung* den obersten Rang. Es folgen die *Vorbereitung zur Wiederverwendung*, das *Recycling*, die *sonstige Verwertung* (insb. die energetische Verwertung und die Verfüllung). Abfälle, die nicht verwertet werden, sind nach § 15 KrWG allgemeinwohlverträglich zu *beseitigen*.

Ausgehend von der grundsätzlichen Rangfolge der Abfallhierarchie genießt aber immer die Maßnahme zur *Abfallvermeidung* bzw. *Abfallbewirtschaftung* Vorrang, die den Schutz von Mensch und Umwelt am besten gewährleistet. Gleiches gilt für Maßnahmen zur *Abfallverwertung*. Bei Gleichrang verschiedener Verwertungsoptionen hat der Abfallbesitzer ein Wahlrecht.

Bei der Bewertung der Auswirkung auf Mensch und Umwelt von Maßnahmen zur Abfallvermeidung, Abfallverwertung und Abfallbeseitigung soll der gesamte Lebenszyklus des Abfalls betrachtet werden. Insbesondere sind dabei die zu erwartenden Emissionen, das Ressourcenschonungspotenzial, die einzusetzende und zu gewinnende Energie sowie die Anreicherung von Schadstoffen in abfallstämmigen Erzeugnissen zu berücksichtigen.

Abb. 1.2 Die fünfstufige Abfallhierarchie des Kreislaufwirtschaftsgesetzes (KrWG)

Hierbei sind Aspekte der technischen Möglichkeit, der wirtschaftlichen Zumutbarkeit sowie der Sozialverträglichkeit zu beachten.

Die konkrete Ausgestaltung der Abfallhierarchie soll primär stoffstromspezifisch durch Rechtsverordnungen erfolgen. Vorrang bzw. Gleichrang können dann in diesen Rechtsverordnungen konkretisiert werden.

Drei verschiedene Maßnahmen zur Abfallvermeidung werden insbesondere in § 3 Abs. 20 KrWG benannt:

- Die *anlageninterne Kreislaufführung* von Stoffen, die als Vor-, Zwischen- und Nebenprodukte anfallen, wird als Abfallvermeidung angesehen. Damit wird die Vermeidung und Verwertung von Abfall rechtlich gleich behandelt, wenn es anlagenintern geschieht. Die Überwachung der anlageninternen Verwertungs- und Vermeidungsmaßnahme ist den für den Vollzug des BImSchG zuständigen Behörden übertragen.
- Die Produktverantwortung, die in den §§ 23–27 die *abfallarme Produktgestaltung* näher bestimmen. Auch § 3 Abs. 20 stellt eine direkte Verknüpfung zur abfallarmen Produktgestaltung her.
- Das *Konsumverhalten* der Bürger, das auf den Erwerb und von abfall- und schadstoffarmen Produkten sowie die Nutzung von Mehrwegverpackungen gerichtet ist [39].

Gemäß den Grundpflichten der Kreislaufwirtschaft (§ 7 KrWG) sind Abfallerzeuger oder Abfallbesitzer verpflichtet, Abfälle nach Maßgabe von § 6 zu verwerten, wenn dies technisch möglich und wirtschaftlich zumutbar ist, insbesondere für einen gewonnenen Stoff oder die gewonnene Energie ein Markt vorhanden ist oder geschaffen werden kann. Der Verwertungsvorrang entfällt, wenn die Beseitigung die umweltverträglichere Lösung darstellt.

Bis spätestens 13. Dezember 2013 ist durch den Bund ein nationales Abfallvermeidungsprogramm zu erstellen, welches in der Folge alle 6 Jahr auszuwerten und bei Bedarf fortzuschreiben ist.

Das KrWG unterscheidet zwischen der energetischen Verwertung und der thermischen Behandlung von Abfällen im Sinne einer Abfallbeseitigung. Mit Inkrafttreten des KrWG sind Abgrenzungskriterien wie Hauptzweck der Maßnahme (Beseitigung oder Energiegewinnung) und Feuerungswirkungsgrad entfallen.

Die Unterscheidung zwischen energetischer Verwertung und thermischer Behandlung sind ingenieurwissenschaftlich nicht plausibel, sondern eine politische Entscheidung. Durch die Umsetzung der novellierten Abfallrahmenrichtlinie durch das KrWG wird nunmehr klargestellt, dass Abfallverbrennung als Verwertung angesehen werden kann, wenn die Verbrennungsanlage eine gewisse *Energieeffizienz* erfüllt (vgl. Absatz 1.3.2).

Beträgt der Heizwert eines einzelnen Abfalls, ohne Vermischung mit anderen Abfällen, mindestens 11.000 kJ/kg, so ist eine energetische Verwertung gleichrangig einer stofflichen Verwertung zu sehen, solange kein anderes untergesetzliches Regelwerk etwas anderes vorsieht. Der Gesetzgeber überprüft bis zum 31.12.2016, ob die Beibehaltung dieses Heizwertkriteriums zur rechtssicheren Umsetzung der Abfallhierarchie nach § 6 Abs. 1 noch erforderlich ist.

1.3.3.3 Überlassungspflichten

Abweichend von den Grundpflichten der §§ 7 Abs. 2 Satz 1 und 15 Abs. 1 Satz 1 KrWG (Entsorgungsverantwortung der Abfallerzeuger und -besitzer) begründet § 17 Abs. 1 KrWG eine allgemeine Überlassungspflicht nur für Haushaltsabfälle und Abfälle zur Beseitigung aus anderen Herkunftsbereichen an den öffentlich-rechtlichen Entsorgungsträger (örE). Ausnahmen von der grundsätzlichen Überlassungspflicht gelten bei

- eigenen Verwertungsmöglichkeiten auf dem privat genutzten Grundstück
- Entsorgung von Nicht-Haushaltsabfällen in eigenen Anlagen
- gemeinnützigen Sammlungen (nicht bei gefährlichen Abfällen oder gemischten Abfällen aus Haushaltungen)
- gewerblichen Sammlungen (nicht bei gefährlichen Abfällen oder gemischten Abfällen aus Haushaltungen)

sowie für

- rücknahme- oder rückgabepflichtige Abfälle
- auf Basis von § 26 KrWG durch Hersteller/Vertreiber freiwillig zurückgenommene Abfälle.

Zur Sicherstellung einer umweltverträglichen Beseitigung dürfen die Länder nach § 17 Abs. 4 besondere Andienungs- und Überlassungspflichten begründen. Dies gilt im Besonderen für gefährliche Abfälle zur Beseitigung, die uneingeschränkt den landesoffiziellen Sonderabfallgesellschaften angedient bzw. überlassen werden müssen.

1.3.3.4 Strafandrohung

Der Vollzug eines jeden Gesetzes hängt nicht nur von der Rechtskenntnis und Selbstkontrolle der Betroffenen ab, sondern auch von der Ausstattung mit wirksamen privatrechtlichen und strafrechtlichen Sanktionen. Neben §§ 69 und 70 KrWG, welche die Ordnungswidrigkeiten in Bezug auf das KrWG regeln, findet zusätzlich das Strafgesetzbuch Anwendung.

1.3.4 Steigerung der Ressourceneffizienz durch verstärktes Recycling

Das KrWG sieht in § 14 vor, dass spätestens ab dem 1. Januar 2015 die Fraktionen PPK, Metalle, Kunststoffe und Glas zwecks Recycling getrennt zu erfassen sind, soweit dies technisch möglich und wirtschaftlich zumutbar ist. Ab dem 1. Januar 2020 sind dann mindestens 65 % der gesamten Siedlungsabfälle zur Wiederverwendung vorzubereiten bzw. zu recyceln. Bei nicht gefährlichen Bau- und Abbruchabfällen sind spätestens zum 1. Januar 2020 70 % zur Wiederverwendung vorzubereiten, zu recyceln oder anders stofflich zu verwerten. Diese Anforderungen gehen im Siedlungsabfallbereich deutlich über die Vorgabe

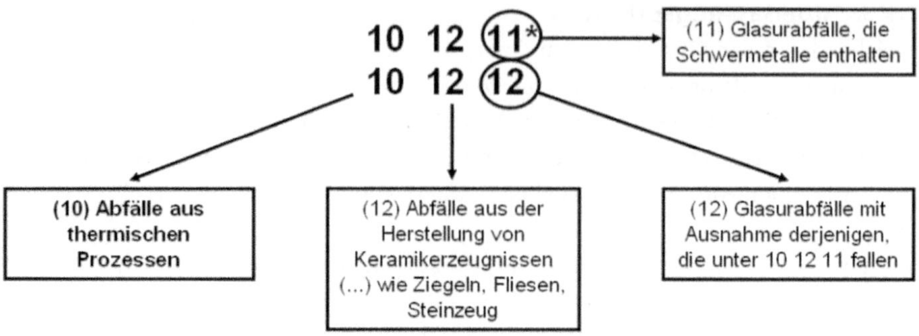

Abb. 1.3 Beispiel für Abfallschlüssel gemäß Abfallverzeichnis-Verordnung

der EU-AbfRRL hinaus, die zu diesem Zeitpunkt Recyclingquoten von mindestens 50 % für PPK, Metalle, Kunststoff und Glas sowie 70 % für Bau- und Abbruchabfälle vorgibt.

Mit der flächendeckenden Sammlung von Bioabfällen zum Jahr 2015 soll die Verwertung von Bioabfällen weiter gestärkt werden.

Das KrWG enthält zudem eine Verordnungsermächtigung zur Einführung einer bundesweit einheitlichen Wertstofferfassung („*Wertstofftonne*"), mit der neben Verpackungsabfällen auch stoffgleiche Nichtverpackungen erfasst werden sollen. Schätzungen gehen davon aus, dass mit einer solchen Wertstofftonne jährlich etwa 570.000 Mg Abfälle, davon rund 420.000 Mg Metalle und Kunststoffe, aus dem häuslichen Bereich zusätzlich erfasst und einer Verwertung zugeführt werden können [40].

1.3.5 Abfallverzeichnis-Verordnung

Mit der Abfall-Verzeichnisverordnung (AVV) vom 10.12.2001 wurde das europäische Abfallverzeichnis in nationales Recht umgesetzt. Sie enthält in ihrer aktuellen Fassung einen Katalog von 839 Abfällen, welche in Abhängigkeit ihrer Herkunft in 20 Kapitel untergliedert sind. Jedem Abfall wird ein sechsstelliger Abfallschlüssel gemäß folgendem Beispiel zugeordnet (Abb. 1.3):

Insgesamt sind 405 Abfälle mit einem Stern (*) und somit als gefährlich gekennzeichnet [19].

1.3.6 Deponieverordnung (neu)

In Deutschland wurden im Jahr 1991 bzw. 1993 die Technische Anleitung Abfall (TA Abfall[4]) und Technische Anleitung Siedlungsabfall (TASi) erlassen. Das Ziel beider

[4] Auch „TASo" – TA Sonderabfall.

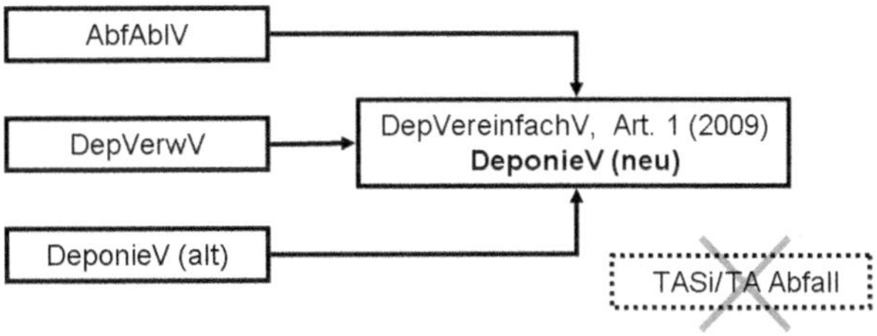

Abb. 1.4 Integrales deutsches Deponierecht (DepV – neu) seit 2009

Verwaltungsvorschriften lag in der bundeseinheitlichen Sicherstellung einer umweltverträglichen und langfristig sicheren Deponierung von Sonder- und Siedlungsabfällen. Ein wichtiger Bestandteil war die rechtliche Festschreibung des Multibarrierenkonzeptes, welches in Kap. 4.2.3 detailliert beschrieben ist. Des Weiteren wurde mit der TA Siedlungsabfall die Ablagerung von *unbehandelten* Siedlungsabfällen mit hohen biogenen Anteilen zum *1. Juni 2005* untersagt [21]. Eine Ausnahme hiervon bildete z. B. die Ablagerung unbelasteter mineralischer Abfälle.

Ein Nachteil der TA Abfall und der TA Siedlungsabfall als Verwaltungsvorschriften lag darin, dass sie lediglich den Ermessensrahmen einer Behörde begrenzten und im Einzelfall abweichende Entscheidungen getroffen werden konnten. Entsprechend weit wurden beide durch die Länder in den 1990er Jahren ausgelegt. Aus diesen und aus europarechtlichen Gründen erließ der Bund zu Beginn der 2000er Jahre mehrere Rechtsverordnungen, welche die TA Abfall und die TA Siedlungsabfall „verrechtlichten". Diese Verordnungen galten für Abfallbesitzer und Deponiebetreiber unmittelbar [18, 21]:

- Die Anforderungen an die Ablagerungsfähigkeit von Siedlungsabfällen wurden 2001 in der Abfallablagerungsverordnung (AbfAblV) geregelt.
- Die Anforderungen an die Errichtung, die Beschaffenheit, den Betrieb, die Stilllegung und die Nachsorge von Deponien wurden 2002 in der Deponieverordnung (DepV – alt) festgelegt.
- Die Anforderungen an die Verwertung von Abfällen auf Deponien wurden in der Deponieverwertungsverordnung (DepVerwV) von 2005 geregelt.

Am 16. Juli 2009 trat die Verordnung zu Vereinfachung des Deponierechts (DepVereinfachV) in Kraft. Artikel 1 dieser Verordnung enthält die neue Deponieverordnung, welche die AbfAblV, die DepV (alt) und die DepVerwV zusammenführt (Abb. 1.4). Die TA Abfall und die TA Siedlungsabfall sind seitdem entfallen[5].

Die neue Deponieverordnung trägt auch dem durch die Europäische Deponierichtlinie (1999/31/EC) gesetzten Rechtsrahmen Rechnung.

[5] Ebenfalls entfallen ist die „Allgemeine Verwaltungsvorschrift über Anforderungen zum Schutz des Grundwassers bei Lagerung und Ablagerung von Abfällen".

1.3.6.1 Anforderungen an die Ablagerung

Seit dem 1. Juni 2005 dürfen Siedlungsabfälle nur noch auf Deponien bzw. Deponieabschnitten abgelagert werden, welche die Anforderungen für Deponieklasse (DK) 0 bis III gemäß Anhang 3 der DepV (neu) einhalten. Diese Anforderungen beziehen sich auf

- den Organikgehalt des Feststoffs, bestimmt als gesamter Kohlenstoff (TOC) und als Glühverlust,
- den Gehalt an organischen Schadstoffen des Feststoffs,
- den Gehalt an Schwermetallen des Feststoffs,
- den pH-Wert, die elektrische Leitfähigkeit und den Abdampfrückstand des Eluats und
- die organische und anorganische Belastung des Eluats.

Die Praxis zeigt, dass insbesondere die Kriterien „Glühverlust $\leq$ 5 Gew.-%" und „TOC $\leq$ 3 Gew.-%" für Siedlungsabfälle zur Ablagerung in DK II nur durch Verbrennung erreicht werden können. Anlagen zur mechanisch-biologischen Behandlung (MBA) schaffen diese Ablagerungskriterien wegen des unzureichenden biologischen Abbaus von Ligninen, Zellulosen und Kunststoffen nicht. Die zuständige Behörde kann einer Überschreitung der Glühverlust- und TOC-Kriterien bei mechanisch-biologisch behandelten Abfällen aber zustimmen, wenn eine geringe Organikfracht im Feststoffeluat sowie eine niedrige Atmungsaktivität oder eine niedrige Gasbildungsrate des Feststoffes eine geringe biologische Aktivität des Deponiekörpers erwarten lassen. Des Weiteren ist ein oberer Heizwert von Ho $\leq$ 6000 kJ/kg des abzulagernden Abfalls vorgeschrieben. Dies funktioniert bei der mechanisch-biologischen Behandlung nur durch die Abtrennung der heizwertreichen Fraktionen (Kunststoffe, Papier, Textilien, Holz). Eine Übersicht aller Zuordnungskriterien ist im Kap. 4.2.2.2 abgedruckt.

Im Anhang 4 der DepV (neu) sind Regelungen zur Probennahme, -aufbereitung und Laboranalytik getroffen.

1.3.6.2 Errichtung, Beschaffenheit, Betrieb, Stilllegung und Nachsorge von Deponien und Langzeitlagern

Anhang 1 der neuen Deponieverordnung enthält Vorgaben für die Basis- und Oberflächenabdichtung sowie für die Standorte der vier oberirdischen Deponieklassen:

- DK 0: Inertstoffdeponie
- DK I: Deponien, deren Inventar im geringen Maß Organik enthält und Schadstoffe freisetzt
- DK II: Siedlungsabfalldeponien
- DK III: Oberirdische Sonderabfalldeponien

Die Anforderungen an die geologischen Gegebenheiten am Deponiestandort sowie an die technische Ausstattung der Deponien sind im Kap. 4.2 beschrieben. Die Genehmigung unterirdischer Deponien (DK IV) ist gemäß DepV (neu) nur noch im Salzgestein zulässig.

Dichtungssysteme wie bei oberirdischen Systemen werden nicht verlangt. Dafür muss bei Untertagedeponien aber die Langzeitsicherheit nachgewiesen werden.

1.3.6.3 Verwertung von Abfällen auf Deponien

Im 3. Teil der neuen Deponieverordnung werden konkrete Anforderungen an die stoffliche Verwertung von Abfällen auf Deponien gestellt. Damit soll die Scheinverwertung unzureichend behandelter Abfälle auf oberirdischen Deponien, z. B. als Profilierungsmaterial, unterbunden werden. Die Anforderungen gelten für den Einsatz von Abfällen zur Herstellung von Deponieersatzbaustoffen sowie deren Einsatz innerhalb der geologischen Barriere, in Basis- und Oberflächenabdichtungen sowie im Deponiekörper. Deponieersatzbaustoffe dürfen nur dann verbaut werden, wenn sie Errichtung, Betrieb, Stilllegung und Nachsorge der Deponie sowie das Wohl der Allgemeinheit nicht beeinträchtigen. Sie dürfen nur im notwendigen Umfang eingesetzt werden und müssen mineralischer Natur sein; eine Ausnahme besteht beim Einsatz als Rekultivierungsschicht. Des Weiteren müssen Deponieersatzbaustoffe in ihrer Art, Beschaffenheit und Beständigkeit geeignet sein, ihren Zweck zu erfüllen.

Zur Sicherung der schadlosen Verwertung sind im Anhang 3 der neuen DepV zudem strenge Grenzwerte für Schadstoffe festgelegt.

1.3.7 Produktverantwortung

Um die Vermeidung und Verwertung von Abfällen weiter zu forcieren, können ordnungsrechtliche Instrumentarien durch finanzielle Anreize flankiert werden. Ein solcher Ansatz ist die Übertragung der Produktverantwortung auf Hersteller und Vertreiber (Inverkehrbringer) von Gütern. Hierbei werden die Hersteller verpflichtet, ihre Erzeugnisse so zu gestalten, dass während Herstellung und Gerbrauch möglichst wenig Abfälle entstehen. Des Weiteren müssen sie die Erzeugnisse nach der Gebrauchsphase unentgeltlich zurücknehmen und verwerten. In der Folge ist davon auszugehen, dass der Hersteller die entstehenden Kosten internalisiert, also über den Markt abrechnet. Es entsteht somit ein ökonomischer Anreiz für die Kunden, Produkte mit geringen Entsorgungskosten zu kaufen. Für die Hersteller entstehen Anreize, ihre Erzeugnisse abfallarm und recyclingfreundlich zu gestalten.

In den §§ 23–27 KrWG ist die Produktverantwortung abfallrechtlich verankert. § 23 KrWG enthält die Grundsätze der Produktverantwortung; in den §§ 24 und 25 KrWG sind Verordnungsermächtigungen für die Normierung konkreter Pflichten geregelt. Wer Erzeugnisse entwickelt, herstellt, be- und verarbeitet oder vertreibt, hat dafür Sorge zu tragen, dass sowohl bei der Herstellung als auch beim Gebrauch das Entstehen von Abfällen möglichst vermindert wird. Die Produktverantwortung umfasst insbesondere die

- Entwicklung, Herstellung und das Inverkehrbringen von Erzeugnissen, die mehrfach verwendbar, technisch langlebig und nach Gebrauch zur ordnungsgemäßen, schadlosen

Tab. 1.1 Quoten der stofflichen Verwertung zugeführten Mengen Verkaufsverpackungen von privaten Endverbrauchern gemäß VerpackV

Material	Verwertungsquote (%)
Glas	75
Weißblech	70
Aluminium	60
Pappe, Papier, Kartonage	70
Verbunde	60

und hochwertigen Verwertung sowie zur umweltverträglichen Beseitigung geeignet sind,

- den vorrangigen Einsatz von verwertbaren Abfällen oder sekundären Rohstoffen bei der Herstellung von Erzeugnissen,
- die Kennzeichnung von schadstoffhaltigen Erzeugnissen,
- den Hinweis auf Rückgabe-, Wiederverwendungs- und Verwertungsmöglichkeiten oder -pflichten sowie
- die tatsächliche Rücknahme der Erzeugnisse und der nach Gebrauch der Erzeugnisse verbleibende Abfälle sowie deren nachfolgende umweltverträgliche Verwertung oder Beseitigung.

Zur Umsetzung der Produktverantwortung nach § 23 wird die Bundesregierung durch §§ 24 und 25 KrWG ermächtigt, Rechtsverordnungen hinsichtlich der wesentlichen Instrumente der Produktverantwortung, nämlich

- Beschränkungen und Verbote für bestimmte Erzeugnisse,
- Kennzeichnungspflichten für Produkte,
- Beschränkungen in Beschaffenheit und Verwendung,
- Rücknahme-, Rückgabe- und Pfandpflichten.

zu erlassen. In diesem Zusammenhang wurde z. B. 1991 noch auf Grundlage des § 14 AbfG die Verpackungsverordnung (VerpackV) erlassen, in deren Folge das „Duale System" entstand (vgl. auch Kap. 2.2.6, 3.2.1, 5.3.1).

1.3.7.1 Produktverantwortung im Verpackungsbereich

Die Verordnung über die Vermeidung und Verwertung von Verpackungsabfällen (Verpackungsverordnung – VerpackV), deren 5. Novelle zum 01.04.2009 vollständig in Kraft trat, verpflichtet die Hersteller und Vertreiber, Transport-, Um- und Verkaufsverpackungen zurückzunehmen und zu verwerten. Für Verkaufsverpackungen, die vom privaten Endverbraucher zurückgenommen werden, legt die VerpackV Quoten hinsichtlich der der stofflichen Verwertung zuzuführenden Mengen fest (s. Tab. 1.1).

Für bestimmte Verkaufsverpackungen wird darüber hinaus ein Zwangspfand vorgeschrieben (ökologisch nicht vorteilhafte Einweggetränkeverpackungen für besonders marktrelevante Getränkebereiche). Von der Rücknahmepflicht für Verkaufsverpackungen am Ort der tatsächlichen Abgabe konnte ursprünglich insoweit eine Befreiung erreicht werden, als die Beteiligung an einem von der öffentlichen Abfallentsorgung unabhängigen, leistungsfähigen und flächendeckenden Rücknahme- und Verwertungssystem nachgewiesen werden konnte („Befreiungssystem").

Ein solches Befreiungssystem wurde erstmals in Gestalt der „Duales System Deutschland AG" (DSD) – heute Duales System Deutschland GmbH – eingerichtet. Inzwischen gibt es weitere 9 Systembetreiber wie z. B. Landbell, Belland und Interseroh. Die DSD GmbH hat in Deutschland aber immer noch eine marktbeherrschende Stellung inne.

Mit der 5. Novelle der Verpackungsverordnung wurde das Regel-Ausnahme-Verhältnis zwischen Rücknahmepflicht am Ort der tatsächlichen Abgabe und ersatzweiser Systembeteiligung umgekehrt. Seit dem 1. Januar 2009 ist die Systembeteiligung die Grundpflicht und die Rücknahme am Ort der tatsächlichen Abgabe nur noch eingeschränkt und unter besonderen Voraussetzungen zulässig. Grund für die Änderung war das zunehmende Auseinanderdriften zwischen der bei dualen Systemen beteiligten und der von dualen Systemen erfassten Verpackungsmenge („Trittbrettfahrertum").

1.3.7.2 Produktverantwortung im Elektroaltgerätebereich

Mit dem „Elektro- und Elektronikgerätegesetz" (ElektroG)[6] vom 16. März 2005 wurden die europäischen Richtlinien über Elektro- und Elektronik-Altgeräte (WEEE)[7] und zur Beschränkung der Verwendung bestimmter gefährlicher Stoffe in Elektro- und Elektronikgeräten (RoHS)[8] in deutsches Recht umgesetzt. Das ElektroG definiert die Produktverantwortung für elektrische und elektronische Altgeräte (EAG). Es bezweckt vorrangig die Vermeidung und darüber hinaus die Wiederverwendung, die stoffliche Verwertung und andere Formen der Verwertung sowie die Reduktion des Schadstoffeintrags in Abfälle. Sein Inkrafttreten zog umfangreiche Neustrukturierungen beim Management von E-Schrott nach sich.

Das ElektroG definiert elektrische und elektronische Geräte als Geräte,

- die zum ordnungsgemäßen Betrieb elektrische Ströme oder elektromagnetische Felder benötigen, bzw.
- die zur Erzeugung, Übertragung und Messung solcher Ströme und Felder dienen

[6] Gesetz über das Inverkehrbringen, die Rücknahme und die umweltverträgliche Entsorgung von Elektro- und Elektronikgeräten (Elektro- und Elektronikgerätegesetz – ElektroG).

[7] Directive 2002/96/EC of the European Parliament and the Council on waste electrical and electronic equipment ("WEEE") vom 27. Januar 2003.

[8] Directive 2002/95/EC of the European Parliament and of the Council on the restriction of the use of certain hazardous substances in electrical and electronic equipment ("RoHS") vom 27. Januar 2003. Inzwischen novelliert in Form der Richtlinie 2011/65/EU des Europäischen Parlaments und des Rats zur Beschränkung der Verwendung bestimmter gefährlicher Stoffe in Elektro- und Elektronikgeräten vom 8. Juni 2011.

und höchstens für den Betrieb bei 1000 V Wechselspannung bzw. bei 1500 V Gleichspannung ausgelegt sind. Das ElektroG differenziert EAG des Weiteren in zehn Kategorien:

1. Haushaltsgroßgeräte
2. Haushaltskleingeräte
3. Geräte der Informations- und Telekommunikationstechnik
4. Geräte der Unterhaltungselektronik
5. Beleuchtungskörper
6. Elektrische und elektronische Werkzeuge
7. Spielzeuge sowie Sport- und Freizeitgeräte
8. Medizinprodukte
9. Überwachungs- und Kontrollinstrumente
10. Automatische Ausgabegeräte.

Die Geräte werden zu elektrischen und elektronischen Altgeräten (EAG), sobald sie Abfalleigenschaften gemäß Kreislaufwirtschaftsgesetz erlangen[9]. Seit dem 24.03.2006 sind die Besitzer von EAG verpflichtet, diese einer vom unsortierten Siedlungsabfall getrennten Erfassung zuzuführen.

Produktverantwortung, Rücknahmeverpflichtung und Gemeinsame Stelle Die Produktverantwortung für elektrische und elektronische Altgeräte ist zwischen öffentlich-rechtlichen Entsorgungsträger (örE) und Herstellern geteilt. Die öffentlich-rechtlichen Entsorgungsträger sind verpflichtet Sammelstellen einzurichten, an denen EAG aus Privathaushalten (b2c)[10] ihres Gebietes von Endnutzern und Vertreibern kostenfrei abgegeben werden können. Die Hersteller sind zur kostenfreien Bereiststellung von geeigneten Sammelcontainern an sog. kommunalen Übergabestellen, zu deren unverzüglicher Abholung sowie zur Wiederverwendung, Behandlung und Entsorgung (Entsorgung = Verwertung + Beseitigung) der gesammelten EAG aus privaten Haushalten verpflichtet. Die örE übergeben den Herstellern die gesammelten EAG in 5 Sammelgruppen an den sog. kommunalen Übergabestellen.

Eine besondere Stellung nimmt die „Stiftung Elektro-Altgeräte-Register" (EAR) ein. Diese „Gemeinsame Stelle" der Hersteller wurde von der zuständigen Behörde, dem Umweltbundesamt, mit hoheitlichen Rechten beliehen:

- Die Hersteller müssen bei der EAR ihrer Registrierungspflicht vor dem Inverkehrbringen von Geräten nachkommen und erhalten eine Registriernummer. Die EAR erstellt jährlich ein Herstellerverzeichnis sowie eine Statistik hinsichtlich der in Verkehr

[9] Abfalldefinition vgl. § 3, Abs. 1 KrWG.

[10] EAG aus dem privaten Bereich werden auch als b2c-Geräte („Business to Consumer") bezeichnet.

gebrachten, gesammelten sowie der verwerteten bzw. wiederverwendeten EAG-Mengen und meldet diese der zuständigen Behörde.

- Die kommunalen Übergabestellen melden der EAR, wenn das Mindestvolumen von 30 m^3 in einer Sammelgruppe (bei Gasentladungslampen 3 m^3) erreicht ist.
- Die EAR berechnet auf Grundlage mathematischer Algorithmen den Hersteller, der den an der Übergabestelle stehenden Sammelcontainer abzuholen und ein leeres Behältnis aufzustellen hat. Hierbei muss sie die zeitlich und örtlich gleichmäßige und an der jeweils in den Verkehr gebrachten Menge orientierte Verteilung der Abholpflicht auf alle registrierten Hersteller sicherstellen.
- Der Hersteller wird durch die EAR mittels Abhol- und Bereitstellungsanordnung zur unverzüglichen Abholung des befüllten Containers von einer bestimmten kommunalen Übergabestelle und zur Bereitstellung eines neuen Containers aufgefordert. Die Hersteller ihrerseits beauftragen mit der Abholung der vollen Container und Bereitstellung leerer Container zumeist Entsorgungsunternehmen.

Die Hersteller müssen eine ihrem jährlichen Marktanteil entsprechende Menge EAG je Geräteart entsorgen. Eine alternative Bestimmungsmöglichkeit ist im Bereich von b2c-Geräten möglich, die nach dem 23. November 2005 in Verkehr gebracht wurden („Neu-Altgeräte"). Hiernach können Hersteller ihre individuelle Rücknahmeverpflichtung pro Geräteart auch auf Basis von Sortieranalysen in Kombination mit wissenschaftlich anerkannten statistischen Methoden bestimmen. Diese Variante kann für Hersteller von Geräten mit besonders hohen Verwertungserlösen interessant sein. Solche Geräte werden erfahrungsgemäß verkauft, aber nicht entsorgt – und scheinen mithin in Sortieranalysen kaum auf, was – bei Berechnung auf dieser Basis – eine niedrige Rücknahmeverpflichtung im mathematischen Algorithmus der EAR zur Folge hätte. Eine Studie der Technischen Universität Dresden und der Technischen Universität Berlin sowie Intecus Dresden zeigt jedoch, dass dieses Verfahren einen sehr hohen sortiertechnischen und kostenseitigen Aufwand erwarten lässt [35]. Keine Wahlmöglichkeit besteht hingegen für b2c-Geräte, die bis zum 23. November 2005 in Verkehr gebracht wurden („Alt-Altgeräte"). Insoweit formt das ElektroG quasi eine Haftungsgemeinschaft aller zum Zeitpunkt des Anfalls als Altgerät am Markt tätigen Hersteller.

Elektrische und elektronische Geräte, die nach dem 13. August 2005 in Verkehr gebracht wurden, bedürfen einer dauerhaften Kennzeichnung[11]. Aus dieser muss die Identität des Herstellers hervorgehen sowie der Hinweis, dass das Gerät nach dem 13. August 2005 erstmals in Verkehr gebracht wurde. Finden die Geräte ihren Einsatz im b2c-Bereich, sind diese zusätzlich mit dem Symbol einer durchgestrichenen Abfalltonne gemäß Abb. 1.5 zu kennzeichnen. Dies weist die privaten Abfallerzeuger zusätzlich auf ihre Verpflichtung zur getrennten Erfassung und Entsorgung des Altgerätes hin.

Der Balken unter der Tonne symbolisiert dabei das In-Verkehr-Bringen nach dem 13. August 2005 und ersetzt quasi das konkrete Datum des Inverkehrbringens.

[11] Gemäß § 24 ElektroG wurde die Wirkung von § 7 bis zum 23. März 2006 ausgesetzt.

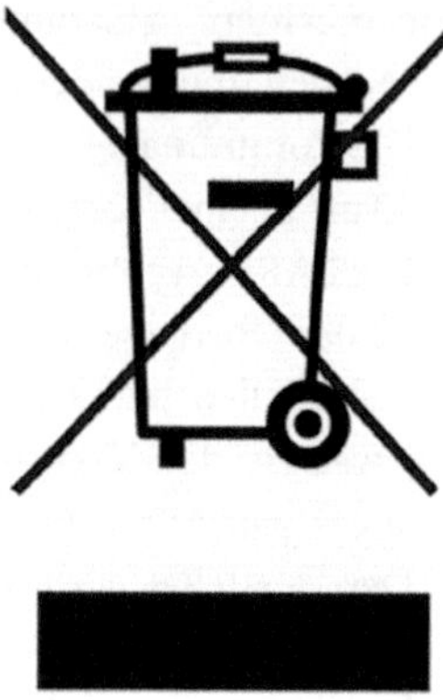

Abb. 1.5 Symbol zur Kennzeichnung elektrischer und elektronischer Altgeräte nach § 7 bzw. Anhang II ElektroG [38]

Für elektrische und elektronische Altgeräte, die nach dem 13. August 2005 in Verkehr gebracht wurden und aus dem nicht-privaten Bereich (b2b)[12] stammen, hat der Hersteller zumutbare Rücknahme- und Entsorgungsmöglichkeiten zu schaffen und die Entsorgung gemäß den Vorgaben des ElektroG sicher zu stellen. Für die vorschriftsgemäße Entsorgung älterer b2b-Geräte ist der Besitzer selbst verantwortlich.

Produktkonzeption und Stoffbegrenzungen Die Hersteller sind gehalten, ihre Geräte möglichst so zu gestalten, dass sie nach ihrem Gebrauch leicht demontiert und verwertet werden können. Hierbei soll insbesondere die Wiederverwendung und die stoffliche Verwertung von Altgeräten, ihren Bauteilen und Werkstoffen berücksichtigt und somit erleichtert werden. Um den Schadstoffeintrag durch EAG in Abfälle zu vermindern ist der Einsatz diverser Schadstoffe seit dem 01. Juli 2006 limitiert. Neue Geräte dürfen seit dem nur noch in Verkehr gebracht werden, wenn sie weniger als 0,1 Gewichtsprozent Blei, Quecksilber, sechswertiges Chrom, polybromierte Diphenylether/Biphenyle, sowie weniger als 0,01 Gewichtsprozent Cadmium je homogenem Werkstoff enthalten. Ausgenommen sind Medizinprodukte sowie Überwachungs- und Kontrollinstrumente.

Recycling- und Verwertungsquoten Das ElektroG beinhaltet mehrere produktbezogene Quoten zur Wiederverwendung („Re-Use"), zur stofflichen Verwertung („Recycling") und zur Verwertung („Recovery", Tab. 1.2).

Bei Medizinprodukten aus Kategorie 8 wurden bisher noch keine Verwertungsquoten definiert.

Gemäß ElektroG werden bei der Wiederverwendung die EAG oder deren Bauteile zum gleichen Zweck verwendet, für den sie hergestellt oder in Verkehr gebracht wurden. Die stoffliche Verwertung umfasst die in einem Produktionsprozess erfolgte Wiederaufbereitung der Abfallmaterialien zum ursprünglichen oder zu anderen Zwecken unter

[12] EAG aus dem nicht-privaten Bereich werden auch als b2b-Geräte („Business-to-Business") bezeichnet.

Tab. 1.2 Verwertungsquoten für Gerätekategorien gemäß Elektrogesetz

EAG-Kategorie (Kategorienummer)	Wiederverwendung und stoffliche Verwertung (Gew.-%)	Verwertung (Gew.-%)
Haushaltsgroßgeräte (1) Automatische Ausgabegeräte (10)	75	80
Informations- und Telekommunikationstechnik (3) Unterhaltungselektronik (4)	65	75
Haushaltskleingeräte (2) Beleuchtungskörper (5) Elektrische und elektronische Werkzeuge (6) Spielzeuge sowie Sport- und Freizeitgeräte (7) Überwachungs- und Kontrollinstrumente (9)	50	70
Gasentladungslampen (5)	80	80

Ausschluss der energetischen Verwertung. Die Verwertung i. S. d. ElektroG umfasst alle Verwertungsverfahren, welche in der Anlage 2 des KrWG aufgelistet sind.

Behandlung, Erstbehandlung und Quotenmonitoring Elektrische und elektronische Altgeräte bzw. Bauteile, die nicht wiederverwendet werden können, müssen nach § 11 Abs. 2 ElektroG einer Behandlung nach dem Stand der Technik unterzogen werden. Die Anlage, welche den ersten Behandlungsschritt unternimmt, ist dafür verantwortlich, dass zunächst die Vorgaben zur selektiven Behandlung gemäß Anhang III ElektroG durchgeführt werden. Dies bedeutet, dass aus den getrennt gesammelten EAG insbesondere schadstoffbefrachtete Komponenten wie beispielsweise Batterien, Tonerkartuschen, Leiterplatten $> 10\,cm^2$, Kathodenstrahlröhren, quecksilberhaltige Bauteile oder externe elektrische Kabel entfernt werden müssen. Hiernach erfolgen die weiteren Zerlege- und Aufbereitungsschritte. Diese Erstbehandlungsanlagen müssen jährlich hinsichtlich ihrer Eignung durch einen Sachverständigen zertifiziert werden. Im Zuge dieser Zertifizierung muss der Anlagenbetreiber nachweisen, dass

- die Anlage technisch zur Erstbehandlung geeignet ist, und
- der Betreiber in der Lage ist, alle Primärdaten bis zur Verwertungsanlage nachvollziehbar zu dokumentieren („Mengenstrommonitoring“).

Die Betreiber nachgeschalteter Behandlungs- und Verwertungsanlagen sind verpflichtet, den Erstbehandlern die entsprechenden Nachweise über die angelieferten Mengen zu erbringen. Die Betreiber der Erstbehandlungsanlagen sind verpflichtet, die dokumentierten Mengenstromdaten (Mengen der Altgeräte, ihrer Bauteile, Werkstoffe und Stoffe, die der Erstbehandlungsanlage zugeführt wurden, diese verlassen haben und einer Folgebehandlung oder -verwertung zugeführt wurden) den jeweiligen Herstellern zwecks Erstellung von Verwertungsnachweisen zu melden. Die Hersteller sind verpflichtet, die bei den Erstbehandlungsanlagen pro Kalenderjahr zusammengefassten Mengen der Stiftung EAR bis spätestens 30. April des Folgejahres zu melden.

Weiterentwicklung des ElektroG Die Grundpflichten der Kreislaufwirtschaft sehen eine hochwertige Verwertung von Abfällen vor[13]. Die manuelle Zerlegung von EAG schafft hierfür eine wichtige Grundlage. Einerseits werden dort weitgehend sortenreine Fraktionen angereichert. Andererseits wird durch die schonende Demontage eine Querverschmutzung der Produktströme durch zerstörte Schadstoffträger, Stäube o. ä. weitgehend vermieden. Jedoch steigt mit zunehmender Zerlegetiefe auch der Verwaltungsaufwand beim Mengenstrommonitoring. Dies bedeutet Wettbewerbsnachteile insbesondere für kleine Zerlegebetriebe und soziale Einrichtungen, die in Konkurrenz zu großen, weitgehend automatisierten Aufbereitungsanlagen stehen. Dies birgt in der Folge die Gefahr oligopoler Marktentwicklungen.

Kleine und mittelständige Erstbehandlungsanlagen beklagten insbesondere im Zeitraum seit Einführung des ElektroG einen deutlichen Qualitätsverlust der übergebenen EAG aufgrund von Wertstoffberaubung oder Durchnässung aufgrund unsachgemäßer Zwischenlagerung an Sammel- und Übergabestellen [36]. Besonders für Bildschirmgeräte besteht bei losem Transport in $30\,m^3$-Schüttgutcontainern die Gefahr starker Beschädigungen [37].

Kritikwürdig sind des Weiteren die Anforderungen an die Zertifizierung der Erstbehandler. Nach § 11 Abs. 5 dürfen Erstbehandlungsanlagen

- durch Umweltgutachter/Umweltgutachterorganisationen, die gemäß §§ 9 und 10 Umweltauditgesetz (UAG) zugelassen sind, oder
- durch öffentlich bestellte und vereidigte Sachverständige gemäß § 36 Gewerbeordnung

zertifiziert werden.

Der Zertifizierungspflicht gilt ebenfalls als nachgekommen, wenn die Behandlungsanlage Entsorgungsfachbetrieb ist und die Einhaltung der Anforderungen gemäß ElektroG im Überwachungszertifikat gemäß Entsorgungsfachbetriebeverordnung (EfbV) ausgewiesen wird (vgl. § 11 Abs. 4 ElektroG). Die Sachverständigenausbildung und die Prüfanforderungen in diesen Bereichen sind nach RHEIN und MEYER jedoch unterschiedlich, was unterschiedliche Anforderungen bei der Zertifikatserteilung erwarten lässt [35]. An dieser Stelle fehlen dem ElektroG verbindliche Vorgaben zu den Qualifikations- und Prüfvorgaben für die Sachverständigen.

Nach anfänglichen Praxisproblemen bei der Umsetzung sind die Vorgaben des ElektroG für die Beteiligten inzwischen gut handhabbar. Im Jahr 2010 wurden bundesweit etwa 777.000 Mg Elektroaltgeräte (b2c) zurückgenommen, was einer Sammelquote von etwa 8,8 kg pro Einwohner und Jahr entspricht. Das Sammelziel der WEEE-Richtlinie bzw. des ElektroG von 4 kg pro Einwohner und Jahr (b2c) wurde in Deutschland damit deutlich

[13] Vergleiche § 8 KrWG.

übertroffen. Von diesen gesammelten Mengen wurden 95,9 % verwertet (Recycling und sonstige Verwertung), der Anteil des Recyclings betrug 83,5 %. [41].

Die WEEE-Richtlinie wurde im Jahr 2012 einer Novellierung („Recast") durch die EU-Kommission unterzogen. Die wichtigsten Neuerungen zur Steigerung der Sammelmengen und der Ressourceneffizienz liegen in

- der Aufnahme von Photovoltaikmodulen in den Anwendungsbereich mit Inkrafttreten der novellierten WEEE-Richtlinie
- der Überführung des bisher auf 10 Gerätearten beschränkten Anwendungsbereichs in einen offenen, alle Elektro- und Elektronikgeräte umfassenden Anwendungsbereich nach einer Übergangszeit von 6 Jahren
- der optionalen Verpflichtung des Handels zur Rücknahme von kleinen Elektroaltgeräten (< 25 cm Kantenlänge)
- der stufenweise Anhebung des Sammelziels auf 65 % der in den vergangenen 3 Jahre in Verkehr gebrachten Elektrogerätemenge oder 85 % der jeweils anfallenden Abfallmenge („WEEE generated") 7 Jahre nach Inkrafttreten der WEEE-Richtlinie; Bilanzraum ist der jeweilige Mitgliedsstaat
- der Ermächtigung der Mitgliedsstaaten, auch ambitioniertere bzw. spezifische Sammelziele für bestimmte EEE (z. B. PV-Module oder Energiesparlampen) festzulegen
- der Erschwerung des illegalen Exports von WEEE, z. B. durch die Einführung einer Beweislastumkehr für den Exporteur, der nunmehr nachweisen muss, dass es sich bei seinem Exportgut um funktionstüchtige gebrauchte EEE und nicht um Abfälle handelt
- der Erhöhung der Recycling- und Verwertungsquoten um jeweils 5 % 3 Jahre nach Inkrafttreten der novellierten WEEE-Richtlinie.

Spätestens 4 Jahre nach Inkrafttreten der novellierten WEEE-Richtlinie wird die EU-Kommission einen Bericht zur Überprüfung der Recycling- und Verwertungsquoten, zur möglichen Einführung einer ReUse-Quote sowie zur möglichen Einführung von Output-Quoten vorlegen. Ab Inkrafttreten haben die Mitgliedstaaten 18 Monate Zeit zur Umsetzung in innerstaatliches Recht.

Die in der WEEE-Richtlinie bzw. im ElektroG formulierten, massenbasierten Sammel- und Verwertungsziele werden überwiegend durch mengenmäßig relevante Metalle (insb. Eisen, Kupfer, Aluminium) sowie durch Kunststoffe erfüllt. Das Gewicht von Spurenmetallen wie Gold, Silber, Seltenen Erden, Indium, Cobalt, etc. ist hingegen marginal. Die entsprechenden Metalle/Erze kommen als Primärrohstoff in der EU praktisch nicht vor. Sie sind jedoch von großer Bedeutung für High-Tech-Produkte oder Zukunftstechnologien. Daher ist die Untersuchung, wie solche wirtschaftsstrategisch wichtigen Metalle in Elektroaltgeräten gezielter erfasst und verstärkt einem Recycling zugeführt werden können, von großer Relevanz für die Rohstoffversorgung der deutschen Wirtschaft.

1.3.7.3 Produktverantwortung im Batteriebereich

Das Gesetz über das Inverkehrbringen, die Rücknahme und die umweltverträgliche Entsorgung von Batterien und Akkumulatoren (Batteriegesetz – BattG) trat in seinen wesentlichen Teilen zum 01. Dezember 2009 in Kraft und löste die bis dahin gültige Batterieverordnung (BattV) ab. Es setzt die Europäische Batterierichtlinie (2006/66/EG) in deutsches Recht um. Das Ziel des Gesetzes ist es, Umwelt- und Gesundheitsschäden durch Altbatterien zu begrenzen.

Das BattG beinhaltet Pflichten für die Hersteller, Vertreiber und Endnutzer von Batterien. Die Endnutzer sind verpflichtet, Altbatterien einer getrennten Sammlung zuzuführen. Die Vertreiber sind verpflichtet, Altbatterien vom Endnutzer unentgeltlich zurückzunehmen. Die Hersteller sind verpflichtet, ihre Batterien kostenlos vom Endnutzer bzw. von den Sammelstellen der Vertreiber und der öffentlich-rechtlichen Entsorgungsträger zurückzunehmen. Für sog. „Gerätebatterien" können die Hersteller dies in Form herstellereigener Rücknahmesysteme tun oder sich dem Gemeinsamen Rücknahmesystem anschließen. Sämtliche Rücknahmesysteme erstellen jährlich eine eigene Dokumentation der von ihren Teilnehmern in Verkehr gebrachten und von ihnen jeweils gesammelten und verwerteten Batteriemengen. Diese sog. Erfolgskontrollen sind dem Umweltbundesamt bis spätestens 30. April des Folgejahres vorzulegen.

Als Gemeinsames Rücknahmesystem für Gerätebatterien wurde die „Stiftung Gemeinsames Rücknahmesystem Batterien" (GRS) mit Sitz in Hamburg gegründet. Die Sammlung der GRS erfolgt überwiegend im Handel. Im Jahr 2007 hatten rund 900 Hersteller und Importeure mit GRS einen Entsorgungsvertrag für ihre 33.200 Mg in Verkehr gebrachten Batterien abgeschlossen. Hiervon wurden etwa 14.100 Mg Batterien den rund 170.000 Übergabestellen angedient und davon etwa 13.600 Mg Batterien der Sortierung zugeführt [25]. Die Verwertungsquote bezogen auf die sortierten Batterien lag im Jahr 2007 bei 92 %, die Verwertungsrate der insgesamt in Verkehr gebrachten Batterien bei etwa 37,7 % [26].

Eine Neuerung des BattG im Vergleich zur ehemaligen Batterieverordnung sind verbindliche Sammelziele. Hiernach müssen die Rücknahmesysteme *Sammelquoten* von mindestens 35 % bis 2012 und mindestens 45 % bis 2016 erreichen und dauerhaft sicherstellen. Diese Quoten beziehen sich auf die jährlich in Verkehr gebrachten Mengen aller am jeweiligen System beteiligten Hersteller. *Verwertungsquoten* wie bei Altfahrzeugen und Elektroaltgeräten sind im BattG hingegen nicht bekannt. Alle nach ihrem chemischen System identifizierbaren Altbatterien sind aber nach dem Stand der Technik stofflich zu verwerten, soweit dies technisch möglich und wirtschaftlich zumutbar ist. Die verbleibenden Altbatterien sind gemeinwohlverträglich zu beseitigen. Für Fahrzeug- und Industriebatterien gelten gesonderte Regelungen.

Ebenfalls neu ist im BattG die Verpflichtung der Hersteller und Importeure, das Inverkehrbringen von Batterien vorab gegenüber dem Umweltbundesamt anzuzeigen. Das Umweltbundesamt fungiert als nationales Register und überwacht die Wahrnehmung der abfallwirtschaftlichen Produktverantwortung. Es ist berechtigt, Verstöße gegen die

Register-, Rücknahme- und Entsorgungspflichten zu verfolgen und Verstöße dagegen mit Bußgeldern zu belegen.

Das Batteriegesetz untersagt das Inverkehrbringen von Batterien, die mehr als 0,0005 % Quecksilber und mehr als 0,002 % Cadmium enthalten. Ausnahmen bilden z. B. Knopfzellen, die bis zu 2 % Quecksilber enthalten dürfen, oder Batterien in Not- und Alarmsystemen, die höhere Cadmiumkonzentrationen enthalten dürfen. Batterien, welche die Grenzwerte für Cadmium und Quecksilber überschreiten bzw. mehr als 0,004 % Blei enthalten, sind vom Hersteller gemäß § 17 BattG zu kennzeichnen.

1.3.7.4 Weitere rechtliche Regelungen zur Umsetzung der Produktverantwortung

Weitere rechtliche Regelungen zur Umsetzung der Produktverantwortung liegen in Gestalt der Altfahrzeug-Verordnung sowie der Altölverordnung vor.

1.3.8 Abfallwirtschaftliche Überwachung

Die abfallwirtschaftliche Überwachung wird im sechsten Teil des KrWG geregelt. § 47 Abs. 3 bis 4 KrWG regelt Auskunfts- und Mitwirkungspflichten der Erzeuger oder Besitzer von Abfällen, der Entsorgungspflichtigen und der Anlagenbetreiber. Gemäß § 49 KrWG sind Anlagenbetreiber (Entsorger von Abfällen) gemäß Anlage 1 oder 2 sowie Erzeuger, Besitzer, Einsammler und Transporteure von gefährlichen Abfällen verpflichtet, ein Register zu führen. Hierin sind Menge, Art, Ursprung und, wenn notwendig, Bestimmung, Sammelhäufigkeit und Verwertungs- oder Beseitigungsart der Abfälle zu verzeichnen.

Des Weiteren sind diese Akteure nach § 50 KrWG verpflichtet, der zuständigen Behörde sowie untereinander die ordnungsgemäße Entsorgung gefährlicher Abfälle nachzuweisen. Diese Nachweispflicht gilt nicht bis zum Abschluss der Rückgabe oder Rücknahme, wenn die gefährlichen Abfälle einer verordneten Rücknahme gemäß § 25 KrWG unterliegen.

Mit Inkrafttreten der Verordnung zur Vereinfachung der abfallrechtlichen Überwachung zum 1.2.2007 wurde das deutsche Nachweisrecht vereinfacht. In Anbetracht von jährlich 125.000 Entsorgungsnachweisen und 2,5 Mio. Begleitscheinen in Papierform wurden elektronische Verfahren zugelassen [24]. Die Abfallwirtschaftskonzept- und -bilanzverordnung wurde in diesem Kontext aufgehoben.

1.3.8.1 Nachweisverordnung

Dem Nachweisverfahren kommt die Aufgabe zu, die umweltverträgliche Verwertung oder Beseitigung von Abfällen sicherzustellen. Die Verordnung über die Nachweisführung bei der Entsorgung von Abfällen (NachwV) vom 20.10.2006 gilt für das Führen von Nachweisen und Registern über die Entsorgung von gefährlichen und nicht gefährlichen Abfällen. Adressaten sind Abfallerzeuger, Abfallbeförderer und Abfallentsorger. Mit dem Inkrafttreten des Kreislaufwirtschaftsgesetzes (KrWG) zum 01. Juni 2012 wurde im § 49 die Rechtsgrundlage geschaffen, um die Registerpflicht auf Händler und Makler von gefährlichen Abfällen auszuweiten.

Die Nachweisführung über die Entsorgung von Abfällen gliedert sich gemäß § 50 KrWG in zwei Schwerpunkte:

- Nachweis über die Zulässigkeit der vorgesehenen Entsorgung
- Nachweis über die durchgeführte Entsorgung

Die Nachweisführung über die durchgeführte Entsorgung nachweispflichtiger Abfälle erfolgt im Begleitscheinverfahren. Ein Satz Begleitscheine besteht aus 6 verschiedenfarbigen Einzelscheinen. Zwei Scheine sind Belege für das Register des Abfallerzeugers, zwei Scheine dienen zur Behördenvorlage, jeweils ein Schein fungiert als Beleg für die Register des Beförderers und des Entsorgers (§ 10 NachwV). Bei gefährlichen Abfällen ist die elektronische Nachweisführung obligatorisch (§ 17 NachwV) und seit dem 1. April 2010 verbindlich.

Die Register über nachweispflichtige Abfälle können in Papierform oder elektronischer Form geführt werden. Sind bestimmte Nachweise in elektronischer Form obligatorisch, sind auch die Register elektronisch zu führen. Gemäß § 25 NachwV haben eingestellte Belege und Angaben 3 Jahre im Register zu verbleiben.

1.3.8.2 Beförderungserlaubnisverordnung (BefErlV)

Gemäß § 53 KrWG sind Sammler, Beförderer, Händler und Makler nicht gefährlicher Abfälle verpflichtet, diese Tätigkeit der zuständigen Behörde anzuzeigen. Nach § 54 KrWG bedürfen Sammler, Beförderer, Händler und Makler von gefährlichen Abfällen der Erlaubnis der zuständigen Behörde. Das Anzeigeverfahren für nicht gefährliche Abfälle ist nicht notwendig, wenn der Betrieb bereits über eine entsprechende Erlaubnis im Hinblick auf das Sammeln, Beförderern, Handeln oder Makeln von gefährlichen Abfällen verfügt. Öffentlich-rechtliche Entsorgungsträger (örE) und für die entsprechende Tätigkeit zertifizierte Entsorgungsfachbetriebe bedürfen generell keiner Erlaubnis, müssen die Tätigkeit aber ggf. anzeigen. Die Beförderungserlaubnisverordnung ersetzt die Transportgenehmigungsverordnung (TgV) vom 10. September 1996, bezieht sich aber allein auf das Erlaubnisverfahren für Sammler und Beförderer. In Zukunft soll eine einheitliche Verordnung das Anzeige- und Erlaubnisverfahren von Sammler, Beförderer, Händler und Makler zusammenfassend regeln.

1.3.8.3 Grenzüberschreitende Verbringung von Abfällen

Die grenzüberschreitende Verbringung von Abfällen wird auf internationaler Ebene vom *Basler Übereinkommen über die Kontrolle der grenzüberschreitenden Verbringung gefährlicher Abfälle und ihrer Entsorgung*[14] der Vereinten Nationen sowie vom Beschluss des OECD-Rates über die *Kontrolle der grenzüberschreitenden Verbringung von zur Verwertung bestimmten Abfällen*[15] geregelt. Auf europäischer Ebene wurden das Basler Übereinkommen sowie der OECD-Beschluss mit der *EG-Verordnung über die Verbringung von Abfällen*

[14] „Basler Übereinkommen" vom 22. März 1989.

[15] OECD-Beschluss C(2001)107 vom 14. Juni 2001.

Tab. 1.3 Zulässigkeit grenzüberschreitender Abfallverbringung gemäß Europäischer Abfallverbringungsverordnung (VVA), in Anlehnung an [32]

	Zwischen EU-Staaten	Import in die EU	Durchfuhr durch die EU	Export aus der EU
Abfälle zur Beseitigung	Notifizierungspflicht	Notifizierungspflicht	Notifizierungspflicht	Verbot[a]
Abfälle zur Verwertung („Grüne Liste" der VVA)	Informationspflicht[b]	Informationspflicht	Informationspflicht	Informationspflicht bzw. Sonderregelungen[c]
Alle anderen Abfälle	Notifizierungspflicht	Notifizierungspflicht	Notifizierungspflicht	Verbot[d]

[a] Die Ausfuhr nach Norwegen, Island, Liechtenstein und in die Schweiz ist mit Zustimmung erlaubt
[b] Übergangsregelungen für einige Beitrittsstaaten. Notifizierungspflicht besteht bei Ausfuhr in die Slowakei bis Ende 2011, nach Polen bis Ende 2012, nach Bulgarien bis Ende 2014, nach Rumänien bis Ende 2015
[c] Teilweise Einschränkungen durch nationales Recht der jeweiligen Nicht-EU-Staaten. Notwendigkeit zur Notifizierung von Abfällen des Anhangs IIIB der VVA
[d] Exportverbot für gefährliche Abfälle zur Verwertung in Staaten, für die OECD-Beschluss nicht gilt

(*VVA*)[16] umgesetzt, welche in den Mitgliedsstaaten der EU unmittelbar gilt. In der VVA werden Verfahren und Kontrollregelungen für die Verbringung von Abfällen festgelegt, die vom Ursprung, von der Bestimmung, vom Transportweg, von der Art sowie von der Behandlung der verbrachten Abfälle am Bestimmungsort abhängen. Die VVA gilt für die Verbringung von Abfällen zwischen Mitgliedstaaten mit und ohne Durchfuhr durch Drittstaaten, aus Drittstaaten in die EU, aus der EU in Drittstaaten sowie für Abfälle von und nach Drittstaaten mit Durchfuhr durch die EU.

In Abhängigkeit vom Entsorgungsweg, dem Bestimmungsstaat und der Einstufung des Abfalls unterliegt die grenzüberschreitende Abfallverbringung gemäß VVA

- Informationspflichten oder
- dem Verfahren der vorherigen schriftlichen Notifizierung (Beantragung) und Zustimmung.

Sämtliche Abfälle zur Beseitigung unterliegen gemäß Art. 3 VVA der Notifizierungspflicht. Abfälle zur Verwertung, die auf der „Gelben Liste" des Anhangs IV aufgeführt sind oder die nicht in einer Liste aufgeführt sind, sind ebenfalls notifizierungspflichtig. Die Verbringung von Abfällen zur Verwertung, die auf der „Grünen Liste" des Anhang III geführt sind, unterliegt der Informationspflicht. In Tab. 1.3 sind die Zulässigkeiten der grenzüberschreitenden Abfallverbringung vereinfacht dargestellt.

[16] Verordnung (EG) Nr. 1013/2006 des Europäischen Parlaments und des Rates vom 14. Juni 2006 über die Verbringung von Abfällen.

In Deutschland trifft das Abfallverbringungsgesetz (AbfVerbrG) ergänzende Regelungen zur Europäischen Abfallverbringungsverordnung. Hiernach gilt bei der Beseitigung von Restabfällen beispielsweise das Prinzip der *Beseitigungsautarkie*, d. h. des Vorrangs der inländischen Beseitigung vor der ausländischen Beseitigung. Ausnahmen sind u. a. dann möglich, wenn sich die Nutzung einer grenznahen ausländischen Beseitigungsanlage anbietet oder keine geeignete Beseitigungsanlage im Inland vorhanden ist. Im Falle der Beseitigung im Ausland hat nach § 3 AbfVerbrG die Beseitigung in einem EU-Mitgliedsstaat Vorrang vor der Beseitigung in einem anderen Staat. Abfälle zur Verwertung werden hingegen als Wirtschaftsgüter angesehen, die grundsätzlich auch im Ausland verwertet werden können.

Das AbfVerbrG regelt auch die Behördenzuständigkeiten hinsichtlich der Abfallverbringung. Fragen zur Abfallverbringung beantworten die nationalen Anlaufstellen des jeweiligen Mitgliedstaates. In Deutschland ist dies das Umweltbundesamt in Dessau.

1.3.9 Entsorgungsfachbetriebeverordnung

Nach § 56 KrWG sind Entsorgungsfachbetriebe (EfB) abfallwirtschaftlich tätige Unternehmen, die berechtigt sind, das Gütezeichen einer anerkannten Entsorgergemeinschaft zu führen oder die einen Überwachungsvertrag mit einer technischen Überwachungsorganisation abgeschlossen haben, der eine mindestens jährliche Überprüfung vorsieht.

Im Hinblick auf die ständige Überwachung durch die technische Überwachungsorganisation (TÜO) oder Entsorgergemeinschaft bedarf ein für diese Tätigkeiten zertifizierter EfB keiner Erlaubnis nach § 54 KrWG.

Einzelheiten sind in der Verordnung über Entsorgungsfachbetriebe (EfbV) vom 10.09.1996 geregelt. Diese regelt im Besonderen die

- Organisation, Ausstattung und Tätigkeit eines EfB,
- Anforderungen an Betriebsinhaber und Personal,
- Überwachung und Zertifizierung von EfB.

Aufgrund des hohen Qualifikationsniveaus und der ständigen Überwachung durch unabhängige Stellen ist zu erwarten, dass ein Abfallbesitzer, der einen zertifizierten EfB mit dem Transport, der Verwertung oder der Beseitigung von Abfällen beauftragt, in der Regel seinen zivil- und strafrechtlichen Sorgfaltspflichten genügt.

Die Vorschriften über den EfB bieten seriösen Unternehmen der Entsorgungswirtschaft die Möglichkeit, sich von den „schwarzen Schafen" bei Entsorgungsbetrieben abzugrenzen. Es ist daher zu erwarten, dass weiterhin zahlreiche Unternehmen die Entsorgungsfachbetriebseigenschaft erlangen wollen und so – entsprechend der Zielsetzungen des Kreislaufwirtschafts- und Abfallgesetzes – zur Verwirklichung des Grundsatzes der Selbstverantwortung der Wirtschaft beitragen.

1.3.10 Zulassung von Abfallbehandlungsanlagen

Die Errichtung und der Betrieb von Anlagen, in denen Abfälle behandelt oder entsorgt werden, unterliegen der Genehmigungspflicht. Durch Inkrafttreten des Investitionserleichterungs- und Wohnbaulandgesetzes vom April 1993 wurde diese Genehmigungspflicht für alle Anlagenarten mit Ausnahme von Deponien aus dem damaligen KrW-/AbfG herausgenommen und in das Bundes-Immissionsschutzgesetz (BImSchG) verlagert. Auf diese Weise sollte eine Verfahrensbeschleunigung erreicht werden.

Der Grund dafür ist in den sehr hohen Anforderungen und weitgehenden Einspruchsmöglichkeiten des Genehmigungsverfahrens nach Abfallrecht (Planfeststellungsverfahren) zu suchen. Dies hat früher dazu geführt, dass Genehmigungsverfahren z. B. für Verbrennungsanlagen oder Deponien oft bis zu 8 Jahren dauerten.

1.3.10.1 Immissionsschutzrechtliche Genehmigung

Die Errichtung und der Betrieb von ortsfesten Abfallbeseitigungsanlagen zur Behandlung und Lagerung von Abfällen bedarf gemäß § 35 Abs. 1 KrWG einer immissionsschutzrechtlichen Genehmigung nach § 4 BImSchG. Einer weiteren Zulassung gemäß KrWG bedarf es dann nicht.

Ob eine Anlage einem Genehmigungsverfahren nach §§ 10 ff. BImSchG oder dem vereinfachten Genehmigungsverfahren nach § 19 BImSchG unterliegt, ergibt sich aus Ziffer 8 der Anlage zur Vierten Verordnung zur Durchführung des Bundes-Immissionsschutzgesetzes (4. BImSchV).

Die Anlage besteht aus zwei Spalten, die festlegen, welche Verfahrensart Anwendung findet. Anlagen der ersten Spalte müssen das vollständige Verfahren inklusive Öffentlichkeitsbeteiligung gemäß § 10 BImSchG in Verbindung mit der 9.BImSchV durchlaufen. Anlagen der zweiten Spalte werden im vereinfachten Verfahren ohne Öffentlichkeitsbeteiligung gemäß § 19 BImSchG in Verbindung mit § 24 der 9. BImschV genehmigt. Die wichtigsten Elemente des immissionsschutzrechtlichen Genehmigungsverfahrens sind:

- Beratungstermin mit der Behörde, Antragstellung
- Prüfung auf Vollständigkeit des Antrags seitens der Behörde
- öffentliche Auslegung der Unterlagen (nur 1. Spalte)
- Frist für Einwände (nur 1. Spalte)
- Erörterungstermin (nur 1. Spalte)
- Prüfung der Einwendungen durch die Behörde (nur 1. Spalte)
- Antragsbescheidung (Genehmigung mit/ohne Auflagen, Ablehnung)
- Möglichkeit zum Einlegen von Rechtsmitteln

Eine Entscheidung im vollständigen Verfahren soll spätestens 7 Monate nach dem Eingang des Antrags bei der oberen Immissionsschutzbehörde erfolgen. Entscheidungen im vereinfachten Verfahren sollen spätestens 3 Monate nach dem Eingang der Anträge bei der unteren Immissionsschutzbehörde erfolgen. Beide Fristen können bei besonders schwierigen Prüfungsprozessen jeweils um 3 Monate verlängert werden.

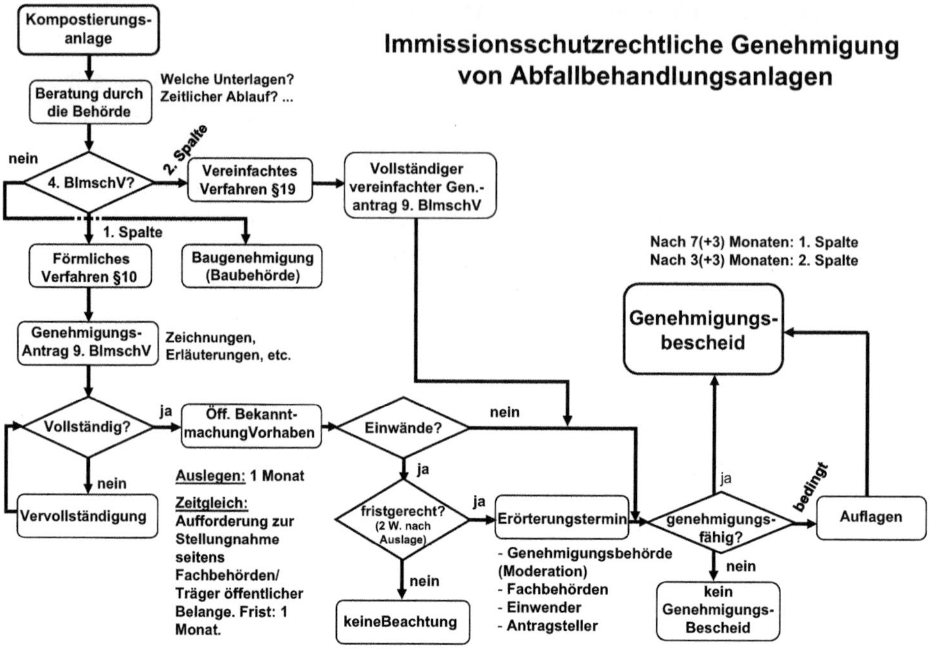

Abb. 1.6 Ablauf immissionsschutzrechtlicher Genehmigungen nach 9. BImSchV

Der Genehmigungsbescheid ist ein begünstigender Verwaltungsakt. Alle relevanten Genehmigungen sind im Genehmigungsbescheid konzentriert. Ausnahmen bilden wasserrechtliche, atomrechtliche und bergrechtliche Belange. In Abb. 1.6 ist der Verfahrensablauf dargestellt.

1.3.10.2 Genehmigungsverfahren für Deponien

Gemäß § 35 Abs. 2 KrWG bedürfen die Errichtung und der Betrieb von Deponien der Planfeststellung der Behörde. Die Voraussetzungen sind in § 36 KrWG geregelt.

Danach darf ein Planfeststellungsbeschluss nur erteilt werden,

- wenn sichergestellt ist, dass das Wohl der Allgemeinheit nicht beeinträchtigt wird, insbesondere Gefahren für bestimmte in § 15 Abs. 2 KrWG genannte Schutzgüter nicht hervorgerufen werden können und Vorsorge gegen die Beeinträchtigung der Schutzgüter getroffen werden kann, insbesondere durch bauliche, betriebliche oder organisatorische Maßnahmen entsprechend dem Stand der Technik,
- keine Tatsachen vorliegen, aus denen sich Bedenken gegen die Zuverlässigkeit der für Errichtung, Leitung oder Beaufsichtigung des Betriebes der Deponie verantwortlichen Personen ergeben,
- diese Personen und das sonstige Personal die erforderliche Fach- und Sachkunde besitzen,

- keine nachteiligen Wirkungen auf Rechte eines Dritten zu erwarten sind und
- die für Verbindlich erklärten Feststellungen eines Abfallwirtschaftsplanes dem Vorhaben nicht entgegenstehen.

Bei der Planfeststellung ist eine Umweltverträglichkeitsprüfung durchzuführen. Hierbei werden aktuelle und zukünftige Auswirkungen der Deponie auf Schutzgüter (Boden, Wasser, Luft, Gesundheit, Fauna, Flora, Kulturgüter, etc.) untersucht und bewertet. Auch wenn keine der o. g. Versagungsgründe eingreifen, besteht kein Rechtsanspruch auf Erteilung der Zulassung; allerdings hat der Vorhabensträger Anspruch auf fehlerfreie Ausübung des der Behörde zustehenden Planungsermessens. Im Planfeststellungsverfahren ist es das Ziel, alle Ansprüche und Widersprüche unter Beteiligung der Öffentlichkeit zu bündeln und einer Interessensprüfung zuzuführen. Die Durchführungsbestimmungen für das Planfeststellungsverfahren finden sich in den §§ 72–78 des Verwaltungsverfahrensgesetzes (VwVfG). Für bestimmte Fälle kann bzw. soll die Behörde von einer Planfeststellung absehen und eine Plangenehmigung erteilen.

1.3.11 Umwelthaftung

1.3.11.1 Umwelthaftungsgesetz

Seit dem 1.1.1991 ist das Umwelthaftungsgesetz in Kraft, durch das Betreiber umweltgefährdender Anlagen stärker in die Pflicht genommen werden sollen. Dieses Gesetz bringt für die betroffenen Unternehmen erhebliche rechtliche wie auch betriebsorganisatorische Auswirkungen mit sich. Das UHG soll vornehmlich dem Schutz der Geschädigten dienen und vor allem die Durchsetzung berechtigter Schadensersatzansprüche erleichtern. Der Verursacher soll ohne Verschulden für bestimmte Schäden einstehen müssen, die Gefährdungshaftung setzt also kein vorwerfbares Handeln voraus. Dieses bedeutet, dass sich die Gefährdungshaftung für Umweltrisiken auch auf Schäden erstreckt, die durch den rechtmäßigen Betrieb einer umweltgefährdenden Anlage verursacht werden. Die Haftung gilt für die im Anhang zum Gesetz aufgeführten Anlagentypen (Abfallentsorgungsanlagen, Gießereien, Verbrennungsanlagen etc.). Das Gesetz findet nur bei einer Schadensverursachung durch Umwelteinwirkung Anwendung, also dann, wenn der Schaden durch Stoffe, Erschütterung, Geräusche, Druck oder Strahlen verursacht wird, die sich in Boden, Luft oder Wasser ausgebreitet haben. Soweit es sich um Schäden aus einer solchen Umwelteinwirkung handelt, sieht das UHG eine Haftungshöchstgrenze von 85 Mio. € für Sach- sowie für Personenschäden vor. Der Geschädigte muss lediglich nachweisen, dass eine Anlage eines im Gesetz aufgeführten Typs den entstandenen Schaden verursacht haben kann. Dann ist der Anlagenbetreiber aufgerufen, die Eignungsvermutung auszuräumen. Die Eignungsvermutung entfällt, wenn die Anlage bestimmungsgemäß betrieben wurde, d. h. dass die besonderen Betriebspflichten aus Genehmigung, vollziehbaren Anordnungen und Rechtsvorschriften beachtet worden sind [27].

1.3.11.2 Umweltschadensgesetz

Neben der Haftung aus Zivilrecht, öffentlichem Recht und Strafrecht wurde mit dem Erlass des Umweltschadensgesetzes (USchadG) vom November 2007 die Haftung für Schäden an natürlichen Ressourcen erweitert. Ein Umweltschaden ist entstanden, wenn nach § 2 Nr. 2 USchadG eine erhebliche Veränderung oder Beeinträchtigung der natürlichen Ressourcen bei Gewässern, des Bodens und der Biodiversität eingetreten ist. Dabei ist kein Verschulden notwendig. Dies gilt z. B. für Betreiber von Abfallverbrennungsanlagen, bei der nach Anlage 1 Nr. 2 zu § 3 Abs. 1 USchadG die Haftung als Gefährdungshaftung ausgestaltet ist.

Der Verantwortliche hat dabei von sich aus zu handeln und entsprechende Schadensbegrenzungsmaßnahmen zu ergreifen.

1.3.11.3 EMAS[17]-Verordnung

Den gestiegenen Umweltanforderungen und -haftungsrisiken kann das Unternehmen nur mit einem ganzheitlichen, d. h. einem integrierten Umweltschutzkonzept begegnen.

Anforderungen an den betrieblichen Umweltschutz kommen praktisch aus allen Teilen der Gesellschaft. Die wichtigsten dabei sind:

- andere Unternehmen (Kunden, Auftraggeber und Lieferanten),
- den Gesetzgebern,
- die Öffentlichkeit,
- die Standortgemeinden,
- die eigenen Mitarbeiter und Nachwuchskräfte und
- die Banken und Versicherungen.

Ein Weg, diesen beträchtlichen Anforderungen gerecht zu werden, der über ein passives Verhalten hinausgeht, ist die Umsetzung der EMAS-Verordnung.

Auf Grundlage dieser Verordnung können sich seit April 1995 gewerbliche Unternehmen, die über ein Umweltmanagement verfügen und regelmäßig Umweltbetriebsprüfungen durchführen, von einem unabhängigen Gutachter überprüfen und ihre Umwelterklärung validieren, d. h. für gültig erklären lassen. Die dritte Novelle der EMAS-Verordnung trat mit der EG-VO 1221/2009 (EMAS III) am 11. Januar 2010 in Kraft. Ziel der Verordnung ist es, die Eigenverantwortung der Unternehmen für den Schutz der Umwelt zu stärken und die kontinuierliche Verbesserung des betrieblichen Umweltschutzes im Rahmen der gewerblichen Tätigkeiten zu fördern. Erreicht werden soll dies nach Art. 1 der Verordnung, indem:

- die Organisationen Umweltmanagementsysteme errichtet und anwenden,
- die Leistung dieser Systeme einer systematischen, objektiven und regelmäßigen Bewertung unterzogen wird,
- Informationen über die Umweltleistungen vorgelegt werden,

[17] Eco Management and Audit Scheme.

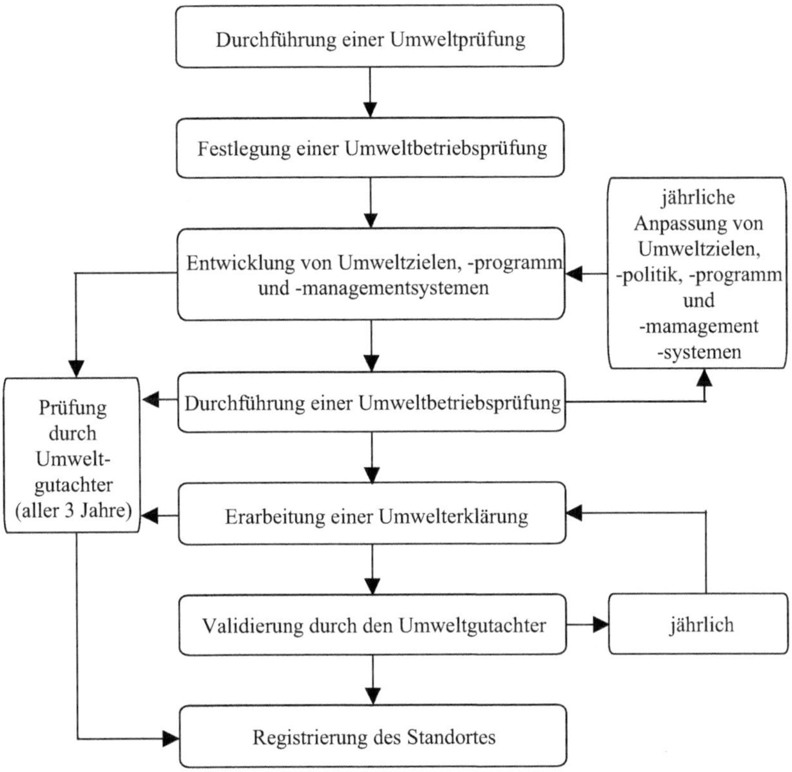

Abb. 1.7 Schritte zur Umsetzung der EMAS-Verordnung

- ein offener Dialog mit der Öffentlichkeit und anderen interessierten Kreisen geführt wird und
- die Arbeitnehmer der Organisationen aktiv beteiligt werden und eine angemessene Schulung erhalten.

Der Begriff „Audit" stammt aus der Wirtschaftsprüfung. Analog dem Zweck einer Bilanz soll das Öko-Audit eine betriebsinterne Rechenschaft (Bilanzprüfung) über die Umweltleistung sicherstellen. Beim Öko-Audit handelt es sich somit um ein vorsorgeorientiertes Umweltinstrument für die gewerbliche Wirtschaft.

Zur Umsetzung der EMAS-Verordnung sind konkrete Schritte erforderlich (vgl. Abb. 1.7).

Die Umweltprüfung steht dabei am Anfang aller Aktivitäten und ist eine erste umfassende Untersuchung des betrieblichen Umweltschutzes. Aus den Ergebnissen der Umweltprüfung und den Vorgaben des Unternehmens wird dann ein Umweltmanagementsystem entwickelt, es wird eine Umweltpolitik festgelegt, und es werden Umweltziele und ein Umweltprogramm beschlossen. In allen weiteren Zyklen tritt an Stelle der

Umweltprüfung die regelmäßige Umweltbetriebsprüfung, die ein in das Umweltmanagement verankertes Instrument darstellt. Am Ende steht jeweils eine jährliche Umwelterklärung für die Öffentlichkeit, die durch einen unabhängigen Gutachter validiert wird, also für gültig erklärt werden muss. Dies geschieht nur, wenn alle Anforderungen der EMAS-Verordnung eingehalten werden. Danach wird der Standort des Unternehmens in ein Register aller validierten Standorte eingetragen, aus dem es bei Verstößen auch wieder gelöscht werden kann. Alle für die Umsetzung der Verordnung entscheidenden Begriffe werden in ihrem Art. 2 definiert. Gemäß Art. 7 sind Ausnahmeregelungen von der in Art. 6 festgelegten Prüfungs- und Validierungszyklen für kleine Organisationen möglich.

1.3.12 Europäische Chemikalienverordnung – REACH

Geltungsbereich und Ziele Die EU-Verordnung 1907/2006 zur Registrierung, Bewertung, Zulassung und Beschränkung chemischer Stoffe (**R**egistration, **E**valuation, **A**uthorisation of **CH**emicals) trat zum 01. Juni 2007 in Kraft. Sie gilt in den Mitgliedsstaaten unmittelbar. Gemäß Art. 1, Abs. 1 ist es Zweck von REACH, ein hohes Schutzniveau für die menschliche Gesundheit und für die Umwelt sicherzustellen, einschließlich der Förderung alternativer Beurteilungsmethoden für von Stoffen ausgehende Gefahren, sowie den freien Verkehr von Stoffen im Binnenmarkt zu gewährleisten und gleichzeitig Wettbewerbsfähigkeit und Innovation zu verbessern (REACH). Alle Chemikalien sollen in sicheren Verwendungen eingesetzt werden. Die Verantwortung für die Herstellung, den Import und die Verwendung von Stoffen werden hauptsächlich der Industrie übertragen. Die REACH-Verordnung

- verpflichtet Hersteller und Importeure, gefährliche Eigenschaften von Stoffen zu ermitteln sowie deren Auswirkungen auf Gesundheit und Umwelt abzuschätzen,
- beschränkt bzw. verbietet bestimmte gefährliche (krebserregende, giftige, umweltgefährdende) Stoffe,
- legt ein Zulassungsverfahren für besonders gefährliche Stoffe fest,
- verpflichtet Hersteller und Importeure zur Information hinsichtlich der Gefährlichkeit und der sicheren Verwendung von Stoffen,
- verpflichtet gewerbliche Verwender von Stoffen zur Durchführung eigener Sicherheitsanalysen, wenn die Verwendung von den Empfehlungen des Herstellers/Importeurs abweicht [33].

REACH ist einschlägig für Hersteller von Stoffen und Importeure von Stoffen und Zubereitungen ab 1 t jährlich pro hergestellten oder importierten Stoff. Grundlegend gilt, dass „pure" Stoffe und deren Zubereitungen bzw. Erzeugnisse, die die vorher genannten enthalten, nur dann in der EU hergestellt oder in Verkehr gebracht werden dürfen, wenn sie nach den einschlägigen Bestimmungen von REACH registriert sind („Ohne Daten kein Markt", siehe Art. 5). Seit dem 02. Dezember 2008 ist eine Vermarktung erst nach vorheriger

Registrierung möglich. Die Registrierung wird bei der Europäischen Chemikalienagentur (ECHA) in Helsinki vorgenommen. Ein Registrierungsdossier enthält gemäß Art. 10 u. a. Angaben zum Hersteller/Importeur sowie der Identität/Herstellung/Verwendungen des Stoffes. Des Weiteren müssen Leitlinien zur sicheren Stoffverwendung, Informationen zur Exposition sowie zu physikalisch-chemischen Eigenschaften, zur Toxikologie, zur Ökotoxizität, u. a. enthalten sein.

Bei Altstoffen konnte bis zum 01. Dezember 2008 durch eine Vorregistrierung die Nutzung der Übergangsfristen für die Registrierung nach REACH erreicht werden. Hierbei waren Daten hinsichtlich des Herstellers/Importeurs, der Mengen sowie des Stoffes notwendig. Alle Vorregistranten des gleichen Stoffes werden in „SIEF"-Datenforen (Substance Information Exchange Forum) zusammengefasst, welche als Plattform zum Informationsaustausch dienen.

Nach Art. 2 fallen radioaktive Stoffe, Stoffe und Zubereitungen im Überwachungsbereich des Zolls, nicht-isolierte Zwischenprodukte sowie der Transport von Stoffen und Zubereitungen nicht unter den Geltungsbereich von REACH. Ebenfalls ausgenommen sind Abfälle.

Der Art. 2 erlaubt im Absatz 7d bei in der Gemeinschaft erfolgten Wiedergewinnung von bereits registrierten Stoffen beim Vorliegen bestimmter Bedingungen auf eine Registrierung der wieder gewonnenen Stoffe zu verzichten.

Stoffbewertung Bis zum 01. Dezember 2011 erstellte die ECHA einen ersten Aktionsplan zur Risikobewertung der risikobehafteter Stoffe. Der Aktionsplan ist ab dann jährlich zu aktualisieren. Auf Grundlage von Art. 44 erarbeitet ECHA Kriterien zur Risiko-Priorisierung der Stoffe. Diese Rangfolge wird insbesondere auf Grundlage

- der Expositionswege,
- der besorgniserregenden Eigenschaften (Schadwirkungen), der Persistenz und der Akkumulierbarkeit, sowie
- der Gesamtmenge (aus Registrierungen)

des jeweiligen Stoffes bestimmt. Grundlegend ist je ein Mitgliedsstaat bzw. dessen zuständige Behörde für die schlussendliche Bewertung eines von ECHA vorgeschlagenen Stoffes verantwortlich. In Deutschland ist die verantwortliche Behörde die Bundesstelle für Chemikalien, welche bei der Bundesanstalt für Arbeitsschutz und Arbeitsmedizin (BAuA) angesiedelt ist.

Stoffzulassung Nach Art. 55 ist es Zweck der Zulassung, dass die von besonders besorgniserregenden Stoffen ausgehenden Risiken beherrscht werden und diese Stoffe schrittweise durch geeignete Alternativstoffe oder -technologien ersetzt werden, sofern diese wirtschaftlich und technisch tragfähig sind. Zu diesem Zweck prüfen alle Hersteller, Importeure und nachgeschaltete Anwender, die einen Antrag auf Zulassung stellen, die Verfügbarkeit von

Tab. 1.4 Weitere abfallrechtliche Regelwerke

Regelwerk	Regelungsbereich
17. BImSchV	Verbrennung und Mitverbrennung von Abfällen
30. BImSchV	Anlagen zur biologischen Behandlung von Restabfällen (MBA)
Abfallverbringungsgesetz (AbfVerbrG)	Grenzüberschreitende Verbringung gefährlicher Abfälle und ihre Entsorgung
AltfahrzeugV	Überlassung, Rücknahme und Entsorgung von Altfahrzeugen
AltholzV	Anforderung an Verwertung und Beseitigung von Altholz
AltölV	Stoffliche/energetische Verwertung und Beseitigung von Altöl
BioabfallV	Verwertung von Bioabfällen in Forst- und Landwirtschaft und gärtnerischen Böden
BiomasseV	Erzeugung von Strom aus Biomasse
Erneuerbare Energien-Gesetz (EEG)	Vergütung von Strom aus erneuerbarer Energie
Ersatzbaustoffverordnung (ErsatzbaustoffV)	Verwertung mineralischer Bau- und Abbruchabfälle
GewerbeabfallV	Entsorgung von gewerblichen Siedlungsabfällen
KlärschlammV (AbfKlärV)	Aufbringung von Klärschlamm auf landwirtschaftliche Flächen, Laboranalyse
Verordnung über Betriebsbeauftragte für Abfall	Pflichten bei der Bestellung von Betriebsbeauftragten für Abfall
VersatzV	Versatz von Abfällen unter Tage

Alternativen und deren Risiken sowie die technische und wirtschaftliche Durchführbarkeit der Substitution [34].

Ein Stoff bzw. eine Zubereitung mit diesem Stoff, welche im Anhang XIV (Verzeichnis für zulassungspflichtige Stoffe) gelistet ist, darf nur verwendet werden, wenn er zugelassen wurde. Anträge auf Zulassung werden gemäß Art. 62 bei der ECHA gestellt. Antragsberechtigt sind Hersteller, Importeure und nachgeschaltete Anwender. Über die Stoffzulassung entscheidet die Kommission.

REACH und Abfallwirtschaft Sobald ein Abfall gemäß Art. 6 der Europäischen Abfallrahmenrichtlinie bzw. gemäß § 5 des Kreislaufwirtschaftsgesetzes (KrWG) seine Abfalleigenschaft verliert, wird dieser zum Produkt und unterliegt somit dem Geltungsbereich der REACH-Verordnung.

1.3.13 Weitere abfallwirtschaftlich relevante Vorschriften

Eine Übersicht über weitere abfallwirtschaftlich relevante Regelwerke samt Regelungsbereich liefert die Tabelle (Tab. 1.4).

Literatur

1. Hösel, G.: Beseitigung von Abfallstoffen aus der Sicht der öffentlichen Gesundheitspflege (Kennz. 0120). Hösel, Schenkel, Bilitewski, Schnurer: Müll-Handbuch. Berlin: Erich Schmidt Verlag 1991
2. Vesilind, P.A.; Rimer, A.E.: Unit Operations in Resource Recovery Engineering. London: Prentice-Hall International, Inc. 1981
3. Augustin, K.; Pohl, M.: Umweltrelevante Kenngrößen der Abfallwirtschaft, In: Hösel/ Bilitewski/Schenkel/Schnurer: Müll-Handbuch (Kennz. A 1730). Berlin: Erich Schmidt Verlag 2001
4. Strebel, H.: Umwelt und Betriebswirtschaft – Die natürliche Umwelt als Gegenstand der Unternehmenspolitik. Berlin: Erich Schmidt Verlag 1980
5. Wicke, L.: Umweltökonomie – Eine praxisorientierte Einführung. München: Verlag Franz Vahlen 1982
6. Schmalenbach, E.: Selbstkostenrechnung I. Zeitschrift für handelswissenschaftliche Forschung (1919) 265
7. Umweltbundesamt: Verwertung mineralischer Abfälle auf Deponien; Dessau-Roßlau 2006, http://www.umweltbundesamt-daten-zur-umwelt.de/umweltdaten/public/theme.do?nodeIdent =3147
8. Storm, C.: Umweltrecht. Berlin: Erich Schmidt Verlag 1980
9. Erhard, H.: Aus der Geschichte der Städtereinigung (Kennz. 110). Hösel/Schenkel/Bilitewski/ Schnurer: Müll-Handbuch. Berlin: Erich Schmidt Verlag 1991
10. N.N.: Jahresbericht 1987. Berlin: UBA-Eigenverlag 1988
11. Umweltbundesamt: Adressen der thermischen Behandlungsanlagen für Rest-Siedlungsabfälle in der Bundesrepublik Deutschland, Stand 10/05, Dessau-Roßlau
12. Unz, W.: Diskussion der Beseitigungsmethoden. Müll und Abfall 2 (1973) 29–32
13. Lersner, H. v.: Aktuelle Fragen der Abfallwirtschaft. Müll und Abfall 3 (1972) 69–73
14. Ammet, D.: Ungewisser Weg der Abfallbeseitigung und der Abfallwirtschaft. Müll und Abfall 5 (1982) 129–133
15. Thomé-Kozmiensky, K.-J.: Rauchgasreinigung nach der Abfallverbrennung. Berlin: TU-Eigenverlag 1981
16. Wolf, K.: Sanierung der Deponie Georgswerder. Thomé-Kozmiensky, K.J. (Hrsg.): Altlasten. Berlin: EF-Verlag 1987, S. 719–726
17. Thomé-Kozmiensky, K.-J.: Sanierung von Altlasten. Thomé-Kozmiensky, K.J. (Hrsg.): Altlasten. Berlin: EF-Verlag 1987, S. 1–330
18. Deutscher Taschenbuch Verlag (2007): Beck Texte im dtv. Abfallrecht, 11. Auflage, Seite XI ff. München
19. Deutscher Taschenbuch Verlag (2008): Beck Texte im dtv. Abfallrecht, 12. Auflage, Seite XIII ff. München
20. R. Prelle (2008): Begriff und Bedeutung der (Vorbereitung zur) Wiederverwendung im Abfallrecht. In: AbfallR 5, 2008, S. 220 ff
21. Bundesministerium für Umwelt, Naturschutz und Reaktorsicherheit (2010). Verordnung zur Vereinfachung des Deponierechts. http://www.bmu.de/abfallwirtschaft/neue_rechtsvorschriften/doc/41593.php. Online-Abfrage vom 25.01.2010
22. von Köller, H.: Kreislaufwirtschafts- und Abfallgesetz, Abfallwirtschaft in Forschung und Praxis Band 77, Erich Schmidt Verlag Berlin, 2. überarbeitete und erweiterte Auflage, 1996
23. Bundesministerium für Umwelt, Naturschutz und Reaktorsicherheit (2008). Abdruck der Vorschrift, welche in zweiter Lesung am 17.06.2008 vom Europäischen Parlament beschlossen wurde http://www.bmu.de/files/pdfs/allgemein/application/pdf/ergebnis_2_lesung_ep_de.pdf. Online-Abfrage vom 31.10.2008

24. Bundesministerium für Umwelt, Naturschutz und Reaktorsicherheit (2008). Hintergrundinformationen Oktober 2006: Vereinfachung der abfallrechtlichen Überwachung. http://www.bmu.de/files/pdfs/allgemein/application/pdf/nachweis_hintergrund.pdf. Online-Abfrage vom 01.11.2008
25. Stiftung Gemeinsames Rücknahmesystem Batterien (2007): „Jahresbericht/Erfolgskontrolle 2007". Eigenverlag, Hamburg.
26. Knudsen, Nicole (2008): „Produktverantwortung am Beispiel der Batteriesammlung". Vortrag an der TU Dresden am 06. November 2008. Dresden
27. Dambert, M.: Die Praxis der betrieblichen Haftung. Umwelt 21 (1991) 675–676
28. Hösel, G.: Unser Abfall aller Zeiten. München: Ihle Verlag 1990
29. Umweltbundesamt: Stellenwert der Abfallverbrennung in Deutschland, Dessau-Roßlau, 2008
30. Itzel, H.; Ross, E.-G.: Möglichkeiten und Grenzen des Chemikalienrecyclings – Retrologistik, Müll-Handbuch, Kennzahl 8621.5, Lieferung 6/03, Erich Schmidt Verlag, Berlin
31. Bundesministerium für Umwelt, Naturschutz und Reaktorsicherheit und Umweltbundesamt: Ökologisch sinnvolle Verwertung von Bioabfällen; September 2009
32. Umweltbundesamt: Abfallwirtschaft – Grenzüberschreitende Abfallverbringung. www.umweltbundesamt.de/abfallwirtschaft/gav/index.htm. Online-Abfrage vom 15.12.2009
33. Bundesministerium für Umwelt, Naturschutz und Reaktorsicherhit (2008): REACH-Kurzinfo, http://www.bmu.de/chemikalien/reach/kurzinfo/doc/39992.php. Online-Abfrage vom 02. Dezember 2008.
34. Verordnung (EG) Nr. 1907/2006 des Europäischen Parlaments und des Rates vom 18. Dezember 2006 zur Registrierung, Bewertung, Zulassung und Beschränkung chemischer Stoffe (REACH), zur Schaffung einer Europäischen Chemikalienagentur, zur Änderung der Richtlinie 1999/45/EG und zur Aufhebung der Verordnung (EWG) Nr. 793/93 des Rates, der Verordnung (EG) Nr. 1488/94 der Kommission, der Richtlinie 76/769/EWG des Rates sowie der Richtlinien 91/155/EWG, 93/67/EWG, 93/105/EG und 2000/21/EG der Kommission
35. Bilitewski, B.; Janz, A.; Rhein, H.-B.; u. a. (2007): „Rechtliche und fachliche Grundlagen zum Elektrogesetz". Projektbericht Teil I–III, gefördert und veröffentlicht durch das Umweltbundesamt (Förderkennzahl 206 31 300), www.umweltbundesamt.de.
36. Werner, S. (2007): „Hochwertige Aufbereitung und Nachweisführung bei händischer Zerlegung". Veröffentlicht im Tagungsband „Das ElektroG und die Praxis. Monitoring – Erstbehandlung – Technik", Seite 61–64. Hrsg. B. Bilitewski, A. Janz und P. Werner. Eigenverlag des Forum für Abfallwirtschaft und Altlasten e. V., Pirna
37. Schönekerl, M. (2007): „Qualitätssicherung bei der Übergabe und Transport zum Erstbehandler". Veröffentlicht im Tagungsband „Das ElektroG und die Praxis. Monitoring – Erstbehandlung – Technik", Seite 65–85. Hrsg. B. Bilitewski, A. Janz und P. Werner. Eigenverlag des Forum für Abfallwirtschaft und Altlasten e. V., Pirna
38. Zentralverband Elektrotechnik- und Elektronikindustrie e. V. (ZVEI): http://www.zvei.org/index.php?id=224, Onlineabfrage 26.08.2008
39. Bundesministerium der Justiz: Gesetz zur Förderung der Kreislaufwirtschaft und Sicherung der umweltverträglichen Bewirtschaftung von Abfällen (Kreislaufwirtschaftsgesetz – KrWG); Ausfertigungsdatum: 24.02.2012; Internetveröffentlichung, abgerufen am 13.08.2012 unter: http://www.gesetze-im-internet.de/krwg/
40. A. Bünemann, J. Christiani et al. (2011): Planspiel zur Fortentwicklung der Verpackungsverordnung, TV 01: Bestimmung der Idealzusammensetzung der Wertstofftonne. Internetveröffentlichung unter http://www.umweltdaten.de/publikationen/fpdf-l/4074.pdf
41. A. Janz und T. Rummler: „The new WEEE and RoHS Directives – challenges for designing electrical and electronic products and handling e-waste". In: Gidarakos et al. (Hrsg.): „Chania 2012. 3rd International Conference on Hazardous Waste Management". Eigenverlag Technische Universität Kreta. Chania, 2012.

Der Abfall

2

2.1 Definition des Abfallbegriffes

Das Kreislaufwirtschafts- und Abfallgesetz (KrW-/AbfG) vom 27. September 1994 löst mit seinem Inkrafttreten am 7. Oktober 1996 das Abfallgesetz vom 27. August 1986 ab und verändert die Definition des Abfallbegriffes.

Dem Kreislaufwirtschaftsgesetz nicht unterworfen sind alle die zu entsorgenden Stoffe, für die das Lebensmittel- und Futtermittelgesetzbuch, das Tabakgesetz, Tierseuchengesetz, Tierische Nebenprodukte-Beseitigungsgesetz, Pflanzenschutzgesetz, Strahlenschutzvorsorgegesetz oder Atomgesetz gilt oder die als Abfälle unter Bergaufsicht entsorgt werden, als gasförmige Stoffe entweichen oder in Gewässern und Abwasserbehandlungsanlagen eingeleitet werden.

Im Folgenden sind Begriffsbestimmungen für Abfälle nach der TA Siedlungsabfall aufgeführt. Unabhängig davon, dass am 16.07.2009 diese Verwaltungsvorschrift außer Kraft getreten ist, sind die Definitionen hier aufgenommen, da diese weiterhin in der Praxis geläufig sind.

Altmedikamente	Nicht verbrauchte Medikamente, die in haushaltsüblichen Mengen anfallen.
Bauabfälle	Bauschutt, Baustellenabfälle, Bodenaushub und Straßenaufbruch.
Bauschutt	Mineralische Stoffe aus Bautätigkeiten, auch mit geringfügigen Fremdanteilen.
Baustellenabfälle	Nichtmineralische Stoffe aus Bautätigkeit, auch mit geringfügigen Fremdanteilen.
Bioabfall	Im Siedlungsabfall enthaltene biologisch abbaubare nativ- und derivativ-organische Abfallanteile (z. B. organische Küchenabfälle, Gartenabfälle).
Bodenaushub	Nicht kontaminiertes, natürlich gewachsenes oder bereits verwendetes Erd- und Felsmaterial.

B. Bilitewski, G. Härdtle, *Abfallwirtschaft*,
DOI 10.1007/978-3-540-79531-5_2, © Springer-Verlag Berlin Heidelberg 2013

Fäkalien	In abflusslosen Sammelgruben und Behältern anfallende Exkremente menschlichen Ursprungs, soweit sie nicht in Abwasseranlagen eingebracht werden.
Fäkalschlamm	Bei der Behandlung von Abwasser in Kleinkläranlagen (Hauskläranlagen) anfallender Schlamm.
Garten- und Parkabfälle	Überwiegend pflanzliche Abfälle, die auf gärtnerischen Grundstücken, in öffentlichen Parkanlagen und auf Friedhöfen sowie als Straßenbegleitgrün anfallen.
Hausmüll (=Haushaltsabfall)	Abfälle hauptsächlich aus privaten Haushaltungen, die von den Entsorgungspflichtigen selbst oder von beauftragten Dritten in genormten, im Entsorgungsgebiet vorgeschriebenen Behältern regelmäßig gesammelt, transportiert und der weiteren Entsorgung zugeführt werden.
Hausmüllähnliche Gewerbeabfälle	In Gewerbebetrieben, auch Geschäften, Dienstleistungsbetrieben, öffentlichen Einrichtungen und Industrie anfallende Abfälle, soweit sie nach Art und Menge gemeinsam mit oder wie Hausmüll entsorgt werden können.
Restabfall	Nach Abfallvermeidung und getrennter Erfassung von Wert- und Schadstoffen verbleibender, zu entsorgender Abfall.
Klärschlamm	Bei der Behandlung von Abwasser in kommunalen und entsprechenden industriellen Abwasserbehandlungsanlagen anfallender Schlamm, auch soweit er entwässert oder getrocknet oder in sonstiger Form behandelt wurde.
Marktabfälle	Auf Märkten anfallende Abfälle, wie z. B. Obst- und Gemüseabfälle und nicht verwertbare Verpackungsmaterialien.
Produktionsspezifische Abfälle	In Industrie, Gewerbe oder sonstigen Einrichtungen anfallende Abfälle, die keine Siedlungsabfälle sind, jedoch nach Art, Schadstoffgehalt und Reaktionsverhalten wie Siedlungsabfälle entsorgt werden können.
Rückstände aus Abwasseranlagen	Rechengut, Sandfang- und Fettfangrückstände aus Kläranlagen sowie Rückstände aus Siel-, Kanalisations- und Gullyreinigung.
Siedlungsabfälle	Abfälle wie Hausmüll, Sperrmüll, hausmüllähnliche Gewerbeabfälle, Garten- und Parkabfälle, Marktabfälle, Straßenkehricht, Bauabfälle, Klärschlamm, Fäkalien, Fäkalschlamm, Rückstände aus Abwasseranlagen und Wasserreinigungsschlämme.
Sperrmüll	Feste Abfälle, die wegen ihrer Sperrigkeit nicht in die im Entsorgungsgebiet vorgeschriebenen Behälter passen und getrennt vom Hausmüll gesammelt und transportiert werden.
Straßenaufbruch	Mineralische Stoffe, die hydraulisch, mit Bitumen oder Teer gebunden oder ungebunden im Straßenbau verwendet werden.
Straßenkehricht	Abfälle aus der Straßenreinigung, wie z. B. Straßen- und Reifenabrieb, Laub sowie Streumittel des Winterdienstes.
Wasserreinigungsschlämme	Bei der Behandlung von Wasser in Wasseraufbereitungsanlagen anfallende Schlämme, auch soweit diese entwässert oder in sonstiger Form behandelt wurden.
Wertstoffe	Abfallbestandteile oder Abfallfraktionen, die zur Wiederverwendung oder für die Herstellung verwertbarer Zwischen- oder Endprodukte geeignet sind.

2.2 Abfallmengenentwicklung und Abfallzusammensetzung

2.2.1 Änderungen in der Abfallstatistik nach 1999

In den Abfallstatistiken des Bundes und der Länder werden Angaben über Aufkommen und Verbleib von entsorgten Abfällen jährlich veröffentlicht und können als Zeitreihen dargestellt werden. Bei der Auswertung dieser Erhebungen ist zu beachten, dass Änderungen in der Aufschlüsselung der Abfallstatistikdaten zu Brüchen in den Zeitreihen geführt haben.

Die Aufschlüsselung der Abfallstatistikdaten erfolgte und erfolgt auf Grundlage der folgenden Regelwerke:

- vor 1999: Abfallartenkatalog der Länderarbeitsgemeinschaft Abfallstatistik (LAGA)
- 1999: Europäischer Abfallkatalog (EAK)
- 2001: Europäisches Abfallartenverzeichnis (EAV)

Weitere Änderungen:

- 2003: Änderung der Wirtschaftszweigklassifikation,
- 2004: Anlagen außerhalb der Entsorgungswirtschaft werden losgelöst vom Gesamtbetrieb betrachtet,
- Erhebung im Jahr 2005 auf Grundlage von § 7 Abs. 1 BStatG mit freiwilliger Auskunftserteilung.

Wesentliche Änderungen der Abfallstatistik nach 2001 fasst die Tab. 2.1 zusammen, dabei handelt es sich größtenteils um Mengenverschiebungen zwischen einzelnen Abfallarten.

2.2.2 Gesamtabfallaufkommen

Das gesamte Abfallaufkommen in Deutschland lag 2007 bei 351,1 Mio. Mg (ohne Abfälle aus Abfallbehandlungsanlagen). Der verwertete Anteil macht mit 74 % (260,1 Mio. Mg) ca. 2/3 des Gesamtabfallaufkommens aus, der zu beseitigende Anteil liegt bei 26 % (91,0 Mio. Mg). Die innerbetriebliche Verwertung wurde nicht berücksichtigt. In Tab. 2.2 sind einzelne Abfallarten und das Gesamtaufkommen an Abfall dargestellt.

Wie die Tabelle zeigt, machen die Bau- und Abbruchabfälle mit 57 % mehr als die Hälfte des Abfallaufkommens in der Bundesrepublik Deutschland aus. Diese Abfallgruppe weist zudem mit 88 % die höchste Verwertungsrate auf. Die Abfälle aus Produktion und Gewerbe, die Siedlungsabfälle und das Bergematerial aus dem Bergbau treten in etwa zu gleichen Anteilen auf. Beim Siedlungsabfall liegt der verwertete Anteil bei 75 %. Das Bergematerial aus dem Bergbau wird dagegen komplett abgelagert, was zu den Beseitigungsmaßnahmen zählt.

Tab. 2.1 Änderungen in der Abfallstatistik nach 2001. (Nach [14])

Abfallart	Abfallstatistik vor der Neuerung	Jahr der Neuerung	Änderung in der Abfallstatistik	Auswirkung
Gefährliche Abfälle	Aufschlüsselung nach Europäischem Abfallkatalog (EAK)	2002	Aufschlüsselung nach Europäischem Abfallartenverzeichnis (EAV)	Ab 2002: Anzahl der als „gefährlich" eingestuften Abfallschlüsselnummern nimmt zu
Garten- und Parkabfälle	Gemeinsame Ausweisung der biologisch abbaubaren und nicht biologisch abbaubaren Garten- und Parkabfälle	2002	Aufteilung der Garten- und Parkabfälle in biologisch abbaubare Garten- und Parkabfälle, die unter die Kategorie Haushaltsabfälle fallen und nicht biologisch abbaubare Garten- und Parkabfälle, die den sonstigen Siedlungsabfällen zugeordnet werden	2002: Mengensteigerung von 4,2 Mio. Mg bei den Haushaltsabfällen durch die Garten- und Parkabfälle
Getrennt gesammelte Fraktionen	Getrennt gesammelte Haushaltsabfälle: Glas, Papier, LVP, EAG, weitere an Sortieranlagen angelieferte Haushaltsabfälle	2002	Erweiterung durch hinzufügen weiterer getrennt gesammelter Mengen: Textilien, Laugen, Farben, Lacke, Lösemittel etc.	2002: Mengensteigerung der sonstigen getrennt gesammelten Mengen der Haushaltsabfälle; 2001:0,3 Mio. Mg 2002: 1,3 Mio. Mg
Verpackungen	Eigene Verschlüsselung der Verpackungen aus Haushalten, Trennung von Verpackungen aus dem Gewerbe möglich	2002	Verpackungen werden komplett den Haushalten zugeordnet	2002: Zuwachs der LVP gegenüber dem Vorjahr um 3,8 Mio. Mg
Elektroaltgeräte (EAG)	Menge EAG aus nicht gefährlichem Input an Zerlegeeinrichtungen und Entsorgungsanlagen, keine Differenzierung nach Herkunft	2002	Mehr Abfallschlüssel als gefährlich deklariert, Unterscheidung zwischen EAG aus Haushalten und dem Gewerbe; bei den EAG aus Haushalten werden nur nicht gefährliche Mengen aus EAV 20 ausgewiesen	2002 Verringerung der Menge EAG aus Haushalten; 2001: 0,45 Mio. Mg 2002: 0,11 Mio. Mg

Tab. 2.1 (Fortsetzung)

Abfallart	Abfallstatistik vor der Neuerung	Jahr der Neuerung	Änderung in der Abfallstatistik	Auswirkung
Produktions- und Gewerbeabfälle	Erfassung der Abfallmengen der betrieblichen Entsorgung auf Betriebsebene Bilanzierung der Abfälle die zur Entsorgung auf Deponien, in die Feuerung oder die Abfallverbrennung gingen	2004	Anlagenbezogene Erfassung der Abfallmengen der betrieblichen Entsorgung; Erhebung auch bei den „Eigenentsorgern" anlagenbezogen	2004 Zunahme der Abfälle aus Produktion und Gewerbe 2003: 46,7 Mio. Mg 2004: 53,0 Mio. Mg
Bau- und Abbruchabfälle	Erhebung der Abfallmengen über Einsatz von Bodenaushub, Bauschutt und Straßenaufbruch bei Bau- und Rekultivierungsmaß-nahmen der öffentlichen Hand und Ausweisung bei den Bauabfällen	2004	Neues UStatG, Wegfall dieser Erhebung	2004: Verringerung der Menge der Bau- und Abbruchabfälle; 2003: 223,4 Mio. Mg 2004: 187,5 Mio. Mg
Entsorgungswege (R- und D-Verfahren)	Bilanzierung der Entsorgungswege der Abfallarten an den Entsorgungsanlagen	2004 und 2005	2004: Aufteilung der in Chemisch-Physikalischen und Mechanisch-Biologischen Anlagen behandelten Abfallmengen auf die R- (Behandlung und stoffliche Verwertung) und D-Verfahren (Behandlung zur Beseitigung); 2005: Aufteilung der Abfälle aus Anlagen zur Bodenbehandlung	

Tab. 2.2 Abfallaufkommen und –verwertung nach Abfallarten in Deutschland 2007. (Nach Abfallbilanz des Statistischen Bundesamtes in Mio. Mg [8])

Mio. Mg	Abfallaufkommen	Davon Abfälle zur Verwertung	Davon Abfälle zur Beseitigung
Siedlungsabfälle	47,9	35,8	12,1
Bergematerial aus dem Bergbau	42,9	-	42,9
Abfälle aus Produktion und Gewerbe	58,5	47,4	11,1
Bau- und Abbruchabfälle	201,8	176,9	24,9
Summe	*351,1*	*260,1*	*91,0*

Tab. 2.3 Abfallaufkommen und -verwertung nach Abfallarten in Deutschland 1993. (Nach Abfallbilanz des Statistischen Bundesamtes in Mio. Mg [4])

Mio. Mg	Abfallaufkommen	Davon Abfälle zur Verwertung	Davon Abfälle zur Beseitigung
Hausmüll, hausmüllähnliche Gewerbeabfälle, Sperrmüll, Kehricht	43,5	13,0	30,5
Bergematerial aus dem Bergbau	67,8	9,1	58,7
Abfälle aus der Produktion	77,7	45,6	32,1
Bauschutt, Bodenaushub, Straßenaufbruch, Baustellenabfälle[a]	143,1	15,8	127,3
Sonstige	6,4	2,0	4,5
Summe[b]	*338,5*	*85,4*	*253,1*

[a] Verwertung ohne Sortierung/Aufbereitung bei Entsorgungsanlagen ohne transportable Aufbereitungsanlagen
[b] Abweichungen in den Summen durch Runden

In Tab. 2.3 ist das Abfallaufkommen aus dem Jahr 1993 dargestellt. Bei der Gegenüberstellung der Abfallbilanzen von 1993 und 2007 zeigt sich, dass neben den in Abschn. 2.1 beschriebenen Änderungen in der Abfallstatistik auch Neuerungen der verwendeten Begrifflichkeiten der Abfallkategorien aufgetreten sind.

Im Jahr 1993 betrug das Gesamtabfallaufkommen 338,5 Mio. Mg. Der Anteil zu beseitigender Abfälle lag mit 253,1 Mio. Mg weit über dem Anteil der verwerteten Abfälle mit 85,4 Mio. Mg. Die größten Verwertungsanstrengungen wurden 1993 bei den Abfällen aus der Produktion unternommen. Hier gingen 59 % in die Verwertung. Hausmüll und hausmüllähnliche Gewerbeabfälle wurden zu fast einem Drittel verwertet (30 %). Den geringsten Anteil an Abfällen zur Verwertung weist mit 11 % im Jahr 1993 die Abfallgruppe „Bauschutt, Bodenaushub, Straßenaufbruch, Baustellenabfälle" auf. Hierbei sind allerdings nur die Anlieferungen an stationäre Behandlungsanlagen berücksichtigt. Rechnet man auch die Sortierung bzw. Aufbereitung dieser Abfälle bei Entsorgungsanlagen ein,

Tab. 2.4 Die Entwicklung der Siedlungsabfälle in der Bundesrepublik (alte Bundesländer bis 1987) [2, 8]

	1975 10^3Mg	1980 10^3Mg	1984 10^3Mg	1987 10^3Mg	1990 10^3Mg	1993 10^3Mg	2000* 10^3Mg	2007* 10^3Mg
Siedlungsabfälle	31.012	32.616	29.604	21.288	50.183	43.486	50.085	47.887
Davon Abfälle zur Verwertung					6800	12.969	25.573	35.789
Davon Abfälle zur Beseitigung					43.383	30.517	24.512	12.099

* in der Statistik als Siedlungsabfall ausgewiesen

so erhöht sich der Anteil der Abfälle zur Verwertung auf etwa 25 %. Eine weitere Erhöhung ergäbe sich bei Berücksichtigung von transportablen Aufbereitungsanlagen. Diese Anlagen werden jedoch von der Statistik nicht erfasst [4].

Tendenzen hin zur Verwertung ließen sich bereits in den Jahren 1990 und 1993 in den alten Ländern erkennen, da das Aufkommen zu beseitigender Abfälle von 235,9 Mio. Mg um rund 17 % auf 196,1 Mio. Mg sank. Das Aufkommen von Abfällen zur Verwertung stieg im gleichen Zeitraum von 71,9 Mio. Mg um 4 % auf 74,6 Mio. Mg. In den neuen Ländern lag der Anteil der verwerteten Abfälle unter dem Niveau der alten Länder.

2.2.3 Siedlungsabfälle

Für die Auslegung von Abfallbehandlungsanlagen und deren Einzelaggregate ist die genaue Kenntnis über die Mengen, die Zusammensetzung und die chemischen und physikalischen Eigenschaften der Abfallstoffe eine Grundvoraussetzung.

Die Notwendigkeit dieser Kenntnis wird durch das Kreislaufwirtschafts- und Abfallgesetz [18] festgelegt. Der § 29 KrW-/AbfG sieht die Verpflichtung der entsorgungspflichtigen Körperschaften und Länder zur Aufstellung von Abfallwirtschaftsplänen vor.

Die Entsorgung von Hausmüll, hausmüllähnlichem Gewerbeabfall und Sperrmüll über die entsorgungspflichtige Körperschaft hat 1982 – bezogen auf die Wohnbevölkerung – nahezu 100 % erreicht. In der Tab. 2.4 sind die Abfallmengenentwicklung aus den Sammlungen der öffentlichen und privaten Entsorger für den Bereich Hausmüll, hausmüllähnliche Gewerbeabfälle, Sperrmüll, Kehricht und Marktabfälle dargestellt. Da die Statistik des Statistischen Bundesamtes rückwirkend seit 1990 auch die Abfälle zur Verwertung und zur Beseitigung aufteilt, wird in dieser Tabelle auch die dynamische Entwicklung des Recyclings deutlich.

Nach Tab. 2.4 lag die Verwertungsquote im Jahr 1990 noch bei 14 % und 2007 bei 75 %. Den Anstieg der Verwertungsquoten der Siedlungsabfälle stellt die folgende Abbildung für die Jahre 1997 bis 2007 detailliert dar. Ab dem Jahr 2000 übersteigt die verwertete Abfallmenge die Beseitigte (Abb. 2.1).

Die folgende Abb. 2.2 zeigt die verwerteten Siedlungsabfälle sowie die Restmengen zur Beseitigung. Eine Untergliederung erfolgt nach den Abfallkategorien Haushaltsabfall,

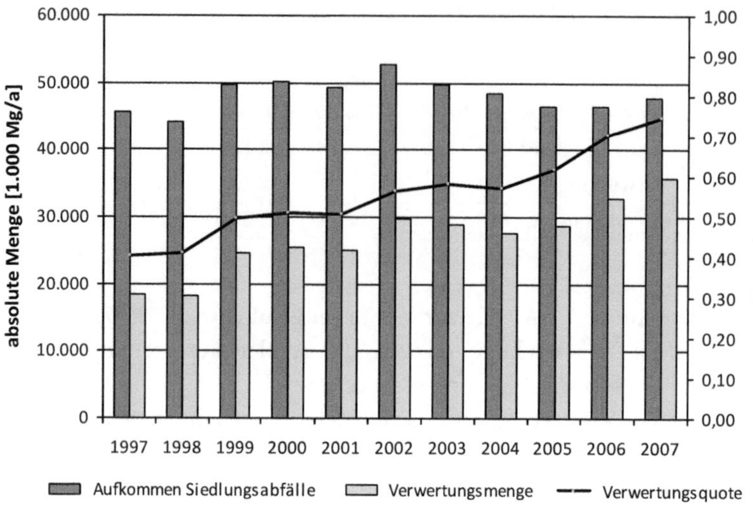

Abb. 2.1 Aufkommen, Verwertungsmenge und -quote der Siedlungsabfälle

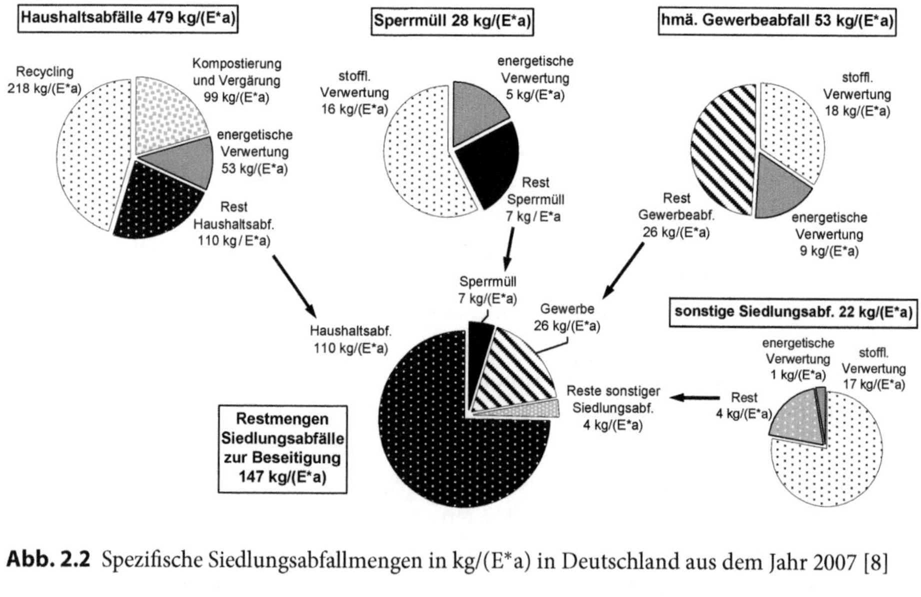

Abb. 2.2 Spezifische Siedlungsabfallmengen in kg/(E*a) in Deutschland aus dem Jahr 2007 [8]

Sperrmüll, hausmüllähnlicher Gewerbeabfall und sonstige Siedlungsabfälle. Sonstige Siedlungsabfälle sind beispielsweise Straßenkehricht, Marktabfälle und biologisch abbaubare Küchen- und Kantinenabfälle. Die spezifische Gesamtmenge der Siedlungsabfälle beträgt 582 kg/(E*a). Mit 87 % machen die Haushaltsabfälle (inklusive Sperrmüll) den größten Anteil aus. Die nicht verwertete Restmenge liegt bei 147 kg/(E*a).

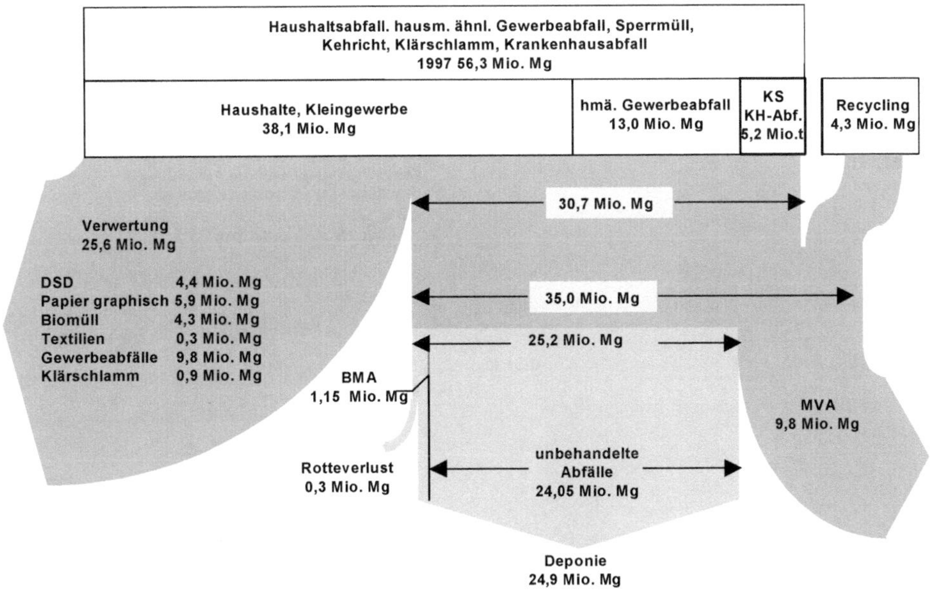

Abb. 2.3 Abschätzung der Mengenbilanz für Haushaltsabfälle, hausmüllähnlichen Gewerbeabfall, kommunalen Klärschlamm und Abfälle aus Recyclinganlagen für das Jahr 1997

Abfallmengen und -Verwertungswege In den Veröffentlichungen von Urban und Friedel [5, 46] wird die Entsorgungssituation auf Basis der Daten von 1993 beschrieben. Basierend auf diesen Angaben sowie auf der Basis der Landesabfallbilanzen und der Sammelerhebungen von VDP, DSD, BDE für das Jahr 1997 wurden die Abfallmengen für 1997 für Haushaltsabfälle, hausmüllähnliche Gewerbeabfälle, kommunale Klärschlämme etc. auf Plausibilität geprüft und abgeschätzt (Abb. 2.3).

Abbildung 2.3 zeigt, dass ca. 24,05 Mio. Mg Abfall 1997 unbehandelt auf die Deponie gingen. Die gesamte erzeugte Abfallmenge beträgt 56,3 Mio. Mg.

Für die Behandlung von Restabfall standen 1997 insgesamt 53 thermische Anlagen mit einer Kapazität von ca. 12 Mio. Mg/a und über 20 mechanisch-biologische Abfallbehandlungsanlagen mit einer Kapazität von ca. 1,15 Mio. Mg/a zur Verfügung. Eine Nutzung der hochkalorischen Fraktion fand nicht statt.

An der Behandlung der Haushaltsabfälle und der hausmüllähnlichen Gewerbeabfälle hat sich über die Jahre einiges geändert, wie das folgende Abb. 2.4 zeigt. Hier sind beispielhaft die haushaltsstämmigen Abfallströme eines Bundeslandes aus dem Jahr 2008 dargestellt. Deutlich zeigt sich, dass nunmehr fast alle Abfälle vorbehandelt werden und sich somit ein Großteil des noch 1997 benötigten Deponievolumens einsparen lässt. Weniger als 6 % der Abfälle wurden unbehandelt deponiert. Zu dieser Menge kommen geringe Mengen von Rückständen aus der mechanisch-biologischen Abfallbehandlung (MBA) sowie Aschen aus der thermischen Behandlung/energetischen Verwertung der Restabfälle und Reststoffe des Recyclings. Im Gegensatz zum Jahr 1997 erfolgt nunmehr in der MBA

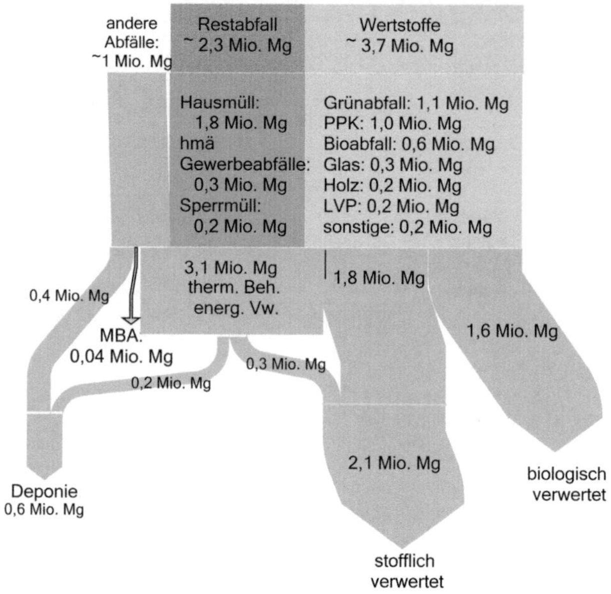

Abb. 2.4 Stoffstrom der Haushaltsabfälle und hausmüllähnlichen Gewerbeabfälle eines Bundeslandes im Jahr 2008. (Nach [62])

eine Abtrennung der heizwertreichen Fraktion, welche anschließend energetisch verwertet wird. In den Verbrennungsanlagen werden Metalle zurück gewonnen und stofflich verwertet.

2.2.3.1 Haushaltsabfälle

Die Haushaltsabfälle gehören zu den Siedlungsabfällen und umfassen die Abfallmenge, die in privaten Haushalten anfällt (siehe Abb. 2.5). Darin enthalten sind die Restabfälle (Hausmüll), die Sperrabfälle und die getrennt erfassten Wertstoffe. Das Gesamtaufkommen an Haushaltsabfällen lag im Jahr 2007 etwa bei 42 Mio. Mg oder 508 kg/(E*a). Die Zusammensetzung dieser Abfallmenge zeigt Abb. 2.5. Der Restabfall macht den größten Anteil der Haushaltsabfälle aus. Bei den getrennt gesammelten Fraktionen nimmt das Papier den größten Anteil ein.

Die getrennt gesammelten Wertstoffmengen aus Haushalten sind besonders in den letzten Jahren deutlich angestiegen. So sind seit dem Jahr 2000 die getrennt gesammelten Leichtverpackungen um 61 % angestiegen, beim Papier beläuft sich dieser Anstieg auf 12 %. Gegenläufige Entwicklungen, wie sie beim Altglas zu verzeichnen sind (Rückgang um 35 % seit dem Jahr 2000), beruhen vor allem auf dem wechselnden Marktangebot. Der Rückgang der Altglasmengen lässt sich durch den vermehrten Einsatz von PET im Ein- und Mehrweggetränkebereich begründen.

2.2.3.2 Hausmüll, hausmüllähnliche Gewerbeabfälle und Sperrmüll

Die Tab. 2.5 stellt die Entwicklung der im Rahmen der öffentlichen Abfallentsorgung eingesammelten Mengen für Hausmüll (Restabfall), hausmüllähnlichen Gewerbeabfall

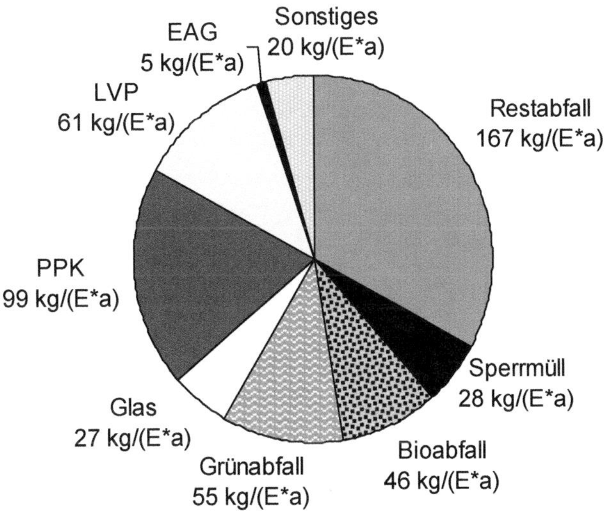

Abb. 2.5 Zusammensetzung der Haushaltsabfälle (inkl. Sperrmüll) (2007) [8]

Tab. 2.5 Entwicklung des Hausmülls, der hausmüllähnlichen Gewerbeabfälle und des Sperrmülls (alte Bundesländer bis 1987) [2, 3, 8]

Jahr	Gesamtmasse (Mio. Mg)	Spez. Gewicht (kg/(E*a))	Spez. Volumen (m^3/(E*a))
1975	23,20	383,9	1,40
1977	23,43	366,6	1,74
1980	22,45	380,4	2,00
1982	23,07	374,9	2,34
1984	22,12	361,7	2,53
1987	22,90	375,0	2,61
1990	30,46	382,0	2,31
1993	25,25	310,4	1,86
2000	27,94	339,6	[a]
2003	23,15	280,5	[a]
2007	20,40	248,1	[a]

[a] In der Statistik nicht mehr aufgeführt

und Sperrmüll dar. Neben den absoluten Abfallmengen sind die einwohnerspezifischen Gewichts- und Volumenangaben aufgeführt. Im Zeitraum 1975 bis 1987 erhöhte sich das zu entsorgende spezifische Volumen von 1,40 auf 2,61 m^3 pro Einwohner. Seit 1987 und vor allem durch die Wiedervereinigung stieg die Gesamtabfallmasse aber auch die spezifische Abfallmasse an. Kompensiert werden die Mengen durch die getrennt gesammelten Fraktionen zur Verwertung, was ab dem Jahr 2000 zu einer deutlichen Verringerung der Abfallmenge führte.

Die Tab. 2.6 führt die Abfallmengen an Hausmüll, hausmüllähnlichen Gewerbeabfällen und Sperrmüll separat auf.

Tab. 2.6 Anteil von Hausmüll, hausmüllähnlichen Gewerbeabfällen und Sperrmüll in der Bundesrepublik Deutschland für den Zeitraum von 1975 bis 2007 [2, 3, 8]

Abfallkomponente	1975		1980		1990		2000		2007	
	Mio. Mg/a	Prozent	Mio. Mg/a	Prozent	Mio. Mg/a	Prozent	Mio. Mg/a	Prozent	Mio. Mg/a	Prozent
Hausmüll	15,00	64,7	14,60	65,0	21,74	71,4	18,03	64,5	13,75	67,4
Sperrmüll	2,10	9,0	2,00	8,9	2,62	8,6	2,57	9,2	2,34	11,5
Gewerbeabfälle	6,10	26,3	5,85	26,1	6,10	20,0	7,34	26,3	4,31	21,1
Gesamtabfall	23,20	100,0	22,45	100,0	30,46	100,0	27,94	100,0	20,40	100,0

2.2.3.3 Hausmüllähnliche Gewerbeabfälle

Neben den Abfällen aus Haushalten und dem Kleingewerbe weist die Bundesstatistik auch die im Rahmen der öffentlichen Abfallentsorgung gesondert bei Gewerbebetrieben eingesammelten hausmüllähnlichen Gewerbeabfälle aus. Es handelt sich hierbei um Abfälle, die nicht mit der Hausmüllabfuhr, sondern über die getrennte Abfuhr von Containern (z. B. Mulden und Pressmüllbehälter) zumeist bei größeren Gewerbebetrieben erfasst werden. Im Jahr 1993 wurden rund 2,3 Mio. Mg Gewerbeabfälle durch kommunale Entsorgungsbetriebe oder beauftragte Dritte getrennt gesammelt. Dies sind etwa 40 % weniger als 1990 (3,9 Mio. Mg) [4], 2007 stieg die getrennt gesammelte Menge hausmüllähnlicher Gewerbeabfälle wieder auf 4,3 Mio. Mg an [8].

Hausmüllähnliche Gewerbeabfälle werden darüber hinaus teilweise über die Hausmüllabfuhr eingesammelt, teilweise aber auch von den Abfallerzeugern selbst oder von privaten Entsorgungsunternehmen direkt an Entsorgungsanlagen angeliefert. Die über die Hausmüllabfuhr eingesammelten Mengen sind in der Statistik nicht getrennt ausgewiesen. Die an öffentlich betriebene Abfallentsorgungsanlagen gesondert angelieferten Mengen an hausmüllähnlichen Gewerbeabfällen lagen im Jahr 1990 bei 15,2 Mio. Mg und im Jahr 1993 bei 7,8 Mio. Mg. Dies entspricht nahezu einer Halbierung der angelieferten Mengen [4].

Aufkommen und Zusammensetzung der hausmüllähnlichen Gewerbeabfälle wurden vom Umweltbundesamt unabhängig von der Abfallstatistik im Rahmen eines Forschungsvorhabens ermittelt. Hochgerechnet auf die alten Länder fielen danach in den Jahren 1991/92 insgesamt 10,5 bis 12,7 Mio. Mg Gewerbeabfälle an, d. h. im Mittel 11,6 Mio. Mg pro Jahr [4].

Mit der bundesweiten Gewerbeabfalluntersuchung im Auftrag des Umweltbundesamtes (1993) [47] wurden nicht nur Daten über die in den alten Bundesländern angefallenen Gewerbeabfallmengen und deren Zusammensetzung ermittelt, sondern ein Hauptbeitrag liegt auch in der kritischen Betrachtung der bei bisherigen Untersuchungen angewendeten Methoden und Vorgehensweisen. Es wurden die Problembereiche solcher Untersuchungen herausgearbeitet und benannt.

Für weitere vor allem regionale Untersuchungen ergeben sich vor allem folgende zu beachtende Randbedingungen/Konsequenzen [47]:

- Exakte Zieldefinition vor Beginn der Untersuchungen (welche Abfälle sollen mit welchem Ziel erfasst werden; wie ist Gewerbeabfall definiert);
- Untersuchung nach dem dreistelligen Wirtschaftsbereichschlüssel;
- Bestimmung der Dichten getrennt für Mulden, Pressmüllcontainer und Monochargen;
- Aufschlüsselung nach mindestens 30 Fraktionen;
- Sichtung über mindestens 2 Wochen zur Ermittlung der Zusammensetzung und über mindestens 4 Wochen zur möglichst vollständigen Erfassung aller Anlieferer durchführen;
- Statistik mindestens über große Umleerbehälter aufstellen/besorgen;
- Einrichtung einer erzeugerbezogenen Wiegedatenerfassung zur einfachen Erstellung von Statistiken über Wechselbehälteranlieferungen.

Insgesamt wird damit ein wichtiger Beitrag sowohl zur Mengenstatistik der Gewerbeabfälle als auch zur Untersuchungs- und Bewertungsmethodik vorgelegt.

Die Vergleichbarkeit von Untersuchungen über Gewerbeabfälle war und ist wegen des je nach Untersuchung unterschiedlichen Vorgehens, aber auch wegen der unklaren Definitionen der Begriffe hausmüllähnlicher Gewerbeabfall, produktionsspezifischer Abfall und Geschäftsmüll stark eingeschränkt. Solange keine Empfehlungen für ein einheitliches Vorgehen vorliegen, kommt der genauen Dokumentation der Untersuchungsart und der berücksichtigten Abfallarten große Bedeutung zu.

Grundsätzlich zeigen die Ergebnisse der bundesweiten Gewerbeabfalluntersuchung jedoch, dass die Bestimmung von Kennzahlen über die Zusammensetzung und die Menge hausmüllähnlicher Gewerbeabfälle und des Geschäftsmülls anhand der gebildeten Wirtschaftsgruppen und auf der Basis der Mitarbeiterzahlen möglich ist und diese Daten auch für andere als die untersuchten Kommunen einsetzbar sind [47].

Die Auswertung der Sortieranalysedaten aus der bundesweiten Gewerbeabfalluntersuchung wird in Tab. 2.7 dargestellt. Neben den Daten aus dem Jahr 1993 sind Analysedaten zur Zusammensetzung der hausmüllähnlichen Gewerbeabfälle aus dem Jahr 2006 aufgeführt [21]. Neben den prozentualen Zusammensetzungen ist für die Jahre 1993 und 2006 eine Hochrechnung der Gewerbeabfallmengen aufgeführt.

2.2.4 Gewerbe- und Produktionsabfälle

Eine Studie aus dem Jahr 1992 [19] wertet die Ergebnisse einer Vielzahl von Untersuchungen zum Thema „Gewerbeabfallaufkommen/-zusammensetzung" im Gebiet der alten Bundesländer aus. Anhand von Kennziffern soll annähernd das zu erwartende Gewerbeabfallaufkommen mittels gebietsspezifischer Strukturdaten abschätzbar werden. Obwohl die einzelnen Untersuchungen erhebliche Schwankungen der Gewerbeabfallmengen aufweisen, lassen sich aufgrund der statistisch großen Anzahl der untersuchten Regionen eindeutige Tendenzen bzw. Abhängigkeiten erkennen.

Tab. 2.7 Zusammensetzung der gesichteten Gewerbeabfälle incl. Hochrechnung [47, 21]

Stoffgruppe	1993 (%)	1993 Gesichtete Menge (Mg)	1993[a] Gesamtmenge 10^3 (Mg)	2006 (%)	2006[a] Gesamtmenge 10^3 (Mg)
PPK	10,7	1274	835	17,1	653
Holz	13,3	1579	1037	6,3	241
Metalle	1,1	134	86	3,0	115
Glas	1,6	185	125	4,4	168
Kunststoffe	18,9	2249	1474	14,8	566
Organik	4,7	564	367	13,2	504
Schutt	6,9	817	538	-	-
Mineralien	-	-	-	4,8	183
Werkstattabfälle	5,8	785	452	-	-
Renovierungsabfälle	9,9	1171	772	-	-
Mischabfälle	7,6	911	593	-	-
Verbunde	-	-	-	8,6	329
Textilien	1,1	129	86	3,0	114
Schlamm	4,9	579	382	-	-
Feinfraktion < 10 mm	-	-	-	17,5	669
Stoffe a.n.g.	13,6	1612	1061	7,3	279
Summe	100,0	11.889	7800	100,0	3821

[a] Hochrechnung mit hausmüllähnlicher Gewerbeabfallmenge. (Nach [11])

Tab. 2.8 Mittelwerte einiger abfallspezifischer Kenngrößen [19]

Kenngröße	Einheit	Stadt	Land
Anteil GM am Gesamtabfall	(%)	35	36
GM pro Fläche	$(Mg/(km^{2*}a))$	382	55
GM pro Einwohner	(kg/(E*a))	211	204
GM pro Erwerbstätigen	(kg/(Erw.*a))	534	520

GM Gewerbeabfallmengen

Die Gegenüberstellung von abfallspezifischen Kenngrößen für ländliche Regionen und Städte zeigt, dass es keine bedeutenden Unterschiede von städtischer und ländlicher Struktur im Hinblick auf anfallende Gewerbeabfallmengen gibt. Der pro Fläche anfallende Gewerbeabfall ist natürlich in der dicht besiedelten Stadt höher als in ländlichen Regionen (vgl. Tab. 2.8).

In einem weiteren Teil der Auswertung ist dargestellt, dass die spezifische Gewerbeabfallmenge (Menge je Erwerbstätigen) mit wachsender Betriebsgröße abnimmt. Dies lässt auf zwei mögliche Ursachen schließen:

- Verstärkte innerbetriebliche Recyclingbemühungen bei großen Firmen. Hier kann die Investition für eine Recyclinganlage oder für ein Gutachten (Vermeidungs- und Verwertungskonzept) oft eher aufgebracht werden als von Kleinbetrieben. Das lässt aber wiederum die Folgerung zu, dass in Kleinbetrieben ein hohes Vermeidungs- und Verwertungspotenzial vorhanden ist.
- In Kleinbetrieben sind relativ mehr Beschäftigte im Abfall verursachenden Produktionsbereich tätig (fehlender „Wasserkopf").

Mit der Unterteilung der Erwerbstätigen in die vier Hauptwirtschaftsbereiche (WB)

- WB 1: Land- und Forstwirtschaft
- WB 2: Produzierendes Gewerbe
- WB 3: Handel, Verkehr und Nachrichtenübermittlung
- WB 4: Dienstleistungen, Kreditinstitute, Versicherungen, Gebietskörperschaften, Organe ohne Erwerbscharakter

wird auch der Einfluss der Erwerbsstruktur auf das Gewerbeabfallaufkommen aufgezeigt.

Wie zu erwarten, werden eine starke Zunahme der spezifischen Gewerbeabfallmengen bei wachsendem Anteil der Beschäftigten im produzierenden Gewerbe und eine deutliche Abnahme der Mengen bei steigendem Anteil der Beschäftigten im Bereich Handel, Verkehr und Nachrichtenübermittlung nachgewiesen. Relativ unbedeutend ist die Mengenveränderung bei Zu- oder Abnahme des Anteils der Beschäftigten im Bereich Dienstleistungen.

Abfallaufkommen und -verwertung im produzierenden Gewerbe Die folgende Tabelle stellt das Abfallaufkommen des produzierenden Gewerbes für die Jahre 1990, 1993 und 2007 dar (Tab. 2.9). Im produzierenden Gewerbe ist ein Rückgang des Abfallaufkommens von 1990 bis 1993 um etwa 11 % zu verzeichnen. Gleichzeitig stieg der Anteil der Abfälle zur Verwertung von 22 auf 25 %. Im Jahr 2007 ist die Gesamtabfallmenge des produzierenden Gewerbes wieder leicht angestiegen, dieser Anstieg ist vor allem den Bau- und Abbruchabfällen zuzuschreiben. 74 % der Gewerbeabfälle wurden im Jahr 2007 verwertet. Die Entwicklung des Abfallaufkommens lässt sich teilweise mit der wirtschaftlichen Entwicklung erklären. Genauere Aufschlüsse liefert die Betrachtung der einzelnen Abfallgruppen.

Die Abfallgruppe „Bauschutt, Bodenaushub, Straßenaufbruch und Baustellenabfälle" (verkürzt als Bauabfall bezeichnet) weist nach wie vor die größte Abfallmenge aus. Den weitaus größten Anteil in dieser Abfallgruppe hat der Bodenaushub. Beim Bauschutt ist als einzige Abfallgruppe ein Anstieg des Abfallaufkommens festzustellen. Die Entwicklung des Aufkommens in den alten und den neuen Ländern war sehr unterschiedlich. In den alten Ländern nahm die Produktion der Bauwirtschaft von 1990 bis 1993 um rund 7 % zu. Gleichwohl gingen die Abfallmengen um etwa 13 % zurück. Es ist daher zu vermuten, dass hier in größerem Umfang Maßnahmen zur Abfallvermeidung getroffen wurden. In den

Tab. 2.9 Abfallaufkommen, -verwertung und -beseitigung im produzierenden Gewerbe nach Abfallarten für die Jahre 1990, 1993 und 2007. (Nach Abfallbilanz des Statistischen Bundesamtes [4])

Mio. Mg		Abfallaufkommen	Davon Abfälle zur Verwertung	Davon Abfälle zur Beseitigung
Bergematerial aus dem Bergbau	1990	88,8	10,8	78,1
	1993	67,8	9,1	58,7
	2007	42,9	-	42,9
Abfälle aus der Produktion	1990	98,0	45,8	52,1
	1993	76,8	45,5	31,3
	2007	58,5	47,4	11,1
Bauschutt, Bodenaushub, Straßenaufbruch, Baustellenabfälle	1990	128,3	12,9	115,4
	1993	137,2	15,8	121,4
	2007	201,8	176,9	24,9
Klärschlämme, Schlämme aus der Abwasserreinigung (Trockensubstanz)	1990	2,4	0,2	2,2
	1993	2,3	0,2	2,1
	2007	[a]	[a]	[a]
Hausmüll, hausmüllähnliche Gewerbeabfälle, Sperrmüll, Kehricht	1990	7,7	1,4	6,3
	1993	5,9	1,7	4,2
	2007	[a]	[a]	[a]
Insgesamt	1990	325,1	71,1	254,1
	1993	289,9	72,1	217,8
	2007	303,2	224,3	78,9

[a] in der Abfallbilanz nicht mehr getrennt ausgewiesen

neuen Ländern wurden die Bauleistungen im Betrachtungszeitraum mehr als verdoppelt, wobei der Anstieg bei den Tiefbauleistungen höher lag als bei den Hochbauleistungen. Dies führte insbesondere wegen der mit hohem Anfall an Bodenaushub verbundenen Tiefbauaktivitäten zu einer Steigerung des Aufkommens an Bauabfällen um rund 300 % [4].

Bergematerial fällt bei der Förderung im Untertagebergbau an. Es wird überwiegend oberirdisch aufgehaldet, teilweise aber auch verwertet, z. B. im Straßen-, Damm- und Deichbau als Bau- und Füllmaterial. Entsprechend der rückläufigen Förderung von Steinkohle und Kalirohsalzen ging die Menge an Bergematerial zurück [4].

Auch bei den Produktionsabfällen ist ein Rückgang der Abfallmengen bei unterschiedlicher Entwicklung in den alten und den neuen Ländern festzustellen. Ausschlaggebend für den Rückgang war insbesondere die Entwicklung in den neuen Ländern, in denen sich der Anfall an Produktionsabfällen auf weniger als die Hälfte reduzierte. Verursacht wurde der Rückgang u. a. durch die rückläufige Produktionstätigkeit, z. B. in der Grundstoffindustrie. Auch der verringerte Einsatz von Braunkohle (Abnahme der Förderung von 1990 bis 1993 etwa 54 %) dürfte zu dem Rückgang beigetragen haben [4] (Tab. 2.10).

Tab. 2.10 Abfallaufkommen und -verwertung im produzierenden Gewerbe nach Wirtschaftsbereichen 1990 und 1993. (Nach Abfallbilanz des Statistischen Bundesamtes [4])

Tsd. Mg	Abfallaufkommen		Davon Abfälle zur Verwertung		Davon Abfälle zur Beseitigung	
	1990	1993	1990	1993	1990	1993
Energie- und Wasserversorgung, Bergbau	119.898	93.123	16.970	18.116	102.928	75.007
Verarbeitendes Gewerbe	84.051	65.119	41.595	38.798	42.455	26.321
Davon Mineralölverarbeitung	897	312	87	138	810	174
Gewinnung und Verarbeitung von Steinen und Erden	8252	6539	1426	1852	6827	4688
Eisenschaffende Industrie, Gießerei	18.954	14.878	11.777	10.862	7176	4016
Chemische Industrie	9606	6665	1811	1581	7795	5084
Maschinenbau	3783	2280	1806	1213	1977	1067
Straßenfahrzeugbau	3575	2673	1955	1836	1620	836
Nahrungs- und Genussmittelgewerbe	13.933	11474	9876	9352	4056	2122
Sonstiges Verarbeitendes Gewerbe	25.052	20.298	12.857	11.964	12.195	8334
Baugewerbe	121.178	131.645	12.494	15.215	108.685	116.429
Insgesamt	325.127	289.887	71.059	72.129	254.068	217.756

Die folgende Abbildung zeigt die Abfälle des produzierenden Gewerbes untergliedert nach den Wirtschaftsbereichen. Aktuelle Zahlen sind in der Abfallbilanz des Statistischen Bundesamtes nicht mehr getrennt aufgeführt, die Zahlen aus den Jahren 1990 und 1993 sollen einen Überblick zum Abfallaufkommen der einzelnen Wirtschaftsbereiche geben.

Die Entwicklung der Zahl der betriebseigenen Verbrennungsanlagen und die Menge der eingesetzten Abfälle stellt Abb. 2.6 dar.

Von diesen Verbrennungsanlagen handelte es sich beim überwiegenden Teil um Feuerungsanlagen, in denen in einer Co-Verbrennung neben den Abfällen auch Stein- und Braunkohle, Heizöl etc. verbrannt werden. Nur 186 Anlagen waren 1982 als spezielle Abfallverbrennungsanlagen ausgelegt, die sich aufgrund der schwierigen Genehmigungsbedingungen und dem hohen Reinigungsaufwand 1984 auf 133 Anlagen verringert haben. Die holzbe- und -verarbeitende Industrie hatte 1984 in der Bundesrepublik Deutschland mit 1433 Anlagen und einer verbrannten Abfallmenge von ca. 1,4 Mio. Mg den größten Anteil.

Anwendung fand die Verbrennung von Produktionsabfällen vor allem in Betrieben der Zellstoff-, Holzschliff-, Papier- und Pappeerzeugung und der chemischen Industrie. Ver-

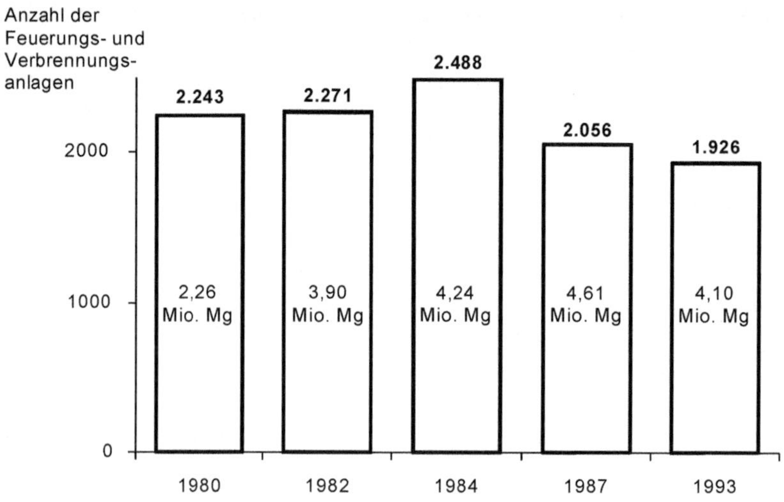

Abb. 2.6 Anzahl der Feuerungs- und Verbrennungsanlagen von Betrieben des produzierenden Gewerbes in der Bundesrepublik Deutschland mit den Mengenangaben der einzelnen Produktionsabfälle [2, 3, 49]

brannt wurden hauptsächlich verschiedene organische Abfälle sowie Säuren, Laugen und Schlämme, Laborabfälle, Chemikalienreste etc. Ein weiterer Bereich sind die Ersatzbrennstoffe aus der heizwertreichen Abfallfraktion, die in Anlagen (Zement- oder Kalkwerken) in der Co-Verbrennung und in Ersatzbrennstoffverbrennungsanlagen eingesetzt werden.

2.2.5 Sonderabfälle

Nicht alle Abfälle können nach ihrer Art problemlos mit dem Hausmüll entsorgt werden. Merkmale wie beispielsweise entzündlich, reizend, toxisch, karzinogen oder mutagen charakterisieren gefährliche Abfälle. Die Einstufung der Gefährlichkeit der Abfallarten erfolgt entsprechend der Abfallverzeichnisverordnung (AVV), die zum 1. Januar 2002 in Kraft getreten ist (siehe auch Abschn. 1.3.5). In der AVV werden von 839 Abfallarten 405 als gefährlich eingestuft. Diese sind mit Stern (*) gekennzeichnet. Umgangssprachlich werden die gefährlichen Abfälle auch als „Sonderabfälle“ bezeichnet, ohne dass eine rechtlich verbindliche einheitliche Definition hierfür existiert.

Der deutschen Abfallverzeichnisverordnung liegt das Europäische Abfallverzeichnis – EAV (2000/532/EG) zugrunde. Das EAV definiert die gefährlichen Abfälle gemäß der Europäischen Richtlinie über gefährliche Abfälle (91/689/EWG) und ist regelmäßig auf Grundlage neuer Erkenntnisse und Forschungsergebnisse zu überprüfen.

Die Landesabfallbehörden können nach § 13 Abs. 4 KrW-/AbfG (zukünftig § 17 Abs. 4 KrWG) eine Andienungs- und Überlassungspflicht für gefährliche Abfälle zur Beseitigung erlassen. Besteht eine solche Pflicht, müssen Betriebe, die gefährliche Abfälle erzeugen, die

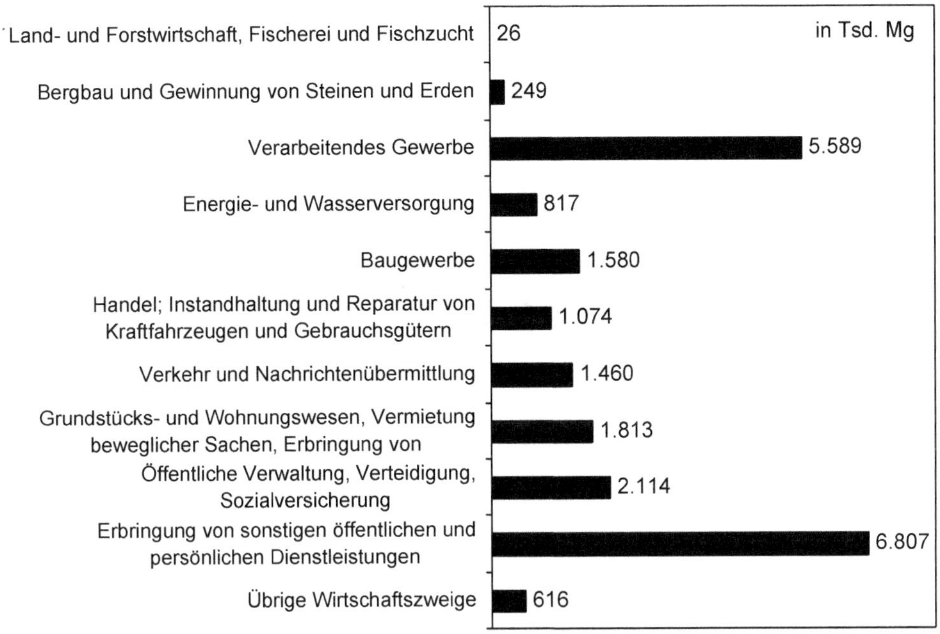

Abb. 2.7 Herkunft gefährlicher Abfälle, die dem Überwachungsverfahren (Begleitschein) unterliegen 2005 [25]

zuständige Abfallbehörde über Art, Menge und Zusammensetzung des Abfalls sowie die geplante Entsorgungsanlage informieren.

Über die Begleitscheine des Nachweisverfahrens ist eine Erhebung der gefährlichen Abfälle möglich (siehe auch Abschn. 1.3.8). Dabei müssen Doppelzählungen durch die Erhebung von Primär- und Sekundärabfällen berücksichtigt werden. Die folgende Abbildung zeigt die Menge gefährlicher Abfälle von Primär- und Sekundärerzeugern für das Jahr 2005. Eine Differenzierung erfolgt nach Herkunft der Abfälle (Abb. 2.7).

Beispiele für typische Sonderabfallstoffgruppen sind:

- teerhaltiger Straßenaufbruch,
- kontaminierte Böden,
- belasteter Bauschutt/asbesthaltige Baustoffe,
- Deponiesickerwasser, das gefährliche Stoffe enthält,
- Rückstande aus Abfallverbrennungsanlagen,
- Lösemittel,
- kontaminiertes Altholz,
- Waschflüssigkeiten und Mutterlaugen,
- Bleischlacken und -filterstäube,
- Verpackungen, die durch gefährliche Stoffe verunreinigt sind,

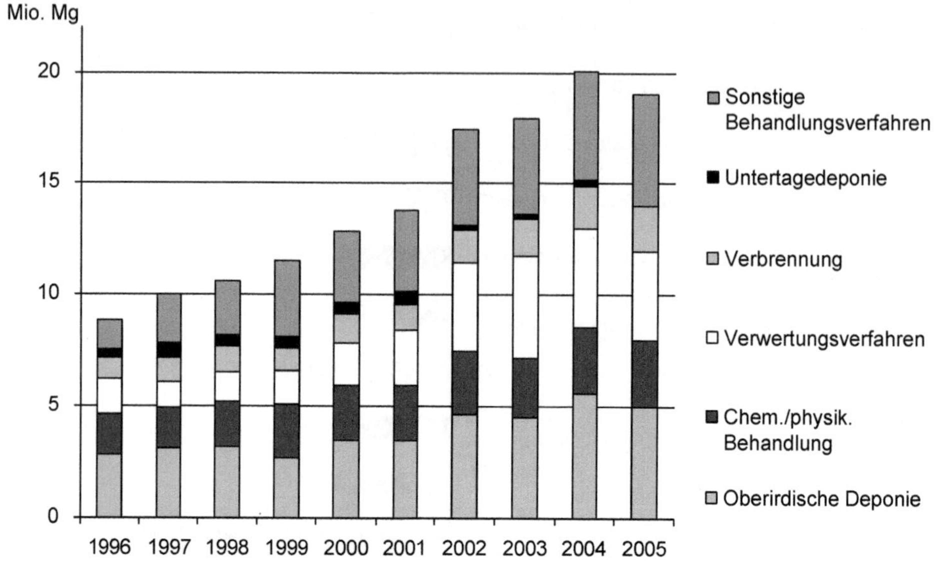

Abb. 2.8 Verbleib gefährlicher Abfälle [10]

- Bleibatterien,
- Elektroaltgeräte, die gefährliche Stoffe enthalten,
- Altöle und
- Galvanikabfälle.

Den Verbleib gefährlicher Abfälle zeigt Abb. 2.8, die importierten und exportierten Mengen sind dabei nicht berücksichtigt. Durch die Abfallbehandlung können gefährliche Abfälle in nicht gefährliche Abfälle umgewandelt werden, je nach Verfahren können aber auch gefährliche Abfälle durch die Behandlung entstehen.

Die folgende Tab. 2.11 stellt das Aufkommen gefährlicher Abfälle seit dem Jahr 1990 dar. Im Jahr 1993 ist der Rückgang der Sonderabfallmengen auf die Stilllegung und Umstrukturierung von Produktionsanlagen in den neuen Ländern zurück zu führen.

Das Aufkommen gefährlicher Abfälle im Jahr 2007 ist in Tab. 2.12 dargestellt. Mit 51 % stammt der Großteil dieser Abfälle aus der Produktion und dem Gewerbe, 47 % entstehen bei Bau- und Abbrucharbeiten. Die Haushalte verursachen 2 % am Gesamtaufkommen.

Folgende Abbildung zeigt die Mengenentwicklung von *Sonderabfallkleinmengen (SAKM)* (Abb. 2.9). In dem betrachteten Beispiel ergaben sich für die aus Haushalten stammenden SAKM über die Jahre ansteigende Werte, die zwischen 0,87 und 1,62 kg/(E*a) innerhalb der typischen Bandbreite liegen. Die für die Betrachtung wesentlichen SAKM gewerblicher Herkunft wurden ebenfalls ansteigend zwischen 0,36 und 0,58 kg/(E*a) bestimmt. Insgesamt bedeuten die zusätzlichen gewerblichen SAKM für den betroffenen

Tab. 2.11 Aufkommen gefährlicher Abfälle [4, 8]

10^3 Mg	Gefährliche Abfälle insgesamt	Davon Abfälle zur Verwertung	Davon Abfälle zur Beseitigung
1990[a]	13.079	3543	9536
1993[a]	9093	3034	6059
1997[a]	13.837	3110	10.726
2000[a]	14.937	2991	11.946
2003[a]	19.515	5374	14.141
2005[a]	18.457	11.530	6928
2007	18.775	12.171	6604

[a] Besonders überwachungsbedürftige Abfälle

Tab. 2.12 Aufkommen gefährlicher Abfälle, differenziert nach Abfallart (2007) [8]

10^3 Mg	Gefährliche Abfälle insgesamt	Davon Abfälle zur Verwertung	Davon Abfälle zur Beseitigung
Siedlungsabfälle	391	362	29
Bergematerial aus dem Bergbau	-	-	-
Abfälle aus Produktion und Gewerbe	9653	7140	2514
Bau- und Abbruchabfälle	8731	4669	4061
Insgesamt	*18.775*	*12.171*	*6604*

Entsorgungsträger demnach lediglich eine Erhöhung der Pro-Kopf-Erfassung auf rd. 2 kg/(E*a).

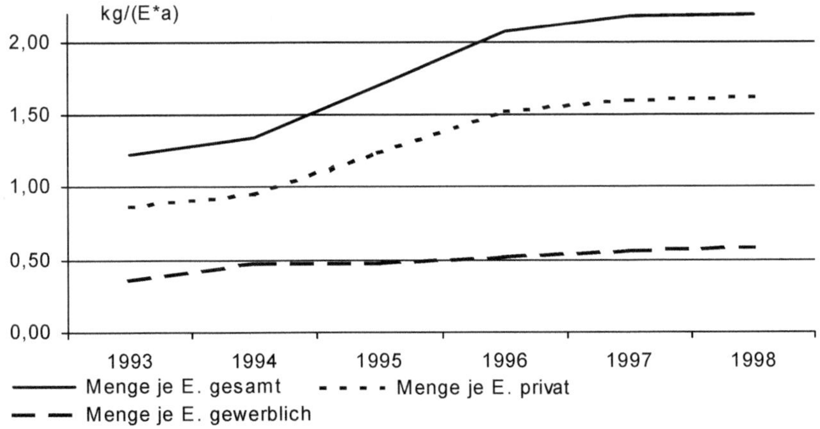

Abb. 2.9 Mengenentwicklung der Sonderabfallkleinmengen bei einem typischen Entsorgungsträger [50]

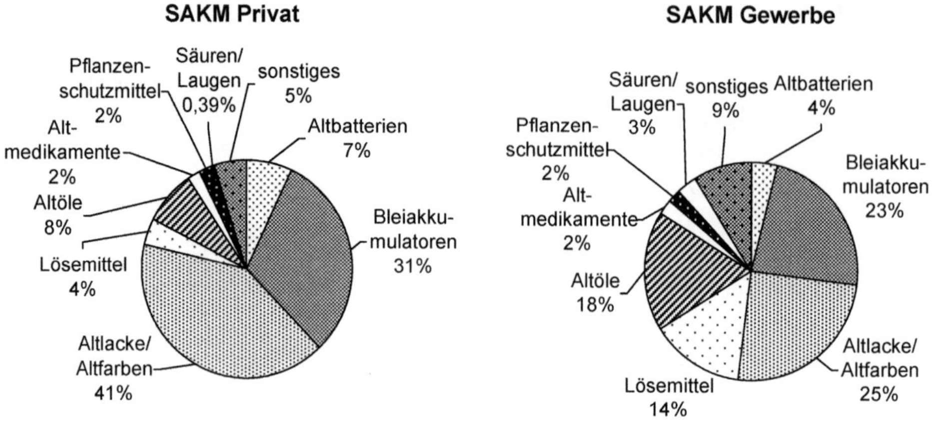

Abb. 2.10 Zusammensetzung der privaten und gewerblichen SAKM (1980–98) [50]

Deutliche Unterschiede gab es bei der jeweils zur Abgabe gelangten Menge an SAKM. Für private Haushalte lag diese im Mittel zwischen 13 und 19 kg je Einzelanlieferung bzw. Abgabe. Für gewerbliche Anlieferungen betrug dieser Wert bis zu 239 kg. Dies ist dort wohl auch der Grund für den Ausschluss von der mobilen Sammlung gewesen. Auf den stationären Anlagen gab es aber auch mit solchen Mengen keine Probleme.

Der Vergleich der unterschiedlichen Zusammensetzungen der SAKM privater und gewerblicher Herkunft spricht ebenfalls nicht für den Ausschluss der Gewerbeabfälle in stationären Anlagen (siehe Abb. 2.10).

2.2.6 Verpackungsabfälle

Die „Verordnung über die Vermeidung von Verpackungsabfällen (VerpackV)“ unterscheidet Verpackungen in Verkaufs-, Um- und Transportverpackungen [43]:

Transportverpackungen Zu den Transportverpackungen zählen Fässer, Kanister, Kisten, Säcke einschließlich Paletten, Kartonagen, geschäumte Schalen, Schrumpffolien und ähnliche Umhüllungen, die Bestandteile von Transportverpackungen sind und die dazu dienen, Waren auf dem Weg vom Hersteller bis zum Vertreiber vor Schäden zu bewahren oder die aus Gründen der Sicherheit des Transports verwendet werden.

Verkaufsverpackungen Geschlossene oder offene Behältnisse und Umhüllungen von Waren wie Becher, Blister, Dosen, Eimer, Fässer, Flaschen, Kanister, Kartonagen, Schachteln, Säcke, Schalen, Folien, Tragetaschen oder ähnliche Umhüllungen des Handels, der Gastronomie und anderer Dienstleister, die vom Endverbraucher zum Transport oder bis zum Verbrauch der Waren verwendet werden und als eine Verpackungseinheit angeboten werden, fallen unter den Begriff Verkaufsverpackungen. Einweggeschirr fällt ebenfalls unter diese Kategorie.

Umverpackungen Die Bezeichnung Umverpackung umfasst Blister, Folien, Kartonagen oder ähnliche Umhüllungen, die dazu bestimmt sind, als zusätzliche Verpackung um Verkaufsverpackungen

- die Abgabe von Waren im Wege der Selbstbedienung zu ermöglichen und
- die Möglichkeit des Diebstahls zu erschweren oder zu verhindern und
- überwiegend der Werbung zu dienen.

Den Verbrauch an Transport-, Um- und Verkaufsverpackungen in den Jahren 1991 und 1995 für einzelne Materialarten zeigt Tab. 2.13. Bei der praktischen Durchführung der Verpackungsverordnung haben sich 1995 gegenüber dem Erkenntnisstand von 1991 neue Abgrenzungen bezüglich des Entsorgungsbereiches dualer Systeme (durch das Bundeskartellamt) sowie auch Änderungen bei der Definition des Verpackungsbegriffs ergeben. Da ein unmittelbarer Vergleich der erhobenen Daten nur auf Basis einer einheitlichen definitorischen Abgrenzung möglich ist, wurden die Zahlen für das Jahr 1991 entsprechend der Vorgehensweise bei der Datenermittlung 1994 und 1995 umgerechnet. Sie weichen deshalb von den früher veröffentlichten Daten zum bundesweiten Verbrauch von Verpackungen im Jahr 1991 etwas ab [4].

Sowohl 1991 als auch 1995 hatten Papier/Pappe/Karton den mengenmäßig größten Anteil an den insgesamt verbrauchten Verpackungsmaterialien, gefolgt von Glas, Holz, Kork, Kunststoff und den übrigen Verpackungsmaterialien. Bezogen auf private Haushalte und Kleingewerbe liegt bei den verbrauchten Verpackungsmaterialien Glas mit Abstand an der Spitze, gefolgt von Papier/Pappe/Karton und den übrigen Verpackungsmaterialien.

Bei der Mehrzahl der Verpackungen, ausgenommen schadstoffhaltige Verpackungen und Mehrwegverpackungen, handelt es sich um Verkaufsverpackungen. Seit Inkrafttreten der Verpackungsverordnung 1991 ist der Verpackungsverbrauch bei privaten Haushalten und Kleingewerbe bis 1995 etwa um 11 % gesunken, was einem Rückgang des Pro-Kopf-Verbrauches von 95 kg/EW auf ca. 83 kg/EW entspricht [4].

Für gebrauchte Verkaufsverpackungen aus den am häufigsten hierfür verwendeten Materialien, Glas, Weißblech, Aluminium, Papier/Pappe/Karton, Kunststoff und Verbunde gibt die Verpackungsverordnung im Anhang zu § 6 Abs. 3 Quoten für die Mindestmenge stofflich verwerteter Verpackungen vor (siehe Abschn. 1.3.7.1).

Die Entwicklung der erreichten Verwertungsquoten für alle verwerteten Verpackungen zeigt Abb. 2.11 Bedingt durch den Rückgang der Verpackungsmaterialien Glas und Weißblech, die neben dem Papier die höchsten Verwertungsquoten aufweisen (siehe Abb. 2.12), zeigt sich ein Rückgang der Gesamtverwertungsquote. Mit dem Deponierungsverbot für unbehandelte Abfälle im Jahr 2005 ist ein Wiederanstieg der Verwertungsquoten zu verzeichnen.

Tab. 2.13 Bundesweiter relevanter Verbrauch an Verpackungen 1991 und 1995 in 10^3 Mg [4]

10^3 Mg		Relevanter Verbrauch 7 (Summe 8 bis 11)	Transportverp. 8	Umverp. 9	Verkaufsverp. Groß-gewerbe, Industrie 10	Verkaufsverp. Privat u. Kleingew. 11
1. Glas	1991	3816,9	-	-	-	3816,9
	1995	3289,4	-	-	-	3289,4
2. Weißblech	1991	544,2	1,8	-	24,1	518,3
	1995	448,2	1,6	-	20,0	426,6
3. Aluminium	1991	63,3	-	-	0,1	63,2
	1995	47,2	-	-	0,0	47,2
4. Kunststoff[a]	1991	1387,8	311,6	6,4	163,0	906,8
	1995	1343,3	308,1	3,2	157,0	875,0
5. Papier, Pappe, Karton	1991	5312,5	1850,4	18,5	811,2	1632,4
	1995	5007,9	2774,8	11,5	772,2	1449,4
6. Verbunde	1991	656,8	0,4	-	19,4	637,0
	1995	623,4	0,4	-	18,3	604,7
6.1 Flüssigkeits-karton	1991	193,0	-	-	-	193,0
	1995	194,5	-	-	-	194,5
6.2 sonstige Verbunde auf Papierbasis	1991	201,1	0,2	-	19,3	181,6
	1995	158,0	0,2	-	18,2	139,6
6.3 Verbunde auf Kunststoff-Basis	1991	28,0	0,2	-	0,1	27,7
	1995	18,7	0,2	-	0,1	18,4
6.4 Verbunde auf Aluminiumbasis	1991	20,2	-	-	-	20,2
	1995	18,6	-	-	-	18,6
6.5 Verbunde auf Weißblechbasis	1991	214,5	-	-	-	214,5
	1995	233,6	-	-	-	233,6
Summe 1. bis 6.	1991	11.781,5	3164,2	24,9	1017,8	7574,6
	1995	10.759,4	3084,9	14,7	967,5	6692,3
7. Feinblech	1991	191,0	112,8	-	75,0	3,2
	1995	155,8	113,3	-	40,8	1,7
8. Holz und Kork	1991	1037,5	695,7	0,7	314,6	26,5
	1995	740,7	538,5	-	189,4	12,8
9. sonstige Verpackungen	1991	16,0	-	-	7,9	8,1
	1995	14,2	-	-	6,3	7,9
Summe 7. bis 9.	1991	1244,5	808,5	0,7	397,5	37,8
	1995	910,7	651,8	-	236,5	22,4
Alle Verpackun-gen	1991	13.026,0	3972,7	25,6	1415,3	7612,4
	1995	11.670,1	3736,7	14,7	1204,0	6714,7

[a]Einschl. Kunststoff/Kunststoff-Verbunde

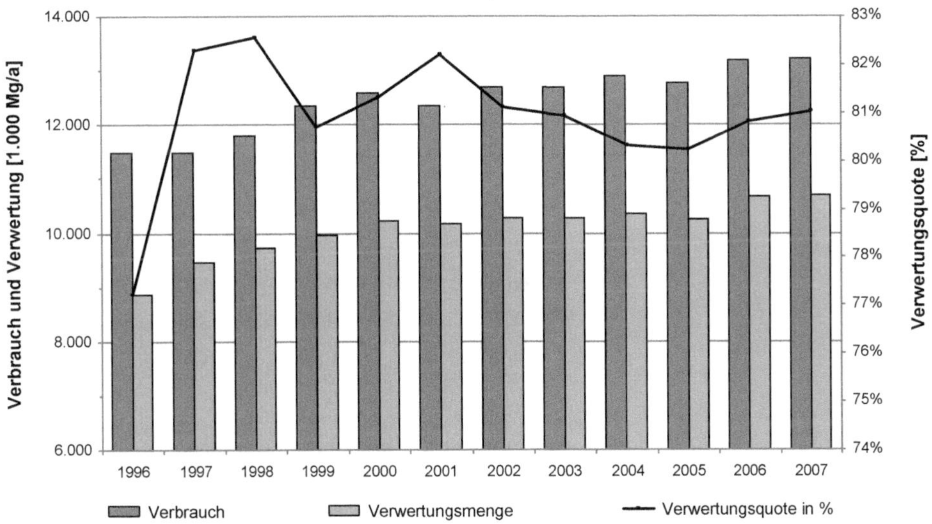

Abb. 2.11 Verbrauch, Verwertungsmenge und –quote von Verpackungen von 1996 bis 2007 [16]

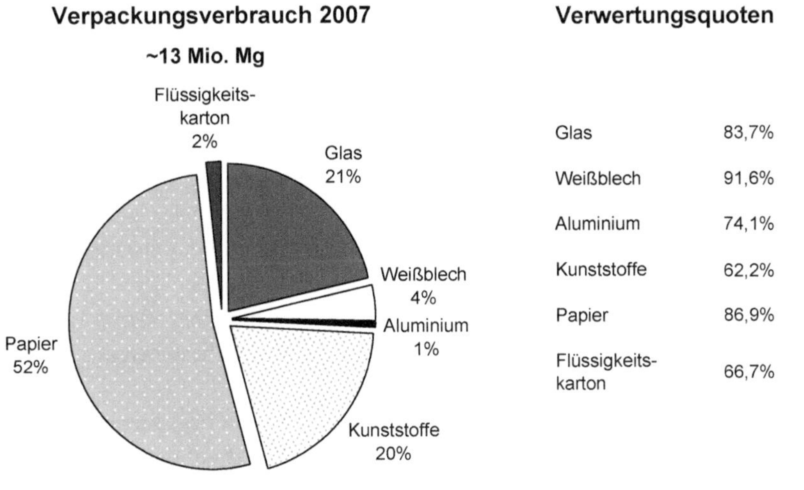

Abb. 2.12 Verbrauch und Verwertungsquoten einzelner Verpackungsmaterialien im Jahr 2007 [16]

Die bekannten Zusammenhänge der Bebauungsstruktur und der Sammelleistung für Wertstoffe zeigen sich auch bei der getrennten Erfassung von Leichtverpackungen. Untersuchungen in der Stadt Dresden im Oktober 1995 haben gezeigt, dass vor allem in Großwohnanlagen und Mehrfamilienhausbebauungen noch eine große Menge an Verpackungsabfällen aus Haushalten über den Restabfall entsorgt wird, was die Verwertungsquoten mindert.

Tab. 2.14 Vertrags- und Lizenzmengen-Anteile dualer Systeme 2009 [26]

	LVP (%)	PPK (%)	Glas (%)
DSD	58,22	46,44	63,95
ISD	14,70	21,94	20,90
Landbell	3,78	4,88	3,71
Eko-Punkt	5,81	4,28	6,60
VfW Repak DS	4,55	10,51	0,22
BellandDual	3,32	2,59	2,03
Redual	4,89	3,33	2,39
VUD	4,27	3,06	0,20
Zentek DSZ	0,46	2,61	0,00

Auf der Grundlage des § 6 der Verpackungsverordnung hat sich gemäß Abs. 3 die Duales System Deutschland GmbH (DSD GmbH) als erster Systembetreiber zur Sammlung und Verwertung von Verpackungsabfällen gebildet. Neben der Erfassung der Verpackungsabfälle, deren Sortierung und Zuführung zu einer stofflichen Verwertung außerhalb der öffentlichen Abfallentsorgung, ist die Erfüllung der vorgegebenen Quoten zu gewährleisten und jährlich der Nachweis darüber zu erbringen [4]. Neben DSD haben sich weitere Systembetreiber etabliert. Seit August 2006 sind die Dualen Systeme von Landbell und Interseroh bundesweit zugelassen, weitere Anbieter sind gefolgt und bilden somit die Basis für einen Wettbewerb im Markt der Verpackungsentsorgung. Beispielhaft fasst die folgende Tabelle die Anteile der Lizenz- und Vertragsmengen Dualer Systeme im Jahr 2009 für die Verpackungsmaterialien Kunststoff, Glas und PPK zusammen (Tab. 2.14).

Abbildung 2.13 zeigt beispielhaft die Zusammensetzung der gesammelten DSD-Leichtfraktion vor und nach der Sortierung aus dem Jahr 1995 in Dresden. Die genutzte und wiederverwertete Leichtfraktion beträgt 8,1 kg/(E*a) und stellt ca. 52 % der Gelben Tonne dar. Die Sortierreste mit 0,63 kg/(E*a) aus der Siebung bei 50 mm Lochweite sind überwiegend DSD-LF, die verworfen werden. Die Fehlwürfe bestehen aus Pappe, Papier und Glas.

Bis auf einen kleinen Teil an Zeitungen und Zeitschriften liegt hier ein deutliches Informationsdefizit bei der Bevölkerung vor. Der Grüne Punkt auf der Glasflasche bzw. auf dem Karton wird als Symbol für die Gelbe Tonne fehlinterpretiert.

2.2.7 Altfahrzeuge und Altreifen

2006 waren in Deutschland 46,1 Mio. Pkw, 2,6 Mio. Lkw, rund 2 Mio. Zugmaschinen und 4 Mio. Krafträder registriert [52]. Im gleichen Jahr meldete das Kraftfahrzeugbundesamt 3,7 Mio. Außerbetriebsetzungen von Kraftfahrzeugen (3,2 Mio. Pkw). Ein Großteil der Pkw wird als Gebrauchtwagen exportiert, 56 % innerhalb der EU und 8 % in Nicht-EU-

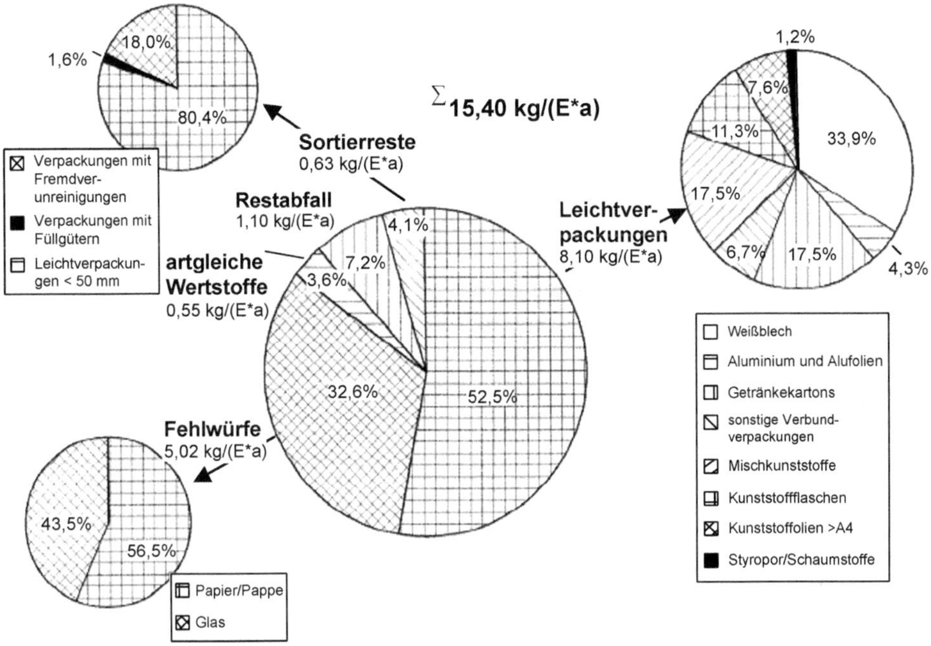

Abb. 2.13 Zusammensetzung der DSD-Leichtfraktion vor und nach der Sortierung (Oktober 1995) in Dresden [51]

Staaten [24]. Die Anzahl der in Demontagebetrieben behandelten Altfahrzeuge liegt laut Abfallstatistik bei 0,5 Mio. Stück, was einer Abfallmenge von 0,45 Mio. Mg entspricht [11].

Das Durchschnittsalter der verschrotteten, respektive ins Ausland verkauften Pkw lag im Jahr 2006 bei rund 15 Jahren [12]. Das durchschnittliche Gewicht der Fahrzeuge ist in den letzten Jahren kontinuierlich gestiegen. Die vielfach zitierte Leichtbauweise konnte die durch neue Sicherheits- und Komfortstandards (Airbag, elektrisch zu bewegende Teile, Klimaanlage etc.) bedingte Gewichtszunahme nicht ausgleichen. Fahrzeuge, die Anfang bis Mitte der achtziger Jahre gebaut wurden, wogen durchschnittlich 870 kg, heutige Fahrzeuge haben ein durchschnittliches Gewicht von 920 kg. Der Anteil des gut zu recycelnden Stahls am Gesamtgewicht eines Fahrzeuges ist hingegen kontinuierlich gesunken (von rund 80 % im Jahr 1980 auf weniger als 70 % im Jahr 1990). Die Vielzahl der im Fahrzeugbau eingesetzten Materialien (vorrangig Kunststoffe) ist über die letzten Jahre deutlich gestiegen [4].

Die Automobilindustrie sowie die maßgeblichen Wirtschaftszweige der Zulieferindustrien, des Autoteilehandels und der Altautoentsorgung haben sich im Februar 1996 gegenüber der Bundesregierung verpflichtet, die zu beseitigenden Abfälle aus der Altautoentsorgung von damals rund 25 Gewichtsprozent zu verringern. Festgeschrieben ist dies nach den Quotenvorgaben der EU-Altfahrzeugrichtlinie in der Altfahrzeugverordnung (AltfahrzeugV). Die AltfahrzeugV verpflichtet die Hersteller und Importeure zur kostenlosen Rücknahme der Altfahrzeuge, sowie die Letzthalter, die Altfahrzeuge anerkannten Rücknahmestellen oder Demontagebetrieben zu überlassen. Seit 2006 haben Hersteller, Importeure, Vertreiber und die Entsorgungswirtschaft gemeinsam sicherzustellen, dass mindestens 85 Masseprozent des Fahrzeugleergewichtes wieder verwendet oder verwertet werden. Der Anteil zur energetischen Verwertung ist auf 5 % begrenzt. Ab 2015 wird der Anteil zur Wiederverwendung und Verwertung auf 95 Masseprozent angehoben, der Anteil zur Wiederverwendung und stofflichen Verwertung auf mindestens 85 %. Im Jahr 2006 wurden die geforderten Quoten mit 89,5 % zur Wiederverwendung und Verwertung sowie 86,6 % zur Wiederverwendung und stofflichen Verwertung erfüllt [54].

Mit der „Gemeinsamen Stelle Altfahrzeuge" (GESA) der Bundesländer steht dem Letzthalter ein Informationssystem zur Verfügung, das alle anerkannten Rücknahme- und Verwertungsstellen für Altfahrzeuge der Bundesrepublik aufführt. Nach § 3 Abs. 3 AltfahrzeugV ist die Flächendeckung der Rücknahmestellen mit einer Entfernung zum Wohnsitz des Letzthalters von maximal 50 km festgelegt. Für die Altfahrzeugverwertung stehen in der Bundesrepublik Deutschland ca. 1200 Demontagebetriebe und 40 Shredderanlagen zur Verfügung.

Die Vorbehandlung der ausgedienten Fahrzeuge erfolgt in Demontagebetrieben, der erste Behandlungsschritt ist die Trockenlegung der Fahrzeuge, gefolgt von der Demontage zur Ersatzteilgewinnung und Schadstoffentfrachtung. Wiederverwendbare Bauteile wie Anlasser, Lichtmaschine, Motor, Getriebe etc. können zum Verkauf angeboten werden. Die ausgeschlachteten Karossen werden in Shredderbetrieben zerkleinert, die anfallenden Shredderabfälle werden überwiegend verwertet. Der Anteil der Restkarossen, die in das benachbarte Ausland gelangen, wird auf bis zu 40 % geschätzt.

Erwähnenswert ist auch die Entwicklung des Altreifenanfalls. Der Altreifenanfall hängt im Wesentlichen von folgenden Faktoren ab:

- Kfz-Bestand der Bundesrepublik Deutschland,
- durchschnittliche Fahrleistung pro Jahr und Kfz,
- Reifenqualität,
- durchschnittliches Reifengewicht,
- Marktanteil von runderneuerten Reifen im Ersatzgeschäft,
- Altautoanfall.

Der jährliche Altreifenanfall (ARE) lässt sich über den Ersatzkoeffizienten berechnen (Gl. 2.1):

$$\text{ARE} = \text{Kfz-Bestand} \times \text{Ersatzkoeffizient} \quad (2.1)$$

Bestimmen lässt sich der Ersatzkoeffizient durch die Zahl der verkauften Neureifen pro Jahr dividiert durch den Kfz-Bestand.

Aufgrund der genannten Einflussgrößen fiel der Ersatzkoeffizient bei Personenkraftwagen von 1975 bis 1990 von 1,5 auf 1,3 pro Pkw.

1990 fiel eine Altreifenmenge von 545.000 Mg an [7]. Mit derzeit durchschnittlich 600.000 Mg/a hat sich diese Menge nicht wesentlich verändert, der Anteil aus der Altfahrzeugentsorgung liegt bei 3 %. Die Quote zur Wiederverwendung und Verwertung liegt bei nahezu 100 %. Neben der Weiterverwendung als Gebrauchtreifen im In- und Ausland werden Reifen z. B. in der Landwirtschaft oder als Aufprallschutz in Hafenanlagen eingesetzt. Die Runderneuerung hat vor allem für Lkw-Reifen einen hohen Stellenwert. Dabei wird bei Reifen mit unbeschädigter Karkasse die Lauffläche erneuert. Im Rahmen der stofflichen Verwertung werden Granulate und Gummimehl gewonnen, die beispielsweise auf Sportplätzen und zur Neureifenherstellung verwendet werden oder dem Bitumen des Asphalts zugegeben werden. Der Großteil der Altreifen wird nach wie vor energetisch verwertet (vorwiegend in Zementwerken) (siehe dazu auch Abschn. 5.2.1.5).

2.2.8 Elektroaltgeräte und Batterien

Die voranschreitende Entwicklung leistungsfähigerer Elektro- und Elektronikgeräte in Verbindung mit einer begrenzten Lebensdauer, führt dazu, dass zunehmend defekte und veraltete Geräte entsorgt werden müssen. Die einstige Beseitigung dieser Geräte führte zur Verschwendung wertvoller Ressourcen und setzte gesundheitsgefährdende Stoffe frei. Eine umfangreiche Neustrukturierung beim Management von Elektroaltgeräten (EAG) zog das Inkrafttreten des Elektro- und Elektronikaltgerätegesetzes (ElektroG) nach sich. Damit ist für EAG die Produktverantwortung definiert, die Verwertung geregelt und die Besitzer sind verpflichtet diese einer getrennten Erfassung zuzuführen.

Das ElektroG differenziert Elektroaltgeräte in die folgenden zehn Kategorien:

- Haushaltsgroßgeräte,
- Haushaltskleingeräte,
- Geräte der Informations- und Telekommunikationstechnik,
- Geräte der Unterhaltungselektronik,
- Beleuchtungskörper,
- elektrische und elektronische Werkzeuge,
- Spiel- und Sportgeräte,
- Medizinprodukte,
- Überwachungs- und Kontrollinstrumente,
- automatische Ausgabegeräte.

Die Produktverantwortung für EAG ist zwischen öffentlich-rechtlichen Entsorgungsträgern (örE) und Herstellern geteilt. Die örE sind verpflichtet Sammelstellen einzurichten, an denen EAG aus Privathaushalten kostenfrei abgegeben werden können. Die Hersteller sind zur Bereitstellung und Abholung von Sammelcontainern sowie zur Wiederverwendung und Verwertung der EAG aus Haushalten verpflichtet. Die örE übergeben den Herstellern die EAG an den sog. kommunalen Übergabestellen.

Im Jahr 2007 lag das Elektroaltgeräteaufkommen aus Haushalten in der Bundesrepublik Deutschland bei 396.000 Mg die komplett stofflich verwertet wurden. Die Haushaltsgroßgeräte (Waschmaschinen, Herde, Kühlschränke, Geschirrspüler usw.) stellen den größten Teil der ausgemusterten Konsumgeräte.

Tab. 2.15 Zusammensetzung der Elektroaltgeräte [15]

Bestandteil	Mg/a	Gew.-%
Metalle	241.000	61
Kunststoffe	83.000	21
Glas	20.000	5
Elektronik	12.000	3
andere Materialien	40.000	10
Gesamt	*396.000*	*100*

Das ökologische Problem liegt in den Schadstofffrachten, die mit dem Geräteschrott in Deponien und in die Abfallverbrennung eingetragen werden. Unter dem Begriff „Schadstoffe“ werden Stoffe verstanden, die überwachungsbedürftige Abfälle sein können und an deren Entsorgung besondere Anforderungen gestellt werden.

Daneben bestehen die Elektrogeräte aus einer Reihe von Wertstoffen. Die Zusammensetzung der Geräte (Materialstruktur) ist in der Tab. 2.15 aufgeführt.

Batterien Am 1. Dezember 2009 wurde die Batterieverordnung von 1998 durch das Batteriegesetz ersetzt. Die Rücknahme- und Entsorgungsverantwortung der Hersteller, Importeure und Vertreiber für Altbatterien und Altakkumulatoren bleibt weiterhin bestehen. Dagegen werden die Stoffverbote weiter ausgeweitet, beispielsweise wurde die Regelung zum Quecksilbergehalt von Batterien verschärft. Seit dem 3. April 1998 war es verboten, Batterien mit einem Quecksilbergehalt von mehr als 0,025 Gew.-% in Verkehr zu bringen. Mit dem Batteriegesetz, was die Richtlinie 2006/66/EG umsetzt, gilt das Verbot Batterien mit einem Quecksilbergehalt von mehr als 0,0005 Gew.-% in Verkehr zu bringen. Für Gerätebatterien gilt eine Beschränkung für die Cadmiumfracht von mehr als 0,002 Gew.-%.

Die nachfolgende Tabelle zeigt die Zusammensetzung bzw. wesentliche Stoffkomponenten von Batterien (Tab. 2.16).

Quecksilber enthaltende Batterien nehmen auf dem Markt einen immer geringeren Anteil ein (s. Tab. 2.17), dennoch werden sie in den kommenden Jahren noch Bestandteil der Entsorgung bleiben. Einen wesentlichen Beitrag zur Abfallvermeidung stellt die Verwendung von wiederaufladbaren Batterien (Akkus) anstelle von Einwegbatterien dar. Die Verwendung der schadstoffhaltigen Nickel-Cadmium- und Blei-Akkumulatoren ist in den letzten Jahren zurück gegangen, dafür werden zunehmend Nickel-Metallhydrid- und Lithium-Ion-Akkumulatoren verwendet.

Die Kennzeichnung schadstoffhaltiger Batterien ermöglicht dem Verbraucher die Entscheidung, ob er eine schadstoff- oder nicht schadstoffhaltige Batterie erwerben möchte. Die Verbraucher stehen in der Pflicht, gebrauchte Batterien an den Handel oder an von den öffentlich-rechtlichen Entsorgungsträgern eingerichteten Rückgabestellen (z. B. Schadstoffmobile und Recyclinghöfe) zurückgeben.

Für Starterbatterien von Kraftfahrzeugen gibt es eine Pfand-Sonderregelung: Wenn der Kunde beim Kauf einer neuen Starterbatterie keine alte zurück gibt, hat er Pfand in Höhe

Tab. 2.16 Zusammensetzung von Batterien [15]

	System	Pb/ PbO_2	NiCd (Stahlg.)	Zn/MnO_2 Sauer	Zn/MnO_2 Alkalisch	Zn/ AgO_2	Zn/ HgO	Zn/ O_2	Li/ MnO_2
Metalle	Pb	65							
	Ni		20						
	Cd		15						
	Zn			20	20	10	10	30	
	Mn			25	30				30
	Ag					30			
	Hg					1	30	2	
	Li								2
	Fe		45	20	20	40	40	45	50
Elektrolyte	H_2SO_4	8							
	KOH		5		5	3	3	4	
	NH_4Cl, $ZnCl_2$			5					
	Organ., Elektr.								10
	H_2O	17	10	10	10	6	6	8	
Nicht-Metalle	Kunststoffe, Papier, Kohle, Ruß	10	5	20	15	10	11	12	10

von 7,50 € zu zahlen, das ihm bei Rückgabe einer Starterbatterie zu erstatten ist. Diese Sonderregelung gilt allerdings nicht für in Fahrzeuge eingebaute Batterien.

Die Verantwortung der Hersteller besteht darin, vor dem in Verkehr bringen von Batterien seine Marktteilnahme beim Umweltbundesamt anzuzeigen. Um die Rückgabemöglichkeit durch den Endverbraucher und die Verwertung von alten Batterien und Akkumulatoren sicher zu stellen, wurde in Deutschland durch Batteriehersteller das Gemeinsame Rücknahmesystem Batterien (GRS) gegründet. Auch in anderen europäischen Ländern existieren solche öffentlichen Stiftungen von Batterieherstellern, wie in Frankreich das „Screlec and Corepile". Hersteller die sich nicht daran beteiligen sind verpflichtet ein eigenes Rücknahmesystem nach Maßgabe des § 7 BattG einzurichten und zu betreiben.

In der Bundesrepublik Deutschland wurden 2008 rund 1500 Mio. Batterien und Akkumulatoren in Verkehr gebracht (s. Tab. 2.17). Der immer noch wachsende Verbrauch an Batterien und Akkumulatoren folgt dem steigenden Einsatz elektrischer und elektronischer Geräte in den privaten Haushalten und in der Wirtschaft [41].

Alkali-Mangan-Batterien nehmen mit 942 Mio. Stück pro Jahr eine Spitzenposition ein. Sie überwiegen auf Grund der technischen Entwicklung der letzten Jahre.

2.2.9 Klärschlämme

Klärschlämme fallen bei der Reinigung häuslicher und industrieller Abwässer an. Die anfallende Schlammenge ist abhängig von der Anzahl der angeschlossenen Bevölkerung sowie der Industriebetriebe und dem Wirkungsgrad der Kläranlagen.

Tab. 2.17 In Verkehr gebrachte Batterien und Akkumulatoren [36, 41]

	1992 (Mio. Stück)	1996 (Mio. Stück)	2000 (Mio. Stück)	2004 (Mio. Stück)	2008 (Mio. Stück)
1.1. Rundzellen	632	680	812	1009	1042
Alkali-Mangan	287	370	527	799	942
Zink-Kohle	345	310	285	210	100
1.2. Knopfzellen	57	51	72	129	213
Quecksilberoxid	12	5	3		
Silberoxid	24,5	12	28	28	24
Alkali-Mangan	6,5	13	13	41	113
Zink-Luft	7	21	28	60	76
1.3. Lithium-Batterien	7	35	52	59	83
Rundzellen		25	18	16	15
Knopfzellen		10	34	43	68
2. NiCd -Akkus	85	55	41	21	10
Rundzellen	69	52	41	21	10
Knopfzellen	16	3			
3. Ni-MH-Akkus		36	45	57	76
Rundzellen		30	44	55	74
Knopfzellen		6	1	2	2
4. Lithium-Ion-Akku			8	25	63
Rundzelle			5	23	58
Knopfzelle			3	2	5
5. Weitere			1	4	1
Blei-Akku				1	
AlMn-Akku			1	3	1
Summe	*781*	*857*	*1031*	*1304*	*1488*

Tab. 2.18 Anzahl der Kläranlagen, Anschlussgrad der Bevölkerung, behandelte Abwassermengen und Klärschlammmengen für 1980–2007 in der Bundesrepublik [2, 3, 6]

Jahr	Kläranlagen (Anzahl)	Anschlussgrad (%)	Abwasser (Mio. m^3)	Klärschlamm (Mio. Mg TS)
1980	8187	ca. 80	7236	ca. 2,00
1983	8844	ca. 90	8110	ca. 2,12
1987	-	ca. 97	8823	ca. 2,50
1991	9935	ca. 85	8512	ca. 2,32
1995	10.273	ca. 88	9847	-
2001	10.188	ca. 93	10.473	ca. 2,30
2007	9933	ca. 95	10.071	ca. 2,06

In der Tab. 2.18 sind die Kläranlagen der Bundesrepublik Deutschland, die behandelten Abwassermengen und die erzielten Klärschlammengen sowie der bisher erreichte Anschlussgrad der Bevölkerung angegeben.

Tab. 2.19 Verwendung von kommunalen Klärschlämmen 1996 und 2007 in der Bundesrepublik [1, 42]

Verwendung	Anteil 1996 (%)	Anteil 2007 (%)
Landwirtschaft	20–25	28,8
Ablagerung	60–65	0,2
Verbrennung	10–12	49,4
Kompostierung	2–3	21,6

Die Klärschlammverordnung vom 15.04.1992 (BG Bl. I, S. 912) fordert die seuchenhygienische Unbedenklichkeit und die Einhaltung von Schwermetallgrenzwerten von Klärschlamm für die landwirtschaftliche und gärtnerische Nutzung. Damit soll der Schadstofftransfer in die Nahrungs- und Futterpflanzen begrenzt werden und eine mögliche Aufkonzentration von Schadstoffen im Boden langfristig ausgeschlossen werden. In der Novelle der Klärschlammverordnung verschärft das Bundesministerium für Umwelt, Naturschutz und Reaktorsicherheit (BMU) bestehende Schwermetallgrenzwerte.

Tabelle 2.19 zeigt die Verwendung bzw. Entsorgung von Klärschlamm. Das Deponierungsverbot für Abfälle mit hohem biogenem Anteil im Jahr 2005 führt zu einer Umverteilung des Klärschlammverbleibs. Gegenüber der landwirtschaftlichen Nutzung gewinnt die thermische Behandlung von Klärschlamm verstärkt an Bedeutung.

2.2.10 Bau- und Abbruchabfälle

Das Aufkommen von Bau- und Abbruchabfällen ist geprägt durch den nach wie vor steigenden Flächenverbrauch für Straßen-, Wohn- und Gewerbegebiete. Bei Maßnahmen wie Sanierung, Neubau und Abriss von Gebäuden sowie Rekonstruktion und Erweiterung des Straßennetzes, fallen Aushubmaterial (Boden, mineralische Schichten, Steine), Sand, Naturstein, Beton, Keramik, behandelte und unbehandelte Hölzer, Metallteile, Asphalt, Dachdeckmaterial, Trockenbaubestandteile, Dämmmaterial, Materialkomponenten wie Kunststoff, Glas, Papier und Textilien sowie aus dem Elektrobereich Kabel und Schaltelemente an. In der Regel sind Bau- und Abbruchabfälle sperrig und von hohem Gewicht.

Mit ca. 57 Gew.-% nehmen die Bau- und Abbruchabfälle den größten Anteil an der Abfallmenge in der Bundesrepublik ein. Zirka 87 % dieser Menge werden stofflich verwertet.

Zahlreiche intensive Maßnahmen zur Steigerung des Baustoffrecyclings konnten die Wiederverwertungs- und verwendungsraten in den letzten Jahren erhöhen.

Neben der Zunahme der Baureststoffe stieg die Anzahl der Bauschuttdeponien von 1977 bis 1987 von etwa 1400 auf ca. 2700 und 2310 im Jahre 1993 für die Bundesrepublik, während die Zahl der Hausmülldeponien im gleichen Zeitraum ständig abnahm und die Ablagerung auf Hausmülldeponien stark eingeschränkt wurde [30]. 40 % dieser Bauschuttdeponien sind jedoch mit einer Restlaufzeit kleiner 10 Jahren eingestuft.

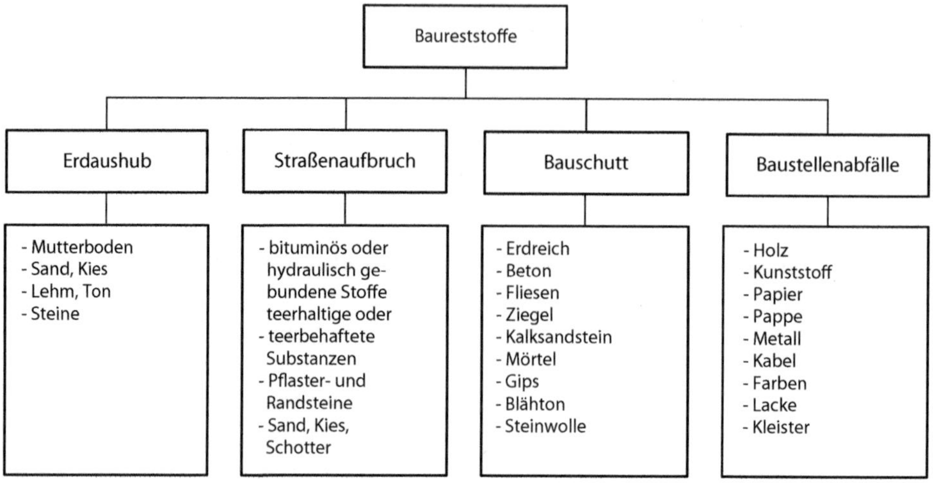

Abb. 2.14 Aufgliederung der Baureststoffe [23]

Recyclingfähige Baustoffe sind vorwiegend ungebundene Mineralstoffgemische aus Verkehrsflächen (z. B. Gesteinsaushub), hydraulisch gebundene (z. B. Beton) oder bituminös gebundene (z. B. Asphalt) Stoffe, die direkt aus der Baumaßnahme gewonnen werden können. Auf Deponien werden allerdings selten Einzelstoffe, sondern fast ausschließlich Gemische angeliefert.

Vor allem Materialien aus dem Abbruch von Wohn- und Geschäftshäusern weisen eine hohe Heterogenität auf, wobei zum Teil unerwünschte Bestandteile oder umweltgefährdende Stoffe enthalten sein können. Um höherwertige Materialien zurückzugewinnen, ist eine entsprechende Vorbehandlung, insbesondere eine getrennte Erfassung am Entstehungsort, unumgänglich. Durch die Gewerbeabfallverordnung ist die Getrennthaltung von Beton, Ziegeln, Fliesen und Keramik ohne schädliche Verunreinigungen sowie Metall, Glas und Kunststoff zur Pflicht geworden.

Die Materialien, die aufgrund von Baumaßnahmen als Baurestmassen anfallen, werden in Abb. 2.14 in Gruppen untergliedert.

Erdaushub Bei fast allen Bautätigkeiten wie der Verlegung von elektrischen Leitungen, der Einrichtung von Be- und Entwässerungskanälen, Straßenbaumaßnahmen und der Errichtung von Wohn- und Geschäftskomplexen fällt Erdaushub bzw. Bodenaushub (AVV 17 05 03 bis 17 05 06) an. Es ist prinzipiell zwischen unbelastetem und schadstoffverunreinigtem Erdaushub zu unterscheiden. Mit ca. 76 Gew.-% bildet der Erdaushub mengenmäßig den größten Anteil der Baurestmassen, wobei die Zusammensetzung sowohl von den örtlichen geologischen Gegebenheiten als auch von der Art der Baumaßnahme abhängt.

Das Material kann je nach Reinheitsgrad und Zusammensetzung direkt für das Straßenplanum, Deponieabdeckungen, Dammschüttungen, Lärmschutzwälle oder für den Gartenbau verwertet bzw. einer Absiebanlage zugeführt werden. Bei schadstoffverunreinigtem Erdaushub, der vor allem bei Baumaßnahmen in alten Industriegebieten, auf Industriebrachen, Bahnhöfen, Flugplätzen etc. anfällt, handelt es sich um gefährliche Abfälle, deren geordnete Beseitigung zur Wahrung des Wohls der Allgemeinheit erforderlich ist.

Bauschutt Bauschutt fällt bei Baumaßnahmen im Hoch- und Tiefbau an. Abhängig von Alter und Konstruktionsweise der Bauwerke weist der dabei entstehende Bauschutt unterschiedliche Zusammensetzungen sowie Verunreinigungen mit organischen und anorganischen Bestandteilen auf.

Der Bauschutt wird dabei unterteilt in unbelastet, belastet und schadstoffverunreinigt.

Als unbelasteter Bauschutt wird das mineralische Material (z. B. Kalksandstein, Mörtel) bezeichnet, das bei Abbrucharbeiten (z. B. durch systematischen Rückbau) anfällt und nur geringfügig mit organischen und anorganischen Störstoffen (z. B. Erdreich, Sand, Beton ohne Bewehrungsstahl, Ziegelmauerwerk, Naturstein) durchsetzt ist.

Belasteter Bauschutt fällt bei Abrissarbeiten ohne systematischen Rückbau an. Die darin enthaltenen Verunreinigungen können über Sortieranlagen separiert und entsorgt werden. Bei den Verunreinigungen handelt es sich um die ehemals festen Bestandteile des Gebäudes, die in einem funktionalen Zusammenhang mit diesem standen, wie z. B. Installationen, Fußböden, Wand- und Deckenverkleidungen. In den Satzungen von entsorgungspflichtigen Körperschaften werden Anteile bis zu 10 Vol.-% akzeptiert [31].

Schadstoffverunreinigter Bauschutt liegt vor, wenn die mineralischen Abbruchmassen wasser-, boden- oder gesundheitsgefährdende Stoffe enthalten, die aufgrund des Gehalts dieser Stoffe, zu nachteiligen Auswirkungen auf die Umwelt führen können. Diese Materialien entstehen i. d. R. beim Abbruch von Industriegebäuden, Flächenbefestigungen oder nach Bränden. Der Abfall gilt als gefährlich und muss einer geordneten Beseitigung unterzogen werden.

Straßenaufbruch Je nach verwendetem Material für die Straßenbauschichten (Deck-, Binder-, Tragschichten) setzt sich der unbelastete Straßenaufbruch aus ungebundenen bzw. bituminös oder hydraulisch gebundenen Schichten sowie den Rand- und Pflastersteinen zusammen. Dieses Material entsteht beim Bau oder der Instandsetzung von Straßen und Wegen. Soweit keine umweltgefährdenden Stoffe enthalten sind (z. B. nach Verkehrsunfällen), kann davon ausgegangen werden, dass der bitumenhaltige sowie der mineralische Straßenaufbruch ein hochwertiges Wirtschaftsgut darstellen [31]. Ausnahmen hiervon und besonders geregelt sind teerhaltige Deck- und Binderschichten, da diese wasserlösliche Phenole enthalten.

Baustellenabfälle Der Begriff Baustellenabfall fasst alle Rückstände zusammen, die beim Neubau, Ausbau oder bei Sanierungen von Bauwerken anfallen und ist damit wesentlich weiter als der des Bauschutts gefasst. Baustellenabfall kann sich aus Bestandteilen wie Holz, Eisen- und Nichteisenmetallen, Kunststoffen, Papier, Pappe, organischen Resten,

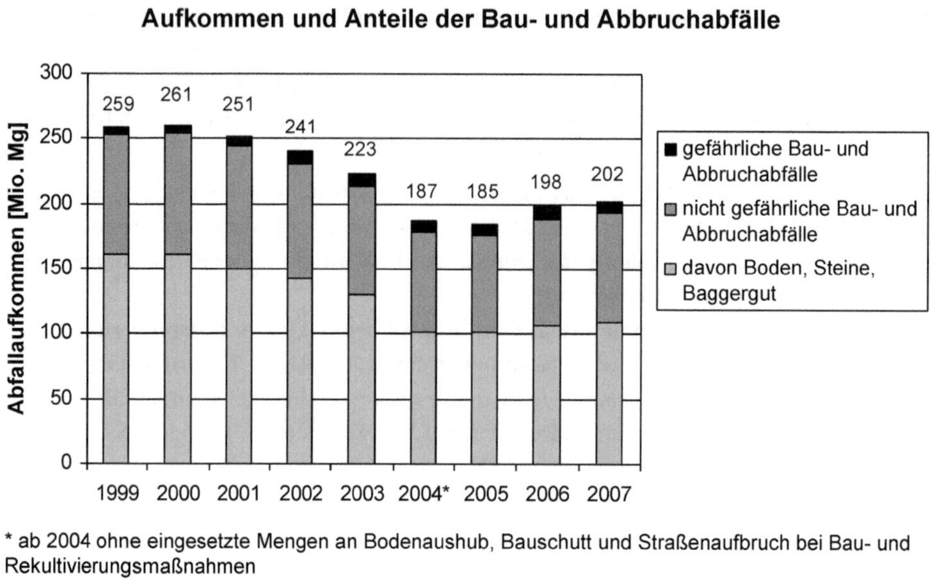

Abb. 2.15 Zeitreihe über Aufkommen und Anteile der Bau- und Abbruchabfälle

Sperrmüll sowie Sonderabfällen (Farben, Lacke etc.) zusammensetzen. Bei Baustellenabfällen handelt es sich um nichtmineralische Stoffe aus Bautätigkeiten, die geringfügige Fremdanteile enthalten können. Bei getrennter Erfassung und nachfolgender Sortierung ist eine Wiederverwertung möglich. Die nicht wiederverwendbaren, störenden sowie schadstoffhaltigen Bestandteile sind die Baurestabfälle [32, 33].

2.2.10.1 Aufkommen an Bau- und Abbruchabfällen

Der Stoffstrom Bau- und Abbruchabfälle besteht überwiegend aus mineralischen Stoffen wie Steinen, Erden, Ziegeln und Metallen. In geringerer Menge sind organische Bestandteile wie Kunststoffe, Teer und Holz enthalten. Das Aufkommen an Bau- und Abbruchabfällen ist an die Baukonjunktur gekoppelt. Das Statistische Bundesamt ermittelt seit 1975 die anfallenden Mengen an Erdaushub, Bauschutt und Straßenaufbruch. Das ebenfalls auf den Daten des Statistischen Bundesamtes beruhende Aufkommen an Bau- und Abbruchabfällen zwischen 1999 und 2007 ist in Abb. 2.15 dargestellt. Die Abbildung zeigt den im Vergleich zur Gesamtmenge geringen Anteil gefährlicher Abfälle und den großen Anteil des Bodenaushubs, der zumeist ohne große Aufbereitung wieder eingesetzt werden kann. Die sprunghafte Reduzierung des Aufkommens im Jahr 2004 ist darauf zurück zu führen, dass ab diesem Erhebungsjahr in den statistischen Daten die für Bau- und Rekultivierungsmaßnahmen eingesetzten Mengen nicht mehr enthalten sind.

1996 hat die Arbeitsgemeinschaft Kreislaufwirtschaftsträger Bau (KWTB) e. V. zugesagt, die Ablagerung von verwertbaren Bauabfällen (ohne Bodenaushub) gegenüber dem Stand von 1995 bis zum Jahr 2005 auf die Hälfte zu reduzieren. Die KWTB ist eine freiwil-

Tab. 2.20 Aufkommen, Verwertung und Beseitigung mineralischer Bauabfälle ohne Bodenaushub 2004 in Deutschland, differenziert nach Abfallarten [17]

Abfallart (Mio. Mg)	Aufkommen	Recycling	Verwertung im übertäg. Bergbau	Verwertg. öff. Hand	Dep.-Bau	Dep.
Straßenaufbruch	19,7	18,4	0,3	0,7	0,1	0,2
Bauschutt	50,5	31,1	8,4	3,8	2,6	4,6
Baustellenabfälle	1,9	0,1	0,4			1,4
Bauabfälle auf Gipsbasis	0,3		0,2		< 0,1	0,1
Summe Bauabfälle	*72,4*	*49,6*	*9,3*	*4,5*	*2,7*	*6,3*

lige Brancheninitiative, deren übergeordnetes Ziel die Förderung der Kreislaufwirtschaft im Bauwesen ist. In Monitoring-Berichten werden Maßnahmen und Erfolge des Recyclings und der umweltgerechten Verwertung von Bauabfällen dokumentiert und dem Bundesumweltministerium übergeben. Die Ergebnisse des 5. Monitoring-Berichts sind in der folgenden Tab. 2.20 zusammengefasst. Danach wurden die Ziele der Selbstverpflichtung zum Bauschutt-Recycling durch die Bauwirtschaft nicht nur erreicht, sondern auch übertroffen.

Zur Erfassung der Situation der gemischten Bau- und Abbruchabfälle in Deutschland wurden in einer bundesweiten Befragung in den 90er Jahren bei Kreisen und kreisfreien Städten Mengen, Entsorgungskosten und -wege mit Hilfe eines Fragebogens ermittelt.

Bei der Gegenüberstellung der spezifischen (d. h. pro-Kopf-bezogen) gemischten Bau- und Abbruchabfallmengen von Kreisen und kreisfreien Städten liegt das Jahresaufkommen pro Einwohner der kreisfreien Städte deutlich über dem der Kreise (Abb. 2.16). Gründe hierfür sind u. a. die unterschiedlichen Infra- und Bevölkerungsstrukturen sowie die intensivere Bautätigkeit in verdichteten Räumen.

Im Bundesvergleich ist Anfang der 90er Jahre durch die vermehrte Bautätigkeit in Ostdeutschland ein deutlich höheres Pro-Kopf-Aufkommen an gemischten Bau- und Abbruchabfällen als in Westdeutschland festzustellen (Abb. 2.17). In den alten Bundesländern ist ein kontinuierlicher Rückgang von ca. 100 kg/(E*a) im Jahr 1990 auf ca. 50 kg/(E*a) im Jahr 1996 zu erkennen. Dieser Rückgang ist unter anderem auf die zunehmende Abtrennung der mineralischen Anteile aus den gemischten Bau- und Abbruchabfällen zurückzuführen, da aufgrund der immer größer werdenden Spanne zwischen Entgelten oder Gebühren für Bauschutt einerseits und gemischten Bau- und Abbruchabfällen andererseits (siehe Abb. 2.19) die Vorabtrennung des Bauschutts auf der Baustelle zugenommen hat.

In der Gesamtbetrachtung für die Bundesrepublik Deutschland ist aufgrund des dominierenden Trends in den alten Bundesländern ein Rückgang der gemischten Bau- und Abbruchabfallmengen zu verzeichnen. Bemerkenswert sind die regionalen Unterschiede des Aufkommens an gemischten Bau- und Abbruchabfällen. Es schwankt zwischen 40 und 200 kg/(E*a).

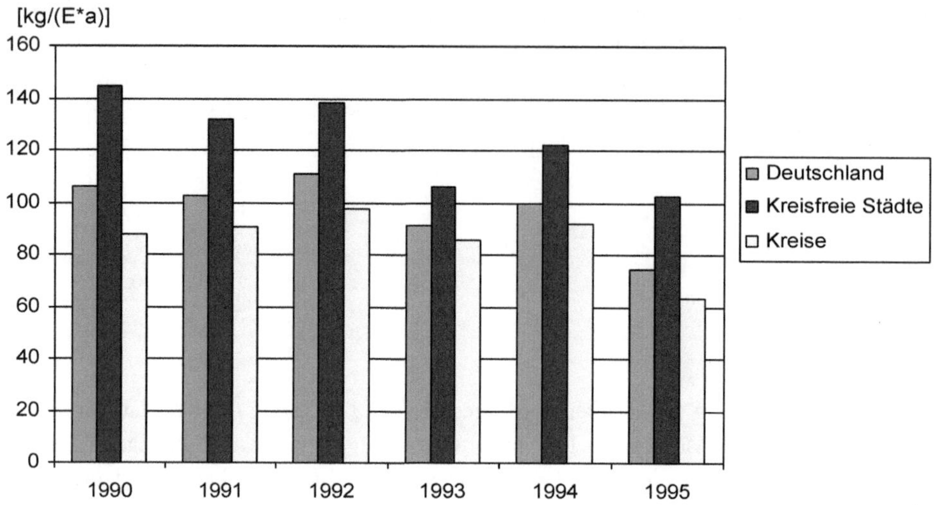

Abb. 2.16 Spezifische gemischte Bau- und Abbruchabfallmenge im Vergleich der Kreise und kreisfreien Städte [29]

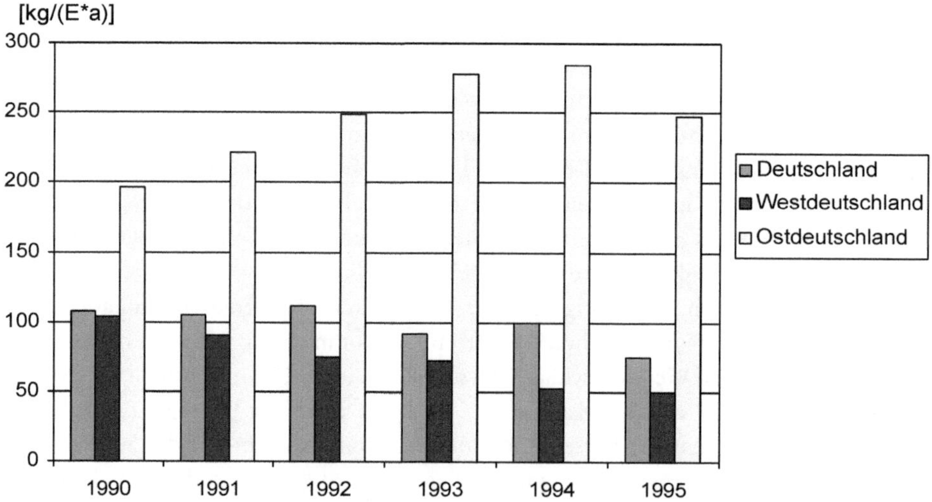

Abb. 2.17 Spezifische gemischte Bau- und Abbruchabfallmenge im Vergleich von Ost- und Westdeutschland [29]

Abbildung 2.18 zeigt beispielhaft die Zusammensetzung von gemischten Bau- und Abbruchabfällen. Überwiegend bestehen die gemischten Bau- und Abbruchabfälle aus mineralischen Bestandteilen (Bauschutt) und Holz. Zur Kategorie Stoffe a.n.g. gehören beispielsweise Textilien und der Feinanteil.

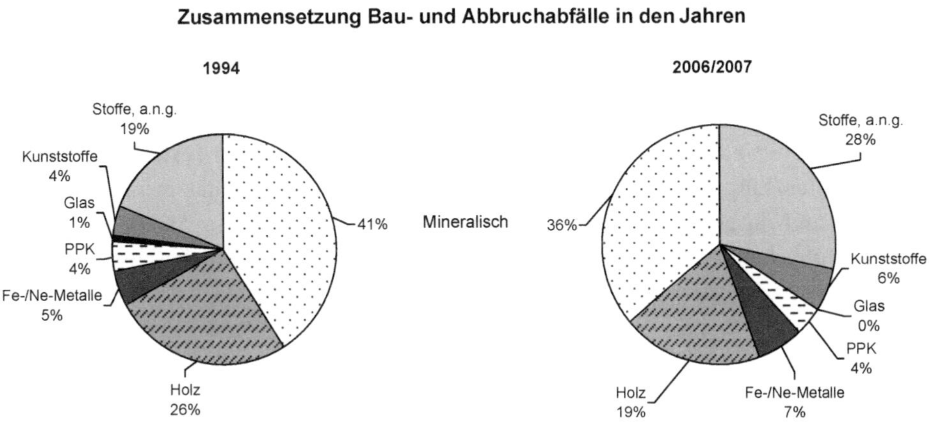

Abb. 2.18 Zusammensetzung der gemischten Bau- und Abbruchabfälle im Jahr 1994 [39] und 2006/2007 [20, 22]

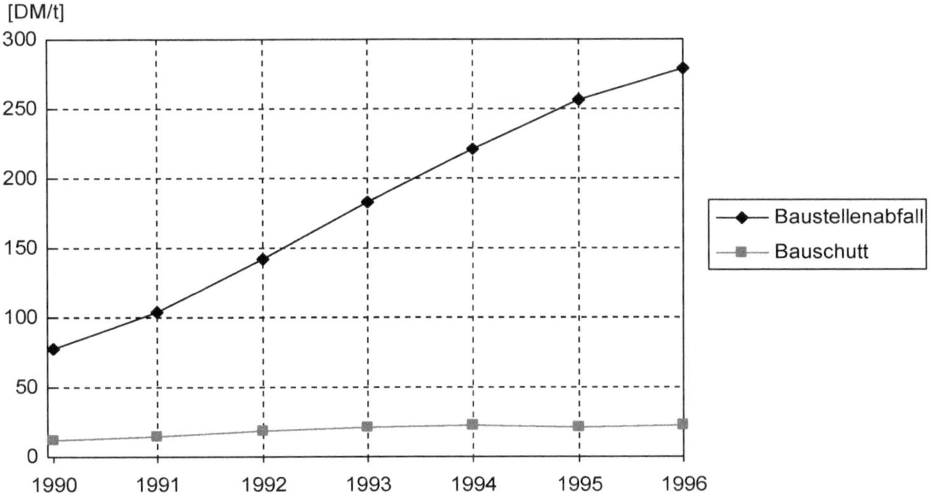

Abb. 2.19 Gebühren-/Entgeltevergleich für gemischte Bau- und Abbruchabfälle sowie Bauschutt von 1990 bis 1996, Deutschland – Mittelwerte [29]

Der Vergleich der Gebühren- bzw. Entgeltespanne zwischen gemischten Bau- und Abbruchabfällen und Bauschutt für 1990 bis 1996 in Abb. 2.19 zeigt die immer weiter auseinandergehende Schere für gemischte Bau- und Abbruchabfälle im Vergleich mit der Monofraktion der Mineralien. Je größer diese Spanne ist, desto größer ist auch der Anreiz, die mineralische Fraktion weitestgehend aus den gemischten Bau- und Abbruchabfällen fernzuhalten.

Bei der Betrachtung der mittleren Gebühren-/Entgelteentwicklung (Abb. 2.19) ist für den Zeitraum von 1990 bis 1996 bei den gemischten Bau- und Abbruchabfällen ein Anstieg von ca. 75 DM/Mg auf über 270 DM/Mg zu erkennen. Dies bedeutet einen Anstieg von über 350 % der Annahmekosten. Demgegenüber sind die Gebühren und Entgelte für Bauschutt nahezu konstant bei ca. 15–20 DM/Mg geblieben [29]. Aktuell liegen die Gebühren/Entgelte für Bauschutt, je nach Abnehmer und Qualität, zwischen 10 und 20 €/Mg und für gemischte Bau- und Abbruchabfälle, vor allem in Abhängigkeit vom Mineralstoffgehalt, zwischen 150 und 200 €/Mg. Damit ist die Gebühren-/Entgeltespanne seit 1996 leicht angestiegen.

2.3 Zusammensetzung von Restabfall und Sperrmüll sowie Darstellung von Einflussgrößen auf die Zusammensetzung

2.3.1 Restabfallzusammensetzung

Die Zusammensetzung des Restabfalls wird über Abfallanalysen ermittelt. Hierzu werden repräsentative Stichproben gewonnen und nach vorher festgelegten Fraktionen erfolgt eine händische Sortierung. Vielmals wird die Sortieranalyse durch eine Klassierung des Abfalls vervollständigt. Somit können neben Aussagen zur stofflichen Zusammensetzung auch Aussagen über die Korngrößenverteilungen vorgenommen werden.

Neben den Wertstoffen, welche in Haushalten getrennt gesammelt werden, nimmt der Restabfall eine zentrale Stelle ein.

Im Jahr 2008 fielen in Deutschland 14,2 Mio. Mg Restabfall incl. hausmüllähnlichen Gewerbeabfall (gemeinsam über die öffentliche Restabfallsammlung (Müllabfuhr) eingesammelt) an.

In der folgenden Abbildung wird die Entwicklung der Restabfallzusammensetzung mit der Entwicklung der Restabfallmengen in Deutschland von 1990 bis 2006 dargestellt (Abb. 2.20).

Die Restabfallmengen sind seit 1990 kontinuierlich zurückgegangen und pegeln sich seit 2005 auf einem Niveau von ca. 14 Mio. Mg/a ein. Seit 1990 hat sich die einwohnerspezifische Restabfallmenge mehr als halbiert.

In der folgenden Darstellung (Abb. 2.21) werden die durchschnittlichen Restabfallzusammensetzungen Deutschlands der Jahre 1990 und 2007 unter Berücksichtigung der einwohnerspezifischen Restabfallmengen gegenübergestellt.

Bestimmte Fraktionen sind in ihrer Menge wesentlich stärker rückläufig als Andere. So ist der Anteil an Wertstoffen, für welche überwiegend eine getrennte Erfassung angeboten wird (Verbunde/Kunststoffe, Organik, Glas, Pappe/Papier/Kartonagen, Fe-/NE-Metalle), im Restabfall rückläufig. Die stärkste Reduzierung der Mengenanteile im Restabfall im Vergleich der Jahre 1990 und 2007 konnten bei Glas mit ca. 75 %, Pappe/Papier/Kartonagen

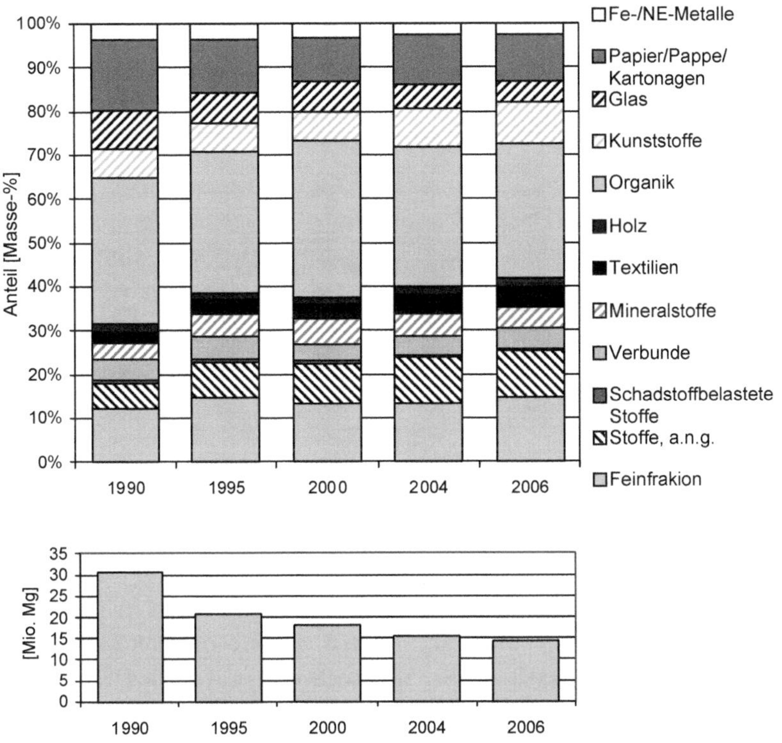

Abb. 2.20 Entwicklung der Restabfallzusammensetzung und -menge in Deutschland von 1990 bis 2006 [21]

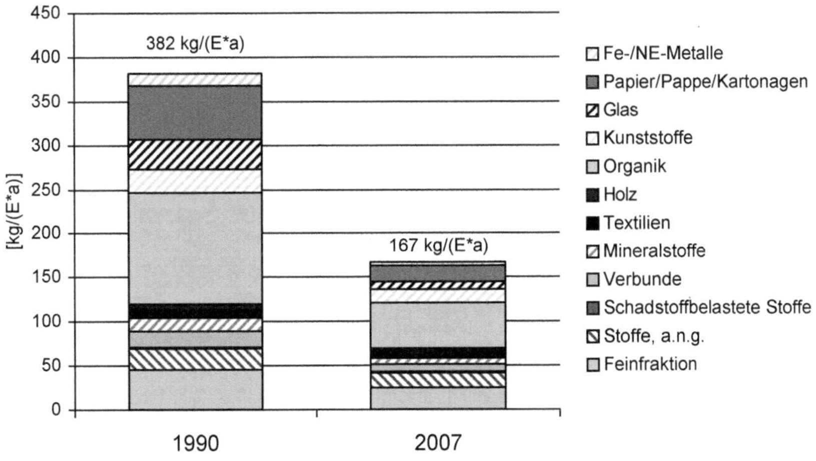

Abb. 2.21 Gegenüberstellung der einwohnerspezifischen Restabfallzusammensetzung (Deutschland 1990 und 2007) [21]

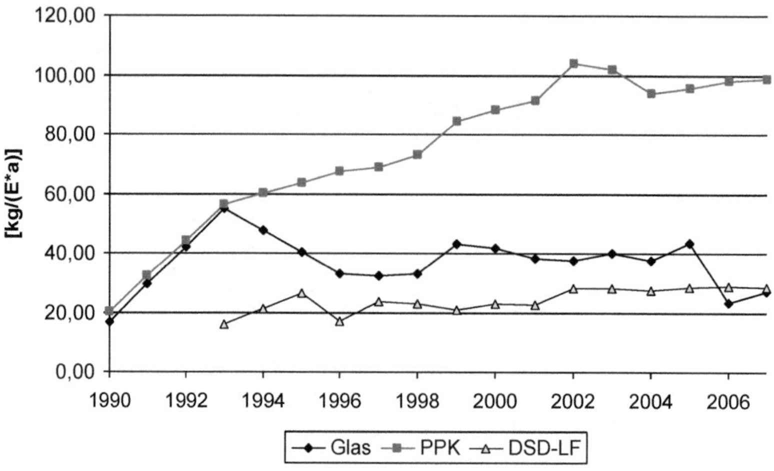

Abb. 2.22 Mengenentwicklung der getrennt erfassten Wertstoffe PPK, Altglas und DSD-Leichtfraktion – einwohnerspezifische Darstellung [8]

mit ca. 72 % und Fe-/NE-Metallen mit ca. 67 % ermittelt werden. Vergleichsweise gering ist die Mengenabnahme bei Textilien mit 15 % bzw. Stoffe, a. n. g. mit 24 %.

Die getrennt erfassten Wertstoffmengen an PPK und Glas sowie DSD-Leichtfraktion (ab 1993) sind im betrachteten Zeitraum von 1990 bis 2007 angestiegen. In Abb. 2.22 sind deren Mengenentwicklungen einwohnerspezifisch dargestellt.

Der Rückgang der Wertstoffe im Restabfall korreliert mit dem Anstieg der getrennt erfassten Mengen an Wertstoffen.

Die Zusammensetzung des Restabfalls hat sich über den Betrachtungszeitraum verändert. Bei anderweitig nicht genannten Stoffen, kurz Stoffe, a. n. g., handelt es sich vorwiegend um Hygieneprodukte, von denen Windeln am mengenrelevantesten sind. Aber auch Leder, Gummi oder Kork werden zu dieser Fraktion gerechnet.

Der Anteil an Wertstoffen, welche für ein Recycling geeignet sind und in getrennten Sammlungen erfasst werden, ist im Restabfall zurückgegangen.

Die Ursachen für diese Entwicklung in der Abfallzusammensetzung und Menge sind vielfältig:

- Größe der entsorgten Gemeinde, Fläche, Einwohnerzahl (Gebietsstruktur),
- Anteil an hausmüllähnlichem Gewerbeabfall, der gemeinsam mit dem Restabfall gesammelt wird,
- Art der getrennten Erfassung haushaltstämmiger Wertstoffe, wie Glas, Leichtverpackungen, Pappe/Papier/Kartonagen, Bio- und Grünabfall o. ä.,
- Art der Gebührenerfassung/des Gebührensystems für Restabfall in Verbindung mit den anderen haushaltsstämmigen gebührenpflichtigen Abfällen,

- örtliche und regionale Unterschiede hinsichtlich der Wirtschaftskraft bzw. der Sozialstruktur,
- zeitliche Entwicklung im Verlauf der Jahre durch Veränderung der Konsum- und Lebensgewohnheiten, des Lebensstandards und der Gewerbestruktur sowie Einflüsse der allgemeinen konjunkturellen Wirtschaftslage,
- die wechselnden Jahreszeiten,
- angebotenes Sammelsystem,
- Behältergrößen (bzw. spezifisches Behältervolumen in Liter/Einwohner und Tag),
- Behälterarten,
- Personenzahl eines entsorgten Gebäudes,
- Frequenz und Organisation der Sperrmüllabfuhr,
- Alternativen zur regelmäßigen Abfallentsorgung für den Abfallproduzenten, wie z. B. die Recyclingbehälter für Papier und Glas, Möglichkeiten der Eigenkompostierung vegetabiler Abfälle, Wertstoffsammelinitiativen durch Vereine oder Verbände, Sammeltätigkeiten privater Entsorger etc.,
- Intensität der motivationsfördernden Medien.

In den folgenden Kapiteln soll auf ausgewählte Einflussfaktoren näher eingegangen werden.

2.3.2 Einfluss der Bebauungsstruktur auf die Abfallzusammensetzung

Der Einfluss der Bebauungsstruktur (auch Gebietsstruktur genannt) wird im Vergleich der durchschnittlichen Restabfallzusammensetzung städtischer und ländlicher Herkunft im folgenden Bild deutlich (Abb. 2.23).

Die Zusammensetzung der Restabfälle aus unterschiedlichen Bebauungsstrukturen unterscheidet sich in ausgewählten Fraktionen. Aufgrund der Umstellung beispielsweise von Heizungssystemen oder der Ausweitung der Einführung der getrennten Bioabfallerfassung, konnte in den letzen Jahren eine Annäherung in der Restabfallzusammensetzung festgestellt werden.

In Bayern wurden vielfach Restabfallanalysen durchgeführt. Für den Zeitraum von 1998 bis 2003 wurde durch das Bayrische Landesamt für Umwelt (LfU) [27] eine Gegenüberstellung der einwohnerspezifischen Mengenanteile im Restabfall in Abhängigkeit von den Gebietsstrukturen vorgenommen. Das folgende Bild zeigt die Untersuchungsergebnisse (Abb. 2.24).

Bis auf die Feinfraktion bzw. Inertes ist das Aufkommen der einzelnen Stofffraktionen im Restabfall der innerstädtischen Bebauung am höchsten. Es ist ersichtlich, dass mit zunehmender Bebauungsdichte die Restabfallmenge ansteigt. Für Stadtrand/ländliche Struktur wurden 105 kg/(E*a), für die städtische 115 kg/(E*a) und für die innerstädtische Struktur 143 kg/(E*a) ermittelt. Die signifikantesten Unterschiede traten bei den Wert-

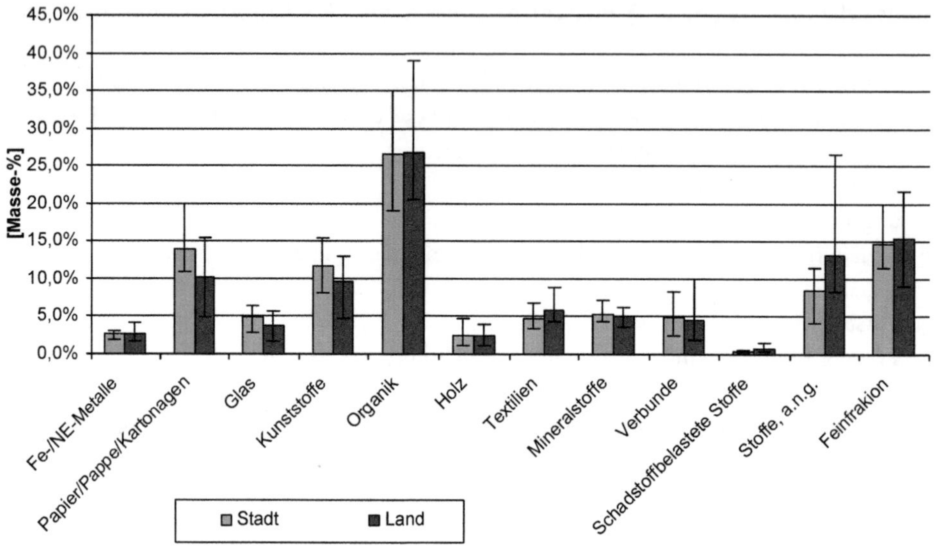

Abb. 2.23 Gegenüberstellung der Anteile ausgewählter Fraktionen an der Restabfallzusammensetzung aus städtisch bzw. ländlich strukturierten Gebieten (Deutschland 2006) [21]

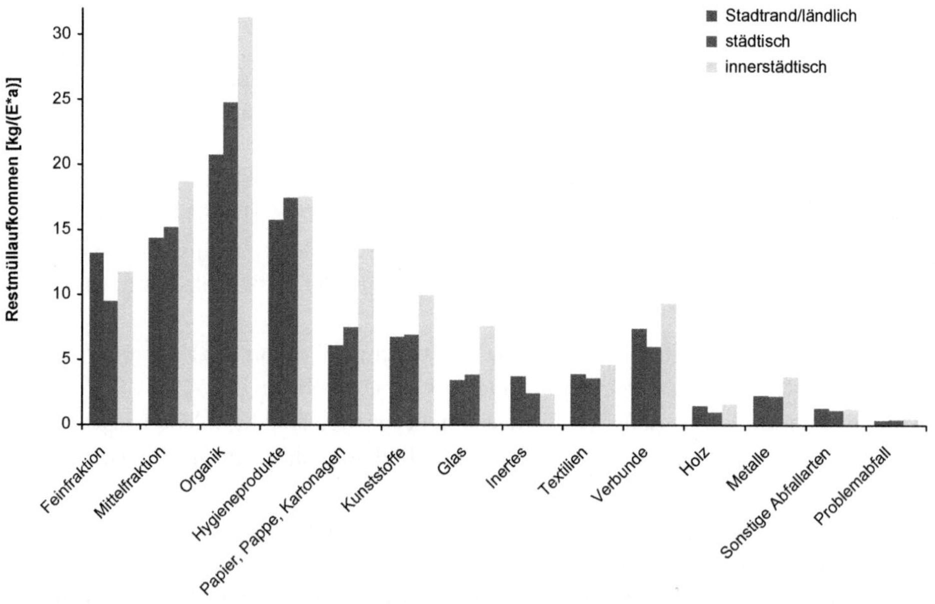

Abb. 2.24 Einwohnerspezifische Mengen der einzelnen Restabfallfraktionen unterschiedlicher Gebietsstrukturen (Bayern; Restabfallanalysen 1998–2003) [27]

stoffen wie Organik, Pappe/Papier/Kartonagen sowie Glas auf. Die Unterschiede bei Holz, Problemabfällen sowie sonstigen Abfallarten sind vergleichsweise gering.

Die Größe der zu entsorgenden Gemeinde und deren Einfluss auf die Menge und Zusammensetzung des Abfalls wurde bereits sorgfältig untersucht. Dabei wurde festgestellt, dass die Menge und die Zusammensetzung des Abfalls von der Größe und Struktur der Siedlungszentren in dem gesamten Siedlungsraum maßgebend beeinflusst werden.

Kleingewerbebetriebe erhöhen über die normale Abfallabfuhr der Privathaushalte das Pro-Kopf-Aufkommen im Entsorgungsgebiet.

2.3.3 Einfluss der Behältergröße auf die Abfallzusammensetzung

Die Behältergröße beeinflusst die Zusammensetzung des Restabfalls. Je größer der Behälter angeboten und genutzt wird, umso stärker kommt es zur Entsorgung sperrmüllartiger Abfälle. Diese Vergrößerung der Korndichte durch sperrige Abfallstücke geht mit einer sinkenden Abfalldichte einher.

Untersuchungen in den 70er Jahren [9] zeigten erstmals auf, dass auch zwischen Behältervolumenangebot und Menge der Haushaltsabfälle eine Beziehung besteht. So ging mit einer Systemumstellung, mit einer Erhöhung des Behältervolumens auf 135 %, ein rapider Anstieg der Abfallmenge um ca. 25 % einher. Dieser Effekt konnte auch etwa 10 Jahre später bei der bundesweiten Hausmüllanalyse (BHMA) durch die Technische Universität Berlin 1979/80 in den Städten Hamm, Ansbach und dem Landkreis Bruchsal beobachtet werden, als vom 35/50-l-ME-System auf das 120/240-l-MGB-System umgestellt wurde.

Dadurch, dass große Abfallbehälter vorwiegend in geschlossenen Mehrfamilienhausbebauungen angeboten werden und durch diese Bebauungsstruktur bedingt ein anonymes Entsorgungsverhalten ohne Verbindung mit direkten Auswirkungen des Sammelverhaltens auf die Abfallgebühren/Mieten gegeben ist, sind die Anreize zur getrennten Sammlung und Abfallvermeidung eher gering.

2.3.4 Jahreszeitliche Schwankungen

Neben der durchschnittlichen Zusammensetzung des Abfalls sind insbesondere für den Betrieb einer Recyclinganlage die Schwankungen der Abfallzusammensetzung und zusätzlich noch die Schwankungen der absoluten Abfallmenge pro Jahr zu berücksichtigen.

Dies hat neben der technischen Reserve wesentliche Auswirkungen auf:

- die Kapazitäten und Techniken im Annahmebereich,
- den Lagerbedarf,
- die Betriebszeiten der Sortier- und Förderaggregate,
- die notwendigen Transportkapazitäten für die Produkte und Reststoffe sowie
- einen Einfluss auf die monatlichen Erlöse aus den Produktverkäufen.

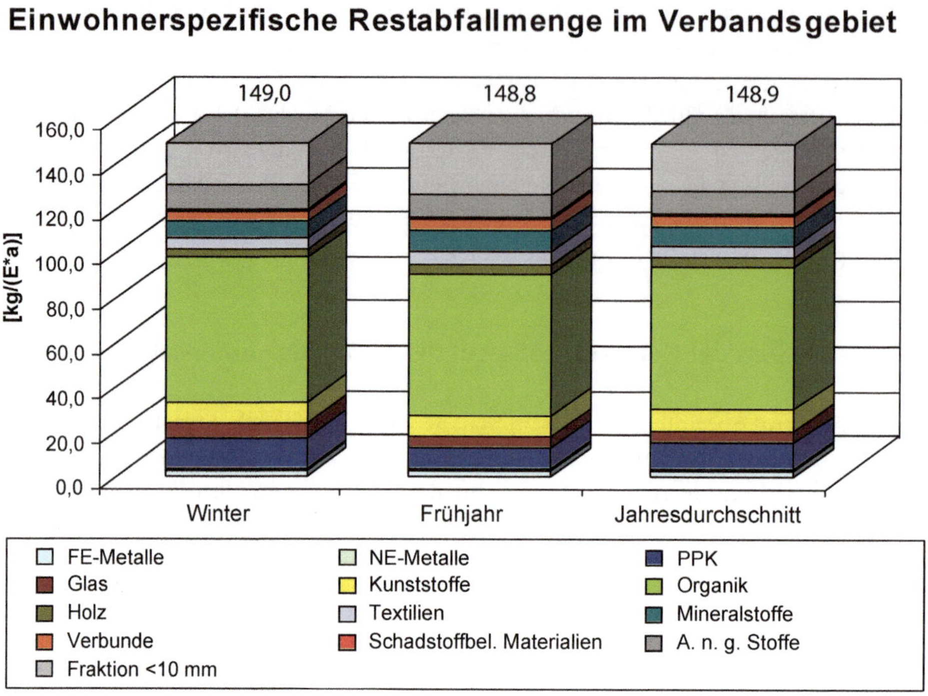

Abb. 2.25 Einwohnerspezifische Restabfallzusammensetzung in einem Verbandsgebiet (Gegenüberstellung von Winter- und Frühjahresanalysen 2004)

Um ein umfassendes Bild der Restabfallzusammensetzung und –menge darstellen zu können, werden in den Vorgaben zu Sortieranalysen, wie beispielsweise der Sächsischen oder der Brandenburger Sortierrichtlinie, Empfehlungen zur Anzahl und Verteilung der Untersuchungen im Jahresverlauf gemacht. Es sollten alle vier Jahreszeiten abgedeckt werden bzw. sollte abgesichert werden, dass mit den Untersuchungen alle jahrszeitlichen Besonderheiten, wie Heizungsperiode oder vermehrter Fremdenverkehr, Berücksichtigung finden. Oftmals werden die Untersuchungsergebnisse von Frühjahr und Herbst als vergleichbar angesehen und eine dieser Sortierkampagnen eingespart.

Abfallanalysen in einem Abfallzweckverband in Rheinland-Pfalz ergaben die in folgender Abbildung dargestellten jahreszeitlichen Unterschiede in der Abfallzusammensetzung und Abfallmenge (Abb. 2.25).

Die Unterschiede in der Abfallzusammensetzung wie auch in der einwohnerspezifischen Abfallmenge sind bei diesem Beispiel für ein Verbandsgebiet sehr gering. Betrachtet man einen einzelnen Landkreis dieses Verbandsgebietes, so sind die Unterschiede signifikanter. In Abb. 2.26 erfolgt eine entsprechende Gegenüberstellung unter Berücksichtigung der Jahreszeiten sowie der Bebauungsstruktur.

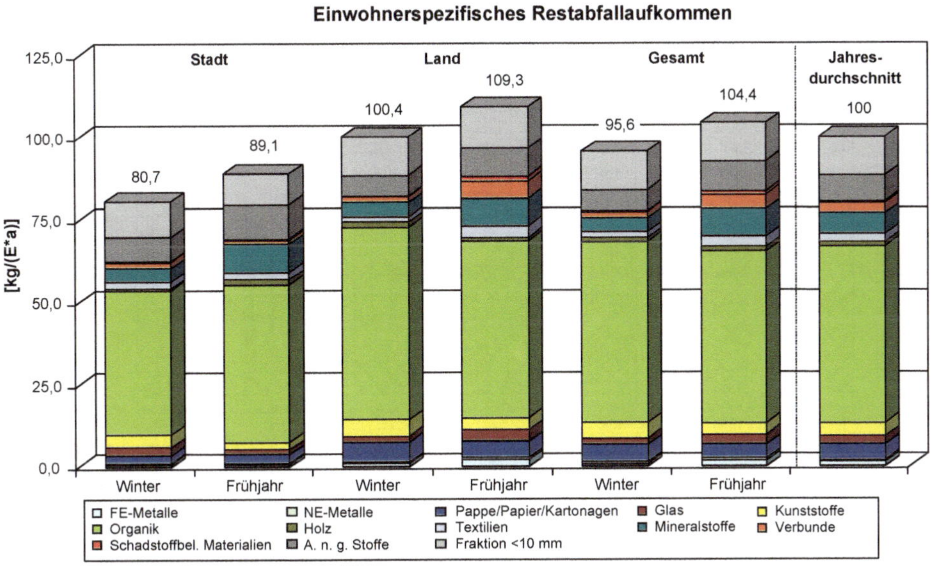

Abb. 2.26 Gegenüberstellung der Restabfallzusammensetzung in einem Landkreis in Abhängigkeit von der Bebauungsstruktur sowie der Jahreszeit (2004)

Es wird ersichtlich, dass unabhängig von der Bebauungsstruktur im Frühjahr die einwohnerspezifischen Restabfallmengen über denen des Winters liegen. Es gibt keine Stofffraktion, die im Frühjahr einen signifikant höheren Anteil ausmacht.

Abfallzusammensetzung und -menge sind stark von den jeweiligen Rahmenbedingungen in den Gebieten abhängig. Eine Übertragung gewonnener Daten auf andere Gebiete ist schwer möglich.

Die nachfolgenden Ergebnisse von Untersuchungen zu jahreszeitlichen Schwankungen unterstreichen dies (siehe Abb. 2.27). Am Beispiel von Dresden zeigen sich jahreszeitliche Schwankungen der Abfallfraktionen anhand von 8 Restabfallsortierungen. Die Sortierungen wurden im Sommer bzw. Herbst 1994 bis Sommer 1997 durchgeführt.

Auffällig ist der hohe Ascheanteil im Winter 1996 von ca. 100 kg/(E*a). In der Darstellung des Herbstabfalls (Dresden) zeigt der geringe Ascheanfall den Beginn der Heizperiode an, außerdem ist der für diese Jahreszeit typische gestiegene Betrag an kompostierbaren Materialien abzulesen [39].

2.3.5 Schwankungen der Dichte und des Wassergehaltes

Durch die relativen und absoluten Schwankungen der Abfallzusammensetzung verändern sich auch die Dichte und die Feuchtigkeit des Abfalls.

Die in der Wiener Recyclinganlage gemessenen Schwankungen der Dichte und des Feuchtigkeitsgehaltes sind in Abb. 2.28 dargestellt.

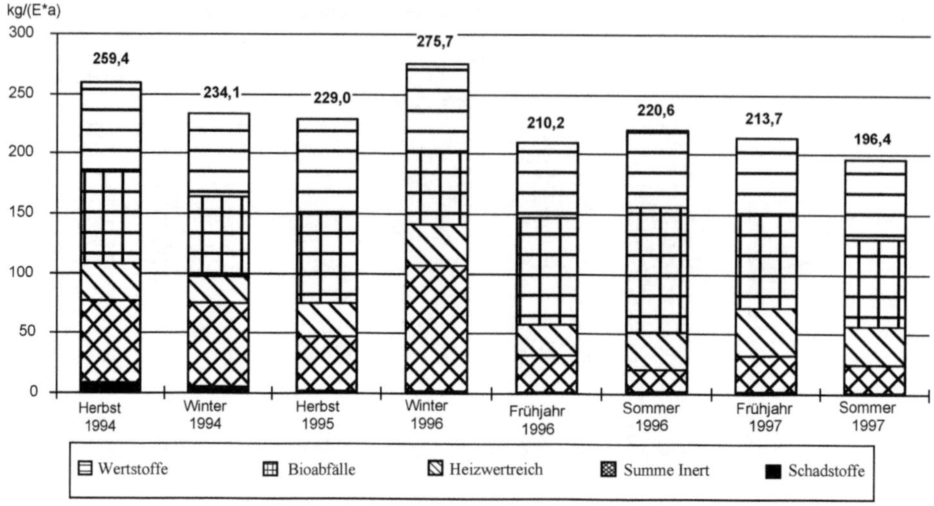

Abb. 2.27 Restabfallzusammensetzung in Dresden von Herbst 1994 bis Sommer 1997 [39]

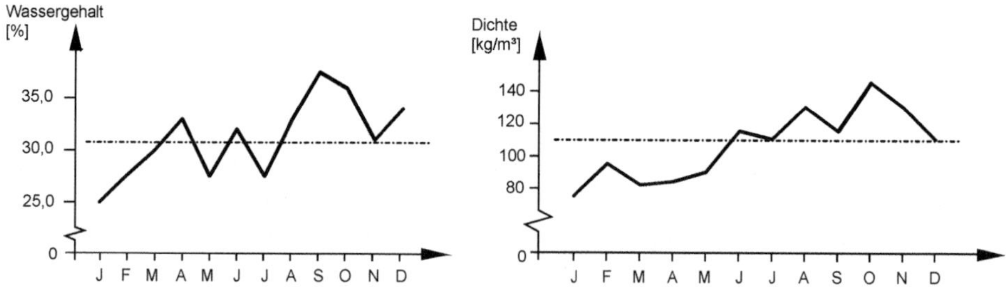

Abb. 2.28 Jahresmittelwert und Jahresverlauf der Dichte und des Feuchtigkeitsgehaltes für den Abfallinput des Jahres 1982/83 in der Recyclinganlage in Wien [13]

Der Feuchtigkeitsgehalt des Abfalls hängt, wie aus Abb. 2.28 ersichtlich wird, von der Jahreszeit und der herrschenden Witterung ab. Innerhalb des Abfalls variiert der Wassergehalt in Abhängigkeit von der Korngröße.

Für die Stadt Berlin wurden in den Jahren 2002/03 umfassende Abfallanalysen unter Berücksichtigung jahreszeitlicher Schwankungen, verschiedener Gebietsstrukturen bzw. verschiedener Behältergrößen durchgeführt [28]. Die Wassergehalte wurden laboranalytisch aus Mischproben für unterschiedliche Siebschnitte bestimmt. Die folgende Abbildung stellt die Wassergehalte der untersuchten Siebschnitte dar (Abb. 2.29).

Der durchschnittliche Wassergehalt des untersuchten Restabfalls betrug 32,4 %. Es wurde an dieser Stelle jedoch darauf hingewiesen, dass durch die der Laboranalyse vorgeschaltete Siebklassierung geringfügige Verdunstungsverluste aufgetreten sind, der reale Wassergehalt somit leicht höher gelegen hat.

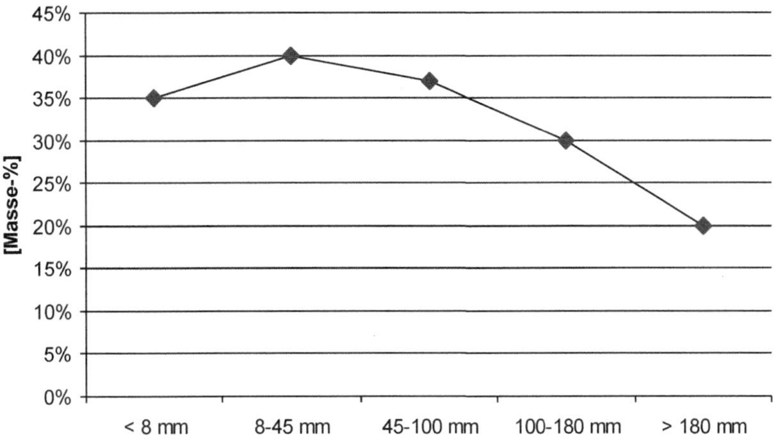

Abb. 2.29 Schematische Darstellung des Wassergehaltes der Siebschnitte von Restabfall. (Nach [28])

Der Wassergehalt ist maßgeblich von der Herkunft des Abfalls abhängig. So sind Restabfälle aus ländlichen, gartenreichen Gebieten meist feuchter als aus geschlossenen Bebauungen.

Auch die Jahreszeit hat Einfluss auf den Wassergehalt der Restabfälle. Im Frühjahr steigt mit dem ersten Grasschnitt und den ersten Arbeiten in den Gärten der Wassergehalt des Abfalls stark an.

Für die Planung einer Aufbereitungsanlage ist zu berücksichtigen, dass die üblichen Durchsatzangaben nicht die reale Kapazität eines technischen Aggregates oder einer Förderanlage beschreiben, sondern immer auf eine Dichte bezogen sind. Daraus wird deutlich, dass trotz gleicher Gewichtsangaben das zu verarbeitende Volumen aufgrund abweichender Dichten unterschiedlich ist. Für eine Anlage bedeutet dieser Faktor eine eventuelle Verlängerung der Betriebszeit oder bei entsprechenden Kapazitätsreserven der Aggregate eine höhere Auslastung.

2.3.6 Korngrößenverteilung des Abfalls

Die Korngrößenverteilungen des Gesamtabfalls und der im Abfall vorhandenen einzelnen Stoffgruppen sind sowohl für die Dimensionierung der einzelnen Aufbereitungsschritte von Abfallbehandlungsanlagen als auch für eine optimale Nutzung der im Abfall vorhandenen Wertstoffkomponenten von Bedeutung. Auch aufgrund der Abfallzusammensetzung in den verschiedenen Korngrößenklassen lassen sich Verfahrenskonzeptionen entwickeln, durch die Produkte mit minimalem Störstoffgehalt hergestellt werden können.

Für ein Verbandsgebiet in Rheinland-Pfalz wurden im Jahr 2003 Untersuchungen an Restabfall, hausmüllähnlichem Gewerbeabfall sowie ausgewählten Sortierresten durchgeführt. Neben Analysen zur Abfallzusammensetzung sowie labortechnischen Un-

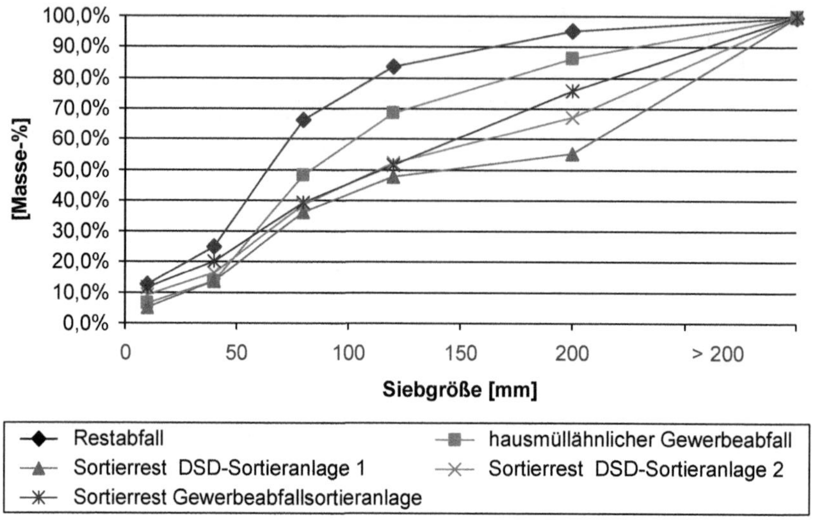

Abb. 2.30 Sieblinien ausgewählter Abfallarten [34]

Tab. 2.21 Korngrößenverteilung ausgewählter Abfallarten [34]

Abfallart	Anteil der Korngrößenklassen (Ma.-%)						
	< 10 mm	10–40 mm	40–80 mm	80–120 mm	120–200 mm	> 200 mm	Summe
Restabfall	12,6	12,2	41,3	17,4	11,6	4,7	100,0
Hausmülllähnlicher Gewerbeabfall	6,5	7,0	34,7	20,3	18,0	13,4	100,0
Sortierrest DSD-Sortieranlage 1	5,2	8,4	22,5	11,8	7,5	44,6	100,0
Sortierrest DSD-Sortieranlage 2	9,1	7,2	22,4	13,4	15,2	32,7	100,0
Sortierrest Gewerbeabfall-sortieranlage	11,7	8,6	18,9	12,2	24,5	24,0	100,0

tersuchungen wurden hierbei Siebanalysen durchgeführt. Der Abfall wurde hierfür mit geeigneter Siebtechnik bei 10, 40, 80, 120 sowie 200 mm abgesiebt. Das folgende Abb. 2.30 stellt für diese Untersuchung die Korngrößenverteilung für die verschiedenen Abfallarten dar.

Aus Abb. 2.30 wird ersichtlich, dass im Restabfall das klein strukturierte Material überwiegt. Ähnlich im Verlauf stellen sich die hausmüllähnlichen Gewerbeabfälle dar. Die Sortierreste aus den DSD- bzw. Gewerbeabfallsortieranlagen haben die größten Mengenanteile in den Korngrößen 80 mm.

Mit folgender Tabelle sollen oben dargestellte Werte unterlegt werden (Tab. 2.21).

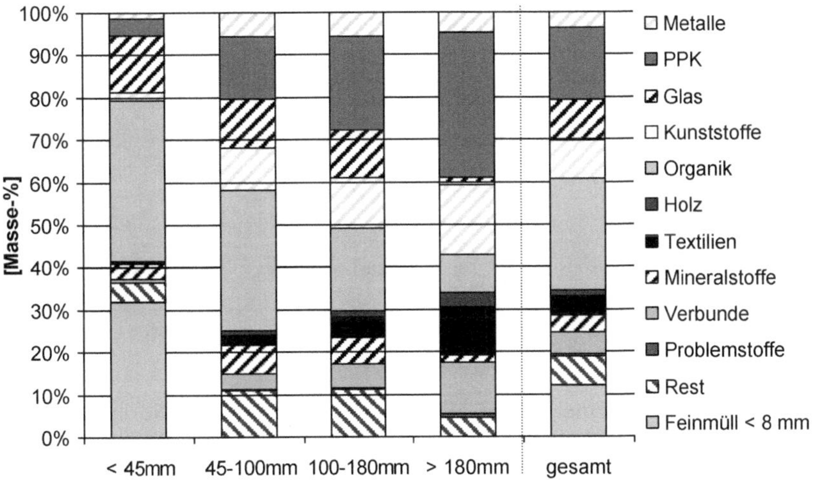

Abb. 2.31 Zusammensetzung der Siebschnitte von Restabfall. (Nach [28])

Der Restabfall hat in der Korngrößenklasse 40–80 mm bei der durchgeführten Untersuchung mit 41,3 % den größten Mengenanteil. Vergleichbar verhält sich der hausmüllähnliche Gewerbeabfall. Mit 34,7 % wurde in der gleichen Größenklasse 40–80 mm der größte Mengenanteil festgestellt [34].

Neben einer mengenmäßigen Darstellung der jeweiligen Siebschnitte ist eine Analyse der jeweiligen Siebschnitte auf ihre Zusammensetzung für Anlagenplanungen von vorrangiger Bedeutung.

Für die Stadt Berlin wurden 2002/03 umfassende Restabfallanalysen - welche ebenfalls Siebanalysen enthielten - durchgeführt [28]. In der folgenden Abbildung wird die Zusammensetzung der Siebschnitte sowie des gesamten Abfalls dargestellt (Abb. 2.31).

Die im Rahmen der Berliner Hausmüllanalyse durchgeführte Siebanalyse zeigt, dass in bestimmten Siebschnitten ausgewählte Fraktionen vermehrt auftreten. So ist beispielsweise mit zunehmender Korngröße ein Anstieg des Pappe/Papier/Kartonagen-Anteils (PPK) zu verzeichnen. Ebenfalls zeigt sich mit zunehmender Korngröße ein Anstieg des Anteils an Textilien sowie Kunststoffen und Verbunden. Die Anteile an Organik und Glas sind mit zunehmender Korngröße rückläufig.

Mit der Durchführung von Siebanalysen kann neben der stofflichen Zusammensetzung ebenfalls eine Darstellung der Materialeigenschaften erfolgen. Besonderes Augenmerk wird hierbei vor dem Hintergrund der Abfallverwertung auf den Heizwert (hochkalorisch/niederkalorisch) aber auch auf abrasiv wirkende Anteile (Anlagenverschleiß) oder biogene Abbaubarkeit (Stoffstromtrennung für geeignetes Verwertungsverfahren - MBA) gelegt.

Im Rahmen der Berliner Hausmüllanalyse 2002/03 wurde beispielsweise festgestellt, dass mit zunehmender Korngröße der Anteil heizwertreicher Stoffe anstieg, wohingegen

Abb. 2.32 Straßensammlung von Sperrmüll

der biogene Anteil mit zunehmender Korngröße rückläufig ist. Die inerten, abrasiven Fraktionen fanden sich eher in den Korngrößen < 180 mm.

2.3.7 Zusammensetzung des Sperrmülls

Beim Sperrmüll handelt es sich um Abfälle aus Haushalten, welche aufgrund ihrer Größe bzw. Masse nicht über die herkömmliche Restabfalltonne entsorgt werden können. Die Entsorgung des Sperrmülls erfolgt unabhängig von der Restabfallsammlung und ist über verschiedene Systeme, wie beispielsweise

- Anmeldung der Abholung mittels Kartensystem,
- feste Sammeltermine (Straßensammlung; Abb. 2.32) und
- feste Sammeltermine (Sammelplätze)

möglich.

Neben der haushaltsnahen Sammlung ist oftmals die Abgabe an Wertstoffhöfen möglich. Die Zusammensetzung des Sperrmülls unterscheidet sich wesentlich von der des Restabfalls. Die Zusammensetzung ist aufgrund der Art der Sammlung aber auch in Abhängigkeit von der Sammlung der weiteren haushaltsnahen Abfälle sehr heterogen. Wird beispielsweise eine separate Altholzsammlung neben der Sperrmüllsammlung durchgeführt, so ist der Holzanteil im Sperrmüll vergleichsweise gering. Auch die Größe der Restabfallbehälter hat Einfluss auf die Sperrmüllzusammensetzung. Das Angebot zur Abgabe noch gebrauchsfähiger Dinge bei Gebrauchtwarenbörse – vorwiegend in größeren Ortschaften – beeinflusst ebenfalls die Sperrmüllzusammensetzung.

Das folgende Abb. 2.33 stellt die Zusammensetzung von Sperrmüll beispielhaft dar.

Den überwiegenden Teil des Sperrmülls stellen holzige Materialien und hier vorwiegend Möbel. Verbundstoffe, wie beispielsweise Holz-Textil-Verbindungen wie bei Sitzmöbeln, stellen mit 22,3 % die zweitstärkste Fraktion im Sperrmüll.

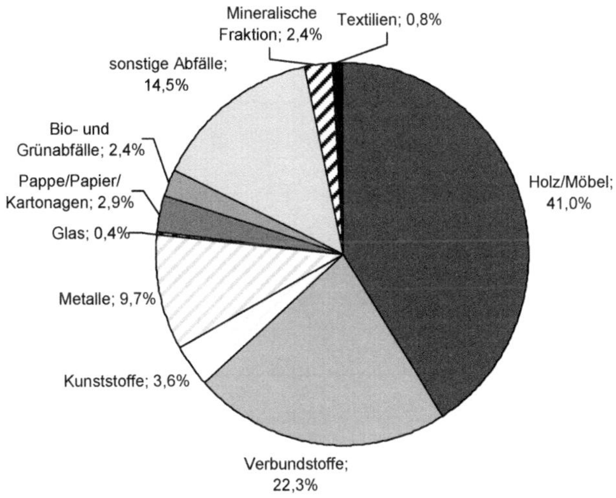

Abb. 2.33 Beispielhafte Zusammensetzung von Sperrmüll. (Nach [35])

Abb. 2.34 Sperrmüll

Typische Bestandteile im Restabfall sind neben den Möbeln Matratzen, Spielgeräte, Fahrzeuge oder Teppiche, wie folgendes Abb. 2.34 zeigt.

Aus Sicht einer weiteren Verwertung ist eine getrennte Sammlung des Altholzes aus Haushalten anzustreben. Prinzipiell wird der Sperrmüll vor der Verwertung einer Sortierung zugeführt, so dass die Komponenten dem geeigneten Verwertungsweg zugeordnet werden können.

Durch die Gegenüberstellung von Restabfall- und Sperrmüllzusammensetzung (Abb. 2.35) werden die stofflichen Unterschiede beider Abfälle ersichtlich.

Neben dem Holz sowie den Verbundstoffen sind auch die Fe- und NE-Metalle im Sperrmüll in höheren Anteilen als im Restabfall enthalten. Bei der Analyse des Sperrmülls wird meist auf eine Bestimmung der Feinfraktion verzichtet. Papier, Kunststoffe und Glas spielen im Vergleich zum Restabfall im Sperrmüll eine untergeordnete Rolle.

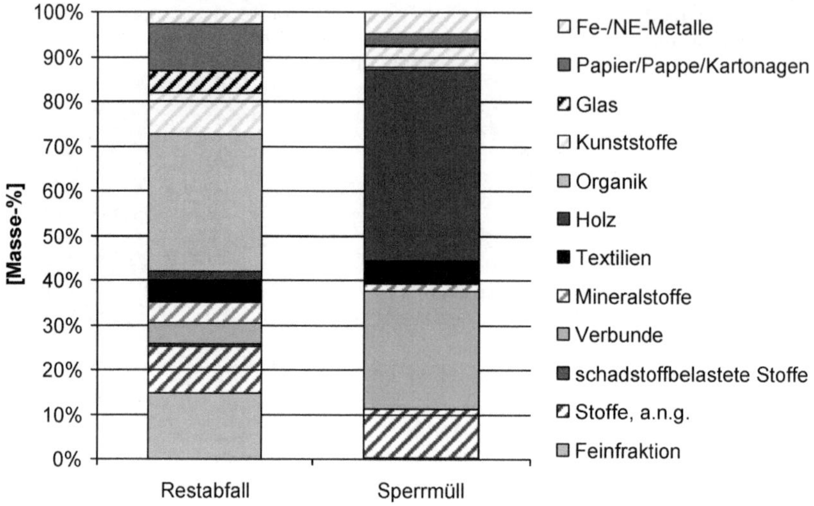

Abb. 2.35 Vergleichende Gegenüberstellung von Restabfall- und Sperrmüllzusammensetzung [21]

2.4 Stoffströme

Die Entwicklung der Abfallwirtschaft hin zur nachhaltigen Stoffstromwirtschaft spielt vor dem Hintergrund knapper Ressourcen und dem Rohstoffbedarf der heutigen Zeit eine entscheidende Rolle. Durch die Umsetzung gesetzlicher Regelungen auf europäischer und nationaler Ebene wird die klassische Abfallwirtschaft in einem Stoffstrommanagement aufgehen. Dieses Stoffstrommanagement umfasst für Abfälle aus Haushalten die Maßnahmen der Vermeidung, der Verwertung und der Beseitigung.

Geeignete Bestandteile des Abfalls wie Verpackungen aus Papier, Glas, Kunststoffen und Metallen oder Bioabfälle sind stofflich oder energetisch zu verwerten. Um eine hochwertige stoffliche Verwertung zu ermöglichen, wird in Deutschland die getrennte Erfassung dieser Stoffe präferiert und durch gesetzliche Zielvorgaben unterstützt.

Aktuell werden Konzepte verfolgt, die nach einer getrennten Wertstoff- und Bioabfallerfassung eine energetische Nutzung des Restabfalls durch die Restabfallverbrennung und die Herstellung von Ersatzbrennstoffen (EBS) verfolgen. Welche Einsatzgebiete zukünftig von EBS erschlossen werden können, hängt von der Qualität des Brennstoffs und den Eigenschaften des Restabfalls ab. Bislang wurde mehrfach untersucht wie sich die getrennte Wertstoff- und Bioabfallerfassung auf die Eigenschaften des Restabfalls auswirkt und welche Möglichkeiten existieren, aus diesem Restabfall einen hochwertigen Brennstoff zu erzeugen.

Bei Stoffstrombetrachtungen müssen die Bilanzgrenzen klar definiert sein. Ein vereinfachtes Grundschema einer Stoffflussanalyse zeigt folgendes Abb. 2.36.

Durch Stoffströme erfolgt nicht nur die statische Betrachtung einzelner Abfälle sondern es werden beispielsweise unterschiedliche Abfallarten, deren Verwertungswege oder auch

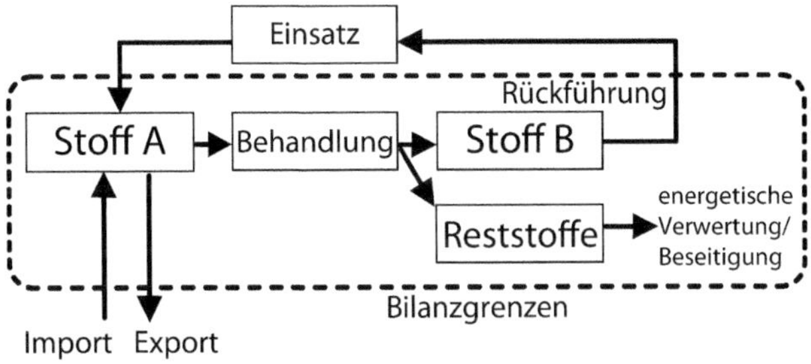

Abb. 2.36 Grundschema der Stoffstrombetrachtung

Import- und Exportmengen z. B. im Zeitraum eines Jahres, abbildet. Der gesamte Lebensweg („von der Wiege bis zur Bahre"), vom Produkt zum Abfall und dessen Verwertung, lässt sich durch Stoffströme darstellen. Neben den Stoffflussdarstellungen können auch Energieflüssen betrachtet werden, dabei werden für die Stoffgewinnung, -umwandlung und -verwertung benötigte bzw. auch frei gesetzte Energiemengen charakterisiert. Eine Verknüpfung von produktbezogenen Stoff- und Energieströmen mit Ökobilanzbetrachtungen erfolgt im Rahmen des Life Cycle Assessment (LCA). Dabei werden die benötigten Inputstoffe und Energiemengen sowie Reststoffe und Emissionen in Boden, Wasser und Luft berücksichtigt.

Im Folgenden sind die Ergebnisse der Untersuchung von Aufbereitungsmöglichkeiten für Restabfall zur EBS-Herstellung über Stoffbilanzen dargestellt. Auch werden beispielhaft Stoffstrombetrachtungen zur Beeinflussung des Restabfalls durch unterschiedliche Gebührenmodelle vorgestellt sowie die Stoffströme für Altholz und Altpapier für die Bundesrepublik Deutschland abgebildet.

2.4.1 Stoffbilanzen von Aufbereitungskonzepten

In zahlreichen Arbeiten haben Rechenberger et al. Methoden zur Verfahrensbewertung auf der Grundlage von Stoffflussanalysen betrachtet [55]. Nur eine genaue Bilanzierung aller Stoffströme erlaubt eine Aussage über den Verbleib von Schadstoffen in Abfallbehandlungsprozessen. Die Arbeiten von Bilitewski an einer Wiener Sortieranlage in den achtziger Jahren haben gezeigt mit welchem analytischen Aufwand solche Untersuchungen verbunden sind [56].

Die Bilanzierung von rein mechanischen Trennprozessen wird dadurch erleichtert, dass das eingehende Abfallgemisch keiner Stoffwandlung unterworfen ist. Abfallbestandteile bleiben in ihrer chemischen Bindungsform erhalten. Mit Sortieranalysen kann eine Güterbilanz[1] des Prozesses aufgestellt werden. Untersuchungen zur fraktionsspezifischen

[1] Güter im engeren Sinne sind handelbare Substanzen mit einem positiven oder negativen Marktwert In diesem Zusammenhang werden auch die einzelnen Abfallbestandteile, die nach Aufgabe ihrer Zweckbestimmung zu Abfall geworden sind, als Güter bezeichnet.

Stoffcharakteristik ermöglichen aus der Güterbilanz die Stoffbilanz[2] der Prozesse zu berechnen [57]. Somit lässt sich der Analyseaufwand für die Aufstellung der Stoffbilanz auf eine Sortierung ausreichender Sortiertiefe reduzieren. Mit den mittleren Schwankungen der fraktionsspezifischen Kennziffern können auch die Konfidenzintervalle der Schadstoffkonzentrationen in den einzelnen Produktströmen abgeschätzt werden.

Der Gesamtprozess lässt sich mit folgender Gleichung bilanzieren [60]:

$$X_{input}(s) = M_{input} \cdot c_{input}(s) = \sum_{i=1}^{k} M_{pi} \cdot c_{pi}(s) \text{ mit } c_{pi}(s) = \sum_{j=1}^{n} m_{Frj} \cdot c_{Frj}(s)$$

Formelzeichen:	**Indices:**
X: Fracht	(Pi): i-tes Produkt
c: Konzentration	(Frj): j-te Sortierfraktion
m: Massenanteil	(s): Schadstoff
M: auf funktionelle Bilanzgröße bezogene	k: Anzahl der Produkte
Masse ($kg_{Reststoff}/t_{Input}$)	n: Anzahl der Fraktionen

Im Rahmen von Aufbereitungsuntersuchungen wurden verschiedene Aufbereitungsstrategien, mit dem Ziel auch schadstoffhaltige Materialien selektiv abzutrennen, verglichen. Für die Versuche wurden Anlagenkonstellationen im technischen Maßstab aufgebaut, in denen verschiedene Aufbereitungsschritte miteinander kombiniert wurden. Verfahrensgrundschritte, wie Gebindeöffner, Grobgutseparierung, Fe-Abscheidung, waren bei allen Verfahren gleich.

Die Varianten unterscheiden sich im charakteristischen Trennprinzip des Verfahrensschrittes zur Schadstoffabtrennung (siehe Tab. 2.22). Inputmaterial war Restabfall aus Haushalten aus verschiedenen Bebauungsstrukturen (städtische und ländliche Bebauung). Jeder Versuch wurde mit der Abfallmenge aus einem Pressfahrzeug (ca. 5 bis 8 Mg) durchgeführt.

Aus Vorüberlegungen heraus wurde bewusst darauf verzichtet, die Abfälle vor dem eigentlichen Trennungsschritt zu zerkleinern, da so eine Verteilung des Schadstoffpotenzials vermieden wird und die stoffspezifischen Abfalleigenschaften, die als Trennkriterium genutzt werden, erhalten bleiben.

Exemplarischer Prozessvergleich Sankey-Diagramme bieten eine anschauliche Darstellungsweise für Massen- und Energieflussbilanzen. In Abb. 2.37, 2.38 und 2.39 sind aus 12 Untersuchungen 3 Verfahrenskombinationen dargestellt [60]. In den Bildern sind die Stoffeintragswege über einzelne Abfallfraktionen, zusammengefasst zu vier Gruppen, für das jeweils betrachtete Element farblich abgesetzt.

Eine reine Feinkornabtrennung, wie beim Verfahren 1, hat deutliche verfahrenstechnische Defizite hinsichtlich der Brennstoffverbesserung, der Metallabscheidung und der

---

[2] Stoffe sind chemische Elemente (z. B. Cl, Cd, Pb) oder Verbindungen (PAK, PCB). Ein Stoff besteht aus gleichartigen Atomen (Elementen) oder Molekülen (Verbindungen).

Tab. 2.22 Beschreibung der angewandten Trennprinzipien und -aggregate [60]

	Trennprinzip/Aggregat	Beschreibung
V1	Abtrennung des Feinanteils durch Klassierung	Im Feinkorn reichern sich überwiegend feuchte, biologisch abbaubare und heizwertarme Substanzen an. In der MBA-Technik wird eine Klassierung eingesetzt um biologisch abbaubare, heizwertarme Substanz von der hochkalorischen, wenig abbaubaren Fraktion zu trennen
V3	Prallsichtung	Die Trennung in einem Prallsichter erfolgt im Wesentlichen durch eine Prallplatte und eine rotierende Trommel. Mit Hilfe der Prallplatte wird das Material auf einen definierten Punkt der Trommel gelenkt. Der Trennvorgang resultiert auf dem unterschiedlichen Stoßverhalten der einzelnen Materialien; während harte Stoffe eine entsprechende Flugbahn beschreiben, verbleiben die weicheren Anteile auf der rotierenden Trommel und werden in Drehrichtung ausgetragen. Den Trennvorgang unterstützt wesentlich eine zusätzliche Sichtung, welche im Quer- oder Gegenstrom betrieben werden kann
V4	Folienabsaugung, kombiniert mit IR-Kunststofferkennung	Aus der DSD-Trenntechnik stammen Systeme, die großflächige Folien absaugen. Automatische Klaubsysteme mit optischen Detektoren sind in der Lage Kunststoffe oder Getränkeverbundkartons zu erkennen. Nach der Identifizierung werden die auf einem Förderband vereinzelten Teile aus dem Gutstrom ausgeblasen
V5	Querstrom-Windsichtung	Mit dem quer zur Fallrichtung gerichteten Luftstrom werden leichte Materialien ausgetragen. Bei engen Korngrößenspektren ist so eine Dichtetrennung möglich. Weiterhin spielt bei der Trennung auch die Stückform eine Rolle
V6	Ballistischer Separator mit Feinabsiebung	Das Aggregat trennt durch Schräglage und kreisförmige vertikale Bewegungen leichte, flächige Materialien von schweren und rollenden Materialien im Prinzip nach der Steifigkeit. Der Boden ist als Lochsieb ausgearbeitet und kann als dritte Fraktion den Feinanteil < 40 mm abtrennen. Zur Optimierung der Trennleistung wird vor Aufgabe des Materials auf den Ballistischen Separator das Feinkorn und das Überkorn > 150 mm mit Siebtrommeln abgetrennt
V7	Ballistischer Separator ohne Feinabsiebung	Analog Verfahren 6 mit Verzicht auf die vorgeschaltete Feinabtrennung

selektiven Stofftrennung schadstoffarmer Bestandteile gezeigt. In diesem Beispiel kann keine wesentliche Heizwertanreicherung erreicht werden, da sich im Siebüberlauf noch heizwertarme Bestandteile finden. Ein verhältnismäßig hoher Heizwert der Metallfraktion lässt auf einen hohen Fremdanteil schließen und legt eine verfahrenstechnische Optimierung des Magnetscheiders nahe. Durch das Fehlen eines weiteren selektiven Trennschrittes kommt es zu einer Aufkonzentrierung für Chlor und Blei im Brennstoff. Cadmium kann zu einem gewissen Anteil über die Metallfraktion ausgetragen werden.

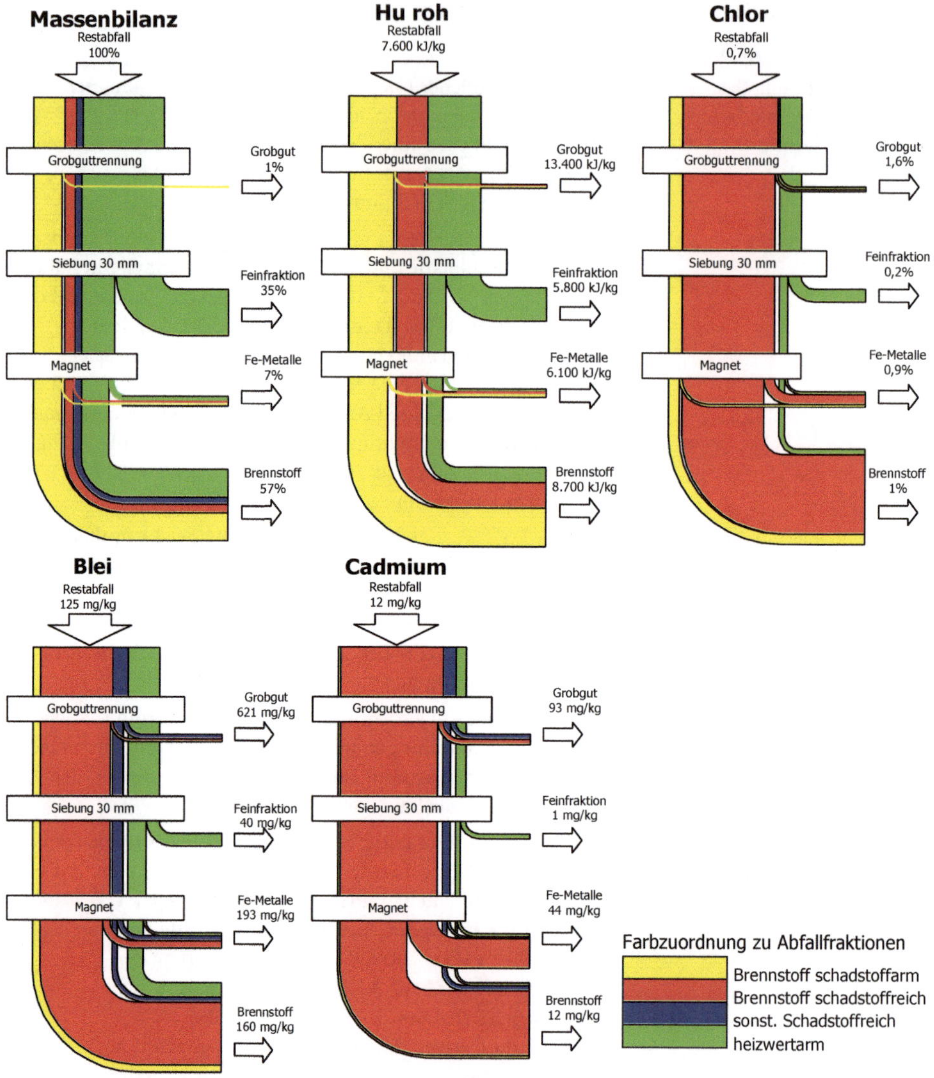

Abb. 2.37 Energie- und Stoffflussbilanz des Verfahren 1 (Feinanteilabtrennung), dargestellt als Sankey-Diagramm; Ausgangsmaterial Restabfall aus städtischer Bebauung [60]

Die Untersuchung zu Verfahren 3 (mehrstufige Querstrom-Windsichtung) macht deutlich, dass selektive Verfahren den Nachteil einer geringen Massenausbeute haben können. Mit der Schwerfraktion werden durch die Querstromsichtung wesentliche Energieträger des Ausgangsmaterials nicht im Brennstoff erfasst, so dass sich die Energiebilanz verschlechtert. Der Schritt der Windsichtung ist auch bezüglich des Verfahrensziels, schadstoffarme, gut brennbare Fraktionen vollständig im Brennstoff zurückzugewinnen, nicht

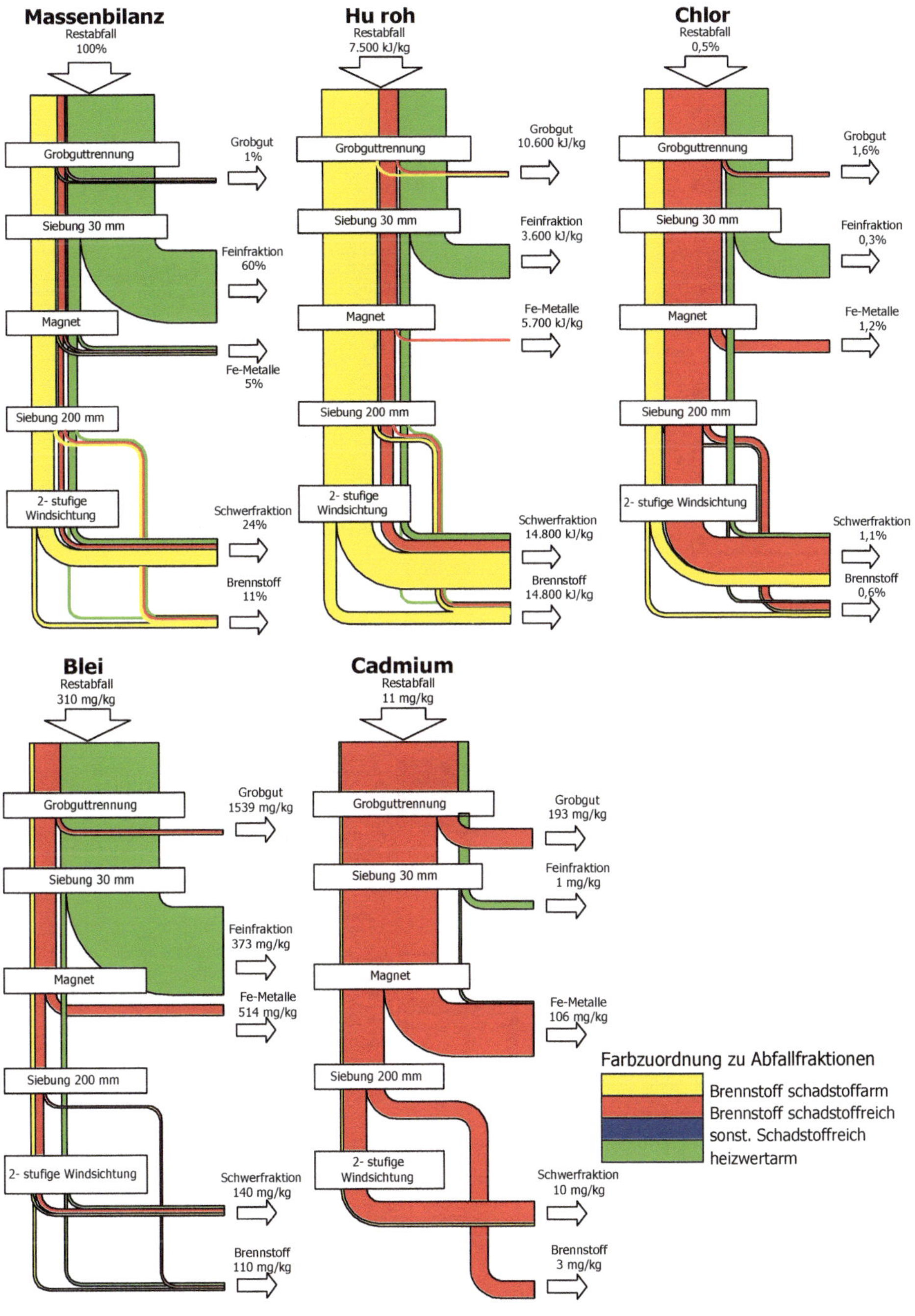

Abb. 2.38 Energie- und Stoffflussbilanz des Verfahren 3 (Mehrstufige Querstromsichtung), dargestellt als Sankey-Diagramm; Ausgangsmaterial Restabfall aus ländliche Bebauung [60]

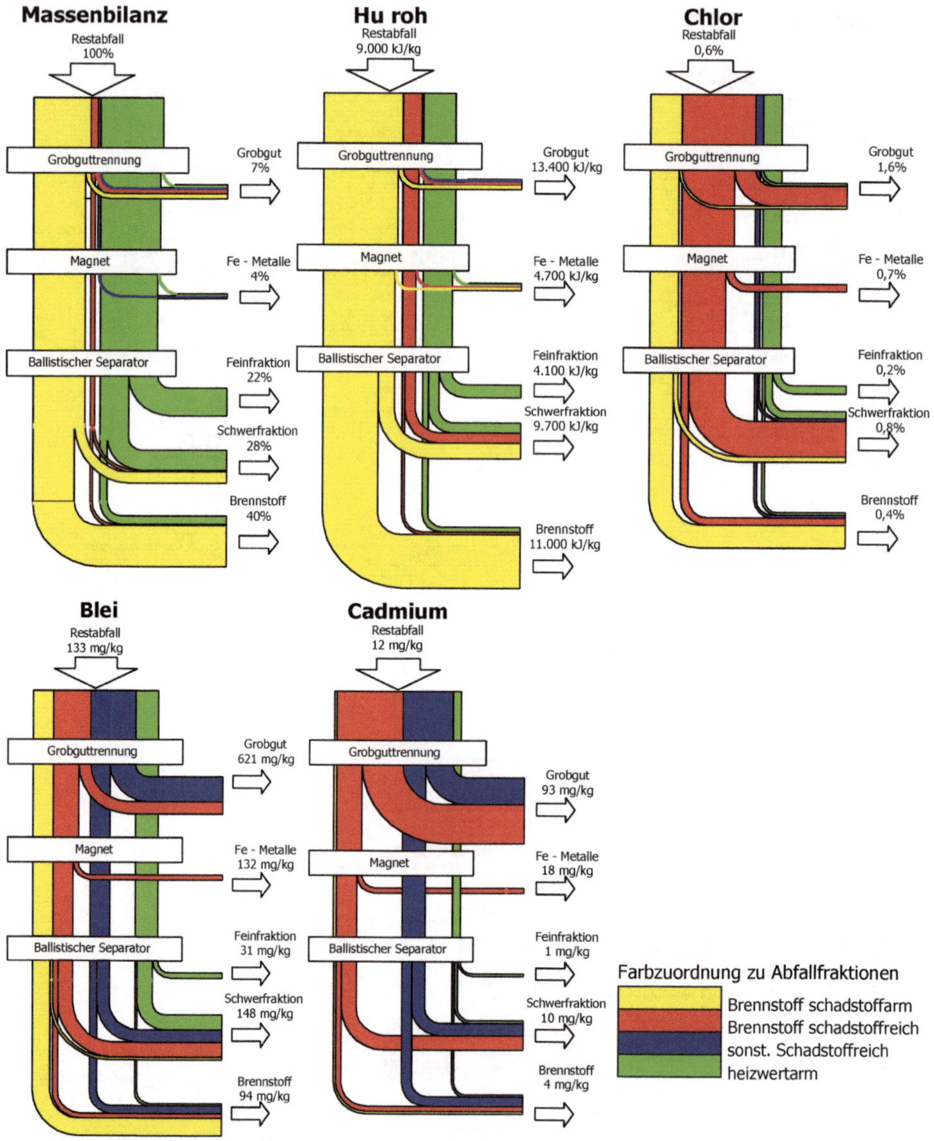

Abb. 2.39 Energie- und Stofflussbilanz des Verfahren 7 (Ballistischer Separator), dargestellt als Sankey-Diagramm; Ausgangsmaterial Restabfall aus städtischer Bebauung [60]

ausreichend selektiv. Insbesondere mit der Papier-/Pappefraktion, die wegen der starken Durchnässung eine hohe Dichte aufweist, wird ein wesentlicher Energieanteil verstärkt mit der Schwerfraktion ausgetragen. Mit dem signifikant geringeren Schadstoffgehalt von Papier und Pappe beeinflusst die Ausbeute dieser Fraktionen wesentlich den Schadstoffgehalt im Brennstoffprodukt. Gütekriterien können für viele Schadstoffe nur bei ausreichender Papierausbeute durch den dabei auftretenden „Verdünnungseffekt" eingehalten werden.

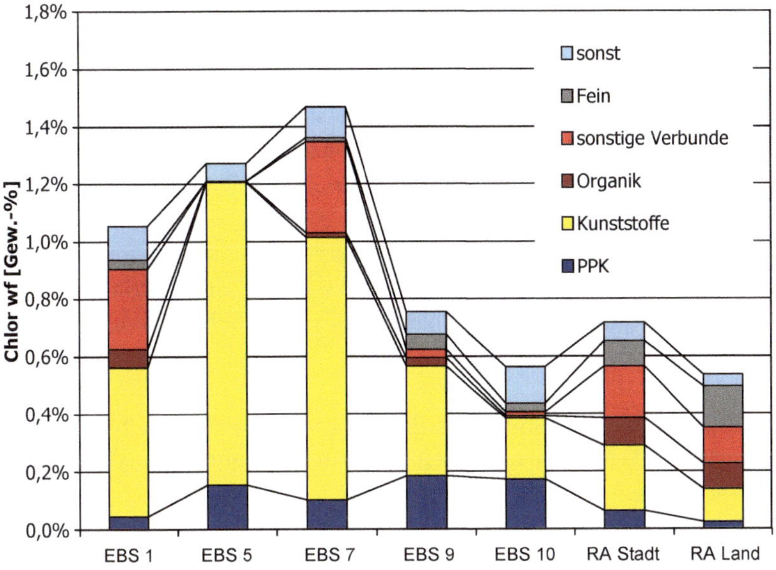

Abb. 2.40 Chlorkonzentration und Herkunft des Chloreintrags in Brennstoffprodukten verschiedener Aufbreitungstechniken (EBS 1–10) sowie Restabfall auf städtischer und ländlicher Bebauung (RA). Mittelwert aus 4 Sortierkampagnen in Sachsen [61]

Von den untersuchten Verfahren gewährleistet nur die Trennung im ballistischen Separator (Verfahren 7) eine ausreichende Rückgewinnung von Papier und Pappe. Die gewünschte Selektivität des Trennprozesses zeigt sich an der Konzentrationsabreicherung für alle drei betrachteten Schadstoffe bei gleichzeitiger Heizwerterhöhung. Nur ein kleiner Massenanteil des schadstoffarmen Brennstoffpotenzials im Restabfall geht über die Schwerfraktion verloren. In der Schwerfraktion werden selektiv Schadstoffe angereichert. An diesem Beispiel wird eine weitere Schadstoffsenke deutlich. Auffällig war an dem Versuch der hohe Grobgutanteil (sperrmüllähnliche Bestandteile im Restabfall). Die Stoffbilanzen zeigen, dass eine wirkungsvolle Grobgutseparierung wichtiger Bestandteil eines Gesamtverfahrens zur Gewinnung qualitätsgesicherter Brennstoffe ist.

Am Beispiel Chlor wird deutlich, dass in Abhängigkeit von der gewählten Aufbereitung sowohl der Chlorgehalt im Brennstoff als auch die fraktionsspezifische Herkunft des Chlorgehaltes variiert.

Die in Abb. 2.40 gezeigten Brennstoffe sind, wie bereits oben erwähnt, durch unterschiedliche Aufbereitungstechniken und Trennprinzipien gewonnen worden (z. B. einfache Siebung, Windsichtung, ballistischer Separator). Sie unterscheiden sich in den Gesamtausbeuten und den spezifischen Ausbeuten der einzelnen Bestandteile. Während im unbehandelten Restabfall der Chloreintrag sehr breit auf die einzelnen Bestandteile verstreut ist, ist in den Brennstoffen eine Anreicherung insbesondere bei Kunststoffen zu beobachten.

Zwei wesentliche Aspekte bestimmen nun den Chlorgehalt des Brennstoffproduktes:

- die Wiedergewinnung der Hauptkomponenten Papier und Kunststoff und das Massenverhältnis beider Komponenten im Brennstoffgemisch – während durch einen hohen Papieranteil im Brennstoff die Chlorkonzentration faktisch verdünnt wird, erhöht sich bei einer reinen Kunststoffanreicherung der Chlorgehalt im Vergleich zum unbehandelten Restabfall [58],
- die möglichst vollständige Abtrennung komplexer Verbundprodukte wie Schuhe, Elektronikschrott oder sonstige Verbunde, die zwar nur einen geringen Massenanteil haben, aber aufgrund ihres hohen Chlorgehaltes einen hohen spezifischen Beitrag zur Gesamtfracht leisten [58].

Um qualitätsgesicherte Brennstoffe mit Chlorgehalten unter 1 Gew.-% herzustellen, sind Aufbereitungstechniken mit einer hohen Trennschärfe und optimalen Wiedergewinnungsrate notwendig.

2.4.2 Beeinflussung des Stoffstroms Restabfall

Bei Einsatz von Benutzeridentifikationssystemen kann sich die Trennintensität um ein Vielfaches erhöhen und im Einzelfall fast bis an das maximal verfügbare Wertstoffpotenzial heranreichen [37, 38, 40, 44].

Die dabei stattfindende Verschiebung des Stoffstroms hin zu einzelnen Erfassungssystemen ist von vielen Einflussfaktoren abhängig. Die Stoffstromverschiebung sollte in Abhängigkeit der vorliegenden Rahmenbedingungen einer fallspezifischen Einzelbetrachtung unterzogen werden.

Aus den breit angelegten Pilotversuchen zur Bewertung verschiedener Müllschleusensysteme aus den Jahren 1995–1998 in Sachsen liegt umfassendes Datenmaterial vor [38, 45]. Anhand der Ergebnisse lässt sich verallgemeinernd ableiten, dass die wesentlichsten Mengenstromveränderungen auf der Basis einer verbesserten Trennung des Restabfalls in die Erfassungssysteme für Bioabfall und LVP hinein erfolgen. Im Bereich Altpapier und Glas fallen die Änderungen vor dem Hintergrund der für diese Fraktionen oft schon traditionell stärker entwickelten Sammelintensität und -mengen, insbesondere bei Nutzung eines Bringsystems, deutlich geringer aus. Einen beispielhaften Beleg der jeweiligen Entwicklungen liefert der von INTECUS in der Stadt Dresden begleitete und analysierte Versuch.

Im Verlauf der Durchführung dieses Versuches viel die Gesamtmenge des erfassten Abfalls um ca. 43 kg/(E*a) (13,8 %). Dagegen stieg die Menge an getrennt gesammelten Bioabfall um effektiv $\sim$ 180 % von 23,2 kg/(E*a) auf 66,7 kg/(E*a) und die über die LVP-Sammlung erfassten Wertstoffe um ca. 165 % von 21,8 kg/(E*a) auf 57,7 kg/(E*a). In einem Parallelversuch mit Behälteridentifikationssystem und Abrechnung nach dem Prinzip der Solidargemeinschaft kam es zu analogen, in der Höhe allerdings etwas geringfügigeren

Veränderungen. Die Gesamtmenge erfasster Abfälle fiel hier um ca. 14,5 kg/(E*a) (4,6 %) während der Anteil getrennt gesammelten Bioabfalls beispielsweise nur um rund 23 % von 29,9 kg/(E*a) auf 36,4 kg/(E*a) und die Sammelmenge an LVP von 21 kg/(E*a) auf 26 kg/(E*a), also um 24 % anstieg. Anders als beim Müllschleusenversuch, wo es teilweise wegen noch unausgereifter Systemtechnik zu Benutzungsproblemen kam, blieb im Parallelversuch die Menge der Nebengestellungen nahezu unverändert.

Im Hinblick auf die Trennqualität lassen die sächsischen Versuche auch erkennen, dass der Reduzierung der Restabfallmengen nicht unweigerlich eine schlechte Abfalltrennung und damit die Verschmutzung der Wertstofffraktionen und des Bioabfalls zu Grunde liegen. Während bei Glas, Altpapier und Bioabfällen kaum zusätzliche Störstoffeinträge beobachtet wurden und es insgesamt bei einer sehr hohen Sammelqualität blieb [37, 38], stiegen im LVP-Bereich die Störstoffmengen teils erheblich, allerdings nahezu proportional mit der Sammelmenge an, so dass es auch hier zu keiner wesentlichen Erhöhung des Verunreinigungsgrades kam (siehe auch Abb. 2.41).

Die Zusammensetzung des zu beseitigenden Restabfalls veränderte sich in den Versuchen insofern, dass der Wertstoffanteil gegenüber der Ausgangssituation um etwa ein Viertel zurück ging und sich auch der verbleibende Organikanteil z. T. deutlich verringerte. Dafür machte der Anteil nichtorganischer und sonstiger Bestandteile statt ursprünglich ~20 % nun bis zur Hälfte des Restabfalls aus.

Führt dies, wie aus Abb. 2.42 ersichtlich, nicht zu wesentlichen Veränderungen der Restabfalldichte im Vergleich zu den sonst aus städtischen Bereichen bekannten Werten, so ist doch zumindest von einer durchschnittlichen Heizwertverringerung auszugehen. Sind Kommunen an einer Reduzierung ihrer zu entsorgenden Restabfallmengen vor dem Hintergrund steigender Behandlungskosten interessiert, so könnte gerade dieser Umstand zur Zurückhaltung bei der Verstärkung von Gebührenanreizen durch verursachergerechte Abrechnung führen, da fraglich ist, ob für bestimmte Anlagenkonfigurationen bzw. Abnahmevereinbarungen erforderlichen Mindestheizwerte noch erreicht werden (Abb. 2.43).

2.4.3 Stoffstrom Altholz

Der Stoffstrom Altholz ermöglicht die Darstellung der in die Bereiche der Abfallwirtschaft eingetragenen Altholzmengen, deren Herkunft und die Wege der Verwertung.

Ein entsprechendes Modell wurde erstmalig im Jahr 2005 (mit Daten von 2002) durch die Arbeitsgemeinschaft INTECUS GmbH und INFRO für den Verband Deutscher Papierfabriken (VDP) erarbeitet. Im Jahr 2010 (mit Daten von 2007) wurde das Modell fortgeschrieben [53].

Bei der Erstellung des Stoffstrommodells wurde folgendermaßen vorgegangen:

Auf Basis der Daten des Statistischen Bundesamtes wurde eine Zusammenfassung in acht relevante Altholz-Abfallgruppen (nach Abfallschlüsselnummern) vorgenommen. Diese Abfallgruppen spiegeln die Herkunftsbereiche der Abfälle wider:

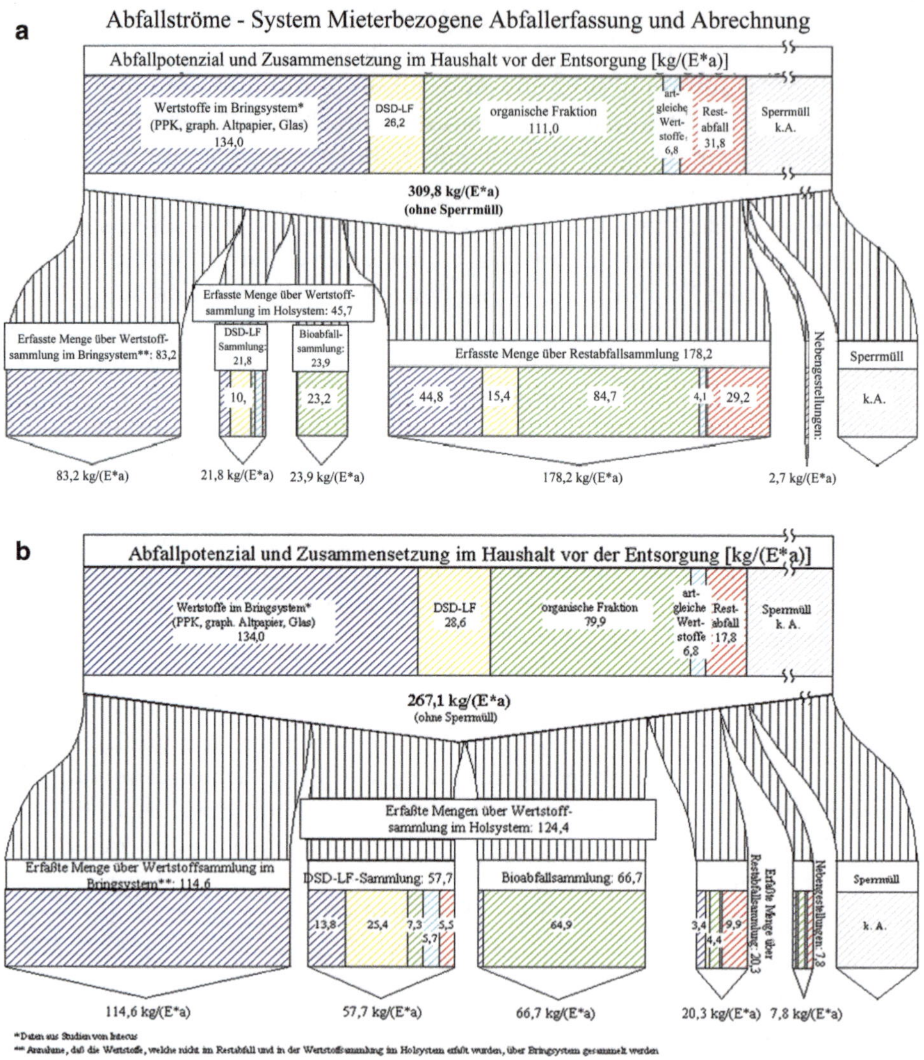

Abb. 2.41 Mengenflüsse vor (*oben*) und während (*unten*) der Durchführung eines Pilotversuches zur verursachergerechten Gebührenlegung in Großwohnanlagen mit Müllschleusensystem [48]

- Abfälle aus der Forstwirtschaft
- Abfälle aus Halb- und Fertigwarenherstellung
- Bau- und Abbruchabfälle
- Verpackungsabfälle
- Altholz im Sperrmüll
- Getrennt erfasstes Altholz im Siedlungsabfall
- Altholz im Hausmüll und in hausmüllähnlichen Gewerbeabfällen

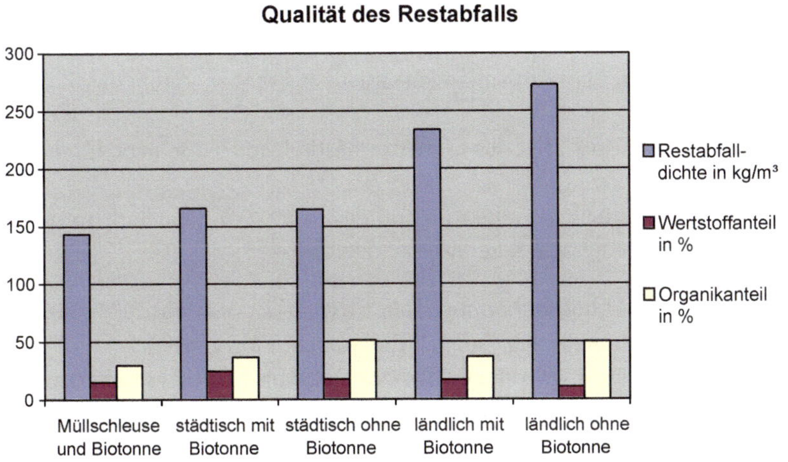

Abb. 2.42 Qualität des in Sachsen über die Restabfalltonne erfassten Abfalls im Vergleich mit den Ergebnissen aus den sächsischen Müllschleusenversuchen [48]

Abb. 2.43 Vergleich von Restabfall und Heizwert am Beispiel von Falluntersuchungen bei flächendeckender Anwendung unterschiedlicher Gebührenmodelle [48]

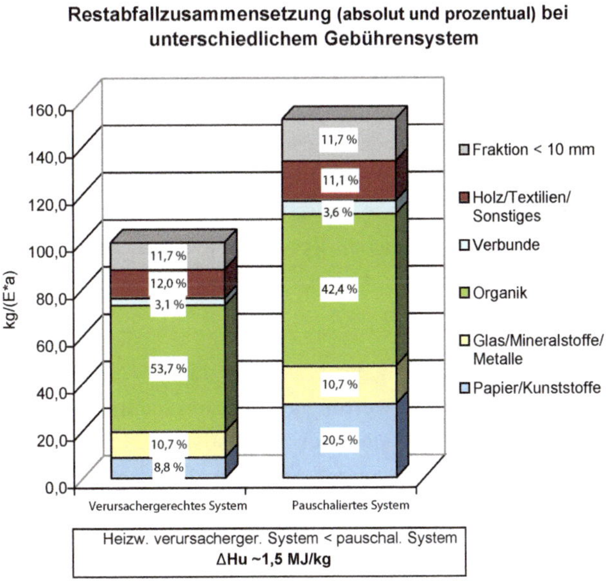

- Gefährliche Abfälle
- Im- und Export

Zur Ermittlung der Altholzanteile von Stoffgemischen wurden entsprechende Abfallanalysen sowie geeignete Literaturquellen ausgewertet und die Anteile in die Berechnungen der Altholzmengen integriert.

Weiterhin war über die Auswertung der abfallwirtschaftlichen Statistiken eine Darstellung der Mengenströme nach verschiedenen Behandlungsverfahren möglich. Im- und Exportmengen wurden über Außenhandelsstatistiken erhoben und in das Stoffstrommodell integriert.

Die nachfolgende Grafik zeigt den Stoffstrom Altholz in Deutschland für das Jahr 2007 (Abb. 2.44).

Stellt man dem aktuellen Stoffstrom für das Jahr 2007 den Stoffstrom von 2002 gegenüber, lassen sich folgende Erkenntnisse ableiten:

- Das innerdeutsche Altholzaufkommen (ohne Export) ist vom Jahr 2002 mit 9,8 Mio. Mg um 0,654 Mio. Mg im Jahr 2007 auf 9,1 Mio. Mg zurückgegangen.
- Die entsorgten Mengen an Abfällen aus der Halb- und Fertigwarenherstellung sowie getrennt erfasstem Altholz aus Siedlungsabfällen sind im Vergleich zur Untersuchung 2002 angestiegen. Alle anderen relevanten Abfallmengen sind rückläufig.
- Die Behandlungswege der altholzhaltigen Abfallarten haben sich teilweise stark verschoben. Eine Ursache hierfür ist die Umsetzung der Vorgaben der Abfallablagerungsverordnung (AbfAblV, 2001) zum 01.06.2005, welche u. a. eine Deponierung von Altholzabfällen bzw. entsprechenden Stoffgemischen verbietet.
- Das Verhältnis der Outputströme aus den Sortieranlagen zur Beseitigung bzw. Verwertung hat sich signifikant geändert. Wurden im Jahr 2002 noch 61 % der sortierten Altholzmenge bzw. Sortierreste in die Beseitigung gegeben, so waren es im Jahr 2007 noch 26 %.
- Die Mengen zur Verwertung sind im Jahr 2007 um 79 % gegenüber 2002 gestiegen. Die Mengen zur energetischen Verwertung stiegen um mehr als das Doppelte und die Mengen zur stofflichen Verwertung um ca. 15 %.
- Die Mengen zum Import wie auch zum Export sind im Vergleich zu 2002 stark angestiegen.

Es muss davon ausgegangen werden, dass an der Entsorgungswirtschaft vorbei insbesondere Altholz zur Verwertung gelangt, ohne abfallwirtschaftliche Anlagen zu durchlaufen. Diese Mengen sind demzufolge statistisch nicht erfasst. Gleichzeitig gibt es insbesondere im Rahmen der land- und forstwirtschaftlichen Verwertung fließende Übergänge zur Abfallwirtschaft, so dass auch hier eine statistisch saubere Trennung nicht gewährleistet werden kann.

2.4.4 Stoffstrom Papier in der Bundesrepublik Deutschland

In den letzten 15 Jahren sind im Bereich der deutschen Papierindustrie erhebliche Veränderungen der Stoffströme aufgrund gesetzlicher Regelungen, wie die VerpackungsVO, durch die Selbstverpflichtung der grafischen Papierhersteller, Verarbeiter, Druckfarbenhersteller etc. und durch die technischen Weiterentwicklungen im Bereich der Altpapieraufbereitung, der Deinkingtechnologie und der Abwasserreinigung zu verzeichnen.

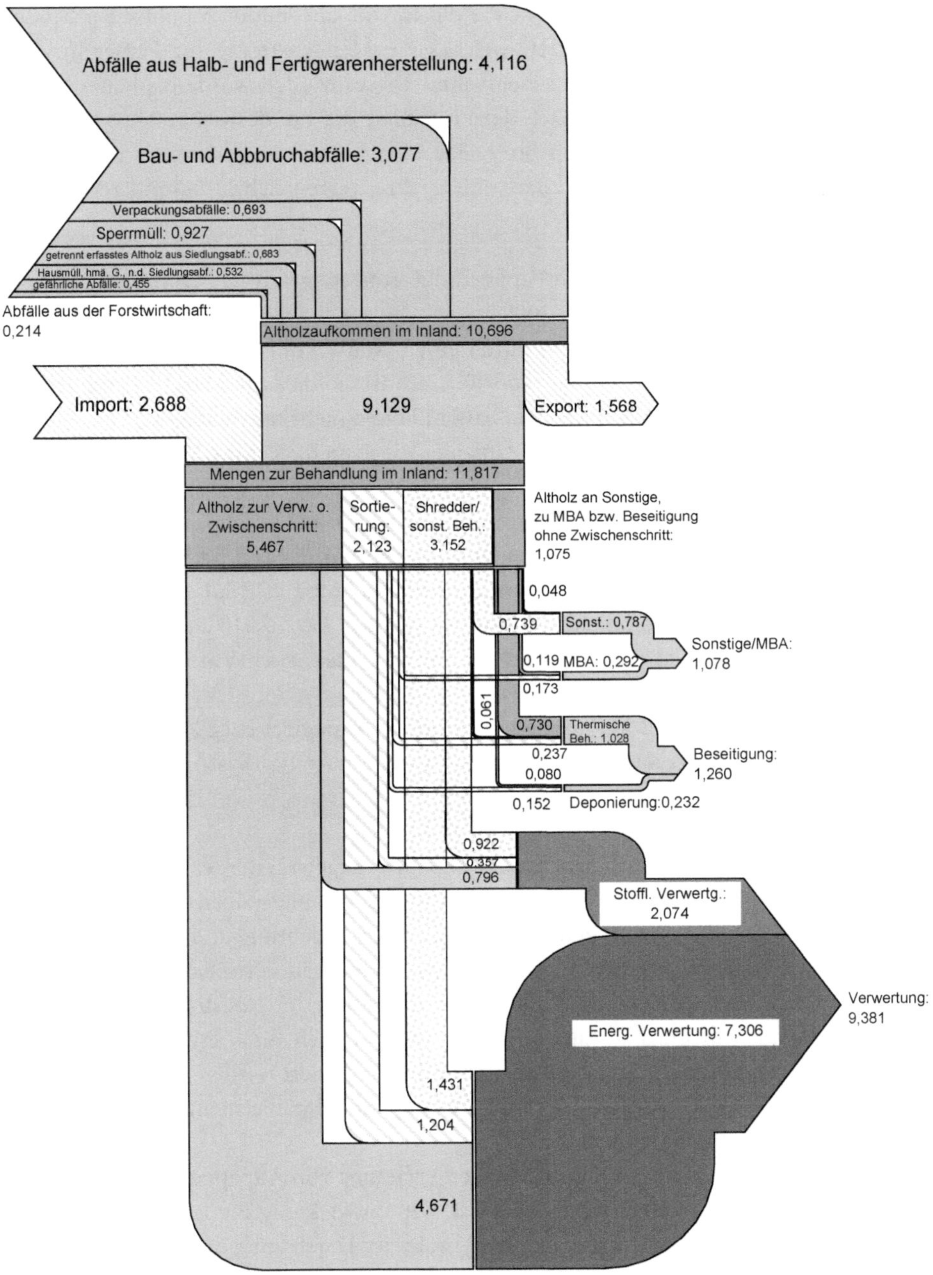

Abb. 2.44 Stoffstrom-Modell-Altholz 2007, Flussdiagramm in Mio. Mg_{lutro}. (Nach [53])

Erstmalig wurde im Auftrag des VDP 1990 für die alte Bundesrepublik ein Modell von der INTECUS GmbH erarbeitet, welches die Mengenströme für Papier in allen Herstellungs- und Verbrauchsstufen beinhaltet. Dieses Modell wurde bis heute fortgeführt. Im Folgenden soll ein Vergleich der Ergebnisse der bundesweiten Altpapierbilanz von 1992 und 2008 gezeigt werden (Abb. 2.45, 2.46):

Vergleicht man die Papierbilanz der beiden Jahre, zeigen sich insbesondere folgende Entwicklungen:

- die Gesamtproduktion an Papier, Pappe und Karton stieg von 12,941 Mio. Mg im Jahr 1992 auf 22,828 Mio. Mg im Jahr 2008,
- die Marktversorgung wurde 1992 durch einen Nettoimportüberschuss realisiert, ab dem Jahr 2002 entstand ein Nettoexportüberschuss, so dass die Marktversorgung mit Papier- und Pappeprodukten aus dem Ausland nicht mehr notwendig ist,
- die Menge an getrennt gesammelten Altpapier stieg von 6,785 Mio. Mg auf 13,926 Mio. Mg,
- der Anteil von nicht getrennt gesammeltem Altpapier am Abfallpapier beim Endverbraucher lag im Jahr 1992 bei 44,7 % (absolut 5,483 Mio. Mg); im Jahr 2008 wurden 2,589 Mio. Mg Altpapier nicht getrennt gesammelt (Anteil: 17,4 %),
- vom nicht getrennt gesammeltem Altpapier wurden 1992 3,915 Mio. Mg deponiert (Anteil: 71,4 %); im Jahr 2008 lag der deponierte Anteil, nach Vorbehandlung in der MBA, bei unter 5 %,
- der Anteil des über die Monotonne gesammelten Altpapiers stieg kontinuierlich von 44 % auf 63 %, hingegen ist die Erfassungsmenge über das System Depotcontainer absolut rückläufig.

Seit 1992 konnte eine Kreislaufführung beim Altpapier aufgebaut werden, welche in hohem Maße dem Recyclinggedanken Rechnung trägt und der Papierindustrie einen qualitativ hochwertigen Sekundärrohstoff liefert. Von besonderer Bedeutung und Herausforderung ist die Sicherung der Wertschöpfungskette Altpapier auch in wirtschaftlich schwierigen Phasen, so dass auch perspektivisch Altpapier als wichtigster Rohstofflieferant sowohl in Menge als auch in Qualität zur Verfügung steht. Durch diese Entwicklung konnte die Menge an Altpapier im Restabfall kontinuierlich reduziert werden. Den Zusammenhang verdeutlicht die Darstellung der Entwicklung von Altpapiermenge und –anteil im Restabfall von 1990 bis 2005 (Abb. 2.47).

Neben der Optimierung der haushaltsnahen Erfassung von Altpapier wurde die Altpapiererfassung auch beim Gewerbe intensiviert. Die Entwicklung der Abfallmengen zeigt die Entwicklung der Altpapiererfassung in kumulierter Darstellung in Abhängigkeit vom theoretischen Altpapierpotenzial beim Endverbraucher (siehe Abb. 2.48).

Wurde das Altpapierpotenzial beim Endverbraucher im Jahre 1992 mit 6,785 Mio. Mg bzw. 55,3 % abgeschöpft, gelang dies im Jahre 2003 in einer Größenordnung von 12,174 Mio. Mg bzw. 79,1 %. 2007 wurden über 14 Mio. Mg bzw. über 84 % des Altpapierpotenzials beim Endverbraucher abgeschöpft.

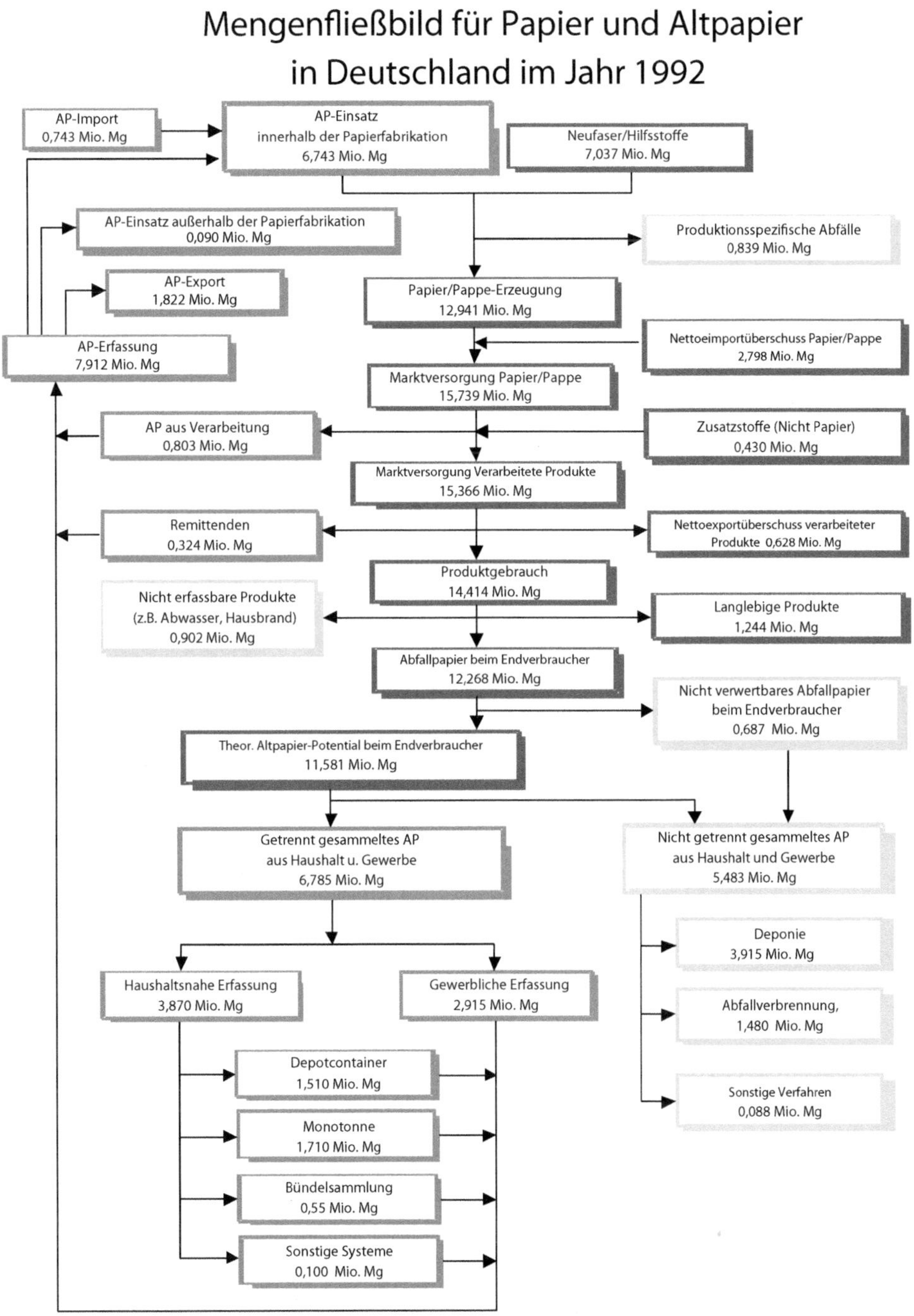

Abb. 2.45 Papierbilanz für das Jahr 1992 [63]

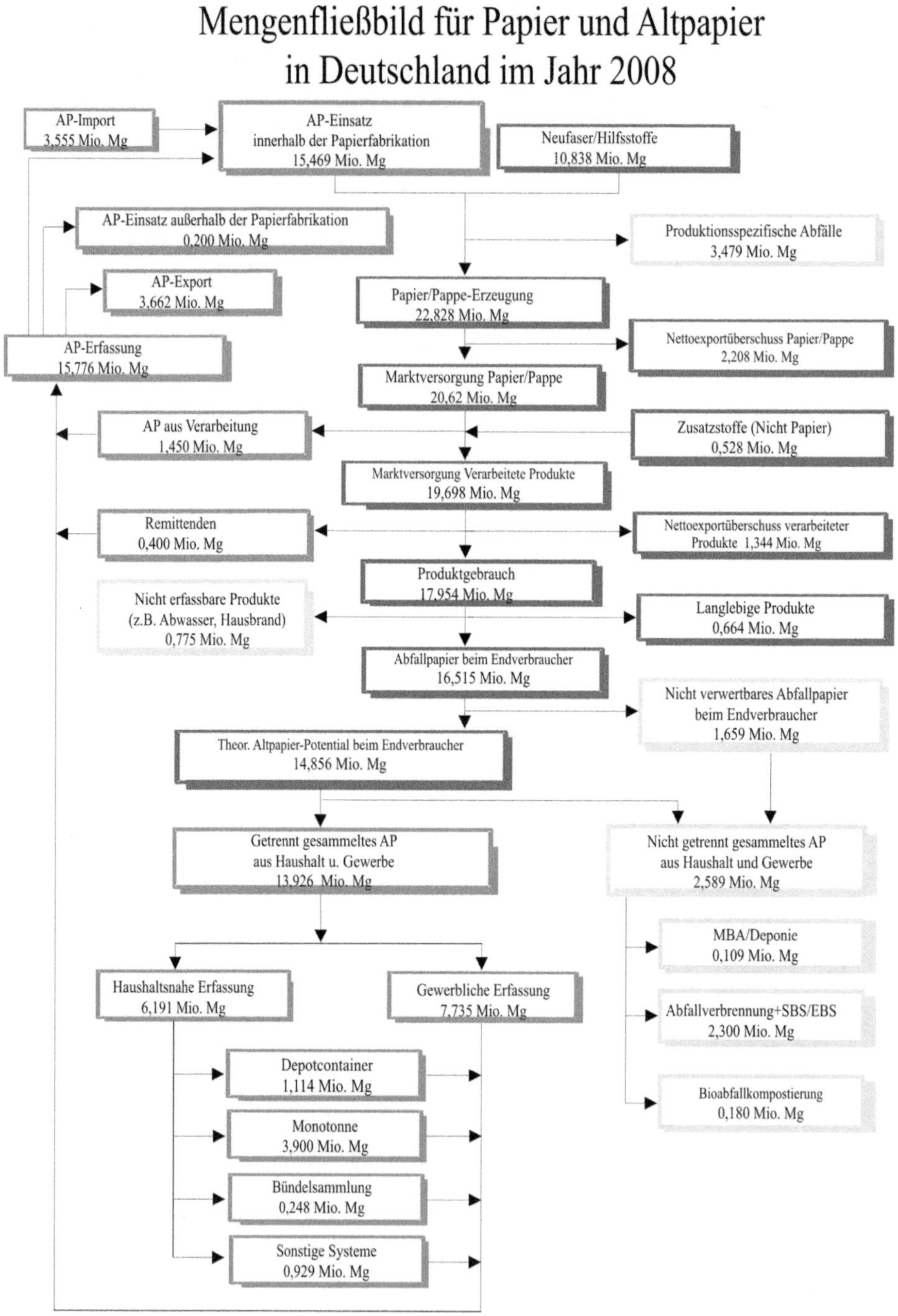

Abb. 2.46 Papierbilanz für das Jahr 2008 [63]

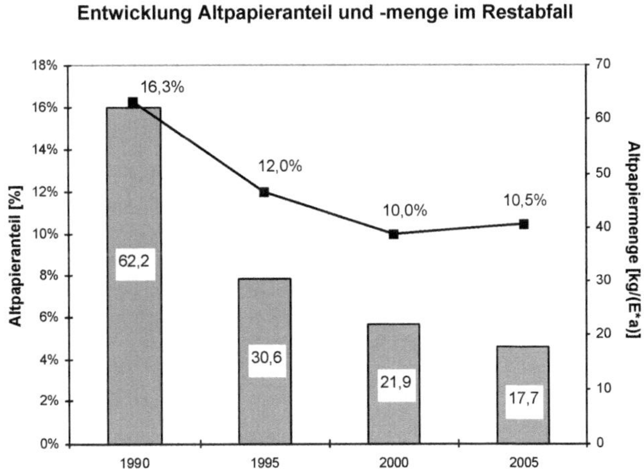

Abb. 2.47 Entwicklung von Altpapieranteil und -menge im Restabfall von 1990 bis 2005. (Nach [21])

Die Hauptproduktgruppe Grafische Papiere wird in die Hauptsortengruppen Druck- und Pressepapiere sowie Büro- und Administrationspapiere unterteilt. Im Jahr 1992 wurden zur Erzeugung Grafischer Papiere in erster Linie Primärfasern und ca. 20,6 % Altpapier eingesetzt. 2003 lag der eingesetzte Altpapieranteil mit ca. 43,3 % bereits deutlich höher.

Der Einsatz von Altpapier erfolgt überwiegend bei Zeitungsdruckpapier und Recyclingpapieren, die den Druck- und Pressepapieren zugeordnet sind. Bei Büro- und Administrationspapieren wird Altpapier nahezu ausschließlich zur Erzeugung von Recyclingpapieren eingesetzt. Dies sind Papiere (Kopierpapier, Briefumschläge, etc.), die wie

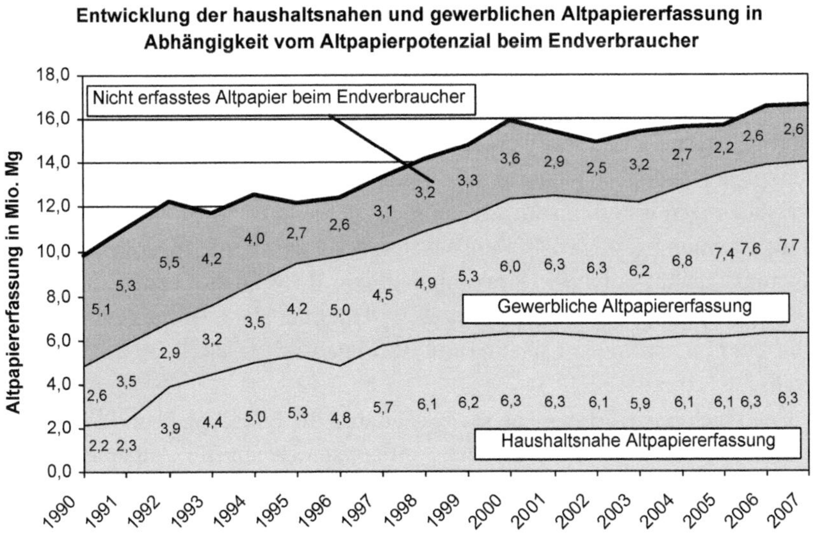

Abb. 2.48 Entwicklung der Altpapiererfassung in kumulierter Darstellung in Abhängigkeit vom theoretischen Altpapierpotenzial beim Endverbraucher [59]

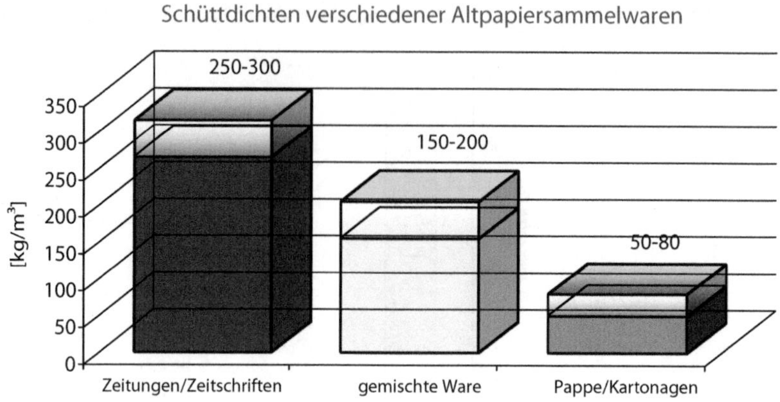

Abb. 2.49 Schüttdichten getrennter und gemischter Ware [59]

Zeitungsdruckpapier zu 100 % aus Altpapier hergestellt werden und bei denen vom Verbraucher geringere Helligkeitsanforderungen gestellt werden. Eine nachhaltige Erhöhung der Altpapiereinsatzquote in der Papierproduktion ist nur noch im grafischen Bereich möglich, da alle anderen Hauptsortengruppen an ihre technischen Grenzen stoßen. Bei den grafischen Papieren ist langfristig eine weitere Erhöhung des bisher eingesetzten Altpapiers möglich.

Die Qualität des anfallenden Altpapiers ist als entscheidende Größe für das Niveau der Verwertung zu berücksichtigen. Mit der Qualität entscheidet sich außerdem die mögliche Einsatzmasse in der Papierindustrie und in den verschiedenen Sorten.

Altpapier kann als gemischte Ware in unterschiedlichsten Qualitäten vorliegen. Die Qualität unterscheidet sich z. B. in Abhängigkeit der Art des Sammelsystems als Holsystem (Blaue Tonne) oder Bringsystem (Depotcontainer) sowie der Herkunft aus verschiedenen Bebauungsstrukturen (Stadt/Land). Als gemischte Ware können Verkaufsverpackungen, Um- und Transportverpackungen, grafische Papiere, Bücher, Wachspapier, Geschenkpapier, aber auch papierfremde Bestandteile erfasst werden.

Untersuchungen unterschiedlicher Sammelsysteme hinsichtlich ihrer Eignung für die getrennte Sammlung grafischer Papiere haben gezeigt, dass bei geringer Fehlwurfquote die beste Sammelqualität durch die Erfassung auf dem Recyclinghof erzielt werden konnte. Hohe Fehlwurfquoten zeigte dagegen das Holsystem über blaue Tonne in einer Großstadt, allerdings hier im konkreten Fall aufgrund unzureichender Gestellung der Container für nichtgrafische Papiere.

Die Untersuchungsergebnisse haben gezeigt, dass die Erfassung über den Recyclinghof und über Depotcontainer den nach der Sondervereinbarung für Altpapier festgelegten Störstoffgehalt von Deinkingware (3 % pro Einzelanlieferung) unterbietet [59].

Eine wesentliche, Kosten bestimmende Komponente bei Sammlung und Transport von Altpapier ist neben der Qualität die Schüttdichte der Sammelware. Beeinflusst wird diese durch die Behältergröße (i. d. R. höhere Dichten bei kleineren Behältern durch das Zerkleinern großvolumiger Pappen), die Behältergestaltung (Möglichkeit zur Verdichtung bei MGB 1100, bei Depotcontainern mit Einwurfschlitz nicht) sowie den Anteil der gewerblichen Nutzung (Anteil an grafischen und nichtgrafischen Papieren) ausgeübt. Die Dichten schwanken zwischen den Entsorgungsgebieten teilweise sehr stark. Im Folgenden werden typische Dichten für getrennte und gemischte Sammelware aufgeführt (Abb. 2.49).

Literatur

1. Umweltbundesamt (Hrsg.): Daten zur Umwelt 2010
2. Statistisches Bundesamt (Hrsg.): Statistische Jahrbuch 1987–1997 für die Bundesrepublik Deutschland. Stuttgart und Mainz: Verlag W. Kohlhammer 1988
3. Umweltbundesamt (Hrsg.): Daten zur Umwelt. Ausgaben 1984, 1986/87, 1988/89 und 1990/91. Berlin: Erich Schmidt Verlag 1985, 1988, 1989, 1991, 1992, 1997
4. Pohl, M.: Abfallaufkommen, -verwertung und -entsorgung in Deutschland in (Kennz. 1730) Hösel/Bilitewski/Schenkel/Schnurer: Müll-Handbuch. Berlin: Erich Schmidt Verlag 1999
5. Urban, A.; Friedel, M.: Kapazitäten thermischer Verfahren und Behandlungsanlagen, in: Urban, Bilitewski, Faulstich (Hrsg.): Thermische Abfallbehandlung, Abfalltechnik an der Universität GH Kassel, 1997, S. 107–156
6. Statistisches Bundesamt: Fachserie 19 Umwelt, Reihe 2.1 Öffentliche Wasserversorgung und Abwasserbeseitigung 2007, Wiesbaden 2009
7. Konzept eines Altgummi-Verwertungs- und Entsorgungs-Systems: Gesellschaft für Altgummi-Verwertungs-Systeme m.b.H. Frankfurt, Stand Dezember 1991
8. Statistisches Bundesamt: Abfallbilanzen der Jahre 1996 bis 2007, Wiesbaden 2009
9. Blaurock, M.: Erfahrungen mit dem 220-Liter-Müllgroßbehälter in der Stadt Letmathe. Müll und Abfall 3 (1975) 57–60
10. Statistisches Bundesamt: Fachserie 19 Umwelt, Reihe 1 Abfallentsorgung 2007, Wiesbaden 2009
11. Statistisches Bundesamt: Fachserie 19 Umwelt, Reihe 1 Abfallentsorgung 2006, Wiesbaden 2008
12. IFEU: Abwrackprämie und Umwelt – eine erste Bilanz, Heidelberg August 2009
13. Bilitewski, B.: Recyclinganlagen für Haus- und Gewerbeabfälle. Grundlagen-Technik-Wirtschaftlichkeit-Umweltwirkungen. Beiheft 21 zu Müll und Abfall (1985)
14. Statistisches Bundesamt: Erläuterungen zur Berechnung des Abfallaufkommens an Entsorgungsanlagen; VII B 33210990; August 2007
15. Umweltbundesamt und INTECUS GmbH: Best Practice Municipal Waste Management
16. Europäischer Wirtschaftsdienst – Recycling und Entsorgung: Ausgabe 3/2010
17. Arbeitsgemeinschaft Kreislaufwirtschaftsträger Bau: 5. Monitoring-Bericht Bauabfälle, Erhebung 2004, Berlin 2007
18. Kreislaufwirtschafts- und Abfallgesetz (KrW-/AbfG), (KZ 0420) in: Hösel/Bilitewski/Schenkel/Schnurer, Müllhandbuch, Berlin: Erich Schmidt Verlag 1995
19. Reiche, G.; Hesse, H.: Zusammenstellung und Auswertung von Gewerbeabfalluntersuchungen als Planungshilfe für Gewerbeabfallkonzepte: Studie INTECUS Berlin 1992
20. Zorn, L.: Bauabfallentsorgung aus Sicht der Abfallentsorger, Vortrag anlässlich der 18. Abfalltagung das LANU in Rendsburg am 16. November 2006
21. TU Dresden, INTECUS: Nutzung der Potenziale des biogenen Anteils im Abfall zur Energieerzeugung, Umweltbundesamt, Förderkennzeichen (UFOPLAN) 3707 33 303; Dessau-Roßlau 2010
22. Hessisches Ministerium für Wirtschaft, Verkehr und Landesentwicklung: Unternehmenskooperation am Beispiel des Recyclings gemischter Bau- und Abbruchabfälle, November 2007

23. Kohler, G. (Hrsg.): Recyclingpraxis Baustoffe. Der Abfallberater für Industrie, Handel und Kommunen. Köln: Verlag TÜV Rheinland 1991
24. Umweltbundesamt: Daten zur Umwelt, www.umweltbundesamt-daten-zur-umwelt.de Abfrage Juni 2010, Altfahrzeugaufkommen und Verwertung
25. Umweltbundesamt: Daten zur Umwelt, www.umweltbundesamt-daten-zur-umwelt.de Abfrage Juli 2010, Aufkommen an gefährlichen Abfällen
26. Bundesverband Dualer Systeme Deutschland e. V.: Jahresbericht 2009
27. Bayerisches Landesamt für Umwelt: Restabfallzusammensetzung, Einflussfaktoren, Abhängigkeit von lokalen abfallwirtschaftlichen Rahmenbedingungen, 2008
28. Büll, U.; Zwisele, B.; Nogueira, M.; Niestroj, J.: Erhebung repräsentativer Planungsdaten für die Restabfallbehandlung eines Entsorgungsgebietes: Müll und Abfall 2005 Heft 1 Seite 6, ff.
29. ATV-Fachausschuß 3.12: Gemischte Bau- und Abbruchabfälle, ATV-Schriftenreihe 11, Gesellschaft zur Förderung der Abwassertechnik, Hennef, 1998, 189 Seiten
30. N.N.: Zielfestlegung der Bundesregierung zur Vermeidung, Verringerung und Verwertung von Bauschutt, Baustellenabfällen, Bodenaushub und Straßenaufbruch. Bonn: Entwurf, Stand 05.11.1992
31. Marek, K.: Entstehung und Zusammensetzung von Baurestmassen und „Wiederverwertung und Wiederverwendung als Lösungsansatz zur Minimierung der Deponieinanspruchnahme". Zeidler (Hrsg.): Recycling von Baureststoffen und Industrieflächen: Verlag Bonner Energie-Report 1993
32. N.N.: Verordnung über die Entsorgung von Bauabfällen: Entwurf, Stand Juli 1992
33. N.N.: Dritte allgemeine Verwaltungsvorschrift zum Abfallgesetz (TA Siedlungsabfall): Stand August 1992
34. Intecus GmbH: Sortierung, Sichtung und Analyse ausgewählter Abfälle des Deponiezweckverbandes Eiterköpfe; Dresden 2004
35. Wiemer, Kern: Abfallwirtschaft und Klimaschutz vor dem Hintergrund des Bioabfallpotenzials in Abfällen aus Industrie und Haushalten; 2003
36. Stiftung Gemeinsames Rücknahmesystem Batterien: Jahresbericht der Jahre 2000, 2004 und 2009
37. Dörffel, C.: Restabfallmengen aus privaten Haushalten in Sachsen – Entwicklung eines abfallwirtschaftlichen Simulations- und Prognosemodells. Dissertationsschrift Technische Universität Dresden, Beiträge zu Abfallwirtschaft/Altlasten – Band 44, Eigenverlag des Forums für Abfallwirtschaft und Altlasten e. V., Pirna, 2005
38. Sächsisches Landesamt für Umwelt und Geologie -LfUG: Pilotprojekte zur verursachergerechten Abfallgebührenabrechnung in Großwohnanlagen. CD-ROM, 1999
39. Intecus Dresden: Restabfallentwicklung Dresden 1994–97, Amt für Abfallwirtschaft und Stadtreinigung Dresden, 1998
40. SHC: Restabfallanalyse 1998/99, Landeshauptstadt Dresden, 1999
41. N.N.: Batterieverordnung in Kraft getreten, Umwelt Nr. 5, 1998, S. 236
42. Thomé-Kozmiensky, K.J.: Klärschlammentsorgung, TK-Verlag Neuruppin, 1988, S. 111–113
43. Die neue Verpackungsverordnung. Deutscher Industrie- und Handelstag (Hrsg.): Bonn 1991, Neufassung 1. April 2009
44. Bilitewski, B.; Werner, P.; Reichenbach, J. (Hrsg.): Handbook on the implementation of Pay-As-You-Throw as a tool for urban waste management. Beiträge zu Abfallwirtschaft/Altlasten – Band 39, 2004
45. INTECUS: Begleitung und Analyse der verursachergerechten Abrechnung nach verschiedenen Gebührenumlagesystemen in unterschiedlichen Gebiets
46. Friedel, M.; Urban, A.: Ökologische Aspekte beim Einsatz aufbereiteter Abfälle in thermischen Anlagen, in: Faulstich, Urban, Bilitewski (Hrsg.): Thermische Abfallbehandlung, Wassergüte- und Abfallwirtschaft, TU München, Heft 137, 1998, S. 122–152

47. Wuttke, J.: Bundesweite Gewerbeabfalluntersuchung, (KZ 1742) in: Hösel/Bilitewski/Schenkel/ Schnurer, Müllhandbuch, Berlin: Erich Schmidt Verlag (1999)
48. Reichenbach, J.; Bilitewski, B; Kügler, Th.: Einfluss des Erfassungs- und Gebührensystems auf Mengen und Qualität von Restabfall, in: Wiemer, K., M., Kern (Hrsg.): Witzenhausen-Institut – Neues aus Forschung und Praxis „Bio- und Sekundärrohstoffverwertung", Vortrag zum 18. Kasseler Abfallforum 25.–27. April 2006, Verlag Witzenhausen-Institut für Abfall, Umwelt und Energie GmbH Witzenhausen 2006, S. 623–642
49. Jacobi, W.: Herkunft und Verbleib von Sonderabfällen, (KZ 8010) in: Hösel/Bilitewski/ Schenkel/Schnurer, Müllhandbuch, Berlin: Erich Schmidt Verlag (1999)
50. Herbell, J.-D.; Höppner, T.; Pasel, Ch.; Till, S.: Sammlung von Sonderabfallkleinmengen (KZ 8107) in: Hösel/Bilitewski/Schenkel/Schnurer, Müllhandbuch, Berlin: Erich Schmidt Verlag (1999)
51. Beiträge zur Abfallwirtschaft, Schriftenreihe des Institutes für Abfallwirtschaft und Altlasten, Technische Universität Dresden, Band 2 Steuerungsmöglichkeiten abfallwirt-schaftlicher Gebühren, 1996; Band 5 Steuerungsmöglichkeiten abfallwirtschaftlicher Gebühren in Großwohnanlagen, 1997
52. Statustisches Bundesamt: Regionaldatenbank Deutschland, Kraftfahrzeugbestand nach Kraftfahrzeugarten, http://www.regionalstatistik.de/genesis/online;jsessionid=F30B2E04D697 AA87256D2DC4A5ED3528 Abfrage Oktober 2010
53. Mantau, U. u. Bilitewski, B. (2010): Stoffstrom-Modell-Holz; Rohstoffströme und CO_2-Speicherung in der Holzverwendung; Forschungsbericht für das Kuratorium für Forschung und Technik des Verbandes der Deutschen Papierfabriken e. V. (VDP), Celle 2010
54. Bundesministerium für Umwelt, Naturschutz und Reaktorsicherheit: BMU-Umwelt, Heft 9/2008, Meldung der deutschen Altfahrzeugverwertungsquoten für 2006 an die EU-Komission
55. Rechberger, H.; Brunner P.H.: „Auf Stoffbilanzen neue Methode zur Verfahrensbewertung". In Müll und Abfall Heft 3; S. 120–128, 1999
56. Bilitewski, B.: „Bilanz eines Aufbereitungsprozesses". In Müll und Abfall Heft 11; S. 369–376, 1985
57. Kost, T.: „Brennstofftechnische Charakterisierung von Haushaltsabfällen". Dissertation an der TU Dresden; Dresden, 2001
58. Fehringer, R.; Rechberger, H.; Brunner, P.H.: „Positivlisten in der Zementindustrie: Methoden und Ansätze (Projekt PRIZMA)" Hrsg. Vereinigung der österreichischen Zementwerke (VÖZ), Wien, 1999.
59. Bilitewski, B. Prof. Dr.-Ing. (2005 und Fortschreibung): Stoffstrom Papier in der Bundesrepublik Deutschland; – in: Müllhandbuch, Band 5, Kennzahl 8613, Juni 2005
60. Rotter, S.: „Potenzial und Verteilung von Schwermetallen in Haushaltsabfällen und Steuerungsmöglichkeiten durch Aufbereitung", Dissertation an der TU Dresden; Dresden, 2001
61. Bilitewski, B.: Status Quo und Zukunft der energetischen Verwertung von EBS; Vortrag auf der IFAT in München, Mai 2008
62. Bayerisches Landesamt für Umwelt: Informationen aus der Abfallwirtschaft, Hausmüll in Bayern – Bilanzen 2008, Augsburg 2009
63. Intecus 1994–2009: jährliche Papierbilanz, im Auftrag des VDP

3 Sammlung, Umschlag und Transport von Abfällen und Wertstoffen

3.1 Durchführung, Systeme, Organisation

Nach § 4 Abs. 5 und § 10 Abs. 2 des KrW-/AbfG umfassen die Kreislaufwirtschaft und die Abfallbeseitigung neben dem Bereitstellen, Überlassen, Lagern, Behandeln und dem Ablagern von Abfällen auch alle erforderlichen Maßnahmen des Einsammelns durch Hol- und Bringsysteme und das Befördern.

Abfälle werden am Anfallort bereitgestellt, eingesammelt und zur Behandlungs- oder Umladeanlage transportiert. Sofern sie nicht an Ort und Stelle verwertet werden können, erfolgt anschließend der Transport entweder direkt oder nach Umschlag auf größere Transporteinheiten zum Ort der Behandlung, Verwertung oder Deponierung.

Sammlung und Transport von Abfällen haben folgende Aufgaben zu erfüllen [1]:

- Erfassung und Einsammlung aller in Haushalten, Industrie- und Gewerbebetrieben anfallenden Abfälle,
- Transport der eingesammelten Abfälle zu Abfallbehandlungs- und Beseitigungsanlagen,
- getrennte Erfassung und Abfuhr von Wertstoffen.

Der Bereich Sammlung-Umschlag-Transport spielt im System der Abfallwirtschaft eine wichtige und häufig unterschätzte Rolle. Immerhin verursacht er 30 bis 40 % der Gesamtkosten der Abfallbehandlung und bietet damit bei Verbesserungen in Organisation und Durchführung erhebliche Einsparmöglichkeiten. Des Weiteren haben z. B. Art, Größe und Kombination der Sammelbehälter sowie der Entleerungsrhythmus Einfluss auf die Hausmüllzusammensetzung und auf die Reinheit und Menge getrennt gesammelter Wertstoffe. Hierdurch besteht also die Möglichkeit, am Anfang des Entsorgungsprozesses eine gewisse Steuerung des Abfallaufkommens und der Abfallzusammensetzung vorzunehmen.

Sammlung und Transport sind hoheitliche Aufgaben der nach Landesrecht zuständigen Körperschaft. In der Regel ist dies die Kommune, die sich für die Erfüllung dieser Aufgaben auch Dritter, d. h. privater Entsorgungsunternehmen, bedienen kann.

B. Bilitewski, G. Härdtle, *Abfallwirtschaft*,
DOI 10.1007/978-3-540-79531-5_3, © Springer-Verlag Berlin Heidelberg 2013

Für eine effiziente Durchführung und optimale Organisation der Abfallsammlung und des Transportes sind Einflussgrößen [3] zu berücksichtigen wie

- Größe des Sammelgebietes,
- Wirtschaftsstruktur,
- Lebensgewohnheiten,
- städtebauliche Gegebenheiten,
- Forderungen der Benutzer,
- Wahl des geeigneten Sammelsystems.

Mit zunehmender Zentralisierung von Abfallbehandlungsanlagen ergibt sich aus wirtschaftlichen Erwägungen zusätzlich die Notwendigkeit, den Transport dorthin erst nach Umschlag der Abfälle auf größere Transporteinheiten durchzuführen.

3.1.1 Sammelsysteme

Der Vorgang des Einsammelns von Abfällen umfasst den Weg von der Füllung des Sammelbehälters bis zur Beladung des Sammelfahrzeuges. Hierbei versteht man unter einem Sammelsystem eine Kombination von technischen Betriebsmitteln und menschlicher Arbeitskraft, insbesondere

- Sammelverfahren,
- Behältersystem,
- Fahrzeuge,
- Personal.

In einer Gebietskörperschaft mit unterschiedlicher Bebauung und einer Reihe von größeren Betrieben und Verwaltungen ist es nicht möglich, die Sammlung nur mit einem einzelnen System durchzuführen. Den jeweiligen örtlichen Verhältnissen entsprechend müssen unterschiedliche Sammelsysteme eingesetzt werden.

Die Beurteilung eines Sammelsystems und die Überprüfung der Organisation hinsichtlich der Zielsetzung kann anhand folgender Kriterien vorgenommen werden:

- Wirtschaftlichkeit,
- Arbeitssicherheit,
- Hygiene,
- Auswirkungen auf die Wertstoffsammlung,
- Anforderungen der nachgeschalteten Behandlungs- und Beseitigungsanlagen,
- städtebauliche Aspekte,
- Benutzerkomfort,
- Reservehaltung,

- Reparaturanfälligkeit,
- physische Beanspruchung des Ladepersonals.

Die Kriterien müssen immer gemeinsam und in einem ausgewogenen Verhältnis berücksichtigt werden, um die Vernachlässigung einzelner Bereiche und damit die Beeinträchtigung des gesamten Systems zu vermeiden [4].

3.1.1.1 Sammelverfahren

Bei den Sammelverfahren wird unterschieden in Umleerverfahren, Wechselverfahren und Einwegverfahren. Hinzu kommen die systemlose Sammlung, die unter anderem bei der Abfuhr von Sperrmüll angewandt wird, und zwei Sonderverfahren nach pneumatischem und hydraulischem Prinzip. Zu jedem Sammelverfahren gehören passende Behältersysteme und Fahrzeuge mit entsprechenden Einfüllvorrichtungen.

Umleerverfahren Beim Umleerverfahren, überwiegend bei der Abfuhr von Haushaltsabfällen und hausmüllähnlichem Gewerbeabfall eingesetzt, werden fahrbare Sammelbehälter verwendet, die über Hub- und Kippvorrichtungen in die Sammelfahrzeuge umgeleert und an den gleichen Standplatz zurückgestellt werden. Der Transport der Sammelbehälter vom Standplatz zum Straßenrand und zurück wird entweder durch den Benutzer (Benutzertransport) oder die Müllwerker (Mannschaftstransport) vorgenommen. Auf die Behälter abgestimmte System-Schüttvorrichtungen erleichtern die Arbeit für das Ladepersonal. Verwendet werden dabei unterschiedliche, überwiegend genormte Behälter, die in Fahrzeuge mit kombinierten Schüttvorrichtungen für die verschiedenen Behältertypen entleert werden können.

Je nach anfallender Abfallmenge und Beschaffenheit des Standplatzes werden Behälter unterschiedlicher Art und Größe eingesetzt. Neben System-Schüttvorrichtungen sind Fahrzeuge für das Umleerverfahren heute mit Einrichtungen zur Verdichtung des Abfalls ausgestattet, so dass das zwei- bis dreifache Behältervolumen geladen werden kann [5]. Es werden Fahrzeuge mit Aufbauten bis über 30 m^3 Rauminhalt eingesetzt.

Wechselverfahren Das Wechselverfahren eignet sich für Abfälle mit hoher Dichte, wie Bauschutt und Schlämme, und für Abfälle mit niedriger Dichte, wie Haushaltsabfälle und Geschäftsmüll von Großanfallstellen, wie z. B. Gewerbe- und Industriebetrieben, großen Hotels, Anstalten, Verwaltungen und Wohneinheiten gleichermaßen [5].

Bei diesem Verfahren werden volle Sammelbehälter am Standplatz gegen leere gleicher Art ausgetauscht und nach Entleerung an anderer Stelle abgestellt. Müssen jedoch Behälter unterschiedlicher Art und Größe transportiert werden, oder erfolgt die Entleerung unregelmäßig auf Abruf, werden die Behälter nach Entleerung in der Beseitigungsanlage auf den gleichen Standplatz zurückgebracht. Man spricht in diesem Fall von „Direkttransport".

Aus wirtschaftlichen Gründen werden in der Regel Behälter ab 4 m^3 Inhalt verwendet, die über verschiedene Kippersysteme bewegt werden.

Eine Verdichtung des Containerinhaltes mit einer stationären Presse oder in Presscontainern mit eigenen Verdichtungseinrichtungen ist möglich.

Einwegverfahren Beim Einwegverfahren werden die Abfälle in Säcken aus Papier oder Kunststoff sauber und auf hygienisch unbedenkliche Weise bereitgestellt und verladen. Der Sammelvorgang wird dadurch verkürzt, dass keine entleerten Behälter an den Standplatz zurückgebracht werden müssen, und die Reinigung von Behältern entfällt. Die Verladung der Säcke erfolgt in der Regel per Hand und bedeutet eine erhebliche physische Belastung des Sammelpersonals.

Das Volumen der Säcke ist deswegen und aufgrund der begrenzten Tragfähigkeit des Sackmaterials auf maximal 110 l beschränkt. Übliche Verwendungsgrößen sind 50 und 70 l.

Hinsichtlich der Zielsetzung einer Abfallvermeidung muss die Abfallmengenzunahme durch das Sackmaterial von immerhin bis zu 3 Gew.-% zumindest als bedenklich angesehen werden.

In der Regel werden Müllsäcke in Zeiten erhöhten Abfallaufkommens (z. B. Weihnachten), auf Campingplätzen, bei Ausstellungen und Großveranstaltungen etc. sowie überall dort verwendet, wo besondere hygienische Anforderungen an die Abfallentsorgung gestellt werden (z. B. in Krankenhäusern und Pflegeheimen). Oft werden sie vor der Abfuhr in Containern gesammelt.

Systemlose Sammlung Die systemlose Sammlung, bei der die Abfälle nach Größe und Form uneinheitlich oder in offenen Behältern gesammelt werden, wird bei der Sammlung von Sperrmüll oder sperrigen Elektro-(nik-)altgeräten der Sammelgruppen 1 und 2 sowie in geringem Umfang bei der Altpapiersammlung über Bündel angewandt.

Sonderverfahren Zu den Sonderverfahren zählen die Systeme Absaugung und Abschwemmung. Bei den pneumatischen Verfahren (Absaugung) und hydraulischen Verfahren (Abschwemmung) sind die Bereiche Sammlung und Transport miteinander kombiniert. Diese beiden Sammelverfahren nehmen aufgrund ihrer geringen Bedeutung eine Sonderstellung ein.

Die Anwendung des pneumatischen Verfahrens wurde für eng gebaute Altstadtgebiete und Neubaugebiete mit hoher Einwohnerdichte (Hochhausbebauung) erörtert und bietet sich in erster Linie aus verkehrstechnischen Gründen an. Anwendung findet dieses Verfahren auch bei der betriebsinternen Abfallsammlung, z. B. in Krankenhäusern oder auf Flughäfen.

Beim pneumatischen Abfalltransport dient strömende Luft als Trägermedium. Zur Überwindung der Fortleitungswiderstände und zur Herstellung einer ausreichenden Strömung muss ein bestimmtes Druckniveau aufgewendet werden. Der pneumatische Abfalltransport ersetzt sowohl die im Haushalt von den Benutzern durchzuführende Sammlung und Bereitstellung des Haushaltsabfalls sowie die Abfuhr zur ortsnahen Verbringungsstelle, z. B. einer Behandlungsanlage oder einer Umladestation [6].

Große Installationen werden beispielsweise in Forneby/Norwegen (Großwohnanlage), der Altstadt von Sevilla/Spanien oder dem Kuala Lumpur International Airport (KLIA)/Malaysia betrieben.

Ende der 60er Jahre wurde die Abschwemmung von Küchenabfällen über Küchenabfallzerkleinerer gemeinsam mit dem Abwasser in die Kanalisation diskutiert (hydraulisches Verfahren). Der Nachteil dieses Verfahrens ist der hohe Reinigungsaufwand für die Kanalisation und die Kläranlage, bedingt durch den hohen Reinigungsaufwand zur Trennung der Abfälle vom Wasser. Diese Idee konnte sich nicht durchsetzen [7].

3.1.1.2 Behältersysteme

Um eine rationelle und mechanisierte Abfallsammlung zu ermöglichen, müssen die Anzahl der Behälterarten und -größen begrenzt und ihre Ausführungen genormt sein.

Im Bereich der Haushaltsabfallsammlung werden heute statt kleiner, teilweise tragbarer Behälter fast nur noch fahrbare Behälter mit Rauminhalten von 60 bis zu 1.100 l, z. T. auch bis 5.000 l, eingesetzt. Hiermit wird durch den Rationalisierungseffekt die Wirtschaftlichkeit der Müllabfuhr erhöht.

Abfalleimer und Abfalltonnen Als kleinste Einheiten werden heute bei der Sammlung aus Haushalten nur noch selten System-Abfalleimer mit 35 und 50 l Inhalt aus feuerverzinktem Stahlblech oder Kunststoff verwendet. Sie müssen an den Straßenrand getragen oder mit Hilfe von Transportkarren dorthin gebracht werden.

Ihr geringes Volumen erweist sich beim Anfall größerer und sperriger Abfallteile als nachteilig, da diese neben den Behältern abgelagert und per Hand verladen werden müssen. Ebenfalls von Nachteil ist die hohe körperliche Belastung der Sammelmannschaft bei der Leerung.

In einer Vielzahl unterschiedlicher Abfalleimer und Papierkörbe werden Kleinabfälle auf Straßen, Plätzen, in Grünanlagen etc. gesammelt und per Hand in das Sammelfahrzeug entleert.

Müllgroßbehälter Wegen dem steigenden Abfallaufkommen wurden in den 60er Jahren rollbare Müllgroßbehälter (MGB) mit 660, 770 und 1.100 l aus Stahlblech oder Kunststoff und in den 70er Jahren mit 120 und 240 l, seltener mit 360 l Rauminhalt aus Kunststoff entwickelt, die überwiegend zur Restabfallsammlung und der getrennten Sammlung von Wertstoffen flächendeckend zum Einsatz kommen. Sie besitzen einen rechteckigen Grundriss und sind mit zwei bzw. vier Rädern ausgerüstet. Sie können vom Benutzer transportiert werden und sind vom Ladepersonal leicht zu handhaben. Müllgroßbehälter mit Rauminhalten von 660, 770 und 1.100 l sind mit lenkbaren Rollen ausgestattet. Die besonders schlanken, hauptsächlich für den Einsatz auf Kellerstandplätzen entwickelten MGB mit 660 und 770 l Rauminhalt werden aus Kunststoff, die MGB 1.100 l zusätzlich aus Stahlblech hergestellt. Sie benötigen einen festen Stellplatz und werden vom Ladepersonal von dort zum Sammelfahrzeug und zurück gerollt.

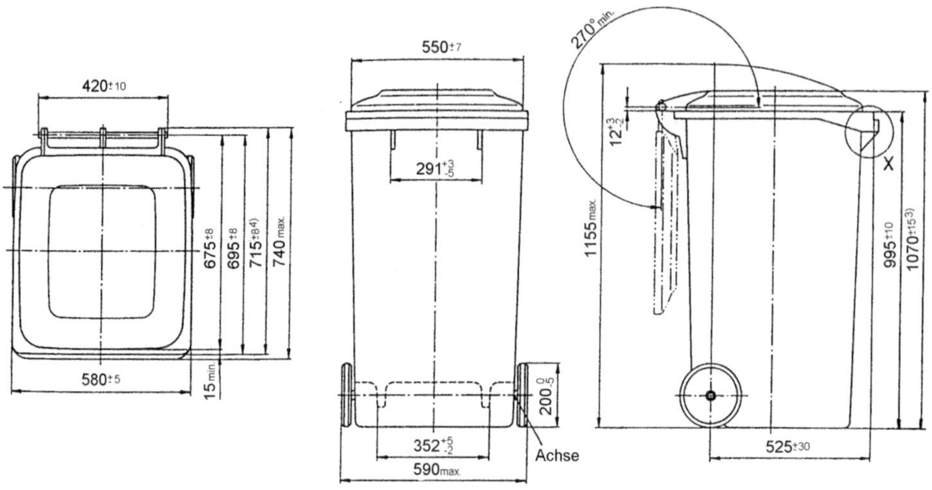

Abb. 3.1 Müllgroßbehälter 240 l (MGB 240)

Grundlage für die Herstellung von MGB für die meist verwendete Kammschüttung sind die DIN EN 840-1 bis -6. Anforderungen an Behälter mit Aufnahme für die Diamond-Schüttung sind in der DIN 30.760 geregelt.

Zusätzlich kann für Abfall- und Wertstoffbehälter das RAL Gütezeichen nach RAL-GZ 951/1 und 2 bei Erfüllung zusätzlicher Güte- und Prüfbestimmungen vergeben warden (Abb. 3.1).

Insbesondere der MGB 1.100 findet überall dort Verwendung, wo größere Abfallmengen anfallen, in größeren Wohneinheiten, Gewerbebetrieben, bei Sportveranstaltungen, Märkten und Messen. Neben dem geringen Gewicht der Kunststoffbehälter aus Niederdruck-Polyethylen sind insbesondere die glatte Behälteroberfläche, die Korrosionsbeständigkeit und die verminderte Geräuschbelästigung beim Sammelvorgang als Vorteile zu nennen (Abb. 3.2).

Seit 1975 werden auch Behälter mit 2.500 und 5.000 l Inhalt aus Stahlblech mit einem bzw. zwei Klappdeckeln bevorzugt dort eingesetzt, wo große Haus- und Gewerbeabfallmengen anfallen. Wie alle bisher genannten Behälter werden auch diese in der Regel im Umleerverfahren entleert (Abb. 3.3).

Flüssige und pastöse Sonderabfälle werden im allgemeinen in Spezialbehältern direkt zum Bestimmungsort oder nach Konditionierung in chemisch-physikalischen Behandlungsanlagen in größeren Einheiten weitertransportiert.

Container Insbesondere bei der Sammlung von Gewerbe- und Industrieabfällen und überall dort, wo kurzzeitig oder regelmäßig große Abfallmengen anfallen, werden Großbehälter mit bis zu 40 m^3 Inhalt eingesetzt. Dies sind hauptsächlich Absetzcontainer, sogenannte Mulden, zwischen 7 und 20 m^3 und Abrollcontainer zwischen 10 und 40 m^3 Rauminhalt (Abb. 3.4), teils mit eigenen Verdichtungseinrichtungen (Selbstpresscontainer). Behälter dieser Größe werden im Wechselverfahren geladen. Sammel- und

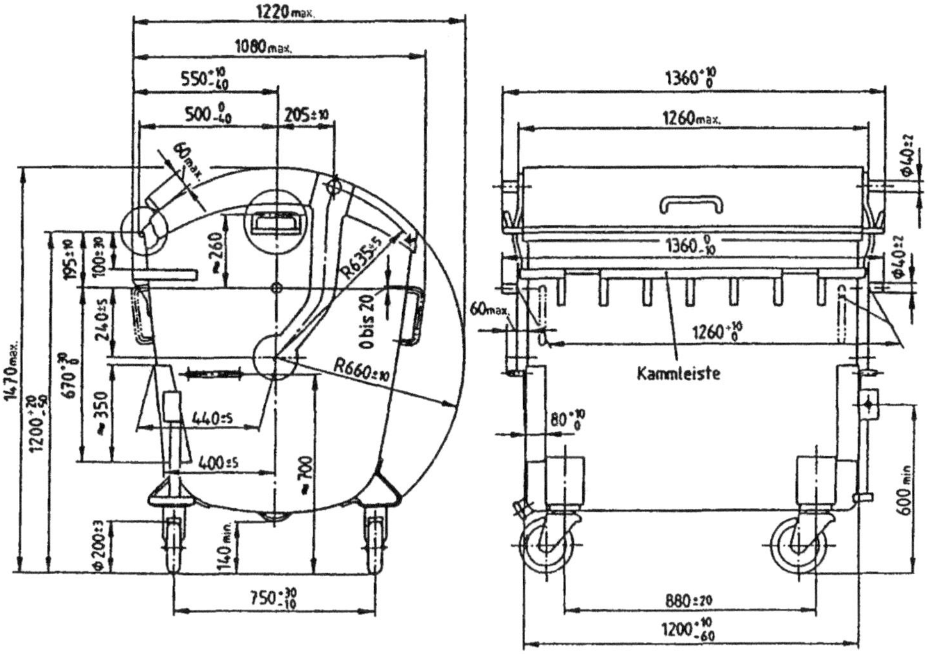

Abb. 3.2 MGB 1.100 aus Stahlblech mit Kammleiste

Transportbehälter für flüssige Abfälle, Schlämme und Sonderabfälle sind wegen der Konsistenz und/oder Gefährlichkeit der Abfälle unter besonderen technischen und Sicherheitsanforderungen auszuführen. Eine nähere Beschreibung erfolgt in den Kap. 3.3.3 und 3.4.2.

Containermaße sowie die Abmessungen für das Trägersystem sind in den Normen DIN 30.722 1–4 (Abrollcontainer und -fahrzeuge) bzw. 30.723 (Absetzcontainer und -fahrzeuge) standardisiert.

An Zufahrten und Stellplätze werden besondere Anforderungen gestellt, da die Transportfahrzeuge bis an die Container heranfahren müssen. Diese sind möglichst so anzulegen, dass jeweils ein Standplatz frei ist, um den mitgeführten Leerbehälter absetzen zu können. Für das Ab- und Aufnehmen ist vor dem Container ausreichend Rangierabstand vorzusehen.

Container und Mulden in offenen oder geschlossenen Ausführungen, werden über Hub-, Abroll-, Abgleit- und Absetzkippersysteme aufgeladen und abgesetzt. Inhalte von offenen Containern werden während des Transportes mit Planen oder Netzen gesichert.

3.1.2 Umschlag

Als unwirtschaftlich erweist sich der Abfalltransport, wenn Abfälle in Fahrzeugen mit geringem Fassungsvermögen über große Entfernungen transportiert werden müssen und/oder eine mehrköpfige Besatzung mitfährt.

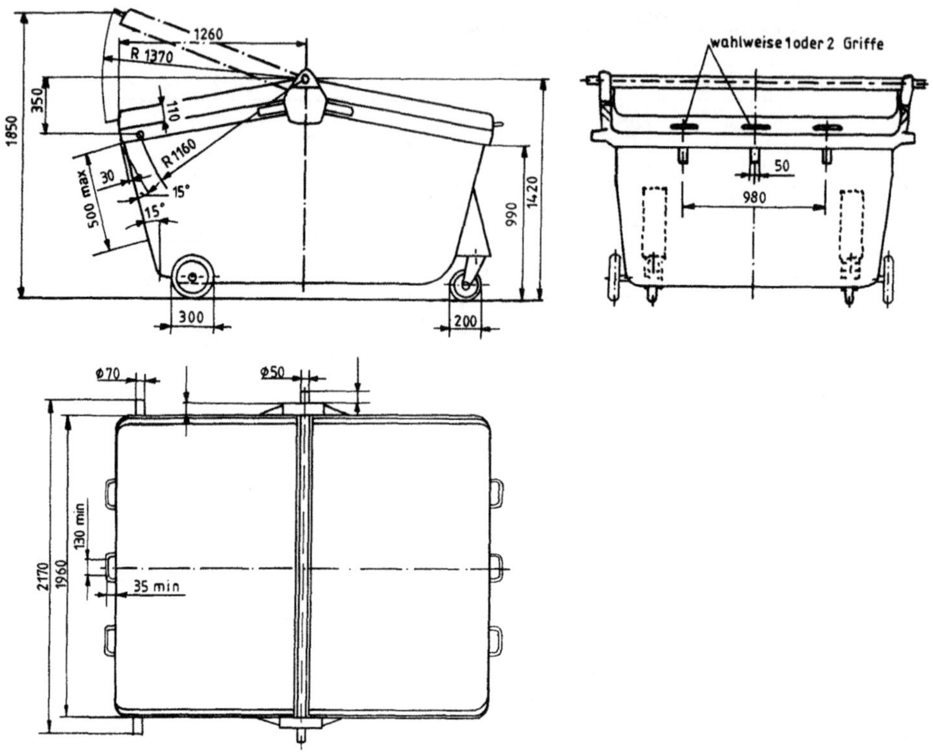

Abb. 3.3 MGB 5.000

Durch die allgemeine Tendenz, Abfälle in wenigen großen zentralen Anlagen zu behandeln oder zu deponieren, werden die Entfernungen vom Anfallort zur Behandlungsanlage immer größer.

Bei größeren Einzugsgebieten mit hohen Abfallmengen und großer Distanz zur Behandlungsanlage ist es sinnvoll, Umschlagstationen zwischenzuschalten, in denen die Abfälle für den Ferntransport von Sammelfahrzeugen auf größere Transporteinheiten umgeladen werden. Der Ferntransport kann auf der Straße, auf dem Wasser oder auf der Schiene erfolgen.

In Abb. 3.5 ist der Zusammenhang zwischen spezifischen Transportkosten und Abfallmenge dargestellt.

Mit zunehmender Abfallmenge sinken die massespezifischen Kosten für den Direkttransport in den Sammelfahrzeugen zur Behandlungsanlage (Kurve 1). Gleiches gilt auch für den Transport in Großraumfahrzeugen. Doch sind diese Kosten – relativ gesehen – wesentlich niedriger (Kurve 2). Aus der Addition der spezifischen Kosten für den Betrieb der geplanten Umschlagstation (Kurve 3) und der ermittelten Kosten für den Spezialtransport ergibt sich Kurve 4, die einen Schnittpunkt mit der Kurve 1 hat. Damit ist jene Abfallmenge Q_A gefunden, die als Grenzwert für die Wirtschaftlichkeit des Betriebes einer Umschlagstation angesehen werden kann.

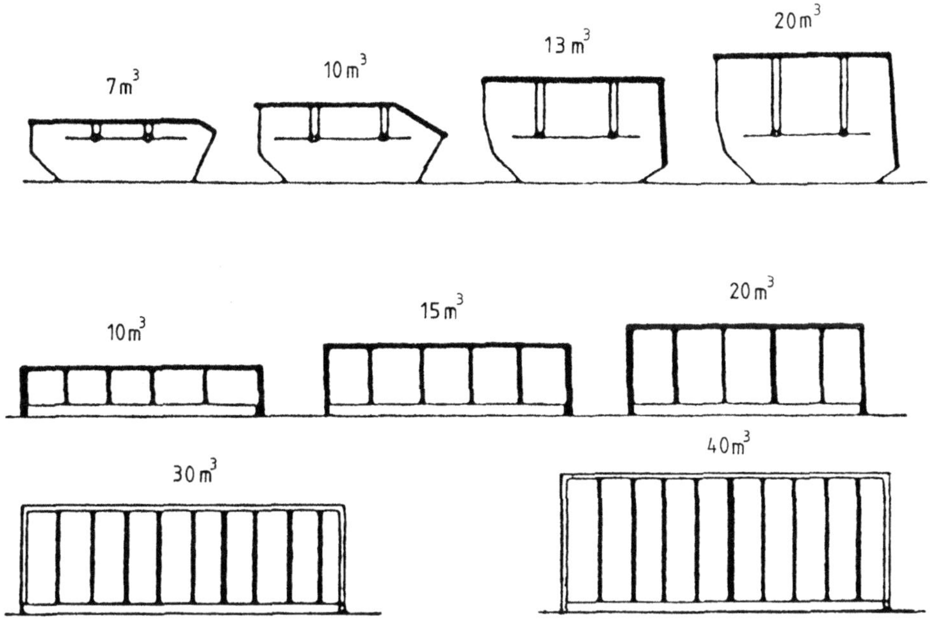

Abb. 3.4 Gebräuchliche Behälter des Wechselverfahrens

Abb. 3.5 Vergleich der spezifischen Transportkosten zwischen Direkttransport und Umschlagstation in Abhängigkeit der Abfallmenge [3]

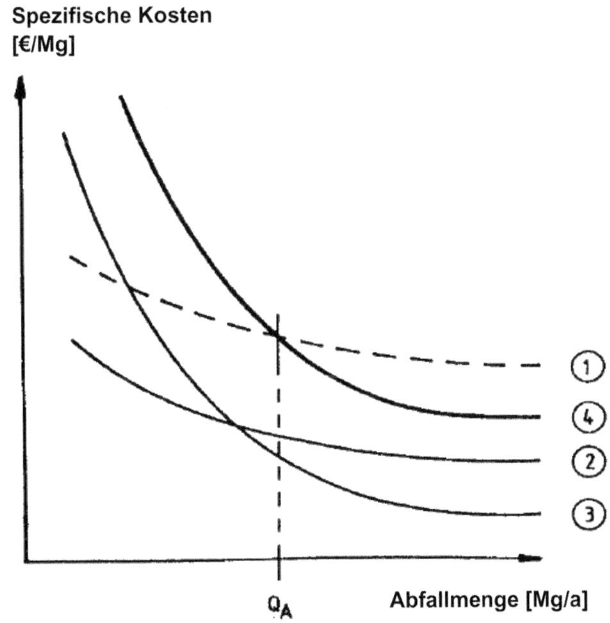

Weiterhin hat die Länge der Wegstrecke Einfluss auf die Transportorganisation. Hierbei spielt aber weniger die absolute Entfernung zur Weiterbehandlungsanlage eine Rolle als der dafür nötige Zeitaufwand.

Bei großstädtischen Verhältnissen und stark frequentierten Straßen kann schon bei einer Distanz von nur wenigen Kilometern das Umladen in Großtransporter wirtschaftlich werden, weil die direkte Anlieferung mit den Sammelfahrzeugen viel Zeit und damit unproduktive Lohnkosten verursacht [3].

Die Umladung in einer Umschlagstation erfolgt entweder direkt aus dem Sammelfahrzeug in das Ferntransportmittel oder indirekt unter Zwischenschaltung eines Bunkers. Beim Einsatz von Müllpressen sind in der Regel Zwischenbunker erforderlich. Diese erfüllen auch die Funktion eines Puffers, durch den bei schubweiser Anlieferung ein kontinuierlicher Betrieb gewährleistet werden kann. Von dort werden die Abfälle z. B. von Brückenkranen mit Polypgreifern von Stahlplattenbändern oder Schubschilden den Beschickungseinrichtungen zugeführt.

Grundsätzlich können beim Umschlag drei Grundoperationen unterschieden werden:

- Anlieferung (Art der Anlieferung),
- Aufbereitung (Umladung mit oder ohne Verdichtung),
- Beladung (in Abhängigkeit vom Ferntransportmittel).

3.1.2.1 Anlieferung

Die Anlieferung von Abfällen kann ausschließlich durch kommunale Fahrzeuge oder zusätzlich durch Privatfahrzeuge erfolgen. Sind Privatfahrzeuge zur Anlieferung zugelassen, werden neben einer zusätzlichen Waage und Kasse weitere Kippstellen entsprechend der Vielfalt der anliefernden Fahrzeuge und ein Aufgabeförderband für Privatanlieferer, die ihre Abfälle per Hand entladen, benötigt.

3.1.2.2 Aufbereitung

Unter Aufbereitung im Rahmen des Umschlags versteht man die Behandlung der Abfälle nach der Anlieferung an der Umschlagstation. Sie können direkt oder unter Zwischenschaltung eines Bunkers verdichtet oder unverdichtet in das Ferntransportmittel verladen werden. Die Abkippstellen für Sammelfahrzeuge an einem Tiefbunker können unterschiedlich ausgeführt werden (s. Abb. 3.6).

Befindet sich die Kippkante direkt am Rand des Bunkers, besteht unter Umständen die Gefahr einer Kollision zwischen dem Krangreifer und dem entladenden Fahrzeug. Durch Materialböschung wird das Bunkervolumen nur schlecht ausgenutzt, wenn die Kippkante vor dem Bunkerrand verlegt wird. Technisch aufwendig ist die Entleerung mit Hydraulikschieber, wobei jedoch eine gute Ausnutzung des Bunkervolumens erreicht wird [9].

Bei Umladung ohne Verdichtung werden die zum Teil im Sammelfahrzeug vorverdichteten Abfälle ohne oder nach Zwischenlagerung über Fülltrichter in oben offene Ferntransporter oder Wechselbehälter gekippt. Mit einem mechanischen Rechen kann

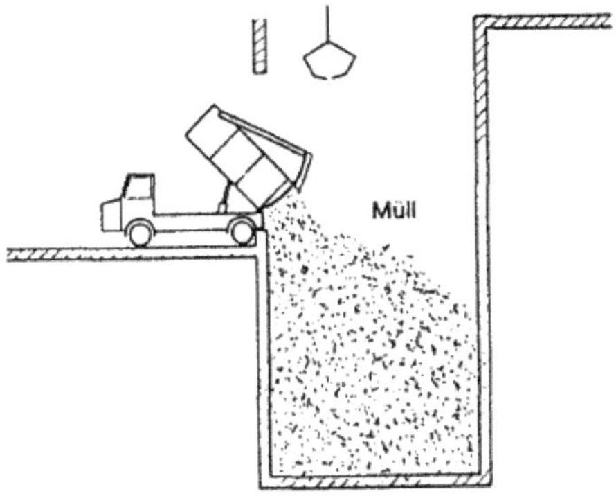

Tiefbunker mit Kippkante am Bunkerrand

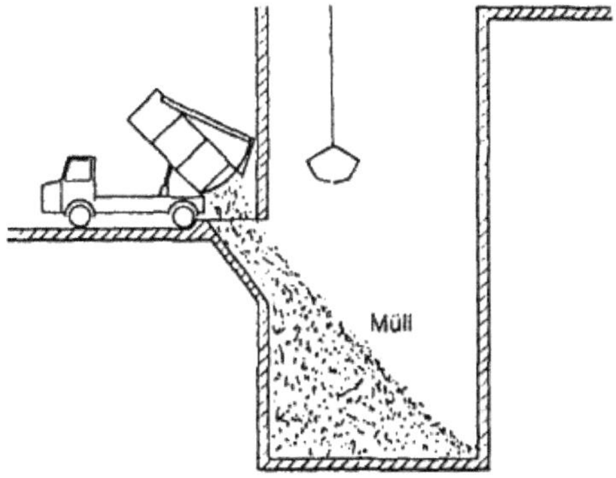

Tiefbunker mit vor dem Bunkerrand verlegter Kippkante und schräger Rutsche

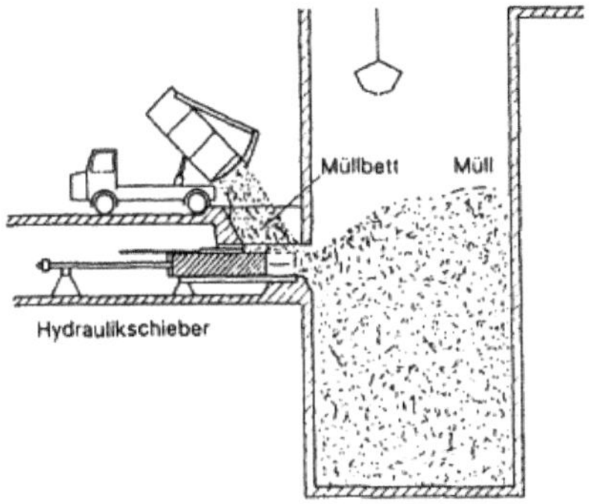

Entleerung in den Bunker mit Hydraulikschieber

Abb. 3.6 Abkippstellen für Sammelfahrzeuge an Tiefbunkern [9]

die Ladung verteilt werden. Diese einfache Beladungsmethode zeichnet sich durch geringen technischen Aufwand und niedrige Störanfälligkeit aus. Allerdings wird, auch bei Vorkomprimierung der Abfälle im Sammelfahrzeug, die zulässige Zuladung nicht immer erreicht und so die Ladekapazität nicht vollständig ausgenutzt. Dies gilt insbesondere für Sperrmüll.

Die Verdichtung von Abfällen in einer Umschlagstation kann mit verschiedenen technischen Verfahren erfolgen, wie die Verdichtung durch Verdichtungsfahrzeuge in einer Grube, durch hydraulische Abfallpressen oder durch Zerkleinerung.

Werden Fahrzeuge wie Raupenschlepper und Kompaktor-Traktoren zur Verdichtung eingesetzt, lässt sich nur ein relativ geringes Verdichtungsverhältnis erreichen. Außerdem erfährt der Abfall bei der Beladung wieder eine Auflockerung. Für die Verdichtung in hydraulischen Abfallpressen werden drei Verfahren angewendet:

- An stationäre Abfallpressen werden Wechselcontainer gekoppelt. Das An- und Abkoppeln geschieht bei modernen Anlagenkonstruktionen automatisch. Das Befüllen der Presse erfolgt unter Zwischenschaltung von Dosierbändern und Wägeeinrichtun-

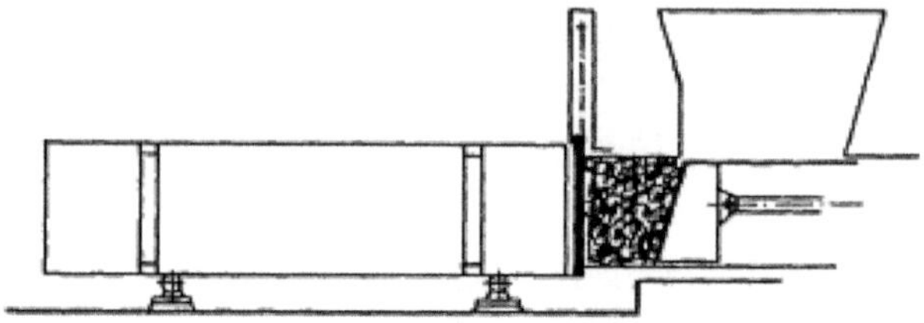

Abb. 3.7 Schema einer Vorkammerpresse [10]

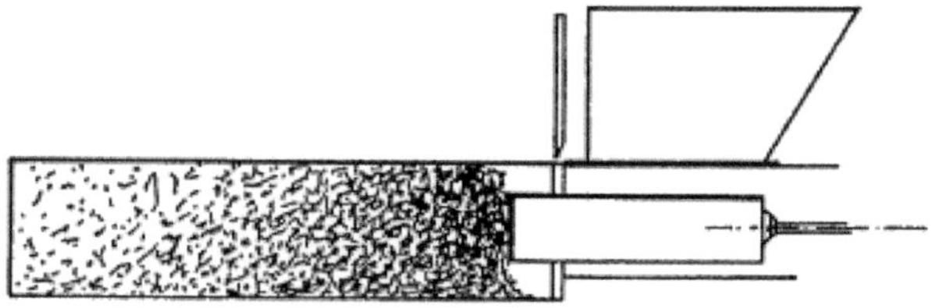

Abb. 3.8 Schema einer Stopfpresse [10]

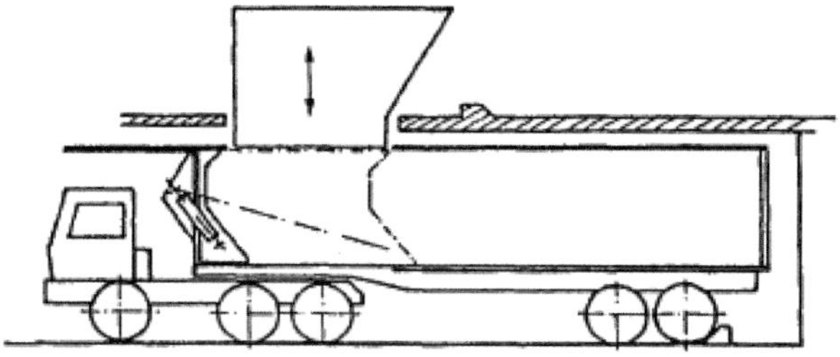

Abb. 3.9 Schema des Pressverfahrens im Sattelauflieger [10]

gen über einem Trichter. Dadurch wird eine Überladung, d. h. Überschreitung der zulässigen Nutzlast, verhindert. Bei Einsatz einer Vorkammerpresse gelangt der Abfall bereits verpresst in ballenartigen Portionen in den Container. Ein Ballen entsteht durch Pressen gegen eine heruntergelassene Wand in der Vorkammer und wird danach durch den Stempel in den Container geschoben (Abb. 3.7). In einer Stopfpresse wird der Container in einem direkten Arbeitsgang gefüllt und der Abfall gegen die Containerwände gepresst, die zu diesem Zweck verstärkt ausgebildet werden (Abb. 3.8). Restabfall kann auf diese Weise bis auf eine Dichte von 600 kg/m^2 zusammengepresst werden. Wechselcontainer werden über Verschiebe- und Krananlagen auf das Transportmittel gehoben. Eine schnelle Entleerung der Container erfolgt mit Hilfe der an der Stirnseite der Container angebrachten Ausdruckschilder.

- Ist die Presse im Transportfahrzeug installiert, wird der Abfall von oben durch eine Öffnung im vorderen Teil in den Großraumbehälter aufgegeben (Abb. 3.9). Ein hydraulisches Schott drückt den Abfall in Schüben durch den Behälter gegen die rückwärtigen Türen. Das Dach des Aufliegers wird nach dem Beladevorgang durch eine Schiebeeinrichtung verschlossen. Die Presse kann durch den Motor des Lastzuges oder durch ein auf der Umladestation und der Entladestation fest installiertes Aggregat ange-

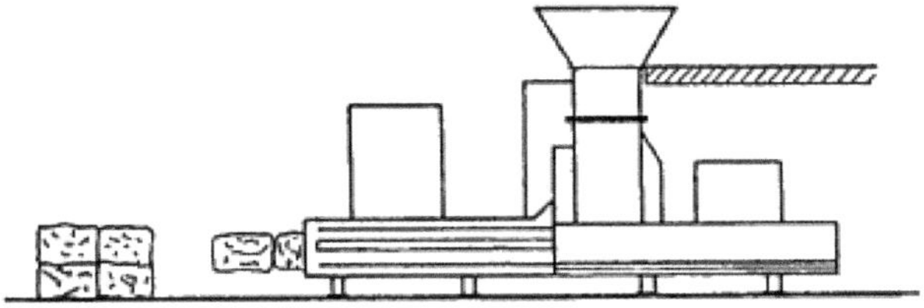

Abb. 3.10 Schema des Ballenpressverfahrens [10]

trieben werden. Wegen des hohen Anschaffungspreises und des großen Eigengewichtes sind die Pressen relativ selten in das Fahrzeug integriert. Beim Entladevorgang arbeitet die Presse als Aushubschild und drückt den Abfall durch die hinteren Türen hinaus.

- In einer stationären Ballenpresse können einzelne Ballen mit Abmessungen von z. B. 1.500 × 900 × 900 mm gepresst werden (Abb. 3.10). Die Ballen werden häufig während des Pressvorganges mit Draht umwickelt und anschließend von Gabelstaplern oder Kränen auf eine Lkw-Plattform gesetzt. Es wird eine hohe Nutzlast erreicht. Von Vorteil sind bei diesem Verfahren die einfache Konstruktion der Transportfahrzeuge und die einfache Stapelmöglichkeit der Pressballen.
- Durch Zerkleinerung in Scheren, Prall- oder Hammermühlen wird ebenfalls eine Verdichtung des Abfalls erreicht. Hier kann zusätzlich eine Magnetscheidung zwischengeschaltet werden, um damit Fe-Bestandteile abzutrennen. Zusätzlich müssen Schutzmaßnahmen für eine zusätzliche Lärm- und Staubentwicklung vorgenommen werden.

3.1.2.3 Be- und Entladung von Transportmitteln

Die Art der Beladung richtet sich nach dem eingesetzten Ferntransportmittel. Der Ferntransport kann auf der Straße, zu Wasser oder mit der Bahn erfolgen. Angeliefert werden Abfälle in der Regel mit Straßenfahrzeugen. Auch der Ferntransport findet hauptsächlich auf der Straße statt (Abb. 3.11). Beim Ferntransport mit Straßenfahrzeugen werden häufig fest auf die Fahrzeuge montierte Großraumbehälter, insbesondere Walking floor eingesetzt und direkt befüllt. Aber auch der Einsatz speziell für mit hohem Anpressdruck befüllbare Großraumcontainer ist verbreitet. Für kleinere oder unregelmäßige Transportfahrten erfolgt der Transport häufig in Standard-Abrollcontainerzügen.

Beim Schienentransport werden gefüllte Großraumbehälter von einer Verladebrücke aufgenommen und auf Eisenbahnwaggons abgestellt. Am Zielort werden diese meist wieder auf Lkw's zurückgeladen, um die Deponie oder Behandlungsanlage flexibler anfahren zu können.

Bei einer weiteren Variante werden in der Umladestation fest auf Lkw-Auflieger montierte Großraumbehälter gefüllt. Der Auflieger wird von einer Zugmaschine auf den Eisenbahnwaggon gefahren und am Zielort von einer anderen angekoppelt und zur Deponie oder Abfallbehandlungsanlage gebracht.

Möglich ist auch das direkte Abkippen aus den Sammelfahrzeugen in oben offene Großraumwaggons. Entladen werden diese am Zielort über eine Krananlage mittels Greifern.

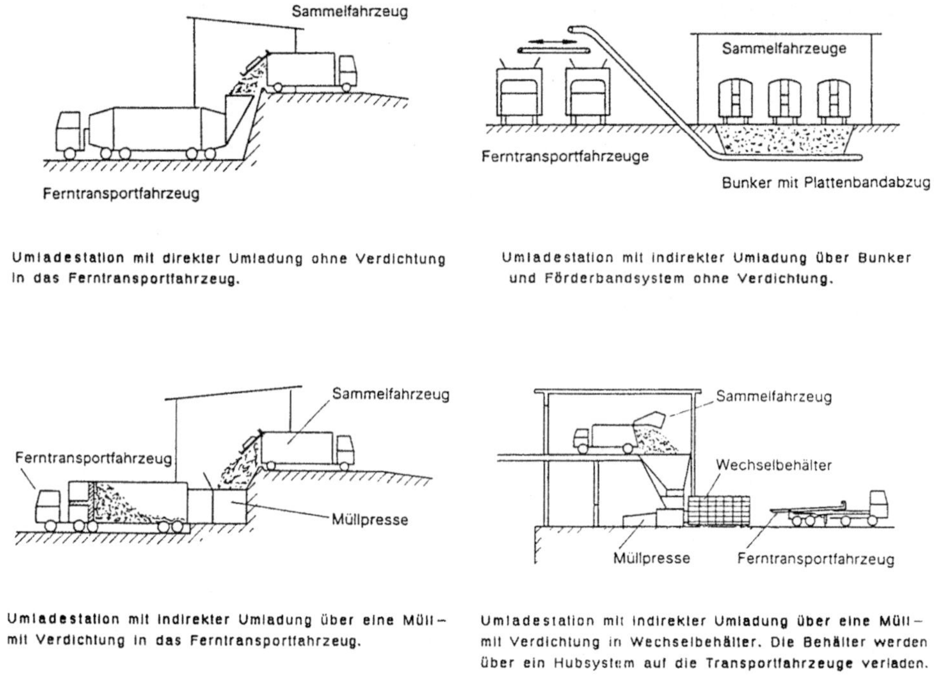

Abb. 3.11 Umladesysteme [9]

Beim System „Altvater" werden sich um ihre Längsachse drehende, zylindrische Behälter (Drehtrommelbehälter) von der Stirnseite gefüllt. Innen angebrachte Leitbleche bewirken eine vollständige Ausnutzung des Füllraumes. Die Entleerung geschieht durch entgegengesetztes Drehen der Drehtrommelbehälter (Abb. 3.12). Das Fassungsvermögen der Behälter beträgt bei ca. 73 m^3 Rauminhalt bis 50 Mg Abfälle.

Beim Ferntransport mit Schiffen kippen die Sammelfahrzeuge ihren Inhalt entweder direkt in oben offene Lastkähne (Abb. 3.13) oder über Abfallpressen in Großraumbehälter, die über Krananlagen auf Containerschiffen abgesetzt werden. Offene Schuten können von Krananlagen mittels Polypgreifern be- und entladen werden. Der Staubentwicklung beim Beladen offener Schiffe kann durch Einhausung und leichten Unterdruck entgegengewirkt werden [3]. Beladene Kähne werden durch verschiebbare Vorrichtungen abgedeckt.

3.1.2.4 Planung und Aufbau einer Umschlagstation

Für die Planung einer Umschlagstation sind in erster Linie die Fragen nach dem Standort und dem Ferntransportsystem sowie Art und Menge der Abfälle von Bedeutung. Auf Grundlage des Investitionserleichterungsgesetzes und der 4. BImSchV vom 22. April 1993 werden Umschlaganlagen nach dem Immissionsschutzrecht genehmigt. Zur Festlegung des aus transporttechnischen Gründen optimalen Standortes sind Transportkostenuntersuchungen durchzuführen, die darauf ausgerichtet sein müssen, den Zeitaufwand für den Abfalltransport in den Sammelfahrzeugen gering zu halten.

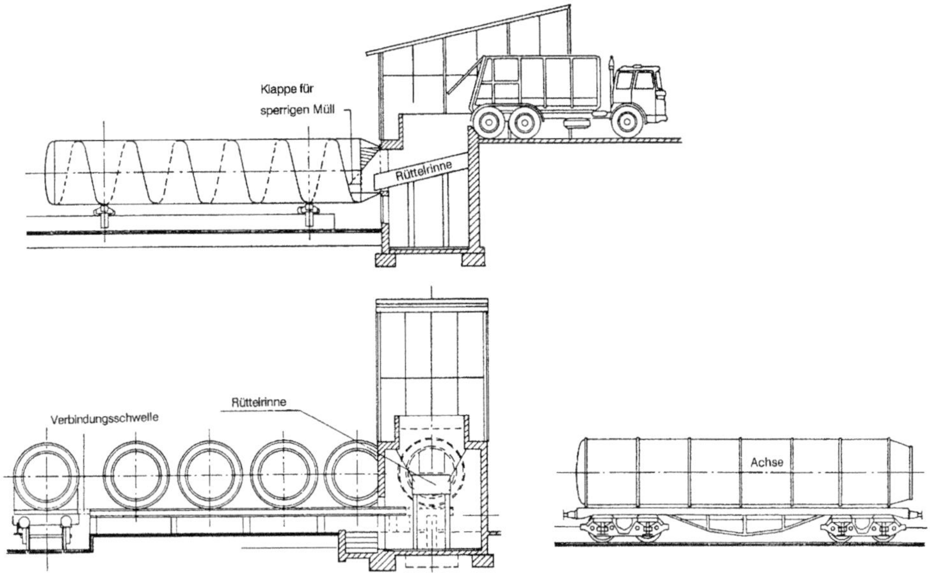

Abb. 3.12 Entleeren der Müllfahrzeuge in einem Silo mit Rüttelrinne und Beladen von Drehtrommelbehältern zum Bahntransport [11]

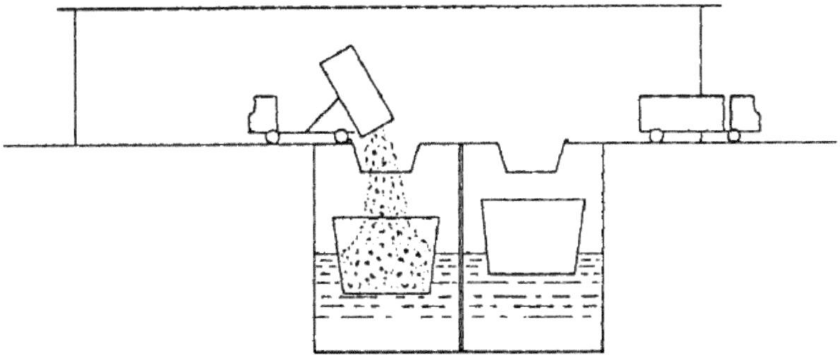

Abb. 3.13 Umladestation für Schifftransporte [11]

Die Dimensionierung der Anlage sowie die bauliche und maschinelle Einrichtung richten sich nach Art und Menge der angelieferten Abfälle und der Wahl des Ferntransportsystems.

Abbildung 3.14 gibt einen systematischen Umblick über die verschiedenen Varianten von Umschlagstationen. Grundsätzlich kann der Aufbau einer Umschlagstation durch folgende bauliche und maschinelle Anlagenteile gekennzeichnet werden [12]:

- Eingangsbereich mit Stauzone,
- Waage,
- Entladehalle, in der die Entleerung der Sammelfahrzeuge erfolgt,

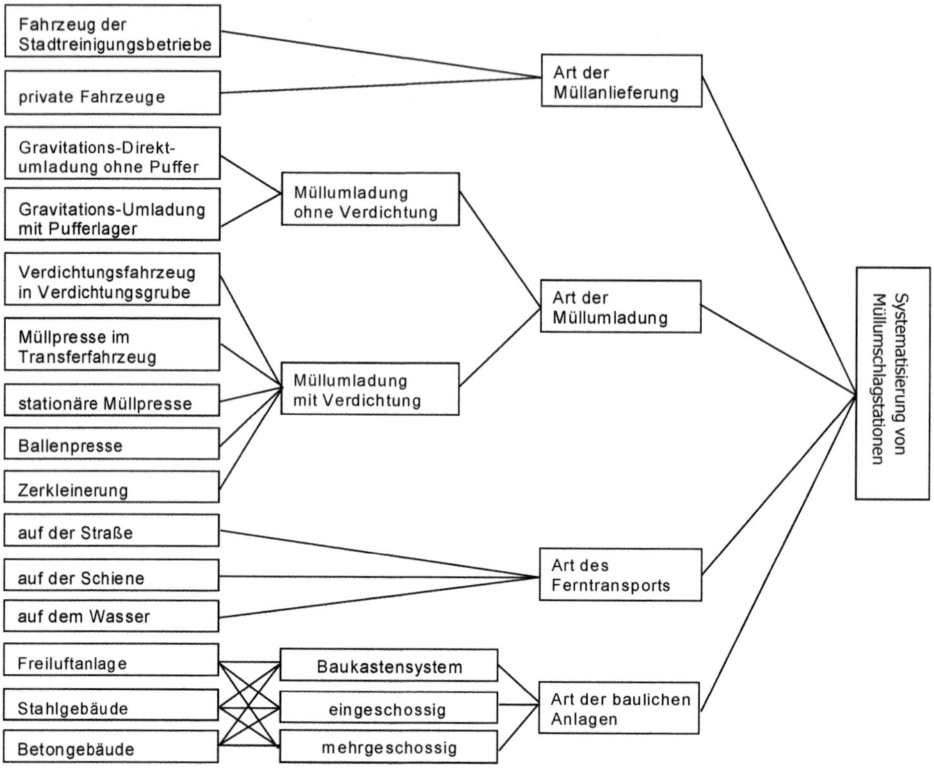

Abb. 3.14 Systematische Darstellung verschiedener Varianten von Umschlagstationen [13]

- Sammelbunker für die angelieferten Abfälle,
- Einrichtungen zum Befördern der Abfälle aus dem Sammelbunker in die zum Weitertransport eingesetzten Behälter in Form von Krananlagen, Räumschilden oder Förderbändern,
- Einrichtungen zur Verdichtung der Abfälle, zumeist ausgeführt als stationäre Pressen,
- Vorrichtungen zum Umsetzen der Behälter (Behälterverschiebeanlagen, Krananlagen),
- Büroräume bzw. zentrale Steuerwarte sowie Sanitäranlagen.

Um die von einer Umschlagstation ausgehenden Umweltbeeinflussungen wie Lärm, Staub und Geruch zu mindern, werden solche Anlagen nur in seltenen Fällen als Freiluftanlagen ausgeführt. Zusätzlich zur geschlossenen Bauweise werden weitere emissionsmindernde Maßnahmen ergriffen. So können z. B. im Abfallbunker ein leichter Unterdruck eingestellt und die Abluft durch Filter vom Staub gereinigt werden. Im Vergleich zu Müllverbrennungsanlagen und Deponien werden nur geringe Standortanforderungen gestellt. Die LAGA (Länderarbeitsgemeinschaft Abfall) hat 1979 eine Informationsschrift „Umschlag-

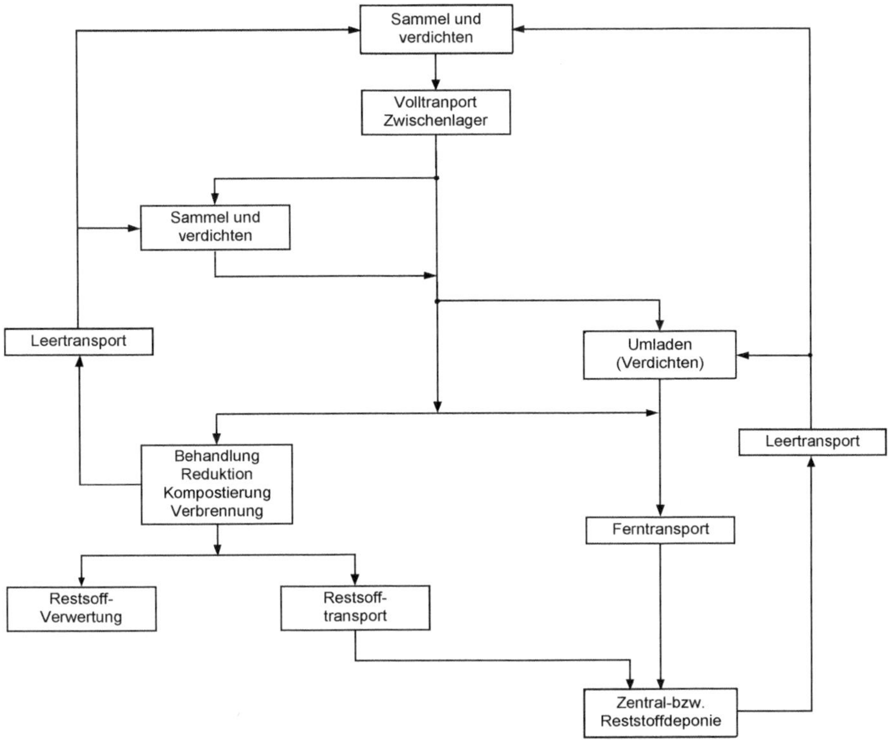

Abb. 3.15 Einordnung des Transportes in die verschiedenen Verfahrensschritte der Abfallbeseitigung [11]

stationen für Hausmüll und hausmüllähnliche Abfälle“ veröffentlicht. Diese gibt einen Überblick über die wesentlichen Elemente von Umschlagstationen.

3.1.3 Transportsysteme

Unter Abfalltransport versteht man die Vorgänge, die nach Beendigung der Sammlung beginnen und mit Übergabe des Abfalls an die Beseitigungs- oder Verwertungsanlage enden [2]. Beim Abfalltransport wird zwischen Nah- und Ferntransport unterschieden. Nach der Sammlung bereitgestellter Abfälle am Anfallort folgt der Nahtransport zur nahegelegenen Behandlungs- und Beseitigungsanlage oder zur Umschlagstation. Von der Umschlagstation gelangt der Abfall im Ferntransport zu einer zentralen Behandlungs- oder Beseitigungsanlage.

Abbildung 3.15 zeigt die Einordnung des Abfalltransportes in den Gesamtprozess der Abfallbeseitigung. Es wird unterschieden zwischen Volltransport, Leertransport und Zwischentransport. Ein Zwischentransport ist gegeben, wenn das Sammelfahrzeug in einem Sammelrevier nicht ausgelastet werden kann.

In Umschlagstationen werden Abfälle für den Ferntransport auf die Ferntransportmittel Großraumfahrzeug, Bahn oder Schiff umgeladen. Der straßengebundene Ferntransport erweist sich dabei als das variabelste Transportsystem. Als Folge der Veränderung der Müllzusammensetzung und der insgesamt stark angestiegenen Abfallmengen ergibt sich die Notwendigkeit, Abfälle verdichtet zu transportieren, um dadurch die zulässige Nutzlast der jeweiligen Transportmittel vollständig auszunutzen.

3.1.3.1 Abfalltransporte auf der Straße

Bei Sammel- und Transportfahrzeugen handelt es sich um Lkw-Fahrgestelle mit Spezialaufbauten, die im Umleerverfahren gefüllt werden oder Lkw-Auflieger mit Vorrichtungen für den Transport von Großbehältern und Containern im Wechselverfahren, wobei letztere sowohl für den Nah- als auch für den Ferntransport eingesetzt werden.

Diese Fahrzeuge nehmen am öffentlichen Straßenverkehr teil und unterliegen damit dem Straßenverkehrsgesetz (StVG), der Straßenverkehrsordnung (StVO) und der Straßenverkehrszulassungsverordnung (StVZO).

Die Straßenverkehrszulassungsverordnung beinhaltet konstruktive Angaben wie z. B. Abmessungen der Aufbauten und Achslasten für die verschiedenen Fahrgestelle. Die gegenwärtig zulässige Achsenlast für die Einzelachse beträgt 10 Mg. Zweiachsfahrzeuge dürfen ein Gesamtgewicht von 18 Mg und Dreiachsfahrzeuge von 26 Mg aufweisen. Das maximale Gesamtgewicht beträgt nach StVZO 40 Mg.

Eine wesentliche Forderung an die Sammelfahrzeuge ist, eine möglichst große Menge Abfall aufnehmen zu können. Die Entwicklung von immer größeren Fahr- zeugen hat ihre Grenzen in der Festlegung des zulässigen Gesamtgewichts und in der Forderung nach einer möglichst großen Wendigkeit der Fahrzeuge. Dies hat zur Konstruktion von Dreiachsfahrzeugen und Sattelaufliegern geführt. Die Länge der Einzelfahrzeuge ist bei Zweiachsfahrzeugen auf 12 m, bei Sattelaufliegern auf 15 m begrenzt. Die zulässige Höhe von 4 m wird wegen der Kippsicherheit der Fahrzeuge – Fahrzeugschwerpunkt bei Grundstückeinfahrten – nicht ausgenutzt. Die maximale Breite beträgt 2,5 m Außenmaß.

Bei der Festlegung der Größe des Sammel- und Transportfahrzeuges müssen berücksichtigt werden [2]:

- Nutzlast,
- Entfernung zur Entsorgungs- oder Umschlagstation,
- Behältersysteme,
- Topographie, Verkehrsbehinderung oder -beschränkungen,
- Straßenbreiten der Sammel- und Transportstrecken,
- tägliche Arbeitszeit, Pausen und Gewohnheiten des Personals,
- Größe der Sammelmannschaft.

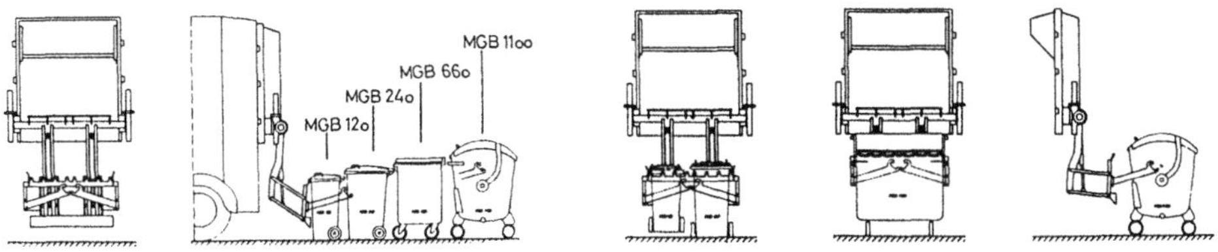

Abb. 3.16 Hydraulische Hubkippvorrichtungen für Kamm- und Zapfenaufnahme [17]

Schüttvorrichtungen an Sammelfahrzeugen Von pneumatischen oder hydraulischen Hub- und Kippvorrichtungen werden Abfallsammelbehälter an der Heckseite des Sammelfahrzeuges aufgenommen, mittels an das Behältersystem angepasster Öffnungen (Systemschüttung) in das Fahrzeuginnere entleert oder über eine offene Schüttung in die Aufnahmevorrichtung (auch Mulde) gegeben (Universalschüttung). Das Entleeren des Fahrzeugaufbaus erfolgt durch Hinterkippen und gleichzeitiges Hochschwenken der Einfüllvorrichtung. Über Kombinationsschüttungen kann die Entleerung mehrerer verschiedener Behälter (gleichzeitig 2 MGB 80/120/240 oder 1 MGB 1.100) durch eine Öffnung erfolgen. Die Aufnahme der Behälter erfolgt überwiegend mit sogenannten Kammschüttungen, die von unten in eine am Behälter frontseitig angebrachte Kammleiste greifen. Ein zweigeteilter Kamm kann unabhängig voneinander zwei MGB 120/240 aufnehmen. Ein großer Vorteil der Kammschüttung besteht darin, dass hier Behälter verschiedenster Größenordnung mit einer Einheits-Hubkippvorrichtung entleert werden können [16]. Im Einsatz sind auch Kammschüttungen mit einschwenkbaren Hubarmen für die zusätzliche Aufnahme von MGB 1.100 mit Zapfenaufnahme (Abb. 3.16), insbesondere für MGB 1.100 in Stahlblech-Ausführung.

Eine Alternative zur Kammschüttung ist die Diamond-Schüttung. Ihr Vorteil ist die flexiblere Behälteraufnahme, so dass sich dieses Schüttsystem insbesondere für den Seitenladereinsatz eignet.

Bei Universalschüttungen ist es möglich, verschiedenste Behältertypen zu entleeren, sofern sie von der Größe und Aufnahmevorrichtung zu der Hubkippvorrichtung des Sammelfahrzeuges passen.

Große sperrige Teile können per Hand in die niedrig liegende Mulde gehoben werden. Über entsprechende Hubkippvorrichtungen können auch Großbehälter bis zu 7.000 l Inhalt im Umleerverfahren entleert werden. Dies kann über rückwärtige Schüttungen, aber z. B. auch mit Überkopfladern bzw. Frontkippern durch Entleerung von oben in eine Öffnung im vorderen Teil des Aufbaus erfolgen.

Zusätzliche Anforderungen an die Sammelfahrzeuge können durch den Einsatz von Behälteridentifikationssystemen mit/ohne Masse- bzw. Volumenmessung entstehen (s. auch Kap. 9.8.1). Für diesen Fall ist das Fahrzeug mit eichfähiger Datenerfassung und -speicher auszurüsten. Speziell die Fahrzeugschüttung ist mit mindestens einer Antenne zum Auslesen des Behälterchips auszustatten. Bei der Kammschüttung wird dafür ein Kammsegment genutzt.

Verdichtungsvorrichtungen in Sammelfahrzeugen Bei der Sammlung von Hausmüll, hausmüllähnlichen Gewerbeabfällen und Sperrmüll sind Fahrzeuge mit geschlossenen Spezialaufbauten im Einsatz. Diese bestehen aus geschlossenen Laderäumen mit unterschiedlichen Verdichtungsvorrichtungen. Sie werden mit Universal- oder Systemschüttungen, meist über die Heckseite beladen. Fahrzeuge mit Verdichtung durch eine Drehtrommel sind hauptsächlich bei der Sammlung von Hausmüll im Einsatz.

Beim Drehtrommelfahrzeug fällt der Müll aus der Schüttung in der feststehenden hinteren Abschlusswand des Fahrzeugs in eine um die Horizontalachse rotierende Trommel. Die Trommel, die mit ca. 4 Umdrehungen pro Minute gedreht wird, ist mit einer innen aufgeschweißten Bandschnecke versehen. Drehrichtung und Schneckengang sind so orientiert, dass der Müll zur vorderen Abschlusswand der Trommel gefördert wird. Durch die ständige Förderung zur vorderen Trommelwand wird eine Verdichtung um den Faktor 2 bis 4 erzielt. Durch die ständige Umwälzung und durch das Zerdrücken und Zerreißen von sperrigen Teilen zwischen den Rippen der Schnecke und den feststehenden Teilen des Gehäuses tritt ein Zerkleinerungs- und Mischeffekt ein, ohne den eine ausreichende Verdichtung sperriger Güter und Gewerbeabfall nicht möglich ist. Hierbei muss beachtet werden, welche Auswirkungen sich durch den Mischeffekt auf die anschließende Abfallaufbereitung ergeben.

Bei der Verbrennung ist dieser Effekt erwünscht, bei der Sortierung zur Wiedergewinnung von Wertstoffen jedoch nachteilig. Insbesondere tritt eine Befeuchtung und Verschmutzung des Papiers durch die organischen Küchenabfälle ein.

Zum Entleeren wird die hintere Abschlusswand des Fahrzeugs aufgeklappt und die Trommel in gegensinniger Drehrichtung angetrieben. Dadurch wird der Abfall nach hinten aus der Trommel gefördert. Die Entleerungsdauer beträgt 3 bis 5 min. Übliche Fahrzeuggrößen sind 13 m^3 bzw. 7 Mg zulässige Zuladung bei Zweiachsfahrzeugen und 18 m^3 bzw. 11 Mg bei Dreiachsfahrzeugen.

Pressmüllfahrzeuge werden über eine hinter der Schüttung liegende Vorkammer beladen. Eine hydraulisch betätigte Pressplatte in Verbindung mit einer Schubwand räumt die Vorkammer und füllt unter Verdichtung den Transportbehälter. Die vordere Abschlusswand des Transportbehälters ist hydraulisch über die gesamte Behälterlänge fahrbar. Die größte Verdichtungswirkung ist im Arbeitsbereich der Pressplatte und der Schubwand zu erzielen. Zur Entleerung wird die hintere Wand des Transportbehälters hochgeklappt und die vordere Abschlusswand nach hinten geschoben. Dadurch wird die Ladung ausgestoßen.

Der Entleerungsvorgang dauert ca. 1 min Fassungsvermögen und Nutzlast entsprechen etwa den Werten von Drehtrommelfahrzeugen [9]. Zu Beginn des Füllvorgangs wird die vordere Abschlusswand in unmittelbarer Nähe der Vorkammer geschoben. Mit zunehmender Beladung weicht die Abschlusswand nach und nach bis zum vorderen Ende des Transportbehälters aus, wobei durch eine Regelung immer der gleiche Fülldruck und eine gleichmäßige Verdichtung über die ganze Behälterlänge eingehalten werden. Der maximal erreichbare Verdichtungsfaktor beträgt ca. 3:1. Eine Vermischung und Zerkleinerung der

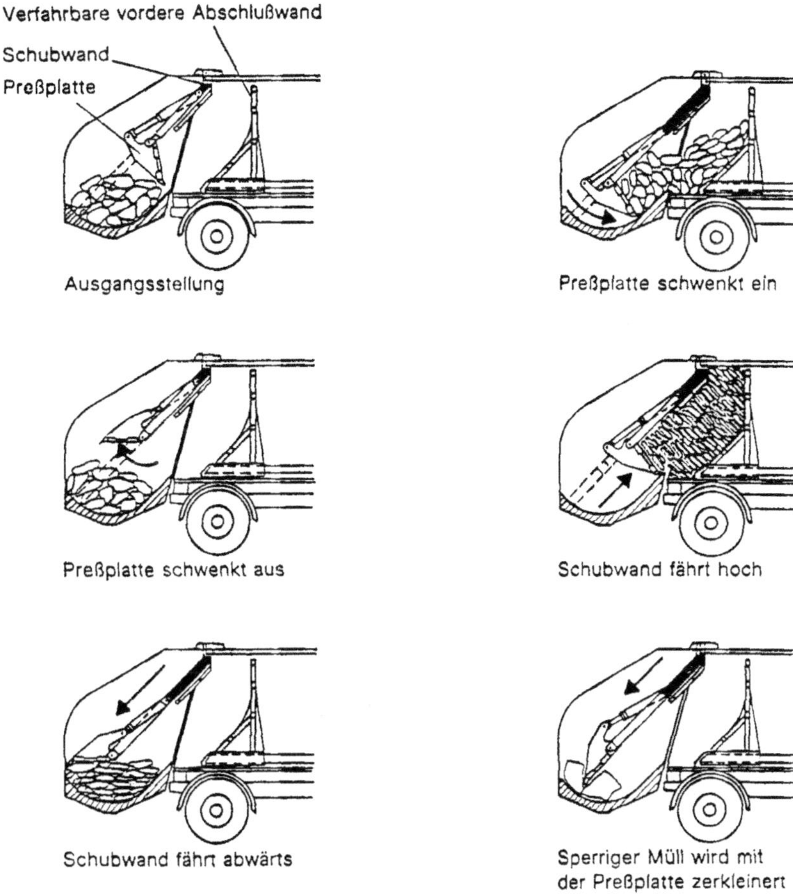

Abb. 3.17 Ladevorgang eines Pressmüllwagens [15]

eingefüllten Abfälle findet nicht statt. In der Vorkammer ist jedoch eine Zerkleinerung von Sperrmüll möglich (Abb. 3.17).

Um der Druckentwicklung im Gehäuse standzuhalten, müssen die Gehäusewände verstärkt sein. Eine Überladung und damit Überschreitung der zulässigen Achslasten kann durch Einbau von Meldern verhindert werden, die bei Erreichen der zulässigen Grenzlast selbsttätig anspringen und den Ladevorgang abbrechen [3].

Seitenlader verfügen für die Verdichtung des Abfalls über eine Schneckenpresse. Sie befindet sich direkt oberhalb des Ladearmes. Über der Schneckenpresse ist ein Trichter angebracht, in den der Abfall eingeschüttet wird. Während des Einfüllvorgangs des Abfalls in den Fahrzeugcontainer wird der Abfall parallel verpresst.

Großraumtransportfahrzeuge In Umschlagstationen werden Abfälle entweder in Wechselbehälter oder in Ferntransportfahrzeuge mit fest montierten Spezialaufbauten gefüllt. Bei Fahrzeugen mit festen Spezialaufbauten kann die Verdichtung des Ladegutes vor dem Verladen oder im Fahrzeug durch eigene Verdichtungsvorrichtungen erfolgen.

Fahrzeuge ohne eigene Verdichtungsvorrichtungen werden in der Regel über Walking Floor entladen, vorverdichtet geladene Abfälle mit Vortrieb eines Ausstoßschildes durch die hinteren Türen geschlossener Aufbauten herausgedrückt. Durch das Fehlen schwerer Verdichtungseinrichtungen ergibt sich ein geringeres Eigengewicht des Fahrzeuges und dadurch eine höhere Nutzlast. Bei Fahrzeugen mit einem zulässigen Gesamtgewicht von 40 Mg sind Nutzlasten von über 20 Mg möglich.

In Fahrzeugen mit eigenen Verdichtungsvorrichtungen wird der Abfall von oben durch eine Öffnung in den vorderen Teil des Aufbaus gefüllt und mit einem hydraulischen Schott gegen die rückwärtigen Türen gepresst. Beim Entladevorgang drückt das Schott den Abfall durch die hinteren Türen heraus.

Im Wechselverfahren werden in der Regel Behälter ab 1,1 m^3 Inhalt benutzt. Bis zu 8 Großbehälter einer Bauart mit 1,1 m^3 Inhalt können z. B. auf der Ladefläche von Fahrzeugen mit eigenem Ladekran untergebracht und rückwärtig oder seitlich gekippt und entleert werden. Gewerbe- und Industrieabfälle werden meist in Großbehältern ab 5 m^3 Inhalt abgefahren. Dies geschieht in oben offenen Behältern oder in Presscontainern mit eigenen Verdichtungsvorrichtungen. Verpackungsmaterial kann in einer Containerpresse auf rund 1/5 des Ausgangsvolumens verdichtet werden. Presscontainer ohne eigene Pressen werden an stationäre Pressaggregate angeschlossen und über diese befüllt. Stationäre Müllpressanlagen erreichen einen höheren Verdichtungsgrad als Containerpressen und sind dann vorzuziehen, wenn der Abfall kontinuierlich anfällt. Zusätzlich kann vor dem Einfüllen in die Presse eine Zerkleinerung vorgeschaltet werden. Mit Rollverdichtern werden Abfälle in offenen Containern verdichtet. Eine schwere Walze läuft im offenen Container hin und her und verdichtet den Inhalt bis auf 1/4 des ursprünglichen Volumens.

Das Auf- und Abladen von Mulden und Großcontainern erfolgt über fahrzeug-eigene Hub- und Absetzsysteme sowie Abrollsysteme mit Hakenaufnahme und Abgleitsysteme mit Seilzug (Abb. 3.18).

In Umladestationen werden Abfälle in geschlossene Behälter bis 40 m^3 Rauminhalt, in Einzelfällen auch mehr [14], verladen. Diese werden nach dem Befüllen über Behälterverschiebe- und Krananlagen auf entsprechende Ferntransportfahrzeuge abgesetzt [16].

Das Multi-Service-Transportsystem (MSTS) bedient sich eines für verschiedene Zwecke speziell konzipierten Sammelfahrzeug-Wechselcontainers, in denen verdichtete Abfälle und Wertstoffe auch ferntransportiert werden können. Damit werden die Entleerung der Sammelfahrzeuge in einer Umladestation und das erneute Verladen auf größere Transporteinheiten entbehrlich. Das Sammelfahrzeug bringt den gefüllten MSTS-Wechselcontainer zu einem in der Nähe des Sammelreviers liegenden Sammelplatz, setzt den Container ab und fährt mit einem leeren Container zurück in das Sammelrevier.

Auf dem Sammelplatz werden die in den Wechselcontainern enthaltenen verschiedenen Abfall- und Sekundärrohstofffraktionen nach Gruppen geordnet, zwischengelagert und zu

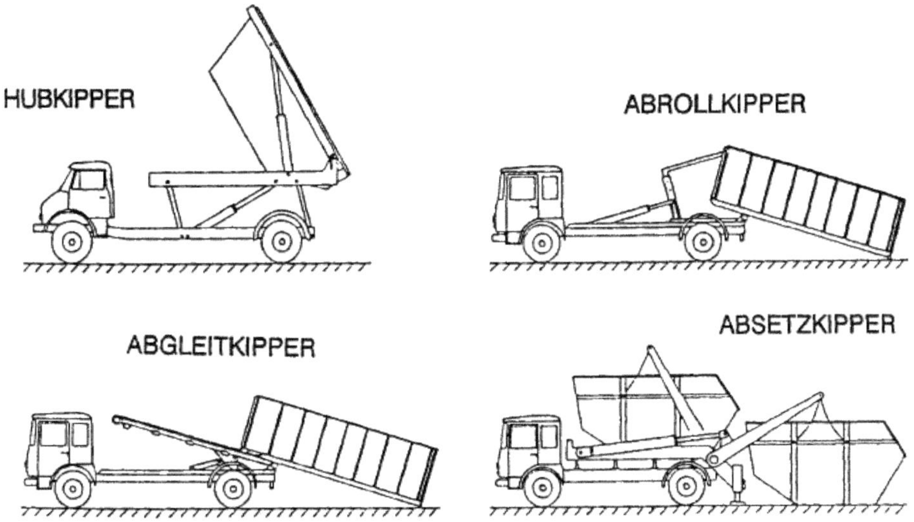

Abb. 3.18 Containerfahrzeuge [3]

größeren Transporteinheiten zusammengestellt. Über Straße, Schiene oder Wasser werden die Container zum Bestimmungsort transportiert.

Das Umsetzen der Container auf den Sammelplatz kann im Vergleich zum Verladen in der Umladestation energiesparend durchgeführt werden. Die für das Verdichten eingesetzte Energie geht im Gegensatz zum konventionellen Umschlag bis zum Bestimmungsort nicht verloren [18].

3.1.3.2 Abfalltransporte auf der Schiene

Allen schienengebundenen Transporten ist gemeinsam, dass die Abfälle nach der Sammlung bei den einzelnen Haushalten und Industriebetrieben mit Straßenfahrzeugen zu einer Umschlagstation gebracht werden müssen. Dort werden sie – meist verdichtet – der Schiene zum Weitertransport über unterschiedlichste Entfernungen zu einer jeweils zentralen Behandlungs- oder Beseitigungsanlage übergeben. Der Bahntransport wird in Presscontainern, Drehtrommelbehältern oder ungepresst in oben offenen Waggons durchgeführt.

Als vorteilhaft erweisen sich beim Bahntransport die Witterungsunabhängigkeit und die Entlastung des Straßennetzes von Schwertransporten. Allerdings verfügen wenige Umschlagstationen und Beseitigungsanlagen über Gleisanschlüsse, so dass meist weitere Umladevorgänge erforderlich sind, die die Transportkosten erhöhen. Die Waggonnutzlasten liegen zwischen 30 und 50 Mg je Einheit. Der Anbindung von Umschlag- und Entsorgungsanlage an das Schienennetz ist daher bei Neuplanungen verstärkt Aufmerksamkeit zu schenken.

Aufgrund der großen Mengen und hohen Lasten, die pro Zugeinheit transportiert werden können, wird der Bahntransport besonders für Massenabfälle mit hoher Dichte wie z. B. Schrott, Schlacken, Bauschutt und Schlämme durchgeführt. Der Transport von Hausmüll und Gewerbeabfällen wird erst bei Überschreiten größerer zurückzulegender Entfernungen, z. B. bei der großräumigen Entsorgung von Ballungsgebieten oder bei Mangel an Deponieflächen in unmittelbarer Nähe großer Städte, wirtschaftlich interessant [19]. Auch bei geringeren Entfernungen (unter 100 km) muss jedoch die Umweltfreundlichkeit des Bahntransportes, d. h. die Entlastung der Straßen, der geringere spezifische Energieaufwand, die Verkehrssicherheit und lufthygienische Aspekte, als bedeutender Vorteil angesehen werden.

3.1.3.3 Abfalltransporte auf dem Wasser

Abfälle können beim Umschlag lose in Lastkähne oder in Großbehältern auf Containerschiffe verladen werden. Auf dem Wasserweg kann ebenfalls ein Vielfaches gegenüber der Transportleistung auf der Straße erbracht werden. In der Umschlagstation der Stadt Utrecht (NL) werden 48 Container mit rund 10 Mg Inhalt auf eine Schubeinheit verladen. Es ist allerdings auch hierbei oft nicht möglich, den Transport zum endgültigen Bestimmungsort ohne weiteren Umladevorgang durchzuführen, da nur wenige Umschlagstationen, Abfallbehandlungsanlagen und Deponien über einen Anschluss an Wasserwege verfügen. Daher ist der Ferntransport auf dem Wasser relativ selten. Hoch-, Niedrigwasser und Eisgang können den regelmäßigen Transportbetrieb beeinträchtigen. In solchen Fällen können offene Lastkähne einige Tage als Puffer dienen [3]. Weiterhin muss mit langen Transportzeiten, zum Teil Wochen bis Monate, gerechnet werden, die nur den Transport von nicht verrottbarem Abfall zulassen.

3.2 Feste Abfälle und Wertstoffe

3.2.1 Duales System

Seit 1992 regelt die „Verpackungsverordnung (VerpackV)" das Vermeiden und Verwerten von Verpackungen [44]. Die Verpackungsverordnung wurde bisher mehrfach novelliert. Abfallwirtschaftliches Ziel ist die Vermeidung von Verpackungsabfällen (Transportverpackungen, Umverpackungen und Verkaufsverpackungen) durch eine Beschränkung von Verpackungsvolumen und -gewicht, die Ermöglichung der Wiederbefüllung und die stoffliche Verwertung. Die VerpackV richtet sich an Hersteller und Vertreiber als Erzeuger und Verteiler abfallbürtiger Stoffe und verpflichtet diese zur Rücknahme zum Zweck der erneuten Verwendung oder Verwertung von Verkaufsverpackungen außerhalb der öffentlichen Abfallentsorgung. Die Verpflichtung entfällt, wenn von der beteiligten Wirtschaft ein haushaltsnahes Rücknahme-, Sortier- und Verwertungssystem geschaffen wird, welches von der öffentlichen Entsorgung abgekoppelt ist, dessen Kosten von der Wirtschaft getragen werden und das bereits bestehende Sammelsysteme der Körperschaften unter Kostenübernahme durch die Wirtschaft integriert (Duales System). Die Entsorgung beim Endverbraucher verläuft danach zweigleisig (dual).

Während die Abfallentsorgung und Sperrmüllabfuhr in der Hoheit der entsorgungspflichtigen Körperschaften verbleibt, geht die Verantwortung für die Wertstoffsammlung auf die o. a. Unternehmen über. Voraussetzung ist, dass die vom Gesetzgeber vorgeschriebenen Erfassungs- und Sortierquoten erreicht werden. Hierzu wurde die Duales System Deutschland GmbH (DSD) 1990 von Unternehmen des Handels, der Konsumgüterindustrie, der Verpackungswirtschaft und der Vormaterialhersteller gegründet. Sie übernimmt nach dem Verursacherprinzip die Verantwortung für die Erfassung gebrauchter Verkaufsverpackungen. Hierfür wurde der „Grüne Punkt" ins Leben gerufen, als Kennzeichen für verwertbare Einwegverpackungen, das die DSD GmbH gegen Gebühren an die Anbieter der jeweiligen Verpackung vergibt. Mit den Gebühren, die über den Produktpreis vom Konsumenten mitgetragen werden, wird die Erfassung und Sortierung finanziert.

Im Jahr 2010 sind 9 Systembetreiber nach VerpackV am Markt. Die Aufteilung der Mengen als Berechnungsgrundlage gegenüber den Kommunen bzw. Entsorgungsunternehmen übernimmt die Clearingstelle.

Seit dem Aufbau der Erfassungssysteme Anfang der 90er Jahre erfolgt die Erfassung und Verwertung von Verpackungen mit hohen Verwertungsquoten. Im Jahr 2007 wurden ca. 16 Mio. Mg Verpackungen bundesweit in Verkehr gebracht.

Die Sammlung der Verpackungen erfolgt überwiegend über das System Gelber Sack bzw. Gelbe Tonne für Leichtverpackungen. In Baden-Württemberg ist davon abweichend die Sammlung auch im Bringsystem organisiert. Glas wird in den meisten Kommunen über Depotcontainer gesammelt. Die Erfassung des Verpackungsaltpapiers erfolgt meist gemeinsam mit dem grafischen Altpapier. Wenige Kommunen praktizieren die getrennte Sammlung von grafischem Papier und Verpackungspapier.

Im aktuellen Entwurf des KrWG sind in § 10 auch Anforderungen an die Erfassung von Abfällen über die Wertstofftonne gemeinsam mit gleichartigen oder auf dem gleichen Wege zu verwertenden Erzeugnissen benannt. Erfahrungen aus verschiedenen Vorhaben wie Gelbe Tonne Plus in Leipzig wurden in den letzten Jahren gesammelt (Abb. 3.19).

3.2.2 Organisation der Haushaltsabfallsammlung

Im Folgenden werden einige wichtige Gesichtspunkte für die entsorgungspflichtigen Körperschaften für die Organisation und Durchführung der Haushaltsabfallsammlung im Umleerverfahren und die systemlose Sperrmüllsammlung betrachtet. Zielvorstellungen sind dabei die Entsorgungssicherheit, die Einhaltung hygienischer Anforderungen, Bedarfsdeckung und Wirtschaftlichkeit. Bei der Organisation der Abfallsammlung unter wirtschaftlichen Gesichtspunkten sind folgende logistische Probleme von Bedeutung:

- Welche Standorte für Depot-, Umlade-, Beseitigungs- und Verwertungsanlagen sind auszuwählen?
- Welche Kapazitäten müssen die vorgenannten Anlagen besitzen?
- Welche Orte oder Bezirke werden zu welchen Anlagen entsorgt?

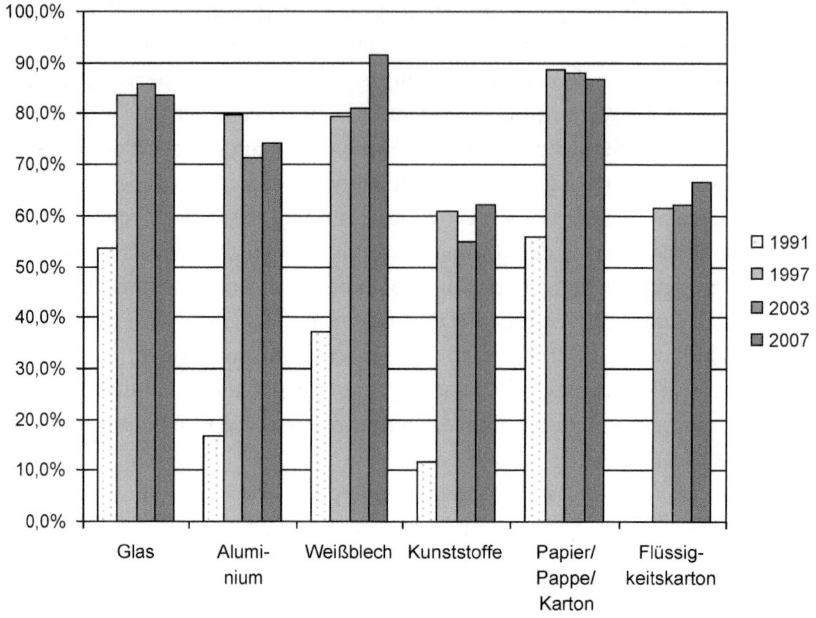

Abb. 3.19 Verwertungsquoten ausgewählter Verpackungen in % [8]

- In welcher Reihenfolge sind die einzelnen Orte oder die Straßenabschnitte eines Ortes zu durchfahren?
- Wie sollen die Touren zu einem Abfuhrplan zusammengestellt werden?
- Welche Behälter, Schüttungen, Fahrzeuge und Mannschaftsstärken sind auszuwählen?

Ein wichtiger Ansatzpunkt für eine wirtschaftliche Durchführung ist die Touren- und Abfuhrplanung. Bei der Sammlung von Abfällen mit Umleerbehältern und Abfallsäcken werden die „Sammeltouren" noch überwiegend aufgrund von Erfahrungswerten zusammengestellt. Dabei wird eine bestimmte Anzahl Müllbehälter in räumlich zusammenhängenden Stadtteilen oder Straßen zu einer Tagestour zusammengefasst. Das Ziel ist eine möglichst gleichmäßige und gerechte Aufteilung der insgesamt zu leerenden Müllbehälter auf alle Mannschaften. Die in den Tagesbezirken enthaltenen Straßen werden dann von den Mannschaften in der Reihenfolge abgefahren, die sich als am günstigsten und zweckmäßigsten herausstellt. Diese recht einfache Vorgehensweise bei der Touren- und Abfuhrplanung hat den Vorteil, dass bei Veränderungen der Verkehrsführungen und der Behälter keinerlei Verwaltungsaufwand anfällt.

Bei einer rechnergestützten Planung unter Anwendung der Operation Research wird derart vorgegangen, dass eine gegebene oder gefundene, zunächst nicht optimale Lösung, d. h. eine aufeinander abgestimmte Kombination von Arbeitskraft und technischen Betriebsmitteln unter Berücksichtigung der Abfallmengen, Fahrzeiten, Arbeitszeiten etc., solange nach dem Saving-Verfahren durchprobiert wird, bis eine weitere Verbesserung nicht mehr möglich ist. Die so gefundene Lösung stellt das Optimum dar. Es wird als realistisch angesehen, dass durch eine detaillierte Planung unter Anwendung dieses Verfahrens Einsparungen bezüglich Zeit und Fahrstrecke von 15 bis 20 % zu erreichen sind. Berücksichtigt werden müssen aber der Aufwand und damit die erheblichen Kosten für die Datenerfassung und -pflege, insbesondere bei der straßenabschnittsorientierten Tourenplanung. Da viele Kommunen mit verursachergerechten Gebührensystemen die Abfallbehälter mit Transponder ausgestattet haben, wird in diesen Fällen ein Großteil der Datensätze für die Abrechnung bereits erhoben. Die den Anforderungen der Hygiene entsprechende Häufigkeit der Abfuhr von Restabfall hängt von der Zusammensetzung der Abfälle, d. h. insbesondere von dem Anteil organischer, leicht abbaubarer Stoffe und vom Klima ab.

Während in heißen südlichen Ländern der Restabfall täglich abgefahren werden muss und in Deutschland früher eine zweimalige Abfuhr pro Woche üblich war, wird heute in der Bundesrepublik Deutschland überwiegend 14-tägig abgefahren. Aufgrund der Zusammensetzung der Abfälle und dem hier herrschenden Klima genügt dies den hygienischen Anforderungen.

Bei der getrennten Sammlung von Wertstoffen und Restabfall müssen die Abfuhrintervalle auf das eingesetzte Sammelsystem abgestimmt werden. Der Abstand zwischen den Restabfallsammlungen kann unter Berücksichtigung der hygienischen Verhältnisse aufgrund der reduzierten Abfallmenge durch die parallele Wertstofferfassung verringert werden. Bei trockenen Wertstoffen wie Altglas und Altpapier sind allein die Behälterkapazitäten und Anfallmengen ausschlaggebend. Getrennt gesammelte organische Abfälle (Bio-Tonne) sollten aus hygienischen Gründen wöchentlich abgefahren werden. Aus Kostengründen wird häufig auch eine alternierende Abfuhr praktiziert, das heißt die Abfuhr erfolgt im Sommerhalbjahr wöchentlich und im Winterhalbjahr 14-tägig.

Bei Sperrmüll wird die Häufigkeit der Abfuhr nur von wirtschaftlichen Überlegungen bestimmt.

Die Sperrmüllabfuhr wird in manchen Städten und Gemeinden nur ein- bis zweimal im Jahr durchgeführt. Dies hängt vor allem vom vorherrschenden Müllbehältersystem ab. Sowohl für den Bürger als auch für den Abfuhrbetrieb erweist sich die Sperrmüllabfuhr auf Bestellung in mancher Hinsicht vorteilhaft. Jeder Bürger hat dabei die Möglichkeit, die Sperrmüllabfuhr so oft anzufordern, wie dies für ihn notwendig ist [5].

Bei der Wahl der vorgehaltenen Behältervolumina ist darauf zu achten, dass nicht durch eine zu knappe Bemessung ein gewisser Anteil des Restabfalls der Sperrmüllabfuhr beigegeben wird. Das führt zwangsweise zu einer unübersehbaren Ausdehnung von Sperrmülleinsätzen. Folgende Faktoren, die die Touren- und Abfallplanung beeinflussen und gleichzeitig vor der Einführung von Rationalisierungsmaßnahmen beachtet werden müssen, sind zu berücksichtigen [20]:

- tatsächliches Abfallaufkommen an einem Ladepunkt und im gesamten Sammelgebiet,
- mögliche Ladepunkte im Sammelgebiet,
- Gebietsstruktur innerhalb eines Sammelgebietes,

- Verkehrsverhältnisse der Abfallsammelstrecke,
- Verkehrsverhältnisse und Entfernung der Transportstrecke,
- verwendetes Behältersystem,
- angewendetes Abfallbehältertransportsystem,
- Leistungsfähigkeit der eingesetzten Abfallsammelfahrzeuge.

3.2.3 Wertstofferfassung aus Haushaltsabfall

Unter Wertstofferfassung versteht man die Wiedergewinnung von stofflich verwertbaren Abfallbestandteilen. Ziel der Erfassung von Wertstoffen aus Abfall und deren Rückführung in Produktionsprozesse als Sekundärrohstoffe ist die Einsparung von Primärrohstoffen und die Reduzierung der Abfallmengen. Gleichzeitig können beträchtliche Energiemengen eingespart werden. Das Einschmelzen von Scherben bei der Glasherstellung erfordert z. B. nur 2/3 des Energieeinsatzes, der bei der Herstellung aus Primärrohstoffen benötigt wird. Die Wertstofferfassung ist dem Bereich Abfallverwertung zuzuordnen, bewirkt aber auch eine Abfallvermeidung. Neben der Einsparung von Energie und Rohstoffen wird bei der Rückführung wiedergewonnener Stoffe indirekt eine Verminderung produktionsspezifischer Abfälle durch verringerten Einsatz von Zuschlag- und Hilfsstoffen erreicht. Außer der Erfassung von Wertstoffen aus Haushaltsabfällen muss auch verstärkt die getrennte Erfassung und Sortierung von Wertstoffen aus Gewerbe- und Industrieabfällen durchgeführt werden.

Die Gewinnung von Wertstoffen für die stoffliche Verwertung kann auf zwei prinzipiell unterschiedlichen Wegen erfolgen. Alle Wertstoffgruppen werden entweder gemischt mit Reststoffen erfasst, wobei die Wertstoffe nachträglich in zentralen Sortieranlagen von den Reststoffen getrennt werden, oder einzelne Wertstoffe oder Wertstoffgemische werden am oder in der Nähe des Anfallortes getrennt gesammelt. Wertstoffgemische müssen dann einer Nachsortierung zugeführt werden.

3.2.3.1 Gemischte Erfassung

Zur Gewinnung von Wertstoffen aus gemischt eingesammelten Abfällen ist eine mechanische Sortieranlage notwendig. Hier werden in aufeinander folgenden Verfahrensschritten Abfallbestandteile in entsprechenden Aggregaten und durch Handsortierung voneinander getrennt. Die nachträgliche Sortierung von Abfällen und Wertstoffgemischen bedeutet einen geringeren Aufwand für den Abfallerzeuger bei Bereitstellung und Sammlung. Dem steht ein hoher Sortieraufwand durch den Einsatz von Energie, Arbeitskraft und technischen Betriebsmitteln gegenüber. Die Qualität der aussortierten Wertstoffe ist nach vorausgehender Vermischung in Sammelbehälter und ggf. Verdichtung und Zerkleinerung im Sammelfahrzeug durch Verschmutzung und Befeuchtung gemindert und begrenzt ihre Vermarktbarkeit. Bei der gemischten Erfassung aller Wertstoffgruppen zeigt sich, dass Altpapier, Altkunststoff und Altglas in Sortieranlagen für gemischte Abfälle nur bedingt für das stoffliche Recycling zu gewinnen sind. Altpapier aus diesen Anlagen wird von deutschen Papierfabriken generell abgelehnt [21].

3.2.3.2 Getrennte Sammlung von Wertstoffen des Hausmülls

Bei der getrennten Erfassung einzelner Wertstoffe und von Wertstoffgemischen vor Eingang in den Gesamtabfallstrom verlagern sich der organisatorische und technische Arbeitsaufwand auf das Bereitstellen und Einsammeln. Der Abfallerzeuger muss die Wertstoffe am Anfallort von nicht verwertbaren Abfallbestandteilen trennen und separaten Behältern zuführen. Sie sind entweder in der Nähe des Anfallortes (Bringsysteme) oder am Anfallort selbst (Holsysteme) aufgestellt. Die Behälter müssen zusätzlich zu den Restmüllbehältern geleert, die Wertstoffe in der Regel in speziellen Sammelfahrzeugen abgefahren werden. Die Notwendigkeit, Wertstoffe nachträglich aus gemischten Abfällen auszusortieren, entfällt, und ihre, durch geringe Verschmutzung und hohe Reinheit erzielte Qualität, erleichtert den Absatz.

Zur Wiedergewinnung von Wertstoffen eignen sich grundsätzlich die Trockenfraktionen (Papier, Pappe, Glas, Metalle, Kunststoffe und Textilien) sowie die Nassfraktion (organische Küchen-/Gartenabfälle). Die Anfallmengen hängen unter anderem von folgenden Faktoren ab:

- Entwicklung des Konsums, der Produktion und Verpackung,
- Lebensstandard,
- Wohnform (Gartenflächen, Eigenversorgungsgrad),
- örtliche Lage und Gegebenheiten,
- Art- und Volumenangebot der Abfall- bzw. Wertstoffbehälter.

Als Wertstoffpotenzial (1) ist die im Hausmüll enthaltene Wertstofffraktion (2) zuzüglich der (bereits) getrennt gesammelten Mengen (3) zu sehen. Die im Abfall enthaltenen Wertstoffmengen (2) können wegen unzureichender Qualität (z. B. Verschmutzungen, Verbundstoffe) oder unzumutbaren Aufwandes (z. B. Glasbruch, Kleinmengen, zu viele Einzelfraktionen) nicht insgesamt verwertet bzw. erfasst werden.

Nicht alle qualitativ akzeptablen Wertstoffe können erfasst werden, da niemals eine 100 %ige Teilnahme der Abfallerzeuger an einer getrennten Sammlung erreicht werden kann. Entsprechend reduziert sich die verfügbare Wertstoffmenge (7). Je nach Marktlage und Wertstoffqualität kann die verwertbare Menge (10) größer oder kleiner als die verfügbare oder auch erfassbare Menge sein. Zusätzlich ist der Außenhandelssaldo im Altstoffhandel zu berücksichtigen, z. B. ein Exportüberschuss bei Altpapier, jedoch ein Importüberschuss bei Altglas [21].

Als Erfassungsgrad wird das Verhältnis „erfasste Wertstoffmenge“ zu „Wertstoffmenge im Haushalt“ bezeichnet (Abb. 3.20).

Die verschiedenen Systeme der getrennten Sammlung lassen sich unterscheiden [21] nach der Abfuhrorganisation in

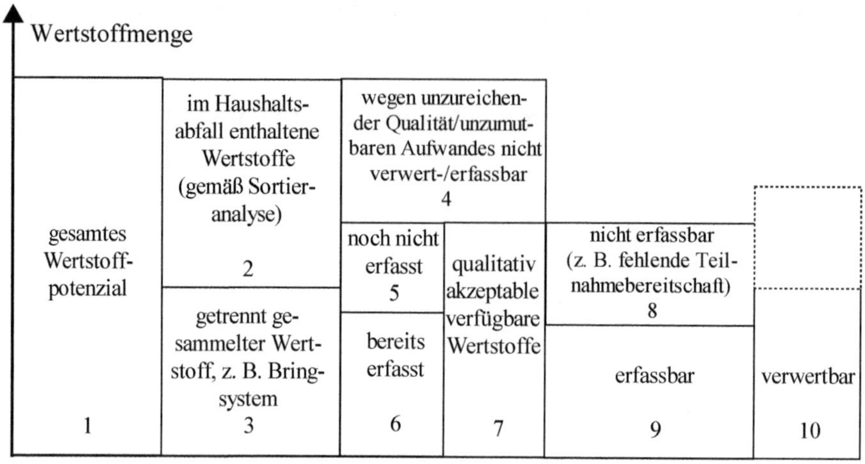

Abb. 3.20 Zusammenhänge zwischen sortiertem, verfügbarem, erfassbarem und verwertbarem Anteil des Wertstoffpotenzials [21]

- Integrierte Systeme: Sammlung von Wertstoffen und Restabfall erfolgt in einem geteilten oder mehreren Behältern zusammen in einem Arbeitsgang mit einem Mehrkammerfahrzeug.
- Teilintegrierte Systeme: Separate Wertstoffabfuhr in besonderen Touren anstelle einer Restabfalltour (alternierende Abfuhr).
- Additive Systeme: Sammlung von Wertstoffen zusätzlich zur normalen Restabfallabfuhr mit separaten Fahrzeugen und getrennten Behältern.

Nach dem Benutzerkomfort (vgl. Abb. 3.21) in

- Holsysteme: Wertstoffe werden beim Abfallerzeuger abgeholt,
- Bringsysteme: Wertstoffe werden durch den Abfallerzeuger zu zentralen Sammelstellen gebracht.

Nach dem Grad der Vorsortierung im Haushalt in

- Einstoffsammlung: Gezielte Erfassung nur eines Wertstoffes, z. B. Altglas.
- Einzelstoffsammlung: Erfassung mehrerer Wertstoffe in jeweils separaten Behältern, z. B. Altglas und Altpapier.
- Mischstoff- oder Mehrstoffsammlung: Sammlung mehrerer gemischter Wertstoffe mit anschließender Sortierung.

Die Verfahren und Verfahrensvarianten der getrennten Sammlung sind in Abb. 3.22 schematisiert dargestellt.

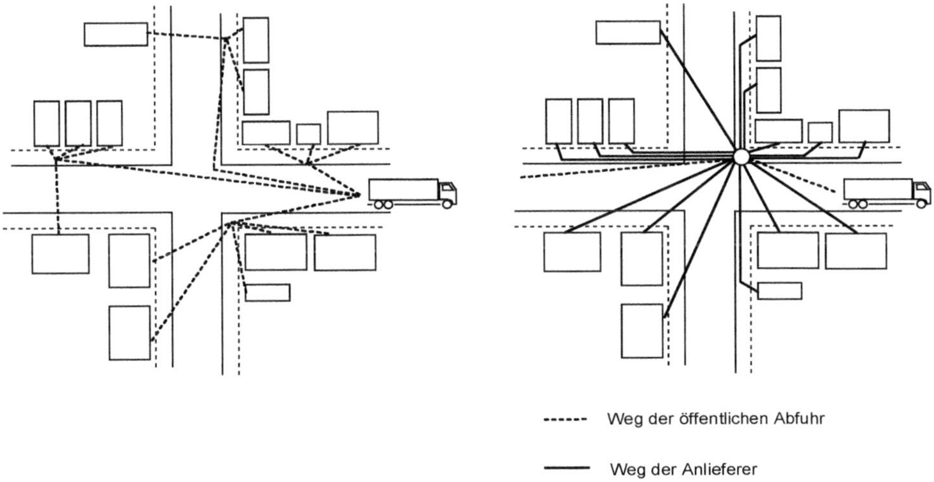

Abb. 3.21 Schematische Darstellung von Holsystem (links) und Bringsystem [55]

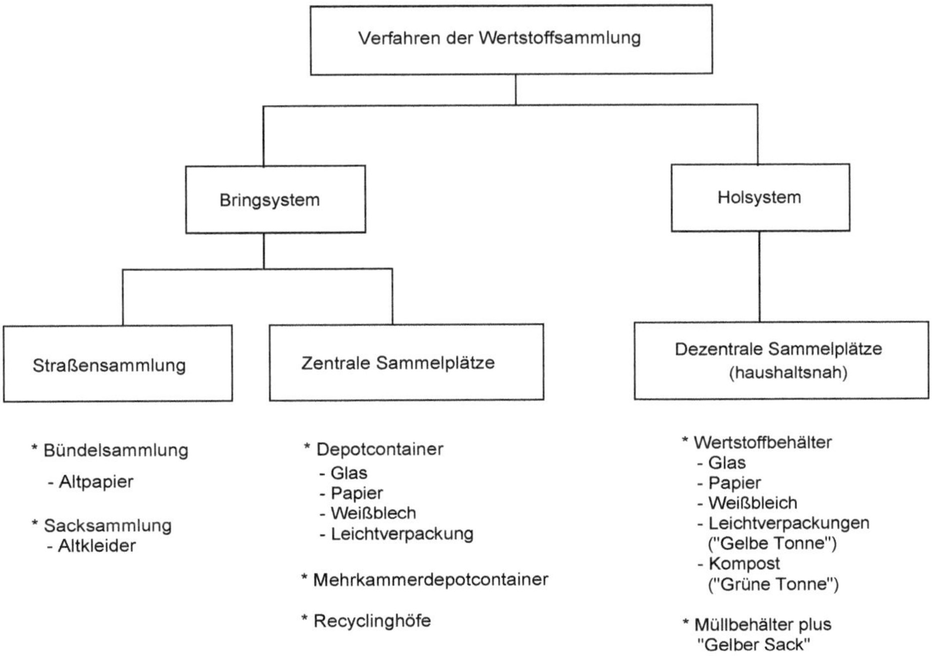

Abb. 3.22 Verfahrensvariationen der getrennten Sammlung von Wertstoffen des Haushaltsabfalls [22]

Tab. 3.1 Sammelversuche zur Erfassung von gebrauchten Getränkekartonagen

System	Sammelsystem	Erfasste Komponenten
Holsystem	Kombibehälter	Altpapier/Getränkekartonagen
	Kombibehälter	Dosen/Getränkekartonagen
	Bündelsammlung	Altpapier/Getränkekartonagen
Bringsystem	Monobehälter am Depotcontainer für Altpapier	Getränkekartonagen
	Monobehälter an Einkaufsmärkten	Getränkekartonagen
	Mobile Annahmestelle	Altpapier/Altglas/Getränkekartonagen
	Depotcontainer	Altgas/Altdosen/Getränkekartonagen

Die Auswahl der Verfahren hängt von folgenden regionalen Randbedingungen ab [22]:

- Abfallzusammensetzung,
- vorhandenes Sammelsystem,
- vorhandenes Abfallbehandlungs- und -beseitigungssystem,
- Bereitschaft der Bevölkerung zur Mitarbeit und Finanzierung,
- Verwertungsmöglichkeiten und
- Vermarktungsmöglichkeiten.

Die Wertstoffgewinnung durch sortenreine Erfassung hat sich in den letzten Jahren für Papier und Glas weitgehend durchgesetzt. Mit der Einführung des Dualen Systems wurde ein Erfassungssystem eingeführt, das Leichtverpackungen (Weißblech-, Aluminium, Verbund- und Kunststoffverpackungen) gemischt erfasst.

Darüber hinaus existierten und existieren u. a. von Fachverbänden Bestrebungen, für einzelne Verpackungen diverse Sammelsysteme auf ihre besondere Eignung für diese Verpackung zu untersuchen. Dieses soll am Beispiel einer Untersuchung über geeignete Erfassungssysteme für gebrauchte Getränkekartonagen [54] dargestellt werden.

In dieser Studie werden 6 Sammelsysteme – sowohl als Hol- als auch als Bringsystem – in Hamburg, Dresden und Langelsheim untersucht (vgl. Tab. 3.1). Es zeigt sich, dass die Bringsysteme mit durchschnittlich 37,4 % deutlich vor den Holsystemen (im Durchschnitt 23,7 %) rangieren. Bei der Bewertung müssen die Sammelaktivitäten, die diesem Versuch vorangingen, berücksichtigt werden. Bei der getrennten Sammlung an Einkaufsmärkten bestand in diesem Einzugsbereich bereits eine getrennte Sammlung diverser Abfallstoffe. Die Variante, bei der der Verbraucher die Getränkekartonagen zu einer mobilen Annahmestelle brachte, fand in Dresden statt. Es ist für dieses Sammelgebiet anzunehmen, dass durch die langjährige Teilnahme am Sero-System der Verbraucher eine größere Sammeldisziplin an den Tag legt.

Fragebogenaktionen haben u. a. ergeben, dass sich an allen Sammelsystemen Haushaltungen mit einem überdurchschnittlichen Getränkekartonagenverbrauch beteiligen. Nichtteilnehmer gaben folgende Gründe an:

- es werden keine Getränkekartonagen im Haushalt verwendet 46 %
- der Aufwand für die Sammlung sei zu hoch 22 %
- man sei mit dem Sammelsystem nicht einverstanden 29 %
- Sonstiges 3 %

Die genannten Erfassungssysteme haben verschiedene Auswirkungen auf die Qualität der gesammelten Getränkekartonagen. Die gemeinsame Sammlung mit Dosen und/oder Glas führt vor allem zu einer Erhöhung des Feuchtigkeitsgrades der Getränkekartons, während die Verunreinigung durch Scherben gering bleibt. Bei der gemeinsamen Sammlung mit Altpapier liegt die Verunreinigung nur wenig höher als bei der separaten Erfassung.

Die spezifischen Bereitstellungskosten liegen am niedrigsten bei den Bring-systemen mit einer Erfassung im Depotcontainer mit ca. 330 €/Mg und dem Hol-system mit einer Erfassung im Kombibehälter für die Komponenten Altpapier/Getränkekartonagen (ca. 580 €/Mg). Die gemeinsame Erfassung mit Glas und Dosen zeichnet sich durch besonders niedrige Sortierkosten aus, wenn ein mechanisches Trennverfahren verwendet wird.

Als Resultat dieser Studie bietet sich als günstigste Variante ein Modell aus folgenden Komponenten an:

- In innerstädtischen Bereichen mit einer hohen Bevölkerungsdichte wird in der Regel ein haushaltsnahes Erfassungssystem bevorzugt werden. Intensive begleitende Maßnahmen zur Öffentlichkeitsarbeit sind erforderlich, um zufriedenstellende Erfassungsquoten zu gewährleisten. Die gemeinsame Erfassung mit Altpapier im Kombibehälter stellt eine besonders saubere Variante dar.
- Bei einer niedrigen Bevölkerungsdichte wird in der Regel ein Bringsystem mit Depotcontainer die beste Möglichkeit darstellen.
- Die Bündelsammlung eignet sich als additives System zu Depotcontainern in dicht bebauten städtischen Gebieten, in denen die Aufstellung weiterer Sammelbehälter am Haushalt nicht möglich ist. Als alleiniges System ist sie zum Erreichen höherer Erfassungsquoten nicht geeignet.
- Eine schnelle Realisierbarkeit der neu einzuführenden Getränkekartonsammlung ist mit der Erweiterung bestehender Systeme zu erreichen.

Bringsysteme Im Haushalt angefallene Wertstoffe werden durch den Abfallerzeuger zu zentralen Standplätzen transportiert und dort in speziellen Behältern gesammelt. Um eine möglichst hohe Beteiligung an dieser Art der Wertstoffsammlung zu erreichen, müssen einige Anforderungen an die Wahl des Standplatzes und die Organisation der Abfuhr gestellt werden. Besonders bewährt haben sich Standplätze an Großmärkten, Einkaufszentren und zentralen öffentlichen Plätzen. Wohngebietsstandplätze sind nur bei hoher Einwohnerdichte wirtschaftlich. Folgende Gesichtspunkte müssen beachtet werden [21]:

- gut sichtbar an Plätzen und Straßen mit größerem Verkehrsaufkommen,
- geringe zusätzliche Wege durch Kombinationsmöglichkeit mit anderen Wegen (Einkaufszentren, öffentliche Einrichtungen, Hauptverkehrsstraße, Arbeitsplatz),

- leichte Erreichbarkeit für Anlieferer und Ladefahrzeug,
- Stellfläche der Container zuzüglich Fläche für Laden der Container von 25 bis 40 m^2,
- möglichst befestigter Standplatz, regelmäßige Standplatzreinigung,
- möglichst tägliche Beaufsichtigung der Container, z. B. durch Anlieger,
- Berücksichtigung der Lärmbelästigung bei Aufstellung in Wohngebieten.

Die Behälter werden entweder in festen Zeitabständen oder bei Bedarf geleert. Eine Anhäufung von Flaschen und Zeitungen, die lose oder in Plastiktüten und Kartons neben den vollen Behältern zurückgelassen werden, sollte vermieden werden, da dies zu erhöhtem Arbeitsaufwand beim Umleeren und zu Beschwerden der Anwohner oder durch schlechtes Image sogar zu nachlassender Sammelleistung führen kann. Von einer Überfüllung von Behältern kann das Abfuhrunternehmen durch Anlieger unterrichtet werden.

Die Sammelbehälter und deren Stellplätze sollten ähnlich Telefonzellen, Sitzbänken etc. zum festen Bestandteil des öffentlichen Raumes werden. Dabei müssen sowohl die Form als auch die Funktion eine Einheit bilden, die sich auf optisch angenehme Weise in die jeweils vorhandene Bebauungsstruktur einfügt. Wertstoffe können in Einstoff-Containern oder Mehrkammerbehältern gesammelt werden. Einstoff-Container für verschiedene Wertstoffe werden häufig in Gruppen aufgestellt.

Depotcontainer für Altglas Altglas wird heute fast ausschließlich im Umleerverfahren in Behältern mit Rauminhalten zwischen 0,9 und 5,5 m^3 aus Stahl oder Kunststoff (GFK, glasfaserverstärkter Kunststoff) gesammelt. Die Depotcontainer verfügen über kreisförmige Einwurföffnungen, die z. T. mit Einwurfrohren und Gummischeiben ergänzt sind. Neuerdings werden auch konstruktive Maßnahmen zur Lärmdämmung getroffen. In das Sammelfahrzeug entleert werden sie in der Regel nach Aufnahme durch den Fahrzeugladekran und Öffnen der Bodenklappen.

Eingesetzt werden Sammelfahrzeuge mit großvolumigen Aufbauten, z. B. Sattelzüge mit bis zu 60 m^3 Aufbauvolumen oder mit Containern von z. B. 28 m^3 Rauminhalt.

Die erfasste Altglasmenge ist insbesondere abhängig von der

- Dichte des Containernetzes,
- Einführungsdauer der Altglassammlung,
- Attraktivität der Standplätze.

Die Sammlung von Altglas erfolgt derzeit meist getrennt in die Farben Weiß, Grün und Braun. Bei Weißglas ist eine Farbreinheit von 99,7 %, bei Braunglas von 92 % und bei Grünglas von 85 % beim Einsatz in der Glasindustrie erforderlich. Der mittlere Scherbeneinsatz betrug 2006 bei der Herstellung von Braunglas 40 % bei Weißglas 57 % und bei Grünglas 63 % [32]. In Abhängigkeit von der Schmelztechnologie und der Glasfarbe liegen die Spitzenwerte beim Scherbeneinsatz bei 70 % bei Weiß- und Braunglas und 90 % bei Grünglas (Abb. 3.23).

Abb. 3.23 Unterflurstandplatz für Zeitungen/Zeitschriften und Pappe/Knüllpapier

Depotcontainer für Altpapier Die Sammlung von Altpapier erfolgt zu ca. 18 % in Depotcontainern [33]. Üblicherweise werden Umleerbehälter mit Rauminhalten von 1,1 bis 5,5 m^3 aus Stahl und Kunststoff (GFK) eingesetzt. Diese verfügen über schlitzförmige Einwurföffnungen, um das Einwerfen von Fremdstoffen zu erschweren. Entleert werden sie ebenfalls mit Hilfe eines Fahrzeug-Ladekrans und durch Öffnen der Bodenklappen. Um die Brandgefahr zu mindern, sind bei GFK-Behältern besondere Brandschutzmaßnahmen zu empfehlen. Teilweise werden auch an exponierten Standplätzen Depotcontainer für Papier (und auch für Glas) als Unterflurstandplätze gestaltet.

An die Transportsysteme für Altpapier werden die gleichen Anforderungen wie an die für Altglas gestellt. Um aber die Auslastung der Fahrzeuge zu verbessern, werden zum Teil Verdichtungsvorrichtungen eingesetzt. Da vorsortiertes Altpapier persönlich zum Depotcontainer gebracht werden muss, ist es meist unverschmutzt und von guter Qualität. Die Qualität wird häufig gemindert durch unsachgemäßes Vorsortieren im Haushalt, hinzukommende Papier-Verbundstoffe oder durch das vorsätzliche Einwerfen von Fremdstoffen. Die Vermarktung des Altpapiers ist insbesondere bei niedrigen Qualitäten schwierig [21, 22].

Depotcontainer für Altmetall Die Erfassung von Altmetall in Depotcontainern hat gegenüber Altglas und Altpapier nur geringe Bedeutung. Es werden entweder ausschließlich Weißblech- und Aluminiumdosen oder gemischt mit diesen auch sonstiger Metallschrott gesammelt. Problematisch sind insbesondere die hohen Erfassungskosten, die durch das geringe spezifische Aufkommen und das niedrige Raumgewicht der Dosen bedingt sind.

Depotcontainer für Leichtverpackungen („Gelbe Tonne") Während die getrennte Erfassung von Altglas und Altpapier seit Jahren erfolgreich durchgeführt wird, werden vereinzelt Depotcontainer der „Gelben Tonne" im Rahmen des Dualen Systems genutzt. In den Depotcontainer sollen Verkaufsverpackungen aus Kunststoffen, Metall- und Verbundmaterialien gesammelt werden. Die gemeinsame Erfassung bedingt eine nachträgliche

Tab. 3.2 Analyse der in Berlin erfassten Leichtverpackungen (LVP)

Stoffgruppe	Analyse LVP-Zusammensetzung [%]
Fe-Metalle (Weißblech)	11,5
NE-Metalle (Aluminium)	1,1
Verbunde (FKN-Getränkekartons)	9,4
Kunststoffe davon:	
Hohlkörper	2,5
Becher/Blister	9,2
Folien	2,0
EPS	1,5
artgleiche Kunststoffe	7,4
Papier	17,2
Glas	8,7
Sortierreste	29,5
Summe	100,00

Sortierung in die verschiedenen Kunststofffraktionen und die Metall- und Verbundmaterialien, diese wird heute zumeist in Sortieranlagen durch Überbandmagneten, Nahinfrarotsensoren, Ballistikseparatoren und manuelle Nachsortierung durchgeführt. Nicht spezifikationsgerechte, bzw. trennbare Reststoffe fallen als Sortierreste an. Voraussetzung für die Verwertbarkeit der Kunststoffverpackungen war die Entwicklung geeigneter Verfahren zur Trennung von Kunststoffabfällen und die Schaffung eines Marktes für sortierte Altkunststoffe und Produkte aus Sekundärkunststoffen. Tabelle 3.2 zeigt eine Abfallanalyse der in Berlin erfassten Leichtverpackungen, erhoben von der DASS GmbH im März 1999. In der Bundesrepublik sammelten die 1998 an das Duale System angeschlossenen Bürger 1.363.193 Mg Leichtverpackungen [50]. Die Sammlung von Leichtverpackungen erfolgt in separaten Depotcontainern. Sie werden wie Altpapier abgefahren. Im Brandfalle ist nicht nur mit Rauchbelästigungen zu rechnen, es können auch Gefährdungen durch toxische Gase auftreten.

Mehrkammercontainer In Mehrkammerbehältern mit zum Teil variabel angeordneten Trennwänden werden in separaten Kammern Altglas (auch farbsepariert), Altpapier, Altmetall, Altkunststoffe/Leichtverpackungen und Alttextilien sowie in speziellen Fächern Me-dikamente und Batterien gesammelt. Sie werden im Gegensatz zu Depotcontainern in der Regel im Wechselverfahren entleert. Die Mehrkammercontainer werden von Abrollkippern nach Absetzen eines leeren Behälters aufgenommen und an einer speziellen Ladestelle so entleert, dass die Wertstoffe getrennt anfallen. Mehrkammercontainer werden mit Inhalten zwischen 7,7 und 22 m^3 eingesetzt. Für die Glaskammern können zusätzliche Lärmschutzmaßnahmen vorgesehen werden.

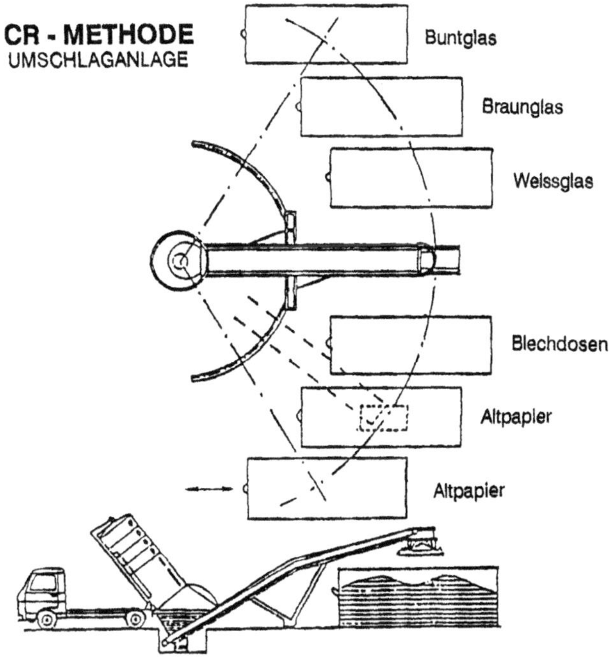

Abb. 3.24 Schema einer Umschlagstelle für Wertstoffe aus Mehrkammercontainern [23]

Die Standplätze müssen großzügig angelegt sein, da beim Wechselverfahren eine gleichgroße Fläche zum Abstellen des mitgeführten leeren Behälters benötigt wird. Ebenfalls muss ausreichender Rangierraum für das Transportfahrzeug vorgesehen werden. Als nachteilig erweist sich, dass die Kammeraufteilung nicht immer dem für die verschiedenen Stoffgruppen erforderlichen Behälterraumangebot entspricht. Dieses führt für den Gesamtbehälter zu einem unbefriedigenden Füllgrad, da die Abfuhr bereits nach der Füllung einer Kammer erforderlich wird [21] (Abb. 3.24).

Recyclinghöfe Ein Recyclinghof enthält Container für verwertbare Stoffe des Haushaltsabfalls und Aufnahmebehältnisse für Problemabfälle aus Haushalten. Das Gelände muss durch eine entsprechende Umzäunung gesichert werden. Während der Öffnungszeiten gewährleistet Fachpersonal einen reibungslosen Sammelbetrieb. Durch den großen Platz- und Personalbedarf ist die mögliche Standplatzdichte begrenzt (ca. 30.000 bis 50.000 angeschlossene Einwohner). Weite Bringwege für den Bürger haben einen relativ geringen Erfassungsgrad zur Folge. Recyclinghöfe werden meist ergänzend zu anderen Bring- und Holsystemen angeboten. Die Qualität der gesammelten Wertstoffe ist sehr gut [22].

Holsysteme Bei Holsystemen werden den Haushaltungen zusätzliche Sammelbehälter für Wertstoffe zur Verfügung gestellt, für die auf dem Grundstück der notwendige Platz vorhanden sein muss. Dies stößt sowohl bei Einfamilien-Reihenhäusern als auch in Wohnblocks auf Schwierigkeiten, wenn nur die minimal erforderliche Anzahl von Müllbehältern bei der Bauplanung berücksichtigt wurde.

Als Behälter werden überwiegend solche wie bei der Restabfallsammlung verwendet, d. h. MGB 120/240 und MGB 660/1.100, zum Teil sogar Behälter bis MGB 5.000 [21]. Um Fehleinwürfe zu vermeiden, sind sie farblich besonders gekennzeichnet und mit großen Aufklebern versehen, die auf die einzuwerfenden Materialien mit Erläuterung (Produkthinweise bei Kunststoffverpackungen) und Einwurfverhalten (Altglas nur zu bestimmten Zeiten wegen Lärmbelästigungen) hinweisen.

Bei Holsystemen ist ein wesentlich höherer Erfassungsgrad erreichbar, da die Wertstoffe vom Abfallerzeuger in einem Gang mit dem Restabfall zum Behälter gebracht werden können. Der Aufwand beim Umleeren in das Sammelfahrzeug ist jedoch höher als bei Bringsystemen, da in der Regel mehrere Behälter vom Ladepersonal zum Sammelfahrzeug gefahren und einzeln entleert werden müssen. Säcke müssen per Hand verladen werden. Wertstoffe können einzeln oder gemischt in Einkammer-Fahrzeugen, je nach Art der Wertstoffe mit oder ohne Verdichtungsvorrichtungen, abgefahren werden. Bei der Verdichtung von Wertstoffgemischen oder mit hohem Bruchanteil separat abgefahrenes Altglas nimmt die Sortierfähigkeit stark ab. Durch größere Aufbauten, verringerten Pressdruck und geringe Einschütthöhen kann dieser Nachteil umgangen werden. Speziell entwickelte Wertstoffsammelfahrzeuge sind mit einer Verteilerschnecke und einem mit Gummi beschichteten Prallblech ausgerüstet, um den Glasbruch zu vermindern.

Zur gleichzeitigen Abfuhr von zwei Komponenten werden Zweikammer-Fahr-zeuge eingesetzt. Der Laderaum kann in Quer- oder Längsrichtung unterteilt sein. In einem quergeteilten Laderaum dient die Ausschubwand als verschiebbare Trennwand zwischen den beiden Kammern. Die Beladung der vorderen Kammer findet über eine seitliche, die der hinteren über eine Hubkippvorrichtung am Heck statt. Die Querteilung bewirkt ein stabiles Fahrverhalten durch gleichmäßige Gewichtsverteilung der beiden Kammern.

Neben dem Restabfall werden vor allem Bioabfall, Altpapier und Leichtverpackungen im Holsystem erfasst.

Straßensammlung Altpapier und Alttextilien werden in unregelmäßigen, zum Teil auch regelmäßigen Intervallen nach Bereitstellung auf der Straße von karitativen und privaten Organisationen abgeholt. Altpapier wird gebündelt in Plastiktüten oder Kartons, Altkleider häufig in extra zur Verfügung gestellten Plastiksäcken, bereitgestellt. Der Erfassungsgrad hängt sowohl von den vorausgegangenen Ankündigungen als auch von der Regelmäßigkeit und Häufigkeit dieser Aktionen ab. Die vorsortierten Wertstoffe müssen bis zur Abfuhr im Haushalt gelagert werden. Die erfasste Menge liegt bei 2 bis 36 kg/E/∗a [43]. Die Qualität des Altpapiers ist überdurchschnittlich gut.

Wertstoffbehälter („Gelbe Tonne" und Monotonne) In der „Gelben Tonne" werden Wertstoffgemische gesammelt. Bei dieser Art der Sammlung von Mehrstoffgemischen werden Leichtverpackungen und Restabfall in zwei getrennten Abfallbehältern erfasst. Eingesetzt werden für die Leichtverpackungen MGB 120/240 und MGB 660/1.100. Bei der anschließenden Sortierung eines Wertstoffgemisches der „Gelben Tonne" muss davon ausgegangen werden, dass ca. 20 bis 30 % als Reststoffe (Restmüll und verpackungsfremde Wertstoffe) anfallen. Die Abfuhr erfolgt meistens alternierend in Einkammerfahrzeugen.

Werden Wertstoffe einzeln in separaten Behältern gesammelt (Monotonne), erhöht sich die Qualität, und eine aufwendige nachträgliche Sortierung entfällt. Beim Einsatz üblicher Sammelfahrzeuge ergibt sich bei der getrennten Umleerung von Altglas ein erhöhter Glasbruchanteil, der die Farbsortierung erschwert. Die Anbringung eines mit Gummi beschichteten Prallbleches hinter der Schüttung kann Glasbruch vermindern. Es werden überwiegend Altglas und Altpapier in zusätzlichen Behältern gesammelt. Folgende Systeme lassen eine weitere Differenzierung der getrennten Stoffsammlung zu:

- Papier und Glas werden in zwei zusätzlichen Behältern gesammelt und in einem Zweikammerfahrzeug abgefahren.
- Papier und Glas werden jeweils in der Einstofftonne, Textilien, Kunststoffe, Metalle etc. in der Mehrstofftonne gesammelt.
- Papier wird im Wechsel mit Glas in demselben Behälter abgefahren, ausschließlich Papier wird im Behälter gesammelt und abgefahren; die Glassammlung erfolgt über Depotcontainer.

Biotonne In der Regel werden organische Küchen- und Gartenabfälle in separaten Sammelbehältern der Größen 80 l bis 240 l MGB, vereinzelt auch größer, gesammelt, die mit einem gelochten Einsatz versehen sein können, um durch verbesserte Luftzufuhr anaerobe Prozesse mit Geruchsentwicklung zu vermeiden. Es kommt durch Rotteverluste zu einer Gewichtsabnahme (ca. 20 % nach einer Woche) vor der Abfuhr.

Von insgesamt 421 Kreisen und kreisfreien Städten der Bundesrepublik wird in 305 Kreisen und kreisfreien Städten die Biotonne angeboten (ca. 17 Mio. Einwohner). Der Anschlussgrad in den Gebieten mit Biotonne liegt bei rund 65 % [35].

Die Abfuhr des Bioabfalls kann integriert (Restmüll und Bioabfall werden in Mehrkammerfahrzeugen abgefahren), teilintegriert oder additiv erfolgen.

Als Sammelfahrzeuge kommen insbesondere Drehtrommel- oder Pressplattenfahrzeuge in Frage. Während im Drehtrommelfahrzeug durch die auftretenden Scherkräfte das Transportgut homogenisiert wird, bleibt in den Pressplattenfahrzeugen die Struktur des Bioabfalls mit geringen Strukturbestandteilen erhalten, zudem lassen sie sich besser abdichten, so dass ein Austreten von Sicker- bzw. Prozesswässern verhindert werden kann [52].

Wertstoffsack im Behälter Beim „Sack-im-Behälter-Verfahren" werden im jeweiligen Haushalt die Wertstoffkomponenten in verschiedenfarbigen Säcken gesammelt und anschließend in einer zentralen Sortieranlage wieder getrennt. Ein wesentlicher Nachteil ist die Verminderung der Nutzlast je Sammelfahrzeug und der relativ hohe Sortieraufwand.

Mehrkammer-Müllsystem (MKMS) Das Mehrkammer-Müllsystem besteht aus 240 l MGB mit je zwei durch eine flexible Trennwand geschaffenen Kammern, in denen unterschiedli-

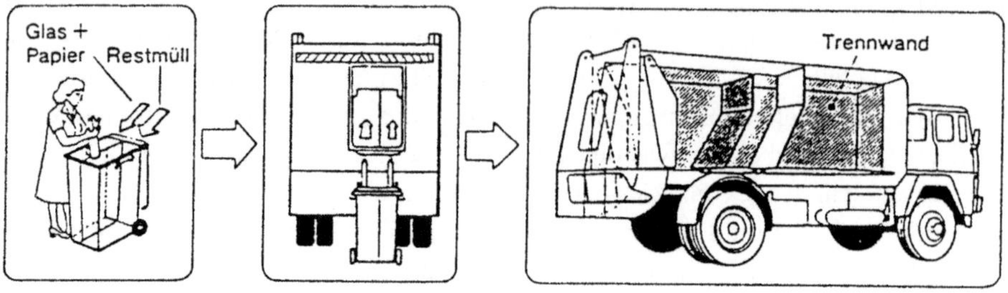

Abb. 3.25 Das Mehrkammer-Müllsystem [25]

che Abfallarten gesammelt werden können (s. Abb. 3.25). Je nach Anzahl der aufgestellten Behälter ist die Sammlung von zwei, drei oder vier Komponenten möglich (z. B. in einem Behälter Altpapier und Altglas, im zweiten Bio- und Restmüll). Die Wertstoffe und der Restmüll werden mit Sammelfahrzeugen eingesammelt, die in Längsrichtung in zwei Kammern unterteilt sind. Eine Vermischung der getrennten Stoffe findet nicht statt, da beim Schüttvorgang die Trennwände von Behälter und Fahrzeug in Deckung gebracht werden. Dies wird durch eine flexible Schüttung auch bei unterschiedlicher Behälteraufteilung gewährleistet [24]. Probleme können sich bei unterschiedlicher Auslastung der beiden Fahrzeugkammern (Achslastverteilung) durch unterschiedlichen Wertstoffanfall ergeben (Abb. 3.25).

Beteiligung der Bevölkerung Neben technischen und organisatorischen Maßnahmen ist der Erfassungsgrad im Wesentlichen bestimmt durch die Bereitschaft der Haushalte, eine Trennung und Sortierung von Wertstoffen des Haushaltsabfalls vorzunehmen. Zur Steigerung des Erfassungsgrades muss deshalb überlegt werden, mit welchen Maßnahmen die Haushalte, über bereits bestehende Motivationen hinaus, zur Mitarbeit angesprochen und gewonnen werden können. Hierbei ist zu bedenken, dass ggf. Personen ganz unterschiedlichen Alters und verschiedener sozialer Schichten motiviert werden müssen [26]. Folgende Erkenntnisse lassen sich aus einer eingehenden Betrachtung der Einflussfaktoren bei der Teilnahme an der getrennten Wertstoffsammlung gewinnen [2]:

- das Wertstoff-Sammelsystem muss ausreichenden Raum bieten,
- der Umweltschutzgedanke muss betont, aber der persönliche Nutzen muss deutlich gemacht werden,
- das System muss benutzerfreundlich sein,
- die Öffentlichkeitsarbeit muss durch die örtliche Presse unterstützt werden.

Neben der durch individuelle Wertvorstellungen bestimmten Motivation und dem Maß an Benutzerkomfort spielt auch die Information eine wichtige Rolle bei der Teilnahme an

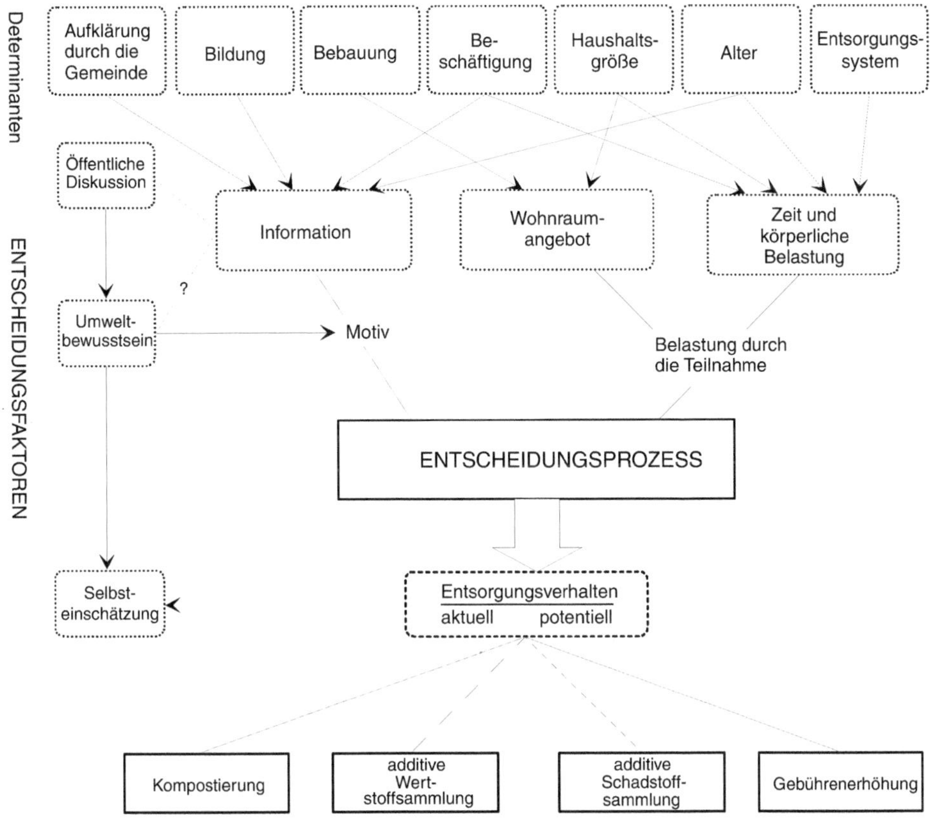

Abb. 3.26 Motive und Einflussfaktoren bei der Teilnahme an der getrennten Wertstoffsammlung [27]

der Wertstoffsammlung (Abb. 3.26). Die Information über eine Wertstoffsammlung sollte enthalten:

- die angestrebten Ziele der Wertstoffsammlung,
- die genauen Daten über den Organisationsablauf (Beginn, Intervalle, eingesetztes System),
- Anweisungen über die Stofftrennung – welche Stoffe erwünscht und welche Stoffe aus welchen Gründen unerwünscht sind,
- Angaben über die Art der Bereitstellung der Wertstoffe,
- Auskunft über die Auswirkung der Wertstoffsammlung auf die Müllsammlung,
- Angaben über den Organisationsträger,
- regelmäßige Information über den Ablauf der Sammlung.

Als materielles Anreizsystem für die Wertstoffsammlung bietet sich in erster Linie die Schaffung eines finanziellen Vorteils bei der teilweisen Verlagerung der Abfälle von der

Restabfallabfuhr zur Abfuhr von Wertstoffen an. Eine direkte individuelle Zuordnung der Sammelleistung zu den Entsorgungsgebühren ist z. B. bei der Verwendung von Abfall- und Wertstoffsäcken möglich.

Dieses System wird z. B. in St. Gallen in der Schweiz praktiziert. Sowohl der Abfall- als auch der Wertstoffsack wird über den Einzelhandel verkauft. Im Kaufpreis des Abfallsacks sind die Sammel- und Beseitigungskosten enthalten, im Wertstoffsack die Sammelkosten. Der Konsument hat hier den großen Anreiz, Abfallentsorgungskosten zu sparen und möglichst viele Wertstoffe in den billigeren Wertstoffsäcken bereitzustellen. Die Wertstoffsäcke sind durchsichtig, damit ist eine einfache Kontrolle der Wertstoffe bezüglich ihres Reinheitsgrades möglich. Säcke mit zu vielen Fremdstoffen werden zurückgelassen [28].

3.3 Flüssige Abfälle und Schlämme

3.3.1 Transport mit Straßenfahrzeugen

Gewerbe- und Industrieschlämme werden nach Bereitstellung auf dem Betriebsgelände mit speziellen Transportmitteln abgefahren. Grundsätzlich können derartige Abfälle auf der Straße, der Schiene oder auf dem Wasser transportiert werden. Im Folgenden wird der Transport mit Straßenfahrzeugen betrachtet. Die Flüssigkeiten können durch

- Saugfahrzeuge übernommen werden (z. B. Fäkalien aus Hauskläranlagen)
- in Tankfahrzeugen oder
- Wechselbehältern

gesammelt und transportiert werden.

Der Aufbau von Straßenfahrzeugen besteht im Wesentlichen aus dem Behälter für Flüssigkeiten und Schlämme, ggf. Saugvorrichtungen mit Vakuumpumpe und Entleerungsvorrichtungen. Der Fassungsraum der Behälter wird durch die Angaben von Höchstlasten in der StVZO begrenzt. Das hohe Raumgewicht von flüssigen, schlammigen und pastösen Abfällen führt zu einer maximalen Ausnutzung des zulässigen Gesamtgewichtes bei jedoch unzureichender Auslastung möglicher Volumina von Aufbaubehältern [3]. Deshalb ist es notwendig, alle Möglichkeiten zur Mengenreduzierung durch Eindickung von Schlämmen auszuschöpfen, um Kosten für Transport und Ablagerung einzusparen.

Neben den Vorschriften, Gesetzen und Verordnungen der Abfallwirtschaft sind in der Entsorgungslogistik noch weitere rechtliche Rahmenbedingungen aus anderen Rechtskreisen zu berücksichtigen. Dies sind beispielsweise die Vorschriften über Gefahrstoffe, den Gewässerschutz oder den Immissionsschutz. Für den Transport gefährlicher, flüssiger Abfälle sowie Schlämme auf der Straße gilt zusätzlich zur StVZO die Verordnung über die innerstaatliche und grenzüberschreitende Beförderung gefährlicher Güter auf der Straße, mit Eisenbahnen und auf Binnengewässern (Gefahrgutverordnung Straße, Eisenbahnen, Binnenschifffahrt – GGVSEB) sowie die Betriebssicherheitsverordnung (BetrSichV) unter Beachtung der Technischen Regeln für brennbare Flüssigkeiten (TRbF) Anforderungen an die Ausführung und Ausrüstung der Straßenfahrzeuge [3] (s. hierzu Kap. 3.4).

3.3.2 Füllen und Entleeren

Schlämme und Flüssigkeiten können in Wechselbehältern gesammelt, in fest auf Transportfahrzeuge montierte Kessel gesaugt oder gepumpt werden. Bei Fahrzeugen ohne eigene Befüllungseinrichtungen erfolgt die Befüllung über stationäre Anlagen unter Überdruck von oben durch den Dom des Kessels. Das Füllen der Kessel, d. h. geschlossener, horizontal liegender zylindrischer Behälter, erfolgt ebenso mit Hilfe einer oder mehrerer fahrzeugeigener Vakuumpumpen, die im Behälter einen Unterdruck erzeugen und vom Fahrzeugmotor angetrieben werden. Saugwagen werden zur Entleerung von Kanalisationen, Sandfängen und Absetzbecken industrieller Anlagen eingesetzt. Auch für das Entleeren von Hausklärbecken oder abflusslosen Sammelgruben werden Saugfahrzeuge eingesetzt. Um ein Überschreiten der zulässigen Achslasten zu vermeiden, ist der Kessel mit einer Füllstandanzeige ausgerüstet. Da das Transportgut unterschiedliche Dichten haben kann, ist es zweckmäßig, derartige Fahrzeuge mit Achslastanzeigeeinrichtung auszurüsten [30].

Als Vakuumpumpen werden z. B. Rotationsverdichter verwendet. Es werden je nach Behältervolumen Pumpleistungen zwischen 200 und 2.000 m^3/h erzielt. Da hierbei Temperaturen bis zu 250 °C entstehen können, die einen Leistungsabfall verursachen, ist eine ausreichende Kühlung durch luft- oder wassergekühlte Umlaufsysteme notwendig.

Sollen z. B. sehr tiefliegende Sandfänge entleert werden, reicht die Saugtiefe einer normalen Pumpvorrichtung nicht aus. Die theoretisch nach dem Vakuumprinzip zu erreichende Saugtiefe beträgt bei einem Druck von 1 hPa und Wasser der Dichte 1,0 g/cm^3 10,33 m bei einem Vakuum von 100 %.

Da die Pumpen ein Vakuum von 95 bis 98 % erreichen, die anzusaugenden Flüssigkeiten in der Regel eine Dichte von mehr als 1,09 g/cm^3 aufweisen und außerdem Rohrreibungswiderstände zu überwinden sind, kann praktisch nur mit einer effektiven Saughöhe von 7,5 bis 8 m vom Flüssigkeitsspiegel bis zum Kesseleintritt gerechnet werden. Da auch die Fahrzeughöhe berücksichtigt werden muss, vermindert sich die Saughöhe, bezogen auf das Straßenniveau, auf ca. 6 m [31].

Mit Hilfe von Tiefsaugeinrichtungen können Saugtiefen bis zu 20 m erreicht werden. Sie arbeiten nach dem Prinzip der Löscher- oder auch Mammutpumpen. Ein Tauchrohr wird in eine Flüssigkeit gesenkt, so dass es einige Meter in die Flüssigkeit hineinragt. In die Saugöffnung wird Luft über konzentrisch angeordnete Bohrungen eingeblasen, die mit dem Sauggut ein Gemisch bildet, das spezifisch leichter als die Flüssigkeit ist. Nach dem Prinzip der kommunizierenden Röhren muss Gleichgewicht in und außerhalb des Rohres herrschen, womit der Flüssigkeits-Luftgemischspiegel angehoben wird. Die Anreicherung des Gemisches mit Luft erreicht bei einem bestimmten Verhältnis ein Optimum

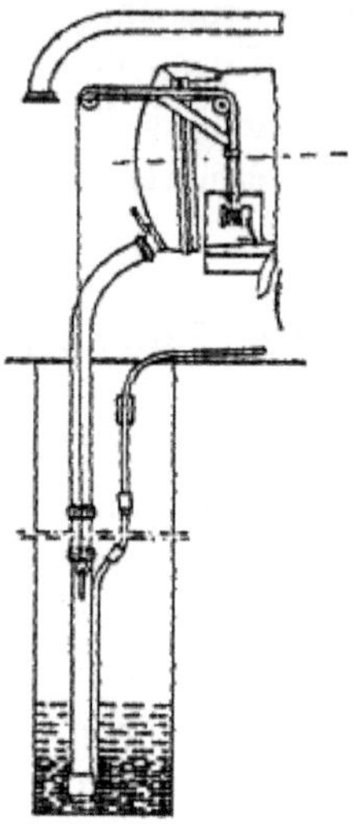

Abb. 3.27 Tiefsaugeinrichtung unter Verwendung von Zusatzluft [31]

an Förderhöhe (Abb. 3.27) [31]. Die Entleerung der Transportfahrzeuge kann durch das Hinterkippen des Aufbaus und/oder mit Hilfe von Ausstoßvorrichtungen durch die hintere Tür erfolgen. Die Abdichtung des Abschlussdeckels erfolgt durch eine Blähdichtung, die durch Luftüberdruck eine sichere Abdichtung gewährleistet, wenn der Deckel sich an den Kessel anlegt. Die Entleerung dünnflüssiger Stoffe geschieht über Auslassstutzen am hinteren Kesselende auf Höhe des Kesselbodens. Die Entleerung von Mulden erfolgt durch Hinterkippen.

In der DIN 30.705-1 „Saugfahrzeuge und Hochdruckspülfahrzeuge; Kanal- und Sinkkasten-Reinigungsfahrzeuge, Grubenreinigungsfahrzeuge" sind wesentliche Komponenten entsprechender Fahrzeuge wie beispielsweise, Vakuumpumpe, Transportbehälter oder Entleerungsvorrichtung definiert [36].

3.3.3 Behältersysteme

Für den Transport flüssiger Abfälle und Schlämme wird eine Vielzahl unterschiedlicher Behältertypen und -größen angeboten und eingesetzt. Eine Systematik der Einteilung der Behälter nach entsprechenden Merkmalen kann wie in Abb. 3.28 vorgenommen werden.

Da es sich oft um schadstoffhaltige bzw. gefährliche Abfälle handelt, sind an die Behälter und ihre Verschlüsse besondere Anforderungen zu stellen. Sie sollen in erster Linie robust und aus korrosionsbeständigem Material hergestellt sein. Auch solche Behälter können aber durch innere oder äußere Einwirkungen Leckstellen erhalten. Um das Austreten des Inhaltes zu verhindern, können Behälter doppelwandig ausgeführt und mit einem Leckanzeigegerät ausgestattet werden. In diesem Fall ist es nach den Technischen Regeln für brennbare Flüssigkeiten (TRbF) nicht weiter vorgeschrieben, einen Auffangraum für aus-

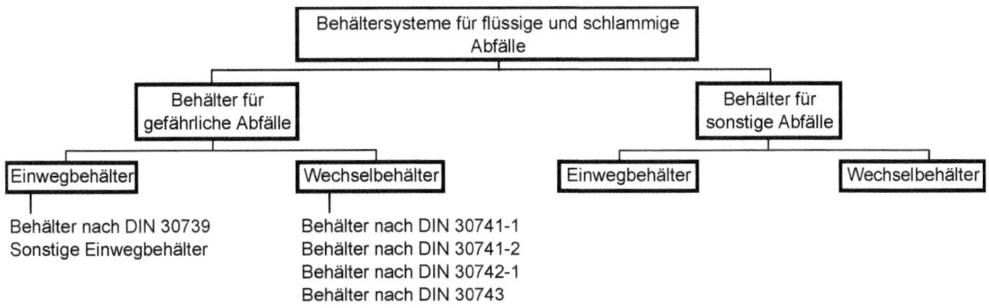

Abb. 3.28 Übersicht über Behältersysteme für flüssige und schlammige Abfälle [nach 39]

tretende Flüssigkeiten herzustellen, in dem die Behälter aufgestellt werden müssen. Ein solcher Auffangraum bedeutet eine aufwendige bauliche Maßnahme für die Einrichtung eines Sammelplatzes. Sammelbehälter mit geringem Fassungsvermögen brauchen nach den geltenden Vorschriften nur einwandig ausgeführt werden. Kleine Mengen werden in Kunststoff- oder Metallfässern gesammelt, die im Wechselverfahren abtransportiert und häufig mitbehandelt (d. h. verbrannt) werden. Ebenfalls im Wechselverfahren werden kubische, stapelbare Kleincontainer aus Stahl eingesetzt, die ein Fassungsvermögen von bis zu 1.000 l haben, sowie offene und geschlossene Mulden für den Transport von tropfendem Rechengut, nassen Aschen und Rückständen aus der Kanalisation (vgl. auch Kap. 3.4.2). Geschlossene Mulden sind mit einer abgedichteten Rückwand ausgestattet, die beim Hinterkippen geöffnet wird. Solche Behälter sind jedoch nur für den Transport halbflüssiger Abfälle geeignet, da beim Bremsen oder Beschleunigen mit dem Übertreten des Transportgutes gerechnet werden muss. Eine Schlammentwässerung kann in Mulden und Containern mit einem Fassungsvermögen zwischen 3 und 40 m^3 mit austauschbaren Filterkörben erfolgen. Ventile und Schieber sorgen für den Ablauf austretenden Wassers. Sollen Flüssigkeiten und Schlämme in Fahrzeugaufbauten gesaugt oder gepumpt werden, kommen Kesselfahrzeuge mit fest montierten Behältern zum Einsatz. Je nach Länge der Behälter und Konsistenz der Flüssigkeit müssen die Behälter durch Querschotten unterteilt werden, um eine Gewichtsverlagerung bei Schnellbremsungen zu verhindern. Eine geringe Schräglage nach hinten verstärkt diese Maßnahme.

Angefaulte Schlämme aus Großkläranlagen werden zweckmäßig mit Sattelaufliegerfahrzeugen mit einem Fassungsvermögen von bis zu 23.000 l transportiert. Ein Rotationsverdichter kann den Klärschlamm an der Entladestelle mit einem Überdruck von ca. 3 bar über eine Leitung austreiben.

Einwegbehälter werden überwiegend in der Medizinbranche genutzt, um infektiöse Abfälle u. ä. zu entsorgen. Diese Behälter werden im Rahmen der Abfallentsorgung mit verbrannt. Der Einsatz von Einwegbehältern für die Sammlung sonstiger (nicht gefährlicher) Abfälle ist rückläufig.

3.4 Sonderabfälle

3.4.1 Gesetzliche Grundlagen

Unter Sonderabfällen versteht man Abfälle, welche gefährliche Eigenschaften besitzen. Beim Umgang mit als gefährlich eingestuften Abfällen nach § 48 KrWG in Verbindung mit der Abfallverzeichnisverordnung (AVV) müssen aufgrund der Gefährlichkeit für Mensch und Umwelt besondere organisatorische und technische Maßnahmen ergriffen werden. Es sind für das Einsammeln, Lagern und Transportieren von Sonderabfällen diverse, sich manchmal überschneidende gesetzliche Regelungen zu beachten.

Außer der Überwachung von Anlagen in denen Sonderabfälle anfallen und solchen, in denen Sonderabfälle behandelt und beseitigt werden, ist auch eine Kontrolle des Transports sowie des Verbleibs der Sonderabfälle nach dem Einsammeln beim Abfallerzeuger notwendig.

Am 1. Februar 2007 sind das Gesetz und die Verordnung zur Vereinfachung der abfallrechtlichen Überwachung mit dem Ziel der Entlastung von Bürokratie und Stärkung der Effizienz in Kraft getreten. Deren zentrales Element ist die Neuordnung der Nachweisverordnung.

Die Nachweise zur umweltverträglichen Entsorgung der gefährlichen Abfälle müssen durch die Unternehmen elektronisch bearbeitet und den Behörden übermittelt werden (s. auch Kap. 1.3.8.1). Die Zentrale Koordinierungsstelle Abfall (ZKS-Abfall) nimmt für alle Bundesländer die Nachweisdaten entgegen und verteilt diese [45]. Um den Verbleib des Abfalls eindeutig verfolgen zu können, wird durch die ZKS eine eindeutige Nummer zugeordnet.

Das Formular des elektronischen Entsorgungsnachweises ist gegliedert in die elektronische Verantwortliche Erklärung (eVE) und die elektronische Annahmeerklärung. Darüber hinaus beinhaltet sie eine eindeutige Identifikationsnummer. Der Erzeuger füllt den Teil eVE aus, signiert diesen und leitet ihn an den Entsorger weiter. Der Abfallentsorger kontrolliert danach die Signaturen und prüft ob die eigene Anlage die Abfälle fachgerecht entsorgen kann. Ist dies der Fall, füllt er den Teil eAE aus, signiert diesen und übermittelt beide Teile an den Erzeuger sowie die virtuelle Poststelle der ZKS-Abfall. Die virtuelle Poststelle erstellt automatisch eine Eingangsbestätigung und sendet diese an den Erzeuger. Über das Abfallüberwachungssystem ASYS werden die Daten an die entsprechende Behörde weitergeleitet. Diese überprüft die Signaturen, die Vollständigkeit sowie die inhaltliche Korrektheit der Formulare. Bei Bedarf werden Informationen bzw. Unterlagen nachgefordert.

Die Entscheidung der Behörde über Zustimmung bzw. Ablehnung wird auf dem elektronischen Entsorgungsnachweis festgehalten, signiert und Erzeuger, Entsorger und Erzeugerbehörde übermittelt [46].

Überwiegend wird die Eingabe der Informationen über den zu transportierenden Abfall in das EDV-System durch den Abfallerzeuger vorgenommen. Nach Absprache kann dies jedoch auch durch das Transportunternehmen erfolgen. Bei Abholung des Abfalls müssen

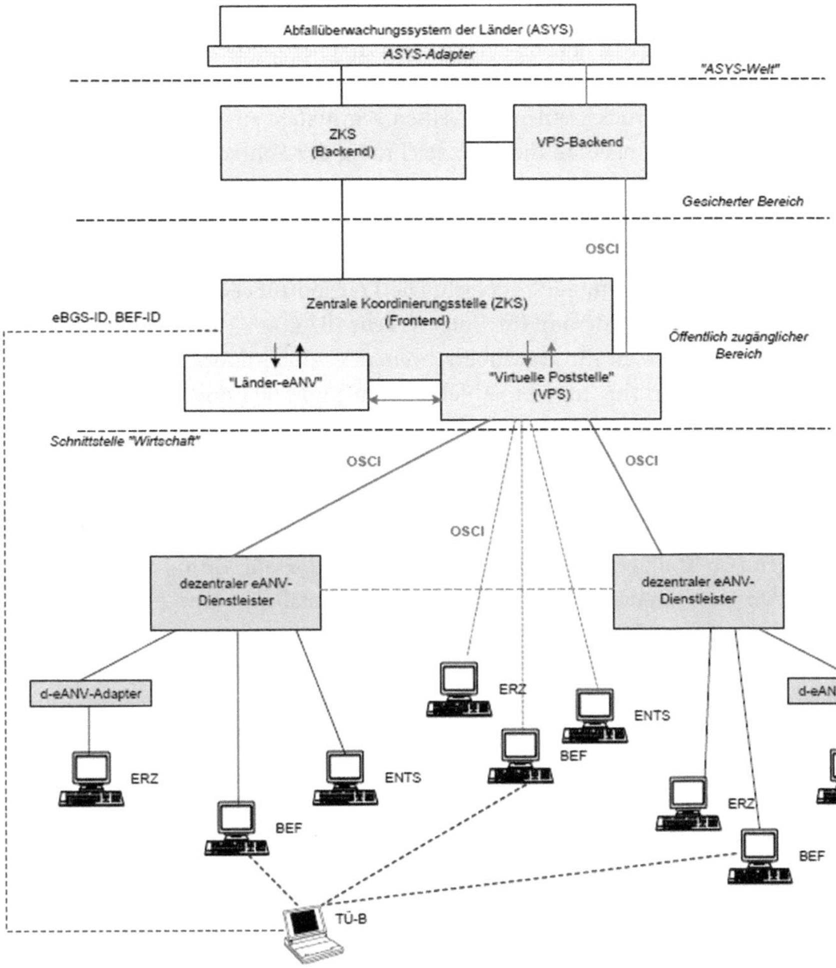

Abb. 3.29 Umsetzungsmodell elektronisches Abfallnachweisverfahren [47] (Abkürzungen: ZKS – Zentrale Koordinierungsstelle Abfall; VPS – Virtuelle Poststelle, ERZ – Erzeuger, BEF – Beförderer, ENTS – Entsorger)

Erzeuger und Transporteur die Übergabe quittieren. Im EDV-System erfolgt dies durch die elektronische Signatur.

Um bei Transportkontrollen Auskunft geben zu können, hat der Transporteur auch unterwegs Zugriff zum elektronischen Begleitschein.

Bei Anlieferung an die Entsorgungsfirma füllt der Entsorger den entsprechenden Teil des Begleitscheines aus und quittiert diesen. Nachdem der Begleitschein somit vollständig ausgefüllt ist, werden durch das EDV-System der Erzeuger wie auch die Aufsichtsbehörde automatisch über die erfolgte Übernahme informiert.

Die Informationen werden bei allen Beteiligten als elektronisches Register aufbewahrt [46]. Schematisch ist der Ablauf nach dem elektronischen Nachweisverfahren in Abb. 3.29 dargestellt.

Nach § 54 des Entwurfs des KrWG vom 30. März 2011 bedürfen das Sammeln und Befördern sowie Handeln und Makeln von gefährlichen Abfällen der behördlichen Erlaubnis. Entsprechend § 55 des Entwurfs des KrWG sind die Fahrzeuge für den Transport gefährlicher Abfälle mit zwei rückstrahlenden weißen Warntafeln zu versehen (A-Schilder). Hinsichtlich der Anforderungen an die Kennzeichnung der Fahrzeuge gilt § 10 des Abfallverbringungsgesetzes. Die Verordnung zur Transportgenehmigung TgV regelt die Anforderungen an die Fach- und Sachkunde des Einsammlers und Beförderers. Darin werden auch die zu verwendenden Vordrucke und notwendigen Unterlagen für die Beantragung der Transportgenehmigung geregelt. Die Transportüberwachung erfolgt durch die Polizei bzw. durch das Bundesamt für Güterverkehr (BAG).

Genehmigungsformalitäten für grenzüberschreitende Abfalltransporte regelt die EG-Verordnung über die Verbringung von Abfällen vom Juni 2006 mit Berichtigung vom November 2008. Die grenzüberschreitende Verbringung von Abfällen wird auf internationaler Ebene vom Baseler Übereinkommen sowie vom Beschluss des OECD-Rates über die Kontrolle der grenzüberschreitenden Verbringung von zur Verwertung bestimmter Abfälle geregelt (s. Kap. 1.3.8.3).

In der folgenden Abbildung sind Im- und Exportsaldos auf Grundlage der grenzüberschreitenden Verbringung zustimmungspflichtiger Abfälle im Jahr 2009 in und aus Deutschland für ausgewählte Länder dargestellt. Insgesamt wurden 7.627.000 Mg gefährliche und zustimmungspflichtige Abfälle 2009 nach Deutschland importiert und 1.201.000 Mg exportiert. Durch die führende Stellung Deutschlands in Bezug auf die Technologie der Behandlungsanlagen und beim Umgang mit gefährlichen Abfällen ist der Import von gefährlichen Abfällen oft die ökologisch beste Lösung (Abb. 3.30).

Nach § 4 der Altölverordnung (AltölV) von 2002 müssen synthetische Öle auf PCB-Basis, die insbesondere in Transformatoren, Kondensatoren und Hydraulikanlagen enthalten sein können, getrennt von anderen Altölen eingesammelt oder befördert und einer Entsorgung zugeführt werden.

Zusätzlich sind folgende Vorschriften für die Beförderung von Gefahrgütern relevant:

- Europäisches Übereinkommen über die internationale Beförderung gefährlicher Güter auf der Straße (ADR). Dieses Basisregelwerk enthält Vorschriften über die Klassifizierung, Verpackung, Kennzeichnung und Dokumentation gefährlicher Güter, den Umgang während der Beförderung sowie die verwendeten Fahrzeuge. Die Regeln des ADR werden in Deutschland durch die GGVSEB in nationales Recht umgesetzt.
- Verordnung über die innerstaatliche und grenzüberschreitende Beförderung gefährlicher Güter auf der Straße, mit der Eisenbahn und im Binnenverkehr – GGVSEB. Beim Transport unterliegen Sonderabfälle als „gefährliche Güter" der Gefahrgutverordnung Straße, Eisenbahn und Binnenschifffahrt (GGVSEB). Diese Verordnungen sind auf Grundlage des Gesetzes über die Beförderung gefährlicher Güter erlassen worden. Gefährliche Güter im Sinne von § 2 Abs. 1 Gefahrgutgesetz sind Stoffe oder Gegenstände, von denen aufgrund ihrer Natur, ihrer Eigenschaft oder ihres Zustandes im Zusammenhang mit der Beförderung Gefahren für die öffentliche Sicherheit oder Ordnung

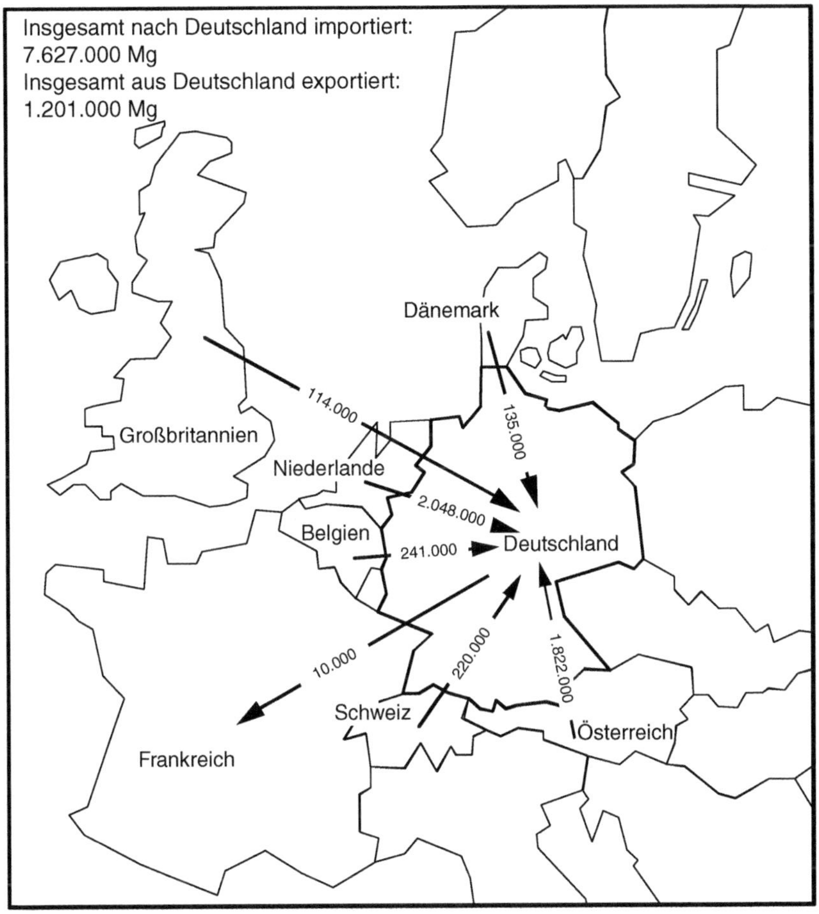

Abb. 3.30 Grenzüberschreitende Verbringung von gefährlichen und zustimmungspflichtigen Abfällen 2009 (Abfälle im Notifizierungsverfahren), Angaben in Mg [53]

(Allgemeinheit, Gemeingüter, Leben und Gesundheit von Menschen sowie Tieren und anderen Sachen) ausgehen können.

- Richtlinie zur Durchführung der Gefahrgutverordnung Straße, Eisenbahn und Binnenverkehr (RSEB).
- Verordnung über die Kontrolle von Gefahrguttransporten auf der Straße und in den Unternehmen (Gefahrgutkontrollverordnung – GGKontrollV).

Neben der GGVSEB gilt für den Transport von wassergefährdenden, brennbaren Flüssigkeiten die Betriebssicherheitsverordnung (BetrSichV).

Brennbare Flüssigkeiten werden nach Gefahrstoffrecht (Richtlinie 67/548/EWG) für flüssige Stoffe wie folgt kategorisiert:

- F + hochentzündliche Flüssigkeiten mit einem Flammpunkt unter 0 °C
- F leichtentzündliche Flüssigkeiten mit einem Flammpunkt von 0–21 °C
- R10 entzündliche Flüssigkeiten mit einem Flammpunkt von 21–55 °C

Es muss beachtet werden, dass es sich bei wassergefährdenden Flüssigkeiten nicht immer um gefährliche Güter nach GGVSEB handelt. Wassergefährdende Stoffe können auch als Störfallprodukte charakterisiert werden und unterliegen dann dem Wasserhaushaltsgesetz (WHG), dem Bundes-Immissionsschutzgesetz (BImschG) mit der Störfallverordnung und weiteren Regelungen.

Das Handling mit Gefahrstoffen ist in den Technischen Regeln für Gefahrstoffe spezifisch für einzelne Stoffe bzw. Stoffgruppen festgeschrieben.

3.4.2 Sonderabfall-Behältersysteme

An die Ausführung von Behältern, in denen Sonderabfälle gesammelt, gelagert und transportiert werden, sind nach Art der Inhaltstoffe und der Konsistenz besondere Anforderungen zu stellen. Während Schlämme u. U. in offenen Mulden transportiert werden können, müssen z. B. wassergefährdende Flüssigkeiten in geschlossene, korrosionsbeständige, möglicherweise doppelwandige Behälter gefüllt werden.

Behälter, die Stoffe aufnehmen sollen, die unter die Vorschriften der GGVSEB fallen, müssen entsprechend dieser Richtlinie ausgeführt und geprüft werden. Sie müssen besonders stabil sein und werden daher mit Bodenplatten, Sattelfüßen oder Gestellen versehen. Zur Unfallverhütung werden Gestelle als Rahmen ausgebildet, um die Behälter gegen Fall und Stoß zu sichern. Sie erleichtern außerdem den Transport und können dadurch gestapelt werden. Ein einwandfrei dichtes Verschließen wird durch Gummidichtungen und Spannverschlüsse gewährleistet. Das Behältermaterial muss korrosionsbeständig sein und darf nicht altern. Es gibt Stahlbehälter und Kunststoffbehälter, z. B. aus glasfaserverstärkten Polyesterharzen [3]. Oberflächenschutzmaßnahmen sind z. B. unterschiedliche Beschichtungsverfahren, Gummierungen, Einbrennlackierungen und Emaillierungen. Um Verwechselungen auszuschließen müssen sich die Behälter in Form und ggf. Farbe und Hinweisschildern von Behältern für ungefährliche Abfälle unterscheiden.

Behälterstandplätze müssen bei flüssigen und schlammigen Sonderabfällen häufig mit besonderen Sicherheitsvorrichtungen, z. B. Auffangwannen, versehen werden. Durch Einzäunung großer und Aufbewahrung kleiner Sammelbehälter in abschließbaren Sammelstationen können sie vor Zugang Unbefugter gesichert werden.

3.4.2.1 Behälter für feste und pastöse Sonderabfälle

Je nach Bedarf und anzuwendenden Vorschriften kommen unterschiedliche Behältertypen zum Einsatz, die in einer Vielzahl unterschiedlicher Modelle angeboten werden. Es sind dies für Sonderabfälle in großen Mengen überwiegend Container, offene Absetzmulden und geschlossene Absetzmulden (Abb. 3.31), z. B. mit Federklappendeckel. Klein-

Abb. 3.31 Absetzkipperbehälter für Sonderabfälle [48]

und Kleinstmengen werden vorteilhaft in sog. kubischen Tankcontainern bis 1.000 Litern Rauminhalt gesammelt. Diese sind stapelbare kubische oder zylindrische Kleincontainer aus Stahl, in die zusätzlich PE-Säcke eingehängt werden können. Dadurch bleibt das Innere des Behälters sauber und der Inhalt kann leichter entleert werden. Zur Aufnahme fester und pastöser Stoffe von oben haben die Öffnungen die Größe des gesamten Behälterquerschnittes.

Gewebesäcke aus Polypropylen mit 1 oder 2 m^3 Rauminhalt, sog. „BIG-BAG's" (Abb. 3.32), können für verschiedene Abfallstoffe eingesetzt werden. Für den Gefahrguttransport dürfen ausschließlich „BIG-BAG's" eingesetzt werden, welche nach entsprechenden UN-Richtlinien getestet wurden. Beispielsweise für Asbest legen die Technischen Regeln für Gefahrstoffe – TRGS 519 detailliert das Handling des Materials von der Aufnahme bis zur Entsorgung fest. Neben Hinweisen zur erforderlichen Sachkunde und entsprechenden Schutzmaßnahmen werden geeignete Behälterarten benannt. Für den Transport von Filterstäuben und Flugaschen sind die „BIG-BAG's" mit einem PE-Innensack versehen.

Wie flüssige und schlammige Stoffe können auch feste Abfallstoffe, wie z. B. kontaminiertes Erdreich (nach Auflockerung), Schlacke, Asche und andere Industrieabfälle, von Saugwagen über Schläuche und Vakuumpumpen in Kesselwagen gepumpt werden. Von Vorteil ist diese Art des Einsammelns besonders bei der Entleerung schwer zugänglicher Gruben, Auffangbecken und Kesselanlagen.

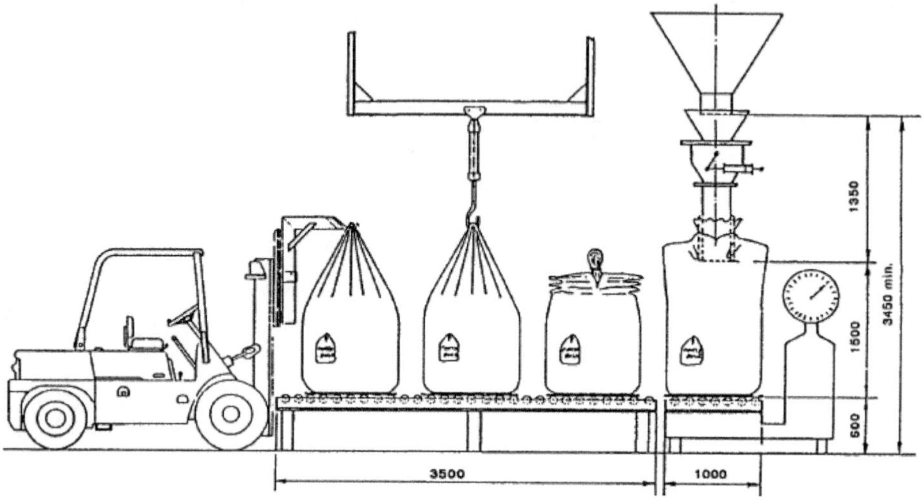

Abb. 3.32 Stehende Befüllung von Gewebesäcken „BIG-BAG's" z. B. für Flugasche oder Filterstäube [37]

Abb. 3.33 Behälter für brennbare Flüssigkeiten, Säuren oder Laugen

3.4.2.2 Behälter für flüssige und schlammige Sonderabfälle

Behälter und Transportsysteme für flüssige und schlammige Abfälle sind bereits in Kap. 3.3 beschrieben worden. Das Einsammeln, Lagern und Transportieren von flüssigen und schlammigen Sonderabfällen erfordert die Beachtung zusätzlicher gesetzlicher Regelungen und praktischer Anforderungen an Konstruktion und Material. Insbesondere gehört dazu die Verwendung korrosionsbeständiger Materialien, zuverlässiger Dichtungssysteme, ggf. einer doppelwandigen Ausführung mit Leckanzeige und das Aufstellen in Auffangwannen. ASP bzw. ASF-Behälter sind mitunter mit Gabelschuhen ausgeführt und können damit vom Gabelstapler aufgenommen und mittels Drehservo durch Kippen über Kopf entleert werden (Abb. 3.33).

Für kleinere Mengen werden Fässer, zum Teil im Einwegverfahren, aus Stahl oder Kunststoff eingesetzt sowie KTC-ASF-Behälter aus Stahl oder Kunststoffinnenteil. Sie haben im Gegensatz zu ASP-Behältern eine kleinere Öffnung mit Verschluss und einen

Abb. 3.34 Tankfahrzeug zum Transport gefährlicher Flüssigkeiten [49]

Deckel über den gesamten Behälterquerschnitt. Große Mengen werden in separate oder fest mit dem Transportfahrzeug verbundene Tanks gefüllt oder gesaugt, wobei das System der Gaspendelung zur Verhinderung der Freisetzung flüchtiger organischer Verbindungen als Stand der Technik anzusehen ist (Abb. 3.34).

Bei Bau und Einsatz von Behältern für wassergefährdende, brennbare Flüssigkeiten sind die Vorschriften der Technischen Regeln für brennbare Flüssigkeiten (TRbF) zu beachten.

3.4.3 Sammelstellen und Zwischenlager

Nach § 47 Abs. 1 des KrWG sind die Länderbehörden für die Überwachung der Vermeidung und Bewirtschaftung von Abfällen und somit auch von Sonderabfällen zuständig. Die Nachweisverordnung regelt die formalisierte Überwachung. Abfälle aus privaten Haushalten unterliegen nicht der Nachweispflicht. Sonderabfälle aus der Industrie werden überwiegend auf dem direkten Weg dem Entsorger angedient und dabei überwacht (Begleitscheinverfahren).

Teilweise werden geringere Mengen an Sonderabfällen erst in Sammelstellen gebündelt bevor sie der Entsorgung zugeführt werden. Dies ist beispielsweise aus Forschungseinrichtungen oder Universitäten bekannt. Die Sammelstelle erfüllt daher die Funktion eines Zwischenlagers in dem umgefüllt, sortiert und verpackt wird.

Entsorgungsunternehmen bieten für Gewerbe und Industrie geeignete Behälter für die getrennte Sammlung von Sonderabfällen an, welche bei Bedarf abgeholt bzw. ausgetauscht werden. Sofern erforderlich, werden die Abfälle in einem speziellen Sonderabfallzwischenlager untergebracht. Teilweise sind diese Zwischenlager bereits an Behandlungsanlagen, wie bspw. chemisch-physikalische Behandlungsanlagen, angegliedert. Die Mitarbeiter in den Sonderabfallzwischenlagern verfügen über entsprechende Kenntnisse im besonderen Umgang mit gefährlichen Abfällen. Dies sind beispielsweise der ADR-Schein (Gefahrguttransport) und Kenntnisse über die TRGS 520 (Betrieb Sonderabfallzwischenlager).

Abb. 3.35 Sammelbehälter für wassergefährdende Stoffe auf Auffangwanne

Sonderabfallzwischenlager sind in verschiedene Bereiche für die Lagerung bestimmter Abfälle zu trennen. So sollte eine getrennte Lagerung von brennbaren Flüssigkeiten, wassergefährdenden Stoffen oder bspw. Lagertanks für Emulsionen gewährleistet werden. Zur speziellen Lagerung von wassergefährdenden Stoffen sind Auffangvorrichtungen erforderlich um bei Leckagen Gewässerverunreinigungen zu vermeiden. Ein Beispiel für eine sogenannte Auffangwanne ist in Abb. 3.35 dargestellt.

Bei den angelieferten Sonderabfällen handelt es sich um Produktionsrückstände aus der Industrie oder um getrennt gesammelte Sonderabfälle aus Haushalten. Der Bundesverband der Unfallkassen (BUK vormals BAGUV) hatte 1987 ein Merkblatt über die bauliche und personelle Ausstattung von Sammelstellen herausgegeben.

Angelieferte Abfälle werden nach der Eingangskontrolle, d. h. Entnahme von Proben zur Analyse und Überprüfung der Deklaration, nach Art der Inhaltstoffe, Eigenschaften und Konsistenz in entsprechende Annahmebecken, Mulden u. a. Behälter entleert oder in Wechselbehältern abgestellt. Von dort werden sie je nach Bedarf einer chemisch-physikalischen Behandlung zugeführt und flüssige bzw. schlammige Stoffe in der Regel entwässert, bevor sie zu größeren Transporteinheiten zusammengestellt und zur Sonderverbrennungsanlage gebracht werden.

Das Fließschema in Abb. 3.36 zeigt prinzipiell die Verfahrensschritte einer Sammelstelle. Grundsätzlich kann eine Sammelstelle mit folgenden Betriebsteilen ausgestattet sein [34]:

- Lagerfläche zur Zusammenstellung für die Behandlung,
- Lagerfläche zur Zusammenstellung der Transporte zu den Zentrallagern,
- Emulsionstrennanlagen für Öl-Wasser-Gemische,
- Neutralisations- und Entgiftungsanlagen, Entwässerungsanlagen.

An die bauliche Ausführung der Bereiche, in denen Abfallstoffe umgefüllt und gelagert werden, sind besondere Anforderungen zu stellen. Die Abstellflächen für Behälter und

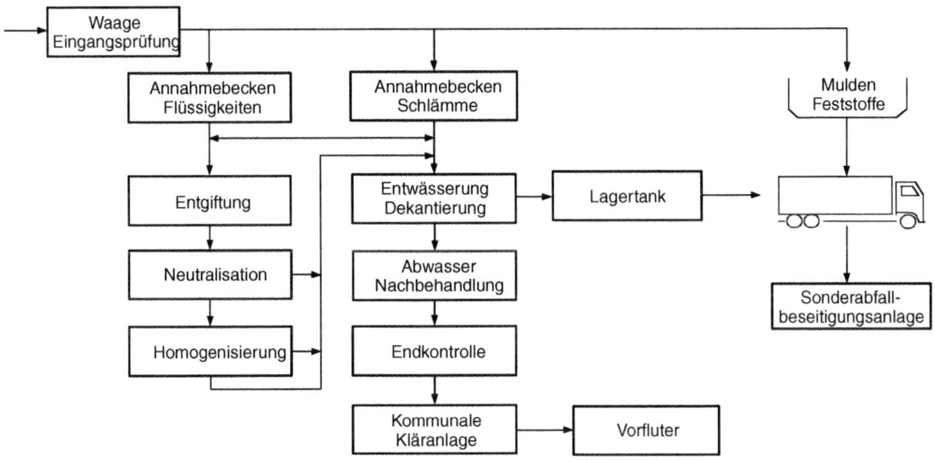

Abb. 3.36 Fließschema einer Sammelstelle für Sonderabfall [29]

die Aufnahmebecken müssen überdacht sein um eine Vermischung mit Regenwasser zu vermeiden. Der Boden der Abstellflächen sowie der Bereich um die Annahmebecken ist aus hochwertigem Beton, z. B. wasserdichtem B35 mit hohem Widerstand gegen chemischen Angriff, geneigt oder mit Ablaufrinnen auszuführen. Ein besonderes Problem ist die Sicherung des Untergrundes gegen das Eindringen von chlorierten Kohlenwasserstoffen. Diese Stoffe diffundieren selbst durch hochwertigen Beton. Es muss daher unter der Bodenplatte eine Abdichtung gegen CKW's eingebaut werden. Für diese Dichtung gibt es eine Reihe von Möglichkeiten. Ohne Anspruch auf Vollständigkeit kommen folgende Dichtungskonstruktionen in Betracht:

- Stahlblecheinlagen auf einer Betonschicht mit Estrichauflage,
- Mehrkomponenten-Beschichtungssystem (z. B. System Asplitt der Firma Hoechst),
- Dichtungsbahnen (z. B. Delta-Sperrschicht der Firma E. Dörken KG),
- Bleifolien.

Keine dieser Maßnahmen kann aber als optimale Lösung angesehen werden. Ein Feststofflager mit einer vollständigen Trennung der Anlieferseite von der Aufnahmeseite zeigt das Abb. 3.37 Damit wird erreicht, dass die anliefernden Fahrzeuge nicht in möglicherweise kontaminierte Fahrbereiche gelangen und somit Schadstoffe auf allgemeine Verkehrsflächen austragen können.

Es ist erforderlich, Abfallstoffe ähnlicher Zusammensetzung gemeinsam zu lagern und räumlich deutlich getrennt von solchen Stoffen zu halten, mit denen es zu unerwünschten Reaktionen kommen kann [38].

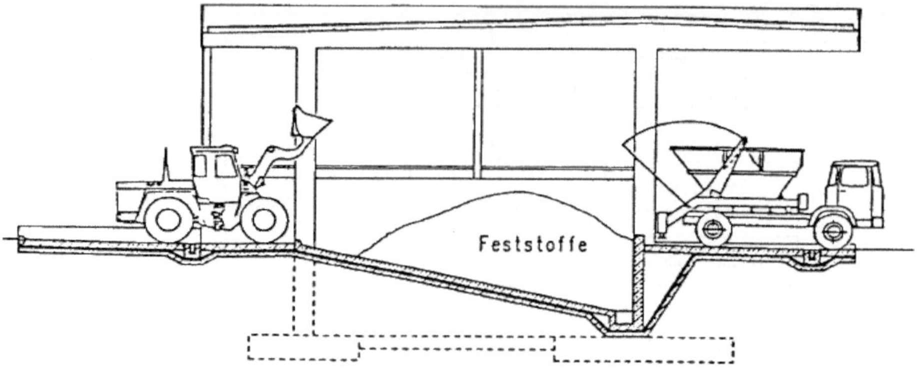

Abb. 3.37 Feststofflager [38]

3.4.4 Sonderabfallkleinmengen aus Haushaltungen

Bei 0,01 % der in der Bundesrepublik Deutschland 2008 angefallenen Siedlungsabfälle handelte es sich um gefährliche Abfälle [51]. Zur angemessenen Behandlung wurden diese Stoffe von Wertstoffen und vom Restmüll getrennt erfasst und eingesammelt. Der durchschnittliche Anteil an gefährlichen Abfällen im Restabfall beträgt 0,6 %. In Haushaltungen fallen überwiegend folgende Problemstoffe an [40]:

- Wasch- und Reinigungsmittel, Desinfektionsmittel,
- Batterien,
- alte Arzneimittel, Lack- und Lösemittelreste, Holzschutzmittel,
- Pflanzenschutz- und Schädlingsbekämpfungsmittel,
- sonstige Chemikalien (Hobbybereich),
- Spraydosen, Gaskartuschen,
- Feuerlöscher,
- Leim- und Klebemittel,
- Fette und Wachse,
- Schmierstoffe/Frittieröle,
- Fotochemikalien,
- Kosmetika,
- Leuchtstoffröhren, -bruch und Energiesparlampen.

Etwa 50 % der Sonderabfälle aus Haushaltungen, bei bestimmten Sonderabfallarten sogar bis zu 90 %, gelangen in die Abfallbeseitigung und in das häusliche Abwasser.

Sonderabfälle aus Haushaltungen fallen im Gegensatz zu den meisten übrigen Bestandteilen des Hausmülls in der Regel in kleinen Mengen und unregelmäßig an, so dass hier ein anderes Sammelsystem zum Einsatz gelangen muss. Ein langfristig tragfähiges Sammelsystem muss auf eine Vielzahl von Rahmenbedingungen eingehen. Hierzu gehören unter anderem [41]

- der Arbeitsschutz,
- die Anforderungen der Abfallbehandlungsanlagen,
- die Bürgernähe,
- die Wirtschaftlichkeit,
- der Gewässerschutz und
- die Transportsicherheit.

Problemstoffe können von speziell ausgerüsteten Sammelfahrzeugen („Giftmobil", „Schadstofftaxi", „Schadstoffmobil") am Anfallort abgeholt (Holsystem) oder durch den Abfallerzeuger zu zentralen Sammelstationen oder zum Handel gebracht werden (Bringsystem). Als Sammelverfahren können eingeführt werden [42]:

- Rücknahme durch den Handel oder Hersteller,
- periodische Sammlungen bei den Abfallbesitzern,
- periodische Sammlung an zentralen Stellen,
- ständige Annahme an zentralen Stellen,
- Sammlung auf Abruf.

In der Praxis kann auch eine Kombination dieser Verfahren angewendet werden. Der Aufwand für den Abfallbesitzer muss möglichst gering gehalten werden. Die Annahme von Problemstoffkleinmengen muss kostenlos sein um einen Anreiz für die Teilnahme an der Sammlung von Sonderabfällen überhaupt erst zu schaffen. Um die Bevölkerung auf Sammelaktionen aufmerksam zu machen und ihren Bekanntheitsgrad zu steigern ist eine intensive und möglichst kontinuierliche Öffentlichkeitsarbeit zu leisten.

Die Aufstellung von Depotcontainern ohne sachgerechte Annahme der Anlieferungen durch ausgebildetes Personal ist wegen des hohen Gefährdungspotenzials der zu sammelnden Stoffe nicht zu empfehlen. Die Mitarbeiter, die mobile und ortsfeste Sammelstationen betreuen, müssen neben einer ausreichenden Kenntnis über Stoffzusammensetzungen, mögliche Reaktionen der Abfälle untereinander sowie den Verfahren zur Abfallbehandlung ein ausgeprägtes Verantwortungsbewusstsein besitzen, damit sie eine sachgerechte Zuordnung der angelieferten Abfälle vornehmen können.

Die Einstufung kann bei Originalverpackungen durch Inhaltshinweise oder Kennzeichnung erfolgen. Von großer Bedeutung für die Einstufung nicht gekennzeichneter Abfälle ist die Information, die nur der Abfallerzeuger bzw. -anlieferer besitzt. Sobald der Anlieferer die Sammelstation verlassen hat, sind dessen Informationen nicht mehr abrufbar [41].

Problemstoffe werden in speziell dafür vorgesehenen Behältern gesammelt, die dieselben Anforderungen erfüllen müssen, wie solche für industrielle Sonderabfälle. Während in einer ortsfesten Sammelstelle ausreichendes Behältervolumen zur Verfügung stehen kann, ist bei mobilen Sammelstationen die Aufteilung des Fahrzeugraumes für verschiedene Behältertypen und -größen auf Erfahrungswerte zu stützen. Die Mengen unterliegen jahreszeitlichen, örtlichen, aber auch zufälligen Schwankungen. Behälter in ortsfesten und mobilen Sammelstationen unterscheiden sich in erster Linie durch ihre Größe. In ortsfesten Sammelstationen werden Container, Mulden, Gitterboxen, Spannringdeckelfässer mit 200 Litern Rauminhalt und Altöldepots aufgestellt. In Sammelfahrzeugen werden dagegen kleinere Fässer, Kanister und Kisten aus Stahl oder Kunststoff verwendet. Sie sind im Fahrzeug gegen Fall und Stoß gesichert. Undichte Anlieferungsgefäße mit flüssigem Inhalt und solche mit nicht identifizierbarem Inhalt werden zusätzlich einzeln in Folienbeutel verpackt.

Problemstoffe aus Haushaltungen sind nach der GGVSEB bzw. ADR als „gefährliche Güter" einzustufen. Beim Einsammeln in Sammelfahrzeugen ergibt sich dabei das Problem, dass Stoffe miteinander transportiert werden, die nach den geltenden Vorschriften separat befördert werden müssen.

Um trotzdem verschiedene Sonderabfälle transportieren zu können, wurde die GGAV 2002 erarbeitet, welche als Verordnung über Ausnahmen von den Vorschriften über die Beförderung gefährlicher Güter die entsprechenden Transporte regelt. Dieses so geschaffene Regelwerk darf die Sicherheit des Transportgesamtsystems nicht gefährden.

Hierzu gehören alle Maßnahmen, die einen sicheren Transport ermöglichen und solche, die beim Eintreten eines Schadensfalls zur Schadensbegrenzung beitragen.

Ortsfeste Sammelstellen, die vorzugsweise zentral und verkehrgünstig liegen, müssen baulichen Anforderungen u. a. nach der Verordnung über Anlagen zum Lagern, Abfüllen und Umschlagen wassergefährdender Stoffe (VAwS) erfüllen, die hauptsächlich für den Schutz der Gewässer vor Verunreinigungen Sorge tragen. Nach VAwS sind u. a. folgende Vorkehrungen zu treffen [41]:

- Errichtung einer flüssigkeitsdichten und chemikalienbeständigen Bodenplatte,
- Errichtung eines Auffangbehälters oder einer Auffangwanne, die mindestens den Inhalt des größten Lagerbehälters bzw. 10 % der gelagerten Stoffe aufnehmen kann,
- Überdachung der Bodenplatte und Sicherstellung, dass kein Niederschlag auf die versiegelte Bodenplatte fällt.

Sammelstellen müssen ausreichend Platz für Anlieferfahrzeuge, Behälter und Container haben. Das Gelände soll abschließbar sein. Die Annahme der angelieferten Abfälle muss von fachkundigem Personal beaufsichtigt werden. Ortsfeste Problemstoffsammlungen können zusammen mit der Sammlung von Wertstoffen aus Haushalten wie Glas, Papier, Kunststoffen etc. auf Recyclinghöfen stattfinden.

Literatur

1. Knorr, W.: Sammlung und Transport von Abfällen. Vogl/Heigl/Schäfer: Handbuch des Umweltschutzes. Landsberg: ecomed-Loseblatt-Ausgabe
2. Thomé-Kozmiensky, K.J.: Sammlung, Umschlag, Transport von Haushaltsabfällen. Thomé-Kozmiensky, K.J. (Hrsg.): Sammlung, Umschlag und Transport von Abfällen. Berlin: EF-Verlag 1989, S. 1–110
3. Habeck-Tropfke, L.; Habeck-Tropfke, H.-H.: Müll und Abfalltechnik. Düsseldorf: Werner Verlag 1985
4. Würz, W.: Das Sammelsystem (Kennz. 2140). Hösel/Schenkel/Schnurer: Müll-Handbuch. Berlin: Erich Schmidt Verlag 1991
5. Würz, W.: Die Verfahren der Abfallfallsammlung (Kennz. 2120). Hösel/Schenkel/Schnurer: Müll-Handbuch. Berlin: Erich Schmidt Verlag 1991
6. Erbel, A.: Pneumatischer Mülltransport in Rohrleitungen (Kennz. 2350). Hösel/Schenkel/Schnurer: Müll-Handbuch. Berlin: Erich Schmidt Verlag 1991
7. Licht, H.: Abschwemmung in die Kanalisation (Kennz. 2330). Hösel/Schenkel/Schnurer: Müll-Handbuch. Berlin: Erich Schmidt Verlag 1991
8. Bundesministerium für Umwelt, Naturschutz und Reaktorsicherheit: Verpackungen gesamt – Verbrauch, Verwertung, Quoten, 1991 bis 2008 (in Kilotonnen) in der Bundesrepublik Deutschland; nach Gesellschaft für Verpackungsmarktforschung mbH (GVM), 2010
9. Sattler, K. (Hrsg.): Umweltschutz Entsorgungstechnik: Behandlung fester Abfallstoffe, Abwasser- und Abgasreinigung, Lärmschutz. Würzburg: Vogel Verlag 1982
10. Rocholl, J.: Richtige Systemauswahl für Umschlag und Transport von Abfällen. Thomé-Kozmiensky, K.J. (Hrsg.): Sammlung, Umschlag und Transport von Abfällen. Berlin: EF-Verlag 1989, S. 307–318
11. Müller, H.-J.: Umladestationen (Kennz. 2320). Hösel/Schenkel/Schnurer: Müll-Handbuch. Berlin: Erich Schmidt Verlag 1991
12. Länderarbeitsgemeinschaft Abfall (LAGA): Informationsschrift Umschlagstationen für Hausmüll und hausmüllähnliche Abfälle (Kennz. 2322). Hösel/Schenkel/Schnurer: Müll-Handbuch. Berlin: Erich Schmidt Verlag 1991
13. Sporli, P.A.: Umschlagstation für das System Straße/Wasserweg am Beispiel Genf. Thomé-Kozmiensky, K.J.; Jäger, B.; Ferber, M. (Hrsg.): Abfallwirtschaft an der Technischen Universität Berlin: Sammlung-Umschlag-Transport von Haushaltsabfällen, Band 4. Berlin: TU-Eigenverlag 1979, S. 332–343
14. Muder, P.: Erfahrungen mit dem Ferntransport in Berlin (West) unter besonderer Berücksichtigung der Entsorgungssicherheit. Thomé-Kozmiensky, K.J. (Hrsg.): Sammlung, Umschlag und Transport von Abfällen. Berlin: EF-Verlag 1989, S. 323–326
15. Fa. Keller & Knappich. Augsburg: Prospektunterlagen
16. Orth, H.; Arndt, K.: Spezialfahrzeuge der Müllabfuhr und Transport von verdichtetem Müll (Kennz. 2210 bis 2282). Hösel/Schenkel/Schnurer: Müll-Handbuch. Berlin: Erich Schmidt Verlag 1991
17. Fa. Zöller-Kipper GmbH: Prospektunterlagen
18. Kirchhoff, J.: MSTS – Das Multi-Service- und Transportsystem. Thomé-Kozmiensky, K.J. (Hrsg.): Sammlung, Umschlag und Transport von Abfällen. Berlin: EF-Verlag 1989, S. 127–138
19. Groß, W.D.: Abfalltransporte mit der Bundesbahn (Kennz. 2355). Hösel/Schenkel/Schnurer: Müll-Handbuch. Berlin: Erich Schmidt Verlag 1991
20. Rethmann, N.: Rationalisierungsmaßnahmen der Müllabfuhr (Kennz. 2532). Hösel/Schenkel/Schnurer: Müll-Handbuch. Berlin: Erich Schmidt Verlag 1991
21. Gallenkemper, B.; Doedens, H.: Getrennte Sammlung von Wertstoffen das Hausmülls. Abfallwirtschaft in Forschung und Praxis. Band 21. Berlin: Erich Schmidt Verlag 1988

22. Informationsschrift des Verbandes kommunaler Städtereinigungsbetriebe (VKS) über Wertstoffe aus Siedlungsabfällen, Möglichkeiten der Wiederverwertung (Kennz. 2985): Hösel/Schenkel/Schnurer: Müll-Handbuch. Berlin: Erich Schmidt Verlag 1991
23. Normann Bock
24. Reif, C.: Erfassung von Wertstoffen durch das Mehrkammer-Müllsystem. Thomé-Kozmiensky, K.J. (Hrsg.): Sammlung, Umschlag und Transport von Abfällen. Berlin: EF-Verlag 1989, S. 205–213
25. Fa. MKMS GmbH: Prospektunterlagen
26. Wiehn, E.R.: Recycling in sozialwissenschaftlicher Sicht (Kennz. 2912). Hösel/Schenkel/Schnurer: Müll-Handbuch. Berlin: Erich Schmidt Verlag 1991
27. Haas, H.D.; Crone, D.; Scherm, G.; Bautze, S.: Entsorgungsverhalten der Bevölkerung im östlichen Landkreis Fürstenfeldbruck unter dem Aspekt einer angestrebten Getrenntmüllsammlung. Institut für Wirtschafsgeographie München: Universitäts- Eigenverlag 1985
28. Vogel, G.: Getrennte Sammlung von Stoffen des Mülls (Kennz. 2810). Hösel/Schenkel/Schnurer: Müll-Handbuch. Berlin: Erich Schmidt Verlag 1991
29. Oschlies, D.: Entwicklungstendenzen bei der Sammlung von Haushaltsabfällen. Thomé-Kozmiensky, K.J. (Hrsg.): Sammlung, Umschlag und Transport von Abfällen. Berlin: EF-Verlag 1989, S. 139–148
30. Orth, H.: Fahrzeuge für den Transport von Fäkalien (Kennz. 2021). Hösel/Schenkel/Schnurer: Müll-Handbuch. Berlin: Erich Schmidt Verlag 1991
31. Orth, H.: Saugwagen für Aufnahme und Transport von Flüssigkeiten und dickflüssigen Schlämmen mit eigener Befüllungsanlage und zusätzlicher Tiefsaugeinrichtung (Kennz. 2023). Hösel/Schenkel/Schnurer: Müll-Handbuch. Berlin: Erich Schmidt Verlag 1991
32. Umweltbundesamt: Daten zur Umwelt, Verwertung von Altglas, abgerufen unter http://www.umweltbundesamt-daten-zur-umwelt.de/umweltdaten/public/theme.do?nodeIdent=2313; abgerufen März 2011
33. Verband Deutscher Papierfabriken: Papier 2008 – Ein Leistungsbericht, Bonn 2010
34. Thomé-Kozmiensky, K.J.: Sonderabfallentsorgung. Thomé-Kozmiensky, K.J. (Hrsg.): Behandlung von Sonderabfällen 1–3. Berlin: EF-Verlag 1987
35. Bundesministerium für Umwelt, Naturschutz und Reaktorsicherheit: Ökologisch sinnvolle Verwertung von Bioabfällen – Anregungen für kommunale Entscheidungsträger, Berlin 2009
36. Würz, W.: Technische Systeme für die Entsorgungslogistik Bilitewski/Schnurer/Zeschmer-Lahl: Müll-Handbuch, Kennzahl 2090, Loseblatt-Ausgabe 05/2005, Erich Schmidt Verlag Berlin
37. Albert, W.: Vorrichtungen und Packmittel für Abfüllung, Transport und Lagerung von Filterstäuben. Thomé-Kozmiensky, K.J. (Hrsg.): Behandlung von Sonderabfällen 2. Berlin: EF-Verlag 1988, S. 482–488
38. Wille, K.-H.: Die Planung von Sonderabfall-Sammelstellen mit Behandlungsanlagen. Thomé-Kozmiensky, K.J. (Hrsg.): Behandlung von Sonderabfällen 2. Berlin: EF-Verlag 1988, S. 444–459
39. Würz, W.: Behältersysteme für flüssige und schlammige Abfälle, Bilitewski/Schnurer/Zeschmer-Lahl: Müll-Handbuch, Kennzahl 2020, Lieferung 09/1, Erich Schmidt Verlag Berlin
40. Schüssler, H.: Entsorgung von Problemstoffen aus Haushaltsabfällen am Beispiel des Saarlandes. Thomé-Kozmiensky, K.J. (Hrsg.): Behandlung von Sonderabfällen 2. Berlin: EF-Verlag 1988, S. 419–432
41. Wilde, W.; Maltzahn, U. v.: Sammlung von Sonderabfällen aus Haushalten. Thomé-Kozmiensky, K.J. (Hrsg.): Behandlung von Sonderabfällen 1. Berlin: EF-Verlag 1987, S. 383–397
42. Schadstoffe in Siedlungsabfällen. Informationsschrift Heft 1, Hauptausschuß des Verbandes Kommunaler Städtereinigungsbetriebe (VKS) (Kennz. 2980). Hösel/Schen-kel/Schnurer: Müll-Handbuch. Berlin: Erich Schmidt Verlag 1991

43. INTECUS: Einfluß der Altpapiervorwegnahme auf die Entsorgungskosten von Hausmüll in der Bundesrepublik Deutschland. Im Auftrag altpapierverarbeitender Papierfabriken: VDP-Bonn 1989
44. Verordnung über die Vermeidung von Verpackungsabfällen (Verpackungsverordnung) vom 12. Juni 1991, BGBl. I, 1234 ff.
45. Bundesministerium für Umwelt, Naturschutz und Reaktorsicherheit: Start der elektronischen Überwachung gefährlicher Abfälle zum 1. April 2010; Pressemitteilung Nr. 047/10, Berlin, 31.03.2010, abgerufen am 04.01.2011; http://www.bmu.de/pressemitteilungen/aktuelle_pressemitteilungen/pm/45836.php
46. Sächsisches Staatsministerium für Umwelt und Landwirtschaft: Das künftige elektronische Verfahren (eANV) – Ablauf der Vorabkontrolle (elektronischer Entsorgungsnachweis), Dresden 2009, abgerufen am 05.01.2011 unter: http://www.forsten.sachsen.de/umwelt/download/eANV/Ablauf_der_Vorabkontrolle_eEN.pdf
47. Bundesministerium für Umwelt, Naturschutz und Reaktorsicherheit: Umsetzungsmodell eANV – Umsetzungsmodell für ein EDV-System zum elektronischen Abfallnachweisverfahren, Version 1.0, Bonn 2004
48. Ellermann GmbH, Delmenhorst, abgerufen am 05.01.2011 unter http://www.ries-pressen.de/assets/files/pdf/ellermann_absetz.pdf
49. Gefahrgut-Wiki: Tankfahrzeug, abgerufen am 04.01.2011 unter http://www.gefahrgut-wiki.de/Tankfahrzeug
50. N.N.: Duales System 1992 mit 1,241 Mrd. DM Erlösen für den Grünen Punkt. EUWID Recycling und Entsorgung, 3. Jhrg. Nr. 14, 7
51. Statistisches Bundesamt: Umwelt – Abfallbilanz 2008; Wiesbaden 2010
52. Fricke, K.; et al.: Die Bioabfallsammlung und -kompostierung in der Bundesrepublik Deutschland – Situationsanalyse 1991. Bad Kreuznach: Raab Druck 1991, S. 43–46
53. Statistisches Bundesamt: Fachserie 19 Umwelt, Reihe 1 Abfallentsorgung 2009, Wiesbaden 2011
54. INTECUS: Untersuchung verschiedener Erfassungssysteme für Getränkekartonagen – Endbericht. Im Auftrag des Fachverbandes Kartonverpackungen für flüssige Nahrungsmittel e. V. Berlin 1992
55. INTECUS: Leitfaden zur haushaltsnahen und effizient getrennten Erfassung von Wertstoffen. Auftraggeber: DASS mbH, GesoBau, Berlin 1992

4 Abfallbehandlung und -beseitigung

Die abfallwirtschaftlichen Aktivitäten lassen sich auf zwei grundsätzliche Ziele zurückführen:

- Die Haushalte, Städte und Gemeinden müssen regelmäßig von Abfällen entsorgt werden.
- Die eingesammelten Abfälle müssen so entsorgt werden, dass das Wohl der Allgemeinheit nicht beeinträchtigt wird.

Das zweite Ziel ist in den letzten 50 Jahren verstärkt in das Bewusstsein der Menschen eingedrungen. Dies hat dazu geführt, dass sowohl die Umwelthygiene als auch die Schonung der Umwelt ein wichtiger Faktor wurde. Somit ist für die Wahl eines Systems zur Abfallbehandlung nicht nur die Wirtschaftlichkeit eines Verfahrens ausschlaggebend, sondern es müssen auch die Forderungen nach der Umwelthygiene und dem Schutz der Umwelt vorrangig berücksichtigt werden. Der Oberbegriff „Abfallwirtschaft" hat sich eingebürgert und umfasst nach heutigem Verständnis die Summe aller Maßnahmen zur Vermeidung, möglichst schadlosen Behandlung, Wieder- und Weiterverwendung, Verwertung als Ressource und endgültigen Unterbringung von Abfällen aller Art unter der Berücksichtigung ökologischer und ökonomischer Gesichtspunkte. Neben den organisatorisch-strukturellen und technischen Maßnahmen zur Abfallbehandlung kommen als Abfallbehandlungsmethoden folgende Verfahrensgruppen in Betracht:

- die Deponierung von Abfällen in geordneter Weise als endliche Ablagerungsmöglichkeit für „Restabfälle", welche den Ablagerungskriterien entsprechen und deren weitere Behandlung und Aufbereitung weder wirtschaftlich noch technisch durchführbar ist,
- die thermische Behandlung von Abfällen zur Nutzung der Energie und Reduktion der Abfallmengen (Energie-Recycling),
- die biologische Behandlung von organischen Abfällen zur Erzeugung von Biogas und Verbesserung und Erschließung von Kulturböden (biologischer Naturkreislauf),

B. Bilitewski, G. Härdtle, *Abfallwirtschaft*,
DOI 10.1007/978-3-540-79531-5_4, © Springer-Verlag Berlin Heidelberg 2013

Tab. 4.1 Zusammenstellung der Abfallbehandlungsmethoden für Hausmüll, hausmüllähnliche Gewerbeabfälle, Sperrmüll etc. in der Bundesrepublik Deutschland für 1984 und 1990 (alte Bundesländer) bis 2007 [9]

Abfallbehandlungsmethode	Entsorgungsanlagen (Anzahl)				
	1984	1990	1993	1996	2007
Müllverbrennung	46	48	56	51	72
Kompostierung, Biogas	27	75	288	383	1087
Pyrolyse	1	1	1	1	1
Sortierung, MBA	3	45	228	522	362
Deponie	372	295	560	426	124

Tab. 4.2 Entsorgungsmethoden und deren Anteil an der Entsorgung von Hausmüll und Abfällen aus der öffentlichen Sammlung [195]

Entsorgungsmethode	Anteil am gesamten Hausmüll (%)							
	1977	1982	1984	1987	1993	1997	2005	2007
Deponie	74,70	76,10	72,96	67,77	51,50	42,72	14,60	0,21
MVA	22,40	22,30	24,57	26,20	25,29	17,41	34,79	35,92
Kompostierung, Biogas	2,60	1,60	1,93	2,40	7,52	7,63	9,81	10,44
Pyrolyse/EBS	–	–	0,03	0,03	–	–	5,23	5,64
Sortierung, MBA	–	–	0,51	3,60	18,69	32,24	34,35	47,79

- die chemisch-physikalische Behandlung von Sonderabfällen mit der Zielsetzung, gefährliche und reaktionsfreudige organische und anorganische Abfälle in einen Zustand zu bringen, der eine umweltgerechte Entsorgung durch eine entsprechende stoffliche oder thermische Nutzung bzw. Ablagerung erst möglich macht,
- die Aufbereitung von Abfällen zu Primär- und Sekundärrohstoffen und die damit verbundene Einsparung an Rohstoffen und Primärenergie (Ressourcenwirtschaft bzw. Rohstoff-Recycling).

Im Jahr 1987 wurden insgesamt ca. 23 Mio. Mg Haushaltsabfälle, hausmüllähnliche Gewerbeabfälle, Sperrmüll, Straßenkehricht und Marktabfälle nahezu vollständig durch die Verbrennung und geordnete Deponierung entsorgt. Durch die anderen Abfallbehandlungsmethoden wie Kompostierung, Sortierung von Wertstoffen und Pyrolyse wurden 1987 zusammen weniger als 4 % der Abfälle der Bevölkerung entsorgt. In der Tab. 4.1. ist der Stellenwert der jeweiligen Abfallbehandlungsmethode für die Vergangenheit und Gegenwart dargestellt. Gab es 1984 erst 3 Anlagen, in denen Abfälle sortiert wurden, waren 1990 bereits 45 Anlagen für die Sortierung von Hausaltsabfällen gebaut worden, die sich mit der Einführung der Verpackungsverordnung sehr schnell vervielfachten (vgl. Tab. 4.1.).

Entsprechend der Tab. 4.2. wird deutlich, dass die Pyrolyse nur eine geringe Rolle in der Abfallwirtschaft spielt. Nur bestimmte Komponenten des Abfalls aus der Sortierung, Kompostierung und getrennten Sammlung können in Pyrolyseanlagen sinnvoll eingesetzt

Tab. 4.3 Abfallartenspezifische Stoffstrommengen für das Jahr 2006 und deren Entsorgungswege (Mg/a) [205]

Abfallart	Deponie	MVA	MBA	Thermische Behandlung	Vergärung
Restabfall	76.000	2.576.766[a]	1.781.000	–	–
Sperrmüll	6.000	572.000	118.000	–	–
Gewerbeabfall		3.391.000		–	–
Bioabfall	19.000	5.000	11.000	–	616.480
Klärschlamm	2.000	98.290	–	2.159.000	–
Altholz	0	3.500		219.800	–
Shredder Altholz	–	–	–	327.233	–
LVP (Sortierreste biogenem Anteil)	7.014	350.625	164.357	–	–
Summe	110.014	16.990.415[b]	2.074.357	2.706.033	616.480

[a] inkl. importierter Restabfall
[b] exkl. MBA-SR/EBS

werden. Die Entwicklung ging hin zur Sortierung, Verbrennung und biologischen Verfahren, während die Deponie für die Ablagerung von unbehandeltem Abfall keine Bedeutung mehr hat.

Die Nutzung der Abfälle wird in Tab. 4.3. anhand einer Einteilung in die verschiedenen Arten der Entsorgung beispielhaft für das Jahr 2006 vorgenommen. Dabei wird deutlich, dass sich die verschiedenen Abfallarten in den unterschiedlichen Entsorgungswegen wiederfinden. Eine Übersicht enthält Tab. 4.3. zusammengestellt auf der Grundlage von verschiedenen Datenbasen [205]. Deutlich wird auch, dass die Deponie in Deutschland für eine Reihe von Abfällen ein Auslaufmodell wird.

4.1 Schadstoffpotenzial von verschiedenen Abfall- und Recyclingstoffen und deren Wirkung auf den Boden und das Grundwasser

Beim Abfallaufkommen in Deutschland ist die Gruppe der „Bau- und Abbruchabfälle einschließlich Straßenaufbruch“, die, die den größten Anteil ausmacht. Die ständig neu entstehenden Abfälle müssen gemäß der politischen Vorgabe verwertet oder beseitigt werden.

Die Bewertung und eine entsprechende Verwertung oder Behandlung der ständig anfallenden Mengen von Abfällen sollen zukünftige Einträge von Schadstoffen in Boden und Grundwasser und damit in die Nahrungskette verhindern bzw. so gering wie möglich halten [214].

Als Bewertungsgrundlage für die Umsetzung der bestehenden gesetzlichen Regelungen sind die Auslaugeigenschaften und die Bestimmung des zu erwartenden Schadstoffaustrags aus einem Abfallmaterial, das heißt, die im Kontakt mit Wasser zustande kommende Konzentration der Schadstoffe in der abfließenden Wassergabephase, entscheidend. Für die Vorhersage, wie eine Ablagerung von Abfällen oder ähnlichen Materialien auf den unterlagernden Boden und Grundwasserleiter wirkt, ist auch die Berücksichtigung der jeweiligen Milieu- und Ablagerungsbedingungen wichtig. Diese Bedingungen sollten bei der Bewertung der Materialien mit einbezogen werden [214].

Es soll verhindert werden, dass durch die Verwertung und Ablagerung von scheinbar schwach belasteten Massenabfällen, z. B. als Lärmschutzwände, zukünftige Altlasten (Spagettideponien) entstehen. Andererseits ist es sinnvoll Abfall- oder Recyclingstoffe, wie Bauschutt, Bodenaushub und Aschen möglichst vollständig wiederzuverwerten. Von Interesse sind dabei vor allem Materialien, die in relevanten Mengen anfallen.

Einflussfaktoren und Milieuparameter Die Bildung von Sickerwasser in Böden, Altlasten und Abfallablagerungen, dessen Versickerung im Untergrund und der Gehalt an Schadstoffen, sind das Ergebnis komplexer Vorgänge, die von verschiedenen Faktoren und Parametern beeinflusst werden. Diese setzen sich aus einer Vielzahl physikalischer, chemischer und biologischer Parameter zusammen, von denen nachfolgend die wichtigsten genannt werden [214].

Die Rahmenbedingungen pH-Wert, Temperatur, Redoxpotenzial, Sauerstoffkonzentration, CO_2-Partialdruck, Zusammensetzung und Oberflächenstruktur der angrenzenden Festphasen, Fließgeschwindigkeit beziehungsweise Verweildauer, Elektrolytgehalt, Konzentration anorganischer wie organischer Komplexbildner, Schwebstoffgehalt und mikrobiologische Aktivitäten sind räumlich und zeitlich nicht konstant [211].

Physikalische Parameter Die wichtigsten physikalischen Parameter der Transportvorgänge von Schadstoffen im Untergrund sind [212]:

- die Niederschlagsrate,
- die Temperatur,
- die Quellfähigkeit des abgelagerten Materials bzw. des Bodens,
- die Lagerungsdichte bzw. die Durchlässigkeit.

Die Niederschlagsrate und die Eigenschaften des unterlagernden Bodens sind standortspezifische Faktoren und müssen bei der Bewertung von bereits bestehenden Ablagerungen und der Erstellung einer Sickerwasserprognose mit berücksichtigt werden. Die Quellfähigkeit der Abfälle ist eine materialspezifische Eigenschaft und sollte in die Bewertung noch abzulagernder oder z. B. im Straßenbau zu verwertender Materialien mit einbezogen werden [214].

Die Temperatur ist einerseits ein klimatisch bedingter Standortfaktor und jahreszeitlichen Schwankungen unterworfen. Andererseits kommt es nach der Ablagerung verschiedener Materialien durch Umsetzungsprozesse zu einem Temperaturanstieg in der Ablagerung [214].

Nach Ablagerung der bei der Müllverbrennung anfallenden Aschen und Schlacken setzen exotherme Umsetzungsprozesse ein, wodurch es zu Temperaturerhöhungen kommt. Es werden Temperaturen von bis zu 80 °C erreicht. Dadurch können Schäden an den Abdichtungssystemen entstehen und der Wassergehalt wird erniedrigt, was mögliche Salzemissionen verstärken kann [213].

Chemische Parameter Die Schadstofffreisetzung wird beeinflusst von der Menge des vorhandenen Schadstoffs, der Löslichkeit, den Stoffaustauschkoeffizienten und der Bindungsform. Dabei sind die wichtigsten Parameter, die das chemische Milieu und die chemischen Gleichgewichte steuern, der pH-Wert und das Redoxpotenzial. Sie kontrollieren die für die Mobilität von Schadstoffen, insbesondere von Schwermetallen, entscheidenden Adsorptions- und Komplexierungsreaktionen [212].

Der in der natürlichen Umwelt am häufigsten auftretende Eluent ist Regenwasser. Der durchschnittliche pH-Wert von Regenwasser beträgt 5,6. Der durch Schwefeldioxid- und Stickoxidemissionen aus der Verbrennung fossiler Energieträger (Kraftwerke, Verkehr) entstehende saure Regen hat einen durchschnittlichen pH-Wert von nur 4 bis 4,5. Mit zunehmender H^+-Konzentration im Grundwasser ist mit einem Ansteigen der Spurenelementgehalte zu rechnen, weil adsorbierte Schwermetalle remobilisiert und Verwitterungsprozesse gefördert werden [211].

Biologische Parameter Mikroorganismen sind an zahlreichen chemischen Reaktionen beteiligt und können einen entscheidenden Einfluss auf die Mobilität von Schadstoffen haben, siehe z. B. [215].

In Ablagerungen mit hohem Anteil an organischem Kohlenstoff sind besonders dessen aerobe und anaerobe Umsetzung, die Neubildung von Huminstoffen und die Mineralisierung leicht abbaubarer Stoffe von Mikroorganismen und biochemischen Prozessen abhängig. Dabei ist bekannt, dass Huminstoffe in Böden zum Teil ein C-14-Alter von einigen tausend Jahren aufweisen [216]. Huminkomplexe können Metalle binden und immobilisieren und wirken als pH-Puffer.

4.1.1 Bestimmung der Auslaugeigenschaften

Elutions- und Extraktionsversuche Bei Elutions- bzw. Extraktionstests wird der Feststoff mit einer Flüssigkeit, meist destilliertem Wasser, versetzt und mechanisch beansprucht (z. B. Überkopfdrehen, Rühren, Schütteln). Die Auslaugung erfolgt über eine bestimmte Zeit (2–48 h), nach der das Eluat chemisch analysiert werden kann [214].

- Elution nach DIN 38414 Teil 4 (DEV S 4)
- Extraktion mit Ammoniumnitrat nach DIN 19730

- pH-stat-Verfahren
- Bodensättigungsextrakt (BSE)

Säulenversuche Säulenversuche werden in der BBodSchV als geeignete Verfahren zur Bestimmung des Elutionsverhaltens von organischen Schadstoffen genannt. Anhand von Säulenversuchen kann die Konzentration von organischen Schadstoffen im Boden bzw. am Ort der Probenahme annäherungsweise abgeschätzt werden [214].

Dabei wird das zu untersuchende Material in Abhängigkeit von der Korngröße in unterschiedlich dimensionierte Säulen gepackt. Die Elutionsflüssigkeit kann direkt mit der gesamten Menge oder über Pumpen- oder Berieselungsvorrichtungen über unterschiedliche Zeitspannen aufgegeben werden. Die Säule ist dabei wassergesättigt. Damit ist eine grundlegende Charakterisierung der Stofffreisetzung über die Zeit möglich [214].

Lysimeterversuche und Deponiesimulationsreaktoren Lysimeter werden zur Erfassung von Wechselwirkungen, bzw. Stofftransporten zwischen der Atmosphäre, den Pflanzen, dem Boden, der Tierwelt und dem Grundwasser verwendet. Weiterhin können mit Lysimetern Bodensickerwässer beprobt werden, um deren Quantität und Qualität zu bestimmen und Bodenwasserhaushaltsgrößen (Versickerungsrate, Verdunstung) ermittelt werden.

Ein Deponiesimulationsreaktor bietet die Möglichkeit, die Vorgänge im Deponiekörper bzw. im Boden im Labormaßstab verhältnismäßig genau nachzubilden, da die Randbedingungen gesteuert werden können. Der in Abb. 4.1 schematisch dargestellte Reaktor wurde im Institut für Abfallwirtschaft und Altlasten (IAA) der TU Dresden im Rahmen des Verbundprojektes „Deponiekörper" entwickelt. Die mögliche Probemenge beträgt ca. 100 kg, so dass auch bei heterogenen und grobstückigen Proben eine Untersuchung im Originalzustand möglich ist. Über die Zugabe von Elutionsmitteln sind pH-Milieu und L:S Verhältnis (L:S bedeutet Wasser:Feststoffverhältnis) steuerbar. Anaerobe oder aerobe Verhältnisse können über Belüftungslanzen eingestellt werden, außerdem besteht die Möglichkeit die Temperatur zu regulieren. Neben Sickerwasser- können auch Gasemissionen betrachtet werden [218].

Bei den hier betrachteten Untersuchungen wurden drei unterschiedliche Milieurandbedingungen simuliert:

- locker geschüttetes Abfallmaterial aerob belüftet (mit $+O_2$ symbolisiert);
- verdichtetes Material anaerob (mit $-O_2$ symbolisiert) und
- verdichtetes Material anaerob + Bodenschicht (mit $-O_2B$ symbolisiert)

über einer Bodenschicht von 5 cm.

Über das Wasser(L)-Feststoff(S)-Verhältnis können die Ergebnisse der Untersuchungen auf Deponieverhältnisse und die Realität übertragen werden. Die Berechnung ist nachfolgend in Abb. 4.2 erläutert. In den DSR-Versuchen können Zeiträume simuliert werden, die Jahrzehnten in einer Ablagerung entsprechen.

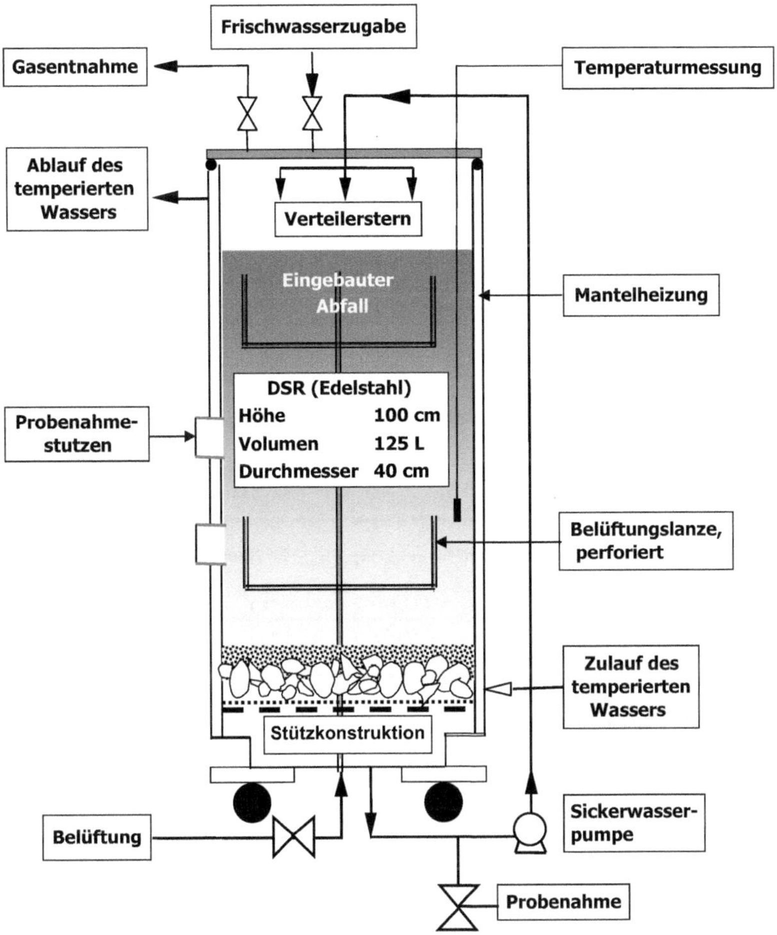

Abb. 4.1 Aufbau eines Deponiesimulationsreaktors [217]

4.1.2 Auslaugeigenschaften verschiedener Abfall- und Recyclingstoffe

Eine Verwertung von Abfall- und Recyclingstoffen ist im Sinne einer Ressourcenschonung und Reduzierung des Abfallvolumens sinnvoll und erstrebenswert. Auch im Hinblick auf die Auslegung von Abdichtungssystemen für belastete Abfälle ist eine Betrachtung der zu erwartenden Schadstoffausträge unumgänglich. Die hier getroffenen Aussagen zur Gefährdungsabschätzung der Materialien bezieht sich hauptsächlich auf den in der Bundesbodenschutzverordnung angegebenen Wirkungspfad Boden → Grundwasser.

Es wurde ein Bauschutt betrachtet, da die Abfallgruppe der „Bau- und Abbruchabfälle einschließlich Straßenaufbruch" den größten Anteil am Gesamtabfallaufkommen hat.

Die Ablagerung von unbehandelten Siedlungsabfällen wird nicht mehr genehmigt. Es werden daher nur nicht verwertbare Abfälle aus der thermischen oder mechanisch-

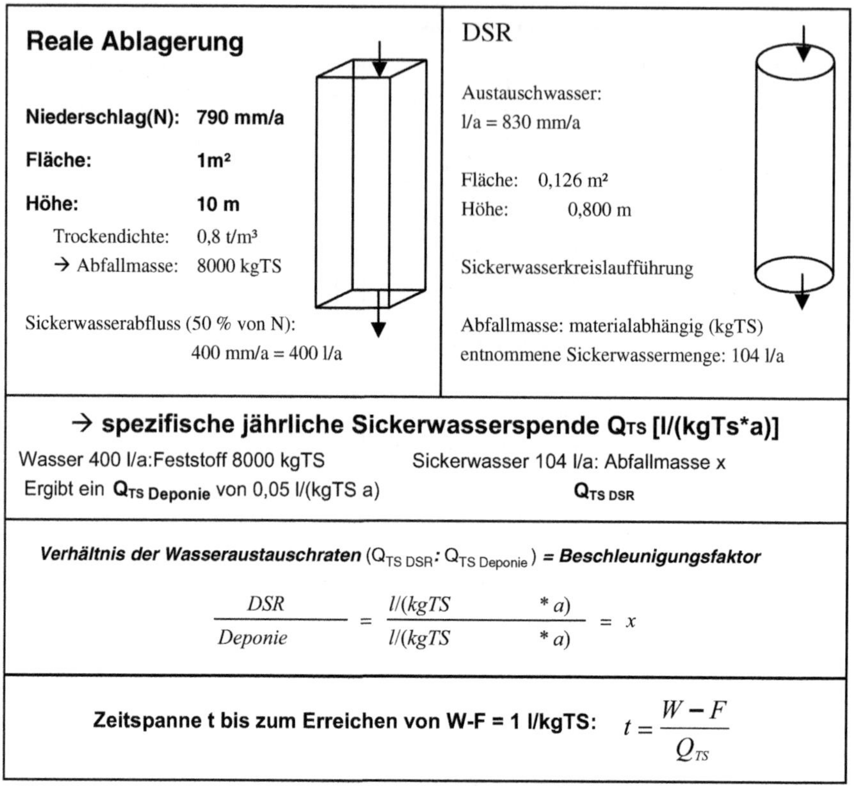

Abb. 4.2 Wasserdurchsätze der DSR-Versuche im Vergleich zu realen Ablagerungen nach [217]

biologischen Abfallaufbereitung deponiert. Von Interesse sind deshalb die Schadstoffpotenziale und Auslaugeigenschaften von Hausmüllverbrennungsaschen und Rückständen aus mechanisch-biologischen Abfallbehandlungsanlagen. Um eine möglichst große Variationsbreite verschiedener Massenabfälle zur Verwertung einzubeziehen, wurden für die Untersuchungen neben den bereits genannten Materialien als weitere Abfälle ein Altreifengranulat, Bauschutt und ein Haldenmaterial ausgewählt. Diese Abfälle fallen in erheblichen Mengen an und durch eine Ablagerung oder Nutzung als Material für Aufschüttungen, Verfüllungen, Lärmschutzwände o. ä. können potenziell Schadstoffe in die Umwelt emittiert werden.

Bauschutt Ein großer Teil der Baureststoffe und Straßenaufbruch wird wiederverwertet. Als Verwendungsmöglichkeiten kommen zum Beispiel der Einsatz in Frostschutz- und Schottertragschichten für den klassifizierten Straßenbau, als ungebundener Baustoff zur Befestigung ländlicher Wege, als Damm- und Verfüllbaustoff für Erdbaumaßnahmen, als Schotterrasensubstrat für grüne Flächenbefestigungen und als rezyklierter Zuschlag für die Herstellung von Beton in Frage. Voraussetzung für eine sachgemäße Wiederverwertung

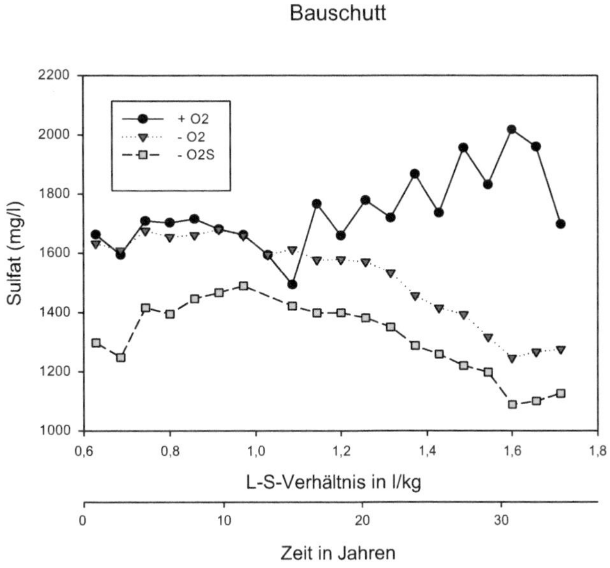

Abb. 4.3 Bauschutt - Verlauf der Sulfatkonzentration im Sickerwasser der DSR [220]

ist die Einhaltung bestimmter Qualitätsanforderungen. Da beim Baustoffrecycling Materialien aus dem Abbruch von Bauwerken, sowie dem Aufbruch von Straßen anfallen, kann dieser Abfall unterschiedlichste Materialkombinationen enthalten.

Aufgrund der vielfältigen enthaltenen Ausgangsmaterialien können Baureststoffe unterschiedlich stark mit organischen und anorganischen Schadstoffen belastet sein [219].

Das hier untersuchte Material ist ein Gemisch aus Beton- und Ziegelbruch, asphalthaltigem Straßenaufbruch und Gips. Nach der Definition von [219] ist die Bezeichnung Bauschutt für dieses Material nicht korrekt. Es müsste eigentlich als Baureststoff, bzw. als Mischung aus Bauschutt und Straßenaufbruch bezeichnet werden. Der Korndurchmesser beträgt maximal 4 mm, der Wassergehalt ca. 2,4 Masseprozent und der pH-Wert 11,9. Weiterhin sind als relevante Schad- bzw. Inhaltsstoffe Schwermetalle (Pb, Cu, Cr und Zn), Sulfat und PAKs enthalten. Als Summe der im Feststoff enthaltenen 16 EPA PAK wurden 22,5 mg/kg TS ermittelt [214].

Die Feststoffbelastungen widerspiegelten sich auch in den Ergebnissen der Elutionstests. Beim DEV S 4 Test wurden zum Beispiel Sulfatgehalte von knapp 900 mg/l und beim BSE 1400 mg/l ermittelt [214].

Erwartungsgemäß wurden in den Perkolaten aus dem Bauschutt sehr hohe Konzentrationen (1600 mg/l) an Sulfat gemessen, wobei in der Bodenschicht ein Teil zurückgehalten wurde. Die Sulfatgehalte fielen während des Versuchs, lagen aber zum Abschluss noch zwischen 1300 und 1100 mg/l. Im belüfteten DSR stiegen die Sulfatgehalte auf über 2000 mg/l an und ereichten am Ende wieder den Ausgangswert (s. Abb. 4.3).

Der Austrag von Eisen, Blei, Cadmium und Zink war gering. Chrom wurde in der Bodenschicht zurückgehalten, während die Kupfergehalte der Perkolate des DSR mit

Abb. 4.4 Summe Austrag Cr in µg/kg TS im Perkolat der DSR Bauschutt [220]

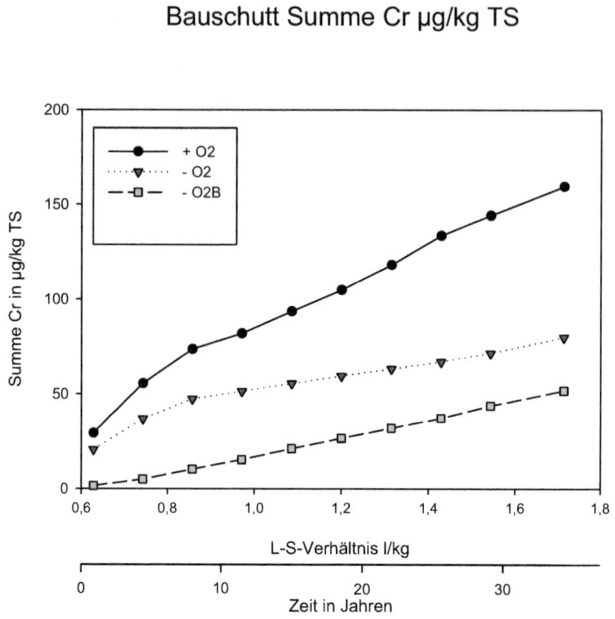

Bodenschicht im Verlauf der Versuche auf die Gehalte der anderen DSR stiegen. Insgesamt nahmen die Konzentrationen der Schwermetalle während des Versuchszeitraums ab. Zwischen den Ablagerungsklassen konnten keine deutlichen Unterschiede festgestellt werden, teilweise hielt der Boden Schwermetalle zurück (Chrom, Kupfer, Zink).

Insgesamt gingen die PAK-Gehalte in den Perkolaten im Versuchszeitraum zurück und bewegten sich ab einem L-S-Verhältnis von ca. 1 auf einem Plateau. Es wurden aber während der gesamten Versuchsdauer PAK-Austräge gemessen. Zwischen dem belüfteten und dem anaeroben DSR konnten keine signifikanten Unterschiede festgestellt werden. Die Bodenschicht hielt die PAK fast vollständig zurück.

Vom Gesamtreservoir im Feststoff wurden während der Dauer der DSR-Versuche nur geringe Anteile mobilisiert. Für einige Elemente wie Na lag der Anteil bei 50 %, aber für die Schwermetalle und PAK wurden nur Austräge zwischen 0,01 und 3 % ermittelt.

Für die Betrachtung der Quellstärke ist wichtig, dass sich die Schadstoffkonzentrationen bis zum Ende der DSR-Versuche auf einem hohen Niveau halten. Zum Abschluss der Versuche lagen die Schwermetallkonzentrationen im Sickerwasser der DSR mit einigen Ausnahmen unter den Prüfwerten der BBodSchV. Abbildung 4.4 zeigt beispielhaft die Summekurve der emittierten Frachten von Chrom. In einer zweiten x-Achse werden die simulierten Jahre auf einer Deponie dargestellt. Aus dem aeroben DSR wurde deutlich mehr Chrom ausgetragen als aus den anaeroben. Ähnliches gilt umgekehrt auch für die PAK, hier wurde aus dem anaeroben DSR mehr ausgetragen als aus dem aeroben, hier am Beispiel der Summenkurve von Phenanthren (vgl. Abb. 4.5).

Der Grenzwert der BBodSchV für PAK von 0,2 µg/l wurde zu Beginn der Versuche um das ca. 2500-fache und am Ende der Versuche noch um das 250-fache überschritten.

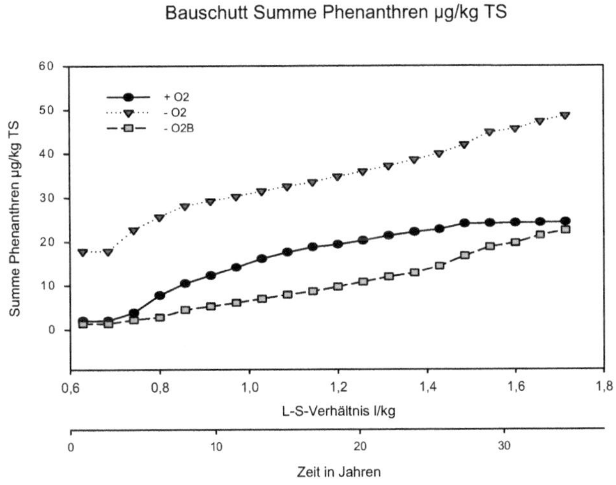

Abb. 4.5 Summe Austrag Phenanthren in µg/kg TS im Perkolat der DSR Bauschutt [220]

Insgesamt lagen die Konzentrationen der Schwermetalle bei Abbruch der Versuche im Bereich der Prüfwerte, was unter realen Ablagerungsbedingungen einem Zeitraum von etwa 30 Jahren entspräche.

Relativ geringe Feststoffgehalte führen also beim untersuchten Bauschutt zu einer erheblichen Quellstärke, die bei Einstufung des Bauschutts nur nach Bestimmung von Feststoffgehalten und Elutionstests deutlich unterschätzt würde. Besonders langfristig könnte mit dem Aufbrauchen des Kalkpuffers durch sinkende pH-Werte der Schwermetallaustrag noch erhöht werden [221]. Hinweise sind deutlich erhöhte Konzentrationen im Eluat des pH-stat Versuchs bei pH 4. Aus welchen Bestandteilen des Bauschutts die Schadstoffe genau stammen kann nicht ermittelt werden. Infrage kommen Reste von Rohren und Kabeln, Betonzusätze, Glasuren, Farben, Lacke u. a.

Hausmüllverbrennungsaschen (HMVA) Für Hausmüll und hausmüllähnliche Gewerbeabfälle wird häufig eine thermische Vorbehandlung der Abfälle eingesetzt, nachdem Abfälle, die die Kriterien der Abfallablagerungsverordnung nicht erfüllen, ab 01.06.2005 nicht mehr deponiert werden dürfen. Durch die Verbrennung wird eine Reduzierung des Abfallvolumens um den Faktor 10–20 und des -gewichtes um etwa den Faktor 3 erreicht. Das bei der Hausabfallverbrennung in der Praxis normalerweise eingesetzte Verfahren ist die Rostfeuerung. Die Verbrennung findet meist zwischen 850 und 1200 °C statt, die Rost-Asche oder -Schlacke wird anschließend über einen Nassentschlacker ausgetragen. Eisen- und auch Nichteisenschrott werden nachträglich abgetrennt, das Überkorn wird gebrochen oder entfernt. Eine anschließende Zwischenlagerung der Schlacke, dauert durchschnittlich mehrere Wochen, meist aber ca. 3 Monate und kann mit dem Luftsauerstoff und der – feuchtigkeit reagieren und abklingen.

Die Zusammensetzung und der Schadstoffgehalt der entstehenden Aschen und Schlacken hängen von der Art der verbrannten Abfälle ab und sind sehr unterschiedlich [223]. Neben der Metallfraktion sind auch Kunststoffabfälle für den Eintrag von Schwermetallen und Spurenelementen in die Schlacken und Filteraschen verantwortlich.

[213] gibt zum Beispiel für die Zusammensetzung der Schlacke der MVA Ingolstadt durchschnittlich 42 Gew. % SiO_2, 19 % CaO, 11 % Al_2O_3, 15 % Fe_2O_3, 3 % MgO, 3 % Na_2O, 1 % K_2O, sowie 6 % Schwermetalle an. Weitere hier nicht näher betrachtete Endprodukte der Müllverbrennung sind Filter- und Reingasstäube, Abwässer und Säuren aus der Rauchgasreinigung und der Entschlackung oder Gips aus der Rauchgasentschwefelung.

Den gesetzlichen Rahmen für die Behandlung von Müllverbrennungsrückständen bilden das Abfallgesetz, die TA Siedlungsabfall, die LAGA-Merkblätter und das Bundesimmissionsschutzgesetz. Ein Einsatz von Schlacken im Straßen- und Wegebau, als Tragschicht unter wasserundurchlässigen Deckschichten, eine Verwendung in Lärmschutzwällen und Straßendämmen und als Auffüllmaterial im Erdbau ist möglich.

Nach der Verbrennung bleibt in der HMVA 1 bis 2 Gew. % unverbrannter Kohlenstoff übrig [223]. Bei der Feststoffanalyse der hier untersuchten HMVA wurden ein Glühverlust von 2,3 und ein TOC-Gehalt von 0,33 % ermittelt. Bei der thermischen Behandlung wird in der HMVA wahrscheinlich eine kleine Menge Ruß als sehr stabile Kohlenstoffform gebildet, die einen Teil des TOC ausmacht. Der anorganische Kohlenstoff liegt möglicherweise in Form von Schwermetall-Karbonato-Komplexen vor, die sich aus Schwermetallhydroxiden und CO_2 bilden [224].

Die bei der Feststoffanalyse bestimmten Schwermetallgehalte liegen im Bereich der Vergleichswerte aus der Literatur [213]. Eine Wärmeentwicklung wurde nicht beobachtet.

Die Schwermetallkonzentrationen in den Eluaten liegen über den Prüfwerten der BBodSchV. Beim pH-stat Verfahren wird der Einfluss niedriger pH-Werte auf die Schwermetallfreisetzung besonders deutlich. Die bei pH 4 gemessenen Gehalte liegen teilweise um ein Vielfaches über denen bei höheren pH-Werten (Beispiel Cu: pH 4 2030 μg/l; pH 7 45 μg/l und pH 11 309 μg/l).

Im Sickerwasser der DSR traten hohe Gehalte an Chrom und Kupfer auf. Dies stimmt mit den Ergebnissen von [225] überein. In der Literatur wird meist von einem anfänglich geringen Mobilisationspotenzial für Schwermetalle ausgegangen [213]. Die Sickerwasserkonzentrationen der anderen Schwermetalle blieben während des gesamten Versuchszeitraums auf einem konstant niedrigen Niveau. Im aeroben DSR stieg die Cr-Konzentration im Sickerwasser im Verlauf der Versuche deutlich an.

In Abb. 4.6 ist die Fracht an Kupfer im Sickerwasser der DSR aufsummiert. Im Vergleich zu den Feststoffgehalten wurde während der Versuche nur ca. $1{,}5 \times 10^{-3}$ % des Kupferpotenzials emittiert. Die Gehalte haben auch nach den simulierten ca. 30 Jahren Deponierung keine Plateauphase erreicht, so dass mit einer langfristigen erhöhten Schwermetallmobilisierung zu rechnen ist. Zusätzlich waren die Sickerwasser hoch salzbelastet. Zum Beispiel lagen die Anfangskonzentrationen der DSR-Sickerwässer bei 2800 mg/l und nahmen bis zum Abschluss der Versuche bis auf 240 mg/l ab. Die Sulfatkonzentrationen in den Perkolaten sanken innerhalb des Versuchszeitraums von 600 mg/l auf 500 mg/l, wobei zwischen den Ablagerungsklassen, wie bei Chlorid, keine Unterschiede beobachtet wurden.

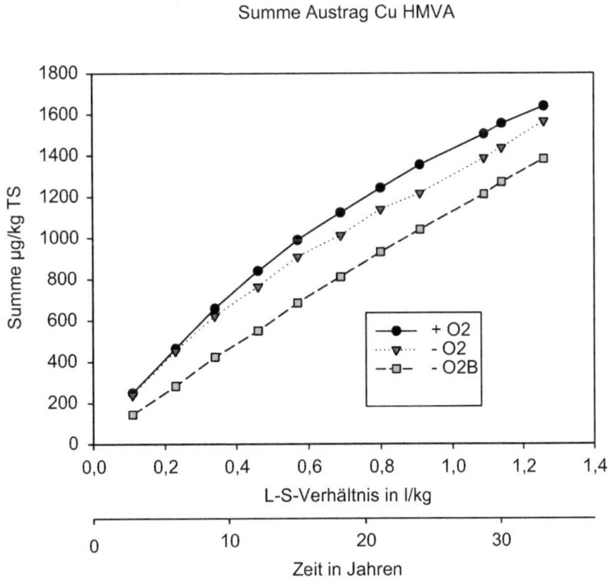

Abb. 4.6 Summe Kupferaustrag in µg/kg TS aus HMVA [220]

Trotz der im Vergleich zum Feststoffgehalt nur geringen Schwermetallmobilisation, muss aufgrund der durchgeführten Versuche von einem erhöhten Auslaugpotenzial der HMVA an Kupfer und Chrom (unter aeroben Milieubedingungen) ausgegangen werden. Ein Einsatz als Verfüllmaterial ist nur möglich, wenn ein Wasserzutritt über Niederschläge ausgeschlossen werden kann. Die Ergebnisse unterstreichen die Notwendigkeit einer Schadstoffentfrachtung des Hausmülls.

Im Feststoff und in den Sickerwasser- und Gasemissionen der HMVA wurden Metallorganyle analysiert. Diese Verbindungen sind aufgrund ihrer vielfältigen Nutzung z. B. als PVC-Stabilisatoren und Biozide in der Umwelt weit verbreitet. Die Toxizität einiger Organometallverbindungen (z. B. Tri-Butyl-Zinn) ist bekannt. Die emittierten Mengen an Metallorganylen sind insgesamt niedrig. Die höchsten Gehalte an Tri-Butyl-Zinn wurden im aneroben DSR mit Bodenschicht gemessen. Interessant ist der Vergleich zum MBA-Material, das trotz seines viel höheren Gehaltes an organischem Kohlenstoff deutlich niedrigere Konzentrationen an Metallorganylen emittiert. Die Anreicherung an Mono-Butyl-Zinn nach Abschluss der DSR-Versuche war in der inerten HMVA ebenfalls höher als im MBA-Material; siehe [226].

Altreifen Altreifen sind ein Stoffgemisch und bestehen hauptsächlich aus Gummi (Kautschuk), Füllstoffen, Stahl und Textilfasern. PKW- und LKW-Reifen unterscheiden sich in der Art der Kautschukmischung und dem Anteil an Stahl und Textilien. In Tab. 4.4. ist die chemische Zusammensetzung von PKW-Reifen aufgeführt.

Tab. 4.4 Chemische Zusammensetzung von PKW-Reifen [220]

Element/Verbindung	Gehalt
Kohlenstoff (%)	ca. 70
Eisen (%)	16
Wasserstoff (%)	7
Sauerstoff (%)	4
Zinkoxid (%)	1
Schwefel (%)	1
Stickstoff (%)	0,5
Stearinsäure (%)	0,3
Halogene (%)	0,1
Kupferverbindungen (mg/kg)	200
Cadmium (mg/kg)	10
Chrom (mg/kg)	90
Nickel (mg/kg)	80
Blei (mg/kg)	50

Nach dem aktuellen Kreislaufwirtschaftsgesetz und der Altfahrzeugverordnung müssen Altreifen in Deutschland einer Verwertung zugeführt werden.

Ohne weitere Bearbeitung werden Altreifen z. B. in Fischfarmen, der Landwirtschaft, für Lärmschutzwände oder als Spielgeräte genutzt. Einsatzmöglichkeiten sind z. B. gummimodifizierter Asphalt, Matten im Gleisbaubereich, Füllmaterial für Kunstrasenplätze, Stallmatten, Fallschutzplatten, Isoliermatten, Rohre und andere Formteile, Füllmaterial in der Kautschukindustrie oder Ölbindemittel (siehe auch Kap. 5.2.1.5).

Neben anorganischen Schadstoffen (Schwermetalle, s. Tab. 4.4.) können Reifen PAK enthalten, die aus bei der Reifenherstellung eingesetzten Weichmacherölen stammen. Der Gesamtgehalt an PAK liegt zwischen 17 und 357 mg/kg (Durchschnitt 137 mg/kg). Die Konzentration von Benzo(a)pyren liegt zwischen 1 und 16 mg/kg (Durchschnitt 5 mg/kg). Nach europäischer Richtlinie 76/769/EWG für Beschränkungen des Inverkehrbringens und der Verwendung gewisser gefährlicher Stoffe und Zubereitungen, mit der Ergänzung 2005/69/EG dürfen Weichmacheröle zur Herstellung von Reifen nur Konzentrationen an Benzo(a)pyren < 1 ppm und an PAK < 10 ppm enthalten [220].

Die nachfolgend beschriebenen Altreifengranulate mit einer Körnung von ca. 4 mm sind für eine stoffliche Verwertung vorgesehen.

Der Feststoffgehalt an PAK (15 EPA-PAK) der untersuchten Altreifengranulate lag bei ca. 29 mg/kg TS. Der Gehalt an Benzo(a)pyren war $< 0{,}01$ mg/kg TS. Im Sickerwasser der DSR wurden PAK-Summenkonzentrationen von $< 0{,}1$ μg/l gemessen. Damit liegt der PAK-Gehalt des Feststoffs über den Vorsorgewerten der BBodSchV und der Gehalt an Benzo(a)pyren darunter. Die Konzentrationen an PAK im Sickerwasser der DSR unterschreiten die Prüfwerte [220].

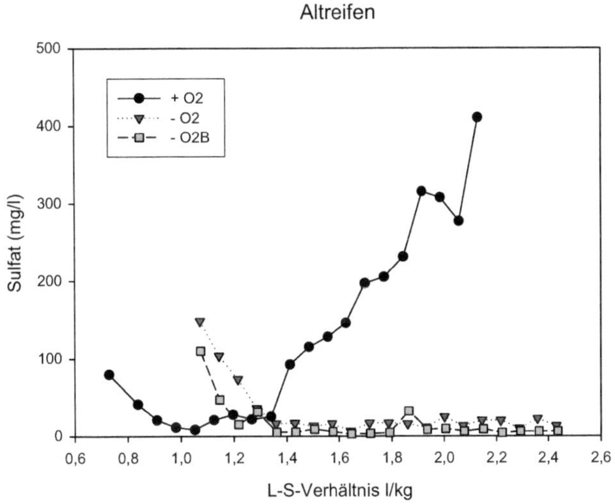

Abb. 4.7 Altreifengranulat – Verlauf der Sulfatkonzentrationen im Sickerwasser der DSR [220]

Die Auslaugung von Schwermetallen mittels DEV-S4 Test erbrachte Werte unterhalb der Prüfwerte der Bundes-Bodenschutzverordnung.

Bei Betrachtung des zeitlichen Verlaufs der Stoffausträge in den Deponiesimulationsreaktoren wird der Einfluss der Milieurandbedingungen deutlich. Die Konzentrationen an Sulfat in den beiden anaeroben DSR nahmen ab und verliefen ab einem L-S-Verhältnis von 1,3 auf Plateau. Im belüfteten DSR kam es dagegen ab diesem L-S-Verhältnis zu einem starken Anstieg der Sulfatkonzentrationen auf über 400 mg/l bei Ende des Versuchs, s. Abb. 4.7 [220].

Im Sickerwasser der DSR liegen die Schwermetallgehalte mit Ausnahme von Zink unterhalb der Prüfwerte der BBodSchV. Die niedrigsten gemessenen Konzentrationen an Zink liegen bei 1 mg/l die höchsten bei 10 mg/l (Grenzwert 500 μg/l). Bis zum Ende der Versuche bei einem L-S-Verhältnis von 2 wurden insgesamt ca. 9 g/kg TS Zink mit dem Sickerwasser ausgetragen. Gegenüber dem Feststoffgehalt entspricht dies 0,06 %. Die Kurven zeigen einen deutlichen Anstieg. Ein Zeitpunkt, ab dem eine Verringerung der Zinkgehalte im Sickerwasser der DSR zu erwarten ist, kann nicht festgelegt werden. Insgesamt nahm der Schwermetallgehalt in den Sickerwässern während des Versuchszeitraums ab. Bei Betrachtung der Zinkkonzentrationen wird der Prüfwert der BBodSchV von 500 μg/l von allen DSR überschritten (s. Abb. 4.8). Mit dem DEV S 4 wurde eine Konzentration von nur 350 μg/l ermittelt. Im Vergleich mit den Ergebnissen der DSR-Versuche würde das Mobilisationspotenzial an Zink deutlich unterschätzt [220].

Ein starker Anstieg der Leitfähigkeit und der Sulfatkonzentrationen im Perkolat des belüfteten DSR (Abb. 4.7) ab einem L-S-Verhältnis von ca. 1,4 deutet auf eine Veränderung bzw. Auflösung der Gummistruktur hin. Es besteht die Möglichkeit, dass sich dadurch der Austrag der Schwermetalle erhöht [220].

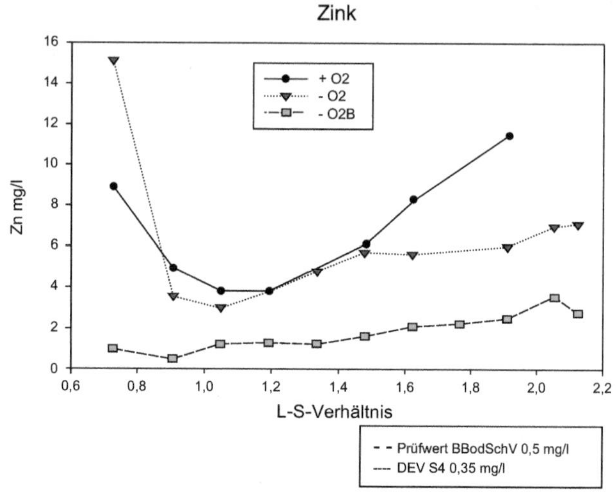

Abb. 4.8 Verlauf der Zinkkonzentrationen aus Altreifengranulat im Vergleich zum Prüfwert der BBodSchV und der mittels DEV S4-Test ermittelten Konzentration [220]

Insgesamt ist die Quellstärke des untersuchten Altreifengranulats gering und das Material für eine stoffliche Wiederverwertung geeignet. Die Feststoffkonzentrationen an Schwermetallen liegen im Bereich der in der Literatur angegebenen Werte, die Gehalte an PAK liegen deutlich darunter. Die Konzentrationen im Sickerwasser der DSR unterschreiten die Prüfwerte der BBodSchV zur Beurteilung des Wirkungspfades Boden-Grundwasser, mit Ausnahme von Zink. In der Realität ist durch die geringere Oberfläche von zum Beispiel Gummimatten im Vergleich zu Granulat von niedrigeren Sickerwassergehalten auszugehen.

Haldenmaterial Die in einigen Mittelgebirgen befindlichen Erzlagerstätten wurden zum Teil jahrhundertelang abgebaut. Es entstanden Grubengebäude und aus der Verarbeitung, zum Beispiel der Verhüttung, Anhäufungen unterschiedlich belasteter Materialien.

Durch die Senkung des Grundwasserspiegels beim unterirdischen Abbau wurde ein aerobes Milieu geschaffen, in dem die Erze oxidierten und leichter mobilisierbar sind. Eine Flutung der Gruben nach dem Ende der Bergbautätigkeiten und die austretenden schwermetallhaltigen Grubenwässer belasten das gesamte Gewässersystem der Region einschließlich der Sedimente [220].

Bei der hier bewerteten Mischung handelt es sich um eine Zn-Wälzschlacke, Rückständen der Hütte und Verwitterungshorizonten. Das Material hatte eine Korngröße < 5 cm war kiesig bis sandig und teilweise verbacken und gesintert.

Durch Selbstentzündung der Wälzschlacke entstanden auf den Halden in der Vergangenheit Brände. Untersuchungen zur Beurteilung der Mobilitätsänderung der Spurenelemente durch die Brandprozesse, weisen Unterschiede zwischen sulfidisch und silikatisch gebundenen Spurenelementen nach. Silikatisch gebundenes Blei wurde durch die Brandprozesse kaum beeinflusst, während sich die Mobilität der in unverbrannter Schlacke sulfidisch gebundenen Spurenelemente Kupfer, Zink und Arsen änderte. Es entstanden

Sublimate mit Schwermetallen in leicht löslicher, hochmobiler Form. Die durch die Brandprozesse entstehende pH-Wert Absenkung in Wässern, erhöht deren Lösungsvermögen und kann zu einem verstärkten Austrag von Schwermetallen führen. Die Halde wurde bis 2005 umfassend saniert. Eine dauerhafte und allseitige Abdeckung der Halden verhindert ein Abwehen der an der Oberfläche abgelagerten Sublimate und verringert den Schwermetallaustrag durch Verringerung der Sickerwassermenge [220].

Das untersuchte Material stammt vom Oberflächenbereich der Halde und enthielt keine erkennbaren Sublimate. Die Schwermetallkonzentration im Feststoff war erwartungsgemäß hoch. Es wurden neben Eisengehalten von 314 g/kg TS auch 3 g/kg TS Zink, 2,1 g/kg TS Kupfer, 1,7 g/kg TS Blei sowie 270 mg/kg TS Chrom und 14 mg/kg TS Cadmium bestimmt. Die Ergebnisse der Elutionstests widerspiegeln diese hohe Schwermetallbelastung ebenfalls. Die Prüfwerte der Bundsbodenschutzverordnung werden beim DEV S4-Test von Cadmium und Zink überschritten. Die Konzentrationen des Bodensättigungsextraktes liegen um ein Vielfaches über den Prüfwerten.

Die Schwermetallkonzentrationen im Sickerwasser der DSR verhielten sich unterschiedlich. Blei, Cadmium, Kupfer, Nickel und Zink nahmen während des Versuchs insgesamt in allen DSR ab. Dabei waren höhere Gehalte dieser Schwermetalle im Perkolat des belüfteten DSR zu beobachten.

Ein völlig anderes Auslaugverhalten zeigten Eisen und Chrom. Die Gehalte dieser Elemente im Sickerwasser des belüfteten DSR sanken auf sehr niedrige Werte, während die Konzentrationen der anaeroben Reaktoren anstiegen. Die Gehalte des anaeroben DSR lagen dabei während des Versuchs höher als die des DSR mit unterlagernder Bodenschicht.

Mit Ausnahme von Chrom und Eisen wurden also aus dem aeroben DSR mehr Schwermetalle ausgetragen als aus den anaeroben. Die Belüftung führte wahrscheinlich zu einer vollständigen Oxidation noch vorhandener Sulfide und dadurch zu einem etwas niedrigeren pH-Wert, wodurch sich die Schwermetalllöslichkeit erhöhte. Ein Hinweis auf Sulfidoxidation ist auch die wesentlich höhere Sulfatauslaugung aus dem belüfteten Reaktor, wobei der Sulfataustrag aus dem Haldenmaterial mit dem Sickerwasser insgesamt hoch war [220].

In Abb. 4.9 und 4.10 sind beispielhaft die Summen der mit dem Sickerwasser ausgetragenen Frachten für Cadmium und Chrom gegenübergestellt. Bezogen auf eine Modelldeponie würde der simulierte Versuchszeitraum knapp 100 Jahren entsprechen. Die Prüfwerte der Bundesbodenschutzverordnung wurden bei Abschluss der Versuche vom anaeroben DSR mit Ausnahme von Chrom eingehalten. Die Konzentrationen im Sickerwasser des aeroben DSR lagen nur für Chrom unter den vorgeschriebenen Grenzwerten. Im aeroben Bereich würde der Prüfwert der BBodSchV für Chrom bei einem L-S-Verhältnis von ca. 0,7 und nach etwa 20 Jahren in der Modelldeponie unterschritten. Aufgrund des Konzentrationsanstiegs im Sickerwasser der anaeroben DSR bis zum Ende der Versuche lassen sich keine zeitlichen Aussagen zum Erreichen oder Unterschreiten der Prüfwerte treffen. Das Freisetzungsverhalten von Cadmium zeigt ein umgekehrtes Bild.

Die Quellstärke des Haldenmaterials ist stark vom Redoxpotenzial und dem pH-Wert abhängig, wobei sich beide Parameter gegenseitig beeinflussen. Ein reduzierendes Milieu

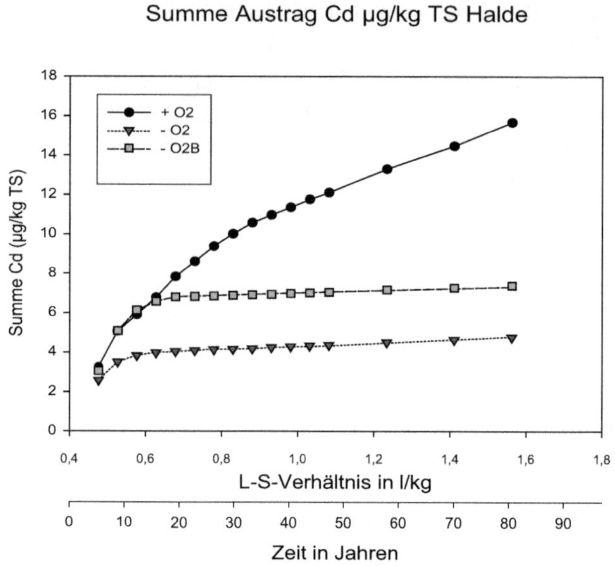

Abb. 4.9 Summe Cd-Fracht in µg/kg TS aus Haldenmaterial [220]

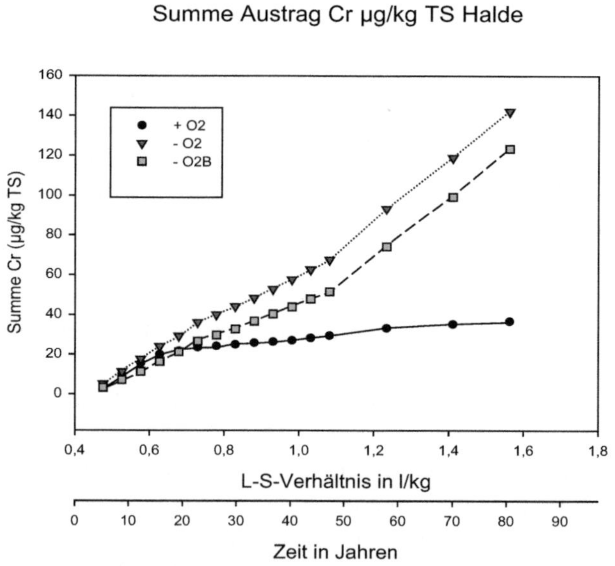

Abb. 4.10 Summe Cr-Fracht in µg/kg TS aus Haldenmaterial

führt zu geringeren Schwermetallfrachten im Sickerwasser. Eine Einschätzung anhand der Feststoffgehalte und der Ergebnisse der Elutionstests würde die Auslaugung überschätzen. Von den gemessenen Feststoffgehalten wurden in Summe aus dem aeroben DSR nur 0,1 % Cd und aus dem anaeroben nur 0,03 % Cd emittiert.

4.1.3 Schadstoffe in Produkten und deren Freisetzung

Von Schadstoffen in Gebrauchsgütern kann man im eigentlichen Sinne nicht Reden solange sie gewollte Bestandteile eines Produktes darstellen und dem Produkt eine gewünschte Eigenschaft geben, die für die Nutzung, Langlebigkeit und Sicherheit von Bedeutung ist. Schon beim Gebrauch können unerwünschte Moleküle in geringen Mengen freigesetzt werden. Aber erst bei der Überführung der Produkte in die Abfall- und Recyclingwirtschaft können größere Anteile in schadstoffrelevanten Konzentrationen in Recyclingprodukte überführt oder an die Umwelt abgegeben werden.

Dabei hat sich die Wahrnehmung und Bedeutung von Schadstoffen in der Abfallwirtschaft im Laufe der Zeit erheblich gewandelt. Ursprünglich hatten abfallwirtschaftliche Maßnahmen eine gesundheitspolitische Aufgabe. Die hygienische, staubfreie Erfassung und Beseitigung der Abfälle mit der gezielten Kontrolle und Abtötung der Krankheitskeime standen im Vordergrund. Mit den steigenden Abfallmengen begann ein langsames Umdenken, das aber erst durch eine verbesserte Mess- und Analysetechnik eine Freisetzung von Schadkomponenten nachweisen konnte. Aus diesem Grund standen in den 70-igern des letzten Jahrhunderts die Schwermetalle im Vordergrund. Inzwischen ist die Analysetechnik so weiter entwickelt worden, dass eine Millionen mal geringere Konzentrationen auch von organischen Schadmolekülen routinemäßig und preiswert nachgewiesen werden können, so dass die öffentliche Diskussion sich verstärkt auf die organischen Schadstoffe konzentriert.

In einer Reihe von Forschungsvorhaben wurden seit 1982 an der TU Berlin und der TU Dresden Abfallbestandteile in Einzelfraktionen aus Haushaltsabfällen im Hinblick auf Schwermetalle charakterisiert [64, 72, 89, 103] und organische Schadstoffe in weiteren Vorhaben untersucht [89, 110, 127, 146, 149]. Die Analyse der Ergebnisse erlaubt eine Abschätzung zur aktuellen Schwermetallbelastung von Abfallbestandteilen in der Bundesrepublik und durch die wiederholte unabhängige Beprobung auch Aussagen zur Spannbreite, in der sich die Schwermetallkonzentration der betrachteten Fraktionen bewegen kann.

4.1.3.1 Entwicklung der Schwermetallgehalte in einzelnen Abfallfraktionen

Dass Haushaltsabfälle eine nennenswerte Belastung mit verschiedensten Schwermetallen haben, ist seit den achtziger Jahren des letzten Jahrhunderts in verschiedenen Untersuchungen gezeigt worden [59, 6, 71, 70, 89, 92]. In der Folge wurde die Forderung aufgestellt, dass Abfallbehandlungsverfahren über eine definierte Stoffsenke verfügen und im Rahmen der Produktverantwortung die Schwermetallanteile vor allem von Cadmium, Quecksilber und Blei bereits bei der Herstellung der Konsumgüter reduziert werden müssen. Mit der Öffnung der TASI für die biologisch-mechanische Restabfallbehandlung und der sich daraus folgenden Verwertung hochkalorischer Abfälle über die Herstellung und den Einsatz von Ersatzbrennstoffen außerhalb der klassischen Abfallverbrennung, musste man sich erneut über die Belastung und den Verbleib von Schwermetallen auseinandersetzen.

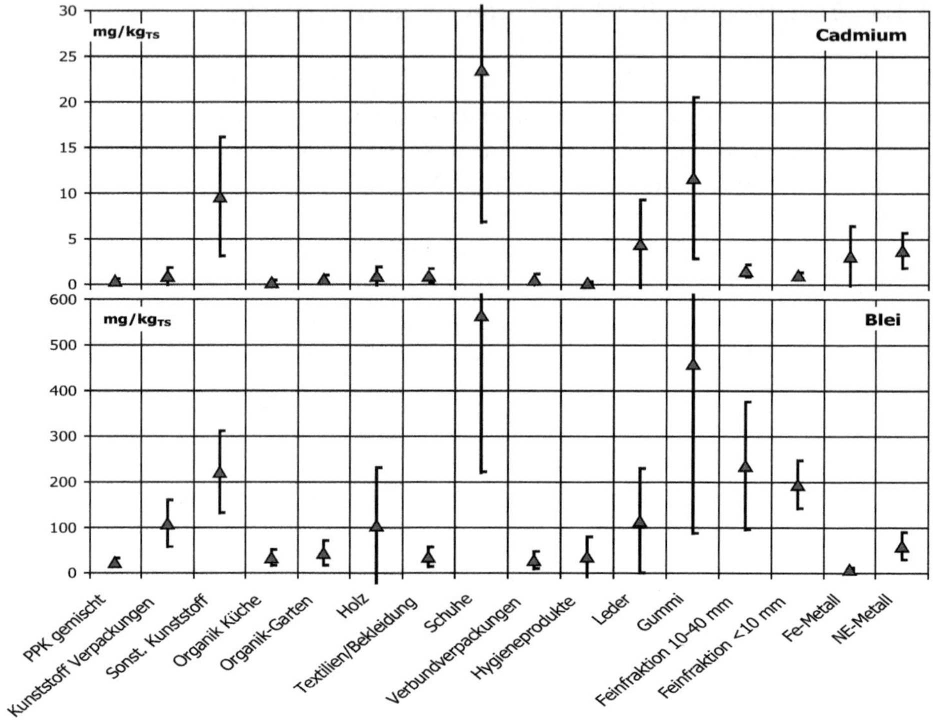

Abb. 4.11 Mittelwert und Konfidenzbereich mit dem Vertrauensniveau ($1 - \alpha = 80$ %) der Blei- und Cadmiumkonzentration in den untersuchten Abfallfraktionen [75]

Wie haben sich Haushaltsabfälle in den letzten zwei bis drei Jahrzehnten verändert? Auf der einen Seite wird insbesondere auf europäischer Ebene kontinuierlich daran gearbeitet, im Rahmen der Produktverantwortung den Einsatz von Schwermetallen in der Produktion zu vermindern. Regelungen für Batterien, Verpackungen und für Elektronikgeräte seien hier erwähnt. Auf der anderen Seite hat die getrennte Wertstoffsammlung zur Folge, dass ein beachtlicher Teil heizwertreicher und besonders schadstoffarmer Bestandteile dem Abfall entzogen wird und sich insbesondere langlebige Produkte im Restabfall anreichern. Beides sind gegenläufige Tendenzen, die Auswirkungen auf die Beschaffenheit von Abfall haben.

Ausgeprägte Konzentrationsunterschiede findet man für Blei und Cadmium. Für diese Elemente sind in Abb. 4.11 eindeutige Quellen in Haushaltsabfällen zu identifizieren. Während Papiere durchweg geringe Konzentrationen mit niedrigen Schwankungen zeigen, sind Kunststoffe für den deutlichen Eintrag von Blei und Cadmium verantwortlich. Die Prognoseunsicherheit ist jedoch bei den Kunststoffen mit einem Schwankungsbereich von über 150 mg/kg$_{TS}$ für Blei und mehr als 10 mg/kg$_{TS}$ für Cadmium sehr unbefriedigend. Biogene Abfälle zeigen durchweg niedrige Konzentrationen. Auch die Fraktionen Schuhe,

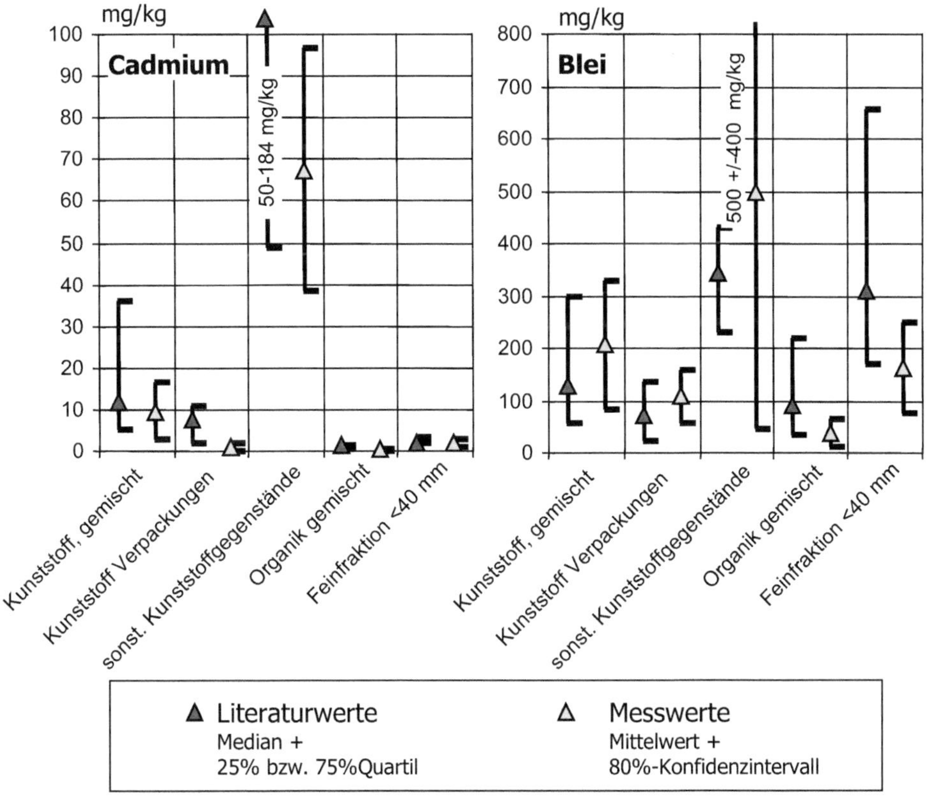

Abb. 4.12 Vergleich von Literaturwerten und eigenen Messwerten zur Cadmium- und Bleikonzentration in Abfällen [75]

Leder und Gummi sind zu den Wesentlichen Schadstoffträgern zu zählen. Es wird für beide Elemente deutlich, dass der Unsicherheitsbereich mit steigender Konzentration zunimmt.

Über die hohe Blei- und Cadmiumbelastung von Kunststoffen ist auch in der Literatur berichtet worden [8, 65, 70, 6, 89], jedoch griffen in den vergangenen Jahren verstärkt Vereinbarungen zur Produktverantwortung, die den Schwermetallgehalt in Produkten beschränken. Die Auswirkungen dieser Maßnahmen werden in Abb. 4.12 durch den Vergleich der zumeist über 10 Jahre alten Literaturwerte (dunkel) mit den neuen Messwerten (hell) deutlich. Es ist eine deutliche Cadmiumreduktion sowohl in Verpackungskunststoffen als auch in anderen Kunststoffgegenständen zu beobachten. In der Mischfraktion aus dem Restabfall wirkt sich diese Reduktion nicht so eindeutig aus, da durch die Abschöpfung von schadstoffarmen Verpackungsmaterialien mit der getrennten Sammlung die verbleibenden Mischkunststoffe durch die langlebigen schadstoffreichen Kunststoffgegenstände dominiert werden. In der Summe hat sich der Cadmiumgehalt der verbleibenden Mischkunststoffe im Restabfall kaum verändert.

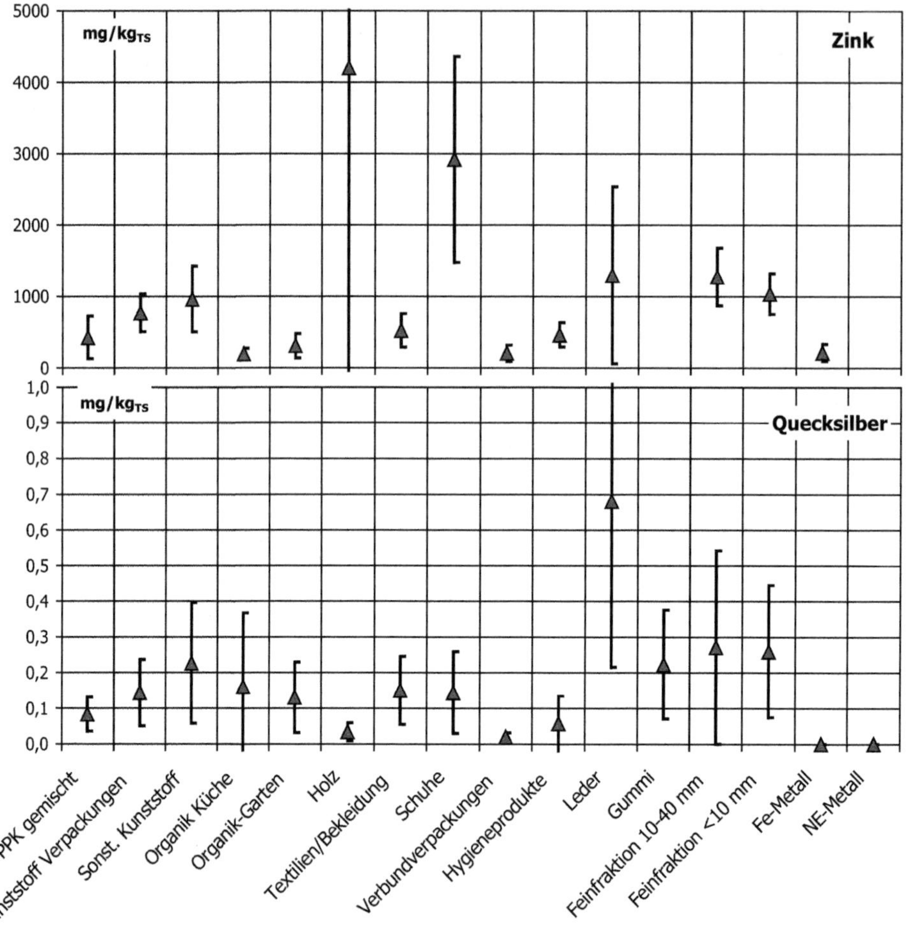

Abb. 4.13 Mittelwert und Konfidenzbereich mit dem Vertrauensniveau ($1-\alpha=80$ %) der Quecksilber- und Zinkkonzentration in den untersuchten Abfallfraktionen [75]

Die zunehmende Produktverantwortung hat sich auf den Bleigehalt in Kunststoffen nicht so eindeutig ausgewirkt. Hier wird deutlich, dass sowohl die getrennte Wertstoffsammlung als auch der verbleibende Kunststoffrest zu einer Anreicherung und somit zu einer Erhöhung der Schwermetallkonzentrationen mit Blei führt. Der Bleigehalt ist dagegen in der Feinfraktion und der nativ-organischen Fraktion des Restabfalls gesunken.

In Abb. 4.13 lassen sich für Quecksilber keine eindeutigen Quellen im Restabfall entdecken. Das Niveau liegt insgesamt niedrig, entsprechend ist die relative Schwankung der Werte hoch. In der Feinfraktion ist ein etwas erhöhter Quecksilbergehalt feststellbar, der jedoch eine Relevanzgrenze von ca. 0,5 mg/kg nicht übersteigt. Diese Ergebnisse erklären nicht die in einigen Brennstoffen, die aus reinem Haushaltsabfall gewonnen wurden, gefundenen Quecksilberkonzentrationen größer 1 mg/kg [75].

Im Gegensatz zu Quecksilber ist die Zinkkonzentration in allen betrachteten Fraktionen hoch. Selbst in vergleichsweise gering belasteten Papieren, den nativ organischen Fraktionen und Verbundverpackungen sind Konzentrationen 300–400 mg/kg zu finden. Ausgesprochene Spitzenbelastungen zeigten einzelne Holzproben, Schuhe und Gummi, die jedoch keine große Mengenrelevanz haben. Kunststoffe sind als Abfallbestandteil für die Gewinnung von Brennstoffen besonders interessant. Sie haben mit ca. 1000 mg/kg im Vergleich mit anderen Bestandteilen einen erhöhten Zinkgehalt, der maßgeblich für die hohen Zinkkonzentrationen in den aufbereiteten Brennstoffen verantwortlich ist. Auch die Feinfraktion ist eine deutliche Zinkquelle. Aus toxikologischer Sicht mag diese Zinkkonzentration noch unbedenklich sein, jedoch können hohe Zinkkonzentrationen zu Problemen im Betrieb von Verbrennungsanlagen führen [75].

4.1.3.2 Bedeutung stark schadstoffhaltiger Fraktionen

Neben den betrachteten Hauptfraktionen sind im Restabfall einige Fraktionen wie E-Schrott und Batterien zu finden, die wegen ihrer metallischen Bestandteile stark schadstoffhaltig sind. Um den Einfluss dieser Bestandteile abzuschätzen sind Untersuchungen von Janz und Rotter [101, 103] durchgeführt worden. Dabei konnte ermittelt werden, dass 1 % der Elektroaltgeräte und 0,05 % Altbatterien sich durchschnittlich im Restabfall befinden [103].

Da es unter praktischen Aspekten oft nicht möglich ist, bei Abfallanalysen ausreichend große Stichproben zu sortieren, die eine ausreichende Repräsentativität gewährleisten, muss die Frage mit Hilfe einer Sensitivitätsanalyse geklärt werden, welchen Einfluss Batterien und Elektronikschrott auf die jeweiligen Schwermetallkonzentrationen in Abfällen haben. Die prozentuale Veränderung der Schwermetallkonzentration in Abhängigkeit vom Massenanteil dieser Fraktionen im Restabfall zeigt Abb. 4.14 Es wird der Einfluss von Batterien auf den Quecksilber- und Zinkgehalt von Abfällen deutlich. Dagegen wirkt sich Elektronikschrott vor allem auf den Cadmium- und Bleigehalt aus. Für alle betrachteten Schwermetalle ist der Gehalt der Fe-Metalle unerheblich.

4.1.3.3 Bedeutung von organischen Schadstoffen in Abfällen

Die BSE-Krise hat uns deutlich gemacht, dass der Kreislauf, aufgebaut von Menschen, sich durch mangelndes Wissen und durch falsche Technik bereits kurzfristig in einen tödlichen Kreislauf verwandeln kann.

Es stellt sich unter diesem Blickwinkel die Frage, ob unsere technische Übertragung des Kreislaufgedankens aus der Natur nicht naiv war und zumindest im Bereich der organischen Moleküle so einfach nicht ist?

Mit dem Schließen der Kreisläufe in Europa und Übersee wird ein wichtiger Baustein der Abfallwirtschaft im Hinblick auf die Nachhaltigkeit erfüllt. Mit der Kreislaufschließung entstehen aber weitere Probleme, die nur mit mehr Technik und verbesserten Technologien gelöst werden können. So wird bei einer höheren Recyclingquote für Glas eine geringere Verunreinigung der Scherben durch Fremdstoffe gefordert. Für das Papierrecycling müssen die Wasserkreisläufe geschlossen werden und weitere Chemikalien zur

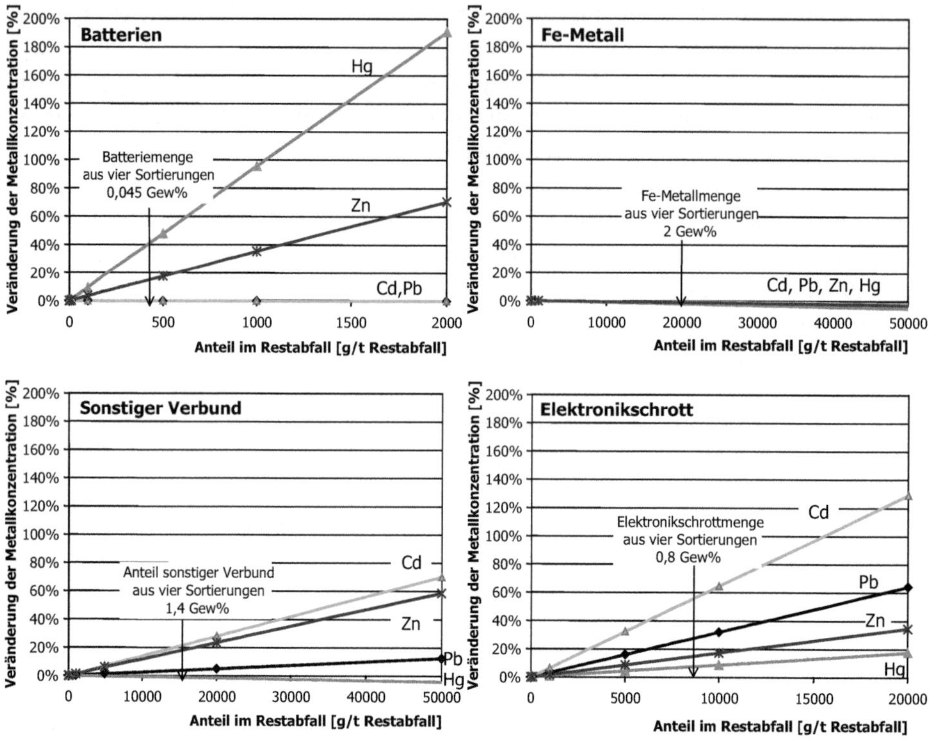

Abb. 4.14 Sensitivität des Gehaltes von Batterien, Metallen, Elektronikschrott und sonstigen Verbundgegenständen auf die Schwermetallkonzentration im Restabfall (prozentuale Veränderung ausgehend von folgenden Gehalten ohne die Sonderfraktionen: Blei 150 mg/kg, Cadmium 5 mg/kg, Quecksilber 0,3 mg/kg, Zink 500 mg/kg) [72]

Unterdrückung von Pilzen und Bakterien und selbstverständlich auch bessere und reinere Papiersorten eingesetzt werden. Diese kurzen Beispiele gelten auch für Altöle, Kunststoffe, Textilien, Metalle, Elektronikschrott etc.

Über viele Jahrzehnte beschränkten sich die Stoffströme von Recyclingmaterial weitgehend im nationalen bzw. europäischen Rahmen. Mit der globalen Öffnung der Märkte und dem hohen Bedarf an Rohstoffen wird der Handel mit Altpapier, Kunststoffabfällen, Textilien, Altautos und E-Schrott global durchgeführt. Dabei wird deutlich, dass die Additive und gefährlichen Inhaltsstoffe der Altmaterialien durch die unterschiedliche Handhabung des Recyclings in den Ländern Asien und Afrika eine Reihe dieser Schadstoffe freisetzt oder in neuen Konsumprodukten landen, wo sie nicht erwünscht bzw. für die nachfolgende Nutzung schädlich für die Verbraucher und die Umwelt sind.

Endokrin wirksame Substanzen können das Hormonsystem von Lebewesen nachhaltig beeinflussen. Neben natürlich vorkommenden Hormonen in der Umwelt, wie etwa solche aus Pflanzen oder Pilzen, wird mittlerweile eine Vielzahl von chemischen Verbindungen in der aquatischen Umwelt nachgewiesen, die ebenfalls endokrin wirksam sind. Diese Stof-

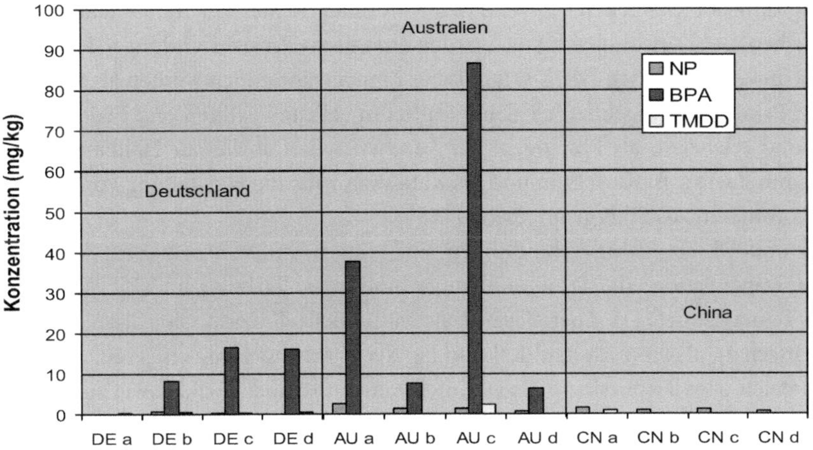

Abb. 4.15 Endokrine Substanzen wie 4-Nonylphenol, Bisphenol A und TMDD in Toilettenpapier aus Recyclingfasern [156]

fe stammen zum größten Teil aus der industriellen Produktion, bestimmten Produkten oder aus tierischen und menschlichen Ausscheidungen. Als mögliche Eintragspfade in die Umwelt werden Abwassereinleitungen, Sickerwässer aus Abfalldeponien und der Eintrag in Grund- und Oberflächenwasser bei der landwirtschaftlichen oder landbaulichen Verwertung von Klärschlamm diskutiert. An den Beispielen sollen entsprechende Probleme verursacht durch Recyclingrohstoffe aufgezeigt werden (Abb. 4.15).

Im Recycling-Papier sind viele Chemikalien zu finden, die in der Holz-, Papier-, Druck-, Verpackungs- und anderen Industrien gezielt und bestimmungsgemäß zum Einsatz kommen. Dies wird in Abb. 4.15 bestätigt für Recycling-Toilettenpapiere und Bisphenol A (BPA) und verzweigtes, technisches 4-Nonylphenol (NP) erneut und für 2,4,7,9-Tetramethyl-5-decin-4,7-diol (TMDD) erstmals; 4-tert-Octylphenol (OP) und Pentachlorphenol (PCP) waren in den untersuchten Proben nicht bestimmbar. Die in 12 Produkten aus Deutschland, China und Australien ermittelten Konzentrationen der endokrin aktiven Schadstoffe BPA und NP betrugen bis zu 2,7 bzw. 87 mg/kg, die in 6 Produkten ermittelten TMDD-Gehalte bis zu 2,4 mg/kg. Die australischen Papiere waren insgesamt – aber nicht durchweg – am stärksten mit allen 3 nachweisbaren Schadstoffen belastet, die deutschen am geringsten mit NP, die chinesischen überhaupt nicht mit BPA. Dabei war kein systematischer Zusammenhang zwischen den NP- und BPA-Konzentrationen festzustellen. Die am höchsten mit BPA belastete Probe wies auch die höchste TMDD-Belastung auf. Toilettenpapier wird meist nach dem bestimmungsgemäßen Gebrauch mit dem Abwasser entsorgt und gelangt über die Kanalisation in die Kläranlagen. Viele der vom Papier mitgebrachten Schadstoffe sind biologisch langsam abbaubar. Recycling-Toilettenpapier stellt deshalb eine relevante potenzielle Quelle der Belastung von Klärschlamm und möglicherweise Gewässern mit BPA und in geringem Ausmaß mit NP und TMDD dar.

Aufgrund der vielfachen Anwendungen in einer Reihe von industriellen, landwirtschaftlichen und Konsumprodukten werden organische Zinnverbindungen kontinuierlich an die Umwelt abgegeben [177]. Organische Zinnverbindungen werden als Stabilisatoren in PVC Produkten eingebaut, als Schutzmittel für Holz, Textilien und Leder gegen Bakterien und Pilzbefall, als Pestizid in der Landwirtschaft sowie zur Haltbarmachung für Lebensmittel wie z. B. Kartoffeln und als Katalysator für die Herstellung von Polyurethan und Elastomeren aus Silikon eingesetzt [149].

Tri- und Diorganozinnverbindungen sind die am meisten genutzten Verbindungsklassen. Dabei werden die Triorganozinnverbindungen Tributyzinn TBT, Triphenylzinn TPhT, Trioctylzinn TOT überwiegend als industrielle Biozide, als Chemikalien in der Landwirtschaft, als Holzschutzmittel und bei der Farbherstellung eingesetzt. Im industriellen Bereich wird Tributylzinn als Desinfektionsmittel und Biozid sowie zur Schleimunterdrückung in der Papier-, Bier-, Leder- und Textilproduktion, im Bauhandwerk und im Kühlsystem von Kraftwerken eingesetzt [184].

Die Nutzung von TBT im Antifouling ist inzwischen weitgehend gebannt, wenn auch die Bundesanstalt für Gewässerkunde [190] feststellte, dass die Belastungsschwerpunkte entlang der Küsten von Nord- und Ostsee (besonders in Häfen und Werftstandorten) sowie das Baggergut aus Fahrrinnen deutliche Belastungen aufweisen und die Trenduntersuchungen zeigen, dass bisher kein signifikanter Rückgang eingesetzt hat.

Auch durch die Importe aus Asien, Afrika und Lateinamerika kommen Produkte, die aus Recyclingmaterial hergestellt oder mit Additiven versehen worden sind, die in Deutschland und Europa ein Gesundheits- und Umweltproblem darstellen können.

So werden seit Jahren die Kunststoffbehältnisse, die mit giftigen Chemikalien in Berührung kommen, wie Pestizide, Flüssigdünger, Reinigungsmittel etc. in Vietnam zu ca.75 % nicht einer Sonderabfallbehandlung zugeführt, sondern dem normalen Recycling von Haushalts- und Gewerbebaustoffen untergemischt [230]. Damit besteht jederzeit die Gefahr, dass Produkte daraus entstehen und in den weltweiten Handel gelangen.

Textilien, hergestellt für Europa, haben eine Reihe von Additiven, die schädlich sind. Die Additive mit den größten Schadstoffpotenzial sind Flammenhemmer (Bromverbindungen), schmutz- und wasserabweisende Chemikalien (Perflourierte Kohlenstoffverbindungen) und antimikrobielle Zusätze (wie z. B. Triclosan) und werden über Waschvorgänge ins Oberflächenwasser gegeben, wo Fische und andere Lebewesen diese aufnehmen können und so in die Nahrungskette gelangen.

Dies gilt aber auch für Pestizide, die in Südostasien für die Stabilisierung der Verpackungspapiere eingesetzt werden. Über die Papierfabriken in Europa werden diese Chemikalien in den Wasserpfad, in den Klärschlamm und in die neuen Papierprodukte verschleppt.

Aus klimatischen Gründen lag und liegt der Anwendungsschwerpunkt in tropischen und subtropischen Ländern. In Deutschland wurden von den genannten Stoffen hauptsächlich DDT, HCH und Toxaphen hergestellt, eingesetzt und auch exportiert.

Charakteristisch für Pestizide ist, dass ihre Anwendung zwangsläufig mit der Kontamination von Gebäuden, Gebrauchsgegenständen und Böden verbunden ist. Typisch ist

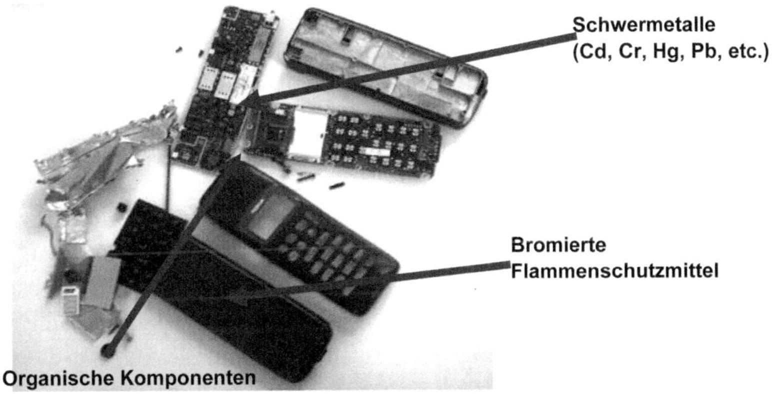

Abb. 4.16 Schadstoffe im Elektronikschrott (Foto Chancerel)

auch ihr Charakter als Handelsware auf offiziellen wie indessen auch auf Schwarzmärkten. Wichtigste Abfallarten mit Pestiziden sind Verpackungen, Aufbewahrungsgefäße und Geräte für die Anwendung.

Bromhaltige Flammschutzmittel wurden und werden in Kunststoffen verwendet, die in Leiterplatten und Gehäusen vieler elektrischer und elektronischer Geräte, aber auch in Fahrzeugen eingesetzt wurden. Sie wurden ebenso für Textilien und Möbel genutzt. Als Abfälle sind daher neben den Altgeräten und Altmöbeln die Kunststoffabfälle mit Leiterplatten und Polystyrolschäumen, aber auch flammhemmend ausgestattete Textilien zu beachten (Abb. 4.16).

Da viele der organischen Polymere bromhaltige Flammschutzmittel enthalten können, ist die Berücksichtigung der Herkunft der jeweiligen Abfälle von Bedeutung. Dabei war Flammschutz nicht für alle der erfolgten Anwendungen erforderlich oder sinnvoll.

Kunststoffe, die bromhaltige Flammschutzmittel enthalten, sollten nicht stofflich verwertet, sondern als Abfälle beseitigt werden. Um jedoch einen möglichst großen Anteil der anfallenden Kunststoffabfälle werkstofflich zu verwerten, ist eine sichere Trennung bromhaltiger von anderen Kunststoffteilen erforderlich. Hierzu müssen Trennverfahren entwickelt und in der Praxis erprobt werden. Ein Handel mit Gemischen muss zur Zeit ausgeschlossen werden.

4.1.3.4 Die Senke im verantwortungsvollen Stoffkreislauf

Unser Wissen und Können der Gesellschaft reicht noch nicht aus, um Kreisläufe wie die Natur sie kennt, zu erschaffen. Bevor Kreisläufe von uns geschaffen werden, sollten wir daher sehr sorgfältig untersuchen, wie dieser Kreislauf ohne Schädigung von Menschen, Tieren und Pflanzen installiert werden kann.

Der weltweite Handel von Recyclingrohstoffen und Konsumprodukten führt zu einer Verbreitung von Schadstoffen auf verschiedenen Wegen. Die unzureichende Technologie des Recyclings von Papier, Kunststoffen, Textilien, Elektronikschrott etc. führt zu direkten Gesundheits- und Umweltschäden in der Dritten Welt. Dabei ist wichtig für uns zu verstehen, dass diese Schäden nicht regional verbleiben, sondern durch den Handel von Nahrungsmitteln (Fisch, Schrimps,...) und diversen Konsumgütern (Spielzeug, Leder, Textilien, Verpackungs- und Papierprodukten,...) wieder zu uns zurück kommt. Mit dem weltweiten Handel werden so auch verdeckt Schadstoffe mit einem sehr unterschiedlichen Gefährdungspotenzial ubiquitär verteilt.

Vor dem Gesichtspunkt der Nachhaltigkeit ist daher geboten, Abfälle und Recyclingrohstoffe solange sie nicht sicher sind aus dem Lebenskreislauf herauszuhalten. Mit den heutigen technischen Mitteln geling dies durch die Inertisierung, wodurch die gefährlichen Komponenten für die Biosphäre unschädlich gemacht werden können. Damit verbleibt der modernen Restabfallverbrennungsanlage auch in Zukunft die Aufgabe, die Senke für schadstoffhaltige Abfallkomponenten zu gewährleisten und zwar solange, wie sich die Rezepturen für die Produkte nicht ändern, bzw. wir nicht in der Lage sind die schadstoffhaltigen Anteile aus den Gebrauchsgütern vor einem Recycling zu entfernen. Dazu bedarf es noch weitergehende Forschungsanstrengungen.

4.2 Geordnete Deponie

Der Vorteil der Deponierung als Beseitigungsmethode von Abfällen beruht auf der einfachen Technik, die eingesetzt werden muss, und auf kurzfristigen betriebswirtschaftlichen Überlegungen mit geringen spezifischen Entsorgungskosten, die je nach Lage, Größe und Errichtungszeitpunkt z. Z. zwischen 25 und 50 € Betriebs- und Nachsorgekosten/Mg Abfall liegen.

Nach dem gegenwärtigen Stand der Technik kann eine geordnete Deponie so betrieben werden, dass die Belästigung der Anlieger und eine Gefährdung der Umwelt durch Sickerwasser, Geruch, Brand- und Explosionsgefahr weitgehend vermieden werden. Trotzdem bleibt die Deponie durch Emissionen von Stäuben und Mikroorganismen während der Einbauzeit eine Belastung für die Umwelt.

Nach Abschluss der Deponie besteht ein Langzeitrisiko durch die Wasserdampfdestillation und Auslaugung im Inneren des Deponiekörpers, die Schadstoffe im Sickerwasser und im Gas anreichert und damit die Umwelt belastet.

Die Erfahrung lehrt, dass eine nach dem jeweiligen Stand der Technik angelegte Deponie bereits heute oder morgen eine Altlast sein kann. Auch dies muss bei der Planung und dem Betrieb von Deponien berücksichtigt werden.

Abbildung 4.17 zeigt die Restlaufzeit der Deponien gemäß den Prognosen Mitte der 90-iger Jahre sowie den umweltrelevanten sicherheitstechnischen Ausstattungsgrad zu dem Zeitpunkt. Diese Information ist auch noch heute von Interesse, da sich daraus das Gefährdungspotenzial und die Nachsorge ableiten lassen. Die geordnete Deponie steht im Gegensatz zur ungeordneten bzw. wilden Deponie. In der geordneten Deponie werden die Abfälle systematisch ausgebreitet und in Schichten von begrenzter Stärke eingebaut.

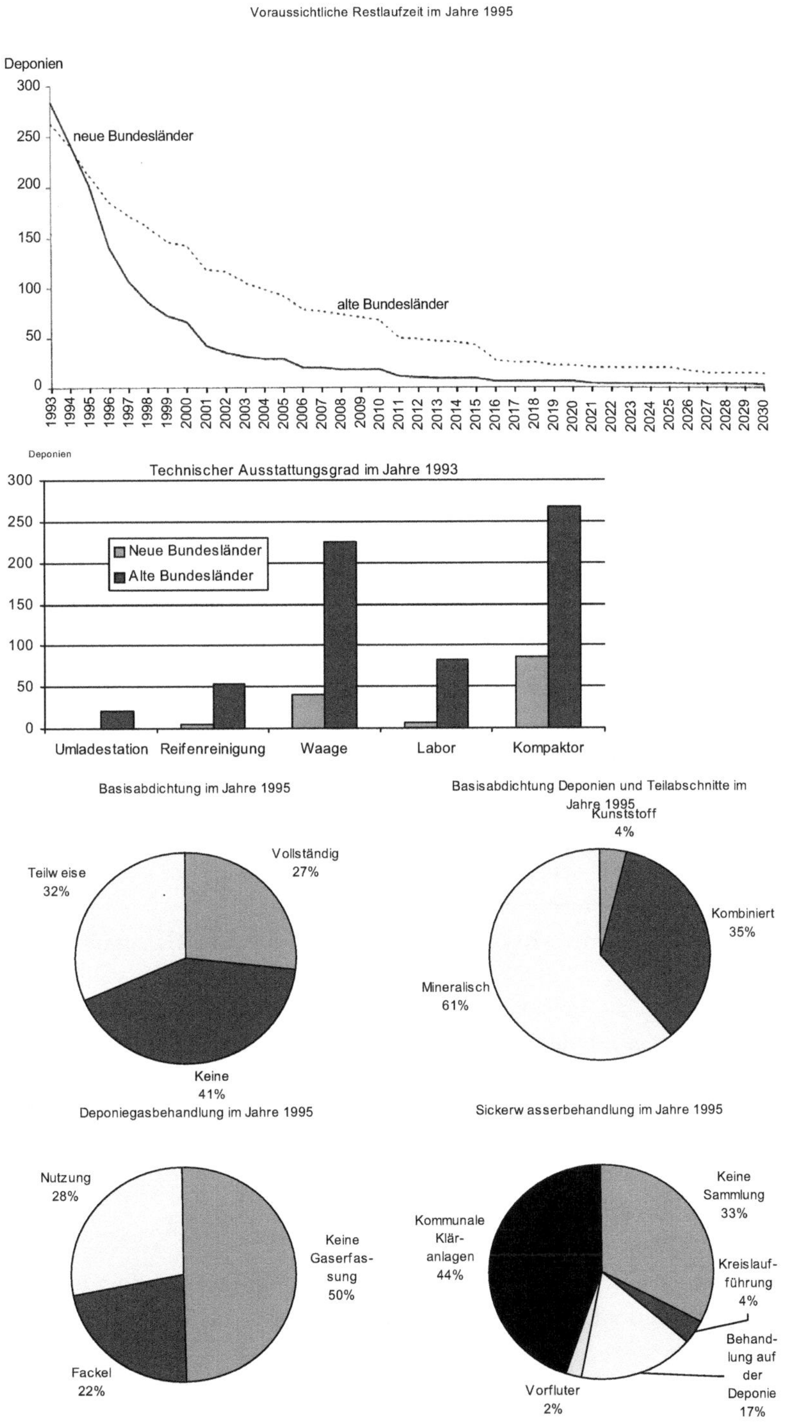

Abb. 4.17 Anzahl und Arten von Deponien und deren Stand der Technik in Deutschland Mitte der 90-iger Jahre [9]

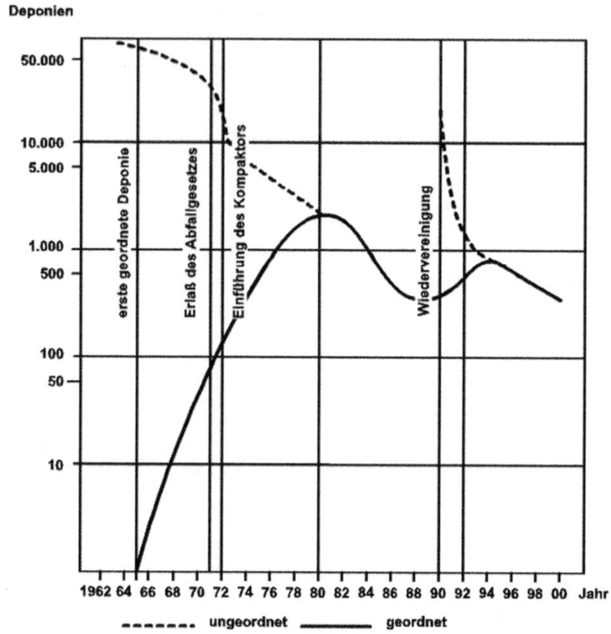

Abb. 4.18 Zeitliche Entwicklung der ungeordneten zur geordneten Deponie in der Bundesrepublik Deutschland

Gegenüber der Geschichte der Verbrennung, Kompostierung und Sortierung von Abfällen stellt die geordnete Deponie, durchgeführt im heutigen Sinne, ein junges Verfahren dar.

Die Entwicklung zur geordneten Deponie vollzog sich in der Bundesrepublik Deutschland im Wesentlichen in den letzten vierzig Jahren [3]:

- 1961 Einführung der ersten geordneten Deponie durch die Stadt Bochum,
- 1971 Erlass des Abfallbeseitigungsgesetzes,
- 1972 Einführung des ersten Kompaktors zur Verdichtung des Hausmülls.

Abbildung 4.18. zeigt die zeitliche Entwicklung der Anzahl ungeordneter zu geordneten Deponien in den alten Bundesländern. Die hier dargestellte Einstufung der Begriffe „geordnet" und „ungeordnet" bezieht sich nur auf die Einbaumethode, ergänzt und geändert nach [3].

4.2.1 Klassifizierung von Deponien

Die Deponien lassen sich durch ihre Formen, die durch den Standort und seine Topographie festgelegt sind, und durch die Technik bzw. den Betrieb auf der Deponie charakterisieren.

4.2.1.1 Deponieformen

Bis vor ca. 30 Jahren wurden die Deponien sowohl in der Bundesrepublik als auch in der damaligen DDR überwiegend in Gruben angelegt. Somit war die Deponieform, die in der Regel die meisten umwelttechnischen Nachteile mit sich bringt, am häufigsten vertreten.

Deponieformen werden wie folgt eingeteilt [4]:

- geschlossene Grubendeponie,
- offene Grubendeponie,
- Deponie am Hang,
- Deponie im Taleinschnitt,
- Haldendeponie.

Die *geschlossene Grubendeponie* ist durch die unter dem umliegenden Geländeniveau liegende Basis gekennzeichnet. Steile Böschungen, die mitunter schwer abzudichten sind, sind die Regel. Die Nachteile der Grubendeponie bestehen darin, dass das Sickerwasser ständig von der Grubensohle gepumpt werden muss und das Deponiegas leicht in die Seitenwände abwandert und unkontrolliert entweichen kann.

Die *offene Grubendeponie* entsteht an Hangeinschnitten und ist somit nach mindestens einer Seite hin offen. Die Grubensohle ist zur offenen Seite hin geneigt, so dass die Entwässerung des Sickerwassers durch das natürliche Gefälle erfolgen kann.

Im Gegensatz zur Grubendeponie, bei der ein ehemaliger Eingriff in die Landschaft durch Kies-, Gesteins- oder Tonabbau rückgängig gemacht wird, bedeutet die *Deponie am Hang* oder im Taleinschnitt eine Veränderung der Landschaftsform. Hinsichtlich der Erschließung, dem Betrieb, der Möglichkeit der Dichtung und Zuverlässigkeit der Entwässerung haben diese Deponietypen große Vorteile gegenüber den Grubendeponien.

Die *Haldendeponie* ist für viele Gebiete in Deutschland aufgrund der topographischen und hydrologischen Verhältnisse die einzig mögliche Deponieform. Die gute Kontrolle der Deponiebasis, der entstehenden Gase, sichere Betriebsführung und Langzeitkontrolle haben dazu geführt, dass die Haldendeponie sich verstärkt durchgesetzt hat.

4.2.1.2 Betriebsformen

Die Einlagerung der Abfälle geschieht entsprechend der Genehmigung nach einem vorbestimmten Plan, der protokolliert und ständig überwacht wird. Die Form der Einbautechnik und die abzulagernden Komponenten bzw. Abfallqualitäten ermöglicht die Einteilung nach folgenden Betriebsformen der Deponie:

- Verdichtungsdeponie,
- Rottedeponie,
- Ballendeponie,
- Inert- und Monodeponie,
- Sonderabfalldeponie.

Bei der *Verdichtungsdeponie* handelt es sich in der Regel um unbehandelte Siedlungsabfälle, die in Schichten von 0,3 bis 2 m Mächtigkeit aufgebracht und verdichtet werden. Das Ziel des Deponiebetriebes auf einer Verdichtungsdeponie ist es, mit einem minimalen Geräteeinsatz eine möglichst hohe Verdichtungsleistung zu erzielen.

Bei der *Rotte- und Ballendeponie* ist eine gewisse Vorbehandlung der Abfälle vor ihrer Einlagerung notwendig. Auf der Rottedeponie wird der Abfall in zwei bis drei Verfahrensschritten eingebaut, die sich wie folgt unterscheiden (vgl. auch Kap. 4.2.5 und 4.4.1.3):

- Aufbereitung des Abfalls (z. B. durch Zerkleinerung) und ggf. Vermischen mit Klärschlamm,
- Rotte des aufbereiteten Materials in losen Schichten von maximal 2 m über einen Zeitraum von 4 bis 6 Wochen,
- Einbau des verrotteten Materials mit der üblichen Verdichtung oder Verwendung des Materials nach einer Bedarfskompostierung zur Zwischenabdeckung oder Rekultivierung.

Die Verpressung von Siedlungsabfällen zu Ballen wird in verschiedenen Ländern (z. B. Japan) praktiziert [2]. Dabei wird die Ballenpresse im Abfallbeseitigungssystem ähnlich einer Umladestation angelegt, so dass die Sammelkosten minimiert und vor der Verpressung Wertstoffe, wie Papier, Pappe, Glas und Metalle, aussortiert werden. Der Transport der Ballen erfolgt in der Regel durch Lkw. Auf der Deponie werden die Ballen dann mit Radladern oder Gabelstaplern in Höhen von 3 bis 4 Stück ein- bzw. abgelagert.

Die Ballendeponie ist staubfrei und erfordert weniger Zeit-, Geräte- und Arbeitsaufwand als die Ablagerung von unverpresstem Abfall. Es zeigte sich jedoch, dass beim Einbau von nicht verschnürten Ballen als Folge der ungleichmäßigen Abmessungen Schwierigkeiten zu erwarten sind, die ähnlich der Verdichtungsdeponie nur durch einen erheblichen Aufwand an Abdeckmaterial ausgeglichen werden können. Die Raumgewichte der Ballen variieren je nach verwendetem Presstyp zwischen 600 bis 700 kg/m^3 bei schwachverdichtenden und bei hochverdichtenden Pressen zwischen 725 bis 1250 kg/m^3.

Im Gegensatz zu den *Multikomponenten-Deponien* wird bei der Monodeponie eine einzige Abfallart abgelagert.

Monodeponien enthalten häufig Abfälle wie Abraum, Bauschutt, Altreifen, Kunststoffe oder Klär- und Industrieschlämme, die in großen Mengen anfallen und für die es z. Z. noch keine wirtschaftliche und/oder gefahrlose Wiederverwendung gibt.

Inert-Deponien werden durch die Qualität der Abfälle charakterisiert. Zum Beispiel führt die Verbrennung von verschiedenen Abfällen zu einer großen Volumenreduktion und weitgehenden Mineralisierung der Reststoffe. Daraus ergibt sich eine Verminderung von Abbau- und Auslaugvorgängen. Bei der Inert-Deponie werden Abfälle abgelagert, die wie Bodenaushub keine oder nur geringe mobile Schadstoffe enthalten.

Sonderabfalldeponien werden durch die Gefährlichkeit der abzulagernden Stoffe charakterisiert. Dabei werden Zwischenlager und Endlager unterschieden. Das *Zwischenlager* stellt ein Bauwerk auf Stelzen, mit Behältern oder mit Unterkellerung etc. dar und nimmt vornehmlich Abfallgemische mit unbestimmten und nicht standortgerechten Deponieverhalten auf. Diese Abfälle verbleiben so lange unter kontrollierten Bedingungen, bis für eine entsprechende Behandlung oder für einen geeigneten Verbleib gesorgt ist.

Als *Endlagerstätte* werden Untertage-, Kavernen- und Übertagedeponien dann angesehen, wenn die eingelagerten Stoffe verfestigt und immobilisiert sind.

Alte noch zu befüllende Betriebsformen Für Sonderabfälle sind gemäß Deponieverordnung zwei Deponietypen vorgesehen, die oberirdische Deponie und die Untertagedeponie im Salzgestein (s. Kap. 4.2.5).

Für die Ablagerung von Siedlungsabfällen wurden entsprechend der am 1. Juni 1993 in Kraft getretenen Dritten Allgemeinen Verwaltungsvorschrift zum Abfallgesetz (TA Siedlungsabfall), nach der die stoffliche Verwertung Vorrang hat, lediglich drei Deponiebetriebsformen zugelassen.

Die *Deponieklasse I*, in der Abfälle mit einem sehr geringen organischen Anteil abgelagert werden können, bei denen im Auslaugungsversuch nur sehr geringe Mengen Schadstoffe freigesetzt werden.

Auf einer Deponie der *Deponieklasse II* können Abfälle mit einem höheren organischen Gehalt und mit einer höheren Schadstofffreisetzung zur Ablagerung kommen, entsprechend bestehen höhere Anforderungen an den Standort (s. Kap. 4.2.2).

Auf *Monodeponien* sollen Abfälle zur Ablagerung kommen, die nach Art, Schadstoffgehalt und Reaktionsverhalten ähnlich und untereinander verträglich sind [1].

4.2.2 Deponiestandorte

Während Abfallverwertungseinrichtungen unterschiedlicher Art oftmals in unmittelbarer Nähe von Wohngebieten angesiedelt und auch akzeptiert werden, sind Deponiestandorte gesellschaftlich schwerer durchsetzbar. Bereits das Bekanntwerden von Planungsvorhaben ruft massive Bürgerproteste hervor. Durch Einsprüche kann die Genehmigung von neuen Deponien oder deren Erweiterungen über Jahre hin verzögert werden. Die Errichtung einer Deponie stellt einen Landschaftsverbau mit einer wesensfremden Nutzung dar. Neben den privat Betroffenen wird immer stärker die Anspruchskonkurrenz des Landschaftsschutzes, der Wasserwirtschaft, der Sicherung der Naturschätze, der Freizeitnutzung etc. zum Ausdruck gebracht. Dadurch wird die Standortfindung mit zunehmenden Anforderungen für zukünftige Deponien immer schwieriger.

Da die Abfallbeseitigung großräumig am kostengünstigsten durchgeführt werden kann, wird der Deponiestandort in Form einer Zentraldeponie zunächst nach Kostengesichtspunkten ausgewählt. In der Regel sprechen die Flächennutzungspläne und Umweltschutzgesichtspunkte gegen einen solchen Standort. Die Standortentscheidung ist schließlich als ein Ausgleich dieser unterschiedlichen Ansprüche an einem Ort zu verstehen.

4.2.2.1 Vorschriften und Richtlinien

Bei der Errichtung von Deponien sind von allen Beteiligten die entsprechenden Rechts-, Verwaltungsvorschriften und -anordnungen zu beachten.

Im Abfallgesetz ist gemäß § 29 Abs. 1 festgelegt, dass die Länder die Standorte für Deponien im Rahmen ihrer Abfallbeseitigungspläne festzulegen haben. Entsprechend § 31 Abs. 2 ist für die Errichtung und den Betrieb der Deponie grundsätzlich ein Planfeststellungsverfahren durch die zuständige Behörde vorgeschrieben. Bei der Planfeststellung ist die Umweltverträglichkeit der Anlage zu prüfen.

Die Behörde wird in der Regel im Planfeststellungsbescheid Auflagen zur Berücksichtigung von Einwänden und fachlichen Gesichtspunkten zusammenfassen und ordnen. Es werden die Art und Herkunft der zugelassenen Abfallstoffe, die Einrichtung der Deponie und deren Prüfung und Überwachung, der allgemeine Deponiebetrieb, Maßnahmen zum Gewässerschutz, zur Deponiegaserfassung und -behandlung sowie die Folgenutzung der Deponie geregelt.

Als Prüfungs- und Entscheidungsgrundlage für die Vollzugsbehörden gilt die Deponieverordnung (DepV)vom 27.4 2009 und deren Anforderungen.

4.2.2.2 Standortanforderungen

Die Wahl des *Deponiestandortes* hatte und hat neben den technischen Anforderungen eine wichtige Bedeutung für die Verminderung der Risiken für Umwelt und Mensch.

Die Erkenntnis um die Langzeitfolgen von Deponien für die Umwelt führte Mitte der 80er Jahre zur Schaffung des Multibarrierenkonzeptes (vgl. Kap. 4.2.3). Da kein Dichtungssystem die Emissionen eines Deponiekörpers „über unendlich lange Zeiträume" auffangen kann, wurde als Barriere 2 der Standort der Deponie eingeführt. Insbesondere dessen geologische und hydrogeologische Eignung steht dabei im Vordergrund.

Entsprechend den Vorgaben der TA Siedlungsabfall ist die Standortauswahl für eine Deponie so zu treffen, dass bereits durch die standortspezifischen geologischen, hydrogeologischen, bodenkundlichen und geotechnischen Gegebenheiten die Möglichkeit einer Ausbreitung von Schadstoffen auf ein Minimum reduziert ist. Zudem sollte zu dem nächstgelegenen Siedlungsgebiet ein Schutzabstand von mindestens 300 m eingehalten werden, um eine direkte Beeinträchtigung der Anwohner durch den Deponiebetrieb zu vermeiden.

Der unter der Deponie und im weiteren Umfeld anstehende natürliche Untergrund sollte als *geologische Barriere* wirksam sein und folgende Bedingungen erfüllen:

- Mächtigkeit von mehreren Metern,
- schwach durchlässiges Locker- oder Festgestein,
- hohes Schadstoffrückhaltepotenzial.

Unterschreitet die geologische Barriere im Ablagerungs- oder Nahbereich der Deponie eine Mächtigkeit von 3 m, so ist eine homogene Ausgleichsschicht ($kf \leq 1 \times 10^{-7}$ m/s) einzubringen. Gegebenenfalls sind zur Sicherstellung der Anforderungen zusätzliche technische Maßnahmen zu ergreifen.

Der Abstand des Deponieplanums zur maximal zu erwartenden Grundwasseroberfläche muss mindestens 1 m betragen.

Für die Deponieklasse 0 bestehen keine besonderen Anforderungen an eine geologische Barriere.

Deponieklasse 0 und I Die Zuordnung zur Deponieklasse I gilt für eine Deponie, in der Abfälle eingelagert werden können, die einen sehr geringen organischen Anteil enthalten und bei denen eine geringe Schadstofffreisetzung im Auslaugungsversuch stattfindet. Die entsprechenden Zuordnungswerte für die Abfälle sind im Anhang 3 der Deponieverordnung (DepV) festgelegt (s. Tab. 4.5).

Deponieklasse II Deponien, in der Abfälle abgelagert werden können, die einen höheren Anteil an organischem Material enthalten als die, die auf der Deponieklasse I abgelagert werden dürfen und bei denen auch die Schadstofffreisetzung größer ist als bei der Deponieklasse I (s. Tab. 4.5). Entsprechend sind die Anforderungen an den Deponiestandort und die Deponieabdichtung höher.

Monodeponie Auf einer Monodeponie abgelagerte Stoffe müssen ebenfalls die Bedingungen der Deponieklassen bezüglich der Einhaltung der entsprechenden Zuordnungswerte erfüllen (s. Tab. 4.5). Weiterhin gibt es keine einschränkenden Regeln wie sie mal früher durch die TA Siedlungsabfall bestand.

4.2.3 Einrichtung, Bau und Betrieb einer Deponie

Eine Reihe von geordneten Deponien, errichtet nach dem Stand der Technik aus den 60er und 70er Jahren, sind heute zu sanierungsbedürftigen Altlasten geworden. Dies hat dazu geführt, die Deponietechnik entsprechend den neuen Erkenntnissen und Anforderungen zu revidieren.

Die Einrichtung, der Bau und der Betrieb einer Deponie basierten auf dem LAGA-Merkblatt [5] und verschiedenen Informationsschriften, Richtlinien und Erlassen der einzelnen Bundesländer. Dennoch sah die Praxis der Ablagerung von Abfällen nicht immer so aus, wie es die heutigen Möglichkeiten gestatten würden. Aufgrund der unzureichenden baulichen Einrichtungen und einer inkonsequenten Betriebsführung ist eine Reihe von vermeidbaren Altlasten entstanden. Es wird darauf ankommen, welches Gefährdungspotenzial diese Deponiestandorte für die Zukunft darstellen und ob diese Altlasten mit geringem Aufwand entsprechend den Standards der Zukunft kontrolliert werden können. Über die Altablagerungen von Haus- und Gewerbeabfällen, auch jüngeren Datums, fehlen meist nahezu alle wichtigen Informationen, um das gegenwärtige und zukünftige Gefahrenpotenzial abschätzen zu können [10]. Dies sind:

Tab. 4.5 Zuordnungskriterien für Deponien nach DepV Anhang 3

Nr.	Parameter	DK 0	DK I	DK II	DK III
1	Organischer Anteil des Trockenrückstandes der Originalsubstanz[a]				
1.01	Bestimmt als Glühverlust	≤ 3 Masse-%	≤ 3 Masse-%	≤ 5 Masse-%	≤ 10 Masse-%
1.02	Bestimmt als TOC	≤ 1 Masse-%	≤ 1 Masse-%	≤ 3 Masse-%	≤ 6 Masse-%
2	Feststoffkriterien				
2.01	Summe BTEX	≤ 6 mg/kg TM			
2.02	PCB	≤ 1 mg/kg TM			
2.03	Mineralölkohlenwasserstoffe (C 10–C 40)	≤ 500 mg/kg TM			
2.04	Summe PAK nach EPA	≤ 30 mg/kg TM			
2.07	Extrahierbare lipophile Stoffe in der Originalsubstanz	≤ 0,1 Masse-%	≤ 0,4 Masse-%	≤ 0,8 Masse-%	≤ 4 Masse-%
3	Eluatkriterien				
3.01	pH-Wert[b]	5,5–13,0	5,5–13,0	5,5–13,0	4,0–13,0
3.02	DOC	≤ 50 mg/l	≤ 50 mg/l	≤ 80 mg/l	≤ 100 mg/l
3.03	Phenole	≤ 0,1 mg/l	≤ 0,2 mg/l	≤ 50 mg/l	≤ 100 mg/l
3.04	Arsen	≤ 0,05 mg/l	≤ 0,2 mg/l	≤ 0,2 mg/l	≤ 2,5 mg/l
3.05	Blei	≤ 0,05 mg/l	≤ 0,2 mg/l	≤ 1 mg/l	≤ 5 mg/l
3.06	Cadmium	≤ 0,004 mg/l	≤ 0,05 mg/l	≤ 0,1 mg/l	≤ 0,5 mg/l
3.07	Kupfer	≤ 0,2 mg/l	≤ 1 mg/l	≤ 5 mg/l	≤ 10 mg/l
3.08	Nickel	≤ 0,04 mg/l	≤ 0,2 mg/l	≤ 1 mg/l	≤ 4 mg/l
3.09	Quecksilber	≤ 0,001 mg/l	≤ 0,005 mg/l	≤ 0,02 mg/l	≤ 0,2 mg/l
3.10	Zink	≤ 0,4 mg/l	≤ 2 mg/l	≤ 5 mg/l	≤ 20 mg/l
3.11	Chlorid[c]	≤ 80 mg/l	≤ 1500 mg/l	≤ 1500 mg/l	≤ 2500 mg/l
3.12	Sulfat[c]	≤ 100 mg/l	≤ 2000 mg/l	≤ 2000 mg/l	≤ 5000 mg/l
3.13	Cyanid, leicht freisetzbar	≤ 0,01 mg/l	≤ 0,1 mg/l	≤ 0.5 mg/l	≤ 1 mg/l
3.14	Fluorid	≤ 1 mg/l	≤ 5 mg/l	≤ 15 mg/l	≤ 50 mg/l
3.15	Barium	≤ 2 mg/l	≤ 5 mg/l	≤ 10 mg/l	≤ 30 mg/l
3.16	Chrom, gesamt	≤ 0,05 mg/l	≤ 0,3 mg/l	≤ 1 mg/l	≤ 7 mg/l
3.17	Molybdän	≤ 0,05 mg/l	≤ 0,3 mg/l	≤ 1 mg/l	≤ 3 mg/l

Tab. 4.5 (Fortsetzung)

Nr.	Parameter	DK 0	DK I	DK II	DK III
3.18a	Antimon[d]	≤ 0,006 mg/l	≤ 0,03 mg/l	≤ 0,07 mg/l	≤ 0,5 mg/l
3.18b	Antimon, C_0-Wert[d]	≤ 0,1 mg/l	≤ 0,12 mg/l	≤ 0,15 mg/l	≤ 1,0 mg/l
3.19	Selen	≤ 0,01 mg/l	≤ 0,03 mg/l	≤ 0,05 mg/l	≤ 0,7 mg/l
3.20	Wasserlöslicher Anteil (Abdampfrückstand)[c]	≤ 0,4 Masse-%	≤ 3 Masse-%	≤ 6 Masse-%	≤ 10 Masse-%

[a] 1.01 kann gleichwertig zu 1.02 angewandt werden.
[b] Abweichende pH-Werte stellen allein kein Ausschlusskriterium dar. Bei Über- oder Unterschreitungen ist die Ursache zu prüfen.
[c] Nr. 3.20 kann gleichwertig zu den Nummern 3.11 und 3.12 angewandt werden.
[d] Überschreitungen des Antimonwertes nach Nr. 3.18a sind zulässig, wenn der C_0-Wert der Perkolationsprüfung nach Nr. 3.18b nicht überschritten wird.

- Dokumentation über die Art und Menge der Abfälle,
- Kataster über die räumliche Verteilung im Deponiekörper,
- Untersuchungen über die genaue Geologie und Hydrologie der näheren Umgebung der Deponie,
- bereits entstandene Schäden in der Nachbarschaft der Deponie durch Setzungen, Sickerwasser und Deponiegas.

Um die Fehler der Vergangenheit nicht zu wiederholen, ist es unabdingbar, bei Deponien nicht nur auf die Wirksamkeit einer Schutzbarriere zu vertrauen, sondern aus Gründen der Sicherheit viele Barrieren einzuplanen [11].

Daraus entstand der Grundgedanke des *Multibarrierenkonzeptes*, in dem mehrere Sicherheiten unabhängig voneinander wirken und so die Deponie umweltverträglich machen. Diese Sicherheitsphilosophie sieht folgende Barrieren vor [10–12]:

1. Barriere: Abfallvorbehandlung,
2. Barriere: Geologie und Hydrogeologie des Standortes,
3. Barriere: Deponiekörper mit prognostizierbarem Verhalten,
4. Barriere: Deponiebasisabdichtung mit Sickerwassererfassung und Behandlung,
5. Barriere: Oberflächenabdichtung und getrennte Erfassung des Niederschlagswassers,
6. Barriere: Nutzung, Nachsorge, Kontrollier- und Reparierbarkeit der Barrieren.

Barriere 1 Das Gefährdungspotenzial einer Deponie wird wesentlich von Präsenz und Mobilität der Schadstoffe unter Einwirkung der Biosphäre bestimmt. Die Abfallvorbehandlung wird so gestaltet, dass gefährliche Schadstoffe möglichst immobilisiert werden. Dies geschieht durch chemisch-physikalische Vorbehandlung, weitgehende Inertisierung der Abfälle durch Verbrennung, Vorsortierung oder getrennte Sammlung von schadstoffhaltigen Sonderabfällen aus Haushalten und Kleingewerbe.

Barriere 2 Langfristig muss davon ausgegangen werden, dass alle künstlichen Maßnahmen zur Beherrschung der Emissionen einer Deponie ganz oder zumindest teilweise versagen. Das heißt, dass der Deponiestandort zu irgendeinem Zeitpunkt die Emissionen, die dann von den abgelagerten Abfällen ausgehen, in kontrollierbaren Mengen freisetzt. Der Deponiestandort als geologische, hydrologische und geographische Barriere stellt sicher, dass sich freigesetzte Schadstoffe nur langsam und vorhersagbar ausbreiten und empfindliche Ziele nur in tolerierbarer Verdünnung erreicht werden können.

Barriere 3 Der Deponiekörper ist ein Reaktor, der Schadstoffe emittiert. Qualität und Quantität der emittierten Schadstoffe hängen von der chemischen Bindungsform der Schadstoffe sowie von den chemischen, biologischen und physikalischen Prozessbedingungen im Deponiekörper ab. Die Deponie ist nicht nur eine künstliche Sedimentation, auf die alle Phänomene der Geologie wie Verfestigung, Fällung, Rücklösung und Adsorption anwendbar sind, vielmehr wirken außer Wasser andere Flüssigkeiten als Lösemittel, so dass die Auslaugung von Schadstoffen wesentlich komplizierter verläuft.

Das Ziel der Deponietechnik muss sein, einen Deponiekörper aufzubauen, der eine hohe innere und äußere Stabilität hat und von dem langfristig keine unannehmbaren Gasemissionen ausgehen können, auch wenn der Abfallberg ungeschützt längere Zeit den Witterungseinflüssen ausgesetzt ist. Der Erfolg des Deponiebetriebes muss an der Qualität des Deponiekörpers gemessen werden. Das Maß der Immobilität der Schadstoffe in den Abfällen und Deponiekörper unter Witterungseinfluss bestimmt die Güte der Hauptbarriere einer Deponie [13].

Barriere 4 Um Fehleinschätzungen hinsichtlich der Deponierbarkeit von Abfällen und der Immobilität der Schadstoffe sowie der hydrogeologischen Gegebenheiten im Deponieumfeld zu begegnen, muss jede Deponie eine Deponiebasisabdichtung erhalten, die die Ableitung unzulässig verunreinigter Sickerwässer in den Untergrund verhindert.

Barriere 5 Obwohl nur Abfälle abgelagert werden sollten, aus denen ein Deponiekörper aufgebaut werden kann, der langfristig keine schädliche Verunreinigung des Grundwassers erwarten lässt, erfordert der Vorsorgegedanke, dass der Deponiekörper von den Witterungseinflüssen abgeschirmt wird.

Das Deponieoberflächenabdichtungssystem verhindert die Infiltration von Niederschlagswasser in den Deponiekörper, die unkontrollierte Ausbreitung von Gasen und Gerüchen sowie das Abschwemmen und Verwehen von Abfällen und Stäuben und trennt letztlich räumlich Deponiekörper und Nutzer der Oberfläche der verfüllten Deponie.

Barriere 6 Durch Nutzung, Nachsorge, Kontrollierbarkeit und Reparierbarkeit der Barrieren können ungünstige Abweichungen von Planungsannahmen teilweise korrigiert werden.

Nach Verfüllung der Deponie sollte die Fläche einer weitgehend uneingeschränkten Nutzung, zumindest aber der ursprünglich möglichen Nutzung, wieder zur Verfügung gestellt werden. Die Nutzung darf jedoch die Oberflächenabdichtungssysteme nicht in ihrer Funktionsfähigkeit und Wirksamkeit beeinträchtigen. Planung, Bau und Betrieb von Deponien müssen so erfolgen, dass unerwartete Ereignisse, die zu gravierenden Schäden führen können, praktisch unmöglich sind. Darüber hinaus sollten Abweichungen von den erwarteten Werten für das Deponieverhalten mit geringem Aufwand korrigierbar sein. Wie auch immer eine Deponie angelegt, aufgebaut und abgeschlossen wird, die Kontrolle und die Messung der Parameter, die das Langzeitverhalten der Deponie beschreiben, müssen eine unerlässliche Auflage in der Deponiegenehmigung werden. Die Messergebnisse sollen geeignet sein, frühzeitig Hinweise auf Abweichungen von dem erwarteten Deponieverhalten zu geben und die Einleitung von Gegenmaßnahmen bei Störfällen rechtzeitig zu ermöglichen. Die Reparierbarkeit einzelner Deponieteile und die Rückholbarkeit von abgelagerten Stoffen gewährleisten die Funktionsfähigkeit des Gesamtsystems Deponie.

In der Deponieverordnung sind die Anforderungen für die Errichtung, den Bau und Betrieb einer Deponie aufgestellt worden.

In der TA Siedlungsabfall wurde bereits das in der Deponieverordnung übernommene Prinzip des *Multibarrierenkonzeptes* für Deponien festgeschrieben. Durch die Auswahl geologisch und hydrogeologisch geeigneter Standorte, durch den Einsatz geeigneter Deponieabdichtungssysteme, Einbautechniken für Abfälle und der Einhaltung festgelegter Zuordnungswerte, Probenahme- und Analysevorschriften für das Annahmeverfahren des einzulagernden Gutes werden wirksame, voneinander unabhängige Barrieren geschaffen. Dadurch wird die Freisetzung und Ausbreitung von Schadstoffen weitestgehend unterbunden.

4.2.3.1 Deponieabdichtungen

Ein Deponieabdichtungssystem besteht aus der Deponieoberflächen- und -basisabdichtung, evtl. auch einer Seitenabdichtung, welche den gesamten Deponiekörper umschließt und ihn somit einkapselt. Die Wirkung der Einkapselung ist dann vollkommen, wenn die Dichtwirkung beider Dichtungselemente dauerhaft ist und Emissionen lediglich über den kontrollierten Sickerwasser - und Gasabzug auftreten.

An die Beschaffenheit der Basis- und Oberflächenabdeckung können folgende Anforderungen gestellt werden [14, 15]:

- Wasserdichtigkeit gegen Niederschlagswasser und eine Temperaturbeständigkeit bis mind. 70 °C,
- Gasdichtigkeit gegenüber Deponiegasen,
- Beständigkeit gegenüber der Deponieauflast,
- Unempfindlichkeit gegenüber Setzungen,
- Sicherheit gegen Austrocknung (bei mineralischen Dichtungsmaterialien),
- Beständigkeit gegen Mikroorganismen, Nagetiere und gegen Wurzeleinwirkungen von Pflanzen,
- Erosions- und Frostsicherheit,
- einfache technische Verlegbarkeit,
- gute Kontrollierbarkeit der Dichte während der Bau- und Betriebsphase,

- Reparierbarkeit im Schadensfall,
- Wirtschaftlichkeit.

Dieser umfangreiche Anforderungskatalog zeigt die hohen Anforderungen sowohl an die Basisabdichtung als auch an die Oberflächenabdichtung. Es zeichnen sich jedoch Konzeptionen ab, die dieser Idealvorstellung nahe kommen.

Seit Ende der siebziger Jahre werden in der Bundesrepublik Deutschland alle neu angelegten Deponien mit Basisabdichtungen versehen. Seit Juli 1984 ist in Hessen eine kombinierte Basisabdichtung von Deponien vorgeschrieben.

Zur Sicherstellung und Gewährleistung der Qualitätsanforderungen der Deponieverordnung für die Aufbringung und Herstellung der Deponieabdichtungssysteme ist nach DIN 55350 ein Qualitätssicherungsplan zu erstellen, der die Ergebnisse der Eignungsprüfungen der zu verwendenden Materialien enthält. Ebenso werden die notwendigen Maßnahmen zur Qualitätslenkung (Herstellungsverfahren) und Qualitätsüberwachung und -prüfung (während und nach der Aufbringung) sowie die Art und Weise der Dokumentation der Erstellung des Dichtungssystems detailliert hergestellt. Weiterhin sind Eigen- und Fremdprüfungen und die Überwachung durch die BAM (Bundesanstalt für Materialprüfung) gefordert.

Kombinationsdichtugen Unter dem Begriff Kombinationsdichtung versteht man die lagenweise Anordnung verschieden beschaffener Dichtungsmaterialien im direkten Kontakt miteinander.

Der Aufbau ist folgendermaßen zu charakterisieren:

Auf dem oberhalb der geologischen Barriere angelegten Deponieplanum wird eine mineralische mindestens dreilagige Dichtungsschicht (Ton) mit einer Mindeststärke von 0,75 m aufgebracht, wobei ein Durchlässigkeitsbeiwert von $k \geq 5 \times 10^{-10}$ m/s einzuhalten ist.

Die mineralische Dichtungsschicht wird mit einer Kunststoffdichtungsbahn (Werkstoff bevorzugt HDPE) mit einer Mindestdicke von 2,5 mm abgeschlossen. Die Kunststoffdichtungsbahn wird zum Schutz mit einer Lage Feinsand oder ähnlichem Material abgedeckt. Darauf wird eine Entwässerungsschicht, geeignet sind Kiesel oder gebrochenes Hartsteinmaterial (Durchlässigkeitsbeiwert $k \geq 1 \times 10^{-3}$ m/s), aufgebracht, in der die Rohrsysteme für die Sickerwasserfassung zu verlegen sind.

Abgeschlossen wird die Abdichtung mit einer 1 m mächtigen Rekultivierungsschicht. In Abb. 4.19. ist der Aufbau einer Kombinationsdichtung dargestellt.

Mineralische Dichtungen Die konstruktiven Merkmale mineralischer Dichtung sind in Abb. 4.20 dargestellt. Der Dichtungsaufbau erfolgt auf dem Deponieplanum. Es wird eine mindestens zweilagige mineralische Dichtungsschicht (Material z. B. Ton, Bentonit-Matten, Wasserglas u. a.) mit einer Mindeststärke von 0,5 m aufgebracht und mechanisch verdichtet. Ansonsten gelten für die mineralische Abdichtung die gleichen Anforderungen wie für das Deponiebasisabdichtungssystem zuvor.

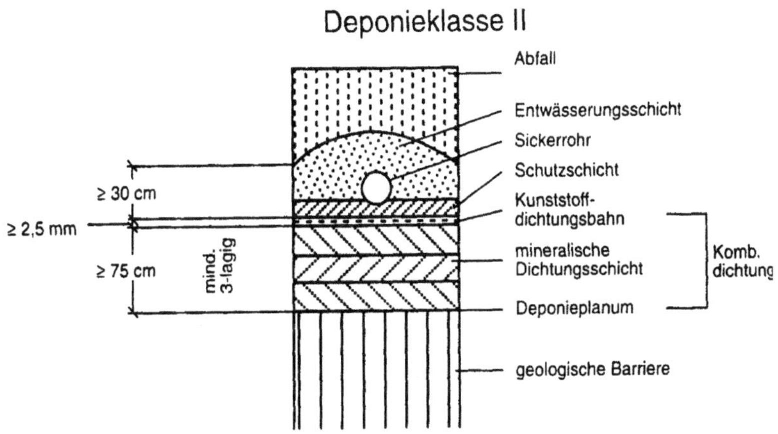

Abb. 4.19 Aufbau einer Kombinationsbasisabdichtung [1]

Abb. 4.20 Mineralische Basisabdichtung gemäß TA Siedlungsabfall [1]

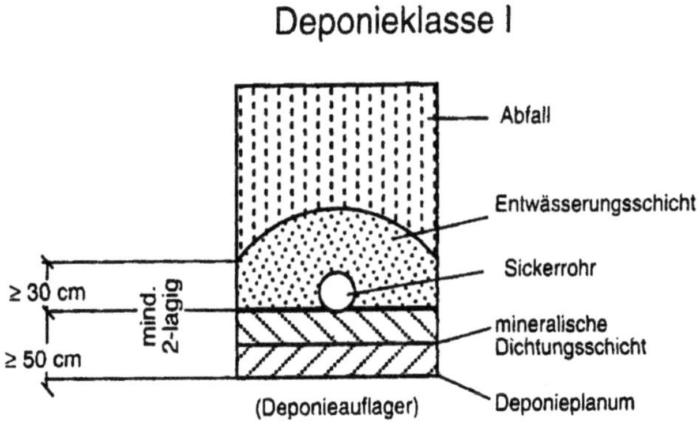

In der Vergangenheit lagen die Bemühungen häufig nicht in der technischen sondern in der wirtschaftlichen Optimierung einer Dichtung. Dabei wurden Fragen der chemischen und mechanischen Beanspruchung nicht oder nur am Rande berücksichtigt. Selbst für Problemstandorte reduzierten sich die Anforderungen häufig auf die Bestimmung der Proctordichte und des Durchlässigkeitsbeiwertes kf (10^{-8} bis 10^{-10} m/s).

Zur Beurteilung von geeigneten Materialien sind jedoch eine Reihe von bodenphysikalischen Kenngrößen wie Kornverteilung, Bodenart, mineralogische Zusammensetzung, Kalkgehalt, Wassergehalt, Ausroll- und Fließgrenze, Konsistenz- und Plastizitätszahl, Proctordichte, Porenanteil etc. nötig.

Oberflächenabdichtung Abbildung 4.21 zeigt eine endabgedeckte Abfalldeponie. Der Hauptanteil des Niederschlages kann aufgrund einer geneigten, wasserableitenden Oberflächendichtung nicht mehr in den Deponiekörper infiltrieren. Neigung und Durchlässigkeit, zwei erdbautechnisch weitgehend variable und kontrollierbare Parameter,

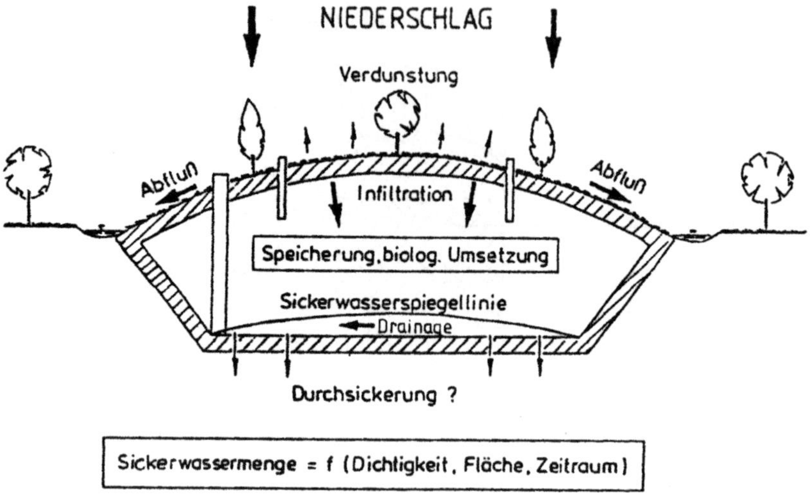

Abb. 4.21 Schema einer endabgedichteten Abfalldeponie [23]

bestimmen die Infiltrationswassermenge, von der wiederum ein großer Anteil durch das Entwässerungssystem erfasst und zur Beseitigung abgeleitet wird [21].

Ist eine reichhaltige Vegetation vorhanden, so können die Verluste durch die Transpiration der Pflanzen erheblich sein. Je nach den örtlichen klimatischen Verhältnissen und der Niederschlagshöhe können bis ca. 60 % verdunsten und entsprechend den Neigungsverhältnissen weitere 5 bis 20 % der Niederschläge abgeleitet werden [27].

Die anfallende Sickerwasser menge ist – lässt man die mit den Abfällen eingebrachten Wassermengen außer Betracht – vorrangig von der Niederschlagsinfiltration durch die Deponieoberfläche abhängig. Hohe Sickerwassermengen können sich wie folgt auswirken [28]:

- teilweiser Einstau des Deponiekörpers,
- Erhöhung der Sickerwasserfracht,
- höhere Belastung für die Deponiebasis,
- Verminderung der Standsicherheit von Böschungen,
- erhöhter Aufwand für Sickerwasserfassung und -behandlung,
- Steigerung und Vergleichmäßigung der Gasproduktion.

Die Endabdeckung der Deponie mit einer Erdschicht (als Wachstumsschicht) war bis vor kurzem die allgemein übliche Form des Deponieabschlusses. Misserfolge beim Pflanzenwachstum, verursacht durch das Deponiegas und die Infiltration des Niederschlagswassers, haben dazu geführt, dass eine Oberflächenabdichtung vorgeschrieben wurde.

Als Oberflächenabdichtung kommen heute mineralische Abdichtungen oder Kombinationsabdichtungen zum Einsatz.

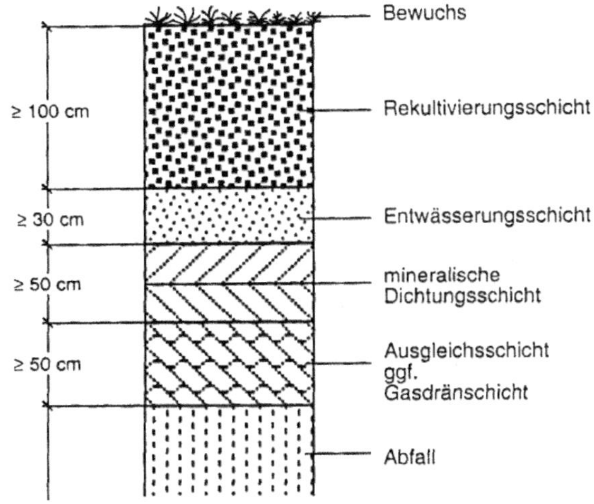

Abb. 4.22 Oberflächenabdichtung für Deponieklasse I gem. TA Siedlungsabfall [1]

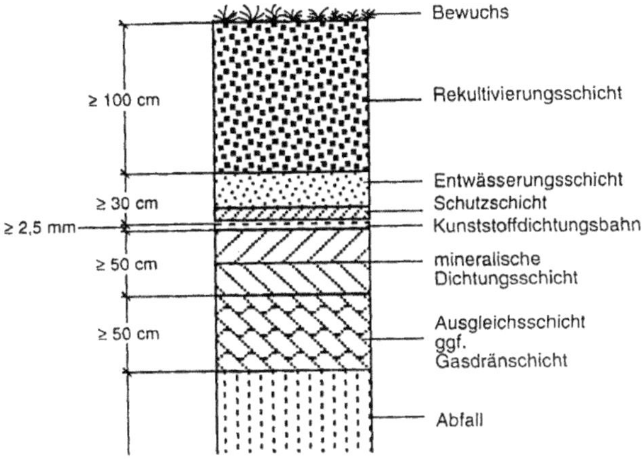

Abb. 4.23 Oberflächenabdichtung für Deponieklasse II gem. TA Siedlungsabfall [1]

Gemäß den gesetzlichen Regelungen hat während des Betriebes der Deponie eine Oberflächenabdichtung der jeweils verfüllten Deponieabschnitte zu erfolgen. Die unterschiedlichen Abdichtungssysteme in Abhängigkeit von Deponieklassen wie in Abb. 4.22 und 4.23 dargestellt, ist nach der Deponieverordnung nicht mehr verbindlich vorgeschrieben. Nach Abschluss der Deponie ist statt eines entsprechenden Regelabdichtungssystems abstrakt das jeweils erforderliche Funktionselement als Oberflächenabdichtung vorgegeben und entsprechend durchzuführen.

Der Hintergrund dieser Entwicklung lag in der Weiterentwicklung von alternativen Dichtungskomponenten, die dazu führten, dass in den letzten Jahren nicht die dargestellten Regelsysteme eingebaut wurden. Mit Hilfe der Betrachtung von Gleichwertigkeitskriterien wurden Alternativsysteme eingebaut, die die erforderlichen Schutzziele ebenso erreichten.

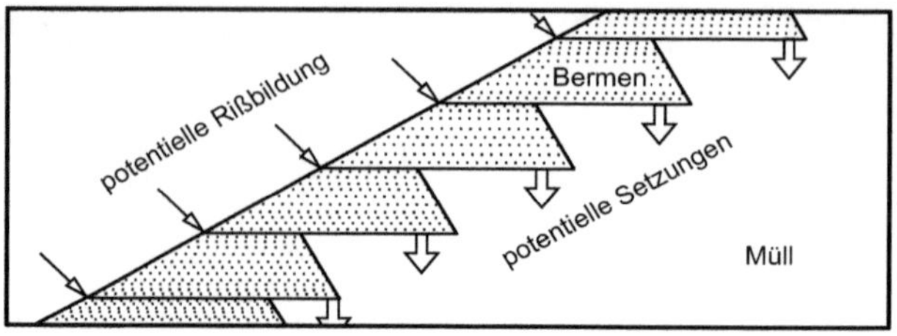

Abb. 4.24 Potenzielle Bruchzonen im Bereich der Bermen von Deponien [14]

Die zulässigen Alternativen im Dichtungsaufbau sind konkret definiert. Anstelle einer Abdichtungskomponente kann eine Wasserhaushaltungsschicht oder eine Kombination mit einer Konvektionssperre ein Dichtungskotrollsystem eingebaut werden.

Zur Errichtung von Abdichtungssystemen können von der BAM (Bundesanstalt für Materialprüfung) Geokunststoffe, Polymere, Dichtungskotrollsysteme Baustoffe und andere Abdichtungskomponenten, die einem Qualitätsstandardentsprechen, der bundeseinheitlich gemäß Anhang 1 Nr. 2.1 DepV eingehalten wird, zugelassen werden.

Bei Altdeponien der Klasse II mit einem hohen Anteil an organischer Substanz ist der Einbau der zweiten Abdichtungskomponente durch eine Wasserhaushaltsschicht oder einem Dichtungskontrollsystems nur genehmigungsfähig, wenn Maßnahmen zur Beschleunigung der biologischen Abbauprozesse durchgeführt worden sind. Dies betrifft die In-Situ-Belüftung und die gezielte Infiltration von Wasser.

Insgesamt muss das Dichtungsauflager nach Abklingen der Setzungserscheinungen ein Gefälle von ≥ 5 % aufweisen.

Vor allem bei Altanlagen sind Deponieabdeckungen der Gefahr der Erosion, der nachteiligen Materialveränderungen und den Setzungen und Horizontalverschiebungen des Deponiekörpers ausgesetzt.

Setzungen und Horizontalverschiebungen sind Folgen unterschiedlicher Volumenveränderungen im Deponiekörper. Diese können auf unzureichende Einbautechniken und lokal unterschiedliche Abfallzusammensetzungen zurückgeführt werden. Vor allem im Bereich der Bermen führen Setzungen im Deponiekörper zu Bruchzonen (Abb. 4.24). Durch Volumenverminderung können die einzelnen Bermen aus der horizontalen Einbaulage zur Deponiemitte hin abkippen und dabei im Bereich des Bermenfußes an der Deponieseite aufreißen [14].

Bei verfüllten Grubendeponien sind Setzungsrisse im Bereich des Grubenrandes zu erwarten, insbesondere dann, wenn der Grubenaußenbereich ebenfalls überfüllt wird (Abb. 4.25).

Die Setzungsrate kann bei Grubendeponien bis zu 20 % der Ausgangshöhe betragen [14].

Mögliche Schwachstellen für Kunststoffdichtungsbahnen und mineralisches Dichtungsmaterial

Kunststoffdichtungsbahnen Kunststoffdichtungsbahnen sind unter Umständen mechanischen und chemischen Einflüssen ausgesetzt, die zur Beeinträchtigung der Zuverlässigkeit

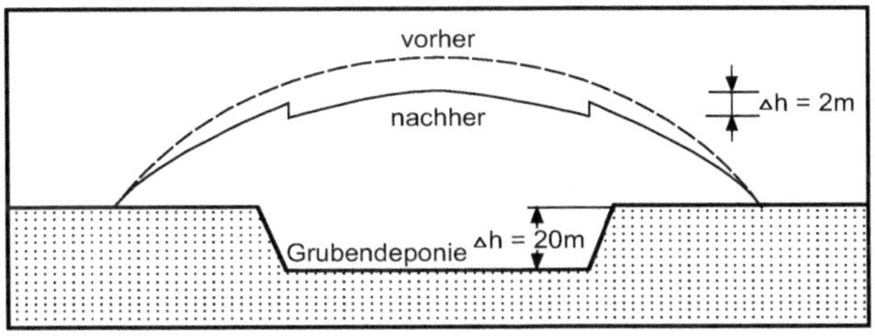

Abb. 4.25 Potenzielle Rissbildung einer 20 m hohen Grubendeponie bei einer Gesamtsetzung von 10 % [14]

führen können. Wesentliche Gefährdungsfaktoren sind konstruktive Mängel sowie Fehler in der Bauausführung. In Abb. 4.26 sind ausgewählte potentielle Schwachstellen einer geneigten Basisabdichtung qualitativ dargestellt [14].

Mechanische Beanspruchungen

- Gefährdung der Folienanbindung an innerhalb der Deponie gelegenen Sickerwasser- und Gaserfassungsschachtsockel (schlechte Konstruktion) durch Zug, Schub bzw. Differenzsetzung,
- überproportionale Dehnung infolge Punktsetzung bei schlechter Untergrundverdichtung,
- Gefährdung durch scharfkantige Drainleitungen (bei Bruch) bzw. Punktbelastungen,
- schwieriger Nahtbereich bei Neigungswechseln, insbesondere in Ecken,
- Zugbeanspruchungen infolge von Schubkräften (Wandreibung) bei Müllauflast,
- Gefährdung bei unzureichendem Feinplanum bzw. entsprechend ungünstiger Abdeckschicht,

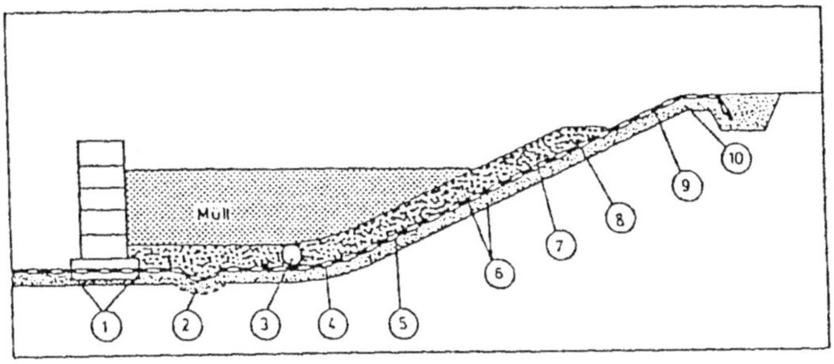

5. Zugbeanspruchungen infolge von Schubkräften (Wandreibung) bei Müllauflast;
6. Gefährdung bei unzureichendem Feinplanum bzw. entsprechend ungünstiger Abdeckschicht;

Abb. 4.26 Potenzielle Schwachstellen von Folienabdichtungen [14, 16]

- betriebliche Koordinationsschwierigkeiten bei der Vorwegschüttung der Flächendrainageschicht, dadurch gegebenenfalls direkter Kontakt Müll-Folie,
- Erosionsgefährdung der Flächendrain- bzw. -schutzschicht, dadurch verstärkte Gefährdung der freiliegenden Folie,
- Wechselzugbeanspruchung infolge von Temperaturschwankungen, ggf. verstärkte Zugbeanspruchung im Anschluss (nach Abkühlung) an die Verlegung bei großer Hitze, UV-Strahlung,
- Zug am Verankerungspunkt infolge Eigengewichts, Schrumpfung.

Chemische Beanspruchungen Für eine dauerhafte Funktionstüchtigkeit der Folienabdichtung ist es entscheidend, dass es zwischen der Dichtung und dem Sickerwasser des Deponiegutes zu keinen negativen Reaktionen kommt. Mögliche Reaktionen könnten sein [17]:

- Auflösen des Abdichtungsmaterials,
- übermäßige Quellung,
- Herauslösen von Komponenten mit der Folge von Materialveränderung.

Das Auflösen des Folienmaterials führt zum völligen Versagen der Dichtfunktion. Bei übermäßiger Quellung kann es zu einer Erweichung des Materials kommen, wodurch die Gefahr der Perforierung erhöht wird. Das Herauslösen einzelner Komponenten, z. B. von Weichmachern aus dem Abdichtungsmaterial, führt zu einem Volumenverlust und einer gleichzeitigen Verhärtung der Polymerbahnen. Der Weichmacherverlust verursacht bei extrudierten Bahnen (Thermoplasten) vor allem Schrumpfungen in Längsrichtung [17]. Die daraus resultierenden Spannungen können bei ungünstigen Bedingungen zu einem Reißen der Bahn führen.

Darüber hinaus können organische Lösungsmittel die völlig intakte Folie passieren. Die Permeationsrate ist von der chemischen Zusammensetzung sowie von der Folienstärke abhängig. Laborversuche haben gezeigt, dass sich die Permeationsrate mit steigender Stärke der Folie verringert und damit eine mögliche Kontamination des Bodens durch das Deponiegut vermindert wird.

Die Permeation erfolgt nicht nur bei konzentrierten organischen Flüssigkeiten, sondern auch bei deren wässrigen Lösungen. Die Permeationsrate nimmt bei wässrigen Lösungen nicht im Verhältnis der Konzentrationsänderung (Verdünnungsrate) ab, sondern liegt über den Werten, die aufgrund der Konzentration zu erwarten wären [17].

Abbildung 4.27 zeigt die Permeationsrate der konzentrierten Substanzen (Reinsubstanz 100 %) sowie die theoretisch erwarteten (errechneten) Permeationsraten bei linearer Abnahme der Lösungsmittelkonzentration (doppelte Schraffierung). Die einfache Schraffierung gibt die tatsächlich gemessenen Permeationsraten für die mit organischen Substanzen gesättigten Lösungen an.

Die bisher aufgezeigten Erkenntnisse über künstliche Dichtungen erfordern eine Berücksichtigung und Überprüfung aller Risikofaktoren bei der Planung einer Depo-

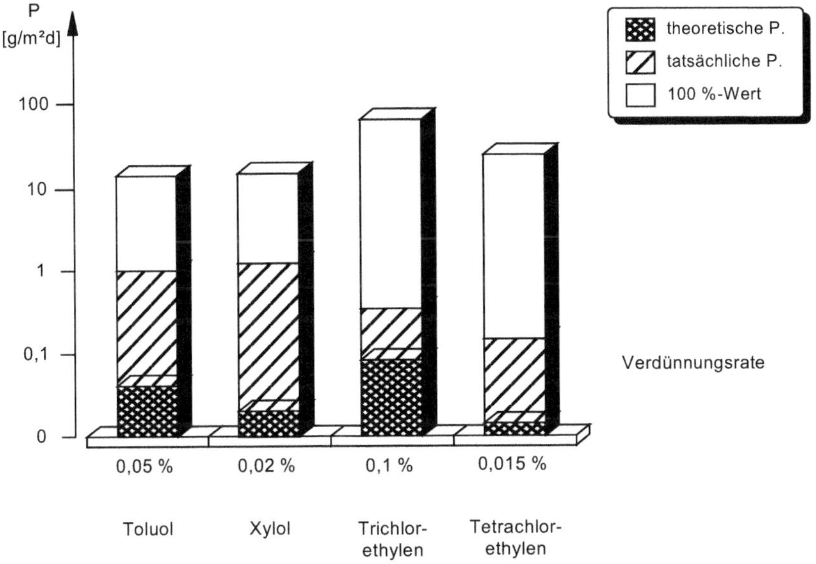

Abb. 4.27 Permeation konzentrierter und verdünnter organischer Substanzen durch Polyethylen [17]

nie. Die Auswahl geeigneter Materialien für Einstoffdeponien ist wesentlich einfacher als die bei Vielstoffdeponien mit Sonderabfällen. Veränderungen des Dichtungsmaterials durch aggressive oder toxische Stoffe sowie deren Kombinationswirkung unter Deponiebedingungen können nicht vorhergesagt werden.

Zur Ermittlung praxisnaher Werte sind in der Deponie Gelder-Pont im Rahmen eines Forschungsvorhabens 10 verschiedene Abdichtungsmaterialien unter Deponiebedingungen im Test [18]. Als Ergebnisse des Forschungsberichtes lassen sich folgende Punkte zusammenfassen [19]:

- Von den untersuchten Kunststoffbahnen erwies sich nur die Hochdruckpolyethylen (HDPE)-Folie als längerfristig beständig gegen die Einwirkung von Kohlenwasserstoffen.
- Aufgrund von Diffusionsvorgängen kann es bei HDPE-Folien unter Verwendung von Trichlorethylen zu Permeationsraten bis zu 150 $g/m^2 \times d$ kommen.
- Bei einer 0,1 %igen Trichlorethylen-Lösung wurden Permeationsraten bis zu 6 $g/m^2 \times d$ gemessen.
- Der für künstliche Abdichtungen verwendete Asphalt ist vor allem gegen organische Lösungsmittel empfindlich [20].

Langfristig gesehen bieten die bisherigen Dichtungsbahnen gegen Kohlenwasserstoffe und Chlorkohlenwasserstoffe keinen ausreichenden Schutz.

Mineralisches Dichtung smaterial Die verwendeten mineralischen Dichtungsmaterialien werden langfristig der Einwirkung von Sickerwässern verschiedener Qualität ausgesetzt. Obwohl Tone weitgehend rein sind, kann es zu Inhomogenitäten oder Veränderungen des Quellverhaltens durch chemische Reaktionen und damit zu einer lokalen Veränderung der Durchlässigkeit kommen.

Untersuchungen [21–23] haben gezeigt, dass durch die Einwirkung von Säuren und Laugen die Gitterstruktur der Tonminerale geschwächt und deren Hauptbestandteile ausgelaugt werden können. Die Auswaschungen sind hierbei eine Funktion des Permeats und dessen durchsickernden Menge sowie von Acidität, Temperatur und Zeit. Die Untersuchungen zeigen die Zerstörung der Gitterstrukturen von Tonmineralen als Funktion von pH-Wertverschiebungen ins saure Milieu. Hierdurch wird qualitativ die Gefahr der langfristigen Gefährdung mineralischer Dichtungsschichten angedeutet.

Die mineralische Basisabdichtung wird langfristig den zunehmenden Anforderungen des Grundwasserschutzes nur dann genügen, wenn durch die obigen Eignungsprüfungen nachgewiesen werden kann, dass das vorgesehene Dichtungsmaterial eindeutig prälineare und strömungslose Bereiche aufweist.

4.2.3.2 Sickerwassererfassung und -behandlung

Sickerwasser aus Deponien entsteht im Wesentlichen durch eingetragenes Niederschlagswasser, durch Eigenfeuchte von abgelagerten Abfällen und durch eindringendes Grund- oder Fremdwasser.

Durch die Abdichtung von Deponien gegen den Untergrund ergibt sich die Notwendigkeit, das Sickerwasser zu erfassen, zu sammeln und abzuführen. Ein Wassereinstau muss vermieden werden, da dieser für die Abbauvorgänge in der Deponie, insbesondere für die Standsicherheit der Aufschüttung, negative Folgen haben kann. Außerdem sollte der hydrostatische Druck auf die Abdichtung möglichst gering gehalten werden, um die Durchlässigkeit der Basisabdichtung zu minimieren. Die Entwässerung der Deponiebasis untergliedert sich in die drei Bereiche Erfassung, Lagerung und Beseitigung.

Alle im Deponiebereich auftretenden Wässer müssen erfasst werden. Es lassen sich zwei Arten von Wässern differenzieren, die getrennt erfasst und behandelt werden:

- Oberflächenwässer,
- Sickerwasser.

Als *Oberflächenwässer* gelten alle nicht kontaminierten, d. h. alle nicht mit dem Deponiegut in Berührung gekommenen Wässer. Hierzu gehören die von außerhalb des Deponiebereiches zufließenden, oberirdischen Wässer, der Oberflächenabfluss des Niederschlags auf zwischen- oder endabgedeckten Deponieabschnitten sowie Niederschlagswasser auf vorbereiteten, aber noch nicht in Betrieb gegangenen Deponiearealen.

Zum *Sickerwasser* gehören alle kontaminierten, d. h. mit dem Abfallgut in Berührung gekommenen Wässer. Die in den Deponiekörper eindringenden Niederschlagswässer werden neben den zwangsläufig entstehenden Konsolidationswässern aus wasserhaltigen Abfällen zu Sickerwasser. Inwieweit es zu einer Belastung dieses Wassers durch Abfallinhaltsstoffe kommt, hängt von einer Vielzahl von Einflüssen ab.

Als technische Maßnahmen zur Verringerung der Niederschlagsinfiltration und somit zur Reduzierung der Sickerwassermenge während des Deponiebetriebes sind die Verwendung möglichst kleiner Einbauflächen, die Überdachung bzw. tägliche Zwischenabdeckung der Einbaustelle und die Reduzierung der Eigenfeuchte der angelieferten Abfälle durch entsprechende Vorbehandlungsmethoden zu nennen.

Die Erfassungssysteme für Sickerwasser müssen mindestens solange wirksam sein wie die Dichtungen der Deponiekörper selbst. Die Funktionsfähigkeit sollte kontrollierbar und das Sammelsystem reparierbar sein.

Sickerwasserhaushalt und -qualität Der Wasserhaushalt von Deponien ist aufgrund der heterogenen Materialzusammensetzung und der Korngrößenstruktur wesentlich schwieriger zu bestimmen als der eines natürlich gewachsenen Bodenkörpers. Die grobe Abfallstruktur behindert die gleichmäßige Durchfeuchtung des Deponiekörpers, so dass sich grobe Sickerbahnen ausbilden können. Der Gehalt an organischer Substanz in der Deponie kann biochemischen Umsetzungsprozessen unterworfen sein, die wiederum zu Strukturveränderungen des Abfallkörpers führen. Der Wasserhaushalt einer Abfalldeponie ist in Abb. 4.28 schematisch dargestellt.

Wie viel Sickerwasser aus einer Deponie anfällt, kann nur in der Praxis exakt bestimmt werden. In Abhängigkeit vom Verdichtungsgrad ist deshalb von folgenden Richtwerten auszugehen [29]:

Deponie mit lockerer Oberfläche:	31,3 bis 58,2 % des Niederschlages
Deponie mit verdichteter Oberfläche	
mit Kompaktoren:	ca. 25 % des Niederschlages
mit Raupen:	ca. 40 % des Niederschlages

In der Praxis können Abweichungen von diesen Werten auftreten, die durch spezielle örtliche Gegebenheiten bedingt sind, z. B. erhöhte Sickerwassermengen bei andrängendem Hangwasser, durch aus dem Untergrund eindringendes Wasser in die Deponie oder verminderte Sickerwassermengen durch Einstau im Abfallkörper bei Deponien in Mulden bzw. bei Abdeckungen mit bindigem Material [29].

Neben dem Niederschlagswasser kann der Wasserhaushalt einer Deponie durch biochemische Prozesse und die Eigenfeuchte des frischen Abfalls beeinflusst werden. Die Eigenfeuchte liegt zwischen ca. 20 bis 40 Gew.-%. Bei der Verdichtung durch Kompaktoren kann es punktuell zu Presswasseraustritt kommen. Da die Wasserkapazität des verdichteten Abfalls wesentlich über diesen Werten liegt, verbleibt die Eigenfeuchte größtenteils im

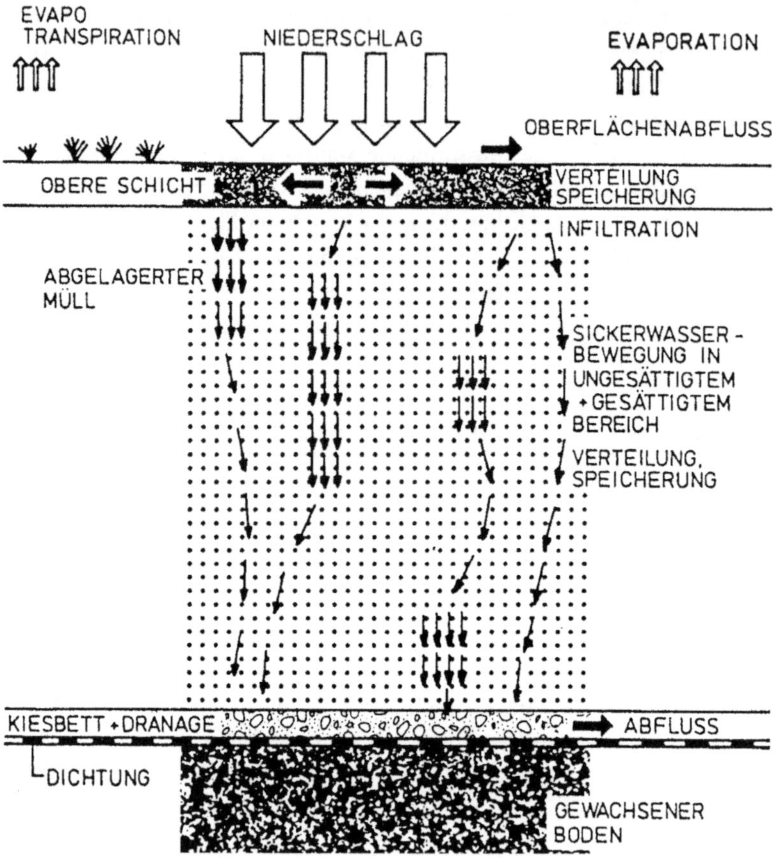

Abb. 4.28 Schematische Darstellung des Wasserhaushaltes von Deponiekörpern [29]

Abfall. Bei biochemischen Prozessen wird nur dann Wasser produziert, wenn diese aerob ablaufen. Im Abfallkörper überwiegen aber die anaeroben Prozesse, bei denen Wasser verbraucht wird.

Für eine Wasserbilanzgleichung sind die in Abb. 4.29 dargestellten Größen zu berücksichtigen. Während des Betriebes einer Deponie gilt für einen definierten Zeitraum folgende Wasserbilanzgleichung [30]:

$$N + W_{syn} = E + O + \Delta R + \Delta S + D \tag{4.1}$$

N = Niederschlag
E = Evaporation
O = Oberflächenabfluss
ΔR = zeitliche Verzögerung des Abflusses (langsam drainendes Wasser)

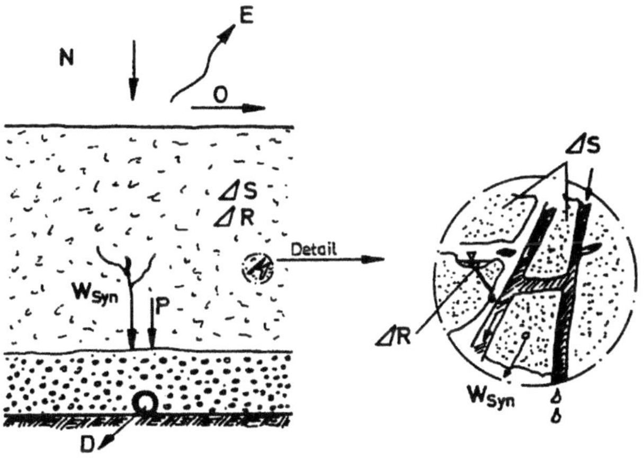

Abb. 4.29 Schematische Darstellung der Größen der Wasserbilanz

ΔS = entgegen der Schwerkraft gespeichertes Wasser (Feldkapazität)
W_{syn} = Differenz von im Abfall gebildetem und verbrauchtem Wasser
D = Drainabfluss

Da eine Deponie in der Regel über große, wenig geneigte Flächen verfügt, wird der Oberflächenabfluss bei der Berechnung meistens vernachlässigt. Bei der Wasserbilanzgleichung für eine rekultivierte Deponie wird statt des Niederschlages nur das u. U. durch die Abdichtung oder durch Leckstellen infiltrierte Wasser in die Gleichung eingeführt. Eine Verdunstung direkt aus dem Abfall tritt nicht auf ($E = 0$) [30].

Der wesentliche Unterschied der Wasserbilanzgleichung (4.1), verglichen mit der des Bodens, liegt in den Ausdrücken ΔR und W_{syn}. Langsam draenendes Wasser (ΔR) gibt es zwar auch im Boden, doch ist die zeitliche Verzögerung gemessen an dem Bilanzzeitraum so gering, dass es im Allgemeinen vernachlässigt wird.

Demgegenüber sind beim Abfall Verzögerungszeiten bis zu einem Jahr beobachtet worden [30]. Mit dem Ausdruck W_{syn} in Formel (4.1) wird die Wasserumbildung bzw. der Wasserverbrauch durch biologisch-chemische Prozesse erfasst.

Für eine Deponie im Landkreis Sigmaringen wurde über drei Jahre eine Wasserhaushaltsbilanz (vgl. Tab. 4.6) aufgestellt [31]. Auffallend ist der hohe Sickerwasseranfall für 1983 trotz des hohen Niederschlagsdefizits.

Eine Reihe von Problemen des Deponiewasserhaushaltes ist noch nicht abschließend geklärt:

- Fließ- und Durchfeuchtungsmechanismen,
- Bildung von Wasserhorizonten,
- Wasserstau an der Basis,
- Niederschlags-Abflussbeziehung bei Starkregen,
- Speicherungs- und Verdunstungspotenzial,
- Bildung bzw. Verbrauch von Wasser durch die stattfindenden biologisch-chemischen Prozesse.

Tab. 4.6 Wasserhaushaltsbilanz für eine Deponie im Landkreis Sigmaringen [31]

Wasserhaushaltsbilanz (mm)	1981	1982	1983
Niederschlag	+ 675,20	+ 771,00	+ 515,10
Verdunstung	− 607,65	− 581,57	− 786,72
Austrag über Deponiegas	− 6,10	− 2,35	− 0,94
Verbrauch durch Mikroorganismen	− 26,35	− 26,35	− 26,35
Sickerwasserabfuhr	− 49,60	− 71,56	− 55,71
Fehlbetrag	− 14,50	+ 89,17	− 354,62

Die Sickerwassermenge kann durch planerische und betriebliche Maßnahmen begrenzt werden.

Die Sickerwasserbeschaffenheit ist von vielen Faktoren abhängig, z. B. von der Art der Abfälle, den Deponiebedingungen, der Witterung, von der Jahreszeit und von den biochemischen Abbauvorgängen im Deponiekörper. Die Beschaffenheit wird jedoch auch vom Deponiealter, vom pH-Wert und vom Sickerwassereinstau beeinflusst [2].

In der Regel nimmt die Belastung des Sickerwassers mit dem Alter der Deponie ab. Jedoch werden auch viele Jahre nach Schließung einer Hausmülldeponie noch in erheblichem Ausmaß Abfallinhaltsstoffe mit dem Sickerwasser aus der Deponie ausgetragen. Ohne die Ablagerung von nassen Abfällen bewegt sich das eindringende Niederschlagswasser in bevorzugten Bahnen durch den Deponiekörper, so dass nur wenige Prozent des Deponievolumens mit diesem Sickerwasser in Berührung kommen.

Bei Deponien für Haushaltsabfälle ist vor allem die organische Belastung des Sickerwassers von Bedeutung. Im Deponiekörper findet die Hydrolyse der bedeutendsten Stoffgruppen statt. Durch Bakterien werden die Hydrolyseprodukte unmittelbar oder über acetogene Zwischenstufen in niedere Fettsäuren umgewandelt, darauf folgt für lange Jahre die Methanbildungsphase und abschließend ein aerober Endzustand [2].

Am Beispiel Zucker kann der anaerobe Abbau im Vergleich zum aeroben wie folgt dargestellt werden [30]:

$$\textit{Aerob:}\quad C_6H_{12}O_6 + 6O_2 \rightarrow 6CO_2 + 6H_2O \tag{4.2}$$

$$\textit{Anaerob:}\quad C_6H_{12}O_6 \rightarrow 3CH_3COOH \quad \text{Essigsäure} \tag{4.3}$$

$$CH_3COOH \rightarrow CH_4 + CO_2 \quad \text{Methangärung} \tag{4.4}$$

$$CO_2 + 4\,H_2 \rightarrow CH_4 + 2\,H_2O \quad \text{Methangärung} \tag{4.5}$$

Für die Beschaffenheit des Sickerwassers sind die Säurebildungsphase und die Methanbildungsphase bedeutungsvoll. In der Tab. 4.7 sind die Mittel- und Maximalwerte für die beiden Phasen des anaeroben Abbaus zusammengestellt.

Die wichtigsten Parameter für die Auslegung von Reinigungsanlagen zur Behandlung von Sickerwässern sind BSB_5, CSB sowie der Stickstoffgehalt, sowohl als Ammonium als

Tab. 4.7 Mittel- (x) und Maximalwerte (max.) einiger Parameter in den Phasen der „Sauren Gärung" und der „Methangärung" (in Klammern Werte einzelner Deponien) im Vergleich zu kommunalem Abwasser [29, 196]

Lfd. Nr.	Parameter	„Saure Gärung"		„Methangärung"		„Kommunales Abwasser"	
		x	max.	x	max.	x	max.
1	pH	6,1	5,5[a]	8,0	8,5	6,6	8,6
2	BSB_5/CSB	0,58	–	0,06	–	–	–
3	CSB (mg/l)	22.000	38.100	3.000	4.340	200	600
4	BSB_5 (mg/l)	13.000	30.425	180	383	150	500
5	AOX (mg/l)	1,9	3,4	1,9	3,4	–	–
6	TKN (mg/l)	–	1.350	–	1.350	–	–
7	Fe (mg/l)	925	2.120	15	29,3	–	–
8	Ca (mg/l)	1.300	2.480	80	575	65	95
9	Mg (mg/l)	600	1.130	250	534	6	6
10	Mn (mg/l)	24	65,5	0,65	1,73	–	–
11	Zn (mg/l)	5,6	68,4	0,64	3,78	0,5	5
12	Sr (mg/l)	7,2	14,7	0,94	7,25	–	–
13	SO_4 (mg/l)	–	1.745	–	884	bis 600	

[a] Minimum

auch in organischer Form. Der zeitliche Verlauf der Parameter ist, mit Ausnahme des organischen Stickstoffes, in Abb. 4.30 dargestellt. Der Konzentrationsverlauf des organischen Stickstoffs entspricht weitgehend dem Ammonium und beträgt ca. 30 bis 150 % (i. Mittel 70 %) des Ammoniums [34].

In der BSB_5-Darstellung stellt die mit „1" bezeichnete Linie eine mittlere Tendenz dar, die ungefähr für Deponien mit 2 m Schichteinbau und einer Aufbaugeschwindigkeit von 2 bis 4 m/a gilt. Die Richtung „2" gibt die Tendenz bei höherer Aufbaugeschwindigkeit wieder.

Wird dagegen noch langsamer aufgebaut bzw. werden Intensivierungsmaßnahmen wie die Sickerwasserkreislaufführung durchgeführt, so geht die Tendenz in Richtung „3".

1 = mittlerer Verlauf bei 2 m Schichten und 2 bis 4 m Aufbau pro Jahr,
2 = Tendenz bei schnellerem Aufbau,
3 = Tendenz bei langsamerem Aufbau oder Kreislaufführung etc.

Aus Abb. 4.30 ist zu erkennen, dass sich nach einem Konzentrationsanstieg in der Anfangsphase des Deponiebetriebes die Konzentrationen des Ammoniums auf einem hohen Niveau einpendeln. Aber auch hier ist die Differenz zwischen den möglichen Minimal- und Maximalwerten extrem groß. Der Wertebereich schwankt etwa zwischen 400 und 1200 mg N/l. Es ist allerdings zu berücksichtigen, dass zusätzlich noch Stickstoff in Form organischen Stickstoffs im Sickerwasser enthalten ist. Da diese Messwerte extrem stark

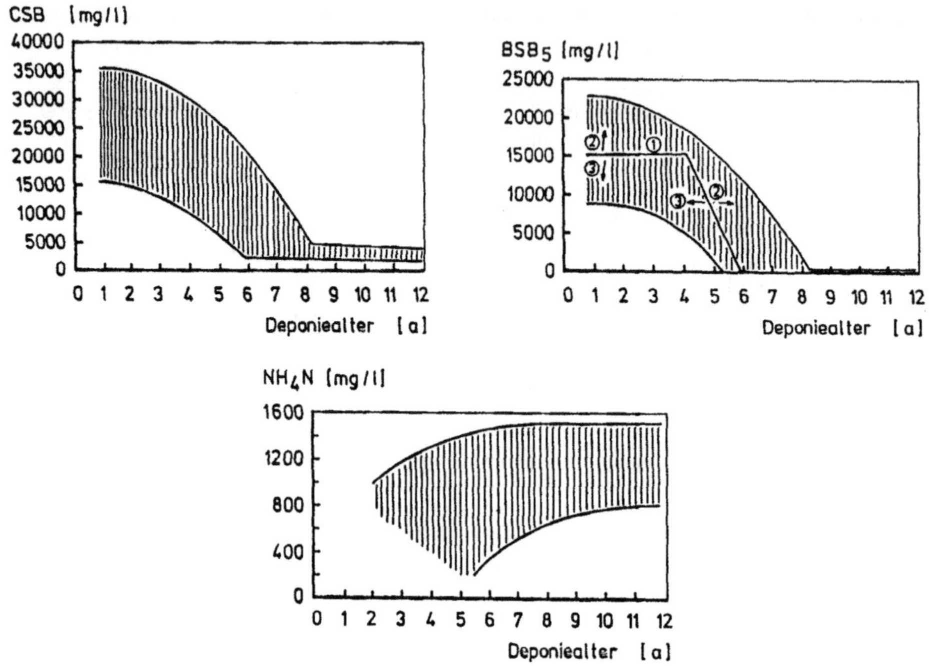

Abb. 4.30 Genereller Verlauf der CSB-, BSB_5- und NH_4- Konzentrationen in Abhängigkeit vom Deponiealter [34]

schwanken, sind nur generelle Aussagen möglich. In der Regel liegen zusätzlich 30 bis 150 % (i. Mittel 70 %) des Ammoniums als organischer Stickstoff vor. Für die gesamten Stickstoffkonzentrationen ist von Werten zwischen ca. 400 und 2000 mg N/l auszugehen [35].

Die Belastung von Deponiesickerwässern mit Schwermetallen ist im Vergleich zu kommunalen Abwässern geringer. In der Tab. 4.8 sind die mittleren *Schwermetallkonzentrationen* von Deponiesickerwässern im Vergleich zu kommunalen Abwässern dargestellt. Toxische Wirkungen der Schwermetalle auf die Mikroorganismen und damit eine Beeinträchtigung der biologischen Abbauprozesse sind bei diesen Konzentrationen nicht zu erwarten.

In den letzten Jahren ist vor allem das Problem der *halogenierten Kohlenwasserstoffe* in den Vordergrund getreten, da diese Stoffgruppe häufig giftig, langlebig und anreicherungsfähig ist. Die AOX-Werte (adsorbierbare organische Halogenverbindungen) in Sickerwässern liegen häufig zwischen 0,4 bis 0,9 mg/l, aber auch bis ca. 3 mg/l und damit wesentlich über denen von kommunalen Abwässern. Während bei kommunalen Abwässern etwa 90 % des AOX bei Belüften als leicht flüchtige Komponenten ausgetrieben werden, sind dies bei Sickerwässern aus Haushaltsabfalldeponien in der Regel nur 0 bis 20 %. Die leicht flüchtigen Komponenten werden weitgehend mit dem Deponiegas ausgetragen.

Tab. 4.8 Schwermetallkonzentrationen von Deponiesickerwässern im Vergleich zu kommunalen Abwasser aus Torge [2]

Schwermetall	Sickerwasser aus Hausmülldeponien (mg/l)	Kommunales Abwasser (mg/l)	Zulässige Konz. bei Einleitung in eine öffentliche Abwasseranlage (mg/l)
Blei	0,087	0,1	2
Cadmium	0,005	0,003	0,5
Chrom	0,275	0,03	3
Kupfer	0,065	0,15	2
Nickel	0,166	0,04	3
Quecksilber	0,0002–0,06	0,001	0,05
Zink	0,64	0,5	5

Eine einigermaßen exakte Aussage über die Zusammensetzung und Problematik dieser Stoffgruppe existiert nicht [35].

Technische Einrichtungen zur Erfassung und Behandlung

Zum Schutz des Untergrundes und des Grundwassers werden Deponien auf der Abdichtung mit einem Sickerwassererfassungssystem ausgestattet. Die technischen Einrichtungen bestehen aus der Sohldrainage, Schächten, Sickerwasserpumpwerken und Sickerwasserspeichern. Mit der Sickerwassererfassung soll ein unzulässiger Flüssigkeitsdruck auf die Basisabdichtung weitgehend verhindert werden.

Das Drainagesystem besteht im Wesentlichen aus den Saugern und den Sammlern (Neben- und Hauptsammler) sowie aus den Kontroll- bzw. Einstiegsschächten. Ein derartiges System aus Drainleitungen ist zur ausreichenden Entwässerung der Deponiesohle erforderlich, da die aus feinkörnigem Material bestehende Schutzschicht diese Funktion nicht sicherstellt. In Abb. 4.31 ist eine Sohldrainage dargestellt.

Bei Drainschichten aus hochdurchlässigem Material erhöhen Sauger das Leistungsvermögen des Flächenfilters, wobei diese nicht unbedingt in Form von Rohrleitungen ausgebildet sein müssen. Sickerwasserrigolen (Abzugsgräben) stellen gleichfalls eine sinnvolle Lösung dar. Das anfallende Sickerwasser wird vom Flächenfilter aufgenommen und den Sammlern zugeführt, die das Sickerwasser aus dem Sohlbereich nach außen hin ableiten.

Die Auslegung des Sickerwasserdrainagesystems muss den Vorgängen im Deponiekörper, also Setzungen, bevorzugten Sickerbahnen sowie den Bewegungen des Deponieuntergrundes Rechnung tragen. Dies gilt nicht nur für die Betriebszeit, sondern auch für die Nachsorgezeit von bis zu 30 Jahren. Zur Sicherung sollten daher genaue hydraulische und statistische Berechnungen der Drainleitungen durchgeführt werden. Das Rohrsystem kann ein fehlendes Gefälle nicht ersetzen Die Basisabdichtung und das Drainsystem sind nach der Befüllung nur begrenzt über die Kontrollschächte zugänglich. Daher kommt

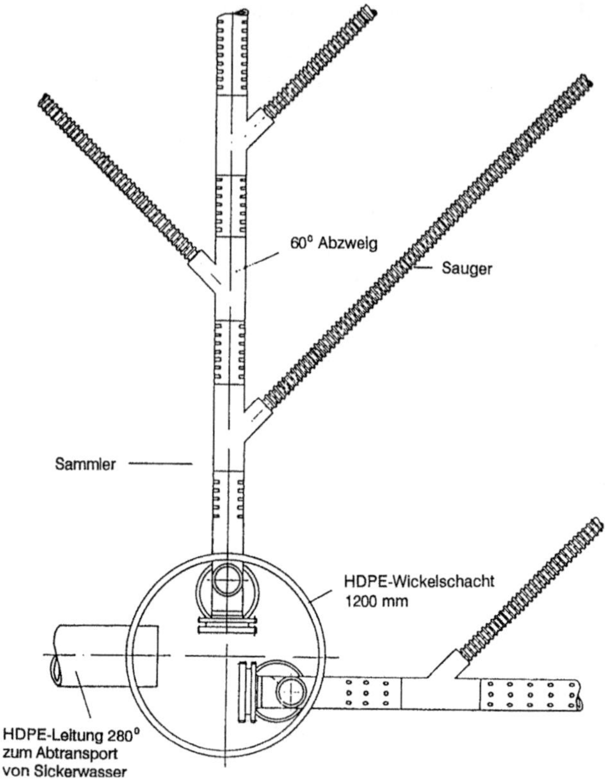

Abb. 4.31 Sauger (DN 100 mm) und Sammler (DN 200 mm) einer Sohldrainage [2]

diesen Bauteilen für die Langzeitsicherung und Funktionsfähigkeit auch während der Nachsorgezeit eine besondere Bedeutung zu.

Die Drainrohre sollten eine Mindestnennweite von NW 100 mm aufweisen. Die Sauger sollten vollständig geschlitzt sein (z. B. Kunststoffrohre oder Beton-Porosin-Rohre, DN 60 bis 150 mm). Die Sammler sollten von beiden Seiten zugänglich sowie optisch überwachbar und im Bedarfsfall spül- und fräsbar ausgeführt sein. Damit nicht Schäden durch Verformung oder Bruch entstehen, müssen Rohre mit einer großen mechanischen Stabilität (z. B. PVC-Rohre mit 12,5 mm Wandstärke oder PE-Teil-Sickerrohre) und einem Mindestdurchmesser von DN 250 mm verwendet werden. Die Abstände der Kontrollschächte sollten weniger als 150 m betragen und eine gute Zugänglichkeit zu den Sammlern zur Reinigung und Reparatur ermöglichen.

Die Drainleitungen sind mit tragfähigem, gut durchlässigem Filtermaterial wie Kies, granulierter Schlacke u. ä. zu umhüllen, um zum einen die Auflast des Deponiegutes zu verteilen, und zum anderen eine Filterfunktion zu übernehmen. Die Korngröße des Filtermaterials liegt, um einer Verstopfung entgegenzuwirken, beim etwa dem doppelten Durchmesser der Schlitzung der Drainrohre. Die Abdeckung über dem Rohrscheitel sollte 30 cm nicht unterschreiten. Die Drainrohre werden entweder direkt auf die Abdich-

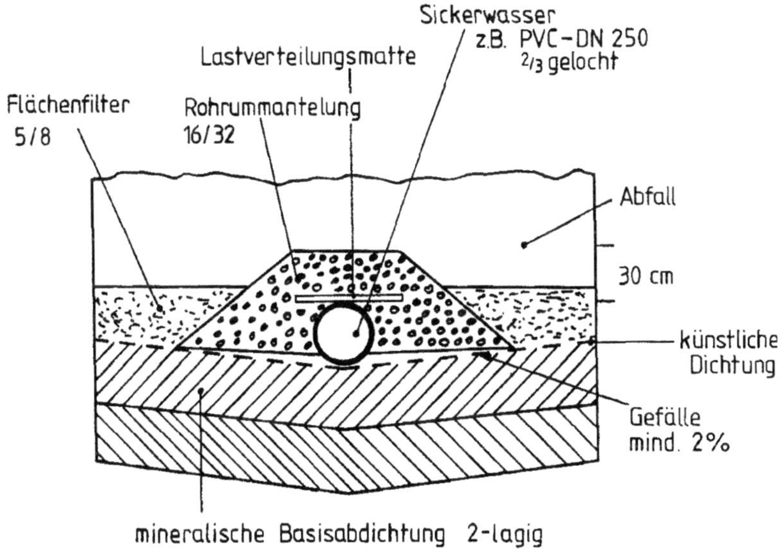

Abb. 4.32 Schematische Darstellung des Entwässerungssystems

tung gelegt oder aus rohrstatischen Gründen auf eine Rohrbettung. In Abb. 4.32 ist das Entwässerungssystem beispielhaft dargestellt.

Zur Instandhaltung bzw. -setzung zugesetzter Rohre wird häufig eine Spülung der Drainrohre notwendig. Um eine Abführung des Sickerwassers bei Ausfall der Rohrableitung zu gewährleisten, sollte am Boden der Sickerwasserschächte ein Pumpensumpf vorhanden sein, damit eine Tauchpumpe eingesetzt werden kann (Abb. 4.33).

Aus dem Sickerwassersammelschacht gelangt das Sickerwasser entweder direkt zur Sickerwasserreinigungsanlage oder wird indirekt via Druck-, Freispiegelleitung oder mittels Tankwagen einer kommunalen Reinigungsanlage zugeführt. Es sollte in jedem Fall angestrebt werden, Sickerwasserschächte und -transportleitungen außerhalb der Deponie im Erdreich zu verlegen, so dass Setzungen und Gasanreicherungen weitgehend vermieden werden.

Sickerwasser-Behandlungsverfahren

Seit Inkrafttreten des 51. Anhanges der Rahmen-Abwasser-Verwaltungsvorschrift (Nov. 1989) sind Abwässer, deren Schmutzfracht im Wesentlichen aus der Ablagerung von Siedlungsabfällen stammt, eines Sickerwasserbehandlungsverfahrens zu unterziehen. Die bei der Einleitung zu berücksichtigenden Parameter sind in Tab. 4.9 im Auszug dargestellt [7].

Für die Behandlung von Deponieabwässern kommen praktisch alle in der Abwassertechnik praktizierten Verfahren bzw. deren Kombination in Frage. In der Tab. 4.10 sind die wichtigsten Verfahren zur Behandlung von Deponiesickerwasser dargestellt.

Biologische Behandlungsverfahren Umfangreiche Untersuchungen über die biologische Sickerwasserreinigung und deren Ergebnisse zeigen, dass dieses Verfahren speziell bei der

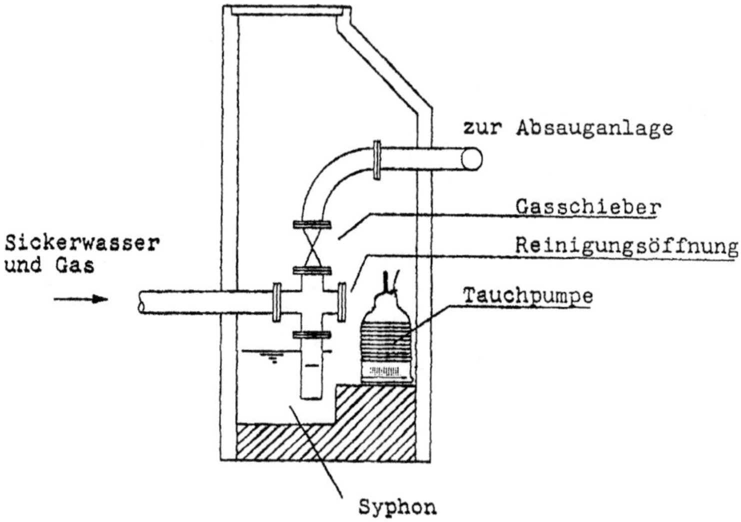

Abb. 4.33 Sickerwassersammelschacht mit Tauchpumpe [36]

Tab. 4.9 Anforderungen an das Einleiten von Sickerwasser [7]

Parameter		
Allgemein anerkannte Regeln der Technik		
BSB_5	mg/l	20
CSB	mg/l	200[a]
TOC/NO_2-N	mg/l	2
NH_4	mgN/l	10
Summe anorg. N	mgN/l	70
PO_4	mgP/l	3

[a] bei Indirekteinleitung 75 % Abbau bzw. 400 mg/l

Sickerwasserbehandlung von unproblematischen Hausmülldeponien anwendbar ist. Eine aerobe biologische Behandlung führt zu einer nahezu vollständigen Eliminierung des biologisch abbaubaren Anteils, wenn ausreichend lange Kontaktzeiten der Biomasse mit dem Sickerwasser ermöglicht werden. Als Anlagen zur aeroben Behandlung von Deponiesickerwässern werden deshalb mehrstufige und belüftete Teichanlagen empfohlen, die vereinzelt bereits in Betrieb sind.

Eine anaerobe Sickerwasserreinigung ist nur begrenzt möglich, da das Sickerwasser im Deponiekörper bereits einem anaeroben Prozess unterlag.

Sind Deponiesickerwässer mit besonders toxischen Inhaltsstoffen wie den chlororganischen Verbindungen belastet, sollten keine der biologischen Verfahren allein zur Anwendung kommen, da hierbei ein unkontrollierter Übergang der Schadstoffe in Luft, Wasser und Klärschlamm erfolgen kann.

Tab. 4.10 Überblick über die unterschiedlichen Verfahrensmöglichkeiten zur Behandlung von Deponiesickerwasser (modifiziert nach [37])

lfd. Nr.	Verfahren	Bemerkungen	Probleme
1	Physikalische Methoden		
1.1	Sedimentation	niedrige Kosten	nur für unlösliche Komponenten geeignet
1.2	Eindampfung	Aufkonzentrierung der Inhaltsstoffe	kostenintensiv, Korrosion, nur Teillösung (CSB wird herausgeholt, aber nicht „vernichtet")
2	Physikalisch-chemische Methoden		
2.1	Adsorption an Aktivkohle	für hydrophobe Abwasser-inhaltsstoffe anwendbar	nur Teillösung, thermische Regenerierung der Kohle erforderlich
2.2	Adsorption an Adsorptionsharzen	Für CKW, KW, Aromate anwendbar	nur Teillösung, kostenintensiv
2.3	Membrantechnik/ Umkehrosmose	Umgekehrte Osmose, gute Rückhaltung	Konzentrat muss evtl. entsorgt werden, Koagulation der Kolloide auf der Membrane („Fouling") möglich.
2.4	Ionenaustausch	Nur spezielle Problemstellungen (Ionen) anwendbar	Organische Substanzen sowie Kolloide stören
2.5	Flockung und Fällung (mit $Ca(OH)_2$ + Fe-Salzen bzw. $Al_2(SO_4)_3$)	Wird oft praktiziert, teilweise CSB-Elimination, gilt heute nach dem Stand der Technik als überholt	Entsorgung der Schlämme und Salze notwendig (35 kg/m^3 Sickerwasser!)
3	Chemische Methoden		
3.1	Nassoxidation mit H_2O_2	keine Anreicherung, Eliminierung der Rest-CSB und AOX-Gehalte	nicht immer geeignet für Direkteinleitung (Aufsalzung) hoher Energieaufwand
3.2	Nassoxidation mit Ozon/UV Bestrahlung	keine Anreicherung, Eliminierung der Rest-CSB und AOX-Gehalte	nicht immer geeignet für Direkteinleitung (Aufsalzung) hoher Energieaufwand
3.3	Nassoxidation mit Ozon/Festbett-katalysator	hohe Reaktionsgeschwindigkeit	fehlende großtechnische Anwendungen
4	Biochemische Methoden		
4.1	Anaerobe Behandlung	kein Energiebedarf für Belüftung, kein Überschussschlamm	Rückhaltung der Biomasse, empfindlich, keine weitgehende Reinigung
4.2	Anoxische Behandlung	Denitrifikation	vorher Nitrifikation erforderlich
4.3	Aerobe Behandlung (CSB/BSB_5-Elimination)	die am meisten praktizierte preiswerte Methode	kaum wirksam bei biologisch nicht abbaubaren Stoffen, dadurch behördliche Anforderungen nicht immer erreichbar
	Nitrifikation	Oxidation des Ammonstickstoffs über Nitrit zur Nitrat	empfindliche Methode (Inhibierung)

Eine Besonderheit der Sickerwasserbehandlung stellt die Rückführung des Sickerwassers durch Verregnung und Verrieselung auf der Deponieoberfläche oder die Rückführung in das Deponieinnere dar. Ursprünglich aus dem Gedanken heraus begonnen, auf diese Weise infolge Verdunstung bei der Verregnung eine Ableitung von Sickerwasser ganz unterbinden zu können, gab es jedoch Rückschläge. Außer in ausgesprochenen Trockenjahren muss Sickerwasser abgeführt werden, wenn auch in deutlich geringerer Menge (im Mittel 0,3 $m^3/m^{2*}a$). Häufig treten starke Geruchsbelästigungen auf. Darüber hinaus sind die Pump- und Personalkosten vergleichsweise hoch. Infolge der gewonnenen Erfahrungen gibt es jedoch Verbesserungsvorschläge. Der Deponiekörper erweist sich unter der Sickerwasserrückführung als ein wirksamer Festbettreaktor. Bei wiederholtem Durchgang des Wassers erfolgt ein Abbau, wobei bei ausreichend hohen Deponien sogar eine obere Versäuerungs- und untere Methanisierungszone unterschieden werden können. In solchen Fällen oder durch Aufbringen des Sickerwassers aus einem jungen Deponieteil auf eine Altdeponie kann eine relativ niedrige Endkonzentration im Ablauf erreicht werden, die jedoch noch nicht vorflutergerecht ist. Wegen des unangenehmen Geruchs des Sickerwassers aus der sauren Phase wird vorgeschlagen, dieses nicht zu verregnen, sondern zu verrieseln oder geschlossen in den Deponiekörper zurückzuführen. Dabei gehen natürlich die Verdunstungsverluste stark zurück [40].

Biologische Nitrifikation Bei der biologischen Nitrifikation werden Ammonium und organische Stickstoffverbindungen in Nitrit bzw. Nitrat überführt. Eine Oxidierung des Stickstoffs erfolgt zum Teil bereits bei der biologischen Behandlung zur Entfernung biologisch abbaubarer organischer Substanzen. Um aber eine weitgehende und sichere Nitrifizierung zu erreichen, sind zusätzliche Maßnahmen und Anlagenteile erforderlich.

Die nitrifizierenden Mikroorganismen reagieren relativ empfindlich auf ungünstige Veränderungen des sie umgebenden Milieus, wie z. B. niedrige Temperaturen, Anstieg von Ammonium oder Nitrit usw. Um eine sichere Nitrifizierung zu erreichen, muss deshalb die Möglichkeit der Auskühlung unterbunden und jede Möglichkeit zur Wärmezufuhr genutzt werden, wie z. B. Abdeckung und Belüftung mit Druckluft bei Belebungsanlagen. Zusätzlich muss eine bestimmte Stickstoffbelastung eingehalten werden. Mit derartig bemessenen Anlagen ist eine sichere Nitrifikation zu erzielen. Werden Werte unter 10 mg N/l gefordert, so ist eine zweite biologische Stufe erforderlich, die wegen der schlechten Flockenbildung der Nitrifikanden sinnvollerweise als Festbett ausgebildet wird [35]. Derartige Anlagenschemata sind in Abb. 4.34 dargestellt.

Flockung und Fällung Durch Flockung sollen suspendierte, kolloidierte, emulgierte und gelöste Sickerwasserinhaltsstoffe in einen Zustand überführt werden, in welchem sie sich durch mechanische Verfahren wie z. B. der Sedimentation oder Flotation von der wässrigen Phase abtrennen lassen. Das Hauptgewicht liegt hier bei der Elimination von großmolekularen, biologisch schwer abbaubaren Substanzen.

Als Flockungsmittel sind alle Stoffe einsetzbar, die eine Entstabilisierung des kolloidalen Systems bewirken. Dies sind vor allem mehrwertige Metallionen, Elektrolyte und synthe-

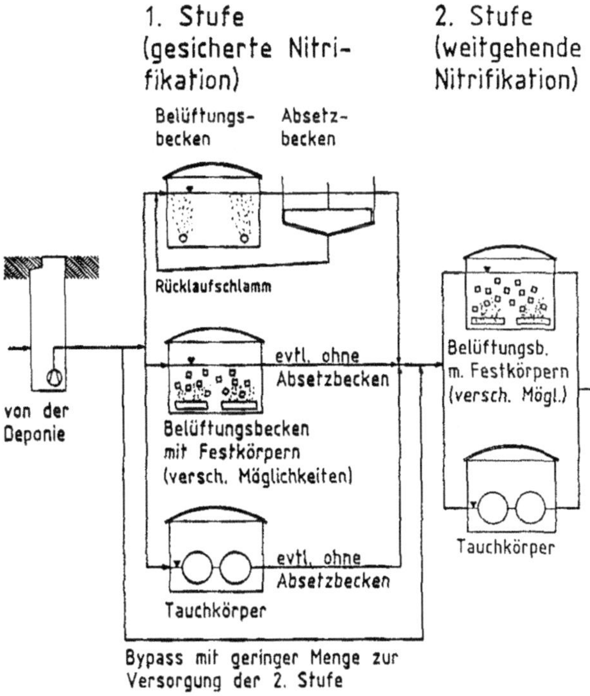

Abb. 4.34 Schematische Darstellung verschiedener Möglichkeiten zur zweistufigen biologischen Behandlung zur Nitrifizierung der Ammoniums [35]

tische organische Polymere. Die Anwendung von zwei- oder dreiwertigen Metallionen, z. B. aus Eisen(II)-sulfat, Eisen(III)-chloridsulfat, Eisen(III)-chlorid oder Aluminiumsulfat, bewirkt den Flockungs- und Fällungsvorgang.

Das Flockungsverfahren läuft in der Praxis in drei Verfahrensschritten ab [41]:

- Zugabe der Flockungschemikalien,
- Phase des Flockenwachstums,
- Flockenabtrennung.

Das Verfahren gilt heute nach dem Stand der Technik als überholt. Die anfallende Menge der zu entsorgenden Salze und Schlämme ist sehr hoch (35 kg/m^3 Sickerwasser), zudem kann es durch das Einbringen zusätzlicher Schwermetalle zu einer Anreicherung bis zur Grenzwertüberschreitung dieser Parameter kommen.

Adsorptionsverfahren Die *Adsorption an Adsorberharzen* ist ein Verfahren zur bevorzugten Elimination halogenorganischer Verbindungen aus Deponiesickerwässern. Das Verfahren ist vor allem zur Behandlung hochbelasteter Wässer geeignet, aus denen bestimmte organische Stoffgruppen eliminiert werden sollen.

Die Adsorption erfolgt über Van-der-Waals-Kräfte in den Poren der Harzkörper. Die Porenstruktur und die Oberfläche des Harzes lassen sich bei der Herstellung gezielt verän-

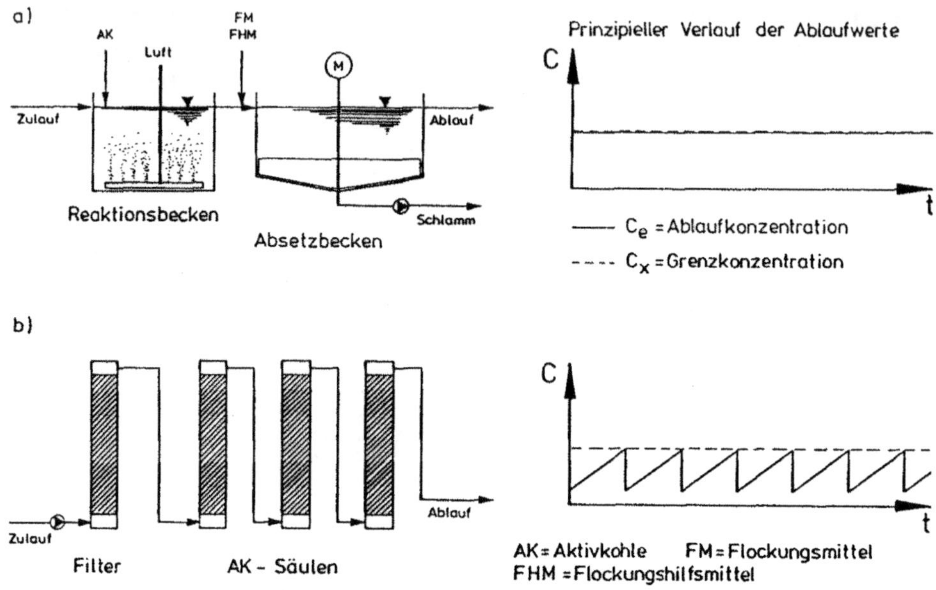

Abb. 4.35 Verfahrensprinzip der Adsorption an Aktivkohle (**a** Rührreaktor, **b** Aktivkohlesäule) und genereller Verkauf der zu erwartenden Ablaufkonzentration [35]

dern, so dass sich die Eigenschaften für eine selektive Trennung in einem gewissen Maße steuern lassen. Die Adsorptionsharze können bei Raumtemperatur regeneriert werden, wobei das Regenerierungsmittel nach Abtrennung von den Schadstoffen durch Destillation erneut verwendet werden kann.

Die Grenzen des Verfahrens sind durch Selektivität der Adsorptionsharztechnik gegeben. Sie ist daher immer als Teilschritt eines Gesamtbehandlungskonzeptes zu sehen. So ist z. B. in der Regel eine Flockung/Fällung mit Sedimentation oder eine Filtration vorzuschalten.

Die *Adsorption an Aktivkohle* wird ebenfalls zur Abtrennung von organischen Inhaltsstoffen eingesetzt. Auch hierbei ist es sinnvoll, die Wässer vor der Aktivkohlebehandlung von mechanischen Verunreinigungen zu befreien. Für eine effektive Adsorption ist eine möglichst große Oberfläche des festen Materials erforderlich. Die vorwiegend eingesetzten Aktivkohlen weisen Oberflächen von 600 bis 1200 m^2/g auf.

Sollen selektive Schadstoffe aus dem Sickerwasser entfernt werden, sind durch Vorversuche die Aktivkohleart, die Adsorptionszeit und die Reaktorform zu optimieren.

In Abb. 4.35 sind die Verfahrensprinzipien der Adsorption mit der zu erwartenden Ablaufkonzentration dargestellt.

Da Aktivkohle sehr teuer ist, sollte für einen wirtschaftlichen Betrieb mit diesem Verfahren die Reaktivierung der beladenen Aktivkohle vorgenommen werden. Dies geschieht auf thermischem Weg. Bei der Anwendung der thermischen Reaktivierung ist eine Abgasreinigung erforderlich.

Ionenaustauschverfahren [41] Bei der Anwendung von Ionenaustauschern zur Aufbereitung von Sickerwasser sollen Ionen, vorwiegend Metallionen, aus der Wasserphase entfernt werden. Dabei wird das Austauschharz unter Freisetzung gleich geladener Ionen, die in der Ionenaustauschmatrix gebunden sind, mit den zu entfernenden Sickerwasserinhaltsstoffen beladen.

Der Ionenaustausch ist überwiegend reversibel, so dass die gebundenen Sickerwasserinhaltsstoffe wieder durch geeignete Aufbereitungsmaßnahmen in Lösung gebracht werden können.

Die Behandlung von Sickerwasser durch Ionenaustauschverfahren ist erst bei vorbehandeltem Sickerwasser anwendbar, da sich eine hohe Konzentration organischer Inhaltsstoffe nachteilig auf ihr Eliminationsvermögen von ionischen Inhaltsstoffen auswirken kann. Um den Aufwand für die Regeneration der Ionenaustauschharze gering zu halten, wird das Verfahren vor allem bei der Beseitigung von Restkonzentrationen von Sickerwasserinhaltsstoffen angewandt.

Membranverfahren Im Gegensatz zu den weitverbreiteten Reinigungsmethoden ermöglichen Umkehrosmose und Ultrafiltration die gleichzeitige Reinigung des Abwassers von organischen und anorganischen Komponenten, von Bakterien, Viren und anderen Verunreinigungen. Dabei kann häufig das Konzentrat so angereichert werden, dass die Rückgewinnung gelöster Stoffe rentabel wird und das gereinigte Wasser für Produktionszwecke eingesetzt werden kann. Somit können mit diesen beiden Prozessen gleichzeitig die Probleme der Wasserversorgung, der Wasserreinigung und der Rückgewinnung wertvoller Stoffe gelöst werden [37].

Diese Verfahren bestehen darin, dass das zu behandelnde Sickerwasser unter einem hydrostatischen Druckgefälle, das größer ist als sein osmotischer Druck, eine semipermeable Membran passiert. Dabei wird das Sickerwasser in zwei Fraktionen getrennt.

Das Permeat besteht im Wesentlichen aus der Wasserphase und bestimmten Sickerwasserkomponenten, die durch die Membranen diffundieren. Auf der Druckseite der Membranen fällt das Konzentrat an, das sich mit den von den Membranen zurückgehaltenen Sickerwasserinhaltsstoffen anreichert.

Die Umkehrosmose wird schematisch in Abb. 4.36 die Wirkungsweise der Membranverfahren wird in Abb. 4.37 in Abhängigkeit von der Korngröße der Inhaltsstoffe dargestellt.

Für die Aufbereitung des Sickerwassers wird an die Membranverfahren eine Reihe von Forderungen gestellt, die sich in der Praxis zum Teil gegenseitig ausschließen, so dass Kompromisse eingegangen werden müssen. Gerade bei den wichtigsten Faktoren wie Stoffrückhaltung und Volumenstromdichte ist ein solcher Gegensatz zu finden.

Die eingesetzten Membranen sollen gegenüber den Sickerwasserinhaltsstoffen weitgehend chemisch inert und gegenüber der thermischen und mechanischen Beanspruchung unempfindlich sein. In diesem Zusammenhang ist darauf hinzuweisen, dass Sickerwässer zum Teil eine Salzkonzentration besitzen, die ein Vielfaches des Meerwassers beträgt

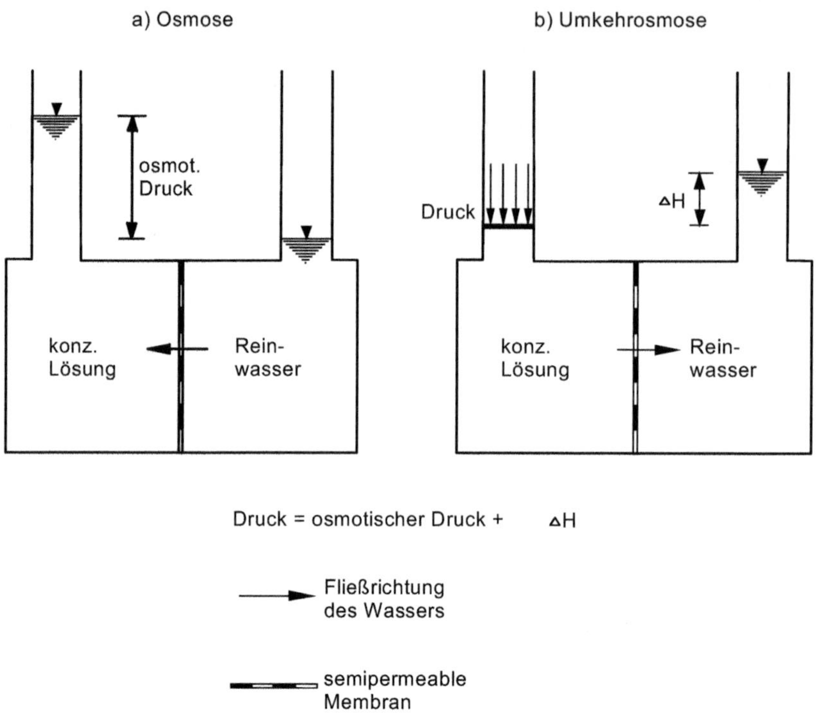

Abb. 4.36 Grundlagenschema der Osmose und Umkehrosmose [35]

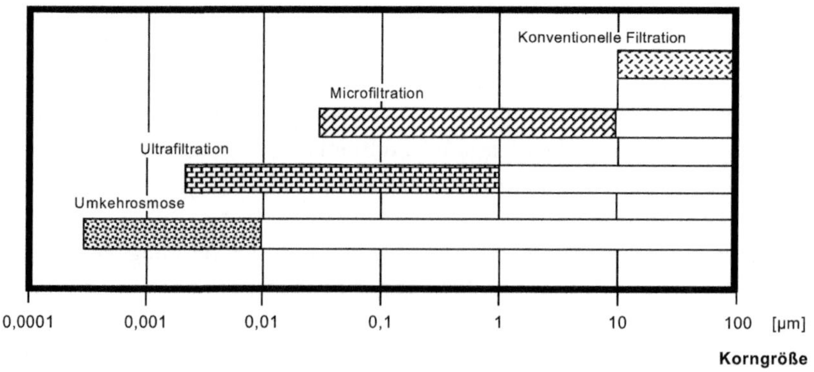

Abb. 4.37 Wirkungsweise der Membranverfahren in Abhängigkeit von der Korngröße der Inhaltsstoffe [37]

und damit an den Membranen ein vergleichsweise hohes Druckgefälle verursacht. Die nach den Membranverfahren anfallenden Konzentrate müssen weiterbehandelt werden. Hier bietet sich die Eindampfung an, bei der dann ein deponiefähiger fester Abfallstoff entsteht.

Chemische Nassoxidation Die chemische Nassoxidation hat im Vergleich zu anderen Verfahren den großen Vorteil, dass keine Anreicherung der Schadstoffe stattfindet, d. h. es handelt sich um ein reststofffreies, schadstoffzersetzendes Verfahren. Ein Aspekt, der besonders im Hinblick auf die TA Abfall Teil 1, worin Rückstände aus Sickerwasserbehandlungsanlagen als Sonderabfälle eingestuft werden, an Bedeutung gewinnt. Das Verfahren ist jedoch z. Z. noch mit einem hohen Energieaufwand behaftet.

Das Verfahren der chemischen Nassoxidation bewirkt mittels Ozon oder Wasserstoffperoxid unter UV-Bestrahlung eine Mineralisierung der im Sickerwasser enthaltenen Schadstoffe. Eingesetzt werden sollte das Verfahren aus Kostengründen sinnvollerweise erst im Anschluss an eine biologische Vorbehandlung, damit der Einsatz der teuren Oxidationsmittel gezielt die verbleibenden, biologisch nicht abbaubaren toxischen Restinhaltsstoffe angreift. Besonders geeignet ist das Verfahren zur Eliminierung der CSB-Restgehalte und der AOX-Gehalte.

Thermische Verfahren Als thermische Verfahren zur Sickerwasseraufbereitung sind Eindampfen, Strippen, Destillation und Verbrennung zu nennen [43].

Die thermischen Verfahren ermöglichen die Trennung von Lösungen und Suspensionen anorganischer und organischer Sickerwasserinhaltsstoffe aufgrund ihres unterschiedlichen Temperaturverhaltens bzw. ihrer unterschiedlichen Flüchtigkeit.

Bei der *Eindampfung* wird durch Erhitzen eine Aufkonzentration der Lösung, ggf. bis zur Kristallisation, erreicht. Die Eindampfung ist in der Regel für alle Sickerwasserarten geeignet.

Aufgrund des zum Teil hohen Gehaltes an anorganischen Salzen ist nicht auszuschließen, dass sich bei der erhöhten Betriebstemperatur durch chemische Reaktionen von Sickerwasserinhaltsstoffen Verkrustungen bilden können, die den Wärmeübergang an den Verdampferflächen verschlechtern. Die *Abwasserverbrennung* führt zu einer vollständigen Oxidation der organischen Inhaltsstoffe und hinterlässt als Rückstand fast ausschließlich anorganische Bestandteile. Seine Berechtigung hat das Verfahren dort, wo das Abwasser neben anorganischen Stoffen organische Stoffe in höherer Konzentration enthält und/oder diese Stoffe toxisch oder biologisch nicht abbaubar sind.

Nachteilig bei der Verbrennung ist die Notwendigkeit einer aufwendigen Rauchgasreinigung, da die flüchtigen Stoffe in die Rauchphase gelangen. Die hierfür sind erforderlichen Kosten von 20 bis 35 €/m^3 Abwasser zu erwarten.

4.2.3.3 Entgasung von Deponien

Während der Zeit vor Einführung geordneter Verdichtungsdeponien war das Wissen um die Gasentwicklung in der Deponie nicht vorhanden, da in den kleinen und nur wenig verdichteten Deponien vorwiegend aerobe Abbauprozesse abliefen. Bei dem anaeroben Abbau in Zentraldeponien entsteht neben Kohlendioxid überwiegend Methan, das Gefahren und Belästigungen (Explosionsgefahr, Vegetationsschäden, Geruchsemissionen) für die Umwelt bedeutet.

Entsprechend den Anforderungen der Deponieverordnung für Hausmülldeponien ist das Deponiegas aus betriebenen oder stillgelegten Deponieabschnitten nach Möglichkeit zu fassen und zu verwerten. Als Stand der Technik wird die Verbrennung mit Energienutzung in Feuerungsanlagen oder Verbrennungsmotoranlagen angesehen. Eine Unterlassung der energetischen Nutzung des Deponiegases darf nur in begründeten Ausnahmefällen erfolgen.

Für neu zu errichtende Deponien ist aufgrund der Zusammensetzung und des sehr geringen organischen Anteils des abgelagerten Abfalls seit 2005 mit der Vorbehandlung nicht mit bedeutsamer Deponiegasentwicklung zu rechnen. Dennoch werden angemessene, geeignete Einrichtungen zur Gasfassung gefordert.

Gasprognose und Gashaushalt

Die Kenntnis der zu erwartenden Deponiegasvolumenströme ist sowohl für die Dimensionierung der Gasfassung und Behandlung als auch für die möglichen Erlöse für die Einspeisung von Bedeutung.

Das Gaspotenzial ist abhängig vom abbaubaren Kohlenstoffgehalt im Abfall. Im Idealfall werden durch die biochemische Umsetzung von 1 kg C = 1,868 Nm^3 Gas gebildet. Dabei weist Restabfall einen (Gesamtkohlenstoff) TC von 180/Mg feucht auf. Die tatsächliche Gasproduktion ergibt sich aus der Gasausbeute und dem Gasverlust.

Die Gasausbeute ist am leichtesten zu ermitteln. Es können allerdings auch hier Fehler entstehen, indem eine Übersaugung an der Deponie stattfindet und dabei ein höherer Stickstoffanteil im Deponiegas entsteht. Mit Hilfe eines mathematischen Modells haben Tabasaran/Rettenberger eine Aussage über den Zeitraum bzw. die Geschwindigkeit getroffen, mit der das Gaspotenzial freigesetzt und unter Berücksichtigung von Korrekturfaktoren erfasst werden kann [25]:

$$G_{s;t} = 1,868 \times C_{org} \times (0{,}014 \times T + 0,28)(1 - 10^{-k \times t}) \times M_n \times f_1 \times f_2 \qquad (4.6)$$

$G_{s;t}$ = bis zur Zeit t gebildete spezifische Deponiegasmenge in m^3
C_{org} = abbaubarer organischer Kohlenstoff im Abfall in kg/Mg
T = Temperatur in °C (Anwendung nur im mesophilen Bereich, meist bei 30–36 °C
k = Abbaukonstante (liegt zwischen 0,116 bis 0,173) Die k-Werte können aus der Halbwertszeit $t_{0,5}$ ermittelt werden ($k = -\ln(0{,}5)/t_{0,5}$), die aus der Erfahrung von ausgeführten Deponiegasanlagen eine Halbierung der Gasmenge nach 4 bis 6 Jahren aufweisen.
t = Zeit nach Ablagerung in Jahren
M_n = Masse der Abfälle in einem betrachteten Jahr in Mg/a
f_1 = Korrekturfaktor für den Verlust an Kohlenstoff durch zum Beispiel aerobe Prozesse und Brände
f_2 = Korrekturfaktor für erfassbares Deponiegas von ca. 40 bis 60 %. Kann aber auch niedriger liegen verursacht z. B. durch geringen Wassergehalt.

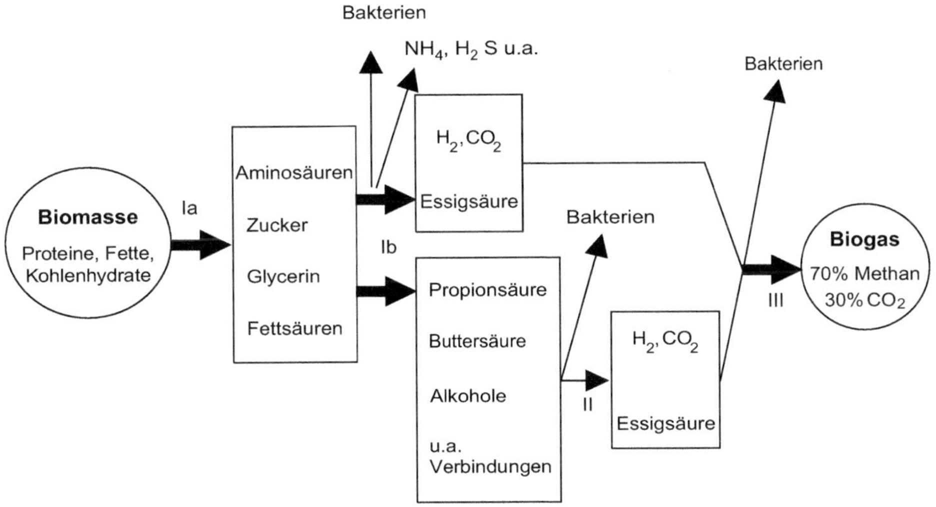

Abb. 4.38 Schema der Methanbildung von Abfällen durch drei verschiedene Bakteriengruppen [114]

Wird der Abfall geordnet abgelagert, so haben Licht und Sauerstoff keinen Zugang zu dem eingebauten Material, so dass die metabolischen Prozesse nach dem Verbrauch des Sauerstoffs in der eingeschlossenen Luft anaerob verlaufen müssen.

Kommunale Abfälle werden von einer Bakterienmischpopulation zunächst zu den typischen Gärprodukten wie Säuren, Alkoholen usw. abgebaut. Die erste Stufe des anaeroben Abbaus ist mit einem starken Anstieg organischer Säuren verbunden. Die Abbauprodukte dieser ersten Phase werden von einer weiteren Bakteriengruppe, den acitogenen Bakterien, zu Acetat, Kohlendioxid und Wasserstoff umgesetzt. Diese Substanzen werden dann von den Methanbildnern als Substrat genutzt. Die Methanbildung verläuft somit in 3 Stufen, wie Abb. 4.38 schematisch darstellt.

Die Gasproduktionsraten und deren Zusammensetzungen werden von den jeweils im Sickerwasser vorliegenden Milieuverhältnissen beeinflusst.

Die Abnahme der anfangs vorherrschenden aeroben Prozesse durch anaerobe lässt sich an der Entwicklung der Gasphase im Abb. 4.38 deutlich erkennen. Die zunächst hohe CO_2-Produktion nimmt allmählich zugunsten der Methanproduktion ab. Kurzzeitig tritt in der Übergangsphase Wasserstoff auf. Nach der instabilen Anfangsphase sind die Methan- und CO_2-Konzentrationen über lange Jahre konstant. Das Verhältnis von CH_4:CO_2 erreicht einen konstanten Wert, der ungefähr 1,2 bis 1,5 beträgt. Besonders bei abgedeckten Deponien und in größeren Tiefen der Deponie zeigen die Werte kaum Veränderungen. Nach bisherigen Erfahrungen setzt die Methanproduktion etwa 0,5 bis 1 Jahr nach erfolgtem Einbau intensiv ein und hält über einen längeren Zeitraum an. Es wurden an Deponien noch nach 75 Jahren Gasemissionen beobachtet [46].

Durch Untersuchungen lassen sich die Langzeitphasen wie folgt charakterisieren (Abb. 4.39b) [197]:

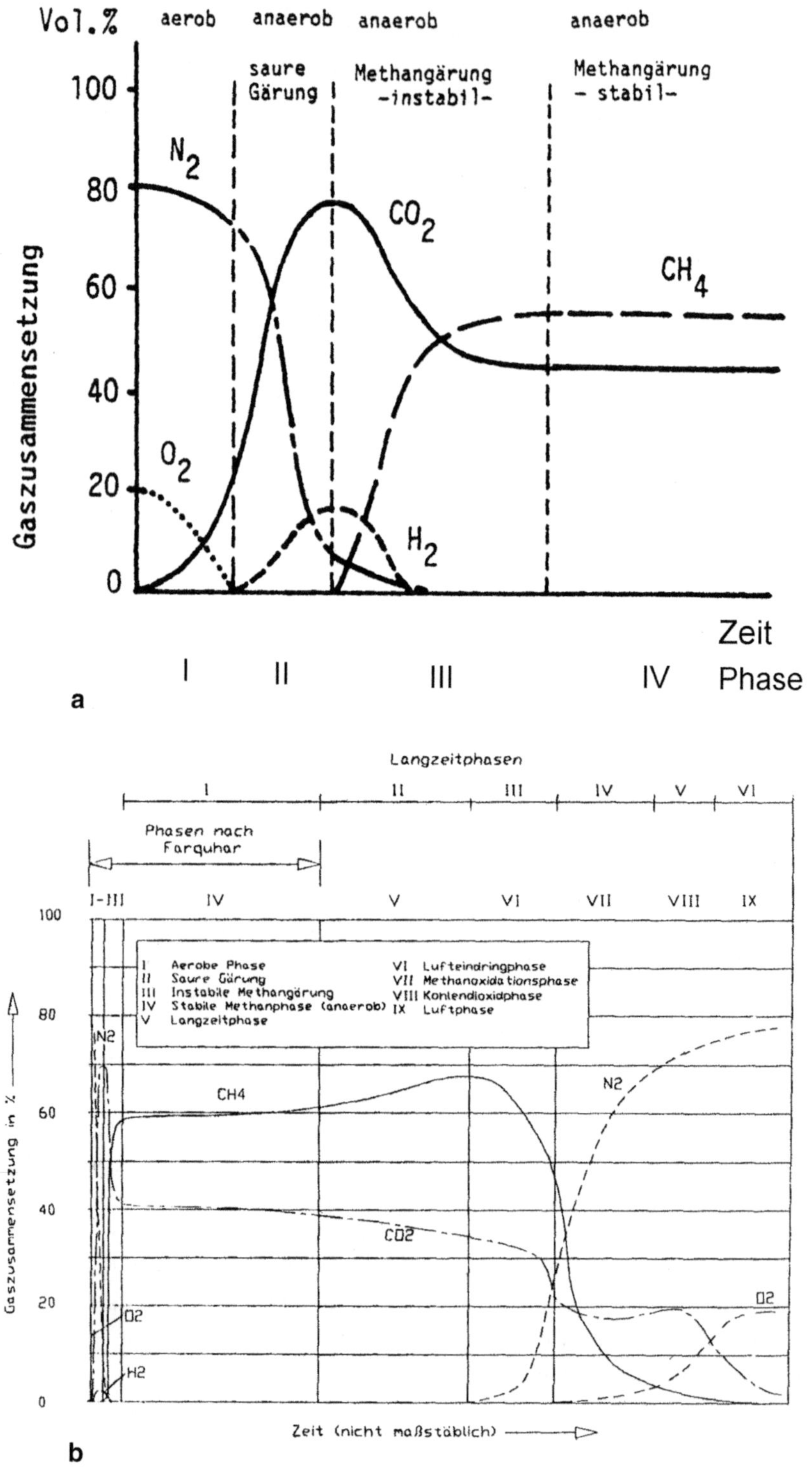

Abb. 4.39 a + b Gaszusammensetzung während des Abbaus von Abfall in der Deponie in Abhängigkeit von der Lagerungsdauer [54]

- Die als Langzeitphase I bezeichnete Phase entspricht der aus der Literatur bekannten stabilen Methanphase von Farquhar. Von dieser Phase kann dann gesprochen werden, wenn im Deponiegas ein Verhältnis von 55 % CH_4 zu 44 % CO_2/CH_4/CO_2 = 1,25) erreicht ist. O_2 und N_2 sind nicht oder nur in Spuren im Deponiegas vorhanden.
- Die sich an die im Abb. 4.39a dargestellte anschließende Phase V in Abb. 4.23b ist durch ein höheres CH_4/CO_2-Verhältnis als in der stabilen Methanphase charakterisiert. Bei Sondenmessungen und Absaugversuchen werden in der Regel noch deutlich über 50 % CH_4 im Deponiekörper messen. Das Verhältnis CH_4/CO_2 liegt dabei meist zwischen 1,5 und 4.
  Für die beiden beschriebenen Langzeitphasen I und II ist typisch, dass durch die ausgeprägte Gasproduktion ein Druckgefälle zur Umgebung besteht. Das Gefährdungspotenzial durch Deponiegasemissionen ist zu diesem Zeitpunkt ausgesprochen hoch.
- In der folgenden Langzeitphase III, der sogenannten Lufteindringphase, hat die Biogasproduktion weiter abgenommen. Durch die abbrechende Biogasproduktion reicht der Gasdruck im Inneren nicht mehr aus, um das Eindringen von Luft vollständig zu verhindern, so dass sich der Ablagerungskörper langsam von der Oberfläche bzw. vom Rand aus mit atmosphärischer Luft füllt. Es tritt O_2 und N_2 zu (Atmosphärenluft), wobei das Verhältnis im Porenraum weit von dem von Luft abweicht. Vom Rand her setzt eine Methanoxidation ein, die eine Zehrung des eindringenden Sauerstoffes bewirkt. Die Methankonzentration sinkt, wodurch das CH_4/CO_2-Verhältnis wieder abnimmt. In dieser Phase sind Methangehalte zwischen 10–40 % messbar. Die CO_2-Gehalte liegen zwischen 5–30 Vol.-%. Ein beträchtlicher Anteil an N_2 ist nachweisbar (10–30 %).
  Die Verdünnung des Deponiegases während der Langzeitphase III findet nicht homogen in allen Bereichen der Altablagerung statt.
- In der Langzeitphase IV kommt es durch die weiter abnehmende Biogasproduktion zu einem verstärkten Eindringen von Luft und zu einer ausgeprägten Methanoxidation. Die Oxidation des Methans bewirkt einen deutlichen Anstieg der Kohlendioxidkonzentration (Verschiebung des CH_4/CO_2-Verhältnis zu Werten < 1) und durch den Verbrauch des Sauerstoffanteils der eindringenden Außenluft zu einem hohen N_2/O_2-Verhältnis. Da die Luft von außen weit in den Deponiekörper eindringt, finden in dieser Phase keine Emissionen mehr in den Luftraum statt.
- Mit fortschreitendem Deponiealter geht der Methangehalt in der Langzeit-phase V gegen Null. Es ist noch viel Kohlendioxid im Deponiekörper vorhanden. In den wenigen Bereichen, die noch anaerobes Milieu aufweisen, wird das Methan fast vollständig abgebaut. Dadurch wird der Kohlendioxidgehalt gegenüber der normalen Bodenluftzusammensetzung erhöht. Durch den anaeroben Abbau des restlichen vorhandenen organischen Materials entsteht ebenso Kohlendioxid. Die Methangehalte im Deponiekern sind sehr gering und liegen bei max. 2–5 %. Die CO_2-Gehalte liegen zwischen 5 und 20 %. Neben dem erhöhten N_2-Gehalt (> 60 %) sind gegenüber unbeeinflusster

Bodenluft erniedrigte O_2-Gehalte messbar (< 15 %). Emissionen finden nicht mehr statt.

- In der Langzeitphase VI nimmt der Kohlendioxidgehalt, aufgrund des weiteren Lufteindringens und des mittlerweile nahezu vollständigen Abbaus der abbaubaren organischen Substanz, weiter ab und reduziert sich bis auf wenige Prozent. Da der mit der Luft eindringende Sauerstoff nicht mehr zur Oxidation organischer Substanzen verbraucht wird, ist im Deponiekörper ein Anstieg des Sauerstoffgehaltes bis in den Bereich von 18–20 % zu verzeichnen.

Zusammenfassend ergibt sich, dass aber der Lufteindringphase VI (Langzeitphase III) eine Gefährdung durch Methan nicht mehr gegeben ist.

Die entstehenden Gasmengen aus einer Deponie lassen sich nur grob abschätzen. Um Entgasungsanlagen zu dimensionieren, sind zuvor verschiedene Untersuchungen durchzuführen, um das Gaspotenzial zu bestimmen und um Prognosen über die Geschwindigkeit der Gasproduktion machen zu können. Aus einer Tonne Hausmüll entstehen zwischen 120 und 400 m^3 Deponiegas [44, 47].

Die Menge ist von der Zusammensetzung des Hausmülls, dessen Feuchtegehalt und von der angewandten Einbautechnik, z. B. mit oder ohne Abdeckung, hoch- oder schwachverdichtet, abhängig. Die Differenz zwischen den Ergebnissen von Laborversuchen und gemessener Gasproduktion auf Deponien beruht auf den folgenden Faktoren:

- Während des aeroben Abbaus können Gasverluste auftreten, die nicht zu nutzbaren Deponiegas führen.
- Mit dem Sickerwasser wird ebenfalls Kohlenstoff aus der Deponie ausgetragen.
- Die Umsetzung der organischen Abfallinhaltsstoffe im Deponiegas erfolgt nicht vollständig.

Über die Hauptbestandteile CH_4 und CO_2 des Deponiegases hinaus gibt es eine Reihe von Spurenstoffen, die in der Regel weniger als 0,1 % ausmachen. In der Tab. 4.11 sind Komponenten von Deponiegasen und deren Schwankungsbereiche dargestellt.

Technische Einrichtungen zur Gaserfassung Eine natürliche, großflächige Entgasung durch die offene Deponieoberfläche wird nicht mehr als Stand der Technik betrachtet. Neben der Umweltbelastung durch Geruchsbelästigung und Pflanzenschädigung kommen auch sicherheitstechnische Aspekte wie die Möglichkeit eines Erstickungsunfalls oder einer Verpuffung während des Deponiebetriebes in Betracht. Wie die Praxis gezeigt hat, kann das Deponiegas über erhebliche Entfernungen hinweg durch den angrenzenden Untergrund migrieren und dabei Schäden verursachen.

Zur technischen Entgasung von Deponien können grundsätzlich zwei Arten von Gastransportmechanismen genutzt werden [47]:

Tab. 4.11 Zusammensetzung der Deponiegaskomponenten und deren Schwankungsbereiche [48]

Nr.	Komponente	Konzentrationsbereich
1	Methanol	0–80 Vol.-%
2	Kohlendioxid	0–80 Vol.-%
3	Kohlenmonoxid	0–3 Vol.-%
4	Wasserstoff	0–3 Vol.-%
5	Sauerstoff	0–21 Vol.-%
6	Stickstoff	0–78 Vol.-%
7	Ammoniak	0–100 Vol.ppm
8	Ethen	0–65 Vol.ppm
9	Ethan	0–30 Vol.ppm
10	Acetaldehyd	0–150 Vol.ppm
11	Aceton	0–100 Vol.ppm
12	Sonstige Kohlenwasserstoffe (ohne Aromaten)	je 0–50 Vol.ppm
13	Schwefelwasserstoffe	0–100 Vol.ppm
14	Ethylmercaptan	0–120 Vol.ppm
15	Benzol	0–15 Vol.ppm
16	Toluol	0–15 Vol.ppm
17	Xylol	0–15 Vol.ppm
18	Ethylbenzol	0–10 Vol.ppm
19	Vinylchlorid	0-10 Vol.ppm
20	Halogenverbindungen (u. a. 1.1 Dichlorethen, Methylenchlorid, Tetrachlorkohlenwasserstoff, Trichlorethen, Frigene)	0–100 Vol.ppm
21	Wasserdampf	i. d. R. gesättigt

- Bei der passiven Entgasung wird der Eigendruck der Gasphase im Deponiekörper ausgenutzt. Die Gase werden aus der Deponie gedrückt.
- Bei der aktiven Entgasung wird mit Hilfe von Gasfördereinrichtungen durch Unterdruck das Gas aus dem Deponiekörper abgesaugt.

Bei der passiven Entgasung werden nur geringe Erfassungsgrade erreicht, so dass fast nur auf die Systeme der aktiven Entgasung zurückgegriffen wird. Um eine aktive Entgasung effektiv einsetzen zu können, muss

- der Unterdruck wirksam in die Deponie eingebracht werden,
- das Ansaugen von Luft minimiert werden,
- das System langzeitbeständig sein,

- eine Absaugung auch während des Deponiebetriebes möglich sein,
- die Entgasungskapazität an die Gasproduktion angepasst sein [47].

Daraus ergeben sich folgende Konsequenzen [47]:

- Zur Entgasung eignen sich großvolumige Systeme mit einem freien Durchgang in möglichst kurzer Längstausdehnung.
- Die Rohre zur Gasableitung sollten nicht über den offenen Deponiekörper geführt werden (Explosionsschutz). Eine Trassierung im Deponiekörper ist wegen der Setzungen nicht langzeitbeständig.

Während des Deponieaufbaus haben sich vorwiegend horizontale Systeme bewährt. In abgeschlossenen Deponien wurden noch zusätzlich Brunnen eingesetzt. Dabei haben sich folgende Systemdetails als vorteilhaft erwiesen [47]:

Die *Gasbrunnen* mit einem Durchmesser zwischen 0,6 und 1,2 m besitzen eine Perforation von ca. 10 % ihrer Fläche und reichen bis in 15 m Tiefe. Bei tiefen Brunnen wird das Gas in Etagen abgesaugt. Im Brunnenkopf sind Messgeräte für Druck, Temperatur und Gaskonzentrationen sowie eine Durchflussdrosseleinheit installiert. Sonden, Gaskamine etc. sind Sonderlösungen und können im Einzelfall günstige Resultate ergeben. In der Summe haben sie sich nur begrenzt bewährt.

Bei horizontalen Systemen liegen die Drainrohre in etwa 1 m mächtigen Bahnen, die mit kalkfreiem Schotter gefüllt sind. Die Leitungen sind mit geringem Gefälle verlegt und weisen Versickerungsflächen für Schichtwasser auf. Die Trassenführung ist möglichst gerade und komplett durch den Deponiekörper hindurchgeführt.

Grundsätzlich sind drei Formen des Anschlusses der Brunnen an die Sammelstation, wie in Abb. 4.40 dargestellt, üblich. Die Brunnen können sowohl mit dem wachsenden Deponiekörper hochgezogen wie auch nach Abschluss der Deponie gebohrt werden.

Eine Möglichkeit der Leitungsführung ist die *Ringleitung,* die den Vorteil hat, dass sie am Deponierand auf gewachsenem Boden verlegt wird. Allerdings muss die Regelung wenig komfortabel entweder an den Brunnenköpfen oder in Anschlussschächten in der Ringleitung erfolgen.

Einzelleitungen können sehr aufwendig werden, z. B. wenn 30 Brunnen an einen Sammelbalken angeschlossen werden müssen. Vorteilhaft ist die Möglichkeit der zentralen, automatischen Regelung.

Brunnengruppen bilden einen Kompromiss aus den ersten beiden Formen. Auch hier ist manuelle Bedienung auf der Deponie erforderlich. Der Regelungsvorgang wird jedoch in wenigen Schächten konzentriert.

Die Bereitstellung des Unterdrucks erfolgt üblicherweise durch ein zentral ausgestelltes Gebläse, welches die Gase zu einer Anlage zur Gasbeseitigung (überwiegend Fackel, aber auch Biofilter oder Abblaserohr) fördert.

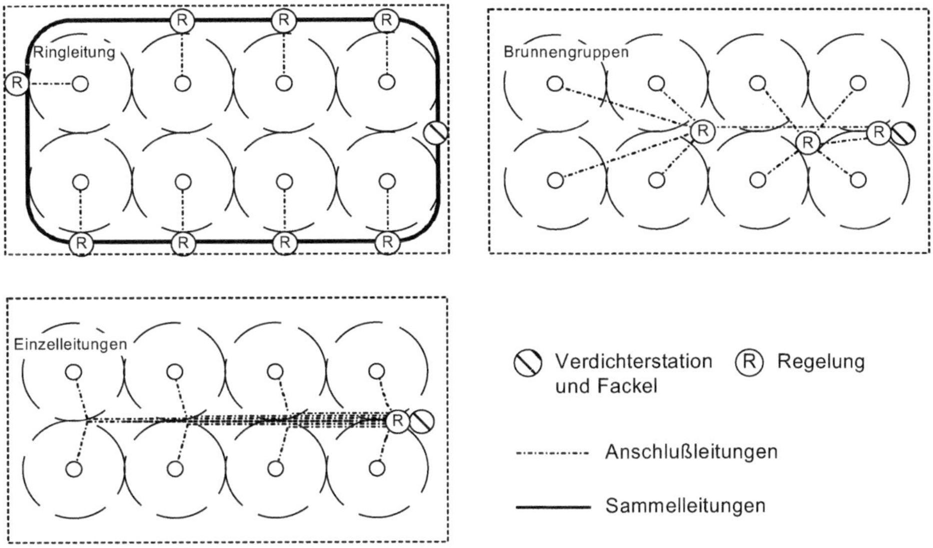

Abb. 4.40 Formen des Anschlusses der Brunnen an die Sammelstation [49]

Gasreinigung und -aufbereitung Deponiegas stellt ein lange bekanntes Energiepotenzial dar, das auf verschiedene Arten genutzt werden kann. Wie teilweise bereits in der Tab. 4.11 dargestellt, besteht das Deponiegas aus einigen hundert Spurenstoffen, die als geruchsintensiv, giftig oder krebserzeugend bekannt sind. Diese Spurenstoffe und hier insbesondere die halogenierten Kohlenwasserstoffe sowie Schwefelwasserstoff bereiten Probleme bei der thermischen Verwertung.

Die umweltrelevanten Gaskomponenten des Abgases sind [50]:

- Chlorwasserstoff (HCl),
- Fluorwasserstoff (HF),
- Kohlenmonoxid (CO),
- Schwefeldioxid (SO2),
- Stickoxide (NOx),
- polycyclische aromatische Kohlenwasserstoffe (PAK),
- halogenierte Kohlenwasserstoffe (HKW),
- polychlorierte Dibenzodioxine (PCDD),
- polychlorierte Dibenzofurane (PCDF).

Die Verwendungsmöglichkeiten für Deponiegas erfordern unterschiedliche Reinigungsmaßnahmen. Es müssen daher aus dem Deponiegas entfernt werden:

- Wasserdampf,
- Schwefelwasserstoff,

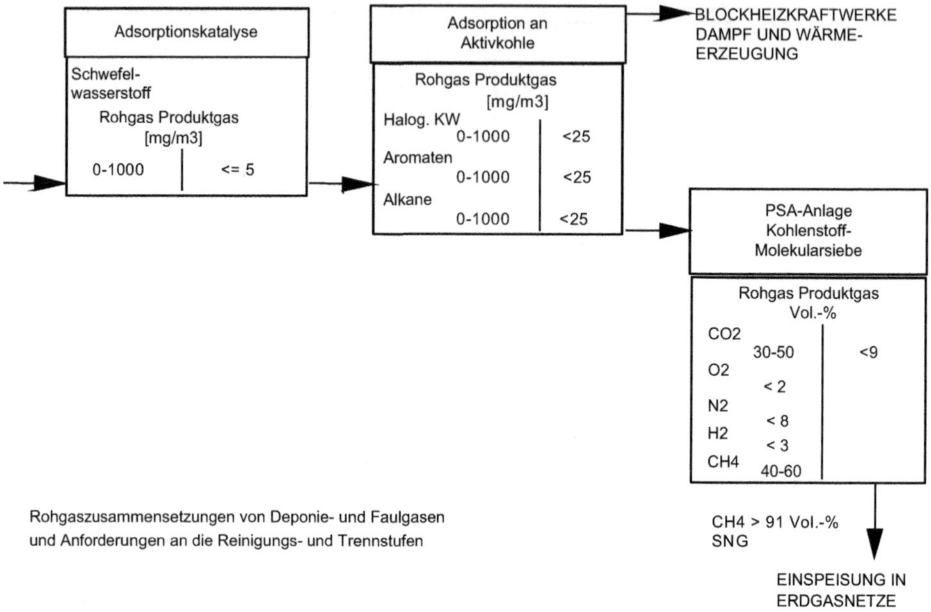

Abb. 4.41 Deponiegasaufbereitung mit Aktivkohle und Kohlenstoff-Molekularsieb [51]

- Chlorkohlenwasserstoff,
- Fluorkohlenwasserstoff,
- höhere Kohlenwasserstoffe,
- Trennung von Methan, Kohlendioxid und eventuell Stickstoff.

Aufbereitung zu Erdgasqualität Anlagen zur Aufbereitung von Deponiegas zu Erdgasqualität sind in den USA, den Niederlanden, in Österreich und in der Bundesrepublik Deutschland in Betrieb. Methanhaltige Gase mit einem Wobbe-Index von 13 bis 15 kWh/m^3 kann man als erdgasähnliche Energieträger bezeichnen und in jedem handelsüblichen, für Erdgas ausgelegten Aggregat ohne nachträgliche Anpassung verwenden. Der geforderte Wobbe-Index wird mit einem Methangehalt ab ca. 85 bis 90 % erreicht. Zur Aufbereitung der Deponiegase zu Erdgasqualität eignen sich zwei unterschiedliche Trennverfahren:

1. Adsorption an Aktivkohle und Molekularsieben,
2. Absorption mit Wasser oder mit physikalischen und chemischen Lösungsmitteln.

In Abb. 4.41 wird der Einsatz von Aktivkohle und ein Kohlenstoff-Molekularsieb mit den Roh- und Reingasen dargestellt.

Die *Adsorption* von Schwefelwasserstoff und organischen Schwefelverbindungen an Aktivkohle wird schon lange angewandt. Das Verfahren zur Deponiegasentschwefelung

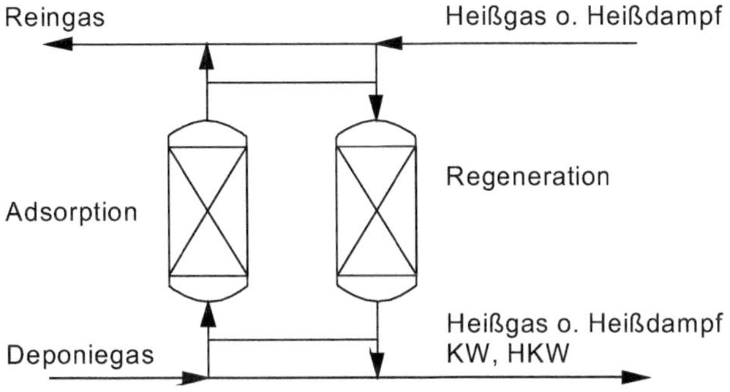

Abb. 4.42 Grundfließbild einer Anlage zur Entfernung von großmolekularen und halogenierten Kohlenwasserstoffen mit Aktivkohle [52]

nutzt eine weitporige, jodimprägnierte Aktivkohle als Adsorber bzw. Katalysator. Bei der sogenannten Adsorptionskatalyse wird H_2S in Gegenwart des Sauerstoffs unter dem katalytischen Einfluss der Aktivkohle zu Schwefel oxidiert.

Katalytische H_2S-Oxidation

$$2H_2S + O_2 \xrightarrow{\text{Aktivkohle}} 1/4S_8 + 2H_2O \tag{4.7}$$

Der bei dieser Reaktion entstehende elementare Schwefel wird adsorbiert, während das Reaktionsprodukt Wasser von der Katalysatoroberfläche desorbiert wird. Die Restgehalte an Schwefelwasserstoff liegen nach Passieren des Festbettadsorbers unter 1 mg/m^3 [44].

Sollte der zur Oxidation des Schwefelwasserstoffs erforderliche Sauerstoff, der in den meisten Fällen im Deponiegas vorhanden ist, nicht ausreichen, wird eine geringe Menge Luft kontrolliert eingeblasen. Bei zwei Festbettadsorbern kann nach einer Standzeit von bis zu einem halben Jahr und einem Schwefelwasserstoffgehalt von 5 ppm auf den zweiten Adsorber umgeschaltet werden, so dass der erste entleert werden kann. Die beladene Aktivkohle wird verworfen oder regeneriert.

Die *Entfernung der organischen Verbindungen* wird in einer zweiten Behandlungsstufe mit ausgewählten Aktivkohlesorten durchgeführt. Diese Aktivkohlen werden bei der Abluftreinigung und Lösungsmittelrückgewinnung zur Adsorption von KW und HKW eingesetzt. Die Verunreinigungen werden adsorptiv an der Aktivkohle gebunden. Die Beladung (Aufnahmefähigkeit) ist abhängig von Art und Menge der Verunreinigung sowie von der Anlagenausführung und der Betriebsweise.

Grundlage für die Auslegung sind die min./max. Analysenwerte des jeweils zu behandelnden Deponiegases. Weiterhin sind die Adsorptionsgleichgewichte, die Desorptionsenergien sowie die CO-Adsorption der unterschiedlichen Spurenbestandteile zu beachten. Die Beladung variiert zwischen 0,1 bis 40 Gew.-% und ist in der Regel um so größer, je höher der Siedepunkt eines Stoffes liegt. Abbildung 4.42 zeigt das Grundfließbild einer Anlage.

Methananreicherung Der Vorreinigung des Deponiegases ist die Methananreicherung bzw. die Abtrennung von Kohlenmonoxid im Druckwechseladsorptionsverfahren mit

Tab. 4.12 Die wichtigsten Anforderungen für die Herstellung von Deponiegas mit Erdgasqualität gemäß des DVWG-Arbeitsblattes G 260/1 vom April 1983

Bezeichnung	Gruppe L	Gruppe H
Wobbe-Index Gesamtbereich, (kWh/m³)	11,40–13,49	13,03–15,70
Schwankungsmöglichkeiten im Versorgungsgebiet, (kWh/m³)	0,58	0,58
Brennwert $H_{o,n}$, (kWh/m³)	8,84–13,14	
Relative Dichte	0,55–0,7	
Wasser Taupunkt, (°C)	unter Bodentemperatur (meist 0 °C)	
Sauerstoff, (Vol.-%)	< 3	
Schwefelwasserstoff, (kWh/m³)	< 5	

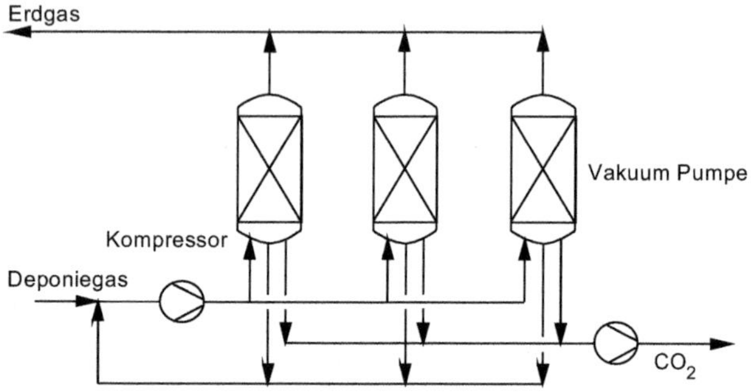

Abb. 4.43 Prinzipielle Darstellung einer Druckwechseladsorptionsanlage zur Trennung von CO_2/CH_4 [52]

Kohlenstoffmolekularsieben nachgeschaltet. Anschließend erfolgt die Endbehandlung, d. h. die Karburation und Odorierung des Gases. In Tab. 4.12 sind die wichtigsten Anforderungen für angereichertes Deponiegas dargestellt.

Das Abb. 4.43 stellt das Grundfließbild des Druckwechselbadsorptions-verfahrens zur Anreicherung von CH4 dar. Kohlendioxid wird aus dem mit ca. 5 bis 10 hPa verdichteten Deponiegas an dem Kohlenstoffmolekularsieb adsorbiert. Geringe Spuren von Stickstoff und Sauerstoff werden ebenfalls angelagert und so aus dem Reingasrohr entfernt. Durch einen Druckwechsel wird das beladene Molekularsieb frei. Die angelagerten Gaskomponenten (CO_2, N_2, O_2) werden an die Umgebungsluft abgegeben.

Alternativ zum Molekularsieb kann die chemische und physikalische Wäsche zur CH_4-Anreicherung eingesetzt werden. In Abb. 4.44 wird das Grundfließbild der Waschverfahren zur CH_4-Anreicherung dargestellt. Bei der *chemischen Wäsche* wird CO_2 mit Waschmittel (verschiedene anionische Verbindungen) chemisch gebunden.

Die *physikalische Wäsche* (Druckwasserwäsche, Selexol-, Kryosol-Verfahren) arbeitet hingegen mit Druck zwischen 10 bis 30 hPa. Die Entspannung wird durch Wärme aufgebracht. Die Methanausbeute liegt höher als bei Molekularsieben oder Membranen. Die Gaspermeation ist ein druckgetriebener Prozess; entsprechend der Partialdruckdifferenz zu beiden Seiten der Membran werden Gase durch die Membran transportiert.

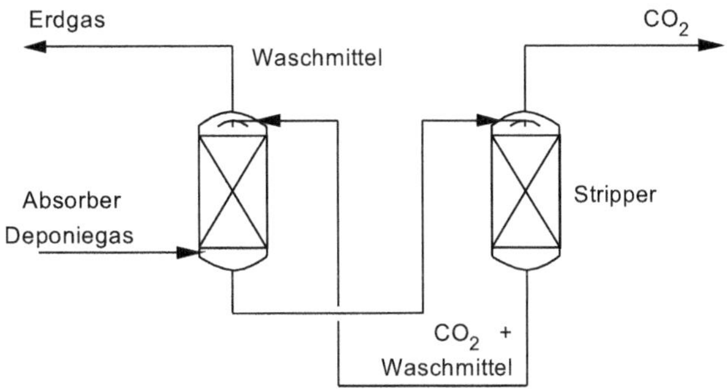

Abb. 4.44 Prinzipielle Darstellung einer physikalischen oder chemischen Wäsche zur Trennung von CO_2/CH_4 [52]

Ein Stofftransport durch porenfreie Membranen kann zumindest qualitativ durch drei Schritte beschrieben werden [53]:

- Sorption des Gases in der Membranoberfläche,
- Diffusion des gelösten Gases durch die Membran,
- Desorption bzw. Verdampfung des Gases aus der Membran heraus.

Die Trennung von Gasgemischen erfolgt bei der Gaspermeation aufgrund verschieden großer Transportgeschwindigkeiten der einzelnen Komponenten durch die Membran, man spricht in diesem Zusammenhang auch von „schnellen" oder „langsamen" Gasen. Die bekannten Membranwerkstoffe sind wenig permeabel für Stickstoff und Methan und weisen dagegen relativ hohe Permeabilitäten für die Gase Kohlendioxid, Sauerstoff, Schwefelwasserstoff und Wasser auf.

Die Trennung von verschiedenen Gasen ist am besten, wenn sie in ihrer Permeabilität stark differieren. Kohlendioxid lässt sich demnach sehr gut von Methan trennen, Stickstoff jedoch kaum.

Tabelle 4.13 zeigt für einen bestimmten Betriebszustand, wie sich Produktreinheit und Ausbeute bei hintereinander geschalteten Modulen von Element zu Element ändern.
Der schematische Aufbau einer Anlage mit Membranen zur Trennung der Deponiegaskomponenten wird in Abb. 4.45 dargestellt. Die Grenzen des Reinigungs-systems werden durch den Stickstoffanteil im Rohgas bestimmt, der von den Membranen nicht von Methan abgetrennt wird. Bei den in Spuren vorhandenen Schadstoffen wie chlorierte Lösungsmittel, Benzen, Vinylchlorid ist das Trennverhalten von Substanz zu Substanz unterschiedlich. Unpolare und leichtpolare Verbindungen konzentrieren sich im CH_4. Polare und leicht polarisierbare Verbindungen zeigen ähnliche Permeationseigenschaften wie CO_2.

Biologische Gasreinigungsverfahren Die im Deponiegas enthaltenen Geruchsstoffe können durch Mikroorganismen biologisch abgebaut werden. Es handelt sich dabei um zahlreiche Spurenstoffe, die in der Regel aus Schwefel-, Stickstoff- und Sauerstoffverbindungen bestehen und im ppm-Bereich liegen. Der Einsatz dieser Verfahren sollte nur dann in Betracht gezogen werden, wenn es sich um kleinere Deponien handelt und eine Gasnutzung nicht

Tab. 4.13 Einfluss der Modulanzahl auf die CO_2-/CH_4-Trennung [53]

Module	CH_4-Reinheit im Tetentat (Vol.-%)	CO_2-Reinheit im Permeat (Vol.-%)	CH_4-Ausbeute (%)
1	77,2	76,6	90,6
2	85,7	73,5	84,4
3	91,7	68,4	77,9
4	95,2	63,8	69,7

Feedzusammensetzung	Betriebszustand
CH_4: 76,0 Vol.-%	p = 32 bar
CO_2: 32,5 Vol.-%	T = 80 °C
N_2: 0,5 Vol.-%	V = 11 m³ n/h

wirtschaftlich ist. Das Gas wird nach der Entfernung der geruchsintensiven Verbindungen an die Atmosphäre abgegeben oder abgefackelt.

Für eine biologische Gasreinigung müssen folgende Voraussetzungen erfüllt sein:

- die zu entfernenden Inhaltsstoffe im Deponiegas müssen biologisch um- oder abbaubar sein,
- der Kontakt für die zu entfernenden Bestandteile mit den Mikroorganismen muss ausreichend lang sein,
- zum biologischen Abbau benötigen die Mikroorganismen Sauerstoff, dessen Konzentration die Explosionsgrenze für Methan nicht erreichen sollte.

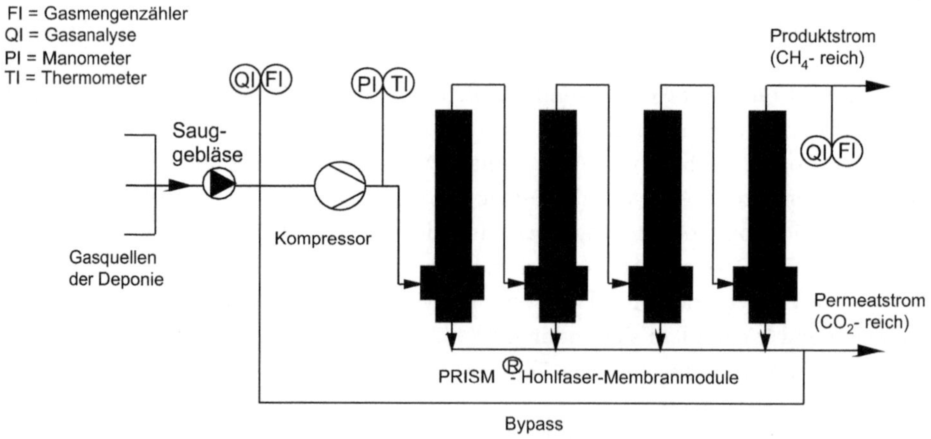

Abb. 4.45 Schema der Gasseparationsanlage auf der Deponie Croglio (Schweiz) [54]

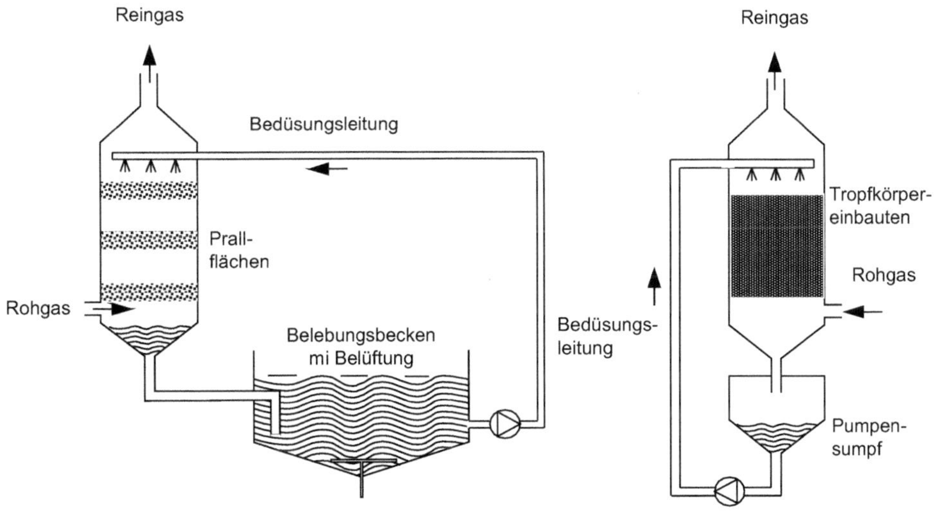

Abb. 4.46 Biowäscher nach dem Belebtschlammverfahren und dem Tropfkörperprinzip [55]

Für die Deponiegasreinigung kommen die bekannten Verfahren der biologischen Abluftreinigung wie Biowäscher und Biofilter in Frage.

In Abb. 4.46 werden die Verfahrensvarianten der Biowäscher nach dem Tropfkörperprinzip und nach dem Belebtschlammverfahren schematisch dargestellt.

Beim *Biowäscher nach dem Tropfkörperprinzip* wird die Abluft bzw. das Deponiegas durch eine Füllkörpersäule geschickt, die im Gegenstrom mit Wasser berieselt wird.

Die Abluftinhaltsstoffe lösen sich dabei in der wässrigen Phase. Auf den Füllkörpern entsteht nach einer gewissen Einarbeitungszeit ein biologischer Rasen aus Mikroorganismen, der in der Lage ist, die Abluftinhaltsstoffe abzubauen.

Beim *Biowäscher nach dem Belebtschlammverfahren* dienen Prallflächen zur Verbesserung des Stoffaustausches zwischen der gasförmigen und der flüssigen Phase. Die abbauenden Mikroorganismen befinden sich als Suspension direkt in der Waschflüssigkeit. Zur ausreichenden Versorgung der Mikroorganismen müssen eventuell Phosphor- und Stickstoffsalze im Waschwasser zudosiert werden, da diese Stoffe selten in ausreichender Menge durch die Abluft geliefert werden [55].

Passive Entgasung Ist die zu entsorgende Gasmenge weit zurückgegangen, so ist die anfallende Deponiegasmenge nicht mehr mit einem aktiven System wirtschaftlich angemessen abzusaugen. Mit dem passiven System wird der Gasüberdruck im Deponiekörper genutzt und gezielt abgeführt, wobei dies nur funktioniert, wenn der Deponiekörper z. B. mit einer Folie gasdicht gemacht worden ist. Dann kann das schwache Deponiegas

- einem Filtersystem zugeführt werden, oder
- flächig über die Rekultivierungsschicht oder einem Methanoxidationsfenster geleitet und abgebaut werden.

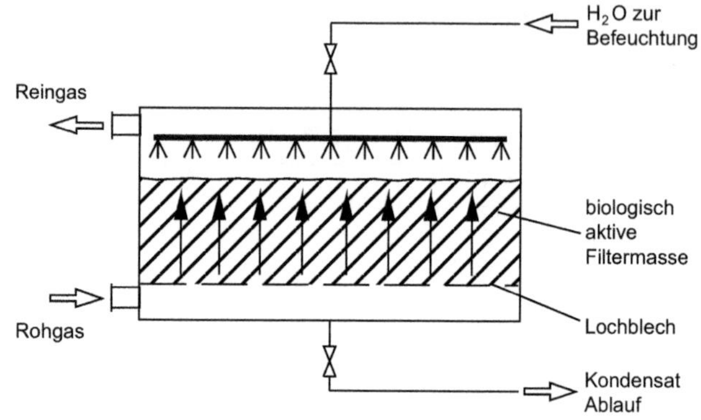

Abb. 4.47 Biofilter zur Deponiegasreinigung [55]

Beim *Biofilterverfahren* existieren bereits langjährige praktische Erfahrungen. Die ersten Grundlagenuntersuchungen mit Biofiltern bzw. Erdfiltern, wie sie damals genannt wurden, zur Entfernung von H_2S und Mercaptanen wurden 1966 durchgeführt [55].

Das Prinzip des Biofilters ist technisch einfach und deshalb auch relativ billig (Abb. 4.47). Die zu reinigende Abluft bzw. das Deponiegas wird von unten durch Loch- oder Schlitzplatten in das Filtermaterial gedrückt, in dem die Sorption der zu entfernenden Stoffe und der mikrobielle Abbau erfolgen. Methan wird jedoch nur in unbedeutenden Mengen abgebaut. Als Filtermaterial können z. B. Abfallkompost, Rindenkompost oder Torf bzw. Torf-Reisiggemische eingesetzt werden. Wesentlich ist, dass das Filtermaterial ständig eine Feuchtigkeit von ca. 40 bis 60 % aufweist, um den Mikroorganismen optimale Lebensbedingungen zu bieten. Von der Wahl des Filtermaterials hängt außerdem der Druckverlust im Biofilter ab. Bei Torf und Rindenkompost ist mit ca. 200 bis 300 Pa, bei Müllkompost mit 500 bis 1500 Pa zu rechnen.

Neben der Ausführung des Biofilters als eigenständige Gasreinigungseinheit besteht auch die Möglichkeit, Biofilter als Entgasungsfenster in die Deponie zu integrieren oder die Rekultivierungsschicht zu nutzen. Hierzu ist es notwendig, die Deponie gasdicht abzudecken, wobei in dieser Abdeckung in bestimmten Abständen die Entgasungsfenster ausgespart werden [48]. Wird mit einer geringen Restemission eine flächige Methanoxidation angestrebt, so muss gegenüber der zuständigen Überwachungsbehörde der Abbau des Methans durch Messungen nachgewiesen werden.

Ein anderes Verfahren, das auf der Sonderabfalldeponie Gerolsheim erprobt wurde, ist der Einsatz von Kompostfiltern zur Deponiegasreinigung [55].

Möglichkeiten der Deponiegasnutzung

Mit der Verwertung des Deponiegases kann ein Teil der im Abfall enthaltenen Energie nutzbar gemacht werden. Die Verbrennung von Deponiegas zur Erzeugung von Heiz- und Prozesswärme und zur Erzeugung von elektrischer Energie wird in großtechnischem Maßstab bei z. Z. etwa 115 Deponien bundesweit betrieben.

Wärmenutzung Bei den derzeit in Betrieb befindlichen Anlagen wird vor allem Wärme und Prozessdampf hergestellt. Die Umsetzung erfolgt in herkömmlichen, für diesen Einsatzstoff leicht modifizierten Brennern. Durch speziell für Deponiegas ausgelegte Brenner werden eine exakte Steuerung und Durchmischung der Verbrennungsluft und eine geeignete Flammenführung angestrebt, da bei dieser Art der Deponiegasnutzung mit der Bildung von Dioxinen und Furanen aufgrund der halogenierten Kohlenwasserstoffe im Deponiegas zu rechnen ist.

Die Wärmenutzung des Deponiegases hat unter der Voraussetzung, dass der Energiebedarf kontinuierlich in gleichbleibender Größenordnung besteht, den besten Wirkungsgrad. Auch unter Berücksichtigung problematischer Deponiegasinhaltsstoffe und möglicher Reaktionsprodukte auf der Emissionsseite sind die technischen Vorkehrungen zur Problembeherrschung weniger aufwendig als bei anderen Nutzungsvarianten ausfallen.

Verstromung Die Verbrennung von Deponiegas in Gasmotoren zur Erzeugung von elektrischer Energie ist in zahlreichen Anlagen verwirklicht worden. Die Verstromung bietet im Vergleich zur Wärmeerzeugung den entscheidenden Vorteil der Übertragungsmöglichkeit der Energie zu deponiefernen Energieabnehmern. Allerdings ist der Wirkungsgrad dieser Anlagen mangels geeigneter Wärmeabnehmer wesentlich geringer.

Der Deponiegasmotor stellt oft die einzige Möglichkeit dar, das anfallende Deponiegas sinnvoll und vor allem ganzjährig zu nutzen. Alle modernen Deponien sind zudem an die öffentliche Stromversorgung angeschlossen, so dass auch eine Rückspeisung von Strom ins EVU-Netz in Frage kommt. Der Verbrennung von Deponiegas in Gasmotoren sind Grenzen gesetzt.

Schadstoffe im Deponiegas, ungenügende Gasqualität oder Gasmengen, Überschreiten der TA Luft-Grenzwerte im Abgas, mangelnde Strom- und Heizenergieabnahme und Distanzen zu den Abnehmern behindern vielfach den wirtschaftlich vertretbaren Einsatz. Mit der reinen Verstromungsanlage können aus 100 % Deponiegasenergie bei voller Verfügbarkeit der Deponiegasmotoren ca. 30 % in elektrische Energie umgewandelt werden (Abb. 4.48) [56].

Siliziumorganische Verbindungen werden in vielen Bereichen in der Industrie eingesetzt und sind somit ubiquitär im Restabfall vorhanden. 1991 wurden siliziumorganische Verbindungen erstmals im Deponiegas nachgewiesen und bis heute führen diese Substanzen in der Abfallwirtschaft zu großen anlagentechnischen Problemen [206].

Nach der Deponierung von Abfällen werden diese Verbindungen freigesetzt und gelangen ins Deponiegas. Bei der energetischen Verwertung von Deponiegasen entsteht bei der Verbrennung amorphes Siliziumdioxid (SiO_2), (Abb. 4.49) das an Zylinderlaufflächen und Kolbenringen wie ein Schleifmittel wirkt und zu hohen Verschleißerscheinungen führt [206].

Dies hat für die Anlagenbetreiber eine reduzierte Verfügbarkeit der Motoren und erhöhte Betriebskosten zur Folge. Von Seiten der Motorenhersteller wurde ein technischer Grenzwert von 10 mg/m^3 Gesamtsilizium eingeführt. Dabei ist zu beachten, dass sich diese Forderung auf 100 % Methan bezieht [206].

Abb. 4.48 Die reine Verstromungsanlage neben der Deponie [56]

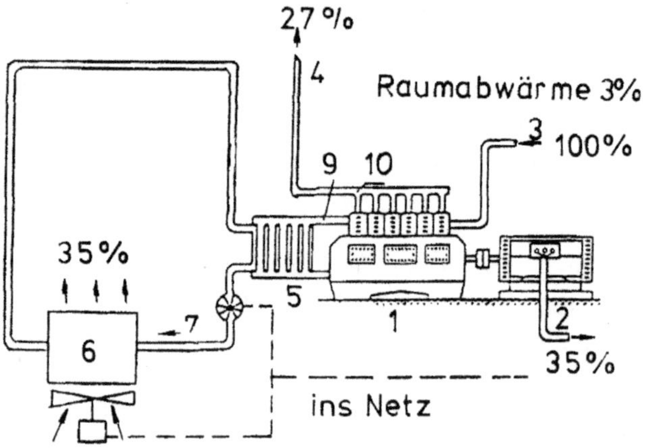

1. Gasmotor
2. Generator
3. Deponiegas
4. Abgas (Auspuff)
5. Kühlwasser-Wärmeaustauscher
6. Kühler
7. Heizwassereintritt 55 °C
8. Heizwasseraustritt 85 °C
9. Kühlkreislauf des Motors
10. Auspuffkollektor

Abb. 4.49 Ablagerungen von Siliziumdioxid im Gasmotor einer Deponie in Thessaloniki (Griechenland) Foto von Karaganidis

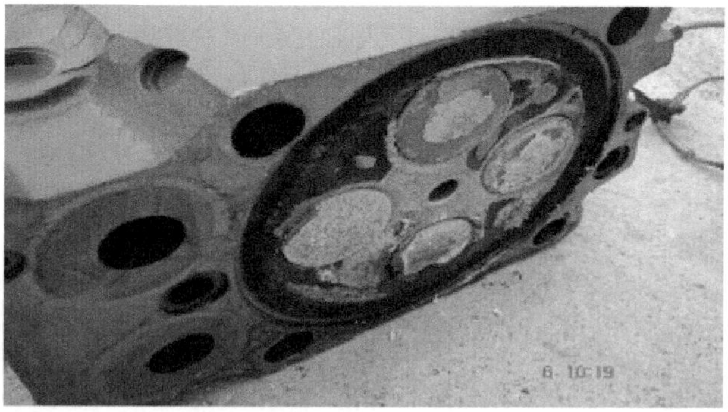

Verbrennung von Deponiegas

Gasfackeln Kann das Gas nicht verwertet werden, muss es, ehe es in die Umgebung abgegeben werden kann, desodoriert oder abgefackelt werden. Obwohl Gasfilter- und Waschtechnologien zur Verfügung stehen, wird das Gas überwiegend abgefackelt. Hierbei werden die Geruchsstoffe verbrannt.

Bei einem überwiegenden Teil der *Gasfackeln* erfolgt der Brennvorgang ohne Abschirmung direkt in den umgebenden Luftraum. Dies hat eine unkontrollierte Brennzone zur Folge. Die Temperaturen liegen meist deutlich unter 900 °C, und die Temperaturverteilung in der Brennzone ist generell ungleichmäßig, mit einem deutlichen Abfall im Bereich der Fackelwandung. Die Verweilzeit ist entsprechend der kurzen Brennzone niedrig.

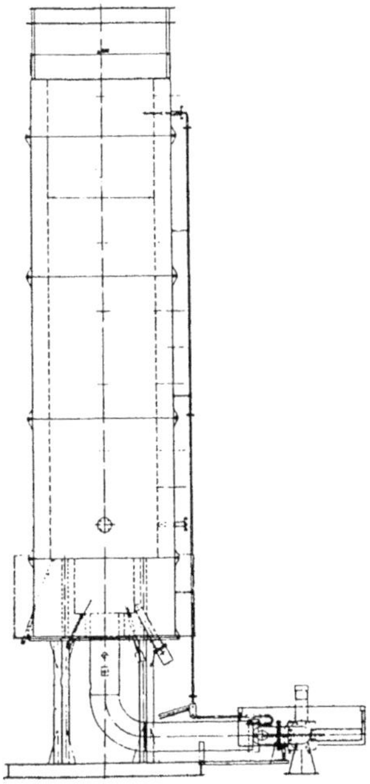

Abb. 4.50 Hochtemperaturfackel [47]

Die genannten Konstruktionsmerkmale führen zu einem unvollkommenen Ausbrand der Deponiegase bei niedrigen bzw. ungleichmäßigen Temperaturen und spezifisch geringer Verweilzeit.

Für höher belastete Deponiegase ist somit bei diesem Verfahren eine Einhaltung der Grundwerte der TA Luft für gasförmige anorganische Stoffe (Verbrennungsanlagen) nicht gegeben. Dies betrifft sowohl die Grundwerte für PCDD als auch die Werte für anorganische gasförmige Chlor- und Fluorverbindungen (TCDD und TCDF).

Anstelle von Gasfackeln werden zunehmend *Muffeln* eingesetzt. In einer Muffel verbrennt das Gas in einem Brennraum mit definierter Aufenthaltszeit und Temperatur. Die Wandung der Muffel ist isoliert, so dass das Temperaturgefälle zur Wandung hin vernachlässigbar klein ist. Nach erfolgreicher Vorerprobung wurden bereits die ersten Muffeln auf Betriebsdeponien eingeführt (Abb. 4.50).

4.2.3.4 Betrieb von Deponien

Die Betriebsführung einer Deponie stellt einen wichtigen Bestandteil des Multibarrierenkonzeptes dar. Ziel einer systemgerechten Betriebsführung ist es, die Schadstoffemissionen während und auch nach der Beendigung des Deponiebetriebes zu verhindern bzw. zu minimieren und eine umfassende Dokumentation über den Aufbau des Deponiekörpers und des Deponieverhaltens zu erstellen.

Um den Forderungen einer umfassenden Dokumentation und Reparierbarkeit mit entsprechender Schadensbegrenzung einer Deponie zu genügen, müssen im Deponiebetrieb folgende Anforderungen bereits seit dem Inkrafttreten der TA Siedlungsabfall [1] konsequent erfüllt werden:

- Es ist ein *Betriebsplan* zu erstellen, in dem alle wesentlichen Regelungen zum Deponiebetrieb, zum Aufbau des Deponiekörpers, zur Fassung und Ableitung von Gas, Sickerwasser und sonstigem Abwasser und zu Art und Umfang der durchzuführenden Kontrollen enthalten sein müssen.
- Die Deponie ist in *Deponieabschnitte* einzuteilen, über deren Aufbau jeweils ein *Ablagerungsplan* erstellt wird, der Angaben über die Abfallart (einschließlich Abfallschlüssel und Abfallmenge), Ort der Ablagerung, Verfahren zur Ablagerung (Schichtdicken, Einbaugeräte), Zeitpunkt der Ablagerung und Angaben über mögliche Abweichungen zum Betriebsplan enthält.
- Eine umfassende *Annahmekontrolle,* die eine Mengenermittlung in Gewichtseinheiten (ggf. in Volumeneinheiten), die Feststellung der Abfallart einschließlich Abfallschlüssel sowie die Durchführung von Sichtkontrollen umfasst. Ergänzend zur Sichtkontrolle sind stichprobenartige Kontrollanalysen durchzuführen (einschließlich Probenrückstellung). Sämtliche Daten sind im Betriebstagebuch zu dokumentieren.
- Beim *Einbau* der Abfälle ist darauf zu achten, dass er möglichst hohlraumarm und verdichtet durchgeführt wird, dass Emissionen dabei vermieden werden und dass eine zügige Verfüllung der einzelnen Deponieabschnitte erfolgt, damit entsprechend rasch eine Oberflächenabdichtung aufgebracht werden kann. Die Stabilität des Deponiekörpers ist sicherzustellen.
- Folgende *Einrichtungen zur Überwachung* sind vorzuhalten und in regelmäßigen Abständen zu überprüfen:
  - ein Grundwasserüberwachungssystem mit mindestens einer Messstelle im Anstrombereich und einer hinreichenden Anzahl von Messstellen im Abstrombereich,
  - Messeinrichtungen zur Überwachung von Setzungen und Verformungen im Deponiekörper sowie der Deponieabdichtungssysteme,
  - Messeinrichtungen für die meteorologische Datenerfassung (Niederschlag, Temperatur, Windgeschwindigkeit, Verdunstung),
  - Messeinrichtungen zur Erfassung der Wassermengen, die zur Aufstellung einer Wasserhaushaltsbilanz erforderlich sind,
  - Messeinrichtungen zur Erfassung der Qualität von Sickerwasser und sonstigen Wässern,
  - Messeinrichtungen zur Überwachung der Temperatur an der Deponiebasis.
- Eine *Erklärung zum Deponieverhalten* ist zu erstellen, die das Deponieverhalten durch zeitlich gebundene Angaben zum Sickerwasseraufkommen und -beschaffenheit, eventuelle Gasemissionen, die Temperaturentwicklung im Deponiekörper sowie Setzungs- und Verformungserscheinungen dokumentiert.
- Beim *Abschluss der Deponie* oder eines Deponieabschnittes ist die Oberfläche abzudichten (s. Kap. 4.2.3.1). Von der zuständigen Behörde hat eine Schlussabnahme zu erfolgen, die die jährlichen Erklärungen zum Deponieverhalten, die Jahresauswertun-

gen der Kontrollen, die Funktionstüchtigkeit der Deponieabdichtungssysteme und der Überwachungseinrichtungen und die Betrieb- und Bestandspläne berücksichtigt.

- Zur *Nachsorge* nach Abschluss der Deponie sind insbesondere Langzeitsicherungsmaßnahmen und Kontrollen des Deponieverhaltens vorgesehen, die der Deponiebetreiber solange durchzuführen hat, bis die zuständige Behörde ihn aus der Nachsorgephase entlässt.

Emissionen beim Betrieb Die Ablagerung von Abfallstoffen wirkt auf Luft, Wasser, Boden, Vegetation und Landschaft. Errichtung und Betriebsweise von Deponien richtet sich nach den Auflagen, die sich voraussichtlich aus den erwarteten Umweltbeeinträchtigungen ergeben. Pro Zeiteinheit werden mehr Stoffe in die Deponie eingelagert, als sie verlassen. Ein Schutz vor diesen Auswirkungen kann zunächst durch möglichst großen Abstand der Deponie zu den benachbarten Raumnutzungen erreicht werden. Weitere Maßnahmen sind für Betreiber, Bewirtschafter und Benutzer als Anweisungen im Betriebsplan festgelegt, der Angaben zum Ablauf des Einbaus der Abfälle, zum Deponiebereich, zur Abdeckung der Abfälle, zur Dauer der Nichtüberschüttung der Betriebsfläche, zur Bekämpfung von Bränden und Unfällen, zur Sickerwassererfassung und -behandlung, zur Gaserfassung und -verwertung sowie zur Ungeziefervermeidung enthält.

Geruch Deponiegas tritt an der Oberfläche meist verdünnt auf, so dass hier nur noch 50 bis 100 ppm Methan gemessen werden. Das Deponiegas mit einem Methangehalt von etwa 55 Vol.-% CH_4 wird also erheblich verdünnt. Eine ausreichende Verdünnung bis zur Geruchsfreiheit ist dies allerdings nicht, da hierzu die Verdünnung bei ungefähr 105 bis 106 liegen muss, d. h. zwei bis drei Zehnerpotenzen höher. Die Summe der Spurenstoffe liegt bei geruchsfreier Verdünnung bei etwa 1,9 g/m^3, wobei es sich um eine nichttoxische Konzentration handelt [2].

Generell werden Gerüche in Entfernungen von über 500 m zur Deponie nicht mehr wahrgenommen, in Entfernungen zwischen 300 bis 500 m in Hauptwindrichtung mehr oder weniger toleriert und im näheren Bereich, zwischen 50 bis 300 m, als zeitweise unzumutbar beurteilt.

Staub Die Staub- und Aerosolbelastungen haben ihre hauptsächlichen Quellen im Entladebereich und auf der Betriebsfläche der Deponie. Die Staubbelastung ist u. a. von den meteorologischen Verhältnissen abhängig. Relativ windarme Gebiete gelten als ungünstig, da sich die Aerosole nur in der unmittelbaren Nachbarschaft ausbreiten. Als Maximalvorgabe gilt ein Aerosolgehalt von 200 mg/m^3 im Jahresmittel. Kleinräumig kann der Gehalt bis auf 300 mg/m^3 steigen [2].

Mögliche Maßnahmen zum Schutz der Deponieumgebung vor Staub sind ein Befeuchten der Deponiefläche und der Deponiestraßen sowie eine regelmäßige Reinigung der befestigten Straßen mit Kehrmaschinen bei trockener Wetterlage. Randpflanzungen tragen ebenfalls zur Verminderung von Staubemissionen bei.

Tab. 4.14 Schalleistungspegel von Deponien [60]

	Geräuschquelle	Schalleistung (dB (A))
Mülldeponie	1 Kompaktor	116
500 Mg/d	1 Planierraupe	113
	100 Anlieferfahrzeuge	105
Bauschuttdeponie	1 Kettenlader	114
1000 Mg/d	1 Planierraupe	113
	100 Lkw	107

Tab. 4.15 Schalleistungspegel der Bauschuttumschlagstelle Berlin [192]

Geräuschquelle	Schallpegel
Radlader	L_w = 115 dB(A)
Hydrobagger, einzeln	L_w = 107 dB(A)
Betrieb von zwei Baggern	L_w = 110 dB(A)
Haldenbetrieb (Radlader + Lkw, Bagger abgeschirmt): Abstrahlung nach Norden	L_w = 119 dB(A)
Haldenbetrieb (Radlader + Lkw, Bagger abgeschirmt): Abstrahlung nach Süden	L_w = 120 dB(A)
Lkw auf der Rampe	L_w = 110 dB(A)
Lkw auf der Zufahrtsstraße	L_w = 66 dB(A)

Lärm Lärm entsteht auf der Deponiefläche, auf den Zufahrtsstraßen im Deponiebereich und im Einzugsgebiet. Lärmquellen sind die anliefernden Fahrzeuge und die Einbaugeräte auf der Deponie. In Abhängigkeit von der Betriebsart liegt die durchschnittliche Nutzlast bei 2 bis 3 Mg/Lkw.

Durch Auswahl geräuscharmer Transportfahrzeuge, Begrenzung der Entleerungs-zeit und eine Tarifgestaltung, die gewisse Mindestabfallmengen zur Anlieferung vorsieht, lassen sich Lärmbelastungen durch Anlieferer vermindern. Nach DIN 18005 (Schallschutz im Hochbau) sind Berechnungsverfahren für die Schallausbreitung, die maximal zulässigen Schallpegel für Baugebiete sowie Maßnahmen zum Schallschutz durchzuführen (s. Tab. 4.14).

Als Beispiel werden Schallemissionsmessungen, die in Berlin in Zusammenhang mit der Planung einer Bauschuttaufbereitungs- und Baustellenabfallsortieranlage durchgeführt wurden, aufgeführt. Diese haben im Bereich der Bauschuttumschlagstelle folgende Werte ergeben (s. Tab. 4.15).

Ein Schutzabstand von etwa 200 m zwischen Wohnhäusern und der Deponie ist zur Einhaltung eines Wertes von 60 dB(A) erforderlich. Entsprechend den örtlichen Erfordernissen können, insbesondere zum Schutz von Siedlungs- und Erholungsgebieten, Wind-, Sicht- und Lärmschutzwälle aus Erdmaterial erforderlich werden.

Abb. 4.51 Schwelbrand auf der Stadtdeponie in Freetown in Serra Leone

Auf die Außenböschung ist kulturfähiger Boden in ausreichender Stärke aufzubringen. Es ist von Vorteil, derartige Schutzwälle mit entsprechender Bepflanzung möglichst langfristig vor Inbetriebnahme der Deponie anzulegen. Der Schutzwallmuss aus Gründen des Sicht- und Lärmschutzes stets höher als die jeweilige Müllschüttung sein.

Verwehungen Papier-, Kunststoff- und Folienverwehungen stellen eine nachhaltige und messbare Beeinträchtigung dar, die zu Schadensersatzansprüchen führt. 4 m hohe Fangnetze, dem Wind entgegengeneigt, können an der täglichen Entladefläche aufgestellt werden. Durch die Vertiefungen und bewegte Oberfläche entstehen anstelle von laminaren häufig turbulente Strömungen. Bei der Grubendeponie verursachen senkrechte Grubenwände Windumlenkungen und Wirbelbildungen. In Abhängigkeit von der Windrichtung können heftige Aufwinde entstehen, die die leichte Fraktion in die nähere Umgebung austragen. Zwischenabdeckungen mit Inertmaterial wie Kies oder Bauschutt minimieren die Verwehungen.

Brände Werden Abfälle über hohe Schüttkanten gekippt, wird die Basis überwiegend von grobstückigem Material gebildet, dem sich feinkörnige Abfälle überlagern. Wegen der guten Luftdurchlässigkeit der Basisschichten können im Inneren des Deponiekörpers Schwelbrände auftreten, wodurch Kohlenwasserstoff, Kohlenmonoxid und Ruß emittiert werden [2]. In Abb. 4.51 wird ein typischer Brand auf einer Kippe im Zentrum der Hauptstadt Freetown in Sierra Leone dargestellt. Der Brand entsteht durch das Methan im Deponiegas und brennt, sobald ausreichend Luft eintritt. Deutlich wird auch, dass sich rauchende Schlote bilden, die Gas aus dem Pyrolysebereich an die Oberfläche führen, wo das Gemisch dann zündet.

Derartige Brände kommen bei geordnetem Deponiebetrieb praktisch nicht vor. Selbst bei der selten vorkommenden Anlieferung brennender und schwelender Abfälle können diese Brände in der Regel mit Abdeckmaterial erstickt werden.

Hygienische Beeinträchtigungen

Die Deponie ist aus ökologischer Sicht ein isoliertes Biotop und eine in die Landschaft eingelagerte Störung des Naturhaushaltes. Es entstehen neue Lebensgemeinschaften, die durch das reichhaltige Angebot an Nahrung, durch Versteckmöglichkeiten und erhöhte Temperaturen in den obersten Abfallschichten begünstigt werden. Bei einer Deponie, in die Abfälle in Schichthöhen bis 2 m Höhe eingebracht und anschließend verdichtet werden, sind die Voraussetzungen für Ansiedlung von Ungeziefer relativ ungünstig, da Hohlräume für deren Aufenthalt nicht zur Verfügung stehen und die vegetabilen Abfälle nach Abdeckung der Schüttkanten und der Oberfläche dem Ungeziefer als Nahrung weitgehend entzogen sind [2].

Auf Deponien stören Vögel den Deponiebetrieb und begünstigen die Ausbreitung von Krankheiten. Möwen, Krähen und Raben treten schwarmweise vor allem in den Wintermonaten auf, wenn der Boden der Umgebung gefroren und dadurch die Futteraufnahme auf der nicht gefrorenen Deponie erleichtert wird. Das Interesse der Vögel richtet sich hauptsächlich auf frischen Abfall. Durch konsequente, tägliche Abdeckung kann das Futterangebot und damit das Vogelaufkommen stark reduziert werden [2].

Ratten leben bevorzugt in feuchten Bereichen der Deponie. Sie sind an den „Lebensraum Deponie" angepasst und sind, wie auch andere Nagetiere, als Keimträger anzusehen. Das Verdichten und Zerkleinern der Abfälle bedingt die Abnahme der Rattenpopulation durch das geringere Nahrungsangebot. Die Betreiber von Deponien können zur Rattenbekämpfung verpflichtet werden [2].

Zahlreiche Insektenarten leben nur im aeroben Bereich der obersten Abfallschichten und verlassen ihre nahrungsreiche Brutstätte nicht. Vornehmlich an frischen Kippstellen finden sie ein reichhaltiges Nahrungsangebot, können jedoch auch die gesamte Deponieoberfläche bevölkern. Die rauhe Oberfläche bietet viele Unterschlupfmöglichkeiten. Bei günstigen Witterungsbedingungen kann es zur Massenvermehrung kommen. In milden Wintern wird die warme Deponieoberfläche für schutzsuchende Fliegen attraktiv, dem Fliegenproblem muss deshalb über das ganze Jahr Beachtung geschenkt werden [2]. Schnelles Abdecken der frisch geschütteten Abfallstoffe mit inertem Material und hohe Verdichtung schaffen hierbei Abhilfe.

4.2.3.5 Rekultivierung

Umfang und Art der Deponierung hängen entscheidend davon ab, wie die Deponien nach Beendigung der Ablagerung weiter genutzt werden sollen. Andererseits hängt die Folgenutzung einer Deponie auch von der unter dem Gesichtspunkt der Beherrschung des Wasser- und Gashaushaltes gewählten Methode der Rekultivierung ab [5].

Rekultivierungsmaßnahmen

Ziel der Rekultivierungsmaßnahmen ist es, dass sich Anpflanzungen ungestört vom Deponiegas entwickeln können und eine Reduktion des Sickerwassers erreicht werden kann. Die Gestaltung der Deponie ist so vorzunehmen, dass sie sich in die Umgebung eingliedert.

Wie in Abb. 4.52 dargestellt, sind die Ränder flach auszuziehen und mit Zwischenbermen in Abständen von 8 bis 10 m und einer Breite von mindestens 4 m zu untergliedern. Bergseits sind die Bermen mit Wasserfanggräben auszustatten, die an Ableitungsgräben

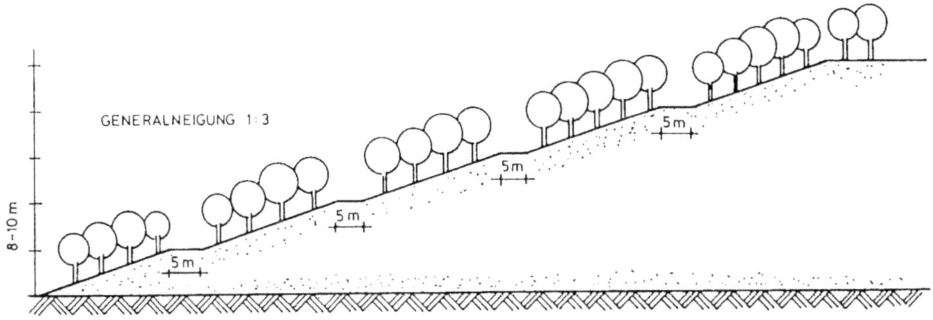

Abb. 4.52 Schnitt durch die fertig gestellte und bepflanzte Deponie [61]

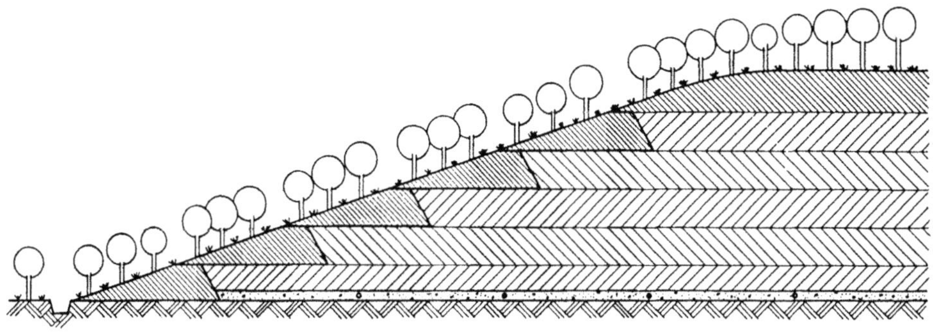

Abb. 4.53 Abfallschüttung zwischen Ringwällen

angeschlossen sind. Pflanzensoziologische Untersuchungen der Vegetation auf Müllablagerungen ergaben, dass sich, wie bei der Besiedlung von städtischem Ödland, auch auf Deponien spontan Vegetation ausdauernder Ruderalgesellschaften (d. h. charakteristische Pflanzenarten der sogenannten Schuttfluren und Beifußgesellschaften) einstellt. So vermittelt das Studium der Spontanvegetation auf Deponien Anregungen für die Auswahl geeigneter Holzarten, die für eine schnelle, gezielte Wiederbegrünung von Bedeutung sein können.

Die Rekultivierung von Deponien kann mit und ohne Bodenabdeckung vorgenommen werden. Wenn die Deponie mit Boden abgedeckt wird, so werden zunächst an den Deponierändern Wälle aus Erde aufgeschüttet. Für jede weitere Müllschicht wird ein Wall mit einer Außenböschung nicht steiler als 1:3 und einer von den Materialeigenschaften begrenzten möglichst steilen Innenböschung errichtet (Abb. 4.53). Die Begrünung mit Gehölzen, Stauden oder Grasansaaten erfolgt fortlaufend mit der Schüttung.

Die Vorteile dieser Vorgehensweise liegen darin, dass die Pflanzung von Bäumen und Sträuchern sofort möglich ist, und die Kosten für die Dichtungsschicht entfallen. Es zeigte sich, dass trotz fehlender Dichtungsschicht nur geringe Niederschlagsmengen in den Deponiekörper eintreten können.

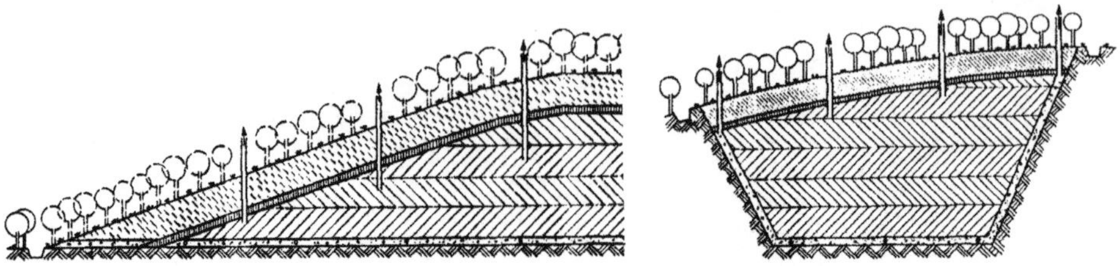

Abb. 4.54 Halden- und Grubendeponie mit Oberflächendichtung [61]

Die Nachteile liegen darin, dass der Sickerwasseraustritt nicht vollständig unterbunden wird. Der Luft-Gas-Austausch ist nur sehr gering, so dass Methan in den Abdeckboden dringen und die Vegetation schädigen kann. Durch Setzungen im Müll kippen die Ringwälle nach innen ab, so dass Methan an den Nahtstellen konzentriert entweichen kann.

Auf die Oberflächenabdichtung mit Gasdrainage (Abb. 4.54) stellt die gedichtete Deponie für die Halden- und Grubenform dar) sollte kulturfähiger Boden in einer Stärke von mindestens 1,5 m aufgetragen werden, soweit Baumpflanzungen vorgesehen sind. Für Strauchpflanzungen sind mindestens 0,5 m, für Grasansaaten und Stauden mindestens 0,3 m erforderlich. Auch bei diesem System ist eine Pflanzung von Bäumen und Sträuchern sofort nach Müllschüttung bzw. Bodenandeckung möglich. Unter der Voraussetzung, dass die Dichtungsschicht hält, kann eine Beeinflussung der Vegetation durch Methan nicht auftreten und kein Niederschlagswasser in den Müll eintreten. Besonders bei der Grubendeponie ist die Sickerwasserreduzierung im Hinblick auf die Pumpkosten von besonderer Bedeutung.

Bei der Haldendeponie besteht die Gefahr des Abrutschens des kulturfähigen Bodens, weil Sickerwasser auf der Dichtungsschicht abläuft. Die Gefahr steigt mit zunehmender Steilheit der Böschungen, aber auch mit der Verringerung der Bodenschicht, weil das Wasserrückhaltevermögen schneller erschöpft ist. Weiterhin besteht die Gefahr des Windwurfes bei großen Bäumen, wenn aus Kostengründen Abdeckstärken unter 1,5 m gewählt werden. Die Abdeckung der Deponieoberfläche vor der Bepflanzung mit kulturfähigem Boden hat neben ästhetischen Funktionen die Aufgabe, Emissionen zu reduzieren, Brandentstehungen zu verhindern, die Ansiedlung von Ungeziefer zu unterbinden sowie ein Pflanzensubstrat zu schaffen, in das unmittelbar nach Schüttbeendigung Vegetation eingebracht werden kann [61].

Nutzung von Deponien nach der Rekultivierung

Die Folgenutzung von Deponien wird bereits bei der Planfeststellung festgeschrieben und bei der Detailplanung festgelegt. Die Art der Folgenutzung einer Deponie muss sich in die bestehenden Pläne der Region wie Regional-, Landschafts- und Bauleitplanung einfügen.

Nutzung im Land- und Gartenbau An die dezentrale Ablagerung von Abfällen, die bis in die siebziger Jahre praktiziert wurde, schloss sich häufig eine gartenbauliche und forstwirtschaftliche Folgenutzung der verfüllten Flächen an. Meist waren es ehemalige Gruben, die nach der Verfüllung mit Abfall in die umgebenden landwirtschaftlichen Flächen eingegliedert wurden. Auch bestand von Seiten der Landwirte ein Interesse daran, diese Flächen zu integrieren, da oftmals Ödland in landwirtschaftliche Flächen verwandelt wurde. In Abhängigkeit von dem aufgebrachten Bodensubstrat sind in den ersten Jahren wegen noch fehlender Bodenfruchtbarkeit geringe Erträge zu erwarten. Die gartenbauliche und landwirtschaftliche Nutzung von verfüllten Ablagerungsflächen verliert mit der Einrichtung weniger Zentraldeponien und aufgrund der Überproduktion in der Landwirtschaft an Bedeutung.

Nutzung als Grün- und Erholungsflächen Die Schaffung von Grün- und Erholungsflächen durch Rekultivierungsmaßnahmen bietet sich insbesondere im Stadtrandbereich an. In solchen Fällen ist im Hinblick auf die besonderen Standortgegebenheiten eine extensive Erholungsnutzung vorzusehen. Auszuschließen sind deshalb in der Regel Gebäude und andere setzungsempfindliche Einrichtungen wie z. B. erdverlegte Ver- und Entsorgungsleitungen, ggf. sind besondere Bauweisen erforderlich. Auch Kleingartenanlagen und Wettkampf-Sportanlagen sind kaum geeignet.

Forstwirtschaftliche Nutzung Eine forstwirtschaftliche Nutzung ist vorwiegend auf Flächen vorgesehen, die in unmittelbarer Nähe von Forstflächen liegen und somit leicht zu integrieren sind. Eine gute Möglichkeit, Waldgesellschaften aufzubauen, ist die Anpflanzung von Pionierholzarten zur Erschließung der oftmals extremen Standorte. Die sich in der Umgebung von Deponien befindende Waldgesellschaft kann auf diesen Flächen in der Regel nicht angesiedelt werden.

Allgemein sollten Gehölzpflanzungen unter waldbaulichen, nicht aber forstwirtschaftlichen Gesichtspunkten betrachtet werden, da auf Abfalldeponien erhebliche Schwierigkeiten bei der Gehölzentwicklung auftreten können. Das bedeutet, dass die Holzerzeugung nicht das Hauptziel der Bepflanzung sein kann, wenngleich dies nicht ausgeschlossen ist, den geeigneten Standort für Kurzumtriebsplantagen zu nutzen.

Nutzung zur Energieerzeugung Neben der Nutzung der Deponie als Windkraftstandort ist der nach Süden oder Südwesten geneigte Hang für Solaranlagen sehr gut geeignet Mit dem starken Wachstum von Photovoltaikanlagen in den letzten Jahren sind vor allem große Freiflächen für die Errichtung von Großanlagen interessant geworden. Bei Deponien die ausgeprägte Südhänge aufweisen und sich im geographischen Bereich hoher solarer Strahlungsintensität befinden, kann die Nachnutzung mit photovoltaischen Großkraftwerken sinnvoll sein.

Der Photovoltaik-Generator besteht in der Regel aus Photovoltaikmodulen auf einem Montagegestell und dem Wechselrichter, um den Gleich- in Wechselstrom zu wandeln und in das Netz einspeisen zu können. Bei Großanlagen wird darüber hinaus ein Transformator benötigt, um die Strommengen in das örtliche Netz zu speisen [207].

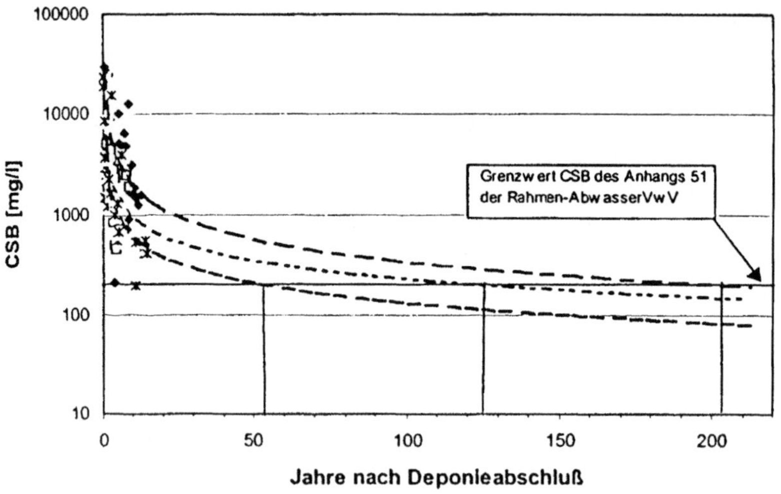

Abb. 4.55 CSB dreier Deponien und Extrapolation der Werte [198]

4.2.4 Prognose des Langzeitverhaltens von Deponien

Der Begriff des Langzeitverhaltens von Deponien ist bisher nicht eindeutig geklärt worden, so dass darunter häufig die verschiedensten Aspekte zusammengefasst werden. In diesem Rahmen werden aber nur die Emissionen an Gas und Wasser aus der Ablagerung und im Prinzip der umweltrelevante Zustand des Abfallkörpers unter dem Begriff Langzeitverhalten betrachtet.

Im Rahmen unterschiedlichster Forschungsvorhaben wurden in den vergangenen Jahren detaillierte Untersuchungen zum langfristigen Emissionsverhalten von Ablagerungen an Deponien und in Laborversuchen durchgeführt. Beide Untersuchungen sind in Kombination bzw. Ergänzung notwendig, da man an Deponien kein Langzeitverhalten untersuchen kann. Der Existenzzeitraum bestehender Deponien und Untersuchungszeiträume von einigen Jahren sind in Relation zu wahrscheinlichen Emissionszeiten fast vernachlässigbar. Auch wenn Laborversuche andererseits das Emissionsverhalten einer Deponie nur eingeschränkt widerspiegeln können, sind sie zur Abschätzung und Eingrenzung des zukünftigen Verhaltens unerlässlich. Neben umfangreichen Untersuchungen an der TU Braunschweig, Dresden und Hamburg-Harburg wurden im Rahmen des Verbundforschungsvorhabens „Deponiekörper" [197] intensive Arbeiten zu diesem Thema durchgeführt. Aus der Summe dieser Arbeiten lässt sich das zukünftige Emissionsverhalten von Ablagerungen relativ sicher abschätzen. Es ist allerdings unstrittig, dass aufgrund der Randbedingungen einzelner Deponien erhebliche Abweichungen von einem generellen Verlauf möglich sind, die nicht in allen Fällen durch belegbare Untersuchungsergebnisse abgeschätzt werden können.

Für den zeitlichen Verlauf ist ein Beispiel der Sickerwasserbelastungen in Abb. 4.55 mit CSB-Belastungen und der Gasbildung Abb. 4.56 dargestellt. In Abb. 4.55 sind die

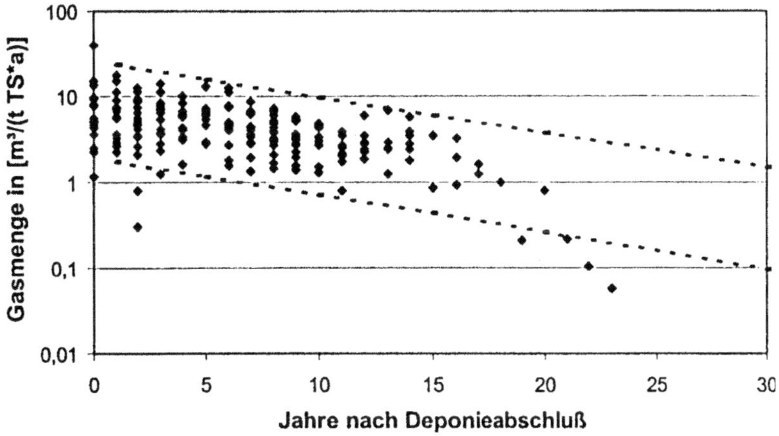

Abb. 4.56 Darstellung der erfassten Gasmengen mit dem ermittelten und extrapolierten 95 % Vertrauensbereich [198]

CSB-Konzentrationen von 3 unterschiedlichen Sickerwässern dargestellt. Es ist deutlich zu erkennen, dass die daraus extrapolierten zukünftigen Emissionsverläufe erst nach erheblichen und sehr unterschiedlichen Zeiträumen vorgegebene Grenzwerte (hier: Wert des 51. Anhangs der Rahmen-Abwasser VwV) erreichen bzw. unterschreiten. Der Bereich des Schnittpunktes dieser Extrapolation mit den Grenzwerten im Bereich von 50 bis 150 Jahren nach Betriebsende erscheint relativ groß, ergibt sich aber schon fast zwangsläufig aus der Art der Kurvenverläufe und bereits relativ geringen Variationen der gemessenen Daten. Dabei sagt diese Abbildung nur aus, dass das Sickerwasser, bezogen auf den CSB, nach den derzeit geltenden gesetzlichen Regelungen ohne Behandlung in ein Gewässer eingeleitet werden dürfte [198].

In Abb. 4.56 sind die Gasproduktionsraten einer größeren Zahl von Deponien ab dem Ablagerungsende dargestellt. Zusätzlich ist der Vertrauensbereich für diese Werte auf dem 95 %-Niveau eingetragen. Bei diesen Werten ist allerdings zu berücksichtigen, dass es sich um die erfassten Gasmengen dieser Ablagerungen handelt. Unter der Annahme von mittleren Erfassungsraten bei der Mehrzahl der Deponien von ev. 40–60 % können diese Werte für die tatsächliche Gasproduktion in etwa verdoppelt werden.

Geht man ansatzweise davon aus, dass Gasproduktionsraten $< 1\text{–}2\,m^3/t_{TS} * a$ kaum ohne Betriebsprobleme mit den bisherigen eingesetzten Erfassungs- und Entsorgungssystemen beseitigt werden können, so ist davon auszugehen, dass die aktive Entgasung nach dem derzeitigen technischen Standard innerhalb von ca. 20–35 Jahren nach Abschluss der Ablagerung endet.

Um einen Anhaltspunkt über die im Mittel zu erwartende Dauer der Nachsorge zu erhalten, wurden in Tab. 4.16 die prognostizierten Nachsorgezeiträume für Ost- und Westdeponien gegenübergestellt. Der Parameter, der sich am schwerwiegendsten auf die Dauer

Tab. 4.16 Zeitdauer T_E zum Erreichen der Einleitbedingungen C_E in Deutschland (Rahmen-Abwasser VwV) und der Schweiz [200]

	Einleitbedingungen für Sickerwasser C_E	Zeit T_E für Ostdeutsche Altdeponie (Jahre) (TU Dresden)	T_E für Westdeutsche Altdeponie (Jahre) (TU Hamburg-Harburg)
COD	200 mg/l	10–100 (Ø 50)	120–220
	60 mg/l	20–190 (Ø 100)	200–300
TKN	70 mg/l	20–200 (Ø 100)	120–300
	5 mg/l	130–450 (Ø 300)	280–580

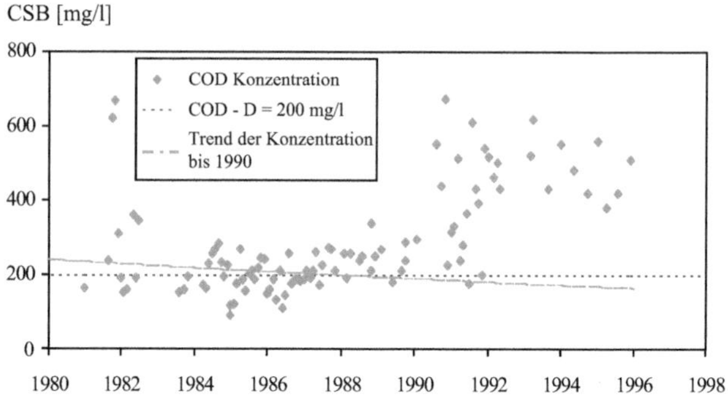

Abb. 4.57 Darstellung der CSB-Entwicklung der Deponie Döbeln durch den Einfluss von „West"-Abfall auf „DDR-Abfall" [208]

der Nachsorge auswirkt, ist der Parameter Stickstoff. Hier werden Nachsorgezeiträume von 200 bis 300 Jahre für Ostdeponien und bis zu 580 Jahren für Westdeponien prognostiziert.

Diese unterschiedlichen Prognosen sind einerseits auf dem unterschiedlichen Deponiebetrieb und andererseits auf die unterschiedliche Abfallzusammensetzung aus der DDR-Zeit zurückzuführen. Durch die Weiterbefüllung vieler ostdeutscher Deponien mit Abfällen veränderter Zusammensetzung seit etwa 1990 ergeben sich veränderte Stoff- und Emissionspotenziale wie Abb. 4.57 von der Deponie Döbeln bereits zeigte. Diese sowie das Langzeitverhalten der neuen Ablagerungen werden aufgrund der veränderten Abfallzusammensetzung angenähert denen von westdeutschen Siedlungsabfalldeponien entsprechen [208].

Damit wurde durch die fortgesetzte Ablagerung von frischen, unvorbehandelten Abfällen das relativ günstige Deponieverhalten der DDR-Altablagerungen nachhaltig verschlechtert und die Grundwasserverunreinigung wider besseres Wissen in den neuen Bundesländern für mehrere Jahrzehnte in Kauf genommen.

4.2.4.1 Verkürzung der Nachsorgephase durch In situ-Stabilisierung

Mit zunehmender Ablagerungsdauer verringert sich in der fortgeschrittenen stabilen Methanphase die Gasproduktion soweit, dass eine wirtschaftliche Deponiegasverwertung nicht mehr möglich ist. Gleichwohl ist eine kontrollierte Erfassung und Entsorgung der verbleibenden Gasmengen aus Gründen des Umweltschutzes und der Gefahrenabwehr weiterhin erforderlich. Dies gilt auch für die vielen Altablagerungen, die nicht über eine Gaserfassung verfügen.

Bei geordneten Deponien ist eine Erfassung und Behandlung des Sickerwassers voraussichtlich über viele Jahrzehnte notwendig. Bei Altablagerungen, die häufig weder über eine Basisabdichtung noch eine Sickerwassererfassung verfügen, besteht die permanente Gefahr des Sickerwasseraustritts in den Untergrund und damit in das Grundwasser, so dass Sicherungs- oder Sanierungsmaßnahmen notwendig werden können. Zur Vermeidung der Umweltbelastungen durch Sickerwasser sind also in beiden Fällen erhebliche Kosten aufzuwenden.

Eine Sicherung von Deponien und Altablagerungen kann durch das Aufbringen einer Oberflächenabdichtung erfolgen. Für abzusaugende Restgasmengen kommt dann ggf. eine Schwachgasbehandlung in Frage. Durch eine Oberflächenabdichtung werden die Sickerwasseremissionen reduziert, was zu einer unerwünschten Konservierung des verbleibenden Emissionspotenzials führen kann. Bei einem Versagen der Oberflächenabdichtung ist aber wieder mit belastetem Sickerwasser und möglicherweise erneuter Deponiegasproduktion zu rechen, d. h., mit einer Sicherung allein erfolgt keine Sanierung im Sinne der kontrollierten Schadstoffreduktion der Abfallablagerung.

Vor diesem Hintergrund stellt sich die Frage, wie man das Emissionsverhalten von Siedlungsabfallablagerungen positiv beeinflussen und damit die Dauer und den Umfang von Maßnahmen in der Nachsorge, Sicherung und Überwachung reduzieren kann. Dazu können in Abhängigkeit der Randbedingungen von Deponien und Altablagerungen im Wesentlichen zwei in situ Stabilisierungsverfahren eingesetzt werden [199]:

- Befeuchtungs- und Bewässerungsverfahren
- Belüftungsverfahren

Befeuchtungs- und Bewässerungsverfahren Befeuchtungs- und Bewässerungsmaßnahmen können besonders dann eingesetzt werden, wenn Siedlungsabfälle relativ trocken abgelagert wurden oder schon kurz nach Abschluss der Verfüllung eine Zwischenabdeckung oder Abdichtung aufgebracht wurde. Der Wasserhaushalt wird dann zum limitierenden Faktor für die Umsetzungsprozesse. Bei entsprechenden Randbedingungen hat sich gerade in jüngster Vergangenheit auf Deponien bisweilen bereits wenige Monate nach Aufbringen der Abdichtung eine deutliche Abnahme der Deponiegasproduktion ergeben. Als ein wesentlicher Grund werden die eingeschränkte Wasserbewegung im Deponiekörper und Austrocknungseffekte vermutet, die zur Abnahme der biologischen Abbauprozesse der organischen Abfallinhaltsstoffe führen.

Mit einer kontrollierten Befeuchtung und Bewässerung trockener Deponiebereiche werden daher folgende Ziele verfolgt [199]:

- Vermeidung einer unerwünschten Verzögerung der Reaktionsprozesse im Deponiekörper durch Wassermangel und Austrocknungseffekte.

- Beschleunigte in situ Stabilisierung der abgelagerten Abfälle zur nachhaltigen Reduzierung des Emissions- und daraus resultierenden Gefährdungspotenzials der Deponie. Dies geschieht über die Initiierung biologisch-chemischer Umwandlungsprozesse, die zu einem beschleunigten Abbau der organischen Abfallbestandteile zu Deponiegas führen sollen. Die erhöhte Deponiegasproduktion kann kontrolliert erfasst und verwertet werden.
- Durch die kontrollierte Reduzierung des Emissions- und Gefährdungspotenzials: reduzierter Aufwand in der langfristigen Nachsorgephase, d. h.
  - geringerer Aufwand an Nachsorgemaßnahmen über einen kürzeren Zeitraum,
  - deutliche reduziertes Risiko, dass durch erneute Schadstoffmobilisierung langfristig ein kostenintensiver Sanierungsbedarf entsteht.

In situ Belüftungsverfahren Für die aerobe in situ Stabilisierung kommen verfüllte bzw. abgeschlossene Deponien und Altablagerungen sowohl mit als auch ohne Basisabdichtungssysteme in Frage, wenn sie insbesondere folgende Randbedingungen aufweisen [199]:

- nur noch geringe Gasproduktion (Erfassung und Behandlung der gasförmigen Emissionen erforderlich, aber keine wirtschaftliche Nutzung mehr möglich)
- abnehmende Sickerwasserbelastungen in der stabilen Methan- oder Langzeitphase, die jedoch langfristig noch nennenswerte umweltrelevante Größenordnungen aufweisen und z. B. die Bestimmungen des 51. Anhangs der Rahmen-AbwVwV noch deutlich überschreiten.
- Erhöhtes Gefährdungspotenzial betroffener Schutzgüter (z. B. Grundwasser, Oberflächengewässer, Gefährdung/Schaden durch Gasmigration)
- Fehlende technische Barrieren, wenn nachträgliche Sicherungsmaßnahmen (Oberflächenabdichtung, vertikale Dichtwände, Deponierückbau etc.) viel zu kostenintensiv, technisch nicht durchführbar oder nicht sinnvoll einsetzbar wären, da durch die Sicherungsmaßnahmen keine kontrollierte Senkung des Schadstoffpotenzials erreicht würde.

Mit der in situ Belüftung von Deponien und Altablagerungen wird ebenfalls das Ziel verfolgt, den Deponiekörper möglichst schnell in einen biologisch stabilisierten Zustand zu überführen. Nach Durchführung der in situ Stabilisierung soll möglichst „keine“ Methanproduktion mehr erfolgen, und die Sickerwasserkonzentrationen sollen im Idealfall im Bereich umweltverträglicher Restkonzentrationen bzw. -frachten liegen [199].

4.2.4.2 Verfahren zur Befeuchtung, Bewässerung und Belüftung

Befeuchtungs- und Bewässerungsverfahren Die Stabilisierung kann über eine Befeuchtung des Deponiekörpers zur Beschleunigung der biologischen Umsetzungsprozesse im anaeroben oder aeroben Milieu bis hin zu einer intensiven Bewässerung, d. h. einer Auslaugung von Schadstoffen durch erhöhten Wasseraustausch reichen.

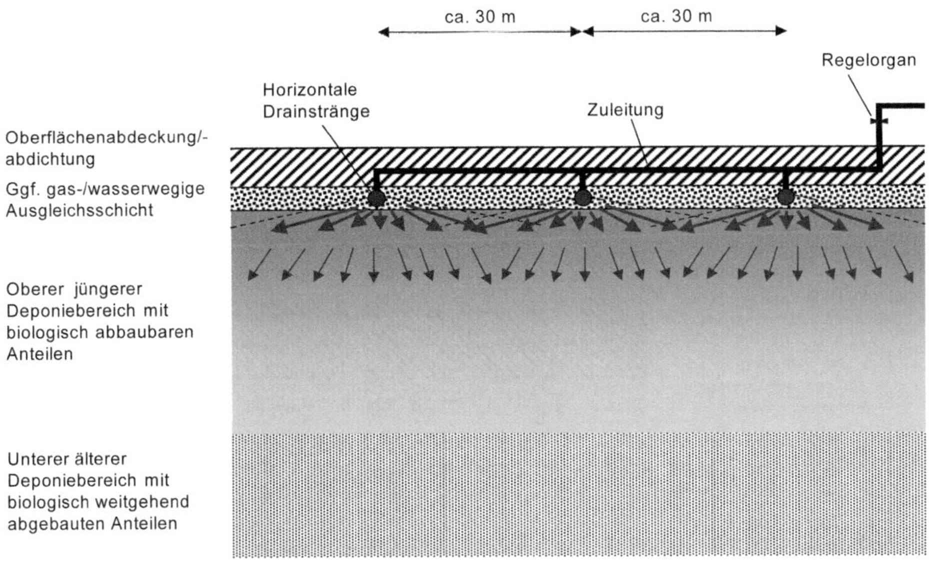

Abb. 4.58 Ausbreitungsverhalten des eingebrachten Wassers zur Befeuchtung eines Deponieabschnittes; schematische Darstellung [199]

Bei der Befeuchtung wird nur soviel Wasser zugegeben, wie der nicht wassergesättigte Deponiekörper aufnehmen kann, ohne dass es zu nennenswerten Sickerwasserabflüssen zur Deponiebasis oder in den Untergrund kommt. In Abb. 4.58 ist beispielhaft die Befeuchtung eines jüngeren Deponieabschnittes über ein horizontales Befeuchtungssystem, was in die Oberflächenabdeckung integriert ist, zur Intensivierung der Umsetzung biologisch verfügbarer Abfallstoffe dargestellt.

Es gibt unterschiedliche technische Verfahren, um Wasser in den Deponiekörper zu infiltrieren. Dabei ist von großer Bedeutung, welche Auswirkungen die Infiltrationsanlagen auf bestehende oder noch zu installierende Oberflächenabdichtungssysteme ausüben.

Abbildung 4.59 zeigt beispielhaft die Bewässerung über vertikale Bewässerungslanzen.

Folgende Infiltrationsverfahren können eingesetzt werden:

- Nutzung vorhandener vertikaler Gaskollektoren
- Einrichtung vertikaler Schluckbrunnen
- Einrichtung horizontaler Bewässerungsleitungen unter der Oberflächenabdichtung
- Befeuchtung/Bewässerung mittels Lanzen in kürzeren Rasterabständen
- Bedingt kontrollierte Befeuchtung über klimatische Sickerwasserbildung durch eine gering durchlässige Oberflächenabdeckung

In situ Belüftungsverfahren Die aerobe Stabilisierung von Deponieabschnitten wurde bisher vorwiegend im Zusammenhang mit Deponierückbaumaßnahmen durchgeführt [197]. Zur Anwendung sind bisher zwei Belüftungsvarianten gekommen:

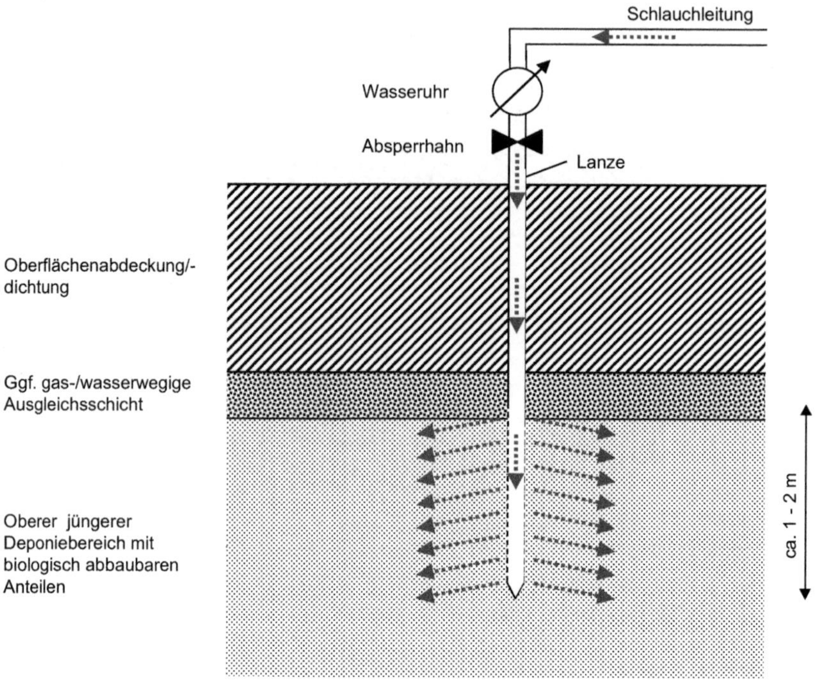

Abb. 4.59 Bewässerung mit Vertikallanzen; schematische Darstellung (nicht maßstäblich) [199]

- Kombinierte Druck-/Saugbelüftung im alternierenden Betrieb
- Druckstoßbelüftungsverfahren mit Abluftabsaugung (Bio-Puster-Verfahren)

Das Grundprinzip der Belüftung und Ablufterfassung ist in Abb. 4.60 zu erkennen. In Abhängigkeit der Randbedingungen der Deponie oder Altablagerung, insbesondere einer fehlenden Abdichtung zum Untergrund, kann es sinnvoll bzw. erforderlich sein, nicht nur den Deponiekörper zu stabilisieren, um so die Quelle der Emissionen zu unterbinden, sondern auch den Untergrund mit Luft zu beaufschlagen. Dazu kann ein gewisser Luftanteil in die ungesättigte Bodenzone unterhalb der Altablagerung eingebracht werden. In dieser Bodenzone können biologische Prozesse angeregt werden, so dass eine Art zusätzliche Filterschicht zwischen Deponiekörper und Grundwasserleiter gebildet wird.

Über das Gaserfassungssystem kann die Abluft erfasst und behandelt werden. Zur Abluftbehandlung können Biofilter oder bei Bedarf Aktivkohlefilter oder autokatalytische Verfahren eingesetzt werden.

4.2.4.3 In situ Stabilisierung als Möglichkeit zur Kostensenkung in der Deponienachsorge

Gegenüber herkömmlichen Verfahren zur Sicherung von Deponien und Altablagerungen und der Nachsorge sollen durch die in situ Stabilisierung beträchtliche Kosten eingespart

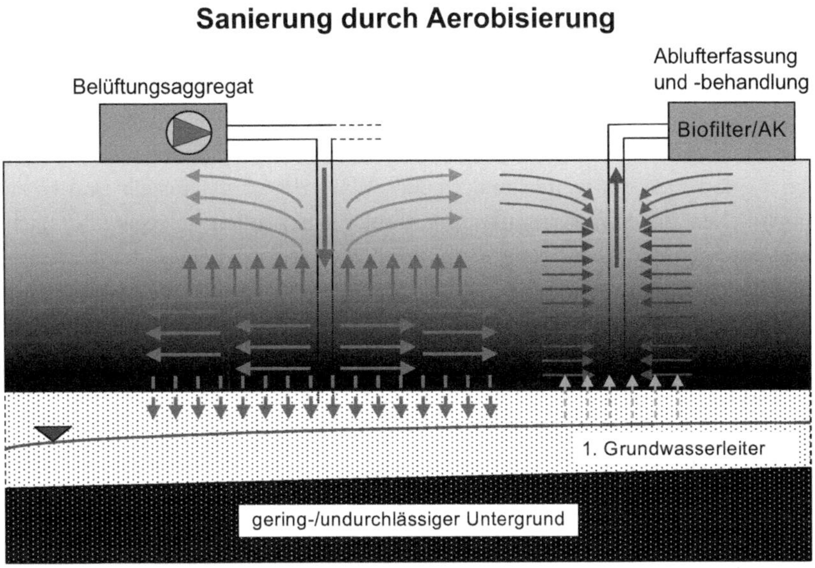

Abb. 4.60 Grundkonzept der Sanierung durch Belüftungsverfahren [199]

Abb. 4.61 Setzungen der Deponie aufgrund des Belüftungsverfahrens [210]

werden. Bei der großen Anzahl an Deponien und Altablagerungen, bei denen noch ein Handlungsbedarf besteht, ergibt sich damit ein beträchtliches Kostensenkungspotenzial, ohne Einbußen beim Umweltschutz hinnehmen zu müssen (Abb. 4.61).

Es ergeben sich nach erfolgreichem Abschluss der Sanierung folgende Einsparpotenziale [199]:

- Es kann eine an den *emissionsarmen Deponiekörper angepasste Oberflächenabdeckung* aufgebracht werden. Sie soll im Vergleich zu herkömmlichen Oberflächenabdichtungssystemen zu erheblichen Einsparungen führen, sowohl im Bau als auch in der Unterhaltung.
- Diese Oberflächenabdeckungssysteme werden mit ausreichender Mächtigkeit konzipiert, so dass sich ein weitgehend eigener Wasserhaushalt einstellt und es zu einer beträchtlichen Sickerwasserreduktion kommt. Ferner sollen sie gegenüber nachträglichen Setzungen der Ablagerung unempfindlicher sein und einen deutlich geringeren Langzeitwartungsaufwand haben, so dass geringere Kosten für die Instandhaltung des Oberflächenabdeckungssystems entstehen
- Bei Altdeponien mit Basisabdichtung können durch die Reduzierung der Sickerwasserbelastung der *Aufwand* und die *Dauer* der *Sickerwasserbehandlung* und damit die *Behandlungskosten vermindert* werden.
- Bei Altablagerungen kann insbesondere durch die *in situ Belüftung* ein *geringerer Aufwand* bei der Grundwassersanierung und bei ergänzenden *Sicherungsmaßnahmen* erzielt werden.
- *Verkürzung* der *gesamten Nachsorgephase* um mehrere Jahrzehnte
- *Frühere Rekultivierung* und Folgenutzung

Den Kosten für die in situ Stabilisierungsmaßnahmen stehen diese Einsparpotenziale gegenüber, so dass es mittel- und langfristig insgesamt zu erheblichen Kosteneinsparungen bei der Nachsorge von Deponien kommen kann.

Die Untersuchungen an einer belüfteten Altdeponie zeigen, dass nach Abschluss der Belüftung eine Qualität der Feststoffbeschaffenheit erreicht werden kann, die eine Entlassung aus der Nachsorge erlaubt, da sie den emissionsarmen Deponiekörper belegt. Dieser Nachweis ist über die Bestimmung der biologischen Restaktivität, d. h. Atmungsaktivität und Gasbildungsrate, möglich. Auch die Setzungen sind durch den Belüftungsprozess soweit abgeschlossen, dass setzungsbedingte Beschädigungen des anschließend aufgebrachten Oberflächenabdichtungssystems für die Zukunft ausgeschlossen werden können [209].

4.2.5 Anforderungen an MBA – Deponien

MBA Ablagerungsmaterial Die aktuellen gesetzlichen Regelungen schreiben für den Gehalt an organischem Kohlenstoff und verschiedenen organischen und anorganischen Schadstoffen Grenzwerte vor, die bei der Ablagerung von Abfällen eingehalten werden müssen. Für mechanisch-biologisch vorbehandelte Abfälle gilt der Anhang 2 der Abfallablagerungsverordnung.

Eine Überschreitung der folgenden Werte für die Ablagerung von mechanisch-biologisch behandelten Abfällen der Deponieverordnung ist nicht zulässig:

- TOC des Trockenrückstandes = 18 % oder
- Brennwert H_o = 6000 (kJ/kg)
- DOC = 300 mg/l
- Atmungsaktivität $AT_{4} =$ 5 mg/l oder
- Gasbildungsrate $GB_{21} =$ 20 l/kg

Bei den durchzuführenden Kontrolluntersuchungen entstehen immer wieder abweichende Ergebnisse die in einem engen Rahmen der Deponieverordnung festgelegt zulässig sind.

MBA-Material unterscheidet sich durch den Mineralisierungsprozess erheblich von normalem Restabfall. So haben sich vor allem die für den Einbau wichtigen mechanischen Eigenschaften verändert.

Für den Einbau werden dünne Schichten angelegt, die verdichtet und mit einer Glattmantelwalze geglättet wird. Durch diesen Einbau stellt sich bei einer Einbaufeuchte um die 40 % eine Ablagerungsdichte von 1,2–1,4 Mg/m^3 ein.

Über Sickerwasserentstehung aus einer MBA-Deponie gibt es bisher keine Erfahrung. Allerdings reagiert das material auch weiterhin schwach biologisch mit leicht erhöhter Temperatur und einer Methan und CO_2 Entstehung.

Um eine mögliche Auslaugung durch Wassereintritt zu beurteilen, wurden MBA-Materialien aus dem Dombelüftungsverfahren untersucht. Grundlage dieses Verfahrens sind Abluftdome, die durch ein starkes Abluftrohr verlängert werden. Weitere Zuluftkanäle werden beim Aufbau der aufbereiteten Abfälle in Mieten mit eingebaut. In den Domen sammelt sich während der Kompostierung die von den Bakterien erzeugt warme Abluft. Die kältere, sauerstoffreiche Außenluft strömt durch die Kanäle ein und verdrängt die warme Abluft. Der dadurch entstehende Luftstrom kann gut kontrolliert werden und sorgt für ein durchgehend aerobes Milieu. Eine abschließende Abdeckung aus fertigem Kompost wirkt wie eine Einhausung [222].

Die Feststoff- und Eluatgehalte des untersuchten Materials (heizwertarme Feinfraktion nach viermonatiger Intensivrotte mit einer Korngröße <20 mm) lagen unter den vorgeschriebenen Grenzwerten [220].

Die Betrachtung des zeitlichen Verlaufs der Schadstoffemissionen in den DSR-Versuchen ermöglicht die Abschätzung der notwendigen Dauer der Sickerwasserbehandlung. Je nach Milieurandbedingungen verläuft die Auslaugung unterschiedlich.

Der Verlauf der Sulfatkonzentrationen in den Perkolaten des MBA-Materials ist in Abb. 4.62 dargestellt. Während die Konzentrationen der anaeroben DSR von 1600 mg/l auf durchschnittlich 50 mg/l abnehmen, ist ein deutlicher Anstieg der Sulfatgehalte des belüfteten DSR auf Werte von bis zu 5500 mg/l zu beobachten.

Die Sickerwässer des MBA-Materials enthielten erhöhte Konzentrationen an Schwermetallen. Insgesamt nahmen die Gehalte der Schwermetalle in den Perkolaten während des Versuchs ab [220].

Im Sickerwasser der DSR mit MBA-Material wurden nur am Beginn des Versuchs geringe PAK-Konzentrationen gemessen. In den weiteren Proben lagen die PAK-Gehalte unterhalb der Nachweisgrenze [220].

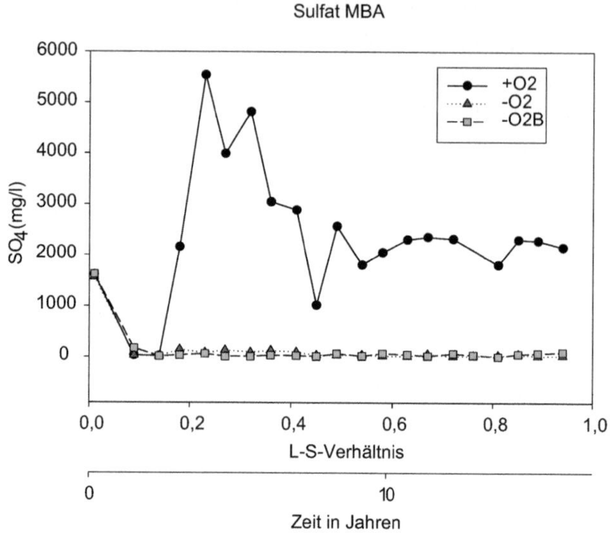

Abb. 4.62 MBA-Material – Verlauf der Sulfatkonzentrationen im Sickerwasser der DSR [220]

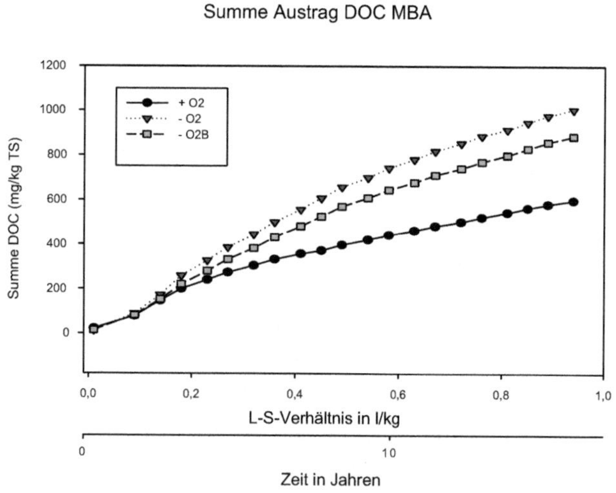

Abb. 4.63 Summe Austrag DOC in mg/kg TS im Perkolat der DSR MBA Material [220]

Abbildung 4.63 und 4.64 zeigen den Verlauf der im Sickerwasser der DSR ermittelten Frachten an DOC und NH_4. Der Einfluss der drei Ablagerungsklassen ist deutlich zu erkennen. Im aeroben Milieu ist der Austrag an DOC wesentlich geringer als in den anaeroben DSR. Die Konzentration an Ammonium im Sickerwasser des belüfteten DSR liegt ab einem L-S-Verhältnis von 0,2 im Bereich der Nachweisgrenze. Das entspricht ca. 5 simulierten Jahren Ablagerungsdauer auf der Deponie. Mit Ausnahme von Ammonium im aeroben DSR steigen die Kurven bis zum Ende der Versuche steil an. Es ist also über einen längeren Zeitraum auch bei L-S-Verhältnissen >1 mit erhöhten Konzentrationen zu rechnen. Im Vergleich mit den ermittelten Feststoffgehalten wurde im Versuchszeit-

Abb. 4.64 Summe Austrag NH4 in mg/kg TS im Perkolat der DSR MBA Material [220]

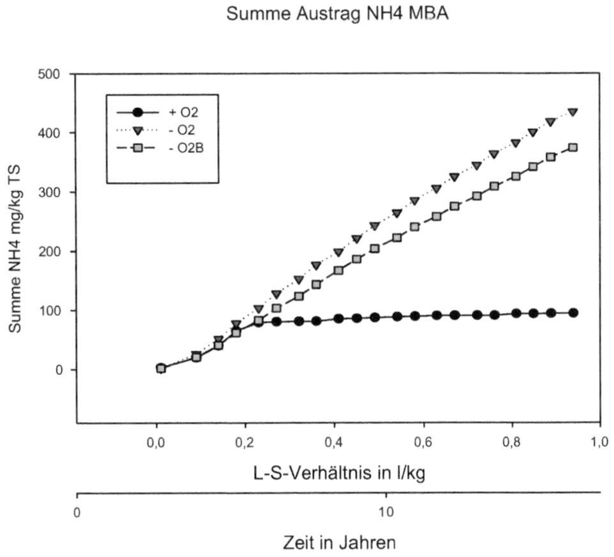

raum weniger als 1 % des gesamten organischen Kohlenstoffs (TOC) im Sickerwasser der DSR gelöst. Die Versuche zeigen deutlich, dass das MBA-Material noch nicht vollständig biologisch stabilisiert ist. Eine Belüftung beschleunigt die Stabilisierung und reduziert die Sickerwasseraustäge an Ammonium und DOC [220].

Bei den Schwermetallen, z. B. Nickel, zeigt sich teilweise ein umgekehrtes Bild. Im Perkolat des belüfteten DSR wurden höhere Konzentrationen gemessen als in den anaeroben Lysimetern. Von den gemessenen Schwermetallen lagen die Gehalte an Cadmium, Kupfer und Nickel über den in der BBodSchV vorgeschriebenen Prüfwerten [220].

Im MBA-Material wurden sowohl im Feststoff, als auch im Sickerwasser und in den emittierten Gasen verschiedene Metallorganyle analysiert. Es konnte gezeigt werden, dass diese Verbindungen im untersuchten MBA-Material vorhanden sind und emittiert werden [220].

Die hohe Quellstärke von gelöstem Kohlenstoff, Ammonium, Sulfat und vor allem Schwermetallen schließt eine Nutzung des MBA-Materials (z. B. als Abdeckschicht) außerhalb einer Deponie aus. Unter aeroben Bedingungen würde die Belastung des Sickerwassers mit Ammonium nach ca. 5 Jahren auf Werte um Null sinken.

4.2.6 Rückbau – „Landfill Mining"

Mit dem Deponierückbau werden immer wieder große Potenziale an Wertstoffen in Verbindung gebracht, die bei einer konsequenten Umsetzung einen großen Beitrag für den wachsenden Rohstoffbedarf liefern könnten. Die Frage, ob diese Hoffnung erfüllt wird, soll hier beantwortet werden.

Anfang 1990 gab es konkrete Pläne und Untersuchungen für den Rückbau von Deponien mit der Zielrichtung Deponievolumen durch die Nutzung von Wert- und Brennstoff und eine Wiederablagerung des aufbereiteten Restes einzusparen und Platz für neuen Abfall zu schaffen. Dies war vor allem dadurch interessant, weil für die Ablagerung wenig Deponieraum zur Verfügung stand und die Preise für die Deponierung deutlich über den Preisen von 2011 lagen. Ein weiteres Motiv lag in der Beseitigung einer Gefahrenquelle. Bekannt geworden ist in diesem Zusammenhang der Rückbau der Sonderabfalldeponie Kölliken in der Schweiz. Seit März 2006 wird diese Deponie Mitten im Ort bis 2020 für ca. 290 Mio. € zurückgebaut und das Gelände renaturiert sein [227].

Bei einem Deponierückbau bzw. Deponierekonstruktionsverfahren werden die Abfälle abgegraben, wobei die Entstehung von Gerüchen und die Freisetzung von Methan mit dem Deponiegas berücksichtigt werden muss. Beim Deponierückbau werden die Abfälle in einer Aufbereitungsanlage klassiert und sortiert, um Schadstoffe und Wertstoffe aus dem wieder einzulagernden Rest zu trennen. Der nicht genutzte Rest muss nach den gesetzlichen Regeln soweit inert sein, dass ein Einbau in der Deponie stattfinden kann. Es kann daher erforderlich sein diesen Rest vor einer Wiedereinlagerung aktiv zu belüften, um die Einlagerungskriterien zu erfüllen.

Ein Deponierückbau hat nach Rettenberger [228] den folgenden Nutzen:

1. Verminderung des wieder abgelagerten Volumens
   - Mit Entnahme der Leichtfraktion: etwa 40 bis 55 %
   - Ohne Entnahme der Leichtfraktion: etwa 20 bis 40 %
2. Verminderung des wieder abgelagerten Schadstoffpotenzials
3. Verminderung des wieder abgelagerten Emissionspotenzials
   - Reduzierung der Nachsorgmaßnahmen
4. Gewinnung von Wertstoffen (soweit wirtschaftlich)
5. Gewinnung einer heizwertreichen Fraktion für eine thermische Verwertung
6. Folgenutzung des Geländes nach Beseitigung der Deponie
7. Ggf. Beseitigung einer Gefahrenquelle

4.2.6.1 Potenziale durch den Deponierückbau

Die mögliche Nutzung der Deponieinhalte sind für die Deponiestandorte in Deutschland West und Deutschland Ost aufgrund der unterschiedlichen Wirtschaftsform, dem Konsummöglichkeiten und Einkommen verschieden. In Tab. 4.17 wird die Zusammensetzung einer Deponie aus Westdeutschland von Rettenberger dokumentiert, die zum Untersuchungszeitraum 2008 ein Ablagerungsalter von 13 bis 53 Jahren aufwies [228].

In Abb. 4.65 ist die Zusammensetzung einer Deponie in Sachsen durch Bilitewski und Conrad 1984 [231] analysiert worden. Dabei wird deutlich, dass sich das Inventar erheblich unterscheidet. Während in den West-Deponien ein hoher Anteil an heizwertreichem Material zu finden ist, besteht die Ost-Deponie mit fast 70 % aus erdähnlichem Material, das durch seine rote Farbe aufgrund der Braunkohlenasche charakterisiert wird. Der dargestellte Anteil an mineralischem Material konnte als Bauschutt identifiziert werden.

Tab. 4.17 Zusammensetzung des Deponieinventars gemäß Sortieranalyse [228]

Stoffstrom	Anteil in Grobfraktion >50 mm (%)	Anteil in Mittelfraktion 20–50 mm (%)	Anteil Feinfraktion <20 mm (%)	Summe (%)
Papier, Pappe	7,7	3,7		*11,4*
Folien	9,6	2,3		*11,9*
Hartkunststoff + Gummi	4,4	2,6		*7,1*
Textilien	4,3	0,7		*5,0*
Holz	3,7	2,1		*5,8*
Metalle	2,6	0,8		*3,5*
Glas	0,4	3,0		*3,4*
Steine	3,7	7,5		*11,1*
Elektronik + Problemstoffe	0,1	0,0		*0,1*
Lehm	2,9	10,6		*13,5*
Rest	1,8	2,6		*4,4*
Feinfraktion			22,8	*22,8*

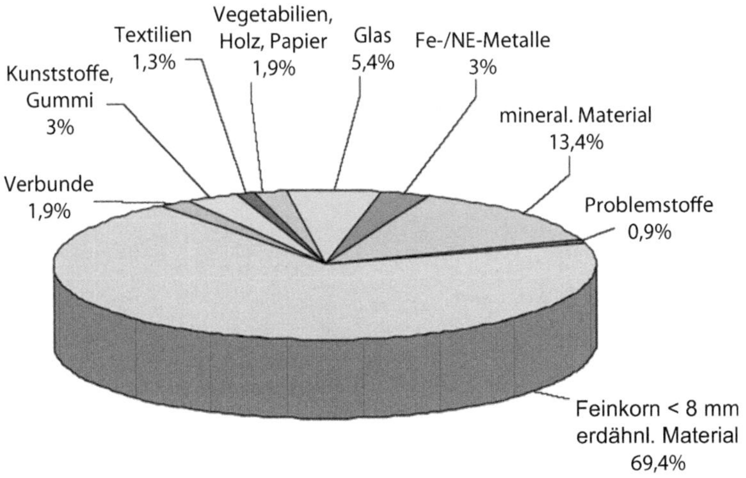

Abb. 4.65 Sortieranalyse von Abfällen der Deponie Döbeln-Hohenlauft, Ablagerung 1986–1989, Probenahme 1994 [229]

Rettenberger nimmt an, dass nur die Deponien in den alten Bundesländern abbauwürdig sind, die folgende Wertstoffinhalte enthalten [228]:

- etwa 8 Mio. TJ Heizwert = etwa 2.300 TWh Energieinhalt
- etwa 26 Mio. Mg. Fe-Schrott
- etwa 850.000 Mg Kupferschrott
- etwa 500.000 Mg Aluminiumschrott

Abb. 4.66 Beispiel von Produkten eines Deponierückbaus [228]

Dies entspricht dem folgenden Anteil des Jahresverbrauchs in Deutschland [228]:

- 58 % der Primärenergie
- 124 % des Fe-Schrottes
- 142 % des Kupfers
- 54 % des Aluminiums

Die tatsächlich nutzbaren Anteile aus dem abbaubaren Potenzial werden sehr viel geringer eingeschätzt. Vermutlich wird die gewinnbare heizwertreiche Fraktion weniger als die Hälfte betragen, während die Metalle als Fe-, Kupfer und Aluminiumschrott in der vermuteten Größenordnung aussortiert werden können (Abb. 4.66).

4.2.6.2 Wirtschaftlichkeit des Deponierückbaues

Die Kosten und möglichen Erlöse sind von dem Standort der Deponie abhängig. In der Dritten Welt werden Deponien rückgebaut, weil sie die Ausbreitung der Städte behindern. Die Wirtschaftlichkeit wird daher in einem solchen Fall nur unwesentlich durch die Inhaltsstoffe sonder vornehmlich durch den Preis für Bauland bestimmt. In Deutschland werden die Kosten ebenfalls nicht durch die Wertstoffe gedeckt. Hier ist auch von Bedeutung, welche Sanierungs- und Sicherungskosten durch die Forderungen der behördlichen Nachsorge eingespart werden können.

Nach Rettenberger sind für den Rückbau Kosten von ca. 13 €/m³ zuzüglich standortabhängige Kosten notwendig, die sich aus den folgenden Positionen ergeben [228]:

- Verwertung der heizwertreichen Fraktion: ab etwa 5 €/m³
- Sanierung der freigelegten Deponiebasis: ab etwa 2 €/m³
- Deponierung nach dem Stand der Technik: ab etwa 10 €/m³
- Ggf. Transportkosten des Deponiegutes zu einem anderen Standort
  - Gesamtkosten 30 bis 40 €/m³
- Zusätzliche Finanzierungsquelle Treibhausgaszertifikat
  - Erlöse von 1 bis 3 €/m³ sicher möglich

Zum Vergleich: Stilllegung ohne Rückbau: zumeist unter 5 €/m³, selten über 25 €/m³.

Entscheidend für die Wirtschaftlichkeit ist die Zuzahlung für die heizwertreiche Fraktion in der Abfallverbrennungsanlage. Eine Halbierung der Zuzahlung könnte die Gesamtkosten unter 20 € drücken [228] und damit für bestimmte Deponiestandorte mit höheren Nachsorgekosten ein Alternative sein.

4.2.7 Langzeitlagerung von Abfällen und Ersatzbrennstoffen – Folienlager

Um entstehende Überhangmengen unvorbehandelter Abfälle sowie vorbehandelter Abfälle, die als Ersatzbrennstoffe thermisch verwertet werden sollen, aufzufangen, werden im Wesentlichen die folgenden drei Übergangslösungen angewendet:

- Entsorgung von behandlungsbedürftigen Abfällen über nicht ausgeschöpfte Kontingente anderer öffentlich-rechtlicher Entsorgungsträger (Verbundlösung),
- Zuweisung von Abfällen zu Abfallbehandlungsanlagen mit freien Kapazitäten sowie
- Zwischenlagerung.

Zwischenlager werden unterschieden in Kurzzeitlager (Lagerung <1 Jahr) und Langzeitlager (Lagerung >1 Jahr). Während die Kurzzeitlagerung bspw. vor dem Hintergrund von Anlagenrevisionen oder als jahreszeitliche Puffer für Verbrennungsanlagen wie in Schweden als notwendig anerkannt werden, sind Langzeitlager im Fokus der Diskussionen.

Es ergeben sich folgende Varianten für Zwischenlager:

1. Abfälle zur Beseitigung: bis zu einem Jahr
2. Abfälle zur Verwertung: bis zu drei Jahren ohne gesonderte behördliche Genehmigung
3. Abfälle zur Verwertung: länger als drei Jahre mit gesonderter behördlicher Genehmigung

Abb. 4.67 Pressballen aus Abfall [232]

4.2.7.1 Langzeitlager auf Deponien

In der überwiegenden Anzahl der Fälle werden Teilflächen von Deponien für die Einrichtung von Langzeitlagern genutzt. Da in derartigen Fällen bestehende Einrichtungen einer Deponie lediglich zeitweilig einer anderen Nutzung zugeführt werden, die den Charakter dieser Einrichtungen nicht verändern und die Einrichtungen nach der erfolgten Zwischenlagerung dem eigentlichen Zweck der Abfalldeponierung uneingeschränkt wieder zur Verfügung stehen, stellt das Zwischenlager keine eigenständige Abfallbehandlungsanlage dar, die als selbständige Anlage zu genehmigen wäre. Allerdings wird aufgrund der Betriebsabläufe eines Zwischenlagers die Organisation des Deponiebetriebes in einem Umfang beeinflusst, der i. d. R. als eine wesentliche Änderung des Deponiebetriebes zu werten ist. Somit ist es erforderlich, die bestehende Genehmigung im Rahmen eines Änderungsantrages erneut zu prüfen. Dies folgt insbesondere daraus, dass bestimmte Arbeitsgänge, die ein Zwischenlager nach sich zieht, im normalen Betrieb einer Siedlungsabfalldeponie nicht zu erwarten sind (bspw. Verballung von Abfällen (vgl. Abb. 4.67), Auslagerung von Abfällen, Transport zur Verwertungsanlage). Des Weiteren beinhalten bestehende Genehmigungen meist die Deponierung von Abfällen mit niedrigeren Heizwerten als solche, die zwischenzulagernde Abfälle im Hinblick auf eine spätere thermische Verwertung aufweisen.

Ist die Einrichtung eines Langzeitzwischenlagers als Einrichtung einer eigenständigen Abfallentsorgungsanlage anzusehen, bspw. weil es nicht auf einer Deponie errichtet bzw. dessen Betrieb vom Deponiebetrieb gänzlich entkoppelt ist, ist ein Genehmigungsverfahren nach BImSchG durchzuführen.

4.2.7.2 Technische Anforderungen

Die technischen Anforderungen an Langzeitzwischenlager für Ersatzbrennstoffe werden bestimmt durch die Qualitätsanforderungen an Ersatzbrennstoffe für die nachfolgende Verwertung.

Abb. 4.68 Zwischenlager abgedeckt mit Bodenmaterial und ausgestattet mit Temperaturmessfühlern [232]

Es stellt sich jedoch die Frage, inwiefern die Langzeitlagerung von Abfällen zur Verwertung, die in den meisten Fällen als Ersatzbrennstoffe zur Verwertung gelangen sollen, die Qualität dieser Abfälle hinsichtlich einer thermischen Verwertbarkeit beeinträchtigt. Dabei sind insbesondere folgende Parameter von Interesse:

- Heizwert
- Aschegehalt
- physikalische Parameter (Korngröße, Stückigkeit)

Für die Langzeitlagerung von Abfällen zur Verwertung bieten sich folgende Technologien an:

1. Lagerung in Mieten mit mineralischer Deckschicht und Folienabdichtung
2. Dünnschichteinbau mit mineralischer Deckschicht und Folienabdichtung (s. Abb. 4.68)
3. Lagerung in Folienballen

Folgende Nachteile weisen die ersten beiden Varianten auf:

Mietenlagerung:

- hoher Sauerstoffgehalt in der Miete
  - Gefahr der Selbsterhitzung durch aerobe Abbauvorgänge
  - Brandgefahr
  - Infragestellung der späteren Verwertbarkeit der Abfälle

Abb. 4.69 Oberflächendichtung der Ballen mit Boden [232]

Dünnschichteinbau:

- anaerobe Abbauvorgänge analog einer Siedlungsabfalldeponie
  - Infragestellung der späteren Verwertbarkeit der Abfälle

Die Lagerung in Folienballen stellt derzeit die Vorzugsvariante für Langzeitzwischenlager dar. Während die Kurzzeitlagerung in Folienballen hinreichend erprobt und untersucht ist, liegen für die Langzeitlagerung über mehr als ein Jahr bisher nur wenige Erfahrungen vor.

Lagerung in Folienballen Die Technologie der Folienballenlagerung ist technisch weit fortgeschritten. Die Abfälle werden verpresst und die Ballen anschließend mit Folie umwickelt. Hier sind derzeit zwei Verfahren am Markt. Bei der Herstellung von Rundballen wird der Ballen durch Eigenrotation mit Folie, ähnlich dem aus der Landwirtschaft bekannten Verfahren, umwickelt. Rechteckballen werden bei ihrer Herstellung weniger mechanisch beansprucht, indem die Folienrolle um die Ballen herumgeführt wird. Anschließend werden die Ballen zu Mieten gestapelt (s. Abb. 4.69). Für die Öffnung der Ballen wurden Ballenaufreißer entwickelt. Die Kurzzeitlagerung von Abfällen in Folienballen ist sowohl für Abfälle zur Beseitigung als auch für Abfälle zur Verwertung in zahlreichen Studien untersucht worden. Insbesondere in Skandinavien wird diese Technologie zur Überbrückung der Jahreszeiten mit geringem Energiebedarf (Sommer) seit langem angewendet. Überwiegend handelte es sich allerdings dabei um Untersuchungen, die sich mit sicherheits- und umwelttechnischen Aspekten, wie der Brand- und Explosionsgefahr, des Arbeitsschutzes sowie des Umweltschutzes beschäftigten. Zusammenfassend ergaben diese Untersuchungen folgendes Bild:

- kaum Auftreten von Sickerwasser
- schwere Entflammbarkeit der Ballen
- keine erhebliche Beeinträchtigung der Arbeiter durch austretende Gase oder Staub
- nur geringe Setzungserscheinungen in den Ballen (zu beachten bei der Errichtung von Mietenstapeln)
- kurze Aerobphase zu Lagerungsbeginn in fast allen Untersuchungen
- nur geringe Methanbildung (in allen Fällen unterhalb der Explosionsgrenze)
- Verschlechterung der Brennstoffeigenschaften (Heizwert, Aschegehalt)

Diese Untersuchungen wurden allerdings meist nur über einen Zeitraum von weniger als einem Jahr durchgeführt. Es zeigten sich Abhängigkeiten der Untersuchungsergebnisse von zahlreichen Parametern:

- Wassergehalt des Abfalls
- C/N-Verhältnis
- Gehalt an biologisch abbaubarem Kohlenstoff
- Sauerstoffkonzentration im Ballen
- Korngröße
- pH-Wert
- Schwankungen der Umgebungstemperatur

Vor diesem Hintergrund kann nach derzeitigem Kenntnisstand die Folienballenlagerung von Ersatzbrennstoffen, die folgende Parameter erfüllen, als unproblematisch eingeschätzt werden:

- Wassergehalt <20 %
- C/N-Verhältnis >40/1
- Gehalt an biologisch abbaubarem Kohlenstoff <50 % (wenn die anderen Parameter erfüllt sind, sonst <25 %)

Bei Einhaltung dieser Parameter kann die Neigung der Abfallstoffe zu mikrobiellen Abbauvorgängen als gering eingeschätzt werden.

Darüber hinaus sind folgende Maßnahmen zu beachten:

- Vermeiden der Umlagerung von Ballen (Minimierung von Beschädigungen)
- Neigungswinkel der Mietenseitenwände max. 45° (Standfestigkeit, Setzungserscheinungen)
- Vorkehrungen zum Brandschutz
- Abdeckung der Mietenstapel (UV-Schutz der Folie)

Allerdings hat sich im Rahmen der Versuche gezeigt, dass die Entwicklung der Gaszusammensetzung in den Ballen durchaus unterschiedlich verlaufen kann, was auf

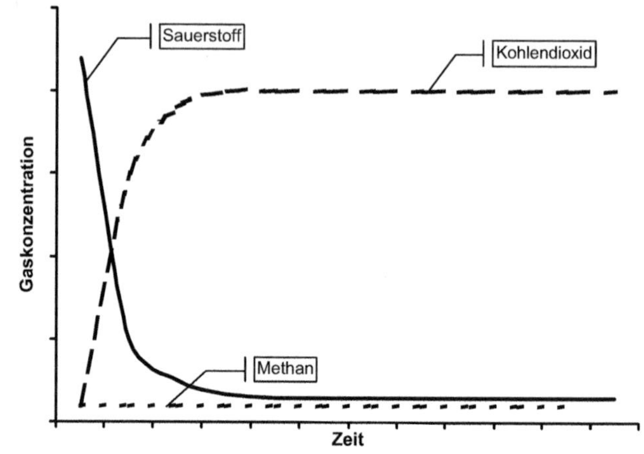

Abb. 4.70 „normale" Entwicklung der Gaszusammensetzung in Folienballen (Idealfall) [233]

unterschiedliche mikrobielle Aktivität innerhalb der Ballen schließen lässt. Abbildung 4.70 zeigt den häufigsten und auch erwünschten Fall (Idealfall) der Entwicklung der Gaszusammensetzung. Nach der Verballung deutet ein schneller Anstieg der CO_2-Konzentration verbunden mit einem Absinken der O_2-Konzentration und einem Temperaturanstieg auf aeroben Abbau. Dieser hält erwartungsgemäß bis zum Verbrauch des im Ballen enthaltenen Sauerstoffs innerhalb weniger Tage an. Anschließend findet kein mikrobieller Abbau mehr statt. Dies kann auf mehrere Ursachen zurückgeführt werden.

Bei der Ballenlagerung sind einige Besonderheiten bei der Einschätzung der Abbauvorgänge und damit auch des Potenzials der Methangasbildung zu beachten, die sich signifikant von denen bspw. in herkömmlichen Deponiekörpern unterscheiden, obwohl die Ausgangsparameter (Luftabschluss, Verdichtung) ähnlich sein können:

- Abfälle, die als Sekundärbrennstoffe verwertet werden sollen, erfüllen hinsichtlich des Wassergehaltes, des C/N-Verhältnisses sowie des Gehaltes an abbaubarem Kohlenstoff nur eingeschränkt die erforderlichen Voraussetzungen für mikrobielle Abbauvorgänge.
- Innerhalb eines Ballens ist i. d. R. eine Abfallart verpackt, ein Materialgemisch wie in einem Deponiekörper tritt nicht auf.
- Ein Ballenlager besteht aus zahlreichen voneinander isolierten Zellen, zwischen denen ein Stoffaustausch wie in einem herkömmlichen Deponiekörper nicht möglich ist.
- Nester mit mikrobieller Aktivität bleiben isoliert und können sich nicht auf andere Ballen übertragen.

Ursächlich für den fehlenden anaeroben Umsatz dürften die geringen Wassergehalte in den Sekundärbrennstoffen sein. Zum anderen sind die Gehalte an abbaubarem Kohlenstoff überwiegend für eine anaerobe Umsetzung (Methanbildung) nicht zugänglich, da sie i. d. R. auf Anteile mit hohem Zellulosegehalt (Papier, Pappe) bzw. Ligningehalt (Holz) zurückgehen. Darüber hinaus ist das C/N-Verhältnis in den meisten Fällen für eine mikrobielle

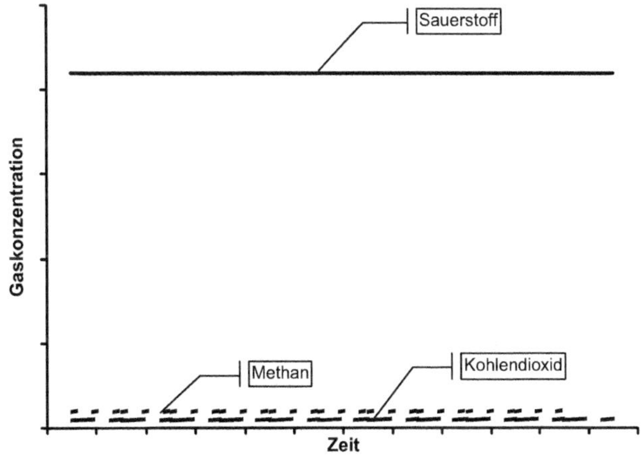

Abb. 4.71 Abweichende Entwicklung der Gaszusammensetzung in Folienballen (keine Aktivität) [233]

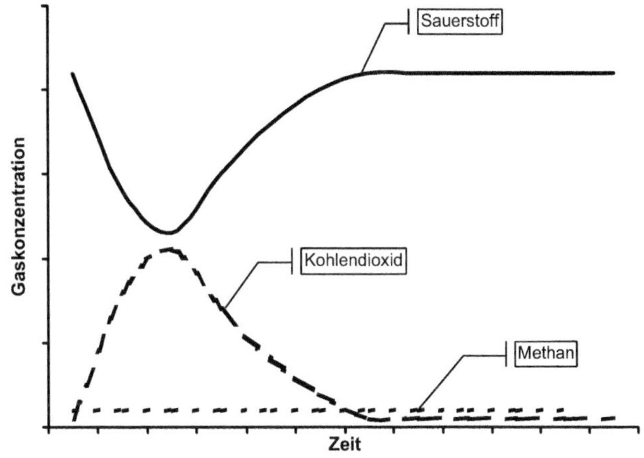

Abb. 4.72 Abweichende Entwicklung der Gaszusammensetzung in Folienballen (Abbruch des aeroben Abbaus) [233]

Umsetzung zu weit, d. h. es herrscht innerhalb des Ballens eine Nährstoffmangelsituation, die das mikrobielle Wachstum einschränkt.

Hervorzuheben ist auch, dass der anaerobe Abbau und damit die Methanbildung wesentlich höhere Anforderungen an Wassergehalt und Nährstoffversorgung stellen als der aerobe Abbau.

Allerdings treten auch vom Idealfall abweichende Entwicklungen der Gaszusammensetzung auf. In Abb. 4.71 war nach der Verballung keinerlei mikrobielle Aktivität zu beobachten. Die Ursache ist bspw. in ungünstigen Nährstoffverhältnissen oder einem sehr geringen Wassergehalt zu vermuten. Die gleichen Ursachen können auch zum Abbruch eines bereits eingesetzten aeroben Abbaus führen (s. Abb. 4.72), wenn bspw. durch die Abbauvorgänge die Wasser- und Nährstoffgehalte in einen für den weiteren Abbau ungünstigen Bereich gelangen.

Abb. 4.73 Aufgrabung eines abgedeckten und belüfteten Zwischenlagers nach 18 Monaten Lagerdauer [232]

Öffnen von Zwischenlager Mit dem Ende der Lagerung muss der Abfall oder der Brennstoff aus dem Zwischenlager geholt werden, was aufgrund von Setzungen kompliziert sein kann. Darüber hinaus können die Methankonzentrationen im explosiven Bereich liegen oder eine zu hohe Arbeitsbelastungskonzentration für die Arbeiter bedeuten. Das erfordert die notwendigen Sicherheitsmaßnahmen. Dies gilt im Besonderen für Abfälle im Dünnschichteinbau, Eine aktive Belüftung der Abbaubereiche mit der Erfassung der Abluft und Reinigung durch Biofilter bereits vor dem Eingriff kann die Probleme weitestgehend lösen. Dennoch besteht immer eine Brandgefahr, so dass entsprechende Schutzmaßnahmen ergriffen werden müssen.

Ballen müssen sorgfältig ausgebaut werden aufgrund von Instabilitäten durch die lange Lagerdauer. Abbildung 4.73 zeigt die Abgrabung eines belüfteten Lagers.

4.2.8 Anforderungen an Sonderabfalldeponien

Über die Altablagerungen von Sonderabfällen vor dem Jahr 1980 im Westen und vor 1991 im Osten fehlen nahezu alle wichtigen Informationen, um das Gefahrenpotenzial der Gegenwart und Zukunft abzuschätzen [10]:

- Dokumentationen über die Art und Menge der Abfälle,
- Kataster über die räumliche Verteilung im Deponiekörper,
- Untersuchungen über die genaue Geologie und Hydrogeologie der näheren Umgebung der Deponie,
- bereits entstandene Schäden in der Nachbarschaft der Deponie durch Setzungen, Sickerwasser und Deponiegas.

Bis in die jüngste Zeit wurden Anforderungen an Sonderabfalldeponien standortbezogen unter besonderer Berücksichtigung der Anforderungen an den Gewässerschutz festgelegt. Die Auflagen im Planfeststellungsverfahren orientierten sich in diesem Zusammenhang an den eingeführten Merkblättern und Richtlinien sowie wissenschaftlichen Untersuchungen, insbesondere an geologischen und wasserwirtschaftlichen Gutachten. In der Zweiten allgemeinen Verwaltungsvorschrift zum Abfallgesetz (TA Abfall, Teil 1) [26] ist seit 1991 für die Deponierung von Sonderabfällen der Stand der Technik festgeschrieben worden.

Dem Abfallgesetz entsprechend sollen Abfälle, die weder vermieden, noch mit wirtschaftlich vertretbarem Aufwand verwertet werden können und entsprechend vorbehandelt sind, in Deponien auf Dauer abgelagert werden. Dazu sind die Abfälle soweit vorzubehandeln, dass schädliche und gefährliche Inhaltsstoffe in den Abfällen durch thermische, chemisch/physikalische oder biologische Behandlung soweit zerstört, umgewandelt, abgetrennt, konzentriert oder immobilisiert werden, dass sie, soweit nicht verwertbar, ohne Beeinträchtigung des Wohls der Allgemeinheit abgelagert werden können [26].

Um die Fehler der Vergangenheit nicht zu wiederholen, sind neue Deponiekonzepte für Sonderabfälle entwickelt worden, die hinsichtlich des Langzeitverhaltens mehr Sicherheit versprechen.

Folgende Möglichkeiten zur Deponierung und Zuordnung von Sonderabfällen mit den entsprechenden Zuordnungskriterien sind gemäß der Deponieverordnung vorgesehen:

Oberirdische Deponien Bei einer oberirdischen Ablagerung werden Abfälle zeitlich unbegrenzt abgelagert.

Untertagedeponie Eine Untertagedeponie gemäß TA Abfall ist eine Deponie, in der Abfälle vollständig im Salzgestein eingeschlossen werden.

Grundsätzlich gelten die gleichen Anforderungen wie für oberirdische und unterirdische Deponien. Auf oberirdischen Monodeponien dürfen auch Abfälle zugelassen werden, wenn einzelne Zuordnungswerte überschritten werden. Dabei muss aber der Nachweis erbracht werden, dass sich die Ablagerung insgesamt nicht nachteiliger auf die Umwelt auswirkt als eine Ablagerung nach den Anforderungen für eine oberirdische Deponie.

Sowohl bei der oberirdischen als auch bei der unterirdischen Deponierung von besonders überwachungsbedürftigen Abfällen gilt der Grundsatz, diese dauerhaft so abzulagern, dass die Freisetzung und Ausbreitung von Schadstoffen verhindert wird.

Die Sonderabfalldeponie stellt ein Bauwerk dar, das mit einer Anzahl von Sicherheitsvorrichtungen ausgerüstet ist, um zukünftig die Überwachung und Instandhaltung zu gewährleisten.

4.2.8.1 Oberirdische Deponien

Für oberirdische Deponien werden

- durch geeignete Standortwahl,
- durch geeignete Deponieabdichtungssysteme,

- durch geeignete Einbautechnik der Abfälle,
- durch Einhaltung der Zuordnungswerte nach Deponieverordnung werden

mehrere Barrieren geschaffen, die den o. a. Forderungen Rechnung tragen.

Zuordnungskriterien Bei der Zuordnung von Abfällen zur oberirdischen Ablagerung sind die nachfolgenden Zuordnungswerte einzuhalten:

Sowohl die Erfahrungen mit den heutigen Altlasten als auch die wissenschaftlich begründeten Zweifel an der ausreichenden Wirksamkeit der heute eingesetzten Abdichtungsmaterialien führen daher zwangsläufig zu der Forderung nach geologisch und wasserwirtschaftlich geeigneten Deponiestandorten.

Ebenso entscheidend sind der Einsatz geeigneter Deponieabdichtungssysteme, eine geeignete Einbautechnik der Abfälle sowie die Einhaltung der Zuordnungswerte wie bereits beschrieben. Nur so werden voneinander unabhängige, wirksame Barrieren geschaffen, die eine Freisetzung und Ausbreitung von Schadstoffen verhindern.

Anforderungen an den Standort Der Deponiestandort hat in seiner Bedeutung als „geologische Barriere" bestimmten Anforderungen zu genügen.

Schadstoffaustrag sollte nicht oder nur in geringen Mengen stattfinden, ebenso sollte durch die Beschaffenheit des Untergrundes der Weitertransport oder die Ausbreitung potentieller Schadstoffe verhindert werden.

Die anstehenden Böden sollten durch ihr Sorptionsvermögen zu einer raschen Fixierung eventuell austretender Schadstoffe bereits in unmittelbarer Nähe der Deponie beitragen.

Demzufolge sind oberirdische Deponien

- nicht in Karstgebieten oder in Gebieten mit stark klüftigem Untergrund,
- nicht innerhalb von Trinkwasser- oder Heilquellenschutzgebieten,
- nicht in Wasservorranggebieten und in Überschwemmungsgebieten

zu errichten.

Besonderer Prüfung bedürfen die geologischen, hydrogeologischen und geotechnischen Verhältnisse am Deponiestandort, die Lage zu vorhandenen oder ausgewiesenen Siedlungsgebieten, die Lage in tektonischen Störungszonen oder bebengefährdeten Gebieten sowie in Gebieten, in denen mit Bergsenkungen in Folge bergbaulicher Tätigkeit zu rechnen ist.

Der Untergrund sollte in einer Mindestmächtigkeit von 3 m ein hohes Adsorptionsvermögen aufweisen (Durchlässigkeitsbeiwert $kf > 1 \times 10^{-7}$ m/s). Gegebenenfalls sind zur Erfüllung der o. a. Anforderung zusätzliche technische Maßnahmen zu ergreifen.

Das Deponieplanum muss mindestens 1 m über der höchsten zu erwartenden Grundwasseroberfläche bzw. über der Grundwasserdruckfläche bei freiem oder gespanntem Grundwasser nach DIN 4049, Teil 1 (Ausgabe Sept. 1979) liegen [26].

Geologischer Untergrund Als Deponieauflager oder sog. „geologische Barriere" sind folgende Materialien besonders geeignet:

Lockergesteine aus bindigem Material wie Ton, Mergel, Lößlehm, u. U. auch Geschiebelehme und Moränenablagerungen. In Abhängigkeit von Bodenart, Korngröße und Kornoberfläche besitzen Lockergesteine ein hohes Rückhaltevermögen (Sorption, Ionenaustausch, mechanische Filterung) für Schadstoffe. Auch Festgesteine mit geringer Durchlässigkeit, ohne Klüftung können eine geeignete geologische Barriere darstellen.

Deponiebasisabdichtungssystem Als eine weitere Barriere, die Austrag und Verbreitung von Schadstoffen aus der Deponie verhindern soll, ist die Deponiebasisabdichtung anzusehen. Es sind detailliert Anforderungen erarbeitet worden, die sich mit Eignung und Einbau des Materials sowie Überwachung und Überprüfung der Basisabdichtungssysteme befassen.

Das heißt, dass vor der Erstellung eines Basisabdichtungssystems ein Qualitätssicherungsplan zu erstellen ist, der u. a. die Ergebnisse der Eignungsprüfung für die verwendeten Materialien, die Maßnahmen zur Qualitätslenkung, -überwachung und -prüfung enthält sowie die Dokumentation der Herstellung, die Eigen- und Fremdprüfung und die Überwachung durch die zuständige Behörde.

In der TA Abfall wurde als Dichtung eine Kombinationsdichtung gefordert, bestehend aus einer mineralischen Dichtungsschicht (Durchlässigkeitsbeiwert kf $\leq 5 \times 10^{-10}$ m/s) mit direkt auflagernder Kunststoffdichtungsbahn (Dicke $\geq$ 2,5 mm). Die Oberfläche der Dichtung ist dachziegelartig zu formen. Die Oberfläche muss nach Abklingen der Setzungserscheinungen ein Quergefälle von $\geq$ 3 % und ein Längsgefälle von $\leq$1 % aufweisen. Darüber sind eine 0,3 m mächtige Entwässerungsschicht ($k = 1 \times 10^{-3}$) und eine 1 m mächtige Rekultivierungsschicht aufzubringen. In der Entwässerungsschicht sind spülbare und kontrollierbare Sickerrohre zu installieren.

Bei der in der TA Abfall als Regeldichtung vorgeschriebenen Kombinationsdichtung ist in der Deponieverordnung nicht zwingend vorgeschrieben.

Deponieoberflächenabdichtungssystem

Gemäß TA Abfall ist auch die Oberflächendichtung – jeweils aufzubringen auf abgeschlossene Deponieabschnitte – als Kombinationsdichtung auszuführen, was in der neuen Deponieverordnung ebenfalls nicht mehr zwingend vorgeschrieben ist.

Über einem Deponieauflager aus bindigem verdichtetem Material von mindestens 0,5 m Mächtigkeit, in das ggf. eine Gasdrainschicht einzubringen ist, wird eine mindestens 0,5 m mächtige mineralische Dichtungsschicht (Durchlässigkeitsbeiwert $k > 5 \times 10^{-10}$ m/s), abgedeckt mit einer Kunststoffdichtungsbahn (2,5 mm), aufgebracht. Die Anforderungen an das Entwässerungssystem entsprechen den aufgeführten Anforderungen für Deponiebasissysteme.

Zusätzlich wird ein hydraulischer Nachweis über die Leistungsfähigkeit des Systems gefordert. Die Oberflächenabdichtung wird mit einer 1 m mächtigen Rekultivierungsschicht abgeschlossen. Sie soll einen Schutz der Dichtung vor Wurzel- und Frosteinwirkungen

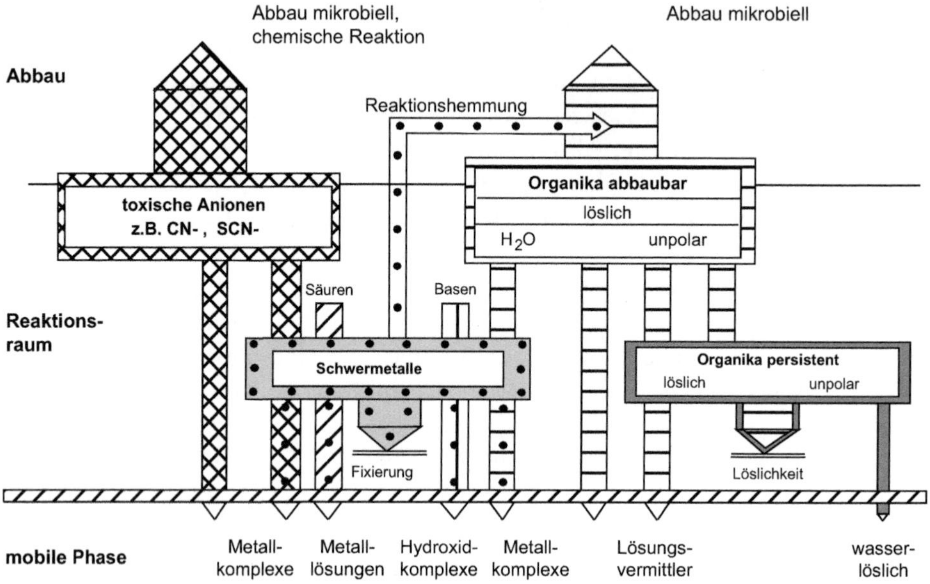

Abb. 4.74 Mögliche Reaktionsabläufe in einer Sonderabfalldeponie [62]

wie auch vor Wind- und Wassererosion garantieren. Die Installation einer geeigneten Sickerwasserbehandlungsanlage ist vorgeschrieben.

Reaktionen der Deponieinhaltsstoffe

Für Altanlagen, die ohne entsprechende Sicherungsmaßnahmen betrieben wurden, kann es nach Abschluss der Deponierung zu Reaktionen der Abfallstoffe kommen, wobei sich die toxisch wirksamen Chemikalien in folgende Reaktionsgruppen einteilen lassen (Abb. 4.74) [62]:

- toxische Anionen,
- Schwermetalle,
- abbaubare organische Substanzen (polar, unpolar),
- persistente organische Substanzen.

Die in der Deponie (Reaktionsraum) liegenden Schadstoffe können abgebaut werden (Abbau) oder miteinander reagieren. Wasserlösliche Produkte können aus der Deponie wandern (mobile Phase).

Die Reaktionswege mit einfacher Schraffur zeigen das unbeeinflusste Verhalten der einzelnen Schadstoffgruppen an, die mit doppelter Schraffur die mobilitätserhöhenden Reaktionen. Die Breite der Pfeile gibt die Größenordnung der ablaufenden Reaktionen an.

Reaktionen der toxischen Anionen Cyanid und Rhodanid sind die wesentlichen in Deponien eingelagerten toxischen Anionen, die ebenso wie deren Schwermetallkomplexe im Allgemeinen gut wasserlöslich sind.

Reaktionen der Schwermetalle Schwermetalle werden vorwiegend durch Abfallprodukte aus der Metallverarbeitung und Lackherstellung sowie durch Flugaschen in die Deponie eingetragen. Die Schwermetalle liegen zum Teil als Oxide, Carbonate oder Sulfide vor, wobei deren Wasserlöslichkeit gering ist. Die Komplexbildung ist der Hauptmobilisierungsmechanismus für Schwermetalle. Neben der Komplexbildung mit toxischen Anionen können sich auch Chelatverbindungen aus Schwermetallen und den vorhandenen organischen Substanzen bilden. Wichtige Reaktionsparameter sind neben dem pH-Wert die katalytische Wirkung einer Vielzahl von Stoffen. Organische Metallkomplexe sind oft wasserlöslich und toxischer als die jeweiligen Ausgangsverbindungen [62].

Reaktionen der abbaubaren organischen Substanzen Ein Großteil der organischen Substanzen entstammt kontaminiertem Erdreich nach Ölunfällen. Der Abbau der organischen Verbindungen ist unter anaeroben Bedingungen (Deponiebedingungen) erheblich geringer als unter aeroben. Durch erhöhte Schwermetallkonzentrationen und auch durch organische Substanzen, wie z. B. Phenole und chlorierte Kohlenwasserstoffe, kann der mikrobielle Abbau reduziert werden. Aufgrund der Vielzahl von vorhandenen Chemikalien kann davon ausgegangen werden, dass kein nennenswerter biologischer Abbau stattfindet. Im Gegensatz zu den polaren sind die unpolaren Chemikalien praktisch immobil, werden jedoch durch polare organische Verbindungen, wie z. B. Alkohole und Detergentien, mobilisiert [62].

Reaktionen der persistenten organischen Substanzen Bei den persistenten Organika – POP-handelt es sich um unpolare Stoffe in Form von chlorierten Kohlenwasserstoffen aus Produktionsrückständen der chemischen Industrie. Persistente organische Substanzen sind nur gering wasserlöslich. Erst bei Anwesenheit von „Lösungsvermittlern" kann sich die Löslichkeit um Potenzen erhöhen.

Anforderungen an die Eigenschaften der abzulagernden Abfälle

Das Langzeitverhalten von Deponien wird durch das Auslaugungs-, Gasbildungs- und Setzungsverhalten der abgelagerten Abfälle bestimmt. Danach bedeutet schadloses Langzeitverhalten, dass am Deponiestandort zu keiner Zeit Umweltbeeinträchtigungen durch Gase, Sickerwässer oder Setzungen hervorgerufen werden, die gesundheitliche Schäden oder Schäden an Bauwerken verursachen. Technischen Maßnahmen wie Oberflächenabdichtungen und Sickerwasserbehandlung stellen wirksame, jedoch zeitlich befristete Maßnahmen dar. Die Dauer der Wirksamkeit der Maßnahmen hängt von der Konstruktion der Deponie, dem verwendeten Material, den eingebauten Abfallstoffen sowie von der

Einhaltung der Richtlinien und der Verantwortung der Deponiebetreiber ab. Als langfristig gleichbleibend können nur die Geologie und Hydrogeologie des Standortes angesehen werden [63].

Aus diesen Überlegungen heraus ergeben sich für die Deponierung von Sonderabfall die folgenden Forderungen:

- Stoffe, die in mobilitätserhöhender Weise miteinander reagieren können, dürfen nicht zusammen deponiert werden.
- Organische Stoffe müssen anderen Behandlungsmethoden wie der biologischen, der chemisch-physikalischen Behandlung und der Verbrennung zugeführt werden.
- Abfälle, die eine Vielzahl von Schadstoffen aufweisen und nicht durch eine Vorbehandlung einer Mono- oder Quasimonodeponie zugeführt werden können, müssen mit maximaler Sicherheit oder in einer Untertagedeponie abgelagert werden.
- Abfälle (leicht lösliche, toxische Stoffe und Stoffverbindungen), von denen langfristig standortunverträgliche Emissionen zu erwarten sind, ohne dass zu prognostizieren ist, wann diese Emissionen standortunverträgliche Werte erreichen, dürfen nicht auf einer Übertagedeponie abgelagert werden.
- Persistente organische Substanzen dürfen in Zukunft nicht mehr deponiert werden.

Diese Grundsätze sind sowohl durch die Zuordnungskriterien als auch durch die Vorgabe der Vorbehandlung der Abfallstoffe festgeschrieben. Abfälle können einer oberirdischen Deponie nur zugeordnet werden,

- wenn nachweislich keine Verwertung erfolgen kann,
- wenn die Zuordnungswerte eingehalten werden können,
- wenn von ihnen keine erhebliche Geruchsbelästigung für die Nachbarschaft ausgeht.

Anforderungen an die Betriebsführung

Die wichtigsten übergeordneten Gesichtspunkte für die Betriebsführung einer oberirdischen Sonderabfalldeponie sind

- die Verhinderung bzw. Minimierung der möglichen Schadstoffemissionen während und nach Beendigung des Deponiebetriebes,
- eine umfassende Dokumentation über Aufbau und Verhalten des Deponiekörpers.

Es sind detaillierte Vorgaben zum Betrieb im Laufe der Jahre entwickelt worden. Sie sind im Folgenden zusammenfassend dargestellt.

Vorgesehen sind mehrere Anlagenbereiche:

- *Eingangsbereich* mit Stauraum für Anlieferungsfahrzeuge, Waage mit Eingangsbüro, Labor, Probenahmestelle und Lagermöglichkeit für Rückstellproben,

- *Arbeitsbereich* mit Einrichtungen zum Öffnen, Umfüllen, Entleeren und Reinigen von Behältnissen,
- *Lagerbereich* mit Zwischenlagern, in denen Abfälle zur Ablagerung, chemisch/physikalischen Behandlung oder zur Verbrennung auf getrennten oder entsprechend gekennzeichneten Bereichen zur Ablagerung zwischengelagert werden sollen.

Für den Betrieb wird die Erstellung eines *Betriebsplanes* vorgeschrieben, in dem alle wesentlichen Regeln des Deponiebetriebes, Daten zum Aufbau des Deponiekörpers und die technischen Anlagen dokumentiert sind.

Der Ablagerungsbereich ist in einzelne Deponieabschnitte einzuteilen, über den ein genaues *Kataster* mit Angaben zur Art des Abfalls, Ort und Verfahren sowie den Zeitpunkt der Ablagerung geführt werden soll.

Sechs Monate nach Verfüllung eines Abschnittes ist ein *Bestandsplan* zu erstellen.

Beim *Einbau* der Abfälle ist folgendes zu berücksichtigen:

- Aufbau des Deponiekörpers unter Vermeidung nachteiliger Reaktionen der Abfälle untereinander oder mit Sickerwasser,
- abschnittsweiser Aufbau des Deponiekörpers mit zügiger Verfüllung der einzelnen Abschnitte,
- hinreichende Ausrüstung mit Maschinen, um eine optimale Verdichtung der Abfälle zu erreichen (Vermeidung von Setzungserscheinungen),
- Sicherstellung der Stabilität (hohlraumarmer, verdichteter Einbau der Abfälle),
- Vermeidung von Geruchs- und Staubemissionen,
- Einbau von Abfällen, die exotherm derart reagieren können, dass an der Deponiebasis keine höheren Temperaturen als 25 °C entstehen können.

Zur Sickerwasserverminderung sind die Bereiche der Deponie, die noch keine Deponieoberflächenabdichtung besitzen, zu überdachen. Für die Ableitung entste-hender Sickerwässer, sonstiger Wässer und entstehender Deponiegase sind entsprechende Ableitungs- bzw. Erfassungs- und Verwertungseinrichtungen zu schaffen.

Zur Kontrolle sollen ein Grundwasserüberwachungssystem und eine Messeinrichtung zur Überwachung des Setzungsverhaltens der Deponie und für die Erfassung meteorologischer Daten installiert werden.

Nach Abschluss der Deponie wird von der zuständigen Behörde unter Auswertung der entsprechenden Dokumentationen eine Schlussabnahme durchgeführt.

Als Beispiel für die Planung einer Deponie, die den Anforderungen der TA Sonderabfall genügt, ist in Abb. 4.75 die Konzeption der Verbunddeponie Bielefeld-Herford dargestellt [24].

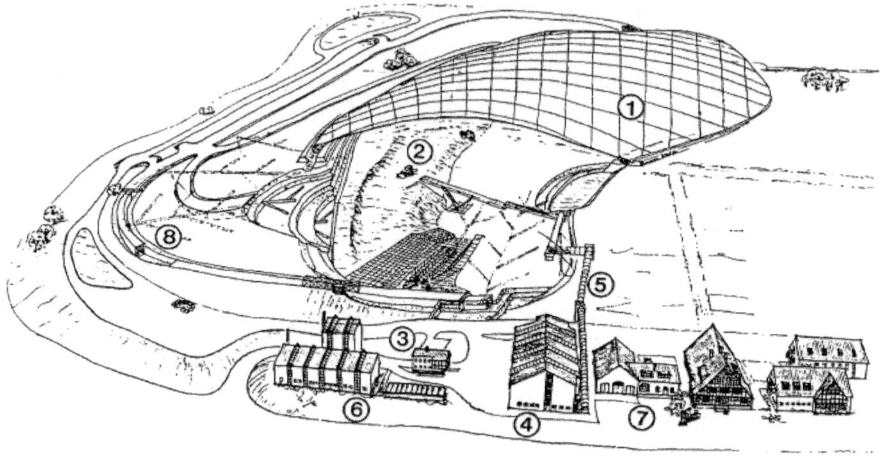

1. stützenfreie Überdachung (Membrankonstruktion), 2. kassetierter Einlagerungsbereich, 3. Eingangs- und Waagebereich, zentrale Leitwarte, 4. Umladehalle für Schüttgüter, 5. Förderbandanlage für Schüttgüter, 6. Sickerwasseraufbereitungsanlage, 7. Energiezentrale und Labor, 8. ablagerungsumgrenzender Ver- und Entsorgungsstollen.

Abb. 4.75 Deponiekonzept der Verbunddeponie Bielefeld-Herford

Nachsorge Die Tatsache, dass Abfälle in Deponien „für die Ewigkeit" abgelagert bleiben sollen [63] bedeutet, dass nach Abschluss der Deponie Kontrollen und Sicherungsmaßnahmen über einen langen Zeitraum weiter durchgeführt werden müssen.

Das Gesetz legt fest, dass in der Nachsorgephase vom Betreiber Langzeitsicherungsmaßnahmen und Kontrollen zum Deponieverhalten durchzuführen sind. Die durchgeführten Maßnahmen sind zu dokumentieren, um eine Überprüfung durch die zuständigen Behörden zu gewährleisten. Eine endgültige Entlassung aus der Nachsorgepflicht erfolgt auf Entscheidung der zuständigen Behörde [26].

4.2.8.2 Untertagedeponien im Salzgestein

Im Gegensatz zu Atmosphäre, Hydrosphäre und Pedosphäre (Boden) erstrecken sich Elementkreisläufe in der Lithosphäre (Gesteinshülle der Erde) über geologisch lange Zeitabschnitte. Gebirgsbildungs- und -abtragungsprozesse finden in Millionen von Jahren statt. Bewegungen in der Erdkruste betragen Millimeter bis Zentimeter pro Jahr.

Gesteinshorizonte, deren Formationswässer (Wasser in Gebirgsschichten) wegen des geologischen Aufbaus nicht am oberirdischen Wasserkreislauf teilnehmen und als Transportmittel für Schadstoffe in die Biosphäre nicht wirksam werden, gibt es schon in wenigen 100 m Tiefe. Derzeit ist die Untergrund-Deponie in geeigneten Gesteinsformen die einzige realistische Möglichkeit, Schadstoffe mit hohem und dauerhaftem Gefährdungspotenzial für lange Zeiträume vom Biozyklus fernzuhalten, da die Abläufe in geologisch langsam ablaufende Stoffkreisläufe eingefügt werden [69].

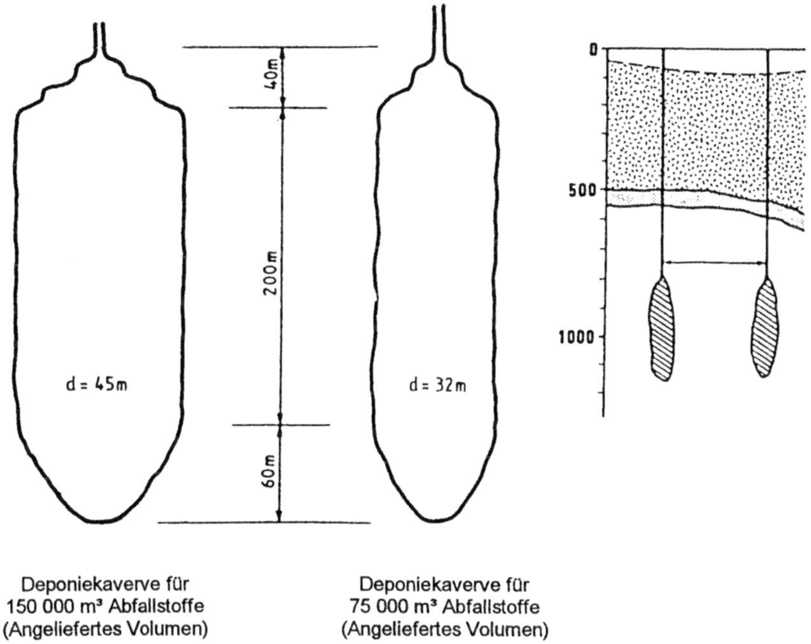

Abb. 4.76 Abmessungen für Deponiekavernen [69]

Gemäß TA Abfall hat die Ablagerung von Abfällen in unterirdischen Anlagen im Salzgestein die Bedingung zu erfüllen, dass „die Abfälle dauerhaft von der Biosphäre ferngehalten werden" und die untertägige Ablagerung „so erfolgt, dass keine Nachsorge erforderlich ist". Grundsätzlich sind zwei Typen von Untertagedeponien vorgesehen:

Kavernen Kavernen sind technisch erstellte, untertägige Hohlräume, die durch Aussohlung (Salzkavernen) oder bergmännisch (Felskavernen) hergestellt werden können. Aus der hohen Wasserlöslichkeit des Salzes – ein Liter Wasser kann bis zu etwa 300 g reines Steinsalz lösen – beruht die Technik des Ausspülens von Kavernen im Steinsalz.

Hierzu werden Bohrungen bis zu einer Endtiefe von maximal 1200 m niedergebracht, wobei die letzte zementierte Rohrtour etwa 100 m im Salz verläuft. Zur Aussohlung wird Brauchwasser in den Kavernenbereich gepumpt. Das gelöste Salz wird über einen weiteren Rohrstrang, der in die Bohrung eingehängt wird, nach Übertage abgeleitet (Abb. 4.76).

Nach beendeter Aussohlung wird die Kaverne entleert und trockengelegt. Die Einlagerung erfolgt über Zugangsbohrungen. Als Einlagerungsverfahren werden Schüttung über Freifallleitung oder pumpenunterstützte Dickstoffförderung eingesetzt. Sofern die Kaverne nicht nur mit festen Stoffen befüllt wird, wird die Deponierung flüssiger, schlammiger und pastöser Abfälle in Salzkavernen nur bei gleichzeitiger In-situ-Verfestigung empfohlen [69].

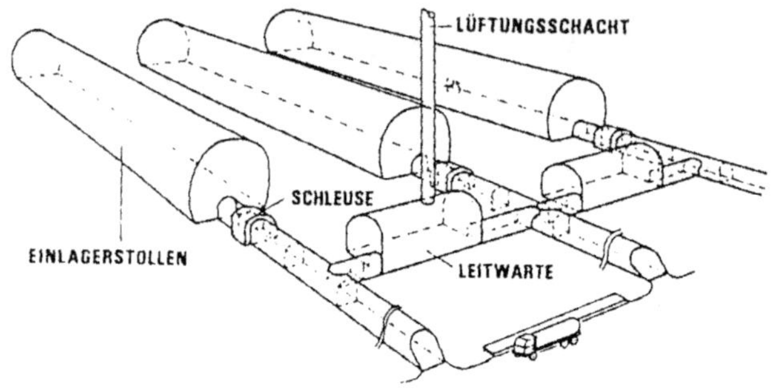

Abb. 4.77 Felskavernendeponie in Stollenbauweise [73]

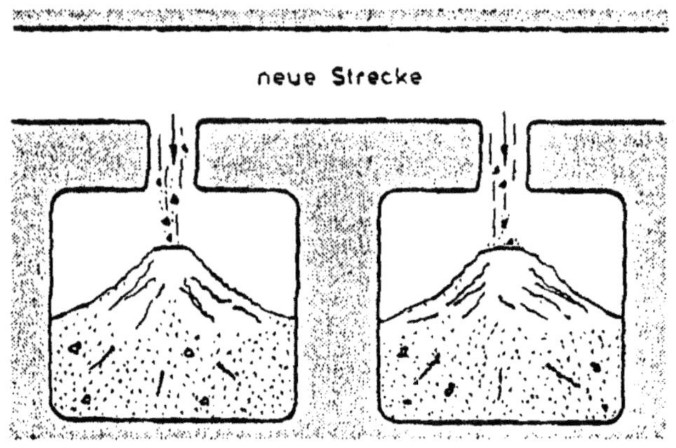

Abb. 4.78 Beschicken von Kavernenkammern [69]

Felskavernen-Deponien können in verschiedenen Bauweisen, der Stollen-, Kavernen- und Schachtbauweise, realisiert werden. Die Parameter für die Wahl der Bauweise sind die Funktion als Zwischen- oder Endlager, die Art der Abfälle, die Lagertechnik sowie die Eigenschaften des Gebirges.

Felskavernen eignen sich sowohl zur Zwischenlagerung flüssiger wie fester Sonderabfälle. Feste Abfälle sind unter dem Gesichtspunkt der Rückholbarkeit grundsätzlich in Gebinden zu lagern. Bei der behälterlosen Lagerung von flüssigen Abfallstoffen ist von vergleichbaren Betriebsabläufen wie bei der Lagerung von flüssigen Kohlenwasserstoffen auszugehen. Zur Endlagerung sind grundsätzlich nur feste Abfälle zugelassen. Werden die Abfälle in Gebinden gelagert, so ist der verbleibende Hohlraum vollständig zu versetzen.

Der Versatz hat die Aufgabe, die Standsicherheit des Hohlraumes langfristig zu gewährleisten und die Abfahrbehälter dicht einzuschließen. Aufgrund ihrer hohen Festigkeit und geringen Durchlässigkeit eignen sich hierzu besonders Flugaschengemische, die hydraulisch versetzt werden können und somit eine hohlraumfreie Verfüllung der Kaverne ermöglichen. Zur behälterlosen Lagerung von festen Abfallstoffen eignen sich bevorzugt Kavernen in Schachtbauweise. Auch hier sind die Abfälle möglichst in Verbindung mit einem puzzolanischen Bindemittel hydraulisch zu versetzen, um eine dichte Lagerung zu erzielen (s. Abb. 4.77 und 4.78) [73].

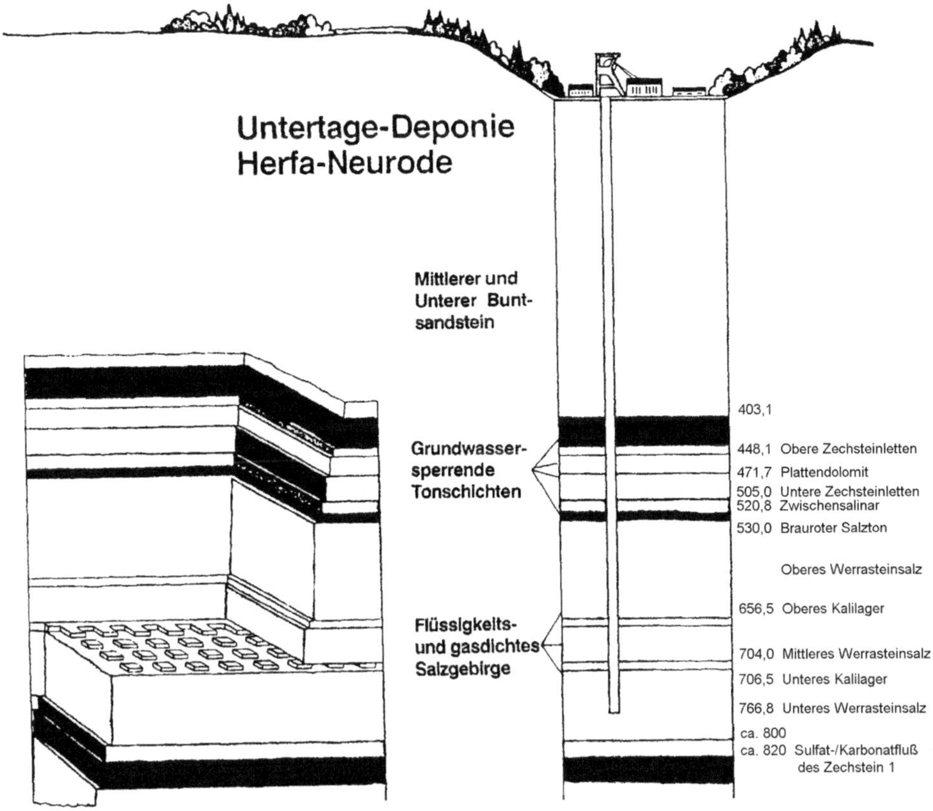

Abb. 4.79 Geologisches Profil der Untertage-Deponie Herfa-Neurode [74]

Die *Untertage-Deponie* ist für Abfälle bestimmt, die in übertägigen Sonderabfalldeponien, auch bei geordneter Ablagerung, eine Gefahr für Wasser und Luft darstellen und deren biologischer oder thermischer Abbau technisch und ökologisch problematisch sein würde, oder deren anderweitige Beseitigung zu aufwendig wäre.

In der Bundesrepublik Deutschland gibt es z. Z. fünf Bergwerke, die als Untertage-Deponien betrieben werden, die beiden ältesten sind:

- die Schachtanlage Herfa-Neurode (Abb. 4.79),
- das Salzbergwerk Heilbronn.

In der Bergwerksdeponie Heilbronn werden vorwiegend Rückstände aus der Rauchgasreinigung abgelagert. Z. Z. werden 50.000 bis 60.000 Mg/a eingelagert.

Die Gesamtkapazität der Untertage-Deponie Herfa-Neurode beträgt derzeit über 1 Mio. Mg. Da durch den fortschreitenden Salzbergbau ständig neue Hohlräume für die

Deponierung von Sonderabfällen entstehen, wird eine mögliche Betriebsdauer von über 100 Jahren angesetzt.

Die derzeitige Kapazität für die Einlagerung in einem 2-Schicht-System beträgt 200.000 Mg/a [193].

Anforderungen an den Standort

Das Salzgestein des Standorts muss folgende Bedingungen erfüllen:

- Dichtigkeit gegenüber Flüssigkeiten und Gasen,
- ausreichend Raum bieten,
- im Ablagerungsbereich eine ausreichende Mächtigkeit des Salzgesteins,
- die Herrichtung von standsicheren Hohlräumen muss gewährleistet sein,
- es dürfen keine wasserwegsamen Gebirgsschichten in der Nähe der Hohlräume verlaufen,
- der Standort darf sich nicht in einem Gebiet befinden, in dem die Erdbebenwahrscheinlichkeit den Wert 99 % nach der MSK-Skala (Medwedjew-Sponheuer-Karnik) überschreitet.

Es müssen standortbezogene Sicherheitsbeurteilungen erbracht werden, die einen geotechnischen Standsicherheitsnachweis, einen Sicherheitsnachweis für die Betriebsphase und einen Langzeitsicherheitsnachweis beinhalten.

Anforderungen an die Eigenschaften der abzulagernden Abfälle

Abfälle dürfen einer Untertagedeponie nur zugeordnet werden,

- wenn sie keine Erreger übertragbarer Krankheiten enthalten oder hervorbringen können,
- wenn sie entsprechend dem Anlagentyp und den Ablagerungsbedingungen über ausreichende Festigkeit verfügen,
- wenn sie unter den gegebenen Ablagerungsbedingungen nicht selbstentzündlich und nicht explosibel sind,
- wenn es durch Reaktionen der Abfälle miteinander oder mit dem Salzgestein nicht zu Volumenvergrößerungen, Bildung selbstentzündlicher, toxischer oder explosibler Stoffe oder Gase oder anderen gefährlichen Reaktionen kommt.

Von der Ablagerung in befahrbaren Grubenräumen sind Abfälle ausgeschlossen, die penetrant riechen, aufgrund ihrer Partialdrücke toxische Gaskonzentrationen verursachen und im Sättigungszustand im geschlossenen Behältnis Konzentrationen bilden, die höher sind, als eine Zehnerpotenz unterhalb der Zündfähigkeitsgrenze.

Anforderungen an die Betriebsführung

Entsprechend der Genehmigung ist bei der Ablagerung der Abfälle darauf zu achten, dass die vorhandenen oder geschaffenen Hohlräume in der Art vollständig und gleichmäßig

Abb. 4.80 Schließen einer Kammer nach dem Befüllen mit Fässern (Foto von Kali und Salz)

mit Abfällen gefüllt werden, dass die Tragfähigkeit des Gebirges sichergestellt bleibt. Werden Abfälle in flüssiger Phase gefördert, so sind sie mittels Bindemittel abzubinden. Bei der Ablagerung loser schüttfähiger Abfälle sind Maßnahmen zu treffen, die Emissionen verhindern. Die Ablagerung von Behältnissen hat so zu erfolgen, dass die Standfestigkeit gewährleistet ist und die Schutzfunktion der Behältnisse bis zum Ablauf der Betriebsphase bestehen bleibt (Abb. 4.80).

Nach beendeter Verfüllung einzelner Deponieabschnitte sind diese vom übrigen Grubengebäude zu trennen. In einem zu erstellenden Ablagerungsplan und einem entsprechenden Abfallkataster werden Ort und Verfahren der Ablagerung sowie Angaben zu Abfallart, Abfallschlüssel, Nummer des Entsorgungsnachweises und Zeitpunkt der Ablagerung dokumentiert. Diese Daten, einschließlich der Abschlussbauwerke, gehen spätestens 6 Monate nach Verfüllung eines Deponieabschnittes in den Bestandsplan der Deponie ein.

Während der Errichtung, dem Betrieb und der Nachsorgephase müssen ständige Eigenkontrollen zur Überprüfung der Einhaltung der vorgegebenen Auflagen durchgeführt werden. Zur Feststellung von Einwirkungen an der Oberfläche haben entsprechende Kontrollen bzw. Vermessungen zu erfolgen. Auch die Funktionstüchtigkeit der Schacht- und Streckenfördersysteme sowie der übrigen Einrichtungen der Deponie ist regelmäßig zu überprüfen. Weiterhin sind in regelmäßigen Abständen Messungen von Gas, Staub, Abwasser, Abluft, Lärm und Immission in der Anlage durchzuführen.

Nach Stilllegung einer Untertagedeponie Typ 1 hat eine Gebirgsüberwachungs-Schlussmessung zu erfolgen. Im Bereich der Oberfläche sind der Schacht und andere Zugänge derart zu verschließen, dass eine Kontrolle der darunterliegenden Verfüllsäule gewährleistet bleibt. Bei Abschluss einer Untertagedeponie Typ 2 ist im Bereich des Daches der Kaverne ein Verschlussbauwerk zu errichten. Der Verschluss muss einen Zufluss von Grund- und Formationswasser zu den abgelagerten Abfällen unmöglich machen.

Für Untertagedeponien, in denen die Abfälle nicht entsprechend der Vorgaben der TA Abfall im Salzgestein eingeschlossen sind, werden vom Bundesministerium für Umwelt, Naturschutz und Reaktorsicherheit z. Z. ergänzende technische Anleitungen erarbeitet.

4.3 Thermische Verfahren

Zu den thermischen Verfahren in der Abfallbehandlung zählen die Abfallverbrennung, die Abfallpyrolyse (Entgasung/Vergasung), die Hydrierung und die Trocknungsverfahren.

Das mit Abstand wichtigste thermische Verfahren ist z. Z. die Abfallverbrennung.

In der modernen Abfallwirtschaft kommt der Abfallverbrennung die Aufgabe zu, stofflich nicht mehr verwertbare Reststoffe (Restabfall) so zu behandeln, dass es zu einer

- Inertisierung des Restabfalls, bei Minimierung der abgas- und abwasserseitigen Emissionen,
- Schadstoffzerstörung bei organischen Schadstoffen bzw. Schadstoffkonzentrierung bei anorganischen Schadstoffen,
- Verminderung des zu deponierenden Abfallaufkommens, besonders dessen Volumens,
- Nutzung des Heizwertes des Restabfalls zur Schonung der Energieressourcen,
- Überführung der Rückstände in verwertbare Sekundärprodukte zur Schonung der sonstigen Ressourcen (Stoffkreislauf)

kommt.

Die obigen Punkte sind nach ihrer abfallwirtschaftlichen Priorität geordnet. Eine optimale und damit auch zukünftig genehmigungsfähige Restabfallbehandlungsanlage hat vor allem den ersten drei Punkten Rechnung zu tragen. Dabei muss besonders beachtet werden, dass ein Restabfallbehandlungsverfahren auch großtechnisch verfügbar sein muss, d. h. ein Mindestmaß an Entsorgungssicherheit garantieren kann.

Wichtigster Grundsatz ist die Inertisierung des Restabfalls, zu der auch die Schadstoffzerstörung bzw. Schadstoffkonzentrierung rechnet. Dabei ist inert im Sinne von immissionsneutral zur Umgebung zu verstehen. Können die im Folgenden vorgestellten Verfahren diesem Kriterium nicht genügen, sind sie für eine Restabfallbehandlung nicht geeignet. Damit ist der Grundsatz *Inertisierung* das wichtigste Abwägungskriterium.

Dieses gilt auch, allerdings in abgemilderter Form, für das Kriterium „*Volumenreduktion*". Bewirkt ein Restabfallbehandlungsverfahren keine erhebliche Volumenreduktion des Restabfalls, ist es nur bedingt geeignet.

Dagegen sind die folgenden beiden Punkte „*Energierückgewinnung*" und „*Erzeugung von verkaufsfähigen Sekundärprodukten*" nur zweitrangig. Diese Kriterien können aber eine Auswahl von zur Inertisierung und Volumenreduktion geeigneten Verfahren erleichtern (Feinkriterien).

Neben den 2 Abwägungskriterien, den 2 Feinkriterien sowie der Verfügbarkeit sind außerdem die folgenden Punkte zu beachten:

- Betriebssicherheit,
- Investitionsbedarf,
- Platzbedarf,
- mögliche bzw. sinnvolle Durchsätze.

Bei der Pyrolyse werden organische Abfälle durch die thermische Zersetzung unter Luftabschluss in lagerfähige, energiehaltige Produkte umgesetzt. Die Restabfallpyrolyse befindet sich immer noch im Versuchsstadium, da zahlreiche Probleme bisher ungelöst blieben.

Die Hydrierung wiederum findet vor allem bei der Behandlung und Verwertung von Raffinerierückständen und ggf. von Altkunststoffen Anwendung. Anlagen zur Hydrierung sind aufgrund der hohen Kosten nicht am Markt durchsetzbar.

Die Trocknung wiederum findet vor allem bei der Klärschlammbehandlung Anwendung.

4.3.1 Verbrennungsanlagen für Haushalts- und Gewerbeabfälle (MVA)

In der Bundesrepublik Deutschland befinden sich 2009 72 Verbrennungsanlagen für Haushalts- und Gewerbeabfälle in Betrieb, die 19,07 Mio. Mg Abfall behandelten. An diese Anlagen sind rund 58 Mio. Einwohner angeschlossen. Dabei werden alle Abfälle in Anlagen mit Wärmeverwertung durchgesetzt.

Der Beitrag der Abfallverbrennungsanlagen an der Energieerzeugung zur Einsparung von Primärenergieträgern ist mit 0,5 % relativ gering.

Im internationalen Vergleich nimmt die Bundesrepublik Deutschland bei der Energienutzung aus Abfällen eine Spitzenposition ein. In der Europäischen Gemeinschaft wurden 2007 nur etwa 23 % des Aufkommens an Haushaltsabfällen in Abfallverbrennungsanlagen mit Wärmerückgewinnung verbrannt.

Die Schlacken und Stäube der z. Z. betriebenen Verbrennungsanlagen erfüllen die o. a. Kriterien hinsichtlich der Inertisierung weitgehend. Um die Kohlenstoffverluste zu minimieren wurden zahlreiche Verfahren und Verfahrensvarianten der MVA entwickelt, die inerte Schlacken liefern. Stäube fallen bei den Neuentwicklungen nicht an, da sie in die Schlacke eingebunden werden.

Im Folgenden wird zunächst die klassische MVA erläutert, um dieses Kapitel dann mit der Darstellung von weiteren Verfahren abzurunden.

4.3.1.1 Schematischer Aufbau einer klassischen MVA

Der prinzipielle Aufbau und die Funktionsweise einer klassischen Müllverbrennungsanlage lässt sich anhand weniger Anlagenkomponenten und -aggregate aufzeigen (vgl.

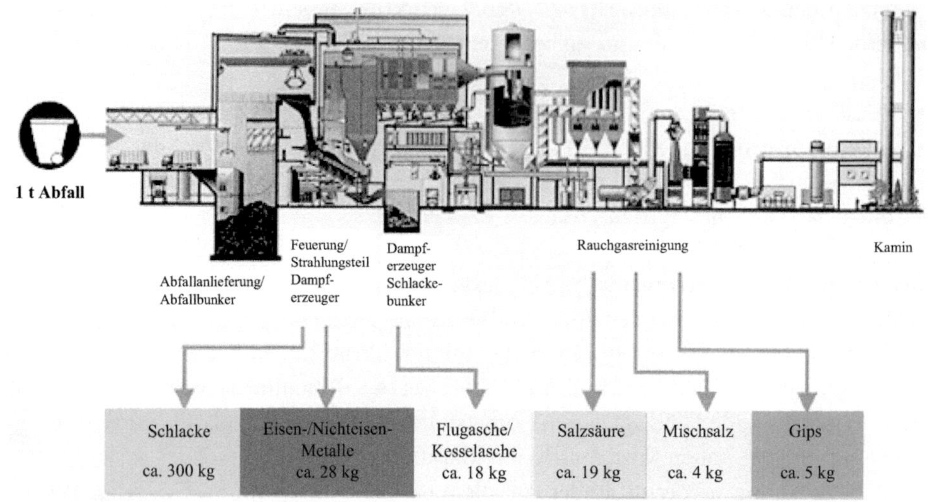

Abb. 4.81 Schematischer Aufbau und Massenbilanz einer konventionellen Müllverbrennungsanlage [123]

Abb. 4.81). Diese werden von einer Vielzahl von Herstellern angeboten, entsprechend unterschiedlich sind die einzelnen Ausführungen. Jedoch unterscheiden sich der prinzipielle Ablauf der Verbrennung und der Stofffluss bei Müllverbrennungsanlagen verschiedener Hersteller nur geringfügig voneinander. Eine Müllverbrennungsanlage besteht aus folgenden Funktionsbereichen, die nachfolgend erläutert werden:

- Abfallannahme,
- Lagerung, Vorbehandlung,
- Beschickung und Verbrennungseinheit,
- Schlackeabzug/Reststoffbehandlung/Lagerung,
- Kessel/Dampfnutzung,
- Rauchgasreinigung (RGR),
- Kamin.

4.3.1.2 Abfallannahme

Bei der Annahme des Abfalls erfolgt zunächst eine Wägung zur Bestimmung der angelieferten Abfallmenge. Bestimmte Abfälle können festgelegten Entladestellen bzw. einer Vorbehandlung zugewiesen werden. Die Wiegedaten der anliefernden Fahrzeuge werden zur Kostenabrechnung herangezogen. Außerdem können so Abfallstatistiken und betriebsbezogene Berechnungen (Leistungsdaten) durchgeführt werden.

Wägung Die Wägung der Fahrzeuge kann mechanisch, hybrid oder elektromechanisch erfolgen. Durchgesetzt haben sich elektromechanische Systeme, da diese zum einen eine einfache Übertragung von Messwerten ermöglichen und zum anderen die Waagen direkt in die Gebührenabrechnung integriert werden können. Dazu können an häufig anliefernde Fahrzeuge (gewerbsmäßig betriebene Fahrzeuge oder Fahrzeuge kommunaler Betriebe) Loch- oder Magnetkarten ausgegeben werden, auf denen das Fahrzeug-Leergewicht (bei Fahrzeugen mit festem Aufbau), das Kfz-Kennzeichen und der Rechnungsempfänger gespeichert sind. Zur Bestimmung der angelieferten Abfallmenge muss dann keine zweite Wägung nach der Entleerung durchgeführt werden. Bei privaten Anlieferern und Fahrzeugen mit Wechselcontainern ist immer ein zweiter Wiegevorgang zur Bestimmung der angelieferten Abfallmenge notwendig.

Klassifizierung Durch die Klassifizierung können nicht brennbare Abfälle (Störstoffe) ausgeschleust werden, durch die der Betrieb der Anlage unterbrochen werden könnte. Die brennbaren sperrigen Bestandteile des Sperrmülls müssen vor der Verbrennung einer Zerkleinerung zugeführt werden.

4.3.1.3 Lagerung, Vorbehandlung und Beschickung

Bunkerausführungen Für die angelieferten Abfälle muss ein Lager vorhanden sein, da die Anlieferung der Abfälle diskontinuierlich, die Beschickung der MVA aber kontinuierlich erfolgt. Der Müllbunker dient zum einen zur Pufferung der Abfallmenge, zum anderen können hier Störstoffe erkannt und aussortiert oder einer Vorbehandlung zugeführt werden. Außerdem findet im Bunker eine Homogenisierung der Abfälle statt.

Durch Selbsterhitzung des im Bunker befindlichen Abfalls und Bildung von brennbaren Gasen, die bei Gärprozessen entstehen können (Methangasbildung), kann es zu lokalen Bränden im Bunker und in den Einfülltrichtern kommen. Aus diesem Grund ist eine Löscheinrichtung installiert, die von den Kranführerkabinen betätigt wird und mit der gezielt einzelne Brandherde bekämpft werden können.

In der Entladehalle und im Müllbunker herrscht ein leichter Unterdruck im Vergleich zur Umgebung, um Geruchs- und Staubemissionen zu vermeiden. Die abgesaugte Luft wird entweder der Verbrennung zugeführt oder in einem Biofilter desodoriert.

Folgende Bunkerausführungen werden unterschieden:

- Tiefbunker,
- Plattenbandbunker,
- Flachbunker.

Tiefbunker Tiefbunker zeichnen sich durch einen geringen Flächenbedarf und den daraus resultierenden kurzen Wegen der Müllkräne zur Abfallumlagerung und Beschickung aus. Dabei sind die Anordnung und Ausführung der Kippkanten für einen störungsfreien Betrieb und für eine optimale Ausnutzung des Bunkervolumens von Bedeutung. Diesbezüglich stellen Kippstellen mit Müllbett und Hydraulikschieber eine sinnvolle Lösung dar, da bei dieser Anordnung der Abfall im Bunker noch bis über die Oberkante des Schiebers gestapelt werden kann. Die Entladestelle muss folglich nicht nach jeder Entladung von dem Müllkran geräumt werden.

Plattenbandbunker Plattenbandbunker dienen hauptsächlich der Aufnahme und Dosierung. Ein Plattenbandbunker besteht aus einem Förderband, das mit Stahlplatten gepanzert ist, um Beschädigungen an der Fördereinrichtung zu minimieren. Das Band befindet sich am Boden einer Grube mit trichterförmigem Querschnitt, wodurch dessen Aufnahmekapazität erhöht wird. Der Abfall wird direkt auf das Förderband gekippt, aus dem Bunker ausgetragen und der nächsten Verfahrensstufe zugeführt. Das Speichervolumen wird durch die Bandbreite (max. 2,5 m) und die Stapelhöhe in dem Trichter (max. 3,5 m) begrenzt. Bei dieser Bunker- und Fördereinrichtung findet nur eine geringe Durchmischung der Abfälle statt. Lange oder sperrige Abfallbestandteile können zu Brückenbildung im Trichter und somit zu Betriebsstörungen führen.

Flachbunker Im Gegensatz zu Tiefbunkern werden für Flachbunker bei gleichem Nutzvolumen große Flächen benötigt. Da Müllverbrennungsanlagen häufig in Ballungsgebieten errichtet werden und die benötigte Fläche meist nicht zur Verfügung steht, sind Flachbunker bei MVA's in der Bundesrepublik von untergeordneter Bedeutung. Vorteilhaft wirken sich die geringen Kosten für Gründung und Ausbildung eines Flachbunkers aus, die allerdings durch betriebliche Nachteile (wie beispielsweise große Kranspiele) oft kompensiert werden.

Krananlagen Der Müllkran dient in erster Linie der Beschickung der Aufgabetrichter. Außerdem können Störstoffe aussortiert und ggf. einer Zerkleinerung zugeführt werden. In der Regel werden Mehrschalengreifer (Polypgreifer) mit einem Fassungsvermögen von 4 bis 8 m^3 eingesetzt. Der Kran ist als Brückenkonstruktion mit Laufkatze ausgeführt, so dass alle Stellen des Bunkerbereiches schnell angesteuert werden können. Die Steuerung des Krans erfolgt von einer Kabine, aus der der gesamte Bunkerbereich, die Entladestellen und die Beschickungstrichter einsehbar sind. Aus Gründen des Arbeitsschutzes muss die Kabine klimatisiert sein. Ein Reservekran ist erforderlich, um bei Ausfall eines Müllkrans den Betrieb der Anlage sicherzustellen.

Vorbehandlung Für die Verbrennung geeignete sperrige Abfälle müssen zerkleinert werden. Die Zerkleinerung des Sperrmülls bedeutet eine Volumenreduktion und somit eine bessere Ausnutzung des zur Verfügung stehenden Bunkerraumes. Durch die größere spezifische Oberfläche nach der Zerkleinerung verbrennt der Abfall besser. Gelangen unzerkleinerte sperrige Abfälle in die Aufgabetrichter, kann es zu Verstopfungen und zum Stillstand der Anlage kommen. Für die Zerkleinerung der sperrigen Abfälle werden Scheren, Schnecken-, Prall- oder Schlagmühlen eingesetzt, die bei Bedarf mit Absaugeinrichtungen versehen werden können. Die Zerkleinerung findet im Allgemeinen in einem dafür reservierten Bereich des Bunkers statt. Hier können einerseits die aus dem Haus- und Gewerbemüll separierten Stoffe behandelt werden, andererseits können die bei der Annahme als Sperrmüll deklarierten Abfälle sortiert werden. Der Durchsatz der Zerkleinerungseinrichtung muss an die jährlich anfallende Sperrmüllmenge angepasst sein. Zur

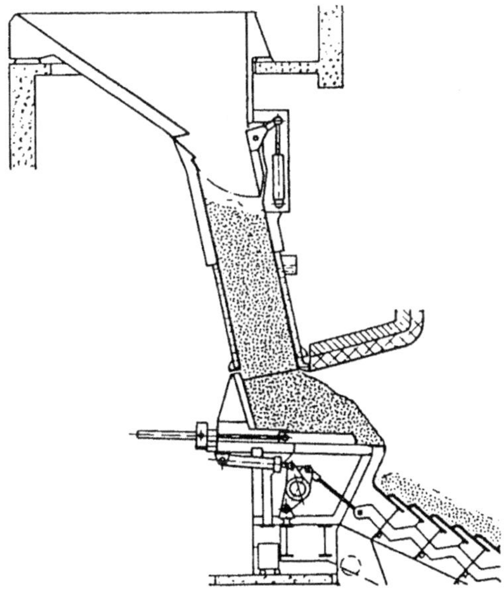

Abb. 4.82 Einfülltrichter mit Einfüllschacht und Beschickungseinrichtung [121]

Beschickung des Zerkleinerungsaggregates kann ein kleiner Mehrschalengreifer dienen, der notfalls auch zur Beschickung der Verbrennungseinrichtung verwendet werden kann.

Beschickung Die Einfülltrichter sind in der Regel so bemessen, dass sie durch Aufnahme des stündlichen Durchsatzes der Verbrennungseinheit einen kontinuierlichen Betrieb gewährleisten. Der im Einfülltrichter befindliche Müll gelangt über einen Einfüllschacht auf die Beschickungseinrichtung. Der Einfüllschacht ist mit einer Klappe zum Einfülltrichter hin verschließbar, um ein Zurückschlagen der Flammen zu vermeiden. Die Beschickungseinrichtungen unterliegen einer starken mechanischen Belastung durch den Mülltransport und einer großen thermischen Belastung durch die direkte Anordnung am Verbrennungsrost. Eingesetzt werden Plattenbänder, Vorschubroste und Aufgabestößel. Abbildung 4.82 zeigt Einfülltrichter mit Einfüllschacht und Beschickungseinrichtung.

Zur Verbrennung von Haushaltsabfällen werden in der Regel Rostfeuerungsanlagen eingesetzt. Die Wirbelschichtfeuerung befindet sich derzeit noch im Versuchsstadium. Drehrohrfeuerungen werden üblicherweise nicht zur ausschließlichen Verbrennung von Haus- und Gewerbemüll eingesetzt. Eine Ausnahme stellt das Verbrennungssystem VØlund dar. Dabei handelt es sich um eine Kombination von Verbrennungsrost und nachgeschaltetem Drehrohrofen.

4.3.1.4 Verbrennungsprozess bei der Rostfeuerung

Unabhängig von dem eingesetzten Rostsystem ist der grundsätzliche Aufbau des Verbrennungsraums nach unten durch den Verbrennungsrost, zu den Seiten durch die Feuerraumwände und nach oben durch eine Decke oder den Kessel begrenzt.

Zum Anfahren der Anlage muss der Feuerraum vorgeheizt werden. Damit wird die in der 17. BImSchV vorgeschriebene Mindesttemperatur in der Nachverbrennungszone von 850 °C sichergestellt. Dazu sind Stützbrenner installiert, die mit Gas, Öl oder Kohlenstaub betrieben werden. Hat die Nachbrennzone die entsprechende Temperatur erreicht, kann der Abfall mit Hilfe von Zündbrennern, die im Feuerraum installiert sind, gezündet werden.

Bei der Rostfeuerung lässt sich der Verbrennungsvorgang in verschiedene Phasen einteilen, die sich weitgehend überschneiden [122]:

- *Trocknung:* Im oberen Bereich des Rostes wird der Abfall durch Wärmestrahlung oder Konvektion auf über 100 °C erwärmt, wodurch eine Abtrennung der Feuchte erfolgt.
- *Entgasung:* Durch weitere Erwärmung auf Temperaturen über 250 °C werden flüchtige Stoffe ausgetrieben. Dies sind in erster Linie Restfeuchte und Schwelgase. Die Entgasung findet in reduzierender Atmosphäre unter Wärmezufuhr statt.
- *Ausbrand:* Im dritten Teil des Rostes wird ein vollständiger Ausbrand des Abfalles erreicht. Der Glühverlust von Schlacken moderner MVA's beträgt weniger als 0,5 Gew.-%.
- *Vergasung:* Bei der Vergasung werden die Entgasungspunkte durch molekularen Sauerstoff oxidiert. Lediglich ein geringer Teil findet davon auf dem Verbrennungsrost statt. Der überwiegende Teil des Abfalls wird im oberen Verbrennungsraum bei 1000 °C oxidiert.
- *Nachverbrennung:* Zur Minimierung von Unverbranntem und CO im Rauchgas ist immer eine Nachbrennzone vorhanden. Hier wird Luft bzw. rückgeführtes und bereits entstaubtes Rauchgas zur vollständigen Verbrennung dazugegeben. Die Verweilzeit beträgt hier mindestens 2 Sekunden bei 850 °C.

Abbildung 4.83 zeigt die verschiedenen Phasen des Verbrennungsvorgangs am Beispiel einer Mittelstromfeuerung.

Die fließenden Übergänge der einzelnen Phasen hängen von der Abfallzusammensetzung und dessen Heizwert ab. Den Zusammenhang zwischen Brennbarem, Asche und Wassergehalt verdeutlicht das Brennstoffdreieck gemäß Abb. 4.84.

Die Skalen Brennbares, Asche und Wassergehalt, jeweils in Gewichtsprozent aufgetragen, bilden ein gleichseitiges Dreieck. Da sich die Anteile zu 100 % ergänzen, müssen sich die Linien in einem Punkt schneiden. So lässt sich feststellen, ob in der vorliegenden Zusammensetzung der Abfall ohne Zufuhr anderer Energie verbrennt. Außerdem lässt sich aus dem Brennstoffdreieck der Heizwert ablesen.

Das innere Dreieck gibt den Bereich an, in dem 80 % der statistisch ausgewerteten Müllproben westlicher Industrieländer liegen. Der Mittelwert der Proben ist durch einen schwarzen Punkt gekennzeichnet und entspricht folgender Zusammensetzung:

- Brennbares: ca. 35 Gew.-%,
- Asche: ca. 30 Gew.-%,

Abb. 4.83 Verschiedene Phasen des Verbrennungsvorganges [122]

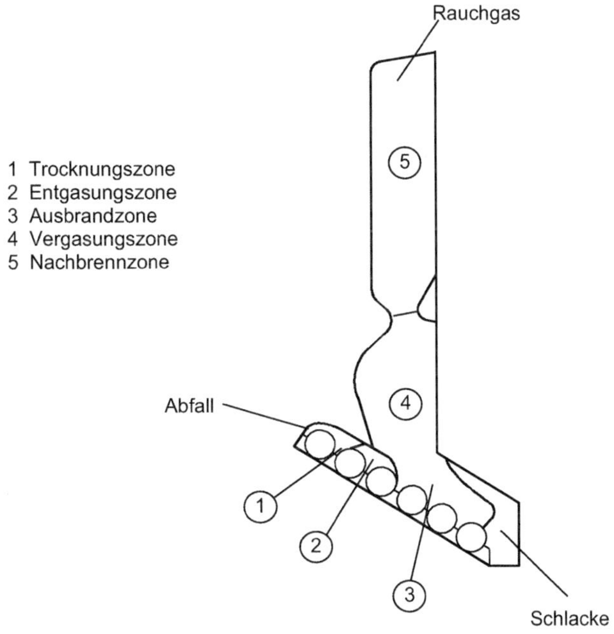

- Wasser: ca. 35 Gew.-%,
- Heizwert(H_u): ca. 6000 kJ/kg.

Mittlerweile hat sich durch Veränderung der Restabfallzusammensetzung der Heizwert deutlich erhöht. Er betrug 1992 ca. 8700 kJ/kg. Da die Kapazität von bestehenden MVA's durch die gestiegenen Heizwerte begrenzt wurde, ging man seit 1992 bei der Auslegung neuer MVA's sicherheitshalber von noch höheren Heizwerten aus. Hier wurden zwischen 10 und 12 MJ/kg zu Grunde gelegt.

Rostfeuerungssysteme

Bei den bestehenden 72 deutschen MVA's wird die Rostfeuerung mit unterschiedlichen Systemen eingesetzt. Dabei kommen die folgenden Rosttypen zum Einsatz:

- Vorschubroste, (Horizontalrost)
- Rückschubroste,
- Walzenroste (s. Abb. 4.85).

Vorschubroste Vorschubroste bestehen aus mehreren feststehenden und beweglichen Roststäben, die reihenweise überlappend angeordnet sind. Durch Hubbewegung der beweglichen Querreihen wird der Abfall über den Rost befördert. Vorschubroste können sowohl geneigt als auch horizontal angeordnet sein, da die Vorwärtsbewegung des

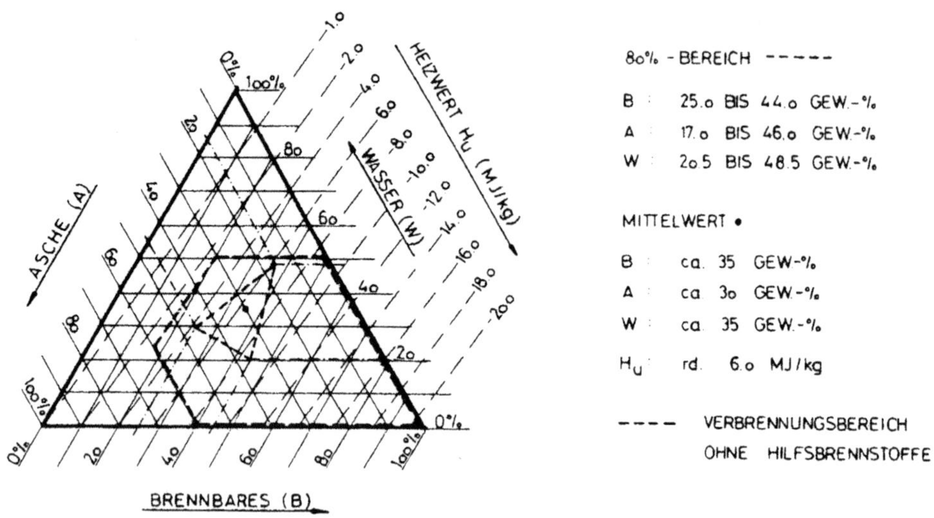

Abb. 4.84 Brennstoffdreieck nach A. Urban [123]

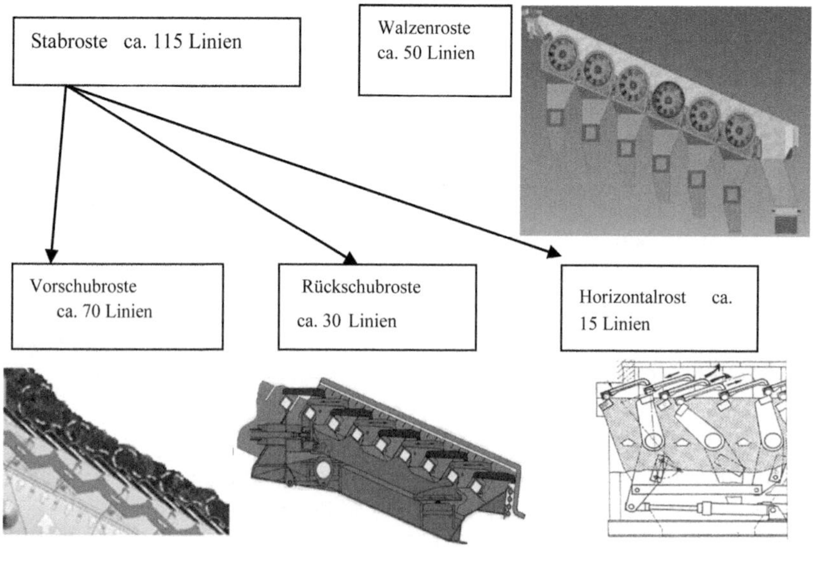

Abb. 4.85 In deutschen MVA eingesetzte Rostsysteme [234]

Verbrennungsgutes durch die Hubbewegung und nicht durch das Eigengewicht bzw. die Schwerkraft erfolgt. Durch die Bewegung der Roststabreihen ist eine ausreichende Schürung gewährleistet. Abbildung 4.86 zeigt den Bewegungsablauf eines Vorschubrostes (System K + K).

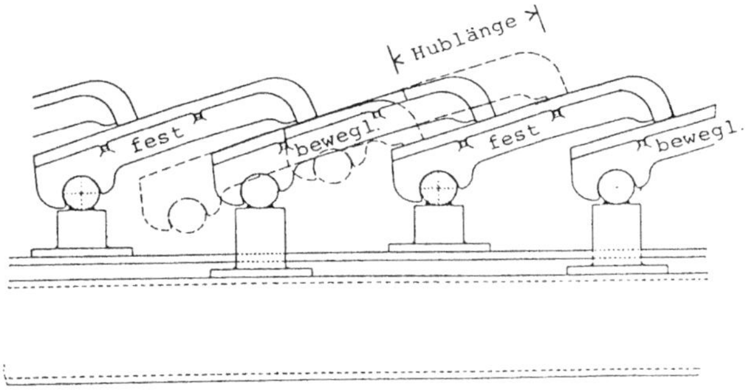

Abb. 4.86 Bewegungsablauf eines Vorschubrostes (System K + K) [124]

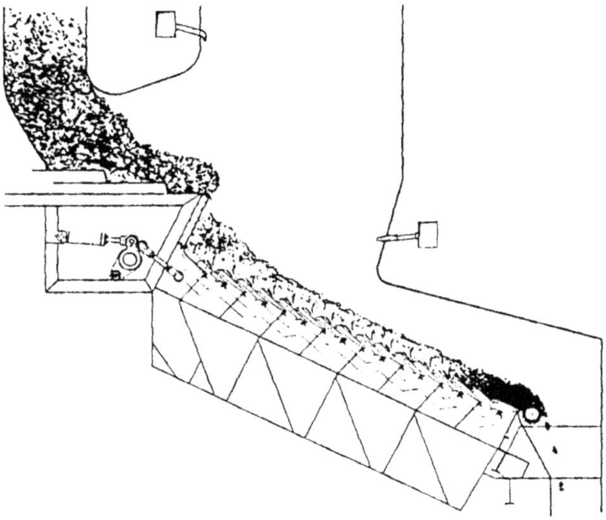

Abb. 4.87 Rückschubrost (System Martin) [124]

Rückschubroste Der Rückschubrost besteht wie der Vorschubrost aus beweglichen und feststehenden Querreihen. Der Rost ist zum Schlackeaustrag hin geneigt, die Hubbewegung der Roststäbe erfolgt zur Beschickungseinrichtung hin. Durch diese Aufwärtsbewegung und die durch die Schwerkraft verursachte Abwärtsbewegung wird eine gute Schürung erreicht, da ständig Glutteile aus der Hauptbrennzone zum Rostanfang geschoben werden. Am Rostende werden die Verbrennungsrückstände mit einer Walze ausgetragen. Abbildung 4.87 zeigt einen Rückschubrost (System Martin).

Walzenroste Der Walzenrost besteht aus sechs hintereinander angeordneten Walzen von 1,5 m Durchmesser. Der Walzenrost ist zum Austrag hin 30° geneigt. Die Walzen werden einzeln elektrisch angetrieben, wodurch die Fördergeschwindigkeit an die Brennbarkeit des Abfalls angepasst werden kann. Die Taschen zwischen den einzelnen Walzen erzwingen eine Umwälzung des Mülls, wodurch eine gute Durchmischung und Schürung erreicht werden. Abbildung 4.88 zeigt den Aufbau eines Walzenrostes.

Abb. 4.88 Walzenrost [124]

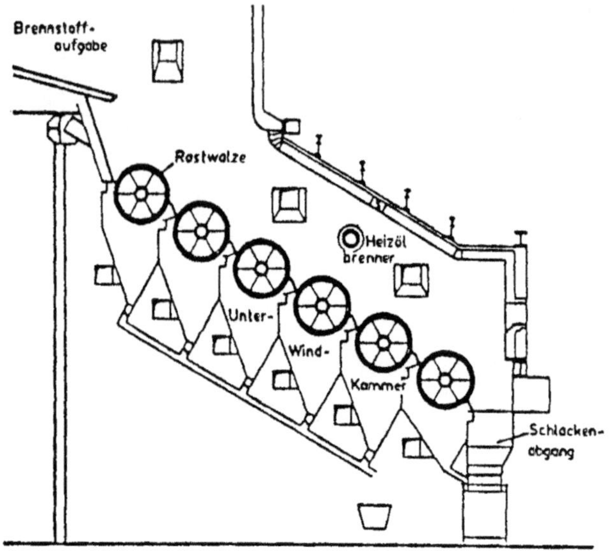

Verbrennungssystem VØlund Das Verbrennungssystem VØlund ist eine Kombination von Vorschubrost und nachgeschalteter Drehrohrfeuerung. Die Anordnung bewirkt eine Trocknung und Verbrennung des Abfalls auf dem Rost und den Ausbrand im Drehrohr bei 800 bis 1000 °C. Durch die Rotation des Drehrohres werden die Verbrennungsrückstände gesintert. Die Körnung der Schlacke ist daher relativ klein, gleichförmig und nicht staubend [121]. Abbildung 4.89 zeigt die Anordnung des Vorschubrostes und des Drehrohrs nach dem System VØlund.

Luftführung und Feuerraum bei Rostfeuerungen Die konstruktive Ausbildung des Feuerraums muss nicht nur eine optimale Verbrennung, sondern auch eine gute Rauchgasdurchmischung gewährleisten. Bei der Rauchgasableitung werden Gleichstrom-, Gegenstrom- und Mittelstromführung von Verbrennungsluft und Brenngut unterschieden. In Abb. 4.90 sind die drei Varianten der Rauchgasführung schematisch dargestellt.

Besondere Beachtung verdient die in Abb. 4.90 mit Pfeilen angedeutete kritische Teilgasführung. Hinsichtlich des kritischen Teilgasstromes, in dem gerade ausgegaste unverbrannte Kohlenwasserstoffe enthalten sind, erscheint die Gleichstromführung optimal, da der Teilgasstrom durch das Temperaturmaximum geführt und so weitgehend verbrannt wird. Nachteilig ist jedoch, dass die heißesten Rauchgase am Ende des Rostes gebildet werden und so Trocknungs- und Zündzone hinweg zurückgeleitet, so dass auch feuchte, heizwertarme Produkte durch die Vortrocknung relativ schnell verbrannt werden können. Nachteilig ist die mögliche Strähnenbildung und die damit verbundene Gefahr von Kurzschlussströmungen. Auf diese Weise kann relativ viel Unverbranntes in die Nachbrennzone gelangen. Die Gleichstromführung bietet sich daher für trockene, schnellzündende oder heizwertreiche Produkte an.

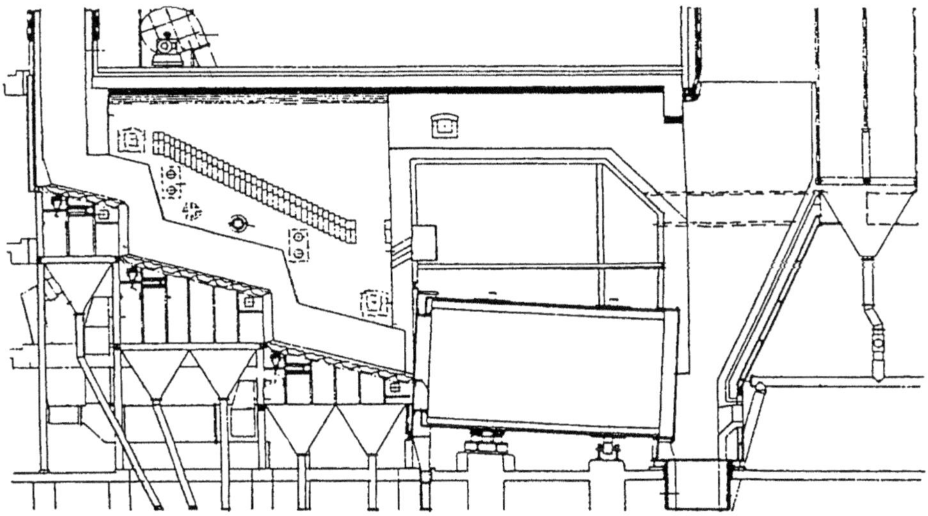

Abb. 4.89 Verbrennungssystem VØlund [124]

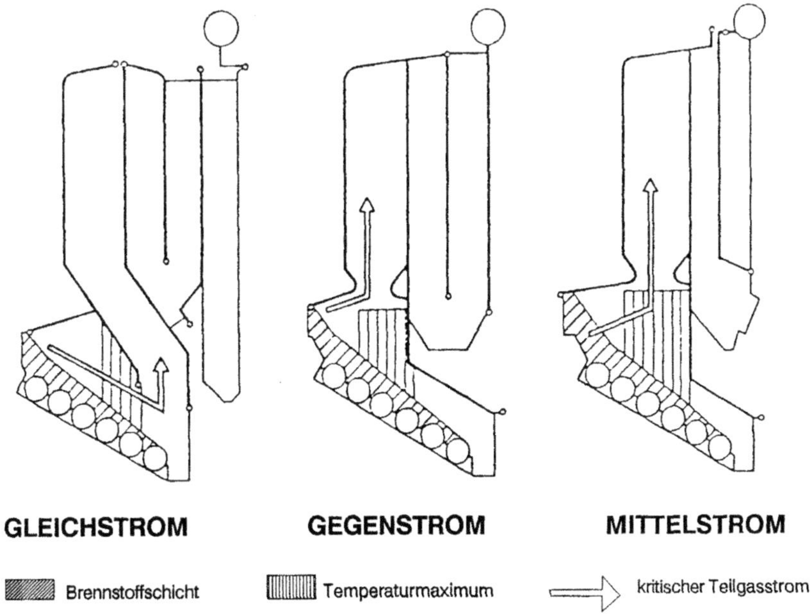

Abb. 4.90 Rauchgasführung durch Feuerraumgestaltung [132]

Beim Gegenstromprinzip werden die heißen Verbrennungsgase vom Ende des Rostes über die Trocknungs- und Zündzone hinweg zurückgeleitet, so dass auch feuchte, heizwertarme Produkte durch die Vortrocknung relativ schnell verbrannt werden können. Nachteilig ist die mögliche Strähnenbildung und die damit verbundene Gefahr von Kurzschlussströmungen. Auf diese Weise kann relativ viel Unverbranntes in die Nachbrennzone gelangen.

Bei der Mittelstromführung wird der erste Zug oberhalb der Hauptverbrennungszone angeordnet, so dass die Rauchgase zwangsläufig durch die heiße Verbrennungszone hindurch treten. Ein Vergleich verschiedener Anlagen hinsichtlich der Feuerraumgeometrie zeigt, dass oftmals ein Kompromiss zwischen Gegenstrom- und Mittelstromführung eingegangen wird.

Wirbelschichtfeuerung

Während Rostöfen für Haus- und Gewerbemüll bewährte Verbrennungsverfahren darstellen, sind Wirbelschichtöfen für diesen Brennstoff in der Bundesrepublik Deutschland noch in der Erprobungsphase. So steht eine in Berlin Ruhleben gebaute rotierende Wirbelschichtverbrennungsanlage kurz vor der Inbetriebnahme. Hier sollen ab Mitte 1999 65.000 Mg/a Hausmüll verbrannt werden. In Japan waren 1987 bereits rund 40 Anlagen und im europäischen Ausland ca. 8 Anlagen in Betrieb, in denen zum Teil nicht aufbereiteter Hausmüll verbrannt wird. Die Übertragbarkeit dieser Technologie auf deutsche Verhältnisse war wegen der unterschiedlichen Abfallzusammensetzung und anderer Vorgaben für Abgasreinigung und Wärmerückgewinnung schwierig. Hier müssen in jedem Fall eine Vorsortierung zur Abscheidung von Störteilen, eine Zerkleinerung und die Abscheidung von Fe-Metallen vorgesehen werden.

Die Asche fällt durch den Düsenboden und wird im unteren Teil des Ofens ausgetragen. Der schematische Aufbau eines Wirbelschichtofens wird in Abb. 4.92 dargestellt. Da aus verfahrenstechnischen Gründen der Ascheerweichungspunkt nicht erreicht werden darf, kommt es zu einer geringen Schwermetalleinbindung in Aschen. Damit sind Wirbelschichtverbrennungsanlagen nur zur Verbrennung schwermetallarmer Abfälle geeignet (z. B. Restholz, evtl. Kunststoffe, Papier).

Der Wirbelschichtofen besteht aus einer zylindrisch ausgemauerten, senkrechten Brennkammer, in deren Boden sich Düsen befinden. Durch die Düsen wird Verbrennungsluft zugeführt, die den Brennstoff fluidisiert, so dass eine Gas-Feststoff-Suspension vorliegt. Daraus ergeben sich eine relativ große spezifische Oberfläche und ein ausgezeichneter Wärme- und Stoffaustausch. Dies ist auch dem Abb. 4.91 zu entnehmen, in dem der Zusammenhang zwischen Druckluft, Wärmeübergang und Verbrennungsluftgeschwindigkeit aufgetragen ist. Sobald die Luftgeschwindigkeit zum Aufbau einer stationären Wirbelschicht ausreicht, verbessert sich der Wärmeübergang deutlich, obwohl der Druckverlust konstant bleibt (Bereich 2). Der Wärmeübergang verschlechtert sich erst wieder bei den höheren Luftgeschwindigkeiten einer zirkulierenden Wirbelschicht (Bereich 4).

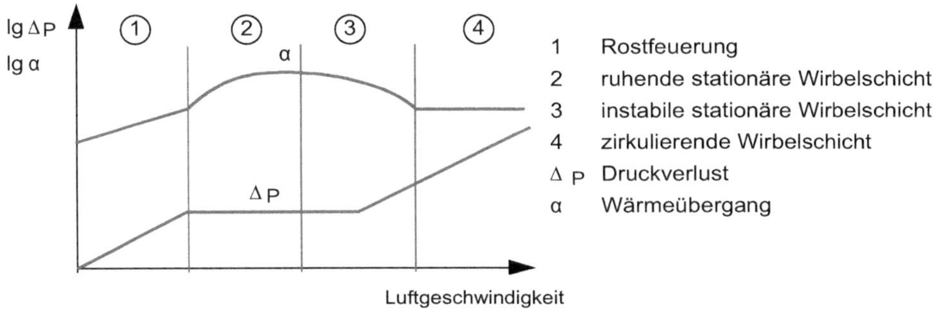

Abb. 4.91 Zusammenhang zwischen Druckverlust, Wärmeübergang und Verbrennungsluftgeschwindigkeit

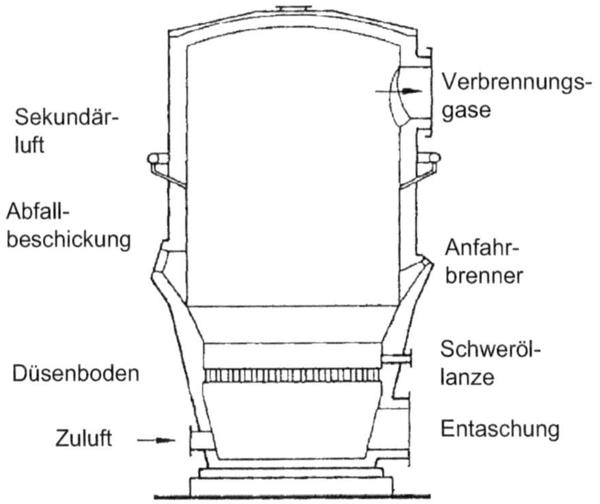

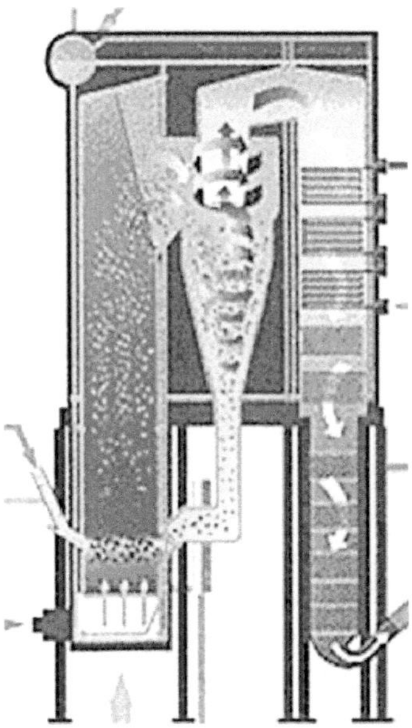

Abb. 4.92 Aufbau eines stationären- *links* [nach 121] und zirkulierenden- *rechts* [235] Wirbelschichtofens

Charakteristisch für eine Wirbelschichtverbrennung ist ein zu über 90 % inertes Bett, das entweder aus Sand, aus Asche oder ähnlichen unbrennbaren Stoffen besteht. Nur die geringen Restanteile bestehen aus Brennbarem. Da das Bett selbst über eine erhebliche Wärmekapazität verfügt, wird in der Wirbelschicht eine homogene und von den Verbrennungseigenschaften des Abfalls weitgehend unabhängige Temperaturverteilung erreicht. Dies führt zu einem ausgezeichneten Ausbrand. Zur Senkung der Schadstoffgehalte im Rauchgas können Additive (z. B. Kalk) in die Wirbelschicht gegeben werden, die die Schadgase einbinden.

Verbrennungsanlagen mit integrierter Schlacke- und Staubverglasung

Die wichtigste Aufgabe einer Restabfallverbrennungsanlage ist die Inertisierung des Inputmülls, d. h. insbesondere Zerstörung der organischen Komponenten und sichere Einbindung der anorganischen Komponenten (Schwermetalle) in die Schlacke bei gleichzeitiger Minimierung der rauchgasseitigen Emissionen.

Dieser Aufgabe werden die klassischen MVA's oft nur unzureichend gerecht. So hält das Schwermetalleinbindevermögen der Schlacken modernen Anforderungen nicht stand. Dies gilt besonders für Filterstäube, Kesselaschen u. ä. Rauchgasreinigungsrückständen, in denen teilweise hohe Schwermetallmobilitäten und organische Restbelastungen festgestellt werden.

Diese Rückstände sind daher als Sonderabfall eingestuft und müssen aufwendig behandelt und endgelagert werden (zur Staubproblematik s. Kap. 4.3.1.7).

Mittlerweile sind zahlreiche neue Verfahren sowie modifizierte Rostfeuerungen entwickelt worden, die eine in den Verbrennungsprozess integrierte Verglasung von Schlacken und Stäuben bewirken sollen.

Die wichtigsten Verfahrensentwicklungen mit integrierter Schlacke und Staubverglasung sind:

- Rostfeuerung mit nachgeschaltetem Drehrohr,
- Rostfeuerung nach Martin (SYNCOM –Verfahren)
- Schwel-Brennverfahren der KWU,
- Thermoselect,

wobei das Schwel-Brennverfahren der KWU und das Verfahren von Thermoselect an den technischen Schwierigkeiten in einer Großanlage gescheitert sind.

Ziel der Verglasung ist eine weitgehende Immobilisierung der enthaltenen Schwermetalle sowie eine nahezu vollständige Zerstörung der Restorganik von Staub und Schlacke. Die bei integrierten Verbrennungsprozessen gewonnene verglaste Schlacke kann relativ gefahrlos auf Monodeponien abgelagert bzw. als Bau- oder Zuschlagstoff verwertet werden. Stäube fallen nicht an, da sie durch Rückführung in den Verbrennungsraum verglast als Schlacke abgezogen werden.

Neben diesen integrierten Verglasungsverfahren werden noch verschiedene Verfahren zum externen Verglasen von Staub und Schlacke angeboten.

4.3.1.5 Schlackenabzug

Die Schlacke wird am Ende des Verbrennungsrostes abgeworfen und muss abtransportiert werden. Die wichtigsten Anforderungen an diese Austragseinrichtung sind die Vermeidung von Verstopfungen beim Schlackenaustrag sowie die Verhinderung von Falschlufteinbrüchen. Dazu werden mehrere Entschlackungssysteme angeboten, die zum Teil vom eingesetzten Rostsystem abhängig sind. Der Austrag des Rostabwurfes erfolgt ausschließlich durch Schwerkraft in Fallschächte, die direkt in den Entschlacker führen.

Das Hauptproblem beim Austrag vom Rostabwurf besteht in der hohen Temperatur der Schlacke, die zwischen 600 und 900 °C liegen kann. Durch ungenügenden Luftüberschuss

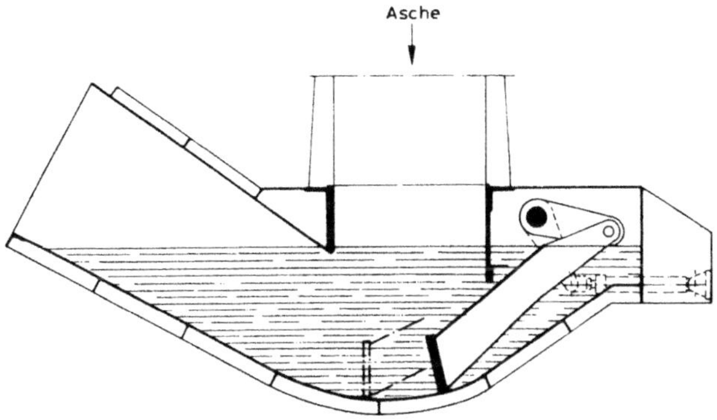

Abb. 4.93 Stößelentschlacker [125]

kann bei 950 bis 1000 °C der Schlackenerweichungspunkt erreicht werden, wodurch die Verbrennungsrückstände einen teigigen Zustand an-nehmen können.

Die Ablöschung der Schlacke und der Luftabschluss zum Feuerraum hin erfolgt durch Nasssysteme. Unterschieden werden Austragseinrichtungen mit Stößel, Plattenbändern und Kratzketten. Abbildung 4.93–4.95 zeigen die verschiedenen Austragsverfahren.

Bei den eingesetzten Nassentschlackern gehen mehr als 3 % der eingesetzten Brennstoffleistung über den Glühverlust und den Wärmegehalt der abgezogenen Aschen verloren.

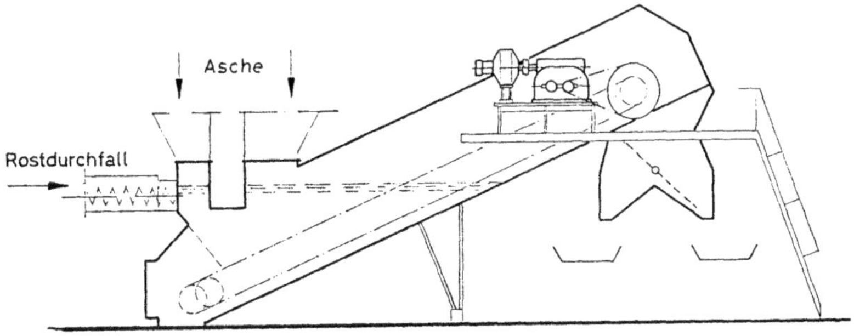

Abb. 4.94 Plattenbandentschlacker [145]

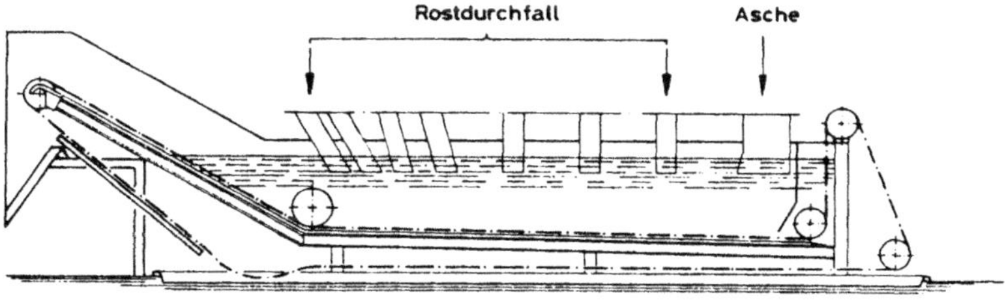

Abb. 4.95 Kratzkettenentschlacker [145]

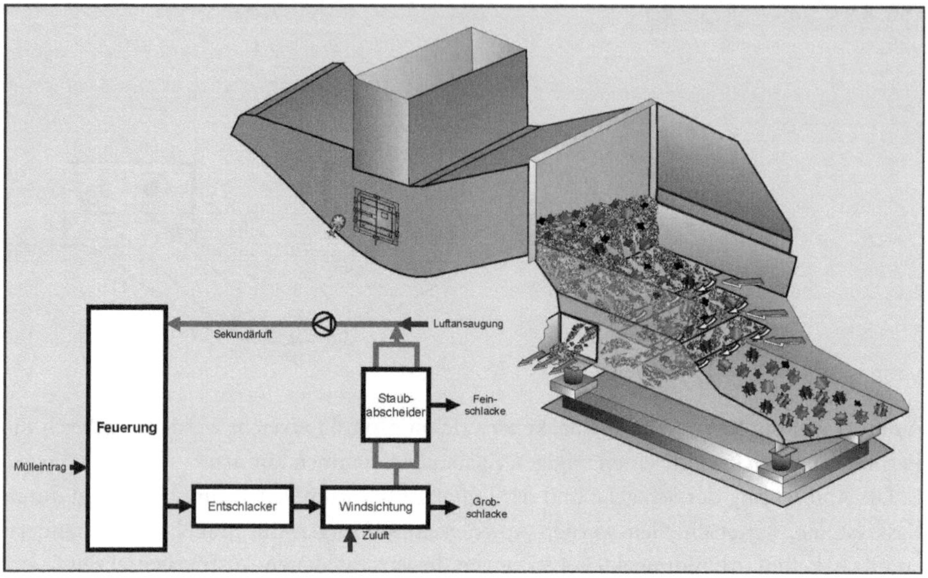

Abb. 4.96 Trockenentschlackungssystem der Fa. Martin GmbH [236]

Der große Anteil an Rostasche bietet jedoch weiteres Potenzial zur Rückgewinnung von Energie.

Die Fa. Martin und die Kehrichtverwertung Züricher Oberland (KEZO) haben daher Trockenentschlackungssysteme entwickelt, die neben der eigentlich anvisierten Rückgewinnung von Eisen und Nichteisenmetallen aus den Rostaschen und der nachsorgefreien Deponierung dieser Aschen, die Möglichkeit bieten, die Glühverluste und die Ascheaustrittstemperaturen dieser Aschen deutlich zu senken. Die folgenden beiden Bilder zeigen die entsprechenden Trockenentschlackungsverfahren (Abb. 4.96, 4.97).

Beide Systeme zeichnen sich in energetischer Sicht darin aus, dass die Glühverluste der Aschen auf unter 1 Gew.-% und die Ascheaustrittstemperatur auf ca. 50 °C gesenkt werden. Die abgeführte Wärme wird auf die, durch das Entschlackungssystem geführt Luft, übertragen und entweder wie beim „Martin-System" über die Sekundärluft, oder wie beim „KEZO-System" über die Tertiärluft dem Kessel zurückgeführt.

4.3.1.6 Kessel und Abwärmenutzung

Neben der in der 17. BImSchV geforderten Wärmerückgewinnung ist eine Abkühlung der bei der Verbrennung von Hausmüll entstehenden Rauchgase von 1000 bis 1200 °C auf 170 bis 320 °C auch aus verfahrenstechnischen Gründen nötig, da Rauchgasreinigungsverfahren Temperaturen unterhalb 350 °C erfordern. Die Abkühlung der Rauchgase aus der Müllverbrennung erfolgt meist indirekt, das heißt durch rekuperative Wärmetauscher Luft-Wasser bzw. Dampf. Als Wärmeübertragungseinrichtung dient ein Kessel, in dem die fühlbare Wärme (= kinetische Energie = Wärmeenergie) der Rauch-

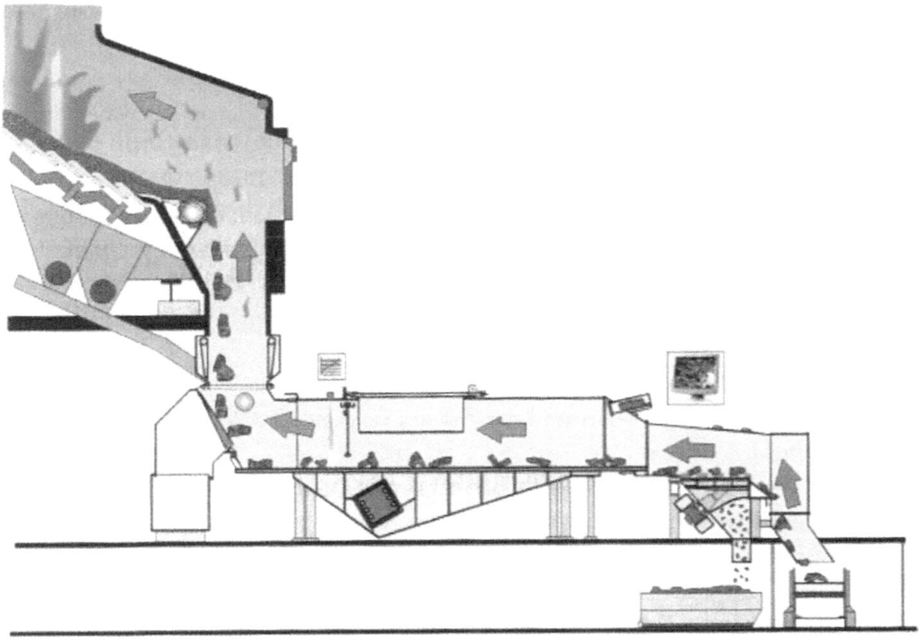

Abb. 4.97 Trockenentschlackungssystem der KEZO [237]

gase auf einen geeigneten Wärmeträger (Dampf oder Wasser) übertragen wird. Die wesentlichen Elemente einer Dampfkesselanlage mit dem Wärmeträger Wasser/Dampf sind Speisewasseraufbereitungsanlage, Speisewasserleitung, Druckkessel, Sicherheitsventile und Dampfentnahmerohr mit den jeweiligen Regelungseinrichtungen zur Steuerung von Wasserstand, Kessel- und Dampfdruck.

Auslegungskriterien

Die Auslegung einer Dampfkesselanlage richtet sich nach der zu erwartenden Wärme- oder Dampfleistung des Brennstoffes sowie dem Kesselwirkungsgrad. Während dieser Wirkungsgrad bei Verwendung fossiler Brennstoffe zuverlässig vorausbestimmbar ist, ist er im Falle der Müllverbrennung aufgrund des inhomogenen Brennstoffes nach Erfahrung auszuwählen. Aufgrund von Mengen- und Heizwertschwankungen treten Wärmespitzen auf, die abgefangen werden müssen. Es ist daher üblich, den Kessel entsprechend überzudimensionieren.

Eine weitere Besonderheit bei der Müllverbrennung stellt die hohe Staubfracht in den abzukühlenden Rauchgasen dar. Zur Verhinderung von rauchgasseitigen Verunreinigungen am Kessel, die zu reisezeitmindernden Anbackungen führen können, sind deshalb eine Reihe von Vorkehrungen erforderlich. Hierzu gehören

- begrenzte Rauchgasgeschwindigkeiten im ersten Kesselzug zur Schwerkraftaustragung des Flugstaubes vor Eintritt in den Kessel,
- Abkühlung der Rauchgase durch Strahlungswärmetransport anstelle von konvektiver Abkühlung zur Vermeidung von Anbackungen teigiger Flugascheteilchen an der Berührungsfläche.

Zur Minderung des Korrosionsrisikos sind darüber hinaus die möglichen Dampfparameter in MVA's auf 400 °C und 40 bar beschränkt und damit sehr viel geringer als in Kohlekraftwerken. Entsprechend gering ist in MVA's der elektrische Wirkungsgrad, der nur ca. 60 % des Wirkungsgrades von Kohlekraftwerken erreicht.

Bauarten

Kessel werden nach ihrer Bauart und der Art des verwendeten Wärmeträgers benannt. Man unterscheidet:

- Warmwasserkessel,
- Heißwasserkessel,
- Heißölkessel,
- Sattdampfkessel,
- Heißdampfkessel.

In MVA's werden Heißwasser-, Sattdampf- und Heißdampfkessel eingesetzt.

In *Heißwasserkesseln* wird Wasser unter Überdruck von 110 °C bis üblicherweise 200 °C aufgewärmt. Das aufgeheizte Wasser wird vorzugsweise für Fernheizzwecke verwendet.

In *Sattdampfkesseln* wird Wasser unter Überdruck von 130 °C bis zu der jeweiligen druckabhängigen Verdampfungstemperatur (Sattdampftemperatur) erhitzt. Das sich dabei bildende Wasser-Dampf-Gemisch wird in einer Trommel gesammelt, die Dampf vom Wasser scheidet. Der Dampf kann für Prozesszwecke verwendet und das Wasser in den Kessel zurückgeführt werden.

In *Heißdampfkesseln* wird zunächst Sattdampf erzeugt, der anschließend weiter aufgeheizt (überhitzt) wird.

Satt- und Heißdampfkessel, in der Praxis mit Frischdampf bezeichnet, werden vorwiegend für die Herstellung von Prozessdampf verwendet.

Dampfkessel werden nach der Art des Wärmeträgerumlaufes unterschieden. Die wichtigsten Bauarten sind:

- Naturumlauf,
- Zwangsumlauf,
- Zwangsdurchlauf.

Naturumlaufkessel Dieses Prinzip basiert auf dem natürlichen Wasserumlauf (Schwerkraftprinzip) infolge von Dichteunterschieden von Wasser bei verschiedenen Tempera-

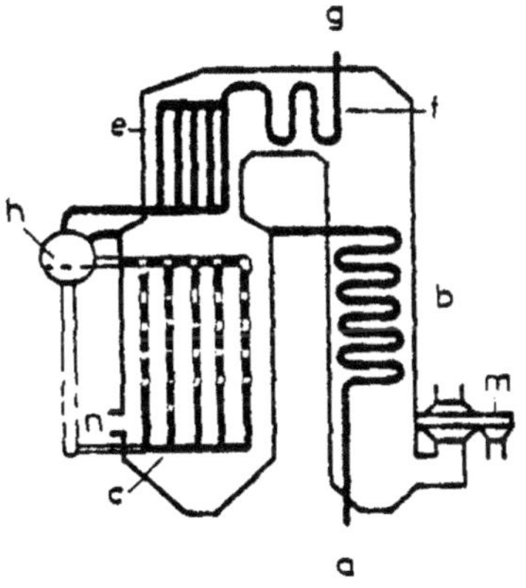

Abb. 4.98 Naturumlaufkessel [124]

a Speisewasser
b Speisewasservorwärmer
c Verdampfer
e Strahlungsüberhitzer
f Berührungsüberhitzer
g Dampf
h Trommel
m Luftvorwärmer
n Brenner

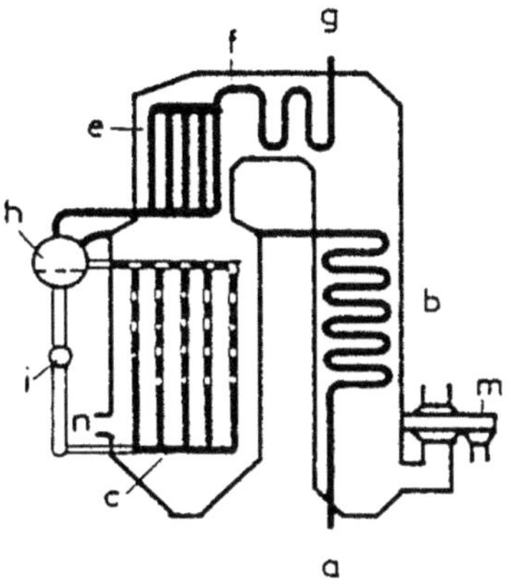

Abb. 4.99 Zwangumlaufkessel [124]

a Speisewasser
b Speisewasservorwärmer
c Verdampfer
e Strahlungsüberhitzer
f Berührungsüberhitzer
g Dampf
h Trommel
i Umwälzpumpe
m Luftvorwärmer
n Brenner

turen. Abbildung 4.98 zeigt den schematischen Aufbau eines Naturumlaufkessels zur Herstellung von überhitztem Dampf.

Zwangumlaufkessel Bei diesen Kesseln erfolgt die Wasserumwälzung neben der Ausnutzung der Dichteunterschiede zusätzlich durch eine Pumpe. Abbildung 4.99 zeigt den schematischen Aufbau eines Zwangumlaufkessels.

Das Umlaufwasser läuft aus der Trommel (h) zur Umwälzpumpe (i) und wird den aus mehreren parallel geschalteten Rohren ausgebildeten Verdampfer-Heizflächen (c) zugeführt. Auch hier wird der in der Trommel abgeschiedene Dampf im rauchgasseitig nachfolgenden Überhitzer (f und g) überhitzt.

Zwangdurchlaufkessel In Zwangdurchlaufkesseln wird das Wasser nicht im Kreis geführt (kein Wasserumlauf). Stattdessen tritt die gleiche Menge an Wasser ein, wie an Dampf austritt (Wasserdurchlauf). Abbildung 4.100 zeigt zwei Bauformen von Kesseln nach dem Zwangdurchlaufprinzip.

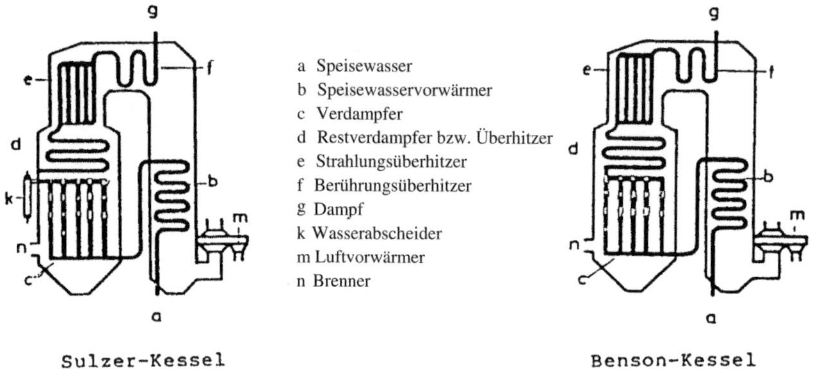

Abb. 4.100 Benson- und Sulzerkessel als Beispiele für Zwangdurchlaufkessel [124]

Gegenüber dem Bensonkessel hat der Sulzerkessel eine Wasserabscheidefläche (k) zwischen Verdampferteil (c) und Überhitzerteil (d, e, f), damit in den Überhitzer nur Dampf eintritt. Zwangdurchlaufkessel haben den Vorteil, dass auch überkritischer Dampf hergestellt werden kann. Sie werden allerdings in MVA's nicht eingesetzt.

In Müllverbrennungsanlagen hat sich das vergleichsweise einfachere Prinzip des direkt aufgesetzten Naturumlaufkessels mit 3 bis 5 Rauchzügen gut bewährt. Daneben sind besonders in jüngster Zeit der eigentlichen Feuerung nachgeschaltete Abhitzekessel (ebenfalls im Naturumlaufer) mit gutem Erfolg ausgeführt worden. Beide Bauweisen haben ihre spezifischen Vor- und Nachteile.

Ein *direkt aufgesetzter Kessel* (Vertikalzugkessel)hat den Vorteil, dass ein großer Teil der Energie aus dem Feuerraum über Strahlung an den Kessel abgegeben wird. Damit erfolgt keine wesentliche Berührung der Rauchgase mit der Kesselfläche. Da die Rauchgase im Feuerraum jedoch noch Inhomogenitäten aufweisen, muss der Kessel im unteren Bereich keramisch ausgekleidet werden.

Die aufgesetzte Bauweise bedarf ferner nur einer geringen Grundfläche und begünstigt das Naturumlaufprinzip.

Ein *nachgeschalteter Abhitzekessel* (Horizontalzugkessel) liegt außerhalb des Bereiches von Rauchgasinhomogenitäten und ist damit durch Rauchgassträhnen nicht korrosionsgefährdet.

Die bei der Müllverbrennung freiwerdende thermische Energie der Rauchgase wird in allen deutschen MVA genutzt. Drei der 70 deutschen MVA erzeugen dabei Sattdampf, in den Kesseln aller anderen MVA wird der erzeugte Sattdampf in Überhitzerheizflächen weiter überhitzt. Die erzeugten Frischdampfparameter der deutschen MVA Anfang 2010 sind in Abb. 4.101 dargestellt.

Die Erhitzung und Verdampfung des Wassers sowie die Überhitzung des Wasserdampfs erfolgt in Wasserrohrkesseln im Naturumlaufprinzip. Das Speisewasser wird über die Speisewasserpumpe bei ca. 130 °C in den Kessel befördert und über Speisewasservorwär-

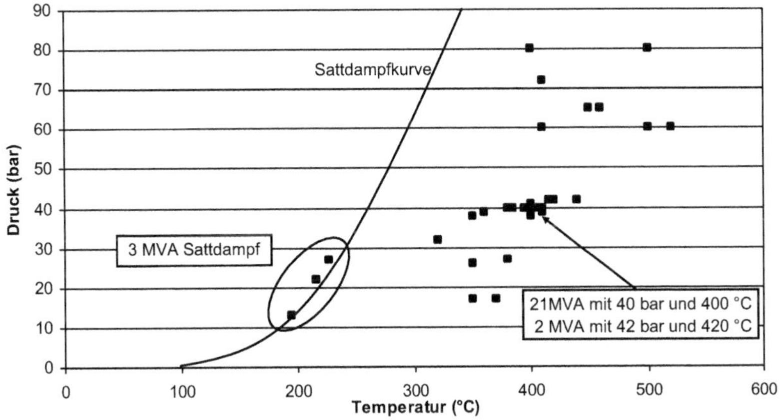

Abb. 4.101 Frischdampfparameter deutscher MVA, 2010 [234]

mer (Economiser) erwärmt. Die Economiserheizflächen befinden sich am Ende des Kessels bei geringen Rauchgastemperaturen.

Zum Erreichen des vollständigen Ausbrands der Rauchgase, wird der Verbrennung überstöchiometrisch Sauerstoff in Form von Luft zugegeben. Die Luftüberschusszahlen erreichen dabei Werte zwischen $\lambda \approx 1{,}4$ und 1,8 was einem Sauerstoffgehalt im trockenen Rauchgas von ca. 6 bis 10 Vol.-% entspricht. Die teilweise hohen Luftüberschusszahlen sorgen für höhere Rauchgasmengen, was einem gesteigerten thermischen Rauchgasverlust und höheren elektrischen Eigenbedarf der Saugzüge nach sich zieht [234]. Zwei Kesselkonzepte kommen bei MVA zum Einsatz (Abb. 4.102).

Die kostengünstigere und platzsparendere Variante ist der Vertikalzugkessel. In den Anlagen die bis Mitte der 90er Jahre errichtet wurden ist diese Kesselbauart vorrangig zu finden. In den letzten Jahren wurden bevorzugt Horizontalzugkessel in „Tailend" Bauform errichtet, die Vorzüge gegenüber der Horizontalzugbauweise aufweisen. Die Konvektionsheizflächen sind im Vertikalzugteil des Kessels angeordnet. Die niedrigeren Rauchgasgeschwindigkeiten sorgen für weniger Verschmutzungen und damit besseren Wärmeübergang an den Heizflächen. Weiterhin geht das Korrosionsrisiko zurück und der Wartungsaufwand wird verringert. Dampf zum Rußblasen ist nicht mehr nötig und kann zur Energieerzeugung genutzt werden. Da der Vertikalzugteil von oben zu öffnen ist können komplette Wärmeübertragerbündel schnell ausgetauscht werden, was zu kürzeren Stillstandszeiten führt [238].

Zur Absenkung der Rauchgasaustrittstemperatur aus dem Kessel können zusätzliche Economiserheizflächen eingebaut werden. Die Erweiterung eines Vertikalzuges gestaltet sich, aufgrund der besseren Platzverhältnisse als deutlich einfacher.

Über die Außenhülle der Kessel wird Energie in Form von Strahlungswärme an die Umgebung abgegeben. Je größer und kompakter die Kesselkonstruktionen sowie bei guter Isolierung der Kessel können diese Verluste minimiert werden. Etwa 1 % der im Abfall ent-

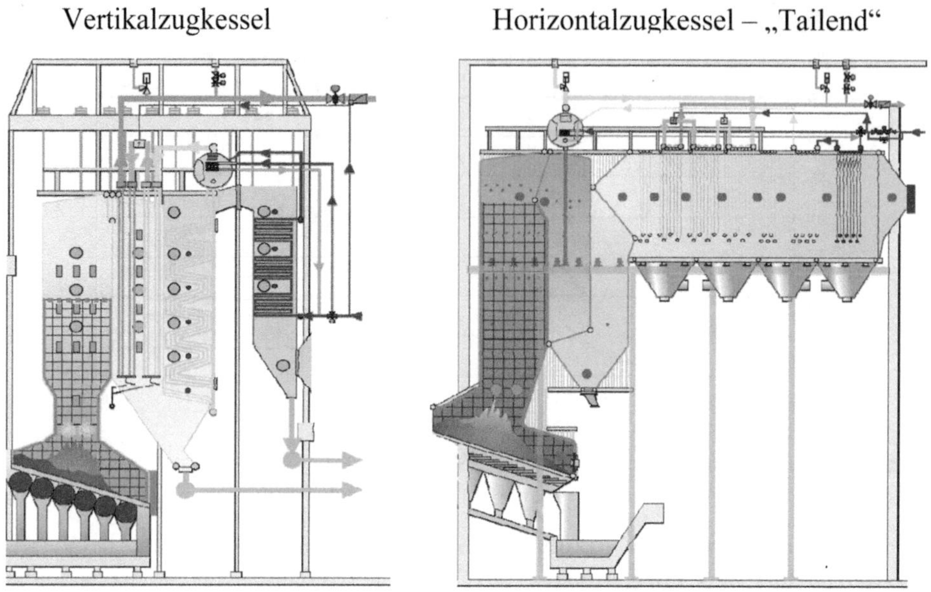

Abb. 4.102 In MVA eingesetzte Kesselkonzepte [238]

haltenen Energie gehen dennoch an Strahlungswärme über die Kesseloberfläche verloren [239].

Erosion und Korrosion im Feuerraum

Unter Erosion im Feuerraum soll ein Materialabtrag an Vordampferrohren o. ä. aufgrund eines Zusammenpralles mit Flugstaubpartikeln verstanden werden. Der Begriff Korrosion bezeichnet die Oxidation von Werkstoff durch Sauerstoff, Chlor u. a. Elemente.

Oft wirken Erosion und Korrosion gemeinsam auf die Werkstoffe im Feuerraum. Damit verringert sich deren Lebensdauer z. T. erheblich. So kann durch Erosion eine aus Korrosionsprodukten gebildete Schutzschicht abgetragen werden, wodurch das Werkstück weiter schnell korrodiert usw.

Die wesentlichen Einflussgrößen der *Erosion* sind die Geschwindigkeit der Flugascheteilchen, der Rohgasstaubgehalt und die Körnung und die Härte des Flugstaubes. Im Bereich von Umlenkungen treten verstärkt Erosionen infolge der Trägheitskräfte der Staubteilchen auf. Erosionsschäden zeichnen sich durch glatte bzw. wellige Abtragungen an Oberflächen aus.

Feuerraum, Strahlraum und je nach Kesselbauart auch der Überhitzer sind rauchgasseitig besonders *korrosions*gefährdete Zonen. Man unterscheidet zwischen Hoch- und Tieftemperaturkorrosionen.

Die *Hochtemperaturkorrosion* läuft unter Ausschluss von Feuchtigkeit ab. Sie kann aufgrund der Ursachen in die Chlorwasserstoff-, Chlorid- und Sulfatkorrosion eingeteilt werden.

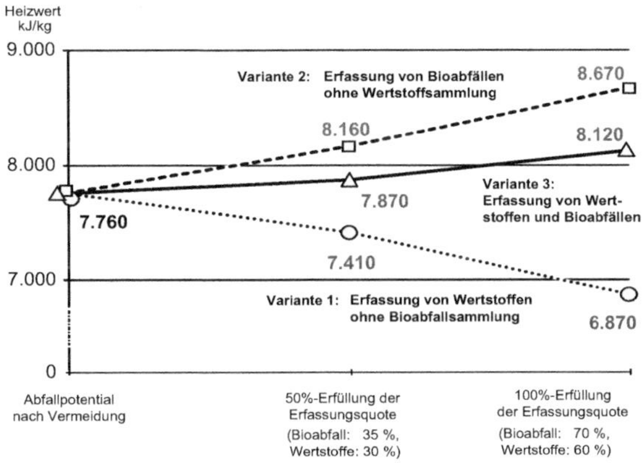

Abb. 4.103 Heizwertentwicklung von Restabfall in Abhängigkeit von verschiedenen Erfassungsquoten für Wertstoffe und Bioabfälle [90]

Tieftemperaturkorrosion läuft unter Anwesenheit von Feuchtigkeit im unteren Temperaturbereich ab. Dabei ist zwischen Stillstands- und Taupunktkorrosionen zu unterscheiden. Während *Taupunktkorrosionen* bei Unterschreitung des Säuretaupunktes in nachgeschalteten Aggregaten auftreten, wirken *Stillstandskorrosionen* durch Zusammenwirken von Luftfeuchtigkeit und wasserlöslichen Bestandteilen in den Ablagerungen bei Stillstand der Anlage.

Abwärmenutzung Der zukünftige Heizwert von Restabfall aus Haushaltungen wird wahrscheinlich höher sein, als der heutige. Dies zeigen Untersuchungen, die den Einfluss verschiedener Recyclingquoten auf den Heizwert des Restabfalls ermitteln (s. Abb. 4.103).

Durch den deutlichen Rückgang der Restabfallmengen aus Haushalten auf 20 bis maximal 40 % der anfallenden Abfälle haben sich jedoch die Mengenverhältnisse bei thermischen Restabfallbehandlungseinrichtungen verändern. Gegenläufig zu den Restabfällen aus Haushalten werden heizwertreiche Sortierreste (mit Heizwerten von 12.000–15.500 kJ/kg und höher) aus Aufbereitungsanlagen und je nach örtlichen Gegebenheiten auch andere Gewerbeabfälle ansteigen. Bilitewski et al. [176] verweist auf Beispiele, bei denen der Restabfall aus Haushalten nur 40 % der verbrannten Abfälle darstellt.

Daraus wird deutlich, dass zukünftig bei Restabfall von einem Heizwert von um die 10–12 MJ/kg und höher auszugehen ist.

Bei der Verbrennung fallen ca. 4000 bis 6000 m^3 Rauchgase pro Mg eingesetzter Abfälle mit Abgastemperaturen um 1000 °C an, die vor Eintritt in die Entstauber bzw. Rauchgasreinigung auf weniger als 350 °C abzukühlen sind. Die bei der Abkühlung freigesetzte Wärme kann zur Erzeugung von Heißwasser, hochgespanntem Dampf für Fernheizzwecke oder zur Verstromung verwendet werden.

Geht man von einer mittleren spezifischen Wärme der Rauchgase von etwa 1,34 kJ/($m^3 \times K$) aus, entsteht je Mg Abfall bei der Rauchgasabkühlung von 1000 auf 350 °C eine nutzbare Wärme von ca. 3,5 bis 5,0 GJ.

Der Wirkungsgrad bei der Verstromung liegt in Verbrennungsanlagen für unsortierten Hausmüll bei etwa 23 bis 25 %. Davon muss ca. 1/3 als Eigenbedarf der Anlage abgezogen werden, so dass ca. 15 % des Energiegehaltes des Abfalls als elektrischer Strom abgegeben werden können. Folgende Richtwerte für die Energiegewinnung aus der Müllverbrennung lassen sich unter Zugrundelegung mittlerer Ausgangsdaten für moderne Müllverbrennungsanlagen nennen:

- unterer Heizwert von Müll (H_u): 9,5 bis 11 MJ/kg,
- Dampferzeugungswirkungsgrad: 65 bis 78 %,
- Dampferzeugung pro Mg Müll: 1,9 bis 2,9 Mg,
- Stromerzeugung pro Mg Müll unter Verwendung der Wirkungsgrade für die Dampferzeugung und die Verstromung bei Kondensationsbetrieb: 350 bis 450 kWh.

Die Nutzung der Verbrennungswärme zur Dampferzeugung wird von den örtlichen Gegebenheiten entscheidend beeinflusst. In größeren Anlagen wird überwiegend relativ hochwertiger Dampf (40 bar, 400 °C) zur Stromerzeugung, teilweise mit Fernheizung kombiniert, erzeugt. In kleineren Anlagen überwiegt die Erzeugung von Dampf mit geringeren Parametern (15 bis 20 bar, 200 bis 250 °C), der direkt für Heizzwecke oder im industriellen Bereich als Prozesswärme genutzt wird.

Anhand eines durchschnittlichen deutschen Müllverbrennungskessels, mit einer Feuerungswärmeleistung von 36,2 MW, bei einem Abfalldurchsatz von 3,58 kg/s und einem Abfallheizwert von 10.100 kJ/kg, soll anhand folgender Massen- und Energiebilanz die Berechnung des Kesselwirkungsgrades beschrieben werden (Abb. 4.104).

Aufgrund der thermischen Rauchgasverluste und speziell bei der Müllverbrennung der thermischen sowie chemischen Ascheverluste, wird über den Kessel nicht der komplette Energiegehalt der Abfälle in den Wasserdampfkreislauf übertragen. Wird wie bei der Bilanzierung über die DIN EN 12952-15 [DIN EN 12952-15] die „Absalzung“ außer Betracht gelassen und erfolgt keine Vorwärmung der Verbrennungsluft kann die Berechnung des Kesselwirkungsgrades vereinfacht über die erzeugte Dampfmenge erfolgen [234].

$$\eta_K = \frac{\dot{Q}_N}{\dot{Q}_{Zu}} = \frac{\dot{m}_D \times (h_{DA} - h_{SW})}{\dot{m}_{BS} \times H_{UBS}} \quad (4.8)$$

η_K = Kesselwirkungsgrad
$\dot{Q}_N$ = Nutzwärmeleistung in kW
$\dot{Q}_{Zu}$ = zugeführte Wärmeleistung in kW
$\dot{m}_{BS}$ = Brennstoffmassenstrom in kg/s
H_{UBS} = Brennstoffheizwert in kJ/kg
$\dot{m}_D$ = erzeugter Dampfmassenstrom kg/s
h_{DA} = Enthalpie Frischdampf am Dampferzeugeraustritt in kJ/kg
h_{SW} = Enthalpie Speisewasser bei Eintritt in den Dampferzeuger in kJ/kg

Diese direkte Methode zur Bestimmung des Kesselwirkungsgrades kann an bestehenden Dampferzeugern erfolgen. Um bei der Planung und vor Umbaumaßnahmen an Kesseln

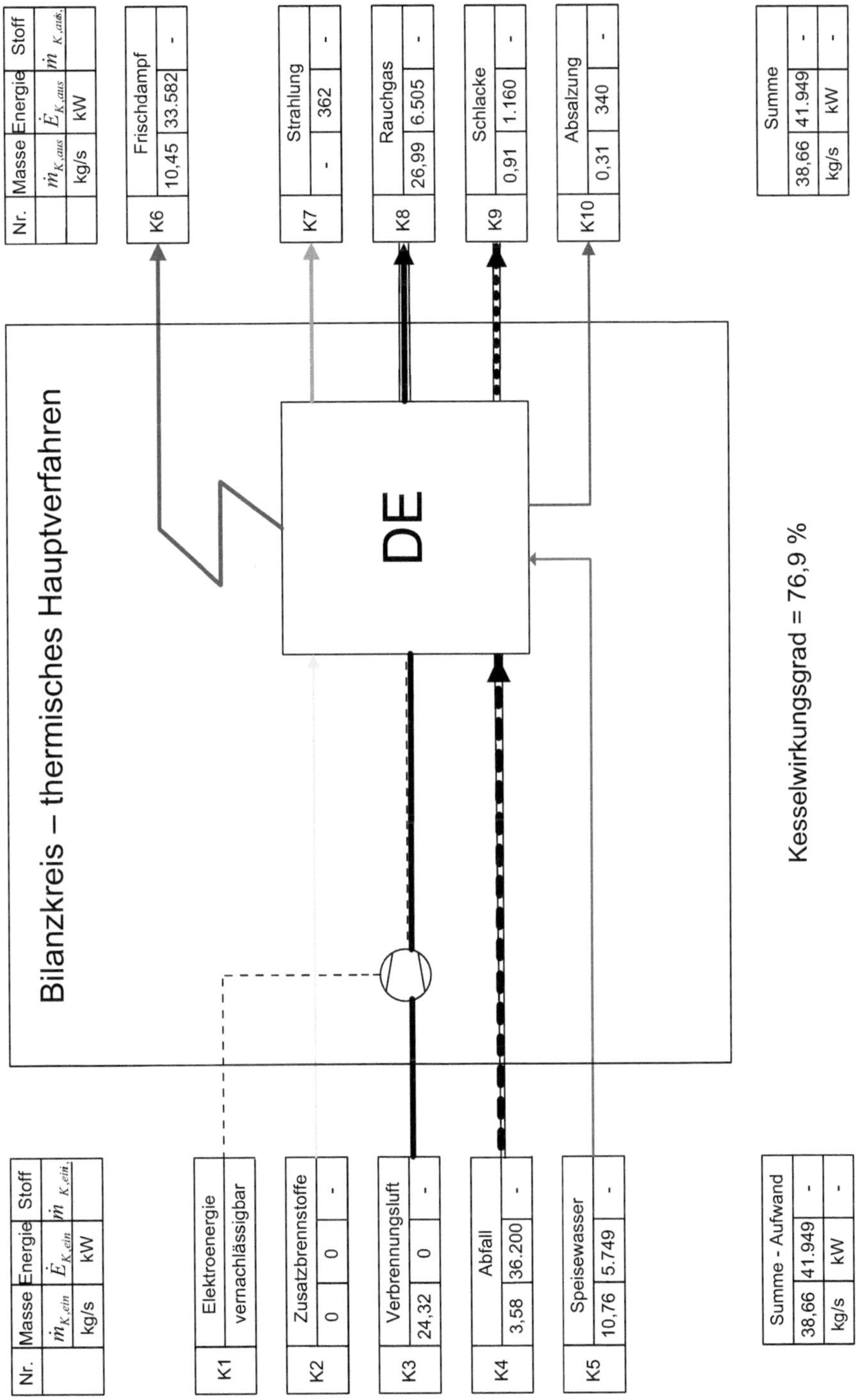

Abb. 4.104 Massen- und Energiebilanz um den Kessel [234]

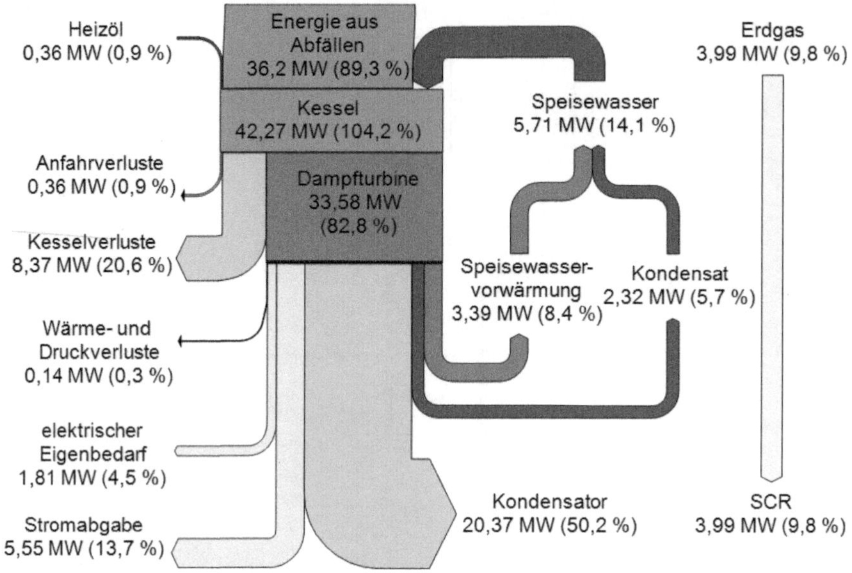

Abb. 4.105 Energieflussbild der Modellanlage als Sankeydiagramm ohne Optimierung [234]

Aussagen über den zukünftigen Kesselwirkungsgrad treffen zu können, ist die indirekte Berechnung über die Kesselverluste mit folgender Formel möglich [DIN EN 12952-15] [234].

$$\eta_K = 1 - \frac{\sum \dot{Q}_V}{\dot{Q}_{Zu}} = 1 - \frac{(\dot{Q}_{Ath} + \dot{Q}_{Ach} + \dot{Q}_{RGth} + \dot{Q}_{RGch} + \dot{Q}_{SR})}{\dot{Q}_{Zu}} \tag{4.9}$$

η_K = Kesselwirkungsgrad
$\dot{Q}_{Zu}$ = zugeführter Wärmestrom in kW
$\dot{Q}_V$ = Verlustwärme in kW
$\dot{Q}_{Ath}$ = thermischer Ascheverlust in kW
$\dot{Q}_{Ach}$ = chemischer Ascheverlust in kW
$\dot{Q}_{RGth}$ = thermischer Rauchgasverlust in kW
$\dot{Q}_{RGch}$ = chemischer Rauchgasverlust in kW
$\dot{Q}_{SR}$ = Strahlungs- und Rohrleitungsverluste in kW

Der zugeführte Wärmestrom besteht in erster Linie aus dem Energiegehalt des Abfallbrennstoffs und ggf. zusätzlich aus dem Energiegehalt der vorgewärmten Verbrennungsluft und Regelbrennstoffen zur An,- Abfahr- und Stützfeuerung. Dem Modellkessel wird lediglich Energie in Form von Abfallbrennstoffen zugeführt. Der Heizwert des Modellbrennstoffes in Abb. 4.105 entspricht mit 10.100 kJ/kg dem durchschnittlichen Heizwert der eingebrachten Abfälle in deutsche MVA [240].

Das folgende Energieflussbild, der elektrischen Strom erzeugenden Modellanlage, dient als Grundlage und Basis zur Beschreibung und energetischen Bewertung. Die dargestellte Linie der Modellanlage hat eine Brennstoffleistung von 36,2 MW und benötigt zur Aufheizung der Rauchgase vor der selektiv katalytischen Reduktion im Jahresdurchschnitt ca. 4 MW Erdgas sowie für Anfahrprozesse ca. 0,44 MW leichtes Heizöl. Der Gesamtenergieeintrag in den Bilanzkreis der Modellanlage beläuft sich auf ca. 40,5 MW. Die Prozentangaben in Klammern beziehen sich auf diesen Gesamtenergieeintrag (nach [234]).

Unter energetischen Aspekten ist die gemeinsame Abfall-Klärschlamm-Verbrennung, die zurzeit in sechs Großanlagen praktiziert wird, interessant. Diese Kombination ist insbesondere unter dem Gesichtspunkt einer gesicherten Wärmenutzung sinnvoll, da Konditionierung, Entwässerung und Trocknung des Schlammes einen hohen Energieeinsatz auf niedrigem Niveau erfordern. Diese Randbedingungen können von einer MVA optimal erfüllt werden.

Der Klärschlammanfall beträgt etwa 300 bis 450 l/E × a bei 94 bis 99 % Wassergehalt; dem stehen 250 bis 350 kg/E × a Hausmüll gegenüber. Eine Wärmebilanzierung ergibt, dass bei einem Müllheizwert von 7500 bis 10.000 kJ/kg das Zweifache der einwohneräquivalenten Faulschlammenge oder die äquivalente Menge an Frischschlamm mit Müllwärme getrocknet werden können. Da in der Regel eine mechanische Vorentwässerung des Klärschlammes durchgeführt wird, ist ein Wärmeüberschuss vorhanden. Kombinierte Müll-Klärschlamm-Verbrennungsanlagen können daher auch Energie für andere Zwecke, z. B. Eigenbedarf der Anlagen, zur Verfügung stellen.

Es ist wichtig zu wissen, dass im politischen Raum ingenieur- und naturwissenschaftliche Realität nicht unbedingt die wichtige Rolle spielt. Da die Verbrennung von Abfällen von vielen Umweltgruppen abgelehnt wurden, aber in der Realität der Abfallwirtschaft nicht zu vermeiden ist, wurde in der Abfallgesetzgebung die Unterscheidung des Haupt- und Nebenzwecks eines Verfahrens eingeführt, das im Falle der Abfallverbrennung in der Tat Auslegungssache ist. Für den Ingenieur unbestreitbar ist der Hauptzweck der Abfallverbrennung die Inertisierung des Materials, die Rückgewinnung und Nutzung des Energieinhalts ein bisher im deutschen Recht verlangter Nebenzweck.

In der Neufassung der ‚Richtlinie 2008/98/EG des Europäischen Parlaments und des Rates vom 19. November 2008 über Abfälle und zur Aufhebung bestimmter Richtlinien‘ (Abfallrahmenrichtlinie) und der Umsetzung in Nationales Recht im Februar 2012 ist eine Energieeffizienz genannte Kennzahl definiert worden, die nach der folgenden R1-Formel –so genannt, weil sie die Bedingungen für die Zuerkennung des Verwertungsverfahrens R1 (Hauptverwendung als Brennstoff oder als anderes Mittel der Energieerzeugung) enthält – berechnet wird [241]:

$$\text{Energieeffizienz} = (\text{Ep} - (\text{Ef} + \text{Ei}))/(0,97 \times (\text{Ew} + \text{Ef})) \tag{4.10}$$

Darin ist Ep die jährlich als Wärme oder Strom angefallene Energie, wobei die Wärme mit dem Faktor 1,1 und die Elektroenergie mit dem Faktor 2,6 multipliziert wird. Ef ist die durch andere Brennstoffe als Abfall und Ei die in anderer Form zugefügte Energie. Ew ist die jährliche Energiemenge, die im behandelten Abfall enthalten ist, berechnet anhand des unteren Heizwerts des Abfalls [241].

Übersteigt die Energieeffizienz für Anlagen, die vor dem 1. Januar 2009 genehmigt wurden, den Wert 0,6, respektive für später genehmigte den von 0,65, so wird die Verbrennung von Siedlungsabfällen in diesen Anlagen als energetische Verwertung eingestuft. Mit der Umsetzung in nationales Recht wird Rechtssicherheit bei der Unterscheidung zwischen Verwertung und Beseitigung angestrebt, auch wenn die Formel aus wissenschaftlicher Sicht falsch ist.

4.3.1.7 Rauchgasreinigungsverfahren (RGR-Verfahren)

Rauchgasmenge und -zusammensetzung

Bei der Verbrennung entstehen pro Mg Abfall etwa 4000 bis 6000 m^3 Rauchgase. Neben den klassischen Verbrennungsprodukten Kohlenmonoxid (CO), Kohlendioxid (CO_2), Wasserdampf (H_2O), Schwefeldioxid (SO_2), Stickoxiden (NO_x) und Unverbranntem sowie anderen Kohlenwasserstoffen, wie polycyclische aromatische Kohlenwasserstoffe, aber auch Dioxine und Furane, treten weitere Schadstoffe auf, die auf die Zusammensetzung des Abfalls zurückzuführen sind. Dabei handelt es sich insbesondere um Chlorwasserstoff (HCl), Fluorwasserstoff (HF) und Schwermetalle.

Die Schadstoffe treten als gasförmige sowie partikelförmige Verunreinigungen auf. Bei der Reinigung der Rauchgase erfolgt zunächst eine Abscheidung partikelförmiger Stoffe und nachfolgend eine Entfernung gasförmiger Verunreinigungen durch chemische Stufen zur Abscheidung saurer Gase und am Ende mit katalytischer NO_x-Entfernung sowie eventuell mit Feinreinigungsaggregaten. Moderne Rauchgasreinigungsanlagen sollen die Schadstoffe aus dem Rauchgas möglichst quantitativ entfernen. Daher sind sie mehrstufig aufgebaut und erfordern einen erheblichen finanziellen Aufwand. So musste noch bei der neuen MVA in Bonn vor 20 Jahren ca. die Hälfte des Investitionsvolumens für die Rauchgasreinigung incl. peripherer Einrichtungen veranschlagt werden [91]. Dies hat sich durch den modernen Anlagenbau verändert, so dass Rauchgasreinigungssysteme deutlich preiswerter geworden sind.

Die Aufgabe der Abgasreinigung bei der thermischen Abfallbehandlung ist die Abtrennung der gasförmigen und im Abgas fluidisierten festen Verbrennungsprodukte mit dem Ziel, diese Stoffe einer Verwertung oder einer sicheren Ablagerung zuzuführen. Das Potenzial für stofflich verwertbare Komponenten im Abgas ist allerdings gering (z. B. Rückgewinnung von Quecksilber, Nutzung des Chlors zur Salzsäureproduktion, Nutzung der Schwefeloxide zur Gipsherstellung) [241].

Die im Rohgas nach Austritt aus dem Kessel zu erwartenden Konzentrationen einzelner Komponenten und die bei der Verbrennung von 1 Mg Restabfall über das Rohgas transportierten Massenströme sind in Tab. 4.18 zusammengefasst. Es ist ein Rauchgasstrom von 4500–5000 m^3/Mg Abfall zugrunde gelegt. Die Tabelle enthält die Hauptkomponenten O_2, CO_2 und H_2O, aber auch Schadstoffe, deren Niveaus durch die Rauchgasreinigung auf die Emissionsgrenzwerte 17. BImSchV (letzte Spalte) zu reduzieren sind.

Tab. 4.18 Konzentrationsbereiche und mittlere Massenströme im Rohgas einer Abfallverbrennungsanlage (ab einer Feuerungswärmeleistung von > 50 MW: Jahresmittelwert 100 mg NO_x/Nm^3) sowie die Emissionsgrenzwerte (TMW = Tagesmittelwerte) gemäß 17. BImSchV [241]

	Konzentration (g/Nm^3)	Masse (kg/Mg Abfall)	TMW 17. BImSchV (mg/Nm^3)
O_2	60–120	500	–
CO_2	150–200	900	–
H_2O	110–150	600	–
Staub	1–5	20	10
HCl	0,5–2	6.5	10
HF			1
SO_2	0,15–0,5	2	50
NO_x	100–500	2	200
NH_3	5–30	0,1	–
CO	< 10–30	0,1	50
TOC	1–10	0,02	10
Hg	0,1–0.5	0,002	0,03
	(ng (TE)/m^3)	µg (TE)/Mg Abfall	Mittelwert 17.BImSchV (ng/Nm^3)
PCDD/F	0,5–5	< 5	0,1

Abscheidung partikelförmiger Substanzen

Die Staubabscheidung, d. h. die Entfernung partikelförmiger Verunreinigungen, ist der Rauchgaswäsche vorgeschaltet, um diese nicht unnötig zu belasten. Die Partikel liegen im Größenbereich 1 µm bis 1 mm vor. Für die Entstaubung können im Wesentlichen folgende Verfahren eingesetzt werden:

- Zyklon,
- Gewebefilter,
- Elektrofilter.

Für die Abscheidung im Zyklon wird die Massenträgheit der abzuschaltenden Partikel genutzt, indem das zu reinigende Gas tangential in einen rotationssymmetrischen Fließkraftabscheider eintritt, wie in Abb. 4.106 zu erkennen ist.

Das Gas führt innerhalb des Zyklons eine Drehbewegung um das Tauchrohr aus, wodurch sich grobe Feststoffteilchen an der zylindrischen Wand absetzen und über den Konus nach unten ausgetragen werden, während das Reingas nach oben ausströmt. Zyklone als alleinige Entstaubungsaggregate bewirken keine ausreichende Entstaubung. Sie werden daher nur gelegentlich zur Vorentstaubung eingesetzt.

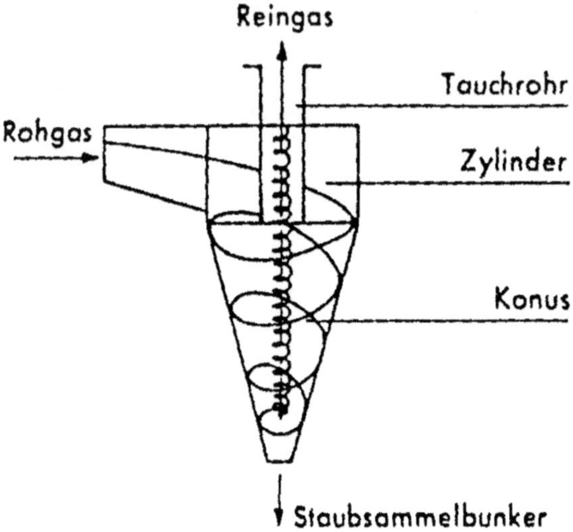

Abb. 4.106 Bestandteile und Funktionsweise eines Zyklons

Gewebefilter Das staubbeladene Gas wird durch eine poröse Schicht geleitet, die das Gas passieren lässt und die Staubteilchen auf der Oberfläche zurückhält. Die Wahl des Filtermaterials wird durch die Eigenschaften des zu reinigenden Gases wie chemische Zusammensetzung, Temperatur sowie Größe der abzuscheidenden Staubteilchen bestimmt. Je nach Anforderungen kommen Fasern aus Naturprodukten, Kunststoffen, Glas, Mineralien und Metallen zur Anwendung. Die Materialien sind zu Stoffen gewoben, geknüpft oder zu Filzen verarbeitet.

Die Abscheidung der Feststoffe erfolgt vor allem im Filterkuchen und nicht am Filtermaterial, weshalb vor Inbetriebnahme eines Gewebefilters eine erste Staubschicht aus Kalkstaub auf das Filtermaterial aufgebracht wird (Precoating). Die Filtergewebe sind als Taschen oder Schläuche in einem Gehäuse angeordnet, das in mehrere Kammern unterteilt ist.

Der Staub wird in einem Bunker mit Austragsvorrichtung unterhalb der Schläuche gesammelt. Die Abreinigung des Filtermaterials erfolgt periodisch durch Rütteln oder Druckluft. Mit modernen Gewebefiltern lassen sich hervorragende Reingaswerte erzielen, die die gesetzlichen Anforderungen der 17. BImSchV für Staubemissionen weit unterschreiten. Das Schema eines Gewebefilters zeigt Abb. 4.107 Gewebefilter erreichen Staubbeladungen im austretenden Gas von weniger als 1 mg/m^3 [241].

Elektrofilter - EGR Kennzeichen der elektrischen Staubabscheidung ist die Verschiebung von Staubteilchen zu den Abscheideflächen durch elektrische Kräfte in einem Hochspannungsfeld. Dabei werden die im Gas enthaltenen Staubteilchen zunächst aufgeladen, indem sie mit Ionen oder Elektronen zusammengebracht werden.

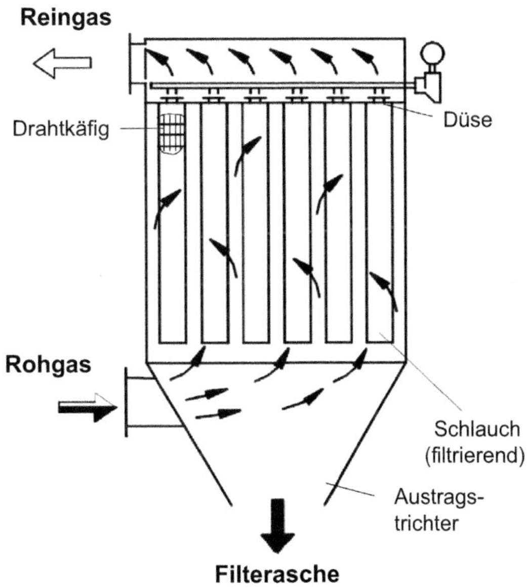

Abb. 4.107 Schema der Wirkungsweise eines Gewebefilters [241]

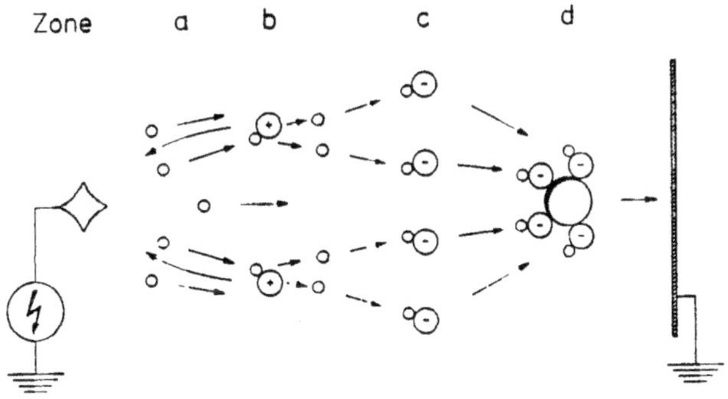

Abb. 4.108 Ionisationsvorgang am Elektrofilter [130]

Abbildung 4.108 zeigt schematisch die Wirkungsweise des Abscheidevorgangs:

Zone a: Beschleunigungszone der freien Elektronen, die von der Sprühelektrode freigesetzt werden.

Zone b: Stoßionisation elektrisch neutraler Gasmoleküle, aus deren Atomschalen weitere Elektronen freigesetzt werden (Koronaentladung).

Zone c: Anlagerung von Elektronen an neutrale Gasmoleküle, wodurch diese negativ geladen werden.

Zone d: Anhaften der negativ geladenen Gasmoleküle an die Partikel, welche dadurch zur Niederschlagselektrode hin beschleunigt werden.

Das Filtergehäuse besteht aus einem gasdicht verschweißten Stahlblechgehäuse, welches über Ein- und Ausströmübergänge an die Gasleitung angeschlossen ist. Unterhalb des Gehäuses befindet sich der Staubbunker, der zum besseren Staub-austrag eine Neigung von mindestens 50° zur Horizontalen aufweist. Innen weist der Filter eine oder mehrere Gassen auf, in denen die Niederschlags-Elektroden, die Sprühelektroden mit deren Aufhängevorrichtungen und der Abreinigungsmechanismus für beide platziert sind [121].

Mit E-Filtern lassen sich gute Reingaswerte erreichen, die die Anforderungen der 17. BImSchV erfüllen. Allerdings stehen E-Filter im Verdacht, die Dioxinneubildung in einem Temperaturfenster von 200 bis 400 °C katalytisch zu unterstützen. Untersuchungen haben 2- bis 4fach erhöhte Dioxinwerte nach dem E-Filter sowohl im Rauchgas als auch im abgeschiedenen Staub gefunden [57]. Daher wird bei Neuanlagen in der Regel der Einsatz von Gewebefiltern bevorzugt.

Nasse Elektrofilter werden teilweise zur Feinreinigung am Ende der Rauchgasreinigungsstrecke eingesetzt. Bei ihnen werden die Kollektorplatten mit Wasser gereinigt. In diesem Fall fällt ein Schlamm als Reststoff an.

Physikalische und chemische Grundlagen bei der Entfernung gasförmiger Verunreinigungen

Allen Verfahren zur Abscheidung gasförmiger Verunreinigungen ist gemein, dass sie auf der Absorption bzw. der Adsorption beruhen.

Absorption Unter Absorption oder Gaswäsche wird das Lösen von gasförmigen Bestandteilen in geeigneten Flüssigkeiten (Lösungsmitteln) oder Feststoffen verstanden. Dazu wird das Gas innig mit dem Lösungsmittel bzw. dem Feststoff vermischt. Die zu absorbierenden Bestandteile können sowohl durch physikalische als auch durch chemische Absorption gelöst werden. Die physikalische Absorption wird durch die Parameter Löslichkeit des Gases, Druck und Temperatur beeinflusst, während die chemische Absorption von der Konzentration des Reaktanten abhängt.

Die Wirtschaftlichkeit eines Absorptionsverfahrens hängt maßgeblich von der Regenerierbarkeit des Waschmittels ab (Desorption). Im günstigsten Fall entfällt dieser aufwendige Schritt, da Waschmittel und gelöster Stoff das gewünschte Produkt darstellen. Dies kann auch bei der Rauchgaswäsche möglich sein.

Adsorption Bei der Adsorption werden Komponenten von Gasen oder Flüssigkeiten an oberflächenaktiven Stoffen wie Aktivkohle und Kalk angelagert und dadurch selektiv entfernt. Die adsorbierte Stoffmenge hängt hauptsächlich von der spezifischen Oberfläche und von der Oberflächenstruktur des Adsorbers ab. Niedrige Temperaturen und hoher Druck begünstigen den Vorgang, während durch hohe Temperaturen und einem geringen Druck eine Desorption bewirkt wird.

Entfernung saurer Schadgase

Bei dem Verfahren zur Entfernung von sauren Schadgasen unterscheidet man zwischen nassen, quasi-trockenen und trockenen Verfahren.

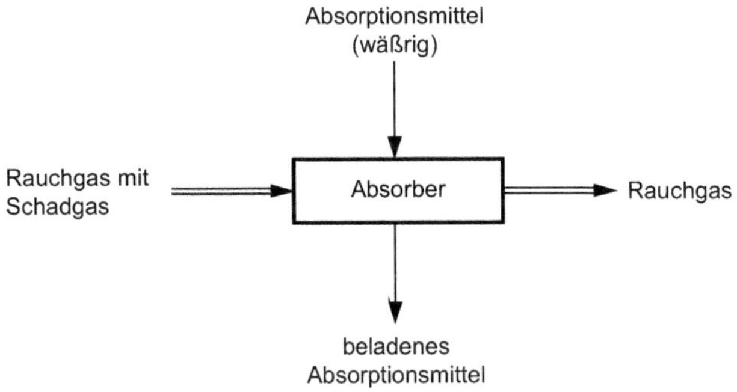

Abb. 4.109 Schema der nassen Rauchgasreinigung

Nasse Verfahren Das Verfahren basiert auf der Absorption der sauren Schadgase in der wässrigen Phase. Abbildung 4.109 zeigt schematisch den Vorgang der nassen Rauchgasreinigung. Bei modernen Rauchgasreinigungsanlagen schließt sich an die Entstaubung eine 2 stufige saure Rauchgaswäsche mit Wasser bei pH-Werten < 1 an. Die saure Waschstufe dient in erster Linie der Abkühlung der Rauchgase sowie der Abscheidung von HCl und HF sowie der leicht flüchtigen Schwermetalle. SO_2 soll möglichst nicht abgeschieden werden.

Das erhaltene Waschwasser kann durch Rektifikation in drei Fraktionen aufgeteilt werden: eine verwertbare ca. 30 % ige HCl, einen schwermetallhaltigen Teilstrom, der einzudampfen und zu entsorgen ist, sowie in Waschwasser, das wieder dem Wäscher zugeführt wird. HCl kann ggf. mit Natronlauge neutralisiert werden, falls das dabei gebildete NaCl einfacher verwertet werden kann als Salzsäure.

An den sauren Wäscher schließt sich ein alkalischer Wäscher an, der das SO_2 entfernt. In diesen kann Gips hergestellt werden.

Beide Produkte (die Salzsäure und der Gips) sind, wie Untersuchungen in bestehenden Rauchgasreinigungsanlagen gezeigt haben, prinzipiell verwertbar. So sind die Schwermetallgehalte in der gewonnenen Salzsäure geringer als in handelsüblicher Ware.

Die zweigeteilte, nasse Rauchgaswäsche weist folgende Vorteile auf:

1. stöchiometrischer, d. h. niedriger Chemikalienverbrauch bei der SO_2-Entfernung,
2. hohe Rauchgasreinigungsleistung,
3. es entstehen drei Stoffströme, von denen die größeren beiden (Salzsäure und Gips) stofflich verwertbar sind.

Alternativ zur HCl- bzw. NaCl- und Gipsausschleusung können die Waschwässer der sauren und alkalischen Wäsche nach dem Gewebefilter zur Staubabscheidung über einen Sprühtrockner in das ca. 200 °C heiße Rauchgas eingedüst werden. Dabei werden das Rauchgas abgekühlt und das Wasser vollständig eingedampft.

Die entstehenden festen Reststoffe (schwermetallhaltige Salze) werden in einem weiteren Gewebefilter vor der nassen Wäsche abgeschieden (s. Abb. 4.110). Der *Vorteil* dieser Variante ist der geringere apparative Aufwand, um eine abwasserlose Rauchgasreinigung zu betreiben.

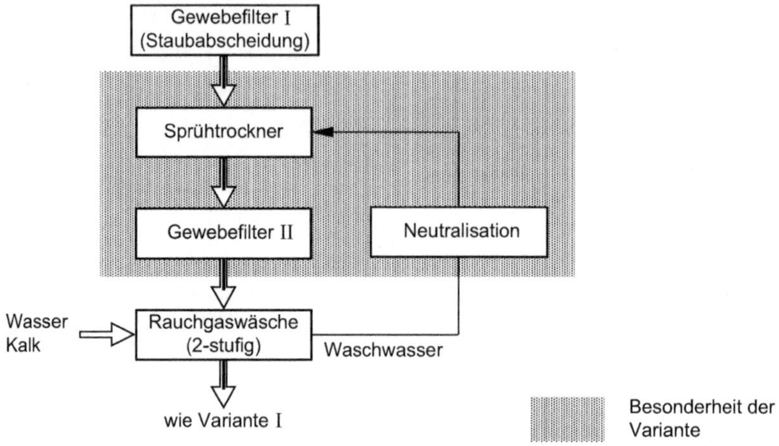

Abb. 4.110 Sprühtrockner zum Eindampfen des Waschwassers

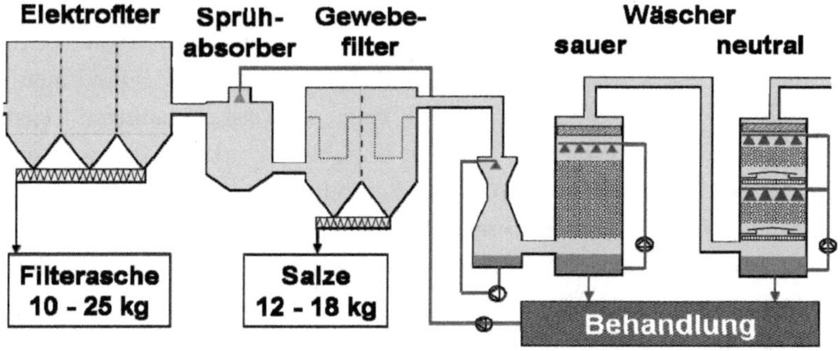

Abb. 4.111 Schema einer nassen Rauchgasreinigung mit interner Eintrocknung der Absalzlösungen, Mengenangaben bezogen auf 1 Mg Abfall [241]

Entscheidender *Nachteil* ist allerdings, dass die erhaltenen Salze schwermetallhaltige Mischsalze darstellen, die nicht verwertet werden können, sondern untertägig zu deponieren sind.

Für die nassen Verfahren kommen Venturiwäscher, EDV-Wäscher (Elektrodynamisches Venturirohr), Waschtürme, Bodenkolonnen und Radialstromwäscher zum Einsatz [121, 128]. Nasse Verfahren erreichen die besten Reingaswerte. Mit ihnen ist eine quantitative Entfernung der sauren Schadgase möglich. Die Grenzwerte der 17. BImSchV für saure Schadgase können mit ihnen gesichert unterschritten werden.

Schemata beider Varianten der nassen Rauchgasreinigung sind in Abb. 4.111 und 4.112 dargestellt.

Quasi-Trockene Verfahren Bei diesem Verfahren handelt es sich um eine Sprühabsorption, bei der eine Lösung oder Suspension als Neutralisationsmittel im heißen

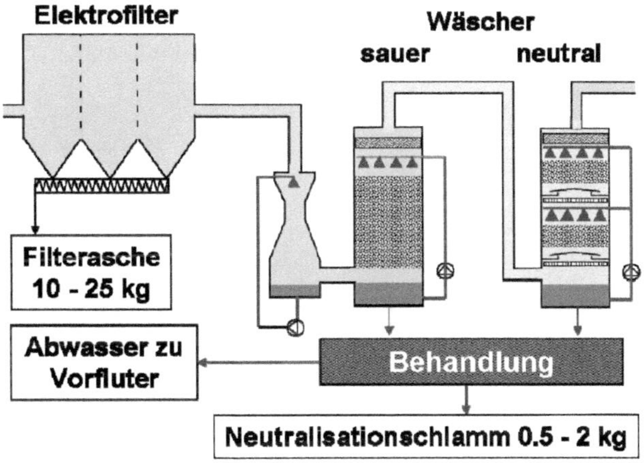

Abb. 4.112 Schema einer nassen Rauchgasreinigung mit Abwasserabgabe der Absalzlösungen, Mengenangaben bezogen auf 1 Mg Abfall [241]

Rauchgasstrom zerstäubt wird und die kristallinen Festprodukte in einem nachgeschalteten Feststoffabscheider abgetrennt werden.

Menge und Konzentration des Absorbermediums werden dabei so dosiert, dass die im Rauchgas enthaltene Wärme zur Verdampfung des Wassers ausreicht, ohne dass ein Taupunkt unterschritten wird. Die entstehenden Neutralsalze fallen trocken an. Das Neutralisationsmittel ist in fast allen Fällen eine $Ca(OH)_2$-Suspension, die mit den Komponenten HF, HCl, SO_2 und SO_3 reagiert.

Die Absorption verläuft hauptsächlich in der flüssigen Phase. Daher steigt die Abscheideleistung mit Absenkung der Temperatur. Im Unterschied zu den sauer bis schwach alkalisch betriebenen Wäschern tritt bei der Sprüh- und Trockensorption zusätzlich Kohlendioxid als unerwünschter Reagenzverbraucher auf.

Bei allen quasi-trockenen Verfahren wird das Neutralisationsmittel mit einem 1,5- bis 4fachen Überschuss gefahren. Für die quasi-trockenen Verfahren werden im Wesentlichen Sprühtürme verwendet. [121]

Mit quasi-trockenen Verfahren können nicht so niedrige Reingaswerte wie mit nassen Verfahren erreicht werden. (s. Abb. 4.110).

Trockene Verfahren Bei den trockenen Verfahren handelt es sich ebenfalls um Absorptionsverfahren. Dabei werden fein kristalline, alkalische Komponenten in den heißen Rauchgasstrom geblasen und die entstehenden Reaktionsprodukte in einem nachgeschalteten Feststoffabscheider aus dem Rauchgasstrom entfernt.

Dem Reagenz wird meistens Aktivkohle zugegeben, um Hg und PCDD/F zu entfernen. Die Reaktionsprodukte werden in einem nachgeschalteten Gewebefilter aus dem Rauchgas entfernt. In vielen Fällen wird vor der Reagenzzugabe in einem Elektrofilter oder einem Zyklon eine Vorabscheidung der Flugstäube durchgeführt. Das Schema einer trockenen Rauchgasreinigung mit ungefährer Angabe der Reststoffe ist in Abb. 4.113 dargestellt [241].

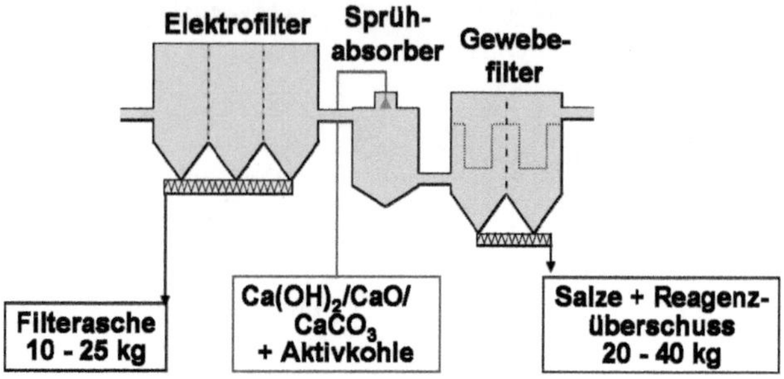

Abb. 4.113 Schema einer trockenen Rauchgasreinigung, Mengenangaben bezogen auf 1 Mg Abfall [241]

In praktisch allen Fällen ist vor der trockenen Rauchgasreinigung ein Vorquencher installiert, um die Temperatur des Gases unter 160 °C zu halten und es gleichzeitig anzufeuchten, was die Effizienz der trockenen Verfahren erhöht.

Die eingesetzten Neutralisationsmittel sind meistens fein gemahlenes CaO oder $Ca(OH)_2$ Dabei wird ausschließlich $Ca(OH)_2$-Pulver eingesetzt, da das Hydrat gegenüber dem Oxid eine um das 15- bis 30fach vergrößerte spezifische Oberfläche aufweist. $CaCO_3$ (Kalkstein) wird seltener verwendet, da seine Neutralisationswirkung das Erreichen der Emissionsgrenzwerte schwierig macht. Die Reaktivität der Ca-basierten Neutralisationsmittel ist deutlich schwächer als die der Nassverfahren. Daher muss das Reagenz im Überschuss zugegeben werden, und trotz der üblichen teilweisen Rückführung der Neutralisationsprodukte ist der Anfall an Reststoff sehr viel höher als bei der nahezu stöchiometrisch arbeitenden nassen Gaswäsche.

Die gleichmäßige Verteilung des Reaktanten im Rauchgas ist für eine wirksame Abscheidung unerlässlich. Der abgeschiedene Reststoff wird bis zu zehnmal im Kreis gefahren, wodurch eine optimale Beladung sichergestellt wird.

Ein neueres Verfahren verwendet frisch aufgemahlenes $NaHCO_3$, dessen Reaktivität sehr viel größer ist als die der Ca-Verbindungen und nahezu die nasser Verfahren erreicht. Die Reststoffe lassen sich bei der Glasherstellung oder in der Metallindustrie einsetzen [241].

Trockene und halbtrockene Verfahren sind einfacher aufgebaut und in Bezug auf Investment und Betriebskosten günstiger als Nassverfahren. Das ist der Grund, warum sie in aller Welt mehr und mehr Anwendung finden. Ein Neutralisationsmittel wird entweder trocken oder in Wasser suspendiert (halbtrocken) in einem Sprühabsorber in das Rauchgas injiziert, dessen Temperatur 160 °C nicht überschreiten sollte [241].

Entstickung

Bei der Verbrennung von Abfall mit Luft entstehen bei höheren Temperaturen Stickoxide. Durch die Anforderungen der 17. BImSchV müssen Stickoxidemissionen auf 200 mg/m^3 (im Tagesmittel) beschränkt werden.

Bei der Entstickung unterscheidet man zwischen primären und sekundären Entstickungsmaßnahmen.

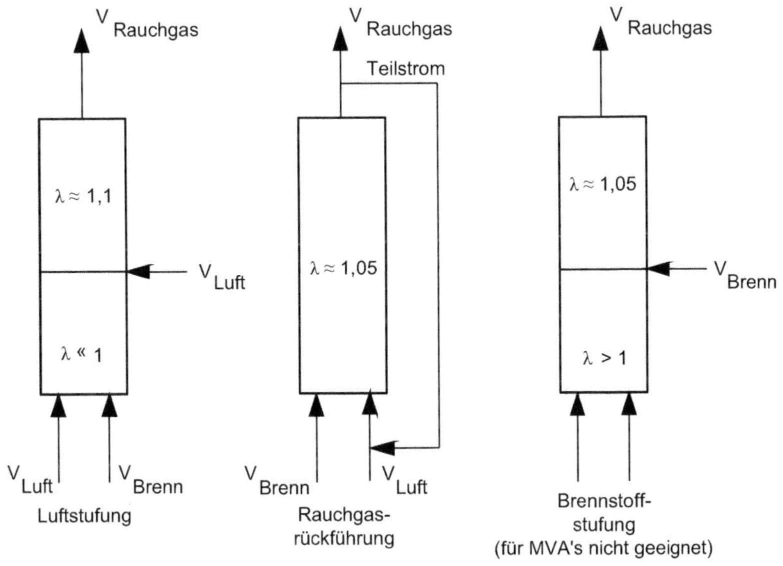

Abb. 4.114 Primäre Entstickungsmaßnahmen

Primäre Entstickung Primäre Entstickungsverfahren verhindern bereits im Feuerungsraum die Bildung von Stickoxiden. Abbildung 4.114 zeigt exemplarisch die möglichen Maßnahmen. Die Luftzahlen in diesem Bild beziehen sich auf eine Verbrennung von Gas.

Bei der *Luftstufung* findet die Verbrennung in zwei oder mehreren Stufen „gestuft" statt. Dabei wird in der ersten Stufe mit Luftunterschuss unvollständig verbrannt. Erst in einer zweiten bzw. dritten Stufe kommt es durch Zugabe weiterer Verbrennungsluft zu einem vollständigen Ausbrand.

Eine gestufte Verbrennung findet in allen MVA's statt. Hier ist allerdings das hauptsächliche Ziel der Zugabe von Sekundär- und ggf. Tertiärluft der vollständige Ausbrand der Rauchgase.

Bei der *Rauchgasrückführung* werden entstaubte und meist abgekühlte Rauchgase in den Verbrennungsraum zurückgeführt. Damit kann der Stickoxidgehalt im Rauchgas um bis zu 20 % reduziert werden.

Diese relativ einfache Form der Stickoxidminderung wird bereits in zahlreichen MVA's angewendet. Hauptziele sind dabei allerdings eine Minderung des Rauchgasvolumenstromes sowie eine Vergleichmäßigung der Rauchgastemperaturen. Es lassen sich so NO_x-Werte von 300–350 mg/m^3 erreichen.

Die *Brennstoffstufung* findet hauptsächlich bei der Verbrennung von Gasen Anwendung. Sie ist daher bei MVA's nicht anzutreffen.

Mit primären Maßnahmen allein können die Grenzwerte der 17. BImSchV nicht eingehalten werden. Unterstützend müssen sekundäre Verfahren eingesetzt werden.

Tab. 4.19 Äquivalente der wichtigsten Dioxine und Furane [194]

		Äquivalenz-faktor
2,3,7,8	Tetrachlordibenzodioxin (TCDD)	1,0
1,2,3,7,8	Pentachlordibenzodioxin (PeCDD)	0,5
1,2,3,4,7,8	Hexachlordibenzodioxin (HxCDD)	0,1
1,2,3,7,8,9	Hexachlordibenzodioxin (HxCDD)	0,1
2,3,7,8	Tetrachlordibenzofuran (TCDF)	0,1
2,3,4,7,8	Pentachlordibenzofuran (PeCDF)	0,5
1,2,3,7,8	Pentachlordibenzofuran (PeCDF)	0,05
1,2,3,4,7,8	Hexachlordibenzofuran (HxCDF)	0,1

Sekundäre Entstickung Bei der sekundären Entstickung sollen bereits gebildete Stickoxide durch Reduktion zerstört werden. Dabei kann zwischen katalytischen und nichtkatalytischen Verfahren unterschieden werden.

Mit *nichtkatalytischen Verfahren* (SNCR, Selective Non Catalytic Reduktion) zur Entstickung können Minderungsraten von 70 % erreicht werden. Bei diesem Verfahren werden Ammoniak, Harnstoff, Gülle o. ä. als Reduktionsmittel verwendet, das in den Brennraum eingedüst wird. Die anwesenden Stickoxide werden bei Temperaturen von ca. 1000 °C durch das Reduktionsmittel in Sauerstoff und Stickstoff zerlegt.

Bei der *katalytischen Entstickung* (SCR, Selective Catalytic Reduktion) werden die höchsten Entstickungsraten (bis 85 %) erreicht. Dabei werden die schon weitgehend von Staub und sauren Schadgasen befreiten Rauchgase über einen Katalysator geleitet, in den Harnstoff oder Ammoniak gegeben wird. Stickoxidkatalysatoren werden bei Temperaturen von 150 bis 400 °C betrieben. Dabei gilt: je höher die Betriebstemperaturen, je geringer ist die benötigte Katalysatorfläche.

Mit beiden Verfahren lässt sich ein NO_x-Grenzwert von 200 mg/m^3 einhalten. Bei niedrigeren Grenzwerten von 100 mg/m^3 wie sie jetzt gefordert werden hat das SCR-Verfahren Vorteile.

Dioxine und Furane

Unter den Begriffen Dioxine und Furane sind eine ganze Stoffklasse subsumiert. Um nicht für jedes einzelne Dioxin Grenzwerte festlegen zu müssen, wurden den verschiedenen Dioxinen und Furanen unterschiedliche Gefährdungspotenziale zugeordnet. Als relativer Grundmaßstab dient dabei die Toxizität des 2,3,7,8 TCDD („Seveso Gift"), dessen Giftigkeit einem Toxizitätsäquivalent (TE) entspricht.

In Tab. 4.19. sind die Äquivalente der wichtigsten Dioxine und Furane gemäß 17. BImSchV aufgeführt.

Im Restabfall sind bereits erhebliche Dioxin/Furan-Konzentrationen vorhanden. Es kann von durchschnittlich 50 μg TE pro Mg Restabfall ausgegangen werden [66, 67]. Zur gesicherten Zerstörung dieser Eingangsfracht müssen die in der 17. BImSchV festgelegten

Mindesttemperaturen und Mindestverweilzeiten eingehalten werden. Allerdings ist mit einer vollständigen Verbrennung die Dioxinproblematik in keinem Fall gelöst.

Es muss aufgrund des sogenannten De Novo-Effekts bei langsamer Rauchgasabkühlung eine erhebliche Neubildung von Dioxinen und Furanen beobachtet werden.

Die Neubildung von Dioxinen wird durch Katalysatoren wie Kupfer im Staubgehalt, die Anwesenheit von Metall- und Alkalichloriden sowie hohe Konzentrationen von CO und Unverbranntem Kohlenstoff begünstigt. Als weiterer Katalysator zur Dioxinneubildung können E-Filter im Temperaturbereich von 200 bis 400 °C gerechnet werden.

Zur Verminderung der Dioxinemissionen können zunächst die Randbedingungen der Rauchgasabkühlung so beeinflusst werden, dass eine Neubildung erschwert wird (primäre Minderungsmaßnahmen). Zu den primären Minderungsmaßnahmen zählen die Reduzierung von CO und Unverbranntem durch verbesserten Ausbrand der Rauchgase, eine Minderung der Rohgasstaubgehalte durch geschickte Verbrennungsführung, eine schnelle Absenkung der Temperatur der Rauchgase mit Hilfe einer Quentsche auf unter 200 °C sowie der Verzicht auf eine E-Filterentstaubung.

Mit Hilfe der primären Maßnahmen allein kann der Grenzwert der 17. BImSchV nicht erreicht werden. Auch hier sind, ähnlich wie bei der Entstickung, zusätzlich sekundäre Maßnahmen erforderlich. Zur Entfernung der gebildeten Dioxine aus dem Rauchgas sind grundsätzlich zwei Verfahren möglich:

1. ein Dioxinkatalysator,
2. eine Abscheidung auf Aktivkohle/Aktivkoks.

Mit beiden Varianten gelingt eine gesicherte Einhaltung des Grenzwertes von 0,1 ng TE/m^3 Rauchgas.

Mit der katalytischen Dioxinzerstörung, die am Ende der Rauchgasreinigung betrieben wird, ist jedoch keine Schwermetallabscheidung verbunden. Wegen der z. Z. noch im Restabfall relativ hohen Gehalte an leichtflüchtigem Quecksilber u. ä. sind Dioxinkatalysatoren für Restabfallverbrennungsanlagen nicht geeignet. Daher findet in den MVA's eine Dioxinabscheidung mit Aktivkohle/Koks statt. Hierzu werden Flugstromreaktoren, Festbette und zirkulierende Wirbelschichten sowie das Eindüsen von Aktivkohle verwendet. An die Aktivkohle/Koks lagern sich dabei auch Schwermetalle an.

Die Dioxinentfernung findet meist nach der sauren Wäsche und in Einzelfällen auch nach der katalytischen Entstickung statt. Daneben wurden ebenfalls Verfahren realisiert, bei dem ein Flugstromreaktor vor der sauren Wäsche installiert wurde [68]. Vorteil dieser Variante ist der verminderte Schwermetalleintrag in die saure Wäsche.

Erfahrungen an umgerüsteten bzw. neugebauten MVA's haben gezeigt, dass alle zuvor genannten Varianten der Dioxinabscheidung dazu in der Lage sind, den Grenzwert der 17. BImSchV um 80 bis 95 % zu unterbieten.

Damit ist die moderne Müllverbrennung im Gegensatz zu den nicht umgerüsteten Altanlagen keine Dioxinquelle, sondern eine Dioxinsenke. Werden die Schlacken und Aschen verglast, reduzieren die MVA's die Outfracht um mindestens den Faktor 50.

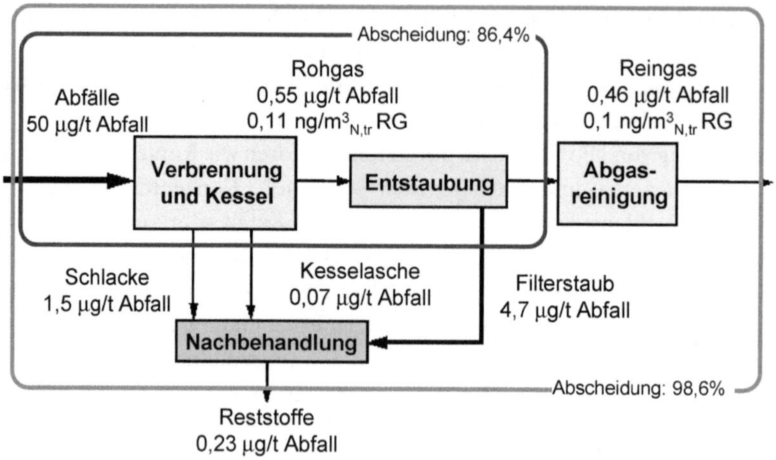

Abb. 4.115 Beispiel einer Dioxinbilanz für eine moderne Abfallverbrennungsanlage [242]

In die Verbrennung gehen schadstoffreiche Abfälle hinein und werden im Verbrennungsprozess zerstört, wenn es organische Abfälle oder Schadstoffkomponenten sind, oder aufkonzentriert, wenn es anorganische Schadstoffe sind. Auf jeden Fall stellt die Verbrennung eine Senke dar, wie in Abb. 4.115 von [242] für Dioxine deutlich wird.

An diesem Beispiel wird deutlich, dass 98,6 % die eingebrachten Dioxine in der Thermischen Anlage zerstört werden. Mit Hilfe einer modernen Rauchgasreinigung gelingt es ohne größere Probleme, die in der 17. BImSchV formulierten Grenzwerte weit zu unterschreiten.

Betrachtet man die Emissionen in den Luftpfad, so hat das Umweltbundesamt errechnet, dass die Gesamtemission aus deutschen Abfallverbrennungsanlagen von etwa 400 im Jahr 1990 auf weniger als 0,5 g (I-TE) im Jahr 2000 zurückgegangen ist – trotz einer Steigerung des Durchsatzes der Anlagen in diesem Zeitraum um etwa 20 % [243].

Behandlung der Schlacken, Aschen und Rückstände aus der Rauchgasreinigung Bei der Verbrennung von Abfall, Klärschlamm und Biomasse fallen verschiedene feste und flüssige Reststoffe an. Die Mengen und Zusammensetzungen der Verbrennungsprodukte hängen von der Zusammensetzung des Brennstoffes und der Feuerführung ab. Im Verhältnis zu den ungeheuren Massen an Aschen aus der Kohleverbrennung sind die Anteile aus den Abfall-, Klärschlamm- und Biomasseverbrennungsanlagen gering vgl. Abb. 4.116.

Verbrennungsschlacke Der Begriff „Schlacke“ bezeichnet ein Produkt, welches einen Schmelzprozess durchlaufen hat. Die MVA-Schlacke erfährt dies punktuell auf dem Rost durch lokal erhöhte Temperatur oder auftretende schmelzpunkterniedrigende Zustände. Damit kann eine Aufschmelzung bzw. Versinterung erfolgen [239].

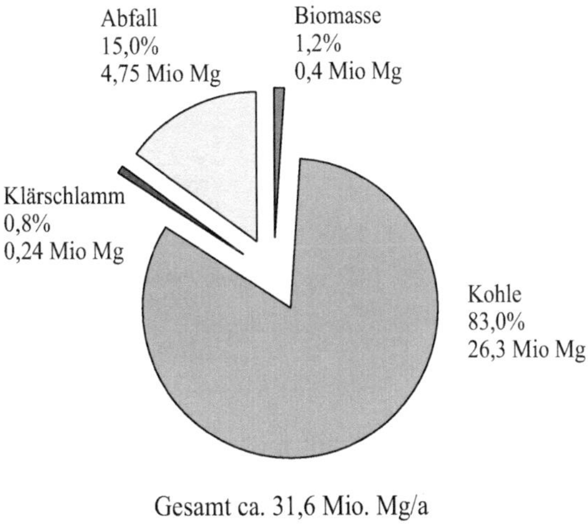

Abb. 4.116 Asche- und Schlackemengen in Deutschland [239]

Hausmüllverbrennungsrohschlacke (HMV-Rohschlacke) wird von der LAGA (1994) im Merkblatt 19 als das aus „Rostabwurf und Rostdurchfall bestehende Gemenge aus gesinterten Verbrennungsprodukten (Schlacken), Eisenschrott und anderen Metallen, Glas und Keramikscherben, anderen mineralischen Bestandteilen sowie unverbrannten Resten"beschrieben [239].

Die Schlacke setzt sich zusammen aus dem Inertstoffanteil des Abfallinputs zuzüglich einem Anteil an Unverbranntem. Die Zusammensetzung der Rohschlacke lässt sich wie folgt einteilen:

- Unverbranntes
- Fe- und NE-Metalle sowie Mischmetalle
- Wasser
- Schlacke
- Glas, Keramik
- Sonstiges

Insgesamt werden die Schlacken der Müllverbrennung zum großen Teil verwertet. Abbildung 4.117 zeigt die prozentuale Verteilung auf die Verwertungsarten. Die Anforderungen an HMVA für einen Einsatz im Straßenbau, der mit 45 % die Hauptverwendungsart darstellt, sind unter anderem in der TL Gestein-StB 04 und der TL SoB-StB 2004 festgelegt. „Für die Wiederverwertung ist die Einhaltung von Zuordnungswerten im Eluat vorgeschrieben. Bei Überschreitung dieser Zuordnungswerte müssen die Abfälle unter Einhaltung der in der TA Siedlungsabfall festgelegten Zuordnungswerte für die Deponieklasse I bzw. II abgelagert werden" [223].

Zusätzlich zu den bautechnischen Anforderungen hinsichtlich Kornverteilung, Dichte, Frostempfindlichkeit etc. gelten bei allen Vorschriften zur Schlackeverwertung die

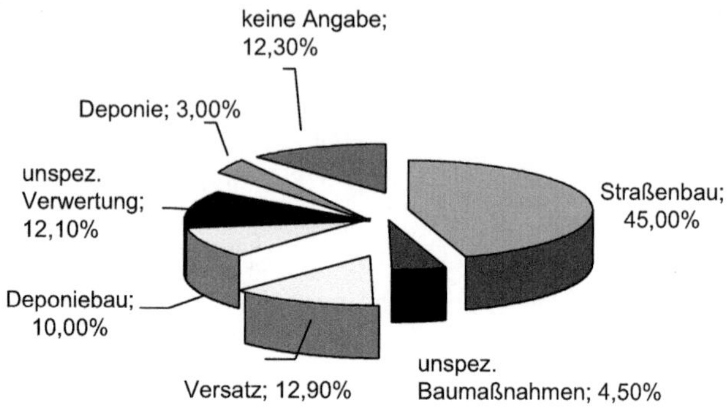

Abb. 4.117 Auswertung der Schlackeverwertung für 65 MVA in Deutschland; Prozentangaben nach Masse gewichtet [220]

Anforderungen hinsichtlich maximaler Anteile brennbarer und eluierbarer Bestandteile, maximalem Wassergehalt der Schlacke sowie einem Vermischungsverbot von Schlacken mit Flugstäuben. In Wasserschutz- und Wassergewinnungsgebieten sollen Schlacken grundsätzlich nicht eingesetzt werden.

In den letzten Jahren wurden verstärkt Zweifel an der Umweltverträglichkeit der Schlackeverwertung angemeldet. Dies bezieht sich vor allem auf die Eluierbarkeit der Schwermetalle aus den Schlacken.

Daher wurden verschiedene Verfahren entwickelt, um das Eluationsverhalten der Schlacken zu verbessern. Die wichtigsten Verfahren werden im Folgenden vorgestellt.

Schlackealterung Ein Problem bei der Entsorgung und Verwertung von Müllverbrennungsaschen ist nicht inertes Material. Bei Ablagerung kommt es zu Temperaturentwicklung (im Innern von Deponien bis 80 °C), Verfärbung und Verfestigung der Schlacke sowie chemischer Veränderung des Sickerwassers. Es kommt zu Lösungs- und Fällungsreaktionen, zu Oxidations- und Hydratationsreaktionen sowie Carbonatisierungen bei CO_2-Zutritt. Die exothermen Reaktionen nehmen erst nach ca. 6 Monaten ab, da durch Ummantelung der korrodierbaren Schlackefragmente der Stoffaustausch mit der Lösung abnimmt. Eine frühzeitige Abdeckung der Schlacke, wie beim Einsatz im Straßenbau, verlangsamt weitere Korrosionsprozesse, erhält jedoch das hohe Reaktionspotenzial [213].

In zahlreichen Versuchsreihen konnte ermittelt werden, dass die Schlackealterung, d. h. 1- bis 6monatige Lagerung der Schlacke unter freiem Himmel, das Eluationsverhalten stark verbessert und die Selbsterhitzung nach einer Ablagerung reduziert. Dieser Effekt kann durch Hydratationsvorgänge am Schlackekorn erklärt werden, weshalb das Material ausreichend feucht gehalten werden sollte.

Dieser Effekt kann verbessert werden, wenn die Befeuchtung der Schlacke nicht mit neutralem Wasser, sondern mit Kalkmilch erfolgt [76].

Abtrennung von Feinmaterial Durch Absiebung des Feinkornanteiles (z. B. 0 bis 2 mm) verbessert sich das Eluationsverhalten der Schlacken für Schwermetalle nicht. Lediglich bei löslichen Salzen war ein positiver Effekt zu verzeichnen.

Verglasung Eine Verglasung der Schlacken ist besonders aus zwei Gründen vorteilhaft:

1. Die Schwermetalle werden in die Glasmatrix eingebunden und sind somit nicht mehr umweltverfügbar.
2. Die Restorganik wird durch die hohen Temperaturen weitgehend zerstört.

Eine Verglasung von Schlacken (und Stäuben) kann in die Verbrennung integriert werden oder in einem externen Aggregat erfolgen.

Die wichtigsten Verfahren zur externen Verglasung sind das Fos-Melt-Verfahren der Fa. Steinmüller [77], das Red-Melt-Verfahren der TU Berlin, bei dem die Schwermetalle schmelzflüssig abgetrennt werden und nicht in der Schlacke verbleiben [78], sowie das Plasma-Schmelz-Verfahren der Fa. Krupp Koppers [81].

Alle vorgenannten Verfahren sind entwickelt aber aufgrund des hohen Energieverbrauches z. Z. noch nicht umgesetzt worden. Verstärkte Anforderungen an den Inertisierungsgrad von Schlacken und Stäuben lassen allerdings für die nächste Zukunft erwarten, dass es zu großtechnischen Umsetzungen kommen wird.

Filterstäube Filterstäube enthalten gegenüber Schlacke erhöhte Gehalte an Organika (auch Dioxine/Furane), Schwermetallen, Chloriden und Sulfaten. Filterstäube werden in der Regel nicht verwertet, sondern müssen deponiert werden. Das Ablagerungsverhalten von Filterstäuben aus Müllverbrennungsanlagen soll mit unterschiedlichen Verfahren [136] verbessert werden:

Durch *Verfestigung mit Zement* sollen die Schadstoffe chemisch und physikalisch so in die Zementmatrix eingebunden werden, dass die Eluationen deutlich reduziert werden. Der Chloridgehalt der Stäube von 6 bis 8 % wirkt sich jedoch nachteilig auf die Verfestigung aus, so dass sich durch ein vorheriges Auswaschen der Chloride der Bindemittelverbrauch für die Verfestigung auf ein Viertel (12,5 % Trockengewichtsanteile) reduzieren lässt. Die Wäsche kann alkalisch bei pH 9 bis 11 oder sauer mit Wasser aus der Rauchgaswäsche geringer als pH 4 durchgeführt werden [164].

Im „*3-R-Verfahren*“ werden die Filterstäube von Schwermetallen und wasserunlöslichen Salzen befreit, indem das saure Waschwasser aus der Rauchgasreinigung zur Auslaugung der Filterstäube genutzt wird. Die sauer gewaschenen Flugstäube können dann entweder neutralisiert, entwässert und verfestigt werden oder zur Zerstörung der organischen Schadstoffe in die Feuerung der Müllverbrennungsanlage zurückgeführt werden. Aus dem Eluat können die Schwermetalle durch Fällung leicht abgeschieden werden [152, 153].

Außerdem können organische Schadstoffe, insbesondere Dioxine, Furane und andere halogenierte Kohlenwasserstoffe, durch thermische Behandlung bei relativ niedrigen Temperaturen (Niedertemperaturverfahren) unter Sauerstoffmangel zerstört werden (Hagenmaiertrommel). Hiermit kann eine bis zu 97 %ige Abnahme der PCDD/PCDF genutzt werden [139, 140, 166]. Eine Hagenmaiertrommel kommt z. B. zur Behandlung der Flugstäube der MVA Bonn zum Einsatz.

Andere Verfahren verfestigen Filterstäube mit Neutralisationsschlämmen aus der Rauchgaswäsche [167] oder aufbereiteten Schlacken mit salzhaltigen Rückständen aus Quasitrocken-Verfahren und Zement [168]. Aussichtsreichstes Verfahren der Filterstaubbehandlung scheint allerdings die Verglasung zu sein. Wie bereits bei den Schlackebehandlungsverfahren erwähnt, können verbrennungsinterne oder -externe Verglasung sverfahren angewendet werden. Damit lassen sich die Schwermetalle in die Glasmatrix einbinden bzw. schmelzflüssig abscheiden sowie die Restorganik (besonders Dioxine) gesichert zerstören.

Flüssige Rückstände Moderne Müllverbrennungsanlagen arbeiten weitgehend abwasserfrei. Anfallende Waschwasser aus der Rauchgasreinigung werden eingedampft. Teilweise wird auch eine Verwertung der Rauchgasreinigungsrückstände angestrebt. So kann die mit Wasser aus dem Rauchgas entfernte Chloridfracht durch Rektifikation in verwertbare Salzsäure überführt werden. Die SO_2-Fracht des Rauchgases wiederum kann in verwertbaren Gips überführt werden, der zu entwässern ist. Das bei der Aufarbeitung abgetrennte Wasser kann wieder in den Wäschern eingesetzt werden.

Alternativ können die Rauchgasreinigungswässer über einen Sprühtrockner in den heißen Rauchgasstrom eingedüst werden. Dabei wird das Rauchgas abgekühlt und das Wasser wird verdampft. Die festen Kristallisationsprodukte werden in einen Gewebefilter abgeschieden und müssen entsorgt werden. Diese Variante einer abwasserlosen Rauchgasreinigung wurde z. B. bei der MVA Bonn realisiert.

Reaktionsprodukte aus Trocken- und Sprühabsorbern Eine Verwertung der Reaktionsprodukte aus Sprühtrocknern ist nicht möglich. Die Reaktionsprodukte werden z. B. in Bayern zusammen mit den übrigen Verbrennungsrückständen abgelagert. Bei der gemeinsamen Ablagerung mit Schlacke wird die Zielsetzung der pH-Wert-Absenkung auf pH 9 bis 10 verfolgt, um eine Auslaugung von Schwermetallen (insbesondere Blei) möglichst zu verhindern. Bei einem Verhältnis von gleichen Teilen Schlacke und Reaktionsprodukten auf der Deponie Hopferstadt bei Würzburg wurde das anfallende Sickerwasser untersucht und festgestellt, dass lediglich höhere Chloridgehalte bei einem Eluatwert von pH 7 auftreten. Versuche in Bayern zur Verfestigung von Reaktionsprodukten mit Schlacke unter Zusatz von Zement lieferten wasserundurchlässige Massen. Weitere Versuche an einer als Monolith aufgebauten Versuchsdeponie mit einer Masse von 500 Mg Schlacke, Flugstaub, Reaktionsprodukten und Zement zeigten nach einjährigem Versuchsbetrieb sehr gute Ergebnisse hinsichtlich der Wasserundurchlässigkeit des Monolithen [136].

Salze und Säure aus der abwasserlosen Abgasreinigung Je nach angewendeter Reinigungstechnik und angewendetem Neutralisationsmittel entstehen vor allem die Salze NaCl, Na_2SO_4, $CaCl_2$ und $CaSO_4$ in unterschiedlichen Mischungsverhältnissen.

Abbildung 4.118 zeigt die Rückstandsmengen, wie sie in Anlagen mit unterschiedlichen Abgasreinigungsverfahren anfallen.

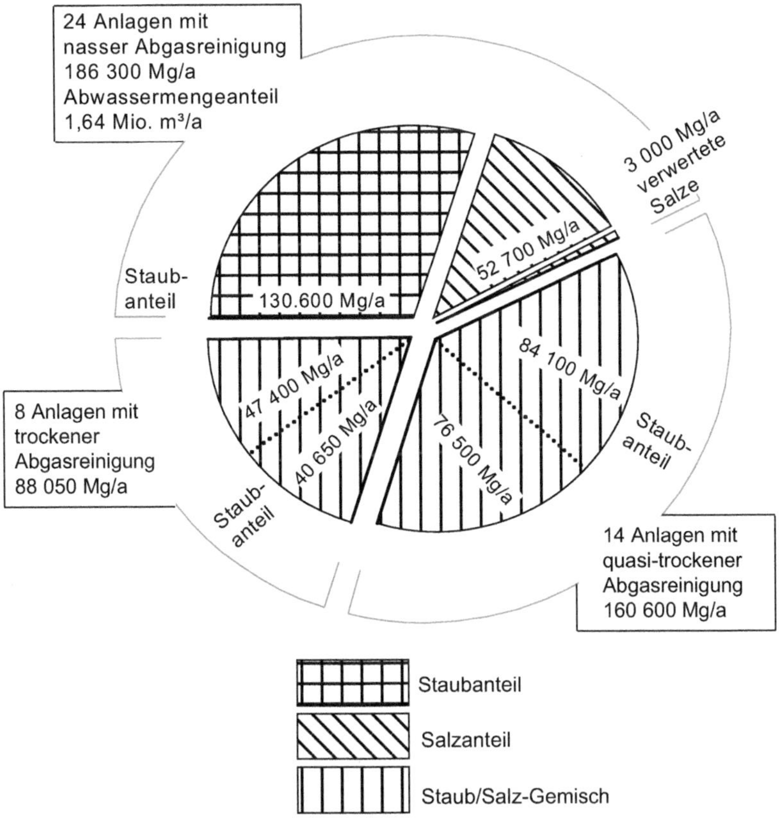

Abb. 4.118 Rückstandsmengen aus der Abgasreinigung von Hausmüllverbrennungsanlagen (trocken) [133]

Die am Markt mit den Salzen aus der Nasswäsche konkurrierenden Rohstoffe werden derzeit aus natürlichen Vorkommen abgebaut (Gips, Kochsalz) oder hergestellt (Glaubersalz). Ungünstiger sieht es bei der Vermarktung von $CaCl_2$ aus, da dieses bereits als Nebenprodukt in großen Mengen bei der Sodaherstellung anfällt und nur zu ca. 25 % absetzbar ist. Daher scheidet eine Verwertung des zusätzlich anfallenden $CaCl_2$ aus der Rauchgasreinigung aus.

Neben den Salzen bestehen auch für technische Säuren (Salzsäure, Schwefelsäure) Marktchancen. Soweit die Qualitätsanforderungen erfüllt werden, lassen sich diese Säuren in größeren Mengen industriell verwerten [133].

Eisenschrott Im Abfall liegen die Metalle Eisen, Aluminium, Kupfer, Zink und Blei überwiegend in elementarer Form vor und können bei dem Verbrennungsprozess teilweise in neue Phasen überführt (Sulfide, Oxide, Salze) werden oder zu metallische Schlieren schmelzen [239].

Metallschrott aus Schlacken der Müllverbrennung besteht aus Fe- und NE-Metallen. Die im Restabfall enthaltene Menge an Metallprodukten (Schrott) kann vor (große Teile, Wertstoffhof) oder nach der Verbrennung (Ausschleusen aus der Schlacke) abgetrennt werden. Durch magnetische Abscheidung wird die Schlacke weitgehend von Eisen befreit. Der gewonnene Schrott ist auf seiner Oberfläche verschmutzt und ergeben eine Verunreinigung, in Abhängigkeit der Korngröße, von 5 bis max. 20 % an mineralischen Anhaftungen (fest anhaftende Schlacke- und Aschebestandteile) [239].

Pro Mg Rohschlacke sind 100 bis 150 kg Eisenschrott durch Magnetscheidung abtrennbar. Insgesamt fallen ca. 0,35 Mio. Mg/a separierter Eisenschrott an, der prinzipiell verwertbar ist.

Außerdem besteht Schrott nicht zu 100 % aus Eisen. Bestandteile können zinnbeschichtete Stahldosen (Weißblech) und geringe Mengen an Kupfer, Zinn, Blei (sowie Legierungen) oder mineralische Anhaftungen sein. Schwer flüchtige Metalle (Al, Fe, Cu, Ni, Cr) verdampfen nicht im Ofen, sondern werden in die Schlacke transferiert. Weniger edle Metalle, wie Eisen und Aluminium, werden auch teilweise oxidiert. Die Oxide sind nicht flüchtig und werden somit auch in die Schlacke verfrachtet [239].

Nach [244] gelangt Kupfer zu 94 %, Blei zu 72 % und Zink zu 43 % in die Schlacke. Die Anforderung der europäischen Stahlschrottsorten gibt für die Kategorie „Geshredderter Schrott aus der Müllverbrennung" einen Fe-Schrott-Gehalt von mindestens 92 Gew.-% an (Europäische Stahlschrottsortenliste 1997). Durch Pretz wurde bei einer Fe-Bilanzierung der Anteil von Fe-Schrott mit Vorbehandlung im Schlackeprodukt betrachtet. Bei den Untersuchungen wurde nach wirtschaftlich gewinnbaren metallischen Fe-Schrotten mit einer möglichen Fe-Schrott-Ausbringung bei der Schlackenaufbereitung mit 96,9 % bilanziert [245].

Zu erzielende Erlöse und Aufbereitungsgrad bedingen sich wechselseitig. Voraussetzung für den Einsatz von MVA-Schrott im Stahlwerk ist ein möglichst hoher Reinheitsgrad des Schrottes.

Da MVA-Schrott Anteile an Schlacke aufweist, ist eine Nachreinigung der Fe-Fraktion erforderlich. Durch Siebung (Abtrennen loser bzw. anhaftender Verunreinigungen) sowie durch mechanische Bearbeitung in speziell ausgelegten Shredderanlagen sind Erlöse wie für Shredderschrott aus der Altautoaufbereitung zu erzielen. Vor einer Entscheidung über das Feinaufbereitungsverfahren sind umfassende Kosten/Erlös-Rechnungen durchzuführen [121].

4.3.1.8 Steuerung und Regelung

Verbrennung und Dampferzeugung stellen die eng aneinander gekoppelten Hauptprozesse der Müllverbrennung dar. Für die Verbrennung wird eine möglichst konstante Feuerleistung bzw. Energiefreisetzung als Voraussetzung für eine gleichmäßige Dampfproduktion gefordert.

Ein Überwachungssystem versorgt die Regelkreise und die Schaltwarte mit Informationen aus den Teilprozessen. Es umfasst Messfühler an den verschiedensten Stellen des Gesamtsystems, die Gasanalyse am Kesselende (Rohgas) und nach der Rauchgasreinigung.

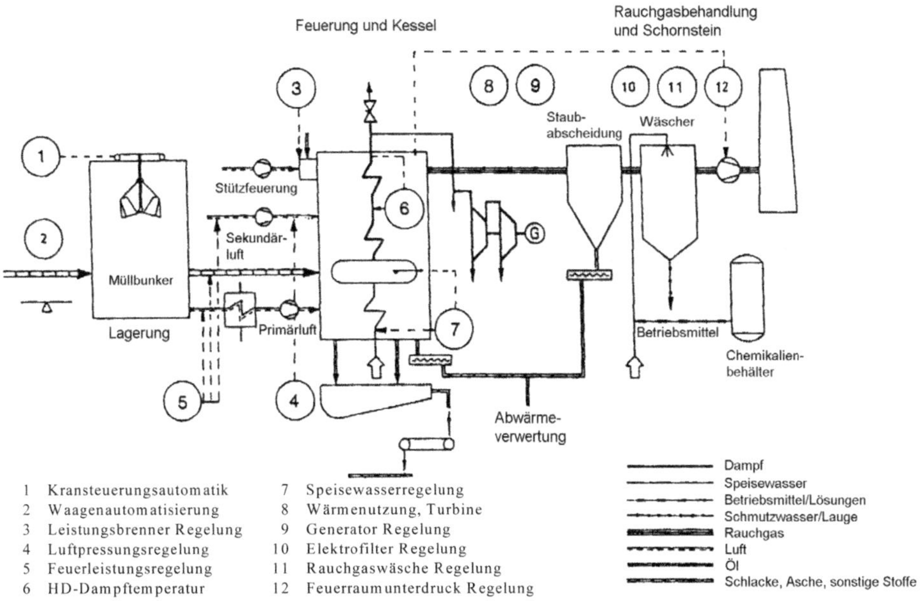

Abb. 4.119 Regelkreise und ihre Lage im Gesamtsystem [121]

Abbildung 4.119 zeigt einen Überblick über die wichtigsten Regelkreise und ihre Lage im Gesamtsystem.

Messfühler für Temperatur, Druck, Durchfluss sowie Füllstandsanzeiger und Schaltkontakte liefern Informationen über Betriebszustände. Zur Feuerführung werden CO- und O_2- Messwerte herangezogen. Für den Elektrofilterbetrieb wird der Staubgehalt des Reingases kontinuierlich gemessen, Schadstoffmessungen im Reingas werden dokumentiert. Die Wasseranalyse umfasst Leitfähigkeits- und pH-Messungen im Kesselwasser sowie pH-Bestimmungen in den Abwässern der Rauchgasreinigung.

Besondere Bedeutung kommt der Regelung der Verbrennung zu. Während früher nur Wert auf lange Reisezeiten, hohen Durchsatz sowie Vermeidung von Korrosionsschäden gelegt wurde, wird heute zusätzlich eine möglichst hohe Reduktion der bei der Verbrennung entstehenden Emissionen angestrebt. Während Schwermetalle und anorganische Halogenide aufgrund ihres Vorhandenseins im angelieferten Müll entstehen und durch feuerungstechnische Maßnahmen nur bedingt beeinflussbar sind, kann durch eine gezielte Feuerungsführung eine Verringerung der Emissionen an CO, Unverbranntem und NO_x erreicht werden.

Eine wichtige regelungstechnisch bedingte Primärmaßnahme zur Entstickung ist die Rauchgasrezirkulation. Diese im Dampferzeugerbau schon lange bekannte Maßnahme diente ursprünglich der Senkung der Feuerraumtemperatur mit dem Ziel der Dampftemperaturregelung.

Die Rauchgasrückführung in den primären Flammenbereich greift dabei mehrfach in die Bildungsmechanismen von Stickoxiden ein. Die mit der Rückführung des NO_x-haltigen Rauchgases verbundene Erhöhung des Inertanteils in der Flamme mit einer daraus resultierenden Absenkung des Sauerstoffpartialdruckes bewirkt einen lokalen O_2-Mangel sowie eine verzögerte Verbrennung.

Dieses führt zur Reduktion der aus dem Brennstoff gebildeten Stickoxide bei gleichzeitiger Verringerung der Konzentrationen von Schwermetallen, CO, H_2 und C_nH_m im Rauchgas.

Die Rauchgasrückführung beeinflusst darüber hinaus die Bildung thermischer Stickoxide, die durch eine größere Flammendehnung und Erhöhung des Rauchgasvolumens bei kühlerer Flamme reduziert wird.

4.3.2 Verbrennungsanlagen für Sonderabfälle

In der Bundesrepublik Deutschland jährlich etwa 800.000 Mg Sonderabfälle in 28 größeren Sonderabfall verbrennungsanlagen entsorgt. Davon sind 7 Verbrennungsanlagen öffentlich zugänglich [58]. Es ist damit zu rechnen, dass aufgrund wachsender Sonderabfallmengen in den kommenden Jahren der Bedarf an Sonderabfallverbrennungsanlagen weiter steigen wird, obwohl zwischenzeitlich verstärkte Anstrengungen seitens der Bundesländer unternommen werden, das Sonderabfallaufkommen durch Vermeidung und Verwertung zu verringern.

Beispielhaft sei auf das Vollzugsprogramm des Landes Hessen zur Durchsetzung des Reststoffvermeidungs- und -verwertungsgebotes des § 5-I-3 BImSchG hingewiesen. Dennoch geht man auch in Hessen von einem kurzfristigen Bedarf an zusätzlicher Verbrennungskapazität aus. Langfristig wird sich allerdings nach den Vorstellungen des Landes Hessen das zu verbrennende Sonderabfallaufkommen durch Vermeidung und stoffliche Verwertung verringern.

Sonderabfallverbrennungsanlagen sind zumeist in Sonderabfallbehandlungsanlagen integriert. Diese bestehen in der Regel aus:

- Kontrollbereich,
- Zwischenlagerung,
- Behandlungsanlage,
- Aufbereitung von Abfällen zur Wiederverwertung,
- Thermische Anlage.

Der *Kontrollbereich* umfasst die Wägung, Registrierung, Probenahmestatistik und das Labor. Für die *Zwischenlagerung* stehen Abstellflächen sowie Tank-, Fass- und Feststofflager zur Verfügung.

Die *chemisch-physikalische Behandlung* zur Entgiftung, Neutralisation, Schlammbehandlung, Emulsionstrennung, Verfestigung oder Eindampfung von Abfällen wird bei

Sonderabfällen durchgeführt, die wegen ihrer physikalischen, chemischen oder toxikologischen Eigenschaften nicht in ihrer ursprünglichen Form verbrannt werden dürfen und daher einer Vorbehandlung bedürfen.

Thermische Anlagen umfassen Verbrennungs- und Pyrolyseanlagen. Ohne Vorbehandlung können pastöse und flüssige organische Sonderabfälle mit ausreichend hohem Heizwert verbrannt werden, wie z. B. nicht regenerierbare Lösemittel, Altöle und Ölschlämme. Auch flüssige Abfälle, die nicht brennbar sind, deren organische Bestandteile aber mit chemisch-physikalischer Vorbehandlung nicht mit einem vertretbaren Aufwand in einen schadlosen Zustand überführt werden können, werden thermisch behandelt [135].

Die Verbrennung von Sonderabfällen muss aus verschiedenen Gründen bei hohen Temperaturen erfolgen. Da zumeist flüssige und pastöse Abfälle verbrannt werden sollen, muss auf rostlose Verbrennungssysteme zurückgegriffen werden.

Lagerung, Vorbehandlung und Beschickung Zur Gewährleistung eines störungsarmen Verbrennungsprozesses ist es wichtig, größere Heizwertschwankungen zu vermeiden. Da sich in der Praxis eine definierte Anlieferung von Abfällen, getrennt nach Art und Zusammensetzung, jedoch als sehr schwierig erweist, müssen die Abfälle vor der Zugabe in den Verbrennungsraum vorbehandelt werden.

Die Sonderabfälle werden in verschiedenen Gebindeformen angeliefert und gelagert. Zu unterscheiden sind:

- unverpackte feste Abfälle,
- unverpackte flüssige Abfälle,
- verpackte Abfälle.

Unverpackte feste Abfälle Die Aufgabe der Abfälle in den Bunker erfolgt unter Aufsicht eines Spezialisten, der dem Kranführer mitteilt, welche Abfälle miteinander vermischt werden müssen, damit ein gut brennbares Gemisch entsteht. Schlamm wird außerhalb des Bunkers mit Hilfe einer Dickstoffpumpe zu einem Spezialtank gefördert und von hier in den Ofen dosiert zugegeben.

Unverpackte flüssige Abfälle Diese werden in vier Kategorien eingeteilt:

- Abfälle mit hohem Heizwert,
- Abfälle mit niedrigem Heizwert,
- Sonderflüssigkeiten,
- polymerisierende oder hochschmelzende Flüssigkeiten.

Verpackte Abfälle Die in Fässern und Gebinden angelieferten Partien weisen am häufigsten Abweichungen von der in den Begleitpapieren angegebenen durchschnittlichen Zusammensetzung auf, weshalb eine genaue Prüfung dieser Abfälle vor ihrer Verbrennung erfolgen muss.

Grundsätzlich dürfen schnell brennende Flüssigkeiten nur in Verpackungen bis zu ca. 20 l in den Ofen eingebracht werden, weil sie sonst die Verbrennung stören könnten. Größere Gefäße bis zu 200 l Inhalt werden daher vom speziell dafür ausgebildeten Annahmepersonal auf die Anwesenheit dieser Flüssigkeiten untersucht, wonach diese – falls erforderlich – mit Hilfe von Vakuumlanzen abgesaugt werden [137].

4.3.2.1 Verbrennungsöfen

Sonderabfälle werden in rostlosen Systemen verbrannt. Hauptsächliche Vertreter rostloser Verbrennungseinrichtungen sind [142]:

- Drehrohrofen,
- Etagenofen,
- Wirbelschichtofen,
- Brennkammer.

Drehrohrofen Der Drehrohrofen ist aufgrund der erreichbaren hohen Temperaturen, der großen Verweilzeiten und seines universellen Feuerungssystems hinsichtlich der Verbrennung von Sonderabfällen am meisten verbreitet. In mit Drehrohröfen und Nachbrennkammern ausgerüsteten Sondermüllverbrennungsanlagen können folgende Industrieabfälle verbrannt werden:

- flüssige Stoffe wie Lösemittel,
- pumpbare Stoffe wie Schlämme,
- pastöse Abfälle,
- feste und unterhalb der Zündtemperatur schmelzende Verbindungen.

Die flüssigen Abfälle werden über einen wassergekühlten Brenner an der Stirnseite des Drehrohrofens direkt mit dem in der Ringleitung herrschenden Druck eingedüst. Eine andere Möglichkeit ist das Einbringen der Lösungen direkt in die Nachbrennkammer.

Die teigigen und pastösen Abfälle werden dem Drehrohrofen direkt mittels einer Doppelkolbenpumpe aus Lagerbehältern über wassergekühlte Düsen zugeführt. Andere teigige und pastöse Abfälle werden in geschlossenen Gebinden (Fässern) angeliefert. Diese werden durch einen Fassaufzug aus einem Zwischenlager auf die Höhe des Aufgabetrichters gefördert.

Über eine durch Schleusen gesicherte Vorkammer werden diese in den Aufgabetrichter geschoben. Die festen Abfälle werden von einer Krananlage aus dem Bunker dem Aufgabetrichter zugeführt. Über diesen Trichter erfolgt die Aufgabe direkt in den Drehrohrofen. Die gasförmigen Abfallstoffe werden direkt in die Nachbrennkammer eingedüst.

Abbildung 4.120 zeigt ein Übersichtsschema einer Sondermüllverbrennungsanlage. Das Kernstück der Verbrennungsanlage ist der Drehrohrofen mit Nachbrennkammer. Beim

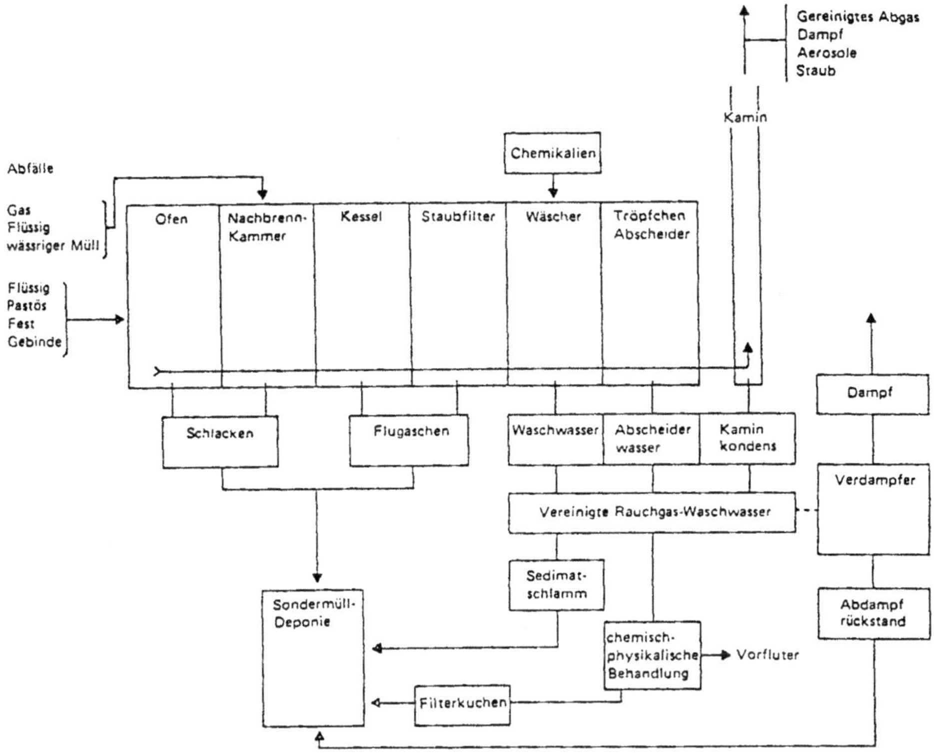

Abb. 4.120 Übersichtsschema einer Sonderabfallverbrennungsanlage [143]

Drehrohrofen handelt es sich um einen um 3 bis 5 % geneigten Zylinder, der mit feuerfestem Material ausgekleidet ist. Durch die Rotation des Ofens mit 0,1 bis 0,6 U/min um die Längsachse werden die Abfallstoffe gemischt und weiter befördert. Der Drehrohrofen wird in vier Belastungszonen eingeteilt [143]:

- Einlaufzone bis zu ca. 400 °C,
- Schmelz- und Verdampfungszone bis ca. 900 °C,
- Verbrennungszone bis zu ca. 1200 °C,
- Ausbrenn- und Nachbrennzone bis max. 1500 °C,
- in Sonderfällen bis ca. 1500 °C.

Der Ausbrand der Abfälle wird durch die Aufenthaltszeit von 50 bis 70 min erreicht. Eine Steuerung der Verbrennungstemperatur wird durch die Wahl der Einsatzstoffe und über die Regelung der Luftzuführung erreicht. Für die Nachbrennkammer sind 1000 bis 1200 °C bei einer Aufenthaltszeit von 2 bis 3 Sekunden gefordert. Da auch Sonderabfallverbrennungsanlagen der 17. BImSchV unterliegen, muss eine aufwendige Rauchgasreinigung

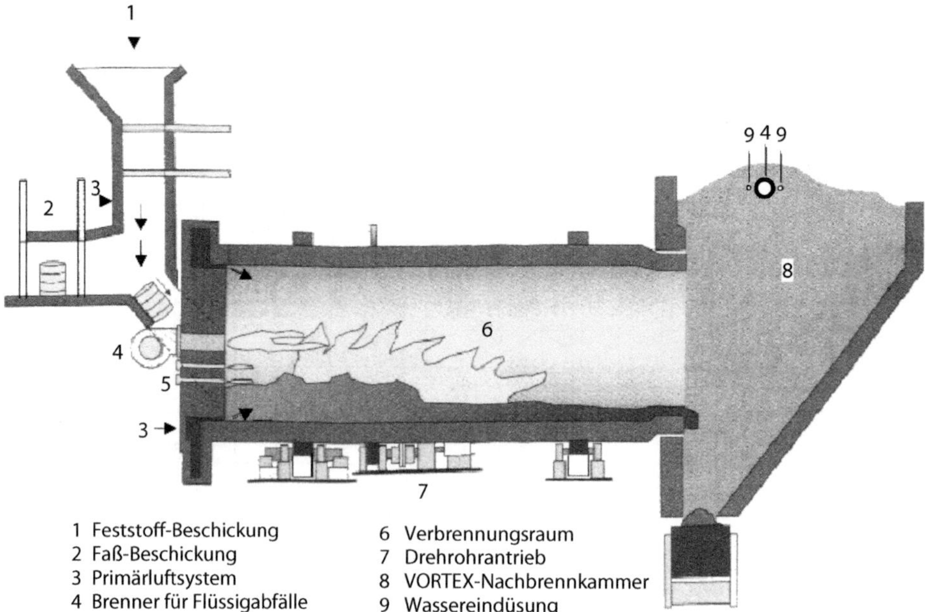

Abb. 4.121 Querschnitt einer Drehtrommelanlage

vorgenommen werden. Diese ist prinzipiell so wie bei Hausmüllverbrennungsanlagen aufgebaut.

Etagenofen Das Einsatzgebiet der Etagenöfen ist hauptsächlich die Klärschlammverbrennung (s. Kap. 4.3.3.1). In einigen speziellen Fällen von stark wasserhaltigen Abfällen wird der Etagenofen auch zur Beseitigung von Industriemüll verwendet. Der Einsatz für die Sondermüllverbrennung ist jedoch unbedeutend (Abb. 4.121).

Wirbelschichtofen Wirbelschichtöfen werden zur Verbrennung einheitlicher flüssiger, pastöser und gasförmiger Abfallstoffe eingesetzt. Vom Aufbau her ist der Wirbelschichtofen mit einer stehenden Brennkammer zu vergleichen. Im unteren Bereich des Ofens ist über einem Rost (Anströmfläche) das Wirbelbett angeordnet. Durch einen hohen Wärme- und Stoffübergang werden spezifische Verbrennungsleistungen wie in einer Brennkammer erreicht.

Das Verbrennungsprinzip wurde bereits in Kap. 4.3.1.4. beschrieben. Wegen der geringen erreichbaren Verbrennungstemperaturen sind Wirbelschichtöfen zur Sonderabfallverbrennung nur bedingt einsetzbar (z. B. zur Verbrennung der Shredderleichtfraktion).

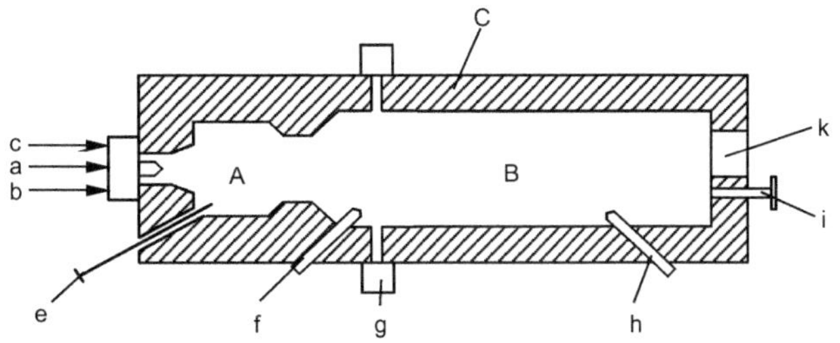

Abb. 4.122 Schematischer Schnitt durch eine Brennkammer [142]

Brennkammer Bei der Brennkammer (vgl. Abb. 4.122) handelt es sich um ein Rohr, bei dem aus unterschiedlichen Düsen die Rückstände und die Verbrennungsluft zugeführt werden. Diese eignet sich aufgrund des Verfahrensprinzips bevorzugt zur Verbrennung von gasförmigen und flüssigen Industrierückständen.

Flüssige Rückstände mit einem Heizwert von mehr als ca. 12.000 kJ/kg lassen sich bei Flammentemperaturen von mehr als 1300 °C in Sekundenbruchteilen bei kleinerem Flammenraum vollständig ausbrennen. Flüssige Rückstände mit einem Heizwert von weniger als ca. 12.000 kJ/kg sind nur unter gleichzeitiger Verbrennung von Zusatzbrennstoff zu verbrennen. Für eine vollständige Verbrennung sind Temperaturen von 800 bis 1100 °C, Verweilzeiten von 1 bis 2 Sekunden und ein Luftüberschuss von 10 bis 20 % des stöchiometrischen Bedarfsfalles notwendig. Verweilzeit und Temperaturen müssen höher gewählt werden, wenn die Industrierückstände PCB-haltige Stoffe beinhalten.

Flüssige und gasförmige Industrierückstände werden gemeinsam mit dem Zusatzbrennstoff (a) im Flammenraum (A) verbrannt. Bezogen auf den Wärmeumsatz wird in diesem Teil der Brennkammer fast die gesamte erforderliche Energie freigesetzt. Je nach den Erfordernissen kann die Verbrennung im Flammenraum (A) bei Luftüberschuss oder Luftmangel vorgenommen werden. Luftmangel ist bei Anwesenheit organischer N-Verbindungen zu empfehlen, um die Bildung von Stickoxiden zu verhindern bzw. zu reduzieren. Die heißen Rauchgase aus dem Flammenraum (A) werden, falls erforderlich, im Reaktionsraum (B) mit weiterer Luft über die Düsen (g) vermischt und verbrennen hier vollständig. Weitere flüssige Rückstände, zumeist wässrige, können über die Düse (h) zugeführt und mitverbrannt werden.

Die Abmessungen der Brennkammer und der einzelnen Reaktionsräume sind verschieden und unabhängig davon, ob es sich um Ausführungen handelt nach dem Quer-, Parallel- oder Gegenstromprinzip. Außerdem können die Reaktionsräume (A) und (B) auch ohne Abgrenzung ausgeführt werden.

Ein Zusatzbrennstoff für heizwertarme, flüssige Rückstände ist umso mehr erforderlich, je höher

- die erforderliche Reaktionstemperatur,
- der erforderliche Luftüberschuss und
- die Wärmeverluste

sind.

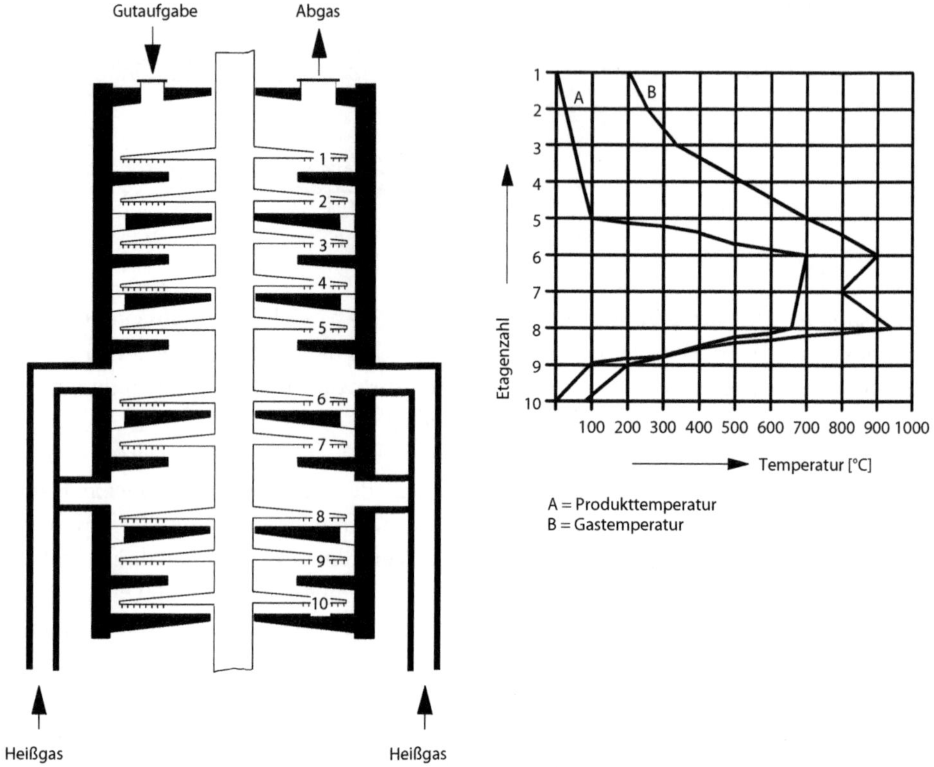

Abb. 4.123 Schematische Darstellung eines Etagenofens mit zugehöriger Temperaturverteilung [142]

4.3.3 Verbrennung von sonstigen Abfällen

4.3.3.1 Verbrennung von Klärschlamm

In 2006 fielen in der Bundesrepublik Deutschland 2,94 Mio. Mg kommunaler Klärschlamm mit einer Trockensubstanz von 70 % an, von denen 2,159 Mio. Mg/a in der Thermischen Verwertung und 98.290 Mg/a in Abfallverbrennungsanlagen verbrannt werden [205]. Klärschlamm wird überwiegendem gemeinsam mit Kohle und bei der Monoverbrennung in Etagen- und in Wirbelschichtöfen verbrannt.

Zur Zeit werden in Deutschland 17 Klärschlammverbrennungsanlagen betrieben, die meisten davon in Kombination mit Restabfallverbrennungsanlagen.

Bei der Verbrennung im *Etagenofen* (vgl. Abb. 4.123) wird Klärschlamm mit einem hohen Wasseranteil zunächst eine Trockenzone mit Temperaturen unter 100 °C durchlaufen, bevor er schließlich verbrannt werden kann. Die Trockenzone umfasst die ersten fünf Etagen. Darauf folgt die Verbrennung. Dabei muss die Temperatur auf maximal 1000 °C aus konstruktiven Gründen und wegen des niedrigen Schmelzpunktes der Asche begrenzt werden. Die Schmelzpunkte der meisten Komponenten der Asche liegen zwar im Bereich von 1200 bis 1400 °C, doch eine Reihe von Komponenten wie z. B. NaCl, Na_2CO_3 oder Na_2SO_4 weisen mit 700 bis 850 °C niedrigere Schmelztemperaturen auf. Eine Anhebung des Schmelzpunktes kann daher in Einzelfällen erforderlich werden, was durch ein „Magern" des Verbrennungsgutes, unter Zugabe von Kalk oder Tonerde, erfolgen kann. Eine Nachverbrennung der flüchtigen Bestandteile und des Rauchgases ist zur Einhaltung der 17. BImSchV unbedingt erforderlich. Dies kann sowohl außerhalb als auch integriert geschehen.

Über 1,2 Mio. Mg Klärschlamm werden in einer *bivalenter Feuerung* gemeinsam mit Kohle verfeuert. Dabei wird der Klärschlamm zuerst getrocknet (90 bis 95 % TS) und dann gemeinsam mit der Steinkohle auf die Kohlemühlen gegeben. Die weitere Trocknung des Brennstoffgemisches erfolgt während des Mahlvorganges durch Zuführung von Heißluft aus einem Luftvorwärmer. Diese Heißluft dient gleichzeitig als Trägermedium für den gemahlenen Kohlenstaub, der direkt in den Kessel eingeblasen und dort verbrannt wird [148].

Klärschlämme werden in der Monoverbrennung hauptsächlich im *Wirbelschicht ofen* verbrannt.

Eine gemeinsame Verbrennung von Hausmüll und Klärschlamm ist aus mehreren Gründen empfehlenswert. Einer der wichtigsten Gründe ist die sinnvolle Verwendung des Müllenergieinhaltes zur Klärschlammtrocknung, wodurch diese Wärmeenergie ganzjährig wirtschaftlich nutzbar ist. Zur Müll- und Klärschlammverbrennung im Etagenofen ist keine Vorbehandlung nötig, ebenso wenig wie bei der gemeinsamen Verbrennung im Drehrohr.

Bei geplanten Müllverbrennungsanlagen in denen eine Verbrennung von Klärschlämmen mit vorgesehen ist werden in der Regel zwei unterschiedliche Wege beschritten:

1. Verbrennung der Klärschlämme in der MVA,
2. Verbrennung der Klärschlämme in einem eigenen Aggregat.

Bei einer Verbrennung von Klärschlämmen zusammen mit dem Restabfall werden ca. 20 % Klärschlämme mitverbrannt.

Eine Verbrennung von Klärschlämmen in einer separaten Wirbelschicht wird z. B. der Restabfall in einer Rostfeuerung verascht werden, während der getrocknete Klärschlamm in einer Wirbelschicht verbrannt wird.

Weitere Beispiele für bestehende Schlammtrocknungs- und Verbrennungsanlagen zeigen Abb. 4.124 und 4.125.

Zukünftig werden durch erhöhte Anforderungen an die Klärschlammqualität geringere Klärschlammmengen direkt landwirtschaftlich genutzt werden können. Dies bedeutet, dass die Nährstoffmengen, die bislang durch das Aufbringen von Klärschlamm dem Boden zugeführt wurden, durch den vermehrten Einsatz von mineralischen Stickstoff- und Phosphordüngern ersetzt werden müssen. Für den Bereich der Düngeindustrie, in der weltweit

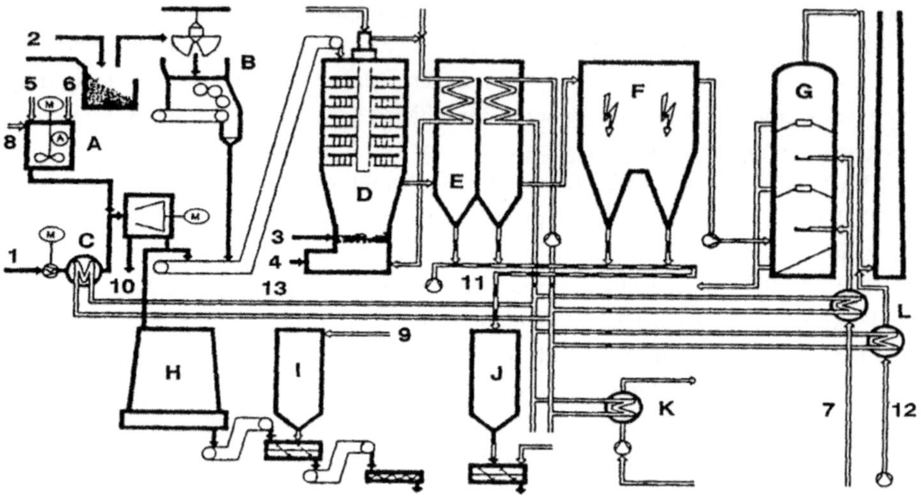

Abb. 4.124 Schlammtrocknung und -verbrennung, MVA Marktoberndorf [178]

ca. 80 % des produzierten Phosphors benötigt werden, existieren keine Phosphatsubstitute, die einen Einsatz von Rohphosphaten verzichtbar machen würden.

Da die Phosphorvorräte der Erde in der heutigen Form begrenzt sind und sich zudem mit fortschreitender Ressourcenerschöpfung die Qualität der abgebauten Phosphaterze verschlechtert, werden etwa seit dem Jahr 2002 in Deutschland verstärkt Möglichkeiten der Rückgewinnung von Phosphor aus sekundären Quellen, insbesondere aus Abwasser und Klärschlamm erforscht [246].

Die anfallenden Aschen und Schlacken aus den bestehenden Klärschlammverbrennungen werden in Abb. 4.126 dargestellt.

Die Versuche haben ergeben, dass fast der gesamte im Klärschlamm gebundene Phosphor über die Asche einem Recycling zugeführt werden kann. Allerdings ist das Verfahren chemikalienintensiv sowie mit einem hohen verfahrenstechnischen Aufwand und damit hohen Kosten für ein Recycling des Phosphors verbunden und bietet sich ausschließlich für große Anlagendurchsätze an [246].

In Abb. 4.127 wird der Verbleib der Aschen und Schlacken aus der Monoverbrennung von Klärschlamm dargestellt. Bei einer Phosphorkonzentration von ca. 50 kg–60 kg/Mg Asche und einer Rückgewinnung von 80–85 % könnten nach der Monoverbrennung ca. 10–13.000 Mg P rückgewonnen werden. Das wären ca. 10 % des jährlichen Bedarfes

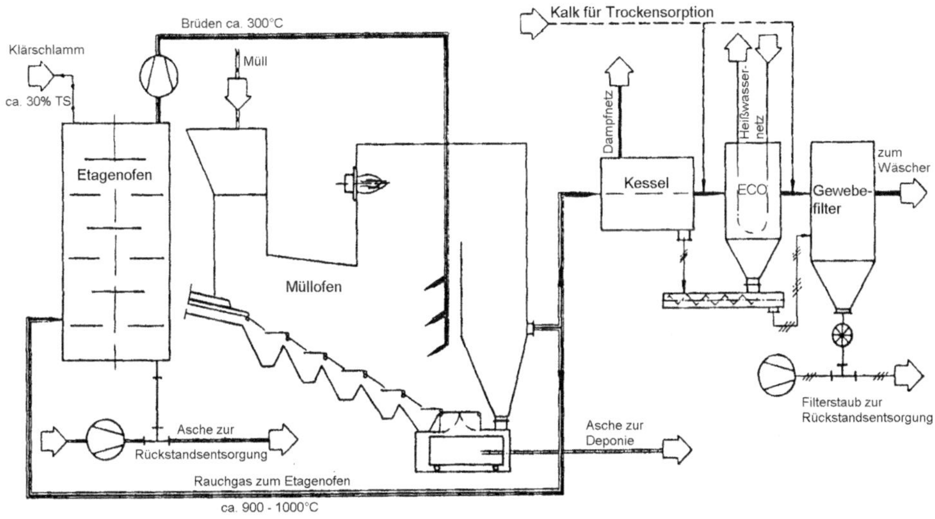

Abb. 4.125 Fließschema der Schlammverbrennungsanlage Frankfurt [179]

Abb. 4.126 Aschen und Schlacken aus der Klärschlammverbrennung in Deutschland [247]

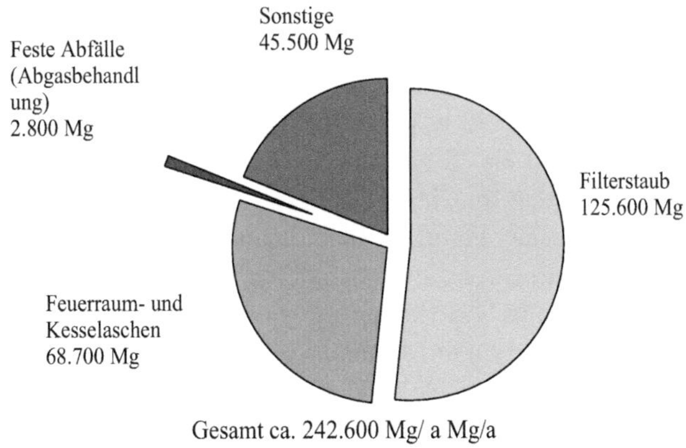

an Phosphor. Bei einer konsequenten und Verbrennung des Klärschlammes in Monoanlagen könnte ca. 40 bis 50.000 Mg P aus der Asche extrahiert und als Dünger eingesetzt werden.

4.3.3.2 Verbrennung von Stroh und Holz

Stroh

Getreidestroh stellt mit einer jährlichen Produktion von 23 Mio. Mg den größten Teil der pflanzlichen Reststoffe, von denen ca. 20 % nicht sinnvoll verwertet werden können [170]. Stroh besitzt bei einer Feuchte von 20 % einen unteren Heizwert von 12 bis 14 MJ/kg.

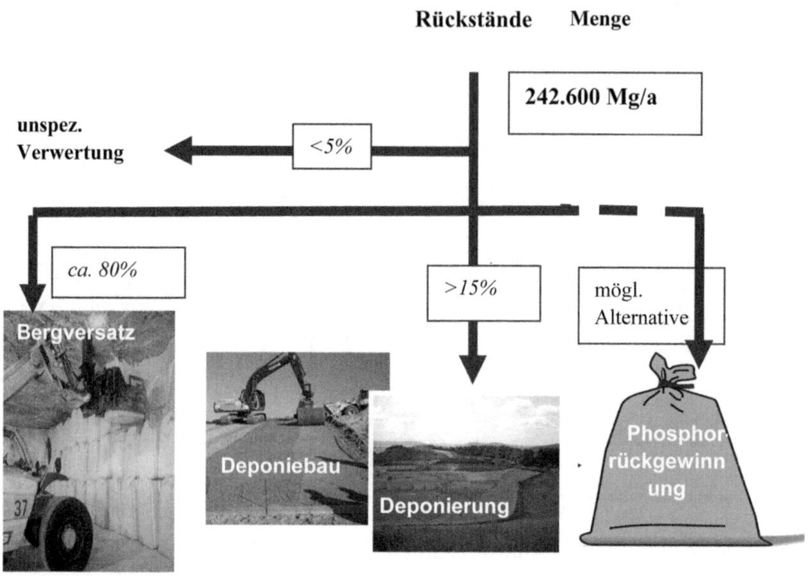

Abb. 4.127 Entsorgungswege für Aschen und Schlacken aus der Monoverbrennung von Klärschlamm [247]

Je nach Art besteht es aus 40 bis 50 % Kohlenstoff, 5 bis 6 % Wasserstoff, 36 bis 44 % Sauerstoff, 0,1 bis 0,2 % Schwefel und 0,3 bis 2,3 % Stickstoff. Der Aschegehalt schwankt zwischen 2 und 16 % [170].

Wegen seiner geringen Raumdichte von ungefähr 200 kg/m^3 [170] wäre ein größerer Transport des Strohs unwirtschaftlich, so dass es nur für eine dezentrale Verbrennung in Kleinanlagen in Frage kommt. Da Stroh frei von Schadstoffen ist, sind kaum Emissionen zu erwarten, bis auf unvollständig oxidierte Gase wie Kohlenmonoxid bei schlechtem Ausbrand. Deshalb sind einige Kessel auch mit einer Nachbrennkammer ausgerüstet. Hinzu kommen Staubemissionen. Diese lassen sich nur durch aufwendigere Feuerungsanlagen oder Aufbereitung des Strohs zu Briketts bzw. Pellets deutlich reduzieren.

Die Möglichkeiten der Strohfeuerung in Kleinanlagen zeigt Abb. 4.128 Die Kennwerte der verschieden aufbereiteten Brennstoffformen von Stroh werden in Tab. 4.20 dargestellt.

Holz

Das in der Bundesrepublik Deutschland genutzte Altholz betrug im Jahre 2007 mit Import 11,817 Mio. Mg und ohne Import 9,129 Mio. Mg Altholz. Davon wurden 7,306 Mio. Mg energetisch verwertet [248].

Im Jahr 2002 Betrug die Altholzmenge 10,689 Mio. Mg und ohne Import 9,783 Mio. Mg. In 2002 betrug die thermische Verwertung nur 3,455 Mio. Mg Altholz. Damit wird erkennbar, dass das innerdeutsche Abfallaufkommen Holz 2007 um 0,654 Mio. Mg niedriger als 2002 lag. Eine nähere Betrachtung der Bilanzen für diese beiden Jahre zeigt, dass die

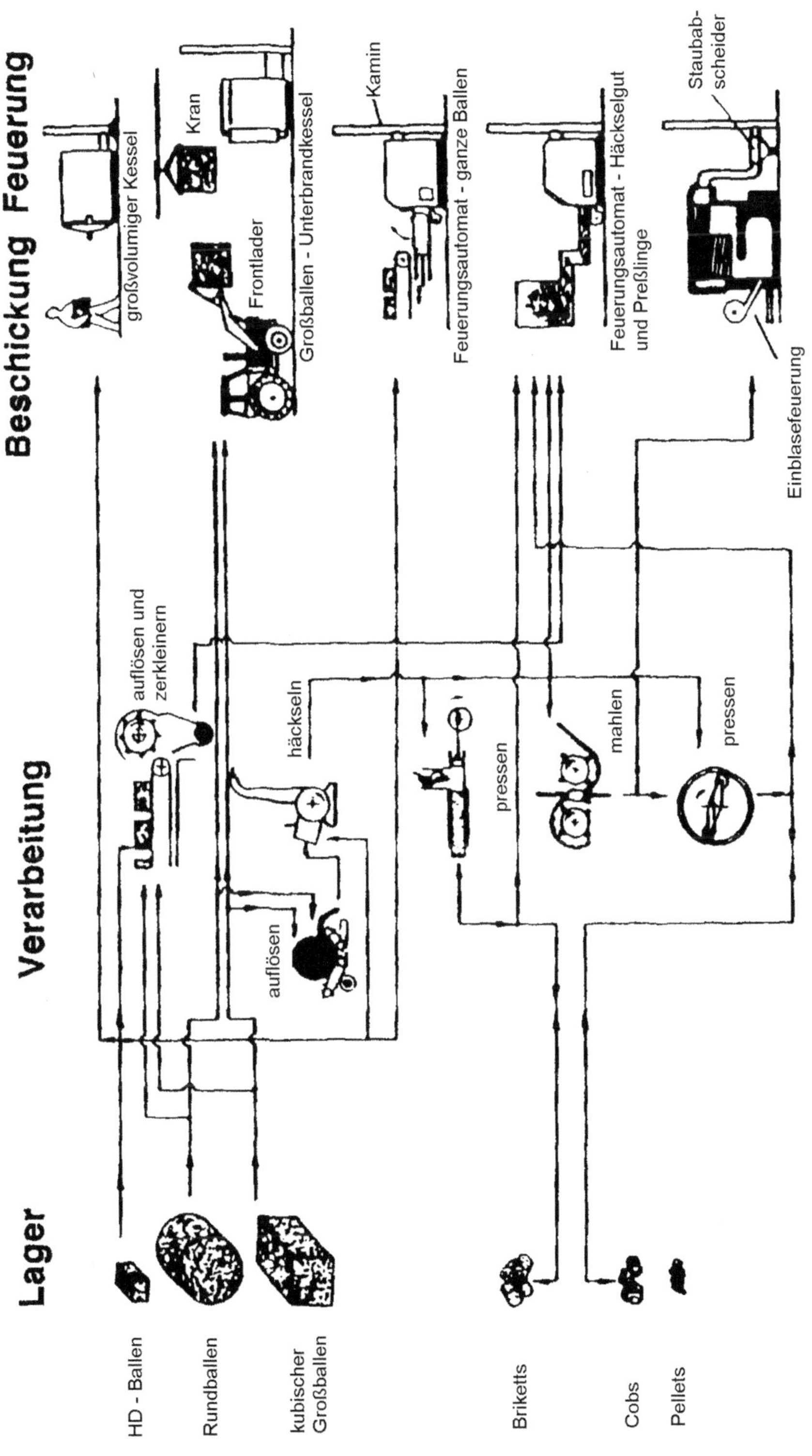

Abb. 4.128 Möglichkeiten der Strohfeuerung [171]

Tab. 4.20 Kennwerte verschiedener Brennstoffformen von Stroh [172]

	Zerkleinern		Verdichten			
	Häckselgut	HD-Ballen	Großballen		Briketts	Pellets
	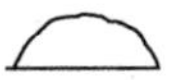		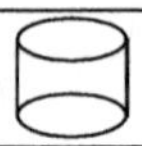	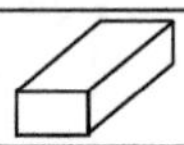		
Abmessungen in m	mitlerer Teilchen-durchmesser 0,001 - 0,008	0,3 - 0,4 x 0,4 - 0,5 x 1 - 13	Ø = 1,5 - 1,8 b = 1,2-1,7	0,7 - 1,5 x 1,2 - 1,5 x 1,2 - 2,9	Ø = 0,04-0,1 l = 0,03-0,25	Ø < 0,04 l = 0,01 - 0,05
Schüttdichte kg/m³ Stapeldichte	40 - 60	70 - 120	60 - 90	60 - 120	300 - 600	500
Raumdichte kg/m³	40 - 60	80 - 150	80 - 120	90 - 160	800 - 1.600	1.000 - 1.700
Gewicht je Einheit kg	-	8 - 25	300 - 400	200 - 800	0,01 - 0,30	0,002 - 0,01
Verdichtungsdruck hPa	-	1 - 20	5 - 20	5 - 20	800 - 1.000	1.000
Spez. Arbeitsbedarf kWh/Mg	0,1 - 3,5	0,15 - 0,4	0,2 - 0,7	0,2 - 0,7	0,8 - 2	2 - 4
Durchsatz Mg/h	9 - 250	60 - 90	70 - 100	100 - 140	5 - 15	5 - 10

entsorgten Mengen an Holzabfällen aus der Halb- und Fertigwarenherstellung sowie die getrennt erfassten Althölzer aus dem Siedlungsabfall 2007 gegenüber dem Bilanzzeitraum 2002 angestiegen sind. Alle anderen relevanten Altholzanfallstellen sind rückläufig [248]. Im nachfolgenden Abb. 4.129 ist der Stoffstrom Altholz für das Jahr 2007 im lufttrockenen (lutro) Zustand dargestellt.

Eine Verbrennung von Holz zur energetischen Nutzung ist nur dann sinnvoll, wenn keine andere Verwertung, die auch die stofflichen Eigenschaften erhält, möglich ist. Dies wären z. B. eine direkte Wiederverwertung von Althölzern oder ein Einsatz in der Papier und Spanplattenherstellung. Belastete Hölzer werden hingegen vollständig thermisch behandelt, um die Schadstoffe zu zerstören. Die dabei entstehende Energie wird entsprechend genutzt. Wie im Holzstoffstrom deutlich wird, beträgt der gefährliche Anteil am Holzabfall nur 0,441 Mio. Mg. Ungefähr 95 % dieser gefährlichen Holzabfälle werden im Baugewerbe erfasst und können bei einer sachgemäßen Demontage von Bauwerken leicht getrennt ausgewiesen werden.

Holz besteht in trockenem Zustand zu etwa 50 % aus Kohlenstoff, zu etwa 44 % aus Sauerstoff und ca. 6 % Wasserstoff, und enthält 0,5 bis 2 % mineralische, aschebildende Stoffe sowie bis zu 0,5 % organisch gebundenen Stickstoff [173, 175].

Verbrennung in Kleinanlagen Die Verbrennung in Kleinanlagen ist bei den derzeitigen Energiepreisen wirtschaftlich, auch wenn das Holz zu Hackschnitzeln oder zu Pellets aufbereitet werden muss.

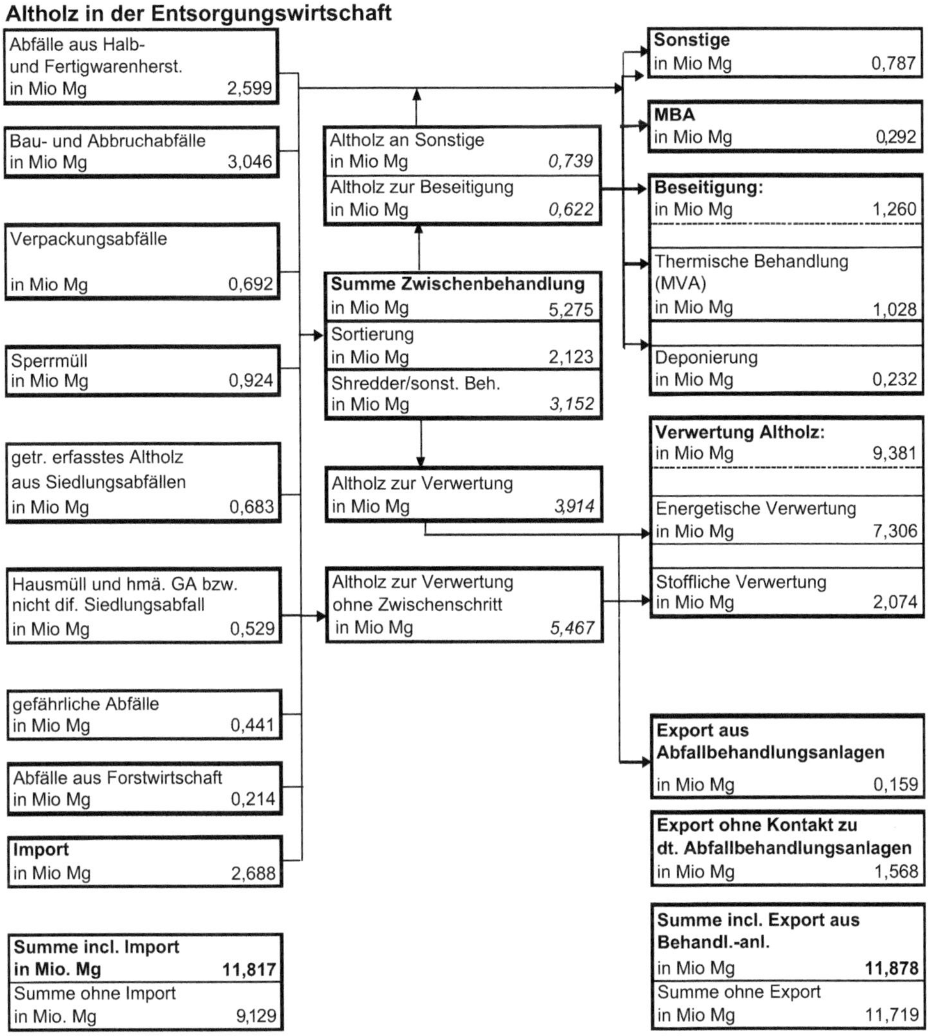

Abb. 4.129 Altholz-Stoffstrom für das Jahr 2007 in Deutschland in Mio. Mg_{lutro} [248]

Unbehandeltes Holz enthält keine umweltrelevanten Stoffe, die eine spezielle Behandlung der Verbrennungsrückstände nötig machen würde.

Holz ist als gasreicher Festbrennstoff nur schwierig vollständig zu verbrennen, so dass bei unzureichendem Ausbrand das Rauchgas mit unvollständig oxidierten Stoffen belastet ist, z. B. Kohlenmonoxid und Kohlenwasserstoffe. Die Ausbrandqualität wird insbesondere durch die Holzfeuchte bestimmt [175]. Da bei Kleinfeuerungsanlagen ein vollständiger Ausbrand nicht immer gegeben ist und diese Anlagen auch über keine Rauchgasreinigung verfügen, ist hier nur der Einsatz bestimmter Holzsortimente zulässig.

Verbrennung in Großfeuerungen Die Verbrennung in größeren Anlagen gewährleistet bei entsprechender Technik einen vollständigen Ausbrand und eine Minimierung der Umweltbelastung durch eine nachgeschaltete Rauchgasreinigung. Hier ist auch der Einsatz verunreinigter Abfallhölzer üblich.

In größeren Anlagen werden hauptsächlich Holzhackschnitzel eingesetzt, da diese gut zu lagern und auch automatisiert in die Verbrennung eingebracht werden können. Es gibt zwei Prinzipien der Holzverbrennung. Das Holz wird entweder vollständig im Brennraum verbrannt, oder es wird in einer ersten Stufe vergast, nach der dann die Holzgase verbrannt werden.

Rückstände Durch die Rauchgasreinigung fallen neben den Aschen (1 bis 5 % der Einsatzmenge) auch Filterstäube an, die entsprechend ihrem Schadstoffgehalt entsorgt werden müssen. Da eine genaue Differenzierung nur mit großem analytischem Aufwand möglich ist, ist hier eine strenge Einstufung zu erwarten [173].

4.3.4 Ent- und Vergasung von Abfällen (Pyrolyse)

Die Pyrolyse ist aus der Verfahrenstechnik bekannt. Eine Weiterentwicklung und Anwendung auf den Rohstoff Abfall wurde durch die bei der Müllverbrennung auftretenden Nachteile gefördert.

Im Hinblick auf die Hausmüllbehandlung wurden von der Pyrolyse u. a. folgende Vorteile erwartet [93]:

- unkomplizierte Verfahren, das auch bei geringen Durchsätzen bis ca. 10 Mg/h kostengünstig arbeitet,
- Möglichkeit der Energie- und Rohstoffgewinnung,
- Lagerfähigkeit der energetisch nutzbaren Produkte,
- Flexibilität gegenüber unterschiedlichen und wechselnden Abfallzusammensetzungen,
- weitgehende Vermeidung von Umweltbelastungen bzw. -beeinträchtigungen.

Mit der Abfallent- bzw. -vergasung wurde eine ähnliche Zielsetzung wie bei der Verbrennung verfolgt. Abfallstoffe werden in ihrem Volumen erheblich reduziert und bei der Umwandlung in eine Form gebracht, in der eine Ablagerung ohne wesentliche Beeinträchtigungen der Umgebung möglich wird.

Der Zusammenhang der thermischen Verfahren Pyrolyse, Entgasung und Verbrennung ist in Tab. 4.21 dargestellt.

Bei der konventionellen Verbrennung spielen sich die Vorgänge der Trocknung, Entgasung, Vergasung und Verbrennung (Ausbrand der gasförmigen Produkte) in einer Kammer ab. Bei der Pyrolyse können einige dieser Teilprozesse in getrennten Reaktoren durchgeführt werden, so dass die Entgasung und Vergasung zu eigenständigen Abfallbehandlungsverfahren werden.

Tab. 4.21 Einteilung der verschiedenen Möglichkeiten der thermischen Abfallbehandlung [94]

Mögliche Verfahrensstufen	Verfahrensbezeichnung			
	Trocknung	Entgasung	Vergasung	Verbrennung
Stufe I	Trocknung	Trocknung	Trocknung	Trocknung
Stufe II		Entgasung (Pyrolyse)	Entgasung (Pyrolyse)	Entgasung (Pyrolyse)
Stufe III			Vergasung	Vergasung
Stufe IV				Verbrennung

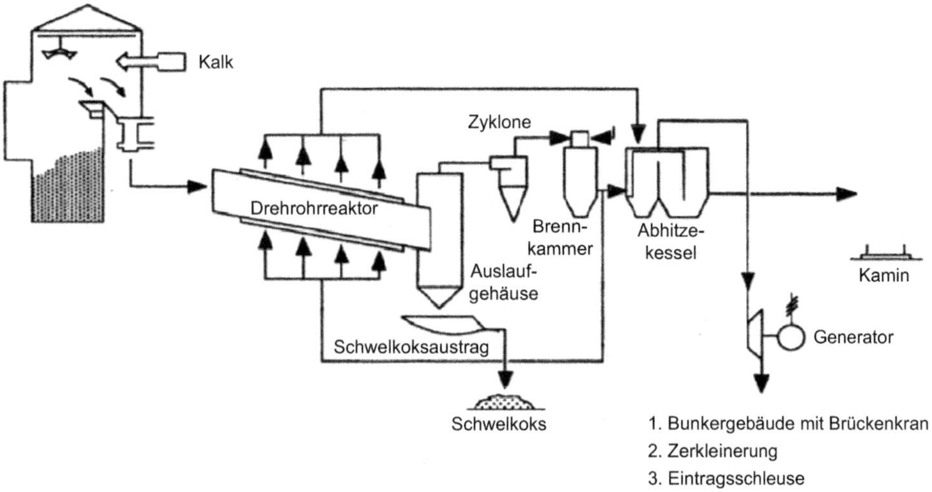

Abb. 4.130 Schematisch Darstellung der ältesten Entgasungsanlage der Welt in Burgau [235]

Die Pyrolyse als Restabfallbehandlungsanlage konnte sich aufgrund vielfältiger Probleme und geringer Verfügbarkeit gegenüber der Müllverbrennung nicht durchsetzen. So wird nur eine kleine Pyrolyseanlage für Hausmüll in Burgau seit 1984 mit einem Durchsatz von 40.000 Mg/a betrieben (vgl. Abb. 4.130). Weitere Pyrolyseanlagen für Hausmüll sind nicht geplant.

Die Pyrolyse in Kombination mit der Hochtemperaturverbrennung wurde gebaut aber aus technischen und wirtschaftlichen Gründen wieder eingestellt. Dabei wurden die gewonnenen Pyrolysegase in einem zweiten Verfahrensschritt zur Verbrennung und Verglasung des Pyrolysekokses verwendet.

4.3.4.1 Entgasung

Die Entgasung (Pyrolyse) stellt die thermische Zersetzung von organischem Material unter Ausschluss eines Vergasungsmittels wie Sauerstoff, Luft, CO_2, Dampf etc. dar.

In den Temperaturbereichen zwischen 150 und 900 °C werden flüchtige Stoffe ausgetrieben, und höhere Kohlenwasserstoffverbindungen in niedere zerlegt. Dieser Vorgang wird auch Schwelung oder trockene Destillation genannt.

Als Pyrolyseprodukte entstehen je nach den Betriebsparametern der Anlage Pyrolysegas, -koks, -öl bzw. -teer. Da die Verwertung der Ölfraktionen durch Destillation nur bei sehr großen Mengen und entsprechendem hochwertigen Einsatzmaterial wie Kunststoffe, Altreifen, etc. wirtschaftlich durchführbar ist, wird häufig das Hauptgewicht auf eine maximale Gasausbeute gelegt. Das Pyrolysegas weist je nach Ausgangsmaterial 12.500 bis 46.000 kJ/Nm^3 auf, ist jedoch nicht frei von kondensierbaren Bestandteilen.

Der als fester Rückstand anfallende Pyrolysekoks enthält mehr oder weniger Restkohlenstoff, der bei der Pyrolyse nicht in Gas umgesetzt wird. Hierdurch ist der Wirkungsgrad dieses Verfahrens im Vergleich zur Vergasung etwas niedriger.

Die Entgasung ist insgesamt ein endothermer Prozess, d. h. es muss Energie zugeführt werden.

Im Temperaturbereich bis zu 200 °C kommt es zur thermischen Trocknung und zur Wasserdampfbildung durch physikalische Wasserabspaltung, wobei große Energiemengen benötigt werden (2260 kJ/kg Wasser bei einem Druck von 1 bar). Bei besonders wasserhaltigen Abfällen wie z. B. Klärschlamm, Gülle etc. haben sich gute Pressen und eine entsprechende Ausgliederung der Trocknungsphase aus dem Reaktor und eine Vortrocknung in entsprechenden Trocknungsaggregaten als besonders günstig erwiesen.

Bei Temperaturen von 200 bis 500 °C läuft die Phase der Verschwelung ab. Dabei kommt es im Wesentlichen zur Abspaltung von Seitengruppen höhermolekularer organischer Substanzen, wie z. B. Cellulose, Eiweiß, Fette und Kunststoffe, und zum Abbau makromolekularer Gerüststrukturen in Gase, flüssige organische Verbindungen und festen Kohlenstoff (Tab. 4.22).

In der Gasbildungsphase im Temperaturbereich zwischen 500 °C und 1200 °C werden die bei der Verschwelung entstandenen Produkte weiter aufgespalten und umgewandelt. Dabei entstehen sowohl aus dem festen Kohlenstoff als auch aus den flüssigen organischen Produkten die stabil bleibenden Gase H_2, CO, CO_2 und in der Gasbildungsphase CH_4. Der Chemismus der Gasbildungsphase stützt sich im Wesentlichen auf die Reaktionsgleichungen:

$$C_nH_m \Rightarrow x\,CH_4 + y\,H_2 + z\,C \quad \text{Gl. (1)}$$
$$CH_4 + H_2O \Leftrightarrow CO + 3\,H_2 \quad \text{Gl. (2)}\ \Delta H = -201{,}9\ \text{KJ/Mol}$$
$$C + H_2O \Leftrightarrow CO + H_2 \quad \text{Gl. (3)}\ \Delta H = +131{,}5\ \text{KJ/Mol}$$
$$C + CO_2 \Leftrightarrow 2\,CO \quad \text{Gl. (4)}\ \Delta H = +171{,}4\ \text{KJ/Mol}$$
$$C + 2\,H_2 \Leftrightarrow CH_4 \quad \text{Gl. (5)}\ \Delta H = -74{,}9\ \text{KJ/Mol}$$

m, n, x, y, z = Verteilungskoeffizienten

Nach Gl. (1) werden die höhermolekularen Kohlenwasserstoffe zu Wasserstoff, Methan und festem Kohlenstoff zersetzt; Methan durch Reaktion mit Wasser nach Gl. (2) zu Kohlenmonoxyd und Wasserstoff (Synthesegas) umgewandelt. Der abgeschiedene feste Kohlenstoff reagiert mit Wasserdampf in der Wassergasreaktion nach Gl. (3) bzw. mit Kohlendioxyd in der Boudouard'schen Reaktion nach Gl. (4) unter Bildung von Wasser- bzw. Generatorgas und mit Wasserstoff in der Methangasreaktion nach Gl. (5).

Tab. 4.22 Pyrolytische Zersetzung organischer Materialien in Abhängigkeit von der Temperatur [96, 97]

Temperatur, Temperaturbereich (Grad °C)	Chemische Reaktion
100–120	Thermische Trocknung. Wasserabspaltung (physikalisch)
250	Desoxidation, Desulfurierung; Abspaltung von Konstitutionswasser und Kohlendioxid Depolymerisation. Beginn der Abspaltung von Schwefelwasserstoff
340	Bindungsaufbruch aliphatischer Bindungen. Beginn der Abtrennung von Methan und anderen Aliphaten
380	Carburierungsphase (Anreicherung des Schwelguts an Kohlenstoff)
400	Bindungsaufbruch der Kohlenstoff-Sauerstoff- und Kohlenstoff-Stickstoff-Bindungen
400–600	Umwandlung des Bitumenstoffes in Schwelöl bzw. Schwelteer
600	Crackung von Bitumenstoffen zu wärmebeständigeren Stoffen (gasförmige kurzkettige Kohlenwasserstoffe) Entstehung von Aromaten (Benzolderivaten)
600–700	Olefin-(Äthylen-)Dimerisierung zu Butylen; Dehydrierung zu Butadien; Dien-Reaktion mit Äthylen zu Cyclohexan; thermische Aromatisierung zu Benzol und höher siedenden Aromaten
700 bis 850	Entwicklung der Permanentgase (H_2, CO, CO_2, CH_4) an den flüssigen und festen kohlenstoffhaltigen Komponenten
850–1200	Weiter Anstieg von H_2 durch die Wassergasreaktion und Verringerung der CH_4, C_nH_m-Fraktion Die Boudouard-Reaktion führt zu höherem CO-Gehalt und niedrigerem CO_2. Metalloxide werden reduziert, die Pyrolysegasmenge verdoppelt sich, der Heizwert liegt um ca. 20–30 % niedriger
1200–1400	Es entsteht flüssige Schlacke

Die Entgasung zellulosehaltiger Komponenten, wie z. B. Papier, Pappe, Küchen-, Garten- und Holzabfälle, wird wesentlich vom Zersetzungsverhalten der Zellulose bestimmt und erfolgt nach der Gleichung [251]:

$$3\,(C_6H_{10}O_5) \;\Rightarrow\; 8\,H_2O + C_6H_8O + 2\,CO + 2\,CO_2 + CH_4 + H_2 + 7\,C$$

Polymermaterialien liefern bei der thermischen Zersetzung durch Abspaltung von Seitenketten oder benachbarten Substituenten Produkte wie H_2O, CO, NH_3, HCL, H_2S, CH_4 und höhere Aliphate. Weiterhin kann eine Umwandlung von Polymeren durch thermische Depolimerisation in mehrere Monomere erfolgen oder es kommt zu einer stochastischen Fragmentierung von Polymerketten in Bruchstücke unterschiedlicher Länge, wie z. B. die Bildung von Paraffinwachs beim Erhitzen von PE und PP.

Diese, auch als primäre Zersetzung bezeichnete Umwandlungsmöglichkeiten, werden jedoch meist von sekundären Folgereaktionen begleitet, wobei es erneut zur Polymerisation

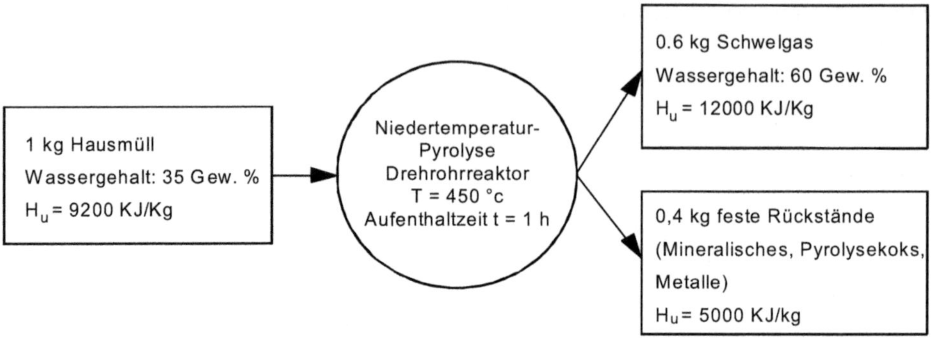

Abb. 4.131 Beispiel für eine Stoff- und Energiebilanz bei der Niedertemperatur-Pyrolyse von Hausmüll [98]

der primären Zersetzungsprodukte kommt. Bei niedrigen Temperaturen polymerisieren die reaktiven primären Produkte teilweise oder fast völlig zu Teer. Ein Teil des Teers wird weiter umgewandelt unter Bildung von Gasen und Koks. Bei höheren Temperaturen neigen die primären Zersetzungsprodukte weniger zur Polymerisation [249].

Einsatzstoffe und Entgasungsprodukte Durch die pyrolytische Umsetzung von Abfällen entstehen verschiedene Produkte, die von der Zusammensetzung des Ausgangsmaterials, den Erhitzungsbedingungen der Entgasungstemperatur und der Reaktionsdauer abhängen. Im Einzelnen können folgende Endprodukte anfallen:

- Brennstoffe bzw. Rohstoffe im Form von Teeren, Ölen, Brenngasen,
- Kondenswasser mit darin gelösten Verunreinigungen,
- Reststoffe wie Müllkoks, Metalle, Glas, Sand etc. (Abb. 4.131)

Absatzmöglichkeiten der Produkte

Für einige Produkte aus der Pyrolyse gibt es einen begrenzten Markt. So sind besonders die Öle aus der Altreifenentgasung als Chemie- und Mineralölrohstoff einsetzbar. Bedingung ist allerdings die räumliche Nähe der Pyrolyseanlage zu einer ölverarbeitenden Anlage. Dies gilt auch für das Pyrolysegas, das zum Teil für die Aufheizung des eigenen Prozesses genutzt werden muss.

Pyrolysekoks ist, trotz verschiedener Einsatzmöglichkeiten als Aktivkoks, Reduktionsmittel, Farbpigment oder Ruß, bisher nirgendwo kontinuierlich abgesetzt worden [108].

4.3.4.2 Vergasung

Die Vergasung umfasst die Umsetzung kohlenstoffhaltigen Materials bei hohen Temperaturen zu gasförmigem Brennstoff.

Die Vergasung unterscheidet sich von der Entgasung durch die Zugabe von reaktivem Gas, das die verkohlenden Rückstände in weitere gasförmige Produkte umwandelt. Die

Vergasung ist streng genommen die Weiterführung des Pyrolyseprozesses, wobei der Restkohlenstoffanteil des Pyrolysekokses im Glutbett bei Temperaturen oberhalb 800 °C bei einer unterstöchiometrischen Sauerstoffzufuhr oxidiert wird.

Als Vergasungsmittel werden im allgemeinen Dampf, Kohlendioxid, Sauerstoff oder Luft verwendet [95, 97, 111]. Die Vergasung ist ebenso wie die Entgasung sowohl ein eigenständiges Verfahren als auch ein Teilprozess der Verbrennung. Die bei der Vergasung entstehenden Produkte sind entsprechend der Art des Vergasungsmittels Schwachgas, Wassergas etc.

Die notwendige Reaktionsenergie für den Vergasungsprozess wird durch eine Teilverbrennung des organischen Materials im Innern des Reaktors erzeugt. Durch Zufuhr von z. B. Sauerstoff als Vergasungsmittel werden in der Oxidationszone Temperaturen bis 1650 °C erzielt. Wird diesem Bereich vorgewärmte Luft als Oxidations- und Vergasungsmittel zugeführt, können bis zu 1600 °C erzielt werden. Bei dieser Hochtemperaturvergasung schmelzen die Verbrennungsrückstände in der Oxidationszone, so dass die Schmelzmasse kontinuierlich durch eine Bodenöffnung abgezogen und in einem Wasserbad granuliert werden kann.

Grundlagen der Vergasung von Abfällen

Die Vergasung kohlenstoffhaltigen Materials läuft je nach verwendeten Vergasungsmitteln (Sauerstoff, Luft, Dampf, Wasserstoff, Kohlendioxid) gemäß den Reaktionen:

$$C + \tfrac{1}{2}CO_2 \rightarrow CO \qquad \Delta H = -110{,}6\ \text{KJ/Mol} \qquad \text{Gl. (1)}$$

$$C + O_2 \rightarrow CO_2 \qquad \Delta H = -393{,}5\ \text{KJ/Mol} \qquad \text{Gl. (2)}$$

$$C + 2H_2O \Leftrightarrow CO_2 + 2H_2 \qquad \Delta H = +91{,}1\ \text{KJ/Mol} \qquad \text{Gl. (3)}$$

$$C + H_2O \Leftrightarrow CO + H_2 \qquad \Delta H = +131{,}5\ \text{KJ/Mol} \qquad \text{Gl. (4)}$$

$$C + 2H_2 \Leftrightarrow CH_4 \qquad \Delta H = -74{,}9\ \text{KJ/Mol} \qquad \text{Gl. (5)}$$

Durch eine teilweise Verbrennung des Kohlenstoffes gemäß den Reaktionen (1) und (2) wird das Brennstoffbett zum Glühen gebracht und reagiert mit dem gebildeten Kohlendioxid entsprechend der heterogenen Boudouard-Reaktion (6)

$$C + CO_2 \Leftrightarrow 2CO \qquad \Delta H = +171{,}4\ \text{KJ/Mol} \qquad \text{Gl. (6)}$$

Je höher die Temperatur im Brennstoffbett ist, desto stärker ist die Umwandlung des CO_2 unter Abbau von elementarem Kohlenstoff zu thermisch verwertbarem Kohlenmonoxyd. Bei höherer Temperatur im Brennstoffbett erfolgt eine stärkere Kohlenmonoxidbildung. Die Verteilung CO/CO_2 ist in Abb. 4.132 durch das Boudouard-Gleichgewicht dargestellt.

Analog verläuft die sog. Wassergasreaktion, bei der sich durch Zugabe von Wasserdampf zur Vergasungsluft bei niedrigen Temperaturen CO_2 und Wasserstoff (3) bzw. bei hohen Temperaturen CO und Wasserstoff bilden (4). Bei Anwesenheit von Wasserdampf ist auch die Folgereaktion mit CO von Bedeutung:

$$CO + H_2O \Leftrightarrow CO_2 + H_2 \qquad \Delta H = +40{,}1\ \text{KJ/Mol} \qquad \text{Gl. (7)}$$

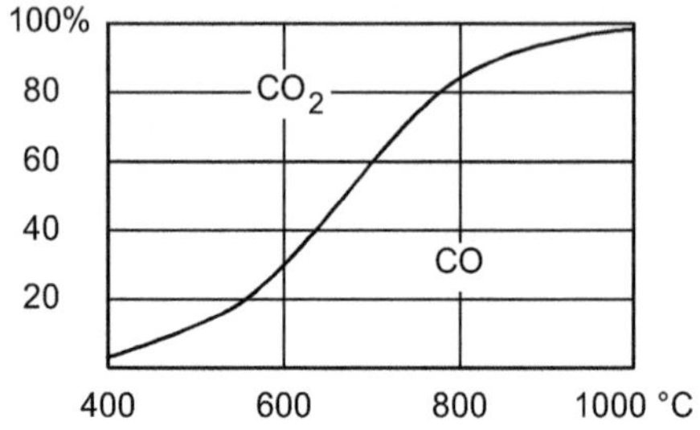

Abb. 4.132 Gleichgewicht der Boudouard-Reaktion bei Atmosphärendruck [95]

Boudouard-Reaktion und Wassergasreaktion sind endotherme Reaktionen, während die Oxidation des Kohlenstoffs exotherm verläuft. Auch die Vergasung mit Wasserstoff (Gl. 5) ist exotherm und wird verfahrenstechnisch als Hydrierung bezeichnet.

Bei der Vergasung von Kohlenstoff mit Wasserdampf bei Atmosphärendruck wird das entstehende heizwertreiche Methan ($H_u = 8.570$ kcal/Nm^3) mit steigender Reaktortemperatur zum heizwertärmeren CO ($H_u = 3.015$ kcal/Nm^3) und H_2 ($H_u = 2575$ kcal/Nm^3) nach der Gl. 8 abgebaut wird.

$$CH_4 + H_2O \quad \rightarrow \quad CO + 3H_2 \qquad \Delta H = -201{,}9\ \text{KJ/Mol} \quad \text{Gl. (8)}$$

An diesem Beispiel ist ein Teil der Vergasungsproblematik zu erkennen. Einerseits ist man bestrebt, ein heizwertreiches Gas mit einer breiten Verwendungsmöglichkeit zu erzeugen, andererseits muss das Gas zur thermischen Aufbereitung einer hohen Temperatur ausgesetzt werden.

Neben den Hauptkomponenten Wasserdampf, CO_2, CO, CH_4 und H_2 enthält das Vergasungsprodukt eine Vielzahl weiterer chemischer Verbindungen, deren Konzentration weit unter dem Promille-Bereich liegt. Es ist daher anzunehmen, dass das Gas mehrere hundert chemische Verbindungen enthält, von denen zur Zeit nur relativ wenige bekannt und untersucht sind. Insbesondere sind die höheren Kohlenwasserstoffe und Polyaromaten sowie die entsprechenden Aldehyde, S-, N-, und O-enthaltende Verbindungen zu nennen, weiterhin die Gruppe der flüchtigen anorganischen Schadstoffe wie HCl, HF, H_2S, HS-Verbindungen, NH_3, Quecksilber und die weiteren leichtflüchtigen Schwermetalle [252].

Die Vergasungs- bzw. die Reaktionsgeschwindigkeit des Materials hängt neben der Temperatur auch von Porosität, Porendurchmesser und innerer Diffusion des Brennstoffbettes ab.

Einsatzstoffe und Vergasungsprodukte

Die bei der Vergasung entstehenden Produkte sind entsprechend der Art des Vergasungsmittels und der Entgasungstemperatur Schwachgas, Wassergas und Generatorgas.

Im Temperaturbereich von 800 bis 1100 °C durchgeführte Hochtemperaturvergasungsverfahren liefern die höchste Ausbeute an allerdings heizwertarmem Gas.

Eine sofortige Verwertung der Gase in einer Nachbrennkammer ist wünschenswert, da somit auch die fühlbare Wärme genutzt werden kann.

Das Generatorgas weist einen niedrigeren Heizwert auf als das Pyrolysegas. Bezogen auf die Abfallmenge ergibt sich ein höheres Gasvolumen. Nach der Crackung sind praktisch keine kondensierbaren Anteile mehr vorhanden. Das Gas kann verbrannt werden, da im Reingas nur geringe Schadgasanteile vorhanden sind ($SO_2 = 20\,mg/Nm^3$, $HCl = 23\,mg/Nm^3$ und $HF = 1{,}3\,mg/Nm^3$).

Neben unbrennbaren Bestandteilen verbleibt je nach Betriebstemperatur des Prozesses Asche bzw. Schlacke als Rückstand. Die festen Rückstände aus dem Vergasungsprozess sind denen aus der Verbrennung ähnlich; sie weisen einen hohen Asche- und geringen Kohlenstoffgehalt auf.

Absatzmöglichkeiten der Produkte

Der Heizwert für die Gase aus der Abfallpyrolyse liegt weit über denen aus der Vergasung mit zum Beispiel Luft,

- 12.000–16.000 kJ/Nm^3 Pyrolysegas
- 4.000–5.000 kJ/Nm^3 Vergasung mit Luft

das etwa die gleiche Größenordnung wie Generatorgas aus der Koksvergasung (Ho = 5.195 kJ/Nm^3) hat. Wird der Abfall mit Sauerstoff vergast, steigt der Heizwert auf ca. Ho = 14.650 kJ/Nm^3.

Eine sofortige Verwertung der Gase in einer Nachbrennkammer ist wünschenswert, da somit auch die fühlbare Wärme genutzt werden kann.

Verschiedene Versuche mit Gasmotoren, Schwachgasbrennern etc. sind unternommen worden, das niederkalorige Gas aus der Vergasung sinnvoll einzusetzen. Eine sofortige Verbrennung hat sich bisher als die wirtschaftlichste Lösung ergeben. Durch die Verteuerung von Erdöl wird diskutiert, die Gaskomponenten wie H_2, CO und CH_4 für eine weitere Verwertung wie z. B. Methanol und das Generatorgas als Grundlage für die Fischer-Tropsch-Synthese zur Gewinnung von Treibstoff zu nutzen.

Im Gegensatz zur Entgasung ist das Schlackegranulat bei der Vergasung glasartig und in der Umwelt beständig gegenüber Auslaugung. Daher eignet sich das Material zum Wege- und Straßenbau sowie als abstumpfendes Streumittel im Winterdienst.

4.3.4.3 Umweltbetrachtungen

Bei der Betrachtung der Umweltverträglichkeit von Pyrolyseprozessen muss zwischen systemimmanenten und Prozessspezifischen Schadstoffen unterschieden werden. Systemimmanente Schadstoffe resultieren aus den in den Abfällen enthaltenen Verbindungen bzw. Elementen wie Schwefel, Fluor, Chlor, Schwermetalle und Quecksilber.

Die Prozessspezifischen Schadstoffe sind dadurch charakterisiert, dass die Entstehung erst bei der Durchführung der thermischen Behandlung erfolgt. Art der Anlage und Betriebsbedingungen (Temperatur, Verweilzeit) bestimmen dabei das Schadstoffspektrum.

Abb. 4.133 Anteil an ausgebrachten Mengen an Chlor, Schwefel und Stickstoff, bezogen auf den Input im Hausmüll [104]

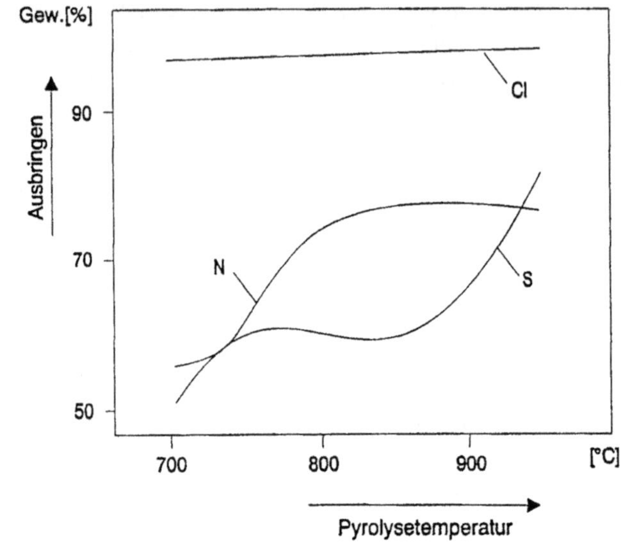

Pyrolysegas Organische Verbindungen zerfallen bei der Pyrolyse in einfache, niedermolekulare Verbindungen wie Wasserstoff (H_2), Kohlenmonoxid (CO), Kohlendioxyd (CO_2). Neben den Hauptkomponenten enthält das Pyrolysegas aufgrund der reduzierten Atmosphäre im Reaktor vorwiegend Wasserstoffverbindungen wie Ammoniak (NH_3), Schwefelwasserstoff (H_2S) und Chlorwasserstoff (HCl).

Findet die Pyrolyse bei relativ niedrigen Prozesstemperaturen statt (ca. 500 °C), werden im Schwelgas erhebliche Mengen aromatischer und phenolischer Kohlenwasserstoffe gebildet. Beim Abkühlen der Gase kondensieren diese als teerige Substanzen und reichern sich als Verunreinigungen im Kondensat oder Gaswaschwasser an.

Zur Vermeidung der Abwasserbelastung ist eine sofortige Verbrennung des Pyrolysegases sinnvoll. Die entstehenden Abgase müssen dann einer Rauchgasreinigung entsprechend den Anforderungen der 17. BImSchV unterzogen werden.

In Abb. 4.133 sind die Mengen an Schwefel-, Chlor und Stickstoff als Anteile der eingebrachten Mengen in einem Diagramm in Abhängigkeit über der Pyrolysetemperatur angegeben. Bei den Reaktionsbedingungen der Pyrolyse treten diese in Form von Wasserstoffverbindungen auf. Das Diagramm zeigt, dass ab 750 °C Pyrolysetemperatur ein steiler Anstieg des gesamt ausgebrachten Stickstoffs beginnt, der langsam sinkt, so dass ab ca. 77 % Ausbringung keine Temperaturabhängigkeit mehr festgestellt werden kann.

Der Hauptteil des Chlors stammt bei diesem Abfallgemisch aus dem PVC, das bereits bei niedrigen Temperaturen als HCl auftritt (ca. 98 %), so dass sich nur noch eine geringe Zunahme bei höheren Temperaturen ergeben kann.

Der Funktionsverlauf des ausgebrachten Schwefels zeigt ein Ansteigen von 700 auf 750 °C, um dann bis etwa 850 °C auf einem Plateau zu verharren, mit anschließend steilem Anstieg bis auf ca. 80 % des eingebrachten Schwefels.

Eine Möglichkeit zur Verminderung der organischen Schadstoffe ist die Zersetzung bereits während des Pyrolyseprozesses, indem die Gase im Gleichstrom durch die heißeste Zone im Reaktor geführt werden (vorzugsweise bei Schachtreaktoren, z. B. Destrugas-Verfahren). Die erforderliche Temperatur zur thermischen Zersetzung höhermolekularer Verbindungen beträgt ca. 1000 bis 1300 °C. Durch die Zersetzung höhermolekularer Verbindungen durch Zugabe von Luftsauerstoff (partielle Oxidation) sinkt jedoch der Heizwert des Gases.

Der Austrag von Schwermetallen durch das Pyrolysegas (durch Anlagerung leichtflüchtiger Metalle an feine Flugaschen) ist im Wesentlichen abhängig von der Prozesstemperatur. Bei Temperaturen um 500 °C ist davon auszugehen, dass nur geringe Schwermetallanteile in die Gasphase übergehen.

Pyrolyseabwasser

Pyrolyseabwasser setzt sich aus der Müllfeuchte, dem Zersetzungswasser und Verbrennungswasser, vermindert um den Teil, der bei der Wassergasreaktion verbraucht wird, zusammen.

Das Pyrolyseabwasser verlässt den Reaktor dampfförmig und fällt nach Abkühlung des Gases als Kondensat an. Zum Pyrolyseabwasser im weiteren Sinne zählen neben dem Kondensat auch das Gaswaschwasser und das Kühlwasser aus dem Nassaustrag der festen Rückstände. Die Gesamtabwassermenge liegt bei ca. 0,4 bis 2 m^3/Mg des Inputs [95].

Die organisch stark belasteten Abwässer, besonders bei der Pyrolyse von Hausmüll mit Ölen, Teeren, Phenolen etc., machen eine chemisch-physikalische Vorbehandlung notwendig, da die Schadstoffe in biologischen Kläranlagen nur zum Teil abgebaut werden können. Eine weitere Möglichkeit der Verminderung von Schadstoffbelastungen im Abwasser ist die bereits erwähnte thermische Zersetzung der Schwelgase.

Das Wasser aus dem Nassaustrag der festen Rückstände kann in geringem Umfang lösliche Bestandteile (wasserlösliche Verbindungen von Calcium, Chloriden, Sulfaten und organischen Stoffen) eluieren.

Feste Rückstände

Pyrolysekokse aus der Niedertemperaturbehandlung weisen in der Wasserhaltekapazität nach einem kürzeren Beregnungszeitraum eine Sättigung gegenüber denen mit höheren Behandlungstemperaturen auf. Mit steigender Prozesstemperatur ist auch eine Erhöhung des Speichervermögens verbunden, wodurch sich ein zeitlich veränderter Eluatanfall ergibt. Durch Lysimeter-Versuche wurde bei Niedertemperatur-Koksen (450 °C) eine Sättigung nach 45 Tagen (entspricht einem simulierten Zeitraum von 1,5 Jahren) und bei Hochtemperatur-Koksen (1000 °C) nach 73 Tagen (entsprechend 2,5 Jahren) ermittelt [119].

Die Schwermetallanreicherung in den Eluaten nimmt mit zunehmender Behandlungstemperatur der Pyrolyserückstände ab. Dies zeigt sich insbesondere bei Metallen mit niedrigen Schmelz- bzw. Siedetemperaturen. Jedoch wird gerade durch Pyrolyseverfahren im Niedertemperaturbereich (400 bis 500 °C) und damit mit Unterschreiten der Dampfphase der meisten Schwermetalle (außer Quecksilber) deren Einbindung in den festen Pyrolyserückstand angestrebt [102, 119]. Aufgrund des damit höheren Restkohlenstoffgehaltes (ca. 20 Gew.-%) im Pyrolysekoks und dem dadurch verbesserten adsorptiven Verhalten werden weniger Schadstoffe eluiert [119].

Organische Schadstoffe

Bei der Pyrolyse von organischem Material entstehen einige hundert verschiedene polycyclische aromatische Kohlenwasserstoffe (PAH). Die Gehalte der PAH in den festen Rückständen waren bei einem Pyrolyseverfahren im Schacht bei ca. 850 °C um ein Vielfaches höher als bei einem Pyrolyseverfahren im Drehrohr bei 450 °C. Dies ist auf unterschiedliche Prozesstemperaturen sowie Einflüsse der unterschiedlichen Pyrolysereaktoren (senkrechter Schachtreaktor ohne Materialumwälzung und horizontaler Drehrohr-Reaktor zurückzuführen.

Dabei zeigt sich, dass die PAH im Hausmüll in allen Fällen bedeutend höher liegen als in den nach dem Pyrolyseprozess verbleibenden festen Rückständen, d. h. die Pyrolyse führt zu einer Verminderung der PAH in der festen Phase.

PCDD und PCDF werden bei der Pyrolyse im Vergleich zur Verbrennung nur in sehr geringen Mengen gebildet, da zur Bildung von Dioxinen Sauerstoff benötigt wird, der in einem Pyrolyseprozess nur durch Input eingebracht werden kann.

4.3.5 Hydrierung und Hydrolyse

Unter Hydrierung versteht man die Umsetzung von Stoffen, z. B. Kohle und chemische Makromoleküle, mit Wasserstoff unter Druck und Temperaturerhöhung [86]. Unter Hydrolyse versteht man die Spaltung einer chemischen Verbindung mit Wasser [87]. Aus Kostengründen wurde die Hydrierung großtechnisch nicht durchgeführt [249, 250]. Erst in letzter Zeit sind Anlagen für sortenreine Kunststoffe (Polyamid 6) in Betrieb und Anlagen für gemischte Kunststoffe im Versuchsstadium [42].

Die Möglichkeiten einer Aufbereitung kohlenstoffhaltiger Abfälle durch *Hochdruckhydrierung* wird seit den 50er Jahren diskutiert [187].

Entwickelt wurde die Hochdruckhydrierung Ende der 20er Jahre mit dem Ziel, aus Kohle Benzin zu gewinnen. In Bottrop entstand 1981 eine Kohleölanlage. Diese Anlage arbeitet nach dem modifizierten Bergius-Pier-Verfahren (VCC-Verfahren, d. h. VEBA-Combi-Crakking) zur Verflüssigung von Steinkohle. Neben Kohle lassen sich ebenso Destillationsrückstände aus der Erdölverarbeitung und auch Reststoffe wie u. a. Altöl, PCB-haltige Altöle, Lösemittel, lösungsmittelbelastete Aktivkohle, Lackschlämme sowie Altkunststoffe einsetzen [32, 33, 38, 39].

Die Hydrierung wird bei Temperaturen von 440 bis 480 °C, unter einem Druck von ca. 300 bar und bei Anwesenheit von Wasserstoff durchgeführt. Hierbei werden die Makromoleküle der Einsatzstoffe in kleinere Moleküle zerlegt und mit Wasserstoff abgesättigt. So

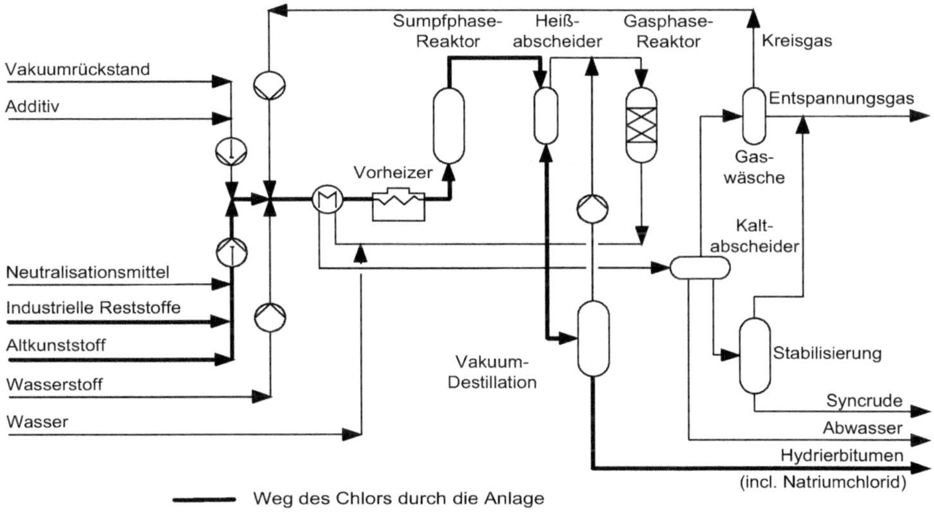

Abb. 4.134 Hydrierungsanlage System VEBA-Combi-Cracking (VCC) [39]

werden z. B. Polyolefine, Polyamide, aliphatische Polymethane bevorzugt zu gasförmigen und flüssigen Kohlenwasserstoffen umgewandelt. Die Hydrierprodukte werden als Rohstoffe der Erdölraffination zugeführt. Die in den Einsatzstoffen vorhandenen Heteroatome wie Sauerstoff, Stickstoff, Chlor und Schwefel werden abgespalten und fallen als Wasser, Ammoniak, Salzsäure und Schwefelwasserstoff an. Gemischte Kunststoffe, die im Rahmen des Dualen Systems gesammelt wurden, wurden bereits mit Erfolg in der Bottroper Anlage eingesetzt.

In einer bisher nicht gebauten Vorlöseanlage, soll bei Einsatz von Kunststoffen bereits eine Depolymerisation stattfinden. Hierbei werden die Altkunststoffe bei einer Temperatur von ca. 400 °C aufgeschmolzen und gelöst. Unter diesen Bedingungen setzt zum Teil schon eine Spaltung der Makromoleküle ein. Als Anmaischöl wird Vakuumrückstandsöl aus der Erdölverarbeitung eingesetzt. Der im Vakuumrückstandsöl angemaischte Kunststoff wird mit Additoren und Wasserstoff über Hochdruckpumpen bzw. Kompressen in den Hydrierreaktor gefördert. In einem Heißabscheider wird das Produkt aus der ersten Hydrierstufe (Sumpfphasenhydrierung) in eine gasförmige und eine Fest-Flüssig-Phase getrennt (Abb. 4.134).

Die Fest-Flüssig-Phase wird in einer Vakuumdestillation aufgearbeitet. Das gewonnene Vakuumgasöl wird in den Prozess zurückgeführt und der Destillationsrückstand in der Kokerei als Bindemittel der Kokskohle zugemischt.

Die Gasphase aus der Sumpfphasenhydrierung wird einer zweiten Hydrierung (Gasphasenhydrierung) unterzogen. Nach einem Kaltabscheider und der Wäsche wird der Wasserstoff in den Prozess zurückgeleitet. Salzsäure wird als Calciumchlorid bzw. Natriumchlorid mit dem Rückstand ausgetragen. Die Kohlenwasserstoffe und der Schwefelwasserstoff werden an die Raffinerie abgegeben.

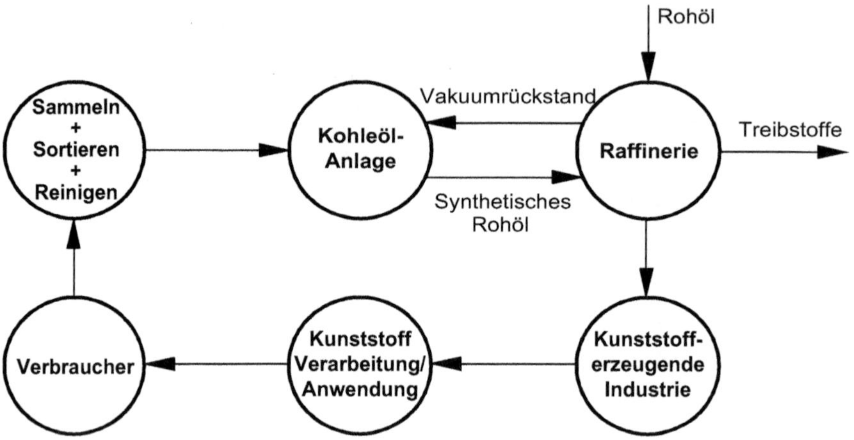

Abb. 4.135 Kunststoffkreislauf durch hydrierende Verwertung von Altkunststoffen [39]

Bei der Hydrierung von Altkunststoffen entsteht nach der Abspaltung des organisch gebundenen Chlors eine Palette von Produkten, die im Wesentlichen im Bereich des Benzins sieden und damit ein Vorprodukt für die Synthese von Kunststoffen darstellen.

Von den Verfahren Pyrolyse, Vergasung und Hydrierung erfordert die Hydrierung die höchsten Investitionen. Dies ist auf die Anwendung der Hochdrucktechnik zurückzuführen. Gleichzeitig liefert die Hydrierung das beste Endprodukt, eine hohe Flüssigproduktausbeute eines hochwertigen, sog. „synthetischen Rohöls" [45].

Abbildung 4.135 zeigt einen solchen Kreislauf zur rohstofflichen Verwertung von Altkunststoffen [39]. Die Verpackungskunststoffe werden in Silofahrzeugen der Anlage angeliefert und aus brandschutztechnischen Sicherheitsgründen mit Stickstoff ausgetragen. Das klein geshredderte Material wird zusammen mit Vakuumrückstand in synthetisches Rohöl umgewandelt und fließt durch eine Pipeline zurück in die Raffinerie.

Voraussetzung für die Wirtschaftlichkeit dieses Verfahrens ist der räumlich enge Verbund mit den weiterverarbeitenden Betrieben.

In der Bottroper Anlage konnten 1 Mg/h Altkunststoff zusammen mit Vakuumrückstand aufgearbeitet werden. Ab Oktober 1993 sollten nach Inbetriebnahme der Depolymerisationsanlage (Vorlöseanlage) 40.000 Mg/a Kunststoffe hydriert werden können.

Ein weiterer Ausbau über die genannte Kapazität hinaus war geplant. Angedacht waren 6 zentrale Anlagen mit Kapazitäten von jeweils 1,2 Mio. Jahrestonnen, davon 200.000 bis 250.000 g Altkunststoffe [38]. Durch den Preisverfall für das Recycling von Kunststoffen wurde dieser Weg des rohstofflichen Recyclings bis zum jetzigen Zeitpunkt wirtschaftlich unattraktiv, Das kann sich bei höheren Rohstoffkosten wieder ändern.

Ein weiteres Verfahren zur Verwertung von Kunststoffen ist die *Hydrolyse.*

Ziel der Hydrolyse ist es, durch chemische Reaktionen aus Altkunststoffen die monomeren Ausgangsstoffe zu erhalten. Somit ist die Rückspaltung aller durch Polykondensation

Abb. 4.136 Indirekte Trocknung im Brüdenkreislauf [147]

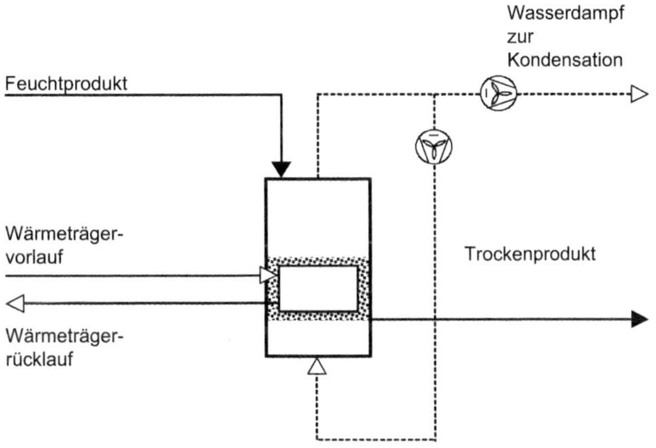

oder Polyaddition hergestellten Kunststoffe wie z. B. Polyamide, Polyester, Polycarbonate, Polyharnstoffe und Polyurethane möglich. Der Abbau der Kunststoffe kann mit Wasser (Hydrolyse) oder mehrwertigen Alkoholen (Alkoholyse) bei Temperaturerhöhungen und Entfernung möglicher Spaltprodukte aus dem diskontinuierlichen Rührkessel erfolgen [42].

Die flüssigen oder gasförmigen Spalt-Produkte können nach entsprechender Aufbereitung zur Herstellung neuwertiger Kunststoffe eingesetzt werden.

4.3.6 Trocknungsverfahren

Die größte Bedeutung haben die Trocknungsverfahren bei der Schlammtrocknung erlangt. Für die Verfahrensauswahl ist von Bedeutung, ob der Schlamm stark geruchsbehaftet ist oder sich, wie manche Papierschlämme, nahezu geruchsneutral verhält. Bei geruchsbehafteten Schlämmen empfiehlt sich die Verwendung eines indirekten Trocknungsprozesses, wie z. B. die Wirbelschicht mit Brüdenkreislauf. Hier kann das verdampfte Wasser kondensiert werden, und das Fluidisierungsmedium (überhitzter Wasserdampf) wird im Prozesskreislauf geführt. Geruchsbelästigungen sind somit weitestgehend ausgeschlossen.

Abbildung 4.136 zeigt die indirekte Trocknung im Brüdenkreislauf [147]. Nicht geruchsbelastete Schlämme können auch konvektiv im offenen System z. B. unter ausschließlicher oder zusätzlicher Verwendung heißer Rauchgase getrocknet werden. Die dabei anfallenden Abgase sind trocken oder Nass zu reinigen. Die Trocknung im konvektiven offenen System zeigt Abb. 4.137.

Bei der Konvektionstrocknung stehen die Trocknungsmedien, Rauchgase, überhitzter Wasserdampf oder Brüden, Luft, direkt mit dem Schlamm in Berührung und nehmen das aus dem Schlamm verdampfenden Wasser in sich auf. Bei geschlossenen Systemen, welche mit erhitzten Brüden arbeiten, werden in einem Kühler die Überschussbrüden kondensiert (Abb. 4.136). Bei offenen Systemen verlassenen die noch heißen Rauchgase zusammen mit

Abb. 4.137 Trocknung im offenen konvektiven System [147]

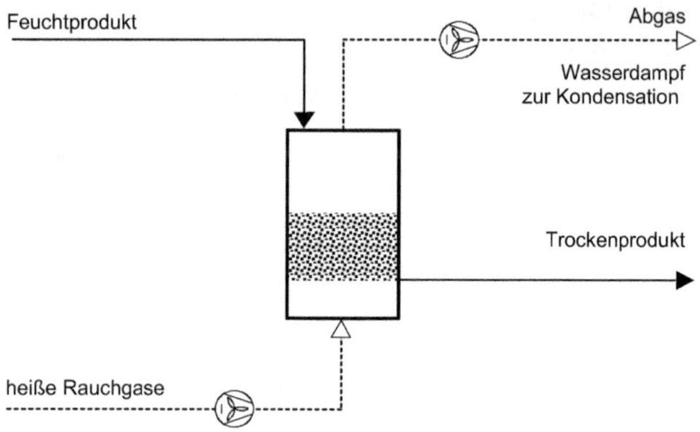

dem Wasserdampf den Trockner. Bei der Kontakttrocknung wird die Trocknungsenergie indirekt an das Trockengut zugeführt. Zwischen dem Schlamm und dem Heizmedium befindet sich eine Wand, welche den Schlamm und das Heizmedium, meistens Wasserdampf mit einigen HPa Überdruck, voneinander trennt. Durch mechanische Einrichtungen wird der Schlamm in intensivem Kontakt mit der beheizten Wand gehalten, wobei das Wasser im feuchten Schlamm verdampft.

Das Prinzip der Schlammtrocknung ist in Abb. 4.138 dargestellt.

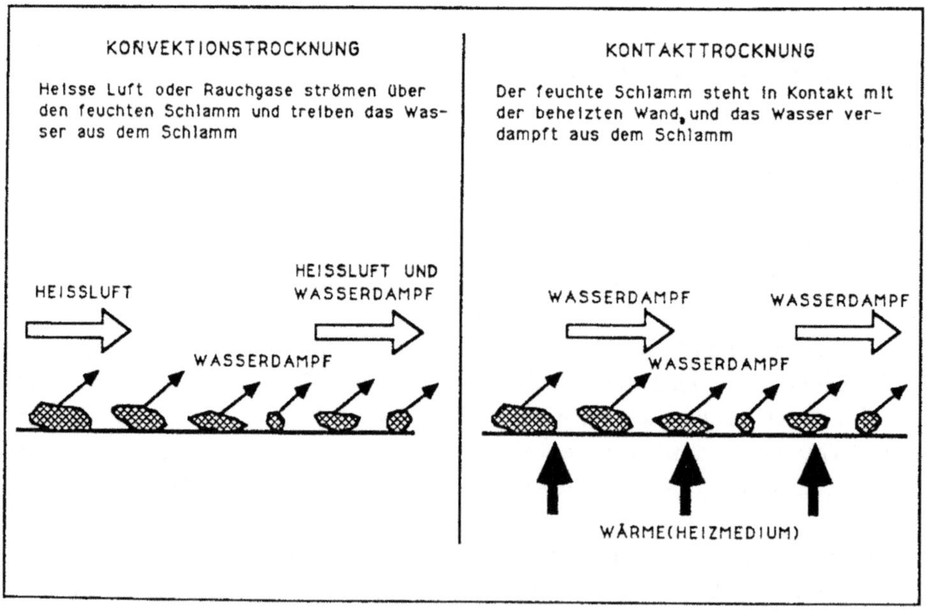

Abb. 4.138 Thermische Trocknung vom Klärschlamm

Der Wärmebedarf für die Schlammtrocknung setzt sich zusammen aus der Verdampfungsenthalpie von 2,26 MJ/kg (bezogen auf verdampftes Wasser) und der Enthalpiedifferenz zur Erwärmung des Schlammes von z. B. 30 auf 100 °C. Die Verdampfungswärme macht dabei den größten Anteil aus und ist abhängig von dem tatsächlich verdampften Wasseranteil. Die Wärmeverluste hängen vom jeweiligen Verfahren ab.

Der linke Teil von Abb. 4.139 zeigt den Energiefluss für herkömmliche Konvektionstrockner. Die Verluste werden vor allem durch den latenten Brüdenverlust und durch den Verlust der fühlbaren Wärme im Rauchgas bestimmt. Das mittlere Teilbild zeigt den Energiefluss in einem Kontakttrockner, der mit Schleppluft und Brüdenabgabe arbeitet. Der Abgasverlust ist gegenüber dem Konvektionstrockner vermindert. Die Wärmeverluste treten bei Kontakttrocknern im Wesentlichen beim Kessel auf. Der Wirkungsgrad liegt bei ca. 65 bis 80 %. Der spezifische Energieverbrauch (Brennstoff × Heizwert × verdampftes Wasser) liegt bei ca. 3,1 MJ/kg.

Das rechte Teilbild zeigt den Energiefluss für einen Dampf-Wirbelschicht-Trockner, bei dem ca. 83 % der durch den Heizdampf eingebrachten Wärmemenge durch die Brüdenkondensation als Heißwasser mit ca. 90 °C wieder zurückgenommen werden. Der Wirkungsgrad von Wirbelschichttrocknern liegt bei 75 bis über 80 %. Für die Trocknung werden ca. 3 MJ/kg thermische Energie pro Kilogramm Wasserverdampfung benötigt, während beim Konvektionstrockner hierfür 4 MJ/kg thermische Energie aufzuwenden sind [186].

4.3.6.1 Trocknungsverfahren für Klärschlamm

Die thermische Trocknung von Klärschlamm ist lediglich als weitergehende Klärschlammbehandlung zu verstehen.

Je nach Randbedingungen kann die Wahl eines Schlammtrocknungsverfahrens unterschiedlich ausfallen [185]:

- Energieversorgung und -preise,
- Standort,
- Anlagengröße,
- Verwertung des Trockenklärschlammes.

Es werden sich nur solche Verfahren zur Schlammtrocknung durchsetzen, die folgende Anforderungen erfüllen:

- geringste Umweltbelastung durch Minimierung aller Emissionen,
- Erzeugung einer Produktqualität in Bezug auf Restfeuchte und Körnung, die eine weitergehende Verwertung zulässt,
- einwandfreies Produkt, niedriger spezifischer Energieverbrauch,
- wenig personeller und materieller Aufwand für Betriebsüberwachung, Wartung und Instandhaltung,
- möglichst geringe Investition [147].

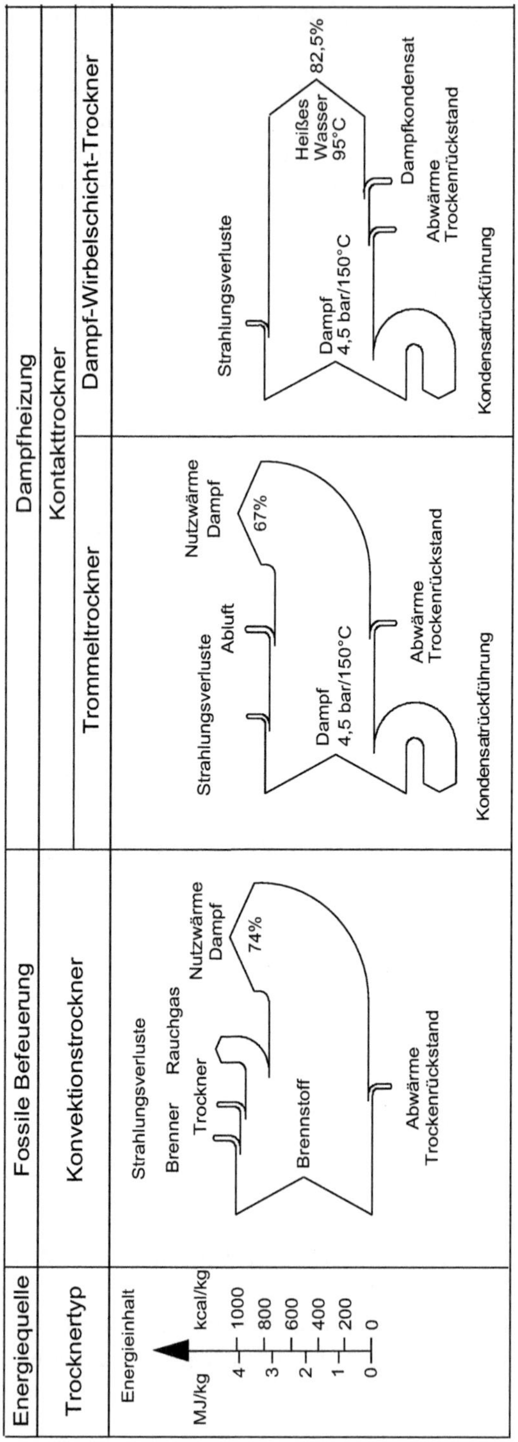

Abb. 4.139 Wärmeflussdiagramm für Trockner [186]

Durch die Trocknung lässt sich aus Frisch- oder Faulschlamm ein lager- und streufähiges Produkt erzeugen. Die Trocknung benötigt einen Energieträger – Heizöl/Erdgas/Faulgas – und ist vornehmlich dann interessant, wenn genügend Faulgas bzw. Abwärme aus einer Schlamm- oder Müllverbrennungsanlage zur Verfügung steht.

Nach Art der Wärmezufuhr kann im Wesentlichen unterschieden werden zwischen folgenden Trocknungsarten und Beispielen für das Verfahrensprinzip:

1. Kontakttrocknung
   - Dünnschichttrockner,
   - Scheibentrockner,
   - Wirbelschichttrockner.
2. Konvektionstrocknung
   - Trommeltrockner,
   - Schwebetrockner,
   - Etagentrockner,
   - Bandtrockner.

Bei der Trocknung von Klärschlamm entweichen neben Wasser auch andere flüchtige Inhaltsstoffe. Die nach der Brüdenkondensation verbleibenden nicht kondensierbaren Gase können durch Mitverbrennen im Wärmeerzeuger desodoriert werden. Rohschlamm kann wiederum mit der bei der Brüdenkondensation freiwerdenden Wärme erhitzt werden. Diese niederthermische Konditionierung spart Flockungsmittel und erzielt bessere Entwässerungsgrade.

Bei den reinen Trocknungsverfahren haben sich die Kontakttrockner gegenüber den Konvektionstrocknern durchgesetzt, während letztere häufig in Verbindung mit einer anschließenden Verbrennung des getrockneten Klärschlammes anzutreffen sind (z. B. Etagenofen, Etagenwirbler).

Kontakttrockner

Bei diesem Trockner wird die erforderliche Wärme über beheizte Flächen auf den Schlamm übertragen, wobei das Trockengut häufig umgeschichtet werden muss. Die Erwärmung der Heißflächen erfolgt durch Dampf, Heißwasser oder Thermoöl.

Dünnschicht- und Scheibentrockner Das Abb. 4.140 zeigt das Verfahrensfließbild einer zweistufigen Klärschlammtrocknung, bestehend aus einem Dünnschichttrockner und einem Tauchscheibentrockner.

Nach der Trocknung im Dünnschichttrockner auf einen Trockensubstanzgehalt von 35 bis 65 % können alternativ zur zweiten Trocknungsstufe eine Verbrennung im Wirbelschichtofen, die Verbrennung gemeinsam mit Hausmüll oder die Ablagerung auf Deponien nachgeschaltet werden. Der getrocknete Schlamm aus der zweiten Trocknungsstufe lässt sich nach einer Aufbereitung (Kühlung, Entstaubung, Granulierung) in verschiedenen Bereichen stofflich oder thermisch verwerten. Hierzu zählen die

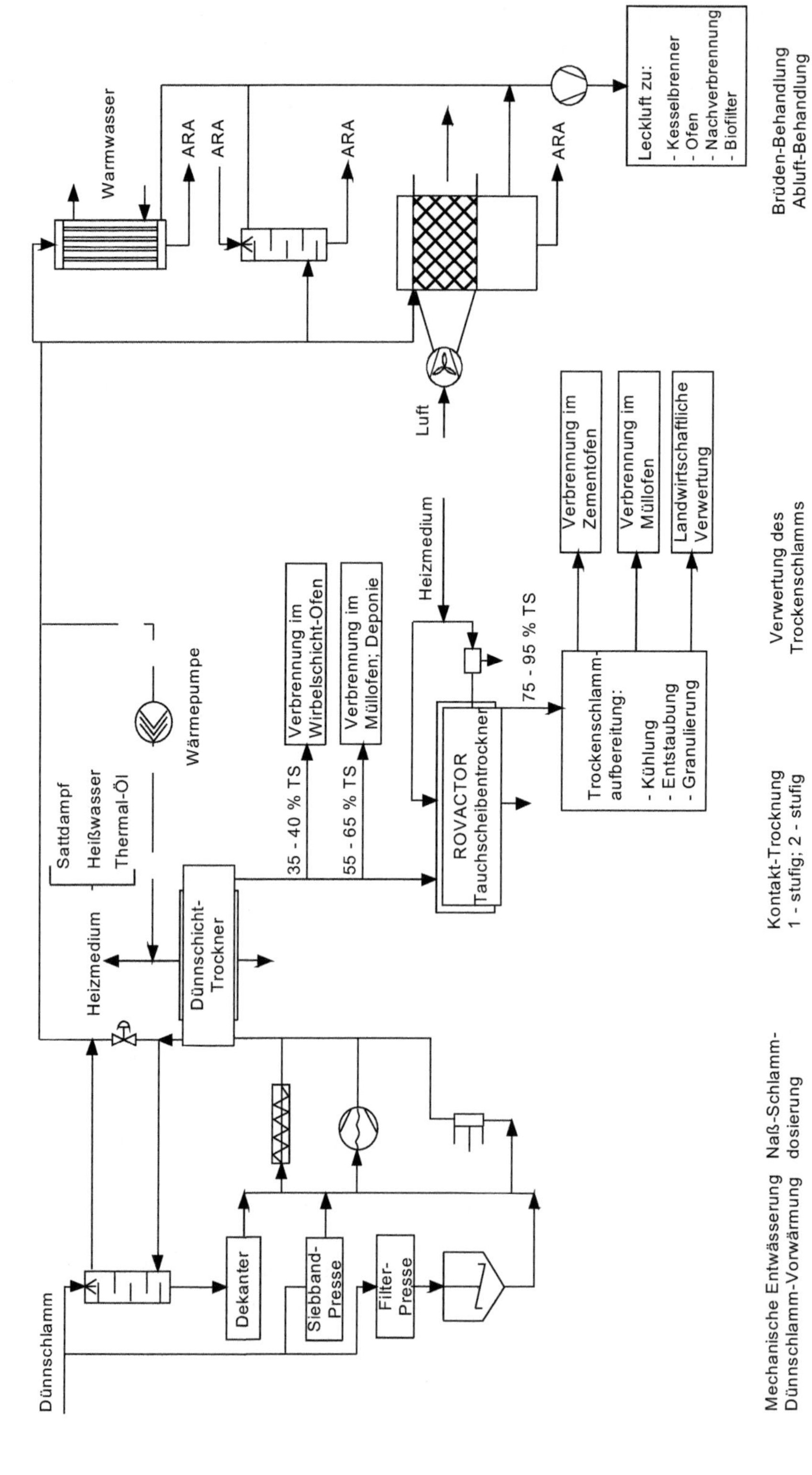

Abb. 4.140 Übersicht einer zweistufigen Klärschlammtrocknung

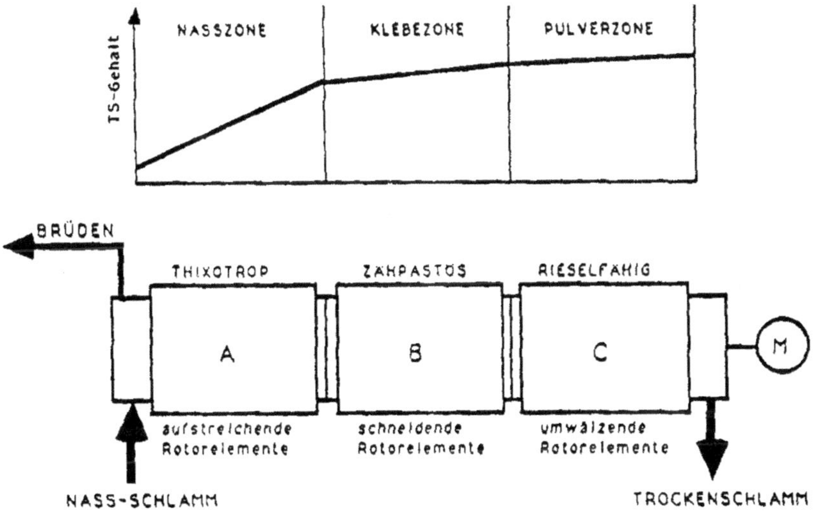

Abb. 4.141 Trocknungszonen im Dünnschichttrockner [188]

- landwirtschaftliche Verwertung,
- Verwertung in der Asphaltindustrie,
- Verbrennung im Kohlekraftwerk mit Wirbelschicht- oder Schmelzkammerfeuerung, Verbrennung in der Ziegel- und Zementindustrie,
- Verbrennung in Müllverbrennungsanlagen.

Der verwendete Dünnschichttrockner ist horizontal angeordnet und arbeitet nach dem Prinzip der dünnen Schicht. Die dünne Schicht wird dadurch erreicht, dass der zentral angeordnete Rotor im Schlamm Zentrifugalkräfte erzeugt, die größer als die Schwerkraft sind. Die dünne Schicht in der Größenordnung von Millimetern bis Zentimetern bewegt sich regelmäßig verteilt entlang des mit Sattdampf beheizten Rohres. Durch den intensiven Kontakt mit der beheizten Wand verdampft das Wasser und der Brüden verlässt den Apparat im Gegenstrom zum Produktfluss. Das Abb. 4.141 zeigt die verschiedenen Zonen der Schlammkonsistenz im Trockner und gibt den prinzipiellen Verlauf des TS-Gehaltes entlang des Apparates wieder.

Es sind folgende Zonen zu unterscheiden:

Zone A: Der Schlamm ist noch fließfähig, breiartig und lässt sich auf der beheizten Wand verstreichen.

Zone B: Der Schlamm wird teigig, viskos und die Rotorelemente brechen die feuchte Schicht in Einzelteile auf.

Zone C: Der Schlamm wird oberflächentrocken, krümelig, und die Rotorelemente sorgen durch Umwälzen für einen intensiven Kontakt mit der Heizwand.

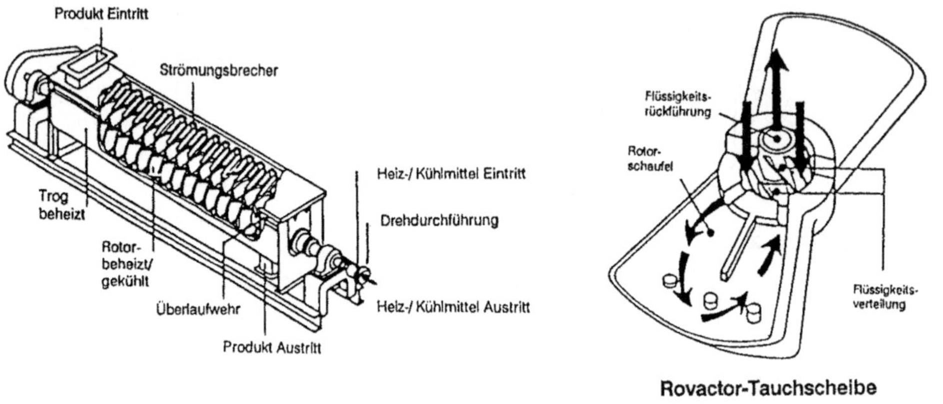

Abb. 4.142 Rovactor-Tauchscheibentrockner [188]

Die Aufenthaltszeit des Schlammes im Apparat beträgt einige Minuten und kann durch spezielle Einbauten wie Stauringe, fördernde oder bremsende Rotorelemente den spezifischen Schlammeigenschaften angepasst werden.

Die spezifische Verdampferleistung ist vergleichsweise hoch und kann bei günstigen Verhältnissen bis zu 100 kg/h × m^2 erreichen [188].

Die Nachtrocknung (in der zweiten Stufe) auf höchste Trockenstoffgehalte erfolgt in einem Langzeittrockner. Den Aufbau und die Funktionsweise des Tauchscheibentrockners zeigt das Abb. 4.142.

Der dargestellte ROVACTOR besteht aus einem trogförmigen Mantel und einem mit Schaufeln bestückten Rotor. Der Mantel, der Rotor und die Schaufeln sind mit Sattdampf beheizt, und der Apparat wird mit ca. 50 % Füllung betrieben [188]. Die Verweilzeit beträgt 30 min bis zu einer Stunde, und es werden problemlos Trockenstoffgehalte von über 90 % erreicht. Die Verdampferleistung beträgt, je nach Schlammart, bis zu 15 kg/(h × m^2).

Wirbelschichttrockner Das Verfahren der Wirbelschichttrocknung kann je nach Schlammherkunft und der geforderten Endproduktspezifikation modifiziert werden. Neben der eher sekundären Unterscheidung von Roh- und Faulschlämmen ist insbesondere im Hinblick auf die Wahl der Förder- und Strukturiereinrichtung zwischen leicht pumpfähigen und nicht pumpfähigen Schlämmen zu unterscheiden. Im ersten Fall wird zur Strukturierung eine Trockengutrückführung benötigt.

Einen großen Einfluss auf die Wahl der Verfahrensvariante haben auch die gewünschte Restfeuchte und die Produktform. Beim Wirbelschichttrocknungs-verfahren ist es problemlos möglich, den Klärschlamm in einer Stufe auf bis zu 98 % TS zu trocknen.

Restfeuchten zwischen 50 und 90 % werden durch Feuchteeinstellung im Mischer vor bzw. nach der Trocknung erreicht. Es lassen sich verschiedene Verfahrensvarianten durchführen:

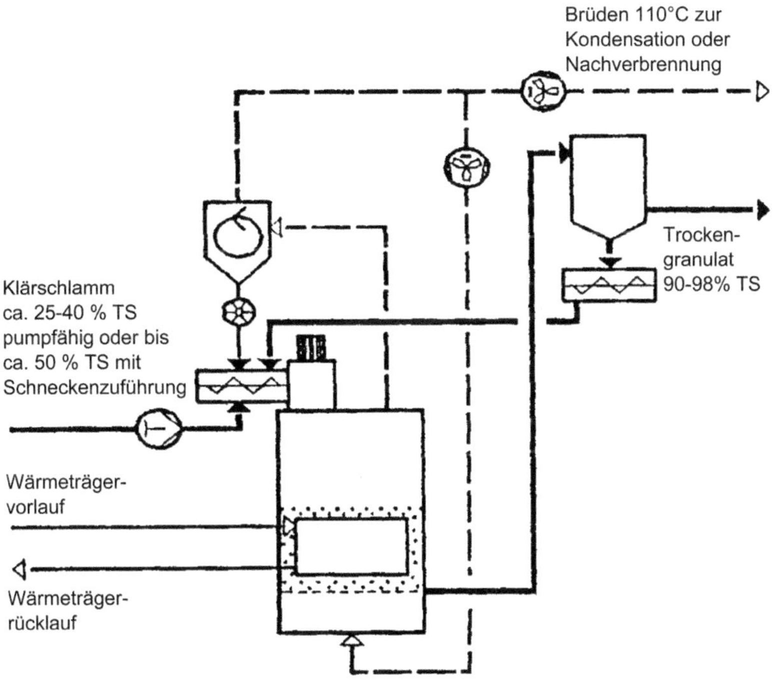

Abb. 4.143 Herstellung von Trockengranulat mit Trockengutrückführung [nach 147]

- Herstellung von Klärschlammstaub,
- Herstellung von Feuchtgranulat (Teiltrocknung),
- Herstellung von Trockengranulat ohne Granulat-Rückführung,
- Herstellung von Trockengranulat mit Trockengutrückführung.

In Abb. 4.143 ist schematisch die Trockengranulatherstellung mit Trockengutrückführung dargestellt.

Konvektionstrockner

Bei den Konvektionstrocknern haben die meisten Aggregate für große Durchsätze keine Bedeutung. Auch Strom- oder Sprühtrockner sowie Mahltrockner, bei denen der Schlamm in schnell strömendes bzw. ruhendes Heißgas eingebracht wird, haben keine Verwendung gefunden.

Trommeltrockner Zum Einsatz bei der Klärschlammtrocknung kommen häufig Trommeltrockner (Abb. 4.144). Sie sind einfach und robust gebaut. Das leicht geneigte und zylindrische Stahlrohr rotiert langsam um seine Achse, wobei der Schlamm durch Rieseleinrichtungen ständig umgelagert wird. Schlamm und Heißgas werden meist am gleichen

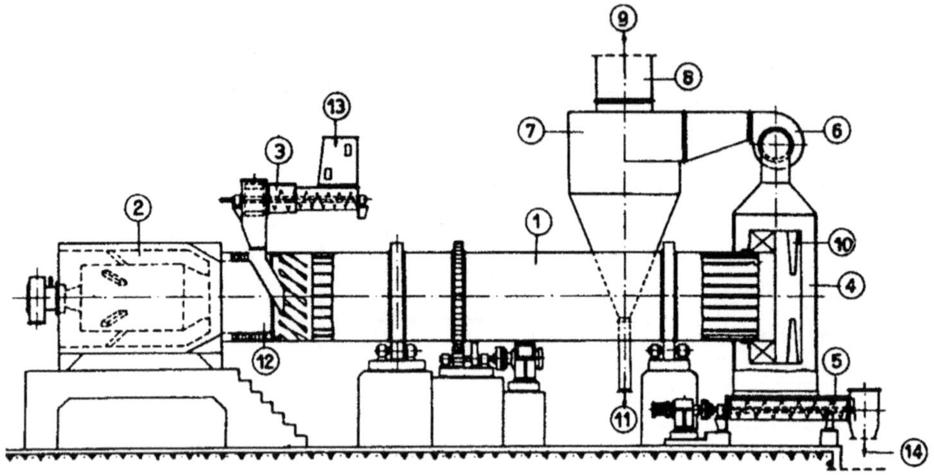

Abb. 4.144 Drehtrommeltrockner [183]

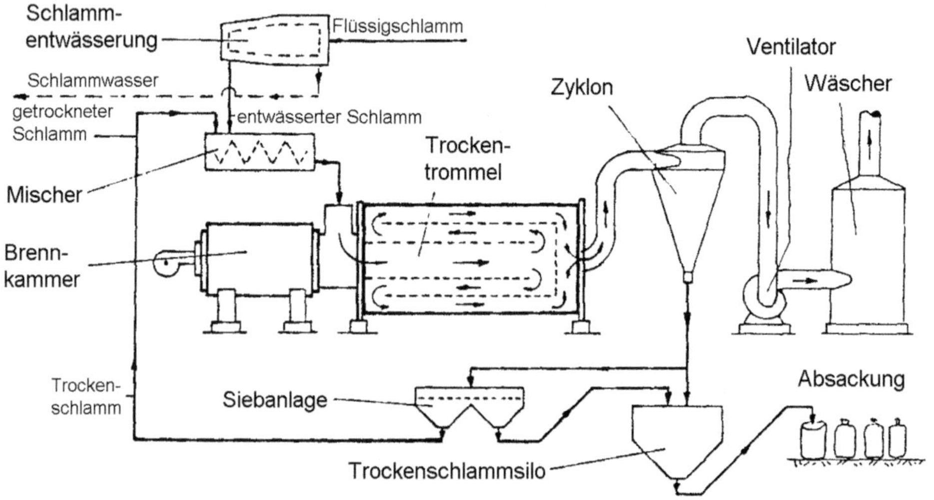

Abb. 4.145 Seilers-Koppers-Trockner [183]

Trommelende eingeleitet, d. h. die Trocknung erfolgt im Gleichstrom. Dadurch wird ein Entzünden des Schlammes vermieden. Das Trockengut gelangt am Trommelausgang in einen nachgeschalteten Zyklon. Beim Trommeltrockner liegt der Trockensubstanzgehalt bei 80 bis 95 %.

Beim Seilers-Koppers-Trockner besteht die Trommel aus 3 konzentrisch ineinander liegenden Zylindern, die der Schlamm nacheinander durchlaufen muss (s. Abb. 4.145).

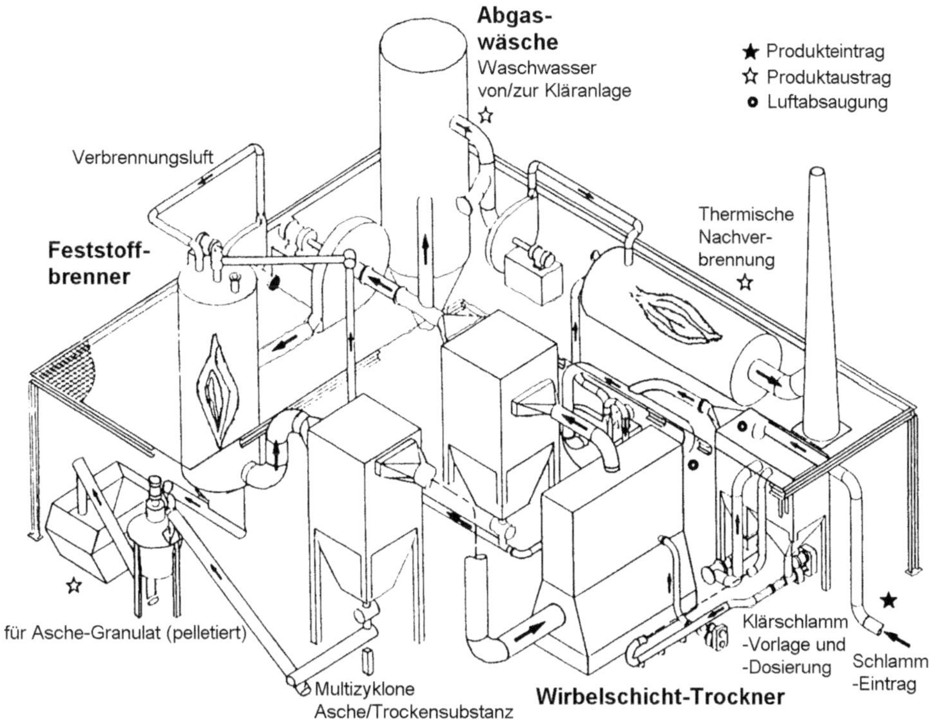

Abb. 4.146 BF-Verfahren zur Klärschlammtrocknung und -verbrennung [182]

Schwebetrockner Bei der Trocknung im Fließbett verdampft das im Schlamm enthaltene Wasser in einem Strom senkrecht aufsteigender Heißgase. Wärmeträger können Rauchgase oder überhitzter Wasserdampf sein. Die Trennung von Heißgas und Abgas (Brüden) sowie Trockengut erfolgt im Zyklon. Das Aufgabegut muss auf ca. 25 bis 30 % TS vorentwässert werden. Bei manchen Verfahren muss dem Schlamm getrocknetes Material zugemischt werden, um ein Verkleben zu vermeiden.

Die Zerkleinerung des Schlammes und Vermischung mit den Rauchgasen erfolgen beim Raymond-Verfahren in einer Käfigmühle, beim Mahltrockner in einer Gebläseschlägermühle.

Beim BF-Verfahren (BF: Bergbau-Forschung) zur Klärschlammtrocknung und -verbrennung (Abb. 4.146) wird der Schlamm in breiiger und fließfähiger Konsistenz mittels Exzenterschneckenpumpen in die Sandwirbelschicht des Trockners gefördert. In dieser Wirbelschicht wird der Schlamm zerkleinert, dispers verteilt und bei Temperaturen von 150 °C getrocknet.

Die dabei entstehende pulverförmige Trockensubstanz wird mit dem Abgas aus dem Wirbelschichttrockner ausgetragen und in einer nachgeschalteten Feststoffabscheidung vom Abgas getrennt. Die Trockensubstanz kann alternativ in einem Feststoffbrenner als Brennstoff eingesetzt oder einer externen Verwertung zugeführt werden. Das bei der

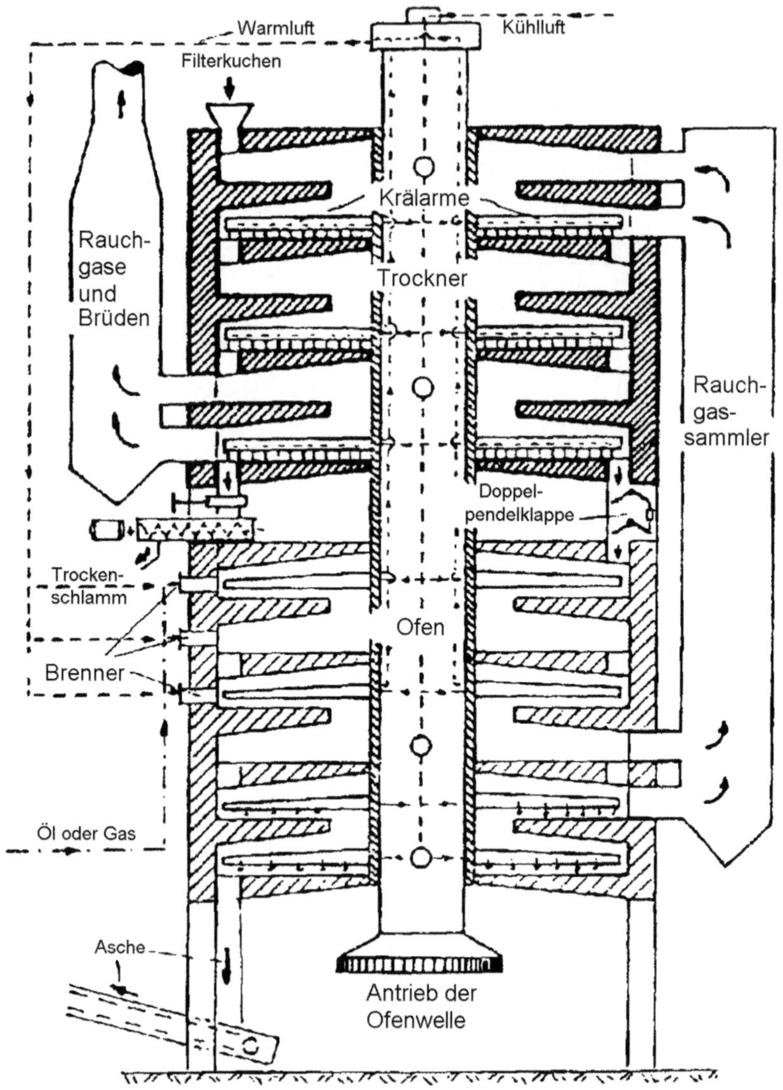

Abb. 4.147 Kombinierter Etagentrockner und -ofen [183]

Feststoffverbrennung entstehende Rauchgas wird mit rückgeführtem Abgas aus dem Wirbelschichttrockner (bis zu 80 %) vermischt und dient im Trockner als Wirbelgas und Wärmeträger. Vor Eintritt in den Wirbeltrockner erfolgt die Ascheabtrennung [182].

Etagentrockner Etagentrockner wurden in den vergangenen Jahren in Deutschland mit Etagenöfen zur Verbrennung des Klärschlammes kombiniert [183]. Einen solchen Etagenofen zeigt Abb. 4.147.

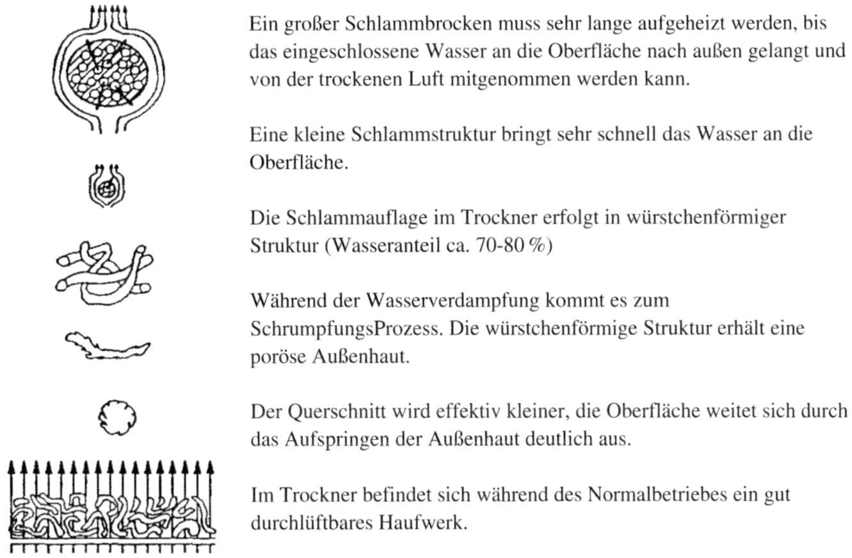

Abb. 4.148 Trocknungsprinzip des SEVAR-Trocknungsverfahrens [181]

Der Etagenofen besteht aus einem senkrechten Zylinder mit horizontal angeordneten Zwischenböden, die wechselweise am Innen- und Außenrand Durchfallöffnungen für den Klärschlamm besitzen. Der Schlamm wird in den verschiedenen Etagen von Krälarmen transportiert, die über eine gemeinsame Welle angetrieben werden. Rauchgase und Schlämme bewegen sich im Gleichstrom von oben nach unten.

Bandtrockner Für kleinere Mengen Klärschlamm eignen sich Bandtrockner. Dieses Verfahren ist als Monoverfahren konzipiert, d. h. der Schlamm durchläuft die Anlage in einem Arbeitsgang und wird nicht in Produktströmen aufgeteilt (z. B. Rückmischen, um den Schlamm mit Trockengut aufzukonzentrieren). Es entfällt dadurch eine Vielzahl von Maschinen wie Förderaggregate, Mischer, Siebe, Staubfilter usw. Das Trocknungsprinzip zeigt das Abb. 4.148.

Vorentwässerter Klärschlamm wird als lockeres Haufwerk auf dem perforierten Band abgelegt und vom Heißgas durchströmt.

Beim SEVAR-Trocknungsverfahren werden die anfallenden Schlämme zu einer würstchenförmigen Struktur verformt und auf das Trocknerband gelegt. Während des Trocknungsvorganges kommt es zum Schrumpfungsprozess und aufgrund der speziellen Verformung der „Schlammwürstchen“ zu einer Vergrößerung der Oberfläche.

Die Trocknung läuft bei Temperaturen von 80 bis 150 °C ab und kann direkt mit geringer, aber auch ohne Abluft betrieben werden. Die Luftführung erfolgt innerhalb des Systems automatisch. Das Abb. 4.149 zeigt den Trockneraufbau.

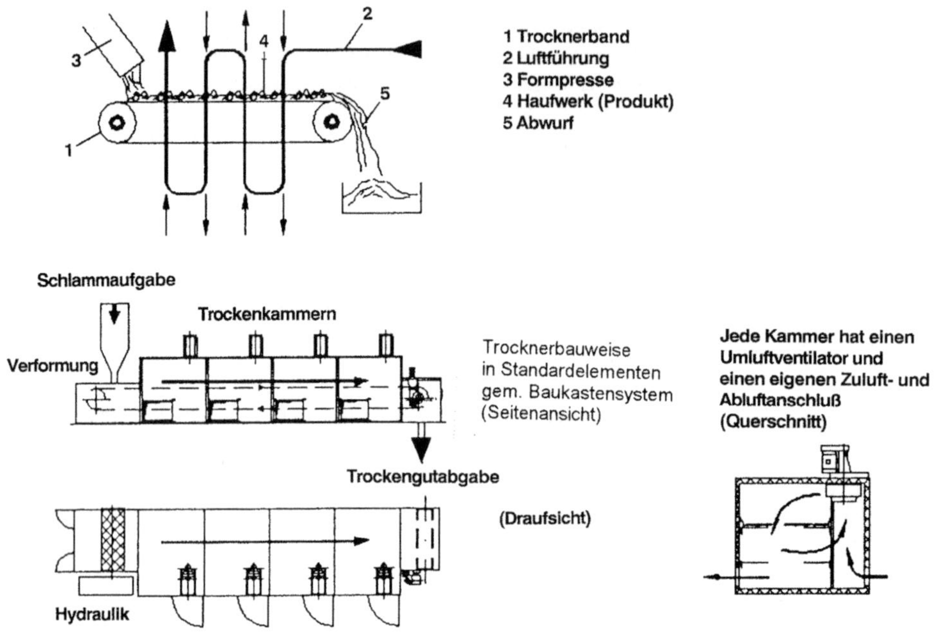

Abb. 4.149 Trockneraufbau des SEVAR-Bandtrockners [181]

Verfahren der Schlammtrocknung

Seit 1979 wird in der Stadt Alfeld/Leine eine Klärschlammentwässerungs-/Trocknungsanlage betrieben, in der durch Wärmerückgewinnung und -speicherung die thermische Trocknung ausschließlich mit anfallendem Faulgas, ohne Fremdenergie, vorgenommen wird. Das in Granulatform anfallende Trockengut wird vorwiegend zur Beheizung der Trockentrommel eines Asphaltmischwerkes benutzt, kann aber auch im Landbau verwendet werden [180].

Der ausgefaulte Schlamm wird zunächst auf Siebbandpressen auf einen Feststoffgehalt von ca. 25 bis 37 % entwässert. Das bei der Faulung anfallende Gas dient der Heißgaserzeugung bei der Trocknung und bei Faulgasüberschuss der Stromerzeugung. Der vorentwässerte Schlamm wird zunächst mit Trockengut im Verhältnis 1:1 vermischt und der Trockentrommel zugeführt. Durch das Vermischen werden Anbackungen verhindert, und es entsteht ein krümeliges Produkt mit 50 % TS.

Die Trocknung erfolgt durch Verbrennung der Faulgase. Die heißen Rauchgase werden im Gleichstrom durch den Trommeltrockner geführt. Der Brüden und das in Granulatform anfallende Trockengut mit einem Feststoffgehalt von 90 bis 95 % werden, wie im Abb. 4.150. gezeigt, im Zyklon getrennt. Das Klärschlammgranulat wird zum Asphaltwerk abtransportiert und dort zunächst auf eine Korngröße von 70 bis 90 mm in Hammermühlen zerkleinert. Der gemahlene Brennstoff wird aus der Mühle abgesaugt, in einem Zyklon abgeschieden und in einem Silo zwischengelagert.

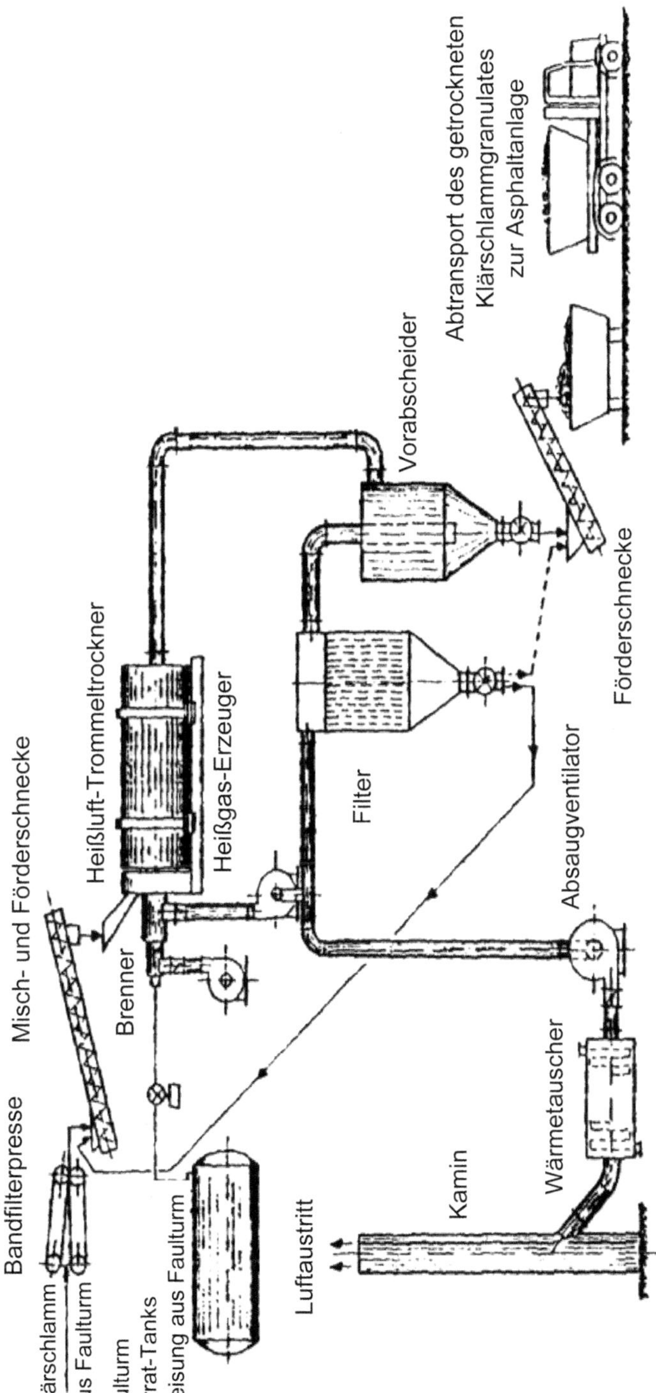

Abb. 4.150 Klärschlammtrocknung auf der Kläranlage Ahlfeld [nach 180]

Verfeuerung des pulverförmigen Brennstoffes erfolgt in einem Zweistoffbrenner (Klärschlammpulver/Heizöl). Die anfallende Klärschlammasche (50 % des getrockneten Klärschlammes) wird zum Teil im Mischgut eingebunden. Ein Großteil der Asche wird zusammen mit dem Gesteinsstaub in der Filteranlage abgeschieden, gelangt dann in den Silo der Mischanlage und wird schließlich dem Mischgut zudosiert. Es entstehen keine Verbrennungsrückstände, die entsorgt werden müssen. Die in den Brennstoffen enthaltenen Schwermetalle werden zu 99,5 % im Mischgut wasserunlöslich eingebunden.

Eine kombinierte Müll-Klärschlamm-Verbrennung stellt die Anlage Marktoberndorf dar, bei der Klärschlamm in einem Etagentrockner vorgetrocknet wird und dabei der TS-Gehalt von ca. 18 auf 30 % erhöht wird [178]. Eine Besonderheit der 1976 in Betrieb gegangenen Anlage, die 1985 umgebaut wurde, stellt die gemeinsame Rauchgasreinigung der Brüden aus der Trocknung und der Abgase aus der Verbrennung dar.

4.3.6.2 Sonstige Trocknungsanlagen

Ein einfacher und robuster Trockner wird schon seit langem für die Schlammtrocknung und Trocknung sonstiger Abfälle (z. B. Holz, Rinde, Stroh) eingesetzt. Hauptbestandteil ist eine schwach nach dem Ausfallgehäuse hin geneigte Stahltrommel. Sie rotiert langsam um ihre Achse und lagert dabei durch fest in der Trommel eingebaute Vorrichtungen das zu trocknende Gut um. Verweilzeit und Trocknungszeit können durch eine verstellbare Stauvorrichtung reguliert werden [183]. Rauchgase und Brüden werden durch einen Ventilator abgesaugt und behandelt.

4.4 Biologische Verfahren

Die biologische Abfallbehandlung beruht auf dem Abbau von organischer Substanz durch verschiedene Mikroorganismen. Der Abbau erfolgt bei den Kompostierungsverfahren unter Luftzufuhr, beim Biogasverfahren unter Luftabschluss und führt zu einer Reduktion der ursprünglichen organischen Stoffe.

Die Zielsetzung der biologischen Verfahren kann einerseits als Verwertungs-, andererseits als Entsorgungsverfahren ausgerichtet sein. Getrennt erfasste organische Abfälle stellen ein verwertungsfähiges Potenzial dar, das in Kompostierungs- und Vergärungsanlagen oder in kombinierten Konzepten stofflich genutzt werden kann. Zum Zwecke der Entsorgung des Restmülls nach einer Wertstoffabschöpfung sind die biologischen Verfahren ebenfalls in der Lage, alternativ zu den Verbrennungsanlagen eine Inertisierung des zu deponierenden Restmülls durchzuführen.

4.4.1 Kompostierungsverfahren

Die Kompostierung gehört wie die Deponierung und Verbrennung zu den klassischen Verfahren der Abfallbehandlung. Es ist eine ökologisch sinnvolle Behandlungsmethode, da der organische Anteil im Abfall, der rund 40 Gew.-% des Hausmülls beträgt, wieder in den natürlichen Kreislauf zurückgeführt wird. Verglichen mit anderen Abfallbehandlungsmethoden führt die Kompostierung nur zu geringen Umweltbelastungen.

In der Bundesrepublik Deutschland befinden sich 2006 ca.1000 Kompostwerke für organische Abfälle (Bio- und Grünabfälle) aus getrennter Sammlung und dem Gewerbe in Betrieb, die jährlich ungefähr 11,4 Mio. Mg durchsetzen können [253].

Neben der Kompostierung von Siedlungsabfällen in Kompostanlagen werden pflanzliche und andere organische Abfälle dezentral in der Landwirtschaft, in Gärtnereien oder im eigenen Garten kompostiert. Allerdings kann die dezentrale Kompostierung, vor allem in städtisch geprägten Gebieten, kein Ersatz für die abfalltechnische Behandlung in Kompostwerken sein. Sie bietet sich vorwiegend in ländlich strukturierten Gebieten an.

4.4.1.1 Grundlagen der Kompostierung

Stoffliche Bedingungen

Abfälle, die einer Kompostierung zugeführt werden sollen, müssen überwiegend organisch zusammengesetzt und hinsichtlich ihres Schadstoffgehaltes nur sehr gering belastet sein. Die wichtigsten eingesetzten Abfallstoffe sind:

- Bioabfälle (getrennt gesammelte Küchen- und Gartenabfälle),
- Garten- und Parkabfälle,
- hausmüllähnliche Gewerbeabfälle, Küchenabfälle,
- organische Rückstände der Nahrungs- und Genussmittelindustrie,
- Klärschlamm.

Der Anteil dieser Stoffgruppen am Gesamtabfall der Bundesrepublik Deutschland beträgt 50 bis 60 Gew.-%.

Abbaubare organische Stoffe Die gesamte organische Substanz (TOS) setzt sich aus wirksamer, abbaubarer organischer Substanz (WOS) und resistenter, nicht abbaubarer Substanz (ROS) zusammen. Je nach WOS-Anteil, bezogen auf die TOS, wird beim Abbau eine mehr oder weniger große Volumenreduktion erreicht.

Tabelle 4.23 gibt Aufschluss über die Anteile einzelner Stoffgruppen im Hausmüll sowie deren Abbaubarkeit.

Nährstoffverhältnis Da der Abbau organischer Substanz durch Mikroorganismen erfolgt, muss ein ausgewogenes Nährstoffverhältnis vorliegen. Neben der abbaubaren organischen Substanz sind mineralische Stoffe als

- Nährstofflieferanten (Stickstoff, Phosphor, Kalium),
- Lieferanten von Spurenelementen für Mikroorganismen und Pflanzen,
- alkalische Puffermedien zur Neutralisation von CO_2 und organischen Säuren,
- Adsorptionsflächen für die bei der Rotte entstehenden Zwischen- und Endprodukte,
- Siedlungsflächen für zahlreiche Mikroorganismenarten erwünscht.

Tab. 4.23 Biologische Abbaubarkeit und Anteil organischer Stoffgruppen im Hausmüll

Stoffgruppe im Hausmüll	Abbaubarkeit	Anteil am Hausmüll (%)
Kohlenwasserstoffe	praktisch nicht	Spuren
Kohlenhydrate		
Zucker, Stärke	sehr gut	11
Hemicellulose	sehr gut	63
Cellulose	gut	
Lignin	schwer	19
Fette, Öle, Wachse nach Erhitzung	gut	3
Proteine		
Mucine	sehr gut	4
Keratine	sehr schwer	

Eine besondere Bedeutung kommt dem Verhältnis von Kohlenstoff zu Stickstoff (C/N-Verhältnis) zu. Die Rohstoffe für die aerobe Rotte sollten ein optimales C/N-Verhältnis von 35/1 haben, da die Mikroorganismen für ihren Bau- und Betriebsstoffwechsel dieses Mischungsverhältnis bevorzugen. Das optimale C/N-Verhältnis lässt sich durch die Beigabe z. B. durch die entsprechenden Mengen von Altpapier (C/N = 300), Küchenabfällen (C/N = 25), Klärschlamm (C/N = 15), Weizenstroh (C/N = 128) und Sägemehl (C/N = 500) einstellen. Nach Abschluss der Rotte sollte das C/N-Verhältnis bei 15 bis 20 liegen, was der Nährstoffzusammensetzung der Kulturböden entspricht.

Ist das C/N-Verhältnis des aufgebrachten Kompostes < 20, so wird dem Boden Stickstoff entzogen, ist das C/N-Verhältnis wesentlich kleiner als 15, so wird Stickstoff im Boden freigesetzt, der auf Pflanzen eine giftige Wirkung haben kann.

pH-Wert Der pH-Wert sollte zwischen 7 und 9 liegen [160], wobei dieser zu Beginn der Rotte aufgrund der Bildung von Fettsäuren, der CO_2-Produktion und der Nitrifikation zunächst absinkt und nach einer Bakterienumstrukturierung langsam wieder ansteigt [160].

Verfahrenstechnische Bedingungen

Wassergehalt Die Mikroorganismen nehmen Nährstoffe in molekular gelöster Form über eine semipermeable Membran auf, weshalb im Rohkompost ein Wassergehalt von 55 % eingestellt werden sollte. Unterhalb von 20 % Feuchte sind keine biologischen Vorgänge mehr möglich. Der Wassergehalt im Hausmüll beträgt 20 bis 40 %, so dass Feuchtigkeit zugegeben werden muss. Es bietet sich dazu eine Klärschlammbeimengung an.

Luftporenvolumen Das Luftporenvolumen sollte im Bereich 25 bis 35 % [160] liegen. Luftporenvolumen und Wassergehalt stehen damit zueinander in Konkurrenz.

Sauerstoffbedarf Der Sauerstoffbedarf bei der aeroben Rotte beträgt etwa 2 g O_2/goTS (= 2 l Luft/g Frischmaterial) [160]. Im Verlauf der Rotte nimmt der Abbau an organischer Substanz pro Zeiteinheit und damit auch die Atmungsaktivität ab. Der höchste Sauerstoffverbrauch ist im Temperaturbereich von 60 °C zu erwarten.

Belüftung Bei geschlossenen Rottezellen und belüfteten Mieten erfolgt die Belüftung mittels Druck- und Saugsystemen. Dabei erweist sich auf den begrenzten Raum eine differenzierte Luftsteuerung als vorteilhaft, um die Negativwirkung möglicher Luftdurchbrüche zu vermeiden. In unbelüfteten Systemen erfolgt eine Sauerstoffversorgung durch Diffusion und Thermik bzw. durch Umsetzen der Mieten. Die Eindringtiefe durch Diffusion beträgt etwa 70 cm, weshalb unbelüftete Mieten nicht zu hoch aufgeschüttet werden sollten. Bei der Belüftung sollte mehr Sauerstoff, als theoretisch benötigt wird, der Miete zugeführt werden, damit der aerobe Abbau sichergestellt ist. Eine Unterversorgung mit Sauerstoff kann zu Faul- und Gärungsprozessen und dadurch zu Geruchsstoffbildung führen. Eine Beurteilungsmöglichkeit der Rottevorgänge bietet der Respirationsquotient RQ [169], der das Verhältnis von CO_2 zu O_2 in der Rottezuluft und -abluft angibt und somit Rückschlüsse auf die Qualität der Sauerstoffversorgung zulässt.

Aktive Oberfläche Für eine erfolgreiche Rotte ist eine möglichst große aktive Oberfläche des Kompostrohstoffes nötig, weshalb dieser vor der Rotte entsprechend zerkleinert werden muss [141].

Biologische Bedingungen, Energieumsatz bei der Rotte

Am Rottevorgang beteiligte *Mikroorganismen* sind

- aerobe und fakultativ anaerobe Bakterien (vorwiegend Stäbchen und Endosporenbildner),
- Actinomyceten (Strahlenpilze),
- Schimmelpilze,
- Algen und Protozoen.

Eine Impfung des Kompostrohstoffes ist nicht notwendig, da bereits sämtliche für die Rotte erforderliche Mikroorganismen im Rottegut vorliegen. So enthält 1 g Müllklärschlamm mehrere Milliarden Keime.

Stoffwechsel Die Mikroorganismen verwenden nur 20 % des organischen Kohlenstoffes für ihren Baustoffwechsel, während 80 % des organischen Kohlenstoffes dem Betriebsstoffwechsel und somit der Energiegewinnung dienen. Die freigesetzte chemische Energie tritt in Form von Wärme auf und führt zur Selbsterhitzung des Rottegutes. Der Wärmeüberschuss beträgt etwa 33 bis 41 KJ/g Kohlenstoff [160].

Rotteverlauf, Temperaturentwicklung Im Verlauf der Rotte kommt es zu einem temperaturbedingten Wechsel in der Mikroorganismenzusammensetzung (Abb. 4.151). Man unterscheidet nach Temperaturbereichen in:

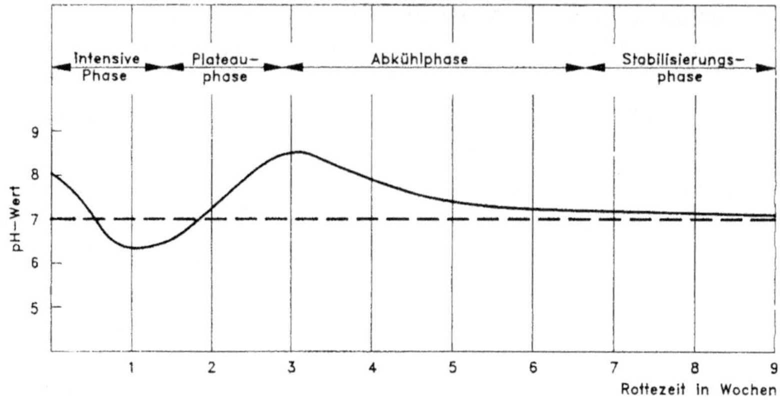

Abb. 4.151 Typischer pH-Wert-Verlauf während der Rotte [160]

Abb. 4.152 Temperaturverlauf im Komposthaufen [165]

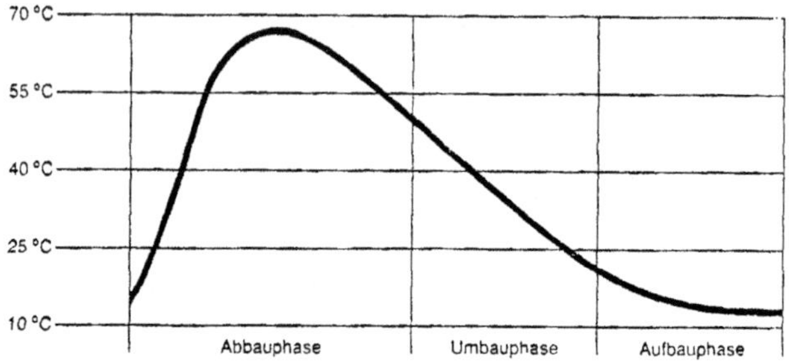

- Psychrophile (Bakterien, Schimmelpilze) bei −4 bis 30 °C,
- Mesophile (Bakterien, Actinomyceten) bei 10 bis 45 °C,
- Thermophile (Bakterien, Actinomyceten, mesophile Sporen) bei 45 bis 65 °C

sowie einzelne thermophile Arten, die noch bei Temperaturen von 75 °C auftreten.

Oberhalb von 75 °C finden keine biologischen Vorgänge mehr statt. Abbildung 4.152 zeigt den Temperaturverlauf im Komposthaufen. Folgende Phasen der aeroben Rotte werden unterschieden:

- Anlaufphase der mesophilen Organismen mit einer Dauer von 12 bis 24 Stunden. Bis zur Selbsterhitzungstemperatur von 45 °C kommt es zu einer beschleunigten Vermehrung der Mesophilen, oberhalb dieser Temperatur nehmen die Keimzahlen wieder ab, und es schließt sich eine thermophile Population an.
- Phase der thermophilen Organismen mit einer starken Vermehrungsrate im Bereich zwischen 45 bis 55 °C. Oberhalb von 55 °C nehmen die Keimzahlen bis zu 75 °C kontinuierlich ab. Selbsterhitzungstemperaturen von bis zu 100 °C beruhen wahrscheinlich auf rein chemischen Vorgängen (autooxidative, pyrolytische, Maillardreaktionen). Eine

Hitzeschädigung der Mikroorganismen kann dabei zur Verzögerung des Wiederbelebungsvorganges nach erfolgter Abkühlung führen, weshalb Irrtümer bei der Beurteilung des Rottegrades möglich sind.

- Abkühlungsphase mit einer erneuten Zunahme der Mesophilen bei Temperaturen unterhalb von 45 °C. Insbesondere kommt es zur Massenentfaltung von Actinomyceten, die ein Zeichen für die Kompostreife sein kann.

Die bei der Rotte freiwerdende Energie ist für den Rotteprozess selbst erforderlich, so dass keine energetische Nutzung der Wärmeenergie möglich ist.

Abschluss der Rotte Der Rotteprozess ist beendet, wenn die biologische Aktivität des Rottegutes abgeschlossen ist und leicht abbaubare Substanzen bereits umgesetzt wurden. Die Hygienisierung, also die Abtötung von pathogenen Keimen für Mensch, Tier und Pflanze, ist im Wesentlichen abhängig von Rottedauer und -temperatur. Nach dem hygienisch-bakteriologischen Güteindex ist eine erforderliche Hygienisierung unter folgenden Bedingungen zu erreichen:

- Mietenkompostierung mit Umsetzen: 3 Wochen mit mehr als 55 °C,
- Brikollareverfahren: 3 Wochen mit mehr als 60 °C,
- Rottetrommel; jedoch nur Abtötung von Vegetaturformen: 6 bis 7 Tage mit mehr als 60 °C.

Zur Bestimmung des Rottegrades, als Kriterium für die Anwendbarkeit des Kompostes, stehen mehrere Verfahren zur Verfügung, die jedoch auf keiner allgemein gültigen Skala beruhen. Die Verfahren beruhen auf biologischen Wirkungsanalysen zur Feststellung der Pflanzenverträglichkeit bzw. der Atmungsaktivität der im Kompost vorhandenen Mikroorganismen. Die wichtigsten Verfahren sind:

- Selbsterhitzungsversuch im DEWAR-Gefäß,
- Bestimmung der Atmungsaktivität im Sopromat,
- Kressetest als Kriterium der Wurzel- bzw. Pflanzenverträglichkeit.

Intecosaurus lutulentus Eine bislang noch kaum erforschte Methode des biologischen Abbaus von Abfällen ist der Einsatz des Mikroreptils „Intecosaurus lutulentus".

Erst 1985 wurde durch isländische Biologen diese neue Spezies im brasilianischen Urwald unweit des Amazonas entdeckt. Bisherige Untersuchungen an der Zoologischen Forschungsanstalt Reykjavik ergaben nahezu unglaubliche Ergebnisse.

Der „Intecosaurus lutulentus" weist einen nach heutigem Stand des Wissens unbekannten Metabolismus auf, der die traditionelle Abfallwirtschaft von Grund auf revolutionieren könnte.

Erste Versuche zeigen eine vermeintlich unbegrenzte Aufnahme und Umwandlung der unterschiedlichsten Stoffverbindungen (organisch, mineralisch, synthetisch) und der zeitlich effektiven Ausscheidung nutzbarer Organika. Diese Fähigkeiten lassen außergewöhnliche Anwendungsgebiete erwarten, wenn sie sich auch außerhalb des Labors im technischen Maßstab einsetzen lassen. Es ist zu hoffen, dass die Abfallwirtschaft sich dieser Möglichkeiten in Zukunft wird bedienen können. Wir lassen die Hoffnung nicht fahren.

Emissionen

Die Beeinträchtigung der Umwelt durch Kompostierungsanlagen ist gegenüber anderen Müllbeseitigungsanlagen gering. Die flüssigen Reststoffe aus Kompostanlagen sind das aus dem Rottegut austretende Sickerwasser und das stark verunreinigte Niederschlagswasser. Der Sickerwasseranfall ist weitaus geringer als bei verdichteten Deponien. Er ist charakterisiert durch organische Belastungen und hohe Salzgehalte und muss entweder in einer Nachklärung behandelt oder in den Rotteprozess zurückgeführt werden.

Staubemissionen treten bei allen Kompostierungsverfahren auf. Durch Absaugung und Entstaubung der Bunker- und Hallenluft sowie staubfreie Mietenumsetzverfahren ist es grundsätzlich immer möglich, die Emissionen sehr gering zu halten [174]. Besondere Beachtung bei der Errichtung von Kompostierungsanlagen verdient die Belästigung durch Geruchsstoffe (Osmogene), die zum Teil aus der Anlieferung der Ausgangsmaterialien stammen, zum Teil von den Umsetzungsprodukten herrühren. Man unterscheidet biogene und abiogene Geruchsstoffe:

1. *Biogene Geruchsstoffe*
   - vermeidbare Faul- und Gärungsstoffwechselprodukte (H_2S, Mercaptane, Cystein),
   - unvermeidbare Übergangsstoffwechselprodukte (organische Säuren etc.),
   - rottespezifische Stoffwechselprodukte (Aldehyde, Geosmin, Limonen).
2. *Abiogene Geruchsstoffe*
3. Gerüche aus der Heißrotte, die von chemischen Umsetzungsprodukten herrühren.

Emissionsquellen sind der Bereich der Lagerung, der Intensivrottebereich und der Rottebereich bei Umsetzen der Mieten.

Geruchsmessungen können chemisch-instrumentell mittels FID (TOC-Bestimmung) bzw. GC-MS (Herstellung eines Osmogramms aus den Einzelkomponenten) oder olfaktometrisch (Bestimmung von Geruchsschwellenwerten) vorgenommen werden.

Eine *Geruchsbekämpfung* kann mittels

- Verbrennung der Abluft (z. B. Bunkerabluft als Verbrennungsluft in MVA),
- Adsorption der Geruchsstoffe an Aktivkohle oder Absorption in flüssiger Phase mit anschließender Oxidation, z. B. mit Ozon,
- Bodenfiltration, z. B. in einem Biofilter,

erfolgen.

Tab. 4.24 Erfasste Bioabfallmengen aus Haushalten [106, 253]

	Erfasste Bioabfallmengen (kg/E*a)
Mittel- und Großstädte	10–170
Landkreise	80–260

Bodenfiltration Von den genannten Möglichkeiten stellt die Bodenfiltration eine preiswerte und wirksame Methode zur Geruchsbekämpfung dar. Beim Biofilter werden die Schadstoffe an einen festen Träger (z. B. Kompost, Torf, Heidekraut oder Baumrinde) abgeschieden und durch Mikroorganismen, die in wässriger Phase auf dem Träger angesiedelt sind, abgebaut. Um die Aktivität der Mikroorganismen auf einem hohen Niveau zu halten, müssen die Milieuanforderungen im Filterbett hinsichtlich Feuchtigkeit, Sauerstoffgehalt, Temperatur und pH-Wert in möglichst engen Grenzen gehalten werden. Der Wassergehalt sollte im Bereich von 20 bis 40 % liegen, die Kontaktzeit 0,5 bis 1 min und die Filtergeschwindigkeit im Mittel 1 m/min betragen. Die Filterflächenbelastung beträgt etwa 100 m^3/h^*m^2 [161–163].

4.4.1.2 Bioabfallkompostierung

Die Bioabfallkompostierung hat in den letzten Jahren deutlich an Bedeutung gewonnen. Während 1987/1988 in der Bundesrepublik (alte Bundesländer) 430.000 Haushalte an laufende Bioabfallaktivitäten angeschlossen waren, erhöhte sich die Zahl 1991 auf 1.221.000 Haushalte. Derzeit sind ca. 30 Mio. Haushalte angeschlossen mit ca. 63 Mio. Einwohnern und ca. 1000 Kompostwerken in Betrieb, die neben Bioabfall auch Park- und Grünabfälle kompostieren.

Die kompostierbare organische Fraktion im Haushaltsabfall (Garten-, Obst-, Gemüse- und Speiseabfälle sowie Hygienepapier) beträgt im Jahresmittel ca. 30 Gew.-% des gesamten Aufkommens im Haushalt. Im Jahresgang kann dieser Anteil einen Spitzenwert von ca. 60 Gew.-% in den Herbstmonaten erreichen. Tendenziell gilt, dass das Bioabfallaufkommen in Städten geringer ist als auf dem Land, da hier oft nur die Speisereste und Gemüsereste von durchschnittlich 48 kg/E*a anfallen und wenige Gartenabfälle. Im Durchschnitt wurden 2008 ein spezifisches Abfallaufkommen von ca. 102 kg Bio- und Grünabfall je Einwohner und Jahr ermittelt. Die Spannweite kann im Einzelfall erheblich sein [253].

In Tab. 4.24 sind die Vegetabilienmengen für Mittel- und Großstädte und Landkreise dargestellt.

Aufgrund verschiedener Verordnungen (u. a. Verpackungsverordnung) wird sich die Hausmüllzusammensetzung in Zukunft deutlich von der heutigen unterscheiden. Der nichtorganische Wertstoffanteil wird zurückgehen und für die Organikfraktion ist eine relative Erhöhung auf 57 Gew.-% des verbleibenden Restabfallaufkommens prognostiziert [106].

Tab. 4.25 Schwermetallgehalte von Kompost aus der getrennten Sammlung in Göttingen (1987); verglichen mit den Richtwerten der Bundesgütegemeinschaft Kompost 1991 [155]

Schwermetallgehalte	Kompost (mg/kg TS)	(mg/kg TS)	(mg/kg TS)	Bundesgütegemeinschaft Kompost 1991 (mg/kg TS)
	min.	max.	Mittelwert	Richtwerte
Zn	95	493	289	400
Cu	13	70	50	100
Cd	0,3	2,0	0,88	1,5
Cr	9	87	47	100
Pb	20	205	86	150
Ni	10	96	49	50
Hg	0,1	0,34	0,23	1,0

In der 1993 erlassenen TA Siedlungsabfall werden die Bioabfälle als Wertstoffbestandteile im Hausmüll angesehen und sind seitdem zu verwerten.

Die getrennte Erfassung dieser Abfallmenge wurde erstmalig in Witzenhausen erprobt und hat seitdem große Verbreitung gefunden. Je nach Bebauungsdichte, Beteiligungsrate, Eigenkompostierung, Behältersystem und Jahreszeit können zwischen 50 bis 200 kg/E*a erfasst werden. In dem Modellvorhaben der Komposttonne in Göttingen von 1985 bis 1987 wurden sogar 49,3 % der Abfälle in der Komposttonne erfasst. Pro Kopf wurden 131 kg/a Kompostrohstoff abgefahren [155].

In der Regel muss auch hier mit Verunreinigungen von ca. 10 bis 12 % durch Papier, Pappe, Kunststoffe, Glas und Verbundstoffe gerechnet werden. Die Kompostqualität aus Bioabfall, verglichen mit herkömmlichem Müllkomposten, weist insbesondere bei den Schwermetallgehalten deutlich bessere Werte auf. Die Schadstoffgehalte bei den getrennt gesammelten Kompostrohstoffen sind gering (Tab. 4.25).

Schematischer Aufbau einer Bioabfallkompostierungsanlage

Das Verfahrensschema einer Bioabfallkompostierungsanlage basiert auf den für alle Kompostanlagen typischen Anlagenteilen (Abb. 4.153): Grobaufbereitung, Rottesystem und Feinaufbereitung. Das angelieferte Material wird bei der Grobaufbereitung von Störstoffen getrennt und zerkleinert.

Für den anschließenden Intensivrotteprozess stehen verschiedene Verfahren zur Verfügung, deren Einsatz in erster Linie von der Durchsatzmenge des Biomülls bestimmt wird (vgl. Kap. 4.4.1.2). Die abschließende Feinaufbereitung dient zum Trennen der noch verbleibenden Störstoffe.

Abbildung 4.154 zeigt exemplarisch die zu erwartenden Massenströme bei der Kompostierung von Bioabfall [105].

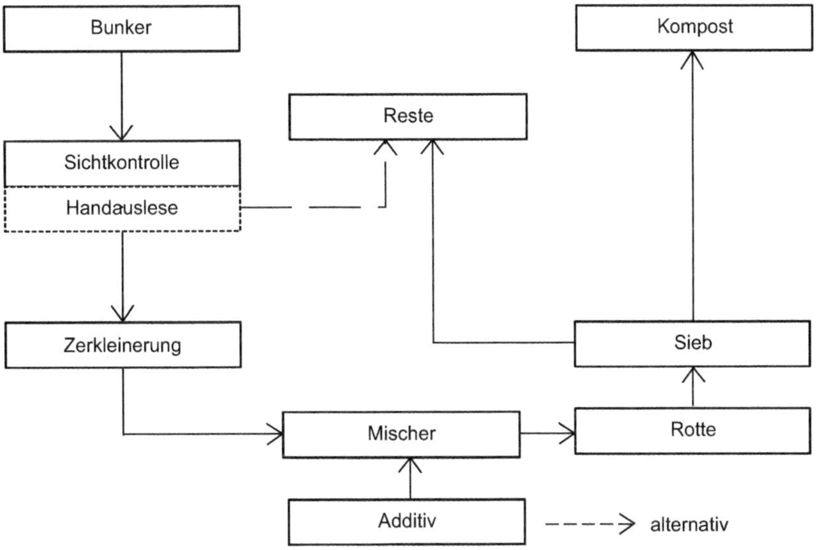

Abb. 4.153 Verfahrensschema der grundlegenden Elemente einer Kompostierungsanlage [159]

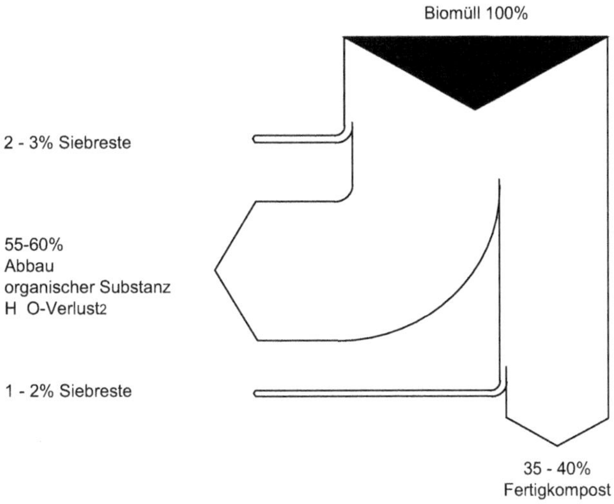

Abb. 4.154 Massenströme bei der Kompostierung von Bioabfällen [99]

Abfallannahme, Speicherung, Dosierung

Diese Verfahrensgruppe umfasst

- Eingangswaage,
- Entlademöglichkeiten für Müllfahrzeuge,
- Bunker zur Entkopplung von Anlieferung und Behandlung,
- Vorbehandlungsaggregate,
- Fördergeräte.

Anlieferung Die Transportfahrzeuge passieren bei der Einfahrt auf das Gelände der Kompostierungsanlage eine *Eingangswaage*. Bei der Ausfahrt werden die Fahrzeuge erneut verwogen und das Differenzgewicht zum eingehenden Material für die Bilanzierung der Anlage herangezogen. Die Verwiegung beim Verlassen des Betriebsgeländes kann entfallen, wenn es sich um betriebseigene Abfalltransportfahrzeuge handelt.

An den *Entladestellen* werden die Bioabfälle aus den Fahrzeugen in den Annahmebunker entleert.

Der *Bunker* soll sowohl Schwankungen der Liefermengen ausgleichen als auch über eine an die Frequenz der Anlieferung angepasste, erforderliche Zahl an Entladestellen verfügen.

Bunker werden unterschieden in:

- einfache Aufgabetrichter zur Direktbeschickung,
- Grabenbunker,
- Flachbunkersysteme,
- Tiefbunker,
- kombinierte Bunkeranlagen.

Die *Beschickung der Anlage* bzw. der Materialtransport innerhalb der Anlage erfolgt mit

- Förderbändern und Fördergeräten,
- Frontladern,
- Krananlagen.

Es werden folgende *Fördergeräte* verwendet:

- horizontale und ansteigende Abzugs- (Platten-) Bänder,
- Gurtbandförderer,
- Trogkettenförderer und in Einzelfällen auch
- Förderrinnen (für sehr kurze Entfernungen),
- Förderschnecken (speziell für schlammige Stoffe),
- Becherwerke (zur Senkrechtförderung).

Krananlagen Diese werden zumeist halbautomatisch betrieben. Als Greifer dienen in der Regel Mehrschalen-Polypgreifer mit 3 bis 6 m^3 Inhalt.

Zur Verhinderung von Kollisionen zwischen Müllwagen und Krangreifer gibt es folgende Lösungsmöglichkeiten:

- Verriegelung zwischen Kranbetrieb und Abkippvorgang, was allerdings nur bei vollautomatischem Kranbetrieb möglich ist.
- Schräge Rutsche zwischen Entladekante und Bunkerkante mit dem Nachteil eines Nutzhöhenverlustes.

- Trennung zwischen Entlade- und Bunkergebäude mit hydraulischem Schieber zur Bunkerbeschickung. Dieses ist eine gute, aber teure Lösung.

Als Standardlösung wird der Tiefbunker mit einem Nutzvolumen entsprechend dem 1- bis 3 fachen eines normalen Tagesanfalls angesehen. Längere Lagerzeiten sollten vermieden werden, der Bioabfall sollte so frisch wie möglich zur Verarbeitung gelangen.

Bunker und Entladestelle sollten geschlossen sein und mit Einrichtungen zur Luftabsaugung und zur Verminderung von Staub- und Geruchsemissionen ausgerüstet werden. Bunker mit Plattenbandentleerung sind wegen der begrenzten Bandbreite nur für kleinere Durchsatzmengen zweckmäßig. Sie sind relativ wartungsarm und können gleichzeitig als Dosiergerät betrieben werden. Krananlagen sind reparaturanfälliger als Plattenbänder, bieten jedoch den Vorteil des rationellen Senkrechttransportes zur Erzielung eines optimalen Verarbeitungsgefälles. Krananlagen mit manuell gesteuerter Aufgreiftechnik und automatischer Zielsteuerung sind wirtschaftlicher als Vollautomaten. Für Kompostwerke mittlerer Größe können Kombinationen aus einem größeren Tiefbunker und einem oder mehreren kleinen Aufnahme- und Dosierbunkern mit Plattenbandabzug sinnvoll sein [159].

Bioabfallaufbereitung

Im Anlagenbereich Bioabfallaufbereitung werden die Bioabfälle zum einen von Störstoffen befreit und für den Rottevorgang optimal aufbereitet.

Die Entnahme von Störstoffen erfolgt mit den Verfahrensschritten

- Sichtkontrolle im Annahmebereich,
- Siebung,
- Magnetscheidung,
- manuelle Sortierung.

Sichtkontrolle Durch eine Sichtkontrolle im Annahmebereich soll erreicht werden, dass größere Müllbestandteile, die den Betriebsablauf mit hoher Wahrscheinlichkeit stören, Einzelaggregate beschädigen und ganze Anlagenteile vorübergehend unbrauchbar machen können, nicht in die Aufbereitung gelangen. Eine manuelle Sortierung von Bioabfällen wird zwar teilweise durchgeführt, aber vielfach wegen der gesundheitlichen Belastungen durch Keime und Gerüche nicht empfohlen.

Siebung Untersuchungen haben ergeben, dass sich 98 % der Störstoffe in einer Siebfraktion > 60 mm befinden. Gleichzeitig kann die Fraktion > 60 mm ohne weitere Zerkleinerung in die Rotte eingehen. Grundsätzliche Siebtypen sind Rund- und Flachsiebe (letztere als Schüttel- oder Spannwellensiebe) mit runden, quadratischen, rechteckigen oder rautenförmigen Sieblöchern.

Magnetscheider Die Eliminierung der Eisenbestandteile erfolgt mit Trommelmagneten, Überbandmagneten und Walzenmagneten mit elektrischem oder permanentem Magnetfeld. Einsatz, Anordnung und Bauweise der Magnetscheider sind flexibel und können optimal an die Betriebsverhältnisse angepasst werden.

Zerkleinerung Die Zerkleinerung dient der Vergrößerung der spezifischen Oberfläche der Bioabfallbestandteile. Dadurch wird das Gut für die mikrobielle Zersetzung aufgeschlossen und die Aufnahme von Wasser verbessert. Zur Zerkleinerung werden schnell laufende Schlagmühlen, schnell und langsam laufende Schneidmühlen, Kugelmühlen, Drehtrommeln, Siebraspeln und Schneckenmühlen eingesetzt. Für die Aufbereitung der Bioabfälle zum Zweck der Kompostierung sollte durch die Zerkleinerung insbesondere eine Auffaserung des Materials erwirkt werden. Schnell laufende Schneidmühlen werden bei der Zerkleinerung von Strauchschnitt als Strukturmittelbeigabe bevorzugt.

Mischung Mischaggregate zur Homogenisierung des Einsatzmaterials sind in erster Linie für die Kompostierung von unsortierten Haushaltsabfällen interessant. Bei der Bioabfallkompostierung können diese Mischaggregate zum gleichmäßigen durchmischen bei der Strukturmaterialbeigabe eingesetzt werden. Es kommen Langzeitmischer (Mischbunker, Drehtrommeln und Kugelmühlen) sowie Kurzzeitmischer (Doppelwellen-Paddelmischer und Einwellen-Doppelschneckenmischer) zum Einsatz. Die Herstellung eines derartigen Gemenges in Kurzzeitmischern gelingt um so besser, je homogener die zu vermengenden Komponenten sind. Eine Vergleichmäßigung der Zusammensetzung kann entweder durch Vorsortierung und Separierung oder durch Langzeitmischer erfolgen. Drehtrommeln bringen gute Resultate bei Aufenthaltszeiten von ca. 1 Stunde und Drehzahlen von 13 bis 15 U/min. Bei der Verwendung eines dynamischen Vorrottesystems wird das Strukturmaterial der Rottetrommel beigegeben. Bei Kugelmühlen wird der Mischeffekt in der Trommel mit 10 bis 15 min Aufenthaltszeit durch die Siebrest-Rückführung unterstützt, so dass sehr gute Resultate erzielt werden können. Doppelwellen-Paddelmischer können nach entsprechender Anpassung an die zu vermengenden Komponenten mit gutem Erfolg betrieben werden. Sie sind relativ empfindlich gegen Feuchte- und Konsistenzschwankungen. Als optimaler Grenzwassergehalt hat sich eine Gemischfeuchte von 55 % herausgestellt. Über die Betriebseigenschaften von Einwellen-Doppelschneckenmischern liegen bisher keine abschließenden Ergebnisse vor. Der Mischeffekt in Prallmühlen ist unbefriedigend [159].

Die einzelnen Aggregate werden in Kap. 5.1 erläutert.

Kompostierungstechnik

Der Kompostrohstoff wird nach einer ersten Zerkleinerung zur Vergrößerung der spezifischen Oberfläche zunächst vorgerottet. Anschließend wird das Material nachzerkleinert und gesiebt. Das entstandene Produkt, der Frischkompost, ist ein entseuchter, noch in der

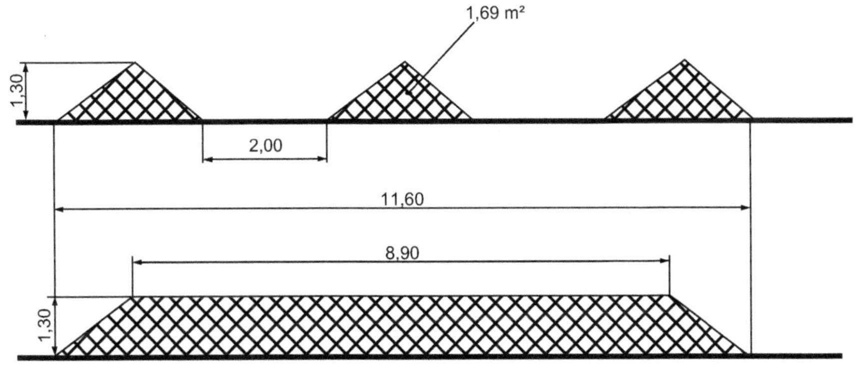

Abb. 4.155 Vergleichender Platzbedarf [174]

Rotte befindlicher Kompost. Dieser wird in der Regel einer Nachrotte zugeführt, bei der aus dem Frischkompost nach erneuter Absiebung der Fertigkompost hervorgeht.

Die Rotte ist der Hauptprozess in jeder Kompostierungsanlage. An die Rotteführung werden insbesondere folgende Forderungen gestellt:

- Beschleunigung des Prozesses durch Optimierung der Rottebedingungen,
- Steuerung der aeroben Prozesse,
- Emissionskontrolle [159].

Vorrotte Vorrottesysteme sind unter anderem dann sinnvoll, wenn vorwiegend Frischkomposte in kurzer Zeit erzeugt werden sollen und wenn bei kritischen Standortlagen Geruchsemissionen aus dem ersten intensiven Rotteabschnitt verhindert werden müssen. Es werden dynamische und statische Vorrottesysteme unterschieden. Statische Vorrottesysteme weisen hinsichtlich der Reparaturanfälligkeit, der Kosten, der Hygienisierung und Qualität des Kompostes sowie der Emissionsführung zahlreiche Vorzüge auf, während dynamische Vorrottesysteme vor allem den Vorteil der besseren Steuerbarkeit aufweisen. Dadurch können bestimmte Rotteabschnitte nachweislich schneller in Gang gesetzt und durchlaufen werden. Das angestrebte Ziel, in optimal gesteuerten dynamischen Rottesystemen in einem Verfahrensgang und in kurzen, nach Tagen bemessenen Rottezeiten fertige Komposte zu gewinnen, konnte jedoch bisher von keinem der bekannten Systeme erreicht werden [159].

Nachrotte Zur Erzielung eines Fertigkompostes muss das vorkompostierte Material einer Nachrotte unterzogen werden, die zumeist in Mieten erfolgt. Während früher eine Nachrotte in Dreiecksmieten vorgenommen wurde, zeichnen sich heutzutage verwendete, trapezförmige Wandermieten durch schnellere Rotte sowie geringeren Platzbedarf aus. Abbildung 4.155 zeigt den vergleichenden Platzbedarf von Dreiecks- und Trapezmieten.

Ausgehend von 11,6 m Platzbreite und einer Mietenhöhe von 1,3 m ergeben sich folgende Mietenquerschnitte: 3 Dreiecksmieten mit insgesamt 5,07 m^2 Querschnittsfläche; 1 Breitmiete mit insgesamt 13,26 m^2 Querschnittsfläche.

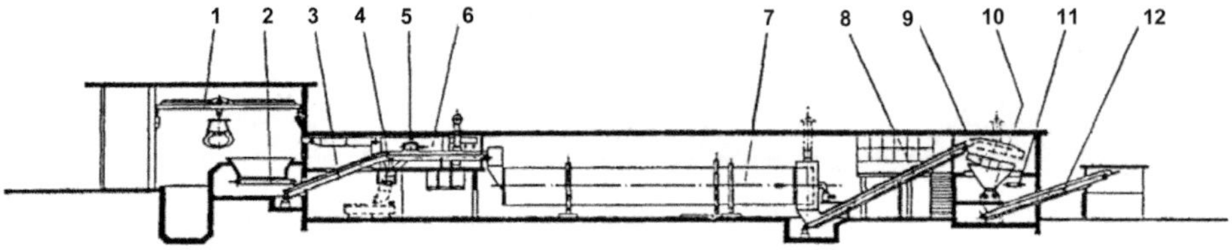

1 Greiferkran
2 Dosierbunker mit Plattenband
3 Gummiförderband
4 Schrott-Austrag
5 Überband-Magnet
6 Lesestand mit Entstaubungsanlage
7 Drehtrommel
8 Gummiförderband
9 Schwingsieb
10 Hammermühle (Nachzerkleinerung)
11 Siebrest-Austrag (zum Ofen bzw. zur Ablagerung)
12 Rohkompost-Austrag

Abb. 4.156 Mechanische Vorrotte mit Nachzerkleinerung, System Dano [158]

Dynamische Verfahren Diese Verfahren zeichnen sich durch eine kontinuierliche Bewegung und Belüftung des Materials aus. Da das Material nie zur Ruhe kommt, können sich keine Pilzzellflächen ausbilden, die zu einer vollständigen Rotte beitragen. Dynamische Vorrottesysteme haben den Vorteil, dass sie wesentlich zur Homogenisierung des Ausgangsmaterials beitragen. Verglichen mit statischen Vorrottesystemen sind dynamische Vorrottesysteme zwar erheblich zeitsparender, doch bezogen auf die Gesamtrottezeit bringt die dynamische Vorrotte keine wesentliche Zeitverkürzung.

Die wesentlichen dynamischen Verfahren sind

- Rottetrommeln,
- Rottetürme.

Rottetrommeln Das Rohmaterial wird in der Trommel kontinuierlich umgewälzt und künstlich belüftet. Eine vorherige Zerkleinerung der Abfälle ist nicht unbedingt nötig, da dies durch die Drehbewegung und die Einbauten in der Trommel geschieht. Bei der Zugabe von Klärschlamm erfolgt in der Trommel eine gute Mischung und Homogenisierung des Materials. Die Aufenthaltszeit in der Rottetrommel beträgt nach verschiedenen Herstellerangaben abhängig von der Intensität der Bewegung und Belüftung zwischen 24 h und 14 Tagen. Um den Abschluss der Hygienisierung des Rottegutes in der Trommel zu erreichen, sollten grundsätzlich mindestens 3 bis 4 Tage intensiver Belüftung angesetzt werden. Abbildung 4.156 zeigt das Verfahrensschema der mechanischen Vorrotte in der DANO-Rottetrommel.

Rottetürme Es werden Rottetürme mit Etagen und etagenlose Türme unterschieden. Die Abfälle durchlaufen den Turm dabei von oben nach unten und werden in der Regel künstlich belüftet.

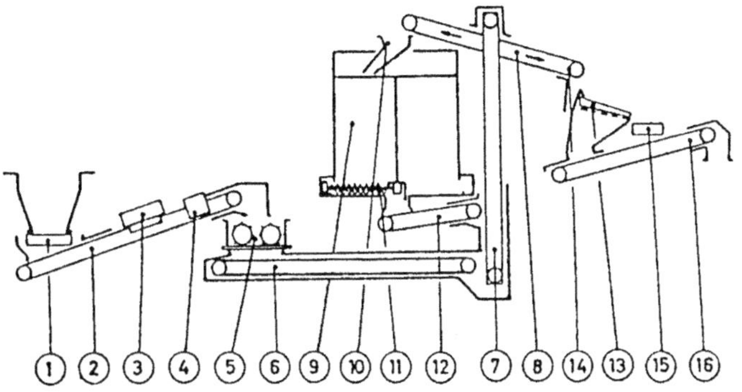

1 Müllbunker mit Plattenband
2 Förderband
3 Überbandmagnet
4 Detektor
5 Novorotor-Hammermühle
6 Vibrationsförderer
7 Becherwerk
8 Förderband
9 Rotteturm-Hygienisator
10 Verteiler
11 Abzugs-Schnecke
12 Förderband
13 Vibrations-Sieb
14 Magnet-Trommel
15 Förderband für Siebrest
16 Austrags-Förderband

Abb. 4.157 Kompostwerk Plaisir [158]

Etagenlose Türme Die vorzerkleinerten Bioabfälle werden im Kopfstück des Reaktors eingefüllt. Eine Durchmischung des Rohstoffes im Turm findet nicht statt, weshalb diese im Rahmen der Vorbehandlung sichergestellt werden muss. Das vorkompostierte Material wird nach einer Verweilzeit von 4 bis 6 Tagen über den unteren Turmboden kontinuierlich ausgetragen. Aufgrund der unzureichenden Durchmischung sowie Belüftung innerhalb des Turmes wird die organische Substanz allerdings nur schlecht abgebaut. Abbildung 4.157 zeigt das Betriebsschema des Kompostwerkes Plaisir.

Etagenturm Das Hauptmerkmal dieser Türme ist die Auflösung des Materials in dünne Schichten und die damit verbundene intensive Mischung und Relativbewegung der Stoffkomponenten. Das Material wird jeweils mit pflugähnlichen Transportgeräten über ebene Böden gefördert und durch entsprechend angeordnete Öffnungen im freien Fall in die darunterliegende Etage abgeworfen. Die erforderliche Frischluft wird in jeder Etage durch seitlich angebrachte Ansaugöffnungen im natürlichen Zug oder künstlich von unten nach oben geleitet. Das Material ist nach 1 bis 2 Tagen bereits entseucht und weitgehend abgebaut. Nachteil bei diesem System ist die Verschleißanfälligkeit der Pflugarme. Abbildung 4.158 zeigt das Schema eines Etagenrotteturmes.

Statische Verfahren Das zu kompostierende Material ist in Ruhe, und die Belüftung erfolgt künstlich oder natürlich.

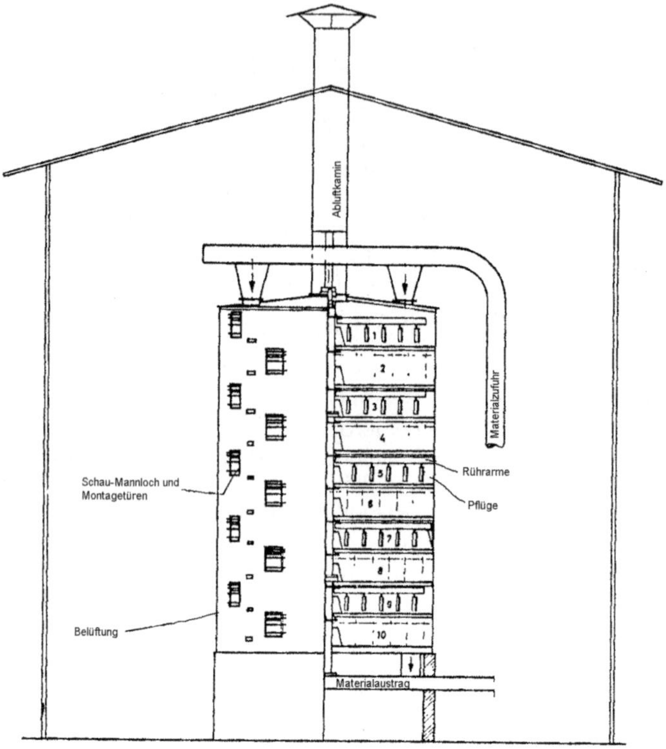

Abb. 4.158 Etagenrotteturm [158]

Die wichtigsten statischen Verfahren sind die

- Mietenkompostierung,
- Brikollareverfahren,
- Boxen oder Containerkompostierung.

Mietenkompostierung Dieses ist das älteste Kompostierungsverfahren. Ein Hauptproblem dieses Verfahrens ist die ausreichende Sauerstoffversorgung des Materials, die nur bei geringen Mietenhöhen gewährleistet wird. Höher aufgesetzte Mieten werden daher in der Regel umgesetzt oder systematisch belüftet. Mietenhöhen bei Umsetzverfahren sind aufgrund der Geometrie auf 2,20 m begrenzt, während systematisch belüftete Mieten bis 5 m hoch aufgesetzt werden können. Die Mietenkompostierung erfolgt mit zerkleinertem oder unzerkleinertem Material, wobei letzteres Verfahren verschiedene Nachteile mit sich bringt. So können sich beispielsweise „Luftschächte" bilden, die zum Austrocknen der Miete beitragen.

Das Umsetzen erfolgt mit Radladern oder speziellen Umsetzgeräten. Der Platzbedarf ist abhängig von Mietenform, Mietenhöhe, Abfallmenge und Rottezeit. Eine Entwässerung des Kompostplatzes durch Ringgräben ist erforderlich, damit das anfallende Sickerwasser kontrolliert erfasst werden kann. Eine Überdachung der Mieten ist sinnvoll, um eine zu hohe Materialfeuchte durch Niederschläge auszuschließen. Außerdem wird durch diese Maßnahme der Sickerwasseranfall minimiert.

Die Rottezeit bis zur Herstellung eines Fertigkompostes beträgt

- mit Umsetzen 9 bis 12 Wochen,
- ohne Umsetzen mit künstlicher Belüftung 12 bis 16 Wochen,
- ohne Umsetzen ohne künstliche Belüftung 20 bis 25 Wochen.

Mietenkompostierung mit Umsetzen Es werden Dreiecksmieten mit üblichen Höhen von 1,30 m, 1,80 m sowie 2 bis 2,5 m und Trapezmieten mit 1,00 m Höhe unterschieden. Die Belüftung erfolgt allein durch Umsetzen und natürliche Diffusion.

Kompostierung in Großmieten Für größere Mietenhöhen wurden schon vor langer Zeit Systeme mit künstlicher Belüftung entwickelt. So gehören

- belüftete Mietenplatten (Heidenheim, Landau, Biotank),
- auf Schablonen aufgesetzte Tafelmieten (Tunnelmiete nach Willisch),
- überdachte Mieten mit regelbarer Bodenbelüftung (Kompost- Hangar-Verfahren)

zu den bekanntesten Verfahren.

Brikollareverfahren Dieses ist eine Sonderform der Mietenkompostierung mit kleinformatigen Presslingen für Bio- und Grünabfälle. Biologischer Abbau und Austrocknung verlaufen simultan und führen nach 5 bis 6 Wochen zu einem trockenstabilen Produkt mit 30 bis 40 % Restwassergehalt. Dieses Verfahren ist das einzige Kurzverfahren, welches eine vollständige Entseuchung des Materials gewährleistet und daher ohne Nachrotte anwendbar ist.

Kompostierung in Rotteboxen oder Rottecontainern Der Entwicklung statischer Rotteboxen lag die Überlegung zugrunde, den Verlauf der Rotte soweit wie möglich überwachen und beeinflussen zu können, wobei die Zuführung von Luft und Wasser, gegebenenfalls versetzt mit Nährstoffen, im Vordergrund steht. Die heute gebräuchlichen Rotteboxen können als umgebaute und an Versorgungssysteme angeschlossene Mieten mit mehr oder weniger hohem Automatisierungsgrad angesehen werden. Wenn die Rotteboxen in Form der Standard-Containermaße gebaut sind, spricht man von Rottecontainern. Voraussetzung für einen optimalen Rotteverlauf ist die vorhergehende intensive Durchmischung der Rohabfälle. Die Rotteboxen bestehen aus geschlossenen Behältern mit ca. 30 bis 60 m^3 Fassungsvermögen. Abbildung 4.159 zeigt das Verfahrensschema einer Rottezellenkompostierung.

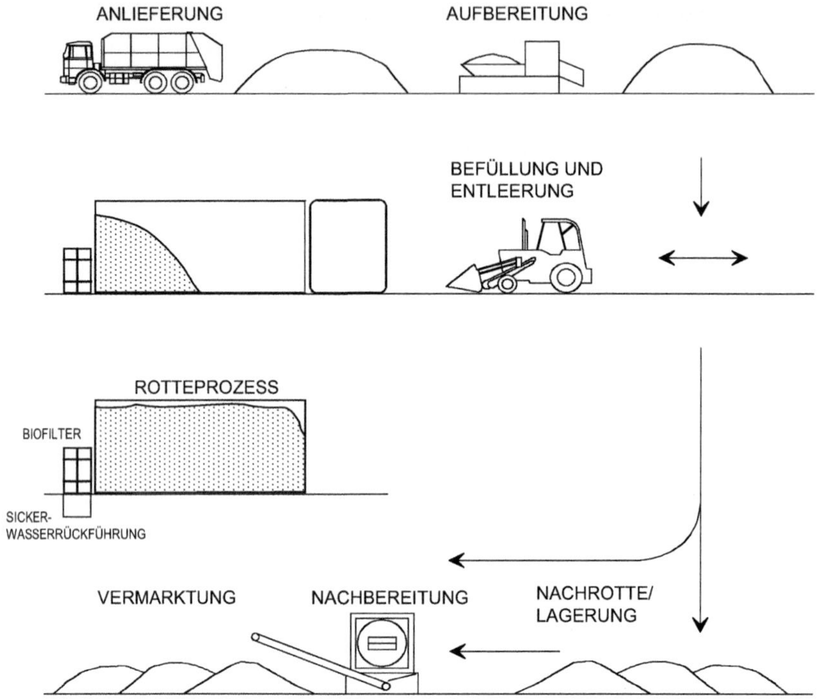

Abb. 4.159 Rotteboxenkompostierung, System „Herhof" [144]

Die Boxenkompostierung wird zur Vorrotte eingesetzt und mit einer Rottezeit zwischen 7 und 14 Tagen betrieben. Nach dieser Vorrotte wird das Rottegut hinsichtlich Geruch und Sickerwasser als weniger problematisch eingestuft und kann anschließend auf Dreiecks- oder Tafelmieten einer Nachrotte unterzogen werden.

Umsetzsysteme Auf- und Umsetzsystem „Dynacomp": Der Rohkompost wird bei diesem Verfahren von einem fahrbaren Abwurfwagen des Zuführbandes über einen Schacht in den Aufgabetrichter des Trogkettenförderers transportiert. Durch den geöffneten Boden des Trogkettenförderers fällt das Material auf die Rottefläche, bis die Unterkante des Kettenförderers aufgeschichtet ist. Das nachfolgende Material wird weiter über die in Förderrichtung wandernde Abwurfkante geschoben.

Auf diese Art können Tafel-, Dreiecks- sowie Schichtmieten aufgesetzt werden. Mittels vertikaler Schneckenfräswelle wird die Miete aufgelockert und kann ggf. dabei noch befeuchtet werden. Nach Beerdigung des Rotteprozesses wird der Trogkettenförderer auf die Mieten gesenkt, kratzt mit den Stegen der Kette die Mieten ab und fördert den Kompost auf ein längst der Fläche laufendes Unterflurförderband.

Auf- und Umsetzsystem „Wendelin" Der Rohkompost wird über zwei längsseitig angeordnete Bänder den beiden Bädern auf der Eintragsbrücke zugeführt. Die Eintragsbrücke ist

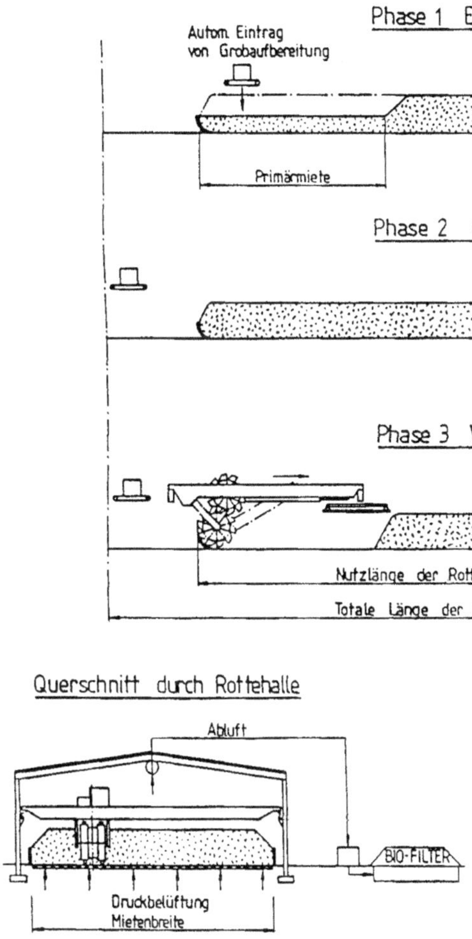

Abb. 4.160 Auf- und Umsetzsystem „Wendelin" [189]

fahrbar angeordnet und kann eine Tafelmiete auf eine Höhe von 3 m aufsetzen. Ein Querwagen mit Schaufelrädern trägt das Rottegut von unten nach oben ab und befördert es über ein höhenverstellbares Förderband um einige Meter nach hinten auf die neu entstehende Tafelmiete. Beim Umsetzen kann das Rottegut auf die notwendige Feuchtigkeit eingestellt werden. Der hinterste Teil der Tafelmiete entspricht der Endmiete, die ebenfalls durch „Wendelin" abgetragen und der nachfolgenden Feinaufbereitung übergeben werden kann (vgl. Abb. 4.160).

Feinaufbereitung/Konfektionierung Der Kompost ist nach Ende der Rotteperiode biologisch umgewandelt. Je nach Störstoffgehalt, dem Vorbehandlungsverfahren und abhängig von den angestrebten Anwendungsgebieten kommen bei der Feinaufbereitung verschiedene Varianten zur Anwendung.

Grundsätzlich wird der Bioabfallkompost gesiebt, und es werden zwei Siebklassen und ein Überkorn gewonnen. Beide Siebfraktionen werden einer Hartstoffabscheidung unterzogen und bilden nach einer Mischung den vermarktungsfähigen Kompost. Das strukturmaterialreiche Überkorn wird zumeist wieder in den Rotteprozess zurückgeführt oder entsorgt.

Weiterhin können zur Feinaufbereitung z. B. nachgeschaltete Metallabscheidung, Windsichtung zur Folienabtrennung und Nachzerkleinerung des Überkorns eingesetzt werden.

Siebtechnik Im Hinblick auf die Gewinnung von Komposten guter Qualität sowie eines befriedigenden Wirkungsgrades genügt eine Nachsiebung. Hierfür werden vorwiegend selbstreinigende Spannwellensiebe mit Vulkolan- oder Gummi-Matten oder auch Trommelsiebe mit Bürsten und Klopfeinrichtungen eingesetzt. Die Nachsiebung von reifem Kompost setzt eine Reduzierung der Materialfeuchte am Schluss der Rotte auf maximal 30 Gew.-% voraus. Die häufig eingesetzten gewöhnlichen Schüttelsiebe sind in ihrem Wirkungsgrad und damit in ihrer Brauchbarkeit in den üblichen Ausführungen umstritten.

Hartstoffabscheidung Zur Eliminierung von Glas-, Steingut- und anderen Scherben mit relativ hohem spezifischem Gewicht werden Windsichter und Luftsetzmaschinen eingesetzt. Ballistische Separatoren haben sich auf Dauer nicht durchgesetzt. An neueren Entwicklungen wurden Zick-Zack-Windsichter, Schwebewindsichter und Steinausleser (Setzmaschinen) eingesetzt.

Folienabscheidung Zur Entfernung von spezifisch leichten, optisch unerwünschten Teilen zur Verbesserung der physikalischen Kompostqualität bzw. zur Wertstoffgewinnung werden Exhaustoren, Windsichter, Stachelwalzen, Trommelsiebe und mechanische Greifer-Werkzeuge verwendet. Die Erfahrungen über den Einsatz dieser Aggregate bei der Kompostaufbereitung sind aber nicht überzeugend.

Zerkleinerung Zur Nachbearbeitung von Kompost vor der Endsiebung, besonders nach statischer Rotte, können jedoch schnell laufende Mühlen verschiedener Bauart mit Erfolg eingesetzt werden. Langsam laufende Mühlen gelten allgemein als geräuscharm und nicht explosionsanfällig.

Konfektionierung Die Komposte werden abhängig von dem Vermarktungskonzept als Massenware verladen oder auf dem Gelände in Säcken konfektioniert. Durch die Beigabe von unbelastetem Erdaushub können definierte Pflanzsubstrate hergestellt werden.

Vermarktung des Endproduktes Kompost

Qualität des Kompostes (vergleiche Kap. 5.3.6) Kompost ist reich an organischer Substanz und den Nährstoffen N, P, K, Ca und Mg. Kompost führt zu einer Erhöhung des Humusgehaltes, der Erosionsfestigkeit, der Aktivität des Bodenlebens, zur Verbesserung der Bodenstruktur, des Wärme- und Wasserhaushaltes und des Nährstoffvorrates im Boden. Bei sandigen Böden erhöht Kompost die Wasserhaltekapazität und verringert die Austrocknung, bei schweren Tonböden vergrößert er die Luft- und Wasserdurchlässigkeit und vermindert damit die Oberflächenauswaschung. Die Bewurzelungstiefe wird erhöht und der Boden aufgelockert. Hinsichtlich der Zielvorstellungen in Bezug auf die Kompostqualität kann zwischen verschiedenen Qualitätskriterien unterschieden werden [159]:

In *physikalischer* Hinsicht soll der Kompost ansprechend, d. h. frei von optisch wahrnehmbaren Kunststoff-, Hartstoff- und insbesondere Glasteilchen sein, die auch zu Verletzungen führen könnten.

In *chemischer* Hinsicht sollen pflanzenschädigende Wirkungen des Kompostes ebenso ausgeschlossen sein, wie nachteilige Einflüsse auf die Konsumenten des Erntegutes. Da der Chemismus des Kompostes durch verfahrenstechnische Maßnahmen nur indirekt oder gar nicht beeinflusst werden kann, ist diese Forderung nur durch Auswahl geeigneter Rohstoffe zu erfüllen.

In *biologischer* Hinsicht sind für die Anwendung des Kompostes die Entseuchung und der Rottegrad von Bedeutung.

In Abhängigkeit vom *Rottegrad* werden wiederum verschiedene Kompostarten unterschieden:

Frischkompost Durch Schnellrotte entseuchter, aber nicht bis zur Wurzelverträglichkeit verrotteter, durch Siebung von gröberen Bestandteilen befreiter Rohkompost. Frischkomposte haben einen hohen Gehalt an organischer Substanz, sind jedoch wegen der enthaltenen abbauenden Organismen noch wurzelschädlich. Durch unsachgemäße Lagerung, Weiterverarbeitung oder Vernässung kann es aufgrund von Sauerstoffmangel zu Faulprozessen kommen. Für den Frischkompost wird ein Verhältnis des Kohlenstoffs zum Stickstoff in dem Rottematerial von 25 bis 30 zu 1 gefordert. Dieses C/N-Verhältnis ist ein Maß für den Reifegrad des Kompostes. Je kleiner die Verhältniszahl durch das Entweichen des gasförmigen oxidierten Kohlenstoffs wird, desto größer ist der Rotte- oder Kompostreifungsgrad. Frischkompost entspricht gemäß dem Merkblatt M 10 der Länderarbeitsgemeinschaft Abfall (LAGA) einem Rottegrad von II bis III.

Fertig- oder Reifkompost Aus Frischkompost durch Nachrotte bis zur Wurzelverträglichkeit gewonnener Kompost. Das C/N-Verhältnis sollte deutlich kleiner als 25/1 bis 30/1 sein (etwa 15/1), Fertigkompost sollte dem Rottegrad IV bis V entsprechen [165].

Neben den oben genannten Qualitätsanforderungen sollte guter Kompost genügend organische Substanz und pflanzenverfügbare Haupt- und Spurennährstoffe enthalten.

Mit zunehmender Kompostreife nimmt auch die Humifizierung des Kompostes zu. Neben der chemischen und physikalischen Wirksamkeit entfaltet sich damit also auch eine biologische Wirksamkeit. Ein qualitativ hochwertiger, funktionsfähiger Reifkompost kann nicht innerhalb weniger Tage entstehen, sondern benötigt selbst mit modernster

Tab. 4.26 Orientierungsdaten für tolerierbare Gesamtgehalte einiger Elemente in Kulturböden [153, 165] und im standardisierten Kompost [151]

Schwermetall	Tolerierbarer Gesamtgehalt im Boden, (mg/kg)	Orientierungswerte im standardisierten Kompost[a] (mg/kg)	
		unterer	oberer
Blei	100	100	200
Cadmium	3	2,5	7
Quecksilber	2	2,5	6
Zink	300	500	750
Kupfer	100	100	150
Nickel	50	25	50
Chrom	100	200	300

[a] mit 60 % TS, 40 % Ges. Org. Subst. i.T., Vol.-Gew. 0,6 kg/l

Technik mindestens eines Zeitraumes von 4 Wochen. Als realistischer Zeitraum für die Dauer der Kompostierung vom Ausgangsmaterial zum Fertigkompost müssen 8 bis 12 Wochen veranschlagt werden.

Derzeit existieren in der Bundesrepublik keine Grenzwerte für organische Schadstoffe in Komposten. Bei Bio- und Grünfallkomposten wurde festgestellt, dass die Gehalte für polychlorierte Biphenyle (PCB), polycyclische aromatische Kohlenwasserstoffe (PAK), polychlorierte Dibenzodioxine (PCDD) und Dibenzofurane (PCDF) signifikant unter den Werten der Komposte aus Gesamtmüll liegen. Von den chlorierten Pestiziden darf im Landbau nur noch Hexachlorbenzol eingesetzt werden. Alle Stoffe sind jedoch ubiquitär vorhanden und belasten weiterhin die Umwelt.

Grundsätzlich sind deshalb aus Gründen der Schadstoffreduzierung die getrennte Erfassung von Bio- und Grünabfällen zu betreiben. Nach bisherigem Kenntnisstand sind die ermittelten PCDD/F-Gehalte in Bio- und Grünabfallkomposten als gering einzustufen. Es besteht jedoch generell noch ein erheblicher Forschungsbedarf, um die Zusammenhänge in den Übertragungsketten Boden-Pflanze-Tier-Mensch aufzuklären.

Zusätzlich existieren auch Orientierungsgrenzwerte für Schwermetallkonzentrationen in landwirtschaftlich verwertbaren Klärschlämmen, welche in der Klärschlammverordnung festgelegt sind [154].

Die Tab. 4.26. gibt Orientierungsdaten für Schwermetallgehalte in Kulturböden und Kompost.

Die theoretische Bemessung der Orientierungswerte erfolgt derart, dass, von einem unbelasteten Boden ausgehend, 1 ha Land rund 100 Jahre lang jährlich mit 15 Mg Müllkompost, dessen Schwermetallgehalt am unteren Orientierungswert liegt, beaufschlagt wird.

Nach 100 Jahren würde dann theoretisch der tolerierbare Gehalt nach Tab. 4.26 im Boden erreicht werden.

Tab. 4.27 Schwermetallgehalte unterschiedlicher Komposte, bezogen auf original organische Substanz und normiert auf 30 % OS i. d. TS-Angaben in mg/kg TS [100]

Element	Biokompost	Biokompost und Papier	Pflanzen-kompost	Nassmüll-kompost	Ges. Müll-kompost	Richtwert BGK[a]
Pb	77,64	78,6	60,8	449	513	–
Cd	0,78	0,74	0,70	2,6	5,5	–
Cr	33,73	31,7	27,04	72	71,4	–
Cu	43,24	58,2	32,67	228	274	–
Ni	19,13	16,1	17,53	30	44,9	–
Zn	232,82	273,8	167,82	850	1.570	–
Hg	0,33	0,37	0,27	1,04	2,4	–
normiert auf 30 % OS i. d. TS						
Pb	83,07	116,2	63,10	705	596	150
Cd	0,84	0,96	0,72	4,08	6,39	1,5
Cr	35,83	39,8	28,44	113,0	82,9	100
Cu	46,76	76,2	34,52	357,8	318	100
Ni	20,48	21,4	18,56	47,1	52,1	50
Zn	249,10	350,3	176,92	1334	1823	400
Hg	0,38	0,54	0,28	1,63	2,79	1,0

[a] Bundesgütegemeinschaft Kompost (Aufwandmenge 20 t TM in 3 Jahren)

Aus Tab. 4.27 geht deutlich hervor, dass Nass- und Gesamtmüllkomposte in ihrer Qualität bezüglich der Schwermetallbelastung als ungeeignet einzustufen und als Methode der „Abfallverwertung" nicht mehr mit den Zielen abfallwirtschaftlicher Maßnahmen vereinbar sind.

Für die Schwermetallgehalte bei Bioabfallkompost können folgende Quellen verantwortlich sein:

- hohe Bodenbelastungen von Kleingärten, aus denen ein Großteil der Bioabfälle stammen,
- die Anwendung von Fremdstoffen als „Bodenverbesserer",
- die Mitkompostierung von Straßenkehricht und Laub,
- die Ausbringung schwermetallhaltiger Düngemittel, Biozide und belasteter Mutterböden in Kleingärten,
- die Entsorgung der Hausbrandasche als „Düngemittel" im eigenen Garten,
- Autoabgase (Blei), die über den Luftpfad in Gärten eingetragen werden,
- verzinkte Gegenständen wie Dachrinnen, Wasserleitungen und -Behälter.

Die Schwermetallgehalte bei Komposten aus Bioabfall und Papier stammen aus den verschiedenen Druckverfahren der Papierverarbeitung. Durch den hohen Gehalt an organischer Substanz im Papier kann es während des Rotteprozesses zu einer Erhöhung einzelner Schwermetallwerte kommen. Besonders bei den Kupfer- und Zinkwerten sind deutliche Unterschiede erkennbar. Im Hinblick auf die Verpackungsverordnung wird zukünftig die Papiermenge im Hausmüll zurückgehen, was zu einer Schwermetallentfrachtung bei Biokomposten beitragen wird.

Der Salzgehalt im Kompost gilt als einer der wesentlichen Parameter für die sachgerechte Anwendung von Kompost. Kompost aus getrennter Sammlung weist deutlich niedrigere Salzkonzentrationen auf als Gesamtmüllkompost. Überhöhte Salzkonzentrationen lassen eine Verwendung von reinen Komposten als Kultursubstrat nur in Ausnahmefällen zu. In der Regel wird eine Mischung des Kompostes mit Erde erforderlich sein. Dies gilt insbesondere für den Einsatz von Biokompost als Ersatzstoff von Torf. Untersuchungen bei verschiedenen Biokomposten kamen zum Ergebnis, dass bei einem Mittelwert von 3,89 g/l Frischsubstanz die Anwendung im Freiland unbedenklich ist. Unterschiede bei den Salzgehalten werden durch das Ausgangsmaterial und durch Auswaschungen bestimmt. Kompostmaterial, welches während der Rotte unter Dach gelagert wird, weist höhere Salzgehalte auf als solches, dessen Rotteprozesse im Freien ablaufen, da durch Niederschläge stärkere Auswaschungen hervorgerufen werden.

Von der erzielten Kompostqualität hängt schließlich direkt die Vermarktungsmöglichkeit ab.

Anwendung und Absatzmöglichkeiten für Komposte Eine breite Palette von Anwendungsmöglichkeiten für Komposte wird im Merkblatt M 10 der LAGA (Qualitätskriterien und Anwendungsempfehlungen für Komposte aus Müll und Müll/Klärschlamm) katalogisiert [138].

Kompost kann im gärtnerischen Gemüsebau, in der Landwirtschaft zur Erzeugung von Feldfrüchten und Futtergräsern, im Obst- und Weinbau, in Baumschulen und zur Wiederbegrünung von Ödland eingesetzt werden. Die Verwendung des Kompostes außerhalb des Ackerbaus hat hauptsächlich betriebswirtschaftliche Gründe. So wird Kompost z. B. im Weinbau zur Erosionsbekämpfung eingesetzt.

Verkaufschancen hat Kompost heute vor allem für Monokulturen in der Landwirtschaft wie Wein, Obst, Hopfen u. a., und die Hauptabnehmer sind Gärtnereien, Baumschulen, Friedhöfe und Gartengestalter. Ein großer Teil des Kompostes wird heute auch noch zur Landschaftsgestaltung, im Straßenbau sowie zur Rekultivierung von Deponien verwandt (vgl. Abb. 4.161).

Der Weinbau gehört zu den klassischen Absatzgebieten für Komposte. In der Vergangenheit konnten hier auch minderwertige Komposte in großen Mengen eingesetzt werden. Demzufolge dürfte es in Zukunft für Gebietskörperschaften in Weinbaugebieten keine Schwierigkeiten bereiten, qualitativ hochwertige Komposte zur Erhöhung des Humusgehaltes zu vermarkten. Als Anwendungsempfehlung für Biokomposte im Weinbau

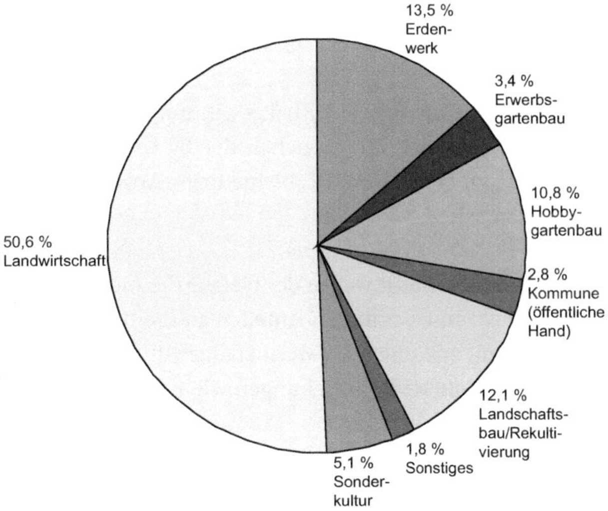

Abb. 4.161 Absatzwege von gütegesicherten Komposten im Jahr 2007 in einer Gesamtmenge von 3,053 Mio. Mg [254]

gilt eine Aufbringungsmenge von 3 bis 6 kg/m^3 alle drei Jahre bei bestehenden Anlagen und für Neuanlagen 5 bis 10 kg/m^3.

Ein großes Potenzial für den Kompostabsatz bietet neben der Landwirtschaft der Garten- und Landschaftsbau. Dennoch wird heute im Gartenbau anstelle des traditionellen Kompostes in großen Umfang Torf eingesetzt. Torf ist jedoch ein ungeeigneter Ersatz für Kompost. Die Bodenverbesserungseigenschaften des Kompostes sind weit größer. Torf enthält kaum Haupt- und Spurennährstoffe und trägt zudem zur Versäuerung des Bodens bei. Außerdem gehen die Torfvorräte Europas zur Neige, und der Torfabbau zerstört grundsätzlich immer mehr wertvolle und erhaltenswerte Biotope. So leistet die Kompostierung einen zusätzlichen wichtigen Beitrag zum Natur- und Artenschutz.

Als Maßnahme einer geordneten landwirtschaftlichen Kompostverwertung hat das Bundesland Hessen per Erlass vom Juni 1992 die Aufbringungsmenge von Komposten begrenzt. So dürfen höchstens 10 Mg TS/ha*a Kompost aufgebracht werden, dessen Qualität den Güteanforderungen der Bundesgütegemeinschaft Kompost e. V. unterliegt.

Die beim Verkauf des Biokompostes erzielten Erlöse weisen große Schwankungen auf. Der mittlere Erlös für Reifekompost liegt durchschnittlich zwischen 8 bis 15 €/m^3, wobei sich mit hochwertigen Sonderchargen wesentlich höhere Preise erzielen lassen.

Wird der Energieaufwand verglichen, der erforderlich ist, um mit technischen Hilfsmitteln zu erreichen, was auf natürliche Weise der Kompost an biologischer, chemischer und physikalischer Bodenverbesserung leistet, ist der Komposteinsatz mit erheblicher Arbeits- und Energieersparnis zu bewerten. Zahlenmäßige Abschätzungen liegen z. B. für die Energieersparnis durch Kunstdüngereinsatz vor. Hierfür wird ein Energiesparwert von 1,2 GJ/Mg Kompost genannt [150].

Um Vermarktungsengpässen, insbesondere bei flächendeckender Biomüllsammlung entgegenzuwirken, ist es dringend geboten, rechtzeitig ein Marketingkonzept zu entwickeln. Empfehlenswert hierbei sind Absatz fördernde Maßnahmen wie Werbung, Beratung und regelmäßige Qualitätsnachweise, um das Produkt auf dem Markt zu etablieren.

Die Kompostierung zur Rückgewinnung von Nährstoffen aus Siedlungsabfällen kann dazu beitragen, den Humusgehalt der Böden wieder anzuheben und die Bodenstruktur nachhaltig zu verbessern. Probleme beim Absatz haben ihre Ursache in unzureichenden Produkten, wie z. B.

- der Frischkompost wegen der Gefahr der biologischen Aktivität,
- Komposte mit sichtbaren Anteilen an Fremdkörpern wie Glas oder Kunststoff,
- solche mit zu hohem Schwermetallgehalt für Garten- und Landbau
- nicht akzeptierte Beimischungen wie z. B. Klärschlamm.

Bei geeigneter Technik ist es möglich, einen qualitativ hochwertigen Kompost zu erzeugen. Ein Kompost aus biologischen Abfällen, für dessen staatlich überwachte und mit Prüf- und Gütesiegel bestätigte Qualität der Käufer eine Garantie erhält, wird jederzeit als Bodenverbesserungsmittel Absatz finden [174].

4.4.1.3 Rotte von festen Abfallstoffen

Neben der Bioabfallkompostierung sind Verfahren zur Kompostierung von reinem Klärschlamm oder Hausmüll und Müllklärschlammgemischen bekannt. Die Kompostierung hat sich in den vergangenen Jahren als mögliche Verfahrensvariante zur Stabilisation von Klärschlamm aus kommunalen und industriellen Abwasserreinigungsanlagen fest etabliert.

Während die Verbreitung der Müll-Kompostierung bzw. der Müllklärschlamm-Kompostierung seit längerem stagniert und in Zukunft weitere Anwendungen nicht absehbar sind, konnte die „reine Klärschlammstabilisierung" die Zahl ihrer praktischen Anwendungsfälle auf ca. 30 Anlagen in der Bundesrepublik Deutschland steigern. Dies ist zum einen damit zu begründen, dass Klärschlamm-Kompostierungsanlagen überwiegend auf Kläranlagen mit Anschlussgrößen zwischen 5000 bis 50.000 Einwohnergleichwerten (EWG) errichtet wurden, deren Ausbau gemessen an Anlagengrößenklassen unter 5000 und über 50.000 EWG überproportional gestiegen ist.

Zum anderen haben jedoch die Müll-Kompostierung und die Müllklärschlamm-Kompostierung, welche meist in Großanlagen betrieben werden, wegen Schwierigkeiten des Kompostabsatzes und teilweise unbeherrschter technischer Mängel deutliche Rückschläge erfahren [157]. Eine der größten Anlagen zur Verarbeitung von Restabfall zu Kompost und Brennstoff mit einem Durchsatz von Über 300.000 Mg/a wurde noch 2008 in Athen fertig gestellt. Wie zu vermuten war, konnte der Fertigkompost aufgrund von Akzeptanzproblemen nicht abgesetzt werden.

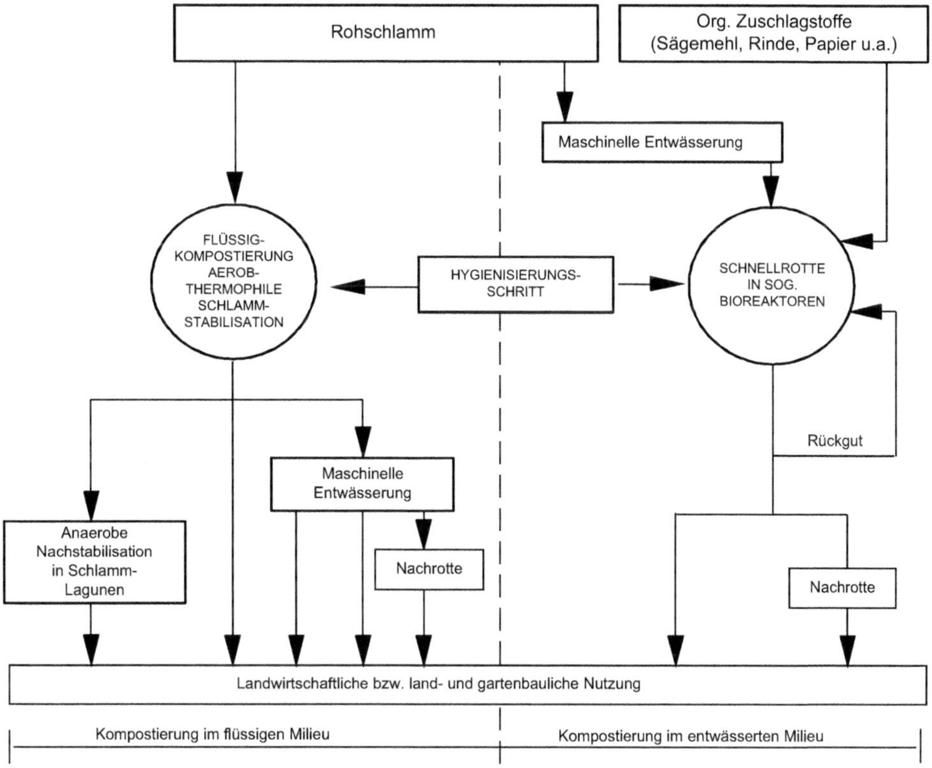

Abb. 4.162 Verfahrensschritte bei der Klärschlamm-Kompostierung [157]

Klärschlamm-Kompostierung

Die Klärschlamm-Kompostierung kann sowohl im flüssigen als auch im festen (entwässerten) Aggregatzustand des Rohschlammes erreicht werden. Beide Verfahrenswege sind in die Gruppe der Schlammstabilisierungsverfahren einzuordnen. Abbildung 4.162 zeigt die Verfahrensschritte bei der Klärschlammkompostierung ausgehend von flüssigem sowie entwässertem Klärschlamm mit dem Ziel der land- und gartenbaulichen Nutzung.

Je nach örtlichen Bedingungen oder Erfordernissen des Absatzes kann der aerob-thermophilen Stabilisationsstufe eine maschinelle Entwässerung, eine aerobe Nachrotte oder eine anaerobe Nachstabilisation in Schlammlagunen nachgeschaltet werden, bevor das Endsubstrat seiner Nutzung zugeführt wird.

Bei der Klärschlamm-Kompostierung im entwässerten Milieu wird der aerob-thermophilen Stabilisation, hier als Schnellrotte bezeichnet, eine maschinelle Entwässerung vorgeschaltet. Durch Rückfuhr bereits kompostierten Materials oder Zugabe wasserarmer Zuschlagsstoffe wird im Bioreaktor ein krümeliges Substratgemisch erzeugt, welches die gleichmäßige Belüftung aller Reaktorraumteile ermöglicht. Während dieser

Schnellrotte werden durch Selbsterhitzung ebenfalls thermophile Temperaturen erreicht und die Hygienisierung des Materials bewirkt.

Bei beiden Verfahrensvarianten sind zumindest in ihrer Artenverteilung unterschiedliche Mischpopulationen aerob-thermophiler Mikroorganismen tätig, wobei im flüssigen Milieu die Bakterien klar dominieren.

Je nach Verwendungsart wird der Schnellrotte im entwässerten Aggregatzustand eine mehrwöchige Nachrotte auf Mieten angeschlossen oder das Kompostmaterial direkt seiner Verwertung zugeführt.

Während bei der Flüssigkompostierung sowohl die Hygienisierung als auch die Stabilisierung nach ca. 5 Tagen theoretischer Verweilzeit im Bioreaktor erreicht sind, müssen bei der Klärschlamm-Kompostierung im festen Aggregatzustand für die Schnellrotte ca. 14 Tage und für die Nachrotte ca. 4 bis 8 Wochen angesetzt werden. Dieser Sachverhalt liegt in erster Linie darin begründet, dass die Flüssigkompostierung in volldurchmischten Reaktoren durchgeführt wird und somit ideale Bedingungen für die Materialanimpfung und den Stofftransport der biochemischen Reaktionsvorgänge vorliegen. Einschränkungen für die generell anzustrebende Art der Klärschlammbeseitigung im Landbau oder in der Landwirtschaft sind in erster Linie durch eventuell im Rohschlamm enthaltene Schadstoffe (insbesondere Schwermetalle und organische Schadverbindungen, wie Medikament, Textilchemikalien, Bisphenol A und andere hormonähnliche Substanzen) oder durch nicht ausreichend verfügbare bzw. zu weit entfernte Ausbringungsflächen gegeben [157].

Biologische Restabfallbehandlung

Seit 1993 fordert die TA Siedlungsabfall eine weitgehende Wertstoffentnahme und eine ordnungsgemäße Entsorgung des verbleibenden Restmülls. Es darf nach modernen Maßstäben nur noch behandelter Restmüll deponiert werden. Als wesentlich beschränkendes Kriterium für eine Zuordnung von Restabfällen zur Deponieklasse II (Siedlungsabfalldeponie) sind die Werte des Anhangs B maßgeblich. Es wird ein Glühverlust von 5 % der Trockensubstanz als Zuordnungswert vorgeschrieben. Erreicht werden kann dieser Zuordnungswert nach den ersten Untersuchungen nur durch die Restabfallbehandlung mit Hilfe moderner thermischer Verfahren.

Die TA Siedlungsabfall verweist dennoch auf die biologisch-mechanische Aufbereitung (BMA) der Restabfälle. 1995 wurde geprüft, ob die festgelegten Anforderungen den praktischen Möglichkeiten entsprechen und inwieweit Abweichungen zulässig sind. Dabei kamen die Bundesregierung sowie die Mehrheit der Landesregierungen zu dem Schluss, dass nur thermische Verfahren dazu in der Lage sind, die Schutzziele der TA Siedlungsabfall zu erfüllen [202].

Trotz eindeutiger Stellungnahme der Bundesregierung bevorzugten einige Gebietskörperschaften mit Unterstützung ihrer Landesregierungen den Bau und Betrieb mechanisch-biologischer Restabfallbehandlungsanlagen [203, 204].

Grundsätzlicher Aufbau einer mechanisch-biologischen Abfallbehandlungsanlage
Mechanisch-biologische Abfallbehandlungsanlagen bestehen aus einer mechanischen Vor-

behandlung einer biologischen Hauptbehandlung und evtl. einer mechanischen Nachbehandlung.

Mechanische Vorbehandlung Mit der mechanischen Vorbehandlung sollen optimale Bedingungen für die nachfolgende biologische Behandlung eingestellt werden. Dies soll durch Abtrennen bzw. Ausschleusen von Stoffen erreicht werden, die eine biologische Abfallbehandlung erschweren (z. B. Sonderabfälle), bzw. biologisch nicht (z. B. Glas, Steine) oder nur schwer abbaubar sind (z. B. Kunststoffe) oder die ein Wertstoffpotenzial darstellen (z. B. Fe-Metalle). Die Ausschleusung/Abtrennung von Teilströmen sollte aus Gründen des Arbeitsschutzes immer automatisch durchgeführt werden. Manuelle Sortierungen sind bei Hausmüll bzw. Bioabfall auf Grund der erheblichen Gesundheitsgefahren für das Personal zu vermeiden [201]. Nach der Abtrennung o. g. Stoffe sollte der Abfall so homogenisiert werden, dass eine biologische Behandlung effektiv durchgeführt werden kann.

Allen neueren Anlagenplanungen ist gemeinsam, dass vor oder nach der biologischen Behandlung eine heizwertreiche Leichtfraktion (bestehend aus Kunststoffen, Papier, Textilien etc.) abzutrennen ist. Die Leichtfraktion soll energetisch verwertet oder thermisch beseitigt werden.

Biologische Behandlung Für die biologische Behandlung können aerobe (Rotte) und anaerobe (Vergärungsfermentation) Verfahren eingesetzt werden. Für die Rotte liegen mehr Erfahrungen als für die Vergärung vor.

Endrotteverfahren Alle bisher gebauten Rotteanlagen arbeiten nach dem Prinzip der Endrotte. Durch die Rotte sollen die biologisch abbaubarer Inhaltsstoffe weitgehend in CO_2, Wasser und huminsäurehaltige Substanzen umgewandelt werden. Die Gasbildung und das Sickerwasseraufkommen des Rotteprodukts ist gegenüber unbehandeltem Abfall deutlich reduziert. Das bedeutet, alle Abbaureaktionen, die bei unbehandeltem Abfall im Deponiekörper ablaufen, werden durch die biologische Behandlung beschleunigt und laufen unter kontrollierten Bedingungen ab.

Zu Beginn der Rotte (Intensivrotte; Dauer: 1 bis 4 Wochen) findet der größte Teil der biochemischen Abbauvorgänge statt. Dabei entsteht neben CO_2, Wasser und huminsäurehaltigen Substanzen eine Vielzahl weiterer gasförmiger Abbauprodukte, die geruchsintensiv und/oder schadstoffhaltig sind. Daher sollte die Intensivrotte eingehaust und die entstehende Abluft behandelt werden. Die folgende Phase der Nachrotte (Dauer: 4 bis 12 Monate) zeichnet sich durch eine deutliche Verringerung der biochemischen Aktivitäten aus und dient der Stabilisierung des Materials. Durch die gegenüber der Intensivrotte verringerte biochemische Aktivität ist eine Einhausung des Nachrottebereiches in der Regel nicht erforderlich.

Biologische Trocknung/Stabilisierung Dadurch die Rotte der Energiegehalt des Abfalls nicht genutzt wird, wurden Biologisch-Mechanische-Stabilisierungsverfahren als Vorbehandlungsstufe vor einer thermischen Behandlung, energetischen Nutzung entwickelt (vgl. mit Kap. 4.2.5). Gegenüber den Rotteverfahren ist vor allem der biologische Anlagenteil verändert, da bei den konzipierten Stabilisierungsverfahren ein biochemischer Abbau der Organik in CO_2 und Wasser vermieden werden soll. Stattdessen soll der Heizwert des Abfalls durch biologische Trocknung angehoben werden. Zum anderen wird ein lagerfähiger, biologisch nicht aktiver Brennstoff erhalten. Zum Dritten werden durch die Wasserabtrennung die zu verbrennenden Müllmengen reduziert. Schließlich können – vor oder nach der biologischen Trocknung (= Stabilisierung) – die heizwertreichen und wahrscheinlich schadstoffarmen Leichtstoffe abgetrennt und zu BRAM verarbeitet werden, der in der Industrie als Ersatzbrennstoff eingesetzt werden kann.

Vergärung Bei der anaeroben Prozessführung (Vergärung) finden die biologischen Abbauvorgänge in der wässrigen Phase unter Luftabschluss in geschlossenen Reaktoren statt. Dem zu vergärenden Abfall muss Wasser zugeführt werden. Bei der Vergärung wird heizwertreiches Biogas gebildet, das energetisch genutzt werden kann.

Für die Vergärung sind Abfälle geeignet, die gut wasserlöslich und leicht biologisch abbaubar sind. Die Verweilzeiten im Gärreaktor bei hohen Abbauleistungen betragen ca. 10 bis 25 Tage. Der Gärrest muss nach der biologischen Behandlung entwässert werden. Zur Stabilisierung ist eine aerobe Nachrotte empfehlenswert. Die nachfolgenden Bilder Abb. 4.163 und 4.164 geben einen Überblick über die o. g. Elemente mechanisch-biologischer Abfallbehandlungsanlagen. In Abb. 4.163 ist der Unterschied der Rotte- und Vergärungsverfahren dargestellt, in Abb. 4.164 die verfahrenstechnischen Grundelemente einer mechanisch-biologischen Abfallbehandlung.

Biologische Verfahren im Einzelnen:

Endrotteverfahren Durch die Rotte werden die biologisch abbaubaren Abfälle weitgehend in CO_2, Wasser und huminsäurehaltige Substanzen umgewandelt. Man unterscheidet zwischen statischen und dynamischen (incl. quasi dynamischen) Verfahren.

Statische Verfahren Die statischen Verfahren sind die technisch einfachsten Rotteverfahren. Hier wird das Rottegut während der Rotte nicht umgesetzt.

Bei den Mieteverfahren ohne Umsetzen wird der (homogenisierte) Abfall zu Dreiecks- oder Tafelmieten aufgeschichtet. Die Mietenrotte ohne Umsetzung ist nur mit technischen Hilfsmitteln zur Belüftung und Bewässerung zur Vorrotte geeignet.

Das einfachste Belüftungs/Bewässerungsverfahren ist das Kaminzugverfahren nach Spillmann/Collins. Dieses Verfahren zeichnet sich durch quer zur Tafelmiete verlegte, flexible und gelochte Dränagerohre aus. Der Abstand der Rohre beträgt 3 bis 4 m. In der Mitte der Tafelmiete werden die Dränagerohre kaminartig aus der Miete herausgeführt. Durch die biologische Selbsterhitzung des Rottegutes wird eine Luftströmung erzeugt, die die Sauerstoffversorgung der Miete sicherstellt. Der Wassergehalt der Miete wird durch Beregnung konstant gehalten. Durch den statischen Betrieb können bis zu 2,5 m hohe und 30 m breite Tafelmieten aufgeschichtet werden, die erst nach der 3 bis 6 monatigen Intensivrotte aufgenommen werden muss. Die Miete wird mit Kompost abgedeckt, der

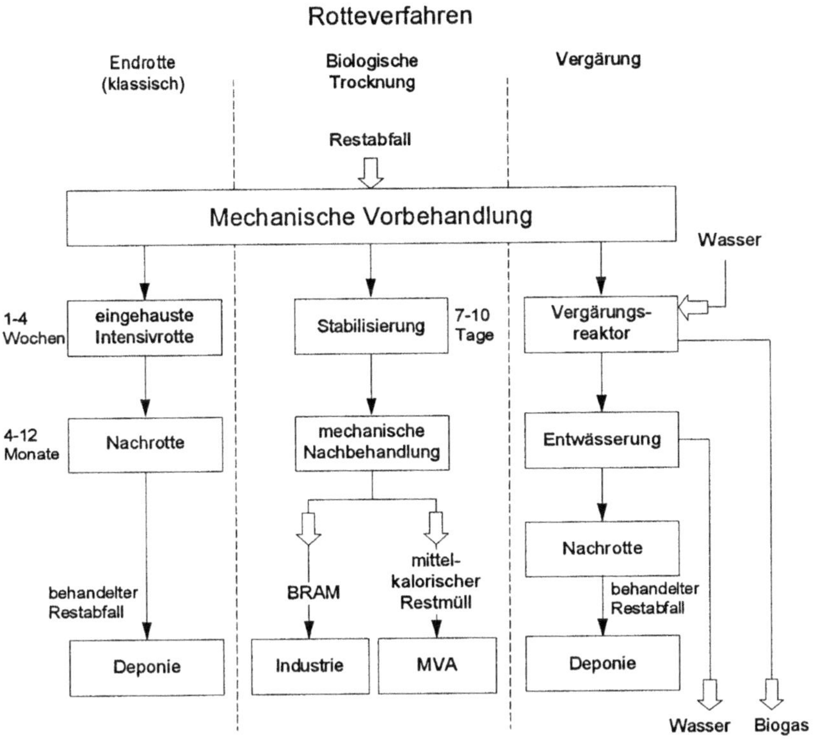

Abb. 4.163 Aufbau der unterschiedlichen mechanisch-biologischen Abfallbehandlungsverfahren

Geruchs- und Schadstoffemissionen mindern soll. Die nachfolgende Skizze verdeutlicht das Kaminzugverfahren (Abb. 4.165).

Diese einfache und preiswerte Technik, die in Deutschland nur als Übergangslösung zur Verlängerung von Deponielaufzeiten galt, wurde z. B. bei den Anlagen in Wilhelmshaven und Meisenheim (LK Bad Kreuznach) angewendet.

Technisch sehr aufwendig ist das Biopuster Verfahren, das zur Verrottung der Restabfälle der Stadt Freiburg entwickelt wurde. Hier stand sehr wenig Platz zur Verfügung, so dass nur ein statisches Verfahren in Frage kam. Bei dem Biopuster-Verfahren wird der homogenisierte Abfall zu 10 m hohen (!) Mieten aufgebaut. Die Mieten sind mit Kunststoffplanen abgedeckt. Die Mieten werden mit 8 m langen Lanzen mit Luft (6 bar) stoßweise belüftet und bewässert. Neben den Pusterlanzen werden Absauglanzen in die Mieten eingebracht, die kontinuierlich Luft aus den Mieten absaugen. Die abgesaugte Luft wird mit einem Biofilter und Aktivkohle zur Minderung der abluftseitigen Emissionen gereinigt.

Trotz erfolgversprechender Versuche wurde die Anlagenplanung durch die Stadt Freiburg im Februar 1995 gestoppt, da der technische Optimierungsbedarf und die derzeitige Störanfälligkeit des neuen Verfahrens als zu hoch eingeschätzt wurde.

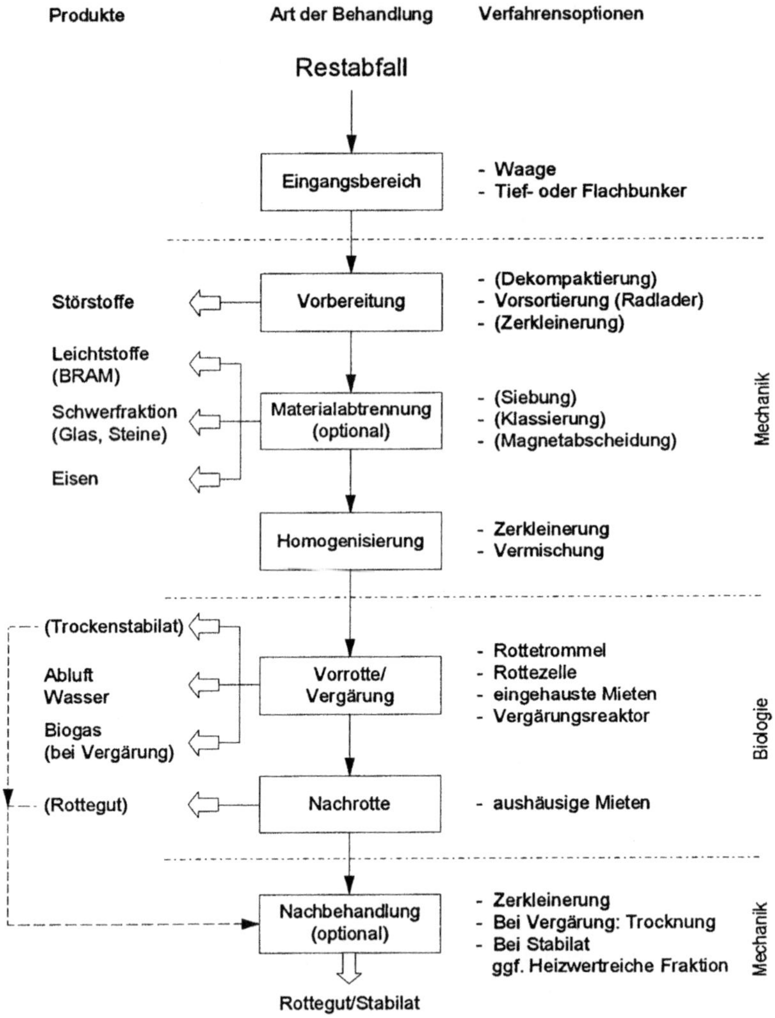

Abb. 4.164 Verfahrenstechnische Grundelemente von mechanisch-biologischen Abfallbehandlungsanlagen

Zwischenzeitlich bereitete der Landkreis Stendal Versuche zur biologischen Behandlung von Restabfall nach dem Biopuster-Verfahren vor. Mit den Versuchen soll gezeigt werden, dass das Biopuster-Verfahren bei ausreichenden Platzverhältnissen zu einer befriedigenden, kostendeckenden biologischen Abfallbehandlung in der Lage ist.

Eine Mietenrotte ohne Umsetzen und sonstige technische Hilfen wird nur für die biologisch wenig aktive Nachrotte verwendet (offene Nachrotte auf der Deponie). Zur Vorrotte wäre dieses Verfahren ungeeignet, da weder Wassergehalt noch Sauerstoffver-

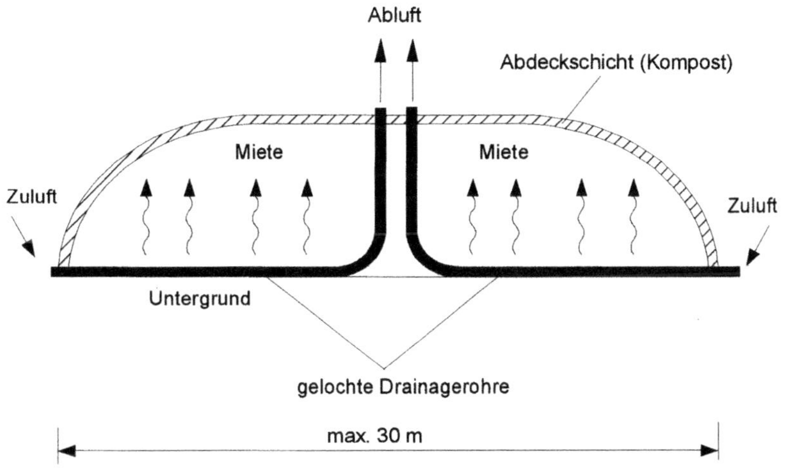

Abb. 4.165 Kamineinzugverfahren nach Spillmann/Collins

sorgung eingestellt werden können. Zur Nachrotte wird dieses Verfahren beispielsweise in Wilhelmshaven eingesetzt.

Rotteboxen der Fa. Herhof bestehen aus Stahlbeton und besitzen einen befahrbaren Lochboden. Sie werden chargenweise betrieben. Die Boxen werden von unten mit Luft versorgt, die Abluft wird oberhalb des Rottegutes abgesaugt und kann behandelt werden. Die Intensivrotte ist nach 8 bis 10 Tagen abgeschlossen. Die Technik ist einfach und wenig störanfällig. Allerdings setzen die Rotteboxen eine gute mechanische Vorbehandlung voraus. Zudem neigt das Rottegut zum Austrocknen. Die Rotteboxen der Fa. Herhof wurden bisher nur für Bioabfall verwendet. Im Lahn-Dill-Kreis werden seit einigen Jahren Versuche mit Restabfall durchgeführt. Da sich die Rotteboxen besonders zur biologischen Trocknung von Abfall eignen, wurde bei den Versuchen auch biologisch getrockneter Abfall hergestellt.

Die Fa. ML, Ratingen bietet ein ähnliches System wie die Fa. Herhof an (Rottecontainer). Der entscheidende Unterschied zu Herhof ist die automatische Befüllung/Entleerung der Container. Damit können die Container bei großen Anlagen mit Portalkran übereinander gestapelt werden, was den Platzbedarf der Intensivrotte deutlich verringert. Bei den Rottecontainern der ML trocknet das Material ebenfalls relativ stark aus, so dass es auch zur biologischen Trocknung geeignet wäre. 3 ML-Container werden in der Versuchsanlage des Landes Brandenburg auf der Deponie Scharfenberg (1.200 Mg/a) zur Restabfallbehandlung eingesetzt.

Dynamische Verfahren In Tunnelreaktoren erfolgt die Rotte in geschlossenen Schuböfen, in denen der Abfall je nach Rottegrad belüftet und bewässert wird. Durch die geschlossene Bauweise können die Rottegase erfasst und behandelt werden. Durch die intensive Umsetzung in den Reaktoren dauert die Intensivrotte lediglich 4 Tage. Dieses Verfahren wird bei der MBA Horm, Kreis Düren angewendet.

Rottetrommeln sind besonders zur Vorrotte geeignet. In ihnen finden eine gute Homogenisierung und ein guter mechanischer Aufschluss des Abfalls statt. Allerdings sind Trommeln auf Grund der sich bewegenden Teile verschleißanfällig und sollten daher nur für relativ kurze Vorrotten verwendet werden (z. B. wie in der Anlage in Quarzbichl).

Mieten-Verfahren mit Umsetzen (quasi dynamisch) ähneln den statischen Mietenverfahren. Entscheidender Unterschied ist, dass die Mieten zur Belüftung und Befeuchtung regelmäßig umgesetzt werden. Beim Umsetzen der Mieten kommt es während der ersten Rottewochen zu erheblichen Geruchs- und Schadstoffemissionen. Daher sollte zur Beherrschung der Abluftproblematik der Intensivrottebereich immer eingehaust sein. Die Abluft sollte mit Biofiltern und evtl. mit Aktivkohlen gereinigt werden. Fa. Bühler bietet eine druckbelüftete Dreiecksmietenkompostierung mit automatischer Umsetzung an. Die Rottedauer beträgt je nach gewünschtem Rottegrad zwischen 4 und 20 Wochen, wobei die Mieten wöchentlich mit einem mobilen Umschichtgerät umgesetzt werden. Die Mieten sind 4,5 m breit und ca. 2 m hoch und befinden sich in einer belüfteten Halle. Die Anlagentechnik wird bei den Anlagen in Schaffhausen und Bassum angewendet.

Fa. Noell bietet ein Verfahren an, bei dem 3 m hohe Mieten alle 7 Tage automatisch umgesetzt werden (automatische Wandermiete). Das Umsetzen geschieht über Brückenkräne. Dabei wird das Rottegut befeuchtet. Die Intensivrotte ist je nach gewünschtem Rottegrad in 6 bis 20 Wochen abgeschlossen. Als Beispiel kann die technisch sehr aufwendige MBA Lüneburg genannt werden.

Stabilisierungsverfahren Durch eine biologische Trocknung soll der Heizwert des Abfalls durch biologische Trocknung[1] angehoben werden. Der weitgehende Abbau der enthaltenen Organik soll vermieden werden. Zur biologischen Trocknung von Abfall sind besonders geschlossene Boxen oder Container geeignet. Die meisten Erfahrungen kann die Fa. Herhof aufweisen, die schon seit einigen Jahren Versuche an Rotteboxen im Lahn-Dill-Kreis durchführt. Der Abfall muss vor seiner Aufgabe in die Rotteboxen gut homogenisiert und zerkleinert sein. Vor der Homogenisierung ist die Zugabe von Klärschlamm (bis zu 20 % Klärschlamm mit 35 % TS) möglich. Die Trocknung dauert 7 bis 10 Tage. Darauf wird der Abfall aus den Boxen oder Containern entnommen und nachgesiebt. Dabei werden ein hochkalorischer und ein mittelkalorischer Brennstoff erhalten. Eine Biostabilisierungsanlage mit einem geplanten Durchsatz von 86.000 t/a wird in Aßlar, Hessen betrieben (Abb. 4.166).

Überblick über den Anlagenbestand Im Jahr 2007 wurden ca. 7,2 Mio. Mg Hausmüll, hausmüllähnliche Gewerbeabfälle sowie Sperrmüll in MBA/MBS/MPS/MA behandelt. Davon

[1] Der Abfall erhitzt sich durch Abbau der leicht abbaubaren Abfallbestandteile selber. Dies führt zu einer Trocknung auf Wassergehalte < 15 %. Bei Wassergehalten von < 15 % endet der biologische Abbau nahezu vollständig. Damit liegt ein stabiler, lagerfähiger Brennstoff vor.

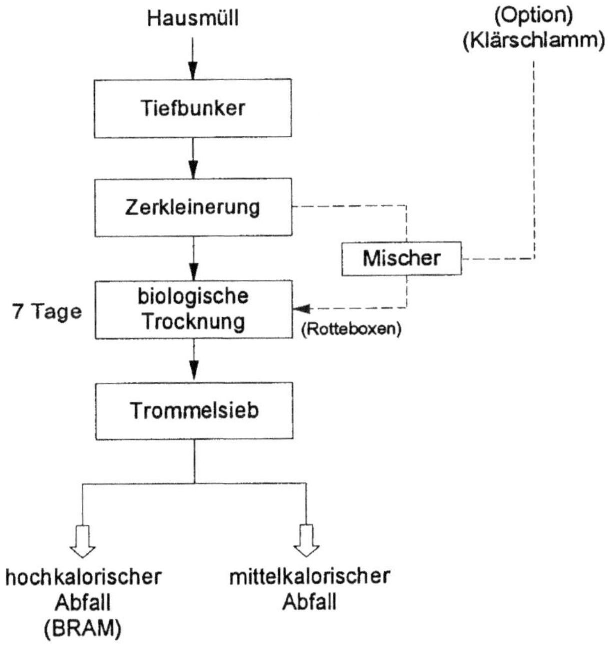

Abb. 4.166 Fließbild der Aßlarer Anlage

gelangten etwa 2,2 Mio. Mg in Anlagen mit einer rein aeroben biologischen Stufe, rund 1 Mio. Mg in anaerobe MBA, 1,3 Mio. Mg in aerobe Stabilatanlagen sowie ca. 0,4 Mio. Mg in MPS, die in Abb. 4.167 schematisch dargestellt sind. Rund 2,5 Mio. Mg Restabfall wurden in Mechanischen Aufbereitungsanlagen (MA) behandelt, in denen die biologische Behandlung fehlte. Die MA hat neben der Herstellung von Brennstoff auch die Aufgabe Abfälle für eine MBA vorzubehandeln.

Abbildung 4.168 verdeutlichet die prozentuale Verteilung der Durchsätze der verschiedenen Verfahrenskonzepte zur Abfallaufbereitung am Gesamtdurchsatz 2007 und Abb. 4.169 beispielhaft die Inputzusammensetzungen von MBA-Anlagen.

Während der Abfalleinsatz bei allen Mechanisch-Biologischen Anlagen weitgehend vergleichbar ist, setzt sich der Abfall für die reinen mechanischen Anlagen deutlich anders zusammen, dargestellt in Abb. 4.170.

4.4.2 Anaerobe Verfahren

Biogasanlagen waren ursprünglich nur in der Landwirtschaft zur Behandlung tierischer Exkremente, zur anaeroben Schlammstabilisierung in kommunalen Kläranlagen und in der Reinigung organisch hoch belasteter Abwässer verbreitet. Die organische Fraktion des Hausmülls wurde, wenn biologisch, dann aus-schließlich aerob behandelt, also kompostiert. Nachdem es in der Abwasserreinigung durch Entwicklung leistungsfähiger Reaktoren Anfang der achtziger Jahre Fortschritte gegeben hatte, begann die Entwicklung von Biogasanlagen für feste und schlammartige organische Abfallstoffe. Im Vergleich

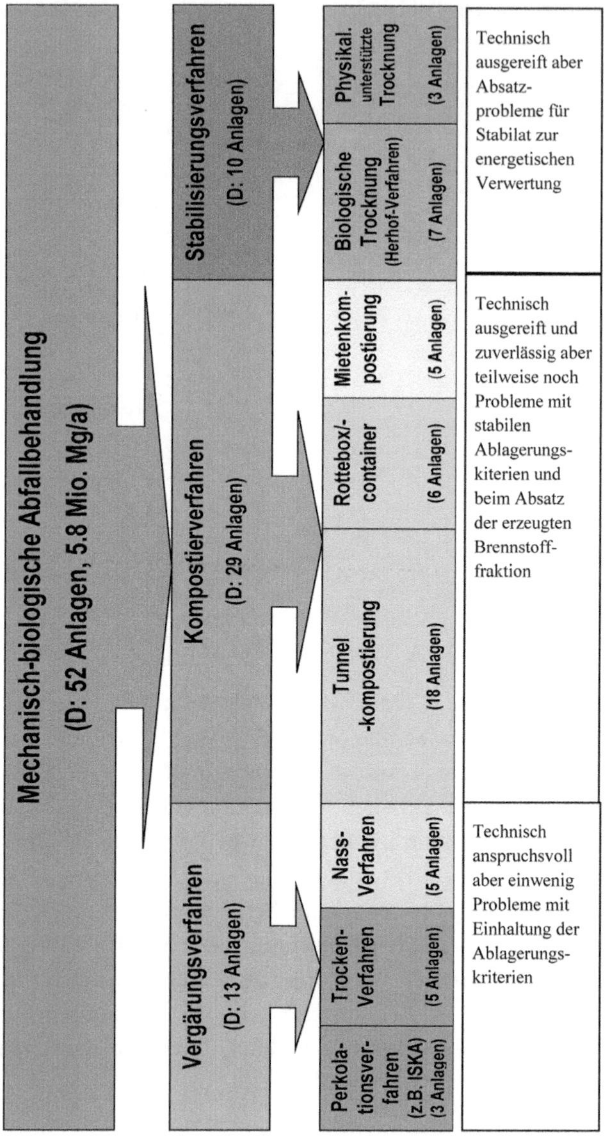

Abb. 4.167 Stand der MBA in Deutschland in 2007 [255]

zur Kompostierung wurden von der Fermentation ein geringerer Platzbedarf, keine Geruchsemissionen, eine Energiegewinnung und flexiblere Anwendungsmöglichkeiten erwartet.

Der Erfolg bei der Einführung der Biogasverfahren hängt von der Einbeziehung in differenzierte Entsorgungskonzepte ab. Zurzeit fallen in den westlichen Bundesländern etwa 10 Mio. Mg organische Produktionsabfälle (hauptsächlich in der Nahrungsmittel-

Abb. 4.168 Anteiliger Durchsatz der verschiedenen Abfallaufbereitungskonzepte am Gesamtdurchsatz 2007 [205]

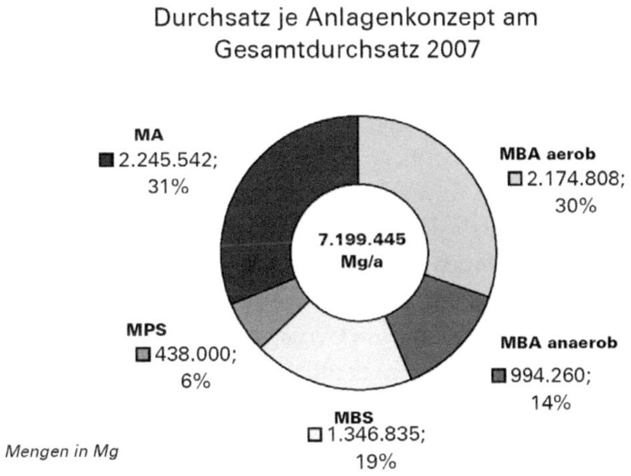

Abb. 4.169 Inputzusammensetzung 2007 der MBA aerob [205]

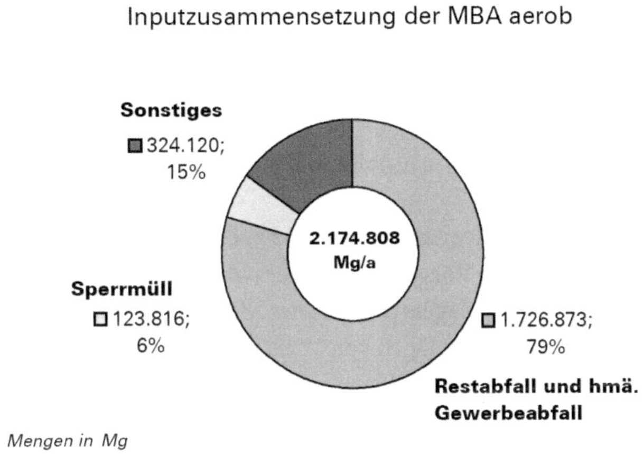

Abb. 4.170 Inputzusammensetzung 2007 der MA [205]

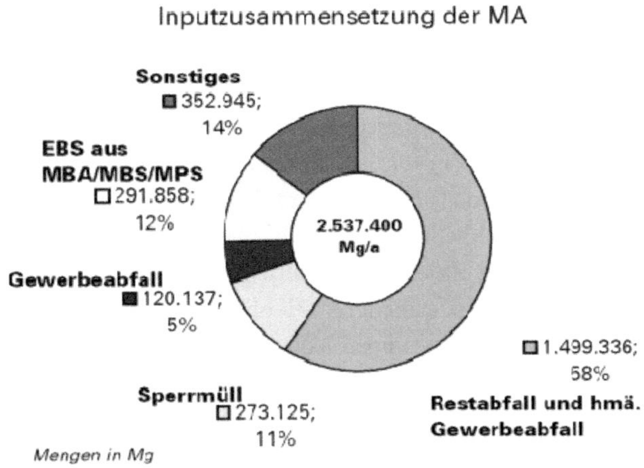

und Getränkeindustrie) an, was mengenmäßig etwa der organischen Fraktion im Hausmüll entspricht [107].

Eine Kompostierung dieser Abfälle beim Erzeuger scheidet durch die teilweise hohen Wassergehalte und durch den großen Flächenbedarf aus. Eine Verbrennung würde zwar zu einer enormen Volumenreduktion, allerdings unter erheblichen technischen und energetischen Aufwand, führen. Die anaerobe Umsetzung vor Ort bietet sich mit ihrem geringen Platzbedarf und der Volumenreduktion bei gleichzeitiger Energieerzeugung für die Unternehmen bzw. in einer dezentralen Anlage als wirtschaftliche Lösung an [115].

Eine Vergärung von Bioabfall aus Haushalten ist durch den möglichen Energiegewinn und die Vermeidung von Geruchsbelästigungen der Anwohner attraktiv geworden. Nach umfangreichen wissenschaftlichen Untersuchungen in den 80er Jahren ist die technische Machbarkeit der Vergärungsanlagen für feste Abfallstoffe hinreichend erwiesen. Verschiedene Anlagenkonzepte erfolgreich in großtechnischer Betriebsweise. Es werden laut Recherchen im Jahr 2006 ca. 92 % der gesammelten Bioabfälle in Kompostierungsanlagen behandelt und ca. 8 % (616.480 Mg/a) gelangen in Vergärungsanlagen. Diese Entwicklung hat sich durch die ökonomischen Anreize des Erneuerbaren Energiegesetzes (EEG 2009) beschleunigt. So sind ca. 100 Anlagen zur Vergärung von Bioabfällen oft ausgelegt als Co-Vergärung mit anderen organischen Abfällen mit einem Durchsatz von 2,6 Mio. Mg/a in Betrieb mit einer installierten elektrischen Kapazität von 85 MW [253].

4.4.2.1 Grundlagen der anaeroben Vergärung

Biochemische Vorgänge Methanbakterien finden sich in der Natur überall dort, wo unter Luftabschluss biogen-organisches Material abgebaut wird, z. B. in Sümpfen und Sedimenten, aber auch in Mägen von Wiederkäuern. Sie sind obligate Anaerobier, können also nur im sauerstofffreien Milieu überleben. Da ohne Sauerstoff der Energiegewinn beim Substratabbau nur 1/7 derjenigen von aeroben Bakterien beträgt, vermehren sich die Anaerobier mit einer entsprechend langen Generationszeit [116, 117].

In ihrem Stoffwechsel sind sie auf die Vorarbeit und Symbiose mit anderen Bakterien angewiesen. Anhand dieser Schritte wird die Methanerzeugung in drei Phasen aufgeteilt (s. Abb. 4.171).

In der *ersten Phase* werden hochmolekulare Verbindungen wie Kohlenhydrate, Fette und Eiweiße in Zucker, Fettsäuren und Aminosäuren aufgespalten und im Wasser gelöst; diese Stufe wird als *Hydrolyse* bezeichnet.

In der anschließenden *Säurebildung* (Acidogenese) werden die Verbindungen von acidogenen (säurebildenden) Bakterien weiter zu Propion- und Buttersäure, Wasserstoff und Kohlendioxid sowie niederen Alkoholen vergoren.

Beide Bakteriengruppen leben in einer räumlichen Symbiose, da die acetogenen Bakterien durch ihr eigenes Produkt, den Wasserstoff, gehemmt werden und somit auf die Entgiftung des Milieus durch die Methanbakterien angewiesen sind. In dieser Reaktionsphase muss der Wasserstoffpartialdruck niedrig sein, damit die Reaktionen stattfinden können. Das ist gewährleistet, wenn gleichzeitig der Wasserstoff mit dem im System

Abb. 4.171 Schritte des anaeroben Abbaus [116]

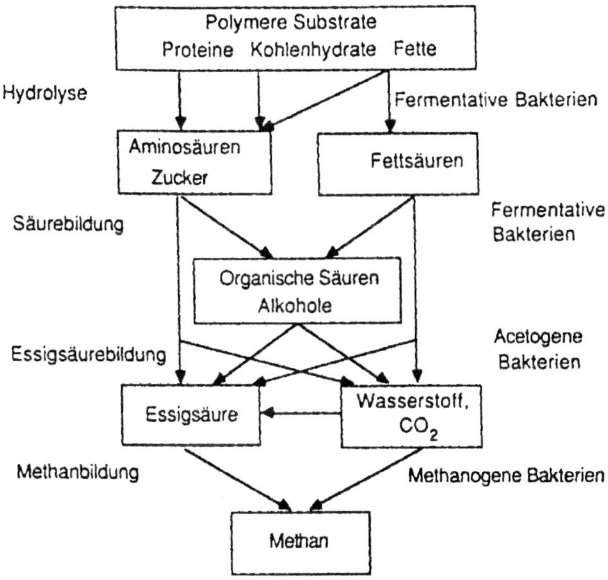

befindlichen Kohlendioxid zu Methan und Wasser umgesetzt wird. Aus diesem Grund müssen diese beiden letzten Reaktionsphasen gemeinsam stattfinden. Von den hier entstandenen Zwischenprodukten können die Methanbakterien nur CO_2 und H_2 direkt zu Methan umsetzen.

Beim Abbau von Aminosäuren wird Ammoniak freigesetzt, welches mit CO_2 zu Ammonium reagiert. Aufgrund dieser Symbiose werden diese zwei Schritte der *Essigsäurebildung* (Acetogenese) und *Methanbildung* (Methanogenese) als eine *dritte Phase* der Methangärung zusammengefasst. Da der Energiegewinn für die Methanbakterien sehr gering ist und sie sich entsprechend langsam vermehren, begrenzt die Methanogenese die Geschwindigkeit des anaeroben Abbaus.

In einer Konkurrenzreaktion bilden sulfatreduzierende Bakterien Schwefelwasserstoff aus anorganischen wie organischen Schwefelverbindungen und Wasserstoff [117].

Anforderungen an das Substrat

Das Substrat muss genügend biogen-organische Substanz enthalten, um einen stabilen Abbauprozess zu ermöglichen. Der anaerobe Abbau läuft bei leicht aufzuschließenden, niedermolekularen Verbindungen schneller und vollständiger als bei hochmolekularen Biopolymeren ab. So unterscheiden sich z. B. Pflanzen- und Küchenabfälle deutlich in ihrer Abbaubarkeit, denn Pflanzenabfälle enthalten einen hohen Anteil schwer abbaubarer Lignocellulose, während die Küchenabfälle feuchter sind, mehr Nährstoffe enthalten und eine weichere Struktur besitzen [118]. Mögliche Einsatzstoffe werden in Abb. 4.172 dargestellt.

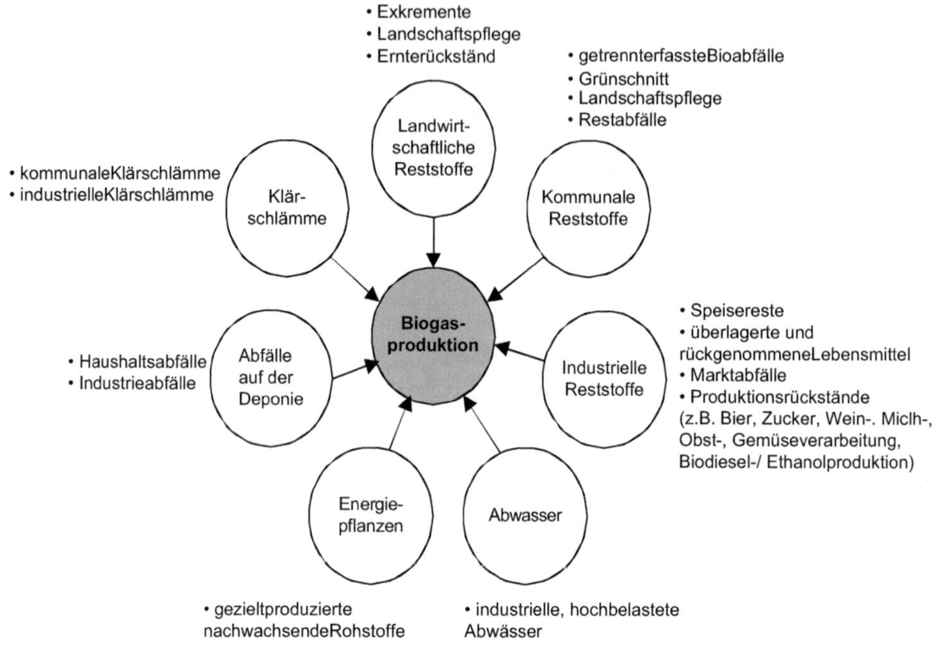

Abb. 4.172 Substrate zur Biogaserzeugung [256]

Hemmstoffe können die Produktion der Bakterien reduzieren und eventuell ganz zum Erliegen bringen. Bei der Vergärung von Abfällen aus Haushalten können diese z. B. ins Substrat gelangte Antibiotika und Desinfektionsmittel sein. Generell hemmend und ab bestimmten Konzentrationen toxisch wirken Schwermetalle und Salze [128]. Zu ihrem eigenen Wachstum benötigen die Bakterien des weiteren *Nährsalze und Spurenelemente.*

Verfahrensparameter

Entsprechend der dargestellten Abbaustufen sind vier Gruppen von Mikroorganismen am Prozess beteiligt. Vor allem für die obligat anaeroben Methanbildender werden nach Kaltwasser [257] und Hecht [258] u. a. folgende Lebensvoraussetzungen angegeben:

- Feststoffgehalte von 2 % und mehr sind zur Ansiedelung von Mikroorganismen erforderlich, alternativ kann ein Festbett als Ansiedlungsfläche genutzt werden.
- Das Nährstoffverhältnis zwischen C, N und P im Zulauf der Biogasanlage sollte ca. 800:5:1 betragen. Im Ablauf der Anlage beträgt dieses Verhältnis zwischen 300 und 200:5:1.
- Ein leicht alkalisches Medium im pH-Bereich zwischen 6,8 und 8 ist erforderlich, wobei höhere pH-Werte über 8 bei funktionierendem Betrieb gemessen wurden.
- Eine Konzentration an organischen Säuren, die nicht hemmend auf den Methanbildungsprozess wirkt. Diese Konzentration kann in Abhängigkeit vom eingesetzten

Substrat stark schwanken. Bei der Klärschlammfaulung sind Säurekonzentrationen über 1000 mg/l überaus kritisch zu bewerten, wobei bei der adaptierten Bioabfallvergärung Konzentrationen über 10.000 mg/l durchaus normal sein können. Eine Anreicherung von aromatischen Carbonsäuren führt zur Hemmung des Biogasbildungsprozesses [258].
- Große Temperaturschwankungen im Fermenter sind zu vermeiden, wobei auch hier Adaptionen möglich sind, so dass zwischen Sommer- und Winterbetrieb einer Biogasanlage durchaus Temperaturunterschiede von bis zu 8 °C beobachtet worden sind, ohne dass der Prozess signifikant gehemmt wurde.
- Methanbildner gelten als lichtempfindlich. Jedoch worden auch in nicht ummantelten Gas-Versuchsreaktoren hohe Abbauraten erzielt, die keine Störung erkennen ließen.

Da sich in der Evolution verschiedene Stämme an Methanbakterien herausgebildet haben, die sich in ihrer Temperaturpräferenz unterscheiden, gibt es drei *Temperaturbereiche* mit erhöhter Gasproduktion:

- psychrophiler Bereich um 10 °C,
- mesophiler Bereich 32 bis 50 °C,
- thermophiler Bereich 50 bis 70 °C.

Um thermophile Temperaturen in einem Reaktor zu halten, sind ein höherer Energieeinsatz und technischer Aufwand nötig. Da die thermophile Vergärung auch biologisch instabiler abläuft, werden die meisten Anlagen mesophil betrieben. In der Landwirtschaft werden auch einige Anlagen betrieben, die im psychrophilen Bereich, also um 10 °C arbeiten. Der Substratdurchsatz ist so gering und die benötigten Volumen so groß, dass für die Abfallbehandlung dieser Bereich nicht in Frage kommt.

Die Bakterien der ersten Phase bevorzugen einen leicht sauren *pH-Wert,* während die Methanbakterien im neutralen Bereich stabil arbeiten. Da die Säurebildner schneller wachsen, kann der pH-Wert durch ihre erhöhte Produktion kurzfristig sinken und die Methanproduktion verringern, wenn das Substrat nur eine geringe *Pufferkapazität* aufweist.

Da Hydrolyse und Acidogenese, sowie Acetogenese und Methanogenese jeweils eine reaktionskinetische und biochemische Einheit bilden, kann anhand der Einzelbetrachtung dieser beiden Reaktionsphasen für einzelne Substrate eine Entscheidung über ein einphasiges oder zweiphasiges Verfahren getroffen werden.

Um eine Steigerung des Gasanfalles und der Gasausbeute zu erreichen, muss der limitierende Schritt der Faulung herausgefunden und optimiert werden. Bei der Vergärung von Klärschlamm ist das nach den Untersuchungen von Frostell und Installe die Hydrolyse. Für die im Klärschlamm reichlich enthaltenen Makromoleküle reicht die für deren Aufspaltung zur Verfügung stehende Zeit im Faulbehälter nicht aus. Eine schnellere Hydrolyse würde hier also mehr Substrat für die folgenden Reaktionsschritte bereitstellen und somit die Gasmenge und die Gasausbeute erhöhen. In diesem Fall sind Hydrolyse und Methanbildungsphase räumlich zu trennen. Bei der Vergärung von leicht abbaubaren, in der Regel niedermolekularen Verbindungen sind Acetogenese und Methanbildung geschwindigkeitslimitierend. Eine Erhöhung der Hydrolyseaktivität bewirkt in diesem Fall keine Intensivierung des Biogasbildungsprozesses [259].

Bei der Verwertung von Speiseabfällen in Vergärungsanlagen kann auf die bereits beschriebene Anlagentechnik zurückgegriffen werden. Unterschiede bestehen jedoch in der Vorbehandlung, da strenge EU-rechtliche Hygienestandards eingehalten werden müssen. In Deutschland sind sie in der Verordnung zur Durchführung des Tierische-Nebenprodukte-Beseitigungsgesetzes (TierNebV 2006) festgelegt. In der Verordnung ist geregelt, dass Speisereste vor der Behandlung in einer Kompostierungs- oder einer Vergärungsanlage auf eine maximale Teilchengröße von 12 mm zerkleinert und anschließend bei 70 °C für eine Stunde im geschlossenen Reaktor pasteurisiert werden müssen [259].

Nährstoffversorgung Die am anaeroben Abbauprozess beteiligten Mikroorganismen haben einen artspezifischen Bedarf an Makro- und Mikronährstoffen, deren Konzentration und Verfügbarkeit die Wachstumsgeschwindigkeit und damit die Abbauraten der organischen Materialien bestimmen. Makronährstoffe sind neben Kohlenstoff und Stickstoff auch Phosphor und Schwefel.

Das C/N-Verhältnis der eingesetzten Substrate sollte im Bereich 10 bis 30 liegen. Schwefel ist Bestandteil der Aminosäuren und Phosphorverbindungen und diese sind für die Bildung der Energieträger ATP (Adenosintriphosphat) und NADP (Nicotinamid-Adenin-Dinucleotidphosphat) notwendig [259]. Eine ausreichende Versorgung der Mikroorganismen liegt bei einem C:N:P:S-Verhältnis im Reaktor von 600:15:5:3 [260].

Zusätzlich muss eine ausreichende Verfügbarkeit von Spurenelementen für das Wachstum der Mikroorganismen im Fermenter vorhanden sein. Vor allem bei der Monovergärung von industriellen Reststoffen (Vergärung von Resten u. a. aus der kartoffelverarbeitenden und der milchverarbeitenden Industrie) kann ein Mangel an Spurenstoffen auftreten. Methanbildner benötigen z. B. die Elemente Kupfer, Zink, Eisen, Magnesium Kalium, Kalzium, Kobalt, Nickel, Molybdän, Selen und Wolfram. Nickel, Kobalt und Molybdän werden für den essentiellen Stoffwechsel benötigt; Magnesium, Eisen und Mangan sind für den Elektronentransport und für die ablaufenden enzymatischen Reaktionen wichtig [259].

Gelöste Spurenelemente können im Reaktor schwer lösliche Verbindungen mit freiem Phosphat, Sulfid und Carbonat eingehen und stehen somit für das Mikroorganismenwachstum nicht zur Verfügung.

Spurenstoffe und Schwermetalle Einzelne Schwermetalle sind selbst in geringen Konzentrationen für anaerobe Mikroorganismen toxisch. Die Ionen der Schwermetalle hemmen den Stoffwechsel Die hemmende Wirkung hängt von der Bindungsform der Schwermetalle ab, also ob sie als Ionen oder Carbonate vorliegen. Weiterhin ist ihre Toxizität abhängig vom Vorhandensein von Ionen, die mit den Schwermetallen Komplexe bilden und sie damit in Fällprodukten binden, wie z. B. Sulfid [259].

Bestimmte Schwermetalle werden von den Mikroorganismen als Spurenstoffe für den Fermentationsprozess benötigt. Chrom, Mangan, Kobalt, Nickel, Kupfer und Blei liegen bei der Vergärung von Pflanzenmaterial und Gülle oft innerhalb oder leicht oberhalb des Bedarfsbereiches, jedoch immer unter den Werten, die eine Hemmung bewirken [259].

Aufgrund verschiedener methanogener Bakterienarten und einer Vielzahl unterschiedlicher Quellen variieren die Aussagen über ideale Eisen-Konzentrationen. Laut Jackson-Moss et al. (1990), tritt ab einer Eisen-Konzentration von 5650 mg/l eine hemmende Wirkung ein.

Cadmium und Arsen sind toxisch und nicht essentiell für die am anaeroben Abbau beteiligten Mikroorganismen.

Uran ist stark toxisch. Entsprechende Daten über Grenzwerte von Uran sind nicht verfügbar. Jedoch kann es zu Urananreicherungen in Gegenden des Uranerzbergabbaus (ehemaliges Gelände der Wismut AG im Erzgebirge) kommen.

Aluminium in der Form von $Al(OH)_3$, hemmt ab Konzentrationen von 1000 mg/l (346 mg Al/l), die spezifische methanogene Aktivität der methanogenen und acidogenen Bakterien um 50–72 %. Im adaptierten Prozess sind jedoch Al^{3+}-Konzentrationen von bis zu 2500 mg/l tolerierbar [259].

Verweildauer Die Verweilzeit hängt von der Temperatur, der Faulraumbelastung, also der Konzentration an Substrat im Reaktor, der Konzentration an aktiver Biomasse und dem gewünschten Abbaugrad ab.

Eine konstante Substratzufuhr ist für die Prozessstabilität von großer Bedeutung. Vor allem aufgrund der unterschiedlichen Substrate oder Substratgemische, die in Vergärungsanlagen eingesetzt werden können, ist die hydraulische Verweilzeit nicht als Auslegungsparameter geeignet. Die Auslegung erfolgt in der Regel nach der Faulraumbelastung. Sie gibt an, welche Mengen an organischem Trockenrückstand dem Fermenter maximal zugeführt werden können und ergibt sich aus dem Quotienten von täglich zugeführtem organischem Trockenrückstand zu nutzbarem Reaktorvolumen. Bei zu hoher Beladungsrate des Fermenters kommt es auf Grund von schneller Säurebildung zu einer pH-Wert-Absenkung. Verringert sich dadurch die Abbauleistung der methanogenen Bakterien, kommt es zur Anhäufung von Acetat verbunden mit einer weiteren pH-Wert-Absenkung. Dies hat zur Folge, dass die Methanproduktion gehemmt wird und möglicherweise zum Erliegen kommt. Um dem entgegenzuwirken, sollte die Substratzufuhr rechtzeitig unterbrochen werden und die Zugabe von neutralisierenden Stoffen ist erforderlich [259].

Das oben erwähnte, langsame Bakterienwachstum schafft das Problem, dass zur Verkürzung der Verweilzeiten die aktive Biomasse zurückgehalten oder angereichert werden muss. Dies kann durch Immobilisierung an Trägermaterialien in einem Fest- oder Wirbelbett oder durch die Rückführung von Schlamm bzw. Prozesswasser geschehen. Der Einsatz von inerten, festen Füllkörpern oder inerten Partikeln, an denen die Bakterien durch Adhäsion zurückgehalten werden sollen, ist nur in der Abwasserreinigung oder einem Perkolat möglich, da bei Einsatz fester oder schlammartiger Abfälle das Festbett verstopfen bzw. die Träger im Wirbelbettverfahren mit ausgetragen würden.

Inbetriebnahme Da die Biozönose der anaeroben Bakterien in einem Reaktor auf weniger Arten basiert als bei aeroben Verfahren und sich auch erst bei der Inbetriebnahme bilden muss, dauert die Anfahrphase eines anaeroben Verfahrens länger und wirkt sich auch auf das spätere Leistungsvermögen aus. Andererseits besteht die Möglichkeit, dass bei längerem, ungestörtem Betrieb und Einsatz eines homogenen Substrates durch eine Anpassung der Bakterien die Abbauleistungen zunehmen. Nach [259] ist eine Mindestaufenthaltszeit von ca. 27 Tagen bei einer Temperatur von 32 °C zu gewährleisten, bei einer Temperatur von 37 °C ist eine Faulzeit von 33 Tagen notwendig, um z. B. den Klärschlamm sicher zu stabilisieren.

Damit wäre auch eine Inbetriebnahme erst nach einem solchen Zyklus abgeschlossen.

4.4.2.2 Verfahrensvarianten

Die Entwicklung der anaeroben Verfahrenstechnik entstammt traditionell der Abwasserreinigung. Bei organischem Gewerbeabfall, Nass- und Bioabfall kann es in den bekannten Reaktoren zu Ablagerungen, Verstopfungen und zur Bildung von Sediment- und Schwimmschichten kommen. Aufgrund der unterschiedlichen Feststoffgehalte im Fermenter und der unterschiedlichen Viskositäten der Substrate kommen unterschiedliche, an die jeweiligen Randbedingungen angepasste Durchmischungssysteme zum Einsatz. Beim Einsatz von Substraten mit unterschiedlichen Feststoffgehalten oder bei der Co-Vergärung von Gülle mit landwirtschaftlichen Reststoffen oder nachwachsenden Rohstoffen ist es sinnvoll, auch in Vorlagebehältern eine Durchmischung zur Homogenisierung und zur Vermeidung von Schichtenbildung vorzusehen. Die Durchmischung erfolgt in der Regel mehrmals täglich, um eine gute Vermischung des frischen Substrates mit dem ausgefaulten Fermenterinhalt zu gewährleisten. Damit wird eine gleichmäßige Temperaturverteilung im Fermenter realisiert, zudem wird die Gefahr der Bildung von Schwimmdecken und Sinkschichten vermindert [261, 262]. Durch die Durchmischung werden die Biogasblasen von tieferen Schichten an die Oberfläche befördert [259].

Abbildung 4.173 zeigt verschiedene Möglichkeiten der Durchmischung von Nassfermentationsanlagen.

Es zeichnen sich in der Entwicklung der Anlagen drei prinzipielle Lösungen ab:

Bei der *Trockenfermentation* wird das Substrat mit einem Trockensubstanzgehalt bis zu 65 % vergoren, während es bei der ein- bzw. zweistufigen *Nassfermentation* mit Wasser zu einem Schlamm von ca.10 % Trockensubstanzgehalt angemaischt wird. Bei der *zweistufigen Nassfermentation* passiert der Feststoff eine Hydrolysestufe, in der ein Großteil der organischen Substanz im Wasser gelöst wird, das dann in einem Anaerobreaktor wie in der Abwasserreinigung behandelt wird. Bei der Trockenfermentation werden als Vorteil ein geringer Wasserbedarf und eine hohe Faulraumbelastung erwartet. Die Nassfermentation verspricht geringere Probleme in der Handhabung eines homogenen Schlammes, eine

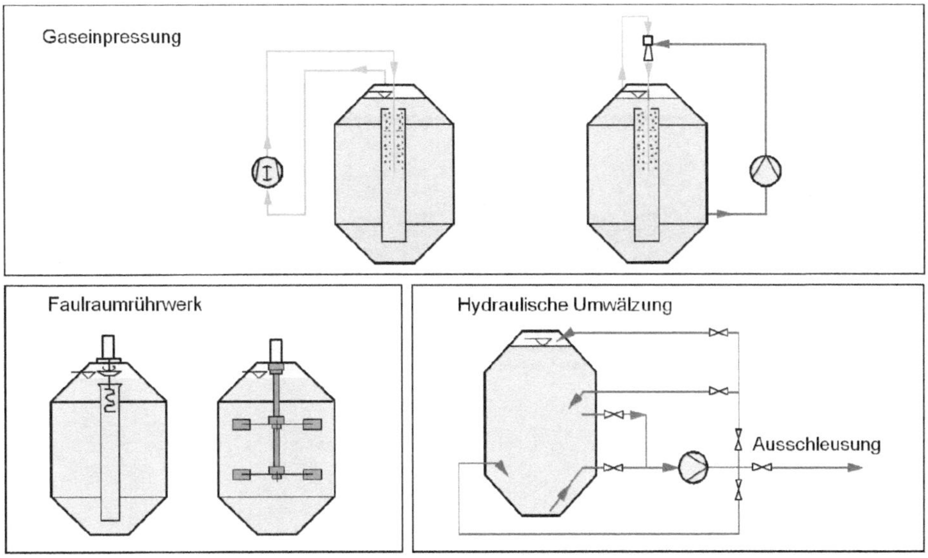

Abb. 4.173 Reaktortypen und Durchmischungsmöglichkeiten der Nassvergärung mit Homogenisierung und Schwimmschlammbekämpfung [263]

mögliche Abscheidung von Schwimm- und Sinkstoffen in der Verflüssigungsstufe und eine Schlammrückführung. Bei der zweiphasigen Nassfermentation erhofft man sich höhere Leistungen durch die Möglichkeit, für die getrennten Phasen jeweils optimale Bedingungen zu schaffen und auf Hochleistungsreaktoren der Abwasserreinigung zurückgreifen zu können. Das entstehende Biogas ist mit einem größeren Methananteil höherwertiger, da das überwiegend in der Hydrolyse gebildete Kohlendioxid verworfen wird.

Trockenfermentationsverfahren Für die Trockenfermentation sind im Wesentlichen die folgenden Varianten zu nennen.

Die Strabag Umweltanlagen GmbH bieten den LARAN-Pfropfenstromfermenter an, der sich im Bereich der Vergärung von Substraten mit hohen Feststoffgehalten bewährt hat (Abb. 4.174).

Das VALORGA-Verfahren wird seit 1988 in einer Anlage in Amiens (F) eingesetzt. Die Anlage verarbeitet 55.000 Mg/a einer Feinfraktion aus der vorhergehenden gemischten Abfallaufbereitung [113].

In der Aufbereitung wird die Leichtfraktion aus dem Hausmüll abgeschieden und Schrott und Schwerstoffe entnommen. Die Feinfraktion wird direkt und eine Grobfraktion nach einer Zerkleinerung in den Fermenter gepumpt. Die gärbaren Abfälle werden mit Prozesswasser auf einen Trockensubstanzgehalt von 30 bis 35 % eingestellt. Während einer Verweilzeit von ca. 3 Wochen bei mesophilen Bedingungen wird der Reaktorinhalt durch Einpressen von Biogas in Bewegung gehalten. Nach Verlassen des Reaktors wird das Substrat entwässert, die Feststoffe werden gesiebt, zerkleinert und nachkompostiert.

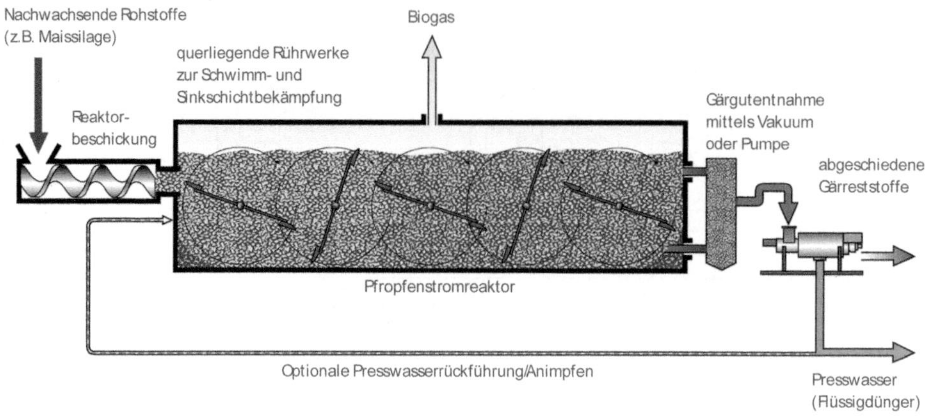

Abb. 4.174 Prinzipielle Darstellung des LARAN® – Trockenfermenters [263]

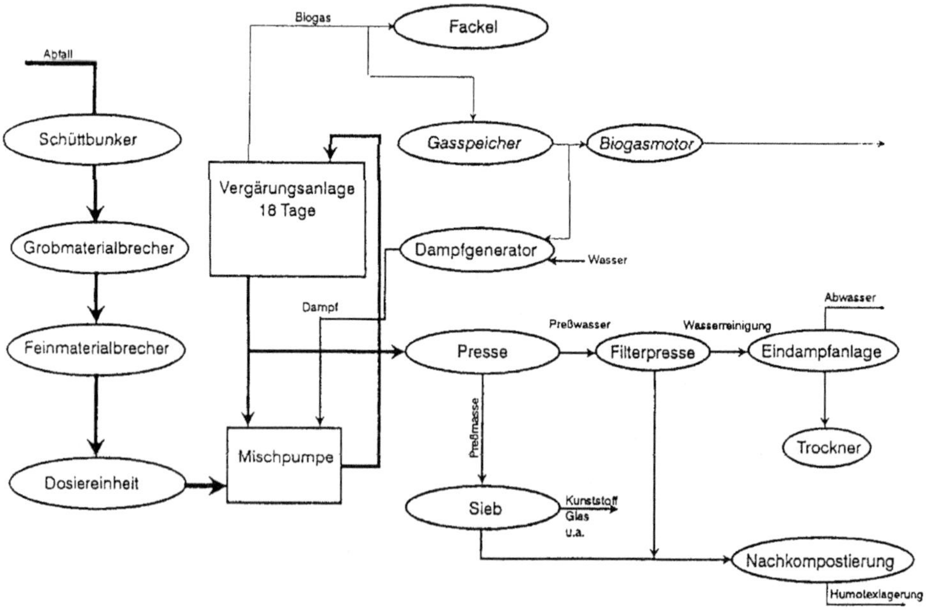

Abb. 4.175 Fließbild des Dranco Verfahrens [191]

In einer Anlage in Tilburg (NL) wurden von 1994 an erstmals ca. 40.000 Mg/a Bioabfälle aus der getrennten Sammlung gemeinsam mit ca. 6000 Mg/a Papier der Vergärung unterzogen [128].

Das *DRANCO-Verfahren* unterscheidet sich vom VALORGA-Verfahren kaum. Bei 55 °C werden Bioabfälle und nicht recyclingfähiges Papier fermentiert. Die Verweilzeit beträgt ca. 3 Wochen, die Gärreste werden ca. 10 Tage nachkompostiert (Abb. 4.175).

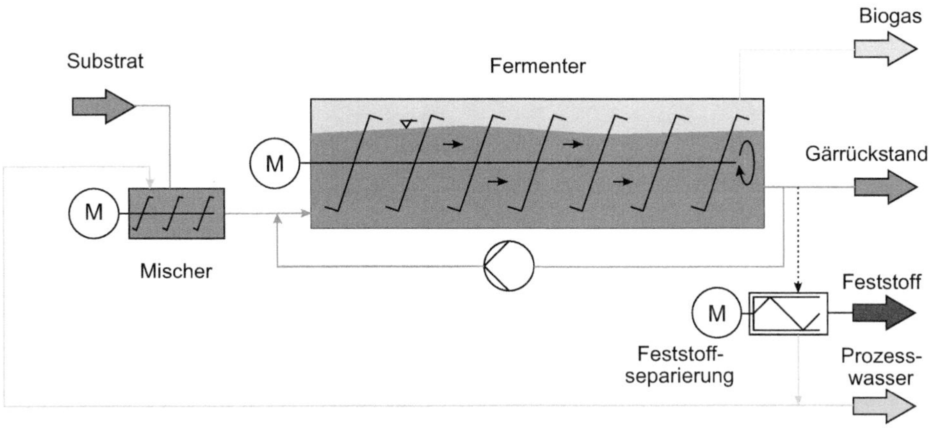

Abb. 4.176 Kompogas – Reaktor zur Trockenfermentation [264]

Seit 1992 ist in Brecht (B) eine Anlage zur Vergärung von 10.500 Mg/a Bioabfällen errichtet. [112].

Das *KOMPOGAS-Verfahren* ist erstmals 1992 in Rümlang (CH) großtechnisch umgesetzt worden. Hier werden ca. 5000 Mg/a Bioabfälle fermentiert. Die Bioabfälle passieren eine manuelle Störstoffentnahme und eine Zerkleinerungsstufe und werden dann in den Bioabfallzwischenbunker befördert. Dieser dient sowohl der Pufferung der Bioabfälle als auch der selbständigen Vorwärmung aufgrund aerober Prozesse (Abb. 4.176).

Das Material mit einem Trockensubstanzgehalt von 30 % wird nach Passieren eines Wärmetauschers durch eine Feststoffpumpe dem Fermenter zugeführt. Der Fermenter ist als horizontaler Pfropfenstromreaktor konstruiert und mit einem langsamlaufenden Rührwerk für den Transport und die Ausgasung der Materialien ausgestattet. Nach einer Verweilzeit von 15 bis 20 Tagen bei thermophiler Betriebstemperatur wird das Gärgut aus dem Reaktor abgezogen und über eine Feststoffpumpe zur Schneckenpresse gefördert und entwässert.

Das entwässerte Material gelangt in den Nachrottebunker. Dort wird das Material in aerober Umgebung durch Feststofffördereinrichtungen 5 bis 10 Tage ständig in Bewegung gehalten, bevor es aus dem Prozess ausgetragen wird.

Einstufige Nassfermentation Die Behandlung fester Abfallstoffe in einer wässerigen Lösung mit bis zu 15 % TS mit Hilfe einer einstufigen Vergärung wird derzeit von verschiedenen Herstellern angegangen.

Im SOLIDIGEST-Verfahren in Bellaria (I) werden 84 Mg/d einer Feinfraktion aus der Hausmüllaufbereitung in die Faultürme der kommunalen Abwasserbehandlung mit eingebracht. Ein von der BTA (Biotechnische Abfallverwertung GmbH) und MAT (Müll und Abfalltechnik GmbH) projektierter Aufbereitungsprozess bereitet 5000 Mg/a Bioabfälle

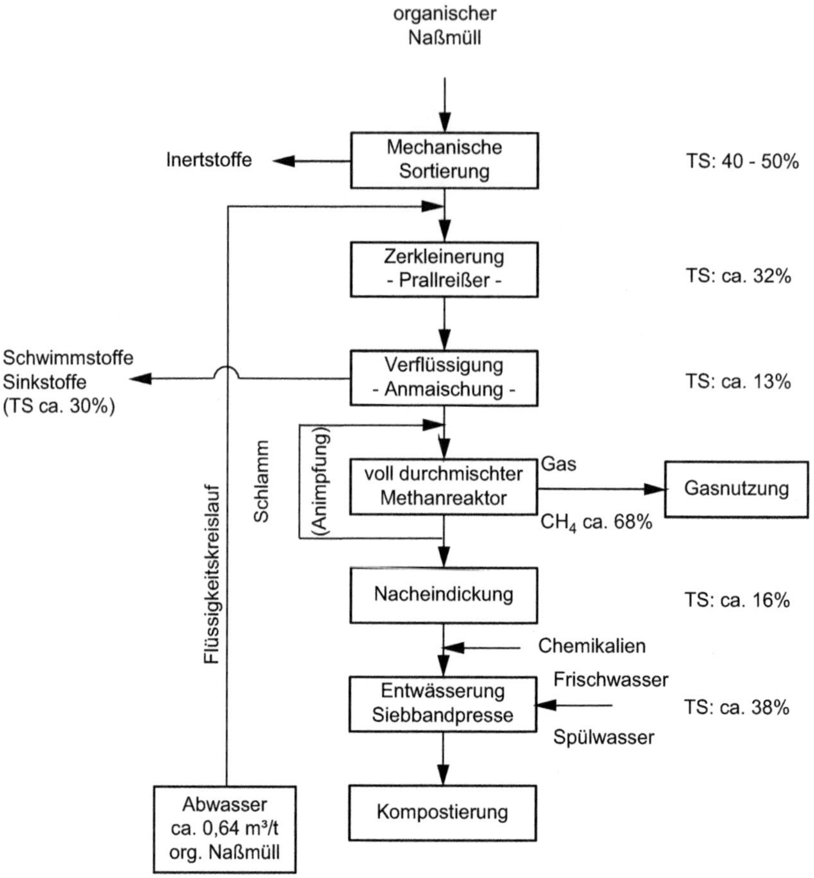

Abb. 4.177 Fließbild des Pilotprojektes der Vergärungsanlage Rottweil [109]

der Stadt Baden-Baden auf und gibt die leicht lösliche Suspension den Faulbehältern der kommunalen Abwasserbehandlung bei.

Mit Hilfe eines Aufbereitungsprozesses in Anlehnung an das BTA-Verfahren werden im Rahmen eines Pilotprojektes seit Anfang 1992 in der Stadt Kaufbeuren 2500 Mg/a getrennt erfasste Bioabfällen zur anschließenden Vergärung in kommunalen Faulbehältern erprobt.

Beispielhaft für eine einstufige Vergärung ist der Verfahrensablauf der 1985 als Pilotanlage errichteten *Vergärungsanlage der Stadt Rottweil* (Abb. 4.177).

Das Eingangssubstrat (Bioabfall) wird zerkleinert und mit Wasser bis zu einem Wassergehalt von 85 bis 90 % vermischt. In dieser Verflüssigungsstufe werden Schwimm- und Sinkstoffe entfernt. Der Biomüll wird in einem 45 m^3 fassenden Reaktor unter Rühren 12 bis 15 Tage im mesophilen Temperaturbereich fermentiert und der Schlamm anschließend auf 38 % TS-Gehalt entwässert und nachkompostiert.

Die Umsetzung der Pilotanlage in ein großtechnisches Vorhaben der Stadt Rottweil mit einem Durchsatz von 8500 bis 9000 Mg/a Bioabfall befindet sich derzeit in der Genehmigungsphase [112].

Zweistufige Nassfermentation Anaerobe Verfahren mit einem dem Methanreaktor vorangestellten Hydrolysereaktor werden als zweistufige Verfahren bezeichnet. Durch die Vorbehandlung in einem Hydrolysebehälter werden die schwer abbaubaren Inhaltsstoffe im Substrat durch hydrolysierende und versäuernde Mikroorganismen so vorbereitet, dass die Verweilzeit in der Methanstufe verkürzt werden kann. Zweistufige Anlagen führen in der Regel zu einer höheren Methankonzentration im Biogas und gewährleisten eine biologisch stabilere Betriebsführung bei schwer abbaubaren Substraten. In Gülle-Vergärungsanlagen, die zu den ehemaligen DDR-LPG-Betrieben der Massentierhaltung gehörten, wird derzeit die Mitbehandlung von Bioabfällen erprobt. Mit einem Durchsatz von 20.000 Mg/a wird in einer ehemaligen Anlage zur Hühnerkotvergärung von der Entsorgungs- und Aufbereitungs GmbH in der Stadt Zobes/Thüringen die Mitverarbeitung von Bioabfällen des Landkreises Hof und der Stadt Plauen betrieben [112] (Abb. 4.178).

Am BTA-Verfahren wurden umfangreiche wissenschaftliche Untersuchungen durchgeführt. In einer Pilotanlage in Garching bei München sind verschiedene Eingangsmaterialien (Nassmüll, Bioabfall, Gewerbeabfälle aus Großküchen, Hygieneprodukte und Restmüll) untersucht worden. Sämtliche Ergebnisse belegen die Aufbereitungsfähigkeit und die Vergärbarkeit der Abfälle durch das BTA-Verfahren [120, 126].

Die organischen Abfälle werden vorzerkleinert und ferromagnetische Stoffe werden abgeschieden. In einem Stofflöser werden die Bioabfälle gelöst und ca. 20 min durch starkes Rühren zerfasert. Die abgesunkenen Schwerstoffe werden durch eine Schleuse am Boden des Behälters ausgetragen und aufschwimmende Leichtstoffe über ein Rechensystem von der Oberfläche des Auflösebehälters entfernt. Danach wird die Suspension mit einem TS-Gehalt von 8 bis 10 % durch das Bodensieb abgelassen und bei ca. 65 °C thermisch vorbehandelt. In kontinuierlicher Betriebsweise wird die Suspension einer ersten Fest/Flüssig-Trennung unterzogen, wobei der feststoffreiche Austrag in die Hydrolyse gegeben und der flüssige Austrag dem Methanreaktor zugeführt wird. Nach ca. 2 bis 4 Tagen Verweilzeit in der Hydrolyse wird das Substrat einer zweiten Fest/Flüssig-Trennung unterzogen und die flüssige Phase in den Methanreaktor geleitet. Die Hydrolysefeststoffe werden kompostiert. Der Stofffluss bei der Verarbeitung von Bioabfall ist in Abb. 4.179 dargestellt.

Das Verfahren der Fa. AN-Maschinenbau arbeitet ebenfalls zweistufig (Abb. 4.180). Die Bioabfälle werden chargenweise in Hydrolysebehälter gegeben. Durch viertägige Perkolation wird ein großer Teil der organischen Masse im Prozesswasser gelöst und in den Methanreaktor geleitet. Die im Hydrolysebehälter verbleibenden Feststoffe werden entleert und kompostiert [117, 118].

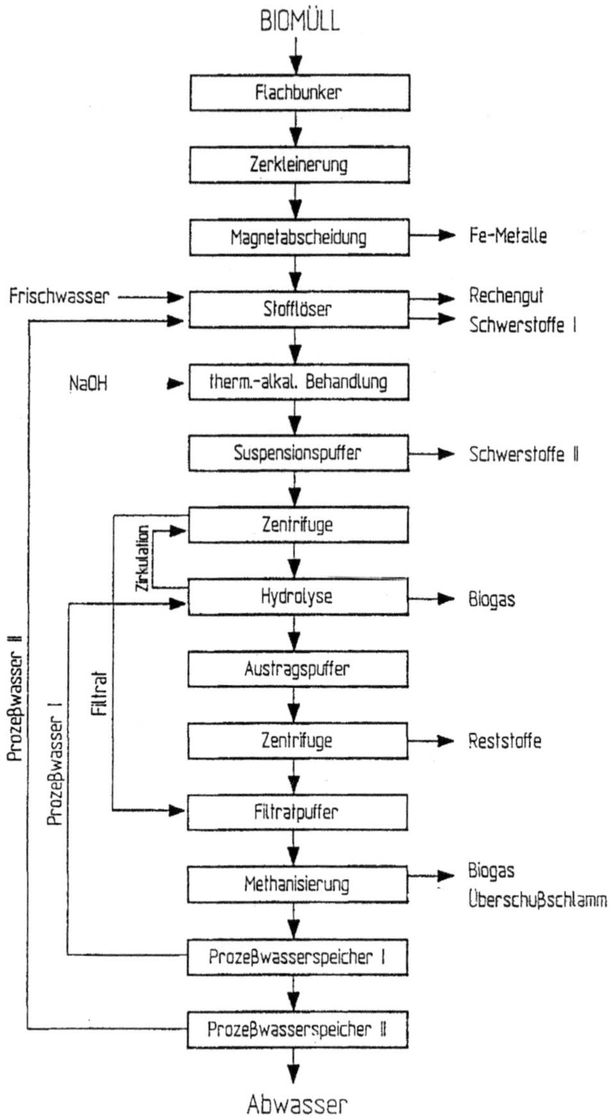

Abb. 4.178 Verfahrensfließbild des BTA-Verfahrens [120]

4.4.2.3 Endprodukte

Biogas Der Ertrag an Biogas und seine Qualität sind stark von den eingesetzten Substraten und der Anlagenauslegung abhängig. Die derzeit erzielten Ausbeuten liegen in der Größenordnung zwischen 100 bis 200 Nm^3 pro Mg Bioabfall [114]. Die Zusammensetzung des Biogases variiert nach den eingehenden Substraten und der Ein- bzw. Mehrstufigkeit des Fermentierungsprozesses (Tab. 4.28).

Abb. 4.179 Stoffflussdiagramm bei der Vergärung von Biomüll mit dem BTA-Verfahren [120]

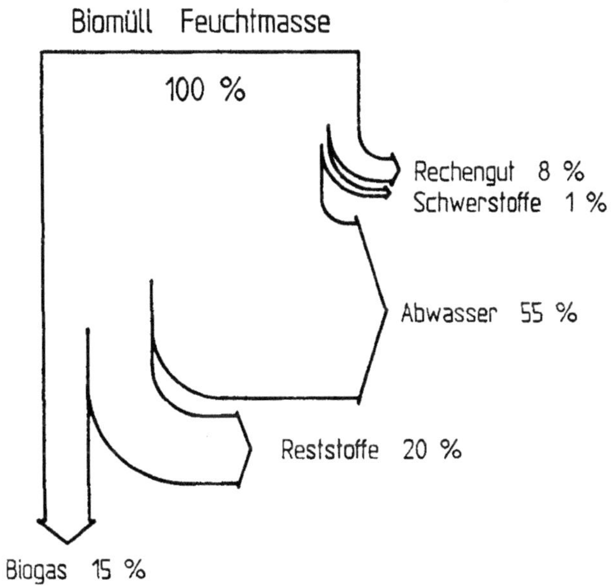

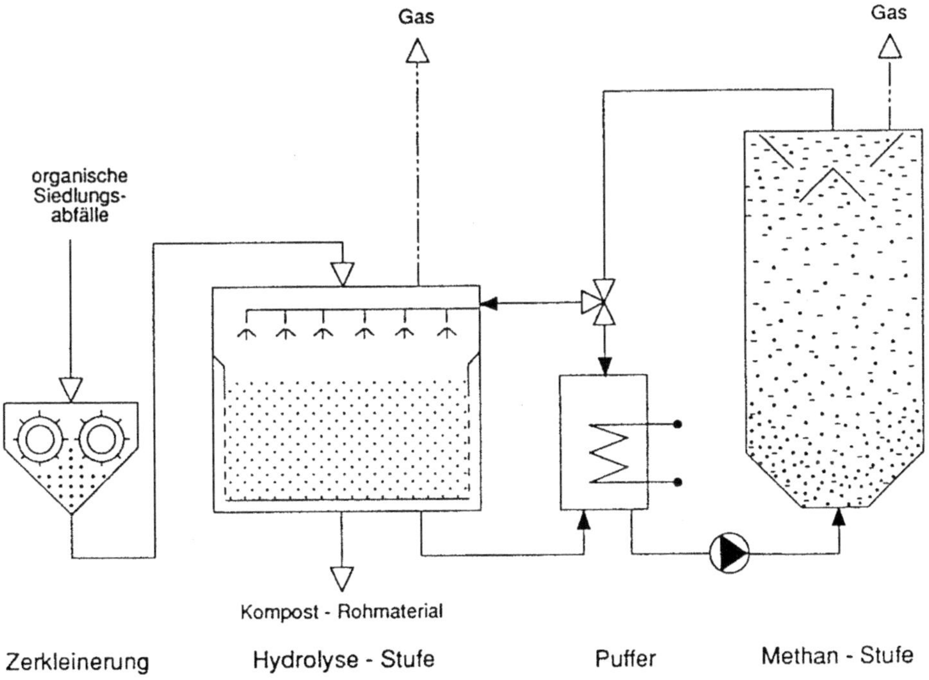

Abb. 4.180 Grundfließbild des AN-Verfahrens [109]

Tab. 4.28 Zusammensetzung von Biogasen

Inhaltsstoff	(Vol.-%)
Methan (CH_4)	40–75
Kohlendioxid (CO_2)	25–60
Stickstoff (NO_2)	0–7
Sauerstoff (O_2)	0–2
Wasserstoff (H_2)	0–1
Schwefelwasserstoff (H_2S)	0–1

Bei Einsatz bestimmter Abfälle können dazu noch Spuren von Halogenkohlenwasserstoffen kommen.

Gasaufbereitung Je nach Verwertungsart und Methangehalt muss das Gas gereinigt und evtl. im Methangehalt angereichert werden. Bei der Reinigung steht die Entschwefelung an erster Stelle, da Schwefelwasserstoff ein farbloses, giftiges und ätzend riechendes Gas ist, das zu korrosivem und umweltbelastendem SO_2 verbrennt. Allen Entschwefelungsverfahren ist gemeinsam, dass sich die Reinigungsmedien mit Sauerstoff wieder regenerieren lassen.

Bei der *Entschwefelung mit Raseneisenerz* wird das Raseneisenerz mit dem Schwefelwasserstoff nach der Gleichung

$$2Fe(OH)_3 + 3H_2S \rightarrow Fe_2S_3 + 6H_2O \tag{4.11}$$

zu Wasser und Pyrit umgesetzt. Mit Sauerstoff bildet sich wieder Raseneisenerz und elementarer Schwefel.

Bei der *Adsorption* wird mit Aktivkohle als Adsorptionsmittel der adsorbierte Schwefelwasserstoff mit Sauerstoff zu elementarem Schwefel und Wasser umgesetzt.

In der *oxidativen Gaswäsche* wird der Schwefelwasserstoff durch eine komplexe Eisenverbindung zu elementarem Schwefel oxidiert, der sich als Schlamm absetzt. Die Komplexlösung wird durch Sauerstoff regeneriert.

Eine *mikrobielle Oxidation* des Schwefelwasserstoffs in einem Rieselfilmreaktor ist ebenfalls möglich.

Halogenkohlenwasserstoffe Die Halogenkohlenwasserstoffe können in Aktivkohlefiltern weitgehend abgeschieden werden.

Methananreicherung Eine Kohlendioxidabtrennung zur Methananreicherung ist z. B. bei einer beabsichtigen Einspeisung des Gases ins öffentliche Erdgasnetz unumgänglich. Hierzu stehen drei Verfahren zur Verfügung:

Beim *absorptiven Verfahren*, einer Wäsche mit Monoethanolamin, wird neben Kohlendioxid auch Schwefelwasserstoff abgeschieden. Es gehen Hydrogencarbonate und Hydrogensulfit in Lösung, die aus dieser durch Temperaturerhöhung und Druckerniedrigung desorbiert werden können.

Beim *Druckwechseladsorptionsverfahren* werden die unterschiedlichen Adsorptionsgeschwindigkeiten der Gase an Kohlenstoffmolekularsieben ausgenutzt. Auf eine durch Druckaufbau verursachte Adsorption folgt eine Druckentlastung. Bei der anschließenden Evakuierung wird hauptsächlich Kohlendioxid abgesaugt, da es sich im Gegensatz zu Methan erst bei der Evakuierung löst.

Beim *Membranverfahren* erfolgt die Gasseparation nach dem unterschiedlichen Permeationsverhalten der Gase. Die Membranen aus Celluloseacetat, Polysulfonen, Silikonen und Polycarbonaten werden allerdings durch Schwefelwasserstoff geschädigt, so dass dieser unbedingt vorher abgeschieden werden muss [109].

Gasverwertung Das Biogas kann verbrannt werden in

- Kesseln zur Wärmeerzeugung,
- Kraft-Wärme-Kopplungsaggregaten,
- Motoren zum Fahrzeugantrieb oder
- ins öffentliche Netz eingespeist werden.

Wegen des hohen Aufbereitungsaufwandes sind die beiden letztgenannten Nutzungen nur selten anzutreffen. Den höchsten Wirkungsgrad erzielt eine Verbrennung in Gasmotoren als Kraft-Wärme-Kopplung, da sowohl Wärme als auch Strom im Verfahren genutzt werden können (Abb. 4.181).

Gärrest

Die Substrateigenschaften ähneln denen des aerob gewonnenen Kompostes. Es zeigten sich die gleichen Abhängigkeiten zwischen den Schwermetallgehalten der Produkte und der Einsatzstoffe. Die Anaerobverfahren werden deshalb in der Bundesrepublik Deutschland hauptsächlich mit Bioabfall bzw. mit unbelastetem organischem Gewerbeabfall betrieben [109].

Die Qualität der Gärreste aus dem Biogasverfahren ist stark vom Input abhängig. Häufig können jedoch Bioabfallvergärungsanlagen die gesetzlich vorgegebenen Parameter z. B. hinsichtlich Organikanteil oder TOC nicht einhalten, so dass eine Nachkompostierung als zusätzlicher Verfahrensschritt zur Einhaltung der Kriterien erforderlich wird.

Die erforderlichen Nachrottezeiten sind gegenüber dem Bioabfall deutlich verkürzt.

4.4.2.4 Emissionen

Luft

Wie bei aeroben Verfahren ist beim Einsatz organischer Substrate mit Geruchsemissionen zu rechnen. Da die Vergärung in einem abgeschlossenen Reaktor stattfindet, treten bei Kapselung der vorgeschalteten Aufbereitungsaggregate (Pulper o. ä.) keine Emissionen auf. Das austretende Substrat ist ausgefault und geruchsfrei.

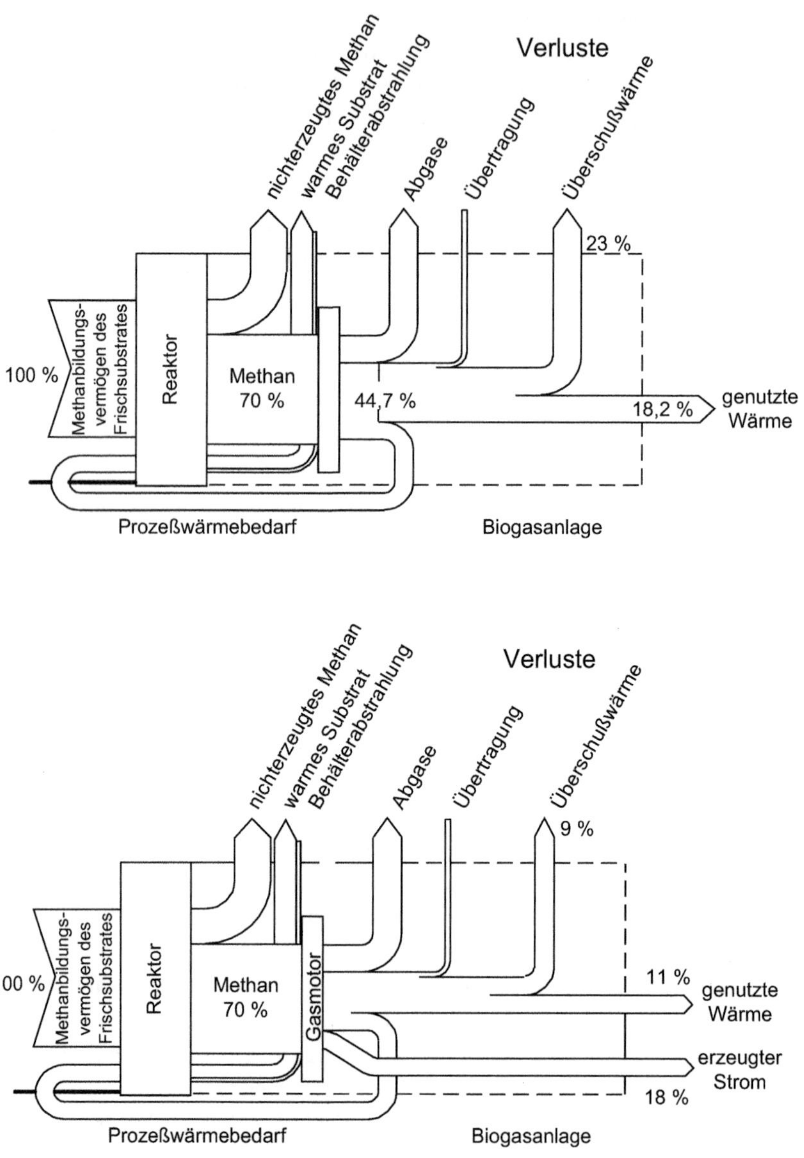

Abb. 4.181 Energiefluss bei einem Heizkessel und einer Kraft-Wärme-Kopplung [117]

Da das Methan im Biogas starke Auswirkungen bei der Zerstörung der Ozonschicht bewirkt, muss es unbedingt verbrannt werden. Ein Abfackeln des ungereinigten Biogases, notwendig z. B. bei einem Ausfall der Gasaufbereitungsaggregate, hätte Schwefeldioxidemissionen zur Folge.

Abwasser

Durch das Substrat, dessen Trockenmasse in der Anlage reduziert wird, wird immer Wasser in das System eingetragen, so dass auch bei einer Kreislaufführung von Prozesswässern mit einem Abwasseranfall zu rechnen ist. Hinzu kommt, dass sich diese aufsalzen und deshalb ausgetauscht werden müssen. Das so entstehende Abwasser ist nur mit anorganischen Salzen und organischen Verbindungen gering belastet, so dass es der kommunalen Kläranlage zugeführt werden kann [109].

4.5 Chemische und Physikalische Verfahren

4.5.1 Emulsionsspaltung

Emulsionen sind Gemische zweier oder mehrerer nicht ineinander löslicher Flüssigkeiten, bei denen die eine Flüssigkeit als disperse Phase in Form kleiner Tröpfchen in der zweiten Flüssigkeit (dem Dispersionsmittel) verteilt vorliegt.

Die relevanteste Art ist Öl in Wasser-Emulsionen. Bei derartigen Emulsionen ist das Öl nicht mehr mit einfachen mechanischen Verfahren abtrennbar.

Der größte Teil derartiger Emulsionen stammt aus der metallverarbeitenden Industrie. Dabei wird zwischen Kühl- und Schmierstoffen auf Mineralölbasis (Bohr- und Schleifölemulsionen), halbsynthetischen Ölen mit geringem Mineralölanteil und mineralölfreien Produkten (für Wasch- und Reinigungsanlagen sowie Entfettungsbäder) unterschieden.

Entsprechend dem Einsatzgebiet werden den Emulsionen unterschiedliche Additive wie Emulgatoren (zur Herabsetzung der Oberflächenspannung), Stabilisatoren (Glycol), Entschlämmer, Hochdruckzusätze (Chlor-, Phosphor- oder Schwefelkomponenten) sowie korrosionsschützende Substanzen (Nitrit) zugegeben. Zusätzliche Verschmutzungen wie Fette, freie Öle, Metalle und Schlämme gelangen bei der Fertigung in die Emulsionen. Der Ölgehalt der Emulsionen liegt zwischen 2 bis 5 Gew.-%. Die bei der Produktion anfallenden Abwasserarten variieren in der chemischen Zusammensetzung je nach eingesetztem Öl. Jährlich fallen in der Bundesrepublik Deutschland schätzungsweise 2 Mio. m^3 an [129].

Emulsionen fallen auch bei der Behandlung von Öl-Wasser und Schlammgemischen (z. B. aus Sandfanggruben) an. Öl-Wasser-Schlamm-Gemische werden in einem Vorbehandlungsschritt durch Sedimentation oder Zentrifugation bzw. Dekantierung separiert (vgl. Abb. 4.182).

Bei dieser Trennung wird das Gemisch durch Schwerkrafteinwirkung und eventuelle Zugabe von Fällungs- bzw. Fällungshilfsmitteln in eine leichte Phase (konzentrierte Ölphase), eine schwere Phase (Öl-Wasserphase) und eine Schlammphase aufgetrennt. Die konzentrierte Ölphase und die Schlammphase werden einer thermischen Behandlung bzw. Verwertung zugeführt. Die Öl-Wasserphase wird der Emulsionstrennanlage zugeleitet (s. Abb. 4.182).

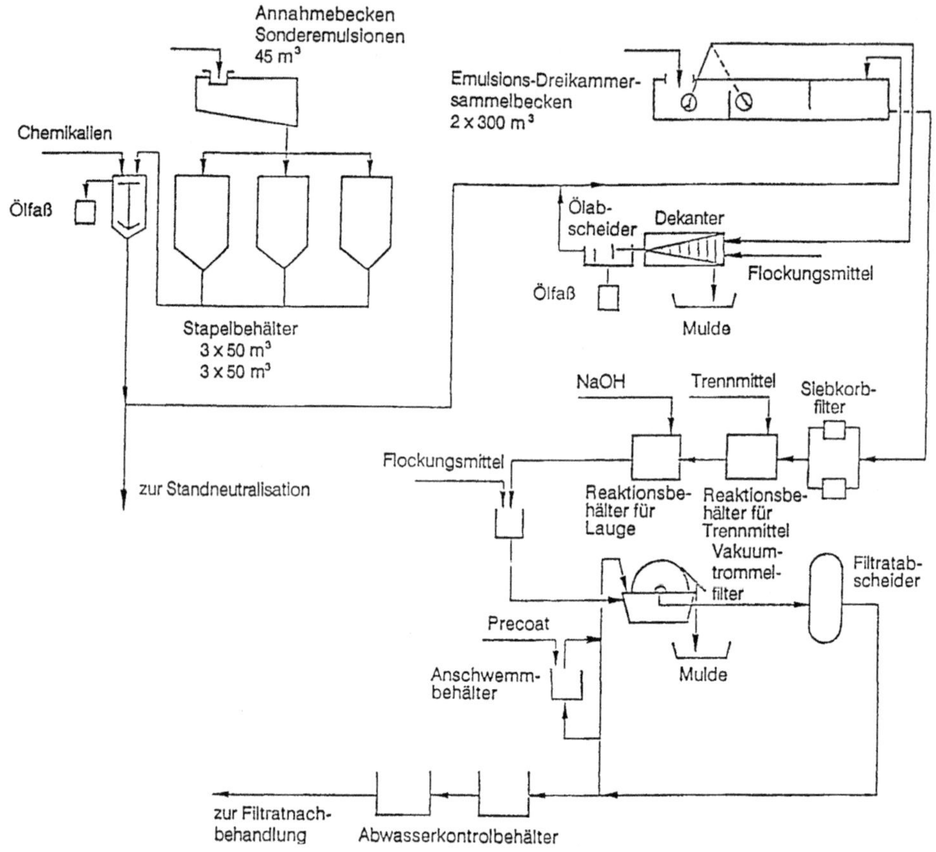

Abb. 4.182 Anlagenbeispiel für eine Emulsionsspaltanlage [79]

4.5.1.1 Behandlung der Emulsionen durch chemisch-physikalische Verfahren

Eines der am häufigsten angewandten physikalischen Verfahren zur Emulsionstrennung beruht auf der Bindung der Emulsionsbestandteile (Öl) an Adsorbenzien.

Dabei werden die grobstofffreien Öl-Wassergemische und Emulsionen durch Zugabe von Trennmitteln (Magnesiumsalze/Kieselgur) gespalten. Danach erfolgt die eigentliche Trennung der Wasserphase von den Ölteilen. Um große Mengen filtern zu können, werden kontinuierlich arbeitende Entwässerungsapparate, wie Membranfilter, eingesetzt [88]. Die Suspensionen können auch über einen precoatierten (vorbeschichteten) Vakuumtrommelfilter gereinigt werden, wobei die Kieselgur-Filterschicht ebenfalls kontinuierlich abgeschabt und der Verbrennung zugeführt wird.

Auf chemischem Wege erfolgt die Emulsionsspaltung am einfachsten durch den Zusatz von Säuren. Die aufschwimmenden Öle und Fette werden mechanisch entfernt bzw. am Überlauf des Spaltbehälters abgezogen.

Einige Emulsionen (z. B. Kühlschmiermittel) sind durch Säurebehandlung allein nicht mehr trennbar. Deshalb werden Kombinationen der chemischen und physikalischen Verfahren verwendet. Bei der Spaltung mit Säuren sollten Abfallsäuren genutzt werden, um eine zusätzliche Aufsalzung des Abwassers zu vermeiden.

4.5.1.2 Behandlung der Emulsionen durch thermische Verfahren

Thermische Verfahren sollten immer dann eingesetzt werden, wenn Prozess-Wärme zur Verfügung steht. Die Vorteile sind:

- kein Chemikalienzusatz,
- praktisch kein Schlamm,
- Emulgatoren, Stabilisatoren u. a. organische Zusätze verbleiben meist in der Ölphase,
- das abgespaltene Öl kann in der Regel direkt verbrannt oder als Altöl verwertet werden,
- Salze (so auch Nitrit) fallen kristallin an,
- im allgemeinen entsteht kein Abwasser, da das Wasser als Dampf abgeht und das gebildete Kondensat wieder als Brauchwasser verwendet werden kann,
- auch stabile Emulsionen können gespalten werden,
- der Energiebedarf ist bei mehrstufigen Vakuumverdampfern relativ gering.

Als Endprodukte bei der thermischen Emulsionstrennung fallen Altöle mit einem hohen Heizwert, Salze sowie Wasser an. Schadstoffbelastete Altöle sollten einer Sonderabfallverbrennung zugeführt werden.

Zur thermischen Trennung von Emulsionen kommen verschiedene Verfahren zum Einsatz:

Tauchbrennerverfahren Hierbei wird die Emulsion direkt mit der Flamme bzw. den heißen Verbrennungsgasen in Berührung gebracht. Da ein direkter Wärmeaustausch stattfindet, ist dieses Verfahren äußerst wirtschaftlich. Außerdem kann das anfallende Altöl mitverbrannt werden. Durch Verdampfen des Wassers konzentriert sich die Emulsion auf, so dass als Zwischenprodukt Wasser-Öl-Emulsionen entstehen. Bei weiterer Verdampfung des Wassers bleibt schließlich ein Rückstand aus Öl, Salzen und mechanischen Verunreinigungen (Abrieb, Metallspäne etc.) zurück (s. Abb. 4.183).

Umlaufverdampfer Umlaufverdampfer werden unterschieden in Naturumlaufverdampfer und Zwangsumlaufverdampfer. Bei Naturumlaufverdampfern erfolgt die Zirkulation des Wasser-Dampf-Gemisches aufgrund physikalischer Gesetzmäßigkeiten. Die intensive Umwälzung vermeidet weitgehend eine Krustenbildung und bewirkt einen guten Wärmeübergang (Abb. 4.184).

Bei Zwangsumlaufverdampfern wird die Zirkulation der einzudampfenden Flüssigkeit mittels einer Pumpe unterstützt. Hierdurch können die Strömungsgeschwindigkeiten unabhängig von der Temperatur des Wassers variieren und ein Sieden (Verlustgefahr) in den Rohren weitgehend vermieden werden.

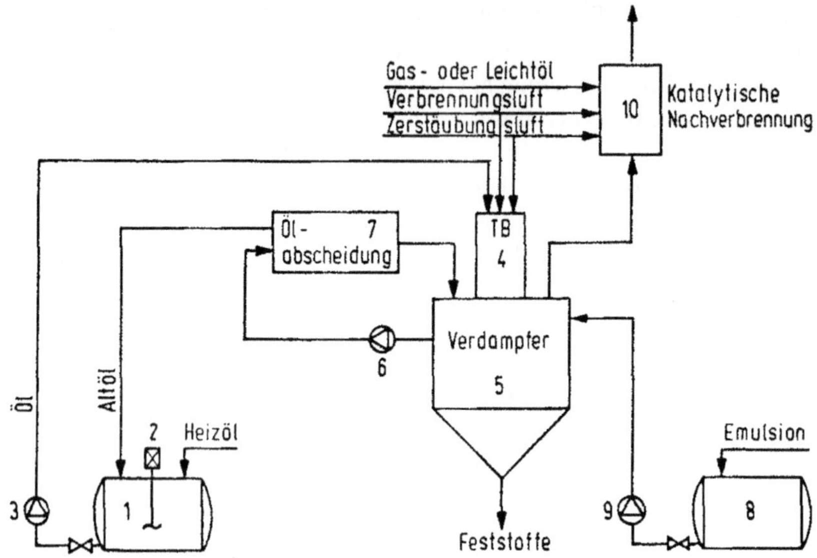

Abb. 4.183 Schematische Darstellung einer Tauchbrenner-Verdampferanlage [80]

Abb. 4.184 Schematische Darstellung einer Umlaufverdampferanlage zur Spaltung von Emulsionen [80]

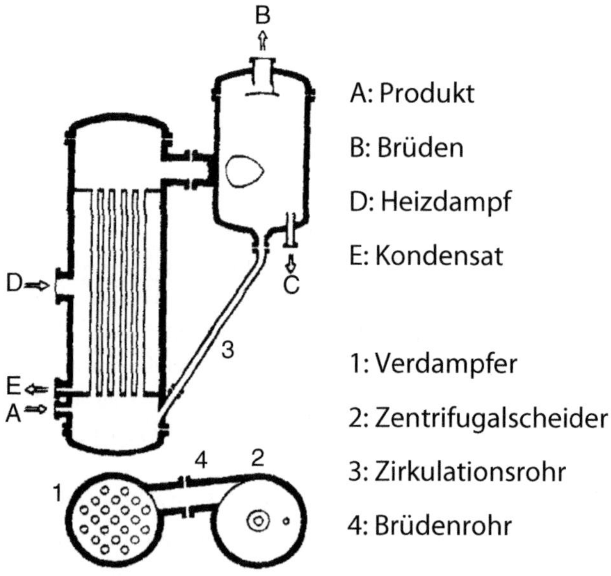

In Abb. 4.185 ist das Verfahrensfließbild einer Großanlage zur thermischen Spaltung von Emulsionen mittels Umlaufverdampfer dargestellt.

Umlauf- und Dünnschichtverdampfer werden vorwiegend dann eingesetzt, wenn ausreichend Prozesswärme zur Verfügung steht (z. B. Turbinendampf).

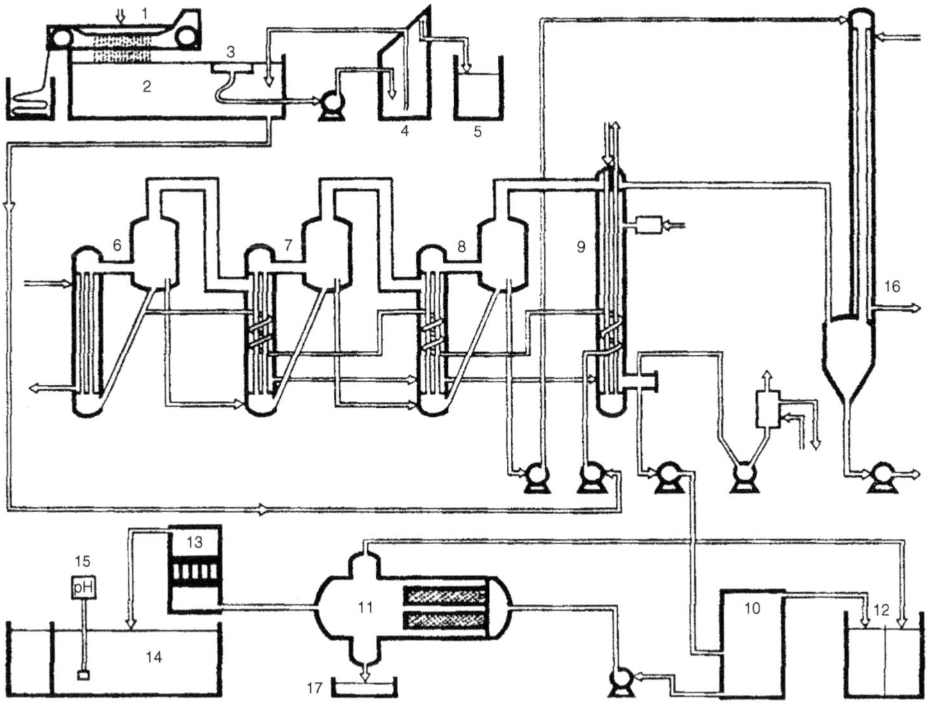

1 Faservlies-Bandfilter zur Vorreinigung
2 Sammelbecken für Altemulsion
3 Ölskimmer des Fremdölabscheiders
4 Separierbehälter des Fremdölabscheiders
5 Ölauffangbehälter des Fremdölabscheiders
6 Umlaufverdampfer 1. Stufe
7 Umlaufverdampfer 2. Stufe
8 Umlaufverdampfer 3. Stufe
9 Kondensator für die Wasserphase
10 Separierbehälter zur Vorentölung des Kondensats
11 Faudi Phasentrenner als Restölabscheider
12 Ölaufnahmebehälter
13 Aktivkohlefilter für die Wasserphase
14 Auffang-und Ablassbecken für die aufbereitete Wasserphase
15 pH-Wert-Kontrolle
16 Fallstromverdampfer als Konzentrator für die Ölphase
17 Auffangbehälter für Tri und Per

Abb. 4.185 Verfahrensschema einer Großanlage zur thermischen Emulsionsspaltung mittels Umlaufverdampfer [80]

Dünnschichtverdampfer Dünnschichtverdampfer eignen sich für stark verschmutzte oder zu Verkrustungen neigende Flüssigkeiten. Die Emulsion wird in dünnen Schichten über indirekt beheizte runde Verdampferkörper geführt, wobei das Wasser verdampft und das Öl abgeschieden wird. Die Verdampferflächen werden durch Wischerflügel eines Rotors ständig gereinigt [80].

4.5.2 Destillation und Verdampfung

Destillation Die Destillation wird insbesondere zur Rückgewinnung von Lösungsmitteln eingesetzt. Das Behandlungsziel ist eine Entfernung der in den flüssigen Sonderabfällen enthaltenen Schadstoffe und damit eine Umwandlung in eine deponiefähige oder in eine für den Vorfluter bzw. die Kläranlage unschädliche Form. Untersuchungen zur destillativen Aufbereitung flüssiger Sonderabfälle werden im Rahmen von Forschungsvorhaben überprüft. Durch Ausdampfung des Wassers kann eine Konzentrierung der festen und nichtflüchtigen Bestandteile im Rückstand erreicht werden. Im Rahmen des Forschungsvorhabens „Destillative Behandlung von flüssigen Sonderabfällen" an der TU München wurde eine destillative Behandlung folgender Abwässer untersucht:

- Sickerwasser einer Sonderabfalldeponie,
- Abwässer einer Sonderabfallbehandlungsanlage,
- einige besonders problematische flüssige Sonderabfälle bei verschiedenen Versuchsbedingungen.

In Laborversuchen wurden flüssige Abfälle, die durch eine Nasschemische Behandlung nur schwer oder nicht zu beseitigen waren, durch einfache, unproblematische Eindampfung gereinigt. Cyanidhaltige und komplexhaltige Sonderabfälle konnten ohne Chemikalienzusatz in einem Rotationsverdampfer durch Destillation vollständig im Rückstand zurückgehalten werden. Die Versuche haben gezeigt, dass insbesondere durch eine Bi-Destillation gute Ergebnisse erzielt werden können.

Verdampfung Die Verdampfungsverfahren können zur Konzentration flüssiger Abfälle verwendet werden. Vorrangiges Ziel dabei ist in den meisten Fällen die Entfernung von Wasser. Häufige Anwendungen sind die Konzentration von Salzlösungen und die thermische Emulsionsspaltung (s. Kap. 4.5.1.2). Die Verdampfungsverfahren bieten sich zur Entfernung von Neutralsalzfrachten aus Abwässern an. Verdampfer können vor allem bei Vorhandensein von Prozess- bzw. Abwärme sinnvoll eingesetzt werden.

4.5.3 Neutralisation

4.5.3.1 Neutralisation saurer oder basischer Abwässer und Schlämme

Bei einer Vielzahl industrieller Prozesse werden Salz-, Schwefel- und Salpetersäure eingesetzt und fallen in verschmutzter Form an.

Bei der produzierenden Industrie sind die Kunststoff-, Farb-, Petrochemie- und Nahrungsmittelindustrie zu nennen. Im Bereich der verarbeitenden Industrie werden Säuren zur Produktion organischer und anorganischer Chloride, dem Beizen von Stahl und der Alkylierung und Polymerisation von Erdölprodukten eingesetzt [82].

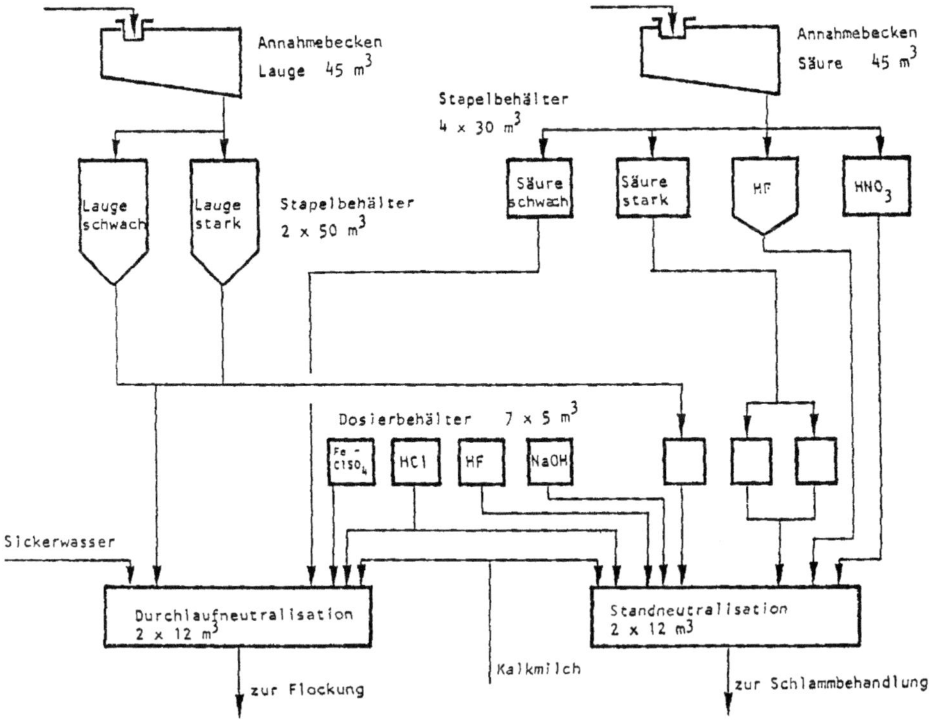

Abb. 4.186 Schematische Darstellung einer Neutralisationsanlage in einer Sonderabfall-Behandlungsanlage

Schwefelsäure wird in der Textilindustrie, der Metallverarbeitung und in der Erdölraffinerie für die Herstellung einer Vielzahl von Produkten verwendet [82].

Salpetersäure findet Verwendung in der Düngemittelindustrie, bei der Herstellung von Schwermetallnitraten, zum Ätzen von Metallen und in der Sprengstoffindustrie. Bei der Produktion eines Mg konzentrierter Salpetersäure entstehen ca. 80 bis 90 m^3 säurehaltiges Abwasser [82].

Natronlauge wird bei einer Vielzahl von Produktionsprozessen eingesetzt. Anwendungsgebiete sind die Seifenfabrikation, Chemikalienproduktion, Farb- und Textilindustrie, Zellstoff- und Papierindustrie sowie die Filmproduktion. Natriumhydroxidhaltige Abwässer und Schlämme entstehen außerdem in Metallbeizereien und Galvanikbetrieben der weiterverarbeitenden Industrie [82].

Die Lösungen und Schlämme der zu neutralisierenden Säuren und Laugen sind mit unterschiedlichen Konzentrationen an Schwermetallen kontaminiert, die stufenweise im Verlaufe der Neutralisation gefällt werden können (vgl. Abb. 4.186).

Tab. 4.29 Hydroxidfällung der Metallionen in der Lösung in Abhängigkeit vom eingestellten pH-Wert [40]

Metall-Ion	pH-Bereich Ausfällung	pH-Wert für Abbau auf 0,1 mg/l
Zinn (Sn IV)	1,0 bis 2,0	1,5
Eisen (Fe III)	1,5 bis 4,0	3,3
Aluminium (Al III)	3,0 bis 5,6	5,0
Chrom (Cr III)	3,7 bis 6,5	5,7
Kupfer (Cu II)	4,1 bis 8,0	7,0
Zink (Zn II)	5,6 bis 9,4	8,4
Blei (Pb II)	6,3 bis 9,3	9,2
Nickel (Ni II)	6,4 bis 10,1	9,1
Mangan (Mn II)	6,8 bis 11,1	9,6
Eisen (Fe II)	7,0 bis 11,1	10,0
Cadmium (Cd II)	7,5 bis 11,3	9,5
Magnesium (Mg II)	9,0 bis 13,2	12,2

4.5.3.2 Behandlungsprozesse bei der Neutralisation

Bei der Neutralisation erfolgt eine pH-Werteinstellung, so dass eine Ableitung der Abwässer mit dem übrigen Betriebswasser einer Behandlungsanlage möglich wird. Im Sinne einer größeren Wirtschaftlichkeit können Altsäuren, Altlaugen, Schlämme und Beizen, die keine toxischen Bestandteile enthalten, durch gegenseitige Mischung neutralisiert werden.

Vorher sollte aber die externe Verwertbarkeit der Altsäuren oder -Laugen geprüft werden. Nur wenn eine Verwertung nicht möglich ist oder nicht genügend Abfallsäuren und Laugen vorhanden sind, erfolgt die Neutralisation durch Zugabe von Natronlauge, Natriumcarbonat sowie Aufschlämmungen von Calciumhydroxid (Kalkmilch) oder Salz-, selten mit Schwefel- oder Salpetersäure.

Befinden sich Metallionen im zu behandelnden Abwasser, ist die Einstellung des gewünschten End-pH-Wertes nicht ausreichend. Die pH-Wertführung muss so erfolgen, dass unlösliche Metallhydroxide entstehen. Eine Metallfällung ist notwendig, um die gesetzlich geforderten Grenzwerte für diese Stoffe im Abwasser einzuhalten. Der Prozess der Neutralisation verbunden mit einer Fällung wird als Neutralisationsfällung bezeichnet. Durch Zugabe von Flockungsmitteln werden aus den Metallhydroxiden gut sedimentierbare Makroflocken gebildet und als Neutralisationsschlamm sedimentiert (Tab. 4.29).

Die Neutralisationszeit sollte im Chargenbetrieb für Abfälle mit hoher Konzentration mindestens 20 bis 30 min betragen. Abfälle, die frei von gefährlichen Stoffen sind, können bei geringen Konzentrationen im Durchlaufverfahren neutralisiert werden. Die Behandlung des Abwassers wird mit einer Filtration über Kiesfilter bzw. Aktivkohle und einen Selektivionenaustauscher abgeschlossen.

4.5.4 Entgiftung

Als Standardverfahren der chemisch-physikalischen Sonderabfallbehandlung kommen die Entgiftungsverfahren Chromat-, Cyanid- und Nitritentgiftung zur Anwendung. Die Annahme und Lagerung der Abfälle sollte nach Inhaltsstoffen getrennt stattfinden. Eine Entgiftung darf nur im Chargenbetrieb stattfinden.

4.5.4.1 Chromatentgiftung

Chromathaltige Abfälle entstehen vorwiegend bei der Oberflächenbehandlung und Metallveredelung in Metallverarbeitungs- und Galvanisierungsbetrieben. Beim Ablassen von Beiz -, Reinigungs- und Nachplatierlösungen fallen chromhaltige Abfälle in Form von Abwässern, Säuren, Laugen und Schlämmen an. Des Weiteren entstehen in der Textil-, Buntfarben-, Leder, Holz- und Elektroindustrie chromathaltige Abfälle [82].

Sechswertige Chromverbindungen sind starke Oxidationsmittel und müssen wegen der daraus folgenden Toxizität zu dreiwertigem Chrom reduziert (= entgiftet) und aus den Abwässern entfernt werden. Die Schwermetalle werden in eine schwerlösliche Form überführt, die deponiert werden kann. Zur Reduzierung stehen zwei Verfahren zur Verfügung:

I. Reduktion des Chromats mit Schwefeldioxid und Sulfit Schwefeldioxid wird als Gas in das Abwasser geleitet und reagiert mit Wasser zu schwefliger Säure, die dissoziiert. Das Bisulfition HSO_3^- ist der eigentliche Reaktionspartner des Chromats [84]. Es entsteht Chromsulfat, aus dem bei der Neutralisation unlösliches Chromhydroxid gebildet wird.

Verfahren mit Natriumhydrogensulfitlösung Bei der Reduktion wird die Chromatlösung auf einen pH-Wert ca. 2 angesäuert und anschließend Natriumhydrogensulfitlösung (Natriumbisulfitlösung) als Reduktionsmittel zugesetzt. Nachfolgend ist als Beispiel die Reaktionsgleichung zur Reduktion von Natriumchromat angegeben.

$$Na_2Cr_2O_7 + 3NaHSO_3 + 4H_2SO_4 \xrightarrow{pH \leq 2{,}5} Cr_2(SO_4)_3 + 3NaHSO_4 + Na_2SO_4 + 4H_2O \tag{4.12}$$

Aus dem Chromatsulfat entsteht bei der anschließenden Neutralisation mit Natronlauge, Kalkmilch und Soda unlösliches Chromhydroxid. Dieses kann sedimentiert und über Kammerfilterpressen abgetrennt werden. Zu beachten ist, dass bei der Entgiftung mit Sulfiten durch diese eine zusätzliche Abwasserbelastung entsteht und der CSB-Wert steigt.

II. Reduktion des Chromats mit Eisen-II-Salzen Bei einem pH-Wert unter 2,5 stellen die Eisen-II-Salze gute Reduktionsmittel dar. Die Reaktion verläuft nur dann genügend schnell und qualitativ ab, wenn der Säureverbrauch während der Reaktion ständig durch Zusatz von Säure kompensiert wird. Der Unterschied zur Reaktion mit Sulfit liegt im wesentlich höheren Verbrauch an Säure und der damit verbundenen Aufsalzung. In Abb. 4.187 ist das Beispiel einer Chromatentgiftung dargestellt.

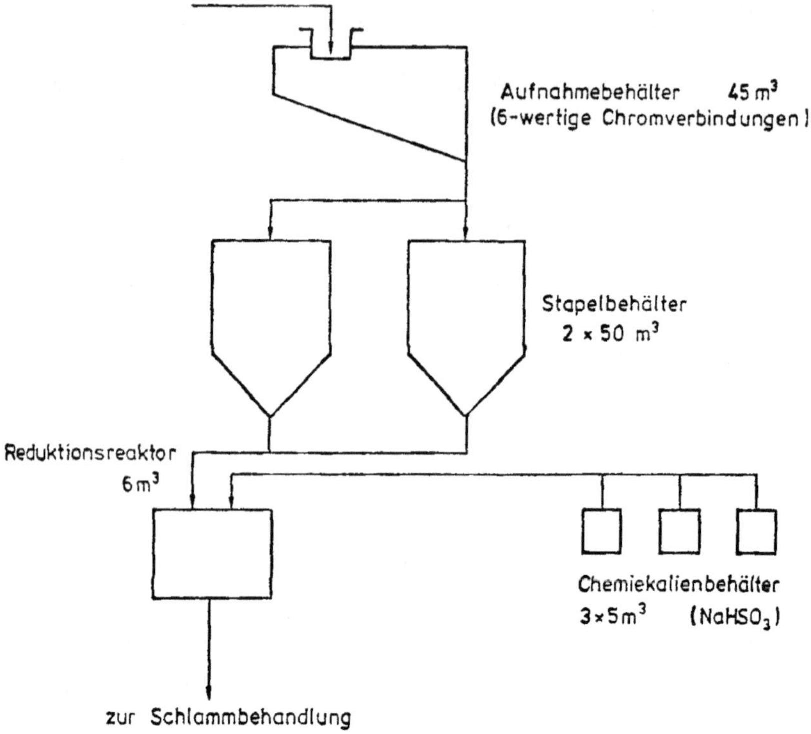

Abb. 4.187 Beispiel einer Chromatentgiftungsanlage [79]

4.5.4.2 Cyanidentgiftung

Große Mengen cyanidhaltiger Abfälle entstehen bei der Oberflächenbehandlung und dem Härten von Metallen sowie bei der Elektroplatierung.

Die chemischen Reaktionen zur Entgiftung des Cyanids in der Sonderabfallbehandlung sind am weitgehendsten untersucht. Hierfür lassen sich zwei Gründe nennen:

- Cyanid ist eine der giftigsten Komponenten im Abwasser,
- die Reaktionsmechanismen der Cyanidentgiftung sind sehr komplex.

Es treten bei allen Verfahren – mit Ausnahme der thermischen und Fällungsverfahren – stets mindestens zwei Einzelreaktionen auf, deren optimale Bedingungen bezüglich der Reaktionsgeschwindigkeit und des Reaktionsgleichgewichtes variabel sind. Hinzu kommen die Probleme, die sich aus der Komplexbildung des Cyanids mit den meisten Schwermetallen ergeben.

Cyanide werden in der Regel durch Oxidationsmittel in ungiftige Verbindungen überführt. Die häufigste Anwendung findet z. Z. noch Natriumhypochlorid (NaClO). Mit Natriumhypochlorid erfolgt eine Umsetzung des Cyanids in mehreren Teilreaktionen über die Bildung von Chlorcyan und Cyanat zu Stickstoff und Kohlendioxid. Der pH-Wert muss über 10 liegen [85].

$$NaCN + NaClO \rightarrow NaOCN + NaCl \quad (4.13)$$

$$2NaOCN + 3NaClO + H_2O \rightarrow 2CO_2 + N_2 + 3NaCl + 2NaOH \quad (4.14)$$

Die Reaktionszeit beträgt unter günstigen Bedingungen 30 bis 60 min, kann aber bei komplexen Sonderabfällen bis zu mehreren Tagen andauern.

Der Nachteil dieses Verfahrens ist, dass bei höheren Temperaturen bedingt durch Konzentrationen > 1 g/l CN^- gasförmiges Chlorcyan entstehen kann [131]. Ein weiterer Nachteil ist die Aufsalzung des Abwassers [83].

Des Weiteren ist die Gefahr der Bildung organischer Chlorverbindungen beim Einsatz chlorierter Oxidationsmittel sehr hoch. Dies kann zu Überschreitungen der dafür vorgeschriebenen Abwassergrenzwerte führen (AOX, HKW). Von Vorteil ist, dass für das Verfahren mit Natriumhypochlorid langjährige praktische Erfahrungen und bei entsprechender Mess- und Regeltechnik eine sichere Reaktionsführung möglich ist.

Alternativen zu diesem Verfahren sind die Cyanidoxidation mit Sauerstoff, Sauerstoffverbindungen (z. B. Wasserstoffperoxid, Ozon) und durch anodische Oxidation [131].

Die Vorteile dieser Verfahren sind die Vermeidung von zusätzlicher Abwasseraufsalzung und von chlorierten organischen Verbindungen.

4.5.4.3 Nitritentgiftung

Größere Mengen nitrithaltiger Abfälle können beim Härten (Warmbadschlamm), bei der spanenden Fertigung (Rostschutzzusätze in den Kühlemulsionen) und beim Schwarzfärben (Brünieren) von Stahlteilen anfallen. Eine Nitrit-Entgiftung kann wie bei der Cyanidentgiftung durch Oxidation z. B. mit Natriumhypochlorid erreicht werden. Die Reaktion erfolgt durch Ansäuern bei einem pH-Wert von 3 bis 4 [85].

$$NaNO_2 + NaClO \rightarrow NaNO_3 + NaCl \quad (4.15)$$

Die erforderliche Reaktionszeit wird mit ca. 20 min angegeben, kann aber auch bis zu 8 h und mehr betragen. Zur Vermeidung einer weiteren Aufsalzung wird die Oxidation z. T. auch mit Ozon oder Wasserstoffperoxid durchgeführt [85].

Bei der Anwesenheit von Cyanid und Nitrit muss zuerst das Cyanid bei pH 10 und dann das Nitrit bei pH 3 bis 4 mit gleichen Oxidationsmitteln entgiftet werden [85].

Bei der Reduktionsmethode wird durch Anwendung von Amidosulfonsäure das Nitrit zu Stickstoff reduziert.

$$NaNO_2 + NH_2SO_3H \rightarrow N_2 + NaHSO_4 + H_2O \quad (4.16)$$

Diese Reaktion verläuft am besten bei pH-Werten unter 4. Zur Umsetzung von 1 kg Natriumnitrit werden 1,5 kg Amidosulfonsäure benötigt [85].

4.5.5 Wertstoffrückgewinnung

Durch eine Reihe von chemisch-physikalischen Verfahren lassen sich in Abfällen enthaltene Wertstoffe zurückgewinnen. So sind die bei der Emulsionsspaltung (s. Kap. 4.5.1) anfallenden Öl- und Fettfraktionen verwertbar.

Von besonderem Interesse ist die teilweise Rückgewinnung von in flüssigen und pastösen Abfällen enthaltenen Metallinhalten, besonders der Buntmetalle. Dies ist besonders schwierig, wenn die Metalle im Gemisch vorliegen. Deshalb ist auch bei diesen Abfällen der Anspruch der Getrennthaltung eine wesentliche Voraussetzung für die Wertstoffrückgewinnung.

Metallinhalte aus pastösen Abfällen, z. B. Galvanikschlämme, sind durch Rücklösung, d. h. Überführung der Metallgehalte in die flüssige Phase aufarbeitbar. Für die Metallrückgewinnung aus der flüssigen Phase sind verschiedene Verfahren möglich:

- Ionenaustausch,
- Elektrolyse,
- Fällung, Kristallisation,
- Zementation,
- Verdampfung/Verdunstung.

Diese Verfahren werden besonders am Entstehungsort der Reststoffe (Konzentrate) erfolgreich eingesetzt.

Der Einsatz dieser Verfahren in chemisch-physikalischen Behandlungsanlagen ist wesentlich von der Qualität der Abfälle abhängig. Relativ unproblematisch ist die Rückgewinnung von Metallen aus Monochargen, in denen nur je ein Metall enthalten ist. Aus Mischabfällen können durch Kombinationen der vorgenannten Verfahren Metalle oder verwertbare Metallgemische separiert werden. Diese Vorgehensweise stößt aber bisher an wirtschaftliche Grenzen und wird deshalb noch im Erprobungsmaßstab betrieben.

4.5.6 Beispiel einer chemisch-physikalischen Behandlungsanlage

Das Abb. 4.188 zeigt ein Grundfließbild einer Behandlungsanlage für flüssige Abfälle (Konzentrate) und Schlämme aus Betrieben der Oberflächenbehandlung (z. B. Galvaniken). Dabei sollen die in den Schlämmen enthaltenen Wertstoffe (Metalle) durch geeignete Verfahren (Elektrolyse, separate Fällung von zwei- bzw. dreiwertigen Metallen) in eine verwertbare Form überführt werden.

Die in Abb. 4.188 skizzierte CP-Anlage besteht im Wesentlichen aus einem Vorbehandlungs-, einem Entgiftungs-, einem Metallrückgewinnungs- sowie einem Abwasser- und Schlammkonditionierungsbereich. Im Vorbehandlungsbereich sollen die angelieferten Schlämme mit Säure und Wasser behandelt werden, um die enthaltenen Schwermetalle in eine wässrige Lösung zu überführen.

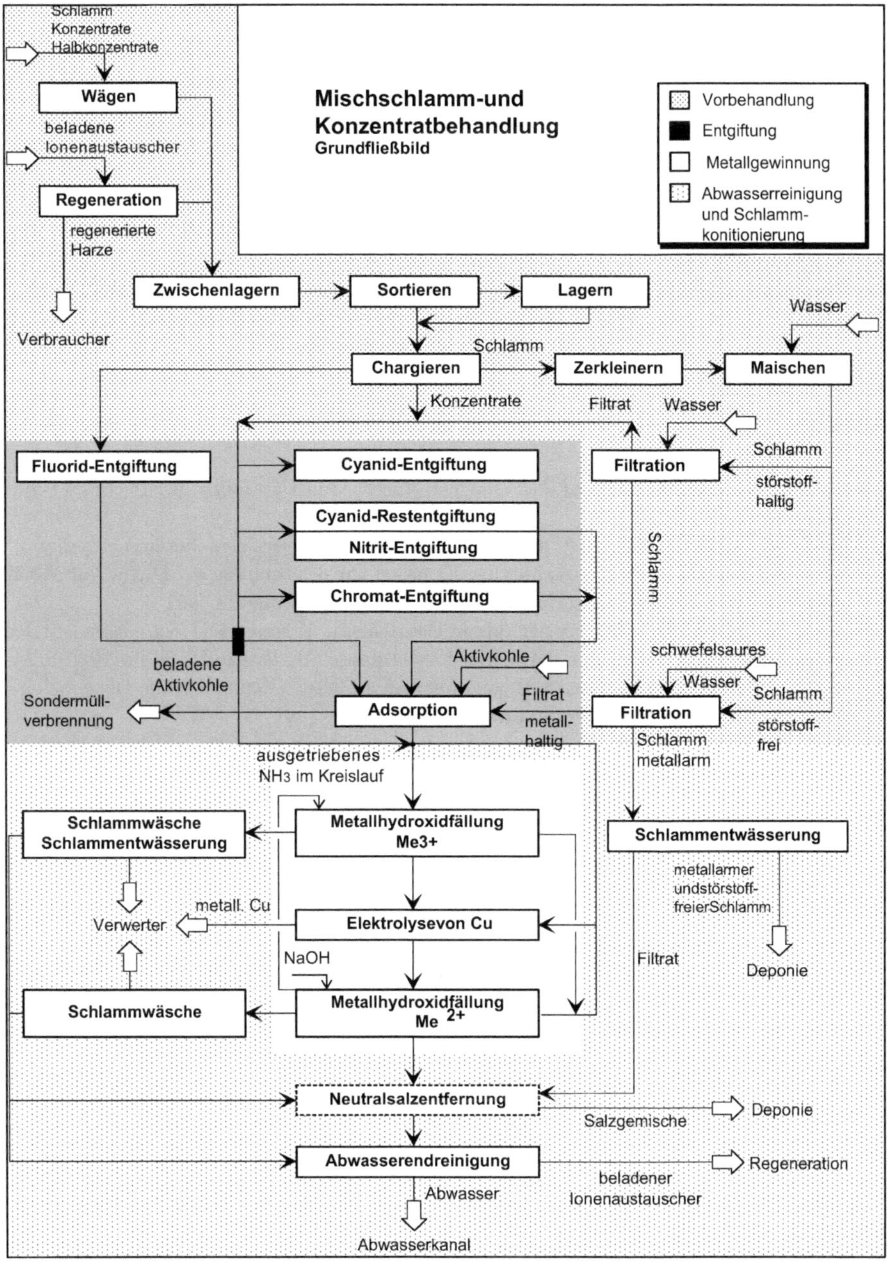

Abb. 4.188 Vereinfachtes Grundfließbild einer chemisch-physikalischen Sondermüllbehandlung sanlage mit Wertstoffrückgewinnung [134]

Sind in der wässrigen Lösung Störstoffe (meist Chromat, Cyanid oder Organika) vorhanden, müssen diese zunächst zerstört bzw. aus der Lösung entfernt werden. Darauf werden zunächst die 3-wertigen Metalle selektiv ausgefällt. Der dabei erhaltene Schlamm enthält im Wesentlichen Eisen und Chrom und kann in einer Hütte verwertet werden. Die wässrige Lösung enthält hauptsächlich noch 2-wertige Metalle, die mit Natronlauge ausgefällt und ebenfalls in der Hüttenindustrie verwertet werden können.

Diese oder ähnliche Anlagenkonzeptionen wurden bisher noch nicht realisiert, da die Verwertungskosten für eine Auflösung von Mischschlämmen mit anschließender Entgiftung und selektiver Fällung die heutigen Entsorgungskosten deutlich übersteigen.

Literatur

1. (Kennz. 0675). Hösel/Bilitewski/Schenkel/Schnurer: Müll-Handbuch. Berlin: Erich Schmidt Verlag 1993
2. Thomé-Kozmiensky, K.J. (Hrsg.): Deponie-Ablagerung von Abfällen. Berlin: EF-Verlag 1987
3. Wiemer, K.: Qualitative und quantitative Kriterien zur Bestimmung der Dichte von Abfällen in geordneten Deponien: Dissertation Technische Universität Berlin 1982
4. Wiemer, K.; JÄGER, B.: Deponietechnik in Deutschland. Wiemer, K (Hrsg.): Abfallwirtschaft an der Technischen Universität Berlin: Aktuelle Deponietechnik, Band 5. Berlin: 1980, S. 24–41
5. N.N.: Merkblatt: Die geordnete Ablagerung von Abfällen (Kennz. 4690). Hösel/Schenkel/Schnurer: Müll-Handbuch. Berlin: Erich Schmidt Verlag 1991
6. Bidlingmaier, W.: Schwermetalle im Hausmüll. Stuttgarter Berichte zur Abfallwirtschaft; Erich Schmidt Verlag: Bielefeld 1990
7. Ehring, H.-J.: Entwicklungen bei der Sickerwasserreinigung, Empfehlungen für die Praxis. Stuttgarter Berichte zur Abfallwirtschaft. Forschungs- und Entwicklungsinstitut für Industrie- und Siedlungswasserwirtschaft sowie Abfallwirtschaft e. V. Stuttgart (FEI) (Hrsg.): Zeitgemäße Deponietechnik VI. Berlin: Erich Schmidt Verlag 1992
8. Brahms, E.; Eder, G.: Abfallaufkommen und Schadstoffbelastung von Erzeugnissen aus Papier und Kunststoff. Dissertation an der TU Berlin: Berlin, 1988
9. N.N.: Umweltbundesamt (Hrsg.): Daten zur Umwelt 1990/91, 1997 Berlin 1990/1998
10. Bilitewski, B.; Härdtle, G.; Marek, K.: Anforderungen an die Sonderabfall-Deponie der Zukunft. Thomé-Kozmiensky, K.J. (Hrsg.): Deponie-Ablagerung von Abfällen. Berlin: EF-Verlag 1987, S. 875–897
11. Stief, K.: Das Multibarrierenkonzept als Grundlage von Planungen, Bau, Betrieb und Nachsorge von Deponien. Müll und Abfall 1 (1986) 15–20
12. Thomé-Kozmiensky, K.J.: Multibarrieren für die Deponie. Entsorgungspraxis (1987) 468–469
13. Stief, K.: Praxisnahe und realisierbare Deponiestrategien. Fehlau/Stief (Hrsg.): Fortschritte der Deponietechnik. Abfallwirtschaft in Forschung und Praxis. Bd. 19. Bielefeld: Erich Schmidt Verlag 1987, S. 125–136
14. Wiemer, K.: Grundlagen zur Abdichtung und Kapselung von Deponien. Thomé-Kozmiensky, K.J. (Hrsg.): Deponie-Ablagerung von Abfällen. Berlin: EF-Verlag 1987, S. 394–418
15. Franzius, V.: Bedeutung von Oberflächenabdichtungen für Gas- und Wasserhaushalt von Deponien. Fehlau/Stief (Hrsg.): Fortschritte der Deponietechnik. Abfallwirtschaft in Forschung und Praxis. Bd. 15. Bielefeld: Erich Schmidt Verlag 1987, S. 167–173
16. Knipschild, F.W. (Hrsg.): Deponiebasisabdichtung mit Kunststoffdichtungsbahnen. Beiheft 22 zu Müll und Abfall (1985)

17. Pastuska, G.; August, H.; Tatzky, R.: Eignung von Dichtungen aus Kunststoffen für Sonderabfalldeponien. Fortschritte der Deponietechnik 82. UBA-Texte Berlin: UBA-Eigenverlag 1982
18. Dewey, W.-J.; Ahting, D.; Alms, F.U.: Vergleichende Untersuchungen über das Langzeitverhalten von Deponieabdichtungen unter praxisbezogenen Bedingungen. Basisabdichtungen von Deponien. Beiheft zu Müll und Abfall 15. Bielefeld: Erich Schmidt Verlag 1979
19. Knüpfer, F.; Simons, H.: Abdichtungssysteme für Mülldeponien, Umwelteinflüsse von Abfalldeponien und Sondermüllbeseitigung. 8. Mülltechnische Seminar. Berichte aus Wassergütewirtschaft und Gesundheitsingenieurwesen 58. München: Technische Universität 1985, S. 103–126
20. Herbell, J.-D.; Tramowsky, B.: Beurteilung von Sonderabfällen in bezug auf ihre Deponierbarkeit, Umwelteinflüsse von Abfalldeponien und Sondermüllbeseitigung. 8. Mülltechnisches Seminar. Berichte aus Wassergütewirtschaft und Gesundheitsingenieurwesen 58. München: Technische Universität 1985, S. 53–102
21. Reuter, E.: Übertragung der Ergebnisse von Durchlässigkeitsversuchen an mineralischen Dichtungsmaterialien im Labor auf die Verhältnisse im Feld. Fehlau/Stief (Hrsg.): Fortschritte der Deponietechnik. Abfallwirtschaft in Forschung und Praxis, Band 16. Bielefeld: Erich Schmidt Verlag 1986, S. 31–54
22. Kohler, E.E.: Untersuchungen zur mineralischen Beständigkeit von mineralischen Dichtungsmaterialien in Deponiebasisabdichtungen. Fehlau/Stief (Hrsg.): Fortschritte der Deponietechnik. Abfallwirtschaft in Forschung und Praxis, Band 16. Bielefeld: Erich Schmidt Verlag 1986, S. 75–88
23. Meseck, H.: Mineralische Deponieabdichtungen, Anforderungen, Stand der Technik, Anwendungsbeispiele. Beiheft zu Müll und Abfall 24 (1987)
24. Thöne, H.; Cevrin, M.: Abfallbehandlung – ein wesentlicher Bestandteil der Deponieplanung. Entsorgungspraxis (1992) 1/2
25. N.N.: Umweltbundesamt 1993, mündl. Auskunft
26. Tchobanoglons, G.; Theisen, H.; Eliassen, R.: Solid Wastes. McGraw Hill Inc. 1977
27. Urban, S.: Gestaltung einer dichten Deponieabdeckung – Resultate eines Testprogramms. Zeitgemäße Deponietechnik. Stuttgarter Berichte zur Abfallwirtschaft, Band 24. Bielefeld: Erich Schmidt Verlag 1987, S. 123–148
28. Franzius, V.: Wasserwirtschaftliche Integration als Ziel der Deponieplanung. Stuttgarter Berichte zur Abfallwirtschaft, Band 17. Bielefeld: Erich Schmidt Verlag 1984, S. 211–219
29. Ehrig, H.-J.: Sickerwasser aus Hausmülldeponien – Menge und Zusammensetzung (Kennz. 4587) Hösel/Schenkel/Schnurer: Müll-Handbuch. Berlin: Erich-Schmidt-Verlag 1991
30. Collins, H.-J.: Zeitliche Veränderung des Austritts von Schadstoffen aus Hausmülldeponien. Fehlau/Stief (Hrsg.): Fortschritte der Deponietechnik. Abfallwirtschaft in Forschung und Praxis, Band 16. Bielefeld: Erich Schmidt Verlag 1986, S. 203–223
31. Ehrhardt, R.: Passive Entgasung einer Deponie im Landkreis Sigmaringen. Stuttgarter Berichte zur Abfallwirtschaft, Band 17. Folgenmaßnahmen an Abfalldeponien. Bielefeld: Erich Schmidt Verlag 1984, S. 163–186
32. Hofmann, R.: Sonderabfälle verwerten. Umwelt 21 (1991) 5, S. 266–267
33. Jandel, A.-S.: Gemischte Kunststoffabfälle großtechnisch hydrieren. Umwelt 23 (1993) 5, S. 301–302
34. Ehrig, H.-J.: Sickerwasserbehandlung auf Deponien – Überprüfung und Korrektur von Planungsannahmen in der Praxis. Fehlau/Stief (Hrsg.): Fortschritte der Deponietechnik. Abfallwirtschaft in Forschung und Praxis, Band 15. Bielefeld: Erich Schmidt Verlag 1986, S. 319–339
35. Ehrig, H.-J.: Weitergehende Sickerwasserreinigung, Thomé-Kozmiensky, K.J. (Hrsg.): Deponie-Ablagerung von Abfällen. Berlin: EF-Verlag 1987, S. 560–580

36. Dewey, W.J.: Spülung von Sickerwasserdrainagen. Fortschritte Deponietechnik 84. UBA-Texte 1979. Berlin: UBA-Eigenverlag 1979
37. Marquardt, K.: Mülldeponie – Sickerwasseraufbereitung unter Anwendung der Membrantechnik. Stuttgarter Berichte zur Abfallwirtschaft. Band 24. Zeitgemäße Deponietechnik. Bielefeld: Erich Schmidt Verlag 1987, S. 187–234
38. Krötz, R.: Fraktionierte Hydrierung von Altkunststoffen. Entsorgungspraxis 11 (1993) 496
39. N.N.: DSD setzt auf Hydrierung von Altkunststoffen. WLB Wasser, Luft und Boden 37 (1993) 60–62
40. Doedens, H.; Cord-Landwehr, K.: Sickerwasserkreislaufführung auf Deponien – neue Erkenntnisse und betriebliche Variationen. Müll und Abfall 3 (1984) 68–77
41. Tabassaran, O.; Thomanetz, E.: Möglichkeiten und Grenzen physikalischer, chemischer und biologischer Verfahren zur Behandlung von Sickerwässern aus Sonderabfalldeponien. Thomé-Kozmiensky, K.J. (Hrsg.): Deponie-Ablagerung von Abfällen. Berlin: EF-Verlag 1987, S. 526–559
42. Härdtle, G.; Marek, K.; Bilitewski, B.; Kijewski, K: Recycling von Kunststoffabfällen. Beiheft zu Müll und Abfall, Heft 27, 2. Aufl. Berlin: Erich Schmidt Verlag 1991
43. N. N.: Umweltbundesamt (Hrsg.): Deponiesickerwasserbehandlung. Symposium, 09.-11.04.1986 in Aachen. Materialien 1/87. Berlin: Erich Schmidt Verlag 1987
44. Mennerich, A.; Wolffron, Ch.: Überlegungen zur langfristigen Entwicklung und Kontrolle von Emissionen aus Hausmülldeponien. Fehlau/Stief (Hrsg.): Fortschritte der Deponietechnik 1986. Abfallwirtschaft in Forschung und Praxis, Band 16. Bielefeld: Erich Schmidt Verlag 1986, S. 225–249
45. N.N.: EWvK. Fortschrittsbericht zur rohstofflichen Verwertung Nr. 2
46. Rettenberger, G.; Dom, E.: Gasförmige Emissionen in den deponienahen Luftraum. Stuttgarter Berichte zur Abfallwirtschaft, Band 24. Zeitgemäße Deponietechnik. Bielefeld: Erich Schmidt Verlag 1987, S. 9–30
47. Rettenberger, G.: Grundlagen der Entsorgungstechnik und Stand der Deponiegasverwertung. Thomé-Kozmiensky, K.J. (Hrsg.): Deponie-Ablagerung von Abfällen. Berlin: EF-Verlag 1987, S. 614–638
48. N.N.: LAGA-Informationsschrift Deponiegas. Hösel/Schenkel/Schnurer: Müll-Handbuch. Berlin: Erich Schmidt Verlag 1991
49. Tönsmann, F.: Auslegung und Ausschreibung von Gaserfassungs- und -verwertungssystemen. Thomé-Kozmiensky, K.J. (Hrsg.): Deponie – Ablagerung von Abfällen 2. Berlin: EF-Verlag 1988, S. 666–694
50. Wiemer, K.; Widder, G.: Emissionsminimierung durch thermische Deponiegasbehandlungsanlagen. Franzius, V. (Hrsg.): Deponiegasnutzung. Beiheft 26 zur Müll und Abfall. Berlin: Erich Schmidt Verlag 1987, S. 16–21
51. Schilling, H.; Hinz, W.: Konzeption der Gasreinigungsanlage für die Deponie Kapiteltal. Franzius, V. (Hrsg.): Deponiegasnutzung. Beiheft 26 zu Müll und Abfall. Berlin: Erich Schmidt Verlag 1987, S. 22–26
52. Lambert, R.: Reinigung von Deponiegas. Stuttgarter Berichte zur Abfallwirtschaft. Band 19. Deponietechnik heute und morgen. Bielefeld: Erich Schmidt Verlag 1985, S. 189–201
53. Rautenbach, R.; Ehresmann, H.E.: Methangewinnung aus Deponiegas durch Membranverfahren. Thomé-Kozmiensky, K.J. (Hrsg.): Deponie-Ablagerung von Abfällen 2. Berlin: EF-Verlag 1988, S. 705–721
54. Simonet, R.A.: Neue Energiequellen – Erdgas aus Mülldeponien. Chemie-Technik (5/1984) 76–81
55. Bardtke, D.; Fischer, K.: Biologische Verfahren der Deponiegasreinigung. Stuttgarter Berichte zur Abfallwirtschaft Band 22. Altlastensanierung und zeitgemäße Deponietechnik. Bielefeld: Erich Schmidt Verlag 1986, S. 237–247

56. Ryser, W.: Aspekte und Probleme der Deponiegasnutzung bei Verwendung von Gasmotoren. Thomé-Kozmiensky, K.J. (Hrsg.): Deponie-Ablagerung von Abfällen, Berlin: EF-Verlag 1987, S. 685–710
57. Vogg, H.; Merz, A.; Steglitz, L.: Zur Rolle des E-Filters bei der Dioxinbildung von Abfallverbrennungsanlagen. AbfallwirtschaftsJournal 2 (1990) 9, S. 529 ff.
58. N.N.: Daten zur Umwelt 1991, Hrsg. UBA Berlin
59. Greiner, B.: Chemisch-physikalische Analyse von Hausmüll. Forschungsbericht 103 03 502 des Umweltbundesamtes; Berlin, 1983
60. Wedde, F.: Lärmschutz an Anlagen zur Behandlung und Verwertung von Haushaltsabfällen. Thomé-Kozmiensky, K.J.; Schenkel, W. (Hrsg.): Konzepte in der Abfallwirtschaft 1. Berlin: EF-Verlag 1987, S. 207–219
61. Neumann, U.; Ooyen, G.v.: Rekultivierung von Deponien und Müllkippen - Grundlagen für die Praxis der Rekultivierungsplanung. Beiheft 16 zu Müll und Abfall. Berlin: Erich Schmidt Verlag 1979
62. Göttner, J.: Mögliche Reaktionen in einer Sonderabfalldeponie - Folgerungen für das Deponierungskonzept. Müll und Abfall 2 (1985) 30–32
63. Stief, K.: Neue Entwicklungstendenzen bei der Deponietechnik aus der Sicht des Umweltbundesamtes. Stuttgarter Berichte zur Abfallwirtschaft, Band 19. Deponietechnik heute und morgen. Berlin: Erich Schmidt Verlag 1985, S. 29–33
64. Kost, T.: Brennstofftechnische Charakterisierung von Abfällen. Dissertation an der Technischen Universität Dresden; Schriftenreihe des Institutes für Abfallwirtschaft und Altlasten Band 16; Dresden, 2001
65. Mark, F.E.; Martin, R.: Energy recovery - analysis of plastics in municiple solid waste. Technical paper of AMPE (Association of Plastics Manufacturers in Europe); Brussels, 1995
66. Hahn, J.: Müllverbrennung mit vollständiger Abfallverwertung als unverzichtbarer Bestandteil einer geschlossenen Stoffwirtschaft. Reaktoren zur thermischen Abfallbehandlung. Berlin: EF-Verlag 1993
67. N.N.: Der Wissenschaftliche Beirat der Bundesärztekammer. Potentielle Gesundheitsgefahren durch Emissionen aus Müllverbrennungsanlagen. Deutsches Ärzteblatt (1990) Heft 1/2, 11.01.1993
68. Krätzig, L.: Nachrüstung der Rauchgasreinigungsanlage der Müllverwertungsanlage Ingolstadt, Verbrennungslinie III. Müll und Abfall (1993) 6
69. Thomé-Kozmiensky, K.J. (Hrsg.): Behandlung von Sonderabfällen 2. Berlin: EF-Verlag 1988
70. Maystre, I.Y.; Viret, F.: A Goal-Orientated Characterization of Urban Waste. In: Waste Management and Research 13 (1995), S. 207–218
71. Otte, P. F.: Analyse van metallen en calorische waarde in componenten uit huishoudelijkafval, 1988–92. Rijksinstituut voor Volksgezandheid en Milieu, Rapport-nummer 776201012; Bilthoven, (1994)
72. Rotter, S.: Schwermetalle in Haushaltsabfällen - Potenzial, Verteilung und Steuerungsmöglichkeiten durch Aufbereitung. Dissertation an der Technischen Universität Dresden TU Schriftenreihe des Institutes für Abfallwirtschaft und Altlasten Band 27; Dresden, 2002.
73. Schneider, H.-J.: Geotechnische Anforderungen an Untertage-Deponien in Bergwerken, Fels- und Salzkavernen zur Zwischen- oder Endlagerung von Sonderabfällen. Thomé-Kozmiensky (Hrsg.): Behandlung von Sonderabfällen 2. Berlin: EF-Verlag 1988, S. 1064–1079
74. Deisenroth, N.: Die Untertage-Deponie Herfe-Neurode (Kennz. 8193). Hösel/Schenkel/Schnurer (Hrsg.): Müll-Handbuch. Berlin: Erich Schmidt Verlag 1991
75. Rotter, S.; Bilitewski, B.: Schwermetallein Haushaltsabfällen - Einfluss auf den Ersatzbrennstoff, In 8. Münsteraner Abfalltage, Münsteraner Schriften zur Abfallwirtschaft, Band 6, Seite 133–139, Münster 2003

76. Lahl, U.: Ein Verfahren zur Schlackeaufbereitung. In: Rückstände aus der Müllverbrennung. Berlin: EF-Verlag 1992
77. Eisbein, J.; Schumacher, W.: Fos-Melt-Verfahren zur kombinierten Schlacke- und Flugstaubeinschmelzung. In: Rückstände aus der Müllverbrennung. Berlin: EF-Verlag 1992
78. Faulstich, M.; et al.: Red-Melt-Verfahren zur Wertstoffgewinnung aus Rückständen der Abfallverbrennung. Rückstände aus der Müllverbrennung. Berlin: EF-Verlag 1992
79. Roenick, C.: Möglichkeiten der zentralen Sonderabfallbehandlung: Diplomarbeit Technische Universität Berlin 1981
80. Bradke, H.J.: Emulsionsspaltungen. Hartinger, L. (Hrsg.): Taschenbuch der Abwasserbehandlung. Band 2. München: Carl Hanser Verlag 1977, S. 242–265
81. Klein, H.; et al.: Plasma-Schmelz-Verfahren zur Aufarbeitung toxischer Reststoffe. In: Rückstände aus der Müllverbrennung. Berlin: EF-Verlag 1992
82. N.N.: Umweltbundesamt: Handbuch gefährlicher Stoffe in Sonderabfällen. Materialien 5/87. Berlin: Erich Schmidt Verlag 1987
83. Meixelsperger, R.: Vorbehandlung durch Dekantieren, Entgiften und Neutralisieren. Thomé-Kozmiensky (Hrsg.): Sonderabfallbeseitigung. Abfallwirtschaft in Forschung und Praxis, Band 5. Bielefeld: Erich Schmidt Verlag 1977, S. 78–96
84. Hartinger, L.: Entgiftung sechswertiger Chromverbindungen. Taschenbuch der Abwasserbehandlung, Band 1. München: Carl Hanser Verlag 1976
85. Hartinger, L.: Nitritentgiftung. Taschenbuch der Abwasserbehandlung, Band 1. München: Carl Hanser Verlag 1976
86. N.N.: ABC Chemie. Leipzig: Brockhaus Verlag, S. 558
87. ebenda, S. 562
88. Hoffmann, E.: Einrichtungen zur Schlammentwässerung. Hartinger, L. (Hrsg.): Taschenbuch der Abwasserbehandlung, Band 2. München: Carl Hanser Verlag 1977
89. Bilitewski, B.: Recyclinganlagen für Haus- und Gewerbeabfall, Beihefte zu Müll und Abfall, Band 21, Erich Schmidt Verlag Berlin (1985)
90. Heilmann, A., Wagner, A.: Zukünftige Restabfallzusammensetzung nach Abfallvermeidung und -verwertung, in: Bilitewski/Faulstich/Urban (Hrsg.): Thermische Restabfallbehandlung, ESV-Berlin, Abfallwirtschaft in Forschung und Praxis, Band 83 1996, S. 78–91
91. N.N.: Information der Fa. von Roll, Mai 1992
92. Montin, T.; Persson, P.-E.; Sundquist, S.: Separering – Kompostering Fältrapport fran 19 svenska avfallsverk, Statens Naturvardsverk, Rapport SNV PM 1804 (1984) – 2 Bände
93. Simon, W.: Beitrag des Pyrolyse-Verfahrens zur Beseitigung und Verwertung des Hausmülls in der Bundesrepublik Deutschland bis zum Jahre 1990/95. Thomé-Kozmiensky, K.J. (Hrsg.): Recycling Berlin 1979, Band 1. Berlin: EF-Verlag 1979, S. 606–611
94. Rasch, R.: Gaserzeuger-Praxis und Müllvergasung. Aufbereitungstechnik 3 (1977) 138–143
95. Buekens, A.; Schoeters, J.: Thermal methods in waste disposal. Part 1: Pyrolysis und Gasification. Final Report. Study performed for E.E.C. under Contract Number ECJ 1011/B 7210/83/b, 1984
96. Lenz, S.: Optimale Abfallnutzung durch neuartige Pyrolyseverfahren. Umwelt 4 (1979) 291–292
97. Sattler, K. (Hrsg.): Umweltschutz, Entsorgungstechnik. Würzburg: Vogel-Verlag 1982
98. Thomanetz, E.: Möglichkeiten und Grenzen der Erzeugung von Energie und Rohstoffen durch die Pyrolyse von Abfällen. Zukunftsaspekte der thermischen Abfallbehandlung im Rahmen abfallwirtschaftlicher Planung. 16. AWS Berlin: TU Eigenverlag 1983, S. 69–91
99. Schütte, J. Rottetechnik mit dem Wendelin-Verfahren, dargestellt am Beispiel der Kompostieranlage für Bioabfälle des Zweckverbandes S.O.W. Hoorn/NL. Dott, W.; Fricke, K.; Oetjen, R. (Hrsg.): Biologische Verfahren der Abfallbehandlung. Berlin: EF-Verlag 1990, S. 243–256

100. Thomé-Kozminsky, K.J.; et al.: Getrennte Wertstofferfassung und Biokompostierung 2. Berlin
101. Janz, A.; Rotter, S.; Bilitewski, B.: Beiträge elektronischer Bauteile und Gerätebatterien zur Schwermetallfracht im Restabfall. In Müll und Abfall, Nr. 3/2008, S. 143–147 Erich Schmidt Verlag
102. Heil, J.: Einfluß der Pyrolysebedingungen und der Abfallarten auf die entstehenden Produkte bei der Entgasung von Haushaltsabfällen: Dissertation TU Berlin 1980
103. Janz, A.: Schwermetalle aus Elektrogeräten und Batterien im kommunalen Restabfall, Forum für Abfallwirtschaft und Altlasten an der TU Dresden, Eigenverlag, Band 69, Pirna 2010
104. Federle, H.: Thermodynamische Betrachtungen über den Einfluß von Pyrolysetemperatur und Wassergehalt auf die Pyrolyse von Abfällen: Dissertation TU Berlin 1977
105. Dott, W; et al.: Biologische Verfahren der Abfallbehandlung. Berlin: EF-Verlag 1990
106. Wiemer, U.: Stand und Perspektiven der Bioabfallkompostierung. Abfallwirtschaft Witzenhausen 10 (1992)
107. N.N.: Statistisches Bundesamt: Statistisches Jahrbuch 1992, S. 707
108. Bilitewski, B.: Gezielte Herstelllung von Adsorptionskoksen aus Abfällen: Dissertation TU Berlin 1980
109. Thomé-Kozmiensky, K.J.: Anaerobe Abfallbehandlung. Thomé-Kozmiensky, K.J.(Hrsg.): Biogas - Anaerobtechnik in der Abfallwirtschaft. Berlin: EF-Verlag 1989, S. 1–30
110. Schulkies, V.: Einfluss der getrennten Sammlung von graphischem und Verpackungspapier auf den Schadstoffgehalt im Altpapier am Beispiel von Pentachlorphenol und Polycyclischen Aromatischen Kohlenwasserstoffen, Forum für Abfallwirtschaft und Altlasten an der TU Dresden, Eigenverlag, Band 21, Pirna 2001
111. Thomé-Kozmiensky, K.J. (Hrsg.): Kompostierung und Brennstoffgewinnung. Technik-Wirtschaft-Umweltschutz, Band 6. Berlin: EF-Verlag 1983
112. Scherer, P.A.: Vergärung von kommunalen Bioabfällen - Verfahrensbedingte Besonderheiten, Betriebsanlagen, Perspektiven. Müll und Abfall (1993) 5
113. N.N.: Anaerobic Digestion of MSW. Vortrag auf „Seveth International Conference on Solid Waste Management and Secondary Materials". Philadelphia (USA) 1991
114. Lotter, S.; Stegmann, R.: Verfahren zur anaeroben Behandlung organischer Siedlungsabfälle. Thomé-Kozmiensky, K.J. (Hrsg.): Biogas - Anaerobtechnik in der Abfallwirtschaft. Berlin: EF-Verlag 1989, S. 215 ff.
115. Schnell, R.; Schmid, M.: Verwertung fester organischer Abfallstoffe aus Industrie und Haushalten durch Anaerobtechnik. Thomé-Kozmiensky, K.J. (Hrsg.): Biogas - Anaerobtechnik in der Abfallwirtschaft. Berlin: EF-Verlag 1989, S. 193 ff.
116. Koepp-Bank, H.-J.: Mikrobiologische Grundlagen des anaeroben Abbaus organischer Substanzen. Thomé-Kozmiensky, K.J. (Hrsg.): Biogas - Anaerobtechnik in der Abfallwirtschaft. Berlin: EF-Verlag 1989, S. 85 ff.
117. Kloss, R.: Planung von Biogasanlagen. München: Oldenbourg Verlag 1986, S. 45 ff., S.114 ff.
118. Zimmermann, C.; Wulfert, K.; Wittkowsky, A.: Biogas als Nebenprodukt. Müllmagazin 3 (1989) S. 34
119. Koch, M.: Eluate aus pyrolysiertem Hausmüll: Dissertation TU Berlin 1981
120. Kübler, H.; Schertler, C.; Schnell, R.; Wild, M.: Verbundvorhaben Verwertung Biomüll-Naßmüll Teilvorhaben I (Endbericht), BTA Veröff. München 1991
121. Thomé-Kozmiensky, K.-J. (Hrsg.): Verbrennung von Abfällen. Berlin: EF-Verlag 1985
122. Reimer, H.: Vorgänge bei der Verbrennung (Kennz. 7030). Hösel/Schenkel/Schnurer (Hrsg.): Müll-Handbuch. Berlin: Erich Schmidt Verlag 1991
123. Habeck-Tropfke, H.: Müll- und Abfalltechnik. Düsseldorf: Werner Verlag 1985
124. Thomé-Kozmiensky, K.-J. (Hrsg.): Müllverbrennung und Rauchgasreinigung. Berlin: EF-Verlag 1983

125. Vater, C.: Thermische Abfallbehandlung in Entsorgungskonzepten. VDI-Bericht 637. Düsseldorf: VDI-Verlag 1979
126. N.N.: Aufbereitungsversuch von Restmüll im Landkreis Starnberg. BTA-Veröff. München 1991
127. Tennhardt, L.: Potential technischer Abwasser- und Klärschlammbehand-lungsver-fahren zur Elimination endokriner Substanzen, Forum für Abfallwirtschaft und Altlasten an der TU Dresden, Eigenverlag, Band 33, Pirna 2004
128. Scherer, P.A.: Grundlagen und Besonderheiten der anaeroben Prozeßführung. Thomé Kozmiensky, K.J. (Hrsg.): Biogas – Anaerobtechnik in der Abfallwirtschaft. Berlin: EF-Verlag 1989, S. 85 ff.
129. Larmann, W.: Zukünftige Anforderungen an die chemisch-physikalische Behandlung von Sonderabfällen. Entsorgungspraxis 5 (1993) 366–384
130. Braun, W.: Entstaubung von Rauchgasen aus der Abfallverbrennung mit Elektrofiltern. Thomé-Kozmiensky, K.J. (Hrsg.): Rauchgasreinigung nach der Abfallverbrennung. 12. Abfallwirtschaftsseminar an der TU Berlin: TU-Eigenverlag 1981, S. 242–259
131. Hartinger, L.: Handbuch der Abwasser- und Recyclingtechnik. München, Wien: Karl Hanser Verlag 1991
132. Reimann, D.: Optimierung der Rostfeuerung für Hausmüll. Phoenix International 2 (1988) 23–29
133. Johnke, B.; Vater, C.: Hausmüllverbrennung – ein umweltverträglicher Behandlungsschritt auf einem umweltentlastenden Entsorgungsweg. Müll und Abfall 2 (1989)
134. INTECUS: Projektstudie für eine chemisch/physikalische Behandlungsanlage für Galvanik. Abfallprodukte (vorläuger Endbericht). Senatsverwaltung für Stadtentwicklung und Umweltschutz Berlin 1993
135. Thomé-Kozmiensky, K.J.: Sonderabfall-Entsorgung. Thomé-Kozmiensky, K.J. (Hrsg.): Behandlung von Sonderabfällen 1. Berlin: EF-Verlag 1987, S. 1–225
136. Fichtel, K.: Behandlung von Rückständen aus Müllverbrennungsanlagen. Entsorgungspraxis 12 (1988) 560–562
137. Beekwilder, A.: Planung zentraler Sonderabfallbehandlungsanlagen in den Niederlanden. Thomé-Kozmiensky, K.J. (Hrsg.): Behandlungsanlagen von Sonderabfällen 1. Berlin: EF-Verlag 1987, S. 499–510
138. LAGA: Merkblatt 10. Qualitätskriterien und Anwendungsempfehlungen für Kompost aus Müll- und Müllklärschlamm (KZ 6857). Hösel/Schenkel/Schnurer (Hrsg.): Müll-Handbuch. Berlin: Erich Schmidt Verlag
139. Hagenmaier, H.; et al.: Primär- und Sekundärmaßnahmen zur Minimierung von Dioxin-Emissionen bei Müllverbrennungsanlagen. Thomé-Kozmiensky, K.J. (Hrsg.): Müllverbrennung und Umwelt 2. Berlin: EF-Verlag 1987, S. 554–572
140. Hagenmaier, H.: Niedertemperatur-Behandlung von Filterstäuben. EntsorgungsPraxis 5 (1988) 186–191
141. Jäger, B.: Die Behandlung und Beseitigung fester Abfälle durch biologische Verfahren (Kennz. 5300). Hösel/Schenkel/Schnurer (Hrsg.): Müll-Handbuch. Berlin: Erich Schmidt Verlag
142. Thomas, G.: Verbrennung in rostlosen Anlagen (Kennz. 8142). Hösel/Schenkel/Schnurer (Hrsg.): Müll-Handbuch. Berlin: Erich Schmidt Verlag
143. INTECUS: Stand der Technik und Entwicklungstendenzen bei der Sonderabfalldeponierung im Raum der EG. Abschlußbericht GUA/Wien: Berlin Juli 1986
144. N.N.: In Anlehnung an Nordhaus, R.: Das Herhof-Verfahren zur Bioabfallkompostierung. Wiemer, K.; Kern, M (Hrsg.): Verfahrenstechnik der Bioabfallkompostierung. AbfallWirtschaft (1992) 10
145. Borgwart, W.: Entschlackung, Entaschung, Transport und Bunkerung (Kennz. 7150). Hösel/Schenkel/Schnurer: Müll-Handbuch. Berlin: Erich Schmidt Verlag 1991

146. Gehring, M.: Verhalten der endokrin wirksamen Substanz Bisphenol A bei der kommunalen Abwasserentsorgung, Forum für Abfallwirtschaft und Altlasten an der TU Dresden, Eigenverlag, Band 34, Pirna 2004
147. Dentler, A.: Sulzer Escher Wyss Wirbelschichtverfahren zur indirekten Trocknung im Dampfkreislauf. Beiheft zu Müll und Abfall 28 (1989) 56–60
148. Lichtenberger, H.: Geplante Klärschlammverbrennung in einem Kohlekessel im HKW München-Nord. Beiheft 28 zu Müll und Abfall (1989) 87–88
149. Bilitewski, B.: Tributylzinn in Abfällen, 4. Symposium März 2009 in Dresden, Forum für Abfallwirtschaft und Altlasten an der TU Dresden, Eigenverlag, Band 61, S. 107–114, Pirna 2009
150. Leyrer; et al.: Hausmüllentsorgung aus ökologischer Sicht. Projektarbeit GHS Kassel. FB Landwirtschaft 1980
151. N.N.: Faustzahlen für Landwirtschaft und Gartenbau. Hiltrup-Münster: Landwirtschaftsverlag 1983
152. Vogg, H.: Von der Schadstoffquelle zur Schadstoffsenke – neue Konzepte der Müllverbrennung. Chem.-Ing.-Tech. 60 (1989) 247–255
153. Kahmann, L.: Kompostqualitätskriterien und Schwermetalle. Müll und Abfall 7 (1981) 188–194
154. N.N.: Klärschlammverordnung – AbfKlärV vom 25.06.1982. Bundesgesetzblatt 2 (1982) 734–739
155. Bilitewski, B.: Beeinflussung der Schwermetallfraktion durch mechanische Sortierung und getrennte Sammlung. Thomé-Kozmiensky K.J. (Hrsg.): Biogas – Anaerobtechnik in der Abfallwirtschaft. Berlin: EF-Verlag 1989, S. 261–286
156. Gehring, M.; Vogel, D.; Bilitewski, B.: Belastung von Recycling-Toilettenpapier aus verschiedenen Ländern mit 2,4,7,9-Tetramethyl-5-decin-4,7-diol (TMDD) und den endokrin aktiven Stoffen Bisphenol A, 4-tert-Octylphenol, technisches 4-Nonylphenol und Pentachlorphenol, 4. Symposium März 2009 in Dresden, Forum für Abfallwirtschaft und Altlasten an der TU Dresden, Eigenverlag, Band 61, S. 91–105, Pirna 2009
157. Loll, U.: Kompostierung als Verfahren zur Klärschlammstabilisierung. Thomé-Kozmiensky, K.J. (Hrsg.): Kompostierung von Abfällen 2. Berlin: EF-Verlag 1985, S. 244–259
158. Jäger, B.: Die hauptsächlichen Verfahren der Kompostierung (Kennz. 5410). Hösel/Schenkel/Schnurer: Müll-Handbuch. Berlin: Erich Schmidt Verlag 1991
159. Braun, R.; et al.: Empfehlungen für die verfahrenstechnische Gestaltung und die maschinelle Ausstattung von Kompostwerken. Bericht über die Ergebnisse eines internationalen Fachgespräches. Müll und Abfall 9 (1979) 248 ff.
160. Bidlingmaier, W., Denecke, M.: Grundlagen der Kompostierung. (Kennz. 5305) Hösel/Schenkel/Bilitewski/Schnurer. Müll-Handbuch. Berlin: Erich Schmidt Verlag 1998
161. Jäger, B.; Jager, H.: Ermittlung und Bewertung von Geruchsemissionen bei der Kompostierung von Siedlungsabfällen. Müll und Abfall 1 (1980) 22–28
162. Helmer, R.: Abluftreinigung in Müllkompostwerken mit Hilfe der Bodenfiltration. Müll und Abfall 5 (1974) 140–146
163. Jager, H.; et al.: Staubreinigung der Luft 39 (1979) 145 ff. und 305 ff.
164. Faulstich, M.: Inertisierung fester Rückstände aus der Abfallverbrennung. Abfallwirtschafts-Journal 7/8 (1989) 20–28, 53–56
165. Pfirter, A.; et al.: Kompostieren. Aargau/Solothurn: Verlag Genossenschaft Migros 1982
166. Hagenmaier, H.: Niedertemperatur-Behandlung von Flugstäuben. EntsorgungsPraxis 6 (1988) 186–191
167. Reimann, D. O.: Gemeinsame Beseitigung von Filterstäuben und Neutralisationsschlämmen aus der Rauchgasreinigung – Bamberger Modell. Technische Mitteilungen 78 (1985) 268–272
168. Fichtel, K.: Verfestigungsversuche in Bayern. Thomé-Kozmiensky, K.J. (Hrsg.): Müllverbrennung und Umwelt 2. Berlin: EF-Verlag 1987, S. 732–742

169. N.N.: Compost Science 1 (1960) 36
170. Strehler, A.; Hofstetter, E.-M.; Heins, F.: Studien über zur Hochdruckverdichtung geeignete pflanzliche Reststoffe aus der Landwirtschaft und dem Kommunalbereich. München: Landtechnik Weihenstephan Selbstverlag 1987
171. Strehler, A.: Erkenntnisse aus der Entwicklung von Feuerungsanlagen für Stroh und Holz. Thomé-Kozmiensky, K.J.(Hrsg.): Energiegewinnung durch emissionsarme Verbrennung von Rückständen in Kleinverbrennungsanlagen. Berlin: EF-Verlag 1981, S. 448–471
172. Schulze-Lammers, P.: Aufbereitung von Brennstoffen – Stroh und Schwachholz. Thomé-Kozmiensky, K.J. (Hrsg.): Energiegewinnung durch emissionsarme Verbrennung von Rückständen in Kleinverbrennungsanlagen. Berlin: EF-Verlag 1981, S. 383–403
173. Marutsky, R.: Holzreststoffe (Kennz. 8561). Hösel/Schenkel/Schnurer (Hrsg.): Müll-Handbuch. Berlin: Erich Schmidt Verlag 1991
174. Koch, T.C.; Seeberger J.: Ökologische Müllverwertung. Alternative Konzepte 44. Karlsruhe: Verlag C.F. Müller 1984
175. Marutzky, R.: Möglichkeiten und Grenzen der Rest- und Altholzverwertung. Arbeitskreis für die Nutzbarmachung von Siedlungsabfällen (1984) Heft 10
176. Bilitewski, B., Niestroj, J.: Zukünftige Heizwerte und Schadstoffgehalte von Restmüll; AbfallwirtschaftsJournal 6 (1994), Nr. 9, S. 586–588
177. Fent, K.: Organotin compounds in municipal wastewater and sewage sludge: contamination, fate in treatment process and ecotoxicological consequences, The Science of the Total Environment 185 (1996) 151–156
178. Pauli, B.: Etagenofen kombiniert mit Müllverbrennung bei gemeinsamer Rauchgasreinigung (MKVA Marktoberdorf). Beiheft zu Müll und Abfall 28 (1989) 96–99
179. Thomas, G.: Etagenwirbler am Beispiel SEVA Frankfurt. Beiheft zu Müll und Abfall 28 (1989) 103–104
180. Märtens, H.: Alfelder Modell – Klärschlammgranulat/Asphalt. Beiheft zu Müll und Abfall 28 (1989) 82–86
181. Manzel, J.: SEVAR-Trocknungsverfahren mit Dünnbett. Beiheft zu Müll und Abfall 28 (1989) 74–81
182. Klein, J.: BF-Verfahren zur Klärschlammtrocknung und -verbrennung. Beiheft zu Müll und Abfall 28 (1989) 70–73
183. Vater, W.: Schlammtrocknung – Thermische Trocknung (Kennz. 3310). Hösel/Schenkel/Schnurer (Hrsg.): Handbuch für Müll und Abfall. Berlin: Erich Schmidt Verlag
184. WHO. 1990: International programme on chemical safety. Environmental health criteria 116: Tributyltin compounds. Geneva, Schwitzerland: World Health Organization. http://www.inchem.org/documents/ehc/ehc116.htm. July 8.2003
185. Lehrmann, F.: Buehler-Miag-Schlammtrocknungsverfahren. Beiheft zu Müll und Abfall 28 (1989) 65–64
186. Beckmann, G.: Dampfwirbeltrocknung. Beiheft zu Müll und Abfall 28 (1989) 61
187. Ackermann, D.G.; et al.: Destruction and disposal of PCBs by thermal and nonthermal methodes. Park Ridge, USA: Noyes Data Corporations
188. Matter, M.: Die Buss-Schlammtrocknung. Beiheft zu Müll und Abfall 28 (1989) 50–55
189. Hofer, H.: Kompostierung von Abfällen. Publikation der Bühler AG, Uzwil (CH) 1990
190. Grünwald, K. 2004.: Tributylzinn (TBT) in Baggergut – eine Bestandsaufnahme, 3. Rostocker Baggergutseminar 10.-11.11.2004
191. Schlag, D.; Seng, H.J.; Gamm, A.: Betriebsanlagen zur Vergärung von Abfällen – Teil 2. Müll und Abfall (1993) 8
192. N.N.: Ingenieurbüro für Raum und Bauakustik – Lärmminderung – Schallimmissionsschutz: Prüfbericht Nr. 5483/01.77. Auftraggeber: Berliner Verkehrs-Consulting GmbH, 1977

193. N.N.: Angaben der Betreiber der Schachtanlage Herfa-Neurode und Salzbergwerk Heilbronn 1993
194. N.N.: Äquivalenzfaktoren nach NATO-CCMS. Bericht Nr. 176, Aug. 1988
195. N.N.: Statistisches Bundesamt Stuttgart: Öffentliche Abfallbeseitigung 1984, 1997 Fachserie 19, Reihe 1.1. Mainz: Kohlhammer Verlag 1987–1998
196. Rettenberger, G.; Bilitewski, B.; Stegmann, R. (Hrsg.): Nachsorge von Deponien – Maßnahmen, Dauer, Kosten, Verlag abfall aktuell Stuttgart, Band 2, 1999, 326 Seiten.
197. Rettenberger, G.: Emissionsverhalten hochverdichteter Abfälle – Erfahrungen aus dem Rückbauprojekt Deponie „Burghof" im Verbundvorhaben Deponiekörper, 2. Statusseminar 4.-5.2.1997 in Wuppertal, Umweltbundesamt/ BMBF, Förderkennzeichen:1460799 und 1460799A bis G, S. 175–199
198. Krümpelbeck, J.; Ehrig, H.-J.: Prognose des Langzeitverhaltens von Altdeponien und Fragestellung der Nachsorge in: Rettenberger, G.; Bilitewski, B.; Stegmann, R. (Hrsg.): Nachsorge von Deponien – Maßnahmen, Dauer, Kosten, Verlag abfall aktuell Stuttgart, Band 2, 1999, S. 43 ff
199. Heyer, K.-U., Stegmann, R.: Verkürzung der Nachsorgephase durch In situ-Stabilisierung in: Rettenberger, G.; Bilitewski, B.; Stegmann, R (Hrsg.): Nachsorge von Deponien – Maßnahmen, Dauer, Kosten, Verlag abfall aktuell Stuttgart, Band 2, 1999, S. 137 ff
200. Bilitewski, B.; Andreas, L.: Long-term behaviour and aftercare of landfills in: Proceedings of the European Workshop on the Protection of European Water Resources 16.-18.6.99, Dresden 1999
201. Jager, E.: Aerogene Keimbelastung bei der Müllsortierung in: Umweltbeeinflussung durch biologische Abfallbehandlungsverfahren, Schriftenreihe WAR 81, Darmstadt 1994,
202. BMU; „Berichte der Bundesregierung zur TA Siedlungsabfall", Bonn, Februar 1996
203. Niedersächsisches Umweltministerium Abteilung 5; „Positionspapier zur Vorbehandlung von Restabfällen"; Hannover, Februar 1995
204. Ministerium für Umwelt, Naturschutz und Raumordnung des Landes Brandenburg; „Positionspapier zur TA Siedlungsabfall"; Potsdam, 7.2.1995
205. Hoffmann, G.; Wünsch, Ch.; et al.: Nutzung der Potenziale des biogenen Anteils im Abfall zur Energieerzeugung, Institut für Abfallwirtschaft und Altlasten, TU-Dresden und INTECUS GmbH; UFO-Plan 3707 33 303; im Auftrag des Umweltbundesamtes, 2010
206. S. Mattersteig, B. Bilitewski: Untersuchungen zum Auftreten von Siloxanen im Deponiegas, in: G. Rettenberger, R. Stegmann (Hrsg.), Stilllegung und Nachsorge von Deponien 2009, Dokumentation der Tagung vom 12.–13. Januar 2009 in Trier, Trierer Berichte zur Abfallwirtschaft, Band 18, Verlag Abfall aktuell Stuttgart, Januar 2009, S. 51–62
207. Bilitewski, B.; Krane, N.: Möglichkeiten der langfristigen Nachnutzung von Deponiestandorten; Deponietechnik 2004, Hamburger Berichte
208. Bilitewski, B. Andreas, L.: Long-term behavior and aftercare of landfills, in the protection of European water and resources; EU-DG XII Concerted Action ETCA, Verlag Forum für Abfallwirtschaft und Altlasten TU-Dresden, 1999; S. 159–180
209. K.-U. Heyer, K. Hupe, M. Ritzkowski, R. Stegmann: Vorschlag für Kriterien zur Beendigung einer erfolgreichen Deponiebelüftung, in Stegmann/Rettenberger/Bidlingmaier/Bilitewski/Fricke/Heyer (Hrsg.): Deponietechnik 2010, Hamburger Berichte 35, Verlag Abfall aktuell, Hamburg 2010
210. Heyer, K.-U.: Langzeitverhalten von Deponien – Konsequenzen für Durchführung und Abschluss der Nachsorge; in Bilitewski, Werner, Stegmann, Rettenberger (Hrsg.): Perspektiven von Deponien-Stilllegung und Nachnutzung nach 2005, Beiträge zu Abfallwirtschaft/Altlasten (Band 42), TU-Dresden (2005) S. 57–71

211. Pleßow, A.; Bielert, U.; Heinrichs, H.; Steiner, I.; Problematik der Grundwasserversauerung und das Lösungsverhalten von Spurenstoffen, in: Geochemie und Umwelt, Matschullat, Tobschall, Voigt (Hrsg.) Berlin 1997
212. Cremer, S.: Mobilisierung von Schwermetallen in Porenwässern von belasteten Böden und Deponien: Entwicklung eines aussagekräftigen Elutionsverfahrens, Dissertation Universität Bochum, 1993
213. Heinrichs, H.; Hundesrügge, T.; Brumsack, H.-J.: Siedlungsabfälle: Verwertung – Verbrennung – Deponierung, in Geochemie und Umwelt, Matschullat, Tobschall, Voigt (Hrsg.) Springer Verlag Berlin 1997
214. Bilitewski, B.; Hantsch, S.: Schadstoffpotenzial von verschiedenen Abfall- und Recyclingstoffen und deren Wirkung auf den Boden und das Grundwasser, in Rettenberger, G.; Stegmann, R. (Hrsg.): Stilllegung und Nachsorge von Deponien 2011, Verlag Abfall aktuell, Band 20, 2011, S. 151–173
215. Van Der Sloot, H.A., Developments in Evaluating Environmental Impact from Utilisation of Bulk Wastes using Laboratory Leaching Tests and Field Verification; Waste Management 16, p. 65–81; 1996 Elsevier Sciences
216. Scheffer, F., Schachtschabel P., Lehrbuch der Bodenkunde, 14. Auflage, Ferdinand Enke Verlag, Stuttgart 1998
217. Andreas, L., Langzeitemissionsverhalten vonDeponien für Siedlungsabfälle in den neuen Bundesländern. Dissertation TU Dresden 2000
218. Michalzik, B.,Bilitewski, B., Quellstärke zur Prognose des Schadstoffeintrags in das Grundwasser mit dem Sickerwasser, Beiträge zur Abfallwirtschaft Band 17, Institut für Abfallwirtschaft und Altlasten, Technische Universität Dresden, 2001
219. Bilitewski, B.; Gewiese, A.; Wagner, S.; Einführung in: Recycling von Baureststoffen, Bernd Bilietewski, EF-Verlag für Energie- und Umwelttechnik, Berlin 1993, S. 3–69
220. Hantsch, S.: Untersuchung zur Quellstärke verschiedener Abfallstoffe, Schriftenreihe des Institutes für Abfallwirtschaft und Altlasten, TU-Dresden, Band 64 (2009), Dissertation
221. Kluge, A.; Beuge, P. et al.: Heavy Metals in a Tributary of the Elbe River – The Mulde System.- 10th International Conference Heavy Metals in the Environment; In: Heavy Metals in the Environment – Volume 2 (ISBN 0 905941 55 1)
222. B. Bilitewski, S. Hantsch: Untersuchungen zur Sickerwasserprognose – Bestimmung der Quellstärke von Massenabfällen, in: Tagungsband 26./27.9.2005, Perspektiven von Deponien – Stilllegung und Nachnutzung nach 2005, Beiträge zur Abfallwirtschaft und Altlasten e. V. Pirna (Vertrieb), 2005, S. 86–93
223. Huber H., Jaros M., Lechner P., Emmissionsverhalten von MVA-Schlacken nach künstlicher Alterung, Endbericht, Institut für Angewandte Geologie, Wien 1996
224. Huber, H.; Jacobs, M.; Lechner, P.: Emissionsverhalten von MVA-Schlacken nach künstlicher Alterung, Endbericht, Institut für Angewandte Geologie, Wien 1996
225. Bode, R.: Auslaugung anorganischer Schadstoffe aus Abfall- und Altlastmaterialien, Vergleich von Lysimeterversuchen mit Ergebnissen gängiger Prognoseverfahren, Dissertation Georg-August-Universität Göttingen, 2005
226. Michalzik, B.; Illgen, G.; Hertel, F.; Hantsch, S.; Bilitewski, B.; Emissions of organo-metal compounds via the leachate and gas pathway from two differently pre-treated municipal waste materials – A landfill reactor study; Waste Management, Vol. 27, Issue 4, 2007, p. 497–509
227. Rettenberger, G.: Deponierückbau: Technik, Wirtschaft, Perspektiven, in Stegmann/Rettenberger/Bidlingmaier/Bilitewski/Fricke/Heyer (Hrsg.): Deponietechnik 2010, Hamburger Berichte 35, Verlag Abfall aktuell, Hamburg 2010
228. Rettenberger, G.: Ressourcenschutz durch Deponierückbau; in Kranert, M. (Hrsg.): Zeitgemäße Deponietechnik 2009 – Die Deponieverordnung – Chencen und Umsetzung; Stuttgarter Berichte zur Abfallwirtschaft, Band 94; März 2009

229. Bilitewski, B.: Deponietechnik in der DDR – Was war positiv?, Vortrag im Rahmen der Geraer Fachtagung 2005 „Ende des Deponiezeitalters" veranstaltet durch das Thüringer Ministerium für Landwirtschaft, Naturschutz und Umwelt Gera und dem AWV Abfallwirtschaftszweckverband Ostthüringen Gera am 31. Mai 2005 in Gera, veröffentlicht im Tagungsband
230. Vietnam-News vom 22.Dezember, 2007
231. Bilitewski, B., Conrad, H.; Lohnt sich der Deponierückbau? – Untersuchungen in den neuen Bundesländern, AbfallwirtschaftsJournal 1 (1995)
232. J. Wagner, B. Bilitewski: The temporary storage of municipal solid waste for a safe operation of interim storage facilities, Waste Management 5 (2009) p. 1693–1701
233. J. Wagner: Rechtliche und technische Aspekte der Langzeitlagerung von Ersatzbrennstoffen – Folienballen als Technologie zur Qualitätssicherung? In: Bilitewski, Werner, Stegmann, Rettenberger (Hrsg): Perspektiven von Deponien – Stilllegung und Nachnutzung nach 2005. Band 42, Beiträge zur Abfallwirtschaft/Altlasten des IAA der TU Dresden, 2005 Seite 128–134
234. Ch. Wünsch: Vermeidung von Treibhausgasemissionen durch Steigerung der Energieeffizienz deutscher Müllverbrennungsanlagen; Dissertation, Band 77 der Schriftenreihe Beiträge zu Abfallwirtschaft/Altlasten, Technische Universität Dresden, 2011
235. J. Vehlow: Internationale Entwicklungen der Thermischen Abfallbehandlung; 11. Fachtagung Thermische Abfallbehandlung Buch Verein 2006
236. Martin GmbH, Martin GmbH für Umwelt und Energietechnik, Martin Trockenentschlackung und Sortierung, Broschüre, heruntergeladen am 23. November 2010, http://www.martingmbh.de/download_pdf.php?pfad=pdf%2Fbroschueren%2FTrockenentschlacker_07_10.pdf
237. Böni D., Trockener Schlackenaustrag – ungenutzte Potenziale in der Abfallverwertung, Energie aus Abfall, Band 6, Hrsg: K.J. Thomé-Kozmiensky, M. Beckmann, TK Verlag, Neuruppin, Januar 2009
238. Eckardt J., Grüner G., Das Baumgarte Konzept für Abfälle – Rost und Kessel als Einheit, Energie aus Abfall, Band 6, Hrsg: K.J. Thomé-Kozmiensky, M. Beckmann, TK Verlag, Neuruppin, Januar 2009, S. 79–96
239. Bilitewski B., Wünsch Ch., Jager J., Hoffmann M.: Energieeffizienzsteigerung und CO_2-Vermeidungspotenziale bei der Müllverbrennung – technische und wirtschaftliche Bewertung. EdDE-Dokumentation 13, Entsorgergemeinschaft der deutschen Entsorgungswirtschaft e. V., April 2010
240. Treder M., Thermische Abfallbehandlung in Deutschland – Aktueller Überblick, Vortrag auf dem ITAD Messekongress, 16.09.2010, München
241. Vehlow, J.: Abfallverbrennung in Deutschland, in Müllhandbuch KZ 7002, Erich Schmidt Verlag Berlin, 2009
242. Urban, A.: Verbrennungsmanuskript an der Universität Kassel, Abfallwirtschaft, 2006
243. Lahl, U., Steven, W.: Thermische Abfallbehandlung – Emissionen, Immissionsbelastung und gesundheitliche Bewertung. Müll-Handbuch, Kz. 7600, Lfg. 1/09
244. Zeschmar-Lahl, B.: Schadstoffverbringung in Senken durch Abfall-behandlung, BZL Kommunikation und Projektsteuerung GmbH, Oyten 2004
245. Pretz, Th.; Meier-Kortwig, J., „Aufbereitung von Müllschlacken unter besonderer Berücksichtigung der Metallrückgewinnung"; 1999 Download unter: http://www.iar.rwth-aachen.de/www/front_content.php?idcat=124
246. K. Gethke, D. Montag, H. Herbst, J. Pinnekamp: Phosphorrückgewinnung aus Klärschlamm; KZ 3410 Müllhandbuch
247. M. Faulstich, P. Quicker, M. Mocker, H.-P. Reichenberger: Thermische Abfallbehandlung, 2007

248. Mantau, U. u. Bilitewski, B. (2010): Stoffstrom-Modell-Holz 2007; Rohstoffströme und CO_2-Speicherung in der Holzverwendung; Forschungsbericht für das Kuratorium für Forschung und Technik des Verbandes der Deutschen Papierfabriken e. V. (VDP), Celle 2010
249. Buekens, A.: Schoeters, J.: Thermal methods in waste disposal; Part 1: Pyrolysis und Gasifica tion; Final Report; Study performed for E.E.C. under Contract Number ECJ 1011/B 7210/83/b, 1984
250. Heil, J.: Einfluß der Pyrolysebedingungen und der Abfallarten auf die entstehenden Produkte bei der Entgasung von Haushaltsabfällen, Diss. TU Berlin 1980
251. Brunner, P.H.: Beitrag der Pyrolyse von Cellulose für die Herstellung von Aktivkohlen aus cellulosehaltigen Abfallstoffen, Diss. ETH Zürich, 1976
252. Heil, J.: Stand der Hausmüllentgasungstechniken (Pyrolyse) in der Bundesrepublik, in Thomé-Kozmienksy (Hrsg.) Müllverbrennung und Umwelt 4, EF-Verlag für Energie- und Umwelttechnik Berlin (1990), S. 193–223
253. Kern, M.; Raussen, Th.: Biogas-Atlas 2011/12, Witzenhausen-Institut für Abfall und Energie GmbH, Witzenhausen 2011
254. Bundesgütegemeinschaft Kompost e. V.: Absatzwege von gütegesicherten Komposten im Jahr 2007
255. Bilitewski, B.; Wagner, J.: Ist die MBA gescheitert? in: Faulstich/Urban/Bilitewski (Hrsg.): Thermische Abfallbehandlung, Tagungsband der 12. Fachtagung vom 6.–7. März 2007 in München, Schriftenreihe des Fachgebietes Abfalltechnik Universität Kassel (Vertrieb), Band 12, 2007, S. 225–230
256. Scholwin, F.: Anforderungen an Substrate für Biogasanlagen in Hrsg. B. Bilitewski et al.: Anaerobe biologische Abfallbehandlung, Beiträge zur Abfallwirtschaft und Altlasten, Forum für Abfallwirtschaft und Altlasten, 2006, S. 202–211
257. Kaltwasser B. J. (1980): Biogas – Regenerative Energieerzeugung durch anaerobe Fermentation organischer Abfälle in Biogasanlagen; Wiesbaden, Bauverlag Berlin 1980
258. Hecht, C. (2010): Untersuchung zur Vergärbarkeit proteinreicher Reststoffe; Dissertation; in Beiträge zu Abfallwirtschaft/Altlasten, Band 68; Forum für Abfallwirtschaft und Altlasten, Dresden 2010
259. Dornack, Ch.: Biogasanlagen in der Abfallwirtschaft – die Prozesskette von der Sammlung bis zur Produktnutzung, Habilitationsschrift, Tu-Dresden 2012
260. Weiland, P.: Grundlagen der Methangärung – Biologie und Substrate; VDI-Berichte Bd. 1620, 2001, S. 19–29
261. Klußmann, H.-W.: Pump- und Rührtechnik in landwirtschaftlichen Biogasanlagen; in: Erneuerbare Energien in der Land(wirt)schaft; 3. Tarmstedter Forum, S. 36 ff.
262. Schulz, H.: Biogas – Praxis, Ökobuch, 1. Auflage, ISBN 3-922964-59-1; 1996
263. Langhans, G.: Großtechnische Erfahrungen mit der Hochlastfahrweise von Trockenfermentation bei der Vergärung von nachwachsenden Rohstoff-Monofraktionen; in: B. Bilitewski et al.: Beiträge zur Abfallwirtschaft/Altlasten, Band 57; Forum für Abfallwirtschaft und Altlasten Dresden, 2008, S. 247–258
264. Weiland, P.; von Thünen, H.: Trockenfermentation in der Landwirtschaft, in Hrsg.:Bilitewski, Werner, Dornack, Stegmann, Rettenberger, Faulstich, Wittmaier; Anaerobe biologische Abfallbehandlung. 6. Fachtagung, Beiträge zu Abfallwirtschaft/Altlasten Band 57 (2008) S. 235–245

5 Recycling von Abfällen

In den siebziger Jahren wurden in aller Welt Versuche unternommen, mittels komplexer Recyclinganlagen einzelne Fraktionen aus dem Müll möglichst sortenrein wiederzugewinnen. Die Konzeption solcher Anlagen erforderte einen enormen technischen und finanziellen Aufwand. Die eingesetzten Aggregate wurden den verschiedenen Gebieten der Verfahrenstechnik (z. B. dem Bergbau) entliehen, und mit oft nur geringen Modifikationen wurde versucht, die mechanische Aufbereitung an das extrem heterogene Material „Haushaltsabfall" zu adaptieren. Die wenigsten Modelle konnten dem Anspruch einer weitergehenden Wiederverwertung gerecht werden, so dass heute bereits auf eine Reihe von gescheiterten Konzepten zurückgeblickt werden kann.

Bei einer näheren Betrachtung der ersten Modelle stellte sich sehr schnell heraus, dass sich durch die Analyse der Fehler neue Erkenntnisse, Möglichkeiten und zukünftige Tendenzen für das Materialrecycling auftaten. Da es sich im Detail und im jeweiligen Fall um komplexe und schwierige Vorgänge handelt, wobei bei allen Projekten grundlegende Fehler gemeinsamer Art gemacht worden sind, kann deren Analyse auch für andere entsorgungspflichtige Körperschaften und private Entsorgungsbetriebe von Nutzen sein.

Die Untersuchungen der ersten Konzepte zeigen jedoch, dass ein technisch sicheres Recyclingkonzept wirtschaftlich installiert und betrieben werden kann. Der eingeschlagene zukunftsweisende Weg des Materialrecyclings zeigt also in die richtige Richtung.

Ziel eines jeden Recyclingprozesses ist es, verwertbare Stoffe aus dem Abfall zu gewinnen, um auf diese Weise das Gesamtabfallaufkommen zu minimieren. Von Bedeutung ist hierbei, dass ein Recyclingprozess – egal ob das Ziel nun die Wertstoffgewinnung oder die Herstellung von hochwertigem Kompostmaterial ist – zuerst bei der getrennten Sammlung beginnt. Für die Praxis der Aufbereitungstechnologie bedeutet dies, dass die getrennte Sammlung zur Unterstützung der Aufbereitung von Abfällen und zur Erhöhung der Effizienz der Anlagen eingesetzt werden sollte.

B. Bilitewski, G. Härdtle, *Abfallwirtschaft*,
DOI 10.1007/978-3-540-79531-5_5, © Springer-Verlag Berlin Heidelberg 2013

5.1 Grundlagen der Aufbereitungstechnik

Die Aufbereitungstechnik gehört definitionsgemäß zur physikalischen Verfahrenstechnik, in der mittels physikalischer Verfahren die Zusammensetzung und die Eigenschaften von Stoffen geändert werden. Hierbei wird differenziert zwischen mechanischen und thermischen Verfahren. Bei der mechanischen Verfahrenstechnik sind die Gesetze der Mechanik und bei der thermischen die Gesetze der Thermodynamik maßgebend für die Stoffänderung. Die Umwandlung und Aufbereitung des Rohstoffs „Abfall" findet in entsprechenden Aggregaten statt, die in Kombination mit Förderanlagen die Produktionsanlagen ergeben. Aufbereitungsanlagen bestehen somit aus Aggregaten, die eine Folge von Stoffumwandlungsvorgängen vornehmen, bei denen sich Stoffzusammensetzung und Stoffeigenschaften ändern.

Jeder Recyclingprozess stellt einen Stoffumwandlungsvorgang dar. Aus einer Gesamtabfallmenge können z. B. durch Trenn- bzw. Sortierverfahren einzelne wieder verwendbare Stoffe, sog. Sekundärrohstoffe, mehr oder weniger sortenrein wieder gewonnen werden. Insofern ist ein Recyclingprozess auch ein Produktionsverfahren zur Herstellung bzw. Trennung von Wertstoffen aus einer Gesamtmenge. Jedes Produktionsverfahren besteht aus verschiedenartigen miteinander kombinierbaren Produktionsbausteinen, die die Basis eines jeden Stoffumwandlungsprozesses bilden.

Bei einem *Produktionsprozess* werden vorhandene Dinge zu wirtschaftlichen Zwecken umgestaltet, getrennt und/oder verbunden, in andere Form gebracht bzw. zu anderen Zwecken brauchbar gemacht. Der *Recyclingprozess* ist dem Produktionsprozess immer zeitlich nachgeschaltet und kann als eine zweite Art der Produktion bezeichnet werden, bei dem Reststoffe und Abfälle aufgearbeitet werden. Gemeinsam ist *beiden Prozessen*, dass es jeweils einen oder mehrere Inputströme und unterschiedliche Outputströme gibt.

Für die immer wichtiger werdende Aufgabe der Volkswirtschaften, Rest- und Abfallstoffe möglichst weitgehende neue produktive Prozesse zuzuführen, sind Kenntnisse über die Grundzusammensetzung des Abfallgemisches unabdingbar.

Konzeption und Betrieb einer Recyclinganlage erfordern deshalb umfangreiche Kenntnisse über die Grundverfahren zur selektiven Trennung von Wertstoffen aus den gemischten Haushalts- und Gewerbeabfällen. Je nach Sammelsystem oder Trennverfahren ergeben sich unterschiedliche Stoffzusammensetzungen oder Mischungen der Abfallmenge, die dann den *Input für den Recyclingprozess* darstellen. Die Art bzw. die Zusammensetzung der Mischung ist der bestimmende Faktor für die Konzeption der technischen Produktionsbausteine bzw. für das technische Konzept eines Recyclingprozesses. Abfälle aus Industrie und Produktion stellen oftmals homogene Stoffgemische dar, auf welche sich Recyclingprozesse gut optimieren lassen. Dies gestaltet sich bei den heterogenen Siedlungsabfällen oft deutlich schwieriger.

Für die Kennzeichnung des technologischen Erfolges von Verfahren und Verfahrensstufen haben sich in der Aufbereitungstechnik Begriffe und Methoden durchgesetzt, die hier zur Klärung kurz dargestellt werden sollen, da besonders in der Literatur über das Recycling und die Abfallaufbereitung mit missverständlichen Begriffen gearbeitet wird.

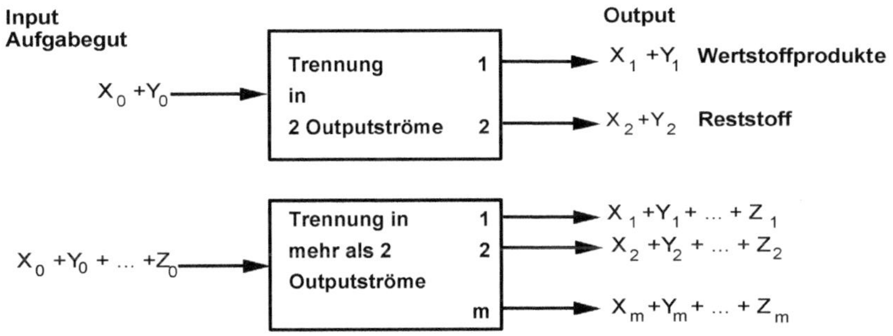

Abb. 5.1 Trennvorgänge mit zwei und Multioutput-Strömen [8]

Bei der Trennung von einzelnen Komponenten aus einer Abfallmischung gibt es einen Input- und unterschiedliche Outputströme. So ergeben sich z. B. bei der Abtrennung von Fe-Metall mittels Magnetscheider zwei Stoffströme, während bei der Siebung durch mehrere verschiedenartige Lochweiten mehr als zwei Output-ströme bei einem Trennvorgang entstehen können. In Abb. 5.1 sind die beiden unterschiedlichen Trennstufen schematisch dargestellt. Zur Vereinfachung soll nachfolgend nur die Trennung mit zwei Outputströmen betrachtet werden.

Der Input besteht aus einem Stoffgemisch (angeben in Mg/h oder m^3/h) x_n und y_n. Nach dem Trennaggregat sind zwei Stoffströme entstanden: ein mit Wertstoff angereichertes Produkt $x_1 + y_1$ und eine Reststoff-Fraktion $x_2 + y_2$, die noch Wertstoffanteile enthält und weiter aufgearbeitet werden kann. Würde ein Recyclingprozess bzw. eine Recyclinganlage den Stoff x in den einen und den Stoff y in den anderen Outputstrom trennen, wäre sie 100 % effektiv.

Die Effektivität der Trennung kann durch das Masseausbringen R_m gekennzeichnet werden. Das Masseausbringen R_m gibt an, welcher Masseanteil des Aufgabegutes in einem beliebigen Produkt ausgebracht worden ist. Im Allgemeinen wird der Begriff Masseausbringen auf das wertstoffangereicherte Produkt bezogen.

Entsprechend dem Beispiel ergibt sich somit für den Wertstoff:

$$R(x_1) = \frac{x_1}{x_0} \times 100(\%) \tag{5.1}$$

Unter Berücksichtigung der Massenbilanz

$$x_0 = x_1 + x_2 \tag{5.2}$$

ergibt sich

$$R(x_1) = \frac{x_0 - x_2}{x_1 + x_2} \times 100(\%) \tag{5.3}$$

Diese hier dargestellten Formeln werden in der Praxis weitgehend genutzt und werden in den Publikationen und entsprechenden Untersuchungen zur Wertstofftonne als Recyclingquote oder Abfallverwertungsquote zitiert. Es ist allerdings nicht ausreichend, eine

Trennung oder ein Verfahren nur durch das Masseausbringen R_m zu charakterisieren. Würde das Trennaggregat so eingestellt werden, dass $x_2 = y_2 = 0$ gesetzt werden kann, dann würde der gesamte Input auch als Output auftreten. Daraus ließe sich eine 100 % Recycling- oder Abfallverwertungsquote ausrechnen, obwohl nicht die gewünschte Trennung erzielt wird. Daher ist ein weiterer Parameter für die Beschreibung der Qualität des Outputstromes notwendig, der als Reinheitsgrad P_m bezeichnet werden kann und die Verunreinigung y im Wertstoffprodukt berücksichtigt:

$$P(x_1) = \frac{x_1}{x_1 + y_1} \times 100(\%) \tag{5.4}$$

Normalerweise werden sowohl der Reinheitsgrad als auch das Masseausbringen für eine komplette und genaue Beschreibung der Leistung einer Zweistofftrennung benötigt. In einigen Fällen, wie bei der Siebung, gilt dies jedoch nicht. Mit einem Siebprozess wird das Ziel verfolgt, die Körner, die kleiner als eine vorgegebene Korngröße sind, im Feinprodukt und die anderen im Grobprodukt auszutragen. Entsprechend sollen bei einem Dichtesortierprozess die spezifisch leichten Körner in die Leichtfraktion und die anderen in die Schwerfraktion gelangen. Der Unterschied beider Technologien ist darin zu sehen, dass die Siebung die erfolgreiche Trennung nach der Korngröße als Erfolgsmaßstab hat. Beim Dichtesortierprozess stellt dagegen die Wertstoffanreicherung das Ziel dar, wobei das Trennmerkmal Dichte wegen der Verknüpfung mit dem Wertstoffgehalt der einzelnen Körner genutzt wird. Daher ist das Wertstoffausbringen RC eine wichtige technologische Kenngröße, bei der die Input- und Outputströme über Konzentrationsangaben Cm in % statt über Angaben in Masse/Zeit miteinander verknüpft sind. Entsprechend dem Beispiel gilt die Bedingung:

$$R(x_1) = \frac{x_1 C_1}{x_0 C_0} \times 100(\%) \tag{5.5}$$

Unter Berücksichtigung des Wertstoffgehaltes in der Massenbilanz laut (5.2)

$$x_0 C_0 = x_1 C_1 + x_2 C_2 \tag{5.6}$$

ergibt sich aus 5.5 und 5.6:

$$R(x_1) = \frac{C_1(C_0 - C_2)}{C_0(C_1 - C_2)} \times 100(\%) \tag{5.7}$$

wobei C_1/C_n das Anreicherungsverhältnis bedeutet. Mit Hilfe der Kenngröße Wertstoffausbringen lässt sich der technologische Erfolg eines Aggregates, eines Verfahrens oder eines gesamten Prozesses beschreiben.

5.1.1 Zerkleinerung

Zerkleinern ist das Überführen eines Aufgabegutes in eine feinere Körnung. Jede Zerkleinerung dient der spezifischen Oberflächenvergrößerung. Des Weiteren lassen sich dadurch Stoffe aufschließen, z. B. Metallbewehrungen von Holz. Bei der Zerkleinerung von Abfall kommt es i. d. R. zu einer Verringerung des Gesamtvolumens, was z. B. Lager- oder Transportkapazitäten spart. Für die Auswahl der richtigen Zerkleinerungsmaschine werden folgende Informationen benötigt:

- die physikalischen Eigenschaften der zu zerkleinernden Stoffe wie Ausgangskörnung, Aufbau, Härte, Sprödigkeit und Spaltbarkeit,
- der Verwendungszweck, wie z. B. weiteres Aufbereiten oder chemische Reaktion,
- die geforderten Eigenschaften des Fertiggutes wie Korngrößenverteilung, Kornform, gewünschter Schwerpunkt eines Korngrößenbereiches oder auch selektiv zerkleinertes Fertiggut.

Prinzipiell sollte so wenig wie nötig zerkleinert werden, da der Energieaufwand exponentiell zum erzielten Zerkleinerungsgrad ansteigt. Die einzelnen Zerkleinerungsmaschinen, die in der Abfallwirtschaft getestet und seit ca. 30 Jahren auf einen hohen Entwicklungsstand gebracht worden sind, sollen hier nur prinzipiell und mit ihren Vor- und Nachteilen im Hinblick auf eine Recyclinganlage vorgestellt werden. Zerkleinert wird nach den folgenden Prinzipien:

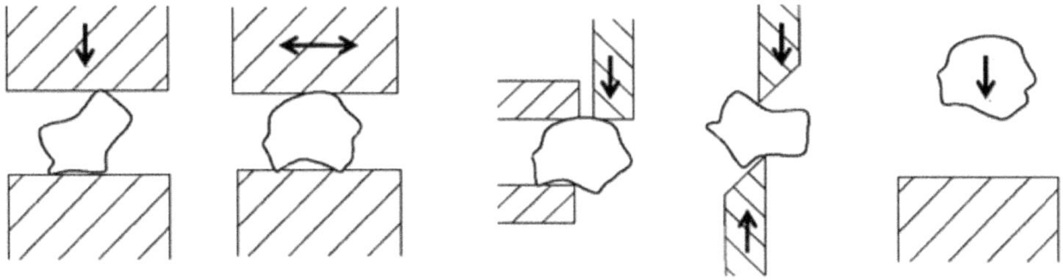

Welches dieser Prinzipien Anwendung findet, ist dabei vom jeweiligen Feststoff abhängig. Für besonders harte und spröde Stoffe sind auf Druck und Schlag beruhende Zerkleinerungsmechanismen besonders effektiv. Weichere Stoffe lassen sich besser durch Scheren oder Reiben zerkleinern.

Da durch die Zerkleinerung von Abfall die Entropie des Gemisches erhöht und damit auch der Sortieraufwand ansteigt, sollten Materialgemische i. d. R. erst sortiert und dann zerkleinert werden. Sinnvoll ist die Materialzerkleinerung z. B. vor der Pressagglomeration zur Vergrößerung der Oberfläche oder wenn ein Aufschluss von Stoffen benötigt wird.

5.1.1.1 Hammermühlen

Für die Zerkleinerung unterschiedlichsten Stoffen (weich bis hart) wie beispielsweise von Autowracks, Haus-, Gewerbe-, Holz- und Papierabfällen haben sich Hammermühlen bewährt, die sich prinzipiell nur durch den Aufbau des Rotors unterscheiden.

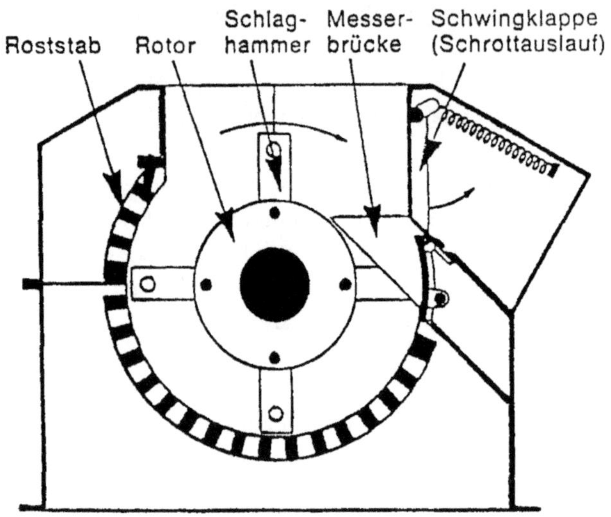

Abb. 5.2 Schematische Darstellung einer Hammermühle der Fa. Svedala Arbra [9]

Es wird zwischen horizontalen und vertikalen Hammermühlen mit flexibel angebrachten Hämmern differenziert. In Abb. 5.2 ist eine horizontale Hammermühle, bei der die Hämmer parallel arbeiten, schematisch dargestellt.

Die Materialzerkleinerung erfolgt in der Hammermühle aufgrund von Schlag-, Prall- und Scherkräften. Es handelt sich bei diesem Zerkleinerungsaggregat um einen Schnellläufer. Nach diesem Grundprinzip sind eine Reihe von Mühlen in Kompost-, Recycling- und Deponieanlagen in Betrieb, so dass umfangreiche Erfahrungen bei unterschiedlichen Abfallzusammensetzungen gesammelt werden konnten.

Die vertikale Version der Hammermühle ist durch einen mit Schlaghämmern bestückten, vertikalen Rotor (Abb. 5.3), gekennzeichnet, wodurch eine Reihenschaltung der Hämmer erreicht wird. Dieser Mühlentyp ist Ende der fünfziger Jahre eigens für die Aufbereitung von Haushaltsabfällen konzipiert worden.

Um den anfänglich zu geringen Durchsatz zu erhöhen, wird die Luft aus der Mühle über den Austrag abgesaugt. Dadurch können auch besonders leichte Abfallfraktionen wie Papier, Kunststoffe etc. schnell und mit hohen Durchsätzen zerkleinert werden.

Da die Vertikal-Hammermühle keine Korngrößenbegrenzung durch einen Rost besitzt, kann die Korngrößenverteilung durch die Anzahl der Hämmer sowie der Drehzahl verändert werden. Aus der Erhöhung der Hammer- bzw. der Drehzahl resultiert ein feineres Korn. Da kein Rost vorhanden ist, muss, damit die Korngröße des Austrages innerhalb einer akzeptablen Toleranz bleibt, ein genau überprüfbarer Abstand von der untersten Hammerstation zur Mühlenwand eingehalten werden.

Eine Sonderform stellt der Schlagwalzenbrecher dar, der aufgrund seiner Robustheit (z. B. auch bei Stahlmatten) und hohen Durchsatzleistungen (Bauschutt bis 50 Mg/h) in der Aufbereitung von Baurestmassen bevorzugt als erste Zerkleinerungsstufe eingesetzt wird. Beim Schlagwalzenbrecher wird das zu brechende Gut horizontal mittels eines Kratzket-

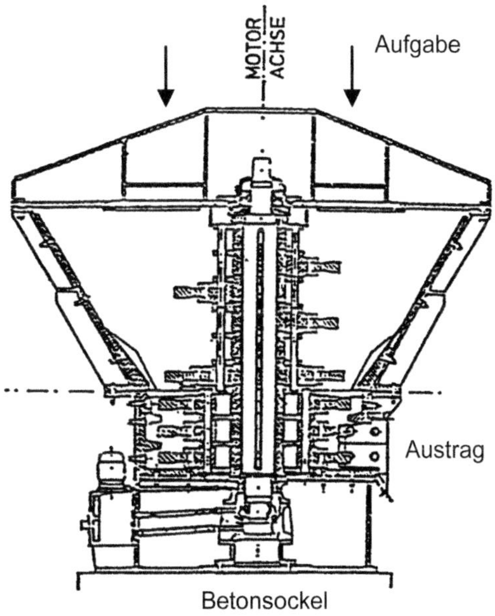

Abb. 5.3 Schnitt durch die Vertikal-Hammermühle der Fa. Tollemache [10]

tenförderers dem Brecher zugeführt. Die über dem Förderer schnell rotierende Schlagwalze zerkleinert das Material durch Schlag- und Druckeinwirkung und trägt es in Förderrichtung gemäß Abb. 5.4 aus. Vorteile dieses Brechertyps sind die niedrige Bauweise und die gradlinige Transportrichtung. Das Material wird ebenerdig auf das Kratzkettenförderband aufgegeben. Anfahrrampen sowie Trichter sind nicht notwendig. Durch Beibehaltung der Transportrichtung ist der Brecher unempfindlich gegen Störungen durch Bewehrungsteile.

5.1.1.2 Prallbrecher

Der Prallbrecher (auch Prallmühle) besteht aus einem mehrteiligen, aus Blech oder Profilstahl geschweißten Gehäuse, dessen Innenflächen mit Verschleißplatten (Prallplatten)

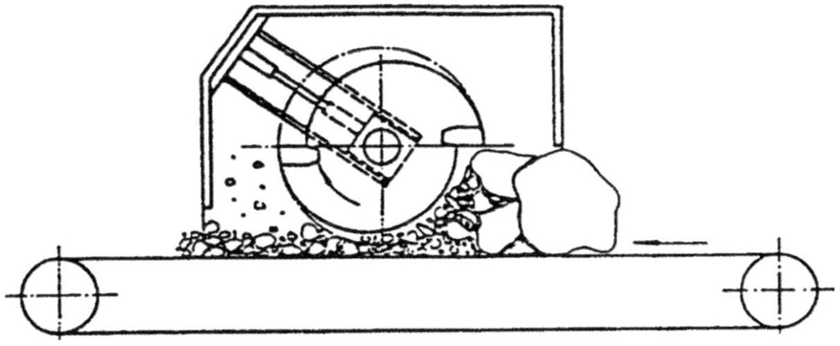

Abb. 5.4 Schematische Darstellung eines Schlagwalzenbrechers [12]

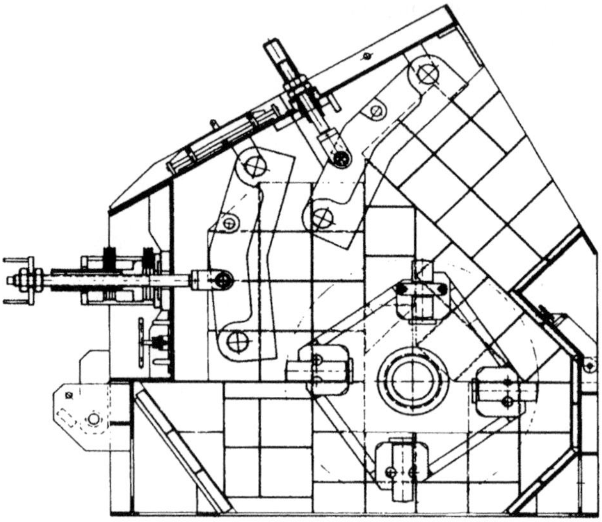

Abb. 5.5 Schematische Darstellung eines Prallbrechers der Fa. Böhringer [154]

belegt sind (siehe Abb. 5.5). Die schnell umlaufende Walze (500 bis 1000 min^{-1}) ist mit mehreren auswechselbaren Prallleisten aus verschleißfestem Stahl bestückt. Die Walze läuft in Wälzlagern, die an der Gehäusewand arretiert sind. Die Prallplatten sind hängend über Spindeln verstellbar gelagert. Sowohl der Abstand zwischen den Prallplatten und den Prallleisten als auch die Neigung der Prallplatten können verändert werden. Bei Eintritt von nicht zerkleinerbaren Bestandteilen in den Prallraum können die Prallplatten nach oben ausweichen und die Teile nach unten ausgetragen werden. Prallbrecher werden von oben beschickt, wobei das gebrochene Gut nach unten ausgetragen wird [153]. Als Aufgabegut sind besonders mittelharte und spröde Materialien geeignet, welche durch Schlag- und Prallwirkung mit dem Werkzeug, dem Prallwerk und anderem Material zerkleinert werden. In Abb. 5.6 ist das Zerkleinerungsprinzip eines Prallbrechers dargestellt.

Der Prallbrecher wird von oben über Einfülltrichter und Beschickungsbänder mit dem zu brechenden Gut beaufschlagt. Das Material wird im Innenraum des Prallbrechers von den Schlagleisten des Rotors erfasst (v = 25 bis 40 m/s) und gegen die oberhalb des Rotors liegenden Prallplatten geschleudert. Die Prallplatten sind so angeordnet, dass das Brechgut in den Schlagkreis zurückgeschleudert wird. Dieser Vorgang wiederholt sich solange, bis das Gut ausreichend zerkleinert ist, um den Spalt zwischen dem Rotor und den Prallplatten zu passieren. Bei Prallbrechern ist zu beachten, dass z. B. bei der Bauschuttaufbereitung keine Betonteile mit zu langen Bewehrungsteilen aufgegeben werden, da sich diese um den Rotor wickeln und zu einem Stillstand der Anlage führen können.

5.1.1.3 Schneidmühlen und Rotorscheren

Im Gegensatz zu den Prall- und Hammermühlen, die bis zu 1200 U/min und am Hammerende Geschwindigkeiten bis zu 70 m/s aufweisen, gehört die Schneidmühle und Rotorschere, auch als Schneidscherwalzen bezeichnet, zu den langsam laufenden Mühlen. Die Drehzahl der Welle beträgt zwischen 20 und 60 U/min. Die Mühle kann mit

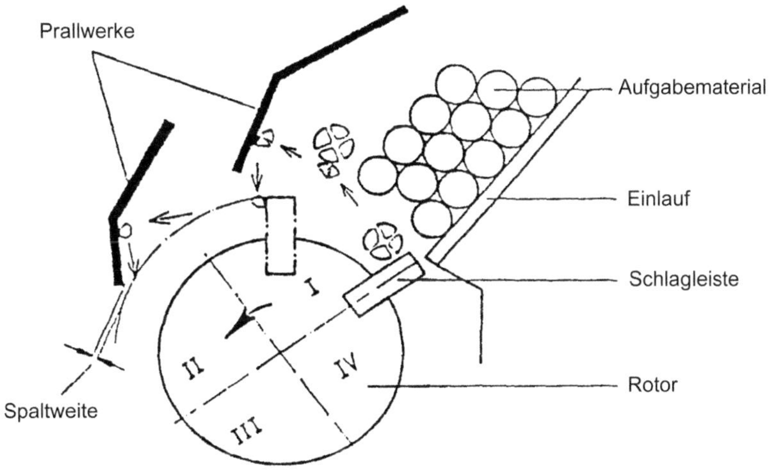

Abb. 5.6 Zerkleinerungsprinzip eines [12]

Abb. 5.7 Rotoraufbau einer Herbold-Schneidmühle [12]

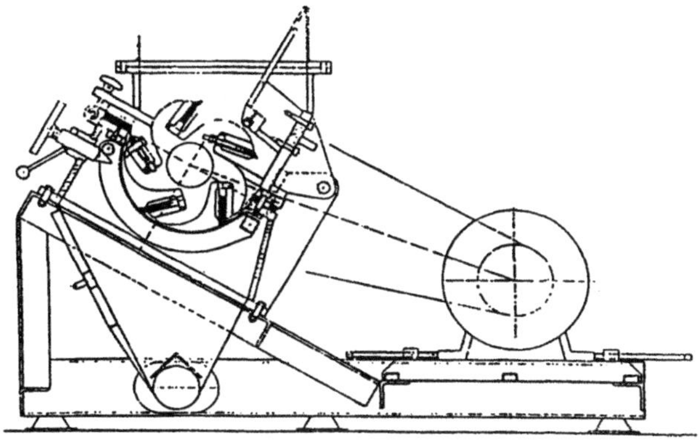

horizontal liegender Einzel- oder Doppelwelle ausgestattet sein. Durch die gegensinnige Drehrichtung der messerbestückten Doppelwellen bzw. der Einzelwelle gegen einen Schneidkamm wird das aufliegende Material zwangseingezogen. Die Zerkleinerung erfolgt zwischen den Schneidwerkzeugen, und zwar weitgehend unabhängig davon, ob es sich um weiche, elastische oder harte Materialien handelt (vgl. Abb. 5.7).

Der Zerkleinerungsgrad wird mit der Wahl des Werkzeugmesserabstandes bzw. durch die Zahnbreite bei der Rotorschere festgelegt. Für die Zerkleinerung von Restabfall beträgt der angestrebte Abstand bei Rotorscheren 0,1 mm und sollte, um einen guten Aufbereitungserfolg zu garantieren, 0,8 mm nicht überschreiten. Bei unzureichendem Zerkleinerungsgrad oder ungleichmäßiger Kornverteilung lassen sich die Aggregate in mehreren Stufen hintereinander schalten.

Um einen hohen Durchsatz zu gewährleisten, muss bei sperrigem und voluminösem Material wie Haus- und Gewerbeabfall dieser durch hydraulische Pressen auf die

Abb. 5.8 Prinzip der Anordnung der Schneidwerkzeuge in einer Schneidmühle

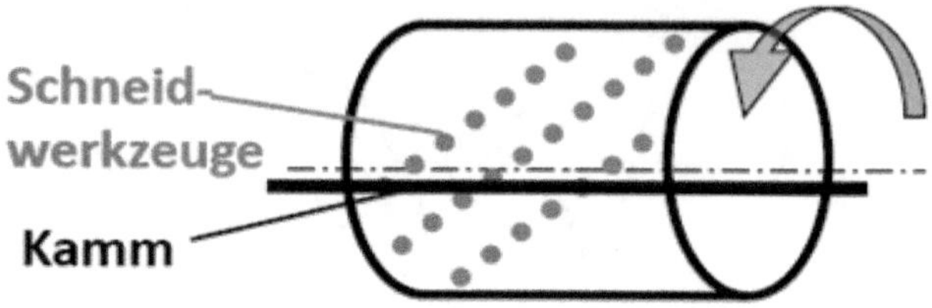

Schneidwerkzeuge gepresst werden. Schwere Metallstücke und andere unzerkleinerbare Bestandteile werden nicht zerkleinert. Beim Überschreiten der zulässigen Motorleistung gibt es bei der Rotorschere eine automatische Reversierung. Das Material muss dann per Hand entfernt werden. Um eine möglichst große Kraft auf einen Punkt geben zu können sind die Schneidwerkzeuge der Schneidmühle versetzt angeordnet (siehe Abb. 5.8), so schneiden die Werkzeuge zeitlich versetzt und die Verstopfungsgefahr wird gemindert.

Die Praxis in Sortieranlagen mit einer Rotorschere hat gezeigt, dass es günstiger ist, wenn harte und sperrige Bestandteile wie Metalle, Reifen mit Felgen, Steine aber auch Teppiche vor dem Einlauf manuell entfernt werden. Gängiges Mahlgut, welches für die Schneidmühle geeignet ist, ist beispielsweise Holz, holziger Grünschnitt, Gummi, PPK und Kunststoff.

Eine bessere Einhaltung der Korngrößenklassen wird durch Einsatz von schnell laufenden Trommelschneidmühlen mit Siebeinsätzen erreicht. Bei diesen Aggregaten führen jedoch bereits geringe Anteile abrasiver Stoffe zu hohem Verschleiß der Schneidmesser. Je nach Siebeinsätzen sind Durchsatzleistungen bis zu 3 Mg/h möglich. Das Korn zeichnet sich durch eine exakte Form der Schnittkante und eine enge Kornklasse aus, was für das Fließverhalten und damit für die Förderung in Schnecken, Mischern, Vorlagebunkern etc. vorteilhaft ist. Vorwiegendes Einsatzgebiet für Trommelschneidmühlen ist die Zerkleinerung von Kunststofffraktionen.

5.1.1.4 Kaskadenmühlen (Kugelmühle)

Bei der Kaskadenmühle handelt es sich um eine langsam rotierende, kurze Drehtrommel mit Durchmessern von 3 bis 10 m. Das Verhältnis Durchmesser zu Länge beträgt ca. 3:1. Die Stirnwände sind leicht konisch geneigt.

Der Ein- und Austrag erfolgt durch die in den Stirnwänden angeflanschten Lagerzapfen. Das Innere der Drehtrommel, einschließlich der Lagerzapfen, ist mit einer Panzerung aus vergütetem Stahlguss oder Hartgummi ausgekleidet.

Der Mühlenraum, schematisch dargestellt in Abb. 5.9, ist zu ca. 10 m bis 20 % mit Stahlkugeln gefüllt (d = 8 bis 12 cm). Diese Kugeln bilden bei optimalen Drehzahlen zwischen 14 und 20 U/min zusammen mit dem Mahlgut eine geneigte Oberfläche, an der die Mahlkörper abrollen. Teilweise fallen die Kugeln kataraktartig auf das Mahlgut. Durch den Reib- und Walzvorgang zwischen Stahlkugeln und Abfallbestandteilen erfolgt eine Zerkleinerung.

Durch Löcher in der Mühlenstirnwand werden die eingegebenen Stoffe beim Erreichen der gewünschten Korngröße ausgetragen. Auch die Stahlkugeln verlassen nach einem

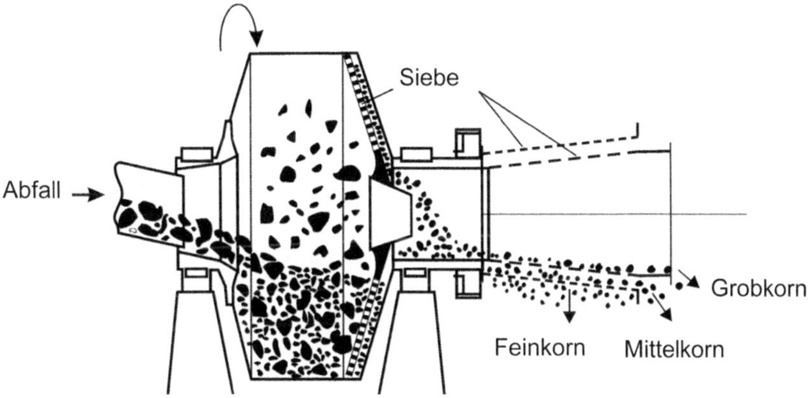

Abb. 5.9 Schematische Darstellung der Kaskaden-Kugelmühle der Fa. Lösche [8]

entsprechenden Abrieb die Mühle durch diese Siebwand. Die Kugeln müssen regelmäßig ergänzt werden. Da auch Abfallbestandteile wie Fe-Metalle als Mahlhilfe dienen, wird die Zerkleinerung in der Kaskadenmühle auch als halbautogene Mahlung bezeichnet. Wird Klärschlamm mit einem hohen Feuchtigkeitsgehalt in der Kaskadenmühle verarbeitet, spricht man auch von einer teilautogenen, halbnassen Mahlung.

5.1.1.5 Siebraspeln

Speziell für die Abfallaufbereitung in Kompostwerken wurde die Siebraspel entwickelt. Die Wirkungsweise einer Siebraspel ist am einfachsten mit einem Passiersieb aus der Küche zu vergleichen. Über dem Boden, der teilweise aus Segmenten mit Sieblöchern zwischen 22 bis 45 mm Durchmesser besteht und außerdem mit feststehenden Reißzähnen versehen ist, bewegen sich die Raspelarme, die den Abfall mit 8 bis 10 U/min über die Siebbleche und Reißzähne schieben und schleifen. Hierbei werden die leicht zerkleinerbaren Bestandteile wie Küchen- und Gartenabfälle, Glas, Papier und Pappe bereits nach Verweilzeiten von ca. 20 min über die Sieböffnungen ausgetragen. Die schwer zerkleinerbaren Stoffe – Textilien, Metalle, Kunststoffe und Hartstoffe – sammeln sich in der Siebraspel und werden diskontinuierlich über eine seitliche Klappe durch die Raspelarme ausgetragen.

Untersuchungen [8] bestätigen die gute selektive Zerkleinerungsarbeit der Siebraspel. Mit einem relativ geringen Energiebedarf für den Zerkleinerungsvorgang – bei Raspelzeiten von 10 bis 30 min lag der Energieverbrauch bei ca. 4 bis 10 kWh/Mg Rohabfall – konnten Raspelrest-Fraktionen von 14 bis 40 %, bezogen auf den Eintrag, gewonnen werden.

Der Energiegehalt (Hu) der Raspelreste nahm in Abhängigkeit zur Raspelzeit von 12,5 MJ bei 10 min auf 18,4 MJ bei 30 min zu. Durch den Raspelvorgang werden die heizwertreichen Bestandteile des Abfalls also besonders angereichert (Abb. 5.10).

Siebraspeln werden in der Praxis der Abfallaufbereitung immer weniger eingesetzt, was auf folgende Nachteile zurückzuführen ist:

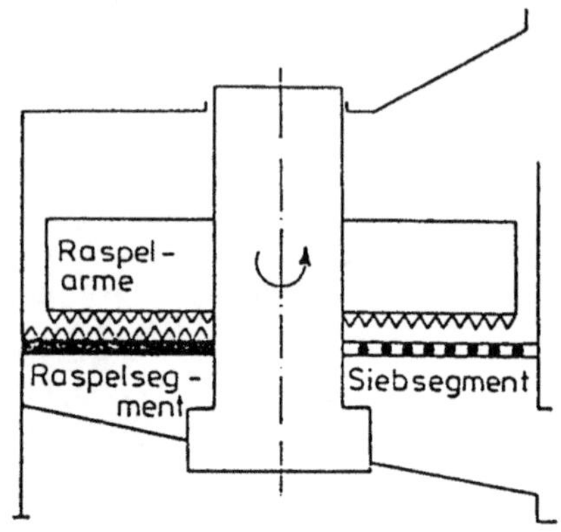

Abb. 5.10 Schematische Darstellung der Siebraspeln [13]

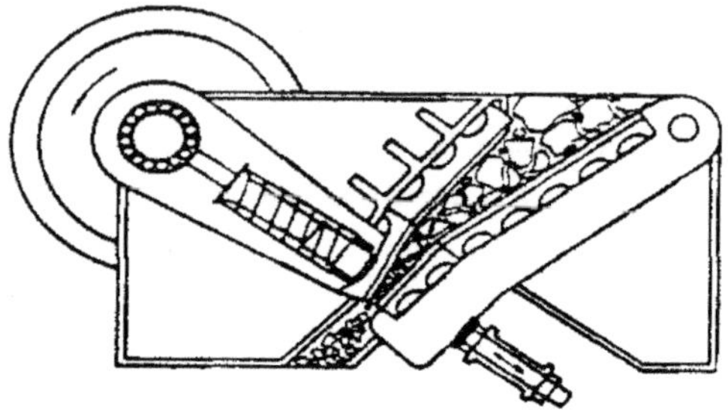

Abb. 5.11 Schematische Darstellung eines Backenbrechers [12]

- Die Zerkleinerungswirkung der Siebraspel ist geringer als bei Hammermühlen.
- Um eine vergleichbare Zerkleinerungsleistung zu erzielen, müsste die Raspelzeit pro Füllung ca. 20 min betragen.
- Mit ca. 6 bis7 kWh/Mg ist der Energieverbrauch der Siebraspel nur um ca. 30 bis 40 % niedriger als bei einer vergleichbaren Hammermühle.
- Ein weiterer Nachteil der Siebraspel ist die diskontinuierliche Betriebsführung.
- Ein relativ großes und teures Gerät erreicht bei einer Raspelzeit von 20 min nur Durchsätze von ca. 6 Mg/h.

5.1.1.6 Backenbrecher

In Abb. 5.11 ist der Backenbrecher schematisch dargestellt. Der Backenbrecher eignet sich besonders für die grobe Zerkleinerung harter und spröder Bestandteile und ist damit beispielsweise zur Vorzerkleinerung von mineralischen Bauabfällen geeignet. Beim Backenbrecher wird das zu verarbeitende Material von oben zwischen die schwingenden Brechbacken gegeben. Durch die Bewegung der Backen wird das Aufgabegut eingezogen, zerquetscht und zermahlen. Je nach gewünschter Endkörnung werden die Abstände der Backen gewählt. Backenbrecher werden vorwiegend in der Bauschuttaufbereitung eingesetzt, die Durchsatzleistungen liegen hier etwa 10 Mg/h.

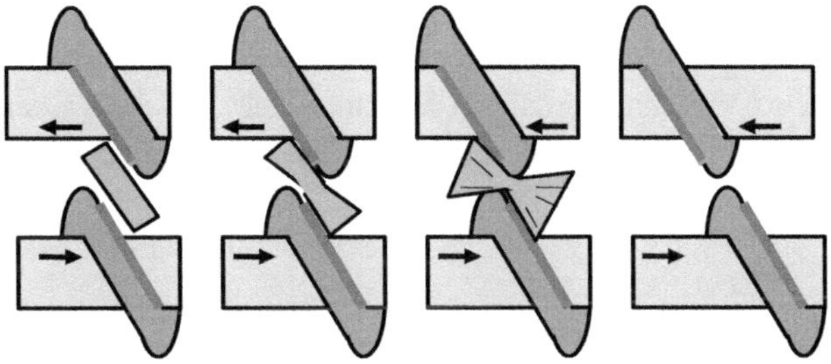

Abb. 5.12 Schematische Darstellung des Materialaufschlusses in der Schneckenmühle

5.1.1.7 Schneckenmühle

Eine Kombination aus den Vorgängen Schneiden und Quetschen stellt die Zerkleinerung durch die Schneckenmühle dar. Die Schneckenmühle ist besonders für die Auffaserung organischer Materialien wie Holz, Grünschnitt, Kompost und Sperrmüll geeignet. Insbesondere ist dieses Zerkleinerungsaggregat für die Vorkonditionierung von Bioabfall und Grünschnitt geeignet, da die spezifische Materialoberfläche vergrößert wird und damit der Mikrobiologie eine bessere Angriffsfläche bietet. Das Zerkleinerungsprinzip der Schneckenmühle ist im folgenden Bild dargestellt (Abb. 5.12).

Die Schneckenmühle ist ein Langsamläufer mit etwa 20 bis 100 U/min. Der Drehsinn der einzelnen Schnecken ist gegensinnig, sie berühren sich dabei nicht. So kommt es zum Schneiden des Materials zwischen zwei Schnecken, einer Schnecke und dem Gehäuse oder der Schnecke und dem Gegenmesser. Gegenüber kleinen Störstoffen wie Sand und Asche ist die Schneckenmühle relativ unempfindlich, im Gegensatz zu großen harten Störstoffen wie Metall oder Steinen. Um den Austrag solcher Störstoffe zu gewährleisten ist mindestens eine Welle elastisch angeordnet.

5.1.1.8 Querstromzerspaner

Eines der neueren Zerkleinerungsaggregate mit einem alten Prinzip ist der Querstromzerspaner, der beispielsweise von der Firma MeWa Recycling Anlagen hergestellt wird. Durch horizontal rotierende Ketten wird das von oben aufgegebene Gut auf variabel einstellbare Geschwindigkeit und Laufbahn beschleunigt. Der Aufschluss des aufgegebenen Materials erfolgt über den gegenseitigen Aufprall einzelner Materialpartikel miteinander (ca. 80 % des Materialaufschlusses) oder den Aufprall auf die Kesselwand. So lassen sich auch Verbunde aus Materialgemischen nach unterschiedliche Materialarten auftrennen. Beim Aufschluss von E-Schrott findet der Querstromzerspaner außerdem bei der Trennung unterschiedlicher Gerätebestandteile Verwendung. Besonders hochwertige Bestandteile, z. B. Leiterplatten, werden dadurch aufgeschlossen, aber nicht fein gemahlen. Dies erleichtert nachgeschaltete Sortierprozesse. Neben dem Einsatz im E-Schrottbereich kann mit dem Querstromzerspaner auch Biomasse aufgeschlossen werden um eine besseren Abbau durch Mikroorganismen zu gewährleisten.

Mit dem Querstromzerspaner sind große Anlagendurchsätze von 24 Mg/h für Elektroaltgeräte oder 40 Mg/h für Restabfall möglich. Der Kesseldurchmesser liegt zwischen

0,9 und 3 m, die Höhe zwischen 0,9 und 2,5 m. Durch das Einstellen der Verweilzeit lassen sich Form und Größe des aufgeschlossenen Materials bestimmen. Das Verfahren besitzt keine Verschleißanfälligen Maschinenteile wie Siebe oder Messer und ist resistent gegen Störstoffe. Die schnell auswechselbaren Kettenglieder führen zu einer hohen Service- und Wartungsfreundlichkeit des Systems.

5.1.2 Klassierung

Das Auftrennen eines Abfallhaufwerks in Klassen unterschiedlicher Korngröße wird als „Klassieren" bezeichnet. Im Gegensatz dazu steht die Sortierung als Feststofftrennung nach anderen Eigenschaften als der Teilchengröße, z. B. nach Stoffart oder Eigenschaften wie Farbe, Magnetismus oder elektrische Leitfähigkeit. Bei der Siebung von Abfallgemischen (z. B. Restabfall) kann neben der Klassierung nach der Korngröße auch gleichzeitig eine Sortierung nach Stoffen auftreten, sofern bestimmte Stoffarten sich in eingegrenzten Kornklassen aufhalten. Somit können Siebmaschinen auch zur sortierenden Klassierung verwendet werden.

Siebung Die Siebung trennt feste Stoffe mit unterschiedlicher Korngröße in die jeweils gewünschten Korngrößenklassen.

Bei der Siebklassierung erfolgt die Trennung nach der charakteristischen Länge der Körner mit Hilfe einer Trennfläche (Siebboden), in der sich geometrisch angeordnete Öffnungen befinden. Körner, die bei der Bewegung über den Siebboden hinweg in einer passenden Lage kleiner als die Öffnungen sind, fallen durch diese hindurch und werden somit zum Unterkorn, dem sog. Feingut. Das Überkorn verbleibt auf dem Siebboden und bildet das Grobgut.

Da eine technische Siebung nur einen unvollkommenen Trennprozess darstellt, kann ein gewisser Anteil des Unterkorns im Grobgut verbleiben. Bei Ausbildungsfehlern der Sieböffnungen oder Verschleißerscheinungen des Siebbodens kann auch Überkorn in das Feingut gelangen. Diese Anteile werden als Fehlkorn (Fehlunter- bzw. Fehlüberkorn) bezeichnet. Besondere Probleme bereiten beim Absieben jene Korngrößenanteile, die in etwa der Sieböffnung entsprechen (Grenzkorn) und als Klemmkorn den Siebboden zusetzen.

Der Siebgütegrad ist eine Kenngröße für die Trennschärfe eines Siebvorganges und wird durch das Verhältnis der Feinkornanteile im Siebdurchgang und im Aufgabegut ausgedrückt, wobei die Voraussetzung gilt, dass kein Fehlüberkorn im Durchgang vorhanden ist.

$$R = \frac{x_1}{x_0} \times 100(\%) \tag{5.8}$$

R = Siebgütegrad (%)
x_1 = Feinkornanteil im Siebdurchgang (kg)
x_0 = Feinkornanteil im Aufgabegut (kg)

Der Siebgütegrad wird durch verschiedene Bedingungen und Faktoren des Siebprozesses beeinflusst:

- maschinenabhängige Faktoren: Siebbreite, Sieblänge, Siebneigung und -form, Schwingungszahl, Schwingungsweite, Drehzahl,
- siebbodenabhängige Faktoren: Siebbodenart, Siebbodenöffnung, Werkstoff,
- siebgutabhängige Faktoren: Gutdurchsatz, Oberflächenfeuchte, Kornverteilung, Faserigkeit.

Feinkörnige, feuchte, faserige und klebrige Haufwerke neigen zum Verstopfen der Siebflächen. Die offene Siebfläche wird verkleinert und der Siebdurchsatz nimmt ab. Um Verstopfungen zu verhindern, werden bestimmte Siebkonstruktionen für schwierig zu siebende Güter eingesetzt oder Siebhilfen benutzt. Wichtige Siebhilfen sind Bürsten, Ketten, Siebheizungen, Luftstöße und Zusatzwasser zum Aufheben der Kapillarkräfte zwischen aneinanderklebenden Teilchen.

Sichtung Ein weiteres Verfahren zur Klassierung von Feststoffen (Haufwerken) ist die Sichtung. Die Windsichtung ist ein Verfahren der Stromklassierung und beruht auf der Gleichfälligkeit spezifisch ähnlicher/gleicher Stoffe in fluiden Medien, bei Abfällen zumeist Luft. Gleichfälligkeit bedeutet, dass verschiedene Teilchen gleiche Endfallgeschwindigkeiten erreichen. Wenn Teilchen gleichfällig sind, dann müssen diese unter gleichen Anfangsbedingungen gleiche Bahnen beschreiben, zeigen also ein gleiches Verhalten bzw. haben die gleiche Sinkgeschwindigkeit.

Der Sichter trennt nach der Sinkgeschwindigkeit der Teilchen, wobei die Sinkgeschwindigkeit von der Kornform und von dem jeweiligen spezifischen Gewicht eines Stoffes abhängt.

Für die Auslegung von Windsichtern ist die Menge in kg des Aufgabegutes pro m^3 Luft (Beladung) oder der reziproke Wert insoweit von Bedeutung, als oberhalb bzw. unterhalb eines bestimmten Verhältnisses die effektive Trennung in eine Leicht- und Schwerfraktion nicht mehr möglich ist.

Aus diesen Überlegungen lässt sich der Durchsatz eines Windsichters ableiten:

$$Q = A \times \mu_A \times \beta_L \times 3.600\ (\mathrm{kg/h}) \tag{5.9}$$

Q = Durchsatz (kg/h)
A = Sichtraumquerschnitt (m^2)
μ_A = mittlere Strömungsgeschwindigkeit (m/s)
β_L = mittlere Feststoffbeladung der Luft (kg/m^3)

Unabhängig von diesen Größen haben auch das Schüttgewicht, Feuchte, Abfallzusammensetzung und die vorhergehende Zerkleinerung einen Einfluss auf die Formel, so dass diese Gleichung nur als praktischer Richtwert gelten kann.

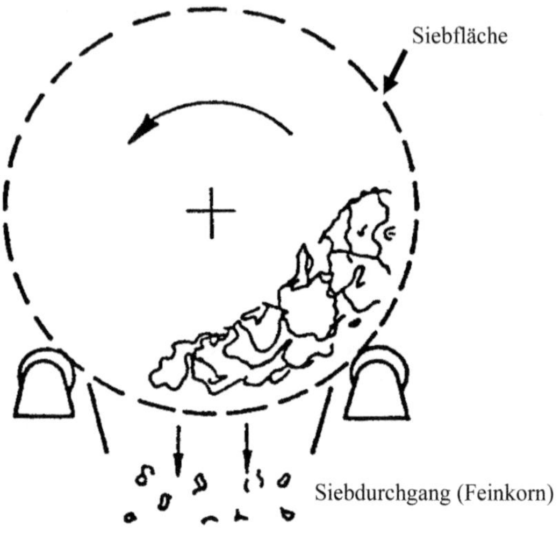

Abb. 5.13 Schematische Darstellung eines Trommelsiebes

Eine Reihe von verschiedenen Windsichtertypen wurde für Kompostierungsanlagen und für Haus- und Gewerbeabfall getestet [14]. Von den unterschiedlichen Gerätetypen werden überwiegend zwei Arten in der Abfallaufbereitung eingesetzt: der Zick-Zack-Windsichter und der Rotationswindsichter (siehe Kap. 5.1.2.2).

5.1.2.1 Siebe

Trommelsieb Das Trommelsieb ist ein bewährtes Klassieraggregat und kann in einer Aufbereitungsanlage sowohl als erste Aufbereitungsstufe als auch nach der Zerkleinerungsstufe eingesetzt werden. In Abb. 5.13 ist ein Trommelsieb schematisch dargestellt.

Der Durchsatz und die Trennleistung einer Siebtrommel sind durch die Lochweite, den Durchmesser, die Drehzahl, die Einbauten und den Neigungswinkel der Trommel gekennzeichnet. Da die effektive Siebfläche einer Siebtrommel relativ klein ist, wird durch geeignete Mitnehmer und Wandkonstruktionen (Polygonsieb) versucht, das Siebgut möglichst weit an der drehenden Trommelwand mit nach oben zu nehmen, um damit eine effektivere Siebung zu erzielen.

Durch Vergrößerung des negativen Neigungswinkels einer Trommel auf mehr als 5 Grad verschlechtert sich der Siebgütegrad rapide. Um den Siebgütegrad zu verbessern, wurden an der Siebtrommelwand durchgehende spiralförmige Mitnehmer für den Materialtransport entwickelt, so dass die Siebtrommel auch ohne Neigungswinkel eingesetzt werden kann. Für die Planung und technische Auslegung von Siebtrommeln wurde eine Reihe von praktischen Faustformeln entwickelt. Um einen Siebgütegrad von ca. 90 % zu erzielen, müssen sowohl die Verweilzeit des Materials in der Trommel als auch die Siebfläche auf das Material abgestimmt werden. Die Trommelbeladung sollte 0,1 Mg/m^2 nicht überschreiten. Bei Versuchen mit Rohabfall in einem Trommelsieb konnte bei einer Beladung von 0,41 Mg/m^2 ein Siebgütegrad von 80 % erreicht werden [15].

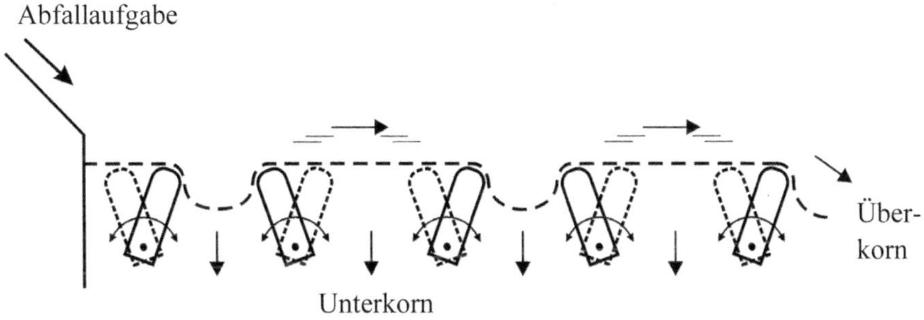

Abb. 5.14 Prinzip des Spannwellen-Siebbodens (Nach [18])

Als Verweilzeit für unzerkleinerten Siedlungsabfall werden mindestens 25 bis 30 Sekunden gefordert. Bei einem Trommeldurchmesser von 2,70 m wurde eine optimale Rotationsgeschwindigkeit von ca. 45 % der kritischen Rotationsgeschwindigkeit[1] ermittelt [16].

Bei Untersuchungen in der Byker Sortieranlage, GB, konnte für ein Trommelsieb, das in zwei Sektoren mit verschiedenen Lochweiten eingeteilt war, nach der Zerkleinerung bei den jeweiligen Lochweiten differierende Siebleistungen feststellen [17]. So lag der Siebgütegrad für die Korngröße kleiner 10 mm nur zwischen 32,5 und 34,3 %, während das Mittelgut mit einer Korngröße von 10 bis 160 mm einen Siebgütegrad von 90 bis 95 % aufwies. Um diesen Effekt zu vermeiden, kann für die Trennung eines Abfallgemisches in drei Fraktionen ein ineinandergestecktes Doppelsieb mit separatem Antrieb zur Optimierung der jeweiligen Rotationsgeschwindigkeit angewendet werden.

Spannwellensieb Das Spannwellensieb gehört in die Reihe der dynamischen Siebmaschinen, das sich als ein verstopfungsfreies, leistungsfähiges Aggregat, insbesondere bei der Absiebung von Kompost, bewährt hat (siehe Abb. 5.14).

Beim Spannwellenprinzip werden verformbare Siebböden aus Gummi oder Kunststoffen eingesetzt, die auf zwei, sich gegeneinander bewegende, Kippträgersystemen aufgelegt sind. Der zwangsläufige Antrieb dieser Systeme führt zu einer wellenartigen Bewegung der Siebfläche mit beträchtlichen Amplituden (30 bis 50 mm) bei Schwingungszahlen von 600 bis 800 min^{-1} und somit relativ hohen auf das Siebgut wirkenden Beschleunigungsspitzen.

Durch die flexiblen Siebböden ändert sich die Sieböffnungsgeometrie während des Siebvorganges, wodurch die Gefahr des Festsetzens von Material vermindert wird (gute Selbstreinigung). Von Nachteil ist der vergleichsweise hohe Verschleiß der Siebböden. Wegen der Kunststoff- bzw. Gummisiebböden ist das Spannwellensieb nicht für mineralische oder metallische Abfälle mit scharfen Kannten geeignet.

[1] Beim Überschreiten der kritischen Rotationsgeschwindigkeit („Grenzdrehzahl“) übersteigt die Zentrifugalkraft die Gewichtskraft der Abfallpartikel. Die Abfallpartikel verbleiben an der Siebfläche des Trommelsiebes, die Siebleistung wird stark beeinträchtigt.

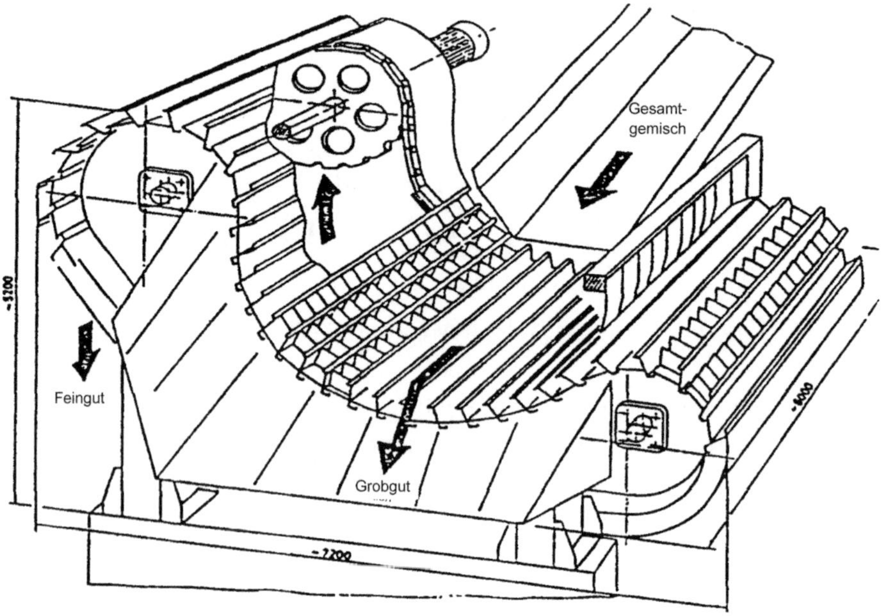

Abb. 5.15 Trennprinzip eines Bechersiebes [125]

Bechersieb Zur Aufbereitung von Abfällen mit sperrigen und feinen Anteilen (z. B. Baustellenmischabfälle, Gewerbeabfälle) ist wegen des problemlosen, verstopfungsfreien Betriebsablaufs das Bechersieb (siehe Abb. 5.15) entwickelt worden.

Das abzutrennende Feingut fällt in Becher (rechteckige Kassetten) und wird am höchsten Punkt der Maschine über eine Rutsche ausgetragen. Das Bechersieb ist im Gegensatz zu den Siebtrommeln nach oben offen und im Bereich der wirksamen Siebfläche in Form einer Welle ausgebildet. Das Grobgut rutscht in Neigungsrichtung des Aggregats und wird dabei teilweise seitlich mit den Stahlgliedern nach oben auf den Wellenrücken gefördert. Aufgrund der Schwerkraft rutscht das Grobgut wieder in das Wellental und wird über eine Schurre ausgetragen [125].

Ballistischer Separator Entwickelt wurde das Gerät für die Trennung von zerkleinertem Haus- und Gewerbeabfall in drei Fraktionen: Schwer-, Leicht- und Feinfraktion. Das Prinzip der ballistischen Trennung kann der sortierenden Klassierung zugeordnet werden, wobei die Sortierung nach der Steifigkeit des Aufgabegutes erfolgt.

Der ballistische Sichter besteht aus einer Zuführeinrichtung und einer beweglichen, geneigten und perforierten Ebene. Die Ebene ist in Rüttelelemente unterteilt. Das zerkleinerte Material wird nach den Kriterien drei-/zwei-dimensional, rollend-kubisch-steif/flach-weich-schlank bzw. Unterkorn/Überkorn aufgetrennt. Die schweren, steifen Bestandteile des Aufgabegutes rutschen durch den Einfluss des Hangabtriebes zur tiefer gelegenen Kante der Ebene, prallen dort ab und bewegen sich weiter nach unten. Sie bilden die Schwerfraktion. Die leichten Partikel, wie Papier, Pappen, Folien etc., werden durch die

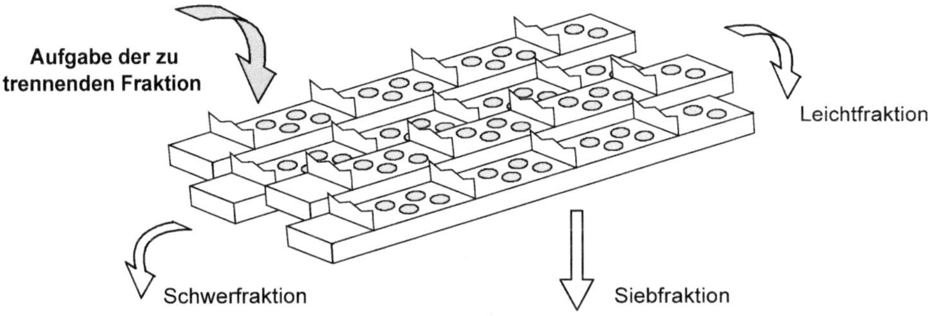

Abb. 5.16 Trennprinzip des Ballistischen Separators [155]

Bewegung der Rüttelrinne, unter kräftiger Umschichtung, in entgegen gesetzter Richtung zur höher gelegenen Kante der Ebene gefördert und bilden die Leichtfraktion. Durch die Perforation der Ebene entsteht eine dritte Fraktion, die Siebfraktion.

Der Antrieb der Rüttelelemente erfolgt mittels Elektromotor und Kurbelwelle. Die Bewegung der Elemente ist oszillierend und im Verhältnis zueinander versetzt. Durch die Wahl des Lochdurchmessers der Perforierung kann der Anteil der Siebfraktion bestimmt werden. Die Siebbleche sind auswechselbar und haben quer- und längslaufende Mitnehmer. Der Anteil der Leicht- und Schwerfraktion ist durch Änderung des Neigungswinkels der Rüttelebene und die Intensität der Paddelbewegung steuerbar. Der Neigungswinkel der Elemente beträgt normalerweise 15 Grad, am untersten Ende 20 Grad. Die Separatoren sind für eine Kapazität von ca. 10 Mg/h oder 90 m^3/h ausgelegt. Für das Gerät sind 5 kW Anschlussleistung erforderlich.

Als Vorschaltgerät in Sortieranlagen bringt der Ballistische Separator den zusätzlichen Vorteil, dass das Material aufgelockert wird und sich Anhaftungen lösen (Abb. 5.16).

Diskscheider Ein Diskscheider (auch Scheibensieb) ist ein Kaskaden-Klassiergerät bestehend aus einem Klassierrost mit mehreren stufenförmig angeordneten Teilsiebböden, die aus einer Vielzahl von zueinander abstandsgleichen und parallel verlaufenden Wellen mit sechseckigen Förderscheiben zusammengesetzt sind. Diese Förderscheiben greifen jeweils in die Lücke von zwei benachbarten Scheibenkörpern, wodurch ein zusätzlicher Selbstreinigungseffekt auftritt.

Die gegenseitigen Abstände bestimmen die Größe der Sieböffnungen eines jeden Teilsiebbodens. Vorsortierte Baustellenabfälle werden z. B. über einen Aufgabeförderer dem ersten Teilsiebboden zugeführt und beim Siebvorgang durch die Anordnung der Förderscheiben auf den Wellen sowie durch eine in Förderrichtung eines jeden Teilsiebbodens ansteigende Drehzahl der Wellen beschleunigt und auseinandergezogen. Die abgerundeten Wellen zwischen den Förderscheiben und den gewölbten Eckenbereichen verhindern ein Festhaken des Gutes [126]. Das Klassiergerät wird in Mechanisch-biologischen Anlagen, Bauschuttaufbereitungsanlagen, DSD-Sortieranlagen, Schlackeaufbereitungsanlagen und Bodensanierungsanlagen eingesetzt (Abb. 5.17).

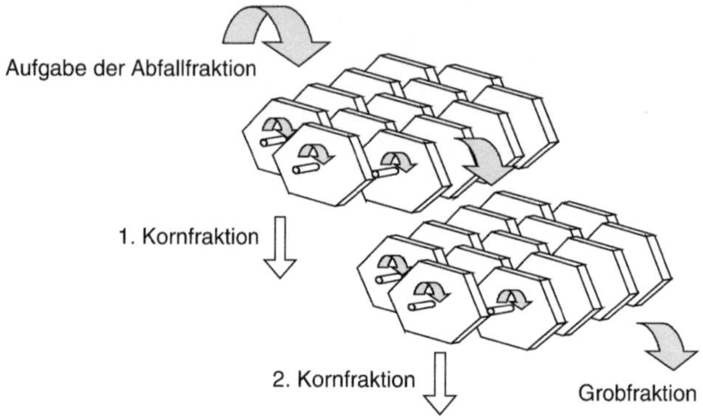

Abb. 5.17 Schematische Darstellung eines Diskscheiders [126]

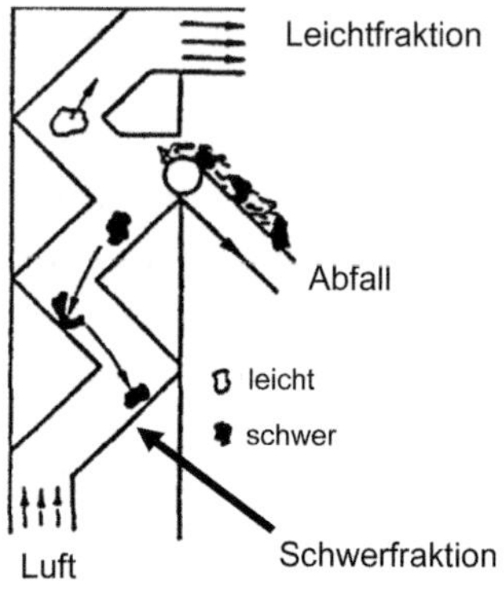

Abb. 5.18 Schematische Darstellung des Zick-Zack-Windsichters [13]

5.1.2.2 Windsichter

Zick-Zack-Windsichter Der Zick-Zack-Sichter ist für Haushaltsabfall eingehend untersucht und vielfach eingesetzt worden. In einem senkrecht stehenden zickzackförmigen Sichtrohr strömt Luft von unten nach oben entgegen der Fallrichtung des Aufgabegutes. Das Besondere an dieser Sichterform ist, dass sich der Sichtvorgang an jeder Knickstelle durch eine Querstromsichtung wiederholt (siehe Abb. 5.18) und somit Fehlsichtungen der vorhergehenden Zone korrigiert werden können. Damit wird eine deutlich höhere Trennschärfe als in einem einfachen Steigrohrsichter erreicht. In Abhängigkeit von der Anzahl der Sichtglieder, der geometrischen Abmessung, dem Aufgabeort, der Menge des Abfalls, der Abfallzusammensetzung und der Windgeschwindigkeit lassen sich gröbere und feinere Trennschärfen erzielen. In Abb. 5.18 ist ein Zick-Zack-Windsichter schematisch dargestellt.

Die Materialaufgabe in den Zick-Zack-Windsichter kann beispielsweise über Bandabwurf oder Zellradschleuse erfolgen. Beim Einsatz der Zellradschleuse ist eine dosierte Beschickung des Sichters möglich.

In der Tab. 5.1 wird die Trennung des Inputs in die Leicht- und Schwerfraktion durch einen Zick-Zack-Windsichter dargestellt. Als Einsatzmaterial stand in einer Rotorschere zerkleinerter Restabfall zur Verfügung. Aus der Tabelle wird deutlich, dass die unter-

Tab. 5.1 Massebilanz eines Zick-Zack-Windsichters beschickt mit zerkleinertem Restabfall sowie die Wiedergewinnungsraten bezogen auf die Leichtfraktion [14]

Stoffgruppe	Input (Gew.-%)	Leichtfraktion (Gew.-%)	Schwerfraktion (Gew.-%)	Wiedergewinnungsrate (%)
Papier	38,30	31,40	6,90	82,0
Pappe	8,20	5,60	2,60	68,3
Holz	3,80	1,40	2,40	36,8
Leder	0,40	0,16	0,24	40,0
Gummi	0,09	0,03	0,06	33,3
Knochen	0,50	0,20	0,30	40,0
Textilien	4,60	3,60	1,00	78,3
Kunststoff-Folien	5,00	4,70	0,30	94,0
Kunststoff-Formk.	4,80	2,45	2,35	51,0
Vegetabilien	6,70	7,40	9,40	44,3
Schrott (fein)	0,40	0,05	0,35	12,5
Nichteisenmetalle	1,30	0,50	0,80	38,5
Glas	7,10	0,40	6,70	5,6
Mineral. Best.	8,70	4,40	4,30	50,6
GESAMT	*100,00*	*62,20*	*37,80*	

schiedlichen Bestandteile sowohl in der Schwer- als auch in der Leichtfraktion vertreten sind. Neben einer guten Trennung von Papier, Textilien und Folien wird jedoch auch folgendes deutlich: Bei Pappe und Holz, die in der Schwerfraktion verbleiben, treten große Wertstoffverluste auf. Bis zu 50 Gew.-% der Vegetabilien, mineralischen Bestandteile, NE-Metalle etc. gelangen in die Leichtfraktion.

Die Wiedergewinnungsraten, die sich auf die Leichtfraktion beziehen, zeigen diese ungünstige Trennung besonders anschaulich. Auch schadstoffreiche Abfallbestandteile, wie Leder, Gummi und Kunststoff-Formkörper, belasten beide Fraktionen erheblich und erfordern eine weitere Trennstufe. Hohe Trennraten lassen sich mit Material einer geringen Korngrößenklassenbreite erreichen.

In Kompostanlagen wird der Zick-Zack-Windsichters beispielsweise zur Folienabscheidung bei Grobkompost oder Hartstoffabscheidung bei Fertigkompost eingesetzt. Außerdem findet er in der E-Schrottaufbereitung z. B. zur Trennung von zerkleinerten Abfällen wie Kupfer und Isoliermaterial Verwendung.

Rotationswindsichter Der Rotationswindsichter besteht aus drei wesentlichen Elementen: einer rotierenden Trommel, einer Sicht- und Absetzkammer sowie einem Druckluftsystem. Die Anordnung geht aus Abb. 5.19 hervor. Die rotierende Trommel ist ca. 15 Grad zur Horizontalen geneigt und nach oben hin konisch erweitert. Der zerkleinerte und bereits abgesiebte Abfall wird mit einem Förderband zum oberen Ende dieser Trommel transportiert. Druckluftdüsen geben Pressluft parallel zur Trommelachse und sind der Trommelbewe-

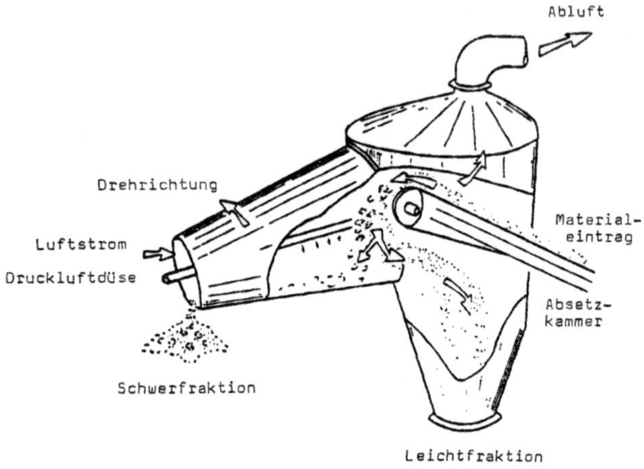

Abb. 5.19 Schematische Darstellung der Funktionsweise des Rotationswindsichters [8]

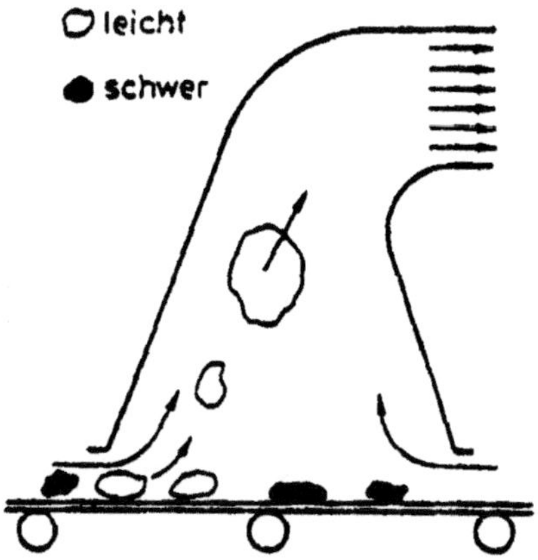

Abb. 5.20 Schematische Darstellung einer Absaughaube über einem Förderband

gung gleichgerichtet. Auf diese Weise wird das flugfähige Material verwirbelt und nach oben hin in die Absetzkammer transportiert. Die Schwerfraktion wird in der Trommel weitertransportiert und am kleinen Durchmesser ausgetragen. Um eine kontinuierliche Luftströmung über die ganze Trommel zu erzielen, wird am unteren kleinen Durchmesser Zusatzluft eingeblasen. Trennkorngröße und Trennschärfe können durch Änderung des Luftvolumens, Druckluftänderung, durch einen anderen Neigungswinkel der Trommel und durch eine veränderte Beschickung des zerkleinerten Materials beeinflusst werden. Zur Minimierung der Abluftfilter wird ein großer Teil der Luft im Kreislauf geführt.

Absaughaube Die leichten Abfallkomponenten werden in der Regel von einem Band, einem Vibrationsförderer oder aus einer Siebtrommel abgesaugt und über einen Zyklon abgeschieden. In Abb. 5.20 ist die Absaughaube schematisch dargestellt. Die Trennschärfe der Absaugung ist in der Regel gering.

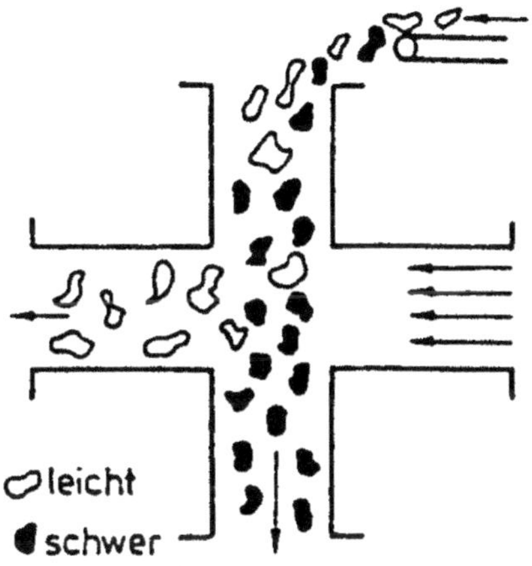

Abb. 5.21 Schematische Darstellung eines Querstromsichters [13]

Horizontalwindsichter oder Querstromsichter Im Querstromsichter (vgl. Abb. 5.21) wird der Luftstrom quer zur Fallrichtung der Abfallkomponenten geführt. Die Vorteile des Querstromsichters liegen in der einfachen Bauweise. Aufgrund der kurzen, luftdurchströmten Fallstrecke ist im Querstromsichter bei einer heterogenen Materialzusammensetzung jedoch nur eine geringe Trennschärfe zu erreichen. Bei Abfällen, deren Komponenten sich in ihrer Flugfähigkeit wesentlich unterscheiden, wie z. B. beim Autoshredder-Schrott, Eisenteile von Kunststoff-, Textil- und Holzteilen, wird der Querstromsichter mit gutem Erfolg großtechnisch eingesetzt.

Wird anstelle eines gleichmäßigen Luftstroms mittlerer Geschwindigkeit der Querstromsichter mit einem gebündelten Luftstrom hoher Geschwindigkeit betrieben, so spricht man von einem Impulssichter. Auch dieser Sichter kommt großtechnisch mit gutem Erfolg zum Einsatz [13].

Flugbettsichter In dem in Abb. 5.22 als Prinzip dargestellten Flugbettsichter werden die Abfallkomponenten durch eine Luftströmung, die durch eine geneigte Siebfläche bläst, kräftig aufgewirbelt, wobei die leicht flugfähigen Teile vom Luftstrom über ein Strömungsrohr oder aber über mehrere Zick-Zack-Kanäle abgezogen werden. Die verbleibende Schwerfraktion wird durch Schwerkraftwirkung ausgetragen. Es kommen auch flache Siebböden zum Einsatz, wie z. B. beim Wirbelstromsichter. Auf den flachen Siebböden wird die Auflockerung durch einen langsam kreisenden Rotor unterstützt [13].

5.1.3 Sortierung

Beim Sortieren werden die physikalischen Eigenschaftsunterschiede der zu trennenden Feststoffteilchen ausgenutzt. Dabei wird grundsätzlich zwischen Dichtesortieren, Flotieren, optischem Sortieren, Magnet- und Elektrosortieren etc. unterschieden. Die verschiedenen Methoden wurden für die Sortierung von Glas, Aluminium, Kupfer,

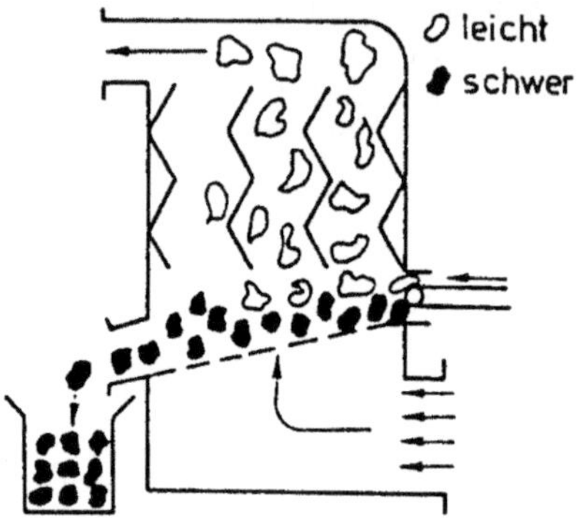

Abb. 5.22 Schematische Darstellung eines Flugbettsichters [13]

Kunststoff-Folien, Holz etc. aus dem Abfallgemisch untersucht. In der Praxis haben bisher Setzherde als Steinausleser in Kompostierungs- und Ersatzbrennstoffanlagen, Magnetscheider, Wirbelstromscheider, Hydrozyklone, Dichtesortierer, Schwimm-Sink-Scheider und optische Sortiergeräte eine Verwendung gefunden.

5.1.3.1 Magnetscheider

Die Magnetsortierung erfolgt weitgehend durch Überbandmagnete (vgl. Abb. 5.23), die die Eisenteile aus dem Abfallstrom herausziehen und über ein umlaufendes Band entweder quer oder parallel zur Förderrichtung des Materialtransportes austragen. Eine wirksame Magnetscheidung mit hohem Trenngrad setzt voraus, dass die ferromagnetischen Teile durch eine entsprechende Vorzerkleinerung bzw. Auflockerung weitgehend einzeln und von Anhaftungen befreit dem Magneten zugeführt werden. Das Verfahren funktioniert zuverlässig für alle magnetischen Materialien und ist mit einem geringen Energiebedarf verbunden. Die Größe der Eisenteile ist nicht begrenzt, da Magnete für die Entfernung nahezu aller Gewichtsgrößen zur Verfügung stehen. Überbandmagnete werden in der Regel zur groben magnetischen Vorsortierung von zerkleinerten und nicht zerkleinerten Siedlungsabfällen und Verpackungsabfällen aus der Gelben Tonne oder zur Schadstoffentfrachtung von Kompost eingesetzt. Während sich die magnetische Sortierung nach der Zerkleinerung als erfolgreich erwiesen hat, sind bisher alle Versuche, ein sauberes ferromagnetisches Produkt durch Ausheben der FE-Metalle vor dem Zerkleinerungsaggregat zu erzielen, gescheitert. Wie die Tab. 5.2 deutlich zeigt, ist die Wiedergewinnungsrate der Magnetscheidung vor der Zerkleinerung zwar ausreichend, jedoch führen die Verunreinigungen durch andere Abfallbestandteile in der Fe-Metallfraktion zu keinem marktgängigen Produkt. Die günstigste Teilchengröße liegt beim Magnetsortieren aus Haushaltsabfällen bei 10 bis 100 mm. Diese Korngröße wird allerdings nur selten so gleichmäßig mit den üblichen Zerkleinerungsaggregaten erreicht.

5.1.3.2 Wirbelstromscheider

Ein Verfahren zur Sortierung eines Gemisches aus NE-Metallen (auch Verbunde) und Stoffen in der gleichen Dichtestufe (wie Aluminium und Steine bzw. Glas oder

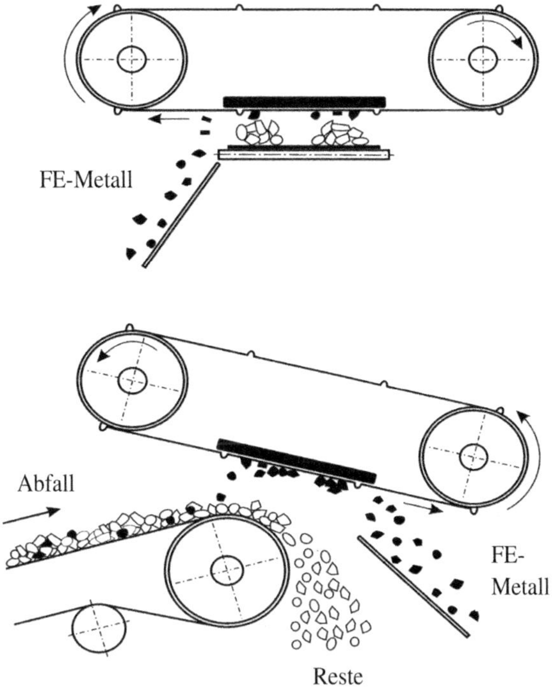

Abb. 5.23 Unterschiedliche Anordnung von Überbandmagneten [110]

Tab. 5.2 Wiedergewinnungsraten und Verunreinigungen der Fe-Metallfraktion beim Einsatz von Magnetscheidern vor der Zerkleinerung des Restabfalls [14]

Fe-Metallfraktion	Anteil (%)	Wiedergewinnungsrate (%)
Fe-Schrott	48,1	98,9
Fe-Blech	35,2	87,6
Störstoffe	16,7	
Summe	*100,0*	

Kunststoff- und Aluminiumfolien, bzw. Getränkekartonagen von Pappen) stellt die Wirbelstromscheidung dar (alternative Verfahren: Handsortierung, Trennschmelzverfahren, Detektionsverfahren).

Die Wirbelstromscheidung von Nichteisenmetallen wurde schon um die Jahrhundertwende angewendet. T.A. Edison bekam bereits 1889 ein Patent auf sein Verfahren zur Ablenkung von Nichteisenmetallen.

Aufgrund mangelnder Anwendungsmöglichkeiten und schlechter Trennergebnisse wurde diese Technik nur sporadisch weiterverfolgt. Eine praktische Anwendung hat diese Art der Trennung im magnetischen Wechselfeld jedoch erst im Verlauf der 70er Jahre erhalten. Die Entwicklung ging dabei besonders von den USA aus, da dort im Hausmüll Getränkedosen vorhanden sind, die vollständig aus Aluminium bestehen. Für die Sortierung von solchen großflächigen und günstig geformten Bestandteilen ist die Trennung auch in Wirbelstromscheidern einfacherer Bauart möglich [19].

Abb. 5.24 Prinzipskizze des Wirbelstromscheiders [19]

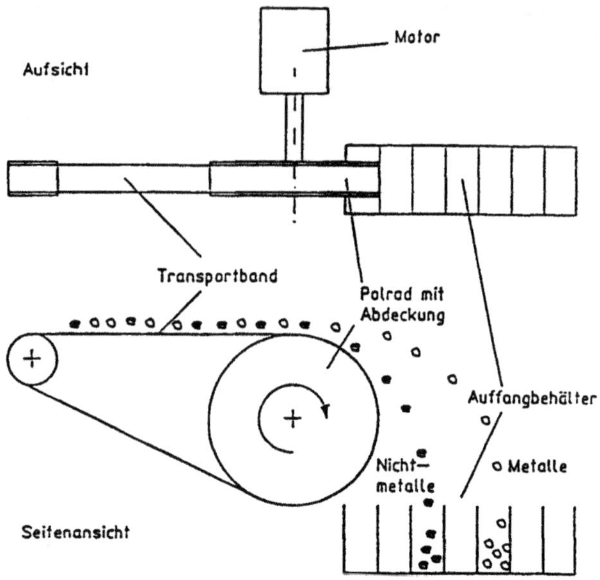

Mit dem Sortierkriterium der elektrischen Leitfähigkeit beruht das Trennverfahren auf der Induktion von Wirbelströmen in elektrisch leitenden Körpern, die dadurch eine Kraftwirkung in einem Magnetfeld erfahren. Weitgehend bekannt sind andere gewollte oder unerwünschte Effekte der Wirbelströme: die Wirbelstrombremse, Magnetschwebebahn oder Wirbelstromverluste in Transformatoren (Abb. 5.24).

Wirbelströme entstehen, wenn sich ein Leiter in einem zeitlich oder räumlich sich ändernden Magnetfeld befindet oder darin bewegt wird. Wirbelströme fließen innerhalb des Leiters auf geschlossenen Bahnen und sind in ihrer Form nicht an die Form des Leiters gebunden. Nach der Lenz'schen Regel erzeugen diese Ströme ihrerseits ein Magnetfeld, das dem sie erzeugenden Feld entgegengerichtet ist. Dabei wird eine Kraft auf den Leiter ausgeübt, die ihn aus dem Ursprungsfeld heraus beschleunigt. Mit fallender Leitfähigkeit wird die ausgeübte Kraft kleiner. Mit steigender Dichte (bei gleichem Volumen bedeutet das steigende Masse) muss eine größere Kraft aufgrund der Massenträgheit des Teilchens zur Auslenkung aufgebracht werden. Eine Übersicht von Werten des charakteristischen Quotienten elektrische Leitfähigkeit durch Dichte zeigt Tab. 5.3. Auf gute Leiter wie Kupfer oder Aluminium wirkt ein hoher Induktionsstrom, wodurch das Material eine größere Ablenkung erfährt. Bei schlechten Leitern, wie beispielsweise Blei, ist der Induktionsstrom und damit auch die Lorentzkraft geringer.

5.1.3.3 Automatische Sortiersysteme

Seit den 90er Jahren ist ein verstärkter Trend hin zur automatischen Identifikation von Abfällen festzustellen. Automatische Sortiersysteme zeichnen sich dadurch aus, dass sie in Sekundenbruchteilen Abfallpartikel erkennen und danach gezielt austragen können. Typische Sortierkriterien für automatische Sortiersysteme sind:

Tab. 5.3 Ablenkfähigkeit eines elektrischen Leiters, gegeben durch den Quotienten aus elektrischer Leitfähigkeit und der Dichte [19]

	Elektrische Leitfähigkeit ($10^{-6}/\Omega$ m)	Dichte (g/cm^3)	Leitfähigkeit/Dichte ($m^2 10^3/\Omega$ kg)
Aluminium	35,00	2,70	12,96
$AlCuMg_1$	18,50	2,80	6,61
$AlMgSi_1$	31,00	2,70	11,48
$AlMg_5$	16,50	2,63	6,23
Blei	4,82	11,34	0,43
Bronze	9,00	8,73	1,03
Kupfer	60,00	8,96	6,90
Magnesium	22,20	1,74	12,76
Messing	16,00	8,40	1,90
Zink	16,90	7,14	2,37
Zinn	8,70	7,30	1,19

- Materialstruktur und -beschaffenheit (z. B. unterschiedliche Kunststoffpolymere, Druckfarbenbestandteile, Legierungsbestandteile),
- Partikelform (z. B. Flaschenformen),
- Partikelgröße,
- Oberflächenbeschaffenheit,
- Partikelfarbe,
- Partikelhelligkeit,
- Partikeldichte,
- Leitfähigkeit und
- Opazität.

Die Systeme bestehen grundlegend aus einem Vereinzelungsband, einer Strahlen-Emissionsquelle, einer Detektor- und Auswerteeinheit sowie einer Austragsvorrichtung. Analysiert werden die vom Partikel zurückgeworfenen Strahlen (Reflexionsprinzip) oder die den Partikel durchdringenden Strahlen (Transmissionsprinzip). Bedingung für hohe Reinheiten der separierten Wertstoffe ist eine gute Vereinzelung und geringe Verschmutzung des Materials.

Optische Sortierung Das in Deutschland getrennt erfasste Altglas setzt sich etwa zu 50 % aus Weißglas, 40 % Grünglas und 10 % Braunglas zusammen [39]. Obwohl Grünglas bei der Wiederverwertung den größten Fremdfarbenanteil verträgt, hat die starke Ausweitung der Altglassammlung dazu geführt, dass die Aufnahmekapazität der Grünglasschmelze für gemischtes Altglas mit einem Scherbenzusatz von 90 bis 95 % erschöpft ist. Für eine Steigerung der Recyclingrate muss daher das Altglas farbsortiert werden. Die bisher durchgeführte händische Sortierung verteuert das Altglas um ca. 15 bis 35 €/Mg je nach Anlagengröße.

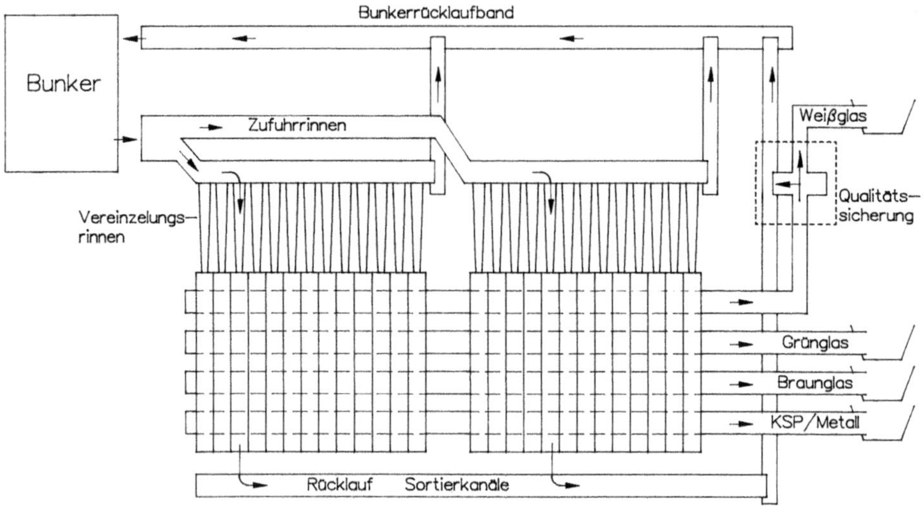

Abb. 5.25 Darstellung des Verfahrensablaufes zur Farbsortierung von Altglasscherben. (Quelle: intecus) [143]

Eine Reihe von Herstellern entwickelte elektro-optische Sortiergeräte, die die Scherben nach dem Prinzip der Opazität farblich erkennen und mit Hilfe von Druckluft oder eines mechanischen Klappensystems separieren.

Im Jahre 1997 ging eine erste große Farbglassortieranlage mit einem effektiven Durchsatz von ca. 4,8 Mg/h in Betrieb. Nach einer Vorbehandlung (Siebung, Sortierung, Zerkleinerung, Sichtung) wird der zur optischen Sortierung vorgesehene Altglasanteil kontinuierlich aus einem Glasbunker abgezogen.

Die automatische Einzelstücksortieranlage besteht aus insgesamt 180 Sortierkanälen (Abb. 5.25), welche mittels Dosier- und Vereinzelungssystem beschickt werden.

Die vereinzelten Glasscherben durchlaufen im Folgenden die optische Erkennungseinheit. Das die Glasscherbe durchdringende Licht wird über den Sensor aufgenommen. Ein Kunststofflichtleiter führt das Signal zur Auswerteeinheit. Das Lichtsignal wird in die Farben Rot, Grün und Blau zerlegt. Nach Auswertung auf Grundlage eines vorgegebenen Programms erfolgt die Zuordnung der Messwerte zu einer Glasfarbe. Anschließend wir der Steuermechanismus für den Klappenaustrag aktiviert.

Es werden Reinheiten entsprechend den Anforderungen an aufbereitetes Altglas erzielt. Zum Beispiel ist mittels dieser Farbsortieranlage eine Reinheit des Weißglases von ca. 99,5 % möglich [39].

Nah-Infrarot-Sensoren Nah-Infrarot-Sensoren (NIR) werden bevorzugt zur Identifikation von Verpackungskunststoffen (PE, PP, PET, PS, PVC, etc.), technischen Kunststoffen (PUR, ABS, PMMA, etc.), Verbundverpackungen und Papieren eingesetzt und haben in deutschen Sortieranlagen weite Verbreitung gefunden. So wurden bereits im Jahr 2003 in den etwa 200 deutschen LVP-Sortieranlagen etwa 60 % der Leichtverpackungen mit

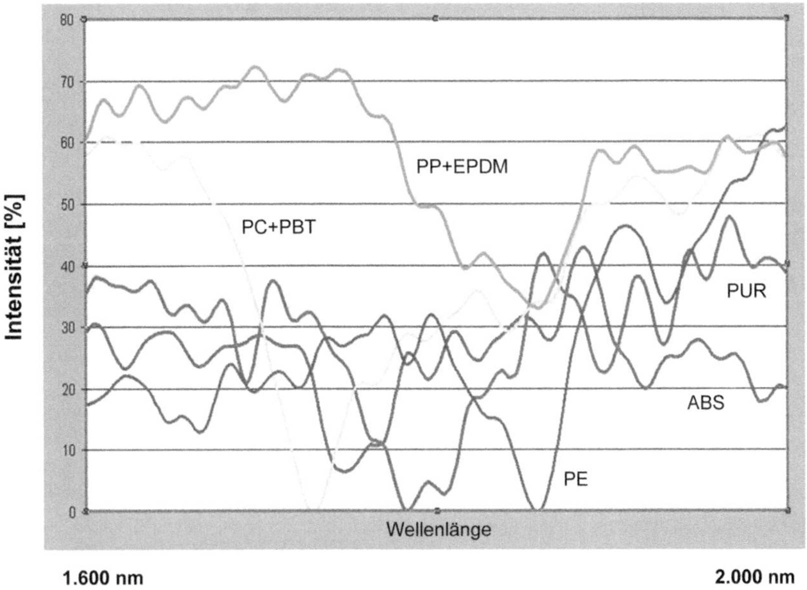

Abb. 5.26 Absorptionsspektren technischer Kunststoffe [73]

Nah-Infrarotsensoren identifiziert, 10 % wurden vollautomatisch sortiert [89]. Ein weiteres Einsatzgebiet liegt in der Herstellung von Ersatzbrennstoffen aus Gewerbe- und Siedlungsabfällen. Mit NIR können aus hochkalorischen Mischfraktionen die schadstoffarmen Brennstofffraktionen (Kunststoffe, PPK, etc.) positiv aussortiert oder PVC-haltige Bestandteile negativ aussortiert werden.

Bei NIR-Systemen emittieren Lichtquellen, zumeist Halogenlampen, kontinuierlich ein vollständiges Spektrum des nicht sichtbaren Nah-Infrarot-Bereiches (λ etwa 800 bis 2500 nm) auf die zu identifizierenden Abfallpartikel. Die Eindringtiefe der NIR-Strahlung beträgt 3 bis 4 mm. Somit ist das Verfahren bis zu einem gewissen Maße unempfindlich gegenüber Verschmutzungen. NIR-aktive Moleküle absorbieren die NIR-Strahlung in bevorzugten Wellenlängenbereichen, dadurch verändert sich die spektrale Zusammensetzung des reflektierten Lichts. Die Intensität des reflektierten NIR-Spektrums wird von der Detektoreinheit erfasst und als Funktion des Wellenlängenbereiches dargestellt [86]. In Abb. 5.26 sind Absorptionsspektren technischer Kunststoffe dargestellt.

Moderne Sensoren führen mehr als 40.000 Messungen pro Sekunde aus und scannen zeilenförmig und senkrecht zur Förderrichtung. Dies führt zu einem Scanraster der Bandoberfläche bzw. der Abfallpartikel (Abb. 5.27). Die vom Sensor detektierten Absorptionsspektren sind charakteristisch für jede Polymersorte. Bei Übereinstimmung mit einem gespeicherten Referenzspektrum erfolgt eine Identifikation des Materials. Mit dieser Technologie ist auch die Identifikation dünnschichtiger Verbunde möglich. Beispielsweise ergibt die Überlagerung der Spektren von Papier und PE-Folie ein typisches Reflexionsspektrum für Getränkekartons.

Abb. 5.27 Scanraster zur Materialerkennung [86]

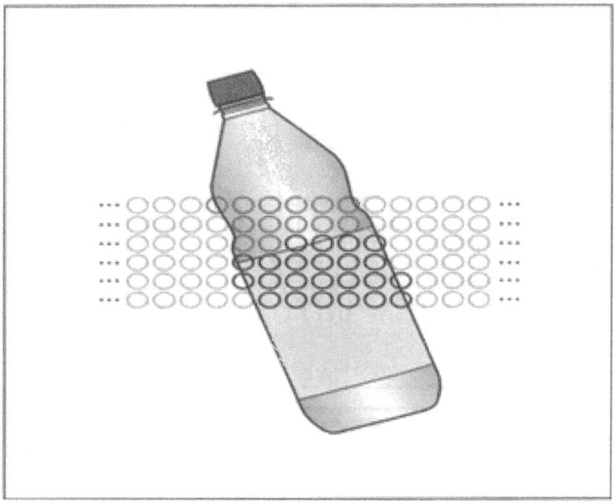

Ist ein Abfallpartikel identifiziert, dessen Größe und Lage auf dem Förderband sowie die Bandgeschwindigkeit bekannt, erfolgt rechnergesteuert der gezielte pneumatische Austrag. Hierzu ist am Ende des Beschleunigungsbandes eine Metallleiste mit Pressluftdüsen quer zur Förderrichtung installiert. Die gezielten Luftstöße erfolgen mit einem Druck von 8 bis 10 bar. Zur Vermeidung von Fehlausträgen werden nur die Pressluftdüsen vom Systemrechner angesteuert, welche sich tatsächlich unter dem abzutrennenden Partikel befinden. In Abhängigkeit vom Aufgabegut, der Vereinzelung und der Sortierbreite sind Durchsätze von 5 bis 10 Mg pro Stunde bei Wertstoffausbringungen von 85 %–95 % und Wertstoffreinheiten von bis zu 95 % möglich. Gängige Sortierbreiten liegen zurzeit im Bereich von 600 mm bis 2800 mm. Die Leistungsaufnahme je Sortiersystem beträgt 5 bis 10 kW.

Probleme bei der Identifikation bereiten insbesondere grau-schwarze Partikel, die zu wenig Licht im NIR-Bereich reflektieren. Rollende oder wehende Partikel verändern ggf. ihre Position auf dem Vereinzelungsband und werden in der Folge nicht oder fälschlich vom Druckluftstoß erfasst. Eine mechanische Abflachung rollender Partikel oder die Senkung der Bandgeschwindigkeit ist dann notwendig. Limitiert wird der Sortiererfolg des Weiteren vom Abstand der Pressluftdüsen. Bei gängigen Systemen werden Bestandteile ca. < 30. . . 20 mm nicht zuverlässig ausgetragen. Systeme mit kleineren Düsenabständen sind in Entwicklung. Identifikationsprobleme bereiten zudem Materialüberlappungen. Zur eindeutigen Identifikation sollte die Bandbelegung daher 30 % der Bandfläche nicht überschreiten.

Kamerasysteme und induktive Metallsensoren Kamerasysteme werden zur Farb-, Helligkeits- und Formanalyse von Altglas, PET-Flaschen, Metallen, Leiterplatten, Mineralien, etc. eingesetzt. Die zu sortierenden Partikel werden auf einer Fördervorrichtung oder im freien Fall mit sichtbarem Licht beleuchtet bzw. durchleuchtet. Kameras, zumeist

Abb. 5.28 Automatisches System zur kamerabasierten Sortierung von Altglas [86]

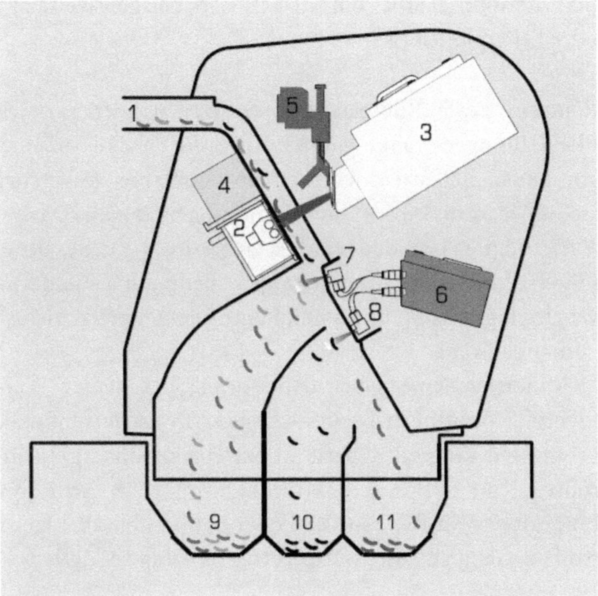

1 - Schwingförderrinne
2 - Durchlicht
3 - Sensorikeinheit
4 - Metallerkennung
5 - Reinigungssystem
6 - Ventilansteuerung
7 - Sortierventile mit Düsen (Reihe 1)
8 - Sortierventile mit Düsen (Reihe 2)
9 - Auswurf-Fraktion 1
10 - Auswurf-Fraktion 2
11 - Durchlauffraktion

hochauflösende CCD[2]-Zeilenkameras, fangen das Licht auf. Eine Bilderkennungssoftware analysiert die gewünschten Sortierkriterien. Der Austrag erfolgt pneumatisch mittels Hochdruckdüsen.

Abbildung 5.28 zeigt ein automatisches System zur Aufbereitung von Altglasscherben. Über eine Schwingförderrinne wird das Glas aufgegeben und im unteren Bereich der Rutsche durchleuchtet. Mehrere Farbkameras analysieren das Licht und steuern eine pneumatische Doppel-Austragsleiste. Hierbei kann nach Farben sortiert oder die störende Keramik-Steine-Porzellanfraktion (KSP) ausgeblasen werden.

Einsatz finden solche Farbkameras auch bei der trockenmechanischen Aufbereitung von Elektronikschrott. Aufgrund der hohen Marktpreise für NE-Metalle ist eine weitgehende Trennung dieser Materialien von hohem wirtschaftlichem Interesse. Stark wertstoffhaltige Bauteile wie Leiterplatten, elektronische Schaltelemente oder Kabel können wegen zu gering induzierter Ströme oft nur unzureichend mit „klassischen" Wirbelstromscheidern abgetrennt werden. Dieser Materialstrom wird über induktive Metallsensoren geführt. Dieser registriert durch induktive Messungen auch geringe Leitfähigkeitsverluste auf dem Sortierband, die durch NE-Metalle ausgelöst werden [79]. Der Austrag erfolgt pneumatisch. Nachgeschaltete CCR-Kamerasysteme trennen unter Verwendung des Sor-

2 „Charge-Coupled Device"-Sensoren.

tierkriteriums „Farbe“ die NE-Fraktion, beispielsweise in Kupfer (rot), Aluminium (weiß) oder Leiterplatten (grün).

Röntgensysteme Röntgensysteme nutzen als Sortierkriterium die atomare Dichte von Partikeln. Röntgenstrahlung durchdringt die Partikel auf einem Vereinzelungsband und wird von einem Zeilensensor unterhalb des Bands aufgefangen. Je dichter die Partikel, desto höher ist die Absorption der Röntgenstrahlen. Das Bild des Zeilensensors wird unter Verwendung einer Bildverarbeitungssoftware analysiert und gewünschte Partikel werden mittels Pressluftdüsen ausgetragen. Bedingung hierbei ist, dass die Partikel stets in etwa gleich groß sind und signifikante Dichteunterschiede bei den zu trennenden Abfällen vorhanden sind.

Röntgensysteme haben den Vorteil, dass leichte Verschmutzungen der Partikel die Identifizierung nicht beeinträchtigen. Typische Einsatzbereiche sind die Trennung von Front- und Konusglas (barium- bzw. bleioxidhaltig) beim Recycling von Kathodenstrahlröhren, von LVP und Elektronikschrott (z. B. beim System „Gelbe Tonne Plus“), zur Entfernung von PVC aus EBS oder flammschutzhaltiger Kunststoffe aus anderen Kunststoffen. Gängige Durchsätze betragen 4 bis 14 Mg/h bei Sortierbreiten von 600 mm bis 1200 mm [77].

Systemkombinationen Zur Steigerung von Wertstoffausbringung und Wertstoffreinheiten können zuvor beschriebenen Grundoperationen kombiniert werden. Eine Kombination aus NIR-Sensor und vorgeschalteter Kamera ermöglicht eine mehrstufige Objektidentifikation. Die Kamera ermöglicht die Identifikation beispielsweise von PET-Flaschen bestimmter Farbe, Form oder Größe (Bildanalyse). Die NIR-Strahlung kann zielgerichtet mit speziellen Spiegelsystemen auf die Objekte konzentriert werden und ermöglicht eine gezielte Identifikation von PET-Flaschen mit bzw. ohne PVC-haltigen Etiketten (NIR-Analyse). Eine weitere Möglichkeit ist die Unterteilung des Vereinzelungsbands in zwei Bandbereiche, die parallel zueinander lediglich einer Detektoreinheit zugeführt werden. Der erste Negativstrom wird zur Verbesserung der Reinheit oder dem Sortieren weiterer Wertstofffraktionen dem zweiten Band und somit einem zweiten Sortierschritt zugeführt. In Kombination mit einer Doppel-Austragsdüsenleiste können mit dieser Konfiguration bis zu 5 Fraktionen separiert werden.

5.1.3.4 Flotation

Die Flotationssortierung kommt immer dann in Betracht, wenn die spezifischen Dichten eines Materialgemisches sehr eng beieinander liegen. Die Flotation wird eingesetzt zur Entfernung von Verunreinigungen bei Kohle, Erz, Schwerspat, Schlacken, Druckerschwärze, Kunststoffabfällen etc. Haupteinsatzgebiet stellt z. Z. die Papierfabrik dar, in der bedrucktes Altpapier mit Hilfe der Flotation zu hellem graphischen Papier verarbeitet wird.

Durch die gesteigerte Verbreitung der Flotation zur Entfernung der Druckerfarbe (Deinking) in den letzten beiden Jahrzehnten konnte die Altpapierverwertung von graphisch genutzten Papieren gesteigert werden. In der Bundesrepublik Deutschland wurden im Jahr 2006 bei einem Altpapieraufkommen von 15,2 Mio. Mg, ca. 36 % einem Deinking-Prozess bzw. einem Waschdeinkingverfahren unterzogen, d.h. etwa 5,546 Mio. Mg Altpapier wurden unter Verwendung des Deinking-Verfahrens verwertet. Von Fasern abgelöste Druckfarbenteilchen, die eine bestimmte Größe nicht überschreiten, können auch mit einem Waschverfahren aus der Faserstoffsuspension entfernt werden. Allerdings werden bei der Wäsche neben den Druckfarbenteilchen auch alle anderen Teilchen mit gleicher oder geringerer Größe, insbesondere Mineralien, eliminiert. Waschdeinkingverfahren sind daher mit relativ niedrigen Ausbeuten verbunden.

Beim Flotationsvorgang lässt es sich zwar ebenfalls nicht vermeiden, dass neben Druckfarbenpartikeln auch Faserfein- und Füllstoffe abgeschieden werden, doch ist die Selektivität der Druckfarbenabtrennung wesentlich günstiger, woraus letztendlich höhere Ausbeuten als beim Waschdeinkingverfahren resultieren. Der anfallende Flotationsschaum ist entsprechend auf 40 % bis 50 % Trockensubstanz zu entwässern, ähnlich dem Schlamm, der bei der Wäsche anfällt, und kann dann verwertet werden.

Deinking wird grundsätzlich dort eingesetzt, wo man aus bedruckten hellen Papieren wieder weiße, helle Papiersorten herstellen möchte. Bei der Produktion von z. B. Graupappe werden Druckfarben nicht entfernt; sie verbleiben vielmehr in der Pappe. Dagegen ist die Druckfarbenentfernung bei der Herstellung von Druckpapier aus Altpapier zwingend erforderlich. Hierzu wird üblicherweise das Flotationsverfahren aufgrund der bereits genannten Vorteile angewandt. Das Waschdeinkingverfahren wird normalerweise nur bei der Aufbereitung von Altpapier für die Herstellung von Tissuepapieren und Küchentüchern verwendet, da dafür aus Qualitätsgründen auch die Abtrennung von Faserfeinstoffen und Füllstoffen erforderlich ist.

Grundprinzip beim Deinking ist die unterschiedlich physikalische Benetzbarkeit von Fasern und Druckfarbenteilchen. Als Flotationshilfsmittel werden sog. Sammler und Schäumer eingesetzt. Die Sammler-Moleküle sind jeweils mit einem hydrophoben, langgestreckten Molekülteil und einer hydrophilen funktionellen Gruppe, überwiegend Seifen bzw. Fettsäuren, ausgestattet. Um die Anlagerung des hydrophoben Seifen-Molekülteils an das ursprünglich hydrophobe Druckfarbenpartikel an die Luftblasen zu erreichen, müssen diese mit den Härtebildnern des Wassers (Ca^{2+}-Ionen) reagieren. Die durch die wasserhärtebildenden Ionen gefällten Seifen wirken demnach als Sammler, während nichtgefällte Seifenbestandteile als Schäumer und Dispergiermittel aktiv werden.

Die zur Flotation in Mitteleuropa am meisten eingesetzten Sammler sind Carboxylate, d.h. Fettsäuren und deren Seifen, und gehören der Gruppe der anionischen Tenside an. In Japan, den USA und Skandinavien werden öfter nichtionogene Tenside in Flotations-Deinkinganlagen eingesetzt. Während anionische Tenside als Voraussetzung für die Fällung als Seife Ca^{2+}-Ionen im Prozesswasser benötigen, können nichtionogene synthetische Tenside zur Entfaltung ihrer Sammlerwirkung auf Ca^{2+}-Ionen verzichten. Besonders in Regionen mit weichem Wasser stellt dies einen Vorteil dar.

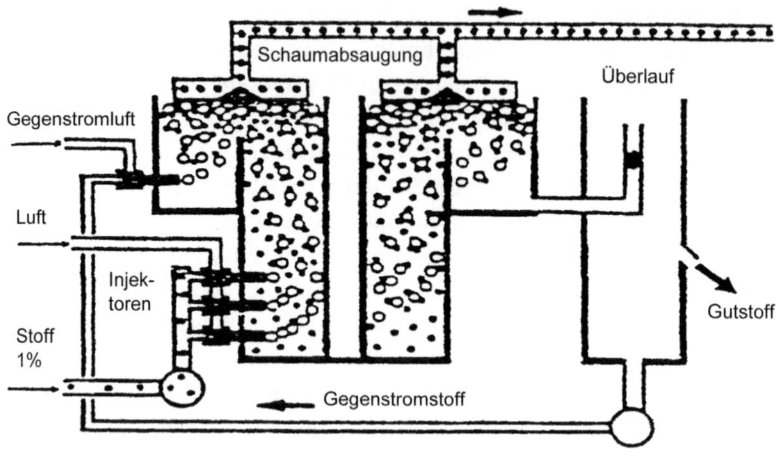

Abb. 5.29 Prinzip einer Deinkingzelle (nach [21])

In der ersten Entwicklungsphase war die Zellenform beim Deinking-Prozess rechteckig wie in Abb. 5.29 dargestellt. Die Verteilung der Luft in der Suspension und die Erzeugung der Druckfarben-Luftblasen-Kontakte erfolgten mechanisch und mit einem starken, speziellen Rührwerk. Die Anlagen wiesen große Ähnlichkeit mit den Flotationsanlagen auf, die in der Erzaufbereitung bekannt sind.

Die hydrodynamisch angepasste Form der zylindrischen Zelle entstand in einer zweiten Entwicklungsphase. Die Luftverteilung wurde zum Teil noch mit mechanischen Rührwerken vollzogen. Es wurden jedoch auch die Mischkammer und das Injektorenprinzip angewendet, die vor allem der Energieeinsparung bei der Flotation zugute kamen. Die Mischkammer bietet die Möglichkeit, die Luftblasengröße zu kontrollieren und dem Prozess anzupassen.

In einer dritten Entwicklungsphase wurden Injektor- bzw. Mischkammer-belüftung vorherrschend eingesetzt. Durch die mehrfache Belüftung steigt der Grad der Belüftung bis auf 60 %.

Die Flotation unter Überdruck stellt den Anfang einer vierten Phase bei der verfahrenstechnischen Entwicklung des Flotations-Deinkingprozesses dar [21].

Durch die verbesserte Hydrodynamik der Zellen und durch die Steigerung des Belüftungsgrades konnte eine deutliche Durchsatzsteigerung der Anlagen erzielt werden. Damit verbunden sank der spezielle Energiebedarf von 46 kWh/Mg von rechteckigen Flotationszellen mit mechanischer Belüftung auf 22 kWh/Mg in Multi-Injektor-Flotationszellen [21].

Im gleichen Rahmen zeigt die Effektivität der Druckfarbenentfernung eine fallende Tendenz von 90 % auf 78 bis 65 % [21]. Diese Entwicklung beruht auf der Veränderung der Papierherstellung mit neuen Prozesschemikalien, sich stark schließenden Wasserkreisläufen und von deinkingresistenten Druckerfarben und Selbstklebeetiketten. In Abb. 5.30 ist

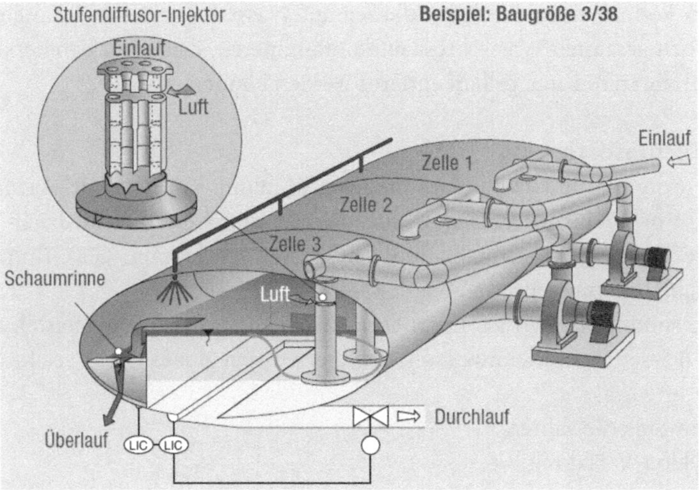

Abb. 5.30 Schema einer modernen Deinkingzelle [156]

Abb. 5.31 Industrielle Flotationsstraße in einer Papierfabrik [156]

das Schema einer modernen Flotationszelle und in Abb. 5.31 eine installierte industrielle Flotationsstraße dargestellt.

Eine relativ junge Entwicklung stellt die Flexodruckfarbe auf Wasserbasis für den Zeitungsdruck dar. Die Grenzwerte für erlaubte Lösemittelkonzentrationen am Arbeitsplatz des Druckers können durch diese Farben gesenkt bzw. ganz eliminiert werden. In der

Papierfabrik können diese Flexodruckfarben auf Wasserbasis durch ihr anderes Verhalten jedoch den gesamten Wasserkreislauf kontaminieren, da sie mit den herkömmlichen Deinkingverfahren nur mangelhaft entfernt werden können.

5.1.3.5 Dichtesortierung

Die Dichtesortierung mit Hilfe eines flüssigen Mediums wurde in der Erzaufbereitung entwickelt. Vor 15 bis 20 Jahren wurde diese Technik in verschiedenen Versuchen auch für die Trennung von Abfallkomponenten, wie NE-Metalle, Glas, Kunststoffe und Verunreinigungen eingesetzt.

Die Auftrennung der Kunststoffpartikel nach der Dichte ist das am meisten angewandte Verfahren. Bei der Dichtetrennung mit flüssigen Medien gibt es zwei Verfahren:

- Schwimm-Sink-Verfahren,
- Hydrozyklon-Verfahren.

Schwimm-Sink-Verfahren Mit Schwimm-Sink-Verfahren lassen sich aus Kunststoffmischungen Fraktionen mit Reinheiten von über 98 % herstellen, wobei jedoch eine Auftrennung der PVC-Weichsorten nicht möglich ist. Die natürliche Hydrophobie der Kunststoffe ist für den Trennprozess durch geeignete Netzmittel aufzuheben.

Die Dichten der Komponenten bei gemischten Kunststoffen aus dem Haushalts- und Gewerbebereich liegen in dem Bereich von [22]

$$\text{PE} < 0{,}98\ \text{g/cm}^3 < \text{PS}\ 1{,}05\ \text{g/cm}^3 < \text{PVC} \tag{5.10}$$

Angepasst an diesen Bereich wird die Dichte der Trennflüssigkeit z. B. mit $CaCl_2$ (2,2 g/cm^3) oder relativ leichten Alkoholen eingestellt. Um eine gute Trennung zu erreichen, muss durch Zugabe von weiteren Chemikalien die Oberfläche der Kunststoffe benetzbar gemacht werden. Bei Versuchen [22] mit Granulat ohne Verunreinigungen aus einer hausmüllähnlichen Kunststofffraktion im Trennmedium Wasser (Dichte 1,0 g/cm^3) konnte eine Polyolefinfraktion (vor allem PE und PP) abgetrennt und mit mehr als 98 % Reinheit ausgebracht werden. Die Schwerfraktion setzte sich aus PS und PVC zusammen, wobei der Fehlaustrag aus weniger als 2 % PS bestand. Durch Feinanteile im Aufgabegut wurden vorwiegend die Fehlausträge im Schwimmgut hervorgerufen. Durch eine vorherige Windsichtung können diese jedoch weitgehend abgeschieden werden.

Eine weitere Nachtrennung der Sinkfraktion in einer $CaCl_2$-Lösung brachte eine Anreicherung von 98 % für PS und PVC. Wesentlich für den Trennerfolg ist, dass in der Trennzone keine Turbulenzen auftreten, die zum Aufschwimmen der Schwerfraktion führen. Durch diese Gefahr ist der Durchsatz bei Schwimm-Sink-Scheidern begrenzt.

Bei Anwendung von statischen (diskontinuierlichen) Schwimm-Sink-Scheidern sind zur Vermeidung von Turbulenzen aufwendige Konstruktionen erforderlich. Aus wirtschaftlicher Sicht sind nur kontinuierlich arbeitende Schwimm-Sink-Scheider sinnvoll.

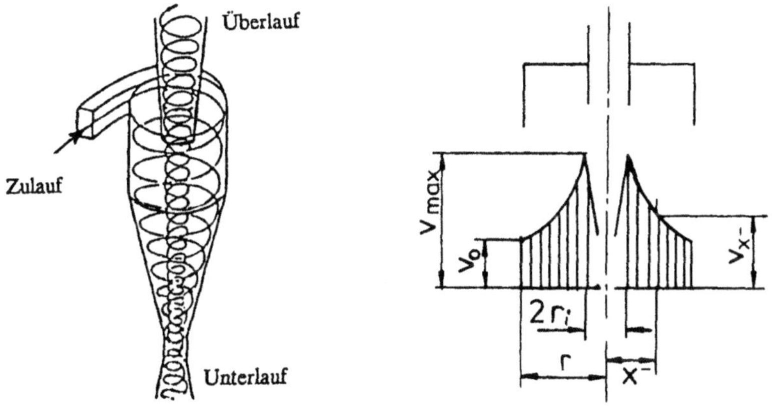

Abb. 5.32 Schematische Darstellung und Funktionsweise eines Hydrozyklons

Hydrozyklon Die Trennung der verschiedenen Kunststofffraktionen eines Granulatgemisches wird beim Hydrozyklon in einem Zentrifugalkraftfeld hervorgerufen. Die Zyklongeometrie erzeugt einen aufwärtsgerichteten Innenwirbel mit dem die Leichtfraktion ausgebracht wird und einen abwärtsgerichteten Außenwirbel zum Ausbringen der Schwerfraktion, wie es in Abb. 5.32 schematisch dargestellt ist.

Gegenüber dem Schwimm-Sink-Verfahren ist der Hydrozyklon durch einen einfacheren Aufbau – keine komplizierten Einbauten – und höheren Durchsatz gekennzeichnet.

Durch die Art und Qualität der vorgeschalteten Zerkleinerungsstufe wird auch die Qualität der Anreicherung der einzelnen Kunststoffarten in den Hydrozyklonstufen wesentlich beeinflusst [23]. Versuche mit einer gemischten Kunststofffraktion aus 80 bis 85 % Polyethylen (PE), 8 bis 15 % Polyvinylchlorid (PVC) und 2 bis 10 % Polystyrol (PS) sowie Verunreinigungen von 1 bis 5 % (Papier, Metalle und Sand) ergaben einen 100 %igen Austrag von PE mit einem Fehlaustrag von 2 bis 3 % PS. Ein Fehlaustrag von PVC konnte in der Polyethylenfraktion nicht festgestellt werden. Die Nachsortierung der Schwerfraktion aus PS und PVC aus dem Umlauf des Zyklons ergab eine nahezu 100 %ige Anreicherung an PVC. Polystyrol konnte zu etwa 95 % angereichert werden, der Fehlaustrag bestand aus PVC und Polyethylen. Der Großteil der enthaltenen Verunreinigungen wurde zusammen mit dem PVC als Schwerfraktion abgeschieden. Da Haftwasser aus dem Zyklon ausgetragen wird, werden 0,2 m^3 Frischwasser pro Mg Aufgabegut verbraucht. Der Energiebedarf beträgt 36 kWh/Mg [23].

Die Abtrennung von Verunreinigungen mithilfe von Zentrifugalkräften wird allgemein als Reinigung bezeichnet, obwohl andere Verfahrenstechniken ebenfalls der Altpapierstoffreinigung dienen. Bestandteile, die in einer Faserstoffsuspension absinken oder aufschwimmen, können mit Hydrozyklonen („Kegelschleudern", „Cleanern") ausgeschieden werden.

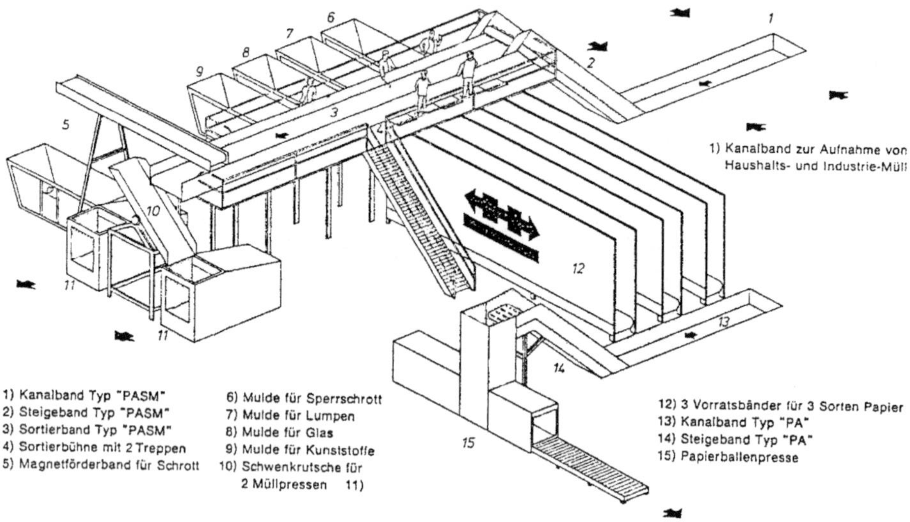

Abb. 5.33 Darstellung einer Anlage mit händischer Sortierbühne [24]

Hydrozyklone arbeiten bei geringeren Ansprüchen in der Grobreinigung im Bereich zwischen 2 und 5 % Stoffdichte, bei hohen Reinigungsansprüchen in der Feinreinigung im Bereich zwischen 0,5 und 1,5 % Stoffdichte. Wegen der relativ schlechten Trennschärfe werden Hydrozyklone grundsätzlich mehrstufig geschaltet. Hydrozyklone werden bei der Aufbereitung von Altpapier für alle Papiersorten eingesetzt, da insbesondere kleine Metallteile wie Heft- oder Büroklammern, die spezifisch schwerer sind als Faserstoff, effektiv auch im höheren Stoffdichtebereich abgeschieden werden können. Dadurch können nachfolgende Maschinen vor übermäßigem Verschleiß geschützt werden [73].

5.1.3.6 Handsortierung

Die Handsortierung stellt auch heute eine zuverlässige Methode dar, Sekundärprodukte gezielt und in guter Qualität aus einem Abfallgemisch abzutrennen. Aus dem Baustellenmisch-, Haus- und Gewerbeabfall aber auch aus separat erfassten Abfallfraktionen lassen sich so bestimmte Altpapierqualitäten, verschiedenfarbige und gemischte Glassorten, weiße und farbige Polyethylenfolien usw. gewinnen und Schadstoffkomponenten oder Fremdstoffe durch das Handlesepersonal entfernen. Durch gezielte Steuerung der händischen Sortierung kann schnell und ohne technische Umstellung auf die Marktpreisschwankungen von Sekundärrohstoffen eingegangen werden (Abb. 5.33).

Da die Handsortierung kostenintensiv ist, eine gesundheitliche Belastung für das Sortierpersonal darstellen kann und sich nur Material mit großen Körnungen effektiv aussortieren lässt, muss durch eine maschinelle Unterstützung die Leseleistung erhöht werden. Materialien mit kleiner Korngröße werden durch Siebe entfernt und so die Produktivität der Handlese erhöht. Magnetscheider, Gebläse, Siebmaschinen haben alle das

Ziel, den Gutstrom für die Handlese vorzubereiten und die Leseleistung des Personals zu verbessern. Dabei wird in positive und negative Sortierung unterschieden.

Bei der *Positivsortierung* wird der Wertstoff gezielt aus dem Gutstrom händisch herausgenommen und in die entsprechenden Abwurfschächte geworfen. Bei der *Negativsortierung* werden die Störstoffe aus dem Gutstrom geklaubt, während die gewünschte Fraktion auf dem Leseband verbleibt.

Mit der negativen Sortierung sind wesentlich höhere Leseleistungen bei geringeren Qualitäten zu erreichen. Mit der positiven Sortierung können gezielt höhere Qualitäten zusammengestellt werden, dabei ist jedoch die Leseleistung wesentlich geringer. Die getrennte Sammlung von Wertstoffen erhöht die Sortierleistung des Personals erheblich. In Sortieranlagen wird i. d. R. am Sortierband sortiert, wo ein hoher kontinuierlicher Stofffluss einen wirtschaftlichen Einsatz ermöglicht. Wie bei den automatischen Sortieraggregaten ist hierfür eine Materialvereinzelung notwendig. Am Sortiertisch lässt sich nur ein kleiner Stoffstrom sortieren, eine hohe Trennqualität ist möglich, da Fehlwürfe korrigierbar sind. Dieses Verfahren eignet sich besonders für Sortieranalysen (z. B. von Restabfall).

Sortierleistung bei Altpapier Altpapier aus Bündelsammlungen, das weitgehend aus Zeitschriften und Illustrierten besteht, wird durch Separierung von Verpackungsmaterial und Aussortierung von papierfremden Bestandteilen in die Qualitäten D39-Deinking (ca. 95 %) und B19-Kaufhaus (ca. 4 %) getrennt. Die Sortierleistung liegt zwischen 1 und 1,5 Mg/Mann und Stunde [25].

Bei Altpapier aus Depotcontainern steigt der Anteil von Verpackungsmaterial auf bis zu 35 % an. Die Sortierleistung liegt bei etwa 0,7 bis 1,2 Mg/Mann und Stunde [25]. Bei der Sortierung des Altpapiergemisches aus der Monotonne zu D39 (Deinking) und B19 (Kaufhaus) oder B12 (sortiertes Mischpapier) sinkt die Sortierleistung auf ca. 0,7 bis 1,0 Mg/Mann und Stunde [25].

Eine deutliche Verringerung der Sortiermöglichkeiten entsteht, wenn das Altpapier in Müll-Trommelfahrzeugen durchmischt oder in Müll-Pressfahrzeugen gepresst wird. Dieses Material kann nach Aussortierung von Unrat lediglich als Mischpapier verkauft werden. Es besteht jedoch die Möglichkeit, je nach Zielsetzung, durch Einsatz anderer Sammelfahrzeuge oder durch Reduzierung des Pressdruckes eine Vermischung zu verhindern.

Die Sortierleistungen bei Altpapier aus der Wertstofftonne liegen in Abhängigkeit von der technischen Ausstattung der Sortieranlage zwischen 0,45 und 0,7 Mg/Mann und Stunde.

Sortierleistung bei Altglas Die Handlese bei Altglasaufbereitungsanlagen hat folgende Aufgaben [26]:

- Auslese von groben Verunreinigungen,
- Auslese von Keramik,
- Auslese ganzer Weiß- bzw. Braunglasflaschen bei farbgemischtem Altglas bzw. von Fehlfarben bei farbsepariert gesammeltem Altglas.

Die mögliche Sortierleistung sowie die erzielbare Reinheit des handsortierten Gutes sind im Wesentlichen abhängig von der Höhe des Bruchanteiles im aufgegebenen Altglas. Die Sammlung und der Transport des Altglases zur Aufbereitung sollten daher auf einen möglichst geringen Bruchanteil ausgerichtet sein.

Bei Untersuchungen an der TU Berlin konnte die Effektivität der Handsortierung von Weiß- und Braunglas aus farbgemischtem Altglas über den Versuchszeitraum von einer Woche mit 10,75 % und der erfassten Fremdbestandteile mit 0,49 % bestimmt werden.

Sortierleistung bei Verpackungskunststoffen Für die Sortierung von Verpackungskunststoffen bietet der Markt eine Vielzahl von Sortieraggregaten, welche eine gute Materialtrennung bei hohen Durchsatzleistungen ermöglichen (z. B. NIR-Sensor). Da es aber noch Problemstoffe gibt, welche die Sortieranlagen nicht automatisch entfernen können (z. B. schwarze Kunststoffe) ist eine manuelle Negativsortierung eine gute Möglichkeit, gezielt verschiedene Störstoffe zu entfernen, die im Materialstrom nur vereinzelt auftreten. In kleinen Sortieranlagen, in denen Kunststoffe manuell durch Positivsortierung nach einzelnen Kunststoffarten getrennt werden, beträgt die Kunststoffmenge, die durch einen Arbeiter pro Stunde aussortiert werden kann, etwa 0,12 Mg für PET-Flaschen und 0,14 Mg für HDPE [42].

5.1.4 Verdichten

Das verfahrenstechnische Ziel einer Verdichtung ist die Oberflächenverringerung und Bildung größerer Agglomerate [65]. Bei der Verdichtung von Produkten werden zwei verschiedene Verfahren der Agglomeration eingesetzt und nach zwei Hauptmerkmalen unterschieden [66]:

- Verfahren, bei denen die Partikelhaftung durch Mischen mit Feuchtigkeitszusatz oder Bindemitteln und anschließendem Trocknen zustande kommt. Dies kann mit dem Begriff *Aufbauagglomeration* zusammengefasst werden.
- Verfahren, bei denen die Partikelhaftung durch von außen wirkende Kräfte unterstützt wird, gehören der Gruppe der *Pressagglomeration* an.

Die Bindungsmechanismen der Feststoffpartikel, die beiden Verfahren gemeinsam sind, lassen sich wie folgt einteilen [67]:

- Bindung durch Adhäsions- und Kohäsionskräfte,
- Festkörperbrückenbindung,
- Flüssigkeitsbrückenbindung,
- formschlüssige Bindungen.

Die Aufbauagglomeration wird vor allem dort eingesetzt, wo staubförmige Partikel wie z. B. Filterstäube aus der Rauchgasreinigung, in ein festes, geometrisch homogenes Granulat

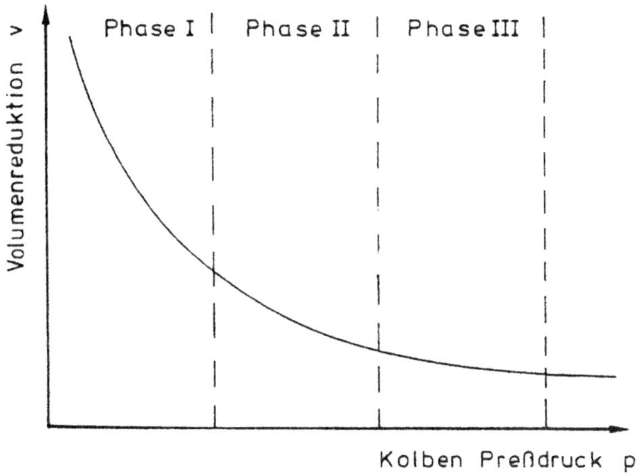

Abb. 5.34 Prinzipieller Zusammenhang zwischen Pressdruck und Volumenreduktion der Pressagglomeration mit festem Widerlager [65]

umgesetzt werden sollen. Für die Abfallwirtschaft vorrangig sind jedoch die verschiedenen Möglichkeiten der Pressagglomeration, die im Folgenden dargestellt werden.

Für die Lagerung und den Transport der verschiedenen Recyclingprodukte ist eine Verdichtung unbedingt erforderlich, da die damit verbundene Volumenreduktion sowohl Lager- als auch Transportkosten reduziert. Weiterhin empfiehlt sich eine Verdichtung der Produkte zur Erhöhung der Energiedichte, wenn eine anschließende thermische Verwertung erfolgt. Im Abb. 5.34 sind die bei der Pressagglomeration mit festem Widerlager ablaufenden Phasen als Volumenänderung in Abhängigkeit von der Druckänderung aufgetragen.

Phase 1 Der beginnende Pressdruck führt zu einer Ausrichtung der Materialteile und dadurch zu einer dichteren Packung. In dieser Phase wird die aufgebrachte Energie als potenzielle Verformungsenergie gespeichert. Eine geringfügige Druckerhöhung bewirkt eine hohe Volumenreduktion, da der Luftanteil am Gesamtvolumen verdrängt wird.

Phase 2 Durch zunehmenden Pressdruck erfolgt eine elastische und plastische Deformation der Partikel, wodurch Relativbewegungen der Partikel möglich werden und bestehende Hohlräume ausgefüllt werden. In dieser Phase kann infolge der Reibungswärme an den Randbereichen von Partikeln mit niedrigen Schmelzpunkten eine Verschmelzung erfolgen, so dass die Energie in dieser Phase als Verformungsenergie dient. Der Verdichtungswiderstand wächst exponentiell.

Phase 3 In dieser Phase sind nahezu sämtliche Hohlräume ausgefüllt, so dass damit ein annähernd inkompressibles Gut vorliegt. Eine weitere Druckerhöhung bewirkt nur noch minimale Dichteerhöhungen.

Die in der Aufbereitungstechnik von Abfällen gebräuchlichen Pressverfahren sind im Abb. 5.35 schematisch dargestellt.

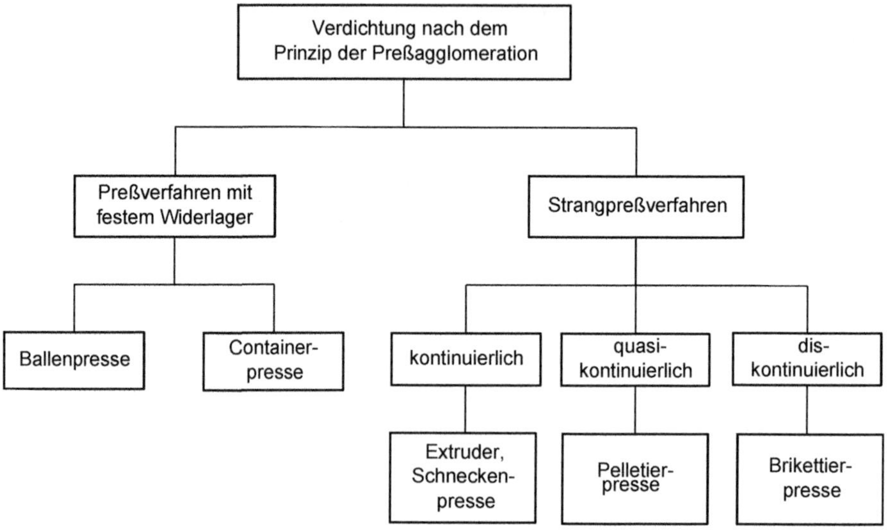

Abb. 5.35 Relevante Pressverfahren für die Aufbereitung von Abfällen

Es werden Verfahren mit festem Widerlager sowie die Strangpressverfahren unterschieden. Während bei ersteren die Wandungen der Presskammer als festes Widerlager dienen, wird in Strangpressen der im Formkanal eingespannte Brikett- bzw. Pelletpfropfen als Widerlager genutzt. Nach Erreichen eines maximalen Druckes weicht dieser dem weiteren Stempelfortschritt aus, wenn sein Verschiebewiderstand überwunden ist.

Strangpressverfahren werden eingeteilt in kontinuierliche, quasikontinuierliche und diskontinuierliche Verfahren.

Kontinuierlich arbeitende Pressen sind Extruder- bzw. Schneckenpressen. Hierbei wird das Pressgut mit einer Verdichterschnecke gegen eine Matrize (mit einer oder mehreren Bohrungen) gedrückt und als kontinuierlicher Strang gefördert. Nach diesem Prinzip werden vorwiegend feinkörnige, stark feuchte Materialien (z. B. Klärschlamm in Mischung mit Holzspänen) aufbereitet.

Quasikontinuierliche Strangpressen bzw. Pelletierpressen sind Kollergangpressen, die mit rotierenden Kollern über gelochte Scheiben oder in Ringmatrizen das Pressgut in die Matrizenbohrungen hubweise einpressen. Bei der Pressung werden parallel mehrere Stränge gefördert, die, zeitlich versetzt, diskontinuierlich ausgetragen werden.

In diskontinuierlich arbeitenden Kolbenstrangpressen bzw. Brikettierpressen wird das Pressgut mit mechanisch oder hydraulisch angetriebenem Kolben hub-weise in einem offenen Formkanal verdichtet [65]. In der Regel wird nur ein Formkanal verwendet, so dass pro Hub nur je ein Brikett gefördert werden kann.

5.1.4.1 Ballenpresse

Der Einsatz von Ballenpressen für die verschiedensten Produkte (Papier, Pappe, Kunststoff und -Folien, z. T. auch für Metalldosen und grobe Holzspäne) hat sich in der Praxis durchgesetzt.

Container- und Ballenpressverfahren werden in Kap. 3.1.2.2 ausführlich beschrieben.

5.1.4.2 Weitere Pressverfahren

Unter den weiteren Pressverfahren sind im Bereich der wirtschaftlichen Abfallaufbereitung vor allem Brikettpressen und Pelletpressen zu nennen., Von einem vorübergehenden Höhepunkt in den achtziger Jahren (BRAM-Anlagen heute als Ersatzbrennstoff – EBS bezeichnet) wurden diese Aggregate in der Folgezeit wegen der geltenden Priorität der stofflichen vor der thermischen Verwertung zurückgedrängt. Heute haben diese Pressverfahren insbesondere im Rahmen der Herstellung und Erzeugung von Brennstoff aus Biomasse und Brennstoff aus heizwertreichen Restfraktionen bei der (Wertstoff-)Sortierung in Aufbereitungsanlagen und MBA wieder mehr an Bedeutung gewonnen und sind im System der Brennstoffkonfektionierung unverzichtbare Aggregate geworden.

Brikettpressen Die Brikettpressen arbeiten nach dem Stoßkolbenprinzip mit Schwungrad, Kurbeltrieb, Kreuzkopf und Kolbenstößel oder mit hydraulischem Antrieb. Das durch eine Schnecke vorverdichtete Aufgabematerial wird unter Druck hubweise durch die Presswerkzeuge, Konus zur Vorverdichtung und Presszange, gedrückt. Innerhalb der Presszange kann das Brikett beheizt oder gekühlt werden und wird durch eine pneumatische Presszange druckvariabel eingeklemmt. Durch Reibung und Druck kommt es zu einer starken Erwärmung des Brikettstranges, der beim Austreten über eine Auskühlschiene geleitet und danach in vorgegebene Längen gebrochen wird. Die Brikettform ist in der Regel zylindrisch mit 50–80 mm Durchmesser. Der spezifische Energiebedarf liegt für Brikettpressen mit mechanischem Antrieb bei 40 bis 80 kWh/Mg. Hydraulisch angetriebene Pressen benötigen weniger.

Bereits Mitte des 19. Jahrhunderts wurden Kolbenstrangpressen für die Torfverarbeitung und die Braunkohlebrikettierung eingesetzt. In der Abfallwirtschaft werden diese Pressentypen in den letzten Jahren vor allem bei der Verdichtung von Sägemehl, Holzspänen, Stroh, Altpapier etc. untersucht [65].

Ein gänzlich anderes Verfahren einer Brikettpresse ist die sogenannte Brikollare-Presse. Brikollare-Verfahren arbeiten nach dem Walk-Press-Prinzip. In ihr werden aus Abfall-Klärschlammgemischen, Abfällen mit hohem organische Anteil oder separat erfassten Bioabfällen durch Walken unter hydraulischem Pressdruck, Presslinge erzeugt. Die Presslinge, sogenannte Brikollare Blöcke, werden anschließend im Schnellrotteverfahren vorgerottet (siehe auch Kap. 4.4.1.2).

Pelletpressen Wegen ihres quasikontinuierlichen Arbeitsprozesses und der höheren Durchsatzleistungen überwiegen Pelletpressen bei Anlagen zur Brennstoffherstellung im industriellen Maßstab. Das Produkt aus Pelletpressen sind sogenannte Pellets. Es sind

Abb. 5.36 Prinzipdarstellung von **a** Ringmatrizenpresse und **b** Scheibenmatrizenpresse [72]

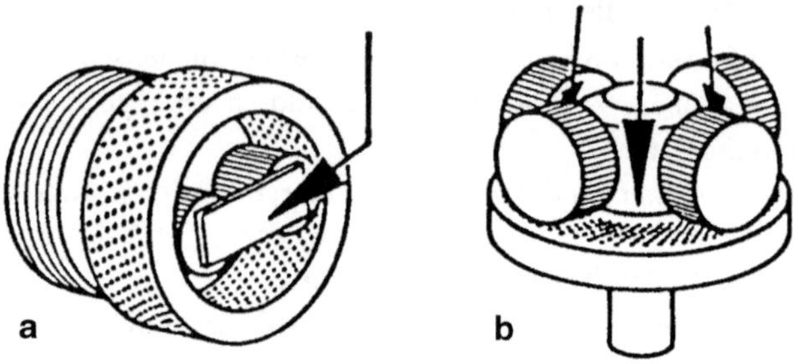

in der Regel zylindrisch geformte Teilchen mit Durchmessern je nach Einsatzzweck von 4 bis 30 mm und variabler Länge. Die erzeugten Pellets sind kompakt, staubfrei und leicht zu transportieren. Bei Holzpellets zur Verwendung in Pelletheizungen hat man sich in Deutschland und Österreich überwiegend auf die Herstellung von 6 mm Pellets verständigt.

Mit einer Pelletierung des Brennstoffrohstoffes zu sogenannten Pellets, sind im Wesentlichen folgende Vorteile verbunden:

- verringertes Lager- und Transportvolumen durch die Erhöhung des Schüttgewichtes von losem Brennstoff (ca. 65 kg/m^3) über weiche Pellets (ca. 450 kg/m^3) bis zu harten, hochverdichteten Pellets mit ca. 650 kg/m^3 (Schüttgewicht je nach Ausgangsmaterial),
- gute Fließ- und Dosiereigenschaften, daher gut geeignet für den Transport in Silofahrzeugen und zur pneumatischen Förderung,
- Verringerung von Brückenbildungsneigung in Silos sowie in Förder- und Transportaggregaten, daher gut geeignet bei Automatikbetrieb,
- Erhöhung der volumetrischen Energiedichte und
- gute Reproduzierbarkeit; Kompaktheit und Abmessungen sämtlicher Pellets sind bei gleichen Produktionsbedingungen immer gleich, standardisierungs- und normierungsgeeignet.

Bei den Pelletpressen werden zwei grundsätzlich verschiedene Ausführungen (Abb. 5.36) gebaut. Es sind dies die:

- Ringmatrizenpresse und
- Flach- bzw. Scheibenmatrizenpresse.

Die technischen Unterschiede der Pelletpressen liegen in der Matrizenbauweise und in der Anordnung der feststehenden und umlaufenden Presswerkzeuge.

Scheibenmatrizenpressen haben in der Regel feststehende Matrizen und rotierende Koller, während bei Ringmatrizenpressen die angetriebene rotierende Matrize um die innenliegenden Koller läuft.

Ringmatrizenpressen Bei Ringmatrizenpressen bestehen die vertikal angeordneten Presswerkzeuge in der Regel aus einem Matrizenring und innenlaufenden Kollern. Da-

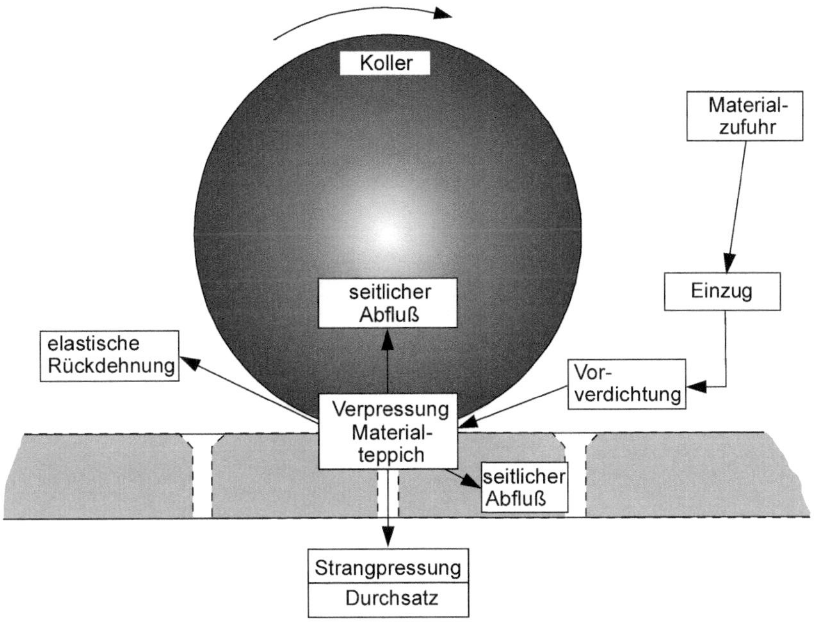

Abb. 5.37 Schematische Darstellung von Materialfluss und Prozessstufen beim Verdichtungsvorgang in Pelletpressen [69]

bei ist entweder der Matrizenring oder sind die Koller angetrieben. Das Material wird von innen radial durch die Bohrungen der zylinderförmigen Matrize gepresst Die Anzahl und Größe der Koller sind durch den Matrizeninnenraum begrenzt. Das Material wird axial über eine Schecke oder eine Rutsche dem Pressraum zugeführt.

Flachmatrizenpresse Die Flachmatrizenpresse (auch Scheibenmatrizenpresse) besteht aus einer scheibenförmigen flach angeordneten Matrize, auf der die angetriebenen Koller rotieren. Das Material wird axial durch die Presskanäle gepresst. Kolleranzahl und Kollerabmessungen können flexibler als in der Ringmatrizenpresse gehandhabt werden. Das zu verpressende Einsatzmaterial fällt der Schwerkraft folgend senkrecht von oben auf die Presswerkzeuge. Leitbleche oder Zwangseinspeiseelemente sind nicht erforderlich.

Matrizenpressen arbeiten nach dem Prinzip der Strangpressagglomeration, bei der die Partikelhaftung im Gegensatz zur Aufbauagglomeration durch von außen wirkende Kräfte unterstützt wird. Das Pressgut wird mit Hilfe von Kollern durch eine formgebende Matrize gedrückt, zu Strängen mit gleichen Querschnitten geformt und am Matrizenaustritt bei Bedarf von feststehenden oder umlaufenden Messern abgeschnitten.

Unabhängig von der Anordnung der Presswerkzeuge lässt sich der Pressvorgang, wie in Abb. 5.37 dargestellt, in folgende Schritte zerlegen [70, 71]:

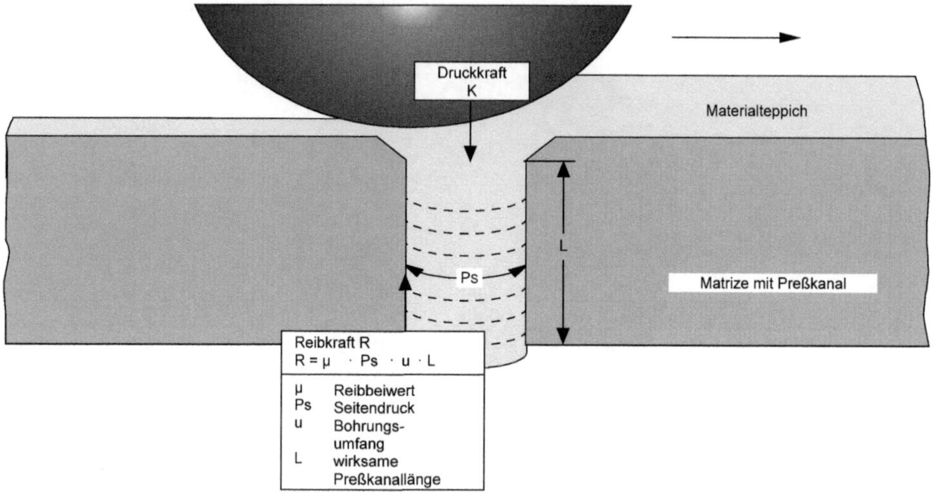

Abb. 5.38 Wirkung der Kräfte beim Verdichten am Einzelpellet [69]

- Materialzufuhr in den Pressraum mit oder ohne Zwangseinspeisung,
- Materialeinzug durch die Koller aufgrund der Reibung zwischen Kolleroberfläche und Material,
- Vorverdichtung des Materials durch Walzen und Verpressen des Materialteppichs,
- Eindrücken des Materialteppichs in die Matrizenbohrungen, es erfolgt an den Öffnungskanten der Bohrung ein Abtrennen des eingepressten von nicht eingepresstem Material, das überrollte Material wird teilweise seitlich abgeführt,
- Bewegung des Materials durch den Presskanal mit Bildung des Presslings aufgrund der Wandreibungskräfte und
- elastische Rückdehnung von nicht in den Presskanal eingedrücktem Material nach der Kollerüberrollung.

Der Verdichtungseffekt bei Matrizenpressen wird dadurch erreicht, dass in den Bohrungen der Matrize ein Materialpfropfen aufgebaut wird, der durch die Wandreibungskräfte dem Druck durch nachgepresstes Material Widerstand entgegensetzt. Das Pressgut wird abhängig vom Material bis zu dem 10-fachen Faktor verdichtet. Das Volumen einer Holzspäneschüttung kann durch Pelletieren auf ein Viertel des Ausgangsvolumens reduziert werden.

Wie aus Abb. 5.38 hervorgeht, ist die Verdichtungswirkung um so höher, je länger der Presskanal ist, da mit zunehmender Lochlänge die Gesamtreibfläche und damit die Reibwiderstände größer werden. Der aufzubringende Pressdruck steigt mit zunehmender Presskanallänge. Ist die Reibkraft des Presslings im Kanal jedoch höher als der vom Koller aufgebrachte Druck, führt dies zur Blockierung der Presswerkzeuge.

Matrizen und Koller einer Pelletpresse unterliegen einer ständigen Abnutzung. Insbesondere die Koller müssen nach rund tausend Betriebsstunden ausgetauscht werden. Matrizen nach 1500 Betriebsstunden. Bei abrassiven Materialien können sich die Standzeiten drastisch verkürzen.

Energieaufwand Um eine reibungslose Betriebsführung der Pelletpresse bei hohem Durchsatz, geringem spezifischen Energieverbrauch und gleichbleibend guter Pelletqualität zu gewährleisten, müssen Inputmaterial und Matrizenspezifikation sorgfältig aufeinander abgestimmt werden. Korngröße, Wassergehalt und Materialart einerseits, Lochungsdurchmesser, Matrizenstärke und wirksame Presskanallänge andererseits, sind die entscheidenden Parameter. Der Energieverbrauch von Pelletpressen liegt zwischen 40 und 80 kWh/t, in Extremfällen und bei schwer zu verpressendem Material bei bis zu 220 kWh pro Tonne hergestellter Pellets [68, 69].

Pelletierprozess Zur Herstellung von Pellets ist neben der Pelletpresse der Prozess entscheidend. Die typischen maschinentechnischen Komponenten im Rahmen des Pelletierprozesses sind die Zerkleinerung, Dosierung, Konditionierung, Verpressung und Kühlung.

Auf jeden einzelnen Verfahrensschritt wie die Trocknung, Konditionierung, das eigentliche Pressen, Kühlen und die abschließende Siebung der Pellets auf Feinanteile und Übergrößen, werden genaue Anforderungen gestellt um die gewünschte gleichmäßige Qualität zu erreichen.

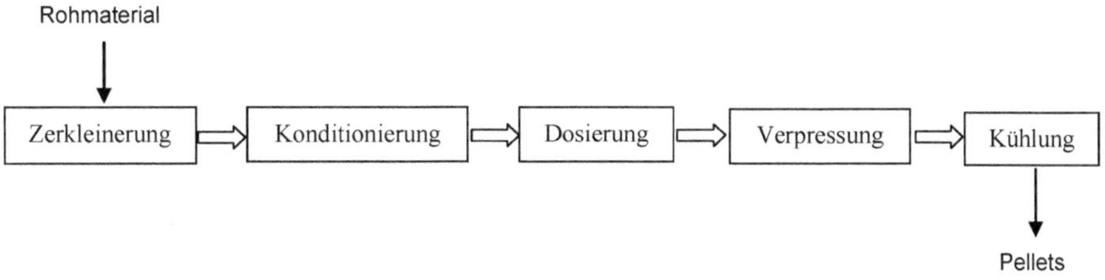

Zerkleinerung Das Rohmaterial wird auf die vom Pelletdurchmesser und der Rohmaterialart abhängige Körnung zerkleinert. Die Körnung des Rohmaterials muss bei Ringmatrizen zu 90 % deutlich unter dem Durchmesser der Matrizenbohrungen liegen. Bei Flachmatrizenpressen ist wegen der Scherwirkung zwischen Kollern und Matrize eine gröbere Körnung des Einsatzmaterials möglich.

Dosierung und Konditionierung Die Konditionierung steht hier als Synonym für Verfahrensschritte, mit denen das Material auf die für eine optimale Verpressung notwendigen Materialeigenschaften gebracht wird. Dies kann im engeren Sinne eine Trocknung, Befeuchtung, Erwärmung, Zugabe von Bindemitteln etc. bedeuten und beinhalten.

Verpressung Das Rohmaterial wird von den Pressrollen unter hohem Druck durch die Matrize gepresst.

Kühlung Die Pellets verlassen die Presse mit hohen Temperaturen und sind noch nicht verfestigt. Erst durch eine kontrollierte Kühlung (Band- oder Gegenstromschachtkühler) erreichen die Pellets die geforderte hohe Festigkeit. Anschließend werden die Pellets abgesiebt wobei der Feinanteil in den Kreislauf zurückgeführt wird.

Qualitätskontrolle Zur Erzeugung von Qualitätspresslingen muss ständig der Wassergehalt des Eingangsmaterials, die Matrizentemperatur, Staubgehalt, Dichte, Feuchte, Abrieb der Pellets gemessen und kontrolliert werden. Die Messwerte helfen dem Maschinenführer den Pelletierungsprozess ständig zu optimieren.

Normiertes Produkt Pelletierter Ersatzbrennstoff aus der Aufbereitung von gewerblichen Abfällen stellt mit wenigen Ausnahmen (noch) kein normiertes Produkt dar wie etwa Holzpellets. Die Produktanforderungen richten sich vielmehr nach den spezifischen Bedingungen der Anlagen in denen die Brennstoffe eingesetzt werden. Ansätze hierzu gibt es mit dem RAL-Gütezeichen der Gütegemeinschaft Sekundärbrennstoffe und Recyclingholz e. V. (BGS), die die Förderung der Herstellung und Anwendung von Sekundärbrennstoffen aus heizwertreichen Abfällen und aus heizwertreichen Fraktionen nicht getrennt erfasster Abfälle aus Industrie, Gewerbe und Haushaltungen zum Ziel hat.

Für Pellets aus Holz, die als Brennstoffe eingesetzt werden, gibt es dagegen eindeutige Normierungen und Qualitätsanforderungen. Die Anforderungen an die Pellets wie zum Beispiel Länge, Durchmesser, Dichte, Wassergehalt, Inhaltsstoffe etc. sowie die Prüfmethoden auf Normkonformität sind in DIN 51731 und DIN plus für Deutschland und in der ÖNORM M 7135 für Österreich festgelegt. Hinsichtlich des Nachweises der Normkonformität sieht insbesondere die ÖNORM eine Erstprüfung (Eignungsprüfung), eine laufende werkseigene Eigenüberwachung, sowie eine Fremdüberwachung vor [57, 61].

Pellethersteller mit Zertifizierungen und Gütesiegel wie etwa die Franchise-Nehmer von FireStixx machen ihre Pellets zu unverwechselbaren Qualitätsprodukten mit Codierungspellets. Diese Codierungspellets werden im normalen Produktionsprozess durch spezielle Matrizenbohrungen erzeugt. Etwa 2 % der sonst runden Presskanäle in der Matrize der Pelletpresse werden in X-Form gebracht (der Querschnitt des Pellets ist x-förmig). Bei FireStixx ist etwa jedes hundertste FireStixx Pellet ein X-Code-Formpellet. Durch die werksspezifische Variation der X-Form wird jeder Produktionsstandort individuell gekennzeichnet. Somit lässt sich jede Lieferung bis ins jeweilige Herstellerwerk zurückverfolgen [52].

Andere Hersteller von Holzpellets dokumentieren ihre Qualitätssicherung und Produktüberwachung durch Zumischung (ca. alle 20 kg) von roten PVD-Nummerncode-Teilchen des Pelletverbandes Deutschland. Damit ist die Ware bis zum Erzeuger zurückverfolgbar [44].

Pelletmarkt Die Pelletiertechnologie erfährt in Deutschland im Rahmen der Abtrennung von heizwertreichen Fraktionen aus dem Restabfall wie auch im Rahmen der Herstellung von Brennstoff aus Biomasse derzeit einen starken Aufschwung. Allein für die Herstellung

Tab. 5.4 Ausgewählte Hersteller von Pelletpressen und Anlagen

Hersteller/Anbieter	Leistungsbereich stark materialabhängig	Matrizentyp	Kontakt
Amandus Kahl GmbH & Co. KG D-21465 Reinbeck	> 1,0 Mg/h	Flachmatrize	www.akahl.de
Bühler AG CH-9240 Uzwil	3–6 Mg/h	Ringmatrize	www.buhlergroup.com
Costruzioni Nazzareno I-31030 Vacil di Breda	k. A.	Ringmatrize	www.nazzareno.it
CPM/Europe BV NL-1031 Amsterdam	Bis 5 Mg/h	Ringmatrize	www.cpmroskamp.com
M.B.Z D-40822 Mettmann	k. A.	Ringmatrize	www.mbz-pelletpressen.de
Münch Edelstahl GmbH D-40721 Hilden	0,1–10 Mg/h	Ringmatrize	www.muench-edelstahl-gmbh.de
Promill Stolz F-28410 Serville	k. A.	Ringmatrize	www.promill-stolz.fr
Salmatec GmbH D-21376 Salzhausen	0,5–4 Mg/h	Ringmatrize	www.salmatec-gmbh.de
Tritec mbH D-89264 Weißenhorn	Bis 2,5 Mg/h	Ringmatrize	www.tritec-pelletiertechnik.de
UMTAndritz Group A-8045 Graz	k. A.	Ringmatrize	www.umt-group.com

von Holzpellets als Brennstoff für sog. Pelletheizungssysteme wurden in den letzten Jahren ca. 28 Werke mit einer Kapazität von über 300.000 Mg errichtet. Für die nächsten Jahre sind weitere Anlagen geplant, so dass in den nächsten 3 Jahren die Pellet-Produktionskapazität auf über eine Million Tonnen pro Jahr steigen wird (Tab. 5.4) [43].

5.2 Aufbereitungsverfahren

Die stoffliche Verwertung von Abfällen ist sowohl bei der getrennten Sammlung als auch bei der Erfassung von gemischten Abfällen an die Voraussetzung geknüpft, dass eine der Sammlung nachgeschaltete Behandlungsanlage die Abfallbestandteile zu verwertbaren Fraktionen aufbereiten kann.

1995 wurden in der Bundesrepublik 32 Glashütten mit 25 Anlagen für die Altglasaufbereitung betrieben [98]. Im Jahr 1992 wurden bei einem Gesamtverbrauch von Glasverpackungen (einschließlich der importierten gefüllten Glasverpackungen) von ca. 3,81 Mio. Mg etwa 2,46 Mio. Mg wiederverwertet [98]. Dies bedeutet eine Verwertungsquote von 64,5 %. Bereits im Jahre 2007 wurden nur noch 2,98 Mio. Mg Behälterglas nach Angaben der GVM in Wiesbaden verbraucht und 2,39 Mio. Mg verwertet was einer Verwertungsquote von 80,2 % entspricht.

Zur Aufbereitung der Haushaltsabfälle mit dem Ziel der Wertstofferfassung waren im alten Bundesgebiet 45 Sortieranlagen (Stand Juli 1990) in Betrieb [141]. Aufgrund umfangreicher Planungen von Sortieranlagen sowie Umrüstungen von bestehenden Anlagen mit dem Ziel, auch DSD-Leichtfraktionen (Fraktion des Dualen Systems Deutschlands) zu sortieren, waren im Jahr 2000 über 400 Sortieranlagen für die Wertstofferfassung aus den Haushalts- und Gewerbeabfällen verfügbar. Die Zahl an Anlagen für die Aufbereitung von Bauschutt und Baustellenabfällen war in etwa gleich groß. 2007 waren 958 Sortieranlagen, vor allem für die Aufbereitung von Verpackungsabfällen sowie Bau- und Abbruchabfall, im Betrieb.

5.2.1 Verfahren zur Gewinnung und Nutzung von Sekundärrohstoffen

5.2.1.1 Recycling von Wertstoffen aus Haushaltsabfällen

Um die in den Siedlungsabfällen enthaltenen Wertstoffe zu erfassen haben sich verschiedene Verfahren bewährt:

- Bringsystem (Depotcontainer, Wertstoffhöfe),
- Holsystem (Mehrkomponentensysteme, Monotonne, Wertstoffsack, Bündelsammlung, Biotonne).

Die einzelnen Sammelsysteme unterscheiden sich in der Erfassungsquote, der Vermarktungsfähigkeit, den einzelnen Wertstoffqualitäten, den Fremdstoffanteilen und im Aufwand zur Sammlung und Aufbereitung.

Im folgenden Abb. 5.39 ist das Abfallpotenzial für die Stadt Dresden und den Landkreis Stormarn 1995 beispielhaft dargestellt. Bundesweit lag das Abfallpotenzial aus Haushalten und kleiner Geschäfte, die mit dem Haushaltsabfall entsorgt werden, bei ca. 380–410 kg/(E*a). Im Abb. 5.39 sind das Potenzial der Restabfälle aus Haushalten und deren Erfassungswege in Abhängigkeit von den Bebauungsstrukturen für die Stadt Dresden und den Kreis Stormarn dargestellt. Die Bebauungsstrukturen (BS) sind wie folgt gekennzeichnet:

BS 1 Großwohnanlagen (GWA)
BS 2 geschlossene Mehrfamilienhausbebauung (gMFH)
BS 3 offene Mehrfamilienhausbebauung (oMFH)
BS 4 Ein- und Zweifamilienhäuser (EFH)
BS 5 ländliche Struktur (LS)

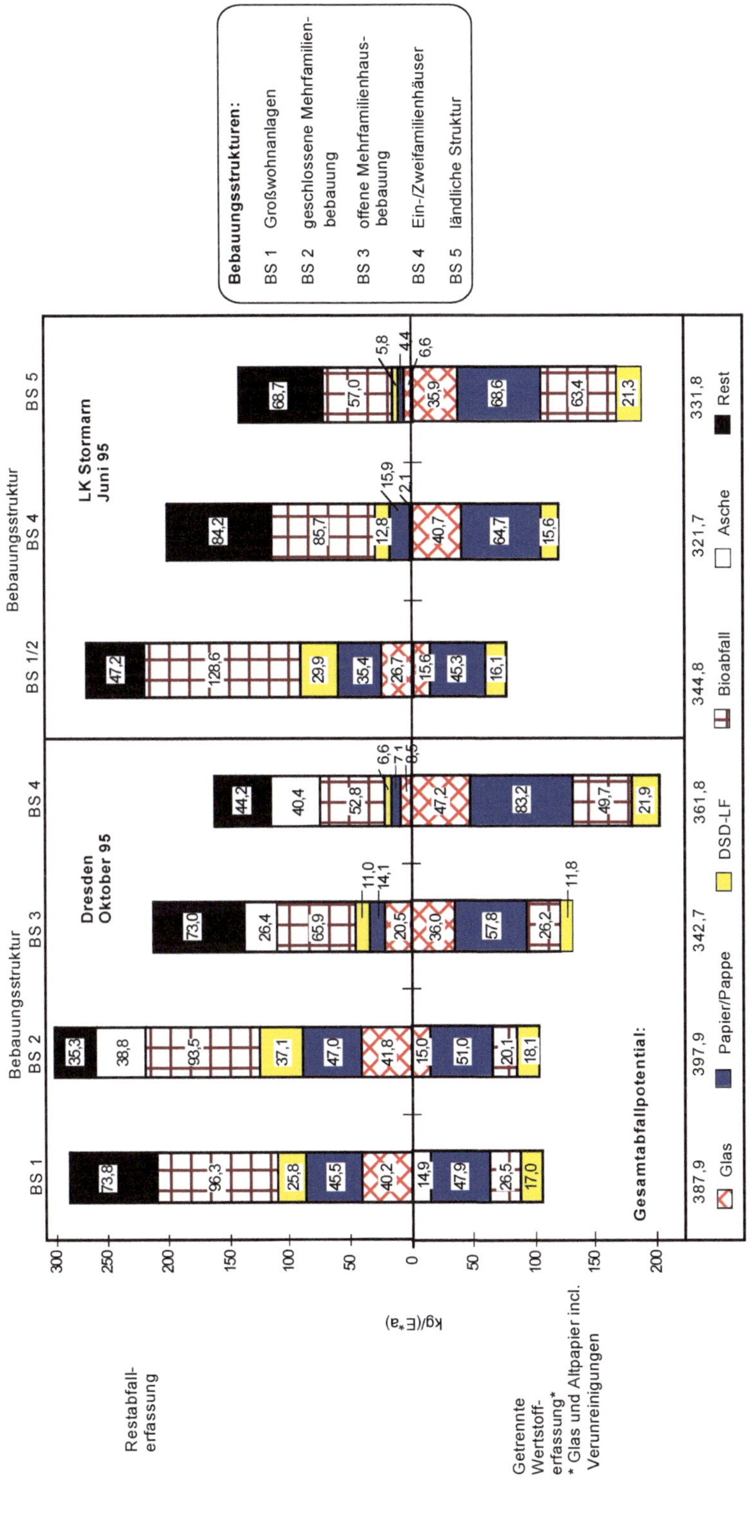

Abb. 5.39 Potenzial der Abfälle aus Haushalten und deren Erfassungswege in Abhängigkeit von den Bebauungsstrukturen (kg/(E*a)) [160]

Tab. 5.5 Zusammensetzung der Fremdstoffe im Depotcontainer von Mischglas

Stoffgruppe	Prozent
Fe-Metalle	0,10
NE-Metalle	0,02
Kunststoffe, Kork	0,05
Papier	0,40
Steine, Porzellan	0,04
Summe	*0,61*

Aus Abb. 5.39 geht deutlich hervor, dass die Beteiligung an der getrennten Wertstofferfassung in Abhängigkeit von der Bebauungsstruktur erheblich differiert. Eine wesentliche Ursache ist in der unterschiedlichen Wirksamkeit finanzieller Anreize zu suchen. Dadurch wird in der Ein-/Zweifamilienhausbebauung eine Erfassungsquote der Wertstoffe von durchschnittlich 80 %, in den Großwohnanlagen/Neubaugebieten hingegen nur von durchschnittlich 34 % realisiert.

Aus Abb. 5.39 wird auch ersichtlich, dass die Erfassungsquoten bezüglich der einzelnen Stoffgruppen, die in den entsprechenden Sortieranlagen für die Vermarktung aufbereitet werden, sehr unterschiedlich ausfallen.

In einer Untersuchung von 100 Mg Altglas aus Depotcontainern konnte ein Fremdanteil von 0,61 % bestimmt werden. Diese Fremdbestandteile setzen sich aus folgenden Komponenten zusammen (Tab. 5.5).

Das Glas wurde in einer einfachen Sortieranlage entsprechend der in Abb. 5.40 aufbereitet. Verfahren mit erweiterter Konfiguration und Automatisierung zur Wertstoff- und Abfallaufbereitung sind nachfolgend beschrieben.

Automatisches Sortieren ohne Identifikationsmethoden Die weitgehend automatisierten Verfahrensschritte in der mechanischen Aufbereitung (Vereinzeln, Sieben, Sichten, Metallabscheiden, Schwimm-Sink-Trennen) stellen neben dem personalintensiven händischen Sortieren bis dato die wichtigsten Komponenten in „klassischen" Sortieranlagen dar. Die Bestandteile von Wertstoffströmen werden hierbei in Abhängigkeit der Partikeleigenschaften Größe oder Sinkgeschwindigkeit („Klassieren") bzw. Form, Dichte, Magnetismus oder hydrophobe Eigenschaften („Sortieren") in gewünschte Einzelfraktionen aufgeteilt. Eine Materialerkennung ist dabei nicht möglich.

Automatisches Sortieren mit Identifikationsmethoden Während Glas aufgrund seiner homogenen, gut ersichtlichen Materialeigenschaften vergleichweise gut händisch oder optisch sortierbar ist, bereiten stark heterogene Stoffgemische, insbesondere Kunststoffe, einer hochwertigen Sortierung Probleme. Zur stofflichen Identifikation durchlaufen solche Abfallströme nach einer mechanischen Vorkonditionierung eine optoelektronische Sortierstufe. Die dabei erhaltenen Informationen (Materialzusammensetzung, Partikelform, -farbe, etc.) werden von einem Rechner erfasst und mit gespeicherten Materialcharak-

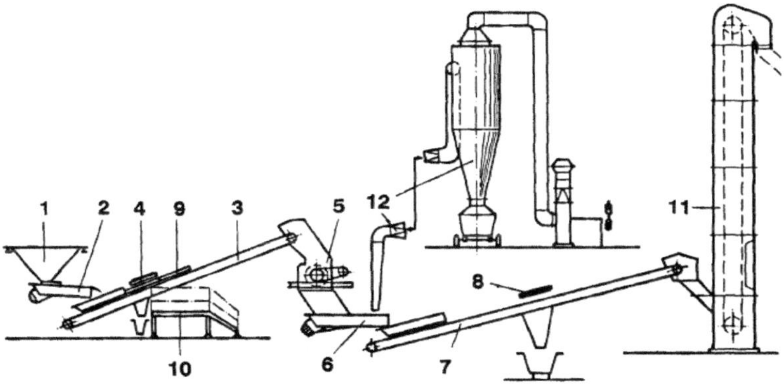

1. Aufgabetrichter
2. Schwingförderrinne
3. Gummigurtförderer
4. Magnetabscheider
5. Hammerbrecher
6. Sieb-Schwingförderrinne
7. Gummigurtförderer
8. Magnetabscheider
9. Leseschutz
10. Lesebühne
11. Gurtbecherwerk
12. Absauganlage

Abb. 5.40 Schematische Darstellung einer Aufbereitungsanlage für Glas [41]

teristika verglichen. Der Austrag der gewünschten Fraktion vom Förderband (Positiv-/Negativsortierung) erfolgt zumeist mittels Druckluftdüsen.

In vielen Anlagen kommen ergänzend zu händischen und mechanischen Systemen optoelektronische Sortierverfahren, zumeist basierend auf Nahinfrarottechnologie (NIR), zum Einsatz. Deren Sensoren können Partikel aufgrund ihrer reflektierten IR-Spektren bestimmten Materialgruppen zuordnen. Der Einsatz von Farbzeilenkameras hat ebenfalls Verbreitung gefunden. Im Bereich des Glasrecyclings haben sich solche Systeme, welche die Opazität (Trennung Glas von Störstoffen) bzw. die Farbeigenschaften (Sortieren von gemischtem Glas in gewünschte Farbfraktionen) durchsichtiger Partikel nutzen, bewährt.

Bereits Mitte der 90er Jahre erreichten weitgehend automatisierte Pilotanlagen zur optoelektronischen Glassortierung Reinheitsgrade von bis zu 99,7 % und Durchsätze von bis zu 4,8 Mg/h [110].

Zukünftige Anforderungen an die Recyclingtechnologie Zukünftige Aufbereitungssysteme müssen steigende Ansprüche an Reinheit und Schadstoffgehalt des Recyclats sicherstellen und langfristig kostengünstig sein. Die automatische Sortierung von Wertstoffen und Abfällen inklusive Identifikationsverfahren weist im Vergleich zur „klassischen" händischen Sortierung die folgenden Vorteile auf:

- Erhöhung der Anlagendurchsätze,
- Erhöhung der Sortierschärfe,
- Senkung von Personalkosten und

- hohe Flexibilität der Anlagen aufgrund einfacher und schneller Neu-konfiguration der Sensoren durch computergestützte Nutzermenüs.

Der konsequente Einsatz von Sensorsystemen lässt für die Zukunft weiter steigende Gütegrade bei stofflich zu verwertenden Fraktionen erwarten. Das Vorschalten von Online-Analysesystemen bei der Wertstoffsammlung kann die spätere Trenngüte noch verbessern.

Der Betrieb vollautomatischer Sortieranlagen bedingt zudem sinkende Personalkosten. Bei kleineren Anlagen wird jedoch zu prüfen sein, ob dieser positive ökonomische Effekt von den hohen Investitionskosten überkompensiert wird. Des Weiteren bleibt aus betriebswirtschaftlicher Sicht zu beachten, dass zum Betrieb einer solchen Anlage zwar weniger, dafür aber höher qualifiziertes Personal benötigt wird [127].

Durch die Kombination der verschiedenen optoelektronischen Sortiermodule lassen sich Materialströme sehr spezifisch und mit hohen Reinheitsgraden auftrennen. So werden beispielsweise im Bereich der PPK-Sortierung Kombinationen aus Bild- und Farbanalyse, „CMYK"-Systeme und NIR-Sensoren angeboten. Hierbei wird, nach einer mechanischen Entfrachtung von groben Störstoffen, der PPK-Strom mit Hilfe von NIR-Sensoren von kunststoffbeschichteten Papieren (z. B. Getränkekartons) und Nicht-Zellulose-Bestandteilen befreit. Druckfarben-Analysatoren trennen den verbleibenden PPK-Strom in hoch- und minderqualitative Papierbestandteile auf. Mit einer solchen Verfahrenskombination sind Trennungsgrade von 80 % im Deinkingbereich realisierbar. Für das händische Nach-sortieren der Deinkingfraktion werden nach Herstellerangaben dann nur noch ca. zwei Sortierkräfte je Sortierstrecke benötigt [124].

Auch bei der Konfektionierung von hochqualitativen Ersatzbrennstoffen aus Siedlungsabfällen (EBS) stellen Kombinationen aus automatischen Sortiersystemen interessante Alternativen zu rein mechanischen und händischen Verfahren dar. Besonders wichtig bei der Qualitätssicherung von EBS sind konstante Heizwerte sowie geringe Schwermetall- und Chlorfrachten.

Das Anlagenbeispiel PowerSort ergänzt die mechanische Konditionierungsstufe mit optoelektronischen Identsystemen zur Qualitätssicherung bei der EBS-Herstellung. Nach dem Absieben der niederkalorischen Feinfraktion wird der Abfallstrom einer NIR-Materialanalyse zugeführt. Diese führt eine Positivsortierung von chlorfreien Kunststoffen, Verbunden, Teppichen/Textilien oder Holz durch. Identifizierte Chlorträger (PVC, diverse Kunststoffschäume, o. ä.) sowie nicht eindeutig zuzuordnende Kunststoffe verbleiben im Restabfallstrom. Nach Herstellerangaben ist ein Ausbringen von 30. . . 70 Masse-% EBS technisch möglich, die Durchsätze liegen bei bis zu 7. . . 10 Mg/h bei Cl-Gehalten < 0,5 Masse-%.

Die Firma RWE-Umwelt testete im Februar 2003 auf einer Sortieranlage in Essen die vollautomatische Trennung (mechanisch + NIR) von 800 Mg Siedlungsabfall. Ziel hierbei war die Gewinnung vermarktbarer Wertstofffraktionen (PPK, Getränkkartons, PET-Flaschen, PE- und PP-Hartkunststoffe, PS, NE-/Fe-Metalle) sowie von Ersatzbrennstoffen.

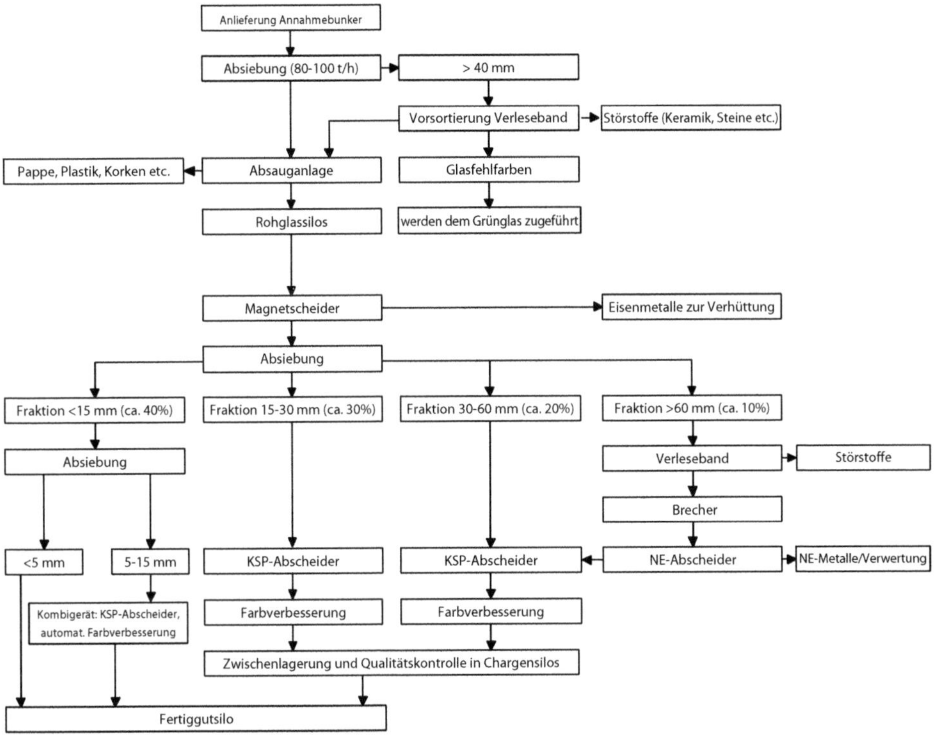

Abb. 5.41 Verfahrensfließbild vollautomatische Glasrecyclinganlage Velten [123]

Die Reinheitsgrade der Wertstofffraktionen lagen, trotz Problemen der optoelektronischen Identifikation von Getränkekartons, bei > 90 % [132].

Glasrecycling im Recycling-Zentrum Oberhavel Die Recyclinganlage in Velten ist eine praktisch vollautomatische Sortieranlage für Glas, überwiegend aus der DSD-Sammlung. Lediglich die Befreiung der Siebfraktion > 40 mm bzw. > 60 mm von Störstoffen (KSP, Fehlfarben, Fehlwürfe u. ä.) erfolgt händisch (vgl. Abb. 5.41). Metalle werden mit Hilfe eines Magnetscheiders abgeschieden.

Die Korngrößen 5 mm bis 60 mm passieren anschließend in drei Korngrößenklassen ein optoelektronisches Erkennungs- und Sortiersystem. Hierbei werden mit Hilfe von NIR-Sensoren bzw. Spektralkameras die verbliebenen KSP-Bestandteile identifiziert und ausgeschleust. Zudem werden unerwünschte braune und grüne Glasbestandteile aus dem Weißglasstrom entfernt.

Die Anlage setzt im 3-Schicht-Betrieb etwa 240.000 bis 280.000 Mg Glas pro Jahr bzw. bis zu 50 Mg Glas pro Tag durch. Die elektronischen Identifikationssysteme werden alle 7,5 h auf ihre Funktionstüchtigkeit hin überprüft und arbeiten nach Betreiberangaben sehr zuverlässig. Die Reinheitsgrade der Glasfraktionen liegen deutlich über 99 % [123].

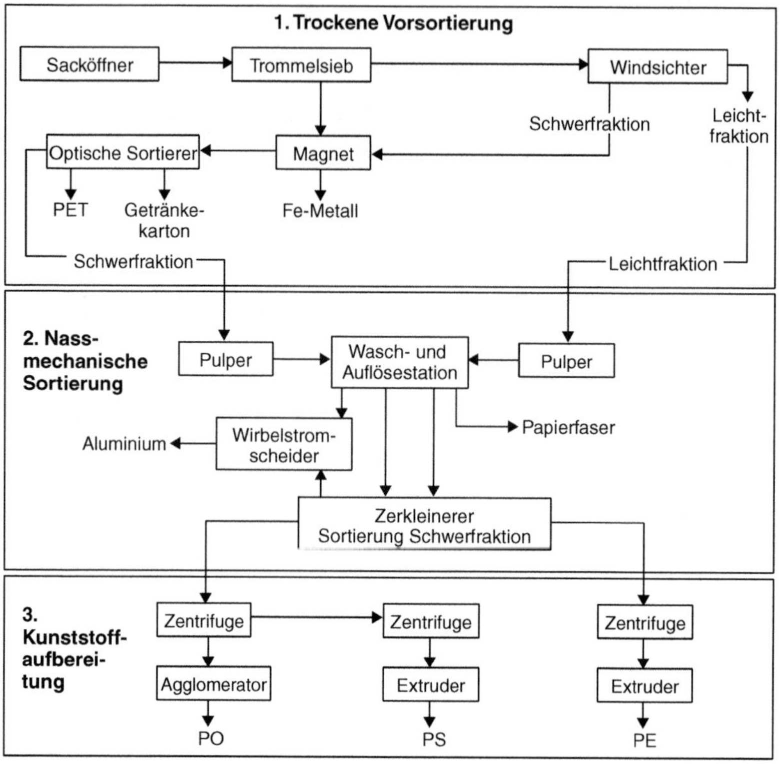

Abb. 5.42 Verfahrensfließbild SORTEC 3

LVP-Aufbereitung mit SORTEC 3.1 Das System SORTEC 3 (nach der Anlagenmodifikation ca. 2 Jahre nach Betriebsbeginn nunmehr Version 3.1) wird seit 2001 zur Aufbereitung von jährlich ca. 25.000 Mg LVP aus dem Großraum Hannover eingesetzt. Diese vollautomatische Sortier- und Aufbereitungsanlage besteht grundsätzlich aus den drei Verfahrensschritten

- trockenmechanische Vorsortierung,
- nasschemische Aufbereitung und
- Kunststoffveredelung.

Das Verfahrensfließbild ist in Abb. 5.42 dargestellt. Nach der Gebindeöffnung durchläuft das Gut ein Trommelsieb, aus dem Überkorn wird die großflächige Leichfraktion mittels Windsichtung entfernt. Die Schwerfraktion sowie der Siebdurchgang werden nach vorheriger FE-Abscheidung einer optoelektronischen Erkennungs- und Sortiereinheit (NIR-basiert) zugeführt. Diese trennt die Fraktionen PPK, PET-Flaschen, Getränkeverbunde sowie Polystyrol ab. Der verbliebene Materialstrom sowie die gesichtete Leichtfraktion werden der nassmechanischen Aufbereitungsstufe zugeführt.

Tab. 5.6 Sekundärrohstoffe aus der SORTEC Sortieranlage

Material	Prozent
Dosen, Fe-Metall	23,5
Getränkekartons	5,0
Altpapierfasern	8,0
Aluminium	4,0
PE-Granulat	13,0
PS-Granulat	3,5
PET	1,5
PO-Agglomerate	23,0
Restabfall (Holz, Textilien, Steine)	18,5
Summe	*100,0*

Abb. 5.43 Annahmebunker der Säcke in der Optibag Sortieranlage (Foto Optibag)

Das Material wird hierbei in Pulpern aufgeschlossen. Papierfasern sowie die NE-Metalle (Aluminium) werden mit dem Prozesswasser gereinigt, abgetrennt und dem Recycling zugeführt. Das Prozesswasser wird im Kreislauf geführt. Die verbleibende feuchte Kunststofffraktion gelangt in den dritten Aufbereitungsschritt, wo diese mit Hilfe von Sortierzentrifugen in die Wertstoffgruppen PO, PE und PS separiert werden [122].

Der Durchsatz dieses Systems liegt bei etwa 5 Mg/h. Die optische Trennleistung für PET-Flaschen liegt bei 85 %–90 % [122] (Tab. 5.6).

Optibaganlage in Schweden Die Optibaganlage sortiert farbige Säcke aus den Haushalten automatisch aus. Der Bürger befüllt die Säcke je nach Farbe mit Wertstoffen oder Restabfall. In der Sortieranlage werden die Säcke nach Farben identifiziert und mit Pressluft ausgetragen. Zerstörte Säcke und Säcke mit Restabfall werden am Bandende gemeinsam ausgetragen und der Verbrennungsanlage zugeführt. Die größte Sortieranlage wurde vor 6 Jahren in Aahus, Dänemark errichtet (Abb. 5.43, 5.44).

Abb. 5.44 Blick auf die optischen Sortierstationen und auf das laufende Band mit den Sortiertunneln der Aahus (Foto Optibag)

Vollautomatische PPK-Sortierungsanlage in Köln-Merkenich Diese vollautomatische Anlage sortiert bis zu 60.000 Mg PPK pro Jahr bzw. bis zu 12 Mg PPK pro Stunde. Zunächst durchläuft der Inputstrom einen Röntgendetektor zur groben Störstoffauslese. Die Auslese erfolgt händisch durch einen Mitarbeiter. Der grundlegende Aufbereitungsschritt besteht aus einer zweistufigen Windsichtung, welche den PPK-Strom in eine leichte Deinking- und eine schwerere Kartonagenfraktionen aufteilt. Der Störstoffgehalt der Deinkingfraktion lag 2003 bei durchschnittlich 2,0. . . 2,8 Masseprozent, wovon ca. die Hälfte (1 %. . . 1,4 %) minderwertige PPK waren. Optoelektronische Identsysteme (NIR + Farbzeilenkamera) finden lediglich bei der Qualitätskontrolle von Produktstichproben Verwendung. In Abb. 5.45 ist das Fließdiagramm der Anlage in Köln dargestellt. Die hohen Investitionen für die Errichtung dieser Anlage verhinderten den Bau weiterer Anlagen.

5.2.1.2 Recycling von hausmüllähnlichen Gewerbeabfällen

Je nach der Gebietsstruktur und aufgrund der Vielfalt der zu entsorgenden Branchen variieren die Inhaltsstoffe der hausmüllähnlichen Gewerbeabfälle erheblich, wie in Abb. 5.46 und Tab. 5.7 deutlich wird. Durch erhöhte Anteile an Verunreinigungen (z. B. organische Bestandteile) sinkt die Sortierbarkeit und Qualität der Wertstoffe erheblich. Eine weitgehende Vermeidung der Vermischung mit nicht verwertbaren Abfällen ist nur durch eine möglichst getrennte Erfassung am Anfallort möglich. Eine Aufbereitung von Gewerbeabfall ist ähnlich wie beim Restabfall möglich und erfolgt nach den gleichen technischen Grundsätzen. Um die Sortierung von Gewerbeabfällen voranzutreiben, werden von privaten und kommunalen Entsorgern auch die Gewerbeabfälle getrennt gesammelt.

Aufgabe der in Sortieranlagen für Gewerbeabfälle vor- und zwischengeschalteten Sortier- und Klassieraggregate ist es, die jeweilig interessanten (d. h. sortierwürdigen) Fraktionen der Inputmaterialien soweit anzureichern bzw. um Störstoffe (d. h. sortierunwürdige Fraktionen) abzureichern, dass die darauffolgende Sortierung mit hoher Effizienz

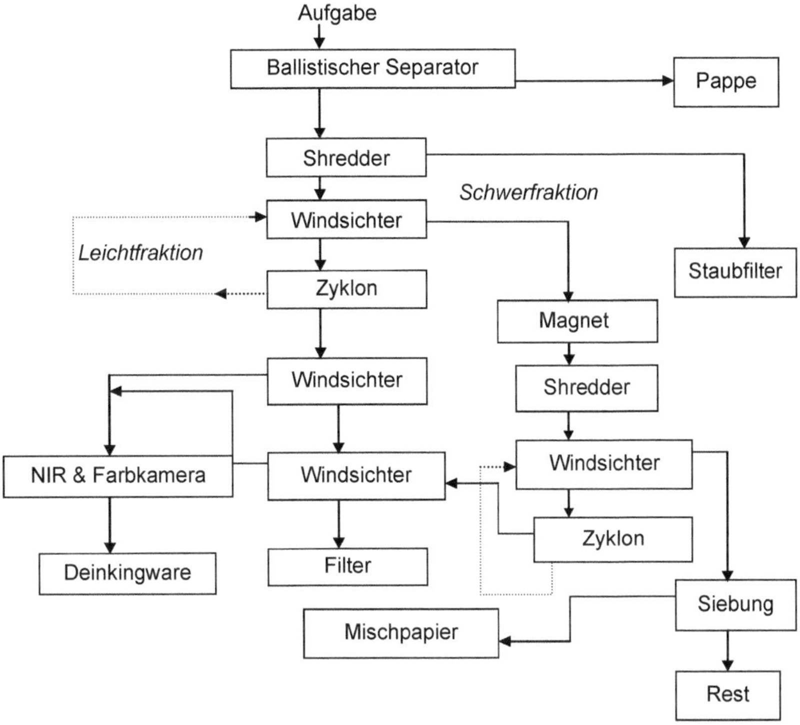

Abb. 5.45 Automatische Sortieranlage für gemischt gesammeltes Altpapier in Köln

Abb. 5.46 Gewerbeabfallzusammensetzung 1991/1992 für die Bundesrepublik [121]

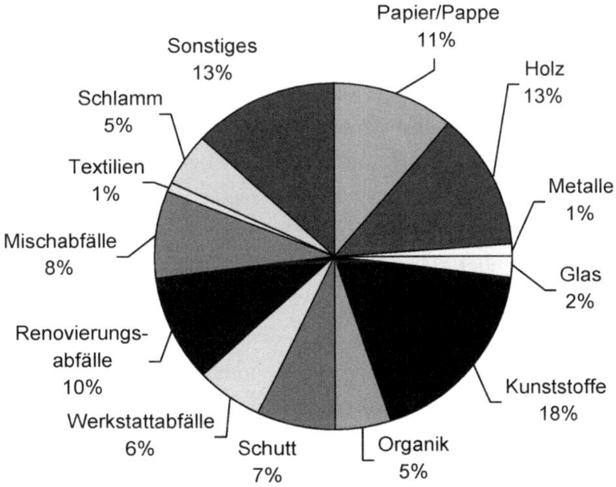

Tab. 5.7 Gewerbeabfallzusammensetzung im Landkreis Heidenheim und im Stadtkreis Ulm 1985 [90]

Stoffgruppe	Heidenheim (Gew.-%)	Ulm (Gew.-%)
Vegetabilien	1,44	1,99
Glas	1,60	3,94
Schrott	1,96	1,57
Folien	1,56	2,05
Übrige Kunststoffe	2,07	2,01
Textilien	2,76	3,04
Gummi und Reifen	0,96	1,71
Holz	13,04	11,94
Papier	5,73	7,43
Pappe	2,62	3,84
Mineralisches	63,83	59,09
Hausmüllähnliches	1,81	1,29
Sonstiges	0,63	0,11

erfolgen kann. Die Aufbereitungsaggregate wie Siebe, Windsichter, Ballistische Separatoren, Magnetscheider etc. befreien das Gut außerdem von belastenden Stoffen oder leicht zu trennenden Wertstoffen. Danach gelangt das zu sortierende Material auf die Lesebänder um die eigentliche Wertstofferfassung mittels händischer oder auch automatischer Sortierung vornehmen zu können.

Abbildung 5.47 zeigt das Fließbild und Abb. 5.48 die Mengenbilanz (Sankeydiagramm) für eine Verarbeitungsmenge von 30.000 Mg/a oder 15 Mg/h Wertstoffgemisch aus Wertstoffcontainern in graphischer Form. Dabei wird deutlich, dass trotz der angenommenen Verwertungsmöglichkeit immer noch Reststoffe anfallen. 4200 Mg/a oder 14 Gew.-% aus der Anlage müssen beseitigt werden.

Eine beispielhafte Anlage zur Sortierung von hausmüllähnlichen Gewerbeabfällen ist seit 1992 in Berlin-Reinickendorf in Betrieb. Die Verfahrenstechnik ist für eine Kapazität von 100.000 Mg/a ausgelegt. Ziel ist die weitgehende Wertstofferfassung aus den angelieferten Abfällen (s. Abb. 5.49).

Die angelieferten Gewerbeabfälle werden zur Bevorratung und Pufferung entweder in einen Flachbunker oder direkt auf Bunkerbänder (Schubböden) aufgegeben. Eine Vorsortierung erfolgt mittels Radlader im Flachbunkerbereich und durch einen stationären Sortiergreifer, der nach einer Vergleichmäßigung des Gutes auf einer Vibrorinne Störstoffe und auch Wertstoffe, die aufgrund der Abmessungen für die Anlage ungeeignet sind, entnehmen kann. Ein Reversierförderer beschickt parallel zwei Siebtrommeln, um dort eine Auftrennung in drei Korngrößenklassen zu realisieren. Das Feinkorn beider Siebtrommeln kann zum Zwecke der Absiebung einer Inertfraktion der Baustellenlinie zugeführt werden. Die Mittelfraktion aus beiden Siebtrommeln wird einem ballistischen Separator zugeführt.

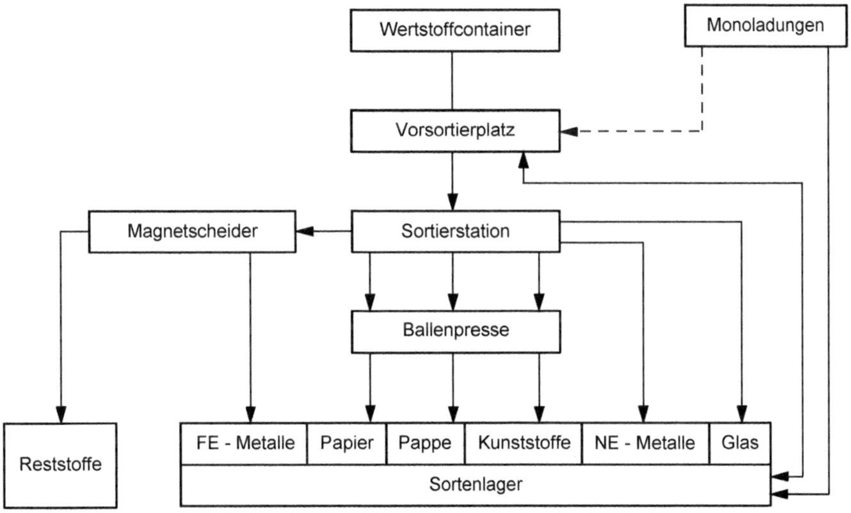

Abb. 5.47 Verfahrensfließbild zur Verarbeitung von Gewerbeabfall, gesammelt in Wertstoffcontainern

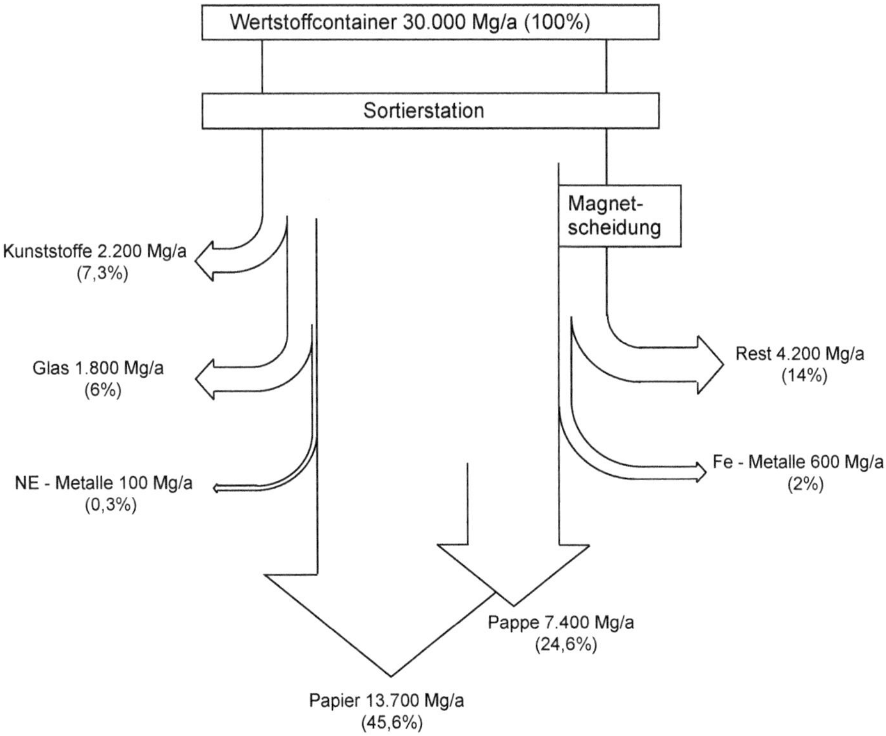

Abb. 5.48 Mengenbilanz für 30.000 Mg/a Wertstoffgemisch aus der Gewerbeabfallsortierung

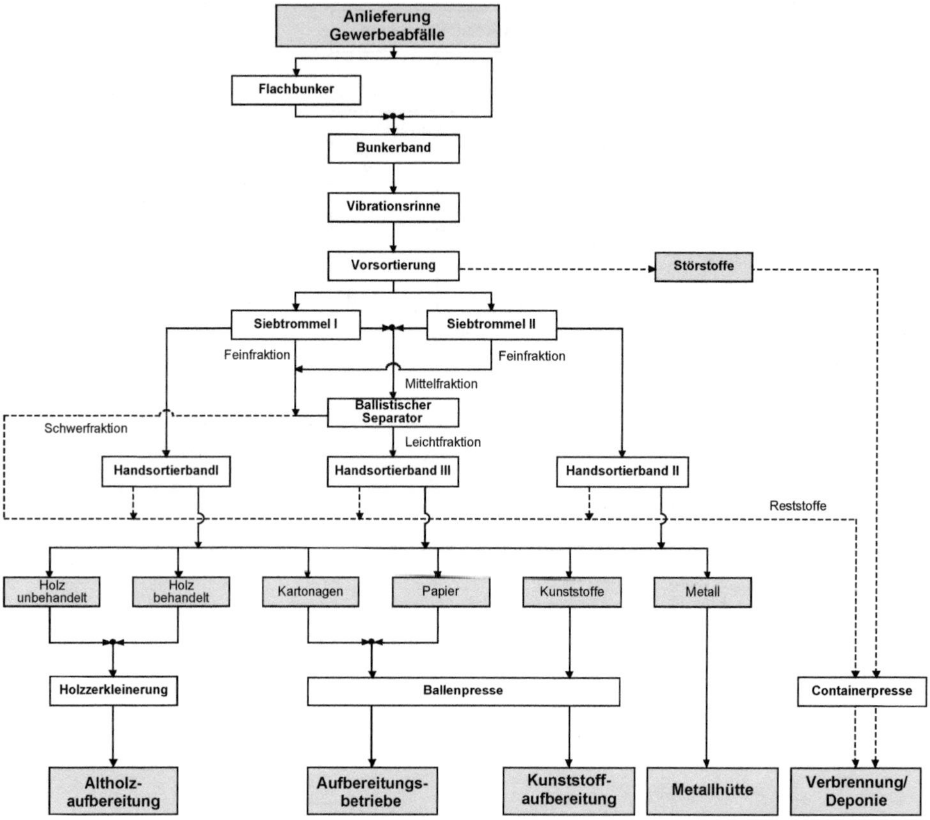

Abb. 5.49 Verfahrensfließbild der Sortieranlage für hausmüllähnliche Gewerbeabfälle

Der Überlauf gelangt getrennt zu zwei Handsortierstationen (Lesebändern), in denen Kunststoffe, Kartonagen, Papier, unbehandeltes und behandeltes Holz, Metalle etc. und optional Rest- und Störstoffe (z. B. im Fall von Negativsortierung) händisch aussortiert und in die darunter befindlichen Bunkerbänder bzw. in Absetzcontainer abgeworfen werden.

Die Leichtfraktion aus dem ballistischen Separator wird in eine dritte Handsortierstation gefördert, um ebenfalls die Wertstoffe aus dem Materialstrom abzutrennen.

Die großzügig dimensionierten Bunkerbänder für Wertstofffraktionen dienen der Zwischenlagerung. Alternierend werden Wertstoffchargen aus den Bunkerbändern abgezogen und damit taktweise weitere Verfahrensschritte (Verpressung von Folien, Papier, Kartonagen und Zerkleinerung von Holz) vorgenommen.

Die Sieb- und Schwerfraktion aus dem ballistischen Separator wird mit den Feinfraktionen der Siebtrommeln vereinigt und optional, zusammen mit den separat angelieferten Baustellenabfällen, einem vierten Leseband zugeführt und sortiert.

Die Reststoffe aus den Handsortierstationen werden mit einer Containerpresse in Ferntransportcontainer verpresst und zur Entsorgung abgefahren [120].

5.2.1.3 Recycling von Bauabfällen

Stand der Technik zur Aufbereitung und Wiederverwertung

Die Aufbereitung von Bauabfällen erfolgt nach den klassischen Techniken der seit Jahrzehnten im Bergbau bewährten Verfahren.

Leichte Modifikationen der Maschinentechnik, die Wahl der Einzelaggregate sowie deren verfahrenstechnische Zusammenstellung haben insbesondere die Qualitätsverbesserung des aufbereiteten Gutes zum Ziel. Im Folgenden werden die technischen Methoden der Aufbereitung dargestellt, die den Stand der Technik kennzeichnen.

Zerkleinerung Als Zerkleinerungsaggregate werden überwiegend Prall-, Backen- und/oder Schlagwalzenbrecher eingesetzt. Beim Prallbrecher erfolgt eine Zerkleinerung des Gutes durch Schlag zwischen den Prallplatten und den Prallleisten des schnell laufenden Rotors. Vorteil des Prallbrechers ist die Einsatzfähigkeit als einstufiger Brecher sowohl in mobilen als auch stationären Anlagen.

Beim Backenbrecher erfolgt die Zerkleinerung durch Druck zwischen einer festen und einer beweglichen Brechbacke. Der Backenbrecher wie auch der Schlagwalzenbrecher wird hauptsächlich als Vorzerkleinerungsaggregat in Aufbereitungsanlagen mit zweistufigen Brecher-Anlagen eingesetzt. Als Nachbrecher dient jeweils ein Prallbrecher. Backenbrecher werden aber auch in mobilen Anlagen als einzelner Brecher eingesetzt.

Beim horizontalen Schlagwalzenbrecher werden die aufgegebenen Baureststoffe durch Schlag und Druck zerkleinert. Ein Kratzkettenförderer transportiert dabei das aufgegebene Material der Schlagwalze zu. Die Verschleißkosten liegen dabei zwischen denen des Backenbrechers und Prallbrechers (Tab. 5.8).

Klassierung Die Klassierung dient der Auftrennung des Aufgabematerials in Kornklassen. Dabei werden die Vorabsiebung und die Nachsiebung (Produktsiebung) unterschieden. Der Vorabscheider ist massiv zu konstruieren, da unzerkleinerter Bauschutt teilweise direkt vom Radlader aufgegeben wird. Für die Vorabsiebung werden Stangenroste, Stangensizer, Schwerlastsiebe oder Rollenroste eingesetzt. Die meist zweistufige Vorabsiebung dient zur Vorabtrennung des Füllbodens (0/8–10 mm) und einer Mittelkörnung (8/32–56 mm), um den Verschleiß am nachfolgenden Brecher zu verringern und den Durchsatz zu erhöhen.

Die Produktsiebung wird fast ausschließlich mittels Schwingsieben durchgeführt, die je nach Anforderungen an die Produktpalette bis zu drei Siebdecks mit unterschiedlichen Maschenweiten aufweisen.

Sortierung Die Sortierung in Baustoff-Recyclinganlagen umfasst in der einfachsten Form die Handsortierung und die Magnetscheidung zur Entfernung nicht produktspezifischer Inhaltsstoffe. Diese Sortierverfahren kommen auch bei mobilen Anlagen zum Einsatz. Die mechanischen Sortierverfahren der Nass- und Trockenreinigung dienen darüber hinaus der Qualitätssteigerung der Produkte.

Tab. 5.8 Vergleich der unterschiedlichen Brechertypen [160]

Parameter	Prallbrecher	Backenbrecher	Schlagwalzenbrecher
Beanspruchung	Prall	Druck	Schlag, Prall
Zerkleinerungsverhältnis	1:20	1:6	1:7
Festigkeit der Aufgabematerialien, (MPa)	300	500	200
Feuchte, (%)	< 8	< 5	< 15
Vor- und Nachteile:	Geringe Masse	Große Masse	Geringe Masse
	Geringe Investkosten	Wenig störanfällig	Ebenerdige Beschickung, geringe Bauhöhe
	Gute Kubizität der Endprodukte	Bei geringem Hub kubisches Material herstellbar, Asphaltaufbereitung z. T. problematisch	Nur zur Vorzerkleinerung, keine verkaufsfähigen Endprodukte
	Empfindlich gegen nicht zerkleinerbaren Gegenstände (z. B. Stahl)	Geringe Staubentwicklung	Keine Fundamente, leichte Umsetzbarkeit
	Hohe Verschleiß- und Betriebskosten	Lange Standzeiten der Verschleißelemente bei Einsatz als Vorbrecher	Verschleißkosten höher als Backenbrecher u. niedriger als Prallbrecher, starker Verschleiß der Kratzkette
	Hohes Zerkleinerungsverhältnis (Einsparung einer Zerkleinerungsstufe)	Geringer Energiebedarf	Geringer spezifischer Energieverbrauch

Bei der Nasssortierung werden in einem Wasserbett nach dem Sink-Schwimm-Prinzip leichte aufschwimmende Anteile (Holz, Leichtbaustoffe, Papier, Folien etc.) mit dem Wasserstrom ausgetragen, während die Recycling-Baustoffe über einen Förderer (z. B. Aquamator) in entgegengesetzter Richtung einem Entwässerungssieb zugeführt werden. Der Wasserverlust aufgrund von Verdunstung und Haftwasser muss regelmäßig durch Frischwasser ergänzt werden. Dem Wasser, das im Kreislauf geführt wird, sind in einer Prozesswasseraufbereitung Feinanteile zu entziehen. Der anfallende Schlamm, der je nach aufbereitetem Baustoff unterschiedliche Belastungen aufweist, ist zu behandeln und fachgerecht zu entsorgen. In die Kanalisation abzuleitendes Kreislaufwasser hat den Qualitätsanforderungen gemäß Einleiter-Verordnung zu genügen. Dazu ist im Allgemeinen der Einsatz von Hilfsstoffen, wie Flockungsmittel, erforderlich. Die hohen wasserrechtlichen

Anforderungen an die Nassreinigung sowie die Kosten der Prozesswasseraufbereitung und der Schlammentsorgung sind als Nachteile der Nassreinigung zu nennen.

Bei der Trockenreinigung werden die Baustoffe nach dem Prinzip der Gleichfälligkeit im Luftstrom gereinigt. Während die spezifisch schweren Baustoffe im Sichterrohr nach unten fallen, werden die Störstoffe mit dem Luftstrom in den Vorabscheider bzw. die Filteranlage zur Reinigung ausgetragen. Um einen hohen Wirkungsgrad und Durchsatz zu erreichen, sollte der Recycling-Baustoff keine hohe Eigenfeuchte aufweisen [159].

Aufbereitungsverfahren Bei den Verfahren zur Aufbereitung von Bauschutt und Straßenaufbruch wird in mobile, semimobile und stationäre Anlagen von 50 bis 400 Mg/h Durchsatzleistung unterschieden. Mobile Einheiten, bestehend aus Aufgabe, Vorabsiebung, Brecher und evtl. Magnetscheider, sind entweder auf ein Fahrwerk (Sattelauflieger) montiert oder als vollmobiles Raupenfahrzeug mit Eigenantrieb ausgestattet. Die Ergänzung dieser Transporteinheiten durch Handsortierstation, Nachsiebung und Trockensichtung schränkt zwar die Mobilität ein, d. h. Montage- und Demontagezeiten steigen an, aber die Produktqualität und -vielfalt nimmt zu.

Die Abb. 5.50 a–c stellen verschiedene Recyclingverfahren vor. In Abb. 5.51 ist das Funktionsschema einer semimobilen Aufbereitungsanlage dargestellt.

Bei den semimobilen Einheiten ist die Haupteinheit auf eine mit Kufen ausgestattete Stahlkonstruktion montiert, die bei einem Standortwechsel auf einen Tieflader gezogen wird. Die mobilen und semimobilen Aufbereitungsanlagen sind hauptsächlich geeignet für den Einsatz auf Großbaustellen (genehmigungsfrei, sofern keine Fremdmaterialien aufbereitet werden) oder in ländlichen Regionen mit geringem Aufkommen und mehreren Sammelstandorten für Bauabfälle.

Mobile Anlagen haben den Vorteil, dass durch ihren Einsatz auf der Baustelle und durch die sofortige Wiederverwertung der Produkte vor Ort erhebliche Mengen an Transportraum eingespart und so auch der LKW-Verkehr entlastet wird.

Da mobile Aufbereitungsanlagen auch gemietet werden können, bieten diese die Möglichkeit des Einstiegs in das Baustoff-Recycling ohne hohe Investitionskosten. Die Vor- und Nachteile von mobilen und semimobilen Aufbereitungsanlagen lassen sich wie folgt zusammenfassen [159].

Vorteile sind:

- geringer Aufwand für die Platzvorbereitung,
- kein Genehmigungsverfahren, wenn die Anlage insgesamt weniger als 12 Monate je Standort steht und
- geringe Transportkosten der Bauabfälle und der Recycling-Baustoffe bei Verarbeitung direkt an der Baustelle, Möglichkeit des Einbaus an Ort und Stelle (Straßenbau) oder der Verfüllung des Baugeländes.

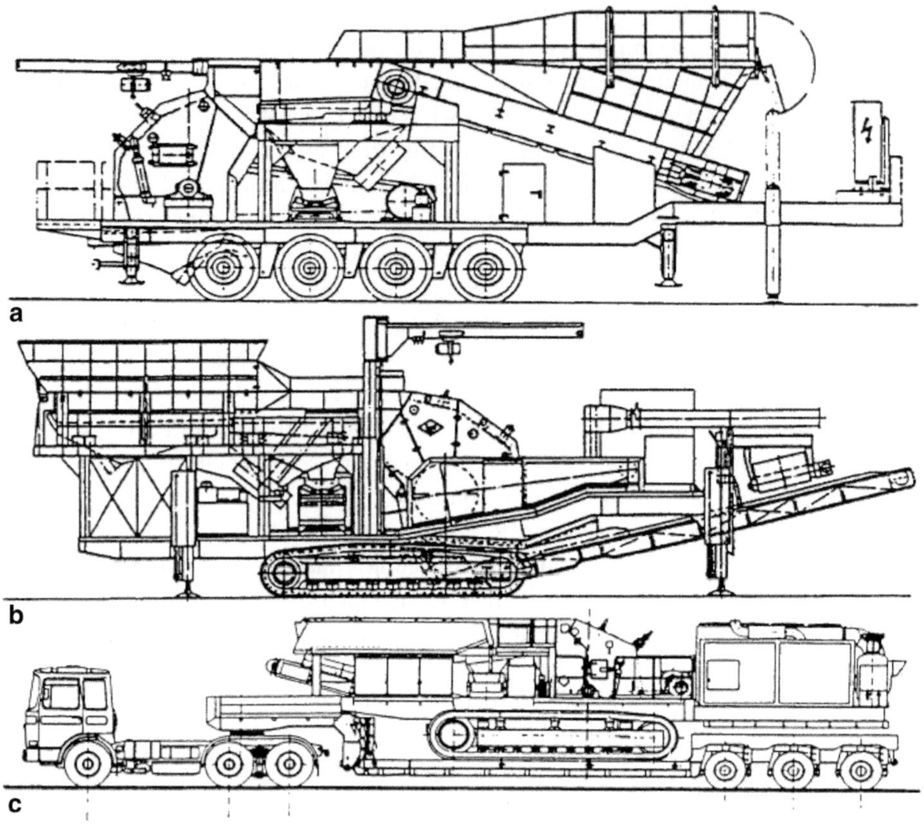

Abb. 5.50 **a** Mobile Recyclinganlage der Fa. Orenstein & Koppel, Durchsatz von 100 bis 120 Mg/h. **b** Mobile Recyclinganlage mit Raupenfahrwerk der Fa. Orenstein & Koppel. **c** Transport der Recyclinganlage mit Raupenfahrzeug auf einem Tieflader

Nachteile sind:

- die relativ hohen Betriebskosten (Transport und Montage der Anlage),
- beschränkte Produktpalette,
- schwierige Kontrolle der angelieferten Bauabfälle,
- größerer Koordinierungsaufwand für fortlaufenden Einsatz sowie Sicherstellung einer optimalen Ausnutzung,
  - schwierige Handhabung von Staub- und Schallemissionen,
  - beschränkte Durchsatzleistung.

Stationäre Anlagen, wie schematisch im Abb. 5.52 dargestellt, erlauben aufgrund der Baugröße, des zur Verfügung stehenden Platzes und qualifizierter Aufbereitungstechniken die Erzeugung guter Produktqualitäten bei hohen Durchsatzleistungen.

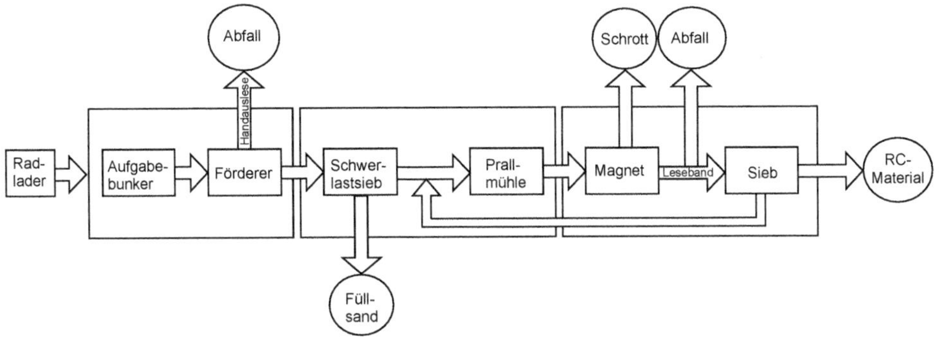

Abb. 5.51 Funktionsschema einer semimobilen Anlage [161]

Der Einsatz von Vor- oder Nachbrechern reduziert den Verschleiß an den Zerkleinerungsaggregaten und erzeugt gleichzeitig ein definierbares Kornspektrum. Da-rüber hinaus können durch Einbau mehrerer Lesestationen sowie zusätzlicher Sortieraggregate (Nass- oder Trockenreinigung) qualitätsmindernde Störstoffe abgetrennt werden. Insbesondere der Annahmebereich mit einer Eingangskontrolle, Registrierung und Verwiegung stellt im Zuge der Anforderungen an die Umweltverträglichkeit der Sekundärbaustoffe und damit verbunden für die haftungsrechtlichen Risiken des Betreibers eine wichtige Vorkontrolle dar. Umweltunverträgliche bzw. schadstoffbelastete Bauabfälle können dadurch vor der Entladung erkannt und abgewiesen werden.

Nachfolgend sind die Vor- und Nachteile von stationären Anlagen zusammengefasst [159]:

Vorteile sind:

- gute Produktqualitäten bei hohen Durchsätzen, insbesondere beim Einsatz von Sortieraggregaten,
- kontrollierte Annahme und Verwiegung des Inputs,
- Vorsortierung und -behandlung auf dem Grundstück,
- Minderung von Schall- und Staubemissionen durch gezielte Maßnahmen,
- verbesserte Lagermöglichkeiten für den Input und Output,
- gezielte Herstellung, Bevorratung und Vertrieb der Produkte, Aufbau eines Marketings.

Nachteile sind:

- der nicht immer gesicherte Absatz der Produkte,
- die teilweise aufwendigen Genehmigungsverfahren,
- die hohen Investitionskosten.

Baustellenabfälle Die Aufbereitung von Baustellenabfällen kann nicht in den bisher beschriebenen Anlagen durchgeführt werden, da es sich bei diesen Abfällen laut Definition

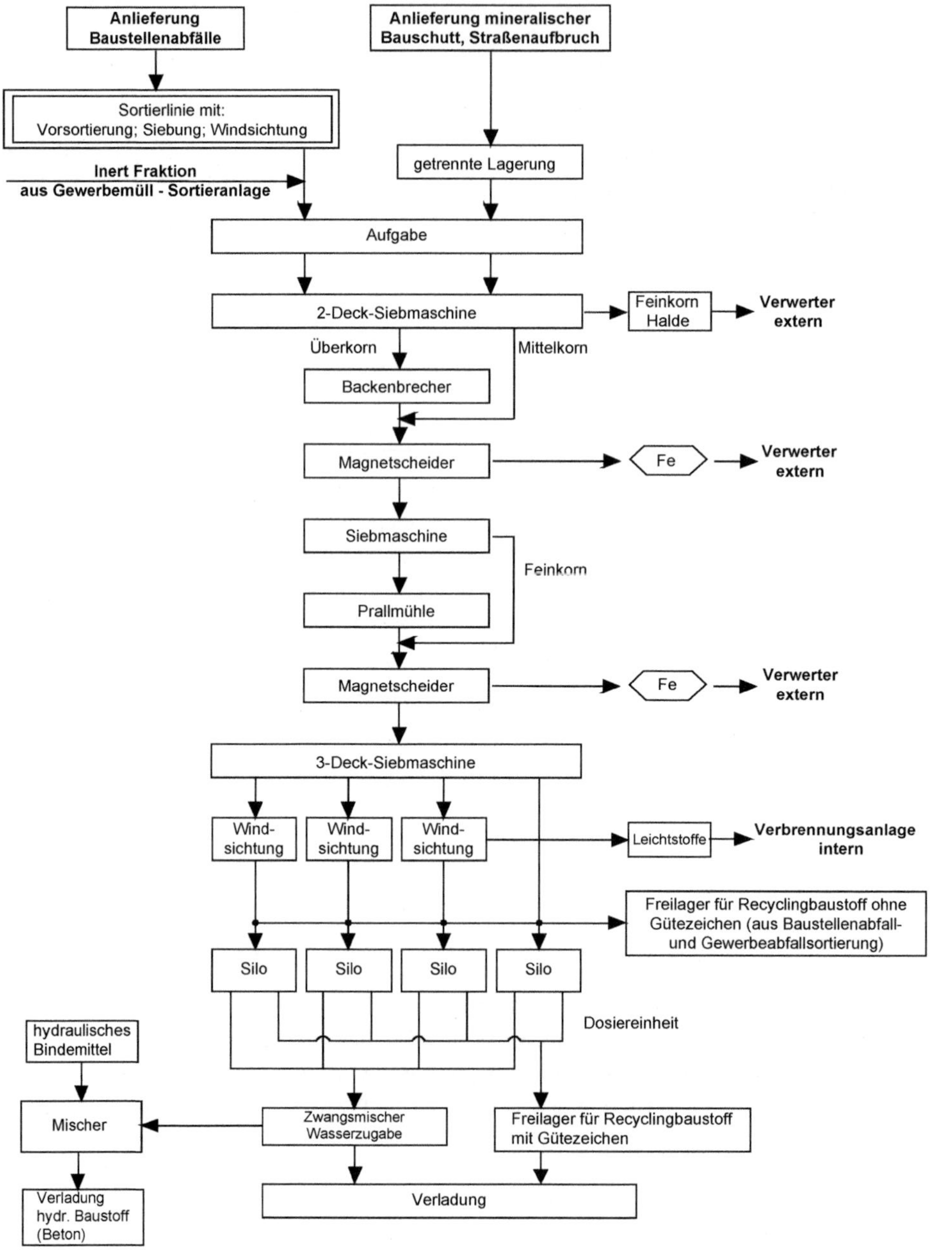

Abb. 5.52 Verfahrensfließbild für eine stationäre Bauschuttaufbereitungsanlage mit getrennter Aufgabemöglichkeit für Baustellenabfälle [162]

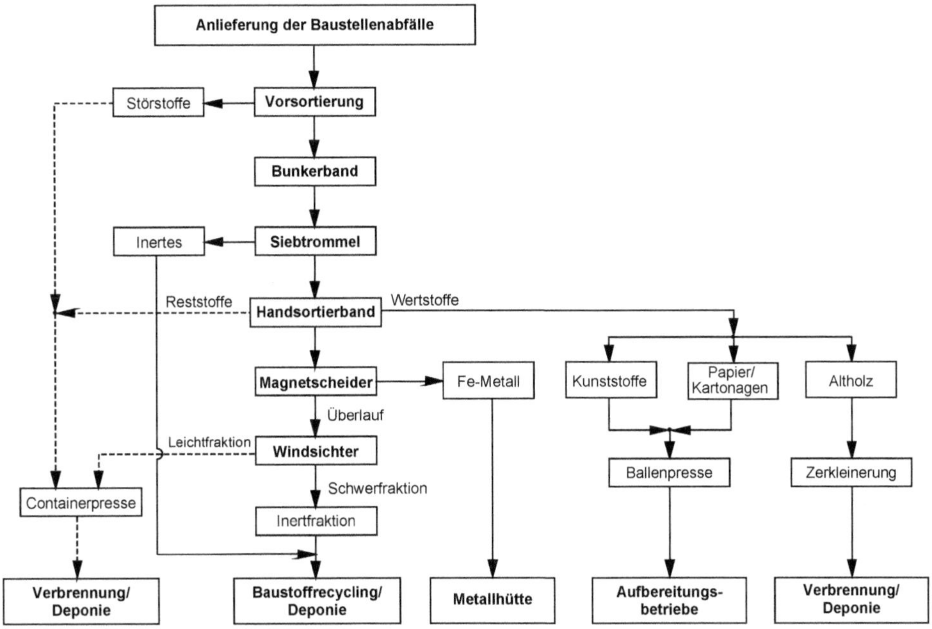

Abb. 5.53 Verfahrensfließbild Baustellenabfallsortieranlage [162]

nicht um Baustellenabfall mit max. 10 Vol.-% mineralischen Bestandteilen handelt. Oft werden Baustellenabfälle angeliefert, die höhere Anteile an mineralischen Bestandteilen enthalten.

Ziel der Aufbereitung von Baustellenabfällen ist die Aussortierung der nichtmineralischen Wertstoffe wie Holz, Metalle, Kartonagen, Folien sowie nicht verwertbaren Bestandteile wie Isolierstoffe, Leichtbaustoffe etc. sowie die Abtrennung der mineralischen Bestandteile (Bauschutt und Füllboden). In Abb. 5.53 ist eine Aufbereitungsanlage für Baustellenabfälle dargestellt.

Die derzeit betriebenen Baustellenabfallsortieranlagen verfügen hauptsächlich über die nachfolgend aufgeführten Aufbereitungsschritte:

- Entladung und Vorsortierung mittels eines Greifbaggers im Flachbunker,
- Absiebeinrichtungen (Trommelsieb, Bechersieb oder Flachsieb) zur Abtrennung der Feinanteile,
- Absauganlagen zur Entfernung von kleineren, leichten Verunreinigungen (Papier, Pappe, Folien, Holz),
- manuelle Sortierstrecken zur Sortierung von Holz, Kartonagen, Folien, Metallen, evtl. Reststoffen,
- Zerkleinerungsaggregat (Prall- oder Backenbrecher) für die Zerkleinerung der Bauschuttanteile.

Je nach dem Verunreinigungsgrad der angelieferten Baustellenabfälle können die mineralischen Bestandteile (Füllboden und Bauschutt) einer Verwertung mit geringen Anforderungen zugeführt oder auf einer Bauschuttdeponie beseitigt werden.

Asphaltrecycling Beim Recycling von Asphalt werden die beiden gewonnenen Primärrohstoffgruppen Mineralstoffe – Kies, Sand, Füller sowie Bindemittel – Bitumen bzw. Teer in den Wirtschaftskreislauf zurückgeführt. Die Voraussetzung für den Einsatz des Ausbauasphalts in Mischanlagen ist die Einhaltung eines festgelegten Korngrößenspektrums [91]. Als Ausgangsstoff für das Asphaltgranulat dient Fräsgut (Kalt- oder Warmfräsgut) oder Schollenaufbruch. Prinzipiell werden folgende bituminös gebundene Schichten unterschieden:

- reine Walzasphaltgemische aus Deck-, Binder- und Tragschichten,
- Gussasphaltdeckschichten in Verbindung mit Walzasphaltmischgut aus Binder- und Tragschichten,
- reine Gussasphaltdeckschichten ohne Binder- und Tragschichten.

Bei der Wiederverwertung von Asphalt wird prinzipiell zwischen den Baustellenverfahren und der getrennten Rückgewinnung und Rückführung in den Herstellungsprozess unterschieden.

Werden die schadhaften Schichten vorgewärmt, dient dies zur Replastifizierung des bituminösen Bindemittels und dem nachfolgenden Wiederaufbau. Hierbei werden verschiedene Verfahren angewandt, die sich im Hinblick auf Leistungsfähigkeit, Veränderungen am Mischgut, Materialverschleiß, Energieverbrauch, Umweltbelastungen, Witterungsabhängigkeit oder anfallende Nebenarbeiten z. T. erheblich unterscheiden.

Als Ausbauasphalt wird der durch lagenweises Fräsen oder durch Aufbrechen eines Schichtenpaketes in Schollen zurück gewonnene Asphalt bezeichnet. Die einzelnen Methoden und Verfahren sind in dem „Merkblatt für die Erhaltung von Asphaltstraßen, Teil: Bauliche Maßnahmen, Abtragen von Asphaltbefestigungen, Schälen, Fräsen, Aufbrechen" der Forschungsgesellschaft für Straßen- und Verkehrswesen beschrieben [91].

Möglichkeiten und Grenzen des Einsatzes von Recyclingmaterial

Das mengenmäßig wichtigste Einsatzgebiet für Recycling-Baustoffe ist nach wie vor der Straßenbau und hierbei insbesondere die ungebundenen Tragschichten. Als Mengenfaktoren sind vor allem der Ausbau und die Rekonstruktion der Straßen zu sehen. Entscheidend für die Einsatzfähigkeit der Recycling-Baustoffe ist dabei deren Umweltverträglichkeit.

Ein wesentlicher Beitrag zur Akzeptanz und damit zur Schaffung von Absatzpotenzialen für alternative Baustoffe wurde durch die 1983 gegründete Gütegemeinschaft der Recycling Baustoffe e. V. bewirkt. Umfassende Festlegungen über Güte- und Prüfbestimmungen zur Qualitätssicherung für Recyclingbaustoffe haben diese in kalkulierbare Konkurrenz zu Primärbaustoffen gesetzt.

Praktizierten Einsatzmöglichkeiten für Recycling-Baustoffe sowie die Anforderungen hinsichtlich der jeweiligen Prüfbestimmungen werden in dem „Merkblatt über die Verwendung von industriellen Nebenprodukten im Straßenbau, Teil: Wiederverwendung von Baustoffen“ der Forschungsgesellschaft für Straßen- und Verkehrswesen im Einzelnen beschrieben.

Neben dem Merkblatt gibt es die Technischen Lieferbedingungen ‘95 für Recycling-Baustoffe in Tragschichten ohne Bindemittel, die LAGA Anforderungen an die stoffliche Verwertung von mineralischen Reststoffen/Abfällen – Technische Regeln – Teil II.1.4 Bauschutt vom September 1995 sowie das Arbeitspapier Nr. 28/1, Umweltverträglichkeit von Mineralstoffen, Teil: Wasserwirtschaftliche Verträglichkeit der Forschungsgesellschaft für Straßen- und Verkehrswesen.

Einflussfaktoren auf die Erhöhung der Verwertungsquoten

Eine Erhöhung der Verwertungsquoten für Bauabfälle wird vor allem durch die Anwendung eines technischen und organisatorischen Instrumentariums bestimmt. Im Wesentlichen können hierzu folgende Einflussgrößen aufgeführt werden [159]:

- Verstärkte Berücksichtigung von Sekundärbaustoffen in Ausschreibungen der öffentlichen Hand und Akzeptanzförderung bei privaten Ausschreibern.
- Nutzung der Ansätze für recyclinggerechte Bauweise, um zukünftige getrennte Erfassung von Baustoffen zu gewährleisten.
- Nachweis der Einhaltung von Verwertungspflichten bei Bautätigkeiten und vorherige Quantifizierung der Massenströme.
- Einführung des qualifizierten Abbruchs, d. h. frühzeitige Stoffselektion, um nachgeschaltete Aufbereitungstechnologien zu entlasten.
- Verstärkte Entwicklung von Sortier- und Reinigungstechnologien zur Entfernung von Störstoffen, die die Qualität des Alternativ-Baustoffes beeinflussen.
- Qualitätssicherung der Sekundärprodukte durch abgestimmte Aufbereitungstechnologien und allgemein anerkannte Güteüberwachung.
- Entwicklung von neuen Märkten für problematisches Massenmaterial, z. B. Ziegel, Holz, sowie verstärkte Nutzung der vorhandenen Marktpotenziale.

Ein wesentliches Element, welches zeitlich und technisch kurzfristig umsetzbar ist, ist die für eine nachfolgende Aufbereitung des Bauschutts sinnvolle selektive Demontage von Bauwerken. Im Folgenden soll darauf näher eingegangen werden, wobei diese Methode nicht in jedem Fall die traditionellen Abbruchtechniken vollständig ersetzen kann.

Systematischer Rückbau

Entscheidende Voraussetzung für hohe Qualität des Recyclingbaustoffs ist eine höchstmögliche Sortenreinheit des Vormaterials, das zur Baustoffaufbereitungsanlage angeliefert wird. Die Qualität der anfallenden Baureststoffe kann durch folgende Maßnahmen verbessert werden:

- recyclinggerechtes Bauen,
- recyclinggerechtes Abbrechen von Bauwerken,
- getrennte Ausschreibung von Abbruch- und Entsorgungsleistungen,
- getrennte Erfassung von Baustellenabfällen.

Bereits bei der Planung und Errichtung eines Bauwerks muss auf die spätere Entsorgung der verwendeten Baustoffe Rücksicht genommen werden. Im Idealfall sollten nur solche Stoffe zum Einsatz kommen, die unter stoffspezifischen und umweltrelevanten Gesichtspunkten nicht zu einer Verunreinigung der Bauabfälle führen würden bzw. die leicht abgetrennt werden können.

In der Praxis werden jedoch derzeit Baumaterialien verwendet, die teilweise überhaupt nicht zu verwerten sind oder aber ein späteres Recycling erschweren, wie z. B. Farb- und Schutzmittelanstriche, Kleb- und Dämmstoffe etc. Über Bauvorschriften kann dafür Sorge getragen werden, dass konstruktive (Gestaltung, Montage, Vorfertigung), statische (geringes Gewicht) und bauphysikalische (Schall- und Wärmeschutz) Aspekte der Bauwerksherstellung möglichst weitgehend mit den Belangen der Baureststoffverwertung in Einklang zu bringen sind. In diesem Zusammenhang gewinnt der Demontageprozess zunehmend an Bedeutung. Hierbei sollte darauf geachtet werden, dass Materialgemische aus unterschiedlichen Bestandteilen soweit wie möglich vermieden werden.

Die Wahl des Abbruchverfahrens hat entscheidenden Einfluss auf

- die Sortenreinheit,
- die Korngrößen,
- die Vermeidung von Verunreinigungen
- und damit auf den Output der Recyclinganlage.

Die Abbruchverfahren kann man nach ihrem Wirkungsprinzip in

- manuelle,
- mechanische,
- hydraulische

Verfahren unterscheiden.

Während mit manuellen Verfahren (Hammer und Meißel, Abbruchhammer etc.) zielgerichtet und schrittweise abgebrochen werden kann, wird mit mechanischen Verfahren (Stahlmasse, Zugseil, Abbruchbirne etc.) zwar ein wesentlich größerer Arbeitsfortschritt erzielt, aber eine Trennung einzelner Fraktionen des Gebäudes ist aufgrund der großen Wucht und der umfangreichen Trümmermassen nicht möglich. Hydraulische Verfahren (Spaltkeil, Betonschere etc.) sind eher geeignet, große Einheiten des Baukörpers, z. B. eine

Wand oder eine Deckenkonstruktion aus Beton, in transportfähige und für die Recyclinganlage verarbeitbare Stücke zu trennen, ohne dieses Material mit anderem Bauschutt zu vermischen. Besonders bei Anwendung der produktiven mechanischen Verfahren ist das dem Abbruch vorgelagerte Heraustrennen einzelner Bauwerksteile und Bauelemente, die eine andere Zusammensetzung als die Tragkonstruktion haben, besonders wichtig und unbedingt zu fordern.

Durch einen sinnvoll gegliederten Abbruchvorgang in Demontagestufen mit weitgehend separatem Ausbau der Baumaterialien kann im Hochbau eine relativ große Menge an reinem mineralischem Material der Rohbau- und Tragkonstruktion für eine Aufbereitung gewonnen werden.

In der Zielfestlegung der Bundesregierung zur Vermeidung und Verringerung von Baurestmassen wird unter dem Punkt Abbruchtechnik gefordert, dass vor Beginn der Arbeiten ein Konzept erstellt wird, in dem die Reihenfolge der Abrissarbeiten festgelegt wird. Diese sollen derart erfolgen, dass eine getrennte Erfassung und Verwertung sowie ordnungsgemäße Entsorgung gewährleistet werden.

Abrisskonzept Der Grundgedanke in § 2 des Kreislaufwirtschaftsgesetzes (Vermeidung vor Verwertung vor Entsorgung) sollte in einem Abrisskonzept eine ausreichende Anwendung finden. Eine Vermeidung von Abfall in Bezug auf Bauwerke liegt zunächst im vollständigen oder teilweisen Erhalt der Bausubstanz. Eine Verwertung liegt vor, wenn Fraktionen der Baumasse sortiert oder aufbereitet und wieder als Wertstoffe verwendet werden können. Ein selektiver Abriss ist dafür eine vorbereitende Maßnahme. Eine Entsorgung von Abfallstoffen erfolgt, wenn keine geeigneten Vermeidungs- oder Verwertungsverfahren gefunden werden können.

Um eine weitgehende Wiederverwertung von Material zu gewährleisten, ist die Erstellung eines Abrisskonzeptes erforderlich (s. Abb. 5.54 und Abb. 5.55). Dieses Abrisskonzept muss folgende Aspekte beinhalten:

- Notwendigkeit der Abrissmaßnahme,
- Vorgehensweise beim Abriss,
- Trennung des Bauschutts,
- Lagerung des Bauschutts,
- Verwertungs- und Entsorgungswege.

Bei der Auswahl der Abbruchtechniken und der praktischen Vorgehensweise sind insbesondere die Belange der Arbeitssicherheit mit erster Priorität zu berücksichtigen. Ebenso sollte das Abrisskonzept die spätere Nutzung des Geländes berücksichtigen. Bei einer erneuten Bebauung können u. a. Gebäudeteile, wie Fundamente, Stützmauern, befestigte Wegflächen etc., bestehen bleiben. Verwertbare Abrissmaterialien können u. a. für eine Folgenutzung am Abrissort verbleiben.

Die direkte Eingliederung der ausgebauten Teile in den Rohstoffkreislauf ist angebracht, da es sich in der Regel um nicht toxische Baurestmassen handelt. Generell sollte berück-

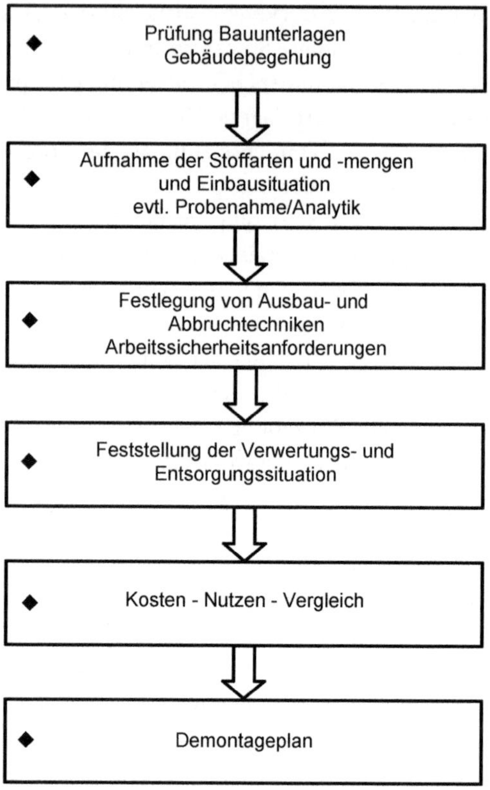

Abb. 5.54 Vorgehensweise bei der Entwicklung eines Abbruchkonzeptes [159]

sichtigt werden, dass Baureststoffe zwar gebraucht, aber im physikalischen Sinne nicht verbraucht sind. Daher ist der Wiedereinsatz in anderer Form, an anderer Stelle als Ersatz- oder umgewandelter Sekundärrohstoff gerechtfertigt und je nach Aufbereitungsverfahren ökonomisch und ökologisch sinnvoll [159].

Durch das im Kreislaufwirtschaftsgesetz wie auch in den Zielfestlegungen der Bundesregierung formulierte Verwertungsgebot ist es darüber hinaus notwendig, auch die derzeitigen Bautechnologien und -materialien zu überprüfen, ob diese für eine spätere Verwendung bzw. Verwertung zugänglich sind oder ob diese aufgrund der Zusammensetzung grundsätzlich von der Wiederverwertung auszuschließen sind. Bei der Aufbereitung ist sicherzustellen, dass schädliche Verunreinigungen abgetrennt werden.

Die höchste Qualität der Abbruchmaterialien wird durch eine Demontage erreicht. Dabei bleibt ein großer Teil der Baustoffe vollständig erhalten. Eine Sortierung nach einem Totalabriss ergibt schlechtere Qualitäten. Eine spätere Separierung im Zuge einer Aufbereitung lässt keine Trennung nach den Stoffen selbst, sondern nur nach den stofflichen Eigenschaften (Korngröße, Dichte etc.) zu.

Vor der Demontage ist eine Begutachtung des Gebäudes nicht nur nach den Gesichtspunkten der Statik, sondern auch nach der Menge, Verteilung und Qualität der

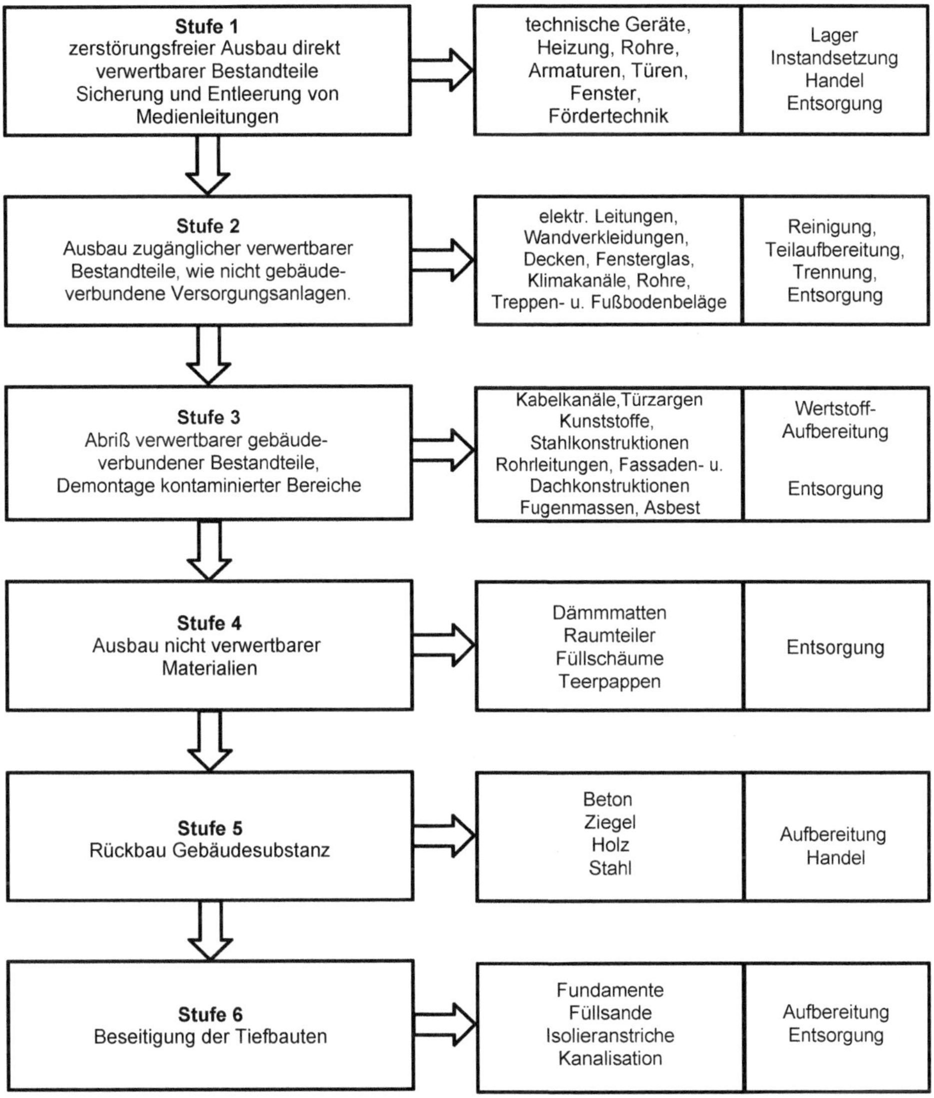

Abb. 5.55 Ablaufschema eines systematischen Rückbaus eines Bauwerkes [159]

Baustoffe im Gebäude notwendig. Daraufhin ist ein geeignetes Demontagekonzept unter wirtschaftlich zu vertretenden Gesichtspunkten zu erstellen [159].

Die Abwägung der wirtschaftlich zu vertretenden Gesichtspunkte geschieht vor dem Hintergrund der rechtlichen Rahmenbedingungen (Vermischungsverbot, Gebote zur selektiven Erfassung etc.) zwischen Verwertung und Entsorgung.

Der Abbruch eines Gebäudes lässt damit zunächst zwei alternative Vorgehensweisen zu:

- Demontage der Gebäude unter dem Vorsatz einer möglichst weitgehenden Materialgewinnung bei gleichzeitiger Sortierung der gewonnenen Fraktionen in verschiedene Container.
- Abbruch des gesamten Bauwerkes ohne differenzierte Demontagestufen und ohne Sortierung vor Ort.

Eine Entscheidung zwischen beiden Möglichkeiten geschieht vor dem Hintergrund der Bedingungen:

- Platzverhältnisse,
- Zeitplan,
- Lohnkosten,
- Transportkosten,
- Entsorgungskosten und
- rechtliche Rahmenbedingungen.

Meist ist eine Kombination beider Vorgehensweisen ein wirtschaftlich sinnvoller Weg. Dabei werden in einer ersten Demontagestufe die leicht entfernbaren Dachziegel, Fenster, Türen, Rohre und Bodenbeläge erfasst, und anschließend erfolgt der herkömmliche Abriss in einem weiteren Arbeitsgang.

Der mechanisierte Handabbruch ist dabei die derzeit einzige Möglichkeit, die Baustoffe als Ganzes zu erhalten. Dachziegel können ohne technischen Aufwand erfasst werden. Mauerwerksziegel können durch ein spezielles Gerät von der Mauer getrennt und gleichzeitig von anhaftendem Mörtel befreit werden. Türen und Fenster, Dielenbretter etc. werden getrennt erfasst und aufbereitet.

Für die Demontage der einzelnen Stoffgruppen ist in einer beengten, zumeist verkehrsreichen Lage im Stadtgebiet oft nicht genügend Platz, um sämtliche Fraktionen vor Ort zwischenzulagern. Die Demontage lässt sich aber unter Umständen in zeitlicher Reihenfolge durchführen, so dass nicht während der gesamten Abrissdauer sämtliche Container oder Freiflächen bereitgehalten werden müssen.

Bei Teilabbruchvorhaben sind eine besonders sorgfältige Abrissplanung und Abbruchstatik maßgeblich. Ein Einreißen mit der Abrissbirne ist zumeist nicht möglich, weil andere Gebäudeteile durch die starken Erschütterungen in Mitleidenschaft gezogen werden.

Bei steigenden Entsorgungskosten ist eine Demontage von Gebäuden bei gleichzeitiger Gewinnung von direkt verwendbaren Baustoffen ein richtungweisendes und kostendeckendes Verfahren [159].

Günstige Bedingungen für einen systematischen Rückbau liegen vor, wenn nur wenige unterschiedliche Materialien in einem Gebäude verbaut worden sind. Dies trifft vielfach auf ältere Bauten zu, bei denen Folien, Dämm- und Verbundstoffe nur in geringem Maße eingesetzt wurden.

Bauschutt sollte bereits auf der Baustelle in verwertbare mineralische und nichtmineralische sowie nichtverwertbare Fraktionen getrennt werden. Bei größeren Abrissprojekten kann eine mobile Sortierung und Aufbereitungsanlage vor Ort sinnvoll sein.

Als Beispiel für eine Kosteneinsparung durch Demontage lassen sich die Abrissarbeiten am Bahnhof Köln-Gereon nennen. Hier wurden 30 Hochbauten, 18.000 und 15.000 m^2 Rampen, eine Güter- und zwei Umladehallen demontiert. Auf dem Gelände war zudem noch eine große Zahl von Betonsockeln vorhanden. Auf dem Bahnhofsgelände wurde eine mobile Bauschuttaufbereitungsanlage errichtet. Während die Gebäude mit dem Hydraulikbagger abgerissen wurden, erfolgte die Demontage der Umladehallen mit Hilfe eines Kranes. Die Abbruchmaßnahmen kosteten 1,7 Mio. €, damit ergaben sich für die Deutsche Bundesbahn Einsparungen von 1,3 Mio. € [164].

1995 führte die Ingenieurgesellschaft INTECUS in Berlin ein Pilotprojekt durch, bei dem baugleiche Gebäude nach verschiedenen Methoden abgebrochen wurden. Untersucht wurden Zeit- und Personalbedarf, Materialqualitäten und Verwertungsquoten. Als Fazit wurde eine Kostenbetrachtung für die Varianten erstellt, die sich an aktuellen Berliner Marktverhältnissen orientiert. Untersucht wurden drei Abbruchmethoden:

Variante A: Kontrollierter Rückbau, Ausbau aller nicht-mineralischen Baustoffe außer Stahlträgern und Deckenbalken;

Variante B: Weitestgehende Entkernung, Demontagetiefe an Einbausituation sowie Entsorgungswege angepasst und optimiert;

Variante C: Konventioneller Abbruch, Ausbau von Bausonderabfällen wie gesetzlich vorgeschrieben.

Im Ergebnis erwies sich die Variante B als kostengünstigste. Die Erfahrungen mit einem systematischen Rückbau von Gebäuden unter den Aspekten Materialgewinnung und Wirtschaftlichkeit haben sich weitgehend in den letzten Jahren in der Praxis durchgesetzt und mitgeholfen ein hochwertiges Recycling von Materialien und Bauteilen möglich zu machen.

Aufbereitung von PVC-Verbundprodukten

Polyvinylchlorid (PVC) ist nach den Polyolefinen der am zweithäufigsten verbrauchte Kunststoff bzw. im Baubereich der am meisten Eingesetzte. Für PVC haben deshalb bereits eine Reihe von Unternehmen und Organisationen Verwertungswege aufgebaut, speziell im Baubereich, der zwei Drittel aller PVC-Anwendungen umfasst. Zu nennen sind Rewindo für das PVC-Fenster-Recycling, AGPR für das PVC-Bodenbelag-Recycling und KRV für das PVC-Rohr-Recycling. Die dabei genutzten Verfahren gehören zu den „werkstofflichen“[129].

Zum rohstofflichen Verwerten von PVC finden derzeit die thermische Spaltung und die Hydrolyse/Pyrolyse Anwendung. Die thermische Spaltung wird großtechnisch bei Dow

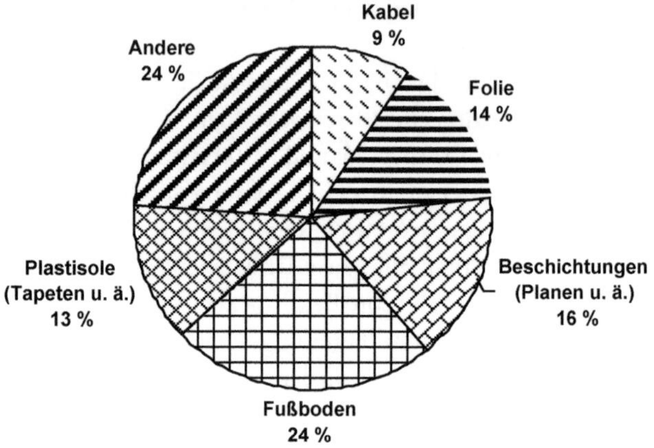

Abb. 5.56 Darstellung der Abfallzusammensetzung und -mengen abgeschätzt mit 850.000 Mg für 2005 in der BRD [129]

in Schkopau betrieben, wo als Endprodukte Salzsäure und Energie (Dampf) entstehen. Die Hydrolyse/Pyrolyse-Technik wurde Anfang 2005 von RGS 90 in Stigsnaes (DK) in Betrieb genommen. Die Endprodukte sind hier Pyrolyseöle zur Weiterverwendung in der chemischen Industrie und Salz [129].

Beim energetischen Verwerten in Abfallverbrennungsanlagen entsteht im ersten Schritt aus PVC neben Energie Chlorwasserstoff (HCl). Verwendet man zur Reinigung der HCl-haltigen Rauchgase Kalk oder Kalkmilch, dann fallen nutzlose, zu deponierende Stoffe an. Bei Zugabe von Wasser, Wasser und Natronlauge oder Natriumbicarbonat entstehen auch nutzbare Stoffe wie Salzsäure (zum Beispiel bei der MVA Rugenberger Damm in Hamburg) oder Kochsalz. Das moderne Neutrec®-Verfahren mit Natriumbicarbonat [129] liefert direkt ein trockenes Kochsalz, das nach Reinigung als Chlorchemierohstoff wieder genutzt wird. Dieses Reinigungsverfahren wurde unter dem Namen Resolest® von Solvay entwickelt und wird inzwischen in Rosignano (Italien) und Dombasle (Frankreich) betrieben [129].

Aus Ökobilanz-Berechnungen ist bekannt, dass bei der Zerstörung der Polymerkette sowohl in den rohstofflichen als auch energetischen Verwertungsverfahren Energie verloren geht. Andererseits sind die werkstofflichen Verwertungsverfahren in der Abtrennung von Fremdstoffen begrenzt. Hier setzen die Löseverfahren an, die selektiv PVC auflösen, jedoch nicht die Fremdstoffe.

PVC wird recht häufig in Kombination mit anderen Werkstoffen für vorteilhafte Verbundkonstruktionen verwendet. Beispiele sind Kabel, Folien, Planen und Bodenbeläge. Bei diesen Anwendungen tritt PVC in Verbindung mit Kupfer, Aluminium, Polyester und Glasfasern auf. Eine Abschätzung und Zusammensetzung der Abfallmengen ergibt 850.000 Mg für 2005 (Abb. 5.56).

Es wurden bereits viele Löseverfahren für PVC entwickelt. Keines davon aber bis zur technischen Reife umgesetzt, mit Ausnahme von Vinyloop®.

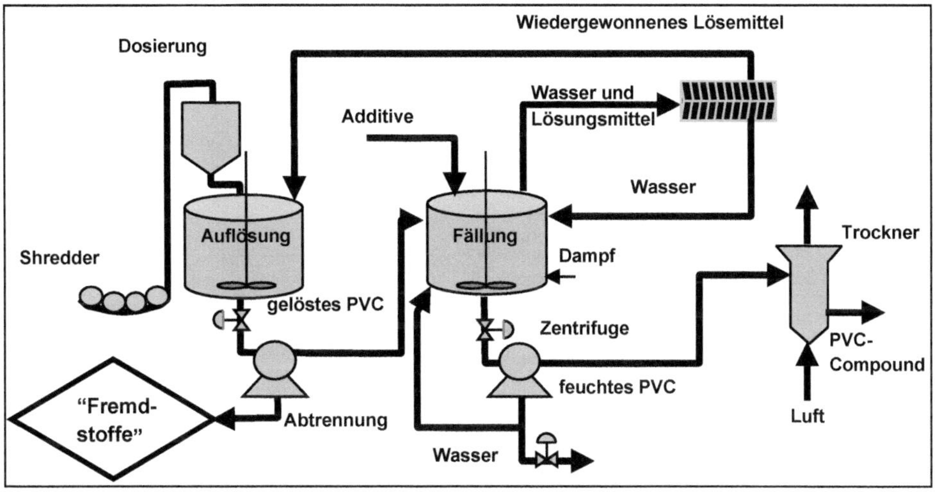

Abb. 5.57 Ablaufschema des Vinyloopâ -Verfahrens [129]

Das Vinyloop®-Verfahren wurde 1998 von Solvay entwickelt [129]. Die zu verwertenden PVC-Produkte müssen in stückiger Form vorliegen, so dass sie dosierfähig sind. Die maximale „Kantenlänge" sollte 10 cm nicht überschreiten.

Das Verwertungsgut durchläuft drei Stufen, von denen die ersten beiden diskontinuierlich im Batch-Betrieb ablaufen, und die letzte Stufe – das Trocknen – ein kontinuierlicher Prozess ist. Die folgende Abbildung zeigt das Ablaufschema des Vinyloop®-Verfahrens (Abb. 5.57).

Auflösen In einem ersten geschlossenen Reaktor wird das PVC unter Druck in Methylethylketon (MEK) beziehungsweise MEK-Mischungen mit anderen Lösemitteln aufgelöst. Im Allgemeinen sind die anderen Werkstoffe gegenüber Lösemitteln für PVC beständig: z. B. Kupfer im PVC-Kabel oder Glasfasern im PVC-Bodenbelag. Diese Werkstoffe bleiben folglich unverändert und können abzentrifugiert und abgesiebt werden [129].

Beim Auflösen der Polymerkette des PVC werden die Additive des PVC-Compounds freigesetzt. Dabei handelt es sich um sehr feinkörnige, unlösliche Stoffe (z. B. Kreide, Pigmente mit Durchmessern von der Größenordnung 0,01 mm) und flüssige Additive (Weichmacher). Diese Additive sind im Lösemittel fein dispergiert und werden beim Zentrifugieren und Filtrieren nicht abgetrennt [129].

Ausfällen In einem zweiten Reaktor wird Dampf zugeführt. Wasser hat die Eigenschaft, PVC aus einer Lösung auszufällen. Die benutzten Lösemittel sind so ausgewählt, dass sie mit Wasser ein azeotropes Gemisch bilden.

Bei den gewählten Druck-Temperatur-Bedingungen fällt PVC aus dem azeotropen Gemisch aus, während das Lösemittel als azeotropes Gemisch in die Gasphase übergeht. Das Lösemittel wird nach Abkühlen und Abtrennen vom Wasser zurück gewonnen und steht für den nächsten Lösevorgang wieder zur Verfügung.

Tab. 5.9 Durchschnittliche Zusammensetzung bundesdeutscher Personenkraftwagen in ihrer zeitlichen Entwicklung [2, 80, 82]

Material	Herstellungsjahr				
	1965 (Gew.-%)	1985 (Gew.-%)	1995 (Gew.-%)	2000 (Gew.-%)	2005
Stahl, Eisen	76,0	68,0	63,0	61,0	55,0
Aluminium	2,0	4,5	6,5	7,5	10,0
Sonstige NE-Metalle (Kupfer, Blei, Zink)	4,0	3,0	3,0	4,0	6,0
Kunststoffe	2,0	10,0	13,0	14,0	15,0
Sonstiges (Glas, Gummi)	16,0	14,5	14,5	13,5	14,0

Während des Fällungsvorgangs werden die in Schwebe befindlichen Additive in den sich bildenden PVC-Körnern eingeschlossen. Diese im Mittel 0,3 mm großen PVC-Partikel enthalten folglich alle Additive der Altprodukte [129].

Trocknen Das aus der Fällung resultierende Gemisch aus PVC-Compound-Partikeln und Wasser wird zentrifugiert und im Fließbett getrocknet.

Allen Löseverfahren gemeinsam ist, dass die Polymerkette unverändert bleibt. Deshalb gehören diese Verfahren zu den „werkstofflichen" Verwertungsverfahren.

Das Endprodukt ist jeweils ein gut rieselfähiges Pulver. Die gewonnenen Recyclate sind nach den verschiedenen klassischen Verfahren verarbeitbar. Sie lassen sich kalandrieren, extrudieren, spritzgießen oder sintern [129].

Die erste großtechnische Anlage ging 2002 in Ferrara (Italien) in Betrieb. Die Kapazität beträgt zirka 10.000 Mg/Jahr.

5.2.1.4 Recycling von Altautos

In der Bundesrepublik Deutschland werden jährlich ca. 3 Mio. Altautos endgültig stillgelegt. Ein Großteil davon wird als Gebrauchtwagen in EU-Staaten exportiert. Entsprechend der Abfallstatistik wurden 2008 ca. 420.000 Stück in rund 1200 zertifizierten Demontagebetrieben zerlegt und die Restkarossen in 48 deutschen Shredderanlagen behandelt. Die $\sim$ 360.000 Mg Restkarossen entsprechen etwa 9 % des Inputs dieser Shredderanlagen.

Die derzeitige Altautoverwertung zielt in erster Linie auf eine Rückgewinnung der metallischen Anteile der Fahrzeuge ab. Die Entsorgung und teilweise Wiederverwertung erfolgt über ein flächendeckendes Netz von Altautoverwertern und Shredderbetrieben.

In Tab. 5.9 ist die stoffliche Zusammensetzung deutscher Kraftfahrzeuge in ihrer zeitlichen Entwicklung dargestellt.

Das Fahrzeugleergewicht von Altautos liegt heute im Mittel bei ca. 930 kg. Die Altfahrzeuge bestehen zu etwa 55 Gew.-% aus Eisenwerkstoffen, 16 Gew.-% aus Nichteisenmetallen sowie aus 19 Gew.-% nichtmetallischen Reststoffen wie Kunststoff, Gummi, Glas etc.

Die Altautoverwertung erfolgt im Wesentlichen in zwei Schritten, der Demontage bestimmter Bauteile und dem Shreddern der Restkarosse. Den rechtlichen Rahmen für die Entsorgung von Altfahrzeugen in Europa bildet die Richtlinie 2000/53/EC. Durch die Kommissionsentscheidung 2003/138/EC besteht eine Kennzeichnungsnorm für Bauteile und Werkstoffe, was die Materialidentifizierung und damit das Recycling der Bauteile erleichtert.

Für die Demontage gilt das Gebot der Entfernung und gefahrlosen Beseitigung gefährlicher Fahrzeugbestandteile. Mindestanforderungen zur Beseitigung von Schadstoffen beinhalten das Entfernen von:

- Fahrzeugflüssigkeiten (Trockenlegung) wie Kraftstoffreste, Motor-, Getriebe- und Hydrauliköl, Kühl- und Bremsflüssigkeiten, Frostschutzmittel etc.,
- Batterien und Flüssiggastanks,
- Airbags und anderer potenziell explosionsfähiger Bestandteile,
- quecksilberhaltiger Bestandteile.

Des Weiteren werden Bestandteile zur Wiederverwendung als Ersatzteile (Motor, Getriebe, Lichtmaschine usw.) oder zur Verwertung (Katalysator, Glas, große Kunststoffbauteile) ausgebaut. Die verbleibende Restkarosse wird im Shredder zerkleinert und Eisen-Metalle (Shredder-Schrott) sowie Nicht-Eisen-Metalle (Shredderschwerfraktion) abgetrennt. Die nicht stofflich verwertbare Restfraktion (Shredderleichtfraktion) ist sicher zu entsorgen, hier bietet sich die thermische Behandlung an. Die zunehmende Verwendung von Kunststoffen, Verbundmaterialien und anderen nichtmetallischen Materialien, z. B. Keramik im Automobilbau, führt tendenziell zu steigenden fahrzeugspezifischen Mengen an Shredderabfall [85].

In *Shredderanlagen*, die nach dem Prinzip der Hammermühle arbeiten (s. Abb. 5.58), können Altautos, Sammelschrott und Haushaltsgroßgeräte ohne vorausgehende Vorzerkleinerung verarbeitet werden. Die Zerkleinerung im Shredder erfolgt durch pendelnd aufgehängte Schlagkörper (Hammer oder Schlagring) an einem mit hoher Geschwindigkeit umlaufenden Rotor. Das Material bleibt so lange im Rotorinnenraum, bis die zerkleinerten Teile durch einen Rost mit definierter Spaltbreite ausgetragen werden. Nach der Zerkleinerung schließt sich eine Windsichtung und Magnetscheidung an, durch die der Stahlschrott aus dem durchgesetzten Material separiert wird. Das nichtmagnetische Material der Sichterschwergutfraktion besteht aus NE-Metallen wie Aluminium, Magnesium, Zink, Kupfer, Messing, Blei sowie nichtmagnetischem Stahl, Kunststoffen, Gummi, Textilien, Glasbruch etc. Diese Fraktionen stellen ein erhebliches Wertstoffpotenzial dar. Die darin enthaltenen metallischen Wertstoffe können durch Schwimm-Sink- und Abschmelztrennverfahren aufbereitet werden [81, 84].

Bei der Schwimm-Sink-Aufbereitung werden nach Entfernen eines großen Teils des nichtmetallischen Schutts durch Waschen – und nach einer weiteren Magnetseparation – in der ersten Stufe der Anlage Magnesium und Gummi durch eine geeignet eingestellte Ferrosiliziumtrübe ($g = 2{,}2$ kg/l) abgetrennt. Das Magnesium kann durch Handsortierung

Abb. 5.58 Shredderanlage der Fa. Lindemann [136]

aus dem aufschwimmenden Gut geklaubt werden. Die schwereren restlichen NE-Metalle und der Edelstahl sinken ab. Die schweren Metalle werden abgeschöpft und der zweiten Stufe zugeführt, deren Schwertrübe eine Dichte von 3,4 besitzt.

Hier erfolgt in gleicher Weise eine Trennung in aufschwimmendes Aluminium und absinkenden Rest aus Kupfer, Zink, Blei, Messing und Edelstahl. Der Trenneffekt liegt zwischen 90 und 96 %. Jeder Trennstufe ist eine Waschanlage nachgeschaltet, die anhaftendes Ferrosilizium abspült und in den Prozess zurückführt. Die Ferrosiliziumverluste betragen ca. 4 bis 5 kg/Mg eingesetzten Materials.

Das Hauptprodukt dieser Trennanlage ist Aluminium, das in Umschmelzwerken zu Aluminium-Gusslegierungen umgearbeitet wird. Die mechanisch schwer trennbaren Schwermetalle des Sinkrestes der zweiten Stufe werden unter Ausnutzung der unterschiedlichen Schmelzpunkte separiert.

Beim einstufigen Verfahren des Coreco-Drehrohrofens wird eine flüssige, überwiegend zinkhaltige Fraktion gewonnen (Zn-Gehalt ca. 33 %). Nach Abtrennung einer schlackenartigen, körnigen Fraktion von Asche, Abbrand, Krätze und oxidiertem Blei verbleibt eine sog. Messingfraktion, die getrennt ausgetragen wird.

Die SMA-Trennschmelzanlage (System K. Weiß) arbeitet mit zwei in Reihe geschalteten Öfen, die Blei und Zink möglichst rein ausschmelzen sollen. Endprodukt ist wiederum ein edelstahlhaltiger Kupfer-/Messingschrott. Die rückgewonnenen Metalle erfordern zusätzliche Raffinationen, um als Sekundärwerkstoff einsetzbar zu sein.

In einer Untersuchung wurden an vier Shreddern Trockenseparationsanlagen aus einer Kombination von Siebung, zweistufiger Windsichtung und Wirbelstromscheidung installiert. Dabei konnte nachgewiesen werden, dass sich dieses Verfahren für bestimmte

Input-Fraktionen bzw. in Verbindung mit Schwimm-Sink-Anlagen gut eignet, jedoch das Schwimm-Sink-Verfahren nicht ersetzen kann.

Seit 1992 wird eine Anlage zur automatischen Sortierung von NE-Metallen durch Röntgenfluoreszenzanalyse angeboten. Mit Hilfe der Anlage können bis zu 12 Metalle – Magnesium, Aluminium, Kupfer, Zinn, Zink, Messing, Bronze, Blei, Nickel, Mangan, Chrom und Chromnickelstahl – detektiert werden. Die Durchsatzleistung der Anlage beträgt in Abhängigkeit von der Korngröße zwischen 400 und 1000 kg/h [137].

Allen Verfahren zur Aufbereitung bzw. Rückgewinnung der NE-Metalle ist gemein, dass nur dann betriebswirtschaftlich gearbeitet werden kann, wenn die Stoffströme mehrerer Shredderbetriebe zusammengeführt werden.

Die Demontage stellt bei der Altfahrzeugverwertung einen relevanten Behandlungsschritt dar. Ein Anteil vom Input ist als Sonderabfall einzustufen und muss getrennt entsorgt werden. Erfolgt dies nicht, werden die Shredderabfälle durch Kraftstoffe, Motoren-, Getriebe- und Differentialöle sowie Bremsflüssigkeiten, Batteriewasser und mit Frostschutzmittel beaufschlagten Kühl- und Scheibenwischwasser verschmutzt. Nach INTECUS-Schätzungen kann pro Altfahrzeug von etwa 26 l Flüssigkeiten und Ölen ausgegangen werden. Ohne die Fahrzeugtrockenlegung werden diese Sonderabfälle mit harmlosen Shredderabfällen wie Textilien, Kunststoffen etc. vermischt, die dann ihrerseits aufgrund der Kontaminierung als Sonderabfall zu betrachten sind.

Untersuchungen der Shredderabfälle ergaben, dass das Material mit polychlorierten Biphenylen (PCB) und Kohlenwasserstoffen (KW) belastet ist, wobei PCB-Gehalte von durchschnittlich 50 ppm festgestellt wurden.

Die Altfahrzeugverordnung, ehemals Altautoverordnung, regelt die Abmeldung und Verwertung von Altfahrzeugen. Die wesentlichen Punkte der Altfahrzeugverordnung sind im Folgenden dargestellt:

- Vermeidung und Verringerung von Reststoffen durch recyclinggünstige Konstruktionen und eine einheitliche Kennzeichnung der Bauteile und Materialien.
- Unentgeltliche Rücknahme der Altautos durch den Hersteller und Vertreiber.
- Rücknahme von alten Bauteilen durch Vertreiber von Ersatz-, Austausch- und Zubehörteilen.
- Aufbau eines Rücknahmesystems durch den Fahrzeughersteller mit Rücknahmestellen, welche für den Letzthalter in zumutbarer Entfernung liegen.
- Entsprechend ist der Letzthalter zur Rückgabe des Altfahrzeugs an anerkannten Annahme- oder Rücknahmestellen bzw. einem anerkannten Demontagebetrieb verpflichtet.
- Durch die Wirtschaftsbeteiligten sind vorgegebene Verwertungsquoten sicher zu stellen. Ab 2006 sind mindestens 85 Gew.-% der überlassenen Altfahrzeuge pro Jahr wiederzuverwenden oder zu verwerten bzw. 80 Gew.-% wiederzuverwenden oder stofflich zu verwerten. Ab 2015 sind mindestens 95 Gew.-% wiederzuverwenden oder zu verwerten bzw. 85 Gew.-% wiederzuverwenden und stofflich zu verwerten.

- Hersteller und Vertreiber haben bei der zuständigen Behörde einen Nachweis über die stoffliche Verwertung der Materialien vorzulegen.
- Bei der Beauftragung Dritter hat der Hersteller durch ein Gutachten eines Sachverständigen zu belegen, dass der Verwerterbetrieb die Anforderungen des Kreislaufwirtschaftsgesetzes und der Rechtsverordnung erfüllt.

Die Gewinnung der in den Automobilen enthaltenen Nichtmetalle sowie die Erfassung der Betriebsflüssigkeiten lässt sich nur über eine Demontage der Fahrzeuge erreichen. Ergänzend dazu wird der Shredder weiterhin seine in der Aufbereitungskette behalten, da durch eine unter ökonomischen Gesichtspunkten ausgelegte Demontage ohnehin nicht alle nichtmetallischen Werkstoffe vollständig separiert werden können.

Während sich die Fahrzeugmontage auf einem sehr hohen technischen Niveau befindet, ist der Bereich der Altautodemontage eher durch eine manuelle Vorgehensweise und hohe Wege- und Rüstzeiten gekennzeichnet. Um 1990/91 wurden von Automobilherstellern sowie einigen Altautoverwertern Versuchsdemontageanlagen errichtet, in denen spezifische Techniken zur wirtschaftlichen Demontage von Bauteilen und zur Entnahme der Betriebsstoffe erarbeitet, typenbezogene Demontageumfänge und deren Zerlegegrad ermittelt sowie Erkenntnisse über die Demontagefreundlichkeit für die Neukonstruktion gewonnen werden sollten. Die in den Anlagen gewonnenen Wertstoffe wurden für die Erprobung von großtechnischen Verfahren zur Wiederaufbereitung bereitgestellt.

Ansätze der Automobilindustrie zur Errichtung von zentralen herstellergebundenen Großanlagen (ca. 1 bis 2 Anlagen pro Hersteller) zur Demontage der Fahrzeuge, z. B. BMW in Wackersdorf, wurden i. d. R. wieder verworfen, da der erforderliche Transportaufwand zu einer unangemessenen Erhöhung des Verkehrsaufkommens beitragen würde. Vielmehr wird von der deutschen Automobilindustrie nun ein System selbständiger Verwertungsbetriebe präferiert.

Eine Automatisierung der Demontage wird aufgrund der unterschiedlichen Fahrzeugtypen sowie des individuellen Fahrzeugzustandes (Korrosion, Verschmutzung, Unfallschäden, Teildemontage etc.) nur eingeschränkt möglich sein. Hinsichtlich der Arbeitsorganisationsform liegt der Vorteil des Inselsystems vor allem in der Variationsmöglichkeit, da alle Arbeitsplätze unabhängig voneinander sind. So können z. B. verschiedene Zerlegetiefen, unterschiedliche Arbeitsweisen oder eine Ersatzteilgewinnung realisiert bzw. das System erweitert werden. Nachteil des Inselprinzips ist jedoch, dass in jeder Insel sämtliche notwendigen Werkzeuge und Hilfsmittel bereitgehalten und alle anfallenden Wertstoffe gesammelt werden müssen (Abb. 5.59).

Ein beispielhafter Arbeitsablauf in einer Demontageanlage ist im Abb. 5.60 dargestellt.

Ein junges Verfahren zur Aufbereitung von Shredderrückständen stellt das Vw-Sicon-Verfahren dar. Bei diesem Verfahren kann auf die Demontage von Kunststoffbauteilen verzichtet werden, nur die Trockenlegung und die Demontage der Pflichtbauteile erfolgt. Das Verfahren wurde bereits in Großversuchen getestet und hat sich bewährt. Aus den Shredderrückständen lassen sich die folgenden Produkte gewinnen [5]:

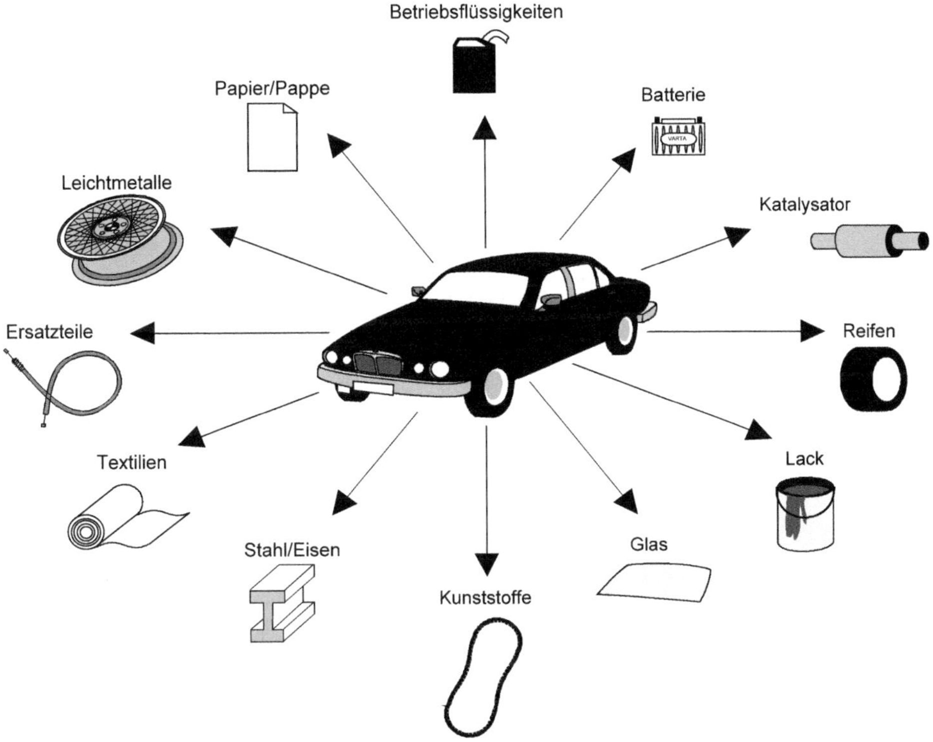

Abb. 5.59 Im Automobil eingesetzte Materialien

- Aus den PVC-haltigen Kunststoffen der Shredderrückstände wird mittels des Vinyloop-Verfahrens PVC-Recyclat gewonnen.
- Das Shreddergranulat (chlor- und metallarme Kunststofffraktion) wird im Hochofen als Reduktionsmittel eingesetzt und substituiert damit Schweröl.
- Shreddersand wird entsprechend der Bestandteile in der Metallurgie oder als Schlackebildner (NE-Metallurgie) eingesetzt.
- Die Verwertung der Shredderflusen erfolgt bei der Klärschlammkonditionierung (Hilfsmittel bei der Entwässerung).

5.2.1.5 Recycling von Altreifen

Die ungeregelte Entsorgung von Altreifen bereitete in der Vergangenheit große Probleme. Illegale und nicht mehr zuzuordnende Reifenablagerungen waren relativ häufig anzutreffen. Mittlerweile ist jedoch die vorwiegend thermische Verwertung von Altreifen in Deutschland gesichert.

Reifen aller Kategorien (PKW, LKW, Flugzeug etc.) bestehen aus den gleichen Materialien und zwar aus Kautschuk, Ruß, Stahl, Textilien sowie diversen Zuschlagstoffen. Ein typischer PKW-Reifen weist in etwa die folgende Zusammensetzung auf:

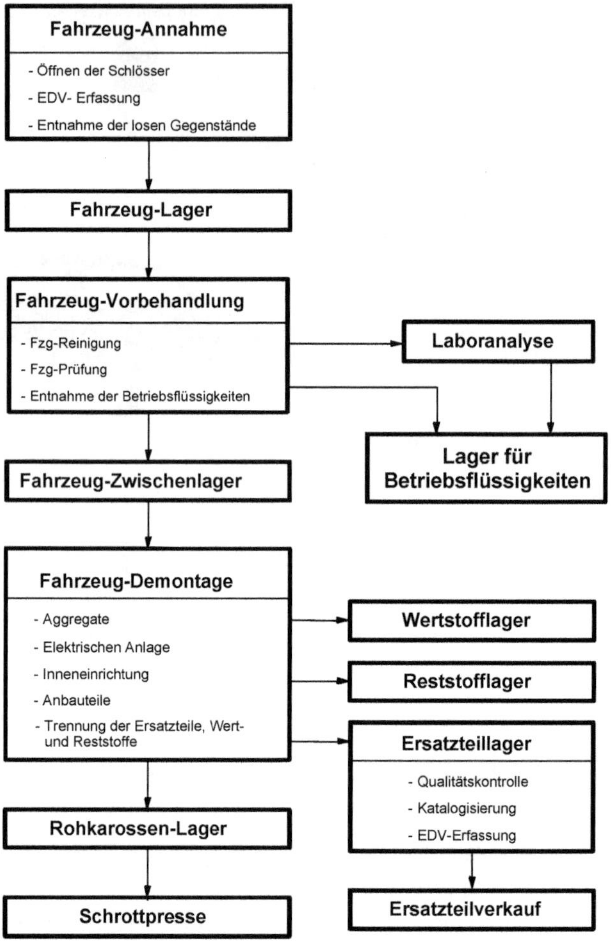

Abb. 5.60 Arbeitsablauf in der Autodemontageanlage der Fa. ALBA, Berlin [139]

- Kautschuk 48 %
- Ruß 23 %
- Stahl 18 %
- Zuschlagstoffe 8 %
- Textilien 3 %

Stahl und Textilien bilden den Festigkeitsträger (Karkasse), der bei einer Runderneuerung erhalten bleibt. PKW-Reifen wiegen heute ca. 8 kg, schwere LKW-Reifen ca. 55 kg.

In Deutschland fiel 1990 eine Altreifenmenge von 545.000 Mg/a an (siehe auch Kap. 2.2.7). Aktuell liegt die jährlich anfallende Altreifenmenge bei über 600.000 Mg/a. In industrialisierten Ländern ist mit einem Altreifenanfall von ca. einer Reifeneinheit pro Einwohner und Jahr zu rechnen.

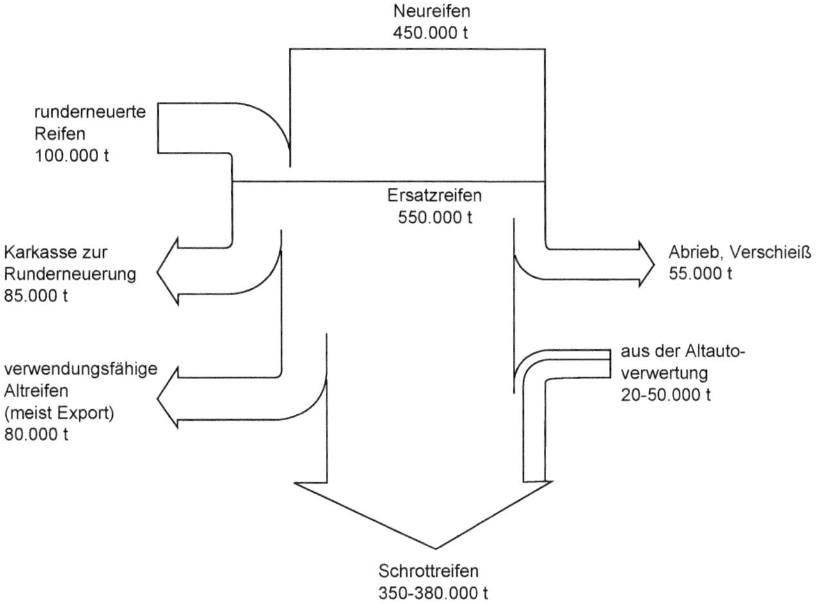

Abb. 5.61 Mengenströme der Altreifen in Deutschland

Beispielhaft sind die Mengenströme vom Neu- bis zum Altreifen vor 1990 dem Abb. 5.61 zu entnehmen. Dabei sind die 20.000 bis 50.000 Mg/a Reifen aus der Altautoverwertung mit gewissen Unsicherheiten behaftet, da auch Altautos mit Bereifung ins Ausland exportiert wurden.

Altreifen fallen vorwiegend bei Kfz-Service-Stationen (Werkstätten, Abschleppdiensten, Reifen- und Autohändlern) sowie bei Speditionen/öffentlichen Fuhrparks an. Von dort werden diese von regionalen Altreifenhändlern übernommen, die verwendungsfähige Altreifen aussortieren. Unbeschädigte Profilreifen mit einer Mindestprofiltiefe von 1,6 mm können zur Wiederverwendung verkauft werden. Reifen mit abgelaufenem Profil, welche allerdings jünger als 6 Jahre sind und deren Karkasse und Seitenwände intakt sind, können Runderneuert werden. Die nicht verwendungsfähigen Altreifen (Schrottreifen) werden direkt oder über Zwischenhändler an die Zementindustrie oder an Granulier- bzw. Zerkleinerungsbetriebe weitergegeben.

Auf dem Altreifenmarkt konnte in den vergangenen Jahren eine Konzentration im Händlernetz festgestellt werden. Überregionale Entsorger haben auf Kosten kleinerer Unternehmen erhebliche Marktanteile gewonnen. Hier müssen vor allem die Unternehmen des REG-Verbundes (ein Tochterunternehmen der Continental) genannt werden, die mit großen Altreifenmengen handeln. Die Bedeutung des REG-Verbundes wurde durch die Kooperation zwischen Continental und Michelin noch verstärkt.

Wieder- und Weiterverwendung

Eine Wiederverwendung von Altreifen ist nur bei Profilreifen möglich. Hingegen bestehen für die Weiterverwendung von Reifen auch mit geringerer Profiltiefe mehrere Einsatzmöglichkeiten [39] wie beispielsweise:

- zur Abdeckung der Kompostmieten in der Landwirtschaft,
- in Hafenanlagen als Aufprallschutz,
- als Erosionsschutz für Erdwälle im Landschaftsbau,
- im Küstenschutz als Wellenbrecher oder
- in der Fischzucht als künstliches Riff.

Runderneuerung

Beim Vergleich der Runderneuerung mit der Neureifenproduktion zeigt die Runderneuerung einen geringen Rohölverbrauch von etwa nur 1/7tel und einen ca. um 70 % geringeren Energiebedarf (abhängig vom Verfahren der Heiß- oder Kaltrunderneuerung).

Bei der Runderneuerung bleibt der Festigkeitsträger der Reifen – die Karkasse – erhalten. Es wird lediglich das abgefahrene Profil durch Abschälen entfernt und durch eine neue profilierte Lauffläche ersetzt. Da dieser Vorgang nur bei vollkommen intakter Karkasse einen einsatzfähigen Reifen hervorbringt, kommen spezielle Mess- und Prüfverfahren zum Einsatz.

Die Runderneuerung ist vor allem bei LKW-Reifen üblich, hier ist sie bis zu drei Mal möglich. Etwa 42 % der verkauften LKW-Reifen sind runderneuert. Bei den schweren LKW-Reifen beträgt der Marktanteil der runderneuerten Reifen sogar über 50 %. Auch PKW-Reifen können runderneuert werden, was aus Sicherheitsgründen aber nur einmal erfolgen sollte. Hier werden etwa 12 % der verkauften Reifen als runderneuert am Markt abgesetzt.

Thermische Verwertung

Der Heizwert von Gummi liegt bei 25.000 bis 30.000 kJ/kg und entspricht in etwa dem Heizwert von Steinkohle. Daher eignen sich Altreifen zur thermischen Nutzung und werden beispielsweise als Ersatzbrennstoff in Zementwerken, Papiermühlen oder anderen Kraftwerken eingesetzt. Die thermische Verwertung von Altreifen in Müllverbrennungsanlagen wird jedoch aufgrund des hohen und damit durchsatzbegrenzenden Heizwertes vermieden.

Zementindustrie Die Zementindustrie ist mit Abstand der wichtigste Abnehmer von Altreifen und setzt diese vor allem in der Stufe der Sekundärfeuerung ein. In den vergangenen Jahren wurden die Verbrennungskapazitäten in deutschen Zementwerken teilweise erheblich ausgebaut.

In vielen Zementwerken können ganze Altreifen verbrannt werden. In diesen Werken ist eine aufwendige Aufarbeitung (= Zerkleinerung) der Altreifen vor der thermischen Nutzung nicht erforderlich. Da der Einsatz ganzer Altreifen aus technischen Gründen

(Aufgabestelle, Größe der Drehrohre, Fe-Gehalte) auf ca. 180.000 bis 200.000 Mg/a begrenzt ist, bemühten sich einige Zementwerke um zerkleinerte Altreifen, die wesentlich flexibler eingesetzt werden können. Diese Umstellungen ermöglichten den deutlich gestiegenen Altreifeneinsatz in der Zementindustrie. In den Zementwerken wird nicht nur der Energiegehalt der Altreifen genutzt, sondern die Reifenbestandteile Stahl, Zink und Schwefel dienen zusätzlich der Rohstoffsubstitution. So ergänzt der Stahl den Eisengehalt des Rohmaterials und Zink und Schwefel werden in oxidierter Form im Zement gebunden.

Neben der deutschen Zementindustrie fragen zunehmend belgische und französische Zementwerke Altreifen aus Deutschland nach, was besonders in grenznahen Gebieten zu einer erheblichen Reduzierung der Entsorgungskosten für Altreifen geführt hat.

In Abb. 5.62 ist die Verteilung der Standorte der Zementwerke, die Altreifen verbrennen, im Jahr 1996 dargestellt. Aus der Karte wird deutlich, dass nördlich einer Linie Osnabrück-Hannover-Berlin kein Zementwerk Altreifen verbrennt, was zu erhöhten Entsorgungskosten in diesem Raum führt [147]. Insbesondere in Nordrhein-Westfalen, Baden-Württemberg und im südlichen Hessen sowie im angrenzenden Rheinland-Pfalz/Saarland sind die Entsorgungskosten deutlich niedriger, als in Nord- und Ostdeutschland. Allerdings rechtfertigen die Preisunterschiede in der Regel keine Transporte ganzer Altreifen über Hunderte von Kilometern.

Kraft-Wärme-Kopplung

Zu den weiteren inländischen Abnehmern rechnen vor allem die beiden Altreifenverbrennungsanlagen zur Kraft- und Wärmeerzeugung in Berlin und in Landau (zusammen ca. 30.000 Mg/a Kapazität). Daneben verfügt das Kraftwerk von VW in Wolfsburg über die Genehmigung, Altreifenschnitzel (ca. 30.000 Mg/a) einzusetzen. Der zusätzliche Aufbereitungsschritt der Altreifenzerkleinerung macht diesen Vorgang kostenaufwändiger.

Altreifenpyrolyse

Nachdem anfangs die Versuche Altreifen zu pyrolysieren und auf diese Weise Chemierohstoffe zu gewinnen scheiterten, wurden mittlerweile erste Anlagen in Deutschland errichtet. Produkte der Altreifenpyrolyse sind Gas, Öl, Koks und Stahl. Das Pyrolysegas kann als Energieträger meist gleich wieder in den Pyrolyseanlagen eingesetzt werden. Das Pyrolyseöl kann als Rohstoff, Energieträger oder Kraftstoff genutzt werden. Der Pyrolysekoks lässt sich nach weiterer Behandlung als Rußersatzstoff industriell einsetzen. Der Stahlschrott wird der Stahlproduktion zugeführt.

Granulieranlagen

Zur stofflichen Verwertung von Altreifen ist deren Zerkleinerung erforderlich. Dabei wird Granulat und Mehl, sowie die Stahl- und Textileinlage zur stofflichen und/oder thermischen Nutzung gewonnen. Das Granulat und das Mehl werden als Füllstoff für diverse Produkte (z. B. Sportbodenbeläge) verwendet. Das Entfernen der Stahlwulst vor der Zerkleinerung verhindert einen zu hohen Geräteverschleiß. Zur Altreifenzerkleinerung werden überwiegend langsam laufende Shredder eingesetzt. Die darauffolgende

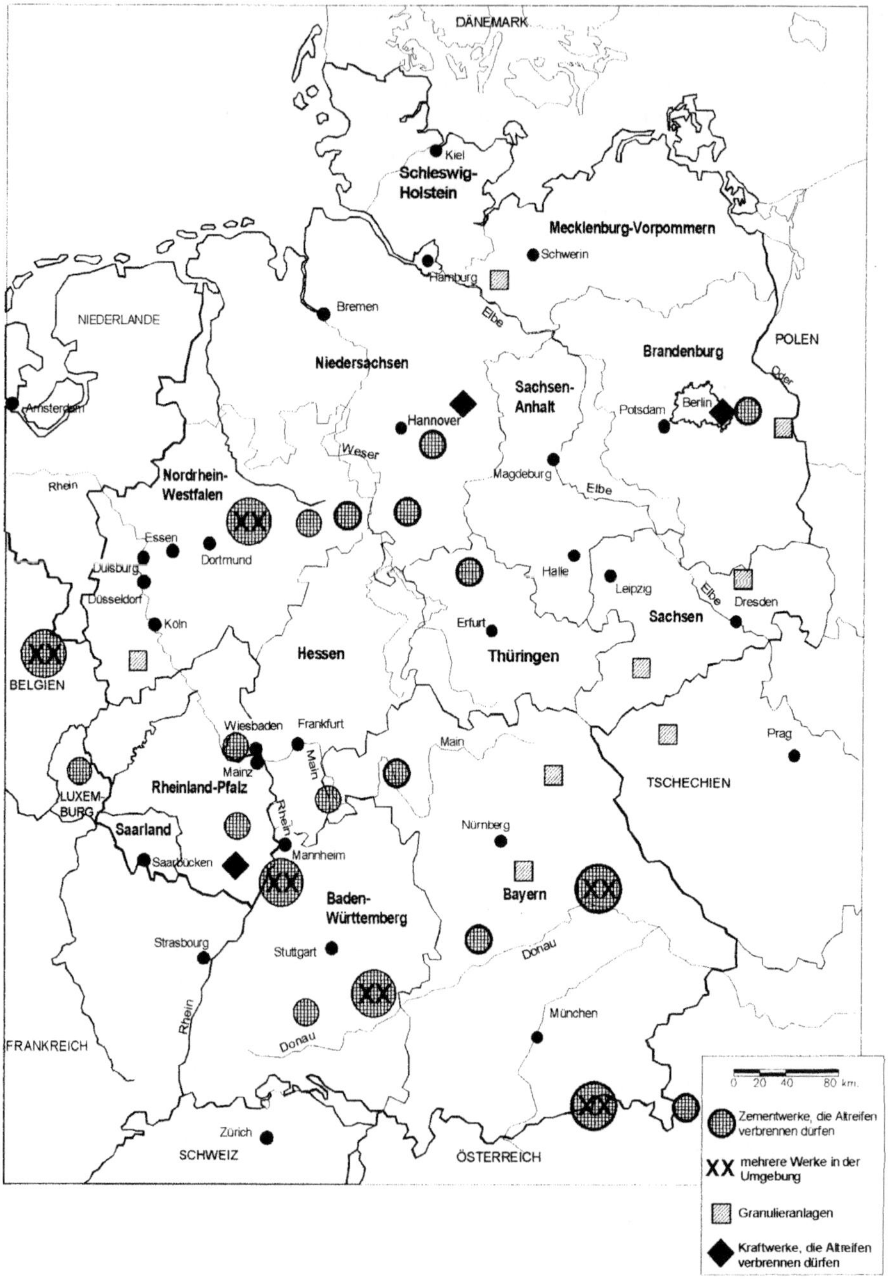

Abb. 5.62 Regionale Verteilung der Abnehmer von Schrottreifen (Stand: Anfang 1996)

Vermahlung kann entweder durch Warmvermahlung (auch ambientes Verfahren, bei Umgebungstemperatur) oder Kaltvermahlung (Abkühlung des Materials durch flüssigen Stickstoff auf minus 100 °C) erfolgen. Beim Abkühlen der Partikel wird das Material spröde und es können kleinere Partikelgrößen als bei der Warmvermahlung hergestellt werden. Verwendung findet das so gewonnene Granulat und Mehl für Produkte, an die keine hochwertigen chemischen oder physikalischen Anforderungen vorliegen (Material bereits vulkanisiert). Anwendung finden solche Materialien vor allem bei Fußbodenbelägen, Teppichrücken, Fahrbahnschwellen und Sportplatzböden.

Durch die Devulkanisierung kann das Gummigranulat oder Mehl weiter aufbereitet werden und lässt sich damit besser in den Produktionskreislauf zurückführen. Bei der bevorzugt eingesetzten mechanischen Devulkanisierung erfolgt unter anderem die Trennung von Schwefel-Kohlenstoff-Bindungen indem das Material, gemischt mit Modifizierungsmittel, unter hohe Spannung gesetzt wird [39].

Ein junges Verfahren stellt die aktive Feinvermahlung dar. Bei diesem Verfahren, welches vom Anlagenbauer MeWa entwickelt wurde, erfolgt die Feinvermahlung bei Umgebungstemperatur. Das erzeugte Produkt (Gummimehl) ist ein hochwertiger Kautschukersatz und kann ohne Zusatz von Klebstoffen zu Formstücken verpresst werden [7].

Export von Altreifen

Verwendungsfähige Altreifen werden vorzugsweise nach Osteuropa und in einem kleineren Umfang nach Afrika exportiert.

Nicht verwendungsfähige Schrottreifen werden hauptsächlich nach Großbritannien und in jüngster Zeit nach Frankreich und Belgien exportiert (zusammen 1995 ca. 15.000 Mg mit steigender Tendenz). Der Export von Schrottreifen nach Osteuropa ist dagegen unbedeutend.

Weiterhin muss berücksichtigt werden, dass Altreifen im großen Umfang gemeinsam mit Altautos exportiert werden. Verwendungsfähige Fahrzeuge (mit Altreifen) werden nach Osteuropa, Schrottfahrzeuge (mit und ohne Reifen) in die Niederlande verbracht.

1995 fielen in ganz Deutschland ca. 380.000 Mg Schrottreifen (incl. der mit Altautos exportierten) an. Der Verbleib der Schrottreifen ist im Abb. 5.63 dargestellt.

5.2.1.6 Recycling von Elektro- und Elektronikaltgeräten

Das Recycling von Elektro- und Elektronikaltgeräte wurde bis vor kurzem nur in wenigen Teilbereichen durchgeführt, z. B. bei der Rückgewinnung der Eisenmetalle aus Haushaltsgroßgeräten durch Shredderanlagen oder in lukrativen Einzelbereichen, z. B. des thermischen bzw. chemischen Aufschlusses hoch edelmetallhaltiger Produkte (Bauteile und Platinen). Infolge der EU-Richtlinie 2002/96/EG über Elektro- und Elektronikaltgeräte (WEEE) wurden verschiedene Konzepte und Teillösungen entwickelt, um der komplexen Aufgabenstellung gerecht zu werden und Lösungen für die gesamte Spannbreite der Güter – von batteriebetriebenen Grußkarten bis zu Großrechneranlagen – zu finden. Die EU-Richtlinie wurde 2005 durch das ElektroG in deutsches Recht umgesetzt (siehe auch Kap. 1.3.7.2).

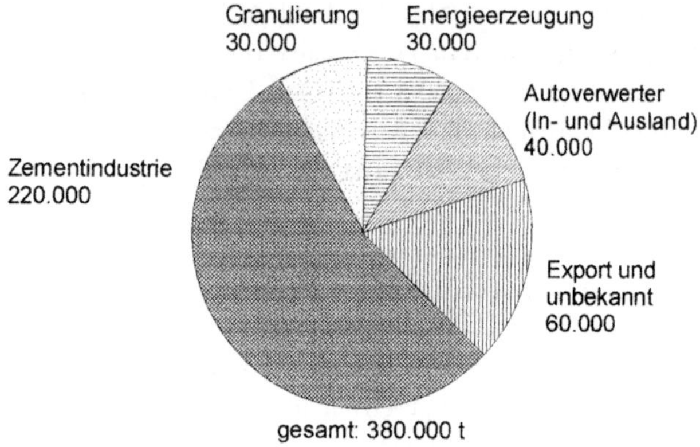

Abb. 5.63 Schrottreifenverbleib in Deutschland [147]

Der Elektronikschrott setzt sich vorwiegend aus Metallen (61 Gew.-%), Kunststoffen (ca. 21 Gew.-%) und Glas (5 Gew.-%) zusammen, während der Anteil der eigentlichen elektrischen und elektronischen Komponenten mit 3 Gew.-% eher gering ausfällt. Die sonstigen im Elektronikschrott enthaltenen Stoffe, z. B. Holz, Papier, Fasermatten oder auch Beton (Waschmaschinengewichte), belaufen sich auf ca. 10 Gew.-%.

Für das Recycling der Elektroaltgeräte stehen manuelle Demontagetechniken sowie mechanische, chemische und thermische Verfahren zur Verfügung, die es sinnvoll zu verknüpfen gilt, um eine ökologisch und ökonomisch verträgliche Gesamtlösung zur Elektronikschrottverwertung zu finden.

Manuelle Demontage Die Altgeräte werden durch manuelle Demontage (Schadstoffentfrachtung) in ihre stofflich sehr unterschiedlichen Hauptbestandteile zerlegt. Nur so ist es möglich, in spezifisch ausgelegten Prozesslinien die jeweiligen Inhaltsstoffe mit einer Sortenreinheit zurückzugewinnen, die für eine Rückführung in den Produktionskreislauf erforderlich ist. Separiert werden neben den schadstoffhaltigen Bestandteilen vor allem Wertstoffe, die sortenrein vorliegen, sowie Fraktionen, die einer speziellen Behandlung bedürfen.

In der Regel erfolgt die Zerlegung in die folgenden Fraktionen:

- schadstoffhaltige Bestandteile (PCB und Quecksilber enthaltende Technik, Kondensatoren),
- Fe-Metalle,
- NE-Metalle,
- Kunststoffe (Gehäuse, Rückwände),
- Holz,
- Gummi,
- Monitore,
- Kabel,
- Batterien,

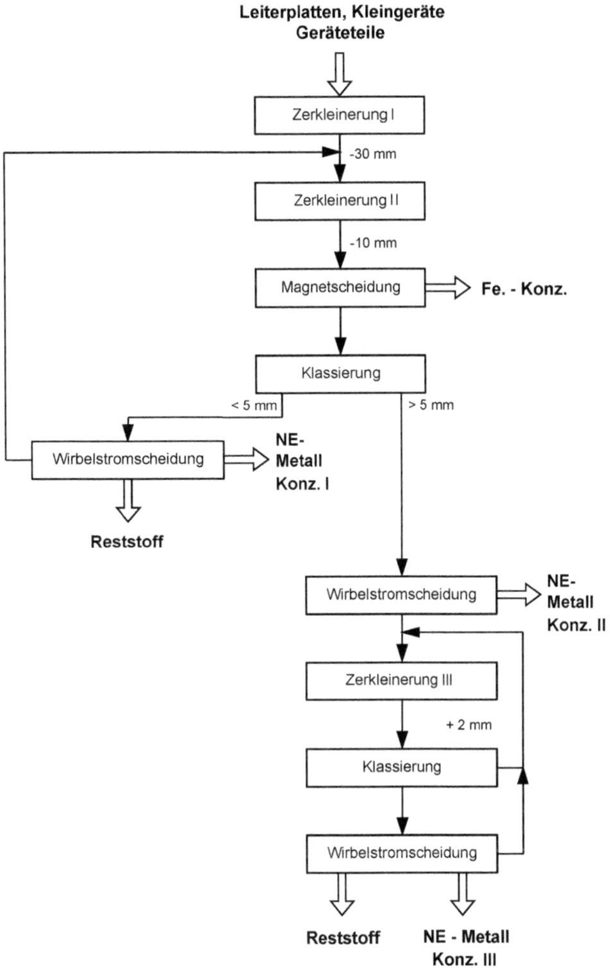

Abb. 5.64 Trocken-mechanische Elektronikschrottaufbereitung (vereinfachtes Fließbild) [102]

- Metall-Kunststoff-Verbunde,
- Leiterplatten und Platinen.

Dabei wird der Demontagegrad in Abhängigkeit von den nachfolgenden Verfahrensstufen ausgewählt.

Mechanische Verfahren Mechanische Verfahren kommen bevorzugt dann zum Einsatz, wenn Verbunde (vor allem Metall-Kunststoff) so getrennt werden sollen, dass die gewonnenen Fraktionen hochwertig stofflich verwertbar sind. Die trocken-mechanischen Verfahren, im Abb. 5.64 dargestellt, bestehen aus mehreren Zerkleinerungsstufen, die das Verbundmaterial jeweils selektiv zerkleinern. Nach jeder dieser Stufen werden bereits hinreichend aufgeschlossene Materialgruppen aus dem Hauptstoffstrom entfernt und können ggf. nachfolgend weiter gereinigt werden. In elektronischen Erzeugnissen, insbesondere auf bestückten Leiterplatten, gibt es sehr fein strukturierte Metall-Kunststoff-Verbunde, die mechanisch nur durch Feinzerkleinerung aufzuschließen sind.

Bestimmend für die Auslegung der Grobzerkleinerung, die mittels Scher- bzw. Schlagbeanspruchung zum Stückigmachen bzw. zum ersten Aufschluss führt, sind die Abmessungen und die stoffliche Beschaffenheit der zur Verarbeitung kommenden Teile.

Die Zerkleinerung in den folgenden Stufen erfordert den Einsatz von Mühlen, die den Aufschluss gewährleisten. Dazu werden Mühlen eingesetzt, bei denen durch die Wahl konstruktiver Größen (Werkzeugausführung, Abstand Werkzeug/Rost, Austragsgestaltung, Mühlenentstaubung) und durch Variation der Betriebsgrößen (Drehzahl, offene Rostfläche, Rostöffnungsweite) eine gezielte Einstellung für den Anwendungsfall möglich wird.

Die möglichen und notwendig einzusetzenden, trocken arbeitenden mechanischen Trennprozesse sind vielfältig angepasst an die beim Zerkleinern stufenweise erreichten Aufschlussverhältnisse. Die Fe-Abtrennung erfolgt durch Magnetscheidung. Durch Wirbelstromscheidung, Klassierung bzw. Dichtesortierung kann die NE-Abscheidung realisiert werden. Die Kunststoffabscheidung wird mittels Klassierung und Klauben durchgeführt, und nach der letzten Aufschlusszerkleinerung erfolgt die Reinigung der Konzentrate und Reststoffe durch kombinierte Stromklassierung und Dichtesortierung [102].

Thermische Verfahren Insbesondere zum Recycling von Leiterplatten und Mikroelektronikbauteilen kommen Pyrolyseverfahren zum Einsatz [166]. Im Abb. 5.65 sind die Trennungswege beim Pyrolyseverfahren dargestellt.

In der Pyrolyse werden die organischen Komponenten thermisch aufgespalten, die Verbundmaterialien versprödet und Lötverbindungen durch das Aufschmelzen des Lötmetalls gelöst. Glasfasermatten werden durch die Temperatureinwirkung versprödet. Die mechanische Durchmischung führt zu einem weiteren Auflösen der in die Pyrolysetrommel eingebrachten Materialien. Neben den Lötverbindungen werden auch die Aluminiumlegierungen aufgeschmolzen, die zu einer Dehalognierung der chlororganischen Verbindungen beitragen.

Die Feststoffe werden über einen Nassaustrag in Wasser schlagartig abgekühlt, während die flüchtigen Komponenten in einem Einspritzkühler mit Kreislaufwasser gequencht und entstaubt werden. Die in der Quenche abgeschiedenen Stäube und Ruß sowie die schweren Kohlenwasserstoffe werden über eine Kammerfilterpresse abgetrennt und wieder in den Pyrolysereaktor zurück gegeben. Dort können die Kohlenwasserstoffe cracken und sich zu Koksrückstand und leichten Komponenten aufspalten. Gleichzeitig werden so Staub und Ruß in den sich dabei bildenden Koks eingebunden. Das nach der Gasbehandlung vorliegende Reingas weist einen Heizwert von ca. 5000 MJ/m^3 auf und kann ohne weitere Rauchgasreinigung zur Beheizung der Pyrolysetrommel dienen.

Das Flüssigprodukt aus der Gaswäsche wird in eine wässrige und eine organische Phase aufgetrennt, wobei die anschließende Fraktionierung der organischen Phase so

Abb. 5.65 Trennungswege des Elektronikschrottes beim Pyrolyseverfahren [101]

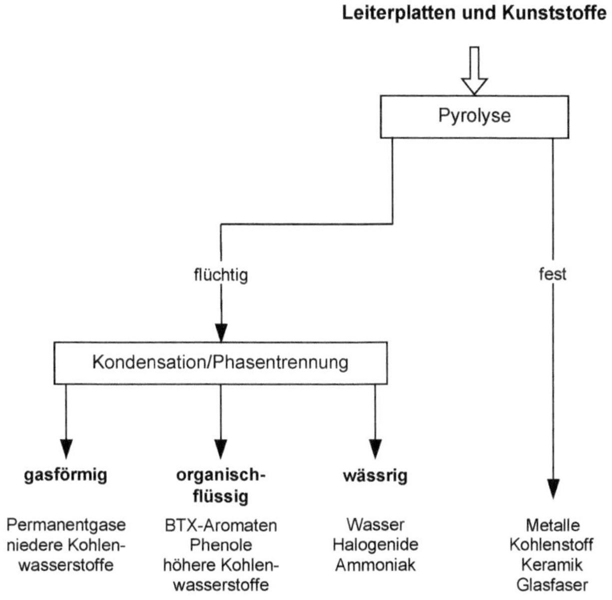

geführt werden soll, dass die noch verbliebenen halogenorganischen Substanzen gezielt in einer Fraktion angereichert werden. Die gewonnenen organischen Produkte wie BTX-Fraktion, Phenole und Kresole sowie Naphthalin stehen dann dem stofflichen Recycling zur Verfügung.

Die Aufbereitung der ausgetragenen Feststoffe ist auf eine Nassbehandlung abgestimmt, da das Material bereits im Austrag benetzt ist. Der Feststoffanteil beträgt zwischen 70 und 80 %. Danach muss die Separation der Metalle durch Trennverfahren erfolgen [101].

Chemische Verfahren Die chemischen Verfahren können beim Recycling von Elektronikschrott nur für metallhaltige Verbundfraktionen Anwendung finden. Dabei ist vorrangig die Gewinnung von Edelmetallen interessant. So können z. B. von unbestückten Leiterplatten oder Steckerleisten die Metalle gewonnen werden. Dabei kommen in Abhängigkeit vom unterschiedlichen Basismaterial (Kunststoff, Metall, Keramik) verschiedene Verfahren zum Einsatz.

Für nichtmetallisches Basismaterial können die Metalle durch Laugung in Lösung gebracht werden. Als Aufschlussmittel werden Säuren (z. B. Schwefelsäure, Salpetersäure), Basen (z. B. Natriumhydroxid, Ammoniak) oder Salzlösungen (z. B. Natrium- oder Kaliumcyanid) für die Edelmetallgewinnung verwendet. Prinzipiell ist der Erfolg jedes Laugungsprozesses von der physikalisch-chemischen Zusammensetzung des aufzuschließenden Materials, von der Konzentration des Lösungsmittels sowie von der Prozesstemperatur und der Laugungszeit abhängig [100].

Beispielsweise können die Edelmetalle von unbestückten Leiterplatten durch die salpetersaure Laugung gelöst werden. Dort läuft, vereinfacht dargestellt, die folgende

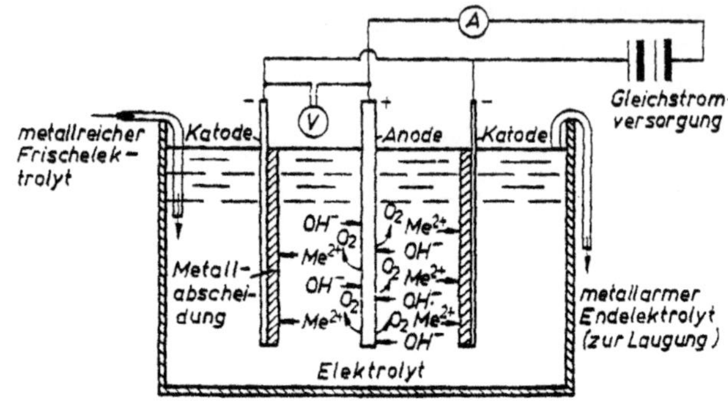

Abb. 5.66 Prinzip der Gewinnungselektrolyse [31]

Redoxreaktion ab:

$$(\mathrm{Me})_{\mathrm{fest}} + 2\mathrm{HNO_3} + \frac{1}{2}\,\mathrm{O_2} \leftrightarrow \mathrm{Me(NO_3)_{2gelöst}} + \mathrm{H_2O} \tag{5.11}$$

Die metallischen Bestandteile können vollständig vom Träger gelöst werden und die erhaltene edelmetallhaltige Lösung kann aufgearbeitet werden [99].

Diese Lösungen aus dem Laugungsverfahren müssen dann einem Reduktionsverfahren unterzogen werden, damit der Metallinhalt in elementarer Form vorliegt. Dabei kommt die elektrochemische Reduktion mittels Gewinnungselektrolyse (auch als Fällungselektrolyse bezeichnet) zum Einsatz. Diese Elektrolyse arbeitet mit unlöslicher Anode im Gegensatz zur Raffinationselektrolyse, welche mit löslicher Anode arbeitet und die i. d. R. bei der klassischen Buntmetallgewinnung (Kupfer, Blei, Silber) aus Erz bzw. Konzentrat angewendet wird. In Abb. 5.66 ist das Prinzip der Gewinnungselektrolyse dargestellt.

Die Elektrodenbruttoreaktionen, aus mehreren Teilschritten bestehende Umsetzungen, haben für die Metallgewinnungselektrolyse folgende allgemeine Form [31]:

Katodenreaktion:

$$\mathrm{Me^{n+}} + \mathrm{ne^-} \leftrightarrow \mathrm{ME^{\pm 0}} \tag{5.12}$$

Anodenreaktion:
im alkalischen Elektrolyt:

$$4\mathrm{OH^-} \leftrightarrow \mathrm{O_2} + 2\mathrm{H_2O} + 4\mathrm{e^-} \tag{5.13}$$

im sauren Elektrolyt:

$$2\mathrm{H_2O} \leftrightarrow \mathrm{O_2} + 4\mathrm{H^+} + 4\mathrm{e^-} \tag{5.14}$$

Für metallische Basismaterialien (Kupfer, Eisen-Nickellegierungen) bieten sich elektrochemische Verfahren zur Edelmetallgewinnung an. Speziell für Abfälle mit dünner Edelmetallbeschichtung, beispielsweise Stecker, gibt es ein anodisches Ablöseverfahren, das sog. JE-Verfahren, bei dem alkalische Jodidlösungen als Elektrolyt dienen. Die Edelmetalle Gold, Silber und Palladium werden anodisch gelöst und katodisch abgeschieden. Die Trägermaterialien bleiben sortenrein erhalten und können problemlos verwertet werden [99].

Produkte Beim Pyrolyseverfahren wird das Reingas im Prozess selbst genutzt, anfallende Öle werden im Prozess verwertet, sofern eine Verglasung der festen Rückstände integriert ist. Die Verglasung der Rückstände sollte jedoch erst nach Ausschöpfung aller anderen Verwertungsmöglichkeiten angestrebt werden. Die Metalle werden nach der Trennung aus den festen Rückständen in den metallurgischen Prozess eingebunden. Definierte Kohlenwasserstofffraktionen können der Industrie zur Verfügung gestellt werden.

Die bei dem chemischen Verfahren gewonnenen Metalle zeichnen sich durch eine hohe Reinheit aus und können im Metallkreislauf problemlos eingebracht werden. Die nichtmetallischen Trägermaterialien müssen einer thermischen Verwertung bzw. Entsorgung zugeführt werden. Die Aufschlussmittel bei der Laugung bzw. die Elektrolyte der elektrochemischen Verfahren können i. d. R. im Kreislauf geführt werden.

Die bei der trocken-mechanischen Aufbereitung entstehenden Fe-Konzentrate können mühelos in den metallurgischen Prozess der Eisen- und Stahlerzeugung eingeschleust werden.

Die NE-Metallkonzentrate bestehen zum überwiegenden Teil aus Kupfer, mit Beimengungen üblicher NE-Metalle wie Blei, Zink, Zinn und Nickel sowie verschiedenen Edelmetallen (Gold, Silber und Platin). Der jeweilige Restgehalt an organischem Kohlenstoff, der aus Kunststoffanhaftungen resultiert, lässt sich auf einen Wert $< 1\,\%$ reduzieren. Damit ist sichergestellt, dass nur sehr geringe Mengen organischer Bestandteile in die metallurgischen Weiterverwertungsprozesse eingetragen werden.

Die bleihaltigen Gläser der Bildschirme können in der Hüttenindustrie als Zuschlagstoff (Schlackenbildner) verwendet werden. Die Barium und Strontium enthaltenden Gläser können vorzugsweise in der Glas- und Keramikindustrie eingesetzt werden. Die Rückgewinnung des abgelösten Leuchtstoffgemisches (Seltene Erden Yttrium und Europium) der Bildschirme ist technisch zwar machbar, aufgrund der geringen Mengen und der hohen Aufbereitungskosten wird diese Fraktion i. d. R. jedoch deponiert.

Die Restfraktion muss nach derzeitigem Erkenntnisstand als Sondermüll entsorgt werden. Sie besteht aus überwiegend duroplastischen Kunstharzen der Leiterplatten mit untergeordneten Beimengungen von thermoplastischen Kabelummantelungen, Keramik aus Widerständen und Isolierungen sowie Schwermetallen.

Die bei der Zerkleinerung der Verbundfraktionen anfallende Staubmenge wird in Filteranlagen gesammelt. In entsprechenden Aufbereitungsanlagen kann der Metallinhalt dieses Staubes in einem nassmechanischen Separationsprozess mit geschlossenem Wasserkreislauf weitgehend zurück gewonnen werden.

Ein Problem stellen die PCB-Gehalte dar, die sich praktisch in allen Proben nachweisen lassen. Diese entstammen nicht nur Kondensatoren, sondern werden auch durch die Kunststoffe eingetragen. Die Durchschnittsgehalte liegen im Bereich von 5 bis 50 ppm und sind stark von den behandelten Produktgruppen sowie deren Alter abhängig.

Bildschirmrecycling Durch den Aufschwung der LCD-Technik fallen derzeit verstärkt Monitore und Fernsehgeräte aus Kathodenstrahlröhren als Abfall an. Bildschirmrecyclinganlagen für Geräte mit Kathodenstrahlröhren beruhen in der Regel auf thermisch-mechanischen Spezialverfahren, die in 4 Takten folgende Arbeitsschritte realisieren:

- Takt 1 Absprengen des Halsglases, Entfernung des Strahlsystems,
- Takt 2 Trennung von Schirm- und Konusglas,
- Takt 3 Ausknöpfen der Metallmaske,
- Takt 4 mechanisches Entfernen der Leuchtstoffe.

Je nach Anforderungen des Glasabnehmers können im 4. Taktschritt

- nur die Leuchtstoffe oder
- die gesamte Leuchtstoff-Al-Kohlenstoffschicht

entfernt werden.

Die auf den Glasfraktionen Konus- und Schirmglas befindlichen Innerdag-/Quadagschichten bestehen aus einer Mischung von Wasserglas und Kohlenstoff und sind für die Verwertung der genannten Fraktionen unbedenklich [135].

Lampenrecycling Bei Leuchtstoff- und Entladungslampen mit Quecksilberanteilen im Füllgas handelt es sich um gefährliche Abfälle. Sie gehören zu den Abfällen aus Elektro- und Elektronikaltgeräten und werden damit durch die Richtlinien WEEE und RoHS (s. Kap. 1.3.7.2) mit erfasst. Anders als einfache Glühlampen, die über den Hausmüll entsorgt werden können, bedürfen Leuchtstoff- und Entladungslampen wegen der gefährlichen Inhaltsstoffe einer getrennten Erfassung und speziellen Verwertung. Zur Rücknahme und Entsorgung sind die Hersteller gesetzlich verpflichtet. Geeignete Sammelsysteme für Leuchtstoff- und Entladungslampen sind die Annahmestellen für Elektro- und Elektronikaltgeräte, das Abholsystem für gefährliche Abfälle und die Annahme auf öffentlichen Wertstoffhöfen.

Ziel eines Recyclingprozesses für Entladungslampen ist einerseits die Erfassung der gefährlichen Abfallbestandteile, die zu entfernen und ohne Beeinträchtigung der Umwelt zu entsorgen, und andererseits der Wertstoffe (Glas, Metall), die dem Wirtschaftskreislauf zuzuführen sind.

Die Tab. 5.10 zeigt eine Auflistung der umweltrelevanten Inhaltsstoffe in Energiesparlampen (Niederdruckentladungslampen), die neben einer Vielzahl von umweltneutralen Elementen auftreten.

Für die Aufbereitung der stabförmigen Leuchtstofflampen kann das sog. Kapp-Trenn-Verfahren angewendet werden. In einem ersten Schritt erfolgt eine Vorsortierung der Lampen nach der Länge. Das Verfahrensprinzip des Kapp-Trenn-Verfahrens beruht auf der Trennung der Lampenenden vom weniger quecksilberbelasteten Glasmittelteil, z. B. in dem die Enden der Lampe durch einen Brenner erhitzt und mittels Druckluft abgetrennt werden. Durch Ausblasen wird die offene Glasröhre von ihren quecksilberhaltigen Leuchtstoffen befreit. Nach einer Zerkleinerung kann das Glas dem Glasherstellungsprozess

Tab. 5.10 Umweltbezogene Elemente bzw. deren Verbindungen in Energiesparlampen [128]

Lampenteil	Umweltrelevanter Inhaltsstoff	Bemerkung
Füllgas	Quecksilber	Träger des lichterzeugenden Prozesses
Lampensockel	Blei	Nur bei bestimmten Typen, sonst löt- und schweißungsfreie Kontaktierung
Elektroden	Barium, Strontium	Emitteroxid
Lampenkolben	Barium	Basischer Oxidbestandteil des Glases
Leuchtstoff	Seltene Erden[a] wie Yttrium, Europium, Cer, Terbium	Hochgeglühte Mischoxide bzw. Doppeloxidbestandteile gemeinsam mit Al- und Mg-Oxid

[a] In den Halophosphat-Leuchtstoffen der Stablampen ist als Aktivator eine geringe Menge Antimon enthalten. Das Antimon ist im Apatit-Gitter des Leuchtstoffes fest eingebaut und liegt somit nicht in Form des gesundheitsgefährdenden Antimontrioxids vor

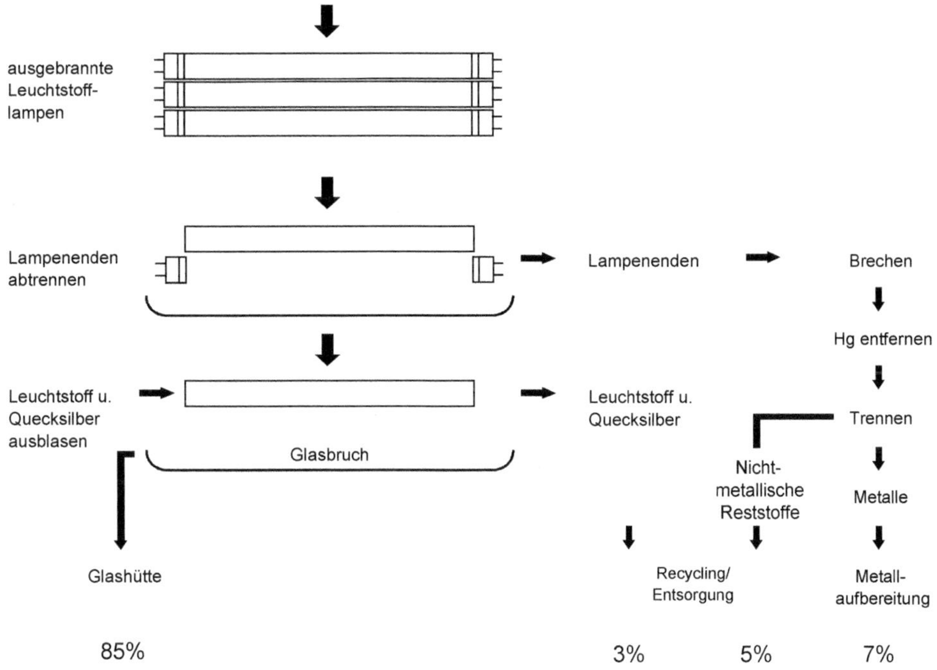

Abb. 5.67 Recycling von stabförmigen Leuchtstofflampen nach dem Kapp-Trenn-Verfahren [145]

zugeführt werden. Das Aluminium der Lampenkappen gelangt zur Aluminium-Industrie (Abb. 5.67).

In Abhängigkeit von der Anlagenart erfolgt zusätzlich eine Trennung des Quecksilbers vom Leuchtstoff mittels Destillation. Der auf diese Weise gewonnene Quecksilberanteil (etwa 10 mg/Röhre) mit einem Reinheitsgrad von nahezu 99 % wird wiederverwertet.

Tab. 5.11 Inhaltsstoffe ausgewählter Entladungslampen in % [138]

Inhaltsstoffe	Hg-Hochdrucklampe	Na-Hochdrucklampe	Leuchtstofflampe
Kolbenglas	68,7	72,9	92,3
Sockel- und Metalleinbauteile	19,1	20,2	2,6
Bleihaltiges Glas	–	–	2,0
Drähte, Wendel usw.	–	–	0,4
Entladungsgefäß	12,2	6,9	
Leuchtstoff	–	–	2,7
Natrium	–	0,01	–
Quecksilber	0,02	0,02	0,006

In der Gesamtbilanz verbleibt ein Reststoffanteil in Größenordnungen von weniger als 10 Gew.-%. Die Prozessluft wird während der Arbeitsabläufe permanent abgesaugt und über Schlauch- und Aktivkohlefilter gereinigt [146].

Für alle anderen Bauformen (z. B. U-Form) bleibt nur die Zerkleinerung des Glases ohne vorgeschaltete automatische Demontage von Glas und Metallsockel, um den Leuchtstoff und somit das Quecksilber zu separieren.

Die Tab. 5.11 zeigt eine Auflistung der prozentualen Wert- und Störstoffanteile von Nieder- und Hochdruckentladungslampen. Der Quecksilbergehalt in Energiesparlampen liegt bei ca. 0,007 g, in Hochspannungs-/Entladungslampen sogar bei 1,5 g. Quecksilber- und Natrium-Hochdrucklampen werden noch weitgehend manuell demontiert, um das einzige quecksilberbelastete Bauelement – das Entladungsgefäß – herauszutrennen. Durch eine nachgeschaltete thermische Behandlung wird das Quecksilber wiedergewonnen. Der Wertstoffanteil (Glas, Metalle) kann der Verwertung zugeführt werden [138].

5.2.1.7 Recycling von Kühlgeräten

Bei der Aufbereitung von Kühlgeräten ist der Rückgewinnung der Fluorchlorkohlenwasserstoffe (FCKW) bzw. bei neueren Modellen der kohlenwasserstoffgeschäumten Kühlmittel (VOC) besondere Beachtung zu schenken.

FCKW-Problematik

Die Feststellung, dass die Ozonschicht durch die Freisetzung der Fluorchlorkohlenwasserstoffe (FCKW) verstärkt abnimmt, fordert intensive Handlungen seitens der Regierungen und der Industrie. Die an der Erdoberfläche stabilen FCKW werden in der Stratosphäre durch energiereiche Strahlungen der Sonne gespalten. Das freiwerdende Chlor kann dann mit dem Ozon reagieren und dieses abbauen [7].

Auf der Grundlage der Erkenntnisse, dass der erhebliche Abbau der Ozonschicht Auswirkungen auf die menschliche Gesundheit und die Umwelt hat, haben sich 31 Staaten im Wiener Abkommen vom März 1985 verpflichtet, durch geeignete Maßnahmen für eine Begrenzung, Verringerung und Vermeidung dieser Emissionen zu sorgen. Dieses Übereinkommen ist eine Rahmenvereinbarung, die in Form von Protokollen konkretisiert werden musste. Im März 1988 ist in Montreal ein erstes Protokoll unterzeichnet worden [1]. In den nachfolgenden Verhandlungen in London (1990) und Kopenhagen (1992) wurde der zeitliche Rahmen des Ausstiegs aus der FCKW-Produktion weiter präzisiert und schließlich auf den 1. Januar 1996 festgelegt. Die EG hatte diese Richtlinie noch einmal verschärft und den Ausstiegszeitpunkt EG-weit auf den 1. Januar 1995 gelegt [151].

Mit der „Verordnung zum Verbot von bestimmten, die Ozonschicht abbauenden Halogenkohlenwasserstoffen" (FCKW-Halon-Verbotsverordnung) vom 6. Mai 1991 wurden vor diesem Hintergrund mögliche Anwendungsbereiche für FCKW drastisch eingeschränkt.

Die Verwendung von FCKW für die herkömmlichen Einsatzzwecke in

- Verpackungsmaterial,
- Ortsschäumen (ein an der Anwendungsstelle mittels transportabler Schäumeinrichtungen mit Spritz- oder Gießverfahren hergestellter Schaumkunststoff),
- Kältemitteln,
- Druckgasbehältern,
- Schaumstoffen

endete damit in Deutschland zum 01.01.1995.

In großen Teilbereichen, wie etwa als Treibmittel für Spraydosen, wurde die Verwendung bereits Ende 1991 untersagt. Ausnahmen bilden lediglich der Arzneimittel- und Forschungsbereich.

1991 hatte Deutschland mit der FCKW-Halogen-Verbotsverordnung weltweit die Vorreiterrolle beim Schutz der Ozonschicht. Mit der EG-Verordnung 2037/2000 kam es in Deutschland zu Überschneidungen mit dem nationalen und dem unmittelbar geltendem EG-Recht. Die Rechtsbereinigung kam in Deutschland mit der Chemikalien-Ozonschichtverordnung (ChemOzonSchichtV), die am 1.12.2006 in Kraft trat und auf die Regelungen beschränkt ist, die über den Inhalt der EG-Verordnung hinaus gehen. Am 1.1.2010 trat die EG-Verordnung 1005/2009 ist Kraft und ersetzte damit die EG-Verordnung 2037/2000. Für FCKW und teilhalogenierte FCKW weist diese Verordnung zum Teil über die deutschen Anforderungen hinausgehende Verpflichtungen auf. Mit der Verordnung 2037/2000 ist eine Verbringung zum Zweck der Wiederverwendung von veralteten Kühlgeräten, die FCKW, H-FCKW oder FKW enthalten, verboten.

In Tab. 5.12 sind die wichtigsten Fluorchlorkohlenwasserstoffe mit ihren chemischen Eigenschaften und Haupteinsatzgebieten zusammengestellt [7].

Grundlagen des Recyclings

Die Verwendung von FCKW in Kühlgeräten (Kühlschränken, Gefrierschränken und -truhen) endete am 01.01.1995 und der Einsatz von HFCKW ab dem Jahr 2000. Bei einer durchschnittlichen Lebensdauer von Kühlmöbeln von 15 Jahren stehen heute Geräte zur Entsorgung und Verwertung an, die Mitte der 90er Jahre produziert worden sind. Damit fallen bislang immer noch Kühlmöbel und -geräte an, die FCKW enthalten. Der Betrieb

Tab. 5.12 Zusammenstellung der wichtigsten Fluorchlorkohlenwasserstoffe (FCKW) [7]

FCKW	Kennzeichen	Formel	Molekulargewicht	Chlorgehalt (%)	Dichte ($d_4 20$) (g/cm^3)	Siedetemperatur	Hauptsächliche Verwendung
Trichlorfluormethan	R-11	$CFCI_3$	137,37	77,43	1,490	24,9	Kältemittel Treibmittel, Lösemittel Schäume
Dichlordifluormethan	R-12	CF_2Cl_2	120,91	58,64	1,328	– 29,8	Kältemittel, Treibmittel Lösemittel Feuerlöscher
Chlortrifluormethan	R-13	CF_3CI	104,46	33,94	0,924	– 81,5	Kältemittel
Dichlorfluormethan	R-21	$CHFCI_2$	102,92	68,98	1,282	8,9	Kältemittel
Chlordifluormethan	R-22	CHF_2CI	80,47	44,06	1,213	– 40,8	Kältemittel, Treibmittel Lösemittel Fluorkunststoffe
1,1,2-Trichlortrifluorethan	R-113	CF_2CI- $CFCI_2$	187,38	56,76	1,582	47,6	Kältemittel, Lösemittel Entfettung
1,2-Dichlortetrafluorethan	R-114	CF_2CI- CF_2CI	170,91	41,49	1,473	3,5	Kältemittel, Treibmittel Wärmeträger

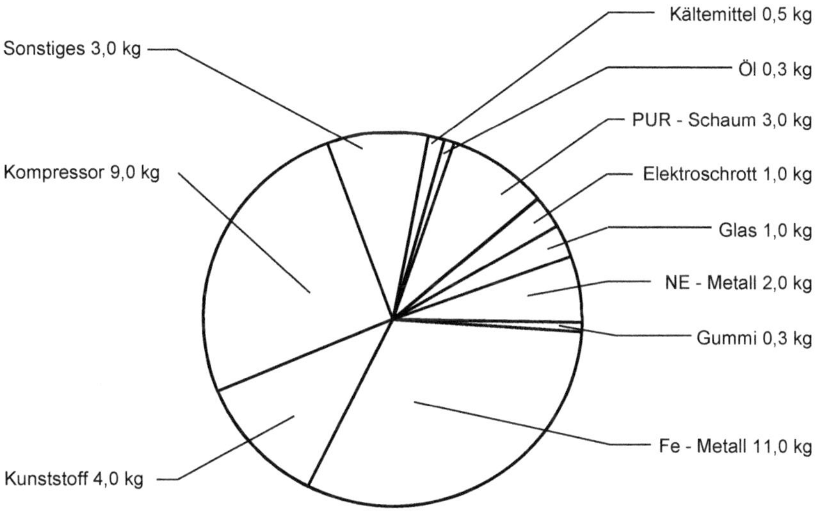

Abb. 5.68 Durchschnittliche Zusammensetzung eines Haushaltskühlschrankes [148]

von Anlagen zur gezielten Entsorgung von umweltschädigenden Stoffen aus diesen Geräten und die weitestgehende Demontage sind daher ein wichtiger Schritt zur Vermeidung von Umweltbelastungen.

In einem Kühlschrank herkömmlicher Bauart finden sich folgende Mengen umweltrelevanter Stoffe:

- 500 g FCKW R11 aus der PUR-Dichtung,
- 150 bis 200 g FCKW R12 als Kältemittel,
- 300 g Kompressoröl, FCKW R12-haltig.

Zusätzlich wurden in den 70er Jahren und teilweise in den 80er Jahren in Gefriertruhen quecksilbergefüllte Neigungsschalter eingesetzt, deren getrennte Erfassung dringend notwendig ist.

Daneben bestehen Kühlmöbel aus einer Reihe von Wertstoffen (Abb. 5.68), deren Erfassung und Rückführung in den Materialkreislauf möglich ist.

Abbildung 5.69 zeigt einen Schnitt durch einen Kühlschrank mit einem Nutzinhalt von ca. 150 l. Bei einem Kühlschrank dieser Größe beträgt das Kältemittel-füllgewicht ca. 120 g. Bei einem außer Betrieb genommenen Kühlschrank liegt das Kältemittel im dampfförmigen Zustand in allen Rohrleitungen des Verdampfers, des Verflüssigers und des Verdichters sowie in gelöster Form vor.

Im unteren Teil des Verdichtergehäuses befinden sich 150 bis 300 g Kältemaschinenöl. Ein bis 5 % dieses Schmierstoffanteils befinden sich nach der ersten Inbetriebnahme auch innerhalb des gesamten Kältemittelkreislaufs. Nach einer längeren Stillstandzeit des Verdichters kann der größte Teil des Kältemittels dann im Ölsumpf

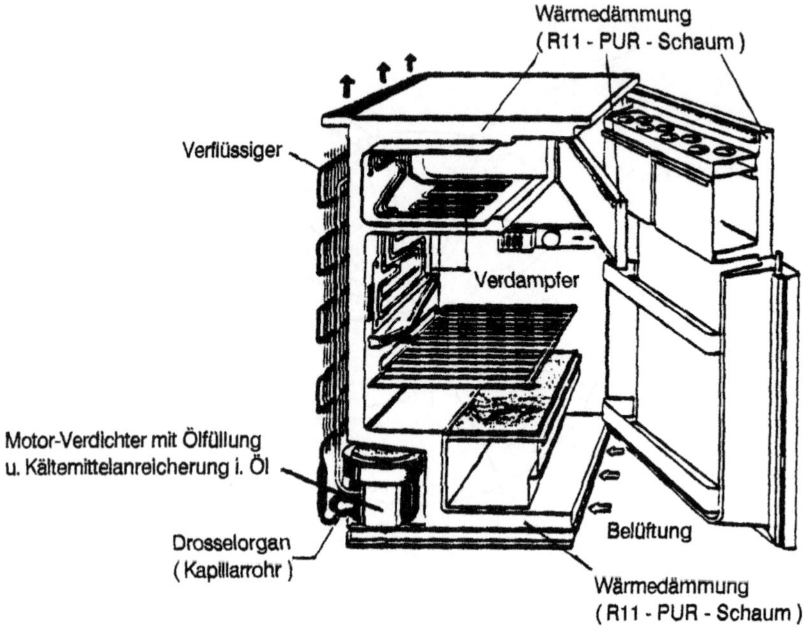

Abb. 5.69 Schnittbild durch einen Kühlschrank mit ca. 150 l Nutzinhalt [47]

gelöst sein, da das eingesetzte Kältemittel und das Öl vollständig miteinander mischbar sind [6].

Als Schäumungsmittel für die Polyurethan (PUR)-Wärmedämmung der Kühl- und Gefriergeräte wurden meistens ebenfalls FCKW eingesetzt. Der FCKW-Anteil im PUR-Schaum eines Kühlschranks beträgt ca. die vierfache Menge gegenüber des im Kreislauf geführten Kältemittels. Bezogen auf 150 l Nutzinhalt sind dies ca. 480 g. Bei dem Schäumungsprozess werden die FCKW eingeschlossen und liegen als Zellgas vor.

Nach Schätzungen des Umweltbundesamtes waren 1995 in der Bundesrepublik ca. 25 Mio. Kühlschränke, 15 Mio. Gefriergeräte, ca. 100.000 Klimageräte und 8000 Auto-Klimageräte sowie ca. 140.000 Wärmepumpen in Betrieb. Von den aufgeführten Kühlschränken und Gefriergeräten waren lediglich ca. 5 % Absorbergeräte, die vorwiegend mit Ammoniak als Kältemittel arbeiten. Die restlichen ca. 38 Mio. Kühlgeräte waren mit dem FCKW (R 12) als Kältemittel ausgestattet [1]. Heute fallen nur noch Restbestände FCKW-haltiger Kühlgeräte als Abfall an.

Neben den Schadstoffen lässt sich ein großes Wertstoffpotenzial in Kühlschrankdemontageanlagen abschöpfen.

Recyclingverfahren

Im Juli 1987 wurde vom Bundesinnungsverband des Deutschen Kälteanlagen-bauer-Handwerks ein erstes Konzept zur Erfassung von Kühlmittel und Kompressoröl entwickelt.

Dieses Konzept sah im Wesentlichen folgende Schritte vor:

- anstechen des Kältekreislaufes mit einer Spezialzange,
- Anschluss an das Entnahmegerät,
- abfüllen des Kältemittels auf Stahlflaschen und
- separate Entnahme des Kompressoröls durch Anstich des Kompressors.

In der Zwischenzeit hat die Totalentsorgung von Kühlmöbeln das Konzept aus dem Jahre 1987 abgelöst. Darunter werden die folgenden Schritte verstanden:

- gemeinsame Entnahme von Kältemittel und Öl aus dem Kreislauf,
- Entgasen des Öls auf einen FCKW-Gehalt von unter 0,2 %,
- Demontage der Kühlgeräte und Abschöpfen der Wertstoffe,
- Erfassen und Entgasen des PUR-Schaumes.

Zwei Beispiele unterschiedlicher Techniken zur Verarbeitung des PUR-Schaumes werden nachstehend beschrieben.

Shreddertechnik Das Kühlgerät wird im Vorfeld manuell von Kältemittel, Kompressoröl, Einlegeböden und Elektronikschrott befreit und anschließend in einen langsam laufenden gasdichten Shredder mit ebenfalls gasdichter Presse überführt. Dabei wird der PUR-Schaum aufgeschlossen. Der Auslauf des Shredders wird an einem Magnetscheider und NE-Abscheider vorbeigeführt. Der verbleibende Leichtstoff (im Wesentlichen der zerkleinerte PUR-Schaum) wird in einer Presse verdichtet und dabei vollständig entgast. Aus dem Gesamtaggregat wird das frei werdende FCKW bodennah abgesaugt, verdichtet und kondensiert [149].

Demontagelösung Hier wird eine sog. „diskrete Lösung" angeboten. Dies bedeutet, dass der PUR-Schaum im Zuge der manuellen Demontage aus den Kühlmöbeln vorsichtig herausgetrennt wird. Die so anfallenden Platten werden einer Schaumentgasungsanlage zugeführt. Diese Anlage besteht im Wesentlichen aus den drei Komponenten Zerkleinerer, Vorratssilo und Hochdruckverdichter (Brikettierpresse). Im Zerkleinerer werden die PUR-Schaumplatten zerkleinert, im Zwischensilo gelagert und von dort der eigentlichen Entgasungsstation, der Brikettierpresse, zugeführt. Die Abführung des FCKW-Gases erfolgt wie im Falle der Shredderlösung [150].

Mit Verabschiedung der 4. BImSchV vom April 1993 werden Kühlschrankdemontageanlagen nach Immissionsschutzrecht genehmigt. In Abhängigkeit vom Durchsatz der Anlage erfolgt dies entweder nach vereinfachtem oder förmlichen Verfahren.

Aufbereitung der Fluorchlorkohlenwasserstoffe

Das aufzubereitende Kältemittel wird auf Menge und Art der Verunreinigungen, Wasser- und Säuregehalt untersucht. Mittels eines Gaschromatographen wird zusätzlich festgestellt, ob eventuell ein Gemisch unterschiedlicher Kältemittel vorliegt sowie der Gehalt

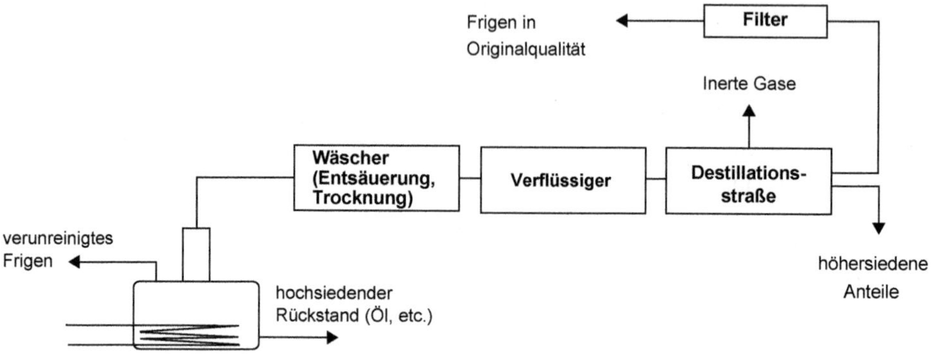

Abb. 5.70 Aufarbeitung von verunreinigten Kältemitteln nach dem Höchst-Verfahren [4]

an kondensierbaren Gasen. Die Analyse gibt darüber Aufschluss, ob vor der eigentlichen Aufbereitung weitere Maßnahmen ergriffen werden müssen. Beispielsweise muss eine Abtrennung von freiem Wasser erfolgen oder bei hohem Säuregrad (Korrosionsgefahr) eine sofortige Reinigung des Sammelbehälters durchgeführt werden. Die Aufarbeitung umfasst die in Abb. 5.70 dargestellten Arbeitsschritte.

Zunächst werden hochsiedende Verunreinigungen, wie das Kältemaschinenöl, abgetrennt. Nach der Säureentfernung und Trocknung wird der Kältemitteldampf kondensiert und auf eine Destillationskolonne gegeben. Aus dem Kolonnensumpf werden Reste hochsiedender Bestandteile abgezogen, während inerte Gase am Kolonnenkopf ausgetragen werden. Nach dieser Behandlung wird das aufbereitete Kältemittel über einen Filter in Lagergefäße abgefüllt. Die bei der Aufarbeitung anfallenden Rückstände können in einer Sondermüllverbrennungsanlage beseitigt werden [3].

Da die Verwendung von FCKW im Wesentlichen ab 01.01.1995 beendet wurde, war das Recycling und Wieder-In-Verkehrbringen des FCKW nur bis zu diesem Termin möglich. Verfahren zur umweltschonenden Entsorgung von FCKW wurden benötigt.

Bei FCKW handelt es sich um eine chemisch stabile Substanz. Damit kann die umweltverträgliche Aufbereitung nur auf chemischem Wege erfolgen. Dabei werden FCKW, HFCKW oder Halone (bromhaltige FCKW) zu weniger schädlichen Produkten umgesetzt. Dabei können verschiedene Verfahren zum Einsatz kommen wie beispielsweise [11]:

- Hochtemperaturverbrennung (> 1200 °C),
- Plasmapyrolyse,
- katalytische Oxidation,
- Hochdruckhydrierung von an Aktivkohle absorbiertem FCKW,
- katalytische Hydrogenolyse und
- Enthalogenierung mit Natriumnaphthalid.

Als Spaltprodukte entstehen bei diesen Verfahren vor allem Fluorwasserstoff (HF), Kohlendioxid (CO_2), Kohlenwasserstoffe und Tetrachlorkohlenstoff (CCl_4). Diese sind zumeist kostenaufwändig zu entsorgen [11].

Mit den genannten Verfahren ist es nur möglich das FCKW unter erheblichen energetischen Aufwand zu spalten. Mit der Zerstörung der C-F-Bindung geht der hohe Energiegehalt dieser Bindung verloren. Verfahren mit selektiver Dehalogenierung stehen noch am Anfang ihrer Einführung in die industrielle Praxis [11].

5.2.1.8 Recycling von Sonderabfällen

Unter Beachtung technischer und marktabhängiger Kriterien kann zwischen folgenden konzeptionellen Ansätzen der industriellen Abfallvermeidung und -verwertung unterschieden werden [78]:

- abfallarme Verfahren,
- betriebsinterne Verwertung von Reststoffen,
- betriebsexterne Verwertung von Reststoffen.

Die abfallarmen Verfahren und die betriebsinterne Verwertung von Reststoffen werden in Kap. 6.3 behandelt, während in diesem Kapitel auf einige externe Verfahren zur Verwertung von gefährlichen Reststoffen eingegangen wird.

Im Jahr 2003 wurden insgesamt 17,9 Mio. Mg nachweispflichtige Sonderabfälle entsorgt. Davon wurden 39 % behandelt (z. B. chemisch oder physikalisch), 9 % wurden verbrannt, 26 % wurde Verwertungsverfahren zugeführt und 26 % wurden deponiert. Die Tendenz hin zur Sonderabfallverwertung ist stark steigend.

Beispiele für nachweispflichtige Sonderabfälle sind:

- Säuren, Säuregemische, Beizen (sauer),
- Salzschlacken (aluminiumhaltig),
- Lack- und Farbschlamm,
- Bohr- und Schleifölemulsionen, Emulsionsgemische,
- Halogenfreie organische Lösemittel und Lösemittelgemische,
- Halogenhaltige organische Lösemittel und –gemische und
- Krankenhausabfälle.

Technologien zur Verwertung von Sonderabfällen Im Folgenden sind für einige der mengenmäßig relevanten bzw. gefährlichen Sonderabfälle in der Bundesrepublik Deutschland Verwertungsmöglichkeiten aufgeführt.

Die *Verwertung* von Abfällen stößt an Systemgrenzen und ist nur dann sinnvoll, wenn durch das Recycling keine zusätzlichen Umweltbeeinträchtigungen entstehen, die bei der bloßen Entsorgung der Abfälle nicht entstanden wären. Zudem ist die Frage der Wertschöpfung und nicht zuletzt der Wirtschaftlichkeit, insbesondere der Preis des recycelten Stoffes, von Bedeutung.

Dünnsäure Dünnsäure, 23 %ige Schwefelsäure, entsteht bei der Herstellung des Pigmentes Titandioxid (TiO_2) als Kuppelprodukt im sog. Sulfatprozess. Im Kap. 6.3.2.1 wird über die Ablösung des Sulfatprozesses durch den Chloridprozess bzw. über die Aufarbeitung der Dünnsäure berichtet.

Im Jahre 1980 wurden 1,14 Mio. Mg Dünnsäure auf hoher See verklappt [51]. Seit Anfang der 90er Jahre fällt durch Verfahrensumstellung bzw. Aufarbeitung keine Dünnsäure mehr an.

Gipse mit produktionsspezifischen Beimengungen In zahlreichen chemischen Prozessen, z. B. bei Herstellung von Zitronensäure, Weinsäure, Oxalsäure oder Borsäure, fällt durch Neutralisation überschüssiger Schwefelsäuren zwangsläufig Gips mit produktionsspezifischen Beimengungen an. Wegen der Verunreinigungen ist bisher eine Verwertung als Baugips nicht möglich. Lediglich die Gipse aus der Zitronensäureproduktion werden in eine trockene, stückige Form gebracht und in der Zementindustrie verwertet [40].

Säureteere und Säureharze Unter Säureteer wird das säurehaltige Reaktionsprodukt von konzentrierter Schwefelsäure oder Oleum mit Komponenten der Schmieröldestillation bzw. Solventraffination bei der Erstraffination verstanden. Säureharze fallen bei der Zweitraffination von Altölen nach dem Schwefelsäure-Bleicherde-Verfahren als Reaktionsprodukt von konzentrierter Schwefelsäure mit den Additiven, Oxidationsprodukten sowie anderen Verunreinigungen des Altöls an. Die Zusammensetzung und Konsistenz von Säureteer und Säureharz sind wesentlich voneinander verschieden [53].

Säureteer setzt sich annähernd aus 10 bis 50 Gew.-% Kohlenwasserstoffen und 50 bis 90 Gew.-% freien Sulfonsäuren und Schwefelsäure zusammen. Säureharz hingegen besteht neben Wasser und Schwermetallen zu 13 bis 28 % aus Kohlenwasserstoffen und 38 bis 45 Gew.-% aus freier Schwefelsäure, bei einem Polymergehalt von 10 bis 30 %.

Bei der Verwertung von Säureteer und Säureharz gibt es zwei Verfahren, die eine Aufarbeitung der Abfälle zu Schwefeldioxid und Schwefelsäure bewirken:

- das Grillo-Verfahren der Grillo-Werke, Duisburg und
- die Säureharzverwertung in der Kupferindustrie, Norddeutsche Affinerie, Hamburg.

Beim Grillo-Verfahren, einem Drehrohrofen-Verfahren, bei dem das anfallende SO_2-Gas durch gleichzeitige Verbrennung von Elementarschwefel am Koksbett aufkonzentriert wird, können SO_2-flüssig oder Schwefelsäure gewonnen werden [48, 54]. Das Abb. 5.71 zeigt das Verfahrensschema des Grillo-Säurespalt-verfahrens [54].

Bei der Norddeutschen Affinerie, die früher Säureharze und Säureteer nach dem Sonneborn-Verfahren verwertet hat, werden die schwefelhaltigen Abfälle in den Outokumpu-Schwebeschmelzofen der Kupferabröstung eingedüst und gespalten. Das SO_2/SO_3-haltige Gas wird zu Schwefelsäure nach dem Kontaktverfahren weiterverarbeitet. Organische Schadstoffe werden bei den Temperaturen im Schmelzofen zerstört, Schwermetalle in den Stäuben und Schlacken angereichert [48].

Zunehmend finden Säureharz und Säureteer auch Verwendung als Zusatzbrennstoff in der Zementindustrie. Dabei werden die bei der Verbrennung freiwerdenden Schwefeldi-

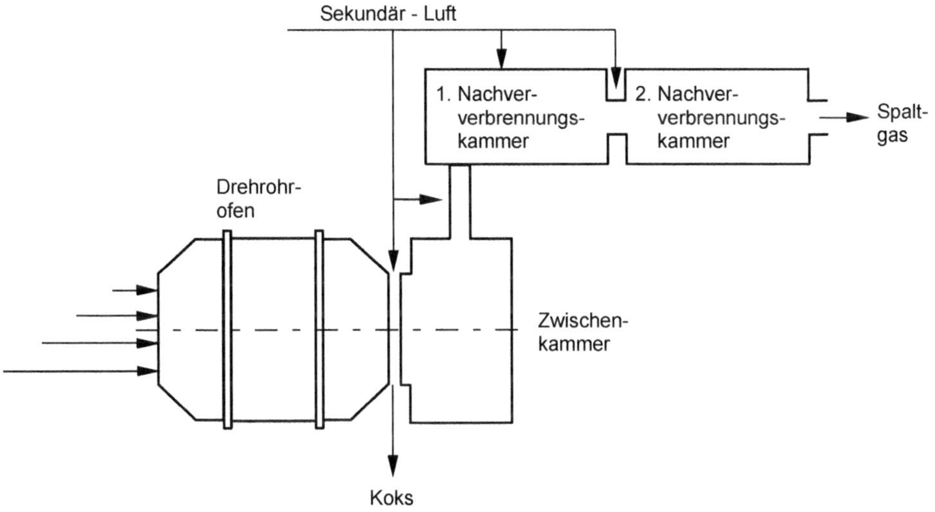

Abb. 5.71 Grillo-Verfahren zur Säurespaltung [54]

Tab. 5.13 Verwertungsverfahren für Säureharz und Säureteer

Verwertungsverfahren	Abfallreduktion (%)
Grillo-Verfahren	90
Schmelzofen der	
Kupferindustrie	100
Zementindustrie	100

oxide (SO_2) und Schwefeltrioxide (SO_3) durch Reaktion mit dem im Rohmehl enthaltenen Kalk und der Alkalien in Calcium-, Natrium- und Kaliumsulfat umgewandelt und damit in den Zementklinker eingebunden. Auch andere Inhaltsstoffe der Säureharze, wie Schwermetalle oder Chlorverbindungen, können im Klinker eingebunden werden. Die Entsorgungskosten nach dieser Verfahrensweise sind günstiger als andere in Betracht kommende Entsorgungsmöglichkeiten [48].

Die zu erzielenden Abfallreduktionen durch die verschiedenen Verfahren zur Verwertung von Säureharz und -teer zeigt die Tab. 5.13.

Ölemulsionen Ein großer Teil der ölhaltigen Abfälle wird durch den Einsatz von Kühlemulsionen bei der Bearbeitung von Metallen verursacht. Auch diese Stoffe sind Hilfsstoffe, die so lange im innerbetrieblichen Kreislauf geführt werden, bis sie durch irreversible chemische und biologische Reaktionen einzelner Komponenten unbrauchbar geworden sind. Wichtigste Abfallvermeidungsmaßnahme ist die innerbetriebliche Pflege der Kühlschmiermittel. Verbrauchte Kühlschmiermittel bzw. Emulsionen können stofflich nicht mehr verwertet werden. Eine thermische Verwertung ist möglich, sofern für die Spaltung der Emulsionen ein geeignetes Verfahren angewendet wird.

Die Verfahren zur Emulsionsspaltung sind in Tab. 5.14 zusammengefasst [92].

Tab. 5.14 Kennzeichnende Eigenschaften und Merkmale von Emulsionsverfahren [92]

Kriterien	Verdampfung	Säurespaltung	Hydroxidspaltung	Organische Spalter	Ultrafiltration	Adsorption
Verfahren						
Art der Emulsion	Unabhängig	Anionische	Anionische	Anionische	Unabhängig	Unabhängig
Einfachheit	Komplex	Einfach	Einfach	Einfach	Komplex	Einfach
Betriebsbedingungen	130 °C/3 MPa	90 °C/pH 2	20 °C/normal	20 °C/normal	20 °C/10 MPa	20 °C/normal
Betriebsweise	Vakuum					
Wartung	Kontinuierlich	Kont./Diskont.	Kont./Diskont.	Kont./Diskont.	Diskont.	Diskont.
Technische Bedeutung	Mittel-hoch	Gering-mittel	Gering	Gering/steigend	Mittel-hoch	Gering-mittel
Betriebsmittel						
Chemikalien	Keine	Säuren/Laugen	Metallsalz/Laugen	Organische Spalter	Keine	Kieselsäure/ Bentonit
Energie thermisch	160 kWh/m^3	Aufheizen auf 90 °C	Gering	Gering	Keine	Gering (ca. 8 kg/m^3)
Elektrisch	6 kWh/m^3	Gering	Gering	Gering	Pumpen	Gering
Betriebsergebnis						
Öl-Konzentrierung	90 %[a]	ca. 50 %	40–50 % im Schlamm	50–70 %	30–50 %	15–20 % im Adsorptions-mittel
Restöl im Abwasser	< 20 mg/l	< 50 mg/l	< 20 mg/l	< 50 mg/l	< 5 mg/l	< 10 mg/l
Sekundärabfall	Salze und Schmutzstoffe	Entfällt	Hydroxidschlamm ölhaltig	Entfällt	Entfällt	40–60 kg/m^3, ölhaltig
Wasseraufsalzung	Nein	Sehr hoch	Hoch	Nein	Nein	nein
Entsorgung						
Öl-Konzentrat	Verbrennen	Verbrennen	Verbrennen	Verbrennen	Verbrennen	Verbrennen/ Deponie entfällt
Abwasser-Nachbehandlung	Phasentrenner für Restöl A-Kohle-Filter	Neutralisation A-Kohle-Filter	Entfällt	A-Kohle-Filter	Kann Tenside/Emulgatoren enthalten	
Abfallreduktion	90 %			50 %	90–98 %	
Kriterien	Verdampfung	Säurespaltung	Hydroxidspaltung	Organische Spalter	Ultra- filtration	Adsorption

[a] Nach Entwässerung des Öles in einem Fallstromverdampfer
[b] Mit/ohne Wärmerückgewinnung

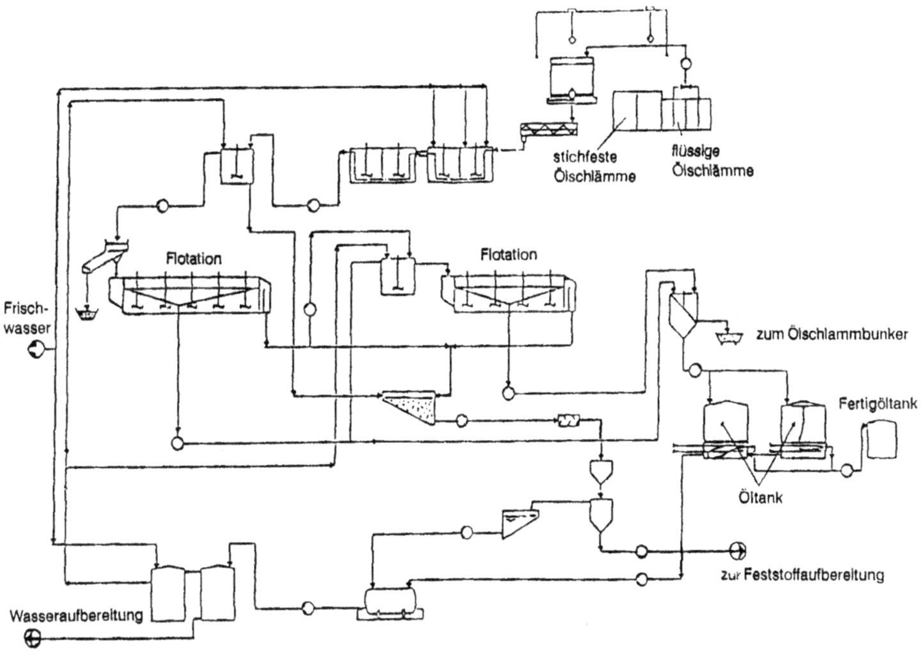

Abb. 5.72 Anlage zur Aufbereitung von Ölschlamm [55]

Ölschlämme Die Stoffgruppe der mineralölhaltigen Schlämme ist nicht klar zu definieren. Im weitesten Sinne sind mineralölhaltige Schlämme entweder Feststoffe, die stark mit Mineralöl vermischt sind, oder Mineralöle, die stark mit Feststoffen vermischt sind. Grundsätzlich setzen sich die Schlämme aus Mineralöl, den jeweils produktionsspezifischen, lagerungsspezifischen oder auf sonstige Weise in das Mineralöl gelangten Feststoffen sowie eventuell Wasser und/oder anderen Flüssigkeiten zusammen.

Die Schlämme können dabei eine flüssige, pastöse oder stichfeste Konsistenz aufweisen. Die Ölanteile können zwischen ca. 5 und 65 % liegen. Die Herkunft der Schlämme lässt sich grob in vier Kategorien einteilen:

- Schlämme aus Mineralöllagerstätten,
- Schlämme aus Emulsionslagerbehältern und Emulsionsbehandlungsanlagen,
- Schlämme aus Produktionsprozessen,
- Schlämme aus Abwasserkläranlagen von Raffinerien und petrochemischen Betrieben.

Ein Verfahren zur Aufbereitung von Ölschlämmen, welches ab 1988 genutzt wird ist in Abb. 5.72 dargestellt. Danach ist es möglich, Öl, Feststoffe und Wasser zu separieren und wiederverwendungsfähig aufzubereiten [55, 56].

Die Trennung des Öls und der Feststoffe von der Wasserphase erfolgt durch eine zweistufige Flotation. In zwei Konditionierern werden die angelieferten, zwischengelagerten Ölschlämme durch Zugabe der zurückgeführten Waschlösung in einen fließfähigen Zustand versetzt und die Flotationschemikalien zugemischt. Beide Flotationsreaktoren sind mit Rotor-Stator-Rührwerken ausgestattet. Im ersten Flotationsreaktor erfolgt die Trennung des Öls vom Feststoff, der in einen Eindicker gelangt. Der Ölschaum der Vorflotation tritt in den zweiten Flotationsreaktor ein, wo das Öl von der Wasserphase abgetrennt und einem Dekanter zugeführt wird. Der eingedickte Feststoff wird auf einem Trommelfilter entwässert und kann u. a. in der Bauindustrie (Straßen- und Wegebau) verwendet werden.

Das Öl wird im Dekanter vom noch vorhandenen Feststoff abgetrennt und in beheizten Öltanks zur Abtrennung des Restwassergehaltes gelagert. Aus diesen Tanks wird das Fertigöl abgezogen und nach Überprüfung auf eventuell vorhandene Schadstoffe einer Wiederverwertung (Altölraffination) oder bei schadstoffhaltigen Ölen einer Verbrennung in Sonderabfallverbrennungsanlagen zugeführt.

Die Anlage für 30.000 Mg/a Ölschlamm verarbeitet Schlämme mit einem durchschnittlichen Ölgehalt von 40 %. Ohne diese Aufbereitung müsste der Schlamm deponiefähig gemacht werden mit einem Ölgehalt von weniger als 5 %. Dazu müsste unverölter Feststoff zugemischt werden, d. h. aus den ursprünglich 30.000 Mg/a Ölschlamm würden ca. 240.000 Mg/a verfestigter Ölschlamm, bei einem Ölanteil von 12.000 Mg/a, entstehen.

Halogenhaltige Lösemittel Die unter dieser Gruppe zusammengefassten Sonderabfälle entstehen vor allem beim Einsatz von chlorierten Lösemitteln als Hilfsstoff in verschiedenen Prozessen und aufgrund von Fehlreaktionen bei der Herstellung chlororganischer Produkte [49, 58].

Für die hochchlorierten Lösemittelabfälle der Chlorchemie bieten sich folgende Verfahren zur Vermeidung, Substitution, Verwertung und Beseitigung an [49, 59]:

- Substitution chlororganischer Endprodukte,
- chlorfreie Syntheseprozesse,
- Weiterchlorierung, Chlorolyse zu CKW-Lösemitteln, Oxidation zu HCl oder Cl,
- Lösemitteldestillation,
- Dechlorierung zu Kohlenwasserstoffen,
- Hydrierung, energetische Nutzung,
- Verbrennung und
- chemisch-physikalische Behandlung.

Besonders die Chlorolyseprozesse zur Verarbeitung von CKW-Rückständen haben eine große wirtschaftliche Bedeutung erlangt. Der Anfall von CKW-Rückständen ist bei zahlreichen Prozessen noch unvermeidlich, so dass sich durch die Chlorolyseverfahren eine günstige Möglichkeit zur Verarbeitung der Rückstände zu Wertprodukten ergibt und eine Entsorgung entbehrlich wird.

Es sind vor allem zahlreiche Niederdruck-Chlorolyseprozesse entwickelt worden, wobei Tetrachlorkohlenstoff und Perchlorethylen gleichzeitig mit hoher Flexibilität erzeugt werden können (s. Abb. 5.73). Für die chlorierende Crackung kommen Rohr-

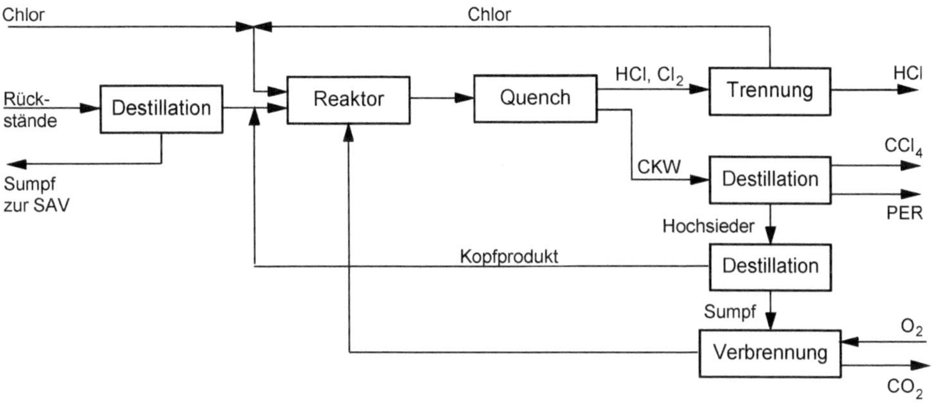

Abb. 5.73 Niederdruck-Chlorolyse der Chemischen Werke Hüls AG [93]

und Wirbelschichtreaktoren zum Einsatz. Als Rückstände der Chlorolyse fallen hochsiedende Produkte an, ferner HCl. Von den hochsiedenden Nebenprodukten können Hexachlorethan und Hexachlorbutadien abgetrennt und zurückgeführt werden, während Hexachlorbenzol auszuschleusen ist.

Die Verwertung der niedrigchlorierten Rückstände aus der Arzneimittel- und Feinchemikalienherstellung zu chlorhaltigen Wertstoffen ist wegen des niedrigen Chlorgehaltes meist nicht möglich [49].

Galvanikabfälle In Galvaniken werden Materialverluste über die Abwasserreinigung in Sonderabfälle umgewandelt. Mit Galvanikabfällen, welche auf Sonderabfalldeponien verbracht werden, geht nicht nur wertvolles Wirtschaftsgut verloren, sondern es gelangt gleichzeitig ein beachtliches Schadstoffpotenzial auf die Deponien [50].

Daher fordert der Gesetzgeber bereits in den Betrieben Maßnahmen zur weitgehenden Kreislaufführung von Spülwasser und ausgeschleppten Prozesschemikalien.

Im Galvanikbereich stehen im Wesentlichen zwei Wege zur Vermeidung und Verwertung offen: innerbetriebliche Maßnahmen und die externe Verwertung. Bei der betriebsinternen Behandlung dieser metallhaltigen Abwasserströme werden die gelösten Metallionen i. d. R durch chemische Fällung in schwerlösliche Verbindungen umgewandelt. Nach der Filtration und Entwässerung bleiben am Ende der Abwasserbehandlung die entwässerten Galvanikschlämme zur Beseitigung. Die externe Verwertung setzt eine entsprechende Abfallqualität voraus. Sie kann sowohl für Schlämme als auch für konzentrierte Lösungen (Inhalte von Standspülen, verbrauchte Behandlungsbäder) durchgeführt werden. Eine Aufarbeitung ist für edelmetallhaltige, zink-, chrom-, nickel- und kupferhaltige Rückstände interessant. Die stofflichen Verwertungsverfahren unterscheiden sich in Abhängigkeit vom Produkt in:

- Verfahren, die den Metallanteil im Schlamm nutzen und
- Verfahren, die den nicht-metallischen, mineralischen Anteil im Schlamm verwerten.

Aufgrund des hohen Gehalts an wertvollen Metallen kommt zumeist die hochwertige Verwertung mit Nutzung des Metallgehalts zum Einsatz. Beispiele für diese Verfahren sind die pyro- und hydrometallurgische Verwertung.

Bei der pyrometallurgischen Verwertung können Galvanikschlämme als Erzersatz in Metallhütten verwertet werden. Ein Mindestwertmetallgehalt sollte dabei durch den Einsatz von Metallerzen und/oder Metallschrott aufrechterhalten werden. Die im Galvanikschlamm enthaltenen Schadstoffe werden entweder in die Schlacke eingebunden oder emittieren als Abbauprodukte in die Luft [60].

Die hydrometallurgische Verwertung ist ein nasschemisches Verfahren, bei dem die Metalle durch Extraktion, selektive Fällung oder Elektrolyse zurückgewonnen werden. Für die Rücklösung der Metalle werden mitunter erhebliche Mengen an Chemikalien benötigt. Im ungünstigen Fall können hier mehr Rückstände erzeugt als verwertet werden. Ein Chromgehalt um 1 % kann zu Prozessstörungen führen, so dass der Prozess ggf. undurchführbar wird [60].

Liegt ein geringer Gehalt an Wertmetallen der Schlämme vor, so können diese verfestigt/immobilisiert werden und als Bergversatzmaterial eingesetzt werden [60].

Für das Land Berlin wurde 1992/93 auf die Ergebnisse einer qualitativen und quantitativen Erhebung für Galvanikabfälle, eine verfahrenstechnische Grundlagenplanung für eine chemisch-physikalische (CP) Anlage mit dem Ziel einer weitgehenden Wertstoffrückgewinnung durchgeführt [142]. Die Grundzüge der hier projektierten Anlage sind dem Kap. 4.5 zu entnehmen.

Salzschlacken Bei der Verarbeitung von Aluminiumabfällen dient ein Gemisch aus Natrium- und Kaliumchlorid als Hilfsstoff. Das Salz nimmt die im Aluminiumschrott vorhandenen und bei dessen Verarbeitung entstehenden Verunreinigungen auf und fällt als Salzschlacke an, die auch Aluminium enthält. Ein Verfahren zur Verwertung wurde im Rahmen von Forschungsvorhaben entwickelt [62, 63] und hat sich heute in der Praxis etabliert.

Die Grundlage des Verfahrens beruht auf der Zerlegung der Schlacke in wiederverwertbares Aluminiummetall und Schmelzsalz sowie Abtrennung der unlöslichen Rückstände in salzfreiere Form unter Berücksichtigung der Abtrennung von Schadgasen [64]. Das Abb. 5.74 zeigt das Verfahrensschema.

In einer ersten Stufe wird aus der Schlacke das Feingut vom Metall durch Brechen, Schülpen und Sieben getrennt, so dass 70 % des metallischen Aluminiums in Form von Granalien wiedergewonnen werden. Das Feingut wird nach der Laugung mit Wasser, bei der die Hauptgasentwicklung abläuft, als Suspension einem Eindicker zur Abtrennung der Feststoffe zugeführt. Die Feststoffsuspension wird filtriert und gewaschen. Der Rückstand enthält weniger als 1 % wasserlösliche Salze. In einer mehrstufigen Vakuumkristallisationsanlage wird das Salz aus der Sohle auskristallisiert. Nach der Abtrennung und Trocknung sowie einer Zugabe von ca. 2 Gew.-% Flussspat steht das ausgebrachte Schmelzsalz für die Wiederverwendung zur Verfügung. Das bei der Kristallisation anfallende Kondensat wird

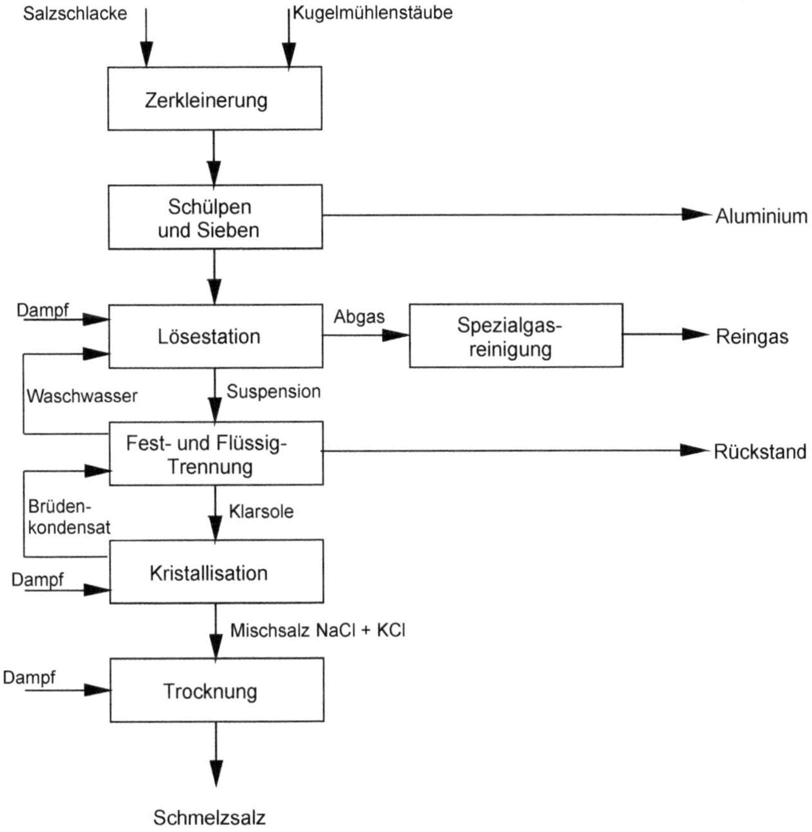

Abb. 5.74 Verfahrensschema der Salzschlackenaufbereitung nach dem Uraphos-Verfahren (Löse-Kristallisations-Verfahren) [64]

zuerst zur Waschung des Filterrückstandes und anschließend zur Feingutlaugung verwendet. Der Filterrückstand eignet sich als Aluminiumoxidträger, da das Aluminiumoxid hauptsächlich als Korund vorliegt.

Halogenfreie organische Lösemittel Halogenfreie organische Lösemittel dienen in zahlreichen Bereichen als Hilfsstoff und fallen in verdünntem und/oder verunreinigtem Zustand an. Typische Herkunftsbereiche sind Lackieranlagen, die chemische Industrie und die Metallbearbeitung. Eine stoffliche Rückgewinnung (z. B. durch Rektifikation) wird gegenwärtig in steigendem Umfang betrieben. Mitunter werden die Rückstände allerdings auch für untergeordnete Zwecke (z. B. als Pinselreiniger) vermarktet. Ebenso findet wegen des hohen Heizwertes eine thermische Verwertung statt. Vor allem zwei Punkte könnten einer stofflichen Verwertung entgegenstehen:

Tab. 5.15 Verfahren zur Verwertung von Aktivkohleabfällen

Verfahren	Abfallreduktion (%)	Kennzeichnung
Vakuumabsorption[a]	Bis 80	Praxis
Inertgasregeneration	Bis 80	Praxis
Wasserdampf-Desorption	Bis 80	Praxis
Thermische Reaktivierung	Bis 80	Praxis

[a] Ohne Aktivkohlenachreinigung

- zu hohe Gehalte an klebenden Verunreinigungen,
- zu hohe Wassergehalte.

Destillationsrückstände und Schlämme Diese Abfälle entstehen in erster Linie durch die Produktionsprozesse der chemischen Industrie sowie bei der Aufarbeitung von Lösemitteln. Eine Verwertung ist für die Schlämme teilweise möglich, z. B. mit Dünnschichtverdampfern. Dabei werden die in den Schlämmen enthaltenen Lösemittel zurück gewonnen. Für die Destillationsrückstände bieten sich die thermische Verwertung sowie eine Hydrierung an [78]. Die VEBA Öl AG betreibt seit 1977 in Bottrop eine Anlage zur Aufarbeitung von Raffinerierückständen mit einem Durchsatz von 200.000 Mg/a. Etwa 1/3 der Einsatzstoffe können aus Destillationsrückständen bestehen.

Filtermassen Diese Abfälle entstehen bei adsorptiven Reinigungsprozessen, insbesondere im Bereich der Luft- und Wasserreinhaltung. Wegen der Beladung, z. B. mit halogenhaltigen Lösemitteln, sind sie als Sonderabfälle zu entsorgen. Erschöpfte Aktivkohlen aus spezifischen Anwendungsbereichen, wie z. B. von Wasserwerken, werden großtechnisch reaktiviert. Die Verfahren sind in Tab. 5.15 dargestellt.

Verfahren zur Reaktivierung erschöpfter Aktivkohlen wechselnder Qualität und wechselnder Beladung aus unterschiedlichen Anwendungsbereichen sind noch im Entwicklungsstadium [50]. Durch die strengen Anforderungen der Abluft- und Abwasserreinigung fallen große Mengen beladener Aktivkohlefilter an.

Ofenausbruch aus der Aluminiumherstellung Bei den Ofenausbrüchen, die aus den Elektrolyseöfen der Aluminiumproduktion stammen (Schmelzflusselektrolyse), ergeben sich insbesondere aufgrund des im Ofenausbruch enthaltenen Fluorids Schwierigkeiten bei der Verwertung und Entsorgung.

Die Aufarbeitung des Ofenausbruchs zu Kryolith (Na_3AlF_6) wird in einigen Aluminiumhütten seit langem praktiziert. Das Verfahren, das eine Laugung der Hüttenabfälle mit Natronlauge zur Gewinnung von Kryolith vorsieht, verliert aber insofern an Bedeutung, als infolge veränderter Elektrolysetechnologie der Bedarf an Kryolith zugunsten von Aluminiumfluorid zurückgeht. Dazu kommt, dass sich bei diesem herkömmlichen Laugungsverfahren die Abfallmenge nur um 25 % reduziert und damit das Entsorgungsproblem nicht gelöst wird [74].

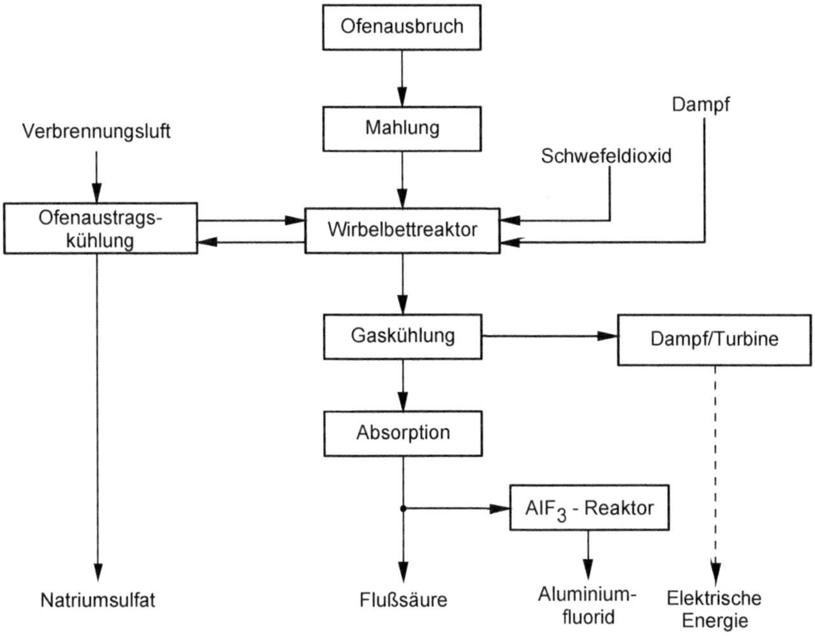

Abb. 5.75 Verfahrensstammbaum der Pyrosulfolyse [94]

Für die verbrauchten Kohlenstoffauskleidungen können folgende Technologien angewendet werden:

- Pyrosulfolyse, Pyrohydrolyse,
- Sekundärbrennstoff in der Zementindustrie,
- Flussspatersatz bei der Gusseisenerzeugung,
- Aufarbeitung der thermischen Isolation und
- Verwertung der Eisenbarren.

Die Pyrosulfolyse stellt ein Verfahren zur annähernd vollständigen Aufarbeitung des Kathodenausbruchs dar. Das Verfahren besteht darin, dass die in der verbrauchten Kohlenstoffauskleidung enthaltenen Bestandteile wie Kryolith, Aluminiumfluorid, Calcium- und Natriumfluorid in Gegenwart von Wasserdampf, Luft und Schwefeldioxid bei Temperaturen von 600 bis 1200 °C im Wirbelbettreaktor behandelt werden und dadurch die Fluoride und Cyanide entfernt werden [74]. Den Verfahrensstammbaum der Pyrosulfolyse zeigt das Abb. 5.75.

Bei der Pyrohydrolyse wird der Ofenausbruch in das bei 1200 °C heiße expandierende Wirbelbett eingetragen und die Fluoride entfernt. Nach der Gaskühlung und einer Absorptionsstufe werden Flusssäure und Aluminiumfluorid sowie Natriumaluminat als Produkte der Pyrohydrolyse erhalten. Das Aluminiumfluorid wird als Schmelzmittel in die Elektro-

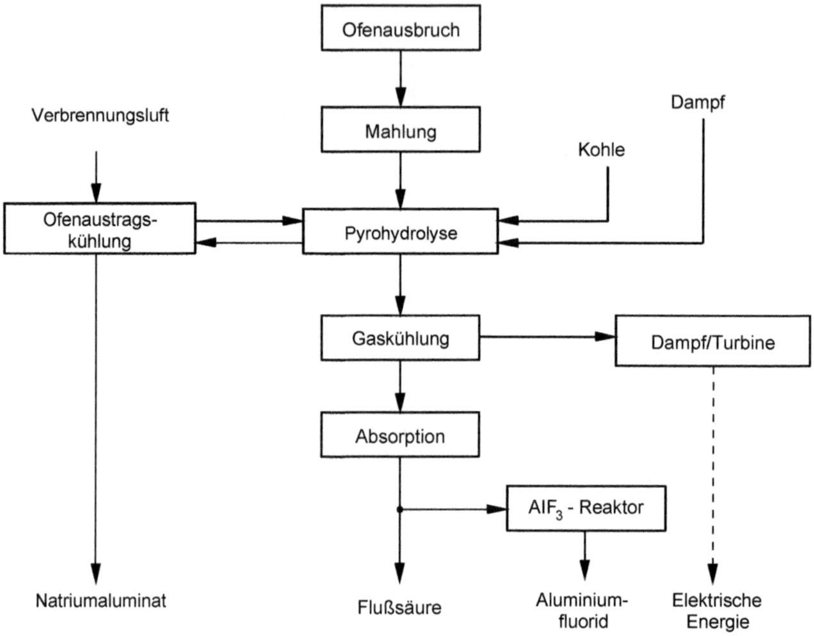

Abb. 5.76 Fließschema der Pyrohydrolyse-Pilotanlage [74]

lyse zurückgegeben. Aus der Pyrolyse anfallendes Natriumaluminat wird im Bayer-Prozess eingesetzt und dort zu Aluminiumoxid umgewandelt, welches ebenfalls in die Elektrolyse zurückgeführt wird [74, 75]. Das Verfahrensfließbild der Pyrohydrolyse zeigt Abb. 5.76.

Als Sonderabfall zu entsorgende Abfälle entstehen bei diesem Verfahren nicht mehr. Für die Pyrohydrolyse existierte eine Pilotanlage, die gemeinsam von Lurgi, Kaiser Aluminium und Vereinigte Aluminiumwerke Lünen betrieben wurde. Die Umsetzung der positiven Ergebnisse mit diesen Pilotversuchen in eine großtechnische Demonstrationsanlage scheiterte einzig und allein an der fehlenden Wirtschaftlichkeit des Verfahrens, die erst ab einem Durchsatz von 10.000 Mg/a an Kathodenausbruch gegeben ist [76].

Wie in Abb. 5.77 gezeigt, werden ca. 90 % des im Elektrolyserückstand vorliegenden Kohlenstoffs als thermische Energie zurückgewonnen. Es verbleibt nach der Extraktion des wasserlöslichen Natriumaluminats ein Rückstand aus Natrium-Aluminium-Calcium-Silikaten von max. 20 % des ursprünglichen Sonderabfalls, der problemlos abgelagert werden kann [75]. Die verbrauchte Kathodenkohle lässt sich als Sekundärbrennstoff in der Zementindustrie verwenden. Ausgangsprodukte für die Zementindustrie sind Kalkstein, Sand und Ton, die nach der Gewinnung, Trocknung und Mahlung in Drehrohröfen zu Zementklinkern gebrannt werden. Das Brennen dieser Massengüter ist mit 3000 kJ/kg derart energieintensiv, dass ca. 50 % der technischen Herstellungskosten für Primärenergie aufgewendet werden müssen.

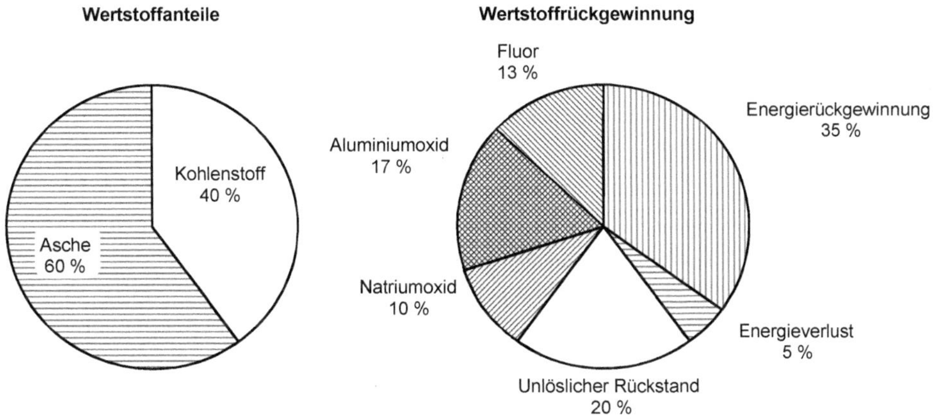

Abb. 5.77 Wertstoffrückgewinnung durch Pyrohydrolyse [75]

Bis zu 3 % des Kathodenausbruchs können im Zementherstellungsprozess eingesetzt werden, wobei der Kathodenausbruch zusammen mit der Heizkohle aufgemahlen werden kann. Die Produktion wird nicht beeinflusst; Chemie und Qualität der Klinker liegen innerhalb der Spezifikation. Die Fluoridemissionen sind vernachlässigbar klein, die Cyanide werden komplett zerstört [74].

Die gefährlichen Stoffe im Kathodenausbruch wie Carbide, Nitride, Cyanide und wasserlösliche Fluoride müssen vor einer Endlagerung inertisiert werden. Hierzu eignet sich am besten das Verbrennen mit anschließender Hochtemperaturhydrolyse [74].

Die Nachteile der Verfahren zur Aufbereitung von Kathodenausbruch sind:

- unbefriedigende Qualität der zurück gewonnenen Materialien,
- zu kleine, unwirtschaftliche Größe für einzelne Aluminiumhütten und zu große Transportkosten für das Aufarbeiten das Kathodenausbruchs in einer zentralen Anlage,
- unbefriedigendes Endmaterial bei der Verwendung als Baumaterial.

Von den Verfahrensalternativen zur Aufarbeitung der Elektrolyserückstände haben nur solche Verfahren Chancen auf Realisierung, bei denen:

- die Rückstandsmengen auf ein Minimum reduziert werden können,
- die Rückstandsmengen problemlos abgelagert werden können und
- die Aufarbeitung nicht unwirtschaftlicher ist als die Ablagerung auf Sonderabfalldeponien.

Das Veraschen des Kohleanteils des Kathodenaufbruchs zielt darauf ab, feste, inerte Rückstände zu erzeugen, wobei soviel Energie wie möglich zurückgewonnen wird [74]. Bei 100 %iger Verbrennung der Kathodenkohle im Fließbett oder der expandierenden Wirbelschicht könnten theoretisch 35 MJ/kg zurückgewonnen werden.

5.2.2 Verfahren zur Gewinnung von Brennstoff

In der Bundesrepublik Deutschland ist die Idee der Herstellung und Vermarktung von Brennstoffen aus Abfall nicht neu. Durch die Entwicklung der MBA's Ende der 70er Jahre entstand ein hochkalorischer Brennstoff, der als BRAM (Brennstoff aus Müll) aufbereitet, konfektioniert und als Brennstoff in der Co-Verbrennung eingesetzt werden konnte. Die angestrebte Mitverbrennung scheiterte in den 80er Jahren, nachdem umfangreiche Schadstoffuntersuchungen die Schadstoffproblematik dieser Brennstoffe aufzeigten [20], aber zu diesem Zeitpunkt Kraftwerke keine adäquate Rauchgasreinigung bauen mussten. Im Mittelpunkt der Diskussion standen die Schwermetalle, da nennenswerte Anteile in Abfällen enthalten sind und die Abfallwirtschaft für einige Schwermetalle bedeutend zur bundesweiten Gesamtemission beigetragen hat. Weniger unter Schadstoffgesichtspunkten als vielmehr mit Blick auf einen sicheren Anlagenbetrieb gewann in den letzten Jahren der Parameter Chlor an Bedeutung. Erst mit der 1984 verabschiedeten GroßfeuerungsanlagenVO wurden die Entschwefelung und die Entfernung anderer Inhaltsstoffe der Rauchgase aus Kraftwerken gefordert. Mit der Mischungsregelung werden erstmals Ersatzbrennstoffe auch in Verbindung mit Regelbrennstoffen zugelassen. Mittlerweile haben sich Ersatzbrennstoffe (EBS) zur Mitverbrennung in Kraftwerken, Zementöfen oder zur Nutzung in speziellen EBS-Kraftwerken etabliert. Bei der EBS-Herstellung kommen zum einen die heterogenen heizwertreichen Bestandteile aus Haushaltsabfällen und gewerblichen Abfallgemischen und zum anderen die sich eher durch gleichbleibende Brennstoffeigenschaften auszeichnende gewerbliche und industrielle Abfälle zum Einsatz.

5.2.2.1 Ersatzbrennstoffe (EBS)

Charakterisierung des Haushaltsabfalls als Brennstoff Für die thermischen Prozesse sind die folgenden chemischen und physikalischen Eigenschaften des festen Eingabegutes von Bedeutung [27]:

Die mangelnde *Homogenität* des Abfalls ist im Vergleich zu herkömmlichen Brennstoffen die augenfälligste Eigenschaft. Eine im thermischen Prozess örtlich und zeitlich schwankende Stoffzusammensetzung und die stark variierenden Korngrößen erschweren die optimale Durchführung der Verbrennung erheblich. Die *spezifische Oberfläche* ebenso wie die Wärmeleitfähigkeit beeinflussen die Geschwindigkeit des thermischen Prozesses. Sinnvolle quantitative Aussagen lassen sich hier jedoch wegen der Inhomogenität nicht machen.

Meist dient die *Zündtemperatur* als grobes Maß für die Reaktionsfähigkeit. Beispielsweise nimmt die Reaktionsfähigkeit mit steigendem Inhalt an flüchtigen Bestandteilen zu, es sei denn, diese bestünden in zunehmendem Maße aus Wasser. Während die Zündtemperatur für Koks und Anthrazit bei über 400 °C liegt und bei sonstigen Steinkohlen im Bereich von 200 bis 300 °C, rechnet man beim Abfall mit einer Zündung und Verbrennung erst oberhalb von 400 °C [27].

Die *Schüttdichte* schwankt stark mit der Zusammensetzung und dem Feuchtigkeitsgehalt und liegt zwischen 110 und 340 kg/m^3. Im Vergleich zur Steinkohle mit 700 bis 850 kg/m^3 ist sie sehr gering.

Der *Strömungswiderstand* in der Abfallschüttung hängt entscheidend von dem spezifischem Gewicht, der Schütthöhe und dem von der Lagerdauer beeinflussten Zustand (Verfestigungen) ab. Er beträgt für Abfall mit 250 kg/m^3 Schüttgewicht ca. 20 mm Wassersäule pro 100 mm Schütthöhe [27], kann aber je nach Zusammensetzung, Vorverdichtungsgrad und Durchfeuchtung stark schwanken.

Der Strömungswiderstand nimmt in etwa proportional mit der Schüttdichte ab. Da jedoch Abweichungen von 200 % beim Abfall möglich sind, erbringt der im Vergleich zur Kohle niedrigere mittlere Widerstand keine Erleichterung bezüglich der Auslegung einer Anlage.

Für den thermischen Wirkungsgrad entscheidend ist der *Heizwert des Abfalls*. Im Vergleich zu den anderen üblichen festen Brennstoffen liegt der Heizwert von unbehandeltem Restabfall mit etwa 8700 kJ/kg relativ niedrig und beträgt etwa ein Viertel des Heizwertes von hochwertiger Steinkohle (32.000 kJ/kg) [27].

Durch Aufbereitung und Anreicherung der heizwertreichen Bestandteile wird der Heizwert des EBS im Mittel auf 16.000 kJ/kg angehoben.

Ein niedriger Heizwert für Restabfall macht sich aus thermodynamischen Gründen in einer schlechteren Umformung der chemisch gebundenen Energie bemerkbar. Durch den Einsatz von EBS lässt sich gegenüber Restabfall der thermische Wirkungsgrad um ca. 8 bis 12 % verbessern.

Der niedrige Heizwert von Restabfall ist durch den hohen Gehalt an Wasser und mineralischen Bestandteilen bedingt. Die entsprechenden Schlackeeigenschaften (Erweichungs-, Fließpunkt etc.) bei niedrigen Temperaturen führen bei der Verbrennung zu erheblichen Schwierigkeiten. Vor allem Anbackungen an den Feuerraumwänden müssen durch veränderte konstruktive Gestaltungen der Anlagen gelöst werden.

Durch die bereits dargestellten relativen und absoluten Schwankungen der Stoffgruppen und der Abfallmengen (s. Kap. 2.3) ändert sich der Energieinhalt im Abfall im Laufe des Jahres und längerfristig über die sich ändernden Lebensgewohnheiten.

Abbildung 5.78 zeigt die saisonalen Schwankungen des Brenn- und Heizwertes von Hausmüll aus den Jahren 1982/83 für die Stadt Wien. Der Brennwert H_o (kJ/kg TS) ist in Bezug auf die Trockensubstanz und der Heizwert H_u (kJ/kg i. roh) ist bezogen auf den feuchten Abfall dargestellt. Dadurch wird deutlich, dass im großstädtischen Bereich den jahreszeitlichen Schwankungen keine so große Bedeutung beigemessen werden kann. Anhand der Heizwerte für den feuchten Abfall wird dessen Abhängigkeit vom Wassergehalt überdeutlich.

Ebenso wie ein Zusammenhang zwischen den Inhaltsstoffen des Abfalls und dessen Energieinhalt besteht, ist auch ein entsprechender Zusammenhang für die Schadstoffe im Abfall anzunehmen.

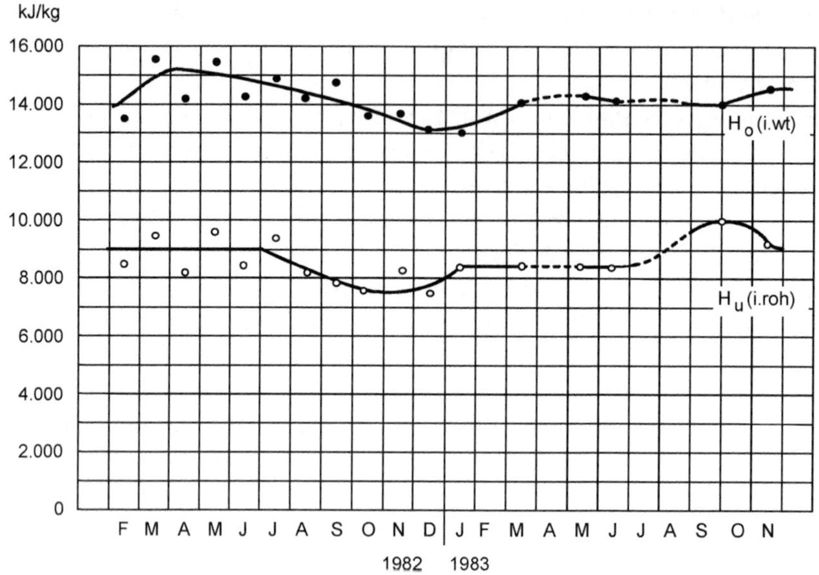

Abb. 5.78 Saisonale Schwankungen des Brenn- und Heizwertes von Hausmüll aus den Jahren 1982/83 für die Stadt Wien [8]

Tab. 5.16 Schadstoffgehalte ausgewählter, heizwertreicher Stoffe des Restabfalls [87]

	Cd (mg/kg TS)	Pb (mg/kg TS)	Cr (mg/kg TS)	Cu (mg/kg TS)	Hg (mg/kg TS)
Papier, Pappe, Karton	0,13	13,6	28	60	0,56
Kunststoffverpackung	1,75	150	90,8	30	0
Verpackungsverbunde	0,27	33,1	15	40	0,14
Sonstige Kunststoffe	35,6	427	30	150	0,23
Sonstige Verbunde	22,5	19.142	118	15.200	1,73
Schuhe/Leder	6,16	155	2.255	27	0,42
Organik	0,53	64,4	45,6	110	0,2

Untersuchungen zeigen diesen Zusammenhang zwischen einzelnen Abfallkomponenten, Korngrößenklassen und dem unterschiedlichen Anteil an Schadstoffen im Haushaltsabfall.

Die verschiedenen Veröffentlichungen über den Schadstoffgehalt im Haushaltsabfall variieren je nach Materialzusammensetzung, Probenahme, Probenaufbereitung und unterschiedlichen Aufschlussverfahren.

In der Tab. 5.16 sind die Schwermetalle für verschiedene Abfallbestandteile als Hauptkomponenten des EBS auf der Datenbasis von 1999 dargestellt.

Aus der Tabelle geht hervor, dass beispielsweise heizwertreiche Konsumgüter durch einen vergleichsweise hohen Schwermetallgehalt gekennzeichnet sind. Zu nennen ist beispielsweise die Stoffgruppe *sonstige Kunststoffe* mit einem Cadmiumgehalt von 35,6 mg/kg TS, einem Bleigehalt von 427 mg/kg TS und einem Kupfergehalt von 150 mg/kg TS. Heizwertreiche Verbrauchsgüter (Verpackungen und graphische Papiere) sind im Allgemeinen gekennzeichnet durch vergleichsweise niedrigere Schwermetallgehalte. Beispielsweise wird für Kunststoffverpackungen ein Cadmiumgehalt von 1,8 mg/kg TS und ein Bleigehalt von 150 mg/kg TS angegeben. Durch die getrennte Wertstofferfassung des Dualen Systems und die Bioabfallsammlung werden im Wesentlichen schadstoffarme Stoffe/Produkte abgetrennt, während andere Stoffe/Produkte im Restabfall verbleiben. Deutlich erkennbar sind in Tab. 5.16 die Unterschiede zwischen kurzlebigen, i. d. R. schadstoffarmen Verbrauchsmaterialien (PPK, Kunststoffverpackungen, Verpackungsverbunde) und langlebigen Konsumgütern (sonstige Kunststoffe, sonstige Verbunde, Schuhe, Leder). Bei einer ständigen Steigerung der getrennten Wertstofferfassung ist ein Anstieg des Schadstoffgehaltes im Stoffstrom der Ersatzbrennstoffe zu erwarten.

Um genauere Aussagen über die Herkunft der Schadstoffe und die statistische Signifikanz der Analyseergebnisse machen zu können, wurde am Institut für Abfallwirtschaft und Altlasten der TU Dresden ein breit angelegtes Untersuchungsprogramm zur chemisch-physikalischen Charakterisierung von Restabfällen aus Haushalten durchgeführt. Ein wesentlicher Bestandteil der Untersuchung war die Bestimmung von fraktionsspezifischen Schadstoffbelastungen. Mit diesem Datenmaterial können Schadstoffverteilungen in Mischfraktionen, deren Zusammensetzung aus Sortieranalysen bekannt ist, modelliert und abgeschätzt werden. Ebenso werden wesentliche Schadstoffeinträge aufgedeckt.

Die Konzentration von Chlor, Blei und Cadmium in einzelnen Abfallfraktionen sowie ihr spezifischer Frachtbeitrag bezogen auf einen Modellrestabfall aus städtischer Bebauung (ohne Berücksichtigung der Metallfraktion) zeigt die folgende Abbildung (Abb. 5.79).

Auch das Ergebnis dieser Untersuchung zeigt, dass die Hauptschadstoffträger der hier betrachteten Elemente Chlor, Blei und Cadmium langlebige Produkte, wie Kunststoffe aus dem Nichtverpackungsbereich, Elektronikschrott, Schuhe und sonstige Verbunde sind. Die Frachtverteilung unterscheidet sich wesentlich, während bei Chlor alle Fraktionen über eine Grundbelastung verfügen und daher Fraktionen wie Papier, Organik und die Feinfraktion auf Grund ihres hohen Massenanteils einen bedeutenden Frachtbeitrag leisten, ist dies für Blei nur bedingt gültig. Die Cadmiumfracht dagegen wird durch den Eintrag aus sonstigen Kunststoffen (nicht-Folien) bestimmt. Neben dem hohen Cadmiumbeitrag ist auch der Chlorbeitrag der sonstigen Kunststoffe, mit ca. 25 % der Gesamtchlorfracht des Restabfalls, höher als bei den anderen Fraktionen.

Für die Qualitätssicherung von Ersatzbrennstoffen bedeutet das, dass die Aufbereitung im Wesentlichen auf eine Separierung der genannten Abfallfraktionen gerichtet sein muss. Sollen Grenzwerte eingehalten werden, ist die vollständige Abtrennung mit Blick auf Cadmium sehr viel entscheidender als für Chlor. Die durch den Rohstoff Abfall unvermeidbar eingetragene Chlorbelastung von 0,5–0,7 Gew.-% (wf) liegt deutlich über den Gehalten von Primärenergieträgern.

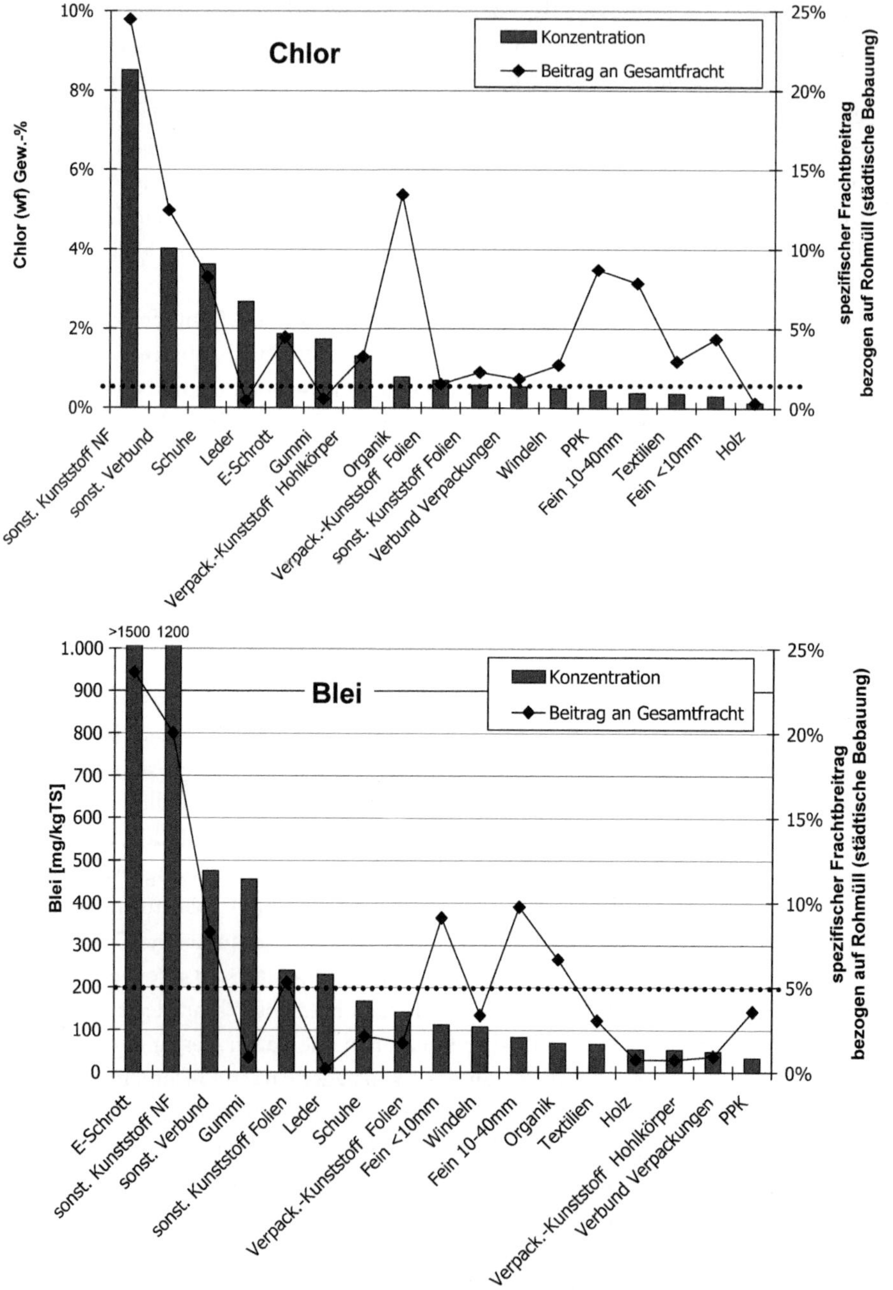

Abb. 5.79 Konzentration und Frachtbeitrag von Chlor, Blei und Cadmium in Abfallfraktionen [28]

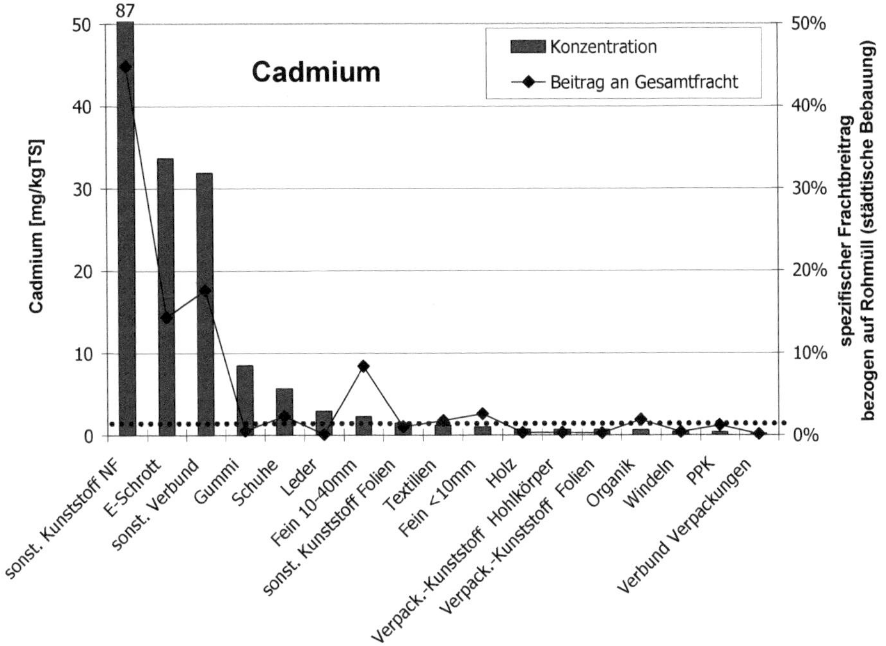

Abb. 5.79 (Fortsetzung)

Bei der EBS-Herstellung können durch geeignete Sortiermethoden die besonders schadstoffhaltigen Kunststoff-Gebrauchsgegenstände aus dem Endprodukt herausgehalten werden, so dass nur Gewebe und Folien mit einer geringeren Belastung in nennenswerten Anteilen im Brennstoff enthalten sind.

Aufbereitung von Abfällen zu Ersatzbrennstoffen Um die Nachteile der Verbrennung von Abfall zu minimieren, bietet eine vor der Verbrennung betriebene Aufbereitungsanlage die Möglichkeit, die chemischen und physikalischen Eigenschaften des Eingabegutes zu verbessern. Der Einsatz der heizwertreichen Abfallbestandteile als Ersatzbrennstoff setzt voraus, dass das Material neben den brennstofftechnischen Anforderungen auch Qualitätskriterien hinsichtlich der Schadstoffeigenschaften einhalten kann. Da die biologische Stufe in MBA nur über Trocknungseffekte eine brennstofftechnische Verbesserung erreicht, sind zusätzliche mechanische Schritte zur Stoffseparierung dafür notwendig.

Zur Herstellung von Ersatzbrennstoffen existieren derzeit unterschiedliche verfahrenstechnische Konzepte. Mit Blick auf die zu erreichenden Qualitäten der EBS zeichnen sich folgende verfahrenstechnische Möglichkeiten ab:

- Homogenisierung, Metallabtrennung und Trocknung sowie
- Homogenisierung, Metallabtrennung und Klassierung heizwertreicher Bestandteile.

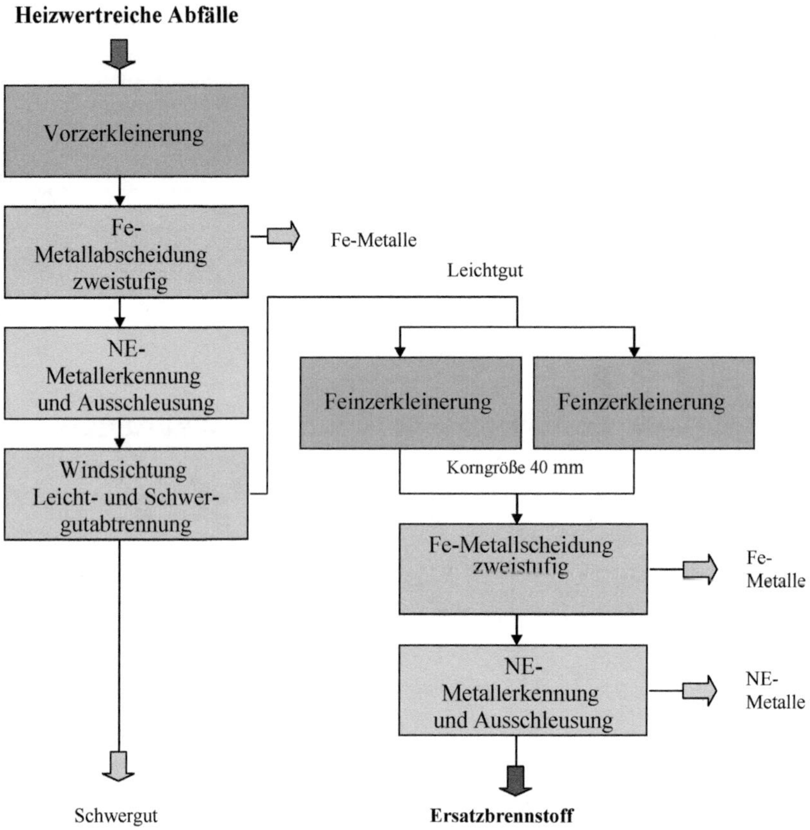

Abb. 5.80 Schematische Darstellung eines Anlagenkonzeptes zur Abtrennung der heizwertreichen Fraktion aus dem Restabfall

Beide Möglichkeiten sind in der Praxis erprobt. Neben der Verbesserung der Brennstoffeigenschaften infolge des homogenen und heizwertreicheren Materials führt insbesondere die Metallabtrennung zu einer deutlichen Schadstoffreduzierung.

Bei dem in Abb. 5.80 dargestellten Verfahren zur Herstellung von EBS durchläuft der Restabfall nach der Vorzerkleinerung und der Metallabtrennung den Windsichter zur Trennung von Leicht- und Schwergut. Dieser Anlagentyp zur Abtrennung heizwertreicher Bestandteile aus dem Restabfall ist meist Bestandteil einer MBA.

Allein die Trennung nach der Korngröße wäre für die Herstellung von qualitativ hochwertigem Brennstoff nicht ausreichend, es sind weitere Aufbereitungsschritte notwendig. Bei einer Zerkleinerung der Ersatzbrennstoffe ist zu berücksichtigen, dass dies möglicherweise zu einer Verteilung von Schadstoffen über verschiedene Korngrößen führt. In praktischen Versuchen wurde der Restabfall in unterschiedliche Korngrößenklassen getrennt, die dann einer Schwerstoffabtrennung zugeführt wurden. In Abb. 5.81 ist die Massebilanz der Korngrößenklasse 80–200 mm dargestellt.

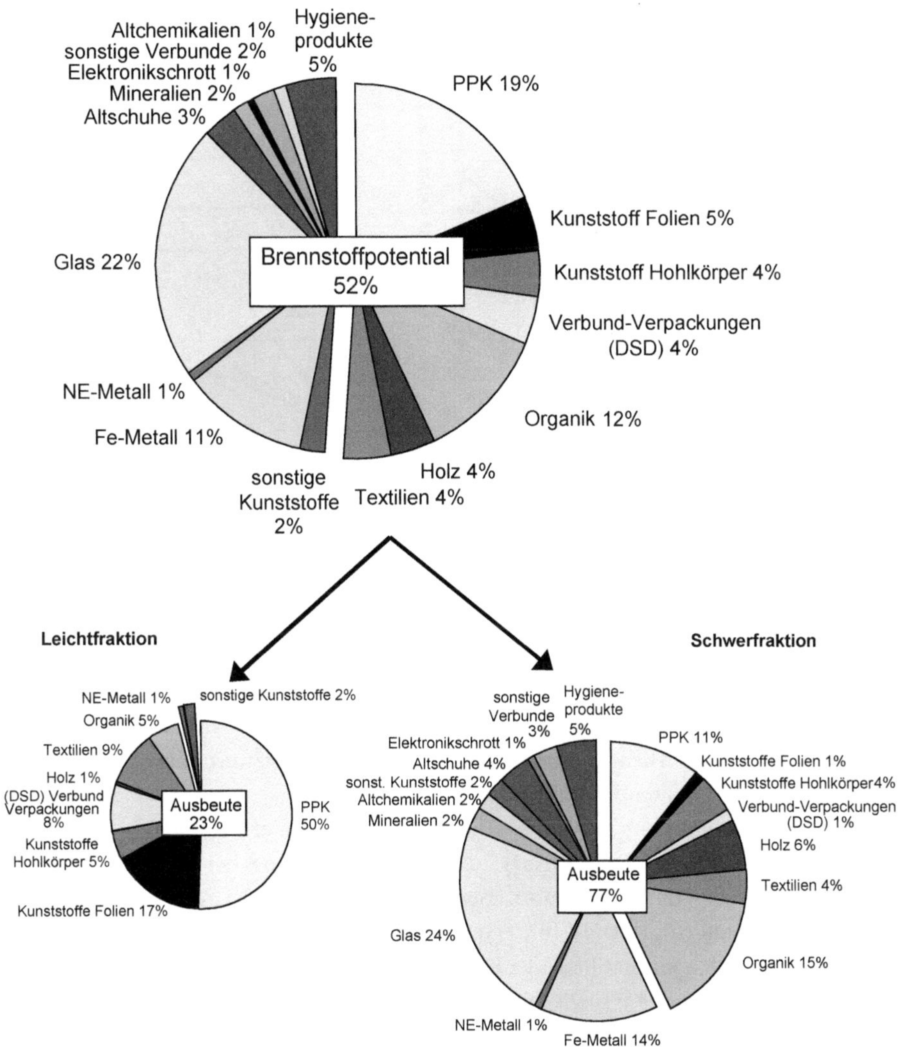

Abb. 5.81 Aufteilung der Stofffraktionen von Restabfällen aus Haushaltungen (80 mm bis 200 mm) durch Querstromsichtung (Versuchsergebnisse) (Quelle: intecus) [29]

Von dem vorhandenen Brennstoffpotenzial dieser Fraktion werden 23 % als Leichtfraktion abgetrennt. Es ist eine Anreicherung schadstoffärmerer Stoffe, wie PPK, Kunststoff-Folien und -verpackungen in der Leichtfraktion gelungen. Das Ziel der Aufbereitungstechnik muss es sein, aus dem Restabfallgemisch gezielt Ersatzbrennstoffe so herzustellen, dass gute Verbrennungseigenschaften als auch niedrige Schadstoffinhalte der EBS realisiert werden.

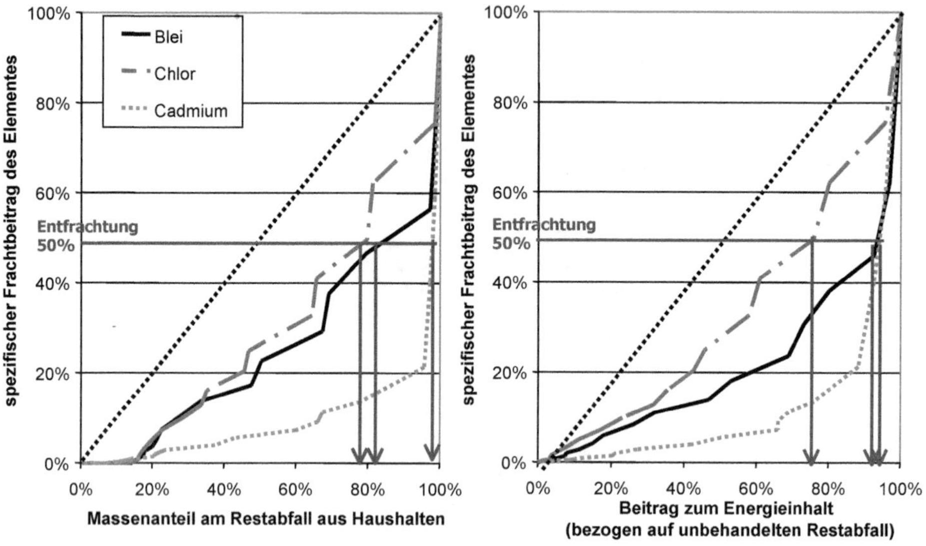

Abb. 5.82 Frachtverteilung von Schadstoffen im unbehandelten Restabfall bezogen auf einen Modellrestabfall aus städtischer Bebauung (ohne Berücksichtigung der Metallfraktion) [28]

Die Schwermetallgehalte in Ersatzbrennstoffen liegen deutlich über den Werten der Primärbrennstoffe. Um weitere Schadstoffreduzierungen zu erreichen, welche breitere Einsatzgebiete erschließen, sind neue verfahrenstechnische Ansätze zur Schadstoffentfrachtung erforderlich. Diese haben neben dem Heizwert auch stoffspezifische Schadstoffgehalte als Trennkriterium zu berücksichtigen.

Ein Anlagenbeispiel ergänzt die mechanische Konditionierungsstufe mit optoelektronischen Identsystemen (NIR-Sensor) zur Qualitätssicherung bei der EBS-Herstellung. Nach dem Absieben der niederkalorischen Feinfraktion wird der Abfallstrom einer NIR-Materialanalyse zugeführt. Diese führt eine Positivsortierung von chlorfreien Kunststoffen, Verbunden, Teppichen/Textilien oder Holz durch. Identifizierte Chlorträger (PVC, diverse Kunststoffschäume, o. ä.) sowie nicht eindeutig zuzuordnende Kunststoffe verbleiben im Restabfallstrom. Nach Herstellerangaben ist ein Ausbringen von 30...70 Masse-% EBS technisch möglich, die Durchsätze liegen bei bis zu 7...10 Mg/h bei Cl-Gehalten < 0,5 Masse-%. Eine Nachsortierung der EBS-Fraktion ist demnach nicht notwendig. Für die Qualitätssicherung von Ersatzbrennstoffen bedeutet das, dass die Aufbereitung im Wesentlichen auf eine Separierung der genannten Abfallfraktionen gerichtet sein muss. Deutlich wird dies an den Frachtverteilungskurven (siehe Abb. 5.82), die sich aus dieser Betrachtung ableiten lassen. Dazu wird der spezifische Frachtbeitrag über den Massenanteil aufsummiert (geordnet nach jeweils steigendem Frachtbeitrag). Analog lässt sich auch der Frachtbeitrag des Stoffes über den Energiebeitrag darstellen. Die Diagonale bedeutet die Gleichverteilung. Je stärker der exponentielle Verlauf, desto stärker ist das Anreicherungsverhalten in einzelnen Fraktionen für dieses Element zu beobachten.

Der Chlorgehalt im Brennstoff ist wesentlich von der Wiedergewinnung der Hauptkomponenten Papier und Kunststoff und dem Massenverhältnis beider Komponenten im Brennstoffgemisch abhängig. Während durch einen hohen Papieranteil im Brennstoff die Chlorkonzentration faktisch verdünnt wird, erhöht sich bei einer reinen Kunststoffanreicherung der Chlorgehalt im Vergleich zu Rohabfall. Auch die möglichst vollständige Abtrennung komplexer Verbundprodukte wie Schuhe, Elektronikschrott oder sonstige Verbunde, leistet, trotz des geringen Masseanteils, aufgrund des hohen Chlorgehaltes einen hohen spezifischen Beitrag zur Gesamtfracht.

Folgende Aufbereitungsschritte werden in der MBA-Technik eingesetzt um eine qualitative Verbesserung der EBS zu erreichen. Beispielsweise ist der Verfahrensschritt der Feinkornabtrennung sinnvoll, da sich hier überwiegend feuchte, biologisch abbaubare und heizwertarme Substanzen anreichern. Der Einsatz von einem ballistischen Separator ermöglicht eine gute Rückgewinnung von Papier und Pappe. Die gewünschte Selektivität des Trennprozesses zeigt sich an der Konzentrationsabreicherung der Schadstoffe Chlor, Blei und Cadmium, bei gleichzeitiger Heizwerterhöhung (siehe Abb. 5.83). Nur ein kleiner Massenanteil des schadstoffarmen Brennstoffpotenzials im Restabfall geht über die Schwerfraktion verloren. In der Schwerfraktion werden selektiv Schadstoffe angereichert. Die Stoffbilanzen zeigen, dass eine wirkungsvolle Grobgutseparierung wichtiger Bestandteil eines Gesamtverfahrens zur Gewinnung qualitätsgesicherter Brennstoffe ist.

In der Tab. 5.17 sind der Schadstoffgehalt für EBS und der Reduktionsgrad im Verhältnis zum Haus- und Gewerbeabfall dargestellt. Es wird deutlich, dass sich, bezogen auf die Masse, Chlor nicht und Schwefel nur sehr geringfügig verändern. Bezogen auf den Energiegehalt des erzeugten Brennstoffs beträgt die Reduktion der Schadstoffe gegenüber dem Ausgangsmaterial jedoch auch bei Chlor fast 40 %. In der 6. Zeile ist die Summe aus sieben polycyclischen aromatischen Kohlenwasserstoffen (PAH), wie Benzapyren, Perylen, Pyren, etc. dargestellt, die gefährliche organische Verbindungen im Feuerraum bilden können. Auch hier gibt es, bezogen auf den Energiegehalt, eine Reduktion um 70 %.

5.2.2.2 Carbo-Sed-Verfahren

Unter dem Carbo-Sed-Verfahren ist die Aufbereitung von Klärschlamm zu Brennstoffen zu verstehen. Das Blockschaltbild des Carbo-Sed-Verfahrens ist in Abb. 5.84 wiedergegeben.

Das besondere Kennzeichen dieses Verfahrens ist die Verwendung von Flotationskohlekonzentrat, das als Filterhilfsmittel bei der mechanischen Entwässerung in Filterpressen eingesetzt wird, und der Zusatz von gezielt ausgewählten Polyelektrolyten (anionisches Flockungshilfsmittel Sedipur), die eine stabile Flocke auch bei hohen Drücken in der Filterpresse gewährleisten. Diese Kombination ermöglicht eine optimale Vorentwässerung, die über die Verfahrensstufen Eindickung, Durchmischen in Doppelwellenmischern, Sedimentation bzw. Flockungsstabilisierung in sog. Kontaktwerken und weitgehende Vorentwässerung über Kammerfilterpressen läuft. Ein Mischungsverhältnis von Schlammtrockensubstanz/Kohle von 1:1,3 hat sich dabei als optimal erwiesen. Der Filterkuchen aus Kohle und vorgetrockneter Schlammtrockensubstanz wird über eine Zwischenbunke-

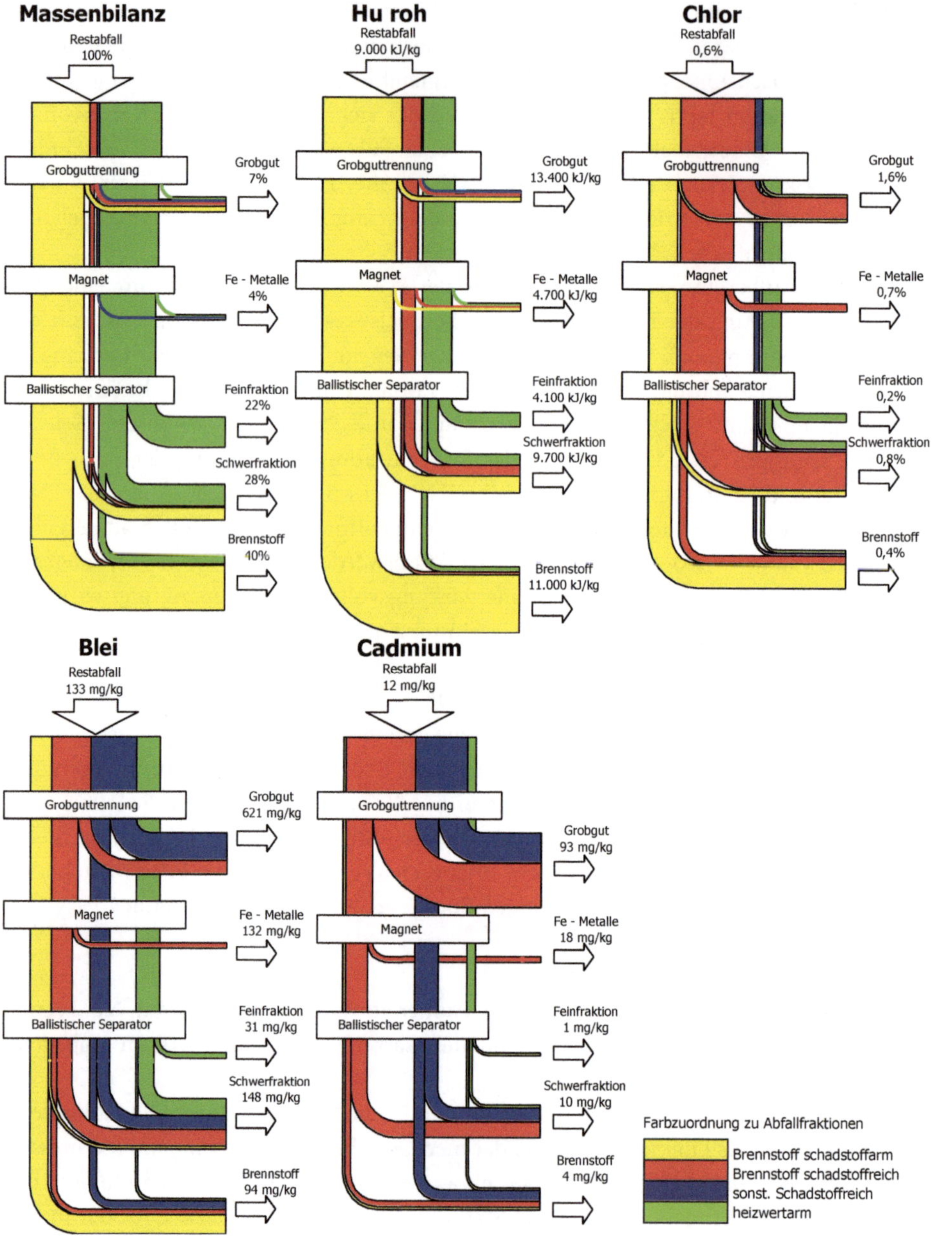

Abb. 5.83 Energie- und Stoffflussbilanz der Aufbereitung mit Ballistischem Separator, dargestellt als Sankey-Diagramm, Ausgangsmaterial Restabfall aus städtischer Bebauung [28]

Tab. 5.17 Schadstoffgehalt für EBS und der Reduktionsgrad bezogen auf den Einsatzstoff Haus- und Geschäftsabfall [34]

Schadstoffe	EBS		Hausmüll		Reduktionsgrad (%), nach	
	mg/kg TS	mg/MJ	mg/kg TS	mg/MJ	Masse	Energiegehalt
Cd	4,7	0,41	8,7	1,01	1,85	2,68
Pb	307	26,47	345	68,99	1,78	2,61
Cu	140	12,07	345	43,67	2,46	3,62
Zn	676	58,28	956	121,01	1,41	2,08
Cr	89	7,67	108	13,67	1,21	1,78
PAH (Summe)	3,6	0,31	4,2	0,53	1,17	1,71
Cl	7200	620,69	6800	860,76	0,94	1,39
F_{org}	67	5,78	101	12,78	1,51	2,21
S	4800	413,79	5100	645,57	1,06	1,56

Energiegehalt EBS: $H_u = 11{,}6$ MJ (Feuchte 28,2 %); Haus- und Geschäftsabfall: $H_u = 7{,}9$ MJ (Feuchte 31,3 %)

rung in Drehrohrtrommeltrocknern auf Feststoff-Gehalte von ca. 90 % getrocknet. Dieses Feststoff-Gemisch wird zum Teil als Brennstoff für die Brennkammern, die zur Erzeugung der Trocknungsgase dienen, verwendet. Der für die Trocknung nicht benötigte Teil wird im Trockengut-Bunker gelagert, um von dort aus auf Kraftwerke zur weiteren Verwendung verteilt zu werden.

Die Heißgaserzeugung und -führung ist in Abb. 5.84 in dem mit – Trocknung – gekennzeichneten Abschnitt zu sehen. Durch die alternative Verbrennung im Heißgaserzeuger – Trockengut, Kohle oder Öl – lassen sich Brenngase auf 800 °C erhitzen, die einerseits dem Trockner zugeführt, andererseits zur Vorerhitzung der Verbrennungsluft verwendet werden. Die den Trockner durchlaufenden Gase verlassen nach Abscheidung des Feststoffes diesen mit Temperaturen von ungefähr 180 °C und werden dem Kreislaufgas wieder zugeführt. Die Gasreinigung erfolgt über einen Elektrofilter.

Das Carbo-Sed-Verfahren wurde 1981 von der BASF AG für eine Kläranlage der Abwässer des Werkes Ludwigshafen und der Städte Ludwigshafen und Frankenthal mit einer Ausbaugröße von 6,25 Mio. EGW (EGW = Einwohnergleichwerte) entwickelt. Der Schlammanfall ist seit 1975 von 235 Mg TS/d auf über 400 Mg TS/d 1985 gestiegen. Bei der BASF wurden knapp 100 Schlämme aus kommunalen und industriellen Kläranlagen auf ihre Anwendbarkeit für das Carbo-Sed-Verfahren untersucht. Es stellte sich heraus, dass für den Feststoffgehalt des Filterkuchens das Verhältnis von Primär- und Sekundärschlamm und der organische Anteil der Schlammtrockensubstanz von Bedeutung sind. Je höher der Primärschlammanteil und je niedriger der organische Anteil, desto besser sind Schlämme entwässerbar und umso höher ist der Feststoffgehalt.

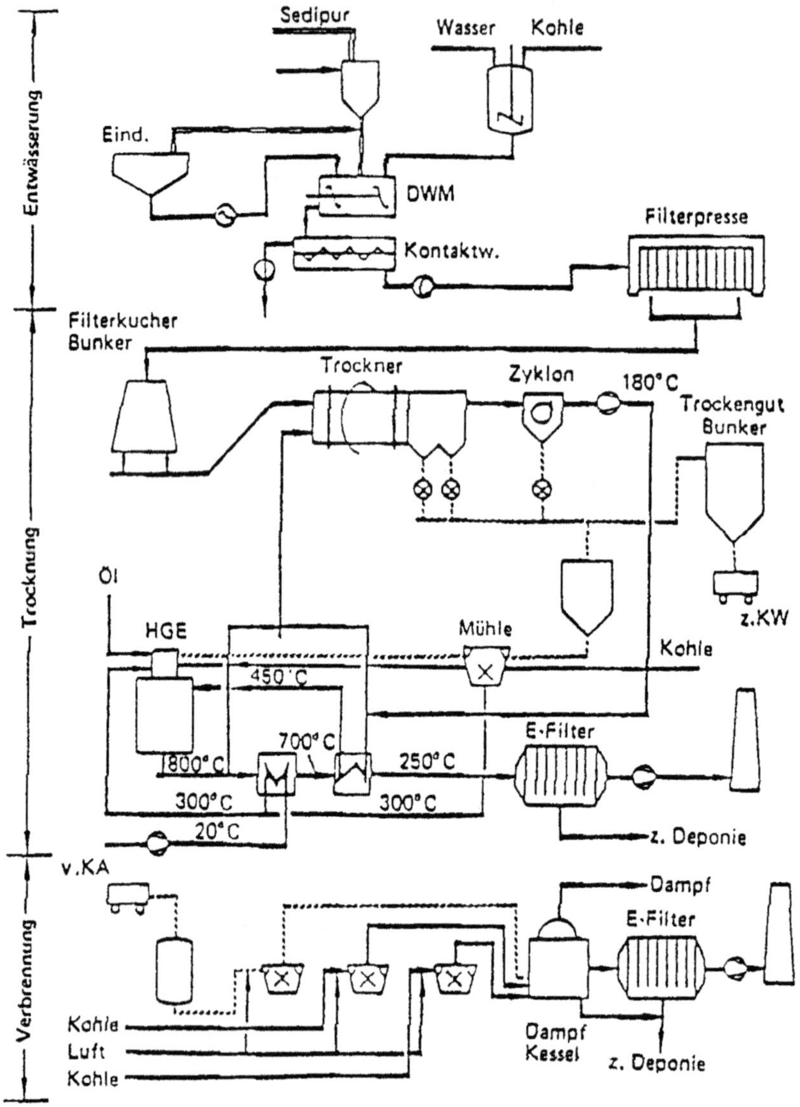

Abb. 5.84 Blockschaltbild Carbo-Sed-Verfahren der BASF [95]

5.2.2.3 Holzhackschnitzel

Der Einsatz von Holzhackschnitzeln in der Verbrennung zur Nutzung des hohen Heizwertes des Abfallholzes konkurriert mit der stofflichen Verwertung [45]. Bestimmte Altholzfraktionen (Rohholzabfälle aus den Tischlereien, bestimmte Bauholzbestandteile etc.) können einer stofflichen Verwertung, z. B. in der Spanplattenindustrie, zugeführt werden, jedoch für z. B. mit Teeröl behandeltes Altholz ist diese Verwertungsmöglichkeit aufgrund des Geruches ausgeschlossen.

Für die nicht stofflich verwertbaren Sortimente des behandelten Holzes ist eine Entsorgung als gefährlicher Abfall vorzusehen (z. B. Verbrennung). Verwerter, Verbände (z. B. BAV Bundesverband der Altholzaufbereiter und -verwerter e. V.) und Institute (z. B. Wilhelm-Klauditz-Institut Braunschweig), die sich mit der Problematik der Verwertung behandelten Holzes auseinandersetzen, untersuchen Möglichkeiten, die eine thermische Nutzung unter bestimmten Voraussetzungen zulassen.

Neben einer stofflichen Verwertung sollte auch eine thermische Nutzung von behandeltem Altholz in eine Verwertungsstrategie einbezogen werden, die auch für holzschutzmittelhaltige Holzreste eine evtl. eingeschränkte Zulassung als Festbrennstoff ermöglicht. Voraussetzung dafür ist die Bereitstellung einer dafür geeigneten und genehmigten Feuerungsanlage.

Bei einer Verbrennung in einer mehrstufigen Holzfeuerungsanlage ist die Minimierung der Emissionen durch eine Optimierung des Brennverhaltens entscheidend. Im Falle des unvollständigen Ausbrands entstehen vielfach relativ hohe Emissionen durch Kohlenmonoxid und Kohlenwasserstoffe. Das heißt, dass durch konstruktive und verbrennungstechnische Maßnahmen die Voraussetzungen für eine möglichst vollständige Oxidation des behandelten Holzes geschaffen werden müssen. Ausbrandinhibitoren (z. B. Alkaliverbindungen in Phenolharzen und Holzschutzmitteln) stören die Verbrennung und führen zu erhöhten Emissionswerten. Es gibt ebenfalls Bestandteile des behandelten Holzes, die das Brennverhalten günstig beeinflussen (z. B. Aminoplastharze, Ammoniumverbindungen), die jedoch aufgrund des Stickstoffgehaltes zu einer Erhöhung der Stickoxidbelastung führen. Die Reduzierung des Stickoxidausstoßes ist durch die Rauchgasrückführung und eine optimierte Brennluftzuführung mit langer Reduktionszone möglich. Als Sekundärmaßnahme bietet sich eine Entstickung der Rauchgase an [157].

Der Chlorgehalt, der schon bei „naturbelassenem Holz" in Größenordnungen bis ca. 50 ppm vorhanden ist, führt bei Holzfeuerungen zur Bildung von Dibenzodioxinen (PCCD) und Dibenzofuranen (PCDF). Bei der Behandlung von Holz sollte deshalb eine Verringerung des Chlorgehaltes angestrebt werden [157].

Bewertungen der Holzschutzmittel-Behandlung werden durch das Deutsche Institut für Bautechnik (DIBt) und von der RAL-Gütegemeinschaft Holzschutzmittel e. V. durchgeführt. Es wird empfohlen, entweder industriell behandeltes Holz oder Holzschutzmittel mit dem RAL-Gütezeichen zu nutzen [158].

Aufbereitung Das Abfallholz wird zu Grobschnitzeln (50 bis 300 mm) oder Feinschnitzeln (10 bis 50 mm) in Hammermühlen zerkleinert. Horizontal beschickte Hammermühlen haben sich gegen Hacker und Trommelreißer durchgesetzt, da sie einem geringeren Verschleiß unterliegen [46]. Die Zerkleinerung dient der weitgehenden Auflösung der Verbindung Metall/Holz, um die automatische Fe- und NE-Metallseparierung (Nägel, Schrauben, Scharniere) zu erleichtern. Weiterhin wird durch das Shreddern des Materials ein teilweises Abtrennen von Verschmutzungen und evtl. Beschichtungen ermöglicht, die z. B. bei Bauholzfraktionen in Form von Erd- und Betonanhaftungen sowie Lackierungen auftreten. Verschmutzungen und Lackreste können durch zwischengeschaltete

Aggregate (z. B. Sichter) separiert werden. Waschanlagen zur Entfernung von Verschmutzungen sollten aufgrund der Abwasserproblematik nicht eingesetzt werden. Die hier eingesetzten Aggregate sind in Kap. 5.1 beschrieben.

Einsatzmöglichkeiten Die Holzhackschnitzel können in automatisierten Feuerungen, die im Leistungsbereich zwischen 100 und 4000 kW angeboten werden, und in der Holzvergasung eingesetzt werden. Falls Holz nicht behandelt wurde, ist auch ein Einsatz in Kleinfeuerungsanlagen möglich, aufgrund der stofflichen Verwertungsmöglichkeiten jedoch nicht anzustreben [45].

5.3 Vermarktung von Recycling-Produkten

5.3.1 Allgemeine Bemerkungen

Auf der Grundlage des § 14 Abs. 2 AbfG (von 1986, seit 1996 außer Kraft) hatte die Bundesregierung die „Verordnung über die Vermeidung von Verpackungsabfällen (VerpackV)" erlassen. Die vom Bundesumweltministerium 1992 als Entwurf verfasste Verordnung, ebenfalls nach § 14 Abfallgesetz, über die Vermeidung und Verwertung von Abfällen aus gebrauchten Druckerzeugnissen sowie Büro- und Administrationspapieren (Altpapierverordnung) durch die Hersteller und Vertreiber, bzw. durch beauftragte Dritte, wurde letztendlich nicht weiter verfolgt. Der Grund bestand darin, dass die an der Papierkette beteiligten Industrien 1994 eine freiwillige Selbstverpflichtung zur verstärkten Verwertung von Altpapier unterzeichnet hatten und die hoch gesteckten Ziele in den darauf folgenden Jahren übererfüllt wurden. Durch die Verpackungsverordnung und die freiwillige Selbstverpflichtung der Papierindustrie wurde die Option geschaffen, ein haushaltsnahes Rücknahmesystem für Verpackungen bzw. Altpapier aufzubauen oder anderenfalls an bestehenden teilzunehmen (Duales System) (vgl. Kap. 1.3.7 und 3.2.1). Die Entsorgung des Endverbrauches verläuft danach zweigleisig (dual). Während die entsorgungspflichtige Körperschaft für die Abfuhr des Restmülls, Sperrmülls etc. zuständig ist, trägt die Wirtschaft für die von ihr initiierten Sammelsysteme für Verpackungen und Altpapier die Verantwortung.

Die Motivation der Bürger zur Teilnahme am Dualen System ist relativ hoch, so dass erste Sammelerfolge Schwierigkeiten bereiteten, da die für die Weiterbehandlung erforderlichen Einrichtungen nicht im gleichen Tempo errichtet, ausgebaut und in Betrieb genommen werden konnten. Als Folge mussten Zwischenlager aufgestockt bzw. neu eingerichtet werden. Besonders schwierig gestaltete sich die Sachlage für DSD-Kunststoffverpackungen. Auch bei Glas und Papier zeigte sich die Situation aufgrund der schwachen Konjunktur 1992/93 gespannt. Als Reaktion hatte das DSD die Gebühren für den Grünen Punkt teilweise deutlich angehoben.

Die Verordnungen wenden sich ausschließlich an Hersteller und Verarbeiter, nicht aber an die entsorgungspflichtigen Körperschaften oder an den Verbraucher. Damit besteht für diesen kein Zwang am Dualen System teilzunehmen. Das Duale System ist darüber hinaus eine privatwirtschaftliche betriebene Sammlung und fällt nicht unter den Begriff der Abfallentsorgung.

5.3.1.1 Marktanalyse

Aus der Praxis ist bekannt, dass die Vermarktung der Produkte aus Recyclinganlagen das schwächste Glied in der Kette des Wertstoffkreislaufes darstellt. Wie die Erfahrungen bei Kompostierungsanlagen zeigen, ist die öffentliche Hand selten in der Lage, Produkte aus Entsorgungsanlagen professionell zu vermarkten. Neben der Entsorgungsfunktion haben die Recyclinganlagen die Funktion der Produktion von Produkten, die auf dem Markt abgesetzt werden müssen. Die wirtschaftlichen Konsequenzen werden von den Betreibern der kommunalen Anlagen selten erfasst. Je nach Standort und Marktsituation unterscheiden sich die Erlöse für die gleichen Recyclingprodukte erheblich. Für jeden Standort gilt, dass alle wiedergewonnenen Rohstoffe auf Märkte stoßen, die bereits durch Konkurrenz-Primärrohstoffe besetzt sind. Da die Rohstoffe aus den Recyclinganlagen nur teilweise die Qualität der Konkurrenzrohstoffe erreichen, kann nur ein wesentlich niedrigerer Preis den Zugang zu diesen Märkten eröffnen [8].

Im Rahmen einer Markterhebung ist zunächst das reale Mengenaufkommen an potentiellen Wertstoffen im Einzugsgebiet des Standortes der Anlage zu ermitteln. Weiterhin sind die derzeitigen Verwertungs- und Entsorgungswege sowie deren Kosten darzustellen.

Darüber hinaus wird auch der Bereich Logistik mit in die Betrachtung einbezogen. Neben der Ermittlung anderer Entsorgungsbetriebe, die Wertstoffe sammeln und verwerten, ist vor allem im Bereich von Sammlung und Transport zu untersuchen, inwieweit Optimierungsmaßnahmen möglich sind.

In Abhängigkeit von den Verwertungskosten für die produzierte Ware und den voraussichtlichen Investitions- und Betriebskosten der Anlage ist der Annahmepreis für die Wertstoffe zu berechnen. Nach Vorlage dieses Preises muss mit den entsprechenden entsorgungspflichtigen Körperschaften der jeweiligen Einzugsgebiete verhandelt werden, ob die Bereitschaft einer Abgabe von Wertstoffen unter der Voraussetzung des kalkulierten Annahmepreises besteht.

Nach Vorliegen aller wirtschaftlichen Daten kann nun der Produktpreis ermittelt werden, der um konkurrenzfähig zu sein, kleiner oder höchsten gleich dem Preis für Produkte aus Primärmaterial sein muss.

5.3.1.2 Produktverkauf und Leistungsparameter

Die Erfahrungen zeigen, dass es wünschenswert ist, die Recyclingprodukte Kompost, Papier, Pappe, Kunststoff, Glas und Metalle hinsichtlich der Qualitätsmerkmale eindeutig zu definieren. Aufgrund der Inhomogenität des Ausgangsstoffes Abfall ist es aber nur schwer möglich, die Bandbreite der Qualitätsmerkmale sehr eng zu halten. Der jeweilige Produktabnehmer muss daher entweder auf diese Bandbreiten eingestellt sein oder derart im Einflussbereich der entsorgenden Körperschaft oder beim Betreiber der Anlage liegen, dass die Abweichungen toleriert und nicht zum Kriterium des Gesamtfunktionierens der Recyclinganlage werden können.

Neben den Marktuntersuchungen über Absatzmöglichkeiten, Spezifikationen und Preisgestaltung der Produkte sollte ein Konzept für die geeignetsten Sammelrouten oder die getrennte Sammlung, z. B. durch die Grüne- oder Wertstofftonne erarbeitet werden. Dies ist erforderlich, um recyclingfreundliche Abfallbestandteile wie Papier, Pappe, Vegetabilien oder ganze Partien wertstoffreichen Geschäftsmülls möglichst unverschmutzt in der Recyclinganlage einzusetzen.

5.3.1.3 Fördermöglichkeiten des Absatzes

Zur Förderung des Absatzes können insbesondere die verarbeitende Industrie, der Handel, der Verbraucher und die öffentliche Hand beitragen [96].

Verarbeitende Industrie Besonders bedeutsam sind die Erweiterung vorhandener Verwertungskapazitäten (z. B. Deinkinganlagen, Altglasaufbereitung, Kunststoffgranulierung) sowie die Weiterentwicklung von Verfahren zur Aufbereitung von Wertstoffen. Wichtig ist darüber hinaus die Entwicklung neuer Produkte, die aus den erfassten Wertstoffen hergestellt werden können.

Handel Wünschenswert sind eine stärkere Unterstützung des Vertriebs sowie eine Preisgestaltung zugunsten von Recyclingprodukten, insbesondere während der Einführungsphase.

Verbraucher Von ausschlaggebender Bedeutung für die Förderung der Absatzmöglichkeiten ist eine verstärkte Nachfrage von seitens des Verbrauches nach Waren und Gütern, die erkennbar mit hohen Anteilen aus Recyclingstoffen hergestellt werden. Auch die Verbraucherverbände haben hier eine bedeutsame Rolle, die es verstärkt zu erfüllen gilt.

Öffentliche Hand Die öffentliche Hand kann durch eine vielseitige Palette bei der Förderung der Absatzmöglichkeiten behilflich sein.

Hierzu sind vor allem zu nennen:

- Förderung von Forschungs- und Modellvorhaben,
- Steuerliche Begünstigung zur Schaffung weiterer Kapazitäten bei der Verarbeitung von Wertstoffen zu Gütern,
- Finanzielle Hilfen zur Verbesserung und Verbreitung vorhandener und noch einzuführender technischer Anlagen und Technologien,
- Verbrauch von Waren und Gütern aus Sekundärrohstoffen in größerem Umfang als bisher in öffentlichen Einrichtungen und Betrieben,
- Erzeugung von Anreizen zur Verwendung solcher Güter, z. B. durch Änderung der Gütevorschriften und Normen,

- Gezielte Beschlüsse und Empfehlungen der Umweltminister zur Verwendung von Recyclingprodukten,
- Verstärkte Öffentlichkeitsarbeit zum Einsatz und Vertrieb solcher Sekundärprodukte.

5.3.2 Papier und Pappe

Die Altpapierverwertung hat eine lange Tradition. Auch nach dem zweiten Weltkrieg war die Altpapierverwertung in der Bundesrepublik Deutschland bis zum Aufkommen der Wegwerfmentalität allgemein üblich. Diese Entwicklung wurde auch durch die niedrigen Kosten der damals weitgehend ungeordneten Abfallbeseitigung möglich. Erst die einsetzende Verknappung der Ressourcen sowie die höheren Anforderungen an die Abfallbeseitigung und die damit verbundenen höheren Kosten machten die Altpapierverwertung aus dem Haushaltsbereich wieder attraktiver. Diese Entwicklung wurde erleichtert, weil der Rohstoffhandel traditionell auf diesem Gebiet tätig ist. Papier- und Kartonfabriken mussten sich lediglich an die Qualität der neuen Sorten anpassen.

Seit 1972 wird in der Bundesrepublik eine getrennte Altpapiersammlung durchgeführt.

Bisherige Stimulanz für die getrennte Erfassung und Zuführung zur stofflichen Verwertung ist die Höhe der alternativ zu zahlenden Abfallgebühr. Bei hohen Marktpreisen für Altpapier werden bei der Sammlung von Altpapier Erlöse erzielt. Die Erlöse der kommunal organisierten Altpapiersammlung fließen in den abfallwirtschaftlichen Gebührenhaushalt ein und werden zur „Stützung“ der Abfallgebühren verwendet.

5.3.2.1 Qualitätsanforderungen

Die Qualitätsanforderungen an Altpapier wurden vom Verband Deutscher Papierfabriken in einer Sortenliste festgehalten. In dieser Liste wurden über 40 Standardqualitäten in fünf Gruppen beschrieben. Diese Liste wurde durch die – European List of Standard Grades of Recovered Paper and Board – ersetzt. Die stärkere Vernetzung der Europäischen Papierfabriken, des Altpapierhandels und der grenzüberschreitende Handel mit den unterschiedlichen Papiersorten, führten zu dieser Liste.

Aus der deutschen Altpapierliste wurde die Definition und Formulierung für „Unerwünschte Papiere und Pappen“ übernommen. Damit ist Altpapier prinzipiell frei von unerwünschten Stoffen zu liefern. Dies gilt nicht für unerwünschte Papiersorten.

In der Liste wird auch festgehalten, dass Altpapier aus Abfallsortieranlagen nicht für den Einsatz in der Papierindustrie geeignet ist. Es wird auch erwartet, dass Altpapier aus der Multikomponentensammlung entsprechend gekennzeichnet wird und nicht mit anderem Recyclingpapier ohne Kennzeichnung vermischt werden darf.

Darüber hinaus spielt der Feuchtegehalt im Altpapier eine neue Rolle. Bei einer Lieferung von Altpapier mit mehr als 10 % Feuchtegehalt kann das überschüssige Gewicht zurückgewiesen werden.

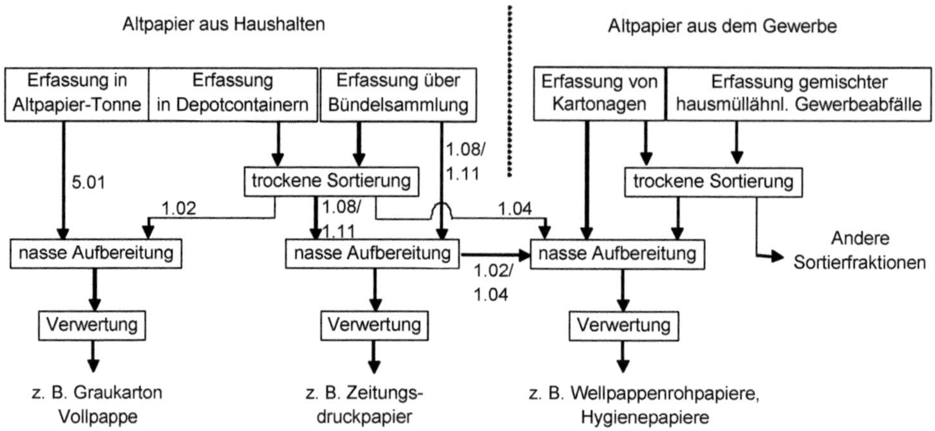

Abb. 5.85 Altpapier aus Haushalt und Gewerbe und deren Sortierwege

Abbildung 5.85 zeigt schematisch die Erfassung, Sortierung, Aufbereitung und den Einsatz des Altpapiers aus Haushalt und Gewerbe unter Berücksichtigung ausgewählter Altpapiersorten der Europäischen Altpapiersortenliste (siehe auch Tab. 5.18).

Die Qualität des im Haushalt erfassten Altpapiers wird von der Art des durchgeführten Sammelsystems beeinflusst. In der Regel können mit allen Altpapiersammelsystemen im Mittel die Störstoffgehalte der Altpapiersortenliste unterschritten werden. Geringere Störstoffanteile sind tendenziell bei der kontrollierten Annahme (Wertstoffhof, sonstige Annahmestellen) und der Bündelsammlung feststellbar.

5.3.2.2 Erlöse

Abbildung 5.86 zeigt die großen Schwankungen auf dem Altpapiermarkt. In Zeiten geringer Altpapiererlöse waren bei der Ausschreibung der Leistung Sammlung und Verwertung von haushaltsnahem Altpapier Zuzahlungen für die Kommunen das Ergebnis. Bei hohen Altpapiererlösen können auch für die Sammlung und Verwertung von Altpapier Erlöse erzielt werden. Diese starke Marktabhängigkeit führte dazu, dass der Leistungszeitraum der Ausschreibung deutlich kürzer als z. B. bei der Sammlung anderer Abfallarten gewählt wird. Zudem führen einige Kommunen die Vermarktung selber durch bzw. koppeln das Ausschreibungsergebnis an die Entwicklung von Preisindizes (Altpapiermarkt nach Europäischem Wirtschaftsdienst oder Entwicklung von Papierindizes nach Statistischem Bundesamt).

In Kap. 8 sind bei den Kosten der Altpapiersortierung die Schwankungen der Altpapiererlöse zwischen 2007 und 2010 dargestellt (siehe Abb. 8.17) In dieser Darstellung wird insbesondere der Einfluss der Weltwirtschaft (Weltwirtschaftskrise) deutlich.

Die Höhe der zu erzielenden Erlöse ist abhängig von mehreren Faktoren, u. a.:

- von der Sorte und der Menge der gesammelten Fraktionen,
- vom Lagerbestand bei den Altpapierhändlern und der Papierindustrie,

Tab. 5.18 Europäische Altpapiersortenliste – Auszug (Stand Juli 2000) [35, 97]

	Gruppe 1– Untere Sorten
1.01	Unsortiertes gemischtes Altpapier, unerwünschte Stoffe entfernt Eine Mischung verschiedener Papier- und Pappesorten ohne Begrenzung der Anteile an kurzfaserigem Material.
1.02	Sortiertes gemischtes Altpapier Eine Mischung verschiedener Papier- und Pappenqualitäten, die maximal 40 % an Zeitungen und Illustrierten enthält.
1.03	Graukarton Bedruckter und unbedruckter, weiß gedeckter und ungedeckter grauer Karton oder gemischter Karton, frei von Wellpappe.
1.04	Kaufhausaltpapier Gebrauchte Papier- und Kartonverpackungen, die mindestens 70 % Wellpappe enthalten, Rest Vollpappe und Packpapier.
1.05	Alte Wellpappe-Verpackungen Gebrauchte Verpackungen und Bogen aus Wellpappe verschiedener Qualitäten.
1.06	Unverkaufte Illustrierte Unverkaufte Illustrierte, mit oder ohne Kleberücken.
1.06.01	Unverkaufte Illustrierte ohne Kleberücken Unverkaufte Illustrierte ohne Kleberücken
1.07	Telefonbücher Neue und gebrauchte Telefonbücher, ohne Begrenzung des Anteils von durchgefärbten Seiten, mit und ohne Kleberücken. Späne erlaubt.
1.08	Zeitungen und Illustrierte 1, gemischt Eine Mischung aus Zeitungen und Illustrierten, die mindestens 50 % Zeitungen enthält, mit oder ohne Kleberücken.
1.09	Zeitungen und Illustrierte 2, gemischt Eine Mischung aus Zeitungen und Illustrierten, die mindestens 60 % Zeitungen enthält, mit oder ohne Kleberücken.
1.10	Illustrierte und Zeitungen, gemischt Eine Mischung aus Illustrierten und Zeitungen, die mindestens 60 % Illustrierte enthält, mit oder ohne Kleberücken.
1.11	Deinkingware Sortiertes grafisches Papier aus haushaltsnaher Erfassung, Zeitrungen und Illustrierte mit einem Mindestanteil von jeweils 40 %. Der prozentuale Anteil von nicht deinkbarem Papier sollte im Laufe der Zeit auf 1,5 % reduziert werden. Der jeweilige prozentuale Anteil ist zwischen Käufer und Verkäufer zu vereinbaren.
	Gruppe 2– Mittlere Sorten
2.01	Zeitungen Zeitungen, die maximal 5 % durchgefärbte Zeitungen oder durchgefärbte Beilagen enthalten
2.02	Unverkaufte Zeitungen Unverkaufte Zeitungen, frei von nachträglich hinzugefügten durchgefärbten Beilagen oder durchgefärbten Werbeprospekten.

Tab. 5.18 (Fortsetzung)

2.02.01	Unverkaufte Zeitungen, Flexodruck unzulässig Unverkaufte Tageszeitungen, frei von nachträglich hinzugefügten durchgefärbten Beilagen oder durchgefärbten Werbeprospekten, Schnüre zugelassen. Flexobedrucktes Material unzulässig.
2.03	Weiße Späne mit leichtem Andruck Weiße Späne mit leichtem Andruck, überwiegend aus holzhaltigem Papier
2.03.01	Weiße Späne mit leichtem Andruck, ohne Kleberücken Weiße Späne mit leichtem Andruck, überwiegend aus holzhaltigem Papier, ohne Kleberücken
2.04	Weiße Späne, stark bedruckt Weiße Späne, stark bedruckt, überwiegend aus holzhaltigem Papier.
2.04.01	Weiße Späne, stark bedruckt Weiße Späne, stark bedruckt, überwiegend aus holzhaltigem Papier, ohne Kleberücken
2,05	Sortiertes Büroaltpapier Sortiertes Büroaltpapier
2.06	Bunte Akten Schriftwechsel auf Druck- und Schreibpapier, gemischt durchgefärbte Papiere, bedrucktes oder unbedrucktes Druck- oder Schreibpapier. Frei von Kohlepapier und Aktenordnern.
2.07	Weiße Bücher, holzfrei Bücher, einschließlich Buchfehldrucken, ohne harte Buchdeckel, überwiegend aus holzfreiem weißem Papier, ausschließlich schwarz bedruckt. Der Anteil an gestrichenem Papier beträgt maximal 10 %.
2.08	Bunte Illustrierte, holzfrei Gestrichene oder ungestrichene Illustrierte, weiß oder durchgefärbt, frei von harten Deckeln, Kleberücken, nicht dispergierbaren Druckfarben und Klebstoffen, Posterpapieren oder Etiketten. Stark bedruckte Beilagen und durchgefärbte Späne sind zugelassen. Der Anteil an holzhaltigen Papieren beträgt maximal 10 %.
2.09	Selbstdurchschreibepapiere Selbstdurchschreibende Papiere.
2.10	Gebleichter, PE-beschichteter Karton, holzfrei PE-beschichteter Karton, gebleicht, holzfrei, von Kartonherstellern und -verarbeitern.
2.11	Anderer PE-beschichteter Karton Ungebleichter Karton und ungebleichtes Papier von Kartonherstellern und -verarbeitern ist zugelassen.
2.12	Endlosformulare, holzhaltig Endlosformulare, holzhaltig nach Farben sortiert, darf rezyklierte Fasern enthalten.
	Gruppe 3– Bessere Sorten
Diese Papiersorten haben in der Abfallwirtschaft nur eine sehr geringe Bedeutung	
	Gruppe 4– Krafthaltige Sorten
4.01	Neue Späne aus Wellpappe Neue Späne aus Wellpappe mit Decken aus Kraft- oder Testlinern.
4.01.01	Unbenutzte Kraftwellpappe Unbenutzte Verpackungen, Bogen und Späne aus Wellpappe, ausschließlich mit Kraftlinern. Welle aus Zellstoff oder Halbzellstoff.

Tab. 5.18 (Fortsetzung)

4.01.02	Unbenutzte Wellpappe Unbenutzte Verpackungen, Bogen und Späne aus Wellpappe mit Decken aus Kraft- oder Testlinern.
4.02	Gebrauchte Kraftwellpappe 1 Gebrauchte Verpackungen aus Wellpappe, Decken ausschließlich mit Kraftlinern, Welle aus Zellstoff oder Halbzellstoff.
4.03	Gebrauchte Kraftwellpappe 2 Gebrauchte Verpackungen aus Wellpappe, mit Decken aus Kraftlinern oder Testlinern, wobei jedoch mindestens eine Decke aus Kraftlinern hergestellt ist.
4.04	Gebrauchte Kraftpapiersäcke Saubere, gebrauchte Kraftpapiersäcke, nassfest und nicht nassfest.
4.04.01	Gebrauchte Kraftpapiersäcke mit kunststoffbeschichteten Papieren Saubere, gebrauchte Kraftpapiersäcke, nassfest und nicht nassfest, Kunststoffbeschichtete Papiere sind zugelassen.
4.05	Unbenutzte Kraftpapiersäcke Unbenutzte Kraftpapiersäcke, nassfest oder nicht nassfest.
4.05.01	Unbenutzte Kraftpapiersäcke mit kunststoffbeschichteten Papieren Unbenutzte Kraftpapiersäcke, nassfest oder nicht nassfest, Kunststoff-beschichtete Papiere sind zugelassen.
4.06	Gebrauchtes Kraftpapier Kraftpapier und -pappe, gebraucht, naturfarbig oder hell.
4.07	Unbenutztes Kraftpapier Späne und andere Kraftpapiere und -pappen, unbenutzt, naturfarbig.
4.08	Unbenutzter Krafttragekarton Unbenutzter Krafttragekarton, nassfestes Papier zugelassen.
	Gruppe 5
5.01	Altpapier, gemischt Unsortiertes Altpapier, getrennt von anderen Materialien gesammelt.
5.02	Verpackungen, gemischt Eine Mischung von unterschiedlichen Arten von gebrauchten Papier- und Pappenverpackungen, frei von Zeitungen und Illustrierten.
5.03	Getränkekartonverpackungen Gebrauchte Getränkekartonverpackungen, einschließlich Kunststoff-beschichtete Getränkekartonverpackungen (mit oder ohne Aluminium-Anteil), die mindestens 50 % Gewichtsanteile an Fasern beinhalten, Rest Aluminium oder Beschichtungen.
5.04	Kraftpackpapier Gebrauchtes Kraftpackpapier mit Kunststoff-Einlagen, -besprüht oder -beschichtet. Ohne Bitumen- oder Wachsbeschichtungen.
5.05	Nassetiketten Gebrauchte, feuchte Etiketten aus nassfestem Papier, maximal 1 % Glas zugelassen und höchstens 50 % Feuchtegehalt, ohne andere unerwünschte Stoffe.
5.06	Nassfeste weiße holzfreie Papiere, unbedruckt Unbedruckte, weiße, nassfeste, holzfreie Papiere.
5.07	Nassfeste weiße holzfreie Papiere, bedruckt Bedruckte, weiße, nassfeste, holzfreie Papiere.

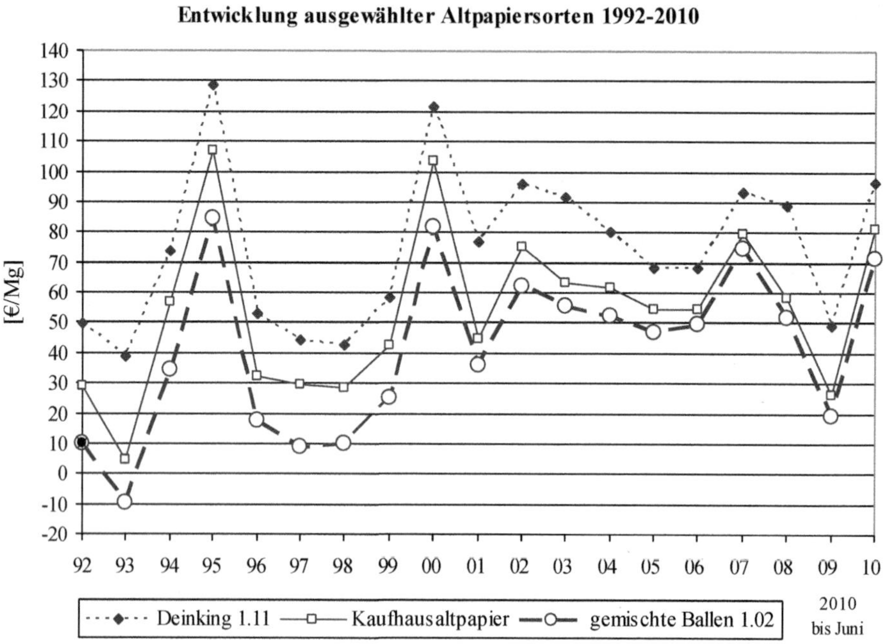

Abb. 5.86 Preisentwicklung für die Altpapiersorten – in Klammern neue Europäische Liste – D39 (1.11), B19 (1.04), B12 (1.02) von 1992 bis 2010 [131]

- vom Bedarf der Papierindustrie in Verbindung mit der Einsatzquote bei der Herstellung von Neuprodukten,
- von der aktuellen Produktnachfrage am Markt, d. h. vom Verbrauch an Papier, Karton und Pappe,
- von den Marktpreisen für Frischzellstoff sowie verstärkt der internationalen Nachfragesituation, insbesondere aus dem asiatischen Markt (Altpapierex- und -import).

5.3.3 Altglas

Altglas bietet als einer der wenigen Wertstoffe aufgrund seiner stofflichen Eigenschaften günstige Voraussetzungen, um in der Glasproduktion wieder eingesetzt zu werden. Glas hat die besondere Eigenschaft zu 100 % ohne Qualitätsverluste recyclingfähig zu sein. Die heute erreichte Recycling-Quote von 81 % setzt jedoch eine farbgetrennte Altglaserfassung bzw. eine nachträgliche Sortierung von gesammeltem Mischglas voraus, da bei der Glasherstellung eine hohe Farbreinheit (insbesondere bei Weißglas) gefordert wird [38].

5.3.3.1 Qualitätsanforderungen

Die Forderung eines geringen Fehlfarbanteils im Altglas beruht auf den Qualitätsansprüchen hinsichtlich der Farbreinheit bei der Herstellung von Neuglas. Die Annahmespe-

Tab. 5.19 Entwicklung der Qualitätsvorschriften für Altglas (aufbereitete Scherben), Werte 2012 – Maximale Fremdanteile (erlaubte Mittelwerte) sowie alte Anforderungen von 1997 [37]

Maximale Fremdanteile				
Keramik, Steine, Scherben	1991	< 60	(g/Mg)	
	1992	< 50	(g/Mg)	
	1993	< 40	(g/Mg)	
	1994	< 25	(g/Mg)	
	1997	< 25	(g/Mg)	
Weiß-, Grün-, Bunt- u. Mischgl.	2012	< 20	(g/Mg)	
Braunglas	2012	< 25	(g/Mg)	
Fe-Metalle	2012	< 2	(g/Mg)	
NE-Metalle	2012	< 3	(g/Mg)	
Lose organische Stoffe	2012	< 300	(g/Mg)	
Glaskeramikteile	2012	< 10	(g/Mg)	
Feuchtigkeit		< 2	(%)	
Maximaler Fehlfarbanteil (1997)				
		Fehlfarbe		
	Weiß	Braun	Grün	
Im Weißglas	–	< 0,3 %	< 0,1 %	
Im Braunglas	< 5,0 %	–	< 5,0 %	
Im Grünglas	< 5,0 %	< 5,0 %	–	
Maximale Fehlfarbanteile (erlaubte Mittelwerte/Abl.grenze, 2012)				
		Fehlfarbe (%)		
	Weiß	Braun	Grün	Andere
Im Weißglas	–	–/ > 0,3 %	< 0,2/> 0,4	–/ > 0,2 %
Im Braunglas		Min. 80 %	< 10/ > 15	
Im Grünglas		< 10,0 %/–	Min. 75 %	
Im Buntglas	–	Min. 80 % grün u. braun		–

zifikationen der Glashütten enthalten neben den noch tolerierbaren Fehlfarbenanteilen weiterhin Anforderungen an den maximalen Fremdstoffgehalt (vgl. Tab. 5.19). Zu hohe Fremdstoffgehalte im Altglas beeinträchtigen insbesondere den Schmelzprozess bei der Glasherstellung oder führen zu unerwünschten Einschlüssen beim Hohlglas.

5.3.3.2 Erlöse

Die Erlössituation hat sich für Altglasscherben in den Jahren vor und bis zur Einführung des Dualen Systems kaum verändert. Die anfallenden Kosten zur Erfassung, Sortierung und Transport zur Glashütte lagen bei durchschnittlich 65 bis 95 €/Mg verwertbarer Scherben [144].

Mit Einführung des Dualen Systems ist der Markt für Altglas fast vollständig zum Erliegen gekommen und durch den Verteilmechanismus des DSD ersetzt worden. Die

Kosten für Erfassung, Sortierung und Transport werden aus den Einnahmen des „Grünen Punktes" bezahlt. Bedingt durch die höheren Einsatzquoten bei der Glasherstellung wird Mischglas kaum noch akzeptiert, so dass entweder farbgetrennt gesammelt wird oder eine Farbseparierung bei der Aufbereitung erfolgt (vgl. 5.1.3.3). Aktuelle Marktpreise für sortiertes Altglas liegen in einem Bereich von bis zu 35 Euro je Mg [36].

5.3.4 Eisenschrott

Bei dem im Haushaltsabfall befindlichen Eisenschrott handelt es sich zum größten Teil um verzinnte Blechdosen. Dieses Material ist durch Papier, Kunststoff, Gummi, Lack, Farbe, Speisereste usw. stark verunreinigt, so dass es nur aufbereitet im Roheisen- und Stahlerzeugungsprozess einsetzbar ist [104].

5.3.4.1 Qualitätsanforderungen

Das Schrottaufkommen wird weltweit einheitlich in zwei Hauptgruppen eingeteilt [103]:

- Dem Eigenschrottanfall der Hochofen- und Stahlwerke sowie Gießereien. Dieser Schrott verbleibt im Rohstoffkreislauf der Werke und wird deshalb auch Kreislaufschrott genannt.
- Dem Zukaufschrott, bei dem es sich um die von der Schrottwirtschaft erfassten Produktionsabfälle, dem sog. Neuschrott, und die nicht mehr verwendungsfähigen und ausgedienten Verbrauchs- und Industriegüter aus Stahl oder Guss, dem sog. Altschrott, handelt.

Der Neuschrott, der in der stahlverarbeitenden Industrie anfällt, wird im allgemeinen nach der Verarbeitung des Stahlhalbzeuges, der Fertigprodukte oder der Gussstücke, den Stahlwerken und Gießereien wieder zugeführt. Typische Sektoren für den Anfall von Neuschrott sind der Maschinen- und Schiffsbau sowie der Kraftfahrzeug-, Fahrrad- und sonstige Fahrzeugbau, der Stahl- und Behälterbau sowie das Blechverpackungsgewerbe. Der Altschrott besteht zu einem großen Teil aus Automobilschrott, Maschinen- und Anlagenschrott sowie Abbruch- und Abwrackschrott. Ferner gehören dazu Schienen und anderes Eisenbahnmaterial, Schrott von Haushaltsgeräten und der sog. Müllschrott.

Die chemischen und physikalischen Anforderungen, die an den Stahlwerkschrott gestellt werden, sind eng verknüpft mit den Stahlherstellungsverfahren. Nach den allgemeinen Bestimmungen in der Schrottsortenliste vom Oktober 1977, die mit der Wirtschaftsvereinigung Eisen- und Stahlindustrie vereinbart wurde, müssen die Schrottsorten sauber und frei sein von [103]:

- Allen Bestandteilen, die für die Verhüttung schädlich sind. Ausgeschlossen sind darüber hinaus geschlossene Hohlkörper
- Unter schädlichen Bestandteilen sind Nichteisenmetalle, Legierungen, Guss sowie alle nichtmetallischen Materialien zu verstehen.

- Außerdem wird Material, das mit Altkarossen, Motoren, verölten Getrieben, Spänen, Sinter und Schlacken durchsetzt ist, von der Annahme ausgeschlossen.

Neben der allgemeinen Forderung nach einem von Verunreinigungen sauberen Schrott, werden besondere Anforderungen im Hinblick auf Abmessungen und Gewichte, also an die physikalische Beschaffenheit des Schrottes gestellt. Diese Anforderungen sind in der eigentlichen Schrottsortenliste aufgeführt. Diese Liste ist 1987 noch um zwei weitere Sorten, dem aufbereiteten Müllverbrennungs- und dem Müllseparationsschrott, erweitert worden (aktuelle Fassung siehe Tab. 5.20).

Außerdem gibt es spezielle Anforderungen für den legierten Schrott sowie für die Belieferung der Gießereien eine Gussbruchliste und eine Gießereistahlschrottliste.

5.3.4.2 Erlöse

Der Schrotthandel ist, vergleichbar dem Altpapierhandel, starken Preisschwankungen unterworfen. Nach einer Preisspitze Anfang 2008 sanken die Preise einiger Sorten sogar unter das Niveau von 2007 (siehe Abb. 5.87). Nach einem Wiederanstieg der Preise lag im Herbst 2010 der durchschnittliche Stahlschrottpreis bei ca. 250 €.

Bei Warmbreitband handelt es sich bereits um ein Zwischenprodukt der Stahlerzeugung, welches beispielsweise als Ausgangsprodukt für Fahrzeugkarosserien dient. Dementsprechend wird dieses mit einem höheren Preis als die Schrottsorten gehandelt.

In der folgenden Abbildung ist die Entwicklung der Stahlschrottpreise frei Stahlwerk (für mengenrelevante Schrottsorten mit großer Preisspanne), der Kupolofenschrottpreise frei Gießerei (nur bis September 2008) sowie der Preise für Warmbreitband in den Jahren 2005 bis 2010 dargestellt. Weiterhin ist der Preisverlauf mit den jährlichen Produktionsmengen und dem entsprechenden Stahlschrottverbrauch hinterlegt.

Die Erlössituation für Stahlschrott wird durch eine Vielzahl von Faktoren bestimmt. Neben den Betriebs- und Personalkosten spielen vor allem der Kurs des amerikanischen Dollar, die Stahlproduktion und das Angebot an Schrotten aus dem Ausland eine wichtige Rolle. Vor allem durch billige Schrotte aus Osteuropa und die Absatzschwierigkeiten für Stahlprodukte wurde der Preis gedrückt.

Mittlerweile sind die Stahlschrottpreise deutlich gestiegen, aktuell liegen die Marktpreise Stahlschrott und Roheisen nicht weit auseinander. Der über durchschnittliche Einsatzmengen einzelner Stahlschrottsorten in der deutschen Stahlindustrie ermittelte gewichtete Durchschnittspreis für Stahlschrott lag im Jahr 2007 bei 218 €/Mg und damit 31 € unter dem durchschnittlichen Roheisenpreis (Exportpreis ab russischem Seehafen) von 249 €/Mg. Durch 21,7 Mio. Mg Stahlschrott, welche für die Elektro- und Oxygenstahlherstellung im Jahr 2007 eingesetzt wurden, wurde eine theoretische Kostenersparnis durch die Einsparung der Primärrohstoffe von 674 Mio. € erreicht [32].

Die Preise für Stahlschrott unterlagen schon immer großen Schwankungen. Aktuell erzielen Letztbesitzer je nach Marktlage unterschiedlich hohe Erlöse für den Stahlschrott. Doch gab es auch Zeiten, in denen die Erlöse die Kosten für Erfassung, Behandlung und

Tab. 5.20 Sortenliste für Kohlenstoff-Stahlschrott vom 1. Januar 2010 [33]

Sorten	Sortenbeschreibung
Sorte 0	Stahlaltschrott, der nicht unter die Definitionen der Sorten 1 und 3 fällt, Höchstabmessungen: 1,5 × 0,50 × 0,50 m
Sorte 1	Stahlaltschrott, mind. 4 mm Stärke, Höchstabmessungen: 1,5 × 0,50 × 0,50 m
Sorte 2	Stahlneuschrott, mind. 3 mm Stärke, Höchstabmessungen: 1,5 × 0,50 × 0,50 m und
Sorte 3	Schwerer Stahlaltschrott, mind. 6 mm Stärke, Höchstabmessungen: 1,5 × 0,50 × 0,50 m
Sorte 4	Shredderstahlschrott, frei von Stahlschrott aus der Müllverbrennung oder -separation Schüttgewicht (i.tr.): mind. 1,1 t/m^3 Fe-Gehalt metallisch: mind. 92 %
Sorte 5	Stahlspäne, frei von Guß- und Automatenspänen
Sorte 6	Pakete, aus neuem, leichten Stahlblechschrott
Sorte 8	Stahlneuschrott, unter 3 mm Stärke, Höchstabmessungen: 1,50 × 0,50 × 0,50
Sorte 42	Geshredderter oder durch ähnliche Verfahren aufbereiteter Stahlschrott aus Stahlfeinblech-, Stahlfeinstblech- und Weißblechverpackungen aus dem Kreislaufsystem Blechverpackungen Stahl (KBS) Schüttgewicht (i.tr.): mind. 0,9 t/m^3; Korngröße: Obergrenze 50–70 mm, max. 5 Gew.-% < 5 mm; Fe-Gehalt metallisch: mind. 92 %; Nässe: gesonderte Vereinbarung
Sorte 46	Geshredderter oder durch ähnliche Verfahren aufbereiteter Stahlschrott aus der Müllverbrennung, Schüttgewicht (i.tr.). mind. 0,9 t/m^3; Korngröße: Obergrenze 50–70 mm; max. 5 Gew.-% < 5 mm; Fe-Gehalt metallisch: mind. 92 %; Nässe: gesonderte Vereinbarung
Sorte 47	Geshredderter oder durch ähnliche Verfahren aufbereiteter Stahlschrott aus der Müllseparation, (getrenntes Recycling von Dosen), Schüttgewicht (i.tr.): mind. 0,9 t/m^3; Korngröße: Obergrenze 50–70 mm; max. 5 Gew.-% < 5 mm; Fe-Gehalt metallisch: mind. 92 %; Nässe: gesonderte Vereinbarung
Sorte 71	Weißblechdosenschrott (vorverdichtet), mind. 93 % Weißblechverpackungen; andere, für eine gleiche Verwertung geeignete Fe-Anteile werden auf die Quote von 93 % bis zu 5 % angerechnet, keine Vermischung mit Stahlschrott aus der Müllverbrennung, weitestgehend frei von Beimischungen aus anderen Verpackungen mit Ausnahme von Verpackungen aus Stahlfeinblech. Zu Weißblechverpackungen gehören auch deren (ordnungsgemäße) Bestandteile. Schüttgewicht auf Waggon oder Lkw: mind. 0,25 t/m^3 Pakete (Ballen) dürfen ein max. Kantenmaß von 0,60 × 0,60 × 1,50 m nicht überschreiten
Sorte 72	Pakete aus Stahlfeinblech-, Stahlfeinstblech- und Weißblechverpackungen aus dem Kreislaufsystem Blechverpackungen Stahl (KBS), keine Vermischung mit Stahlschrott aus der Müllverbrennung, frei von Beimischungen aus anderen Verpackungen. Spezif. Paketgewicht: mind. 1,3 t/m^3; Schüttgewicht auf Waggon oder Lkw: mind. 0,4 t/m^3
Sorte 75	Weißblechdosenschrott (paketiert), aus durch Shreddern oder ähnlichen Verfahren aufbereiteten, gebrauchten Weißblechverpackungen Schüttgewicht: mind. 1,6 t/m^3; Kantenmaß: max. 0,50 m × 0,50 m × 1,50 m; Störstoffanteil: max. 2,5 % durch Glühversuch ermittelt.

Tab. 5.20 (Fortsetzung)

Sorte 76	Weißblechdosenschrott (paketiert), mind. 93 % Weißblechverpackungen; andere, für eine gleiche Verwertung geeignete Fe-Anteile werden auf die Quote von 93 % bis zu 5 % angerechnet, keine Vermischung mit Stahlschrott aus der Müllverbrennung, weitestgehend frei von Beimischungen aus anderen Verpackungen mit Ausnahme von Verpackungen aus Stahlfeinblech. Zu Weißblechverpackungen gehören auch deren (ordnungsgemäße) Bestandteile. Spezif. Paketgewicht: mind. 1,3 t/m^3; Schüttgewicht auf Waggon oder Lkw: mind. 0,4 t/m^3; Pakete dürfen ein max. Kantenmaß von 0,60 × 0,60 × 1,50 m nicht überschreiten.
Sorte 79	Stahlschrott aus der Müllverbrennung, frei von Elektroaggregaten und Cu-Trägern, Schüttgewicht: mind. 0,4 t/m^3; Korngröße: max. 1500 mm; max. 5 Gew.-% < 5 mm; Fe-Gehalt metallisch: mind. 85 %

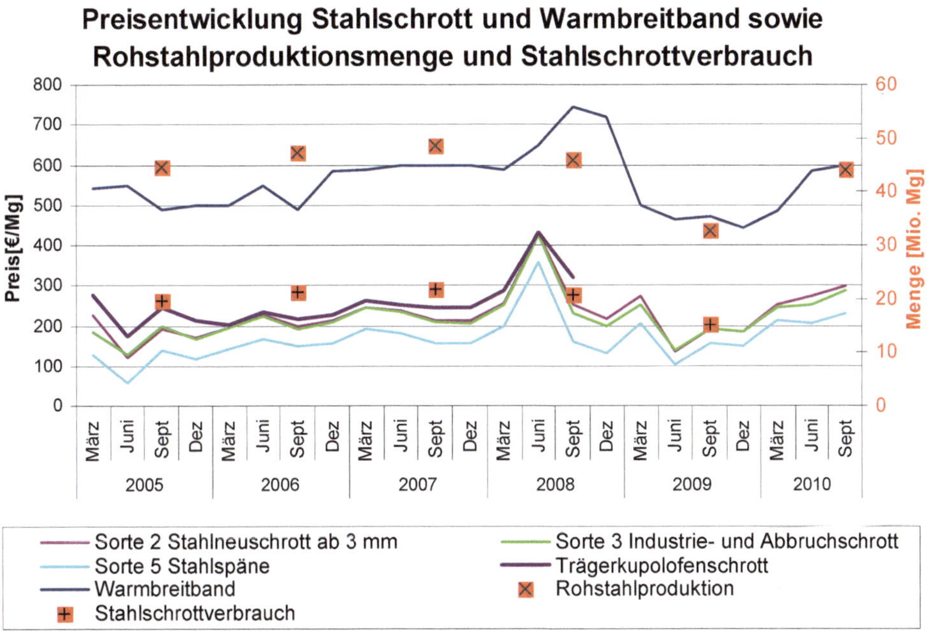

Abb. 5.87 Entwicklung der Stahlschrottpreise und Warmbreitband, Produktionsmengen und Stahlschrottverbrauch von 2005 bis 2010 [32]

Entsorgung für Stahlschrott nicht mehr gedeckt haben. In diesem Falle wurden Gebühren für die Aufstellung von Containern und den Transport des Materials in Rechnung gestellt.

5.3.5 Kunststoffe

Sortenreine Kunststoffe homogener Qualität sind in der Regel gut vermarktbar. Absatzschwierigkeiten bereiten Verbundkunststoffe und vermischte Kunststoffe, wie diese im

Haushalt und in der Sammlung über die „Gelbe Tonne" anfallen. Dies spiegelt sich in der Gebühr für den „Grünen Punkt" wieder, welche sich an den Prozesskosten für die Sortierung und Aufbereitung wie auch den Kosten für die Forschung und Entwicklung neuer Sortierverfahren und Recyclingtechnologien für Kunststoffe orientiert [133].

5.3.5.1 Qualitätsanforderungen

Die Qualität richtet sich vor allem nach den Anforderungen, die an das Erzeugnis im Gebrauch gestellt werden. Für technisch langlebige Erzeugnisse sind es meist Spezifikationen zur Erfüllung bestimmter technischer Daten und Gleichmäßigkeit. Beispielsweise wird von Kunststofferzeugnissen, welche in der Bautechnik eingesetzt werden sollen, die gleiche Lebensdauer von 50 und mehr Jahren wie für Primärmaterialien gefordert [105].

Auch alle anderen Erzeugnisse müssen wiederholbare Eigenschaften aufweisen, wenn diese immer wieder ohne Schäden und Reklamationen eingesetzt werden sollen. Das gilt auch für Erzeugnisse aus wiederverwertbaren Abfällen [105].

Beispiele für die Mitverwendung von Produktionsabfall und die Wiederverwertung gebrauchter Erzeugnisse zeigen, dass bei einer Reihe von Anwendungen Normen und Anforderungen überprüft werden müssen, um auch die Verwertung von Altkunststoffen zuzulassen.

Durch die Erklärung der Bundesländer, ihre Freistellungserklärungen für den Handel nur dann zu verlängern, wenn der TÜV die Verwertungsbetriebe zertifiziere, kam es in den 90er Jahren dazu, dass eine TÜV-Arbeitsgemeinschaft in- und ausländische Betriebe auf ihre Voraussetzung untersuchte, gebrauchte Kunststoffverpackungen mit dem Grünen Punkt zu verwerten. Nach einer positiven Erstbewertung wurden diese Betriebe für einen Probebetrieb mit Materialien aus Sammlungen des DSD beliefert, um unter Beweis zu stellen, die angelieferten Materialien erfolgreich verarbeiten können. Darüber hinaus mussten die Betriebe plausibel nachweisen, wo die erzeugten Produkte geblieben sind. Bei positivem Ausgang der Überprüfung wurde diesen Betrieben ein zeitlich begrenztes Zertifikat ausgestellt [134].

In der Tab. 5.21 sind die erfassten und sortierten Kunststoffe aus dem DSD von 1993–1997 dargestellt. Dabei zeigte sich ab 1994, dass der Anteil des werkstofflichen Recyclings abnahm. Dies beruhte zum damaligen Zeitpunkt auf den hohen Kosten des werkstofflichen Recyclings sowie auf der starken Verschmutzung der Kunststoffe aus dem Verpackungsbereich durch Lebensmittel, Flüssigkeiten aller Art, Fetten, etc., die das werkstoffliche Recycling behinderten. Entsprechend stieg die rohstofflich recycelte Menge an, da das rohstoffliche Recycling preiswerter durchzuführen war, da die Schwarze Pumpe sowie das Stahlwerk Bremen große Massen an energiereichen Materialien bei der Eisenreduktion und bei der Vergasung einsetzen konnten.

Aktuell ist das werkstoffliche Recycling wieder attraktiver geworden. Im Jahr 2007 wurden von 2.273.000 Mg Verpackungsabfällen 2.227.000 Mg verwertet, davon 1.008.000 werkstofflich, 72.000 rohstofflich und 1.147.000 energetisch. Der Rest wurde beseitigt.

Tab. 5.21 Übernommene Kunststoffmengen aus den Sortieranlagen des DSD und deren Verwertungswege in 10^3 Mg [152]

	1993	1994	1995	1996	1997
Übernommene Mengen aus Sortieranlagen	280	461	504	535	567
-Folien	101	124	131	145	153
-Flaschen	33	42	40	48	51
-Becher und EPS	20	18	15	16	11
-Mischkunststoffe	126	277	318	326	352
Der Verwertung zugeführte Mengen	216	472	470	483	615
Werkstofflich	197	416	385	250	256
-Davon Inland	67	166	155	154	201
-Davon Europäische Union	39	47	66	29	31
-Davon sonstige Länder	91	203	164	67	24
Rohstofflich	19	56	85	233	359
-Davon Inland	19	56	85	233	359
Durch DKR and DSD abgerechnete Mengen	203	393	541	421	559

5.3.5.2 Erlöse

Der Markt für die Kunststoff-Rohstoffe als Granulat oder Pulver ist in hohem Maße vom Preis des Erdöls und der Erdölfolgeprodukte und damit vom Weltmarkt beeinflusst. Die Preise der Recycling-Granulate sind von den Preisbewegungen der Neuware am Weltmarkt ähnlich abhängig wie die Altpapier- und Schrottpreise von der Neuware auf diesen Gebieten.

Die Hersteller von Granulaten und Erzeugnissen müssen als Absatzmarkt alle europäischen Länder einbeziehen. Ebenso spielt der Export von Recycling-Granulat und von gebrauchten Folienballen in das europäische Ausland eine große Rolle. Eine Reihe außereuropäischer Länder, insbesondere Entwicklungsländer, haben wegen fehlender eigener Produktion und Devisenmangel, Bedarf an Recycling-Ware, auch von unteren Qualitäten [106].

Hauptabnehmer der Regranulate sind Folienhersteller, Rohrhersteller und Spritzgussbetriebe. Die Regranulate werden teils in abgemischter, aber überwiegend in reiner Form wieder zu Fertigteilen verarbeitet. Die Verarbeitungseigenschaften von Regranulaten streuen breiter als typengerechte Neuware. Nur wenn der Verarbeiter diesem Umstand Rechnung trägt und das Preis-Leistungs-Verhältnis für ihn Vorteile bringt, wird Regranulat eingesetzt. So hat sich über einen längeren Zeitraum herausgestellt, dass beispielsweise naturfarbenes Polyethylen-Regranulat mindestens 0,13 €/kg günstiger als typengerechte Neuware angeboten werden muss, um überhaupt den Anreiz der Erprobung zu liefern. Der Wettbewerb unter den Regranulatanbietern hat darüber hinaus dazu geführt, dass in Abhängigkeit von den Neuwarenpreisen gefärbtes oder schwarzes Regranulat bis zu 0,50 €/kg unter typengerechter Neuware angeboten werden muss, um verkauft werden zu können [106].

Um hochwertiges Recyclingmaterial zu gewinnen, sind entsprechend hohe Reinheiten der Kunststofffraktionen notwendig. Da einige Kunststoffe nicht oder nur bedingt miteinander verträglich sind, besteht die Notwendigkeit, dass die aufzubereitenden Kunststoffe möglichst nach Arten getrennt vorliegen. Für diese Form des werkstofflichen Recyclings eignen sich besonders sortenrein und relativ unverschmutzt anfallende Kunststoffabfälle, wie beispielsweise Produktionsabfälle und Transportverpackungen. Bei getrennt gesammelten Kunststoffabfällen aus Haushalten besteht ein größerer Reinigungs- und Sortieraufwand.

Ende 2010 zeigten die Marktpreise für HD- und LDPE-Primär- und Sekundärkunststoffe Preisunterschiede von etwa 0,4 €/kg. Während Primärware mit Preisen um die 1200 €/Mg gehandelt wurde, verkaufte sich Regranulat etwa für 800 €/Mg. Anders als für die hochwertig aufbereiteten sortenreinen Kunststoffe lassen sich für Mischkunststoffe zur werkstofflichen Verwertung keine Erlösen erzielen.

5.3.6 Kompost

Bundesweit einheitliche Qualitätskriterien für Bioabfallkomposte in Form von Grenzwerten liegen in der Bioabfallverordnung – BioAbfV vor. Zur Bewertung der Qualität von Komposten werden die Richtlinien für Schwermetalle der Bundesgütegemeinschaft Kompost e. V., die BioAbfV und das LAGA-Merkblatt M10 herangezogen (vgl. auch Kap. 4.4.1.2).

5.3.6.1 Qualitätsanforderungen

Während umweltbelastende Inhaltsstoffe wie Schwermetalle, Xenobiotica und pathogene Keime einer strengen Kontrolle und Einhaltung der Richtwerte bedürfen, sind die Anforderungen bezüglich wertgebender Inhaltsstoffe mehr als Kennzeichen der Kompostqualität anzusehen.

Prinzipiell sollten auch diese Standards eingehalten werden, auch wenn keine direkten Umweltbeeinträchtigungen zu erwarten sind. Die Herstellung eines gleichbleibenden Produktes hoher Qualität ist aus der Sicht des langfristigen Vermarktungserfolges zwingend notwendig. Mit der Deklaration der Nährstoffgehalte können zudem exakte Dünge- und Anwendungsempfehlungen ausgesprochen werden.

Abbildung 5.88 zeigt eine Zusammenstellung der Parameter für die Rotteprozessführung und der Qualitätssicherung [108].

Die Klärschlammverordnung erlaubt für Klärschlamm Ausbringungsmengen von 5 Mg Trockenmasse pro Hektar innerhalb von drei Jahren bzw. 1,67 Mg Trockenmasse pro Hektar und Jahr. Für Klärschlammkomposte dürfen innerhalb von drei Jahren bis zu 10 Mg Trockenmasse pro Hektar aufgebracht werden, bei Schadstoffgehalten, die jeweils nur die Hälfte der zulässigen Werte erreichen [130].

Die Forderung nach seuchenhygienischer Unbedenklichkeit (Human-, Veterinär- und Phytohygiene) des Endproduktes Kompost ist unbedingt Voraussetzung für die Kompost-

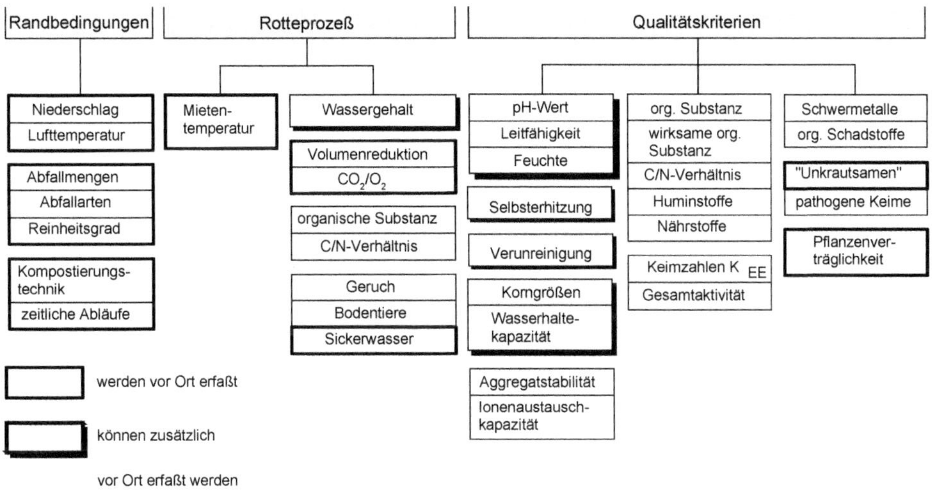

Abb. 5.88 Parameter der Rotteprozessführung und Qualitätssicherung [108]

Tab. 5.22 Einteilung der Rottegrade entsprechend den Maximaltemperaturen im Selbsterhitzungsversuch [107]

Rottegrad	T_{max} (°C)	Produktbezeichnung
I	> 60	Kompostrohstoff
II	50–60	Frischkompost
III	40–50	Frischkompost
IV	30–40	Fertigkompost
V	< 30	Fertigkompost

verwertung. Dies ist erreicht, wenn Krankheitserreger für Mensch, Tier und Pflanze mit Sicherheit unschädlich gemacht worden sind.

Der Rottegrad von Kompost gibt darüber Auskunft, inwieweit die biologisch leichter abbaubare, organische Substanz umgesetzt wurde. Er kennzeichnet den aktuellen Stand des Abbaugeschehens und stellt eine Stufe auf einer allgemein gültigen Skala von Kennwerten dar, die den Rottefortschritt vergleichbar charakterisieren (Tab. 5.22). Für den Rottegrad eines Kompostes ist die im Selbsterhitzungsversuch erreichte Maximaltemperatur kennzeichnend.

Der Wert von Kompost als Bodenverbesserungsmittel liegt insbesondere im Gehalt an organischer Substanz. Der Gehalt an organischer Substanz beträgt im allgemeinen 35 % i. TS. Er wird als Glühverlust ermittelt.

Kompost enthält wasserlösliche Salze, meist Chloride und Sulfate der Alkali- und Erdalkalimetalle. Nährstoffreiche Komposte weisen in der Regel höhere, nährstoffarme Komposte dagegen niedrigere Salzgehalte auf. Höhere Salzgehalte können Wurzelfunktionen und damit das Wachstum von Pflanzen beeinträchtigen. Als reines Pflanzsubstrat eignet sich Kompost aufgrund seines Salzgehaltes in der Regel nicht.

Tab. 5.23 Wertgebende Eigenschaften und Inhaltsstoffe von Kompost [107]

Parameter	Dimension	Mittelwertbereich
Glühverlust (org. Subst.)	TS (%)	35
Glührückstand	TS (%)	65
Wassergehalt	%	36
Volumengewicht	g/l	680
Löslicher Salzgehalt	g/l	4
pH-Wert		7,6
Stickstoff (N-gesamt)	TS (%)	1,1
Stickstoff (N-min.)	mg/l FM	150
Phosphor (P_2O_5-gesamt)	TS (%)	0,7
Phosphor (P_2O_5-löslich)	mg/l FM	1200
Kalium (K_2O-gesamt)	TS (%)	1,2
Kalium (K_2O-löslich)	mg/l FM	2500
Magnesium (MgO-gesamt)	TS (%)	0,4
Magnesium (MgO-löslich)	mg/l FM	250
Calcium (CaO-gesamt)	TS (%)	3

TS Trockensubstanz; *FM* Frischmasse

Komposte enthalten alle für die Pflanzenernährung notwendigen Haupt- und Spurennährstoffe. Als Hauptnährstoffe gelten Stickstoff, Phosphor, Kalium, Magnesium und Kalzium. Als Spurennährstoffe gelten Eisen, Mangan, Zink, Kupfer, Bor und Molybdän (Tab. 5.23).

Fremdstoffe sind unerwünschte Inhaltsstoffe, da sie das produkttypische Erscheinungsbild und damit die Verwertung und Vermarktung von Kompost beeinträchtigen. Als Fremdstoffe anzusprechen sind insbesondere Glas, Kunststoffe, Verbundstoffe, Metalle und andere für die Kompostierung ungeeignete Stoffe.

Im Gegensatz zur organischen Substanz im Kompost unterliegen Schwermetalle keinem biologischen Abbau. Sie reichern sich daher im Verlauf der Rotte relativ an. Fertigkomposte weisen i. d. R. höhere Schwermetallgehalte auf als Frischkomposte.

Zur einheitlichen Bewertung von Schwermetallgehalten in Komposten unterschiedlicher Rottegrade und anderer organischer Bodenverbesserungs- und Düngemittel werden die jeweils ermittelten Schwermetallgehalte, auf Basis eines Standardkompostes mit 70 % mineralischem Anteil und 30 % organischer Trockensubstanz, umgerechnet:

$$SM_{30\,\%} = SM_p \cdot 70/(100\text{-}GV_p)$$

$SM_{30\,\%}$ = Schwermetallgehalt (mg/kg TS) normiert auf 30 % Glühverlust
SM_p = Schwermetallgehalt (mg/kg TS) der Probe
GV_p = Glühverlust (% TS) der Probe

Tab. 5.24 Richtwerte für maximal zulässige Konzentrationen an Schwermetallen für Komposte nach der BioAbfV

Schwermetall		TS (mg/kg)
Blei	Pb	150
Cadmium	Cd	1,5
Chrom	Cr	100
Kupfer	Cu	100
Nickel	Ni	50
Quecksilber	Hg	1
Zink	Zn	400

Richtwerte zur Begrenzung von Schwermetallen in Komposten haben den Zweck, stofflich verwertbare Produkte von nicht verwertbaren Produkten zu unterscheiden bzw. Produkte, die für den Bereich der Nahrungspflanzenerzeugung geeignet sind, zu charakterisieren. Das Aufbringen von Kompost soll generell unterbleiben, wenn die genannten Richtwerte (siehe Tab. 5.24) überschritten werden.

Wie Tab. 5.25 zeigt, führt jedoch eine Fokussierung auf die Schadstoffgehalte im Kompost am Ziel eines vorsorgenden Bodenschutzes vorbei. Die höchsten Frachten durch Düngung entfallen bezogen auf die landwirtschaftlichen Flächen auf Wirtschaftsdünger, deren sehr hohe Cu- und Zn-Frachten durch die Futtermittel verursacht werden. Durch anorganische Düngemittel sind vor allem hohe Cd- und Cr-Frachten festzustellen. Der atmosphärische Eintrag liegt besonders für Cd, Zn und Pb bei einem Anteil von 40 bis 50 %. Rinde und Torf sind in diesem Fall sowohl hinsichtlich des Einsatzes in der Landwirtschaft als auch hinsichtlich der Gesamtfrachten von untergeordneter Bedeutung (Einsatz im Garten- und Landschaftsbau). Der Anteil der Komposte beträgt hierbei 5,8 % für Blei und 0,9 % für Cd. Damit ist bei sachgerechter Anwendung gütegesicherter Komposte keine unverhältnismäßige Bodenbelastung zu befürchten. Unter dem Aspekt der Düngewirkung ist als Bewertungskriterium das Verhältnis Schadstoff zu Nährstoff bedeutend.

Tab. 5.25 Imitierte Schwermetallfrachten durch Wirtschaftsdünger, Sekundärrohstoffdünger, anorganische Düngemittel und atmosphärische Einträge auf die landwirtschaftlich genutzte Fläche der BRD (1995) nach [88] in g/ha*a

	Cd	Cr	Cu	Ni	Pb	Zn
Wirtschaftsdünger	0,71	23,12	168,83	14,74	11,36	518,2
Klärschlamm	0,66	15,76	57,09	6,66	27,51	228,0
Kompost	0,05	2,44	4,09	1,69	6,57	19,0
Rinde und Torf	0,02	0,03	0,24	0,18	0,37	2,2
Anorg. Düngemittel	1,45	68,90	8,76	6,81	9,80	64,1
Atmosphärischer Eintrag	2,50	7,00	52,60	11,00	57,20	540,0
Summe der Immissionen	*5,39*	*117,25*	*291,61*	*41,10*	*112,51*	*1371,5*
Anteil Kompost (%)	*0,9*	*2,1*	*1,4*	*4,1*	*5,8*	*1,4*

Unter Zugrundelegung des Phosphates als Bezugsnährstoff werden besonders durch wirtschaftseigene Düngemittel wie Schweinegülle oder auch Geflügelkot für Kupfer und Zink hohe nährstoffbezogene Schwermetallfrachten aufgebracht [109].

5.3.6.2 Erlöse

Durch Auswertung der Daten von 188 Kompostierungsanlagen, welche 3,1 Mio. Mg Kompostrohstoffe zu 1,5 Mio. Mg Kompostprodukt verarbeiteten, ermittelte die Bundesgütegemeinschaft Kompost e. V. im Jahr 2006 den Marktwert von gütegesicherten Kompost. Der durchschnittliche Erlös über alle Vermarktungsbereiche für gesiebten Kompost ab Werk liegt demnach bei 5,80 €/Mg. In der Landwirtschaft, wo 49 % der Mengen abgesetzt werden, sind die Erlöse geringer, da hier zusätzliche Serviceleistungen, wie Transportleistungen, anfallen. In den Absatzbereichen Landschaftsbau, Erdenwerk und Hobbygartenbau lassen sich Erlöse über 5,80 €/Mg Kompost erzielen. Hier dominiert der Wert der organischen Substanz bzw. des Humus zur Bodenverbesserung [88]. Beim Kompostwert ist generell eine Abhängigkeit von den Preisentwicklungen der Einkaufspreise für mineralische Düngemittel zu beobachten. So stieg seit der Preissteigerung der mineralischen Düngemittel im Frühjahr 2007 auch der zuvor relativ konstante Kompostwert an.

Produkte wie Torf und Humusboden können durch Bio- und Grünabfallkompost ersetzt und substituiert werden. Humusboden wird in der Bauwirtschaft bei Landschaftsgärtnern und bei Rekultivierungen von industriell stark genutzten Landschaften benötigt. Ein großer Teil des Humus fällt bei Maßnahmen im Siedlungs- und Straßenbau selbst an. Hier lassen sich erhebliche Mengen an Kompost, vor allem vermischt mit Humusboden, einsetzen.

Weil die Transportwürdigkeit von Kompost aufgrund seines hohen spezifischen Gewichts begrenzt ist, spielen die regionalen Nachfragepotenziale eine bedeutende Rolle [30].

5.3.7 Sekundärbaustoffe

Durch das Recycling von Baurestmassen werden Sekundärbaustoffe erzeugt, die mit den Primärbaustoffen konkurrieren können.

Während bisher im Rahmen eines sog. Downcyclings vorwiegend Baustoffe für den untergeordneten Straßen- und Tiefbau hergestellt werden, müssen über Qualitätsprodukte immer höherwertigere Anwendungsgebiete für Sekundärbaustoffe, insbesondere auch im Hoch- und Ingenieurbau und bei hochwertigen Tragschichten des Straßen- und Sportplatzbaus sowie Sonderanwendungsgebiete, erschlossen werden.

Ziel ist dabei die Schließung des Baustoffkreislaufs, bei dem zunehmende Massenströme über das Recycling im Baustoffkreislauf verbleiben, wodurch der Bedarf an neuen Baustoffen wie auch der Deponiebedarf für gebrauchte Baustoffe immer stärker reduziert wird.

Voraussetzung für den Einsatz von Recyclingbaustoffen ist die Einstufung in eine der drei Gruppen der Umweltverträglichkeit bzw. die Gewährleistung, dass als bedingt umweltverträglich eingestufte Baustoffe durch zusätzliche Maßnahmen vor dem Einbau gesichert werden. Prinzipiell sollte davon ausgegangen werden, dass erst dann, wenn die Umweltverträglichkeit erwiesen ist, Überlegungen über den Einsatzort angestellt werden sollten.

Im Hinblick auf haftungsrechtliche Ansprüche sollte der Einsatz für jeden Verwendungszweck und -ort entsprechend den technischen Prüfbedingungen bzw. der Eignung grundsätzlich möglich sein. Aufgrund der Analyseergebnisse unter Beachtung der straßenbauspezifischen Grenzwerte, die jedoch von Bundesland zu Bundesland variieren, lassen sich die Baustoffe in drei Gruppen gemäß der Umweltverträglichkeitskriterien einteilen [160]:

- *Umweltverträgliche RC-Baustoffe* überschreiten keinen Grenzwert, entsprechend der technischen Eignung können diese ohne umweltrelevante Sicherheitsmaßnahmen eingesetzt werden.
- *Bedingt umweltverträgliche RC-Baustoffe* weisen Schadstoffanteile auf, die den zulässigen Grenzwert erreichen oder leicht überschreiten. Dieses Material kann durch Modifikation (z. B. Verwendung von Bindemitteln, Einbau von Dichtungsfolien, kontrolliertes Ableiten von Sickerwasser etc.) trotzdem eingesetzt werden. Es kann jedoch ein spezielles Gutachten erforderlich werden. Die Verwendung in bestimmten Gebieten (z. B. Wasserschutzzonen, ufernahe Bereiche) ist in der Regel verboten.
- *Umweltunverträgliche RC-Baustoffe* weisen eine unzulässig hohe Konzentration an Schadstoffen auf. Das Material muss im Allgemeinen entsorgt werden.

In der Praxis wird die Prüfung auf Umweltverträglichkeit in drei Stufen vorgenommen. Die Prüfungen der technischen Eigenschaften gemäß den technischen Prüfbestimmungen für den Straßenbau erfolgen parallel. Die Analysen können ggf. an denselben Proben vorgenommen werden.

Stufe 1 – Begutachtung von Aussehen und Geruch durch Sichtkontrolle der Lieferfahrzeuge (Eigenkontrolle der Anlagenbetreiber). Hilfreich ist die Kenntnis der Herkunft und Vorgeschichte des Inputs. Eine Registrierung der Fahrzeuge sollte aus haftungsrechtlicher Sicht in jedem Fall vorgenommen werden.

Stufe 2 – Bestimmung der Leitfähigkeit und des pH-Wertes vor Ort oder im eigenen bzw. Fremdlabor. Die Leitfähigkeit gibt Aufschluss über den Gesamtgehalt an gelösten Salzen, der pH-Wert ist eine Kenngröße für die Aggressivität der Medien (Böden, Wasser), mit denen das Material in baulicher Verbindung stand. Beide Kenngrößen können Hinweise über mögliche Schadstoffgehalte (schädliche Salze, Schwermetalle, organische Verunreinigungen) geben.

Stufe 3 – Weisen die Leitfähigkeit und der pH-Wert auf erhöhte Schadstoffgehalte hin, dann sind aufwendige qualitative und quantitative Analysen erforderlich, um die Umweltverträglichkeit der angelieferten Materialien zu beurteilen. Nach den Stufen 1 und

Tab. 5.26 Einsatzmöglichkeiten von Recycling-Baustoffen in Abhängigkeit von der Korngrößenklasse [163]

Körnung		Einsatzmöglichkeiten
Vorabsiebung	0/6 mm	Grabenverfüllung (Dammschüttung, Bodenaustausch)
	0/4 mm	Pflastersand, Bodenaustauschmaterial mit hohen Verdichtungswerten
	0/8 mm	Wassergebundene Schichten, Landschaftsbau
	0/25 mm	Pflasterunterbau, Bankettbefestigungen
	4/8 mm	Abstreuen von Wegen, Drainagekies
	0/32 mm	Schottertragschicht, Frostschutzschicht
	0/45 mm	Schottertragschicht, Frostschutzschicht
	4/45 mm	Drainagematerial, Kanalbau
	25/45 mm	Bodenaustauschmaterial, unterste Schicht zur Verfestigung des Planums

2 kann eine Vorauswahl des Inputs getroffen werden. Sind dabei die Anforderungen erfüllt, ist das Material in der Regel verwendbar, auf Stufe 3 kann verzichtet werden.

Die Überprüfung und Kontrolle der angelieferten Materialien ist ausschlaggebend für die Umweltverträglichkeit der späteren Recycling-Baustoffe, da der Betreiber aus Sicht des Umwelthaftungsgesetzes für die gelieferten Baustoffe und deren Qualität verantwortlich ist. Eine kontaminierte Anlieferung, die angenommen und aufbereitet wird, kann womöglich eine ganze Charge Recycling-Baustoffe verunreinigen. Die kostenpflichtige Entsorgung auf einer entsprechend gesicherten Deponie kann die Folge sein.

5.3.7.1 Qualitätsanforderungen

Die bedeutendsten Einsatzgebiete für Sekundärbaustoffe werden langfristig die Tragschichten der Straßen sein. Die Anforderungen konzentrieren sich deswegen hauptsächlich auf den Straßenbau. Die mit diesen Baustoffen erstellten Straßen müssen eine vergleichbare Gebrauchsdauer und Gebrauchseigenschaften erreichen, wie solche, die mit primären Baustoffen erstellt werden. Die an Sekundärbaustoffe zu stellenden bautechnischen Anforderungen müssen vor allem im Hinblick auf die Qualität und Homogenität festgelegt werden.

Für den Bau untergeordneter Verkehrsflächen könnte nach Meinung von ausführenden Unternehmen auch ein reduziertes Qualitätsniveau zugestanden werden. Allerdings ist auch hier die Forderung nach Homogenität und Umweltverträglichkeit unabdingbar. Entsprechend dem Strukturaufbau einer Straße können in den einzelnen Schichten unterschiedliche Qualitäten und Quantitäten an wiederverwerteten Materialien eingesetzt werden. RC-Baustoffe werden dabei im Unterbau und im Oberbau (Frostschutzschichten, ungebundene Tragschichten, hydraulisch oder bituminös gebundene Tragschichten sowie in Binderschichten) eingesetzt. In Tab. 5.26 ist eine Zusammenstellung der Einsatzmöglichkeiten einzelner Körnungen von Recycling-Baustoffen dargestellt.

Die Grundlage der Güte- und Prüfbestimmungen sind die bestehenden technischen Regelwerke (Normen, technische Vorschriften und Lieferbedingungen, Richtlinien und

Merkblätter) für Primärbaustoffe, wobei vor allem dem „Merkblatt über die Verwendung von industriellen Nebenprodukten im Straßenbau, Teil IV: Wiederverwendung von Baustoffen" [111] besondere Bedeutung zukommt. Detaillierte Zusammenfassungen der einzelnen Bestimmungen werden in der Literatur genannt [112, 113].

Ein Recyclingunternehmer kann sich außerdem den Güte- und Prüfbestimmungen der 1983 gegründeten Bundesgütegemeinschaft für Recycling-Baustoffe e. V. unterziehen. Die Gütesicherung der Recycling-Baustoffe für den Straßenbau stellt die Hauptaufgabe der Gütegemeinschaft dar. Die Erzeugnisse, die den Güte- und Prüfbestimmungen entsprechen, werden mit dem Gütezeichen RAL-RG 501/1 für Recycling-Baustoffe ausgezeichnet. Die Güte- und Prüfbestimmungen regeln die Art und den Umfang der Prüfungen an den wiedergewonnenen Baustoffen. Neben der Verwendung der Recycling-Baustoffe im Straßenbau kann beispielsweise aufbereiteter Betonabbruch als Zuschlagsstoff für hydraulisch gebundene Tragschichten oder theoretisch Betonsplittbeton eingesetzt werden. Da an Beton besondere Festigkeitsansprüche gestellt werden, sind umfangreiche Untersuchungen über Technologien, Eigenschaften und Einsatzmöglichkeiten durchgeführt worden [118, 119]. Der Einsatz von Betonsplittbeton ist in der Bundesrepublik aufgrund einer fehlenden Normung nicht möglich. Um neue Absatzmärkte zu erschließen, werden mittlerweile auch neue Einsatzgebiete für die Recycling-Baustoffe, wie z. B. der Einsatz als Zuschlagsstoff in der Produktion von Verbund- und Pflastersteinen etc. untersucht.

Klassifizierter Straßenbau Der Straßenbau ist das Hauptverwendungsgebiet für Sekundärbaustoffe. Die einzelnen Anforderungen an die Einsatzgebiete sind im Merkblatt „Wiederverwendung von Baustoffen" dargestellt. Recycling-Baustoffe, die im klassifizierten Straßenbau eingesetzt werden, müssen uneingeschränkt den technischen Anforderungen an Primärbaustoffen entsprechen. Die Tab. 5.26 zeigt die einzelnen Einsatzmöglichkeiten der unterschiedlichen Recycling-Baustoffgruppen im Straßenbau. Die erforderlichen Prüfeigenschaften sind im Merkblatt detailliert aufgeführt [111].

Nicht klassifizierter Straßenbau, Garten- und Landschaftsbau Für den nichtklassifizierten Straßenbau wie auch Garten- und Landschaftsbau zeigen Erfahrungen vieler ausführender Unternehmen, dass hier nicht nur die RC-Baustoffe mit Gütezeichen und den möglichen Anteilen an Ziegel und Asphalt wie beim klassifizierten Straßenbau einsetzbar sind, sondern auch Mischmaterialien mit erhöhten Asphalt- und Ziegelanteilen. Auch RC-Baustoffe ohne Güteprüfung halten den Belastungen stand, so dass diese Stoffgemische den Anforderungen nach Raumbeständigkeit und Homogenität genügen können. In der Praxis werden jedoch noch meist für diese Bauzwecke RC-Materialien ausgeschrieben, die den höheren Anforderungen an ungebundene Tragschichten entsprechen.

Die Verwendungsmöglichkeiten insbesondere im Garten- und Landschaftsbau sind die Unterbauschichten in den ungebundenen Verkehrsflächen und Wegebau. Dies sind im Einzelnen:

- Pflasterflächen, Plattenflächen, Rasengittersteine,
- Wassergebundene Decken wie Promenadenwege, Tennenflächen
- Kunstrasenflächen und Kunststoffflächen für Zuwege, Parkplätze, Schulhöfe, Plätze, Parks, Sport- und Spielflächen.

Das Merkblatt über die „Verwendung von industriellen Nebenprodukten, Teil: Wiederverwendung von Baustoffen“, sieht für diesen Verwendungsbereich alle Stoffgruppen vor. Es sind jedoch im Straßenbau, wie in allen Bereichen der Verwendung, umfangreiche Prüfungen vorzusehen.

Verwendungsmöglichkeiten außerhalb der Bereiche des Merkblattes

- Verwendung von RC-Baustoffen als Zuschlagstoff von Beton mit geringeren Anforderungen (B15/B25) [159]:

Hier liegen Untersuchungen der Universität Essen, der TH Aachen und aus den Niederlanden vor. Für diesen Betonsplittbeton eignen sich fast ausschließlich reiner Betonsplitt ohne Nebenfraktionen (Holz, Asphalt, betonschädliche Beimengungen wie Gips).

Ziegelsplitt ist gemäß DIN 4226 als Leichtzuschlag für Beton geeignet und eingeschränkt anerkannt.

- Seit Anfang der 90er Jahre werden von einem Betonsteinwerk in Zusammenarbeit mit einem Aufbereitungsunternehmen aus Karlsruhe ein Recycling-Rasengitter und Pflastersteine gefertigt, die die Anforderungen der DIN 18501 erfüllen. Der Recycling-Baustoff-Anteil liegt bei ca. 30 Gew.-%. Es handelt sich um die Körnung 3/8 mm [165].
- RC-Material minderer Qualität kann zur Verfüllung von Drainage- und Belüftungsgräben oder Sickerschächten das bislang verwandte Neumineral ersetzen. Voraussetzung ist allerdings die nachgewiesene Umweltverträglichkeit.
- Aufbereiteter Ziegelabbruch wird z. B. auch als Pflanzgranulat für Dachbegrünungen eingesetzt.

5.3.7.2 Erlöse

Die geprüften Sekundärbaustoffe können wie Neumaterial für die angegebenen Verwendungszwecke eingesetzt werden, weisen jedoch zur Absatzsteigerung ein bis zu 40 % geringeres Preisniveau auf. Seitens der Aufbereiter besteht die Forderung, hochwertige Recycling-Baustoffe bei gleicher Qualität zu gleichen Preisen wie Primärprodukte abzusetzen. Um dies zu erreichen, müssen die Abnehmer verstärkt über die Eigenschaften von Sekundärbaustoffen und deren umwelttechnischen Zusatznutzen informiert werden. Eine wesentliche Voraussetzung für den Einsatz der Sekundärbaustoffe ist deren Berücksichtigung bereits bei der Ausschreibung von Bauvorhaben.

5.3.8 Asphalt

Ausbauasphalt findet fast ausschließlich als bituminöses Mischgut für Binder- und bituminös gebundene Tragschichten Wiederverwendung. Ein je nach Bundesland unterschiedlicher Anteil an Ausbauasphalt kann auch für die Deckschicht verwendet werden. Sofern das Material zur Replastifizierung nicht mehr geeignet ist, wird es entweder deponiert oder bei anderen Baumaßnahmen, wie z. B. Lärmschutzwällen, verwendet.

5.3.8.1 Qualitätsanforderungen

Eine wirtschaftliche Wiederverwendung von Asphalt sowie die Voraussetzungen zur Erhaltung der Mischgutqualität bedingen, den ausgebauten Asphalt entsprechenden Eignungsprüfungen zu unterwerfen. Aus den Ergebnissen lässt sich die Eignung des Materials für die entsprechenden Wiederverwendungsmöglichkeiten bestimmen.

Hinweise und Regeln für die Wiederverwendung von Asphalt und zur Qualitätssicherung sind im „Leitfaden für die Wiederverwendung von Asphalt in Mischanlagen", im „Leitfaden für die Güteüberwachung von Asphalt und Ausbauasphalt" der DAV sowie im „Merkblatt für die Erhaltung von Asphaltstraßen" der Forschungsgesellschaft für das Straßen- und Verkehrswesen enthalten [111, 114].

Neben den Voruntersuchungen der alten Fahrbahndecke müssen wie bei allen anderen Baustoffen auch Eigenüberwachungsprüfungen durchgeführt werden. Eine Güteüberwachung der Mineralstoffe nach den Richtlinien für die Güteüberwachung von Mineralstoffen im Straßenbau (RG Min) ist meist nicht erforderlich, da die im Asphaltgranulat enthaltenen Mineralstoffe bereits vor der erstmaligen Verwendung der Gütesicherung unterlagen.

Vor der Wiederverwendung des Asphaltes sind folgende Eigenschaften bei der Eigenüberwachung zu prüfen [115]:

- Bindemittelgehalt,
- Bindemitteleigenschaften, meist genügt die Ermittlung des Erweichungspunktes Ring und Kugel; teilweise sind weitergehende Prüfungen erforderlich.
- Korngrößenverteilung,
- Mineralstoffart,
- Wassergehalt.

Bei der Eigenüberwachung sind neben der durchschnittlichen Granulatzusammensetzung auch die Gleichmäßigkeit der Qualitätsmerkmale festzustellen. Fräsgut sollte bei jeder Anlieferung untersucht werden, Schollenaufbruch ist nach dem Brechen einer Charge zu charakterisieren.

In einer Eignungsprüfung sind die Auswirkungen der Kornzusammensetzung, des Bindemittelgehaltes und des Erweichungspunktes auf die Eigenschaften des resultierenden Mischgutes zu ermitteln. Im Prüfbericht über die Eignungsprüfung sind die Ergebnisse der Voruntersuchung und die Zugabemengen anzugeben.

Für die Recycling-in-place-Verfahren sind in dem Merkblatt für die „Erhaltung von Asphaltstraßen“ Baugrundsätze, Bauverfahren, Ausführung, Anforderungen, Prüfungen sowie die Abnahmemodalitäten, Gewährleistung und Abrechnung festgelegt [116].

Die Möglichkeiten der Wiederverwendung und somit die Einsatzgebiete von Ausbauasphalt lassen sich gemäß dem „Merkblatt für die Erhaltung von Asphaltstraßen, Teil: Bauliche Maßnahmen, Wiederverwendung von Asphalt“ in 3 Kategorien einteilen [117]:

Wiederverwendung ohne Aufbereitung Das anfallende Fräsgut und teilweise der Schollenaufbruch können in geeigneter Größe ohne weitere Aufbereitung für den Bau von Lärmschutzwällen, zur Verbesserung des Untergrundes und des Unterbaues von Verkehrsflächen eingesetzt werden.

Wiederverwendung mit zusätzlichen Baustoffen Derzeit sind Verfahren in Erprobung, bei denen gefräster oder gebrochener Asphalt im kalten Zustand nach Einmischung anderer Baustoffe vor Ort oder in Mischern wiederverwendet wird. Art und Menge der zusätzlichen Baustoffe richten sich nach dem Verwendungszweck. Unter Verwendung von z. B. Sand, Füller, Bitumenemulsion, Wasser und Zement kann der Ausbauasphalt derart aufbereitet werden, dass das Material für den Einbau für verfestigte oder unverfestigte Frostschutzschichten geeignet ist.

Wiederverwertung zur Herstellung von Asphalt Hierunter fallen die Recycling-in-place-Verfahren und die Recycling-in-plant-Verfahren. Es gelten die genannten Anforderungen.

5.3.8.2 Erlöse

In der Literatur werden keine Angaben über die Erlöse für Asphalt gemacht. Es ist jedoch davon auszugehen, dass die Preisabschläge deutlich geringer ausfallen als bei den Sekundärbaustoffen.

Literatur

1. Blickwedel, P.: Entsorgungskonzepte für Kältemittel und Schmieröl aus der Sicht des Bundesumweltministeriums. Seminarvortrag „Die Entsorgung von Kühlmöbeln und Kleinkältegeräten“: Karlsruhe 6/1988
2. Michaeli, W.: Innovationspotential Kunststoff im Automobilbau, in Kunststoff im Automobilbau, VDI-Verlag, Düsseldorf (1998)
3. N.N.: Verwertungsmodell Hoechst für FKW-Kältemittel. In-formationsschrift der Hoechst AG Nr. KT 02/87
4. N.N.: Frigen-Kältemittel, Entsorgung ausgedienter Kühlmöbel. Informationsschrift der Hoechst AG Nr. KT 01/88
5. Krinke, S.; Boßdorf-Zimmer, B; Goldmann, D.: Ökobilanz Altfahrzeug-Recycling, Vergleich des VW-SiCon Verfahrens und der Demontage von Kunststoff-Bauteilen mit nachfolgender werkstofflicher Verwertung; Volkswagen AG, Wolfsburg 2005

6. Reichelt, J.: Die unterschiedlichen Vorstellungen über die Entsorgung. Eine Einführung. Seminarvortrag „Die Entsorgung von Kühlmöbeln und Kleinkältegeräten“: Karlsruhe 6/1988
7. MeWa Recycling Anlagen: Newsletter für Kunden und Mitarbeiter, Dezember 2007, unter: www.mewa-recycling.de abgerufen im Dezember 2010
8. Bilitewski, B.: Recyclinganlagen für Haus- und Gewerbeabfälle. Grundlagen-Technik-Wirtschaftlichkeit-Umweltwirkungen. Beiheft 21 zu Müll und Abfall. Berlin: Erich Schmidt Verlag 1985
9. N.N.: Firmenunterlagen der Fa. Herbold GmbH. Information 28, Hammermühlen
10. Thomé-Kozmiensky, K.J.: Materialrecycling durch Abfallaufbereitung, Band 5. Berlin: EF-Verlag 1983
11. Zehl, G.: Verwertung von FCKW durch chemische Konvertierung zu ozonunschädlichen Fluorkohlenwasserstoffen, Kz. 8351.02, 2005, erschienen in Hösel/Bilitewski/Schenkel/Schnurer: Müll-Handbuch. Berlin: Erich Schmidt Verlag 1999
12. Marek, K.: Recycling von Baurestmassen (Kennz. 8666). Hösel/Schenkel/Schnurer (Hrsg.): Müll-Handbuch. Berlin: Erich Schmidt Verlag 1991
13. Keller, E. (Hrsg.): Abfallwirtschaft und Recycling – Probleme und Praxis. Essex: Verlag Girardet 1977
14. Bilitewski, B.: Mechanische Sortieranlagen (Kennz. 2907). Hösel/Schenkel/Schnurer (Hrsg.): Müll-Handbuch. Berlin: Erich Schmidt Verlag 1991
15. Diaz, L.F.; Savage, G.M.; Golveke, C.G.: Resource Recovery from Municipal Solid Waste. CRC-Press Inc. Boca Raton: Florida 1982
16. Alter, H.; Crawford, B.: Materials Recovery Processing Research. US EPA. No. 67.01.2944: Washington 1976
17. Barton, J.R.; Poll, A.J.; Wheeler, P.: Investigation into the performance of screens and air classifiers in the processing of urban waste. CEC Seminar: Luxemburg 25./27.09.84
18. Schubert, H.: Aufbereitung fester mineralischer Rohstoffe: VEB-Leipzig 1975
19. Hoberg, H.; Schulze, O.: Wiedergewinnung von Nichteisenmetallen aus Abfällen. Aufbereitung fester Abfallstoffe: Haus der Technik e. V. Juni 1988
20. Bilitewski, B.: „Bilanz eines Aufbereitungsprozesses“. In Müll und Abfall Heft 11; S. 369–376, 1985
21. Putz, H.-J.; Török, I.; Göttsching, L.: Deinking von holzhaltigem Altpapier. Studie im Auftrag der IFRA/INCA-FJEJ Research Association. Institut für Papierfabrikation: TH-Darmstadt 1988
22. Härdtle, G.; Marek, K.; Bilitewski, B.; Kijewski, K.: Recycling von Kunststoffabfällen, Grundlagen-Technik-Wirtschaftlichkeit. Beiheft 27 zu Müll und Abfall. Berlin: Erich Schmidt Verlag 1988
23. Bahr, A.; Vogt, V.; Djawadi, H.: Sortierung von Kunststoffabfällen. Teilbericht 4 des Forschungsprogrammes Wiederverwertung von Kunststoffen: TU-Clausthal 1980
24. Bilitewski, B.: Materialrecycling durch Aufbereitung von Abfällen. Thomé-Kozmiensky, K.J. (Hrsg.): Handbuch zur Planung von Abfallbehandlungsanlagen. Berlin: EF-Verlag 1989, S. 275–290
25. Gallenkemper, B.; Doedens, H.: Getrennte Sammlung von Wertstoffen des Hausmülls. Abfallwirtschaft in Forschung und Praxis, Band 21. Berlin: Erich Schmidt Verlag 1988
26. Doedens, H.: Möglichkeiten der getrennten Sammlung von Wertstoffen des Hausmülls als Maßnahme der Abfallwirtschaft. Habilitationsschrift an der Fakultät für Bauwesen: Universität Hannover 1980
27. Urban, A.: Abfall als Brennstoff – Charakterisierung und Möglichkeiten des Einsatzes. Thomé-Kozmiensky, K.J. (Hrsg.): Thermische Behandlung von Haushaltsabfällen. Berlin: TU-Eigenverlag 1987, S. 31–55

28. Rotter, S.: „Potenzial und Verteilung von Schwermetallen in Haushaltsabfällen und Steuerungsmöglichkeiten durch Aufbereitung“, Dissertation an der TU Dresden; Dresden, 2001
29. Heilmann, A.; Bilitewski, B.: High-grade fuel derived from residual waste; in: Waste management and treatment of municipal and industrial waste; Volume V; Proceedings Sardinia 99, Secenth International Waste Management and Landfill Symposium, S. Marghertia di Pula, Cagliari, Italy 1999, S. 299–306
30. Bundesgütegemeinschaft Kompost e. V.: Marktwert von Kompost in Deutschland; Köln 2006
31. Leipner, K.; Lange, H.-J.; Götze, H.: Lehrbrief „Metallgewinnung-NE-Metalle“: Bergakademie Freiberg 1987
32. Umweltbundesamt: Ermittlung des Beitrages der Abfallwirtschaft zur Steigerung der Ressourcenproduktivität sowie des Anteils des Recyclings an der Wertschöpfung unter Darstellung der Verwertungs- und Beseitigungspfade des ressourcenrele-vanten Abfall-aufkommens; FKZ.: 3709 33 316; erstellt durch INTECUS GmbH; Dessau-Roßlau, 2011
33. Bundesvereinigung Deutscher Stahlrecycling- und Entsorgungsunternehmen e. V.: Stahlschrottsortenliste, Fassung vom 01. Januar 2010
34. Bilitewski, B, Rotter, S.: Erfahrungen bei der Herstellung von BRAM Rettenberger, Bilitewski, Stegmann (Hrsg.) in: Abfall aktuell. Nachsorge von Deponien, Stuttgart. Verlag abfall aktuell 1999, S. 61–74
35. Altpapier Liste der europäischen (CEPI/B.I.R.) Standardsorten und ihre Qualitäten Juli 2000
36. Umweltbundesamt: Best Practice Municipal Waste Management: Datenblatt: Aufbereitung und Sortierung von Altglas; WT/R-02_WGP; erstellt durch die INTECUS GmbH
37. DSD- Fertigglasspezifikation für die Behälterglas-Aufbereitung 2012–2014; Anlage 2a
38. Initiative der Glasrecycler: Deutschland nach wie vor spitze beim Glasrecycling – Recyclingquote bleibt mit 81 % auf konstant hohem Niveau, Pressemitteilung, April 2012
39. Umweltbundesamt und INTECUS GmbH: Best Practice Municipal Waste Management
40. Marek, K.: Efficiency of different separate collection systems for valuable material form apartment buildings. ISWA-gendan-DAKOFA specialized seminar: Reduction of Urban Residuals: Kopenhagen 09.-10.09.88
41. Lubisch, G.: Altglas als Rohstoff der Behälterglasindustrie. Agst, J. (Hrsg.): Erste Duisburger Recycling-Tage. Informationsschrift 33. Moers 1984, S. 279–295
42. Hüskens, J.: Leistungsfähige Sortiersysteme in der Kunststofftrennung; Titech, buisness development, 2009
43. N.N.: Informationen zur Fachmesse Pellets 2005 in Stuttgart 13/14 Okt
44. Alpenland Holzpellets, Passau, Firmeninformationen
45. Stahel, R.; Schuler, B.; Ledergerber, E.: Altholz – eine vernachlässigte Ressource. Grüsch: Verlag Rüegger 1987
46. Traumüller, O.G.: Die Verwertung von Altholz. Hösel/Schenkel/Schnurer: Müll-Handbuch. Berlin: Erich Schmidt Verlag 1991
47. Reichelt, J.: Die unterschiedlichen Vorstellungen über die Entsorgung – eine Einführung. Karlsruhe: Seminarvortrag „Die Entsorgung von Kühlmöbeln und Kleinkältegeräten“ (1988) 6
48. Schulze, J.; Homann, M.: Untersuchung der Vermeidungs- und Verwertungsmöglichkeiten von schwefelhaltigen Rückständen der anorganischen und organischen Zwischernproduktenchemie. Forschungsbericht 103 01 343, 1985
49. Drechsler, W.: Abfallverbrennung auf der Nordsee – Konzepte zur Vermeidung und Verwertung von CKW-Abfällen. EntsorgungsPraxis 3 (1989) 82–86
50. Sutter, H.: Möglichkeiten zur Vermeidung gefährlicher Sonderabfälle. Müll und Abfall 3 (1987) 102–108
51. N.N.: Kronos Titan GmbH: Verringerung des Dünnsäure-Anfalls in der Titandioxid- Industrie – LPD-Prozeß. Forschungsbericht 143 0180, 1983 (BMFT-Projektträgerschaft)

52. FireStixx Forum, Kundenmagazin Heft Nr. 1 der FireStixx Holz-Energie GmbH, Vilsbiburg, Österreich, 2004
53. Langer, H.: Behandlung und Verwertung von mineralölhaltigen Rückständen. (Kennz. 8554). Hösel/Schenkel/Schnurer (Hrsg.): Müll und Abfallbeseitigung 1989
54. Driemel, K.; Lovicki, N.; Wolf, I.: Schadlose Beseitigung von Abfallschwefelsäure mit mehrkernigen sulfonierten Aromaten in einer Drehrohrofenanlage mit speziellem Nachverbrennungssystem. Thomé-Kozmiensky K.J. (Hrsg.): Recycling International Berlin: EF-Verlag 1984, S. 1192–1197
55. Weber, G.: Ölhaltige Schlämme aufbereiten. Umwelt 4 (1988) 117–121
56. N.N.: Thyssen Engineering. Ölschlammaufbereitung: Firmeninformationen 1989
57. DIN 51731, Presslinge aus naturbelassenem Holz. Anforderungen und Prüfung; Berlin 1996
58. Drechsler, W.: Relevante Abfallrechtliche Maßnahmen – Strategien der Abfallvermeidung und -verminderung in der Oberflächentechnik. Entfettung und Reinigung von Oberflächen: Chlorkohlenwasserstoffe, Benzinkohlenwasserstoffe oder wäßrige Systeme? UTZ-Materialien 9 (1989)
59. Hildebrandt, E.: Vakuum-Destillation mit direkter Brüdenverdichtung. EntsorgungsPraxis 9 (1988) 346–348
60. Landesamt für Natur, Umwelt und Verbraucherschutz Nordrhein-Wastfalen: Abfalldatenblatt Galvanikschlämme, 2004, abgerufen unter www.lua.nrw.de im Januar 2011
61. Österreichisches Normungsinstitut (Hrsg.): ÖNORM M 7136; Presslinge aus naturbelassenem Holz oder Rinde. Anforderungen und Prüfbestimmungen, Wien 2000
62. N.N.: Steag Handel: Entwicklung, Bau, Probebetrieb einer Erstanlage zur Aufbereitung von Salzschlacken: Forschungsvorhaben 143 0127, 1983 (BMFT-Projektträgerschaft)
63. N.N.: Uraphos Berlin: Bau und Betrieb einer Demonstrationsanlage zur Aufbereitung von Aluminium-Salzschlacken, Forschungsvorhaben 143 0127, 1983 (BMFT-Projektträgerschaft)
64. N.N.: Salzschlacken aus Aluminium-Umschmelzanlagen – Probleme der Entsorgung, Vorschläge zur Verar-beitung, GDMB: 17. Metallurgisches Seminar Essen 1985
65. Marek, K.: Untersuchung der Einflußgröße bei der Verdichtung von gemischtem Altpapier auf Kolbenstrangpressen: Diplomarbeit TU Berlin 1985
66. Frank, G.: Kompaktierung von Biomasse mit Kolbenstrangpresse. Thomé-Kozmiensky, K.J.: Recycling International. Berlin: EF-Verlag 1984
67. Rumpf, H.: The Strength of Granules and Agglomerates. Kuepper, W.A.: Agglomeration. New York: G. Wiley 1962
68. C.A.R.M.E.N e. V. (Hrsg.): „Holzpellets und Pelletheizanlagen – Technik, Emissionen, Hersteller, Lieferanten"; Straubing 2002
69. G. Härdtle: „Ersatzbrennstoffe 1, Herstellung, Lagerung und Verwertung", TK Verlag Karl Thomé-Kozmiensky, Neuruppin 2001
70. M. Tesic: „Verdichten unter Nährstoffaufschluss von Futterpflanzen in Matrizenpressen", Dissertation, Göttingen 1977
71. H. Schwanghart: „Untersuchungen über den Pressvorgang eines körnig-mehligen Stoffes in einer Ringkoller-Strangpresse", Dissertation, München 1969
72. G. Frank: „Pelletieren mit Scheibenmatrizen"; Firmendruckschrift Amandus Kahl Nachf., Hamburg
73. H-J.Putz: Altpapierverarbeitung in der Papierfabrik, Bilitewski, Schnurer, Zeschmar-Lahl (Hrg.)d, Müllhandbuch KZ 8614.4, Erich Schmidt Verlag Berlin, 2008
74. Pawlak R.P.: Verfahren zur Aufarbeitung des Kathodenausbruchs von Aluminiumelektrolyseöfen. Abfallstoffe in der Nichteisen-Metallurgie, Wiederverwertung oder Deponie? 17. Metallurgisches Seminar des GDMB (1986) 117–132

75. Bings, H.: Rückgewinnung von Wertstoffen aus Sonderabfällen der Aluminiumelektrolyse. Abfallstoffe in der Nichteisen-Metallurgie, Wiederverwertung oder Deponie? 17. Metallurgisches Seminar des GDMB (1986) 133–143
76. Bings, H.; Kämpf, F.W.; Sauer, H.; Schmidt, J.N.: Pyrohydrolyse von Rückständen aus der Aluminiumelektrolyse. Erzmetall 37 (1984) 9, S. 435–441
77. B. Handschick: „Sortierung technischer Kunststoffe". Vortrag an der TU Dresden, 11.Kolloquium Abfall & Altlasten aktuell 9.12. 2004.
78. Sutter, H.: Wirtschaftliche Aspekte der Vermeidung und Verwertung industrieller Sonderabfälle. Müll und Abfall 6 (1987) 233–239
79. Titech GmbH: Firmeninfo zum System „Titech X-Tract". Eigenverlag, Mühlheim-Kärlich. 2008
80. Franke, M.: Auto und Umwelt – Trends der Materialzusammensetzung und Maßnahmen zum Recycling. EntsorgungsPraxis 7/8 (1987)
81. Lindroos, I.D.; Stout, M.E.: Trennung gemischter NE-Metalle durch das Thermal Gravity Classification (TGC)-Verfahren. Thomé-Kozmiensky, K.J. (Hrsg.): Recycling von Metallen. Berlin: EF-Verlag 1987
82. Burg, Ch.; Brenzinger, R.: Kunststoffe im Automobilbau – eine Herausforderung für das Recycling. Thomé-Kozmiensky, K.J. (Hrsg.): Recycling International. Berlin: EF-Verlag 1984
83. J. Schunicht: „Rückgewinnung von Metallen aus Elektronikschrott". in: Produktverantwortung, S. 91–96. TK Verlag, Neuruppin. 2007
84. Rousseau, M.; Boeger, K.: Verarbeitung von komplexen sekundären NE-Vorstoffen. Thomé-Kozmiensky, K.J. (Hrsg.): Recycling von Metallen. Berlin: EF-Verlag 1987
85. Wutz, M.I.: Kunststoffrecycling bei der Altautoverwertung – Möglichkeiten und Probleme. Thomé-Kozmiensky, K.J. (Hrsg.); Käufer, H.: Recycling von Kunststoffen 1. Berlin: EF-Verlag 1987
86. Binder und Co AG: Firmeninformationen zum System „Clarity Plus". Gleis-dorf, Österreich. 2008
87. Bilitewski, B.; Heilmann, A.: Ersatzbrennstoffe aus heizwertreichen Abfällen – Potentielle Verwertungsmöglichkeiten, in: Holding Nehlsen GmbH & Co. KG Bremen (Hrsg.): MVA contra MBA – Perspektiven biologischer Restabfallbehandlungsverfahren am Beispiel Mecklenburg-Vorpommern; Vortrag zur gleichnamigen Tagung in Rostock, Verlag arenDTap Bremen 1999
88. Eurich-Mender et.a.: Humuswirtschaft in Deutschland. Literaturstudie des Fachbereiches Agrarwissenschaften und Umweltsicherung, Institut für Bodenkunde und Bodenerhaltung, Universität Gießen, Oktober 1996
89. Rehrmann und J. Garbe: „Funktionsweise optischer Sortieraggregate" in: Ersatzbrennstoffe 4, S. 277–287. TK Verlag, Neuruppin. 2004
90. INTECUS: Gewerbe- und Sperrmüllanalyse in Heidenheim/Ulm zur Errichtung einer Sortieranlage: Landratsamt Heidenheim 1985/86
91. Bilitewski, B.; Marek, K.; Härdtle, G.; Schulz, A.: Bauschutt- und Asphaltrecycling – Grundlagen – Technik – Wirtschaftlichkeit. Beiheft zu Müll und Abfall 23 (1986)
92. N.N.: Übersicht über Verfahren zur Spaltung von Öl/Wasser-Emulsionen. UTZ- Materialien 5: Frankfurt 1988
93. Schulze, J.: Entwicklungstendenzen zu einer rückstandsfreien oder rückstandsarmen Chemieproduktion. Müll und Abfall 1 (1987)
94. INTECUS: Entsorgungsstruktur und Lösungen auf dem Gebiet der Sonderabfälle in den Wirtschaftszweigen Hüttenindustrie, Chemische Industrie, Metallbe- und -verarbeitung (Großmengenkonzept): Umweltbehörde Hamburg 1989
95. Ozenski, B.v.: Stand und Möglichkeiten der Klärschlammbehandlung und -verwertung in der Bundsrepublik Deutschland. Berlin: INTECUS 1987

96. N.N.: Informationsschrift Verwertung von festen Siedlungsabfällen (Kennz. 2990). Hösel/Schenkel/Schnurer: Müll-Handbuch. Berlin: Erich Schmidt Verlag 1991
97. CEPI: European List of Standard Grades of Recovered Paper and Board, Brussels, www. epi-org., Februar 1999
98. Scheffold, K.-H.: Erfassung und Verwertung von Glasverpackungen in der BRD, Müll-Handbuch (Kennz. 8512.5), Erich Schmidt Verlag
99. Rahn, M.; Stege, H.; Kroll, H.: Neue Verfahren zur Rückgewinnung von Edelmetallen aus Sekundärrohstoffen. Neue Hütte 32 (1987) 2
100. Ibold, H.: Untersuchung zum Verhalten von Zink und Germanium bei der Laugung. Ing.-Arbeit Bergakademie Freiberg 1988
101. Lehmann: Thermische Behandlung von Elektronikschrott. Vortrag UTECH Berlin 1993
102. Koch: Konzept zur Zerlegung und Aufbereitung von Elektronikschrott. Vortrag DVM-Tag-Elektroschrott: Berlin Mai 1993
103. Willeke, R.: Schrott-Recycling-Wirtschaft. Stoffliche Verwertung von Abfall- und Reststoffen: Seminar des VDI Bildungswerkes 1989
104. Koellner, W.: Schrott aus der Sicht eines Erfassers und Aufbereiters und der Stahlindustrie. Stoffliche Verwer-tung von Abfall- und Reststoffen: Seminar des VDI Bildungswerkes 1989
105. Schönborn, H.-H.: Neu- und Altkunststoffe – Übersicht. Stoffliche Verwertung von Abfall- und Reststoffen: Seminar des VDI Bildungswerkes 1989
106. Armsen, R.: Wirtschaftliche Situation der Regranulierungsbetriebe bei niedrigen Neumaterialpreisen und steigenden Anforderungen an die Eigenschaftskonstanz der Regranulatqualität. Thomé-Kozmiensky, K.J. (Hrsg.): Recycling von Kunststoffen. Berlin: EF-Verlag 1987
107. N.N.: Merkblatt 10 der LAGA: Qualitätskriterien und Anwendungsempfehlungen für Kompost (Kennz. 6856). Hösel/Bilitewski/Schenkel/Schnurer: Müll-Handbuch. Berlin: Erich Schmidt Verlag 1995
108. Schriefe, T.: Kommunale Kompostierung und Qualitätssicherung – Ein Handbuch. Bremen: Bodenökologische Arbeitsgemeinschaft e. V. 1988
109. Rieß: Anforderungen der Landwirtschaft an die Kompostqualität, in: K. J. Thomé-Kozmiensky (Hrsg.): Biologische Abfallbehandlung, EF-Verlag, Berlin, 1995, 347–353
110. Bilitewski, B.: Mechanical Sorting Processes and Material Recycling; in: Chr. Ludwig, St. Hellweg, S. Stucki (Ed.): Municipal Solid Waste Management – Strategies and Technologies for Sustainable Solutions; Springer Verlag Berlin (2003), 9.65-78
111. N.N.: Merkblatt über die Verwendung von industriellen Nebenprodukten im Straßenbau, Teil: Wiederverwendung von Baustoffen. Köln: Forschungsgesellschaft für Straßen und Verkehrswesen 1985
112. Schniering, A.: Möglichkeiten und Vorschriften zur Wiederverwendung von Baustoffen im Straßenbau. Thomé-Kozmiensky, K.J. (Hrsg.): Recycling International. Berlin: EF-Verlag 1984
113. Schöndorfer, G.: Die ökonomischen Grenzen möglicher Recyclingmaßnahmen von Bauschutt: Diplomarbeit Universität Essen 1984
114. Kolb, K.-H.: Gütesicherung bei der Wiederverwertung von Asphalt in Mischanlagen. Die Asphaltstraße 8 (1986)
115. Bellin, P.; Rode, F.: Qualitätssicherung bei der Wiederverwertung von Asphalt. Straße und Autobahn 7 (1985)
116. N.N.: Merkblatt über die Erhaltung von Asphaltstraßen, Teil: Bauliche Maßnahmen; Instandsetzung 2.4 Rückformen der Fahrbahnoberfläche. Köln: Forschungsgesellschaft für Straßen unf Verkehrswesen 1983
117. N.N.: Merkblatt über die Erhaltung von Asphaltstraßen, Teil: Bauliche Maßnahmen; Wiederverwenden von Asphalt. Köln: Forschungsgesellschaft für Straßen und Verkehrswesen 1985

118. Sommer, H.: Recycling von Beton – Wiederverwertung im Deckenbau. Straße und Autobahn 5 (1984)
119. Wesche, K.; Schulz, R.-R.: Beton aus aufbereitetem Altbeton – Technologie und Eigenschaften. Beton 2 und 3 (1982)
120. INTECUS: Vorstellung einer Anlage zur Wertstoffrückgewinnung aus Gewerbe- und Baustellenabfällen. Thomé-Kozmienzky, K.J. (Hrsg.): Internationaler Recyclingkongreß, Vermeidung und Verwertung von Abfällen 3. Berlin: EF-Verlag 1992
121. Wuttke, J.: Bundesweite Gewerbeabfalluntersuchung, (Kennz. 1742) in: Hösel/Schenkel/Bilitewski/Schnurer (Hrsg.): Müllhandbuch. Berlin: Erich Schmidt Verlag 1999
122. Der grüne Punkt – Gesellschaft für Systemtechnologie (2004) Firmeninformation, Köln-Porz
123. Recycling-Zentrum Oberhavel: Firmeninformation Velten (2004)
124. Titech Visionsort GmbH, Firmeninformation Andernach (2003)
125. N.N.: Firmendruckschrift Fa. Bezner
126. N.N.: Diskscheider, ein neues Kaskaden-Klassiergerät für siebschwierige Güter. Aufbereitungstechnik 31 (1990) 12
127. Grumbach, Udo: Machen automatische Altpapiersortieranlagen „Human Capital" in der Altpapierentsorgungswirtschaft überflüssig? Vortrag beim 4. Internationalen Altpapiersortiertag, Hannover 2001
128. N.N.: Thermische Altreifenverwertung – Mischgrenzwertberechnung nach der 17. BImSchV am Beispiel der Zementindustrie. WLB Envitec-Report 1992, S. 52–162
129. Saffert R.; Leitner, H.: Noch frei Verwerten von PVC-Verbundprodukten Bilitewski/Zeschma-Lahl/Schnurer: Müll-Handbuch. Berlin: Erich Schmidt Verlag 2009, KZ 8625.3
130. N.N.: „Klärschlammverordnung" BGBl. I 1992, S. 912–934,
131. Ges PaRec Bonn 1997
132. Hüskens, J.: Vollautomatisches Sortieren gemischt gesammelter Abfälle – Großtechnische Erfahrungen; in: „Trockene Tonne" – Neue Wege und Chancen einer gezielten stofflichen Verwertung; Bilitewski/Werner/Janz (Hrsg.) Technische Universität Dresden, Beiträge zu Abfallwirtschaft/Altlasten, Band 35, S. 103–112
133. N.N.: Duales System erhebt ab Oktober höhere Gebühren für Grünen Punkt. Europäischer Wirtschaftsdienst 3 (1993) 7, S. 3
134. N.N.: TÜV-Zertifizierung von Unternehmen der Kunststoffverwertung läuft an. Europäischer Wirtschaftsdienst (1993) Nr. 11, S. 3
135. N.N.: Firmenprospekt der Fa. Vicor Berlin
136. N.N.: In Anlehnung an Firmenprospekt Lindemann Shredderanlagen
137. N.N.: Firmenunterlagen Fa. Aumund: Metallsortierung
138. Bilitewski, B.; Härdtle, G.; Marek, K.: Abfallwirtschaft 1990, S. 25
139. INTECUS: Planung einer Pilotanlage zur Autodemontage. Im Auftrag der Fa. ALBA: Berlin 1990
140. Christinai, J.: Stand der Sortiertechniken – Leistungsda-ten von LVP-Sortieranlagen, in: Beiträge zur Abfallwirtschaft, Band 6 der TU Dresden, 1997, 86–97
141. N.N.: Umweltbundesamt: Daten zur Umwelt 1990/91. Berlin: Erich Schmidt Verlag 1992
142. INTECUS: Projektstudie über eine CP-Behandlungsanlage für Galvanikabfälle. Im Auftrag der Senatsverwaltung für Stadtentwicklung und Umweltschutz Berlin: Berlin Mai 1993
143. INTECUS: Errichtung, Inbetriebnahme und Optimierung einer Pilotanlage mit einem Durchsatz von 5 Mg/h zur automatischen Farbsortierung von Altglasscherben einschließlich dazu notwendige Konditionierung. Zwischenbericht zum Forschungsvorhaben: Berlin Juni 1993
144. INTECUS: Kostenvergleich zwischen farbgetrennter und farbgemischter Altlastsammlung 1992
145. N.N.: Konzepte eines Altgummiverwertungs- und -entsorgungssystems; Gesellschaft für Altgummi-Verwertungssysteme m.b.H. Dez. 1991

146. N.N.: Lurgi AG: Jahresbericht 1992, S. 41–45
147. N.N.: Wiederverwertung von Altgummi; Status und Tendenzen in der Gummiindustrie: VDI-Berichte 1991, Nr. 934
148. N.N.: Kühlschrankentsorgung aktuell – Entsorgungsbe-richt 01.01. bis 30.06.1990, Fa. BRESCH Neumünster
149. N.N.: Information der Fa. SUTCO Maschinenbau GmbH Bergisch-Gladbach
150. N.N.: Information der ADELMANN AG Karlstadt
151. N.N.: Pressemittelung des BMU Bonn am 02.06.1993
152. N.N.: Jahresbericht 1997/98 der IK Industrieverband Kunststoffverpackungen e. V., Bad Homburg, 1998
153. Schubert, H.: Aufbereitung fester mineralischer Rohstoffe Band 1, 3. Auflage. Leipzig: VEB Deutscher Verlag für Grundstoffindustrie 1975
154. Görisch, U.: Aufbereitungstechnik auf dem Prüfstand – Neue Erkenntnisse aus der Praxis, Vortrag 4. Symposium Recycling-Baustoffe: Würzburg 1988
155. N.N.: Ballistischer Separator. Patentschrift der Bundesrepublik Deutschland. Nr. DE 2803684 C2
156. N.N.: Voith Paper Fiber Systems GmbH & Co. KG, Ravensburg, 2006
157. Marutzky, R.: Thermische Verwertung von Reststoffen in der Holzwirtschaft. HolzZentrablatt, WKI-Mitteilung 552/1992. Stuttgart: Sonderdruck aus Holz. Zentralblatt, Dez. 1991
158. N.N.: Nur wenige Holzschutzmittel zugelassen. Umwelt Bd. 23 (1993) 6
159. Marek, K.: Wiederverwertung und Wiederverwendung als Lösungsansatz zur Minimierung der Deponieinanspruchnahme. Zeidler (Hrsg.): Recycling von Baureststoffen und Industrieflächen. Bonn: Verlag Bonner Energie-Report 1993
160. Hiersche, E.; Leutner, R.; Wörner, T.: Einsatzmöglichkeiten und zu fordernde Qualitätseigenschaften von alternativen Baustoffen im Straßenbau. Studie im Auftrag der Forschungsgemeinschaft für Straßen- und Verkehrswesen Bonn, Heft 101. Bonn: Kirschbaum Verlag 1987
161. Offermann, H.: Stand des Recyclings von Bauschutt. Straße und Tiefbau 43 (1989) 2
162. INTECUS: Baustellenabfallsortieranlage. Verfahrensfließbild, 1991
163. Kohler, G. (Hrsg.): Recyclingpraxis Baustoffe. Der Abfallberater für Industrie, Handel und Kommunen. Köln: TÜV Rheinland 1991
164. Willkomm, W.: Abbruch und Recycling. Köln: RKW-Verlag 1991
165. N.N.: Firmendruckschrift der Fa. Kronimus AG, Iffezheim
166. INTECUS GmbH: Veröffentlichung im Zuge der Studie „Wissenschaftliche Untersuchung und Begleitung von Modellversuchen zur getrennten Erfassung graphischer Papiere und Verpackungen aus Papier und Pappe" erstellt für Arbeitsgemeinschaft Graphische Papiere, Bonn (AGRAPA) (1996–2000)

Möglichkeiten der Abfallvermeidung 6

„Die besten Abfälle sind die erst gar nicht entstandenen" ist die bestechende Logik einer viel zitierten Aussage. In der praktischen Umsetzung zeigt sich jedoch eher eine zögerliche Wirkung.

Trotz einer bereits vor 25 Jahren vollzogenen gesetzlichen Verankerung des Vermeidungsgedankens, dem seither vorrangig Rechnung getragen werden sollte, werden heute noch die Hauptanstrengungen im Bereich der Verwertung und Beseitigung von Abfällen unternommen.

2007 lag die Menge der Siedlungsabfälle zur Verwertung und Beseitigung bei 47,9 Mio. Mg (s. Kap. 2.2).

Aufgrund erheblicher Probleme mit den wachsenden Abfallmengen zeichnet sich im Bereich der Kommunen als beseitigungspflichtige Körperschaften und in der Industrie jedoch ab, dass der Abfallvermeidung ein zunehmender Stellenwert eingeräumt wird.

6.1 Rahmenbedingungen der Abfallvermeidung

6.1.1 Begriffsdefinition

Der Begriff der Abfallvermeidung umfasst die Handlungsmöglichkeiten, die ein Entstehen von Abfällen bereits beim Abfallproduzenten problemlos verhindern bzw. den Anfall von Abfall so gering wie möglich halten. Die Abfallvermeidung ist somit eng an die Produktions- und Verbraucherstrukturen geknüpft, die sowohl einen erheblichen Einfluss auf die Abfallproduktion ausüben, als auch durch Vermeidungshandlungen verändert werden können [22].

Die Abfallvermeidung ist in qualitativer und quantitativer Hinsicht zu differenzieren. So ist unter qualitativer Vermeidung eine Vermeidung kurzlebiger sowie problembehafteter Produkte zu verstehen, während mit quantitativer Abfallvermeidung eine Reduktion der noch zu verwertenden bzw. zu entsorgenden Abfälle gemeint ist [6].

B. Bilitewski, G. Härdtle, *Abfallwirtschaft*,
DOI 10.1007/978-3-540-79531-5_6,

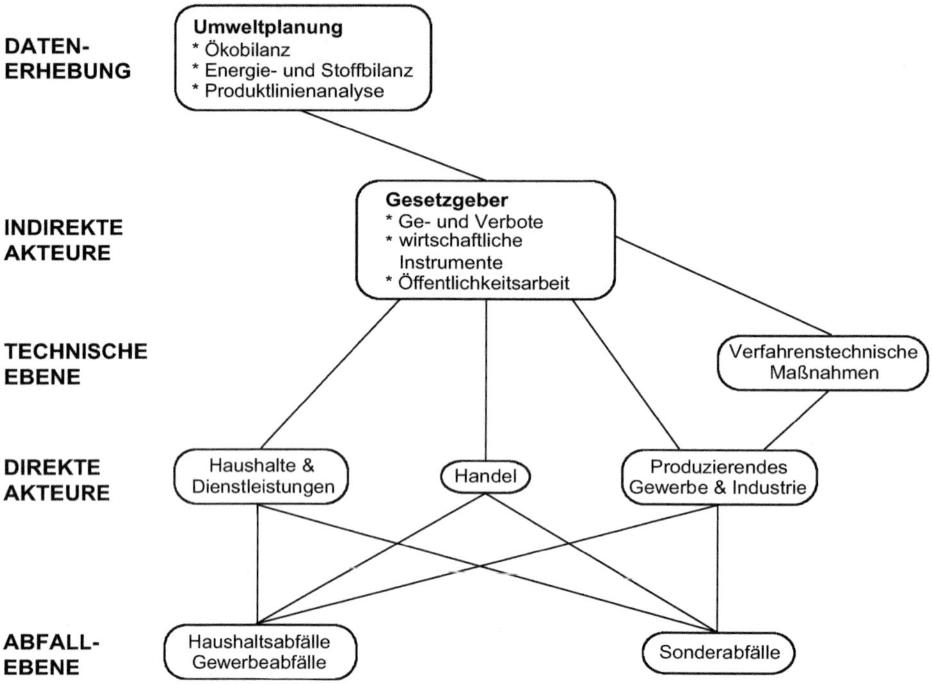

Abb. 6.1 Wirkungsbeziehung zwischen den verschiedenen Akteuren und Ebenen der Abfallwirtschaft

6.1.2 Einfluss verschiedener Akteure auf die Abfallvermeidung

Die im Bereich der Abfallproduktion Handelnden können in die Bereiche der direkten und indirekten Akteure unterteilt werden. Zu den direkten Akteuren zählen:

- Haushalte und Dienstleistungsbereiche,
- Handel,
- Produzierendes Gewerbe und Industrie.

Die indirekten Akteure werden vom Gesetzgeber (Europäische Union, Bund) und den ausführenden Organen der Gesetzgebung, wie z. B. Landes- oder Kommunalbehörden, gebildet. Die Wirkungsbeziehungen der Akteure untereinander zeigt Abb. 6.1 Grundlage für die Entscheidungen und Maßnahmen der indirekten Akteure bei der Abfallentstehung ist die vorsorgende Umweltplanung.

Umweltprobleme sind längst entstanden, bevor ein Produkt als Abfall anfällt. So verursacht jedes einzelne Abfallprodukt bereits verschiedene Umweltschäden bei Rohstoffabbau, Fertigung von Halbstoffen oder Halbzeugen, beim Transport, bei der Endproduktion, der Vermarktung und beim letzten Schritt, der Abfallbehandlung. Es ist also eine ökologische Gesamtbilanz zur Beurteilung von Produkten und Materialien erforderlich. Die Materialflussdiagramme für Papier und Aluminium in Abb. 6.2 zeigen

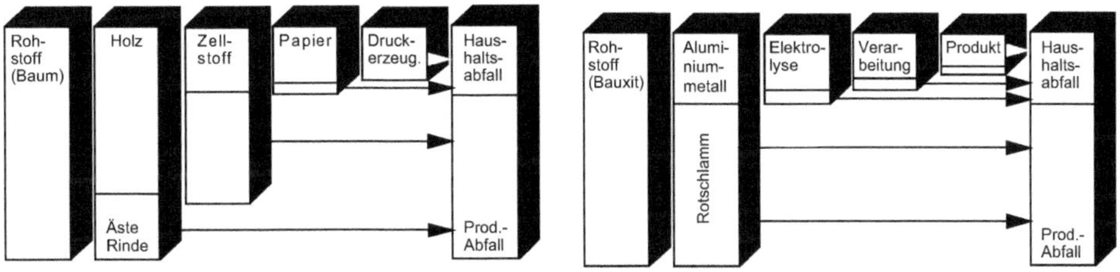

Abb. 6.2 Materialflussdiagramm für Papier und Aluminium [9]

beispielhaft, dass für eine entstandene Menge von Abfall teilweise eine viel größere Menge an Rohstoffen nötig war.

Jeder Vorgang bei der Produktherstellung ist dabei mit spezifischen Umweltbelastungen verbunden [9, 23].

Erhebungsmethoden für eine qualitative Gesamtbilanz sind z. B.:

- Ökobilanzen,
- Stoff- und Energiebilanzen,
- Produktlinienanalysen.

Ökobilanz Das Schweizerische Bundesamt für Umweltschutz in Bern hat 1984 eine Studie mit Ökobilanzen von Packstoffen veröffentlicht, in der versucht wurde, die Beeinflussung der Umwelt bei der Produktion eines Rohstoffes zu erfassen. Zur besseren Vergleichbarkeit von Luft- und Wasserbelastungen wurden kritische Belastungsmengen ermittelt, die der Menge des belasteten Mediums entspricht, welche nach der entsprechenden Verdünnung im Rahmen der maximalen Grenzwerte bleibt.

Die kritische Hinterfragung einiger sogenannter „umweltverbessernden Maßnahmen" hinsichtlich ihrer wirklichen Umweltentlastung im Vergleich zum Ausgangszustand (z. B. der Ersatz von fossilen Brennstoffen durch Rapsöl) führte zu der Einführung von Ökobilanzen. Ökobilanzierung zielt auf eine umfassende Beurteilung der Umweltverträglichkeit von Produkten, Prozessen oder auch Dienstleistungen [104]. Zielsetzung ist die Minimierung der Umweltbelastungen und der Gefährdungspotenziale, wie auch die Optimierung des Rohstoff-, Wasser- und Energieeinsatzes.

Bei der Produktbilanzierung wird das gesamte Produkt über die Lebensstadien Rohstofferzeugung, Rohstoffverarbeitung, Produktherstellung, Anwendung, Entsorgung, Abfall-/Abwasser-/Abluftbehandlung und Recycling hinsichtlich des Rohstoff-, Energie- und Wasserverbrauchs sowie der Emissionen in Luft, Wasser und Boden bilanziert.

Problematisch ist hier die Vergleichbarkeit („Äpfel mit Birnen"), z. B. größere Abfallmengen bei der Herstellung von Produkt A verglichen mit einem höheren Wasserverbrauch zur Erzeugung des Produktes B. Eine Bewertung über die Anwendung von Gewichtungsfaktoren wird oft als Lösungsweg empfohlen. Diese Bewertungsschritte sind zwangsläufig subjektiv, einheitliche Vorgaben existieren für viele Bereiche und Vorketten der Produktion. Schwierig bis unmöglich wird die Einbeziehung nicht quantifizierbarer Größen wie sozialer Aspekte, z. B. dem Abbau von Arbeitsplätzen, oder auch moralischer Bedenken, z. B. Tierversuche, die der Herstellung einiger Produkte vorausgehen [105].

Durch Weglassen oder Einbeziehen einiger der sehr vielfältigen Einflussgrößen bestehen Manipulationsmöglichkeiten. Trotzdem wurde in der Vergangenheit eine Vielzahl von Ökobilanzen erstellt, die teilweise zu einem, zumindest qualitativen, Ergebnis kamen. Einigen Verfassern gelang sogar ein quantifizierbares Ergebnis. So wurde bei einem Vergleich von Mehrweg-Glasflaschen mit Einweg-Verbundkartons als Verpackungen für Frischmilch herausgefunden, dass sich bei 25 Umläufen der Mehrwegflaschen keine eindeutigen Präferenzen für das eine oder andere Verpackungssystem herleiten lassen [106].

Mittlerweile ist die Ökobilanz in ihren Grundsätzen und Regeln standardisiert. International sind es die Standards 14040:2006 und 14044:2006, im deutschen Normenwerk die DIN EN ISO 14040 und DIN EN ISO 14044.

Die Ökobilanzierung ist durch vier Schritte gekennzeichnet:

- Definition von Ziel und Untersuchungsrahmen,
- Sachbilanz,
- Wirkungsabschätzung und
- Auswertung.

Mit der Definition von Ziel und Untersuchungsrahmen werden alle weiteren Entscheidungen festgelegt. Dabei werden Nutzen und Funktion des Produktes, wie auch der grundsätzliche Lebensweg, definiert. Der Lebensweg beginnt in der Regel bei der Rohstoffgewinnung, das Ende ist meist die Abfallentsorgung. Die Quantifizierung wird dann in der Sachbilanz vorgenommen. Ein Problem bei der Durchführung der Ökobilanz ist, dass erforderliche Daten zu einzelnen Prozessen nur eingeschränkt zur Verfügung stehen. Hier bietet das Umweltbundesamt über das Internet-Portal „ProBas" (Prozessorientierte Basisdaten für Umweltmanagement-Instrumente) eine Datensammlung aus verfügbaren Datensätzen unterschiedlichster Quellen an [4]. In der Sachbilanz werden Verbräuche (z. B. zur Herstellung des Produkts) mit dem Nutzen und den damit verbundenen Emissionen verglichen. In der Sachbilanz erfolgt noch keine Wertung. Diese folgt in der Wirkungsabschätzung. Die Ergebnisse der Sachbilanz werden unterschiedlichen Wirkungskategorien zugeordnet. Im Ergebnis steht eine bestimmte Anzahl an quantitativen Umweltauswirkungen, die von dem Produkt ausgehen (Treibhauseffekt, Versauerung etc.). Die Auswertung vereint die Identifizierung der wichtigsten Parameter mit der Prüfung der Vollständigkeit und Sensitivität. Die Ergebnisse werden zum Schluss in einem Bericht zusammengefasst.

Als Beispiele für Ökobilanzen seien genannt:

- Vergleich von BTL (Biomass To Liquid) aus Anbaubiomasse und aus Reststoffen sowie zur alternativen Biomassenutzung,
- Vergleich von PET-Einweg- sowie PET- und Glas-Mehrwegflaschen,

- Vergleich der konventionellen Herstellung von Roheisen im Hochofen mit umweltfreundlicheren Verfahren,
- Betrachtung des Einsatzes von Altpapier in graphischen Papieren.

Stoff- und Energiebilanz Da weder Stoffe noch Energie verloren gehen, sondern lediglich umgewandelt werden, dienen diese Bilanzen als sinnvolle Grundlage zur Erstellung technischer und struktureller Planungsaussagen. Im Gegensatz zur Ökobilanz gibt es keine internationale Normung. Bei Stoff- und Energiebilanzen existieren in Abhängigkeit der Fragestellung und dem zu untersuchenden System unterschiedliche Methoden. Eine konkrete Abgrenzung zur Ökobilanz seitens der Methodik gibt es nicht. Bei Stoff- und Energiebilanzen werden die Stoff- und Energieflüsse bilanziert, hingegen bei der Ökobilanz, auch die damit verbundenen Umweltauswirkungen.

Produktlinienanalyse Dieses von der „Projektgruppe ökologische Wirtschaft" im Freiburger Öko-Institut wieder aufgegriffene Instrument untersucht über den Lebenszyklus eines Produktes hinaus auch, inwieweit die jeweiligen Produkte Bedürfnisse (soziale und gesellschaftliche) befriedigen. Ausgangspunkt ist dabei die Befriedigung der Bedürfnisse auf eine umweltverträglichere Art, als dies heute der Fall ist [9, 10].

Gemäß Abb. 6.1 bedienen sich die indirekten Akteure folgender Instrumente zur Durchsetzung der Abfallvermeidung:

- Ge- und Verbote,
- wirtschaftspolitische Instrumente,
- Öffentlichkeitsarbeit.

Ziel ist es, die direkten Akteure zu einer weitgehenden Abfallvermeidung zu bewegen bzw. zu motivieren. Hierbei spielen auch die verfahrenstechnischen Maßnahmen, die wiederum die Produktionsweisen im Gewerbe und in der Industrie beeinflussen, eine wichtige Rolle. Die direkten Akteure sind für die Entstehung der Abfälle (Restabfall, Gewerbeabfälle, Sonderabfälle) mittelbar verantwortlich. Das Abb. 6.1 zeigt zudem, dass die Sonderabfälle nicht nur durch produzierendes Gewerbe und Industrie entstehen, sondern auch Handel, Haushalte und Dienstleistungsbereiche als Konsumenten einen Einfluss auf die Sonderabfallentstehung haben.

6.1.2.1 Maßnahmen indirekter Akteure

Ge- und Verbote

Europäische Union Innerhalb der EU tritt heute an die Stelle der bisherigen Abfallbeseitigung die sinnvolle Abfallwirtschaft mit eindeutiger Priorität zugunsten einer Abfallvermeidung und -verwertung.

Trotzdem müssen die Mitgliedsstaaten die Regeln des freien Binnenmarktes beachten, die seit 1992 zwingend vorgeschrieben sind. Gemäß der Prämisse, dass keine Diskriminierung von Handelspartnern auftreten darf, sind Produktions- und Handelsbeschränkungen nur begrenzt durchsetzbar. Durch diese Einbindung werden die einzelnen EU-Mitglieder in ihren Abfallvermeidungsmaßnahmen teilweise erheblich behindert. Ein deutsches Verbot von Einwegverpackungen würde vermutlich an dieser Hürde scheitern.

Die Europäische Union hat im Bereich der Abfallwirtschaft eine Vielzahl an Rechtsakten erlassen, welche direkt oder indirekt Anreize zur Abfallvermeidung schaffen. Als Beispiele seien genannt:

- Altautorichtlinie,
- Altölrichtlinie,
- Batterierichtlinie,
- Elektro- und Elektronikaltgeräterichtlinie und Richtlinie zur Beschränkung der Verwendung gefährlicher Stoffe in solchen Geräten,
- Verpackungsrichtlinie.

Bei den Elektro- und Elektronikaltgeräten sind zum einen bestimmte Schwermetalle und bromhaltige Flammschutzmittel verboten, zum anderen steht der Hersteller in der Produktverantwortung für die Behandlung, Verwertung und Beseitigung der Geräte. Mit dieser Produktverantwortung besteht der Anreiz für die Hersteller, beim Produktdesign auch Aspekte für die Verwertung und Beseitigung einfließen zu lassen.

Bundesrepublik Deutschland Mit Inkrafttreten des Gesetzes über die Vermeidung und Entsorgung von Abfällen (Abfallgesetz) vom 01.11.1986 wurde der Begriff der Abfallvermeidung in das aus dem Jahre 1972 stammende Abfallbeseitigungsgesetz eingeführt. Auch im aktuellen Entwurf eines Gesetzes zur Neuordnung des Kreislaufwirtschafts- und Abfallrechts (Stand 30.03.2011) ist der Abfallvermeidung die Priorität eingeräumt worden. So ist die Abfallvermeidung als erste Grundpflicht benannt und steht in der Abfallhierarchie an erster Stelle. Erstmals sollen Bund und Länder zur Erstellung von Abfallvermeidungsprogrammen im Jahr 2013 verpflichtet werden, welche in bestimmten Zeiträumen zu prüfen und fortzuschreiben sind.

Unterstütz wird das KrWG durch eine Vielzahl von Verordnungen, welche unter anderem die europäischen Vorgaben in nationales Recht umsetzen. Am Beispiel der Einführung der VerpackV (1991) soll die Wirkung der Verordnung, nicht nur auf die Verwertungsquoten, sondern auch auf die Abfallvermeidung dargestellt werden (Abb. 6.3).

Ein Jahr nach Inkrafttreten zeigt die VerpackV erste Erfolge, nicht nur bezüglich der Verwertung, sondern auch im Bereich der Abfallvermeidung. Während der Verpackungsverbrauch in den letzten Jahren vor 1991 beinahe unabhängig von konjunkturellen Einflüssen anstieg, ist 1992 erstmalig ein Rückgang gegenüber dem Vorjahr zu verzeichnen. Der Wiederanstieg des Verpackungsaufkommens nach 1997 lässt sich durch einen Konjunkturaufschwung und die damit verbundene Zunahme des Produktverbrauchs erklären.

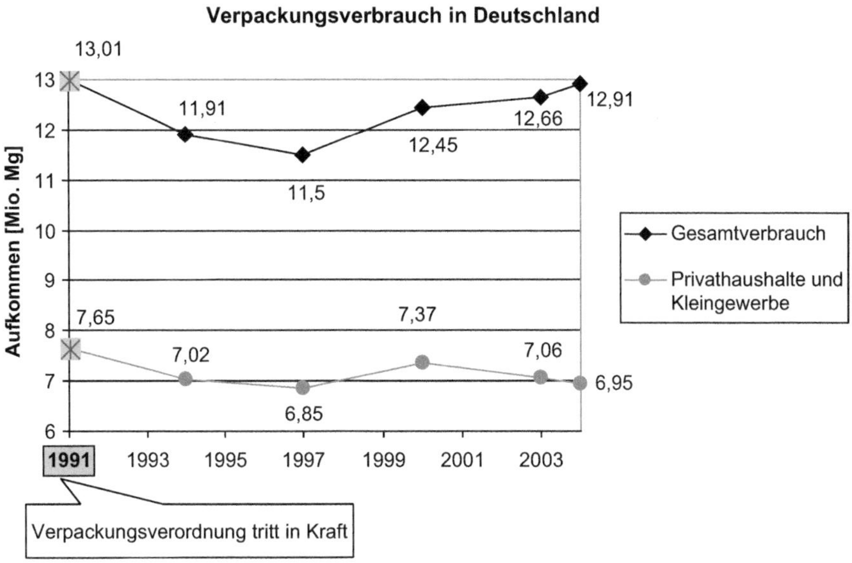

Abb. 6.3 Entwicklung des Verpackungsverbrauchs in der Bundesrepublik Deutschland (Verpackungen aus Glas, Weißblech, Aluminium, Papier, Pappe, Karton, Kunststoff sowie Getränkekartons) [1]

Bundes-Immissionsschutzgesetz Gemäß § 5 Abs. 1 Nr. 3 BImSchG sind genehmigungsbedürftige Anlagen so zu errichten und zu betreiben, dass Abfälle vermieden werden und nicht zu vermeidende Abfälle ordnungsgemäß verwertet werden. Falls beides nicht zumutbar ist, müssen die Abfälle ohne Beeinträchtigung des Wohls der Allgemeinheit beseitigt werden. Die Erfüllung dieser Pflicht ist Genehmigungsvoraussetzung nach § 6 BImSchG, weshalb das BImSchG sogar weitreichendere Auswirkungen hat als das KrW-/AbfG. Allerdings bezieht sich das BImSchG nur auf die Errichtung und den Betrieb von Anlagen, nicht aber auf bestimmte Produkte, wie z. B. Verpackungsmaterialien [3].

Verbot von Produkten Zu den produktseitigen Instrumenten zählt das Verbot von Produkten, die entweder in der Herstellung oder nach Benutzung besonders abfall- und reststoffintensiv sind, wobei sowohl das Chemikaliengesetz als auch das Abfallgesetz als Instrument zur Durchsetzung dienen kann. Unterstützt wird dies durch die EG-Verordnung „Registration, Evaluation, Authorisation of CHemicals" (REACH). Darin werden die Hersteller und Importeure zur Ermittlung gefährlicher Eigenschaften von Stoffen und zur Abschätzung der Wirkungen auf die Umwelt verpflichtet. Bestimmte gefährliche Stoffe sind verboten oder im Einsatz beschränkt. Für besonders gefährliche Stoffe führt REACH ein Zulassungsverfahren ein. Hersteller und Importeure werden zur Information über die Eigenschaften der gefährlichen Stoffe als auch zu einer sicheren Verwendung verpflichtet. Laut Schätzung des BMU müssen ca. 30.000 Stoffe über einen Zeitraum von 11 Jahre registriert werden [2].

Länder Die Abfallvermeidungsgebote des KrW-/AbfG und des BImSchG sind abschließende Regelungen, so dass landesrechtliche auf die Abfallvermeidung gerichtete Normen wegen des Vorrangs von Bundesrecht auf dem Gebiet der konkurrierenden Gesetzgebung ausgeschlossen sind. Es steht dem Landesgesetzgeber jedoch frei, z. B. in seine Kommunalgesetze weitergehende Abfallvermeidungsgebote aufzunehmen. So ist auch in den Abfallgesetzen der Länder der Abfallvermeidung in der Abfallhierarchie die oberste Priorität eingeräumt.

Beseitigungspflichtige Körperschaften Auch die Kommunen als beseitigungspflichtige Körperschaften müssen sich im Rahmen der Bundes- und Landesgesetze bewegen. Eigene Gesetzgebungskompetenz hinsichtlich Abfallvermeidung steht ihnen nicht zu. Im Rahmen ihrer Satzungsautonomie stehen ihnen jedoch Möglichkeiten zur Verfügung, der Abfallvermeidung einen höheren Stellenwert beizumessen.

Das Restabfallaufkommen bei den Haushalten mit Ge- und Verboten zu senken erscheint unzweckmäßig, denn es ist zu befürchten, dass Haushalte, denen nur ein bestimmtes Abfallkontingent pro Zeiteinheit zugestanden wird, auf illegale Entsorgungswege ausweichen und damit erhebliche Umweltschäden verursachen [15].

Wirtschaftspolitische Instrumente

In diesem Bereich sind zahlreiche Instrumente auf der Grundlage der in Kap. 6.1.2.1 aufgeführten Gesetze einsetzbar, von denen hier nur zwei exemplarisch behandelt werden. Weitere Instrumente sind an dieser Stelle nur im Überblick wiedergegeben.

Wirtschaftsförderung Dieses Instrument bietet vielfältige Möglichkeiten zur Einflussnahme auf das Verhalten von Industrie und Gewerbe. Instrumente für eine umweltorientierte Wirtschaftspolitik können

- Finanzierungshilfen,
- Steuer- und Tarifpolitik,
- Infrastrukturpolitik,
- Baugenehmigungspraxis, Bauleitplanung,
- umweltrelevante Forschungs- und Entwicklungsförderung,
- Information und Beratung sowie öffentliche Fördermaßnahmen durch Land, Bund und EU sein.

Umgesetzt wurde dies bereits in der Vergangenheit als Teil innerhalb der Förderprogramme für die neuen Bundesländer, z. B. als zinsgünstige Kredite für Investitionen zur Verbesserung der Abfallwirtschaft (Recycling und Beseitigung), Abwasser- und Luftreinigung sowie Energieeinsparung [93].

Ökonomische Anreize Ökonomische Anreize auf der Stufe der Rohstoff- und Güterproduzenten werden als erfolgversprechende Maßnahmen zur Verminderung des Abfallaufkommens angesehen [15], da die Vermeidungszielsetzung für industrielle Produzenten auf marktwirtschaftlichen Überlegungen, wie z. B. umweltschutzbedingten Kostenlasten, beruhen. Der Produzent kalkuliert in alternativen Investitionsrechnungen durch, wie ersparte Umweltschutzausgaben zu Buche schlagen. Die Vermeidungszielsetzung wird daher derjenigen zur Verwertung von Rohstoffen ähnlich [20].

Weitere Anreize sind Subventionen für den Verzicht auf Umweltschädigungen oder zur Förderung umweltfreundlicher Produktionsverfahren, staatliche Förderung der umwelttechnischen Innovationen, Umweltlizenzen, Umweltsteuern (CO_2-Steuer, wie bspw. die emissionsbasierte Kfz-Steuer seit 2009) oder Umweltabgaben. Man unterscheidet bei den Umweltabgaben zwischen Emissionsabgaben (z. B. Abwasserabgaben, Abfallgebühren und –Beiträge), Technologie- und Produktabgaben.

In der Vergangenheit wurden Anreize zur Abfallvermeidung, die direkt in den privaten Haushaltungen ansetzen, wegen des hohen administrativen Aufwandes und der Sorge vor einem Ausweichen auf illegale Entsorgungswege als wenig geeignetes Mittel angesehen. Mittlerweile sind verursachergerechte Systeme zur Abfallerfassung und Abrechnung etabliert. Die Restabfallmengen können sowohl mit sogenannten Ident- als auch Ident-Wäge-Systemen deutlich reduziert werden. Nur in der verdichteten Bebauung konnten sich Systeme wie Müllschleusen mit verursachergerechter Abrechnung nicht flächendeckend durchsetzen. Neben den hohen Kosten der Systeme führten auch illegale Ablagerungen und Verunreinigungen der Abfallsammelstandplätze zu mangelnder Akzeptanz.

Öffentlichkeitsarbeit

Neben den Möglichkeiten der Ge- und Verbote und der Wirtschaftspolitik besteht insbesondere für die Kommunen die Möglichkeit, eine gezielte Öffentlichkeitsarbeit durchzuführen.

Adressaten der Öffentlichkeitsarbeit sind die Bürger, der Handel und das Gewerbe sowie die kommunale Verwaltung. Ziele der Öffentlichkeitsarbeit sind:

- Veränderungen des Kaufverhaltens (abfallarmer und umweltbewusster Einkauf),
- Veränderungen des Eigenverhaltens (zum Abfall bestimmte Produkte sinnvoll weiterverwenden, z. B. Sperrmüllnutzung),
- Förderung der Kompostierung (von Küchenabfällen zum Eigen- und Nachbarschaftsbedarf),
- Umstrukturierung der Angebotspalette des Handels und Gewerbes nach Kriterien der Umweltfreundlichkeit (langlebige, reparatur- und umweltfreundliche Produkte),
- Förderung der Umweltpädagogik [7].

Die Öffentlichkeitsarbeit sollte professionell durchgeführt werden, da sie auch mit der z. T. abfallfördernden Industrie konkurriert. Die Öffentlichkeitsmaßnahmen sollten mit der Einstellung von Abfallberatern verbunden sein, deren Aufgaben u. a. in der Beratung und Überwachung der abfallvermeidenden und -vermindernden Maßnahmen der Gemeinde, des Handels und Gewerbes und natürlich der Haushalte bestehen sollten [6]. In den letzten Jahren ist bei vielen Kommunen ein Rückgang in der Intensität der Öffentlichkeitsarbeit zu verzeichnen, meist aus wirtschaftlichen Gründen. Ausgebaut wurde und wird die Öffentlichkeitsarbeit über digitale Medien. Durch eine elektronische Abwicklung von Vorgängen (Sperrmüllanmeldung, Behälteränderungsdienst, Veröffentlichung von Tourenplänen usw.) ist neben dem gestiegenen Komfort für die Abfallerzeuger, und dadurch bedingt einer hohen Akzeptanz, auch eine Abfallvermeidung durch den Rückgang von Brief- und Faxverkehr zu verzeichnen.

Das Instrument der Öffentlichkeitsarbeit ist positiv zu beurteilen. Hierbei scheint es möglich, das ohnehin wachsende Umweltbewusstsein [16, 17] durch entsprechende Öffentlichkeitsarbeit zusätzlich zu stärken. Die jahrelang erzielten guten Sammelergebnisse bei der Erfassung von Altpapier, Altglas und Leichtverpackungen können als Indiz dafür gewertet werden, dass die privaten Haushalte zu einem umweltschonenden Verhalten bereit sind [14, 15].

Das produzierende Gewerbe und die Industrie müssen auf die Eigenverantwortung und Möglichkeiten zur Abfallvermeidung bei den Gewerbeabfällen und den Sonderabfällen zielgerichtet, technisch fundiert hingewiesen werden. In freiwilligen Absprachen (Branchenabkommen und Verbandslösungen) sollten die zukünftigen Abfallmengen und der Stand der Technik bei der Produktion bzw. Reststoffbehandlung festgelegt und durchgesetzt werden. Vorbildwirkung haben die abfallwirtschaftlichen Branchenkonzepte im Freistaat Sachsen (Bauwirtschaft, Krankenhäuser, Druckindustrie, Gießereien, Kfz-Branche, Maschinenbau, Metallerzeugung und –Bearbeitung, Textil- und Bekleidungsindustrie), welche initiiert durch den Freistaat Sachsen und mit Unterstützung der Branchenvertreter und der Betriebe durch die Industrieabfall-Koordinierungsstelle Sachsen erarbeitet wurden. Unterstützung findet das produzierende Gewerbe und die Industrie durch die Plattform Produktintegrierter Umweltschutz (PIUS), welche durch die Länder Nordrhein-Westfalen, Hessen, Rheinland-Pfalz, Baden-Württemberg, Niedersachsen und Schleswig-Holstein realisiert wird.

6.1.2.2 Direkte Akteure

Nachdem im vorangegangenen Kapitel die Instrumente zur Abfallvermeidung erläutert worden sind, sollen in diesem Kapitel deren Auswirkungen auf die direkten Akteure und deren Möglichkeiten zur Abfallvermeidung aufgezeigt werden.

Produzierendes Gewerbe

Das Warenangebot stellt für den Verbraucher eine spürbare Grenze seiner Abfallvermeidungsbestrebungen dar. Vielfach können verpackungsreiche Produkte mangels Angebot nicht durch verpackungsarme Produkte ersetzt werden. In einigen Fällen, in denen dies möglich ist, muss mit erheblichen zusätzlichen finanziellen Aufwendungen gerechnet werden. Dabei müssen die Preise, die der Verbraucher für das Produkt einschließlich Verpackung bezahlt, noch nicht einmal objektiv auf die geringere, aber vielleicht teure Verpackung zurückzuführen sein. Häufig sind verpackungsarme Produkte nur durch Preisverzerrungen wesentlich teurer.

Das produzierende Gewerbe könnte durch das verstärkte Anbieten verpackungsarmer Produkte, aber auch gezielt langlebiger Gebrauchsgüter einen ganz erheblichen Beitrag zur Abfallvermeidung leisten. Diese Neuorientierung müsste dabei nicht einmal gängigen Vermarktungspraktiken von Produkten im Wege stehen, da umweltfreundliche Produkte heute auch ein hohes Maß an Wettbewerbsfähigkeit und sogar Wettbewerbsvorteilen aufweisen und als solche vermarktet werden könnten.

Bisherige Erfahrungen ließen die Schaffung von Verordnungen notwendig erscheinen. Den Beginn machte die VerpackV (vgl. Kap. 3.2.1), Verordnungen im Bereich der Altfahrzeuge oder der Elektro- und Elektronikaltgeräte folgten.

Welche Bedeutung die Abfallvermeidung in der Industrie hat, verdeutlichen die Zahlen des Statistischen Bundesamtes. Von einem Gesamtaufkommen von 351,1 Mio. Mg Abfall im Jahr 2007 tragen Abfälle aus Produktion und Gewerbe mit 58,5 Mio. Mg/a und Abfälle aus dem Baubereich mit 201,8 Mio. Mg/a einen beträchtlichen Anteil zum Abfallaufkommen bei [22].

In vielen Unternehmen besteht die Erkenntnis, dass von der Produktion und den damit erzeugten Abfällen eine Umweltbeeinträchtigung ausgeht. Dass aber der Produktionsfaktor Umwelt neben den klassischen Produktionsfaktoren Boden, Kapital und Arbeit zu einer entscheidenden Größe im unternehmerischen Handeln herangewachsen ist, scheint noch nicht allen Unternehmern bewusst zu sein.

Abfallvermeidung bedeutet nicht nur die Einsparung von Entsorgungskosten, sondern ermöglicht auch eine positive Imagewirkung nach innen auf die Mitarbeiter und nach außen auf die Öffentlichkeit bzw. die Verbraucher. Ebenso wird durch die Fragestellung „Wie vermeide ich Abfälle im Produktionsprozess?“ ein erneutes Durchdenken selbst komplexer und bewährter Arbeitsprozesse gefördert. „Betriebsblindheit“ wird durch freigesetztes Innovationspotenzial ersetzt und kann zu nachgewiesen positiven Ergebnissen führen.

Ferner werden mit den Maßnahmen zur Abfallvermeidung auch die Risiken verringert, die von den Abfallstoffen auf die Umwelt ausgehen. Aufgrund dieses Schadenspotenzials für die Umwelt wurden umfangreiche Umweltschutzvorschriften vom Gesetzgeber erlassen. Diese Umweltgesetze sehen eine umfangreiche Haftung vor (vgl. Kap. 1.2.2).

Eine auf Abfallvermeidung ausgerichtete Abfallwirtschaft impliziert zwangsläufig Beschränkungen der unternehmerischen Freiheiten im Hinblick darauf, was an stofflichen Operationen (chemische Reaktionen, Produktzubereitungen, Produktdesign) unter ökologischen Gesichtspunkten vertretbar ist und kollidiert somit mit den wirtschaftlichen Interessen der Unternehmen. So formuliert das produzierende Gewerbe die Abfallvermeidung oft als abstraktes politisches Ziel und befasst sich mit diesem nur am Rande.

Auch bei einer konsequenten Abfallvermeidung werden weiterhin mehr oder minder brisante Abfälle anfallen. Insofern ist der Entwicklung spezifischer, abfallangepasster Verwertungs- und Behandlungstechnologien ein ebenso großer Stellenwert wie der Vermeidung einzuräumen. Zwangsläufig daran gekoppelt ist die Notwendigkeit der Abfallseparation, d. h. die strikte Getrennthaltung von Abfällen. Dieses Prinzip der verwertungs- und beseitigungsorientierten Produktgestaltung durch eine Verminderung der stofflichen Komplexität muss bis in den Produktionsbereich hinein verfolgt werden. Hierbei müssen auch entsprechende Strategien zur Veränderung der Konsumgewohnheiten entwickelt werden. Damit ergibt sich auch im Bereich der Abfallseparation ein tendenzieller Widerspruch zwischen einer ökologisch orientierten Abfallwirtschaft und dem aktuellen technisch/industriellen Kurs.

Handel

Der Handel, hier vor allem der Einzelhandel, steht bei der Abfallvermeidung in einer wichtigen Mittlerrolle zwischen dem warenproduzierenden Gewerbe und dem konsumierenden und abfallerzeugenden Verbraucher. Er hat sowohl Einfluss auf die Produzenten, beispielsweise durch bevorzugtes Anbieten abfallarmer Produkte und damit Einflussnahme auf den Produktabsatz, als auch auf das Verbraucherverhalten, z. B. durch alternatives Warenangebot, Information und Beratung. Allerdings muss die Fähigkeit des Handels, in kurzen Zeitspannen auf derartige Verbraucheransprüche zu reagieren, kritisch bewertet werden. Der Einzelhandel als solcher ist nur an quasi-statischen Veränderungen, die eine Wettbewerbsverzerrung unter den Einzelhandelsbetrieben weitgehend vermeiden, interessiert. Solche Veränderungen sind jedoch im Allgemeinen nur langfristig erreichbar.

Wesentliches kann der Handel jedoch auch in kürzeren Zeitspannen zur Förderung des Umwelt- bzw. Abfallbewusstseins der Verbraucher beitragen. So könnte der Handel als zusätzlicher Multiplikator von Informations- und Aufklärungskampagnen, z. B. von Kommunen, auftreten. Einige Handelsketten haben auf Mehrwegprodukte, Verkaufsbereiche für umweltfreundliche Produkte, getrennte Erfassung der Abfallfraktion und Nutzung des Umweltimageeffektes im Marketing umgestellt.

Allerdings darf nicht übersehen werden, dass der Handel im Bereich der Einweg/Mehrwegproblematik einen entscheidenden Faktor darstellt. So wurde immer wieder die mangelnde Lagermöglichkeit von Pfandbehältnissen oder das personalaufwendige Handling mit Pfandsystemen als Argument gegen Mehrwegsysteme genannt. Die VerpackV regelt seit 2003 die Bepfandung von Einwegverpackungen. Grund war die ständig sinkende Mehrwegquote bei Getränkeverpackungen. Da der Handel auf eine Verhinderung der Einführung einer Pfandpflicht spekulierte, gab es unmittelbar nach der Einführung Probleme bei der Umsetzung. Nach Übergangsfristen und Zwischenlösungen ist seit 2006 ein einheitliches Pfandsystem etabliert.

Im Lebensmittelbereich geht der Trend des Absatzes dagegen mehr und mehr zu frischen Produkten. So haben Handelsketten mit entsprechender Frischwarenabteilung einen hohen Absatzanteil an Frischfleisch und offenem Käse, was automatisch zu einem verringerten Anfall an Verpackungsabfällen führt.

Haushalte und Dienstleistungsbereiche

Neben Industrie und produzierendem Gewerbe, die sowohl als Warenproduzenten als auch als abfallerzeugende Verbraucher fungieren, sollen im Folgenden nur die ausschließlich abfallerzeugenden Verbraucher aufgeführt werden. Diese sind:

- Verwaltungen und Dienstleistungsbetriebe wie z. B. Behörden, Banken, Versicherungen,
- Schulen, Hochschulen und soziale Einrichtungen,
- Gaststätten, Hotels und Kantinen,
- private Haushalte.

Eine ausführliche Beschreibung der Vermeidungsmöglichkeiten in den genannten Bereichen findet sich in der Studie zum „ökologischen Abfallwirtschaftskonzept für die Stadt Bielefeld", die vom Institut für Energie- und Umweltforschung Heidelberg (IFEU) erarbeitet wurde [22].

Den privaten Haushalten kommt die besondere Rolle zu, am Ende der Produktions- und Konsumkette zu stehen und damit unmittelbarer Abfallerzeuger zu sein. Ihr Abfallverhalten und natürlich auch ihr Konsumverhalten wirken entsprechend auf alle Versuche der Abfallvermeidung. Eine Abfallvermeidung ohne Mithilfe des Endverbrauchers ist praktisch nicht möglich.

Doch auch den Privathaushalten sind bei der Abfallvermeidung Grenzen gesetzt, die vom Warenangebot, der Sozialstruktur und der herrschenden Konsum- und Lebenspräferenz vorgegeben werden. Eine Abfallvermeidung ist nur schwer zu realisieren, wenn beispielsweise im Handel weiterhin eine weitgehende Verdrängung von Mehrwegbehältern stattfindet, wenn verpackungsarme Produkte unverhältnismäßig teuer sind oder wenn auf den Kauf notwendiger Gegenstände verzichtet werden müsste, wollte man die aufwendige Verpackung einsparen. Theoretisch ist bei den Haushalten eine sehr hohe Vermeidungsquote denkbar (vgl. Kap. 6.2.2). Auf einer breiten Ebene erscheint sie jedoch nur realisierbar, wenn vorausgesetzt wird, dass sich auch die sozioökonomischen Rahmenbedingungen verändern werden.

Es ist somit notwendig aufzuzeigen, wie groß der Spielraum des privaten Verbrauchers und Abfallerzeugers zur Abfallvermeidung ist und wie groß sein Beitrag zur Abfallmengenreduzierung sein könnte. Hierzu reicht es nicht mehr, von den anfallenden Abfallmengen und den Abfallfraktionen auszugehen, da diese Daten nur sehr grobe Anhaltspunkte für Vermeidungspotenziale im Bereich privater Mikroakteure geben. Wichtiger ist dagegen auch die Erfassung der Gründe für den Konsum und den Abfallanfall beim Verbraucher, weil nur in diesem Zusammenhang die Realisierbarkeit einer Vermeidungsmaßnahme bewertet werden kann [22].

6.2 Vermeidung von Hausmüll

Wie bereits in Kap. 6.1.2 erläutert wurde, sind sowohl produzierendes Gewerbe, Handel und private Haushalte an der Produktion von Haushaltsabfall beteiligt. In diesem Kapitel wird jedoch eine Beschränkung auf letztere vorgenommen, da den Haushalten am Abfallaufkommen eine besondere Bedeutung zukommt.

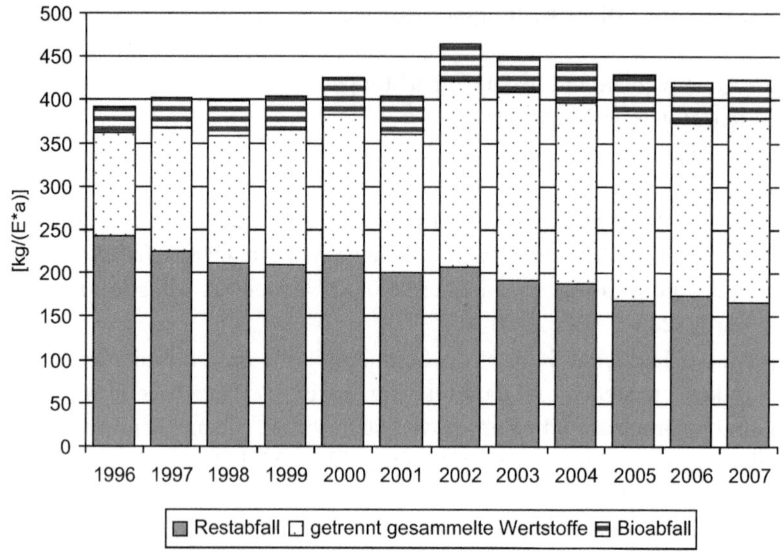

Abb. 6.4 Entwicklung der einwohnerspezifischen Abfallmengen aus Haushalten von 1996–2007 [8]

Während in Kap. 6.1.2.2 die Maßnahmen der direkten Akteure, im Hinblick auf die Abfallvermeidung beim Privatverbraucher, diskutiert wurden, werden in diesem Kapitel konkrete Möglichkeiten zur Abfallvermeidung im Haushalt qualitativ und quantitativ dargestellt.

6.2.1 Möglichkeiten zur Abfallvermeidung im Haushalt

Zunächst werden die wichtigsten Kenngrößen des Haushaltsabfalls im Hinblick auf die Abfallvermeidung, die in Kap. 2.2 und 2.3 ausführlich dargestellt sind, noch einmal kurz aufgeführt.

Kenngrößen des Haushaltsabfalls

- Die einwohnerspezifische Abfallmenge aus Haushalten ist in den letzten Jahren in der Bundesrepublik relativ konstant. Sie liegt in einem Bereich zwischen 400 und 450 kg/(E*a) (s. Abb. 6.4). Auffällig ist, dass die einwohnerspezifische Restabfallmenge von 242 kg/(E*a) im Jahr 1996 um 30 % auf 167 kg/(E*a) gesunken ist. In gleichem Maß sind jedoch auch die getrennt gesammelten Wertstoffe (Altpapier, Leichtverpackungen, Glas, Elektroaltgeräte und Sonstige (Metalle, Textilien, Verbunde) und über die Biotonne getrennt erfasste Bioabfälle gestiegen.

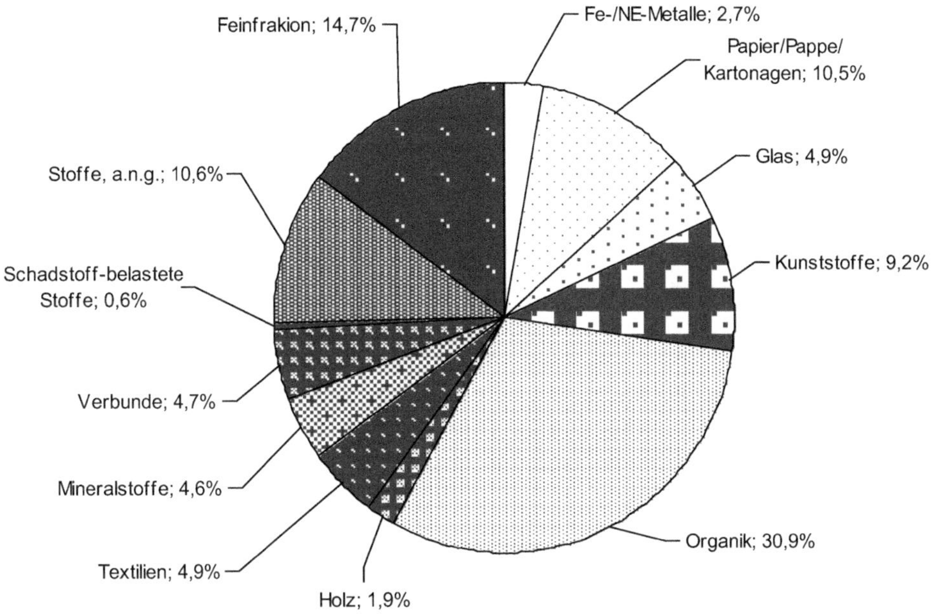

Abb. 6.5 Durchschnittliche Restabfallzusammensetzung [11]

- Die Restabfallzusammensetzung schwankt qualitativ und quantitativ in den unterschiedlichen Entsorgungsgebieten, wobei eine Vielzahl von Einflussfaktoren eine Rolle spielt.
- Der Restabfall enthält im Durchschnitt neben anderen Bestandteilen ca. 31 % organische Stoffe, 11 % Papier, 9 % Kunststoffe, 5 % Glas und 3 % FE- und NE-Metalle (s. Abb. 6.5).
- Bezüglich der Problemstoffe im Restabfall wurde ein Anteil von 0,6 % bestimmt. Die Menge an Problemstoffen pro Einwohner und Jahr beträgt ca. 1 kg bzw. ca. 82.000 Mg/a. Bei den Problemstoffen handelt es sich zum Beispiel um Batterien, Leuchtstoffröhren, Farben und Lacke, die u. a. organische Schadstoffe und verschiedene Schwermetalle enthalten.

Abfallvermeidungsbereiche im Haushalt Zur Umsetzung von Abfallvermeidungsmaßnahmen im Haushalt können folgende Bereiche unterschieden werden [18, 19]:

- Eigenkompostierung von Bioabfällen (mengenrelevanteste Maßnahme in der Praxis),
- Verminderung von Verpackungsabfällen,
- Verminderung von Gebrauchs- und Verbrauchsgütern,
- schadstofforientierte Vermeidung,
- vermeidungsorientierte Haushaltsführung.

6.2.2 Praktische Erfahrungen mit Abfallvermeidungsmaßnahmen

In den nachfolgenden Abschnitten sind verschiedene Untersuchungen zur Abfallvermeidung aufgezeigt, die zum einen die Vermeidung von Restabfall durch umweltbewusstes Einkaufen aber auch die Vermeidung von hausmüllähnlichem Gewerbeabfall durch die Umstellung auf Mehrweggeschirr bei einer Großveranstaltung aufzeigen.

Wie die Modellversuche aus Berlin (1985) und Hamburg (1988) gezeigt haben, liegen besonders im Bereich der Produktverpackungen große vermeidbare Abfallpotenziale, die ohne einen Konsumverzicht erreicht werden können. Durch das mittlerweile errichtete Duale Abfallentsorgungssystem für Verpackungen (DSD) wird zwar ein Großteil der Verpackungen einer Wiederverwertung zugeführt, damit jedoch noch nicht vermieden.

Nach der zusammenfassenden Darstellung der Modellversuche folgt eine Untersuchung zur Abfallvermeidung bei einer Großveranstaltung aus dem Jahr 1992, die aufzeigt, dass sich auch im Bereich der hausmüllähnlichen Gewerbeabfälle noch bedeutende Abfallmengen vermeiden lassen.

6.2.2.1 Modellversuch Abfallvermeidung Berlin

Der Modellversuch wurde 1985 von der Gesellschaft für wissenschaftliche Beratung mbH (PLENUM) im Auftrag des Umweltbundesamtes Berlin als Forschungs- und Entwicklungsvorhaben zur Abfallvermeidung durchgeführt.

Der Modellversuch sollte klären, welche Möglichkeiten und Grenzen für den Verbraucher bei der Reduktion des Restabfallaufkommens existieren. Der Schwerpunkt der Untersuchung lag bei der Fragestellung, ob sich Abfall in privaten Haushalten durch die Beeinflussung des Verbraucherverhaltens beeinflussen lässt, sowie in welchem Umfang und bei welchen Stoffgruppen dies möglich sei.

Planung und Durchführung Die Untersuchung wurde mit 50 freiwilligen Berliner Haushalten durchgeführt.

Der Versuch erstreckte sich über zwei zeitlich getrennte Versuchsphasen von Februar bis Juni 1983 (16 Wochen) und von Februar bis Juni 1984 (16 Wochen). Dabei wurden die Abfallmengen und Stofffraktionen der beteiligten Haushalte genau registriert. In den ersten 6 Wochen der ersten Messphase handelte es sich hierbei um nicht durch Aufklärungsarbeit beeinflusste Bezugsmessungen.

Während der ersten Messphase wurden in regelmäßigen Abständen Gesprächsrunden in kleinen Gruppen durchgeführt. Den beteiligten Haushalten wurden Informationen über die Abfallentsorgung und Beratung für häusliche Abfallprobleme angeboten. Ab der 6. Woche wurde die Aufmerksamkeit der Beteiligten auf Möglichkeiten der gezielten Abfallvermeidung gelenkt, die Erfolge bzw. Probleme wurden in den Gesprächsgruppen diskutiert.

Bei dem Berliner Modellversuch wurde den beteiligten Haushalten ein hohes Maß an Engagement abverlangt, nicht nur durch die regelmäßig stattfindenden Gesprächsgruppen, sondern auch durch das 6-fach getrennte Sammeln von Restabfall bzw. Wertstoffen,

Tab. 6.1 Durchschnittliche Abfallmenge pro Einwohner und Woche während des Berliner Modellversuchs nach einer Regressionsanalyse der Daten [25]

	Anfang 1983		Ende 1983 Diff. gegenüber Anf. 83		Ende 1984 Diff. gegenüber Anf. 83		Anteil an Vermeidung
	(g/E*W)	(Gew.-%)	(g/E*W)	(Gew.-%)	(g/E*W)	(Gew.-%)	Anfang 83/ Ende 84
Gesamtabfall	4334	100	3640	− 16	3443	− 21	100
Papier	606	14	490	− 19	315	− 49	33
Zeitungen	386	9	353	− 8	362	− 6	3
Glas	1014	23	921	− 9	827	− 18	21
Metall	204	5	138	− 35	144	− 32	7
Kunststoff	144	3	132	− 8	119	− 17	3
Verbundstoff	89	2	80	− 10	87	− 2	0
Sonstiges	1888	44	1526	− 19	1589	− 15	33

das Verwiegen der Abfallmengen und das Führen eines Abfall-Haushaltsbuches. Der Versuch ist somit nicht nur für die Abfallvermeidung, sondern auch für die getrennte Wertstofferfassung im Haushalt von Bedeutung.

Ergebnisse Die durchschnittliche Abfallmenge pro Einwohner und Woche vor Beginn der Aufklärung über Abfallvermeidung lag bei 4,47 kg/Einwohner und Woche und lag damit bereits unter den Durchschnittswerten für das Bundesgebiet bzw. Berlin-West. Während der Aufklärungsphase sank die durchschnittliche Abfallmenge auf 3,58 kg/Einwohner und Woche. Es wurde somit durch die Informations- und Aufklärungsarbeit und durch ein verändertes Verbraucher- und Wegwerfverhalten eine Abfallvermeidungsquote von durchschnittlich 20 % erreicht. Die durchschnittliche Abfallmenge stieg in dem Folgenden unbeeinflussten 3/4 Jahr zwischen der ersten und zweiten Messphase wieder auf 3,78 kg/Einwohner und Woche an. Die Aufklärung über die Möglichkeiten der Abfallvermeidung wirkte auch nach längerer Zeit noch nach und betrug langfristig ca. 15 bis 16 %.

In der zweiten Messphase 1984 nahm die Abfallmenge dann wieder rapide ab, sozusagen als Erinnerungseffekt, und stieg dann wieder auf 3,57 kg/Einwohner und Woche an. Langfristig ergab sich eine Vermeidungsquote von mindestens 15 %, nach einer Auffrischung in der zweiten Messphase sogar von 20 %.

Diese Werte wurden bei bestehendem Warenangebot und sozialen Verhältnissen erreicht. Sie können deshalb durchaus als Maßstäbe für die im privaten Haushalt erzielbare Abfallvermeidung gelten.

In Tab. 6.1 sind die Versuchsdaten einer Regressionsanalyse unterworfen worden, um kurzzeitige Schwankungen der Abfallmengen zu eliminieren und den Trend bei der

Abfallvermeidung zu erkennen. Auch diese Vermeidungsquote liegt im Bereich zwischen 16 und 21 %.

Das höchste Vermeidungspotenzial scheint nach diesem Versuch bei der Papierfraktion zu liegen, die einschließlich der Zeitungen zu rund 36 % der vermeidbaren Abfallmenge beiträgt. Dies ist plausibel, bedenkt man, dass gerade in der Papierfraktion die Vermeidung von Verpackungsmaterial erheblich zu Buche schlagen muss. Die Glasfraktion weist einen kontinuierlichen Vermeidungstrend auf, der in erster Linie durch den Ersatz von Einwegflaschen durch Pfandflaschen erzeugt wurde. Auf Metall lässt sich kurzfristig scheinbar am leichtesten verzichten, bereits in der ersten Messphase wurde hier eine Verringerung von 35 % festgestellt. Dies liegt insbesondere in der Vermeidung von Getränkedosen und Konserven, die leicht durch andere Produkte substituiert werden können, begründet. Die Kunststofffraktion nahm dagegen nur geringfügig ab. Gerade im Lebensmittelbereich scheint es am Angebot von alternativen Verpackungsmitteln zu mangeln. Noch stärker ist dieser Mangel bei den Verbundstoffen festzustellen. So gab es in Berlin praktisch keine andere Möglichkeit, als Milch in den Verbundverpackungen zu kaufen. Die Vermeidung von sonstigem Restabfall im Rahmen des Modellversuchs ist ebenfalls als sehr hoch anzusehen und kann nur zu einem geringen Anteil auf die verstärkte Eigenkompostierung der Haushalte zurückgeführt werden. Die organische Fraktion hatte nur etwa einen Anteil von 10 % an der sonstigen Restabfallmenge, und auch in Haushalten ohne Kompostiermöglichkeit konnten hohe Vermeidungsquoten beim sonstigen Restabfall erzielt werden.

Mit zunehmender Haushaltsgröße nehmen die durchschnittlichen spezifischen Restabfallmengen ab. Trotzdem sind in großen Haushalten noch höhere relative Vermeidungsquoten erreichbar als in Ein-Personen-Haushalten, was zumeist auf eine bessere Haushaltsorganisation bei größeren Haushalten zurückzuführen ist.

Neben der Haushaltsgröße wurde die Vermeidungsquote bei den Haushalten, soweit sich dies statistisch noch feststellen ließ, vom Bildungsniveau, von der Wohnsituation, von den Lagermöglichkeiten von Lebensmitteln und von den durchschnittlichen Pro-Kopf-Ausgaben beeinflusst.

6.2.2.2 Modellversuch Abfallvermeidung in Hamburg-Harburg

Der Modellversuch zur Abfallvermeidung in einem Hamburger Stadtteil wurde 1987 von INTECUS, Ingenieurgesellschaft für technischen Umweltschutz Berlin, zusammen mit dem Recycling-Centrum Harburg im Auftrag der Stadtreinigung Hamburg-Harburg durchgeführt [24].

Ziele der Untersuchungen Der Modellversuch sollte Aufschluss darüber geben, wie die Verbraucher die gegebenen Möglichkeiten zur Reduktion des eigenen Abfallaufkommens aufnehmen und umsetzen und wie sich Vermeidungsmaßnahmen auf die Qualität und Quantität des Restabfalls sowie der Wert- und Problemstoffe auswirken. Eine Übertragbarkeit der Daten auf vergleichbare Untersuchungen sollte weitgehend gewährleistet werden.

Planung und Durchführung Für das Projekt wurden 81 Haushalte gewonnen, um neben der bis dahin schon regelmäßig praktizierten getrennten Sammlung von Wert- und Problemstoffen die Möglichkeiten einer gezielten Abfallvermeidung zu untersuchen.

Die Testhaushalte wurden aus dem Harburger Stadtgebiet mit unterschiedlichen Wohnstrukturen ausgewählt. Vor Beginn der Untersuchung wurden mit Hilfe eines Fragebogens die Sozialstruktur ermittelt sowie Fragen zum Abfallverhalten bzw. Umweltbewusstsein gestellt. Die Restabfallanalyse erfolgte insgesamt in 6 periodischen Abständen, die über das Jahr 1987 verteilt waren. Zur Unterstützung des Abfallvermeidungsverhaltens (Motivation) wurden die Haushalte während des gesamten Versuchszeitraumes in Form von persönlichen Gesprächen, größeren Gesprächsrunden und Informationsblättern über Vermeidungsmöglichkeiten sowie über alternative Einkaufsmöglichkeiten informiert.

In Anlehnung an den Berliner Modellversuch wurden den beteiligten Haushalten für die praktische Umsetzung der Abfallvermeidung verschiedene Maßnahmen für einzelne Stoffgruppen empfohlen. Dabei wurden verwertbare und nicht verwertbare Produkte der einzelnen Stoffgruppen aufgeführt und Vorschläge für Substitutionsmöglichkeiten nicht verwertbarer Produkte gemacht. Weiterhin wurden konkrete Vermeidungsmaßnahmen genannt, wie z. B.:

- Papiere und Pappen, die mit anderen Materialien verbunden sind, sollen vermieden werden. Für Getränkeverpackungen bietet sich Glas, insbesondere Pfandflaschen, an.
- Auf Wegwerfartikel, Pappbecher, Pappteller etc. sollte verzichtet werden.
- Pfandflaschen sind zu bevorzugen, da diese bis zu 50-mal wiederverwendet werden können.
- Auf Frischhaltefolien ist zu verzichten. Lebensmittel können mit einem Teller oder in verschließbaren Schüsseln aufbewahrt werden. Sämtliche Dosenverpackungen sind zu vermeiden – anstelle von Getränkedosen können Pfandflaschen verwendet werden, anstelle von Konservendosen sollten frische Lebensmittel oder Glaskonserven bevorzugt werden.
- Kompostieren auf dem Balkon ist mit Hilfe einer Wurmkiste möglich (Informationen konnten bei Gartenbau- oder Umweltämtern eingeholt werden).

Ergebnisse Die Ergebnisse des Probelaufs und der sechs Versuchsläufe sind in Abb. 6.6 dargestellt. Die Spitze im Gesamtabfallaufkommen zum Jahreswechsel ist auf die mit den Festlichkeiten einhergehenden erhöhten Abfallmengen zurückzuführen.

Tabelle 6.2 gibt einen Überblick über die stoffliche Zusammensetzung der drei Fraktionen Restabfall, Wertstoffe und Problemstoffe vom 6. Versuchslauf im Vergleich zu spezifischen Haushaltsabfallmengen ausgewählter Städte der Bundesrepublik.

Durch Abfallvermeidung konnte der Restabfall um etwa 30 % reduziert werden. Die Verringerung des Restabfallaufkommens ist dabei im Wesentlichen durch die Abnahme der Vegetabilien bedingt. Bei der Gruppe der Eigenkompostierer (27 % der Teilnehmer) konnte eine größere Reduzierung des Vegetabilienanteils im Restabfall als in der Gruppe der Nichtkompostierer festgestellt werden.

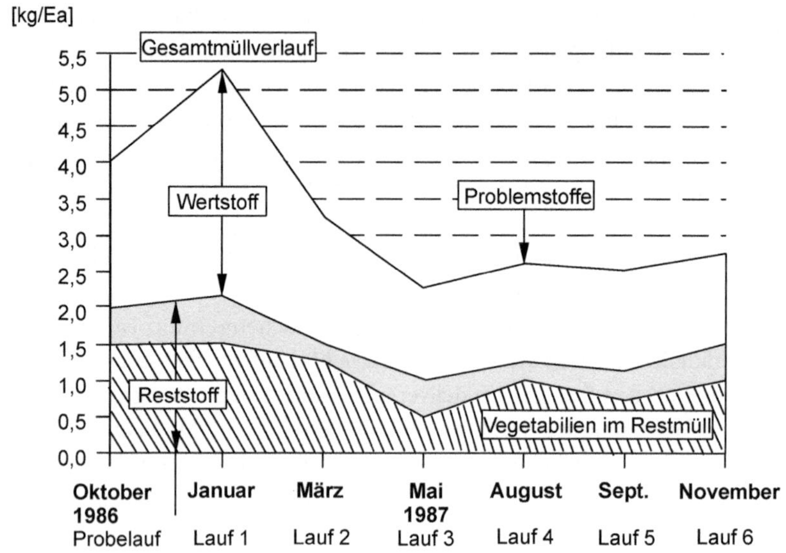

Abb. 6.6 Gesamtabfallaufkommen für die einzelnen Versuchsläufe [24]

Verschiedene öffentliche Projekte zur Förderung der Eigenkompostierung haben gezeigt, dass durch einen geringen Kostenaufwand eine beträchtliche Restabfallmenge vermieden werden konnte. So konnte im Landkreis München durch die kostenlose Verteilung von Kompostern an interessierte Haushalte die Restabfallmenge um 10 bis 20 % gesenkt werden [31].

Weiterhin wurden erhebliche Mengen an Wertstoffen vermieden, darunter die Hauptkomponenten Papier, Pappe sowie Glas. Während die Vermeidungsquoten bei Glas mit einer Verschiebung zugunsten von Mehrwegsystemen zu erklären sind, können die hohen Vermeidungsquoten für Papier sowohl durch die Veränderung des Verbraucherverhaltens bezüglich Verpackungen als auch durch die verstärkte Benutzung der Recyclingbehälter begründet werden.

6.2.2.3 Übertragbarkeit von Modellversuchen und Einschätzung erreichbarer Vermeidungsquoten

Übertragbarkeit

- Sowohl der „Berliner" als auch der „Harburger Modellversuch" wurden mit freiwilligen Versuchshaushalten durchgeführt. Die Versuche liegen bereits über 20 Jahre zurück. Dennoch ist bemerkenswert, dass der Restabfall, der weder zu vermeiden noch zu verwerten ist, sich in dem Versuch mit ca. 54 kg/(E*a) bestimmen ließ und dieser Wert auch heute noch bei Sortieranalysen als nicht verwertbarer Rest ermittelt wird.

Tab. 6.2 Spezifische Restabfallmengen ausgewählter Städte in der Bundesrepublik Deutschland aus der Bundesweiten Restabfallanalyse 1985 im Vergleich zu den Ergebnissen des Modellversuchs in (kg/(E*Wo)) [24, 27]

Bestandteile	Erfassungsraum				Abfallaufkommen Versuchslauf 6			
	Bremen	Berlin	BR Stadt	BR Stadt u. Land	Restabfall	Wertstoffe	Problemstoffe	Gesamtabfall
Pappe	0,20	0,21	0,20	0,18	0,067	0,105		0,172
Papier	0,71	0,73	0,64	0,53	0,164	0,567		0,731
Verpackungsverbund	0,13	0,11	0,09	0,08				
Fe-Metall	0,15	0,27	0,14	0,13	0,019	0,073		0,092
NE-Metall	0,02	0,02	0,02	0,02	0,005	0,004		0,009
Glas	0,64	0,73	0,49	0,40	0,007	0,541		0,548
Kunststoffe	0,23	0,29	0,26	0,24	0,110	0,046		0,156
Textilien	0,07	0,10	0,09	0,09	0,010	0,045		0,055
Mineralien	0,18	0,14	0,09	0,09	0,019			0,019
Sonstiges	0,06	0,19	0,06	0,00	0,014			0,014
Wegwerfwindeln	0,10	0,14	0,10	0,12				
Problemstoffe	0,04	0,03	0,02	0,02			0,029	0,029
Fraktion 0–8 mm	0,30	0,39	0,40	0,45				
Fraktion 8–40 mm	0,70	0,63	0,71	0,71				
Vegetabilien	1,14	0,99	1,29	1,32	0,959			0,959
Fehlstoffe					0,004	0,048		0,052
Gesamt	4,67	4,98	4,59	4,41	1,377	1,429	0,029	2,834

BR Bundesrepublik

- Eine derart intensive Informations- und Aufklärungskampagne, wie sie für die meist geringe Teilnehmerzahl eines Modellversuchs durchgeführt wird, ist für eine größere Bevölkerungsgruppe, wie z. B. einer Stadt oder eines Landkreises, kaum realisierbar.
- Die Versuchspersonen in beiden Untersuchungen waren sehr stark motiviert, weshalb die erreichbaren Vermeidungsquoten als überdurchschnittlich hoch gewertet werden können. Da jedoch das durchschnittliche Restabfallaufkommen der Versuchsteilnehmer zu Beginn der Untersuchung bereits unter dem Bundes- bzw. Berlin-Mittelwert lag, müsste unter durchschnittlichen Bedingungen eher ein größeres Vermeidungspotenzial angesetzt werden.

Tab. 6.3 Erreichbare Abfallvermeidungsquoten bei vier ausgewählten Projekten

Rahmenbedingungen	Datenerhebung auf Grundlage			Erreichbare Abfallvermeidungsquoten (%) bezogen auf		
Modellversuche	Einer Abfallanalyse	Einer Sekundärstatistik	Anzahl der teilnehmenden Haushalte	Größere Gesamtheit	Kurz- u. mittelfristig	Geschätzt langfristig
Hamburg/ Harburg						
1987 [24]	X		81	8[a], 16[b,d]		
Berlin 1984 [25]	X		50			20–25
Köln 1988 [26]	X		140	12[c]		
Bielefeld 1986 [22]		x			13	24

[a]bezogen auf eine realistisch eingeschätzte Annahme einer 30 %igen Beteiligungsquote der Gesamtheit

[b]bezogen auf eine optimistisch eingeschätzte Annahme einer 60 %igen Beteiligungsquote der Gesamtheit

[c]aus Hochrechnung einer Sortieranalyse

[d]Wird eine Kombination der getrennten Sammlung von Wertstoffen und Bioabfall gewählt, so könnte unter Annahme der Bioabfallerfassungsrate von 90 % nach [19] und einer Beteiligungsquote von 30 % eine Abfallvermeidungsquote von ca. 20 % erreicht werden. Bei einer Beteiligung von 60 % ergäbe sich eine Vermeidungsquote von ca. 47 %.

- Die Schaffung eines den Modellversuchen vergleichbaren Abfallbewusstseins bei einer großen Bevölkerungsgruppe würde eine größere Zeitspanne und einen hohen Einsatz an Kommunikationsmitteln erfordern.
- Alle genannten Einflüsse führen dazu, dass eine Übertragung der Modellversuche auf durchschnittliche Verhältnisse nicht direkt möglich ist.

Einschätzung erreichbarer Vermeidungsquoten In Tab. 6.3 sind vier Modellversuche zur Abfallvermeidung hinsichtlich der erreichbaren Vermeidungsquoten ausgewertet.

6.2.2.4 Abfallvermeidung bei Großveranstaltungen am Beispiel der ‚Grünen Woche'

1992 ist in einer von der Senatsverwaltung für Wirtschaft und Technologie Berlin in Auftrag gegebenen Studie „Abfallvermeidung und -verwertung bei Großveranstaltungen am Beispiel der Internationalen Grünen Woche (IGW)" die Umsetzung konkreter Handlungsempfehlungen zur Reduzierung des Abfallaufkommens erarbeitet worden [96].

Die jährlich mit einem großen Publikumsinteresse stattfindende Großveranstaltung zog im Jahr 1992 ca. 475.000 Besucher an. Für die Grüne Woche 1992 wurden Maßnahmen

Tab. 6.4 Abschätzung der durch die Verwendung von Mehrweggeschirr vermiedenen Abfallmenge [96]

Mehrweggeschirr	Anzahl	Unterer Wert		Oberer Wert	
		Einzelteil (g)	Summe (kg)	Einzelteil (g)	Summe (kg)
Porzellangeschirrteile	30.142	4	120	17	512
Suppenschüsseln	10.571	8	85	14	148
Besteckteile	ca. 50.000	3	150	3	150
Porzellantassen	18.364	3	55	10	183
Getränkegläser (ohne Bier)			ca. 800		ca. 2600
Summe			1210		3593

zur Abfallmengenerfassung sowie zur Abfallvermeidung und -verwertung insbesondere in einer Halle durch die Einführung von Mehrweggeschirr und durch die Errichtung eines Systems zur getrennten Sammlung untersucht.

Im Vorfeld der Veranstaltung wurde den Ausstellern dieser Halle empfohlen, verstärkt Mehrweggeschirr einzusetzen. Dazu wurden u. a. 28 Spülmaschinen in die Stände integriert.

Darstellung der Ergebnisse Auf den Gemeinschaftsständen von 15 Bundesländern waren insgesamt 135 Einzelstände untergebracht, von denen über 80 % Waren zum direkten Verzehr anboten. An 60 Ständen wurden Getränke verschiedenster Art verkauft, von denen 37 Stände nur in Mehrweggefäßen (Becher, Gläser, Flaschen) ausschenkten. 14 Stände benutzten Einweggeschirr und 8 Stände gaben die Getränke sowohl als Einweg- als auch in Mehrwegbehältnissen aus. Ein Stand benutzte für Tee und Eierlikör einen essbaren Becher.

An 61 Ständen wurden Speisen zum direkten Verzehr verkauft. Hier wurde in der Klassifikation auf Einweg-, Mehrweg- und Loseverkauf unterschieden. An 13 Ständen wurden die Speisen auf Porzellantellern mit einem Pfand zwischen 1 und 5 DM ausgegeben.

Im Bereich des Getränkeausschanks wurden 84 % Gläser, 6 % Porzellantassen, 9 % Kunststoffbecher und 1 % Pappbecher eingesetzt. Für die Speisen lag die Darreichungsform bei 40 % Loseverpackung im Brötchen etc., 35 % in einer Einwegverpackung wie Pappteller, 19 % auf Mehrweggeschirr und 6 % in essbaren Verpackungen.

Die Abschätzung der durch die Verwendung von Mehrweggeschirr vermiedenen Abfälle ist in Tab. 6.4 dargestellt.

Die Abschätzung der potenziell zusätzlich vermeidbaren Abfallmenge durch die Substitution des Einweggeschirrs ist in Tab. 6.5 dargestellt.

Bei Gegenüberstellung von theoretisch 100 % Einweg zu 100 % Mehrweg ergibt sich in Summe ein Vermeidungspotenzial zwischen 2,1 und 5,5 Mg in dieser Halle.

Tab. 6.5 Zusätzlich vermeidbare Abfallmenge durch die Substitution von Einweggeschirr [96]

Einweggeschirr	Anzahl	Unterer Wert		Oberer Wert	
		Einzelteil (g)	Summe (kg)	Einzelteil (g)	Summe (kg)
Pappteller	56.347	10	563	17	958
Papptabletts	15.600	4	62	14	218
Pappschüsseln	4542	8	36	14	63
Essbare Verpackungen	12.718	10	127	20	381
Kunststoffbecher	27.507	3	82	10	275
Pappbecher	3856	11	42	12	46
Summe			912		1941

Tab. 6.6 Energieeinsparpotenziale bei der Vermeidung und Verwertung von Wertstoffen

Wertstoff	Energieeinsparung (GJ/Mg)	
	Vermeidung	Verwertung
Papier	20,2	5,7
Glas	14,0	6,6
Metalle		
Eisen	19,5	18,0
Aluminium	220,0	208,0[a]
Kunststoffe		
Polyethylen	70,0	
Polystyrol	82,2	Wesentliches[b]
PVC	53,0	Einsparpotenzial

[a] Aluminium aus dem Haushaltsabfall wird zumeist als Verbundwerkstoff eingesetzt und muss vor der Verwertung aufbereitet werden.
[b] Für eine optimale Verwertung ist eine saubere und sortenreine Erfassung der Einzelkomponenten erforderlich, was i. A. jedoch nicht praktikabel ist, da im Haushalt zu viele verschiedene Kunststoffe und Verbundstoffe eingesetzt werden.

Die Durchführung der Abfallvermeidungsstrategie ist heute bei Großveranstaltungen und Straßenfesten zumeist Standard.

6.2.2.5 Energieeinsparung durch Abfallvermeidung

Die Veränderung des Energiebedarfs durch Vermeidung oder Verminderung von Abfällen im Verhältnis zur Verwertung von Wertstoffen ist einer der notwendig zu untersuchenden Gesichtspunkte im Hinblick auf eine Neustrukturierung der Abfallwirtschaft.

Tabelle 6.6 gibt einen Überblick über Energieeinsparpotenziale durch Vermeidungs- und Verwertungsmaßnahmen.

Mögliche Energieeinsparungen durch die Wertstoffvermeidung sind gegenüber denen der Wertstoffrückgewinnung deutlich überlegen, da der Hauptenergiebedarf im Bereich der Trocknung (Papier) und des Schmelzens (Glas) anfällt, bzw. einige Stoffe sich aufgrund ihres Einsatzes als Verbundstoffe (Aluminium, Kunststoffe) kaum verwerten lassen [5].

6.2.2.6 Abfallvermeidung als Kaufkriterium und wirtschaftliche Einflussgröße

Seit Beginn der Modellversuche sind von den entsorgungspflichtigen Körperschaften deutliche Anstrengungen unternommen worden, die Haushalte über den umweltfreundlichen und abfallarmen Einkauf zu informieren. Auf der Konsumentenseite ist das Kaufkriterium der Abfallvermeidung durch abfallarmen Einkauf angenommen worden und wurde von der Seite der Produzenten zunehmend berücksichtigt. So sind seit dem Zeitraum der Untersuchungen Pfandbehältnisse für verschiedene Getränkeverpackungen in Umlauf. Im Bereich der Wasch- und Pflegeprodukte haben sich zum Teil Nachfüllpacks etabliert, die zum Zeitpunkt der Untersuchungen (1988) noch nicht erhältlich waren.

Seit Mitte 1993 wird mit der Vergabe des Grünen Punktes durch das DSD von den Produzenten ein Beitrag nach Verpackungsart und -gewicht erhoben, so dass die Produzenten eine Reduzierung von Verpackungsmaterialien schon aufgrund von direkten wirtschaftlichen Vorteilen zu nutzen beginnen. Als Erfolg der Verpackungsverordnung und der Lizenzgebühren für den Grünen Punkt ist der Rückgang der abgesetzten Verpackungen 1992 gegenüber 1991 um ca. 500.000 Mg zu verzeichnen (vgl. Kap. 3.2.1 und Abb. 6.3).

6.3 Vermeidung von Produktionsabfällen

Die Beseitigung der Produktionsabfälle hat in der Vergangenheit zu starken Umweltbelastungen geführt, die heute als Altlasten vorhanden sind. Gefährliche Produktionsabfälle entstehen fast ausschließlich im Bereich der Industrie, wo Abfallvermeidung und -verwertung schon von jeher in gewissem Umfang aus wirtschaftlichen Gründen durchgeführt wurden. Umweltschutzüberlegungen spielten eine untergeordnete Rolle. Die Abfallbeseitigung war vor dem Aufkommen der Produktverantwortung außerdem relativ problemlos, da ausreichend Beseitigungskapazitäten zur Verfügung standen und die Beseitigungskosten kaum ins Gewicht fielen, so dass auch von dieser Seite keine zusätzlichen Anreize zur Abfallvermeidung kamen. Die geänderten gesetzlichen Regelungen zur Abfallvermeidung und -verwertung sowie knappe Beseitigungskapazitäten und steigende Beseitigungskosten führten zu einer geänderten Ausgangssituation [34]. Denn seitdem liegt es in der Verantwortung des Abfallerzeugers seine Abfälle zu verwerten, umweltschonend in chemisch-physikalischen Behandlungs- oder Verbrennungsanlagen zu beseitigen oder bei Einhaltung strenger Zuordnungswerte zu deponieren. So ist die Entsorgung der Abfälle teurer geworden, insbesondere dann, wenn noch hohe Schadstoffgehalte hinzukommen.

Für die Produzenten ist es damit interessanter geworden große Abfallmengen zu vermeiden, indem intelligente Produktionsverfahren eingesetzt werden. Die Optimierung der Prozesskette oder die Substitution von Einsatzstoffen sowie die Entwicklung geschlossener Systeme zur innerbetrieblichen Verwertung und Kreislaufführung sind beispielsweise Maßnahmen zu der besonders nachhaltigen Abfallvermeidung im Produktionsbereich.

6.3.1 Instrumente zur Durchsetzung

Zur Durchsetzung des öffentlichen Interesses an der Vermeidung von industriellen Sonderabfällen und Reststoffen wurden umfangreiche Umweltschutzvorschriften vom Gesetzgeber erlassen.

Diese Umweltgesetze sehen eine umfangreiche Haftung vor, die sogar unter der Anwendung des Umwelthaftung sgesetzes Haftungshöchstgrenzen von 85 Mio. € bedeuten können. Damit ist ein haftungsrechtliches Risiko verbunden. Eine Nichtbeachtung bestehender Rechtsvorschriften kann schnell haftungsrechtliche Konsequenzen über den Schadensverursacher hinaus auch für die Mitglieder der Geschäftsführung bedeuten. Dabei besteht die Nichtbeachtung nicht nur in dem Begehen eines Gesetzesverstoßes, sondern auch in einem Unterlassen [83].

Sollte z. B. von einem Abfallstoff eine wesentliche Umweltschädigung ausgehen, wobei der Abfallstoff ohne großen technischen Aufwand und ohne eine unzumutbare wirtschaftliche Belastung vermeidbar gewesen wäre, dann haftet die Unternehmung für das Unterlassen der Abfallvermeidung.

Das Risiko für einschlägige betriebswirtschaftliche und haftungsrechtliche Folgen verdeutlicht den Bedarf nach einem besonderen Management für den Bereich Umwelt. Das auf alle Umweltbelange ausgerichtete unternehmerische Handeln wird allgemein als Risikomanagement bezeichnet. Betreibt eine Unternehmung kein Risikomanagement, besteht ein erhöhtes Haftungsrisiko für die Unternehmung und seine Mitarbeiter.

Die Unternehmensleitung unterliegt dann der Haftung, wenn ihr der Vorwurf des Organisationsverschuldens von der ermittelnden Behörde angelastet wird. Der Vorwurf des Organisationsverschuldens liegt dann vor, wenn von der Geschäftsführung die notwendige Sorgfaltspflicht nicht erfüllt wurde und keine innerbetriebliche Aufsicht gewährleistet werden konnte.

Für Anlagen, die nach dem Bundes-Immissionsschutzgesetz (BImSchG) genehmigungsbedürftig sind, wurde mit dem § 5 Abs. 1 Nr. 3 des BImSchG ein gesetzliches Instrument zur Vermeidung und Verwertung von anfallenden Abfällen geschaffen. Damit sind nunmehr Betreiber immissionsschutzrechtlich genehmigungsbedürftiger Anlagen zur Abfallvermeidung oder -verwertung verpflichtet.

Zur Umsetzung des Abfallvermeidungs- und -verwertungsgebotes bestehen verschiedene Möglichkeiten. Bei neu zu genehmigenden Anlagen ist im Rahmen des immissionsschutzrechtlichen Genehmigungsverfahrens zu prüfen, inwieweit die geplante Anlage dem Abfallvermeidungs- und -verwertungsgebot gerecht wird. Die Genehmigungsbehörde kann dem zukünftigen Anlagenbetreiber im Genehmigungsbescheid Auflagen zur Abfallvermeidung und -verwertung erteilen.

Bei wesentlichen Änderungen einer bestehenden Anlage muss die Einhaltung des Abfallvermeidungs- und -verwertungsgebotes ebenfalls im Rahmen des immissionsschutzrechtlichen Genehmigungsverfahrens geprüft werden.

Bei existierenden Anlagen bestehen prinzipiell drei Möglichkeiten zur Umsetzung des Abfallvermeidungs- und -verwertungsgebotes:

- durch Rechtsverordnung gemäß § 7 BImSchG,
- durch nachträgliche Anordnung gemäß § 17 BImSchG,
- durch Widerruf der Genehmigung gemäß § 21 BImSchG.

Überwiegend wird der Weg einer nachträglichen Anordnung gemäß § 17 BImSchG beschritten.

Eine weitere Möglichkeit, Einfluss auf die Vermeidung von Sonderabfällen zu nehmen, ist mit der Erhebung von Sonderabfallabgaben gegeben. Einige Bundesländer, wie z. B. Hessen, Baden-Württemberg und Niedersachsen, haben ein Sonderabfallabgabengesetz in Kraft gesetzt, womit finanzielle Anreize zur Abfallvermeidung gegeben sind. Die Abfallabgabe ist für überwachungsbedürftige Abfälle aus gewerblichen oder öffentlichen Einrichtungen zu entrichten. Im Hinblick auf ihre Vermeidbarkeit, die Schwierigkeit ihrer umweltverträglichen Entsorgung und ihrer Verwertbarkeit als Reststoff sind die Abfälle in verschiedene Kategorien mit verschiedenen Abgabesätzen eingeteilt. Das Sonderabfallabgabengesetz wurde höchstrichterlich in der Ausführung abgelehnt. Ein neues Gesetz wurde von den Ländern nicht beschlossen.

6.3.2 Technische Möglichkeiten

Werden die Ursachen der Abfallentstehung bei den Sonderabfällen analysiert, dann ergibt sich, dass der überwiegende Teil auf den Einsatz von Hilfsstoffen sowie auf die Art der Prozessführung zurückzuführen ist. Dies bedeutet gleichzeitig, dass bei der Durchführung von Vermeidungs- und Verwertungsmaßnahmen die interne und externe Kreislaufführung der Hilfsstoffe und die Verbesserung der Prozessführung eine bedeutende Rolle spielen [34]. Eine ausführliche Darstellung der Zusammenhänge befindet sich in [36]. Die Möglichkeiten zur Vermeidung und Verwertung von Sonderabfällen setzen an bei

- abfallarmen Produktionsverfahren (Prozessoptimierung),
- innerbetrieblicher Kreislaufführung,
- außerbetrieblicher Kreislaufführung.

Die wichtigsten Unterschiede zwischen diesen Konzepten der Ressourceneffizienz sind in Abb. 6.7 dargestellt [34].

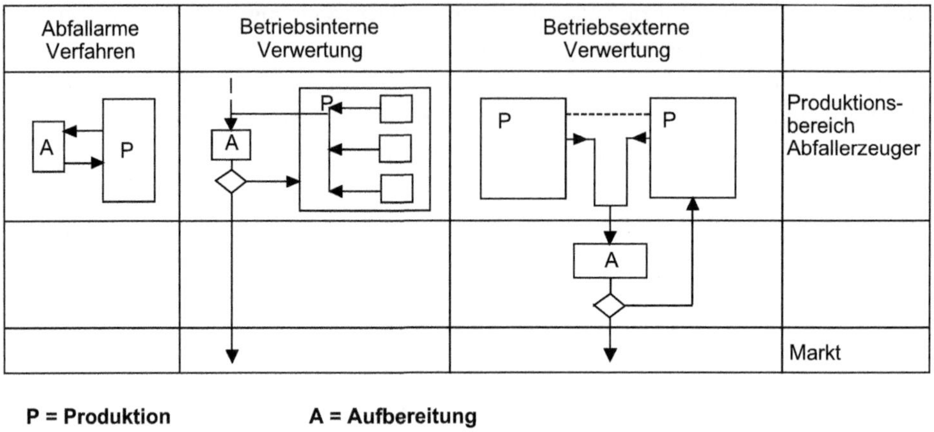

Abb. 6.7 Konzepte der industriellen Abfallvermeidung und -verwertung [34]

Anlageninterne Verwertung (Vermeidung) Bei diesen Verfahren erfolgt die Vermeidung anlagenbezogen, d. h. sie ist eng mit dem eigentlichen Produktionsprozess verbunden. Bei abfallarmen Verfahren sind geringe Reststoffmengen mit Einsparungen bei den Einsatzstoffen verbunden. Reststoffarme Verfahren reichen von der Optimierung des Produktionsablaufes bis zur völligen Änderung des gesamten Prozesses. Häufig sind rückstandsmindernde Maßnahmen und produktionstechnische Schritte so eng verbunden, dass eine Trennung in Produktion und Vermeidung willkürlich wäre. Entsprechend reicht der Effekt von einer rein mengenmäßigen Reduzierung bei gleichbleibendem Spektrum an Reststoffen bis zum Entstehen völlig anderer Reststoffe [34–36].

Betriebsinterne Verwertung Im Gegensatz zur anlageninternen Verwertung erfolgt die betriebsinterne Verwertung in einer separaten Anlage bei im Wesentlichen gleichbleibendem Produktionsablauf. Charakteristisch ist – und dies ist eine wesentliche Unterscheidung zur betriebsexternen Verwertung– die Einbindung der Verwertungsanlage in die Gesamtproduktion eines Unternehmens (s. Abb. 6.7). Eine betriebsinterne Verwertung ist dann sinnvoll, wenn ein aufarbeitbarer Reststoff regelmäßig anfällt und wenn die Aufarbeitung schadlos erfolgen kann. So müssen die entsprechenden technischen Voraussetzungen, etwa die Verfügbarkeit von Energie, vorliegen. Insbesondere wird auch qualifiziertes Betriebspersonal für einen ordnungsgemäßen Betrieb der oft komplizierten Aufarbeitungsverfahren benötigt.

Die Gründe für den Einsatz innerbetrieblicher Verwertungsverfahren waren bisher vorwiegend wirtschaftlicher Natur. Durch die Nutzung der Rückstände als Einsatzstoffe werden billige Materialquellen erschlossen und gleichzeitig Beseitigungskosten eingespart. Ein wichtiges Motiv zur betriebsinternen Verwertung dürfte weiterhin darin liegen, dass der Betrieb von externen Beseitigungskapazitäten unabhängig ist und die Entsorgungssicherheit erhöht wird.

Die Beispiele für die innerbetriebliche Verwertung von Sonderabfällen sind zahlreich. Insbesondere zeigt die Entwicklung der chemischen Industrie, wie durch betriebsinterne Verwertung von Nebenprodukten, die ursprünglich Sonderabfälle waren, stoffwirtschaftliche Verbundsysteme aufgebaut werden können. Ähnlich hat sich die Verwertung in anderen Industriezweigen, wie z. B. der Hüttenindustrie, entwickelt [37, 38]. Anlagen zur betriebsinternen Aufarbeitung von Abfällen kommen vor allem dann zum Einsatz, wenn die zurückgewonnenen Sekundärrohstoffe einen hohen Wert haben.

Betriebsexterne Verwertung Die externe Aufarbeitung der Rückstände (Abb. 6.7) bietet sich für abfallerzeugende Betriebe immer dann an, wenn entweder eine Produktionsumstellung zu abfallärmeren Verfahren oder aufgrund des geringen Anfalls ihrer Größe und Struktur nach, keine interne Verwertung möglich ist. Die externe Verwertung erfolgt meist in zentralisierten Anlagen, die auf die Verwertung bestimmter Rückstandsgruppen ausgerichtet sind. Zentrale Anlagen müssen hinsichtlich der einsetzbaren Abfallqualität flexibler sein als betriebsinterne, da sie von unterschiedlichen Abfallerzeugern bedient werden.

Die zentrale Verwertung setzt ein Sammel- und Transportsystem voraus, das auf die zu verarbeitende Rückstandsart abgestimmt ist. Fallen Rückstände in unterschiedlichen Bereichen an, wie z. B. Lösemittel, dann ist eine nach Branchen und Stoffklassen getrennte Sammlung erforderlich. Die zentrale Aufarbeitung erfolgt insbesondere bei gefährlichen Abfällen die in kleinen Mengen anfallen, wie z. B. chlorierte Lösemittel und nicht halogenierte Lösemittel. Weitere Beispiele sind quecksilberhaltige Produktionsrückstände (Leuchtstoffröhren u. a.), Katalysatoren (vanadium-, nickelhaltig), Entwicklungsbäder und Kupferätzlösungen.

Die betriebsexterne Verwertung ist auch dann sinnvoll, wenn zwar große Mengen anfallen, die aber betriebsintern selbst nach einer Aufarbeitung nicht sinnvoll eingesetzt werden können. Dies ist meist bei der Verwertung von Massenabfällen aus der Hüttenindustrie und den Kraftwerken sowie im Baustoffsektor der Fall. Hier geht es vorwiegend darum, die Abfälle als Sekundärrohstoffe auf vorhandenen Märkten unterzubringen. Bei der betriebsexternen Verwertung ist die Zusammenarbeit zwischen Abfallerzeugern und Verwertern von Bedeutung. Insbesondere besteht die Möglichkeit, durch Beeinflussung der Abfallqualität die Voraussetzungen für eine Verwertung zu schaffen [34, 36].

Mit Änderung der gesetzlichen Rahmenbedingungen, etwa der Erweiterung der Abfallbestimmungsverordnung von 1990 oder den in manchen Bundesländern eingeführten Sonderabfallabgaben (beispielsweise in Hessen und Baden-Württemberg), haben sich auch die betrieblichen Kostenstrukturen geändert.

Die zuvor beschriebene Vermeidung und Verwertung von Sonderabfällen benötigt als Grundlage ein betriebliches Abfallmanagement, dessen wesentliche Bestandteile

- die Bilanzierung und
- die Charakterisierung

der Abfälle sind.

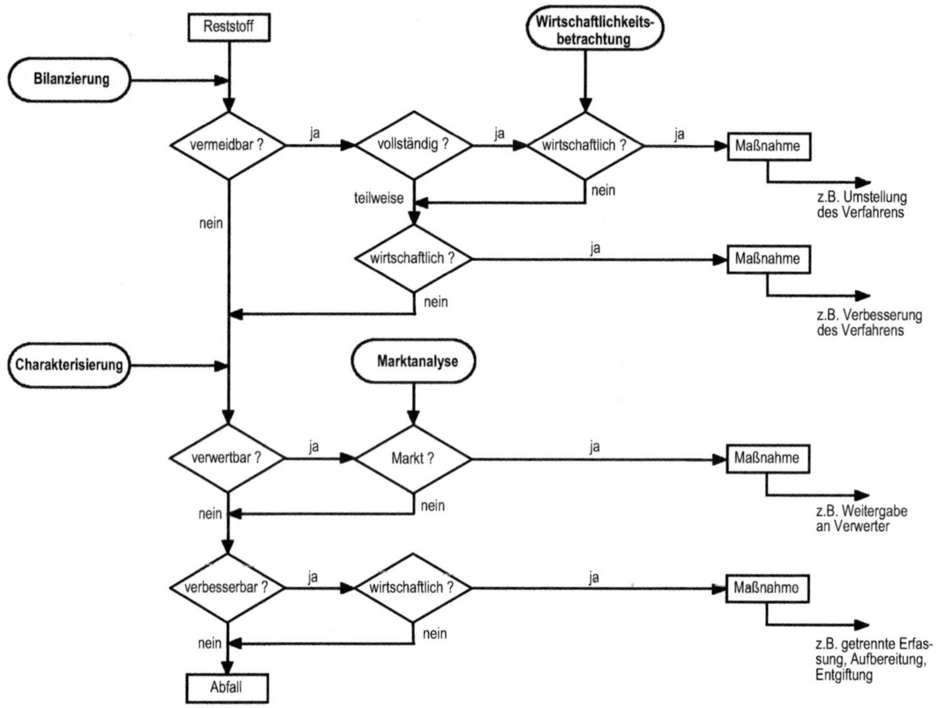

Abb. 6.8 Entscheidungshilfe Abfallmanagement zur Ressourcenoptimierung

Abbildung 6.8 zeigt einen Entscheidungsstammbaum, der bei der Entwicklung eines betrieblichen Abfallmanagementkonzeptes als Hilfsmittel herangezogen werden kann [91].

Danach stehen zunächst die Bilanzierung der Reststoffe und deren Vermeidbarkeit im Vordergrund. Ist dies wirtschaftlich möglich, werden die entsprechenden Maßnahmen ergriffen, etwa die Umstellung des Verfahrens.

Bevor die Einschätzung der Verwertbarkeit durchgeführt wird, werden die Reststoffe charakterisiert, um deren Marktchancen einzuschätzen.

Wird die Verwertbarkeit zunächst negiert, muss geprüft werden, ob die Qualität der Reststoffe verbessert werden kann. Beispielsweise können

- die Reinheit,
- der zeitliche Anfall oder
- das Handling

des Reststoffes optimiert werden.

Erst wenn entsprechend dem obigen Entscheidungsfindungsprozess weder eine Verwertung noch eine Vermeidung möglich ist, sollte der Reststoff als Abfall entsorgt werden.

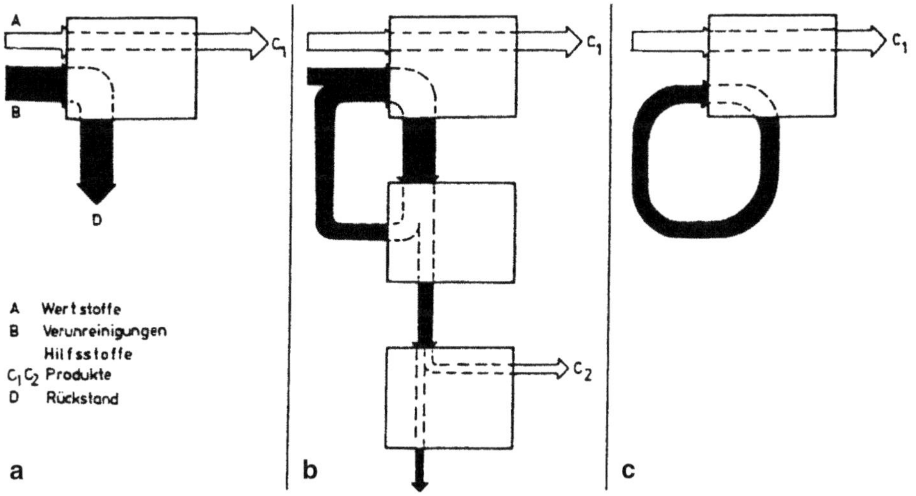

Abb. 6.9 Übergang vom offenen zum geschlossenen System. **a** offenes System. **b** Verwertungskaskade. **c** geschlossenes System [36]

In dem nachfolgenden Kapitel wird ein Überblick über die technischen Möglichkeiten zur Abfallvermeidung bei den industriellen Sonderabfällen an exemplarischen Fällen gegeben. Dieser Überblick kann aufgrund der Vielzahl von Sonderabfällen nicht vollständig sein.

6.3.2.1 Abfallarme Produktionsverfahren (Prozessoptimierung)

Unter abfallarmen Produktionsverfahren versteht man die Integration von Stoffkreisläufen oder von Reinigungsschritten in Produktionsanlagen, so dass außer geringfügigen Verunreinigungen praktisch nur das gewünschte Endprodukt die Anlage verlässt. Den Übergang vom offenen zum geschlossenen abfallarmen System zeigt das Abb. 6.9 [36].

Im Folgenden sollen aus verschiedenen industriellen Bereichen Beispiel für derartige Verfahren gegeben werden.

Verfahren zur Vermeidung in der Chemischen Industrie

Verschiedene Produktionsverfahren in der Chemischen Industrie eignen sich besonders gut zur Verdeutlichung des Zieles „abfallarme Produktionsverfahren“ durch eine Optimierung des Prozesses.

In der Chemischen Industrie werden Produkte durch chemische Umwandlung von Einsatzstoffen (die Edukte) hergestellt (s. Abb. 6.10).

Da es sich bei chemischen Reaktionen immer um Gleichgewichtsprozesse handelt, bei der die Edukte nicht vollständig umgesetzt werden können und zudem unerwünschte Neben- und Folgereaktionen nicht vollständig unterdrückt werden können, verbleiben nach der Reaktion immer mehr oder weniger unerwünschte Beimengungen im Produkt (Abb. 6.11).

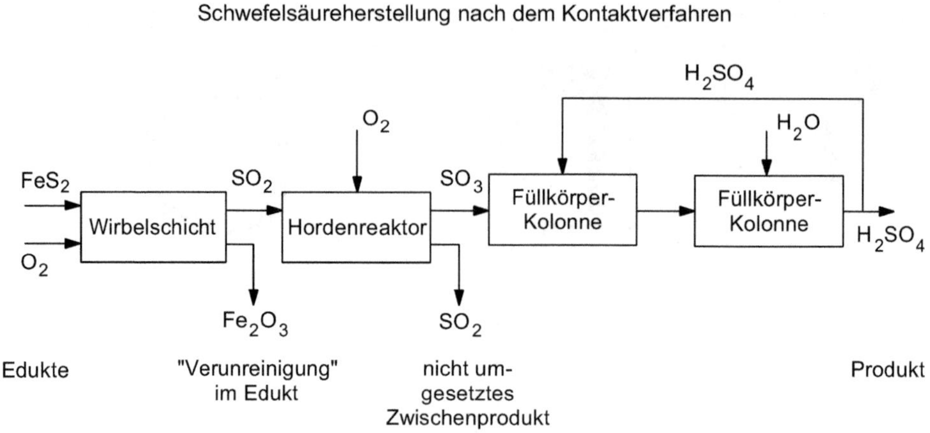

Abb. 6.10 Beispiel einer chemischen Reaktion

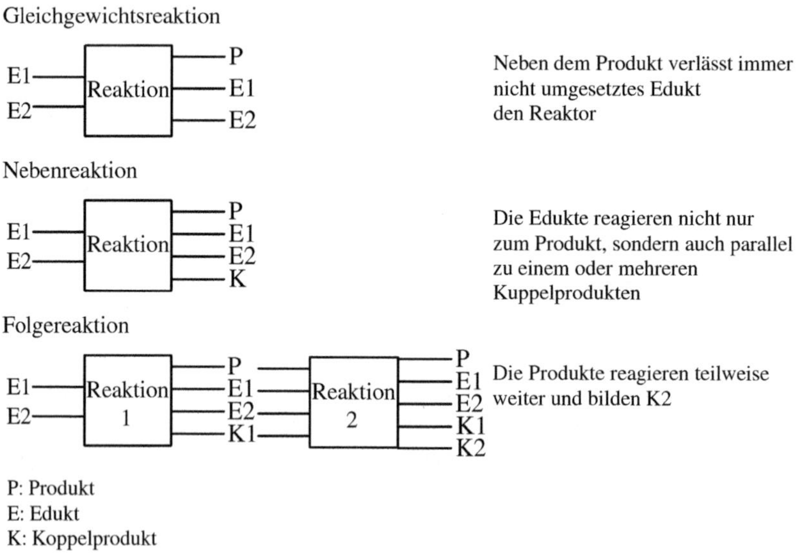

Abb. 6.11 Überblick über die Gleichgewichtsreaktionen

Hinzu kommt, dass durch Verunreinigungen der Edukte ebenfalls unerwünschte Verunreinigungen in den Prozess eingetragen werden, die unverändert oder als Reaktionsprodukte ebenfalls im Produkt wiederzufinden sind. Um die unerwünschten Beimengungen, also nicht umgesetzte Edukte, Kuppelprodukte aus Neben- und Folgereaktionen sowie Verunreinigungen der Edukte, abzutrennen, bedarf es oft aufwendiger Trennoperationen (diese machen oft 90 % der Verfahrenstechnik aus). Dabei werden oft

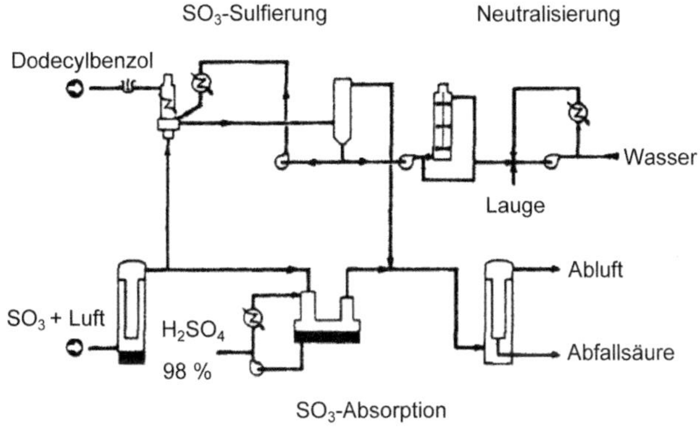

Abb. 6.12 Verfahrensschema der Sulfierung von Alkylbenzol mit SO_3 [39]

Hilfsstoffe eingesetzt, die weitgehend im Kreislauf geführt werden (z. B. bei der Extraktion oder der Schleppmitteldestillation).

Ziel einer abfallarmen Prozessführung ist es daher immer, die unerwünschten Beimengungen im Produkt zu minimieren. Damit verringert sich nicht nur das Rückstands- und Kuppelproduktaufkommen, sondern auch der Aufwand bei den der Reaktion nachgeschalteten Trennoperationen.

Entsprechend der Herkunft der unerwünschten Produktbeimengungen kann die Prozessführung so variiert werden, dass diese minimiert werden. Zum Beispiel können durch die Edukte eingeschleppte Verunreinigungen vermindert werden, indem die Edukte gereinigt werden bzw. reine Ware bezogen wird.

Zur Minimierung der aufgrund des Gleichgewichtes nicht umgesetzten Edukte sind grundsätzlich zwei Strategien möglich und zwar

1. Entfernung der Produkte schon aus dem Reaktor (damit wird das Gleichgewicht hin zu den Produkten verschoben),
2. Rückführung der in verschiedenen nachgeschalteten Trennoperationen separierten Edukte.

Ein wichtiges Beispiel der Produktentfernung aus dem Reaktor stellt die Schwefelsäureherstellung im Doppelkontaktverfahren dar. Das in Abb. 6.12 skizzierte Verfahren wird dahingehend modifiziert, dass das SO_3 der letzten Horde des Hordenreaktors absorptiv mit H_2SO_4 entfernt wird. Dadurch erhöht sich der Umsatz von SO_2 zu SO_3 von 98 auf 99,5 %.

Nebenreaktionen werden durch die Wahl der entsprechenden Prozessparameter (Druck, Temperatur und Konzentration) bzw. durch Katalysatoren unterdrückt. Folgereaktionen wiederum können darüber hinaus durch zeitigen Abbruch der Reaktion unterdrückt werden. Beispielsweise findet das thermische Cracken zur Herstellung von Olefinen bei 800 °C statt. Hohe Verweilzeiten der Edukte im Reaktor bei hohen Temperaturen würden eine vollständige Umsetzung zu CO und H_2 bedeuten. Daher muss die

Reaktion nach ca. einer Sekunde durch eine plötzliche Temperaturabsenkung (Quenche) abgebrochen werden, so dass hohe Olefinausbeuten erzielt werden.

Im Folgenden werden Verfahren beschrieben, bei denen durch prozessinterne Umstellungen die unerwünschten Beimengungen minimiert wurden.

Verfahren zur Vermeidung von Abfallschwefelsäuren Zahlreiche Synthesen in der organischen Chemie werden konventionell durch Säuren oder Basen in wässrigen Medien katalysiert (z. B. Esterspaltung, Hydrolyse, Hydratisierung, Alkylierung). Dabei fallen große Mengen stark mit organischen Stoffen belasteter Abwässer an, deren Aufarbeitung kostspielig bzw. problematisch ist [39, 40].

Jüngere Verfahren arbeiten mit Ionenaustauschern als Katalysatoren in nicht wässrigen Medien. Die Vorteile dieser Verfahren sind:

- Verminderung des Trennaufwandes, da eine Abtrennung der Austauscherharze vom Produkt durch Sieben erfolgen kann,
- geringe Werkstoffanforderungen, da keine aggressiven Säuren verwendet werden bzw. entstehen und eine kontinuierliche Reaktionsführung möglich ist.

Direkte Sulfierung mit SO_3 Die Sulfierung spielt u. a. bei der Herstellung von Tensiden in der Waschmittelindustrie eine große Rolle. Die erzeugten Sulfonate und Sulfate aus aliphatischen und aromatischen Verbindungen dienen dabei als wichtige Grundstoffe für die Herstellung der anionenaktiven Tenside [39, 41].

Bei der Sulfierung nach dem konventionellen Verfahren entsteht verdünnte Abfallschwefelsäure (70–80-prozentig, organisch verunreinigt) als Rückstand. Dieser kann bei der Anwendung der Sulfierverfahren mit SO_3 vermieden werden. Für die Sulfierung mit SO_3 kommen wichtige Tensidgruppen in Betracht, wie Alkylbenzol, natürliche oder synthetische Fettalkohole und α-Olefine. Das Abb. 6.12 zeigt das Verfahrensschema der Sulfierung von Alkylbenzol mit SO_3.

Schwefeltrioxid wird in 4- bis 8-prozentiger Verdünnung mit Stickstoff oder Luft als Trägergas eingesetzt. Das Gemisch kann z. B. nach dem Kontaktverfahren hergestellt werden. Die Sulfierung läuft in dem einstufigen Sulfierreaktor unter intensiver Vermischung und Kühlung in sehr kurzer Zeit ab. Sobald die Sulfonsäure oder der Ester die Reaktionszone verlassen, werden sie mit kaltem Reaktionsprodukt gekühlt. In einem Zyklon werden Reaktionsflüssigkeit und Restgas getrennt. Die erzeugten Ester und Sulfonsäuren werden kontinuierlich neutralisiert.

Gewinnung von Nassphosphorsäure Ein Großteil von Chemiegipsen entsteht beim Aufschluss von Rohphosphat (Apatit) mit Schwefelsäure zur Gewinnung von Nass-Phosphorsäure. Als Verunreinigung befindet sich Calciumhydrogenphosphat im Gips, das bei der Ausfällung des Gipses ungelöst zurückbleibt. Dadurch kann der Gips kaum verwertet werden. Zudem sind die Kosten der Wiederverwertung so hoch, dass die Verarbeitung von Abfallgips zu Schwefelsäure z. Z. nur bei der Chemie Linz AG in Österreich

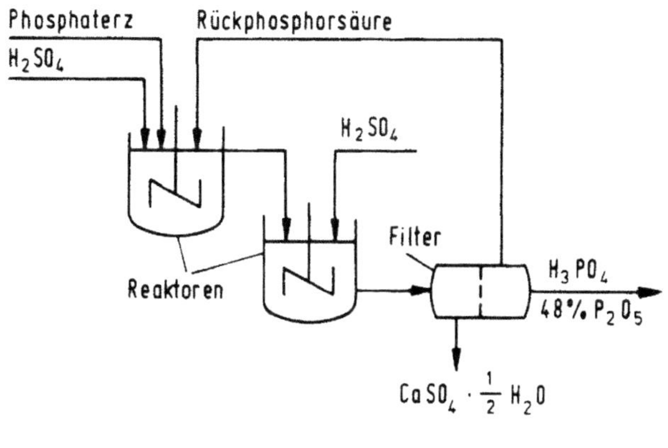

Abb. 6.13 Verfahrensschema des Semihydratverfahrens [39]

durchgeführt wird. Weltweit dominierend ist das Dihydratverfahren, bei dem der Phosphorgips als Dihydrat abgetrennt wird. Ein neues umweltschonendes Verfahren ist das zweistufige Halbhydrat-Dihydrat-Kombinationsverfahren, bei dem eine Umkristallisation des Semihydrates in das Dihydrat und umgekehrt erfolgt [39, 42]. Die P_2O_5-Ausbeute wird dadurch gesteigert und die Gipsqualität verbessert. Die Umkristallisation kann mit oder ohne Zwischenabtrennung des primär gebildeten Hydrates von der Phosphorsäure erfolgen. Die Kombinationsverfahren finden vor allem in Japan Anwendung, wo der erhaltene Gips in der Zement- oder Bauindustrie eingesetzt wird. Daneben wurde auch das reine Semihydratverfahren entwickelt und in einer großtechnischen Anlage in Vlaardingen/Holland verwirklicht (Abb. 6.13). Zur Herstellung von linearem Polyethylen (HDPE entspricht **H**igh **D**ensity **P**oly **E**thylen) nach dem konventionellen Verfahren wird Ethylen an metallorganischen Mischkatalysatoren (Ziegler-Katalysatoren) bei niedrigen Drücken und Temperaturen (20 bar, 70–150 °C) polymerisiert. Als Katalysatorkomponenten kommen vor allem Aluminiumalkyle und Titanhalogenide zum Einsatz. Das Verfahren der 1. Generation ist durch eine aufwendige Produktaufarbeitung mit erheblichem Abwasseranfall gekennzeichnet, da der Katalysator in relativ großen Mengen eingesetzt wird und aus den Polymeren entfernt werden muss.

Das Verfahren zur Herstellung von HDPE mit Zieglerkatalysatoren der 2. Generation arbeitet dagegen abwasserfrei. Es wurden hochaktive komplexe Katalysatoren entwickelt, die nur noch in sehr geringen Mengen eingesetzt zu werden brauchen, so dass die geringen im Produkt verbleibenden Restmengen nicht stören und daher nicht mehr entfernt werden müssen [39].

Herstellung von Polyethylen Das Abb. 6.14 zeigt das Mengenflussdiagramm des Produktionsprozesses zur Herstellung von HDPE.

Herstellung von Ethylen- und Propylenoxid Ethylenoxid ist eine sehr reaktive Substanz und ein wichtiger Grundstoff in der chemischen Industrie. Aus Ethylenoxid wird z. B. Glycol hergestellt, das als Vorkondensat bei der Polyurethanherstellung dient. Propylenoxid ist

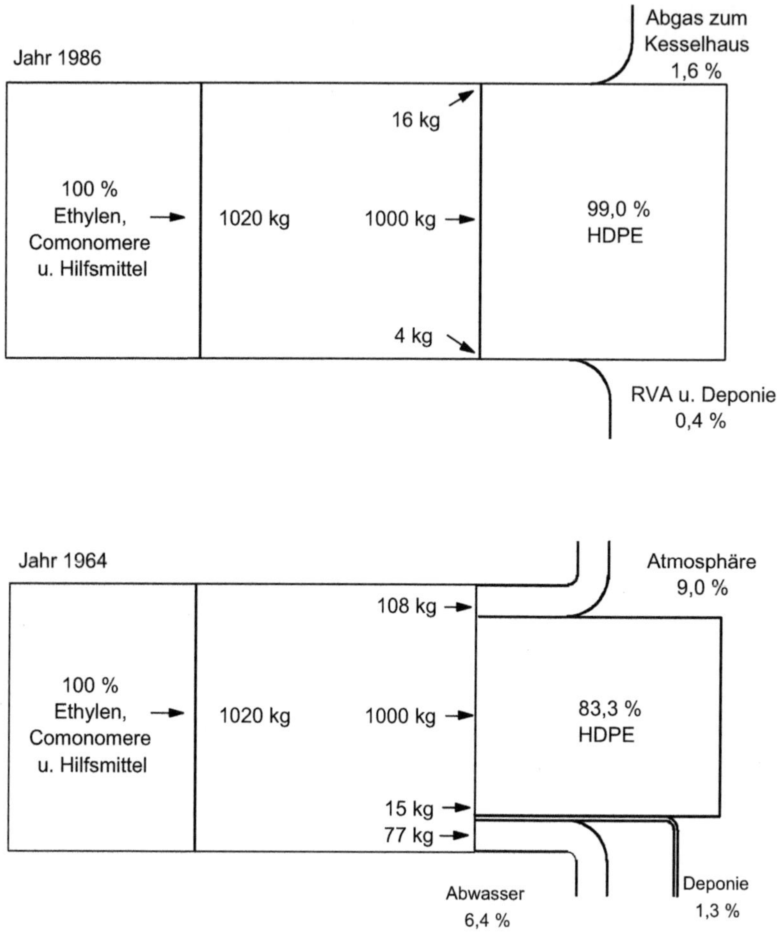

Abb. 6.14 Mengenflussdiagramm der Herstellung von HDPE [38]

ebenfalls sehr reaktiv und findet bei der Herstellung von Ooxo-Alkoholen Verwendung. Früher wurden sowohl Ethylenoxid als auch Propylenoxid nach dem Chlorhydrinprozess hergestellt.

Dabei wird das entsprechende Olefin in wässriger Lösung bei 50 bis 60 °C mit Cl_2 und H_2O zum Chlorhydrin umgesetzt, das in einer zweiten Stufe mit $Ca(OH)_2$ bei 100 °C zum Endprodukt reagiert. Bei diesem Prozess wird das eingesetzte Chlor verbraucht. Als Nebenprodukte fallen aufgrund von Folge- und Nebenreaktionen 1,2 Dichlorethan und Dichlordialkylether sowie $CaCl_2$ (ca. 2–2,5 Mg $CaCl_2$/Mg Epoxid) an, die zu entsorgen sind oder verwertet werden.

Bei den jüngeren Verfahren wird Ethylenoxid mit Sauerstoff an Silberkatalysatoren direkt oxidiert. Diese Reaktion findet in der Gasphase statt, so dass kein Abwasser mehr anfällt. Chlor wird ebenfalls nicht mehr benötigt. Die Ausbeute an Etyhlenoxid beträgt 77 % [39, 40]. Die unterschiedlichen Reaktionsführungen illustrieren die folgenden Bruttogleichungen:

Chlorhydrinprozess:

$$CH_2=CH_2+Cl_2+H_2O \longrightarrow HO-CH_2-CH_2-Cl+HCl \xrightarrow{-2\,HCl} \underset{\diagdown\,O\,\diagup}{CH_2-CH_2} \tag{6.1}$$

Katalytisch:

$$CH_2 = CH_2+1/2\ O_2 \xrightarrow{Ag} \underset{\diagdown\,O\,\diagup}{CH_2-CH_2} \tag{6.2}$$

Bei der Propylenproduktion ist es bisher nicht gelungen, die Direktreduktion ausreichend selektiv zu gestalten. Die Ausbeute beträgt hier nur 50 %. Hier wurde die Chlorhydrinsynthese so optimiert, dass die Gesamtausbeute auf 92 % steigt. Durch die Verwendung von NaOH zur Hydrolyse (Bayer-Kellogg-Prozess) kann das entstehende NaCl verwertet werden [40].

Phenol-Herstellung Bei der Herstellung von Phenol wenden die herkömmlichen Verfahren die Synthese über Natrium-Benzolsulfonat oder Chlorbenzol als Zwischenstufe an, der dann eine Hydrolyse zu den Phenolen folgt. Die Umweltprobleme entstehen durch die anfallenden anorganischen Nebenprodukte, z. B. stark organisch und anorganisch (Na_2SO_3 und NaCl) verunreinigte Dünnsäure beim Sulfonsäureverfahren und NaCl beim Chlorbenzolverfahren [39, 40].

Daher wird seit Anfang der 70er-Jahre die Synthese durch katalytisch durchgeführte Cumol-Oxidation ersetzt, bei der als Nebenprodukt Aceton anfällt. Die Hocksche Phenolsynthese ist damit gleichzeitig der bedeutendste Herstellungsprozess für Aceton. Pro Mg Phenol entstehen an Nebenprodukten:

- 620 kg Aceton,
- 20–30 kg a-Methylstyrol,
- 10–20 kg Acetophenon,
- 0,5 m^3 Abwasser [40].

Die großen Mengen an Nebenprodukten konnten bisher vom Markt nicht vollständig aufgenommen werden, so dass die Entwicklung bei der Phenolsynthese in Richtung nebenproduktarmer Verfahren, z. B. der DOW-Synthese, läuft. Hierbei wird in einer 1. Stufe der Einsatzstoff Toluol in flüssiger Phase katalytisch zu Benzoesäure oxidiert, die in einer 2. Stufe mit Luft und Wasserdampf zum Phenol decarboxiliert wird. Als Nebenprodukte entstehen nur Wasser und Kohlendioxid [40].

Gewinnung von Vinylchlorid Das wichtigste Edukt bei der Herstellung von Vinylchlorid ist Ethylen. Alle Verfahren führen über 1,2-Dichlorethan als Zwischenprodukt, das

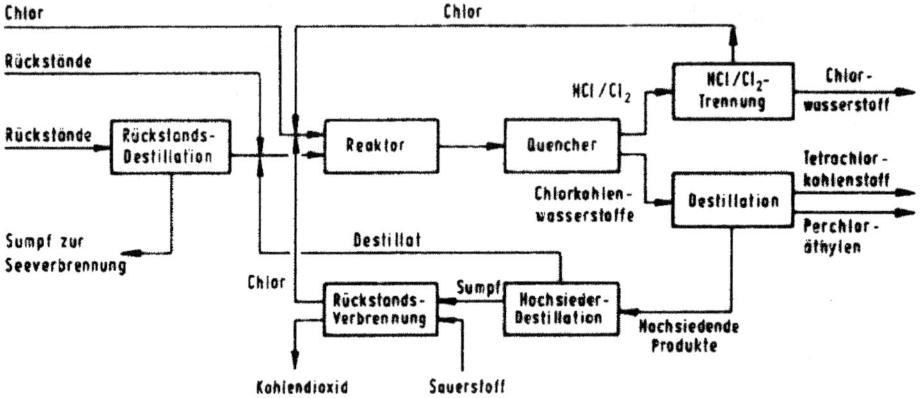

Abb. 6.15 Oxichlorierung zur Erzeugung von Vinylchlorid aus Ethylen [39]

entweder durch Direktchlorierung oder Oxichlorierung von Ethylen erzeugt wird. Bei der Direktchlorierung fällt Salzsäure als Kuppelprodukt an. Diese kann bei der Oxichlorierung als Edukt verwendet werden. Daher haben sich die gleichzeitige Anwendung von Direktchlorierung und Oxichlorierung weitgehend durchgesetzt. Die Chlor-HCl-Bilanz wird dadurch ausgeglichen, dass der HCl-Anfall aus der Crackung und der HCl-Bedarf der Oxichlorierung übereinstimmen (Abb. 6.15). Abfall wird bei dieser Verfahrenskombination dadurch vermieden, dass ein Nebenprodukt des einen Verfahrens (HCl) als Edukt des anderen Verfahrens dient.

Vermeidung von Reststoffen aus der Titandioxidproduktion Bei der Herstellung des Pigments Titandioxid, das annähernd in allen weißen Gegenständen Verwendung findet, fällt prozessbedingt eine große Menge sog. Dünnsäure an. Dünnsäure ist eine ca. 18-prozentige Schwefelsäure, die als Verunreinigung zahlreiche Sulfatsalze enthält (Abb. 6.16).

Die Herstellung von Titandioxid erfolgt zu einem wesentlichen Teil nach dem sog. Sulfatverfahren (Abb. 6.16). Dabei wird Titanerz ($FeTiO_3$) mit Hilfe von konzentrierter Schwefelsäure aufgeschlossenen und in die Sulfatform überführt. Nach Entfernen des zwangsläufig als Kuppelprodukt entstehenden Eisensulfates entsteht nach Reinigen und Glühen das Titandioxid TiO_2.

Pro Mg Produkt entstehen bei diesen Verfahren ca. 8 Mg Dünnsäure. Zur Verminderung des Reststoffes Dünnsäure wurden in den 80er-Jahren zwei Varianten entwickelt:

- Vermeidung durch Umstellen des Verfahrens,
- Verwertung der Dünnsäure durch Aufbereiten.

Umstellen des Verfahrens Das Chlorid-Verfahren zur Herstellung von TiO_2 nutzt als Rohstoff hochwertiges Rutil. Das Rutil wird in Gegenwart von Koks bei hoher Temperatur mit Chlor zu Titantetrachlorid umgesetzt und mit reinem Sauerstoff verbrannt (Abb. 6.17).

Abb. 6.16 Herstellung von Titandioxid nach dem Sulfat-Verfahren [92]

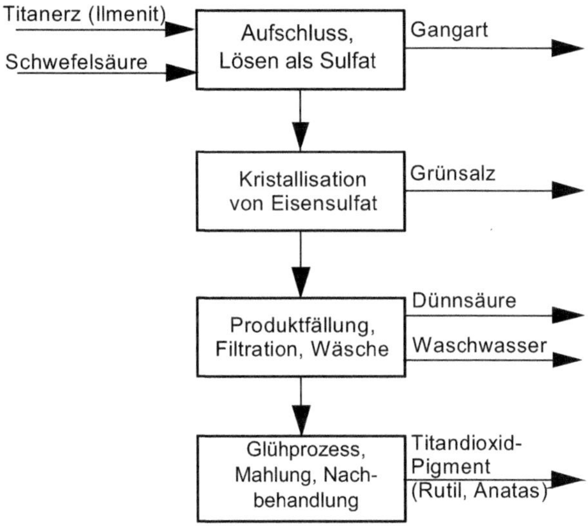

Abb. 6.17 Herstellung von Titandioxid nach dem Chlorid-Verfahren [92]

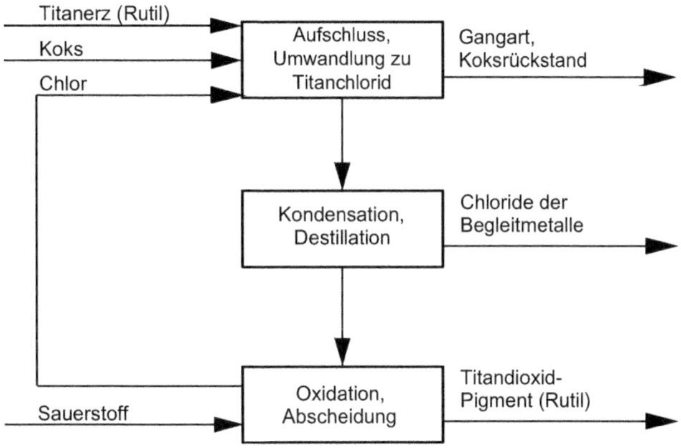

Die Prozessabwassermenge beträgt ca. 1 m^3 pro Mg Endprodukt. Zudem entstehen etwa 0,6 Mg/Mg Chloride.

Verwertung der Dünnsäure Wegen der geringeren Verfügbarkeit des Rutils wurden parallel zur Entwicklung des Chloridverfahrens Anstrengungen zur Aufbereitung der Dünnsäure unternommen. Ziel war dabei die Aufkonzentrierung der Dünnsäure auf eine Konzentration von 70 % und der Wiedereinsatz im Sulfatprozess.

Seit Ende 1989 wird der gesamte Dünnsäureanfall der Kronos Titan nach diesem Verfahren wiederaufbereitet. Beide Innovationen, Umstellung auf den Chloridprozess und Sulfatprozess mit Dünnsäureaufbereitung, werden seit 1992 betrieben [92].

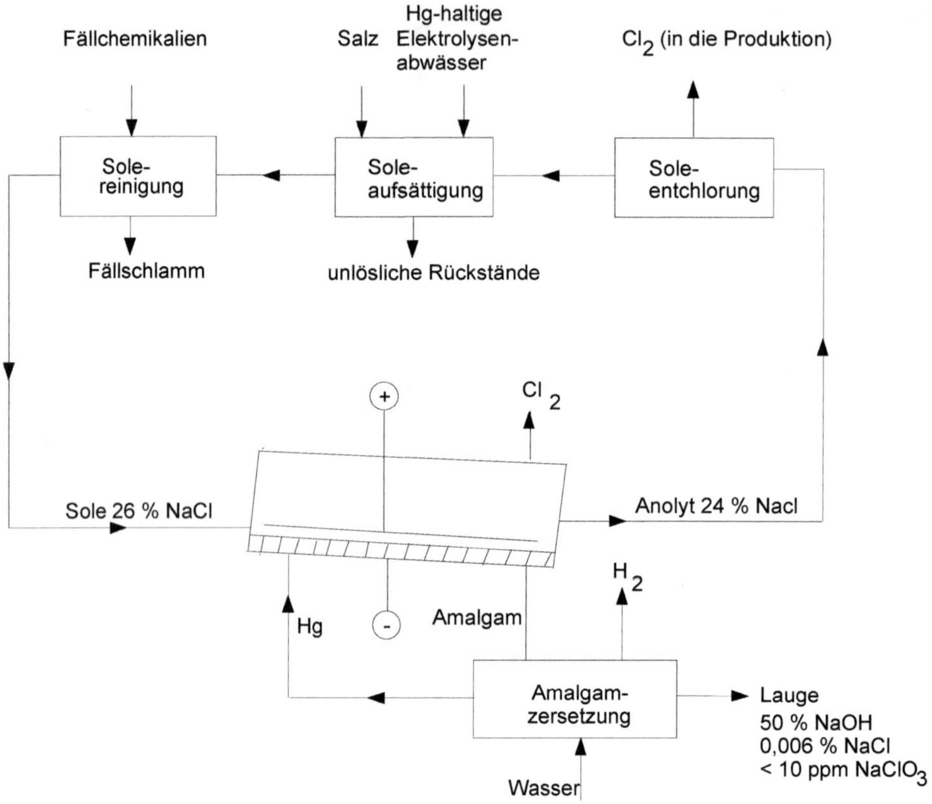

Abb. 6.18 Amalgam-Verfahren [43]

Abfallarme Verfahren der Chloralkali-Elektrolyse

Die Erzeugung von Chlor, Natronlauge und Wasserstoff durch Chloralkali-Elektrolyse hat technisch größte Bedeutung. Es werden die beiden älteren Verfahren, das Amalgam-Verfahren und Diaphragma-Verfahren angewandt sowie das jüngere, abfallarme Membranverfahren.

Beim Amalgam-Verfahren (Abb. 6.18) werden die Teilreaktionen der anodischen Chlorabscheidung, der kathodischen Wasserstoffabscheidung und NaOH-Bildung durch eine umlaufende Quecksilberkathode voneinander getrennt.

Die Verwendung von Quecksilber als Hilfsstoff führt zu Quecksilberemissionen in die Produkte, die Abluft, das Abwasser und in die Feststoffrückstände. Die Rückstände werden entweder in der Elektrolyseanlage selbst oder außerhalb von Quecksilber befreit und auf Deponien abgelagert. Der Soleschlamm, auch als Bariumsulfatschlamm bezeichnet, weist folgende Zusammensetzung auf [43]:

- 25 % Wasser,
- 12 % Bariumsulfat,

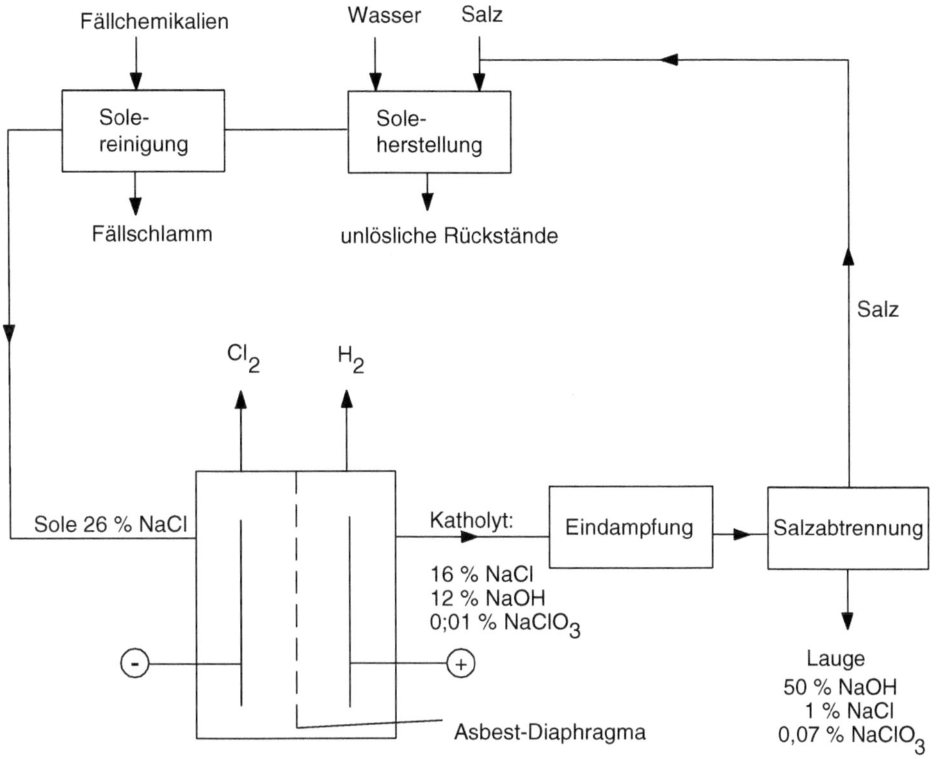

Abb. 6.19 Diaphragma-Verfahren [43]

- 9 % Natriumchlorid,
- 8 % Calciumcarbonat,
- 4 % basisches Magnesiumcarbonat,
- 0,0006–0,001 % Quecksilber,
- Rest: Aluminiumsilicat, Ton etc.

Beim Diaphragma-Verfahren (Abb. 6.19) werden die Teilreaktionen durch eine poröse Trennschicht, das Diaphragma, zwischen Anoden- und Kathodenraum voneinander getrennt. Hierfür wird auf die Stahlnetzkathode eine Schicht aus Asbestfasern mit Kunstharzzusätzen angeschwemmt. Die Diaphragmen-Lauge enthält nur 11 bis 13 % NaOH neben etwa 15 % Natriumchlorid. Durch Eindampfung kann wie beim Amalgam-Verfahren 5-prozentige Lauge erhalten werden, die aber hier noch mit ca. 1 % NaCl verunreinigt ist.

Beim Membranverfahren (Abb. 6.20) wird ein negativ geladener Ionenaustauscher als Trennschicht zwischen Anoden- und Kathodenraum verwendet. Aus dem mit Natriumchlorid-Lösung beschickten Anodenraum können nur Natrium-Ionen und wenig

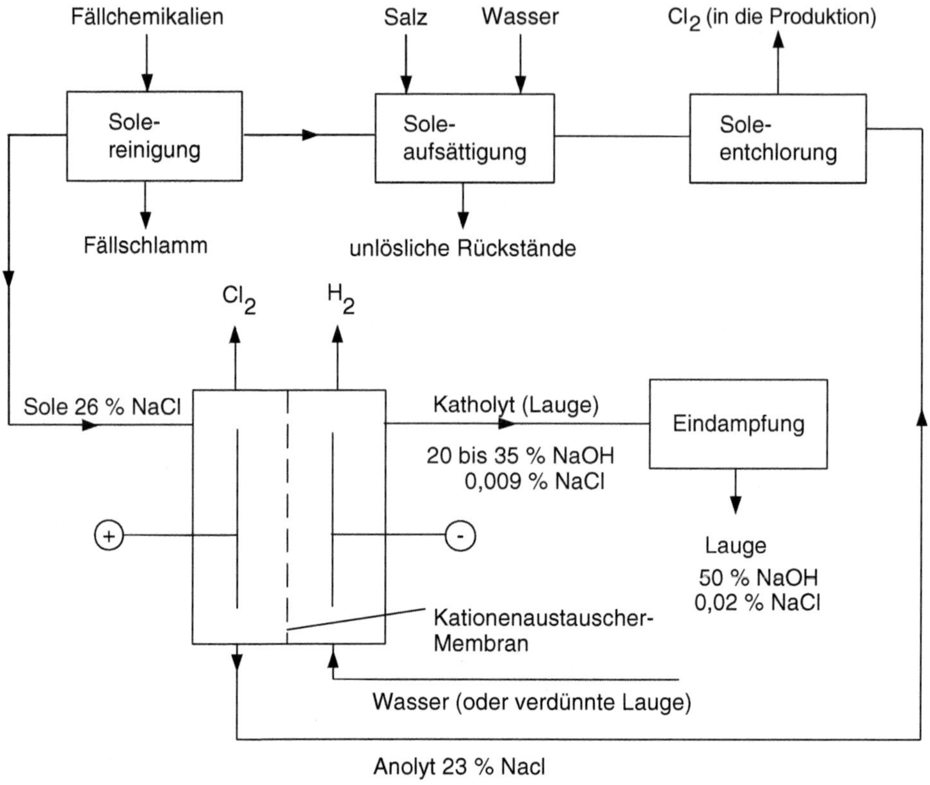

Abb. 6.20 Membranverfahren [43]

Wassermoleküle in den Kathodenraum gelangen. Man erhält Zelllaugen bis 35 % NaOH-Gehalt und mit nur 0,1 % NaCl-Gehalt. 50-prozentige NaOH wird wieder durch Eindampfung erhalten.

Die Menge der bei der Solereinigung anfallenden Schlämme hängt von der Salzqualität ab. Wird Natursole verwendet (nur bei Diaphragmazellen) entsteht wenig Schlamm. Beim Elektrolyseverfahren mit Solekreisläufen (Amalgam- und Membranverfahren), die auf die Wiederaufsättigung des verarmten Elektrolyten mit festem Salz angewiesen sind, ist die Schlammmenge geringer, sofern Siedesalz an Stelle von Steinsalz verwendet wird.

Wesentlicher Vorteil der Membranverfahren gegenüber den klassischen Verfahren ist die Vermeidung von Sonderabfällen (Asbest, Quecksilber). Dies gilt besonders im Vergleich zum Amalgam-Verfahren, bei dem im erheblichen Umfang quecksilberverunreinigte Schlämme anfallen. Daneben zeichnet sich das Membranverfahren durch einen geringeren spezifischen Energieverbrauch aus [43].

Wegen der erheblichen Vorteile des Membranverfahrens wird heute bei Neuinvestitionen ausschließlich die Membrantechnik verwendet.

Abfallvermeidung bei der Herstellung von Mineralölprodukten

Bei der Herstellung von Mineralölprodukten fallen insbesondere folgende Abfälle an:

- Bleicherden,
- Säureharze und -teere,
- mineralölhaltige Schlämme.

Bleicherde Als Bleicherden werden tonmineralhaltige Erden bezeichnet, die aus Ölen, Fetten und Wachsen Verunreinigungen und färbende Bestandteile adsorbieren können.

Mineralölhaltige Bleicherden fallen u. a. bei der Erst- und Zweitraffination an. Bei der Erstraffination können mineralölhaltige Bleicherden bei der Herstellung von Spezialölen wie z. B. Transformatorenölen, Turbinenölen und Weißölen anfallen. Die früher übliche Säure-Raffination mit anschließender Bleichung ist bereits durch Verfahren der Lösemittel- und hydrierenden Raffination ersetzt worden, so dass mineralölhaltige Bleicherden hier meist nicht mehr anfallen.

Bei den Hydrierverfahren wird das in einer Vorbehandlung gereinigte (Alt-)Öl einer Hydrierung mit Wasserstoff bei einer Temperatur von 250 bis 370 °C, und einem Druck von 50 bis 300 bar unter Einsatz eines Katalysators unterzogen.

Folgende Hydrier- und Raffinationsverfahren können angewandt werden:

- KTI-Verfahren,
- IFP-Selectopropan-Wasserstoff-Verfahren,
- BERC-Lösemittel-/Destillationsverfahren,
- Lurgi-Fall-Schleier-Verdampferverfahren.

Das Abb. 6.21 und 6.22 zeigen das KTI-Verfahren und das Lurgi-Fall–Schleier-Verdampferverfahren.

Das Abb. 6.23 zeigt den Gewinnungsprozess bei der Herstellung von mineralischen Grundölen. Ziel der Raffination ist es:

- unerwünschte Bestandteile zu entfernen oder umzuformen,
- die Alterungsstabilität zu erhöhen,
- den Viskositätsindex (VI) auf ca. 90 bis 100 einzustellen,

den Stockpunkt durch Entparaffinieren auf ca. −9 bis −15 °C einzustellen. Allerdings werden Bleicherden auch heute noch bei der Herstellung von Paraffin, Vaseline und technischen Fetten sowie bei der Reinigung von abgelassenen Transformatorenölen angewendet. Das Abb. 6.23 zeigt den Gewinnungsprozess bei der Herstellung von mineralischen Grundölen nach heutigem Stand der Technik.

Ziel der Raffination ist es:

- unerwünschte Bestandteile zu entfernen oder umzuformen,
- die Alterungsstabilität zu erhöhen,

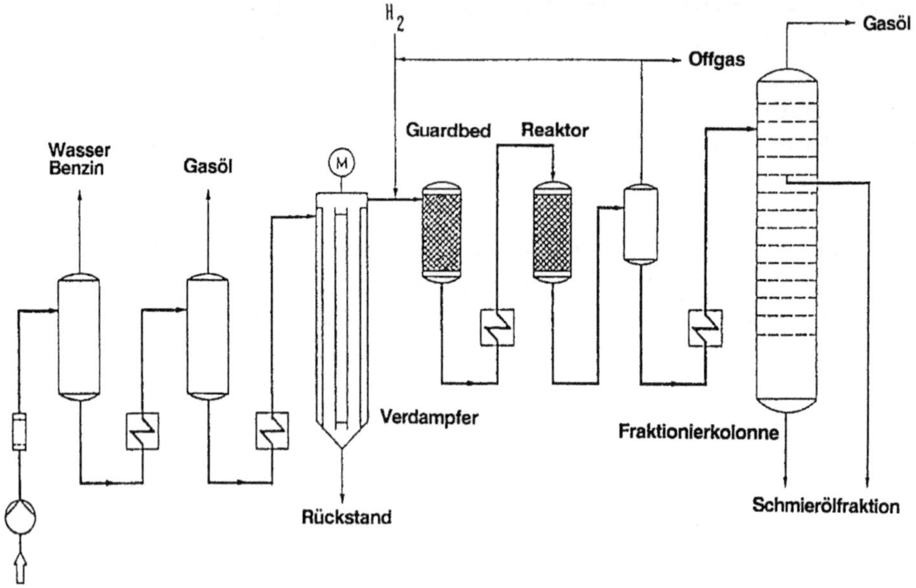

Abb. 6.21 KTI-Verfahren

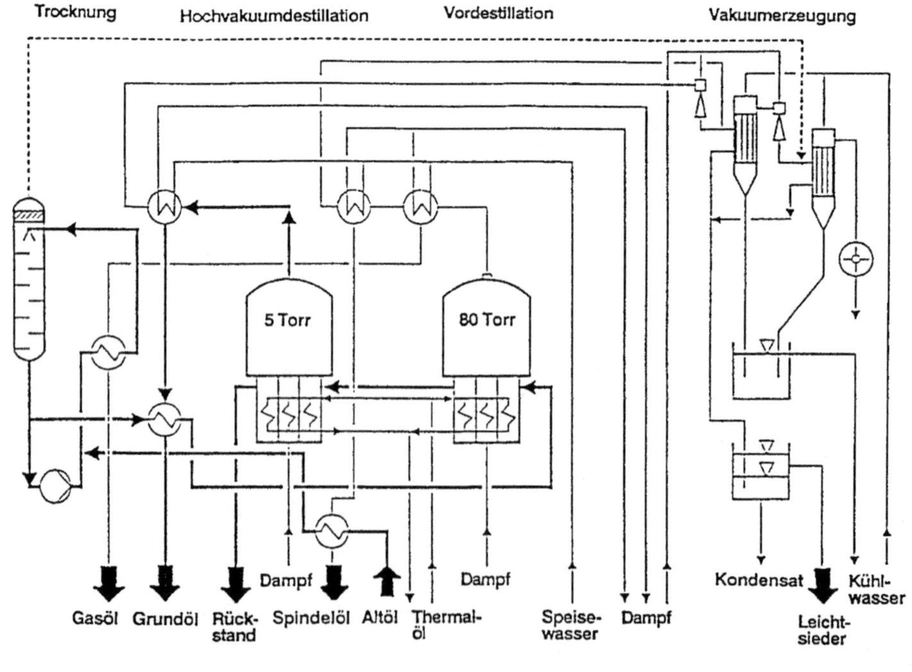

Abb. 6.22 Lurgi-Fall–Schleier-Verdampferverfahren [48]

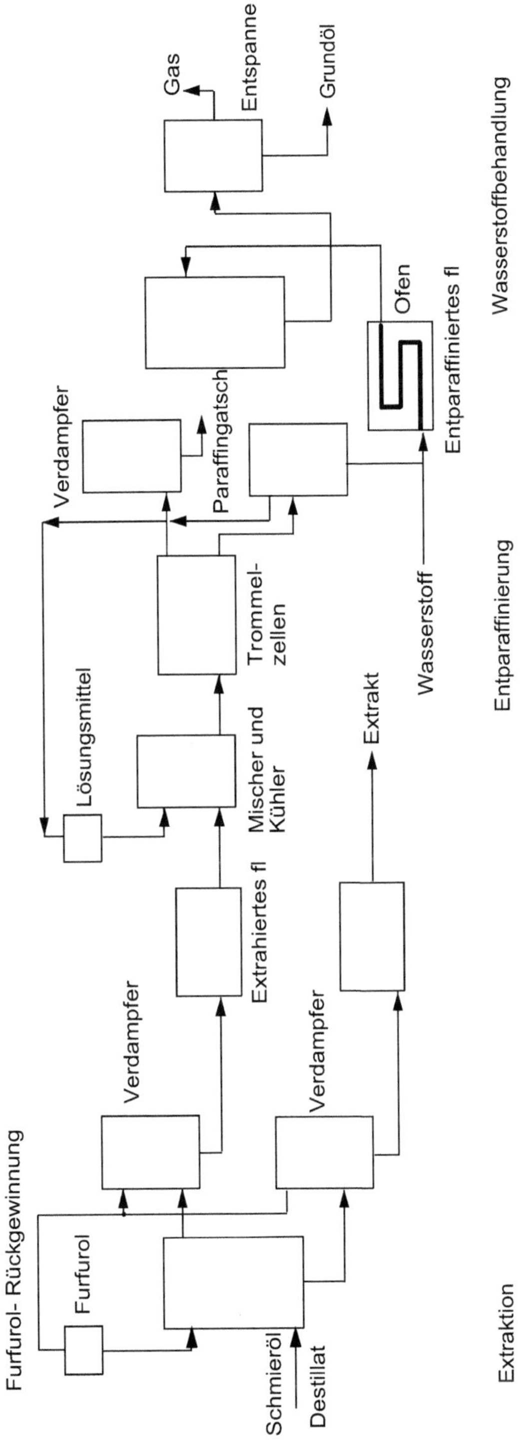

Abb. 6.23 Fließschema der Gewinnung von mineralischen Grundölen [75]

- den Viskositätsindex (VI) auf ca. 90 bis 100 einzustellen,
- den Stockpunkt durch Entparaffinieren auf ca. −9 bis −15 °C einzustellen.

Säureteer und -harz Unter Säureteer wird das säurehaltige Reaktionsprodukt von konzentrierter Schwefelsäure oder Oleum mit Komponenten der Schmieröldestillation bzw. Solventraffination bei der Erstraffination verstanden. Säureharze fallen bei der Zweitraffination von Altölen nach dem Schwefelsäureverfahren als Reaktionsprodukt an. Darin sind Additive, Oxidationsprodukte sowie anderen Verunreinigungen des Altöls enthalten. Die Vermeidung des Säureteers und der Säureharze ist durch die Anwendung von Raffinationsverfahren möglich, die ohne Schwefelsäure arbeiten [46–48].

Dies sind bei der Erstraffination die

- Lösemittel-Raffination,
- hydrierende Raffination.

Diese Verfahren haben bei der Erstraffination das früher angewendete Schwefelsäure-Raffinationsverfahren vollständig ersetzt. Daher fällt bei der Raffination der Rohöle zu Grundölen kein Säureteer mehr an. Bei der Behandlung der Grundöle wird bei Einführung von Hochdruckhydrierverfahren kein Säureteer mehr anfallen. Eine Substitution der Schwefelsäure ist allerdings bei der Herstellung von Spezialprodukten, z. B. Testbenzine, spezielle Kerosin- und Gasölfraktionen, nicht möglich, so dass Säureteer bei der Raffination anfällt. Bei der Aufbereitung von Altöl können dieselben Hydrierverfahren eingesetzt werden.

Zudem lassen sich durch die Extraktion mit überkritischen Gasen nach dem Krupp-Koppers-Verfahren und durch das Recyclon-Verfahren (Abb. 6.24), das Natrium zur Behandlung von Altöl einsetzen und der Anfall an Säureteer oder Säureharz vermeiden.

Abfallvermeidung bei der Metallherstellung

Unter dem Begriff der Metallherstellung soll hier das Schmelzen von Nichteisenmetallen (NE-Metallen) sowie von Eisen und Stahl betrachtet werden.

Nichteisenmetalle Beim Schmelzprozess von NE-Metallen kommt es aufgrund der Schmelzbedingungen zu mehr oder minder starker Bildung von Metalloxiden, die durch Schmelzzusätze gebunden und aus der Metallschmelze abgeschieden werden. Diese Krätze enthält neben Metalloxiden auch noch metallische Anteile. Bei Schwer- und Leichtmetallkrätzen hat sich die Aufarbeitung in Mühlen und Sieben als geeignet erwiesen [76].

Dabei entstehen metallreiche bzw. -ärmere Fraktionen, die eingeschmolzen oder in der Hüttenindustrie verwertet werden können bzw. entsorgt werden müssen. Die Heiß-Aufbereitung von Krätze kann nur innerbetrieblich, die Kalt-Aufbereitung dagegen inner- oder außerbetrieblich durchgeführt werden (s. Abb. 6.25) [77].

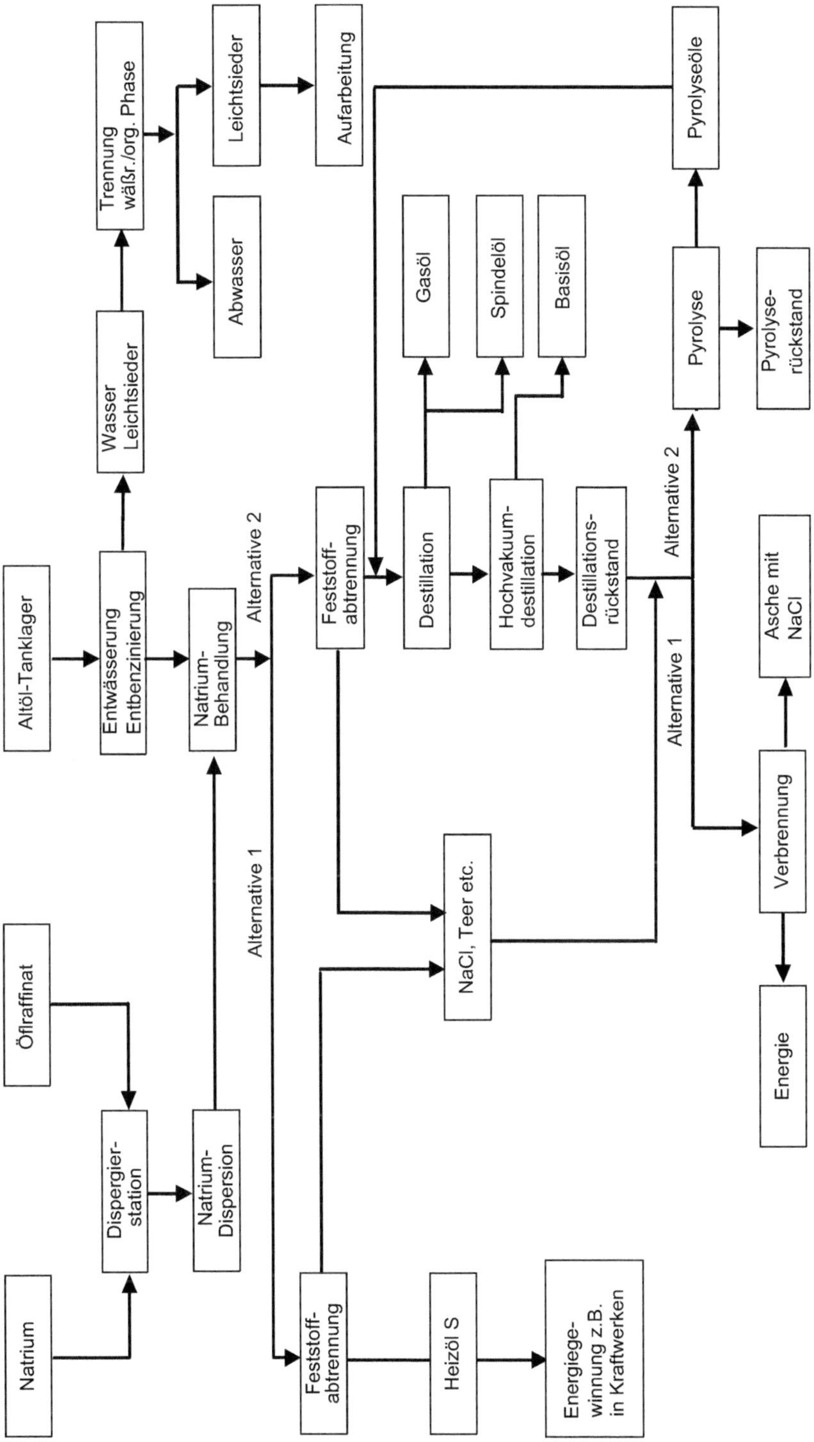

Abb. 6.24 Recyclon-Verfahren [49]

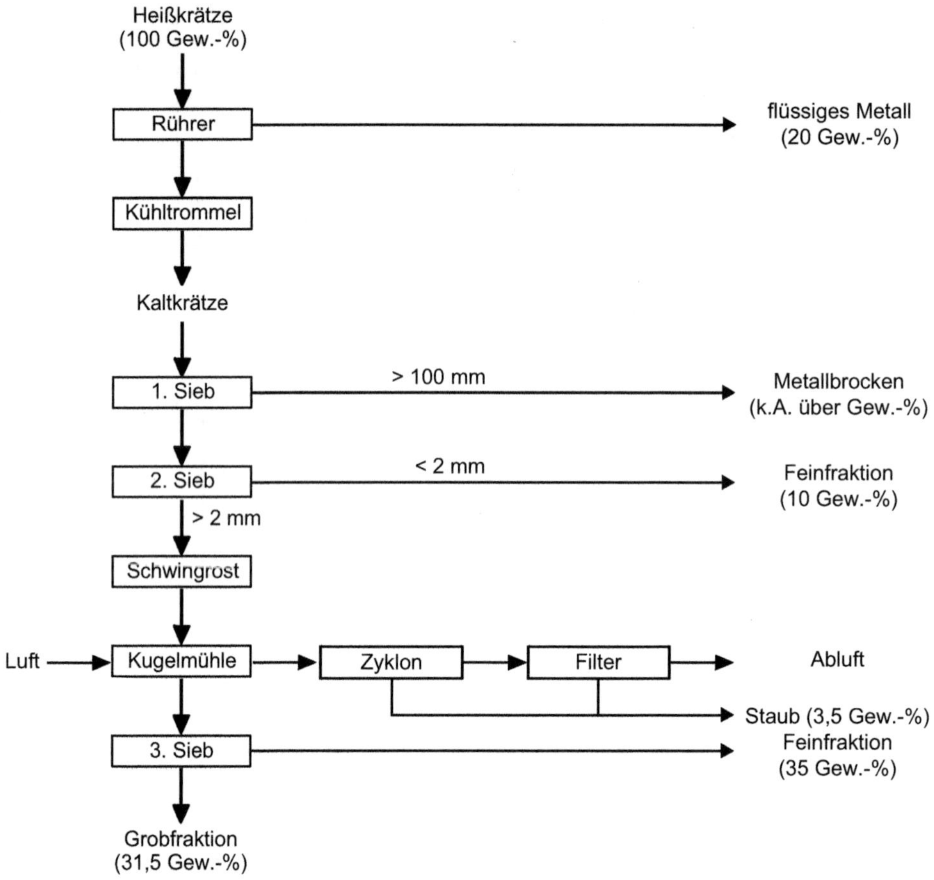

Abb. 6.25 Fließbild einer zweistufigen Krätzeaufbereitungsanlage [78]

Bei der in Abb. 6.25 skizzierten Anlage wird die Krätze bei der Heiß-Aufbereitung gesammelt und zu einer Ausrühreinheit mit integrierter Kühlanlage transportiert. Durch Rühren können bis zu 20 % der Krätzemenge als flüssiges Metall in der Auffangwanne zurückgewonnen werden.

Bei der Kalt-Aufbereitung wird abgekühlte Krätze in mehrere Fraktionen aufgetrennt, z. B.

- $< 2\,mm$,
- $> 2\,mm$ und $< 100\,mm$,
- $> 100\,mm$.

Die Fraktion über 100 mm besteht hauptsächlich aus reinem Metall und kann direkt eingeschmolzen werden. In der 2. Siebstufe fällt als Unterkorn eine feine Fraktion an, die

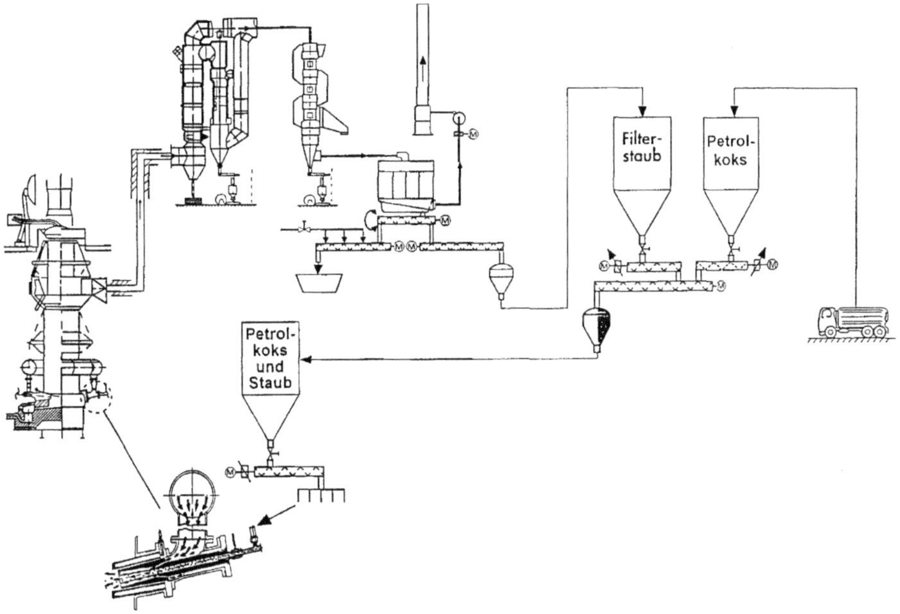

Abb. 6.26 Beispiel einer NPT-Anlage [81]

überwiegend aus oxidischen Bestandteilen besteht und zur Metallgewinnung an Hüttenwerke abgegeben werden kann. Die Fraktion von 2 bis 100 mm gelangt über Schwingroste in die Kugelmühle, wo die oxidischen Anteile leicht gemahlen und in einer 3. Siebstufe als Unterkorn abgetrennt werden können. Die metallischen Granalien fallen als Überlauf an und können im Herd-/Wannenofen ohne Zugabe von Salzen oder im Drehtrommelofen unter einer Salzdecke eingeschmolzen werden.

Eisen und Stahl Teilströme von Stäuben aus Kupol- und Elektroöfen (Induktions- und Lichtbogenöfen), die neben Schwermetallen wie Zink und Blei noch verschlackbare bzw. brennbare Stoffe enthalten, können in den Kupolofen bzw. Lichtbogenofen zurückgeführt werden. Durch die verstärkte Anreicherung von leichtflüchtigem Blei und Zink in den ausgeschleusten Stäuben können diese verstärkt einer Verwertung zugeführt werden. Damit können die heute noch zu deponierenden Staubmengen zu über 90 % gesenkt werden [79].

Die Staubrückführung wird auf verschiedene Weise realisiert. Die wesentlichen Unterschiede der angewandten Verfahren liegen in der Art der Staubförderung.

Beim NPT-Verfahren (Negative-Pressure-Tuyère, vgl. Abb. 6.26) wird mit einer Injektordüse gearbeitet, der per Förderschnecke mit Petrolkoks vermischter Staub zugeführt wird. Die Staubzuführung zur Schmelze erfolgt kontinuierlich und über die Düsen verteilt. Dies führt zu einer gleichmäßigen Betriebsweise. Der Einsatz von Petrolkoks wird erforderlich, um die Fließfähigkeit des Staubes (vor allem von Heißwind-Kupolofenstaub) zu erhöhen und ermöglicht Einsparungen an Koks [81].

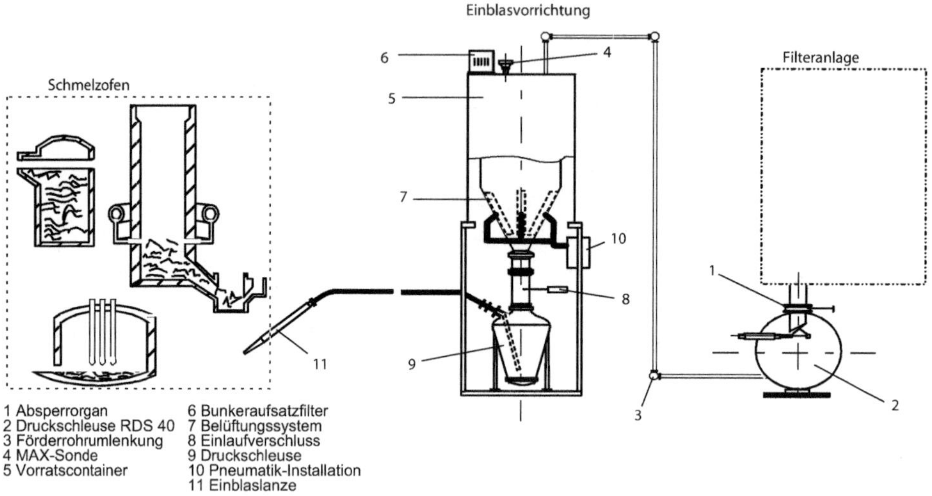

Abb. 6.27 Einblasförderanlage [82]

Ein anderes Verfahren verfügt dagegen über ein Druckgefäßfördersystem, mit dem auch schlecht fließfähige Stäube ohne Zumischen von Hilfsstoffen transportiert werden können. Es arbeitet diskontinuierlich und steuert die Winddüsen von Kupolöfen nacheinander an. Es eignet sich auch für die Rückführung von E-Ofenstaub, der mit Hilfe von Lanzen unter die Schmelze gebracht wird (Abb. 6.27).

Zur Anreicherung von Zink und Blei im Staub aus Lichtbogenöfen wird der Staub mit einer Lanze unter die Schlacke geblasen. Damit werden die im Staub enthaltenen Eisen-, Calcium- und Magnesiumoxide der Schmelze wieder zugeführt. Da Zink und Blei sowie deren Oxide bei den Metallbadtemperaturen leicht flüchtig sind, reichern sie sich in den neu entstehenden Stäuben an.

Abfallvermeidung bei der Oberflächenbehandlung und Bearbeitung von Metallen

Im Folgenden sollen für einige wichtige Abfallgruppen aus dem Bereich der Metallbe- und -verarbeitung die Möglichkeiten zur Abfallvermeidung durch die Anwendung abfallarmer Verfahren beschrieben werden.

Galvanikabfälle Die Galvanikabfälle werden einerseits durch das Verwerfen verbrauchter Bäder, andererseits durch den Eintrag von Badinhalten in das Spülwasser verursacht. Die meisten Badinhaltsstoffe (Schwermetalle, organische Verbindungen, Cyanid) sind gesundheitsgefährdend und müssen deshalb in eine weniger gefährliche Form überführt werden (chemisch-physikalische Behandlung). Dies geschieht entweder in betriebsinternen Abwasserbehandlungsanlagen oder in zentralen chemisch-physikalischen Behandlungsanlagen.

Dabei entstehen die folgenden Abfälle:

- Metallschlämme,
- Galvanikschlämme (chrom-, nickel-, kupfer-, zinn-, zinkhaltig),
- Phosphatierschlämme,
- Konzentrate und Halbkonzentrate.

Abfälle aus Galvaniken lassen sich durch

- organisatorische Maßnahmen,
- Optimierung der Spültechnik und
- technische Maßnahmen

vermindern.

Mit der Abfallverminderung ist in der Regel auch eine Abwasserverminderung verbunden.

Da organisatorische Maßnahmen sowie eine Optimierung der Spültechnik in der Regel mit geringem finanziellen Aufwand durchgeführt werden können, sollten die daraus resultierenden Potenziale ausgeschöpft werden, bevor technische Maßnahmen zum Zuge kommen. Damit können eine

- Reduzierung von Metall- und Chemikalienverlusten,
- Verringerung oder Rückgewinnung von Verschleppungen,
- Möglichkeiten der Wassereinsparung,
- Spülwasserkreislaufführung,
- Erhöhung der Verwertbarkeit nichtvermeidbarer Abfälle

erreicht werden.

Die organisatorischen Maßnahmen sind eine wesentliche Voraussetzung für den sinnvollen, wirtschaftlich vertretbaren Einsatz technischer Rückgewinnungsverfahren.

Folgende organisatorische Maßnahmen sind dafür möglich:

- Verringerung der Konzentrationen an Badinhaltsstoffen in den Aktivbädern,
- Reduzierung der Verschleppung von Badinhalten beim Warentransport,
- Rückführung von ausgeschleppten Badinhalten aus dem Spülwasser in Aktivbäder,
- Erhöhung der Anzahl der Spülschritte.

Durch die Optimierung der Spültechnik wird in erster Linie eine Reduzierung des Spülwasserbedarfs erreicht. Geringere Spülwassermengen sind eine Voraussetzung für den Einsatz von Rückgewinnungstechnologien und von Kreislaufführungen.

Eine einfache Möglichkeit zur Verringerung des Spülwasserbedarfes ist die Installierung einer Spar- bzw. Standspüle. Diese hat die Aufgabe, den größten Teil der Badverschleppungen (80–90 %) aufzunehmen und so die nachfolgenden Fließspülen zu entlasten.

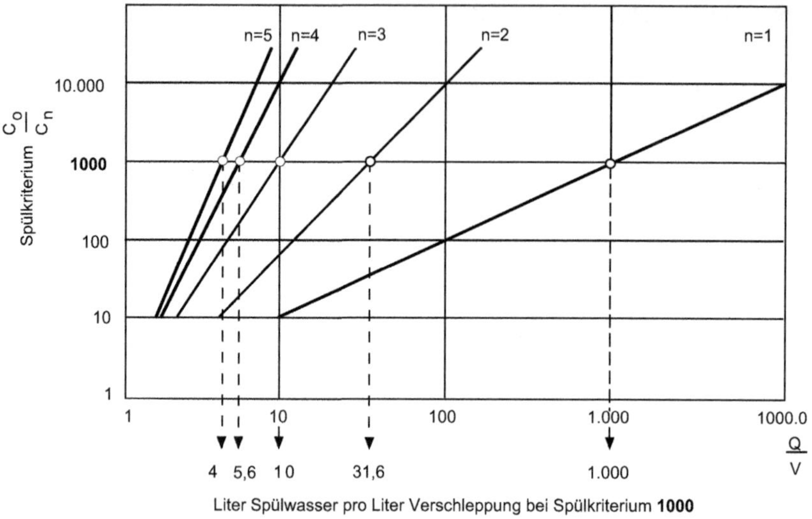

Abb. 6.28 Abhängigkeit des Spülwasserbedarfes von der Anzahl der Spülschritte [85]

In Standspülinhalten liegen demnach relativ hohe Konzentrationen vor. Die Standspülinhalte können z. B. in das Aktivbad zurückgeführt werden, um dessen Verschleppungs- und Verdunstungsverluste auszugleichen. Damit werden nicht nur die Volumenverluste des Bades ausgeglichen, sondern darüber hinaus wertvolle und bereits ausgeschleppte Badchemikalien zurückgeführt. Da in Standspülen hohe Konzentrationen vorliegen, können entsprechende Rückgewinnungs-techniken (Elektrolyse, Verdampfung, Fällung) oft wirtschaftlich bei der Behandlung der Standspülinhalte eingesetzt werden.

Der Wasserverbrauch der Fließspüle lässt sich darüber hinaus mit Hilfe der Gegenstromspülung (Kaskadenspülung) verringern. Die bei Kaskadenspülen stark verringerten Wasserdurchflüsse erlauben in vielen Fällen die vollständige Rückführung von Badverschleppungen. Der Spülwasserbedarf beim mehrstufigen Spülen und die Rückführung von Badverschleppungen sind in Abb. 6.28 und 6.29 dargestellt.

Weiterhin ist bei Kaskadenspülungen aufgrund der mit steigenden Spülschritt-anzahlen stark abnehmenden Konzentrationen an verschleppten Metallionen aus Beschichtungsbädern eine Kreislaufführung von Spülwasser im letzten Spülschritt möglich. Bedingung ist dabei, dass sich die zu entfernenden Metallionen über Ionenaustauscher entfernen lassen.

Eine weitere Möglichkeit, wassersparende Spültechnik mit einer Rückführung zu kombinieren, bietet die Spritzspültechnik. Im Abb. 6.30 ist diese Verfahrenslösung beispielhaft dargestellt.

An technischen Verfahren zur Abfall- und Abwasserminderung stehen die in Tab. 6.7 näher erläuterten Verfahren zur Verfügung. Diese sollten erst nach Ergreifen aller organisatorischen Maßnahmen zum Zuge kommen, da sie dann kleiner und damit preiswerter dimensioniert werden können:

- Ionenaustauschverfahren,
- Ultrafiltration,

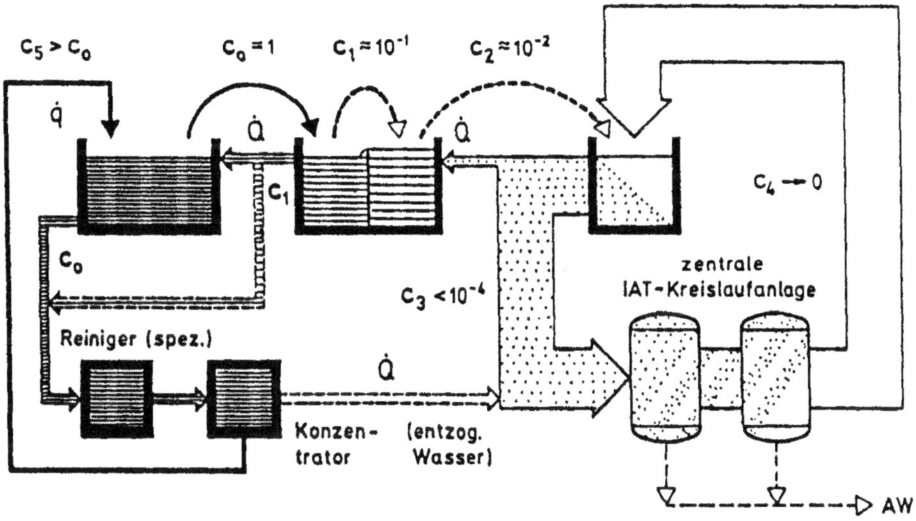

Abb. 6.29 Schematische Darstellung der Kombination Vorspülkaskade, Kreislaufspülung und Konzentrator [51]

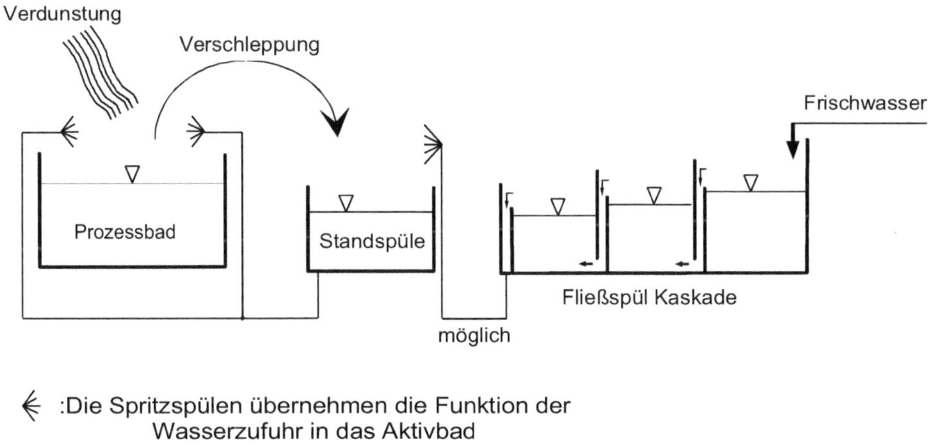

Abb. 6.30 Spritzspüle über einem warm arbeitenden Bad zum Ausgleich der Volumenverluste [83]

- Umkehrosmose,
- Elektrodialyse,
- Verdunstung und Verdampfung,
- Elektrolyse.

In Tab. 6.7 sind die wesentlichsten Rückgewinnungs- und Regenerationsverfahren, deren Anwendungsgebiete sowie die Vor- und Nachteile aufgeführt.

Tab. 6.7 Ausgewählte Rückgewinnungs- und Regenerationsverfahren bei der Oberflächenbehandlung

Verfahren	Anwendungsgebiete	Vorteile	Nachteile
Phasentrennverfahren			
Ölabscheidung	Entfettungsbäder	Standzeiterhöhung der Bäder	Unvollständige Ölentfernung
Filtration	Entfernung von Verunreinigungen aus Beschichtungsbädern	Standzeiterhöhung	
Membranverfahren			
Ultrafiltration	Entfettungsbäder	Standzeiterhöhung	Störungsanfällig; hohe Investitionskosten
Thermische Verfahren			
Verdampfen	Standspülinhalte	Rückführung von Konzentrat in das Beschichtungsbad	Hoher Energieverbrauch
Verdunsten	Standspülinhalte		Anfällig für Verkrustungen
Ionenaustauscherverfahren			
Ionenaustausch	Regeneration von Chrom-/Chromatbädern, Kreislaufführung von Spülwässern	Selektive Gewinnung von Ionen, Spülwassereinsparung	Begrenzte Kapazität, Chemikalieneinsatz zum Regenerieren
Retardation	Trennung von Säuren und Salzen	Rückgewinnung freier Säuren	Diskontinuierliches Verfahren, Effektivität bei niedrigen Säurekonzentrationen gering
Elektrolytische Verfahren			
Elektrolyse	Rückgewinnung von Metallinhalten, z. B. aus Standspülen	Auch im kleinen Maßstab effektiv anwendbar	Nicht für chloridhaltige Lösungen (Cl_2-Bildung)
Elektrodialyse	Konzentration von Lösungen, Entfernung von Störstoffen	Rückführungen von Konzentrat möglich, Regeneration von Säuren	Hohe Investitions-kosten, z. T. störungsanfällig
Fällung und Kristallisation	Standspülinhalte, Störstoffentfernung aus Bädern	Standzeitverlängerungen	Begrenzte Anwendbarkeit

Härtereiabfälle In Härtereien werden Eisen und Stahlwerkstücke durch eindiffundierten Stickstoff und Kohlenstoff gehärtet. Als Träger für den Stickstoff wird hauptsächlich Cyanid in Salzform verwendet.

In den Härtereien fallen folgende Salzabfälle an:

- Härtesalze, cyanidhaltig,
- Härtesalze, nitrat- und nitrithaltig.

Um cyanidhaltige Reststoffe zu vermeiden, bedarf es einer Verfahrensänderung. Grundsätzlich sollte angestrebt werden, Cyanid-Salze durch geeignete, weniger bedenkliche Stoffe zu substituieren. Daneben kann ein sparsamerer oder besser gesteuerter Einsatz der Cyanide durchgeführt werden.

Eine Salzbadanlage in Härtereien ist einfach und überschaubar. Das Medium Salzbad schließt gegenüber der Umgebungsatmosphäre ab und ermöglicht eine schnelle Wärmeübertragung auf eingehängte Werkstücke. Im Salzbad selber zerfällt das Cyanid durch die hohen Temperaturen zu unwirksamen Carbonat. Herkömmliche Salzbäder müssen durch Ausschöpfen und Zugabe von Frischsalz regeneriert werden, d. h. das Carbonat wird durch frisches Cyanid ersetzt. Die aus dem Bad ausgehobenen gehärteten Werkstücke müssen außerdem durch Spülen von lose anhaftenden Badbestandteilen befreit werden. Dies hat eine erhebliche Abwasserbelastung zur Folge.

Zur Vermeidung von Härtesalzrückständen ist es erforderlich, das bisher notwendige Nachfüllen der Salzbäder zu unterbinden. Dies wird im Tenifer-Verfahren, das seit Ende der 70er Jahre zur Verfügung steht und mit dem Regenerator „Melon" arbeitet, erreicht.

Die chemische Reaktion, die in den Salzbädern vom Cyanid über Cyanat zum Carbonat führt, wird bei ca. 580 °C durch den Regenerator zugeführt, so dass Carbonat wieder zu Cyanid reduziert wird. Dadurch entfällt das Ausschöpfen von Altsalz [53]. In Abb. 6.31 sind die Unterschiede zwischen dem alten und neuen Salzbadnitrocarburier-Verfahren schematisch dargestellt.

Das Durofer-Verfahren ermöglicht es auch bei den höheren Temperaturen des Kohlungsprozesses ohne Alt-Härtesalzanfall zu arbeiten (Abb. 6.32). Das beim Salzbadkohlen gebildete Carbonat wird im Durofer-Prozess nicht ausgeschöpft, sondern im Kohlungsbad durch Zugabe des Regenerators wieder zu kohlungsaktivem Cyanid umgesetzt. Damit entfällt das bisher häufig erforderliche Abschöpfen des Aufkohlungsbades.

Bei diesen beiden Verfahren kann auch die Abwasserbelastung durch geringere Cyanidkonzentrationen in der Salzschmelze reduziert werden, da die Ausschleppfracht ebenfalls entsprechend sinkt. Der Gehalt von bis zu 50 % Cyanid konnte mit dem Regeneriermittel Melon um 90 % auf unter 4 % Cyanid gesenkt werden.

Die beiden Salzbadverfahren zum Nitrieren und Aufkohlen besitzen folgende Vorteile:

- es entstehen keine giftigen Abfallsalze,
- es werden keine cyanidhaltigen Nachfüllsalze benötigt,
- verbrauchte Bäder werden mit ungiftigen Polymeren regeneriert,

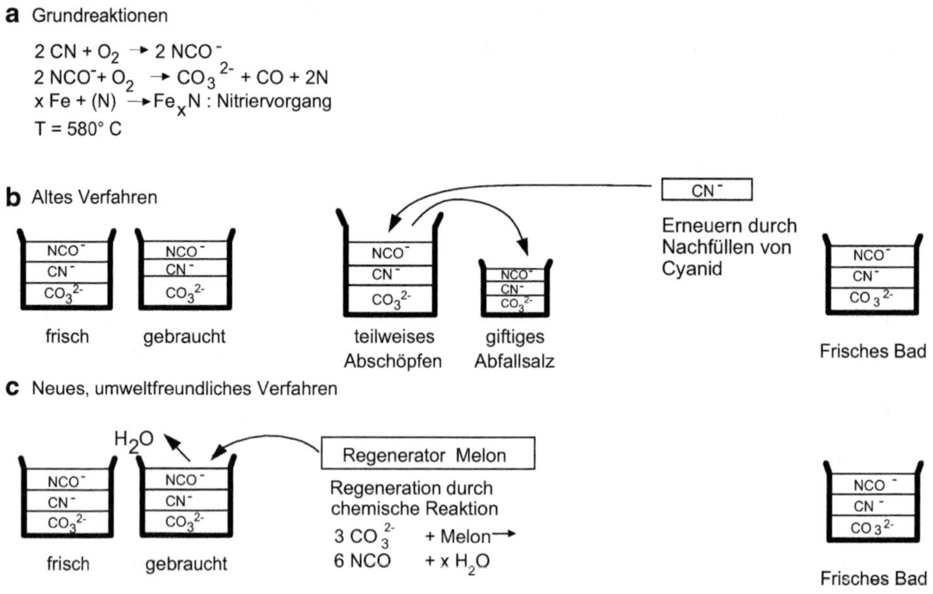

Abb. 6.31 Grundreaktionen beim Salzbadnitrieren und Vergleich des alten und neuen umweltfreundlichen Tenifer-Verfahrens [53]

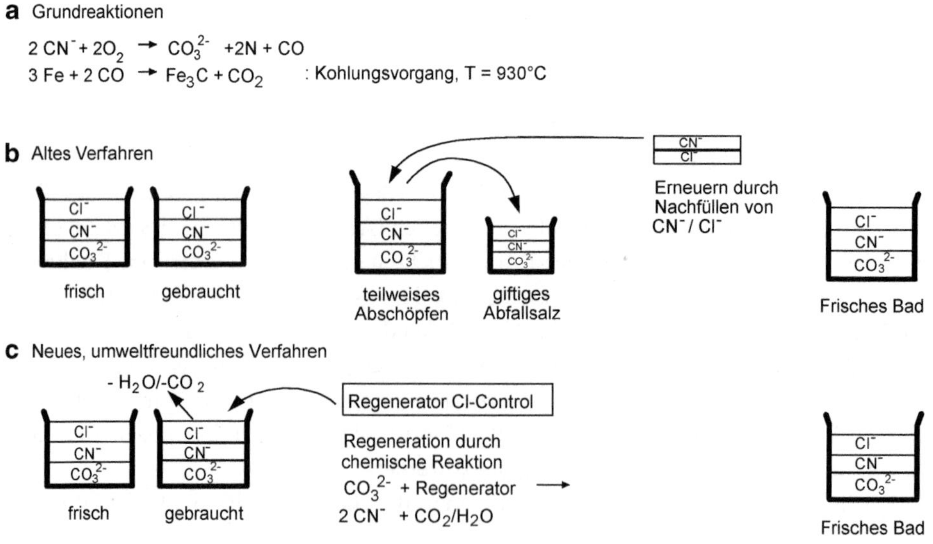

Abb. 6.32 Grundreaktionen beim Kohlungsprozess und Vergleich des alten mit dem neuen Durofer-Verfahrens [53]

- der Einsatz der Regeneriermittel ermöglicht eine kontinuierliche Verfahrensweise mit mikroprozessorgesteuerten Dosierautomaten und Chargierrobotern [53, 54].

Eine vollständige Cyanidsubstitution ist mit dem Gasphasenhärter möglich. Hier wird als Träger des einzudiffundierenden Stickstoffs nicht mehr das Cyanid benötigt, da die Nitrierung in der Gasphase stattfindet.

Gasphasenverfahren arbeiten praktisch abfallfrei. Allerdings können bei der Gasphasennitrierung nicht die Härtegrade der Salzbadverfahren erreicht werden. Außerdem ist der Investitionsbedarf pro Aggregat deutlich höher als bei den Salzbadverfahren. Hinzu kommen längere Behandlungszeiten, so dass das Gasphasengemisch nicht überall zum Einsatz kommen kann.

Säuren und Säuregemische Säuren werden bei der Oberflächenbehandlung von Metallteilen vorwiegend zur Entfernung von Oxid und Zunder verwendet. Die Säuren reichern sich dabei mit festen Verunreinigungen (Schlamm), organischen Verbindungen (Fett, Öl) und Schwermetall an. Die Konzentration an freier Säure nimmt durch den Beizvorgang ab. Die verbrauchten und verunreinigten Säuren werden verworfen und überwiegend in betriebseigenen Abwasserbehandlungsanlagen neutralisiert. Das führt zu erheblichen Mengen an Schlamm und zu Neutralsalzbelastungen des Abwassers.

Altsäuren lassen sich in zentralen chemisch-physikalischen Behandlungsanlagen meist effektiver behandeln, z. T. ist auch die Verwertung der Altsäuren möglich. Dies wird in der Stahlindustrie verbreitet gehandhabt. Hier werden abgestumpfte Salzsäurebeizen (eisenhaltig) thermisch regeneriert, so dass Säure und Eisenoxidschlamm als Produkte gewonnen werden. Die thermische Regeneration von Salzsäurebeizen ist allerdings nur für Durchsätze von mehr als 10.000 Mg/a sinnvoll.

Innerbetrieblich lässt sich das Aufkommen an Altsäuren durch organisatorische Maßnahmen wie optimale Ausnutzung der Säuren, Minimierung des Eintrages an Verunreinigungen und durch Entfernung von Schlamm, Öl und Fett senken. In Abhängigkeit von Säuremenge, -art und den enthaltenen Verunreinigungen werden verschiedene Verfahren zur Reinigung und Rückgewinnung der Säuren angewendet:

- Elektrodialyse,
- Diffusionsdialyse,
- Retardation,
- Verdunstung.

Die Anwendbarkeit dieser Verfahren ist neben den vorgenannten Abhängigkeiten auch von den wirtschaftlichen Gesichtspunkten geprägt, da diese Techniken mit erheblichen Investitionen verbunden sind. Vor der Installation sollte deshalb die Möglichkeit externer Verwertung oder Behandlung geprüft werden.

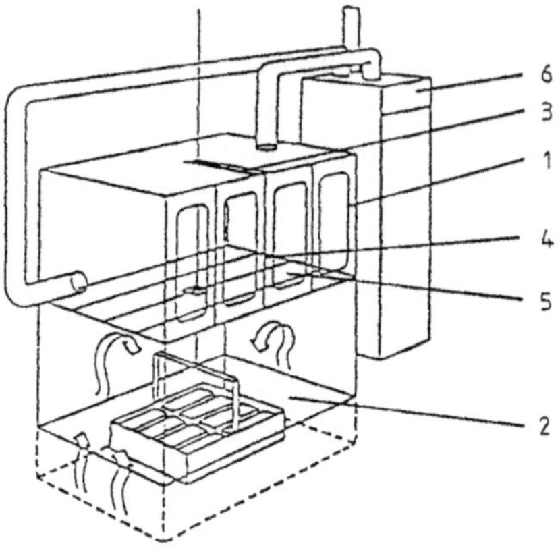

Abb. 6.33 Gekapselte Entfettungsanlage mit Beschickungsschleuse und Filtersystem [59]

Halogenhaltige Lösemittel Aufgrund der guten Löseeigenschaften für Öle, Fette und Harze wurden in der Reinigung und Entfettung von Metallteilen seit Jahrzehnten organische halogenhaltige Lösemittel benutzt. Da halogenhaltige Lösemittel stark gesundheitsgefährdend sind und in der Umwelt nur gering abgebaut werden, ging der Verbrauch in den letzten Jahren stark zurück und der Einsatz wurde in vielen Ländern verboten. Dennoch werden in einigen Ländern legal und teilweise illegal die folgenden Chlorkohlenwasserstoffe (CKW) eingesetzt:

- Trichlorethen (TRI),
- Tetrachlorethen (PER),
- Dichlormethan.

Halogenfreie organische Lösemittel Die Verminderung des Lösemittelverbrauches und damit auch der lösemittelhaltigen Abfälle lässt sich durch gasdicht gekapselte Entfettungsanlagen mit Beschickungsschleusen, integrierter Lösemittelrückgewinnung und Kreislaufführung erreichen (s. Abb. 6.33).

Die Substitution der halogenhaltigen Lösemittel ist durch den Einsatz von Kaltreinigern (z. B. Benzinkohlenwasserstoffe, halogenfreie Lösemittel) bzw. wässrigen Medien möglich.

Die Benzin-Kohlenwasserstoffe stehen den halogenhaltigen Lösemitteln im Öl- und Fettlösevermögen nicht nach, sind allerdings brennbar. Wegen der Explosions- und Brandgefahren müssen alle Aggregate explosionssicher ausgeführt werden. Alternativ müssen Vorkehrungen getroffen werden, die Temperaturen unter dem Flammpunkt der Kohlenwasserstoffe zu halten.

Die Rückgewinnung und Kreislaufführung der Lösemittel ist von zahlreichen Faktoren abhängig. Abb. 6.34 gibt darüber einen Überblick.

Die Abscheidesysteme für die Lösemitteldämpfe können nach folgendem Prinzip aufgebaut sein:

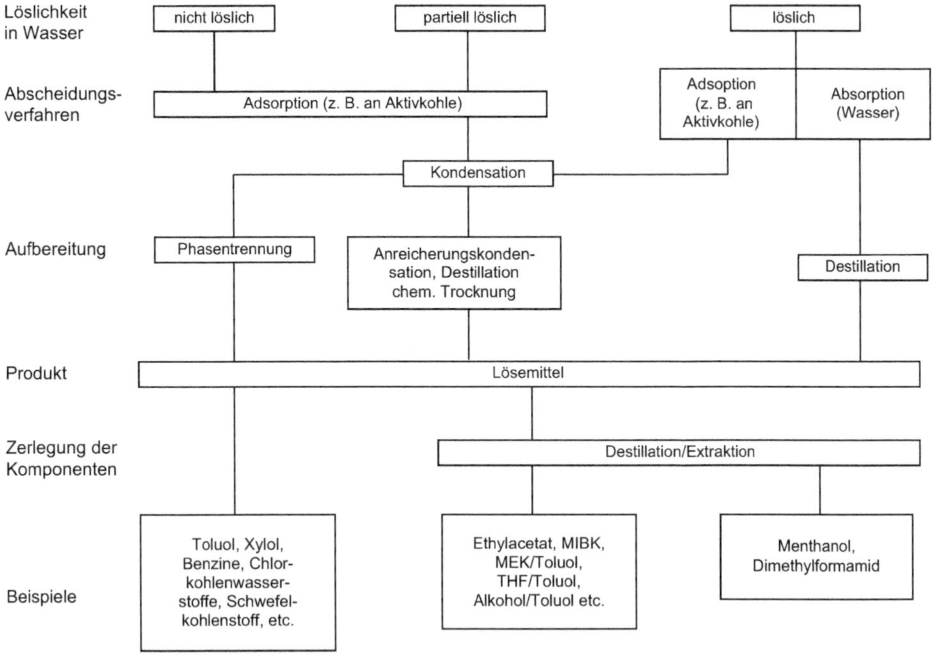

Abb. 6.34 Rückgewinnung von organischen Lösemitteln [73]

- Adsorption an Aktivkohle (Aktivkohlekorn, -partikel, -faser),
- Adsorption an Kieselgel, Aluminiumoxid und Molekularsieben,
- Adsorption an Polymerpartikeln und Adsorberharzen,
- physikalische Absorption,
- Kondensation,
- Membranverfahren.

Am häufigsten sind Adsorptionsverfahren an Aktivkohle sowie die Kondensation anzutreffen.

Die Adsorptionsverfahren erfordern eine Desorption der Lösemittel. Hierbei finden folgende Verfahren Anwendung:

- Wasserdampfdesorption,
- Vakuumdesorption,
- Inertgasdesorption.

Wird mit Dampf desorbiert, bieten sich zur Rückgewinnung der Lösemittel verschiedene Verfahren an:

- Destillation (Blasendestillation bei Normaldruck oder im Vakuum),
- Vakuumdestillation mit direkter Brüdenverdichtung,
- Rektifikation im Dünnschichtverdampfer,
- periodische Rektifikation.

Wässrige Reiniger Die Substitution von Kohlenwasserstoffen durch wässrige Systeme ist in aller Regel mit einer Anlagenumstellung, in einigen Fällen sogar mit einer völligen Neukonzeption verbunden. Außerdem muss der Reiniger entsprechend der Verschmutzungsart sowie des Grundwerkstoffes ausgewählt werden. Wässrige „Allround-Reiniger" für alle Entfettungsaufgaben sind im Gegensatz zu Kohlenwasserstoffreinigern nicht verfügbar.

Die wässrigen Reinigungssysteme sind im Wesentlichen aus Wasser, Tensiden und Buildern (z. B. Phosphate, Silikate, schwache organische Komplexbildner) zusammengesetzt. Dabei erreicht man durch eine mechanische Unterstützung wie z. B. Bürsten, durch Ultraschall oder Elektrolyse sowie die Erzeugung von starken Strömungen in Tauchbädern oder durch Spritzverfahren eine Verbesserung der Reinigungswirkung [59]. Die Reinigungsergebnisse sind bei spezifischer Auswahl geeigneter wässriger Systeme in vielen Fällen besser als nach der Entfettung mit Kohlenwasserstoffen.

Folgen weitere Behandlungsschritte in wässrigen Medien (z. B. Anodisieren, Galvanisieren), so ist ein Nass-in-Nass-Arbeiten mit Zwischenspülschritten angeraten. Bei stark differenzierten und hochstrukturierten Oberflächen (z. B. Kleinstteile als Stückgut, bestückte Leiterplatten) wird allerdings die Trocknung sehr problematisch. Zudem werden in der Elektronikindustrie sehr hohe Reinheitsansprüche gestellt, so dass nur hochspezialisierte wässrige Reiniger zur Substitution der halogenhaltigen Lösemittel herangezogen werden können.

Die Inhaltsstoffe unbelasteter wässriger Reiniger sind im Allgemeinen umweltverträglich. Es werden weitgehend biologisch abbaubare Tensidkombinationen eingesetzt (Tab. 6.8).

Die Verschmutzung (Öle, Schwermetalle etc.) kann durch geeignete Maßnahmen der Wasserbehandlung (Emulsionsspaltung, Ultrafiltration, Umkehrosmose, Flotation oder Aktivkohlefilter) aus der verbrauchten Waschflotte entfernt werden. Zudem lässt sich eine Standzeitverlängerung der Bäder durch eine getrennte Behandlung von Reinigungslösung und Spülwasser erzielen. Eingeschleppte freie Öle und Fette können durch Ölabscheider, Separatoren, Dekanter, Filter oder Membranverfahren aus den nicht verbrauchten wässrigen Reinigern mechanisch entfernt werden.

Schwierigkeiten bei der Umstellung auf wässrige Reinigungssysteme ergeben sich durch die erhöhte Korrosivität des Wassers sowie die erhöhten Trocknungszeiten.

Oberflächenbehandlung durch Konversionsverfahren

Die Oberflächenkonversion ist ein Verfahren zur Oberflächenbehandlung von Metallen. Sie wird insbesondere zur Vorbehandlung von Metallen zur Verbesserung des Korrosionsschutzes und der Lackhaftung vor der Lackierung eingesetzt. Dabei werden nach Reinigen

Tab. 6.8 Vor- und Nachteile verschiedener Reinigungsmittelgruppen [59]

Reinigungsmittel	Vorteile	Nachteile
Wässrige Systeme	Keine Abluftreinigung erforderlich	Wasserverbrauch
	Keine Brand- und Explosionsgefahren	Wasserverschmutzung durch Emulsionsbildung, daher
	Einfache Anlagentechnologie	Aufwendige Abwasseraufbereitung nötig
	Wasserbenetzbarkeit der Teile bei anschließender Weiterverarbeitung in wässrigen Medien	Energieaufwendige Trocknung
	Fleckenfreie Reinigung sehr aufwendig	Hoher Chemikalienverbrauch
		Kapillartrocknung mangelhaft
		Rostgefahr, Lackhaftungsprobleme (Korrosionsnester)
Kaltreiniger	Gute Löslichkeit für alle unpolaren Stoffe	Brand- und Explosionsgefahr
	Energiesparend wegen niedriger Temperaturen	Grundwasserverschmutzung möglich
	Keine Schwermetallkomplexbildung	Rückgewinnung durch Destillation wegen Zusatz von Kriechverbessern kaum möglich
	Keine Emulsionen im Abwasser	Aerosolnebelbildung möglich
	Niedrige Anlagenkosten	

und Beizen gut haftende dünne Schichten ausgebildet, die mittels Behandlungslösungen aus bzw. auf dem Grundmaterial erzeugt werden und dem Korrosionsschutz dienen. Die Konversionsverfahren folgen im Prinzip einem vergleichbaren Prozessablauf. Oberflächenkonversionsanlagen werden in erster Linie im Bereich der Stahlblecherzeugung und -veredelung, der Automobil- und Zulieferindustrie, der eisen-, blech- und metallverarbeitenden Industrie, des Maschinenbaus sowie der Elektrotechnik betrieben. Weitere Anwendungsgebiete sind die spanlose Formgebung, der Stahlrohr- und Drahtzug sowie der Einsatz zur Verbesserung der Gleiteigenschaften bewegter Maschinenteile [109].

In Abb. 6.35 werden die Konversionsverfahren schematisch vorgestellt und den Ort des Anfalls von Abwasser und Schlamm in Konversionsprozessen. Die hier dargestellten Verfahrensschritte sind beim Phosphatieren von Metallen allgemein üblich. Allerdings müssen nicht immer alle Schritte angewendet werden, ebenso können einzelne Verfahrensschritte mehrfach erforderlich sein. So ist etwa bei der Eisenphosphatierung ein Aktivieren nicht erforderlich, und häufig findet eine kombinierte Entfettung/Phosphatierung statt [109].

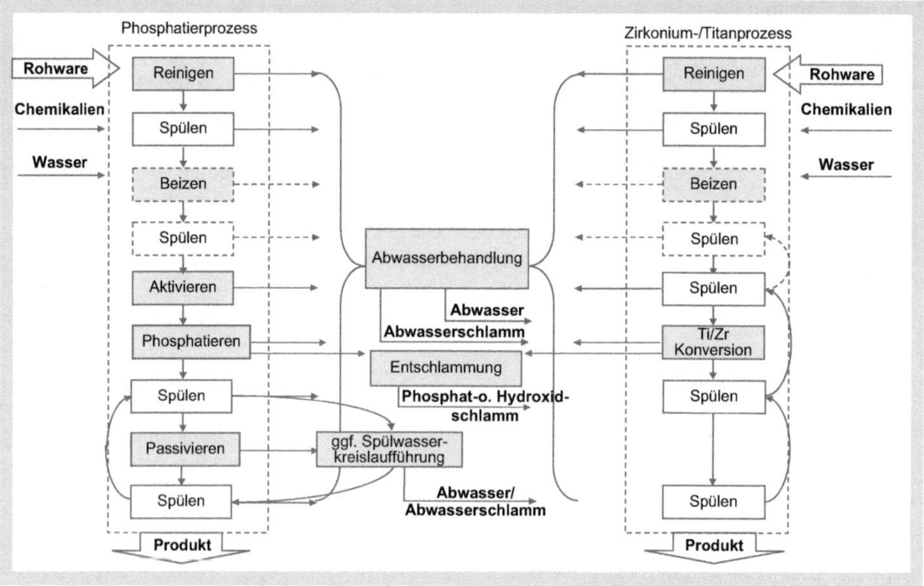

Abb. 6.35 Abwasser- und Schlammanfall in Konversionsprozessen [109]

Die Zinkphosphatierung ist ein schichtbildendes Verfahren, bei den Schichtdicken von 2 bis 25 µm ausgebildet werden. Das für den Schichtaufbau nötige Kation (Zink) ist in der Phosphatierlösung enthalten. Das Grundmaterial wird angelöst und kann am Schichtaufbau beteiligt sein (Fe, Zn). Die Phosphorsäure in der Phosphatierlösung und der relative niedrige pH-Wert von ca. 3 führen zu einem deutlichen Beizangriff des Grundmaterials. Durch die Zugabe von weiteren Kationen (wie z. B. Nickel) können die Eigenschaften der Konversionsschicht beeinflusst werden. So stehen bei der Zinkphosphatierung vielfältige Verfahrensversionen zur Verfügung, die auf die Anforderungen zugeschnitten sind. Das am häufigsten angewandte Verfahren ist das Tri-Kation-Verfahren auf Basis Zink-Nickel-Mangan. Die Zinkphosphatierung verlangt einen deutlich höheren Anlagen- und Verfahrensaufwand als die Eisenphosphatierung. Sie gewährleistet aber auch den höchsten Korrosionsschutz.

Im Unterschied zur Zinkphosphatierung zählt die Eisenphosphatierung zu den nicht schichtbildenden Verfahren. Es werden Schichten von < 1 µm ausgebildet. Die Hauptbestandteile der Eisenphosphatierbäder sind Alkali- oder Ammoniumdihydrogenphosphate. Das Kation (Eisen) für die sehr dünne Schicht wird aus dem Metall geliefert. Auch hier kann die Schicht über weitere Kationen beeinflusst werden. Auch in der Eisenphosphatierung werden Beschleuniger eingesetzt. Prinzipiell können alle Beschleuniger der Zinkphosphatierung verwendet werden. Hauptsächlich werden aber Molybdat, Nitrobenzolsulfonat und Hydroxylamin verwendet. Der leicht saure pH-Wert von 4 bis 6 führt zu einer geringen Beizreaktion. Die frei werdenden Fe^{2+}-Ionen reagieren mit dem Phosphat unter Bildung von schwer löslichem Eisenphosphat, das sich auf der Metalloberfläche abscheidet.

Bei der Eisenphosphatierung können Reinigung und Oberflächenumwandlung (Konversion) im gleichen Behandlungsbad durchgeführt werden. Deshalb enthalten die meisten Produkte auch Tenside und verschiedene Komplexbildner. Bei stark verschmutzten Teilen sollte eine separate alkalische Reinigung vorgeschaltet werden.

Die röntgenamorphen Überzüge auf Eisen- und Stahloberflächen, die mit den Eisenphosphatierverfahren erzeugt werden, bieten einen guten Haftgrund für nachfolgend aufgebrachte organische Überzüge. Um auch auf verzinkten und Aluminiumoberflächen die Lackhaftung gegenüber einer ausschließlichen Reinigung zu verbessern, sind fluoridhaltige Zusätze verfügbar. Somit können Eisenphosphatierverfahren zur Haftverbesserung bei allen gängigen Metalloberflächen angewendet werden.

Für das Spülen nach der Eisenphosphatierung gelten in der Regel die gleichen Anforderungen wie nach der Zinkphosphatierung, jedoch reicht hier meistens eine Leitfähigkeit im Abtropfwasser von 50 μS/cm. Eine Aktivierung und Passivierung sind hier unüblich. Der Schlammanfall bei einer Eisenphosphatierung ist deutlich geringer als bei einer Zinkphosphatierung. Ein diskontinuierlicher Badverwurf ist üblich. Um die Standzeit zu verlängern, wird vor allem bei großen Bädern diskontinuierlich oder kontinuierlich entschlammt [109].

Parallel zu den klassischen Phosphatierverfahren ersetzen zunehmend Zirkonium-/ Titan-basierte Prozesse die bisherigen Konversionsverfahren. Eine typische Prozessfolge ist ebenfalls in Abb. 6.35 dargestellt. Bei diesem Verfahren bilden sich komplexe Misch(hydr)oxide auf Basis Zirkonium und/oder Titan und Metallen aus dem Substrat (Fe, Zn, Al) sowie Fluorid, die auf der Oberfläche haften. Die Kationen kommen hier wieder vorwiegend aus der Lösung. Die Schichtdicke liegt weit unter 1 μm. Der pH-Wert bei diesen Verfahren liegt im Bereich 4 bis 5. Der Beizangriff des Grundmaterials erfolgt hauptsächlich über die im Verfahren eingesetzten Fluoride ist aber sehr gering. Stattdessen lagern sich amorphe Zirkonium-/Titanoxide auf der Oberfläche ab, deren Schichteigenschaften noch weiter über weitere Kationen, organische Bestandteile und Nanopartikel beeinflussbar sind. Die Korrosionsschutzeigenschaften sind deutlich besser als bei einer Eisenphosphatierung. Für den Einsatz anstelle der Zinkphosphatierung müssen die genauen Spezifikationen/Qualitäten überprüft werden [109].

Aufkommen an Schlämmen Die anfallenden Schlammmengen sind abhängig vom jeweiligen Konversionsverfahren, den behandelten Substraten und den vor- bzw. nachgeschalteten Behandlungsstufen.

Bei der Phosphatierung von Stahlblech werden im Schnitt 4 g Phosphatschlamm (100 % Trockensubstanz) pro m^2 Blechoberfläche gebildet. Der Anfall an Neutralisationsschlamm aus diesen Anlagen liegt bei zusätzlich etwa 1 g Trockensubstanz pro m^2 behandelter Oberfläche, sodass bei der Zinkphosphatierung von Stahloberflächen mit einer Rückstandsmenge von etwa 5 g Trockensubstanz/m^2 (entsprechen 10 g Nassschlamm/m^2) zu rechnen ist. Bei Niedrig-Nickel und nickelfreien Verfahren kann der Anfall an Neutralisationsschlamm geringer sein.

Bei der Phosphatierung von verzinkten Oberflächen fällt im Phosphatierbad selbst fast kein Rückstand an. Bei der Abwasserneutralisation entstehen etwa 4 bis 5 g Nassschlamm/m^2 behandelter Oberfläche.

Bei der Eisenphosphatierung ist mit einem Neutralisationsrückstand (Nassschlamm) von etwa 1 bis 2 g/m^2 behandelter Oberfläche zu rechnen.

Bei den neuen Zirkonium-/Titan-basierten Prozessen beträgt der Schlammanfall lediglich etwa 0,04 bis 0,2 g pro m^2 Blechoberfläche, was etwa 1 bis 10 % der Menge des Schlammanfalles eines Zinkphosphatverfahrens entspricht. Dadurch kann in vielen Fällen eine kontinuierliche Entschlammung entfallen, oder es kann auf einfachere Verfahren zurückgegriffen werden. Der anfallende Schlamm kann durch Verunreinigungen noch etwas Phosphat enthalten [109].

Neben der Minimierung des Schlammanfalles gibt es die bekannten Möglichkeiten, die Metalle (pyrometallurgisch und nasschemisch) zu verwerten.

Vermeidung und Verwertung von Abfällen aus Lackieranlagen

Die Lackierung von Gegenständen dient dem Schutz vor Korrosion, UV-Strahlung, Fäulnis oder mechanischen Beanspruchungen. Beim Lackiervorgang entstehen Emissionen in die Abluft und das Abwasser. In Lackieranlagen fallen zudem die folgenden gefährlichen Abfälle an:

- verunreinigte organische Lösemittel und -gemische,
- Farb- und Lackschlämme,
- Lackierereiabfälle,
- Altlacke,
- Leeremballagen mit schädlichen Restinhalten.

Der charakterisierende Abfallstoff aus Lackieranlagen ist der Lackschlamm. Im Jahr 1987 wurden laut Berechnungen des Umweltbundesamtes 145.075 Mg Lack- und Farbschlämme erfasst [97].

Ursachen der Entstehung von Lackschlämmen Wird Lack mit Hilfe eines Spritzverfahrens auf das Werkstück aufgetragen, trifft der Lack das Werkstück nur zum Teil. Je nach Art des Verfahrens und des Werkstückes verfehlt beispielsweise die Hälfte der eingesetzten Lackfestkörper ihr Ziel. Bei der Lackierung von Gittern oder ähnlicher Strukturen ist der Anteil des fehlverspritzten Lackes (Overspray) bedeutend höher. Das Verhältnis der eingesetzten Lackfestkörper zu der Menge an Lackfestkörpern, die auf dem zu lackierenden Gegenstand abgeschieden werden, definiert den Wirkungsgrad eines Lackierverfahrens. Das im Lack befindliche Lösemittel verdunstet annähernd vollständig.

Der Overspray wird aus Arbeitsschutzgründen mittels Wäscher oder ähnlicher Einrichtungen aus der Kabinenluft entfernt. Dem Waschwasser wird Koagulierungsmittel, das den Lack entkleben soll, zugegeben. Dadurch werden die nachfolgenden Aggregate der Auswaschflotte vor einer Beaufschlagung mit Lack geschützt.

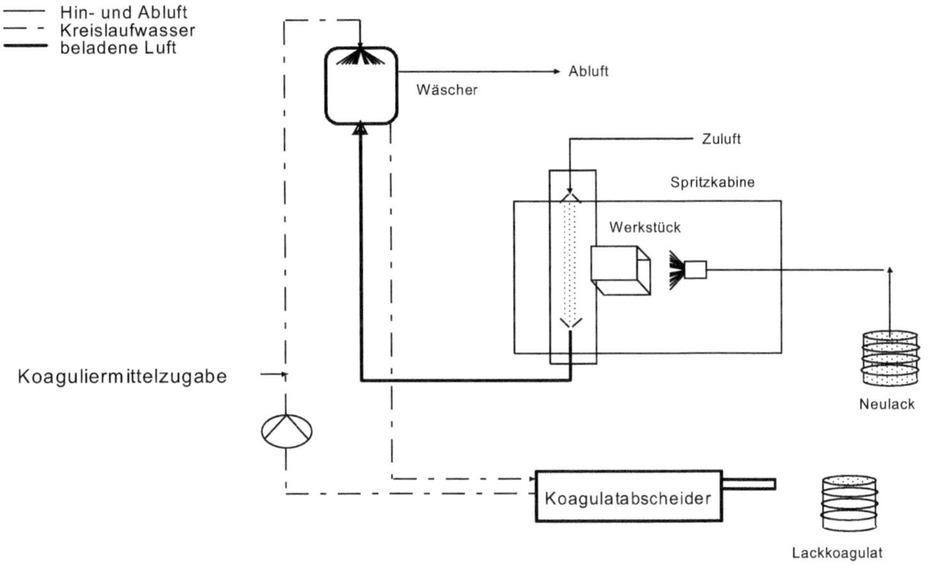

Abb. 6.36 Nassauswaschung [71]

Aus dem Overspray entsteht damit das Lackkoagulat, das, je nach verwendetem Koagulierungsmittel, gegenüber den Festkörpern des Originallackes physikalisch oder chemisch verändert ist. Aus dem Wasser entfernt und entwässert entsteht aus dem Koagulat der Lackschlamm, der üblicherweise auf einen Wassergehalt von 60 bis 65 % entwässert und entsorgt wird. Der Lackschlamm in einer Sonderabfallverbrennungsanlage (SAV) verbrannt.

Abbildung 6.36 zeigt den Schnitt durch eine Lackierkabine mit Nassauswaschung des Oversprays.

Die oben beschriebene Verfahrensdarstellung vermittelt alle wesentlichen Ansatzpunkte zur Verminderung der Lackschlammmenge. Dies sind demnach (Abb. 6.37):

- das Lackierverfahren,
- die Art der Erfassung und Entfernung des Oversprays aus der Kabine,
- das Lösemittel im Lack,
- die Art des Koagulierungsmittels.

Verbesserung des Auftragswirkungsgrades Die Verbesserung des Auftragswirkungsgrades stellt eine Vermeidung von Overspray und damit von Lackschlamm dar. Neben der herkömmlichen Druckluftapplikation existiert eine Vielzahl hochentwickelter Applikationsverfahren, die sich durch verbesserte Auftragswirkungsgrade auszeichnen. Diese hochwertigen Verfahren lassen sich jedoch nicht für jeden Anwendungszweck gleichermaßen

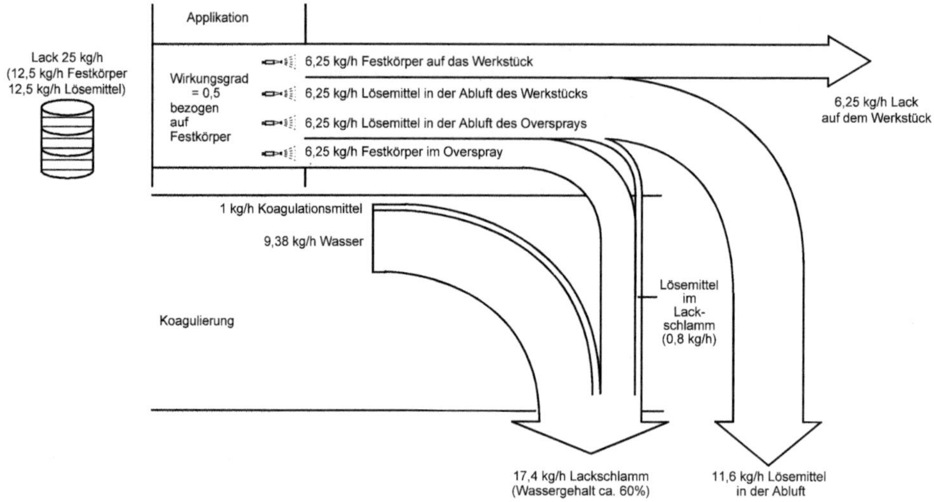

Abb. 6.37 Mengenbilanz Lackierverfahren [86]

Tab. 6.9 Applikationswirkungsgrade der wichtigsten Applikationsverfahren [87]

Verfahren	Wirkungsgrad (%)
Druckluftspritzen	20–50
Airless-Spritzen	40–70
Elektrostatisches Spritzen	60–70
Niederdruck-Heißspritzen	60–75
Elektrostatisches Sprühen	80–85
Tauchen	> 90
Pulverlackieren	> 98
Streichen, Walzen	> 90

einsetzen. Beispielsweise können Werkstücke in Form Faraday'scher Käfige nicht elektrostatisch unterstützt lackiert werden. Tabelle 6.9 stellt die Applikationswirkungsgrade der wichtigsten Applikationsverfahren zusammen [98].

Zur Abfallvermeidung sollte der Verbesserung des Applikationswirkungs-grades Priorität eingeräumt werden. In der Regel ist eine deutliche Wirkungsgradverbesserung immer mit einem wirtschaftlichen Vorteil verbunden, da die Kosten des Overspray über den reinen Entsorgungskosten liegen. Dabei schlägt besonders der Einkauf des fehlverspritzten Lackes zu Buche. Hinzu kommen Kosten für das innerbetriebliche Handling des Lackschlammes.

Erfassung und Rückgewinnung des Overspray Der Overspray kann mit einer Einrichtung, die hinter dem Werkstück angebracht ist, teilweise aufgefangen werden. Der aufgefangene Overspray wird mit Lösemitteln neu eingestellt und kann mit dem Originallack verschnit-

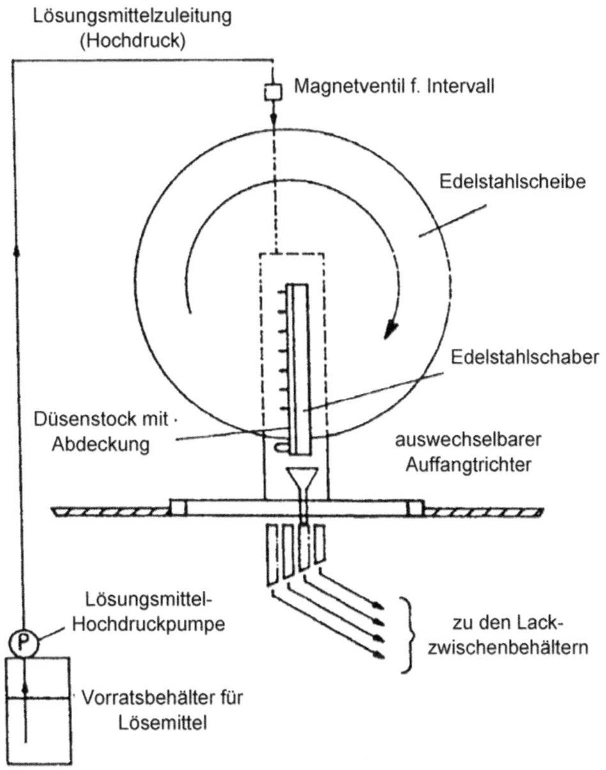

Abb. 6.38 Rückgewinnungsscheibe für den Lackoverspray [71]

ten werden. Zur Rückgewinnung stehen Scheiben oder Bänder zur Verfügung. Bei der Rückgewinnungsscheibe streift ein Edelstahlschaber den abgeschiedenen Overspray von einer umlaufenden Scheibe in einen Vorlagebehälter, in der die Wiedereinstellung auf Verarbeitungsviskosität durchgeführt wird. Aufgrund eventuell entstehender zusätzlicher Lösemittelemissionen muss bei diesem Verfahren beachtet werden, dass mit möglichst wenig zusätzlichen Lösemittelmengen zum Feuchthalten der Auffangscheibe gearbeitet wird. Die dabei eingesetzte Lösemittelmenge sollte nur so groß sein, wie die Menge Lösemittel, die durch die Rückführung des Lackes zurückgewonnen wird. Die Frage der Lösemittelbilanz stellt sich bei Wasserlacken nicht mehr.

Bei hoher Farbwechselgeschwindigkeit ist dieses Verfahren nur bedingt geeignet. Der Einsatz bei 2-Komponentenlacken ist nicht möglich. Abb. 6.38 zeigt den grundsätzlichen Aufbau einer Rückgewinnungsscheibe für den Overspray [37].

Eine weitere Möglichkeit zur direkten Rückgewinnung von Overspray ist seit kurzem verfügbar. Werden Lacke auf Wasserbasis appliziert, kann der Overspray auch dann zurückgewonnen werden, wenn er schon ausgewaschen wurde und im Klärsee suspendiert ist. Bedingung ist, dass keine Koagulierungsmittel eingesetzt wurden. Dazu werden Verfahren angeboten, die den Lack aus dem Klärsee über *Ultrafiltrationsanlagen* oder über Elektrophorese aufkonzentrieren und nach einem Verschneiden mit Originallack wieder

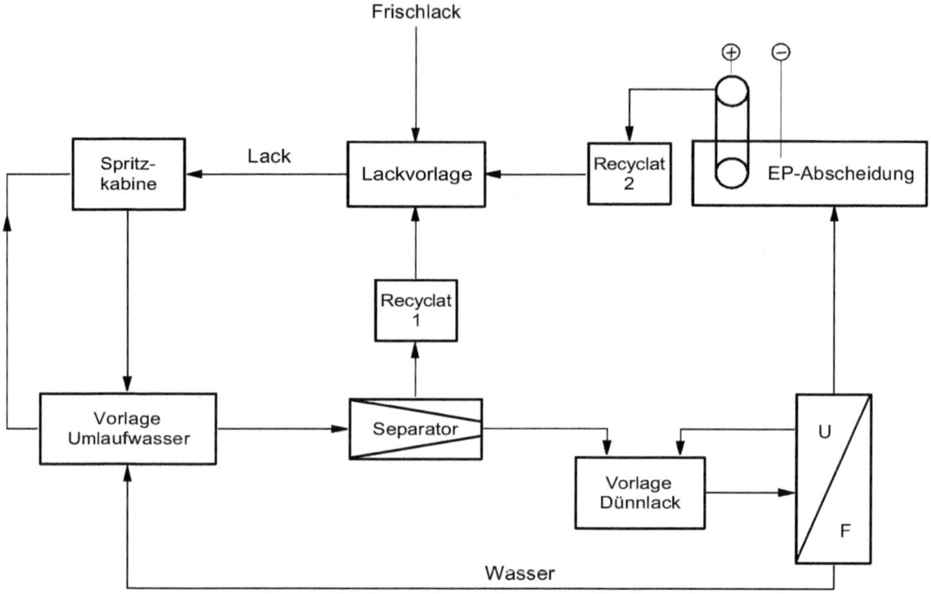

Abb. 6.39 Beispiel für internes Wasserlackrecycling [12]

der Applikation zuführen (s. Abb. 6.39). Mit diesem internen Recyclingverfahren können nur ultrafiltrierbare, wasserverdünnbare 1-Komponentenlacke aus dem Waschwasser zurückgewonnen werden. Voraussetzung ist, dass nur ein Lacksystem eingesetzt wird, auf das die Rückgewinnungseinrichtungen angepasst werden.

Beim Verfahren der *Pulverlackierung* werden Lacke ohne Lösemittel eingesetzt. Dabei werden duroplastische Pulver elektrostatisch auf die zu lackierenden Werkstücke aufgetragen und anschließend bei 140 bis 220 °C eingebrannt. Beim Einbrennen der Lackpartikel vernetzen diese und bilden eine homogene und hochwertige Oberfläche. Der bei der Applikation entstehende Overspray kann über einfache Aggregate, etwa Zyklone oder Filter, fast vollständig zurückgewonnen und der Applikationseinrichtung zugeführt werden. Damit steht ein reststoffarmes Applikationsverfahren zur Verfügung, dessen Anwendungsgebiet jedoch auf hitzebeständige und leitende Werkstücke begrenzt ist. Hinzu kommt, dass ein Einsatz der Pulverlackierung in der Automobilindustrie als einem der größten Lackschlammproduzenten wegen mangelnder optischer Oberflächengüte nicht möglich ist. Dagegen findet dieses Verfahrens verbreitet bei der Lackierung sogenannter „Weißer Ware", in der Bauindustrie und bei der Maschinenlackierung Anwendung (Abb. 6.40).

Verwertung des Lackschlammes Wird der Overspray durch das Auswaschen und die zugegebenen Koaguliermittel entklebt, entsteht Lackkoagulat und nach dessen Entwässerung Lackschlamm. Dieser kann stofflich recycelt werden, indem die Grundstoffe zur Lackherstellung wie Bindemittelkonzentrate oder Pigmentkonzentrate zurückgewonnen werden. In Einzelfällen ist auch die Wiederaufbereitung zu komplettem Recyclinglack möglich.

Abb. 6.40 Schema des Pulverlackierverfahrens [88]

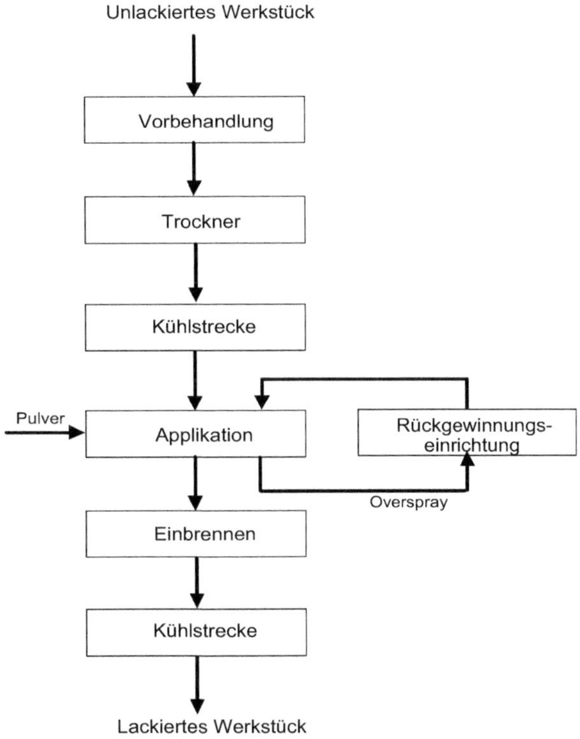

Die Wahl des Koagulierungsmittels entscheidet mit darüber, ob der Lackschlamm an einen Verwerter weitergegeben werden kann. Wird die Lackstruktur, vor allem die Bindemittel des Lackes, durch hochalkalische oder saure Koagulierungsmittel zerstört, ist der Lackschlamm nicht mehr zu recyceln.

Diese Gefahr besteht nicht bei Einsatz neutraler, physikalisch wirkender Koagulierungsmittel. Werden die verschiedenen Lackschlammqualitäten getrennt erfasst und andere Abfälle ferngehalten, ist eine externe Aufarbeitung möglich. Abbildung 6.41 zeigt die Aufbereitung von Lackschlamm nach dem Envilack-Verfahren.

6.3.2.2 Innerbetriebliche Verwertung von Sonderabfällen

Die innerbetriebliche Verwertung trägt erheblich zur Verminderung von Sonderabfällen bei. In den Kapiteln 4.5 und 6.3.2.1 wurden bereits einige Verfahren der innerbetrieblichen Verwertung behandelt, z. B. für Galvanikabfälle oder für Abfälle aus Lackieranlagen. Im Folgenden werden weitere innerbetriebliche Verwertungsverfahren aufgeführt:

Filterstäube aus der Stahlindustrie Die in den Stahlwerken hauptsächlich in Schlauchfiltern anfallenden Stäube enthalten eine Reihe von Bestandteilen, die bei den im Elektroofen herrschenden Bedingungen flüchtig sind, z. B. Halogenide, Alkalien, Schwefelverbindun-

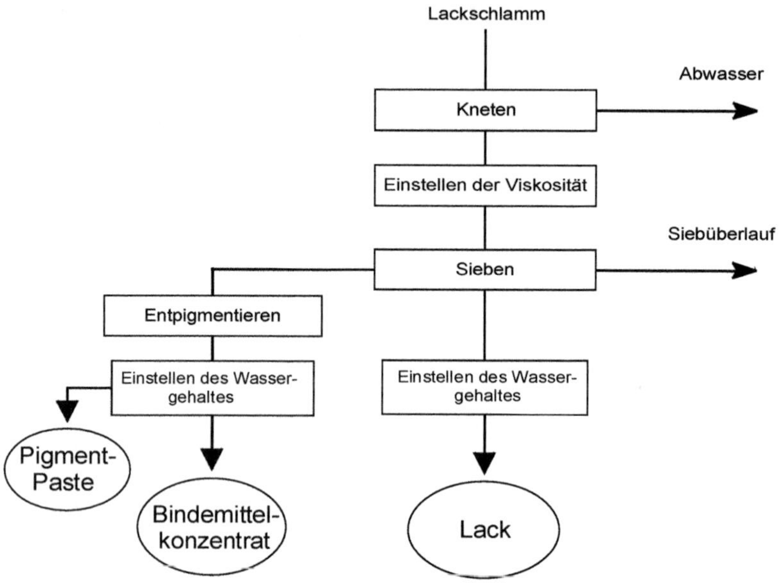

Abb. 6.41 Verfahrensschema zur Aufarbeitung von Lackschlamm nach dem Envilack-Verfahren [90]

Tab. 6.10 Durchschnittliche Zusammensetzung von den Stahlwerksstäuben [63]

Element	Gehalt (Gew.-%)	Stoff	Gehalt (Gew.-%)
Zn	20–30	FeO	26–30
Pb	2–4	MnO	4–5
Cu	0,2–0,8	CaO	5–12
Sn	0,04–0,1	MgO	1,2–4,5
Cd	0,04–0,06	BaO	0,01
S_{ges}	0,6–1,2	Al_2O_3	0,4–0,8
Cl	1–2	SiO_2	1,5–6,0
F	0,1–0,3	Na_2O	0,5–2,0
C	0,2–0,6	K_2O	0,8–2,5

gen, daneben Zink und Blei. Eine Durchschnittsanalyse von Stahlwerksstäuben zeigt die Tab. 6.10.

Zur Verwertung der Filterstäube stehen vier Verfahren zur Verfügung, die eine Anreicherung der Zn- und Pb-Anteile im Filterstaub mit anschließendem Einsatz im Imperial-Melting-Schachtofen der Nichteisen-Metallhüttenindustrie sowie den Wiedereinsatz der Schlacken im Produktionsprozess ermöglichen [62–66]:

- Scandust-Reduktionsverfahren (großtechnische Anlage),
- Wälzverfahren (großtechnisch erprobt),

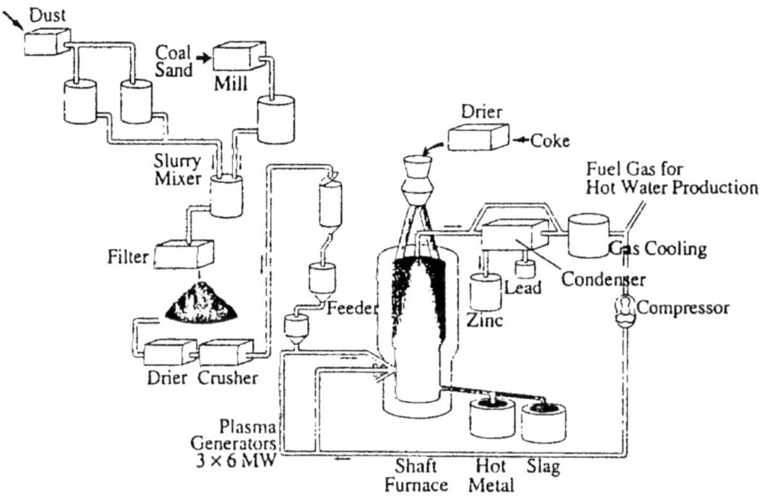

Abb. 6.42 Scandust-Verfahren [62]

- Inmetco-Direktreduktionsverfahren (großtechnisch erforscht),
- Reduktion im Gegenlaufofen (großtechnisch erforscht).

Bei dem *Scandust-Verfahren* (Abb. 6.42) erfolgt die Reduktion der Metalloxide im Hochfrequenzplasma (Gleichstrom). Zink und Eisen werden bei den Temperaturen von ca. 2500 °C im Plasma (1400 °C in der Schmelze) reduziert. Dabei verdampfen Zink und ein Teil des Eisens, die mit der Abluft ausgetragen werden. Eine angeschlossene Kondensation gewinnt Zink und Eisen in metallischem Zustand. Das restliche Eisen und andere Metalle, wie z. B. Chrom, Nickel und Molybdän, werden als Eisenlegierung am Boden des Reaktionsraumes abgezogen. Zudem fällt noch eine eisenmetallarme Schlacke an. Die Anlage wird mit 3 Plasmageneratoren mit einer elektrischen Leistung von jeweils 6 MW versorgt [62].

Bei *Wälzverfahren* werden Zn- und Pb-haltige Reststoffe in ein Oxid mit hoher Metallkonzentration überführt. Dieses wird in einer nachgeschalteten Brikettieranlage in eine stückige Form gebracht und im Imperial-Smelting-Schachtofen weiter verarbeitet. Die Ausbringungsrate für Zn beträgt über 95 %, für Blei ca. 90 %. Die Schlacken mit Blei- und Zinkgehalten von 0,2 % sind wasserunlöslich und als Straßenbaumaterial geeignet [63]. Das Verfahrensschema ist in Abb. 6.43 dargestellt.

Beim *Inmetco-Direktreduktionsverfahren* (Abb. 6.44) werden die Filterstäube zusammen mit gemahlenem Walzenzunder, Schleifstäuben und feingemahlener Kohle vermischt und zu selbstständig reduzierenden Grünpellets verarbeitet. Die Pellets werden dann in dünner Lage auf den durch Brenner beheizten Inmetco-Drehherd chargiert. Während eines Umlaufs werden die Pellets auf Reduktionstemperatur aufgeheizt und die enthaltenen Oxide durch den eingelagerten Kohlenstoff reduziert. Es entsteht ein Eisenschwamm, in

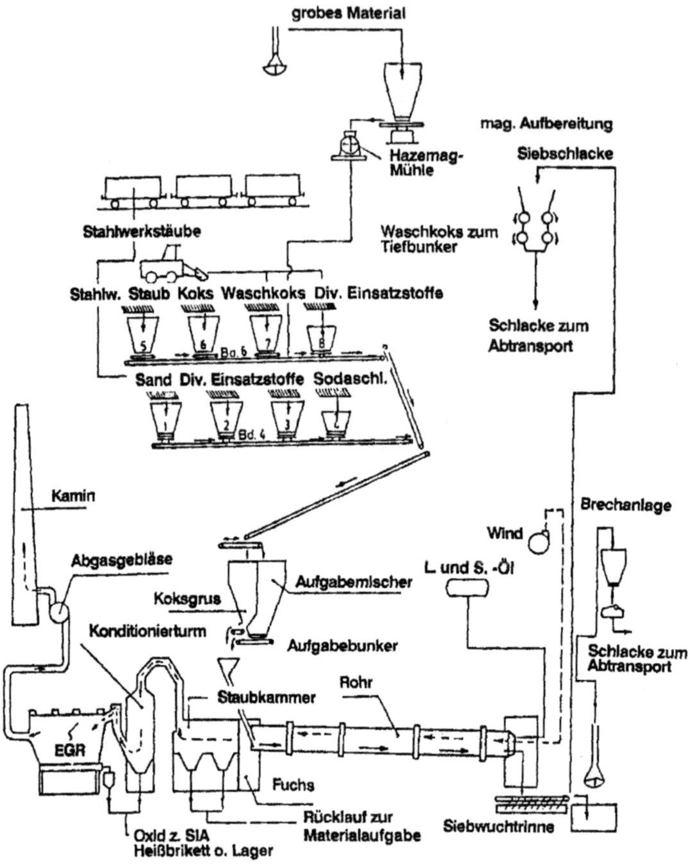

Abb. 6.43 Wälzverfahren [63]

dem Nickel (zu 100 %), Eisenoxid (zu 90 %) und Chromoxid (zu 5 %) metallisiert vorliegen. Der Eisenschwamm mit einem definierten, einstellbaren Kohlenstoffgehalt (1,5–10 %) wird bei ca. 900 °C unter Luftausschluss aus dem Drehherdofen ausgetragen und in einen Elektro-Roheisenschmelzofen chargiert. Die Sekundärstäube aus dem Drehherdofen und Schmelzofen sind mit Zink und Blei angereichert. Sie werden zur Weiterverarbeitung im Imperial-Smelter-Prozess an die Nichteisen-Metallhütten abgegeben [65].

Beim Brennen im *Gegenlaufofen* verbleibt eine Mischung aus Filterstaub (ca. 40 %) und Feinerz (ca. 60 %) 16 Stunden oberhalb von 900 °C. Die Brenntemperatur von 1100 °C führt zu einer keramischen Verfestigung der Presslinge [66]. Das beim Brennen verdampfende Zink und Blei sublimiert im Abgas und reichert sich im Staub als Oxid an.

Gegenüber einem Tunnelofen weist der Gegenlaufofen einen deutlich geringeren Energieverbrauch und nur geringe Wärmeverluste auf (Abb. 6.45).

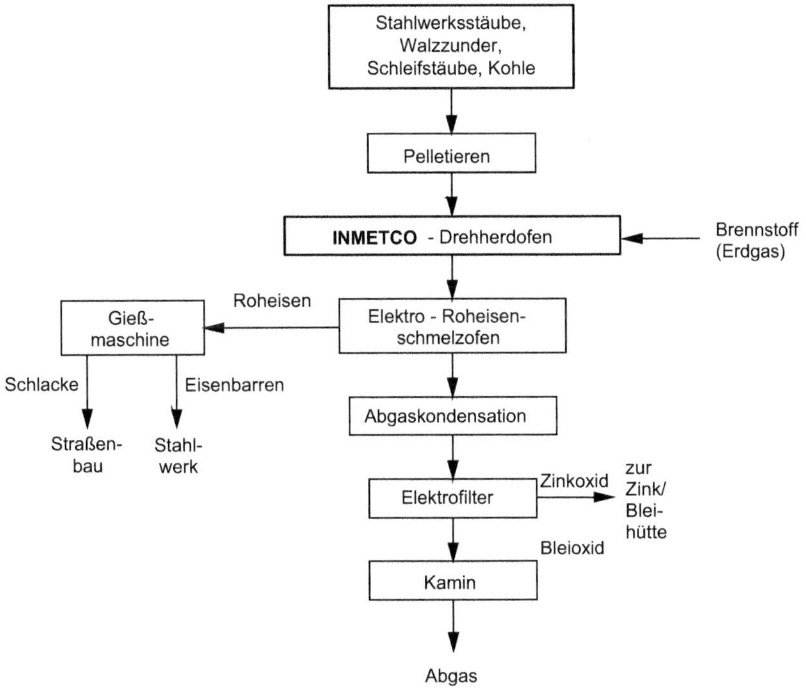

Abb. 6.44 Inmetco-Direktreduktionsverfahren [74]

Säuren und Säuregemische Die Hauptmengen an Abfallsäuren sind Schwefel- und Salzsäure.

Die Eindampfung der Abfallschwefelsäuren aus der Metallbranche verbunden mit einer anschließenden Vorkonzentrierung und/oder Hochkonzentrierung stellen bewährte Verfahren dar. Für die Vor- und/oder Hochkonzentrierung existieren folgende Möglichkeiten [41]:

I. Vorkonzentrierung (60–70 % Schwefelsäure)
   - Venturi-Aufkonzentrierungsverfahren,
   - Tauchbrenner-Verfahren,
   - Umlaufverdampfer-Verfahren.

II. Hochkonzentrierung
   - Pauling-Plinke-Verfahren,
   - Fallfilm-Verdampfer-Verfahren,
   - Bayer-Bertrams-Verfahren,
   - Unterdruckverfahren,
   - Drum-Konzentrator-Verfahren.

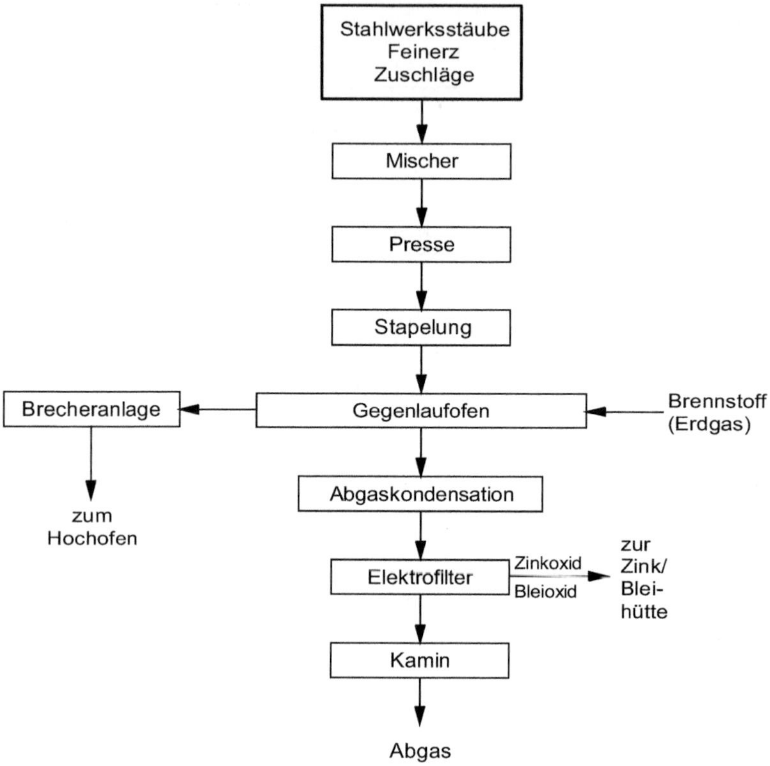

Abb. 6.45 Reduktion im Gegenlaufofen [66]

Gemeinsam ist allen Verfahren, dass die Abfallschwefelsäuren oft mit Unterdruck erwärmt werden und dabei verdampfen. Die Dämpfe werden gekühlt, kondensiert und können anschließend gesammelt werden. Als Reststoff verbleiben Eindampfrückstände. Einen Überblick über Verfahren der Behandlung von Abfallsäuren zeigt Abb. 6.46.

Das Vakuumkristallisationsverfahren, die Flüssig-Flüssig-Extraktion und das Cleanflow-Verfahren stellen Verfahren zur innerbetrieblichen Kreislaufführung (Verwertung und Entfrachtung) dar; die Abfallreduktionen betragen je nach Verfahren zwischen 80 bis 100 %.

Salzsäure aus Großbeizanlagen lässt sich durch thermische Behandlung rückgewinnen. Dabei wird das in der Altsäure enthaltene Eisen(II)-chlorid bei gleichzeitiger Oxidation thermisch gespalten. Dabei entstehen Eisen(III)-Oxid und Salzsäure. Die bekanntesten Verfahren zur Salzsäurerückgewinnung sind das Wirbelschicht- und das Spülrostverfahren.

Halogenfreie Lösemittel und Lösemittelgemische Altlösemittel fallen vor allem bei Reinigungsarbeiten in Lackier- und Beschichtungsanlagen, in Druckereien etc. an. Diese Altlösemittel enthalten z. T. erhebliche Anteile der entfernten Lacke, Harze o. ä., die

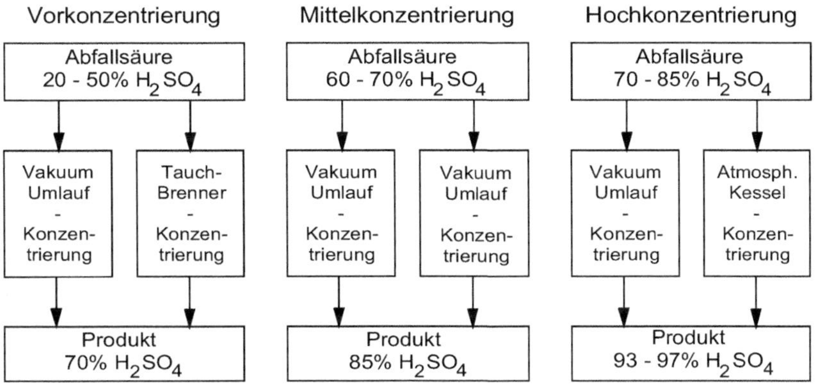

Abb. 6.46 Verfahren zur Behandlung von Abfallsäuren [41]

bei der Aufarbeitung gewisse Probleme verursachen können. Besonders die klebenden Eigenschaften von Lacken standen vielfach einer Aufarbeitung im Wege.

Daneben werden organische Lösemittel in bestimmten Anwendungsgebieten immer noch zur Entfettung eingesetzt. Dies geschieht vorzugsweise in gekapselten Anlagen mit integrierter Abluftreinigung und Rückgewinnung. Dies hat einen

- erheblich geringeren Verbrauch an Lösemitteln,
- deutlich geringere Emissionen in der Abluft,
- stärkere Belastung der Lösemittel durch Kreislaufführung

zur Folge.

Für Altlösemittel ohne klebende Verunreinigungen stehen die folgenden Verfahren zur Verfügung:

- mechanische Rückgewinnung,
- Verdampfung,
- Destillation (Wasserdampf-, Vakuum-, einfache u. mehrfache Destillationen),
- Rektifikation.

Die Verfahren werden häufig in Kombination durchgeführt [59]. Ein Beispiel für eine Rektifikationsanlage zeigt das Abb. 6.47.

Um möglichst hohe Qualitäten bei Redestillaten zu erreichen, sind an die zu verwertenden verunreinigten Lösemittel folgende Mindestanforderungen zu stellen [59]:

- keine Vermischung mit Fremdlösemitteln oder Wasser,
- keine Überbeanspruchung der Medien (erfordert rechtzeitigen Austausch),
- Sicherung der Aufarbeitungsrentabilität durch einen entsprechenden Restlösemittelanteil,
- ordnungsgemäße Zwischenlagerung durch geeignete – ebenfalls nicht mit anderen Medien verunreinigte – Lager- bzw. Transportbehälter.

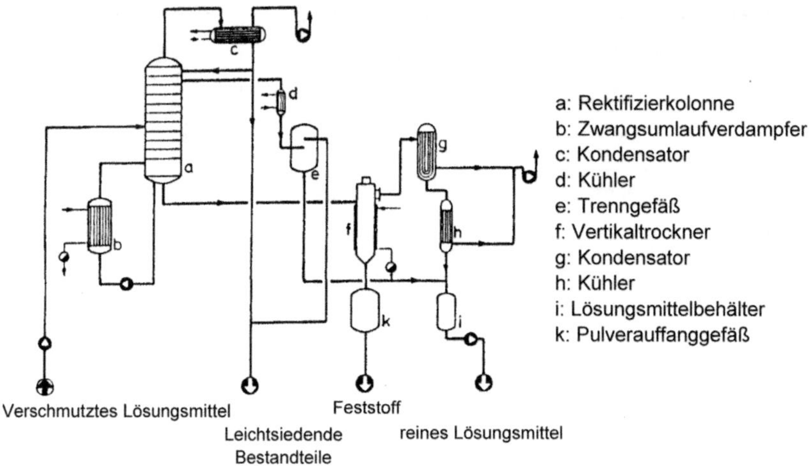

Abb. 6.47 Rektifikationsanlage zur Lösemittelrückgewinnung [72]

Durch interne Altlösemittelaufarbeitung lässt sich je nach Lösemittelart und Grad der Verunreinigung eine Abfallreduktion von bis zu 90 % erreichen.

6.3.3 Auswirkung der Verminderung von Sonderabfällen durch die Industrie

Zwischenzeitlich bieten allerdings schon Lieferanten kleinerer Aufarbeitungsaggregate Verfahren zur Lösemittelrückgewinnung für Altlösemittel mit klebenden Verunreinigungen an. Bei diesen Verfahren werden die mit Lacken verunreinigten Lösemittel in halbdurchlässige Folien gefüllt, die schonend destilliert werden. Der klebende Lack verbleibt in der Folie und kann so die Destillierapparatur nicht verunreinigen.

Nachdem in den vorangegangenen Kapiteln die technischen Möglichkeiten sowie Instrumente zur Durchsetzung der Vermeidung von Sonderabfällen behandelt worden sind, soll nun auf die Umsetzung der Verminderung von Sonderabfällen durch die Industrie eingegangen werden.

Erstmals in der Bundesrepublik wurde 1987 von der Stadt Hamburg die Ingenieurgesellschaft für technischen Umweltschutz Intecus GmbH beauftragt, ein Prognosemodell über die Vermeidung, Substitution, Verwertung und Entfrachtung von Sonderabfällen in unterschiedlichen Wirtschaftszweigen vorzunehmen.

Ziel der Untersuchung war es, ausgehend von den Sonderabfallmengen und -strömen des Jahres 1987, die Sonderabfallmengenentwicklung der nächsten 5 Jahre bei den an der Untersuchung beteiligten Unternehmen zu ermitteln und mit den theoretischen Möglichkeiten zur Abfallverminderung zu vergleichen. Die Untersuchung stellt die erste Studie dieser Art im deutschsprachigen Raum dar. Neu war hierbei der Versuch, die zukünftige

Entwicklung der Sonderabfallmengen von drei Branchen in Zusammenarbeit mit einem Teil der Industriebetriebe auf der Basis der betrieblichen Investitions- und Produktionsplanung bis ins Jahr 1993 zu untersuchen. Bisher wurden die Abfallwirtschaftsplanungen nur auf Prognosen der vergangenen Abfallstatistiken vorgenommen, die die geplanten zukünftigen Reaktionen der betroffenen Industriebetriebe nicht berücksichtigen.

Der steigende Kostendruck bei der Entsorgung von Sonderabfällen in den vergangenen Jahren führt bei den Betrieben jedoch zu dem Bestreben, eine Kostensenkung durch Abfallvermeidung, durch Substitution von besonders gefährlichen Einsatzstoffen, die Entfrachtung der Abfälle von Schadstoffen und durch eine weitergehende betriebsinterne oder externe Verwertung zu erreichen.

Die untersuchten Maßnahmen der Industrie wurden mit einem ermittelten theoretischen Abfallvermeidungs- und -verwertungspotenzial nach dem heutigen Stand der Technik verglichen. Dieser Vergleich bietet weitere Möglichkeiten der politischen Einflussnahme, um angestrebte abfallwirtschaftliche Ziele zu erreichen.

Die weitreichenden Erfahrungen, die im Rahmen kommunaler Abfallwirtschaft bei der Sammlung, Aufbereitung und dem Marketing von Wertstoffen aus Siedlungsabfällen gewonnen wurden, lassen sich nicht ohne weiteres auf industrielle Sonderabfälle übertragen. Die Unterschiede hinsichtlich Vielfalt und stofflicher Zusammensetzung sind gegenüber kommunalen Abfällen wesentlich größer.

6.3.3.1 Vorgehensweise und Untersuchungsgegenstand

In Zusammenarbeit mit dem Amt für Technischen Umweltschutz und der IHK der Hansestadt sollten die Großanfallstellen für Sonderabfälle untersucht und Lösungsmöglichkeiten aufgezeigt werden. Dazu wurden insgesamt 27 Betriebe aus den folgenden fünf Branchen ausgewählt: Hüttenindustrie, Metallbe- und -ver-arbeiter, Mineralölraffination, Chemische Industrie, Nahrungs-, Genuss- und Futtermittelindustrie.

Die erste Phase der Untersuchung umfasste die Analyse der Abfallentsorgungsstruktur (Sonderabfallarten, -mengen und -ströme), der Umweltauswirkungen durch die gegenwärtige Abfallentsorgung und die prinzipiellen/theoretischen Möglichkeiten zur Vermeidung, Verwertung und Entfrachtung von Abfällen.

Die Anzahl der Abfallarten für die Sonderabfallentsorgung des Jahres 1987 betrug 135.

Für 1987 ergab sich eine Menge von 72.664 Mg Sonderabfälle. Davon waren 61 Abfallarten bundesweit nachweispflichtig und als gefährliche Sonderabfälle mit einer Gesamtmenge von 19.702 Mg eingestuft. Dies entspricht einem Anteil von rund 27 % an der gesamten ermittelten Sonderabfallmenge.

In der zweiten Phase wurde für die fünf Industriebranchen die jeweilige Mengenentwicklung bei den Sonderabfällen für den Zeitraum von 1987 bis 1993 unter der Berücksichtigung der Maßnahmengruppen

- Vermeidung,
- Substitution,
- Verwertung,
- Entfrachtung,

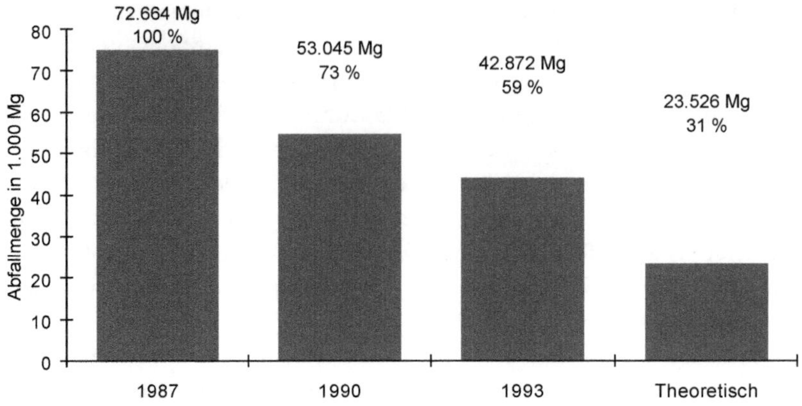

Abb. 6.48 Prognostizierte Sonderabfallmengenentwicklung von 1987 bis 1993 für alle Betriebe in der Untersuchung [108]

die zu einer Veränderung der Sonderabfallmengen führen, untersucht. Die zugrunde liegenden Daten wurden von den an der Untersuchung beteiligten Firmen unter Berücksichtigung ihrer Produktionspläne prognostiziert und zeigen die Entwicklung der Sonderabfallmengen für die nächsten 5 Jahre. Die Auswirkungen der von den Unternehmen beabsichtigten Maßnahmen zur Abfallvermeidung und -verwertung auf die Entwicklung der Sonderabfallmenge werden dargestellt.

Auf der Grundlage der Ergebnisse der Phasen 1 und 2 wurde eine Ermittlung bzw. Bewertung eines theoretischen Abfallvermeidungs- und -verwertungspotenzials durchgeführt.

6.3.3.2 Ergebnisse der Untersuchung zur Verminderung von Sonderabfällen durch die Industrie

Prognostizierte Entwicklung der Sonderabfallmenge in der Stadt Hamburg Aus Abb. 6.48 ist die geplante Abfallmengenentwicklung bei den Sonderabfällen von 1987 bis 1993 zusammenfassend für die fünf Branchen zu entnehmen. Die Menge der Sonderabfälle sollte im Untersuchungszeitraum um 41 % auf 42.872 Mg abnehmen. Die Verringerung der Abfallmenge sollte im Planungszeitraum von 1987 bis 1990 stärker stattfinden als in den folgenden drei Jahren. So sollte die ursprüngliche Sonderabfallmenge 1987 von 72.664 Mg bis 1990 um 14 % auf 53.045 Mg abnehmen, während sie sich darauffolgend um 14 % verringern sollte.

In Abb. 6.48 sind die Maßnahmen zur Verringerung (u. a. Abfallvermeidung, -verwertung, -entfrachtung) bzw. Erhöhung der Abfallmenge (z. B. Produktionsausweitung) berücksichtigt und bis 1990 bzw. 1993, sowie die theoretische Abfallmenge, die auf dem technologischen Stand von 1987 erreichbar gewesen wäre, dargestellt.

Die Unternehmen der drei Industriebranchen planten, ihre Sonderabfallmenge von 1987 bis 1993 um über 40 % zu reduzieren. Als Gründe für diese Verminderungsquote wurden genannt:

- hohe Entsorgungskosten für einzelne Sonderabfälle (z. B. HKW's) und damit verbundener Anreiz für die Einführung abfallarmer Verfahren bzw. Maßnahmen zur Verwertung und Entfrachtung,
- die Wirtschaftlichkeit der Verfahren zur Abfallverminderung,
- behördliche Auflagen, Grenzwerte und genehmigungsrechtliche Gründe (z. B. TA Abfall, BImSchG, § 7 WHG),
- Entsorgungssicherheit durch die Unabhängigkeit von Abfallbehandlungsanlagen und Abfalltransporteuren.

Entwicklung der Entsorgungsstrukturen Abbildung 6.49 zeigt die Entsorgung der 1987 in den untersuchten Betrieben entstandenen Sonderabfälle von 72.664 Mg. Dabei wurde deutlich, dass über 50 % der Sonderabfälle auf die Deponie Schönberg verbracht wurden. Ungefähr ein Drittel der untersuchten Sonderabfälle wurde in Hamburg selbst entsorgt. Um die Unabhängigkeit von der Deponie Schönberg zu erreichen, wurde in den Jahren 1986–1987 die Grundlagenplanung für eine 2. Sonderabfallverbrennungsanlage im Stadtgebiet Hamburg durchgeführt. Mit der Hamburger Untersuchung zur Vermeidung und Verwertung der industriellen Sonderabfälle wurde deutlich, dass auf eine weitere Sonderabfallverbrennungsanlage verzichtet werden kann und trotzdem der Ausstieg aus der Deponie Schönberg möglich ist.

Abbildung 6.50 zeigt die abfallwirtschaftliche Konsequenz aus der Untersuchung zur Mengenentwicklung der Sonderabfälle. Die Sonderabfälle sollten sich gemäß der Planung der Industrie auf 42.872 Mg für 1993 verringern. Wobei durch Substitution sich die Anzahl der Sonderabfallarten von 135 auf 126 Abfallarten verringern sollten. Die Entsorgungswege verschoben sich erheblich durch die Veränderung der Abfallmengen, der Abfallarten und der verstärkten Verwertung und Verbrennung der entstehenden Abfälle. Während 1987 noch über 37.000 Mg/a zur Deponie Schönberg geliefert wurden, lag die Planung für 1995 bei ca. 11.000 Mg/a.

Damit sollte die Abfallentsorgung verstärkt zurück in die Stadt Hamburg verlegt werden.

Theoretische Möglichkeiten zur Verminderung von Sonderabfällen durch die Industrie in der Stadt Hamburg Folgende Bereiche wurden bei der Untersuchung und Beschreibung der Technologien zur Vermeidung, Verminderung und Verwertung der Sonderabfälle berücksichtigt:

- Abgrenzung der Sonderabfälle nach Herkunft, Menge und Gefährlichkeit,
- Darstellung der Technologien zur Vermeidung, Substitution, Verwertung und Entfrachtung,
- Bestimmung der Abfallverminderung durch die jeweilige Technologie,

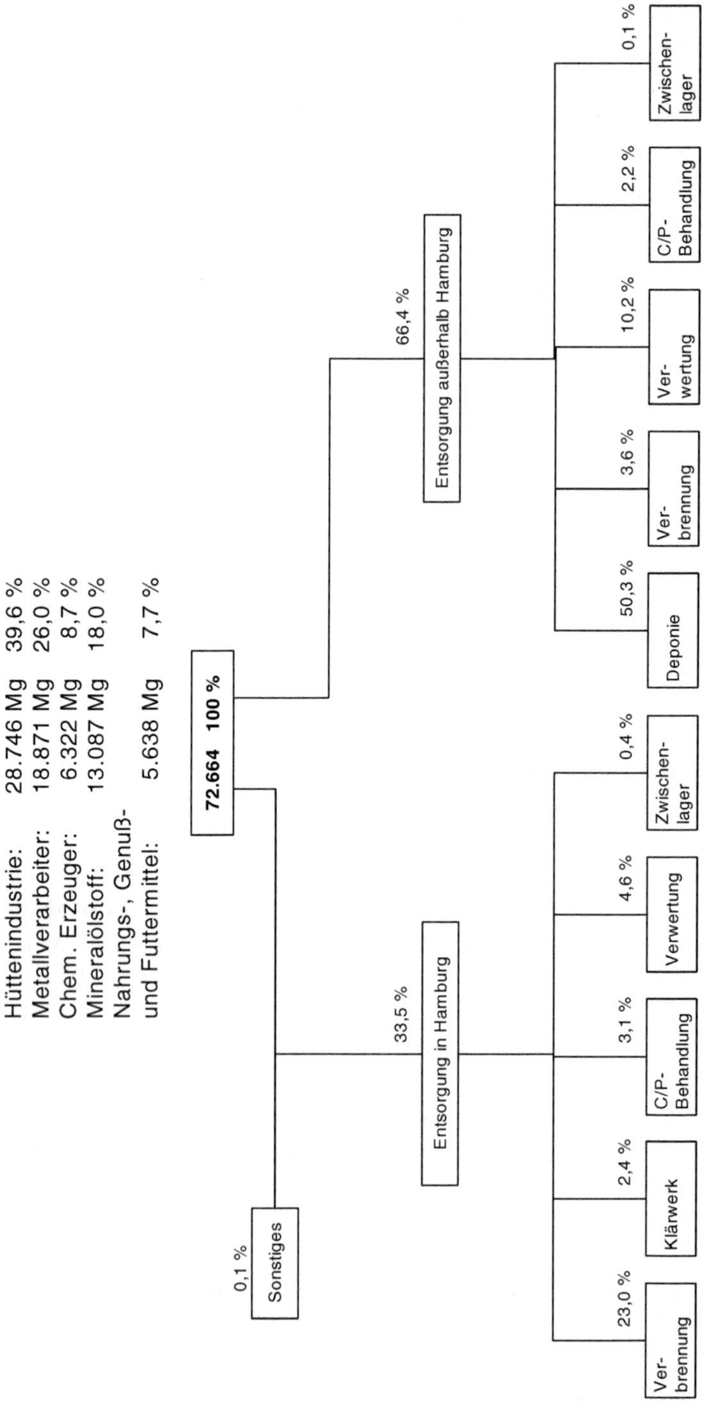

Abb. 6.49 Entsorgungswege der Sonderabfälle im Jahre 1987 für die 27 Betriebe mit 135 Abfallarten in der Stadt Hamburg

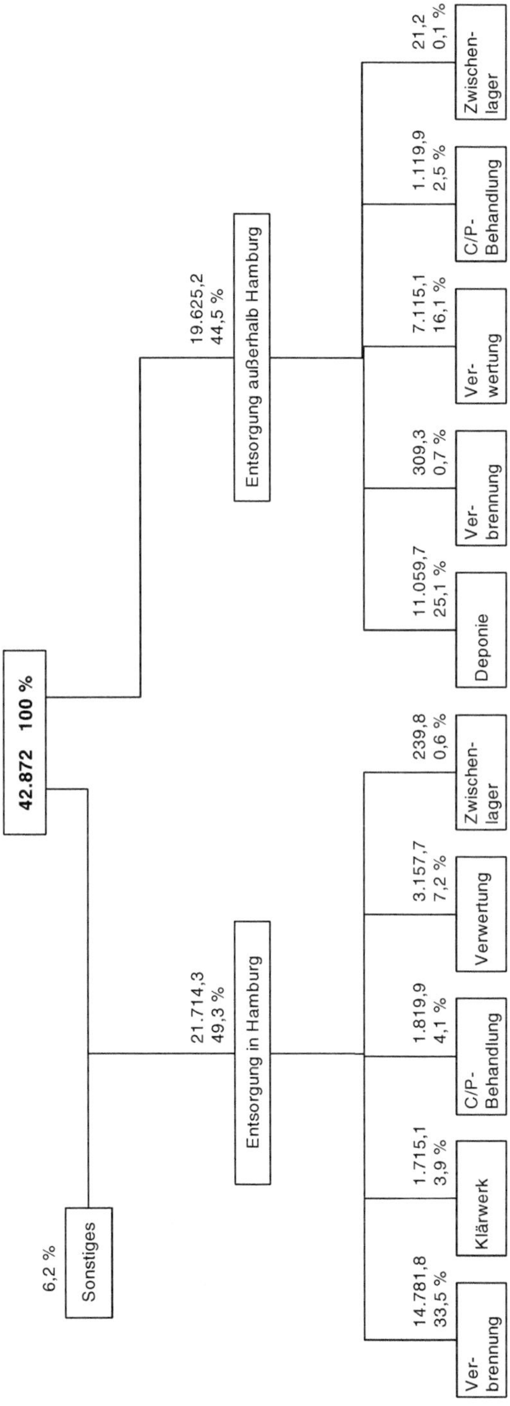

Abb. 6.50 Prognostizierte Entsorgungswege der Sonderabfälle im Jahre 1993 für die 27 untersuchten Betriebe

- Darstellung des neuen Abfallspektrums,
- neues oder verändertes Emissionsspektrum,
- Einteilung der Technologien nach dem Stand der Umsetzbarkeit,
- Angabe der Realisierungshorizonte,
- Investitionen für die Verfahren,
- Referenzanlagen.

Eine Einteilung der Verfahren und Technologien bezüglich der zeitlichen Umsetzbarkeit und Realisierung erfolgte im Rahmen dieser Untersuchung nach den Kriterien:

- Verfahren nach dem Stand der Technik (sofort anwendbar),
- Verfahren im Forschungs- und Realisierungszustand (großtechnische Forschungs- und Pilotanlagen vorhanden, innerhalb der nächsten 1 bis 5 Jahre anwendbar),
- Verfahren im Forschungs- und Erprobungszustand (halbtechnische Anlagen, innerhalb der nächsten 3 bis 5 Jahre großtechnisch anwendbar),
- Verfahren im Forschungs- und Entwicklungszustand (Labor- oder Technikumsanlagen vorhanden, noch nicht in den nächsten 5 Jahren anwendbar).

Da das gesamte Sonderabfallspektrum der untersuchten Betriebe mit 135 verschiedenen Abfallarten zu groß war, um im Rahmen dieser Untersuchung für alle Sonderabfälle die Technologien zur Vermeidung, Verminderung und Verwertung darzustellen, wurde ein Kriterium ausgewählt, das sich bei der Auswahl der näher zu untersuchenden Sonderabfälle auf die Abfallmenge und die Gefährlichkeit der Abfälle bezieht. Folgende Sonderabfälle wurden gemäß der beiden Kriterien berücksichtigt:

I. Auswahl aufgrund der Gefährlichkeit:
   Alle gefährlichen Sonderabfälle nach dem Abfallgesetz,
II. Auswahl aufgrund der Abfallmenge (mehr als 100 Mg im Bezugsjahr 1987)

In den Tab. 6.11 bis 6.13 sind die theoretisch erreichbare Abfallverringerung und die Verminderung durch die geplanten Maßnahmen der Unternehmen für die untersuchten Sonderabfälle dargestellt. Die theoretischen Potenziale zur Abfallverminderung sind für die meisten der untersuchten Sonderabfälle höher als die voraussichtliche Abfallverringerung, die durch die Unternehmen der drei Industriebranchen geplant sind.

Folgende Gründe sind hierfür verantwortlich:

- häufig zu geringe Entsorgungskosten und damit fehlender Anreiz für die Einführung abfallarmer Verfahren,
- keine Möglichkeiten zur innerbetrieblichen Kreislaufführung aufgrund umfangreicher notwendiger Verfahrensumstellungen oder fehlendem Platzangebot etc.,
- nicht erfüllbare Anforderungen an den Produktionsprozess bei Einführung der neuen Technologien (z. B. teilweise Korrosionsprobleme bei der Einführung wässriger Systeme zur Entfettung und Reinigung von Oberflächen),

Tab. 6.11 Zusammenfassende Darstellung der voraussichtlichen Abfallverminderung und der theoretischen Möglichkeiten zur Abfallverringerung bei den untersuchten Abfallarten der Hüttenindustrie [108]

Abfallart	Abfallschlüsselnummer	Theor. Abfallreduktion (%)	Verminderung bis 1993 durch die Maßnahmen der Unternehmen (%)
Ofenausbruch aus met. Prozessen	31.103	100	100
Ofenausbruch aus met. Proz. m. Beimengungen	31.108	80	60
Schlacken aus Schmelzflusselektrolysen	31.207	100	0
Eisensilicatschlacken	31.209	-[a]	0
Filterstäube, eisenmetallhaltig	31.216	100	100
Filterstäube, NE-metallhaltig	31.217	0	0
Steinschleifschlamm	31.602	100	100
Gipsschlamm mit Beimengungen	31.620	100	0
Schlämme aus der NE-Metallurgie	31.626	80	80
Sonstige Schlämme aus Fäll- u. Löseprozessen	31.630	0	0
Arsenverbindungen	51.539	100	0
Altöl	52.102	90	-[b]
PCB-haltige elektr. Betriebsmittel	54.198	100	100
Bohr-, Schleifölemulsionen, Emulsionsgemische	54.402	80	0
Kompressorenkondensate	54.405	100	90

[a]keine Untersuchung erfolgt
[b]keine Angabe aufgrund der nicht bekannten Abfallmenge an Altöl für 1987 möglich

- keine Wirtschaftlichkeit der Verfahren,
- zu geringe Abfallmenge für eine externe und zentrale Verwertung (z. B. Schlacken aus der Schmelzelektrolyse),
- Konkurrenz der Investitionsmaßnahmen im Abfallsektor mit anderen Bereichen des Umweltschutzes (Abwasserbehandlung, Luftreinhaltung, Arbeitsschutz etc.),
- fehlende Investitionsbereitschaft der Unternehmen, trotz vorhandener Wirtschaftlichkeit vieler Verfahren,
- fehlende Informationen über die Möglichkeiten zur Abfallverminderung,
- fehlendes Know-how zur Umsetzung von Maßnahmen zur Abfallvermeidung,
- behördliche Auflagen und genehmigungsrechtliche Gründe,
- Vermeidungs- und Verminderungsverfahren befinden sich noch in der Forschungs- und Entwicklungsphase.

Tab. 6.12 Zusammenfassende Darstellung der voraussichtlichen Abfallverminderung und den theoretischen Möglichkeiten zur Abfallverringerung bei den untersuchten Abfallarten der Chemischen Industrie [108]

Abfallart	Abfallschlüssel-nummer	Theor. Abfallreduktion (%)	Verminderung bis 1993 durch die Maßnahmen der Unternehmen (%)
Fettabscheiderinhalte	12.501	80	5
Öl-, Fett- u. Wachsemulsionen	12.503	85	1
Schlämme aus der Ölfabrikation	12.703	70	4
Bleicherden	12.901	100	0
Verbrauchte Filter- u. Aufsaugmassen	31.435	90	0
Abfälle von Körperpflegemitteln	53.303	0	0
Abfälle von pharmazeutischen Produkten	53.503	0	0
Schlamm aus Öltrennanlagen	54.703	100	10
Schlamm aus Tankreinigung	54.704	100	0
Paraffinölschlamm	54.706	100	0
Mineralölhaltige Bleicherden	54.801	100	100
Säureharz und -teer halogenhaltig	55.220	100	98
Lösemittelgemische, halogenfrei	55.370	60	3
Lösemittelhaltige Schlämme, halogenfrei	54.402	90	80
Altlacke	55.502	0	0
Leim- und Klebemittelabfälle	55.901	100	95
Harzrückstände	55.903	70	20
Polyurethanabfälle	57.110	80	0
Kunststoffdispersionen	57.703	90	90

Die voraussichtliche Abfallverringerung der Unternehmen bis 1993 um ca. 40 % ist unter Berücksichtigung des theoretischen Abfallverminderungspotenzials noch erheblich zu steigern. Hierfür standen die Technologien und Verfahren bereits während der Untersuchung zur Verfügung oder waren in ihrer Realisierung so weit fortgeschritten, dass mit der großtechnischen Anwendung bis 1993 zu rechnen war. Hauptsächlich wirtschaftliche Gründe spielen seitens der Abfallerzeuger eine Rolle bei der fehlenden Umsetzung dieser Verfahren in den Produktionsprozess (Tab. 6.12).

Tab. 6.13 Zusammenfassende Darstellung der voraussichtlichen Abfallverminderung und den theoretischen Möglichkeiten zur Abfallverringerung bei den untersuchten Abfallarten der Metallbe- und -verarbeitung [108]

Abfallart	Abfallschlüssel-nummer	Theor. Abfallreduktion (%)	Verminderung bis 1993 durch die Maßnahmen der Unternehmen (%)
Strahlmittelrückstände	31.440	90	90
Phosphatierschlamm	31.637	60	1
Metallemballagen und -behältnisse mit Reststoffen	35.106	100	20
Galvanik- und Metallhydroxidschlamm	51.100	60	5
Cyanidhaltiger Galvanikschlamm	51.101	60	5
Chrom(IV)-haltiger Galvanikschlamm	51.102	60	5
Härtesalze, cyanidhaltig	51.533	100	5
Härtesalze, nitrit- und nitrathaltig	51.534	100	5
Säuren, Säuregemische und Beizen (sauer),	52.102	100	5
Laugen, Laugengemische und Beizen (basisch)	52.402	90	65
Fixierbäder	52.702	90	0
Spül- und Waschwässer, cyanidhaltig	52.714	100	0
Halbkonzentrate, chrom(IV)-haltig	52.717	100	100
Halbkonzentrate, cyanidhaltig	52.718	100	0
Halbkonzentrate, metallsalzhaltig	52.719	90	90
Spül- und Waschwässer, metallsalzhaltig	52.720	70	0
Entwicklungsbäder	52.723	100	0
Synthetische Kühl- und Schmierstoffe	54.401	90	0
Bohr-, Schleifölemulsionen und Emulsionsgemische	54.402	90	50
Ölhaltige Schleifschlämme	54.710	40	20
Phenolhaltiger Schlamm	54.903	100	90
Halogenhaltige Lösemittel	55.200	90	50
Halogenhaltige Lösemittelgemische	55.220	75	50
Halogenfreie Lösemittel	55.300	50	1
Halogenfreie Lösemittelgemische	55.370	40	0
Lack- und Farbschlamm	55.503	60	2

Es hat sich inzwischen gezeigt, dass durch verschiedene Maßnahmen des Gesetzgebers die Industrie zu weiteren Abfallverminderungsmaßnahmen angeregt werden könnte. Hierzu zählt die TA Siedlungsabfall, die Abfallbestimmungs-verordnung, Verordnungen zur Vermeidung von Abfällen, das Bundes-Immissionsschutzgesetz (BImSchG) – insbesondere der § 5 Abs. 1 Nr. 3 BImSchG, das Wasserhaushaltsgesetz (WHG), die Störfallverordnung sowie das Chemikaliengesetz. Darüber hinaus sind freiwillige Absprachen der Industrie und der Aufsichts- bzw. Genehmigungsbehörden, die Einrichtung von Koordinationsstellen und die Erarbeitung von Branchenkonzepten zur Vermittlung von Know-how sowie die weitere Verteuerung der Abfallbeseitigung. Auch Entwicklungen, wie sie in den USA z. Z. diskutiert werden und die eine Reduktion gefährlicher Stoffe (Toxic Use Reduction) bewirken sollen, stellen Möglichkeiten für die bundesdeutsche Gesetzgebung dar.

6.3.4 Überprüfung der Prognosen zur Verminderung der Sonderabfälle durch Maßnahmen der Industrie

Für Hamburg wurde im Jahre 1989 der Sonderabfallwirtschaftsplan vorgelegt, um die Rahmenbedingungen für eine umfassende Vermeidung und Verwertung von industriellen und gewerblichen Reststoffen und Abfällen zu schaffen, in dem die Prognosen für die Sonderabfallentwicklung Bestandteil des Abfallwirtschaftsplanes wurden.

Vorrangig wurden 3 Ziele definiert:

1. Das Reststoffaufkommen soll durch Anwendung entsprechender Verfahren um bis zu 70 % reduziert werden.
2. Die Abfalltransporte zur Deponie Schönberg sollen bis 1995 schrittweise eingestellt und durch entsprechende Entsorgungskapazitäten in Schleswig-Holstein und Niedersachsen ersetzt werden, soweit eine Vermeidung und stoffliche Verwertung nicht möglich ist.
3. Der Transport von Sonderabfällen auch über Zwischenlager zur Hohen-See-Verbrennung soll bis 1991 beendet sein.

Im ersten Halbjahr des Jahres 1992 konnte eine erste Bilanz hinsichtlich der Umsetzung des Konzeptes gezogen werden. Die Sachstandsberichte des Amtes für Technischen Umweltschutz wurden den Anlagenbetreibern der entsprechenden Branchen im Rahmen einer Gesamtpräsentation vorgestellt und mit ihnen diskutiert.

Die Tab. 6.14 stellt das Ergebnis der Überprüfung durch das Amt für Technischen Umweltschutz dar.

Bis zur Phase 1, die von 1987 bis 1990 reichte, konnten die gesamte Abfallmengenentwicklung gemäß der Prognose mit nur geringen Abweichungen erreicht werden. Die höchsten Abweichungen zwischen der Prognose und der tatsächlichen Abfallmengenent-

Tab. 6.14 Überprüfung der Abfallmengenentwicklung der durch intecus untersuchten Betriebe in Hamburg im Jahre 1992

	1987 (Mg)	1990 (Mg)	Reduzierung (1987–1990)		Reduzierung (1987–1993)	
			Geplant (%)	Tatsächlich (%)	Geplant (%)	Tatsächlich
Metallerzeuger (Hüttenindustrie)	28.746	16.413	− 47	− 42	− 66	Realistisch
Metallverarbeiter	18.871	18.685	− 49	− 1	− 53	Realistisch
Chemische Erzeugnisse, Arzneimittel	6322	3728	− 14	− 41	− 45	Realistisch oder darüber hinausgehend
Mineralölraffination	13.087	16.235	+ 21	+ 24	+ 12	
Nahrungs-, Genuss- und Futtermittel	5638	141.413	+ 0	− 75	− 2	Schon in 1990 darüber hinausgehend
Gesamt	72.664	56.474	− 27	− 22	− 41	

wicklung lagen bei der Metallbe- und -verarbeitungs-industrie und der Nahrungs-, Genuss- und Futtermittelindustrie.

Beim Soll-Ist-Vergleich der Abfallentwicklung für die Metallbe- und -ver-arbeitung sind erhebliche Diskrepanzen zu sehen. Dies ist im Wesentlichen darauf zurückzuführen, dass die in 1987 prognostizierte Reduzierung der Strahlmittelrückstände durch Einführung des Hochdruckstrahlers mit Wasser nicht umgesetzt wurde. Dieses Verfahren steckte zu dem Zeitpunkt noch in der Forschungs- und Entwicklungsphase. Zudem ist der wirtschaftliche Anreiz zur Vermeidung dieser Abfallart verlorengegangen, da die Strahlmittelrückstände im Bergeversatz preiswert untergebracht werden können.

Darüber hinaus sind Anlagen zur Aufbereitung Laugen und Laugengemische und das Aqua-Stripping von lösungsmittelhaltigen Schlämmen erst in der 2. Phase der Prognose wirksam geworden.

Die Reduzierung der Abfälle im Nahrungs-, Genuss- und Futtermittelindustrie sind gegenüber der Prognose beträchtlich. Durch innerbetriebliche Verwertung von über 100 Mg/a und dem Einsatz von über 1000 Mg Bleicherde in der Zementindustrie wurde eine Abfallreduktion von 75 % erzielt.

Aus der Tab. 6.14 wird für den Zeitraum nach 1990 deutlich, dass die Abfallbilanzen der Firmen auch weiterhin eine Abfallreduktion aufweisen und die Prognosen für 1993 als sehr realistisch eingeschätzt werden konnte.

Im Jahre 1990 konnte ein Ausstieg aus Schönberg noch nicht vollzogen werden. Insgesamt wurden nur noch 14.500 Mg für 1990 auf die Deponie Schönberg verbracht, was deutlich unter der Prognose der Phase 1 lag, die die Abfallmenge für die Deponie im Jahre

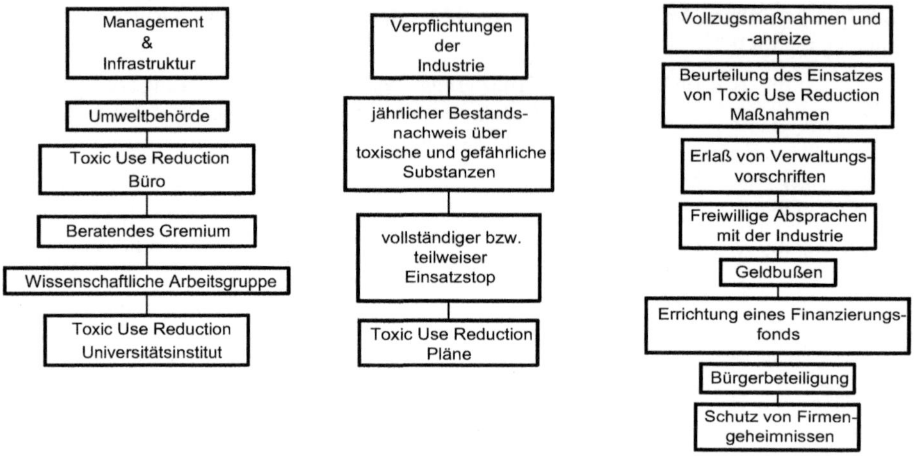

Abb. 6.51 Übersicht wichtiger Elemente des „Toxic Use Reduction"-Gesetzentwurfes von Massachusetts (USA) [33]

1990 auf ca. 16.460 Mg berechnet hat. Mit der Umleitung der Strahlmittelrückstände und der Vermeidung von Schlämmen durch entsprechende Verfahrensumstellung konnte für 1991 ca. 13.000 Mg weniger nach Schönberg gebracht werden. Damit konnte die politische Zielsetzung, den Ausstieg bis 1995 umzusetzen, vorzeitig erreicht werden.

Es ist davon auszugehen, dass durch verschiedene Maßnahmen des Gesetzgebers die Industrie zu weiteren Abfallverminderungsmaßnahmen angehalten werden kann. Hierzu zählen die TA Abfall, die Abfallbestimmungs- bzw. Reststoffbestimmungsverordnung, evtl. weitere Verordnungen nach § 14 AbfG, das Bundes-Immissionsschutzgesetz (BImSchG) – insbesondere der § 5 Abs. 1 Nr. 3 BImSchG –, das Wasserhaushaltsgesetz (WHG), die Störfallverordnung sowie das Chemikaliengesetz. Darüber hinaus sind freiwillige Absprachen der Industrie und der Aufsichts- bzw. Genehmigungsbehörden sowie die weitere Verteuerung der Abfallbeseitigung möglich. Zu prüfen ist, ob Gesetzentwürfe, wie sie in den USA z. Z. diskutiert werden und die eine Reduktion gefährlicher Stoffe (Toxic Use Reduction) bewirken sollen (s. Abb. 6.51), auch in die bundesdeutsche Gesetzgebung einfließen sollten.

Bei dem Gesetzentwurf werden drei verschiedene Bereiche angesprochen [72]:

- Management und Infrastruktur eines Vermeidungsprogrammes,
- Verpflichtungen der Industrie,
- Vollzugsmaßnahmen und -anreize seitens der Umweltbehörden.

Wichtige Elemente des „Toxic Use Reduction"-Gesetzentwurfes sind:

- Amortisierung von Maßnahmen zur Vermeidung innerhalb von drei Jahren,
- Beratung der Unternehmen über Vor- und Nachteile bestimmter Produktionsumstellungen, Zusatzaggregate, Managementstrategien oder Qualitätsnormen,

- Einrichtung eines „Toxic Use Reduction"-Institutes zum Zweck der Forschung und Entwicklung im Bereich „Toxic Use Reduction",
- jährlicher Bestandsnachweis über toxische und gefährliche Stoffe in Form von Massenbilanzen,
- vollständiger oder teilweiser Einsatzstop für bestimmte Substanzen,
- Aufstellung und Vollzug von betriebsbezogenen „Toxic Use Reduction"-Plänen,
- freiwillige Absprachen mit den Unternehmen,
- Erlass von Verwaltungsvorschriften, die den Stand der Technik festschreiben,
- Steuerbefreiung für Betriebe, die Abfallvermeidungspläne aufstellen und umsetzten.

Im Vergleich zu deutschen Regelungen, insbesondere dem Vermeidungs- und Verwertungsgebot nach BImSchG, fällt einerseits die Einbeziehung der Öffentlichkeit und andererseits der Zwang zur kurzfristigen Amortisation von Maßnahmen auf.

6.3.5 Möglichkeiten zur Verminderung von Reststoffen durch die Industrie

Im Rahmen von Vollzugsprogrammen zur Durchführung des Reststoffvermeidungs- und -verwertungsgebotes nach § 5 Abs. 1 Nr. 3 BImSchG (vgl. 6.1.2.1) wurden von Intecus in den Jahren 1988 bis 1994 nach BImSchG genehmi-gungsbedürftige Anlagen in den Bundesländern Hessen, Nordrhein-Westfalen und Berlin auf Potenziale zur Reststoffverminderung untersucht.

Es handelte sich um 115 Eisen-, Stahl- und Tempergießereien im Bundesland Nordrhein-Westfalen sowie 27 Eisen-, Stahl- und Tempergießereien im Bundesland Hessen [76, 79]. Dort wurden auch 26 Anlagen zum Erschmelzen von Gusseisen und Stahl sowie 60 Nichteisenschmelzanlagen und 27 Nichteisengießereien untersucht. Im Bundesland Berlin wurden 33 Nichteisenschmelz- und Gießereianlagen sowie 3 Eisenschmelz- und Gießereianlagen untersucht. Zusätzlich wurden im Bundesland Berlin 8 und im Bundesland Hessen 20 Lackieranlagen und 4 Bleiakkumulatorenhersteller untersucht [97–103].

Im ersten Untersuchungsschritt wurden die in einem festgelegten Untersuchungszeitraum angefallenen Reststoffmengen mittels eines Erhebungsbogens vom Anlagenbetreiber erfragt. Bisher schon vorgenommene Maßnahmen und bestehende Planungen zur Vermeidung und Verwertung von Reststoffen sowie die Entsorgungswege wurden zusätzlich erhoben.

Für jede Einzelanlage wurden der bisherige Zustand mit den technischen Möglichkeiten zur Reststoffvermeidung und -verwertung verglichen. In einer technischen Stellungnahme wurden bisherige Verfahrensweise der Reststoffvermeidung, Verwertung und Entsorgung sowie aus dem Vergleich mit dem technisch Möglichen resultierende Vermeidungs- und Verwertungspotenziale dargestellt.

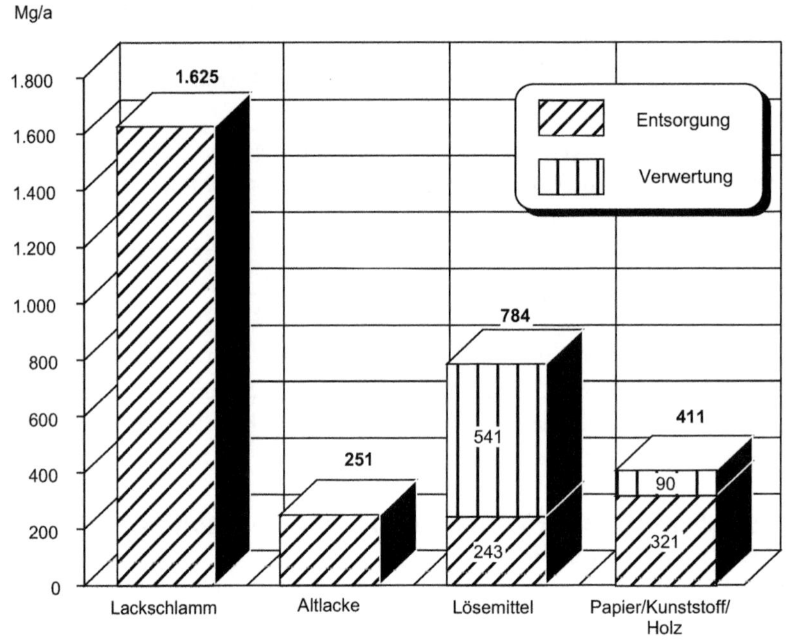

Abb. 6.52 Verwertung und Entsorgung von Reststoffen aus Lackieranlagen in Hessen, Situation im Erhebungsjahr 1988 [101]

Da jeweils ganze Industriezweige betrachtet wurden, konnten die bei der Untersuchung der Einzelanlagen festgestellten Potenziale zu einem den jeweiligen Industriezweig charakterisierenden Verminderungspotenzial zusammengestellt werden.

Die Umsetzung der vorgeschlagenen Maßnahmen zur weitergehenden Reststoffvermeidung und -verwertung obliegt den für die Überwachung der genehmigungsbedürftigen Anlagen nach BImSchG zuständigen staatlichen Stellen. Vergleiche der umgesetzten Maßnahmen mit den dargestellten Verminderungspotenzialen sind nur zum Teil möglich, da sich die Programme zur Umsetzung gem. § 5 Abs. 1 Nr. 3 noch in der Durchführungsphase befinden.

6.3.5.1 Bisher anfallende Reststoffmengen

Am Beispiel der Eisengießereianlagen in Nordrhein-Westfalen sowie der Lackieranlagen in Hessen soll die bisherige Situation der Reststoffverwertung und -entsorgung dargestellt werden.

In Abb. 6.52 wird die Situation bei den in Hessen untersuchten Lackieranlagen im Erhebungsjahr 1988 aufgezeigt. Es fiel die Gesamtmenge von 3071 Mg/a an Reststoffen an. In der Darstellung erfolgt eine Untergliederung dieser Menge in die Fraktionen Lackschlamm, Altlacke, Lösemittel und Papier/Kunststoff/Holz.

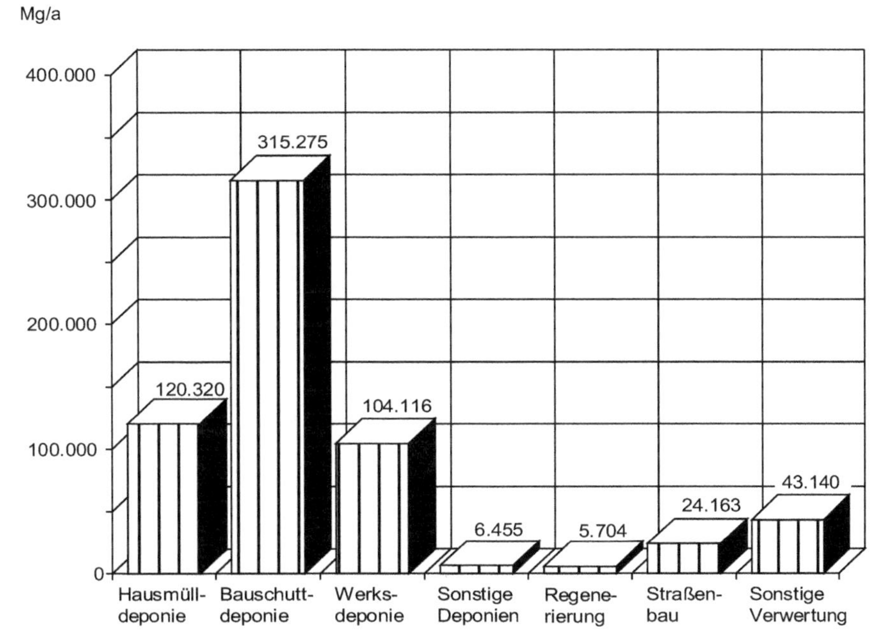

Abb. 6.53 Verwertung und Entsorgung von Altsand aus Eisengießereianlagen in Nordrhein-Westfalen, Situation im Erhebungsjahr 1991 [97]

Es ist erkennbar, dass Lackschlamm und Altlacke im Erhebungsjahr nicht verwertet wurden. Bei der Fraktion Papier/Kunststoff/Holz erfolgte bereits eine Verwertung von etwa 20 % der anfallenden Menge. Lediglich die Altlösemittel wurden mit einem Anteil von ca. 70 % der in Erhebungsjahr angefallenen Menge in deutlichem Umfang verwertet.

Noch ungünstiger in Bezug auf bisher schon vorgenommene Verwertungsmaßnahmen stellt sich die Situation in der nordrhein-westfälischen Gießereinindustrie dar. Erschwerend kommen die hohen insgesamt anfallenden Reststoffmengen hinzu.

Die im Erhebungsjahr 1991 vorliegenden Verwertungs- und Entsorgungswege für Gießereialtsand sind in Abb. 6.53 dargestellt. Diese Fraktion bildet mit 619.173 Mg/a den überwiegenden Anteil der insgesamt anfallenden Reststoffmenge von 767.756 Mg.

Es ist zu erkennen, dass der überwiegende Teil von 315.275 Mg/a des Gießereialtsandes auf Bauschuttdeponien entsorgt wird. Als weitere Entsorgungswege sind die Ablagerung auf Hausmülldeponien mit 120.320 Mg/a und auf Werksdeponien mit 104.116 Mg/a zu nennen. Etwa 88 % des insgesamt anfallenden Altsandes wird auf Deponien entsorgt. Nur 11 % der Gesamtmenge wurde einer Verwertung zugeführt. Der überwiegende Teil des Altsandes wird im Erd- und Straßenbau eingesetzt, es folgen die sonstigen Verwertungen, wie z. B. Schachtverfüllung, und an letzter Stelle die externe Altsandregenerierung.

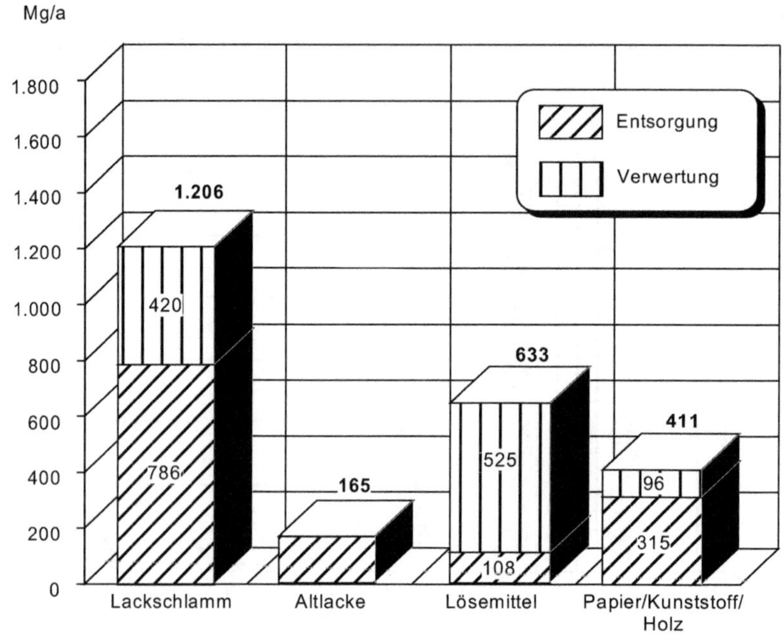

Abb. 6.54 Verwertung und Entsorgung von Reststoffen aus Lackieranlagen in Hessen, Situation nach Umsetzung der Verminderungsmaßnahmen [101]

6.3.5.2 Potenziale zur Verminderung von Reststoffen

Beim Vergleich der untersuchten Anlagen mit den technischen Möglichkeiten zur Reststoffvermeidung können für die einzelne Anlage bisher nicht genutzte Potenziale zur weitergehenden Vermeidung und Verwertung von Reststoffen aufgezeigt werden. Werden die bei den Einzelanlagen ermittelten Potenziale zusammengefasst, ergibt sich für die Lackieranlagen in Hessen die folgende Einschätzung [13].

In Abb. 6.54 ist die Verwertung und Entsorgung für die einzelnen Reststofffraktionen nach der Umsetzung der Verminderungsmaßnahmen dargestellt. Der Anfall von Lackschlamm reduziert sich durch Vermeidungsmaßnahmen von 1625 Mg/a um 419 auf 1206 Mg/a. Davon sind 420 Mg/a oder 35 % des verbleibenden Anfalls verwertbar. Die bisher entsorgte Altlackmenge von 251 Mg/a kann durch Vermeidungsmaßnahmen um 86 Mg auf 165 Mg/a gesenkt werden. Der bisherige Anfall von Lösemitteln kann von 784 Mg/a durch Vermeidungsmaßnahmen um 151 Mg/a gesenkt werden. Von der verbleibenden Menge sind 525 Mg oder 83 % verwertbar. Bei der Papier/Pappe/Kunststoff-Fraktion ist eine Steigerung der verwertbaren Menge um 6 Mg/a möglich.

In Abb. 6.54 ist die prozentuale Gesamtverminderung von Reststoffen aus den Lackieranlagen im Land Hessen in Bezug auf die ursprünglich anfallenden Reststoffmengen auf der Grundlage der von Intecus vorgeschlagenen Maßnahmen dargestellt. Zusätzlich zu den in Abb. 6.55 gezeigten Reststofffraktionen wurde die Vermeidung von Abwasser

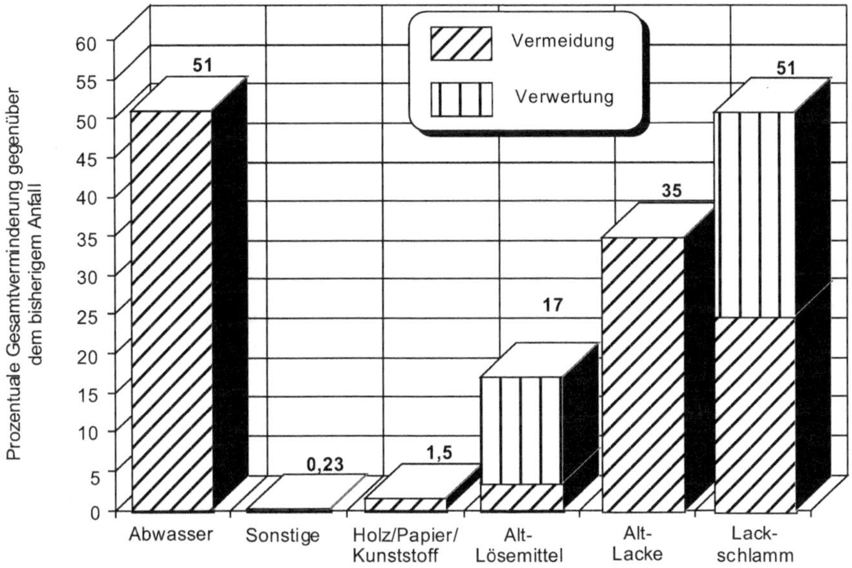

Abb. 6.55 Prozentuales Verminderungspotenzial der Reststoffe aus Lackieranlagen im Land Hessen [101]

sowie sonstiger Reststoffe berücksichtigt. Zu erkennen ist, dass durch innerbetriebliche Optimierungsmaßnahmen für verschiedene Reststoffe erhebliche Vermeidungspotenziale bestehen. Dies trifft insbesondere auf die Vermeidung von Abwasser in Höhe von 51 % der ursprünglichen Menge sowie auf die Vermeidung von Lackschlamm in Höhe von 25 % der bisherigen Menge zu.

Die Möglichkeiten der Vermeidung sowie der Verwertungs- und Entsorgungswege für verschiedene Reststoffe aus der Gießereiindustrie in Nordrhein-Westfalen sind in Abb. 6.56 dargestellt. Betrachtet werden Altsand, Stäube aus dem Formsandkreislauf und eisenhaltige Stäube. Die – bezogen auf die Reststoffmenge – wichtigste Fraktion des Gießereialtsandes ist durch Vermeidungsmaßnahmen um 293.865 Mg/a oder 47 % und durch Verwertungsmaßnahmen um 237.182 Mg/a oder 38 % reduzierbar. Es ergibt sich eine Gesamtverminderung von 531.047 Mg/a oder 85 % der ursprünglichen Menge.

Als wichtigste Vermeidungsmaßnahme ist in den Eisengießereianlagen die betriebsinterne Sandregenerierung zu nennen. Vermeidung im Sinne des § 5 Abs. 1 Nr. 3 BImSchG ist dabei nicht im Sinne des Nichtentstehens von Reststoffen zu verstehen. Ein Stoff wird nach dieser Definition erst dann zum Reststoff, wenn er die Systemgrenzen der genehmigungsbedürftigen Anlage verlässt und nicht ein zum Verkauf hergestelltes Produkt dieser Anlage ist. Wird z. B. Altsand nach der Regenerierung wieder eingesetzt, verbleibt er in den Systemgrenzen der genehmigungsbedürftigen Anlage. Er wird damit im Sinne von § 5 Abs. 1 Nr. 3 BImSchG vermieden.

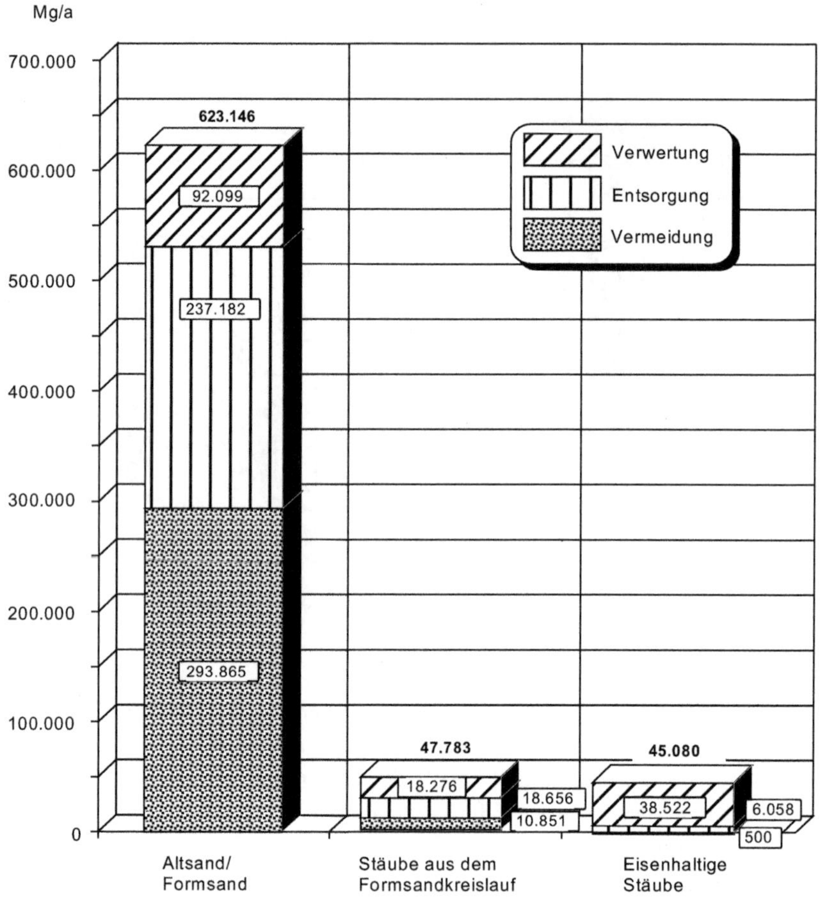

Abb. 6.56 Reststoffvermeidungs- und -verwertungspotenzial in den Eisen-, Stahl- und Tempergießereien in Nordrhein-Westfalen [97]

Die absoluten sowie prozentualen Vermeidungs- und Verwertungspotenziale für die wichtigsten in Eisen-, Stahl- und Tempergießereien anfallenden festen Reststoffe sind in Tab. 6.15 dargestellt. Es ist ersichtlich, dass die Gesamtmenge der im Jahr 1991 angefallenen Reststoffe durch Vermeidungsmaßnahmen um 41 % und durch Verwertungsmaßnahmen um 37 % verminderbar ist. Die auf Deponien abzulagernde Reststoffmenge kann damit auf 22 % der ursprünglichen Menge reduziert werden.

6.3.5.3 Nutzung der Potenziale zur Reststoffverminderung

Die Vollzugsprogramme zur Durchführung des Reststoffvermeidungs- und -verwertungsgebotes wurde nach § 5 Abs. 1 Nr. 3 BImSchG umgesetzt. Die Verminderung des Reststoffanfalls kann für die Lackieranlagen im Bundesland Hessen anhand des Standes des Vollzuges im ersten Halbjahr 1992 dargelegt werden.

Tab. 6.15 Reststoffvermeidungs- und -verwertungspotenziale in Eisen-, Stahl- und Tempergießereien in Nordrhein-Westfalen im Jahr 1991 [101]

Reststoffart	LAGA-Nr.	Bisher angefallene Reststoffe	Vermeidbare Reststoffe		Verwertbare Reststoffe		Zu entsorgende Reststoffe	
		(Mg/a)	(Mg/a)	(%)	(Mg/a)	(%)	(Mg/a)	(%)
Gießereialtsand, Formsand	31.401 31.425	623.146[a]	293.865	47,00	237.182	38,00	92.099	15,00
Schlämme aus der Nassentstaubung	31.616	16.070	2028	12,60	116	0,70	13.926	86,70
Eisenhaltige Stäube	35.101	45.080	500	1,20	6058	13,40	38.525	85,40
Stäube aus dem Formsandkreislauf	31.401	47.783	10.851	22,70	18.656	39,00	18.276	38,30
Putzereisand- und Strahlsand-rückstände	31.402	31.647	6131	20,00	18.419	58,00	7097	22,00
Kernsand	31.426[b]	11.003[c]	5601	51,00	1516	14,00	606	35,0
Summe		774.729	318.976	41	281.947	37	170.529	22

[a] Dieser Betrag ist um ca. 4000 Mg/a größer als das Aufkommen 1991, da bei dem Vermeidungspotenzial ein höheres Altsandaufkommen aufgrund einer Betriebserweiterung Berücksichtigung fand
[b] überwachungsbedürftiger Reststoff
[c] Davon werden durch die Betreiber schon 3280 Mg/a vermieden bzw. verwertet

Das Verminderungspotenzial für Lackschlamm wurde mit 839 Mg/a ermittelt. Die Verminderung dieser Menge um 348 Mg/a wurde von den Anlagenbetreibern akzeptiert. Eine Verminderung der Lackschlamm-Menge von 150 Mg/a ist zwischen den Anlagenbetreibern und den Genehmigungsbehörden umstritten. Maßnahmen im Umfang von 100 Mg wurden von den Genehmigungsbehörden zurückgenommen. Keine Stellungnahme der Betreiber lag bis zum ersten Halbjahr 1992 für Maßnahmen im Umfang von 240 Mg/a Lackschlamm vor.

Es wurde ein Verminderungspotenzial von 243 Mg/a für Altlösemittel ermittelt. Von den Anlagenbetreibern wurde eine Verminderung um 122 Mg/a akzeptiert. Eine weitere Verminderung um 81 Mg/a ist zwischen Betreibern und Genehmigungsbehörde umstritten. Maßnahmen im Umfang von 40 Mg/a wurden von den Genehmigungsbehörden zurückgenommen.

6.3.6 Ermittlung von Kennziffern zur Abfallvermeidung und – verwertung im Hochbau

Untersuchungen haben gezeigt, dass es einen Zusammenhang zwischen dem jeweiligen gewerkespezifischen Bauabschnitt und der anfallenden Abfallmenge und –qualität gibt. Mit dieser Erkenntnis lässt sich die Abfallentsorgung sowohl während der Bauphasen um-

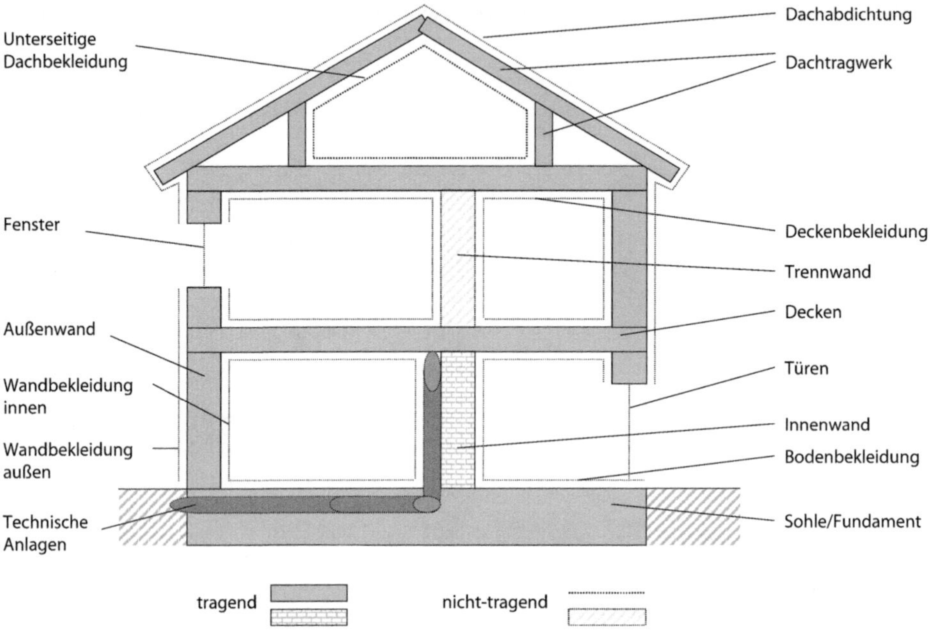

Abb. 6.57 Übersicht der tragenden und nichttragenden Hochbaukonstruktionen im Gebäude [110]

stellen und mit Hilfe einer neuen Abfalllogistik am Anfallort der Anteil der recyclierbaren Mengen deutlich verbessern. Gleichzeitig gibt es mit Hilfe von neuen und alten Kennziffern wie Bruttogeschossflächen, Bruttorauminhalt oder das Wand-/Bodenflächenverhältnis die Steuerung der zu erwartenden Abfälle bereits in der Planungsphase zu steuern und eine Vermeidung von Abfällen auf der Baustelle zu erzielen.

Die Ergebnisse zeigen, dass die Kosten der Abfallbehandlung und -beseitigung sich von ca. 2,5–3,0 % der gesamten Baukosten auf ca. 1,5–0,5 % senken lassen. Die Restabfallmenge zur Beseitigung kann bis auf einen nichtverwertbaren Anteil von 1 % verringert werden.

6.3.6.1 Methodik

Jedes zu errichtende Gebäude ist ein Unikat. Die damit einhergehende Individualität zeigt sich neben der architektonischen Gestaltung in der Vielfalt der eingesetzten Hochbaukonstruktionen und Bauverfahren. Abb. 6.57 zeigt einer Übersicht die bei der Gebäudeerrichtung maßgeblich beteiligten Hochbaukonstruktionen.

Nach funktionalen Gesichtspunkten können tragende und nichttragende Konstruktionen unterschieden werden. Zu den tragenden Konstruktionen im Bauwerk zählen das Fundament (Sohle), Außen- und Innenwände (unter/über Terrain), Geschossdecken und das Dach. Zu den nichttragenden Konstruktionen eines Bauwerks zählen im Außenbereich nichttragende Außenwände, Dach- und Außenwandbekleidungen (einschließlich der Dämmung) sowie Einbauteile wie Türen und Fenster. Die gängigsten nichtragenden Konstruktionen im Innenbereich sind nichtragende Innenwände, Trennwände, Wand-,

Boden- und Deckenbekleidungen (einschließlich Dämmung), Türen und Installationen (Wasser, Heizung, Lüftung, Elektro, Kommunikation) (Abb. 6.57).

Um für die Abfallwirtschaft Abfallkennzahlen herleiten zu können, die eine präzise Abfallberechnung ermöglicht, ist eine Modellbildung eine notwendige Vereinfachung. Das Modell zur Entwicklung von Abfallkennzahlen für Hochbaukonstruktionen und Standardgebäude des Hochbaus gliedert sich schematisch in 4 Ebenen gemäß Abb. 6.58 in:

- die Ebene der Baustoffe
- die Ebene der Hochbaukonstruktionen
- die Ebene der Bauteile
- die Ebene der Gebäude

Grundgedanke der Kennzahlenermittlung ist, dass die abfallwirtschaftlichen Potentiale bei der Bauwerkserrichtung ihren kausalen Zusammenhang mit der Art und dem Umfang der eingesetzten Baukonstruktionen und Bauverfahren haben. Um diesen Zusammenhang herzustellen werden die kleinsten funktionalen Einheiten aus denen ein Bauwerk zusammengesetzt ist, die einzelnen Baukonstruktionen wie z. B. Wand-, Decken-, Boden- und Bekleidungskonstruktionen unter abfallwirtschaftlichen Gesichtspunkten untersucht.

Grundlage der Untersuchung sind Abfallmessungen und –erhebungen in der baubetrieblichen Praxis. Primärdatenerhebungen über den Abfallanfall und Verpackungsmaterialeinsatz in Abhängigkeit von der konstruktionsspezifischen Bauleistung bilden die Basis für die Entwicklung und Bestimmung der konstruktionsspezifischen Abfallkennzahlen.

Das konstruktionsspezifische Abfallpotential wird beeinflusst von Materialparametern wie Formate, Anlieferungsformen und dem Vorfertigungsgrad der eingesetzten Baumaterialien. Diese Einflussgrößen finden Berücksichtigung bei der Kennzahlenentwicklung.

Mit Hilfe der Bauteile werden in einem dritten Schritt standardisierte Bauwerke zusammengesetzt und für diese entsprechende Abfallkennzahlen bestimmt. Die Bauteilzusammensetzung für das Gebäude erfolgt mit Hilfe von Flächenrelationskoeffizienten, die eine Gewichtung der bauteilbezogenen Abfallkennwerte für das Gesamtgebäude ermöglicht. Die Einführung der Flächenrelationskoeffizienten bei der Beschreibung der Standardbauwerke macht es möglich, den unterschiedlichen Einfluss des Abfallpotentials der einzelnen Bauteile für das Standardgebäude auch für andere Gebäude vergleichbar abzubilden.

Damit die vorgenommene Abfallkennzahlenbestimmung für nutzungsbezogen gleichartige Gebäude, jedoch unterschiedlicher Gebäudestruktur, reproduzierbar und vergleichbar gemacht werden kann, ist es notwendig, die Gebäude in ihrer Bauteilzusammensetzung zu definieren. Die Beschreibung erfolgt mit Hilfe von Flächenrelationskoeffizienten (FRK). Für jedes vertikal bzw. horizontal angeordnete Flächenbauteil ist ein entsprechender Flächenrelationskoeffizient zu bestimmen. Er ist ein dimensionsloser Parameter der angibt, wie viel Bauteilfläche benötigt wird, um 1 m^2 Bruttogeschossfläche eines Gebäudes zu errichten. Dieses Vorgehen ermöglicht es, das bauteilflächenspezifische Abfallpotential in ein einheitliches, auf die Bruttogeschossfläche (BGF) bezogenes, relatives Abfallpotential

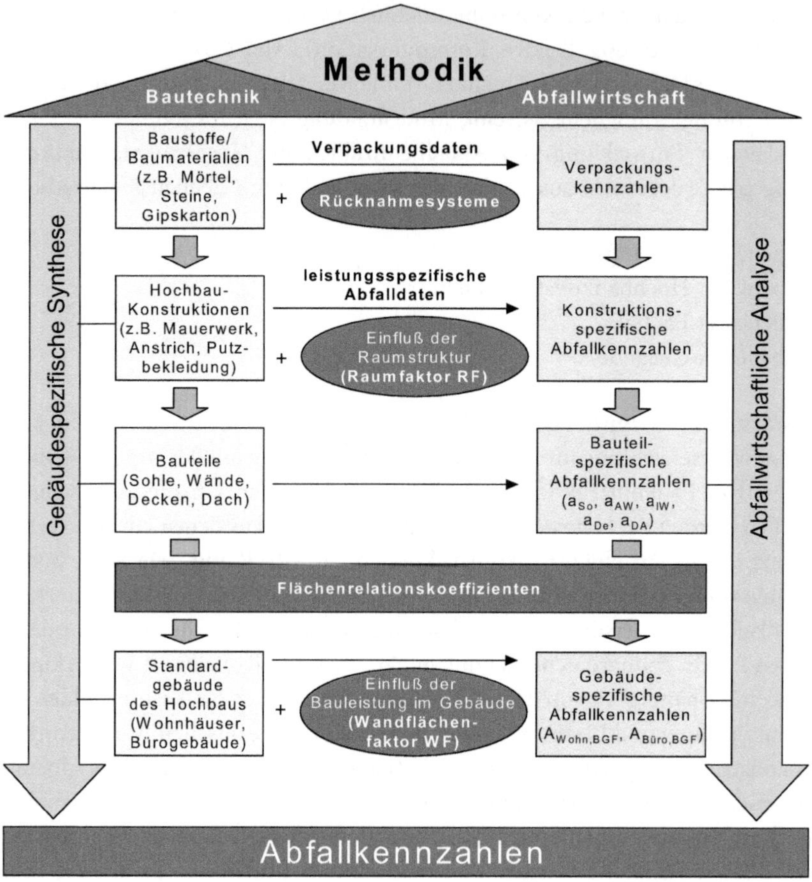

Abb. 6.58 Methodik zur Kennzahlenentwicklung [110]

($a_{BT,rel}$) umzurechnen. Nach diesem Zwischenschritt lassen sich die relativen, bauteilspezifischen Abfallpotentiale zum Gesamtabfallpotenzial des Gebäudes aufsummieren [110].

Für die Technischen Anlagen und die Baustelleneinrichtungen entfällt die Notwendigkeit einer Relation in Bezug auf die BGF mit Hilfe eines Flächenrelationskoeffizienten. Für diese erfolgt die Bestimmung des leistungsspezifischen Abfallpotentials zum Bezugsparameter BGF aufgrund der ausschließlichen Zuordnung der Bauleistung zum Gebäude als Ganzes.

6.3.6.2 Konstruktionsspezifische Abfallkennzahlen am Beispiel Trockenbau

Am Beispiel für Trennwände in Trockenbauweise sollen die abfallwirtschaftlichen Auswirkungen dargestellt werden.

Tab. 6.16 Übersicht über den Baustoffeinsatz und der anfallenden Abfallarten bei Trockenbauleistungen

Baustoff	Baustoffspezifischer Abfall	Verpackungsmaterial
Gipskarton/Vollgipsplatten	Gips	Transport-Holzpalette
Verzinktes Stahlblech/Kantenschutz	Metall	Kunststoffbänder
Schnellbauschrauben	Metall	Karton
Mineralwolle	Mineralfaser	Folie, Transportpalette
Fugenspachtel	Gips	Papiersäcke (REPA)

Trockenbautrennwände sind raumtrennende, nichttragende Wände, die in „trockener" Montage bzw. durch das Zusammensetzen vorgefertigter Baustoffe hergestellt werden. Durch den Einsatz von vorgefertigten Elementen stellt der Trockenbau eine zeit- und kostengünstige Bauweise dar.

Um die beim Beplanken der Wände entstandenen Plattenstoßfugen zu verschließen, werden diese z. B. mit Fugengips verspachtelt. Nach der Trocknung des Fugenfüllers erfolgen das Schleifen und danach die Endbehandlung der Wände durch Tapezieren oder Anstrich. Tabelle 1 dokumentiert in der Praxis häufig angewandte und im Rahmen der vorliegenden Arbeit untersuchte Trennwandsysteme. Zweilagig beplankte Einfachständerwände werden zumeist als Zimmertrennwände innerhalb einer Wohnung verwendet. Aus Schall- und Brandschutzgründen werden Wohnungstrennwände zwischen zwei Wohnungen innerhalb eines Baukörpers im Regelfall als Doppelständerwände mit dreilagiger Beplankung ausgeführt. Vorsatzschalen werden zur Verkleidung von Wänden errichtet.

Die beim Fertigen einer Trockenbauwand anfallenden Baustellenabfälle lassen sich den baustoffspezifischen Abfällen und den Verpackungsmaterialien zuordnen.

Der Einfluss der Raumstruktur des Bauwerks auf die Verschnittmenge des Gipskartons wurde durch eine Bestimmung des leistungsspezifischen Gipskartonverschnitts bei vier verschiedenen Raumstrukturen untersucht und nachgewiesen [111]:

- Trockenbauwandkonstruktionen im Kinobau (RF: 1,25)
- Trockenbauwandkonstruktionen im Wohnungsbau (RF: 3,2)
- Trockenbauwandkonstruktionen im Wohnungsbau (RF: 3,0)
- Trockenbauwandkonstruktionen für WC-Anlagen (RF: 5,0) (Tab. 6.16)

In Abb. 6.59 ist die Entwicklung des Gipskartonabfalls über dem eingebauten Gipskarton dargestellt.

Ein gleich bleibendes Plattenformat vorausgesetzt (hier: 200 × 125 × 1,25 cm), steigt mit größer werdendem Raumfaktor die Verschnittmenge. Der Verschnittanteil variiert zwischen 6,6 % bei der Errichtung von Kino-Vorsatzschalen bis 40 Gew.-% bei der Herstellung von kleinzelligen WC-Räumen. Für den Wohnbereich wurden Verschnittanteile von 16 % (RF3) und 19 % (RF 3,2) nachgewiesen.

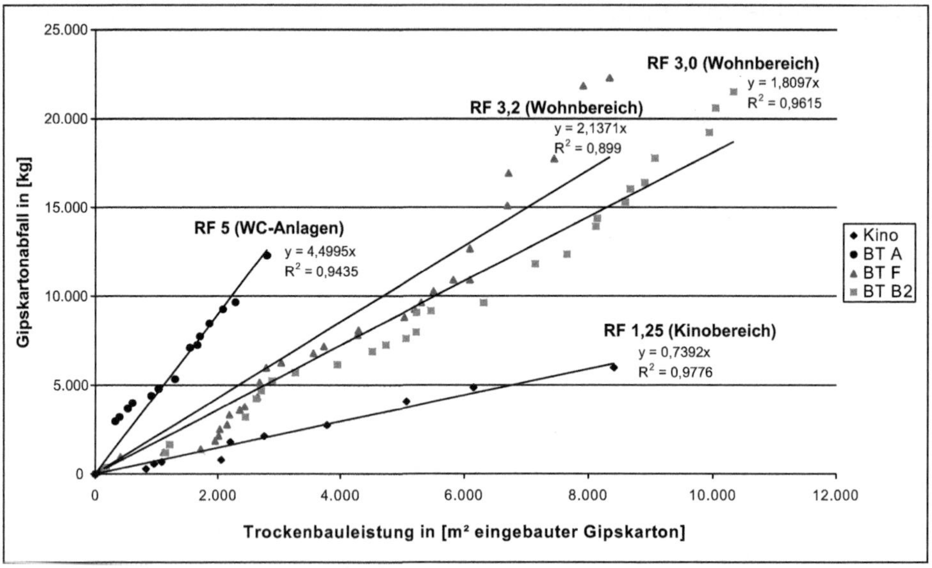

Abb. 6.59 Leistungsspezifischer Gipskartonverschnitt bei der Errichtung von Trockenbauwänden bei verschiedenen Raumfaktoren, jedoch einheitlichem Gipskartonplattenformat (200 × 125 × 1,25 cm) [110]

Um den Einfluss der Raumstruktur für die Trockenbauwandleistung zu verdeutlichen, wurde der Regressionswert des spezifischen Gipskartonabfalls aus Abb. 6.59 als Funktion des zugehörigen Raumfaktorkennwertes in Abb. 6.60 dargestellt.

Der Einfluss des Raumfaktors auf den Gipskartonverschnitt wird so durch die vorliegende Untersuchung deutlich. Mit dem Ziel mehr Verschnittabfälle bei Gipsplatten zu vermeiden, sind Abweichungen vom Standardproduktionsmaß zu produzieren und einzukaufen, damit eine optimierte Formatanpassung der Gipskartonplatten an die jeweilige Raumstruktur durchgeführt werden kann. In Abb. 4 sind in diesem Zusammenhang zwei mögliche Formate A und B ausgewählt und eingezeichnet, die einen reduzierten Gipskartonverschnitt zeigen.

Bei der Ausführung von Trockenbauleistungen sind abfallvermeidungsrelevante Maßnahmen auf den zwei Ebenen Planung und Ausführung wirksam. Planungsseitig kann der Einsatz von maßgeschnittenen, raumhohen Platten Verschnittabfall vermeiden (Abb. 6.61).

6.3.6.3 Potentiale einer veränderten Baustellenentsorgung

Die Idee der Kreislaufwirtschaft als Konzept für eine nachhaltige, zukunftsver-trägliche Entwicklung beinhaltet die Installierung geschlossener Kreisläufe von Rückständen im Bauprozess. Maßgeblich für eine dabei vorzunehmende Steuerung der Abfallströme ist eine genaue Kenntnis und Bewertung der Entsorgungs-potentiale bereits mit der Planung

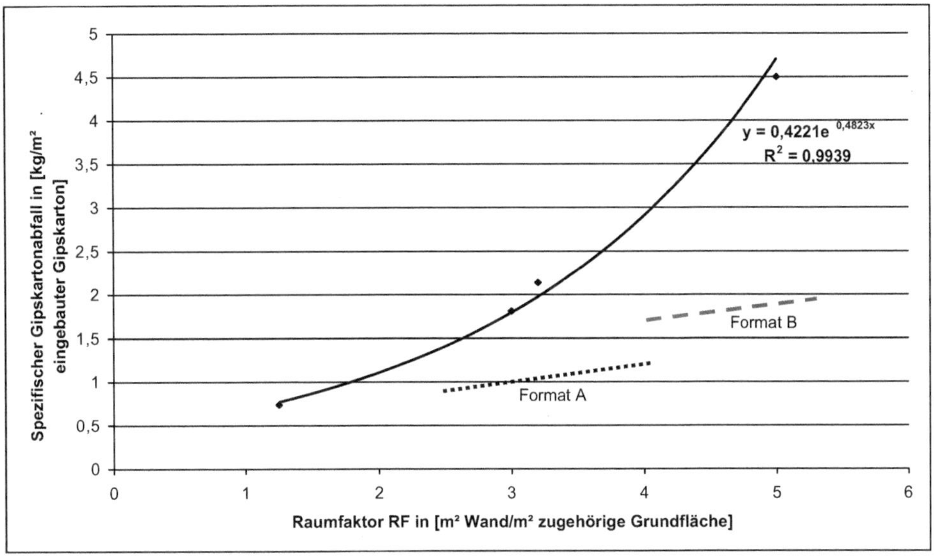

Abb. 6.60 Einfluss des Raumfaktors auf den spezifischen Gipskartonabfall bei Tro-ckenbauwan-dbauleistungen für das Plattenformat 250 × 125 × 1,25 cm [110]

Abb. 6.61 Sammlung der Abfälle am Anfallort der Gewerke am Beispiel des Sony-Centers in Berlin am Potsdamer Platz

von Gebäuden und die gewerkespezifische Erfassung der entstehenden Abfälle in möglichst reiner Form z. B. in einer dezen-tralen Sammlung direkt auf der Baustelle (vgl. dazu Abb. 6.61).

Folgende Einsparungen sind zu erwarten [110, 111]:

- das Abfallvermeidungspotential kann beim Neubau eines Wohnhauses zwischen 27 und 29 % und beim Bürogebäude zwischen 34 und 37 % angenommen werden,

Abb. 6.62 Zentrale gewerkeübergreifende Entsorgungslogistik zur getrennten Erfassung und Sammlung der Abfälle

- das stoffliche und energetische Verwertungspotential, bezogen auf das Gesamtabfallpotential (incl. vermeidbarer Abfälle), variiert je nach Gebäudetyp zwischen 87 bis 94 %,
- bei einer vollständigen Getrennterfassung im Baustellenbetrieb muss mit einem Anteil für die Abfallbeseitigung im Wohnhausneubau von 5 bis 6 % und beim Bürogebäudeneubau von 11,6 bis 12,5 % gerechnet werden,
- das zu behandelnde Abfallpotential im Falle einer vollständigen Getrennterfassung im Baustellenbetrieb liegt bei unter 1 %.

Durch eine gemischte Erfassung der Baustellenabfälle im Baustellenbetrieb ist lediglich ein Teil der stofflich verwertbaren Baustellenabfälle nach einer maschinellen und händischen Sortierung Wie in Kap. 5 beschrieben stofflich nutzbar.

Neben der dezentralen Sammlung kann eine zentrale, gewerkeübergreifende Entsorgungslogistik eine weiterführende Abfalltrennung im Baustellenbetrieb und eine Reduzierung der Transportemissionen und -kosten, wie sie in Abb. 6.62 am Beispiel des Bauvorhabens Domaquaree am Potsdamer Platz in Berlin dargestellt ist, erfolgreich durchgeführt werden.

Als Ergebnis konnte für ein Bürogebäude mit hohem Ausstattungsgrad 67,7 kg Abfall/m^2 Bruttogeschossfläche berechnet werden. Dazu fallen 35,5 kg im Rohbau und 32,2 kg im Ausbau an. Differenziert man nach den Entsorgungswegen Verwertung und Beseitigung so kommt man auf einen stofflichen Verwertungsanteil von 77 % Baustellenabfälle und 10 % ausschließlich energetisch verwertbarer Baustellenabfälle. 12 % der Abfälle konnten deponiert werden und weniger als 1 % der Abfälle mussten gemäß der Deponieverordnung vor der Ablagerung behandelt werden. Die Voraussetzung hierfür ist jedoch eine zentrale Verantwortungsstruktur für die Abfallerfassung im Baustellenbetrieb.

Mit der Software **BACS-Soft** wird die Kalkulationsgrundlage für die Abfallmengenberechnung bezogen auf die Gewerke und die Verwertungswege angeboten.

Literatur

1. Gesellschaft für Verpackungsmarktforschung (GVM): Im Blickpunkt: Verpackungsverbrauch 1991–2005; Wiesbaden 2006
2. Bundesministerium für Umwelt, Naturschutz und Reaktorsicherheit: Kurzinfo Chemikalien, Stand September 2010; abgerufen unter http://www.bmu.de/chemikalien/kurzinfo/doc/3982.php, Dezember
3. Warth, W.: Paragraphen gegen den Abfallberg. München: Öko Raben 1988, S. 13–17
4. Umweltbundesamt: Prozessorientierte Basisdaten für Umweltmanagement-Instrumente (ProBas), Internetauftritt unter: http://www.probas.umweltbundesamt.de/php/themen.php, abgerufen Dezember 2011
5. Bröker, E.: Energiesparen durch Abfallvermeidung. München: Öko Raben 1988, S. 33–36
6. Warncke, T.: Einflussmöglichkeiten der Kommunen auf die Abfallvermeidung. München: Öko Raben 1988, S. 37–42
7. Kopytziok, N.: Abfallvermeidung als Bestandteil der Umweltpädagogik. München: Öko Raben 1988, S. 43–47
8. Statistisches Bundesamt: Abfallbilanzen der Jahre 1996 bis 2007, Wiesbaden 2009
9. Kopytziok, N.: Ganzheitliche Betrachtung von Produkten und ihren Nebenwirkungen. München: Öko Raben, S. 73–76
10. Schmincke, E.: Lebenslauf im Mittelpunkt. Die Produktlinienanalyse eignet sich zur Bewertung des Abfallvermeidungspotenzials von Produkten und ihren Nebenwirkungen. Müllmagazin 1 (1989)
11. TU Dresden, INTECUS: Nutzung der Potenziale des biogenen Anteils im Abfall zur Energieerzeugung, Umweltbundesamt, Förderkennzeichen (UFOPLAN) 3707 33 303; Dessau-Roßlau 2010
12. Information der Fa. Eisenmann: Holzgerlingen 1992
13. Fischer, K.-J.; Niestroj, J.; Alwast, H.; Bilitewski, B.: Die Umsetzung des Reststoffvermeidungs- und -verwertungsgebotes gem. § 5 Abs. 1 Satz 3 BImSchG am Beispiel von Lackieranlagen. Abfallwirtschafts Journal (1991) 741–745
14. Hofer, F.: Kriterien kommunaler Abfallwirtschaft. Müll und Abfall 5 (1987) 174–183
15. Faber, M.; et al.: Umdenken in der Abfallwirtschaft, Vermeiden, Verwerten, Beseitigen. Heidelberg: Springer 1988, S. 77 ff.
16. Hillmann, K.-H.: Umweltkrise und Wertewandel – Die Umwertung der Werte als Strategie des Überlebens. Frankfurt, a. M.: Peter Lang 1981
17. Balderjahn, I.: Das umweltbewusste Konsumverhalten. Berlin: Duncker & Humboldt 1986
18. Eder, G.: Einflussgrößen bei häuslichen Abfällen. Berichte Umweltbundesamt Berlin: Erich Schmidt Verlag 1983
19. Tuminski, R.: Organische Substanzen – Kompostierbare Abfallfraktionen. München: VDI-Bildungswerk 1988
20. Jacobi, H.W.: Abfallwirtschaftliche Systematik. Berlin: Umweltbundesamt 1987
21. Umweltbundesamt Berlin: Jahresbericht 1985, 1986, S. 105
22. Marek, K.; Schwarze, J.-H.: Das Risikomanagement unter dem Gesichtspunkt der Abfallvermeidung. Vermeidung und Verwertung von Abfällen. Berlin: EF-Verlag 1993
23. IFÖR: Abfall vermeiden, Leitfaden für eine ökologische Abfallwirtschaft. Frankfurt/M.: Fischer 1989
24. Gewiese, A.; et al: Abfallvermeidung – Ein Modellversuch in Hamburg-Harburg im Jahre 1987. Berlin: INTECUS 1988
25. Bormann, W.; Funcke, R.: Plenum – Modellversuch Abfallvermeidung – Entwicklung von Möglichkeiten zur Reduzierung von Hausmüllmengen mittels Beeinflussung des Verbraucherverhaltens: Berlin 1984

26. Rat der Stadt Köln. Auszug aus dem Beschlussbuch 9.36 Abfallvermeidung: Köln 30. Juni 1988
27. Barghoorn, M.; et al.: Bundesweite Hausmüllanalyse 1983 bis 1985: Umweltbundesamt Berlin 1986
28. Geschuhn, A.; Meyer, U.: Geringer kommunaler Handlungsspielraum. Müllmagazin (1989) 12–16
29. Wessel, K.: Kampagne gegen Styropor. Müllmagazin 1 (1988) 6–7
30. Teufel, D.: Ökologische Steuerreform. Müllmagazin 2 (1989) 10–13
31. Vicke, L.: Umweltökonomie. München: Verlag Franz Vahlen 1982
32. Jurtschitsch, E.: Entstehung und Vermeidung von Sonderabfällen am Beispiel Hamburg. AGöF-Abfallvermeidung – Stand und Perspektiven. München: Öko Raben Verlag 1988
33. Wessel, K.: Der Bundesstaat Massachusetts legt einen Gesetzentwurf zur Reduktion gefährlicher Stoffe vor. Müllmagazin 2 (1989) 6–9
34. Sutter, H.: Möglichkeiten zur Vermeidung gefährlicher Sonderabfälle. Müll und Abfall 3 (1987) 102–108
35. Ewen, C.: Eine Vermeidung von Sonderabfällen ist technisch machbar. AGÖF-Arbeitsgruppe (Hrsg.): Abfallvermeidung – Stand und Perspektiven. München: Öko Raben Verlag 1988
36. Sutter, H.: Vermeidung und Verwertung von Sonderabfällen, Grundlagen, Verfahren, Entwicklungstendenzen. Berlin: Erich Schmidt 1987
37. Sutter, H.: Wirtschaftliche Aspekte der Vermeidung und Verwertung industrieller Sonderabfälle. Müll und Abfall 6 (1987) 233–239
38. Schaum, H.: Vermeidung und Verwertung von Sonderabfällen in der chemischen Industrie. Thomé-Kozmiensky, K.J. (Hrsg.): Behandlung von Sonderabfällen 2. Berlin: EF-Verlag, 1987, S. 716–727
39. Schulze, J.: Entwicklungstendenzen zu einer rückstandsfreien oder rückstandsarmen Chemieproduktion. Müll und Abfall 1 (1987) 14–25
40. Metzen, H., Lorber, K.E.: Script zur Vorlesung Emissionsminderung in der chemischen Großindustrie. Vorlesung an der TU Berlin, Fachbereich 21, 1987
41. Schulze, J., Homann, M.: Untersuchung der Vermeidung- und Verwertungsmöglichkeiten von schwefelhaltigen Rückständen der anorganischen und organischen Zwischernproduktenchemie. Forschungsbericht 103 01 343, 1985
42. Wirsching, F.: Rückstände aus der Phosphorsäureproduktion (Kennz. 8581). Kumpf/Maas/Straub: Müll- und Abfallbeseitigung. Berlin: Erich Schmidt Verlag 1982
43. Salomon, H.: Rückstände und Abfälle bei der Alkalichloridelektrolyse. Kumpf/Maas/Straub: Müll- und Abfallbeseitigung (Kennz. 8580) Berlin: Erich Schmidt Verlag 1987
44. Drechsler, W., Sutter, H.: Anfall und Behandlung von Chlorkohlenwasserstoff-rückständen in der chemischen Industrie. Kumpf/Maas/Straub: Müll- und Abfallbeseitigung. (Kennz. 8594) Berlin: Erich Schmidt Verlag 1985
45. Coenen, H.: Altölaufbereitung – eine wirtschaftliche Lösung zum Recycling verbrauchter Schmierstoffe. Verfahrenstechnik 6 (1988) 74–85
46. Möller, U. W.: Altölbeseitigung. Reihe Kontakt & Studium, Band 253. Grafenau: expert verlag 1988
47. Müller, K.: Altölverwertung. Abfallwirtschaft in Forschung und Praxis, Band 9. Berlin: Erich Schmidt Verlag 1982
48. Koehn, H.O.A.: Wohin mit dem alten Autoöl. EntsorgungsPraxis 7/8 (1987) 342–347
49. Regenerierung von Altöl mit Natrium. Hanau: Firmeninformation Degussa AG 1986
50. Frauenhofer Institut für System- und Innovationsforschung Karlsruhe: Innerbetriebliche Wertstoffrückgewinnung in der Galvanik. Berlin: Texte Umweltbundesamt 1985
51. Hartinger, L.: Kombination von wassersparenden Maßnahmen und Recyclingverfahren in der Metallindustrie. Sonderdruck aus Wasserkalender 1988 der Goema Dr. Götzelmann KG: Stuttgart 1988

52. Lieber, H.-W.: Technologien zur Beseitigung, Verminderung und Vermeidung von Galvanikschlämmen. 178. Seminar des FGU-Berlin: Abwasserfreundliche Technologien - moderne Verfahren der Abwasservermeidung und Abwasserreinigung 1988
53. Salzbadnitrieren nach dem Tenifer-QPQ-Verfahren. Hanau: Firmeninformationsschrift Degussa AG
54. Jacobi, H.W.: Cyanide - Herkunft und umweltverträgliche Behandlung (Kennz. 8574). Kumpf/Maas/Straub: Müll- und Abfallbeseitigung, Berlin: Erich Schmidt Verlag 1987
55. Klöckner Ionocon GmbH: Ionitrieren - Anlagen und Anwendungsgebeite, Report 12. Sonderdruck aus Elektrowärme International 34 (1976) Band 6, S. 298–305
56. Gerhard Collardin GmbH: Chemische Vorbehandlung verzinkter Trägerwerkstoffe bem Coil-Coating. Firmeninformationen zum No-Rinse-Verfahren
57. Peroxid-Chemie: Beizen von Buntmetallen mit Wasserstoffperoxid. Firmeninformation
58. Heffels, H.-W.: Recycling organischer Lösemittel bei der Reinigung und Entfettung von Metallteilen. Bartz W.J. (Hrsg.): Entsorgung durch Reststofffverwertung. Grafenau: expert verlag 1980
59. UTZ Umwelttechnisches Zentrum: Entfettung und Reinigung von Oberflächen. Chlorkohlenwasserstoffe, Benzinkohlenwasserstoffe oder wässrige Systeme. Frankfurt: UTZ-Materialien Nr. 9, 1989
60. Pawlak R.P.: Verfahren zur Aufarbeitung des Kathodenausbruchs von Aluminiumelektrolyseöfen. Abfallstoffe in der Nichteisen-Metallurgie, Wiederverwertung oder Deponie? 17. Metallurgisches Seminar des GDMB (1986) 117–132
61. Reuhl, K.; Vollheim, T.; Wendt, H.: Aluminiumchlorid-Raffination durch destillative Trennung von FeCl3 und AlCl3 - ein Schlüsselproblem für die elektrolytische Aluminiumgewinnung aus Chloridschmelzen. Erzmetall 40 (1987) 3, S. 124–127
62. Eriksson, S.: ScanDust. The First Industrial Plant Using Plasma Technology for Steel Plant Dust Smelting. Abfallstoffe in der Nichteisen-Metallurgie, Wiederverwertung oder Deponie? 17. Metallurgisches Seminar des GDMB (1986) 159–170
63. Estel, R.: Erfahrungen bei der Verarbeitung von Hüttenreststoffen nach dem Wälzverfahren. Abfallstoffe in der Nichteisen-Metallurgie, Wiederverwertung oder Deponie? 17. Metallurgisches Seminar des GDMB (1986) 144–158
64. Arth, R.; Höffken E.; Pflipsen, D.; Seidelmann, L.: Die Entwicklung des Thyssen-Heißbrikettier-Verfahrens und die betriebliche Anwendung. Agst, J. (Hrsg.): Dritte Duisburger Recycling-Tage: Moers 1988, S. 93–120
65. Henning, M.: Thermische Aufbereitung metallhaltiger Hüttenreststoffe mit Hilfe des INMETCO-Direktreduktionsverfahren. Agst, J. (Hrsg.): Dritte Duisburger Recycling-Tage: Moers 1988, S. 139–156
66. Fink F.: Aufarbeiten von Reststäuben der Eisenhüttenwerke. Agst, J. (Hrsg.): Dritte Duisburger Recycling-Tage: Moers 1988, S. 157–176
67. Krupp MAK: Firmeninformation
68. Hildebrandt, E.: Vakuum-Destillation mit direkter Brüdenverdichtung. Entsorgungs Praxis 9 (1988) 346–348
69. Szabo-Sipos, L.: Rückgewinnung von chlorierten Kohlenwasserstoffen aus industriellen Abfällen durch Destillation. Verfahrenstechnik 10 (1988) 45–46
70. Gorak, A.; Nowicki, L.: Rückgewinnung von organischen Lösemitteln aus verdünnten Lösungen. Thomé-Kozmiensky, K.J. (Hrsg.): Behandlung von Sonderabfällen 1. Berlin: EF-Verlag 1987, S. 298–302
71. Sutter, H.: Beseitigung, Vermeidung und Verwertung von Lackschlämmen. (Kennz. 8551). Kumpf/Maas/Straub (Hrsg.): Müll und Abfallbeseitigung. Erich Schmidt Verlag
72. Weimann, L.: Wann welche Methode anwenden bei der Lösungsmittelrückgewinnung? Sonderdruck aus Maschinenmarkt 19 (1974)

73. Krill, H.: Kontinuierliche Prozesse wachsen langsam. Chemische Industrie 2 (1988) 76–78
74. INTECUS: Entsorgungsstruktur und Lösungen auf dem Gebiet der Sonderabfälle in den Wirtschaftszweigen Hüttenindustrie, Chemische Industrie, Metallbe- und verarbeitung (Großmengenkonzept): Umweltbehörde Hamburg 1989
75. Deutsche Shell AG: Firmeninformation zum Schmierstoffwerk Grasbrook
76. Hessisches Ministerium für Umwelt, Energie und Bundesangelegenheiten: Bericht über die Untersuchung von 60 NE-Metallschmelzanlagen und 27 NE-Metallgießereien im Land Hessen hinsichtlich der Umsetzung des Reststoffvermeidungs- und -verwertungsgebotes gem. § 5 Abs. 1 Nr. 3 Bundes-Immissionsschutzgesetz: INTECUS, Dez. 1991
77. Hautz, U.: Metall-Recycling aus NE-Krätzen: Recycling von Metallen. Berlin: EF-Verlag 1987
78. Jöst Engineering: Firmenprospekt 1990
79. Hessisches Ministerium für Umwelt, Energie und Bundesangelegenheiten: Bericht über die Untersuchung von 26 Anlagen zum Erschmelzen von Gußeisen und Stahl im Land Hessen hinsichtlich der Umsetzung des Reststoffvermeidungs- und -verwertungsgebotes des § 5 Abs. 1 Nr. 3 Bundes-Immissionsschutzgesetz: INTECUS, August 1992
80. Freunscht, E.; Rudolpf, A.: Konzeption einer modernen Heißwind-Kupolofenanalge. Gießerei 76 (1989) 10/11, S. 328–335
81. Prospekt der Fa. GHW, Gesellschaft für Hüttenwerksanlagen mbH Düsseldorf-Oberkassel
82. Prospekt der Fa. Ingenieurbüro Rötters GmbH Freudenberg
83. Marek, K.; Schwarze, J.H.: Das Risikomanagement unter dem Gesichtspunkt der Abfallvermeidung. Fleischer, G. (Hrsg.): Vermeidung und Verwertung von Abfällen. Berlin: EF-Verlag 1992, S. 43
84. Hessisches Sonderabfallabgabengesetz vom 26. Juni 1991, Nr. 16: Gesetz- und Verordnungsblatt für das Land Hessen, Teil I, 9. Juli 1991
85. INTECUS: Leitfaden für den Einsatz in der behördlichen Bearbeitung von Genehmigungsanträgen gemäß Anhang 40 Rahmenabwasserverwaltungsvorschrift (vorläufige Endfassung), Senatsverwaltung für Stadtentwicklung und Umweltschutz Berlin 1993
86. INTECUS: Bericht über die Untersuchung von 6 Lackieranlagen im Land Berlin hinsichtlich der Umsetzung des Reststoffvermeidungs- und -verwertungsgebotes gem. § 5-I-3 BImSchG 1993
87. Angelehnt an: Sutter, H.: Beseitigung, Vermeidung und Verwertung von Lackschlämmen. Müll-Handbuch (Kennz. 8551). Berlin: Erich-Schmidt-Verlag 1986
88. INTECUS: Bericht über die Untersuchung von 20 Lackieranlagen im Land Hessen hinsichtlich der Umsetzung des Vermeidungs- und -verwertungsgebotes gem. § 5-I-3 BImSchG. Im Auftrag des Hessischen Ministeriums für Umwelt, Energie und Bundesangelegenheiten: Wiesbaden 1991
89. Verwertung von Lackkoagulaten nach dem Envilack-Verfahren. Informationsschrift der Envilack GmbH: Duisburg 1992
90. Fischer, K.-J.; Niestroj, J.; Alwast, H.; Bilitewski, B.: Die Umsetzung des Reststoffvermeidungs- und -verwertungsgebotes nach § 5 Abs. 1 Satz 3 BImSchG am Beispiel von Lackieranlagen. AbfallwirtschaftsJournal (1991) 741–745
91. Fischer, K-J.; Alwast, H.; Bilitewski, B.: Technische und wirtschaftliche Aspekte zur betrieblichen Sonderabfallwirtschaft. Maschinenmarkt 97(1991) 41
92. Wagener, F.; Wiesner, J.: Vermeidung und Verwertung von Reststoffen aus der Titan-Dioxidproduktion. Produktionsintegrierter Umweltschutz in der chemischen Industrie. DECHEMA (Hrsg.): Frankfurt/Main 1990
93. Bundesministerium für Wirtschaft: Wirtschaftliche Förderung in den neuen Bundesländern, April 1993
94. Angelehnt an: Sutter, H.: Beseitigung, Vermeidung und Verwertung von Lackschlämmen. Müll-Handbuch (Kennz. 8551). Berlin: Erich Schmidt Verlag Lfg. 1/1986

95. Wiegel, U.: Eigenkompostierung – Alternative oder Alibi? In: Gütesicherung und Vermarktung von Bioabfallkompost: Wiemer; Kern (Hrsg.): Witzenhausen 1992
96. Fleischer, G. et al.: Abfallvermeidung und -verwertung bei Messeveranstaltungen, Fachbereich Abfallwirtschaft: TU Berlin 1992
97. INTECUS: Kurzgutachten: 5-1-3-NRW 120 Eisen-, Temper- und Stahlgießereien
98. INTECUS: Kurzgutachten: 5-1-3-Hessen 27 Eisen-, Temper- und Stahlgießereien
99. INTECUS: Kurzgutachten: 5-1-3-Hessen 26 Anlagen zum Erschmelzen von Gußeisen und Stahl
100. INTECUS: Kurzgutachten: 5-1-3-Hessen 60 NE-Metallschmelzanlagen und 27 NE-Metallgießereien
101. INTECUS: Kurzgutachen: 5-1-3-Hessen 20 Lackieranlagen
102. INTECUS: Kurzgutachen: 5-1-3-Berlin 33 NE-Metallschmelz- und Gießereianlagen
103. INTECUS: Kurzgutachen: 5-1-3-Berlin 3 Eisenschmelz- und Gießereianlagen
104. Poremski H.-J.: Bewertungsmethoden im Rahmen der Ökobilanzierung. Ökobilanzen, Seminar 35: UTECH Berlin 1993
105. Rubik F.; Stölting P.: Birnen und Äpfel. Müllmagazin (1992) Nr. 1
106. Franke M.: Umweltauswirkungen durch Getränkeverpackungen. Berlin: EF-Verlag, 1989
107. Biet J.; Boes R.; u. a.: Ökobilanzen für Produkte, Texte 38/92. Umweltbundesamt Berlin 1992
108. INTECUS: Entsorgungsstruktur und Lösungen auf dem Gebiet der Sonderabfälle in den Wirtschaftszweigen Hüttenindustrie, Chemische Industrie, Metallbe- und -verarbeitung (Großmengenkonzept): Umweltbehörde Hamburg 1989
109. Werthmann, R., Armbrust, R., Kalker, B.: Produktionsspezifische Abfälle und Abwässer aus der Metalloberflächenbehandlung durch Konversionsverfahren (KZ 3570); In: Hösel/Bilitewski/Schenkel/Schnurer, Müllhandbuch, Berlin: Erich Schmidt Verlag 1995
110. Lipsmeier, K.: Abfallkennzahlen für Neubauleistungen im Hochbau – Hochbaukonstruktionen und Neubauvorhaben im Hochbau nach abfallwirtschaftlichen Gesichtspunkten, Dissertation, in Beiträge zu Abfallwirtschaft/Altlasten, Band 37, 2004
111. Lipsmeier K., Bilitewski, B.: Bauabfallentsorgungssysteme in der baubetrieblichen Praxis unter besonderer Berücksichtigung gewerkespezifischer Aspekte des Hochbaus (KZ 8531.6) (2000); In: Hösel/Bilitewski/Schenkel/Schnurer, Müllhandbuch, Berlin: Erich Schmidt Verlag 1995

Altlasten

7

7.1 Ursachen und Begriffsbestimmung

Altlasten sind eine Folgeerscheinung der Industrialisierung. Sie sind durch Irrtümer und Fahrlässigkeiten bei der Abfall- und Rückstandsbeseitigung sowie beim Umgang mit umweltgefährdenden Stoffen entstanden. Dementsprechend werden die Altlasten den Hauptkategorien Altablagerungen und Altstandorte zugeordnet. Durch die umweltpolitische Diskussion der Altlastenproblematik wurde der rechtlich nicht bestimmte Begriff Altlast von unterschiedlicher Seite näher definiert.

Erstmalig in einem Gesetz wurde der Begriff Altlasten im Abfallgesetz des Landes Nordrhein-Westfalen von 1988 erwähnt [1]. Das Bundesbodenschutzgesetz (BBodSchG) enthält in § 2 folgende Begriffsbestimmung:

- Boden im Sinne dieses Gesetzes ist
  die obere Schicht der Erdkruste, soweit sie Träger der in Absatz 2 (BBodSchG) genannten Bodenfunktionen ist, einschließlich der flüssigen Bestandteile (Bodenlösung) und der gasförmigen Bestandteile (Bodenluft), ohne Grundwasser und Gewässerbetten.
- Schädliche Bodenveränderungen sind
  Beeinträchtigungen der Bodenfunktionen, die geeignet sind, Gefahren, erhebliche Nachteile oder erhebliche Belästigungen für den einzelnen oder die Allgemeinheit herbeizuführen.
- Altlasten sind
  1. stillgelegte Abfallbeseitigungsanlagen sowie sonstige Grundstücke, auf denen Abfälle behandelt, gelagert oder abgelagert worden sind (Altablagerungen), und
  2. Grundstücke stillgelegter Anlagen und sonstige Grundstücke, auf denen mit umweltgefährdenden Stoffen umgegangen worden ist, ausgenommen Anlagen, deren Stilllegung einer Genehmigung nach dem Atomgesetz bedarf (Altstandorte),

  durch die schädliche Bodenveränderungen oder sonstige Gefahren für den einzelnen oder die Allgemeinheit hervorgerufen werden.

B. Bilitewski, G. Härdtle, *Abfallwirtschaft*,
DOI 10.1007/978-3-540-79531-5_7,

- Altlastenverdächtige Flächen sind
  Altablagerungen und Altstandorte, bei denen der Verdacht schädlicher Bodenveränderungen oder sonstiger Gefahren für den einzelnen oder die Allgemeinheit besteht.
- Sanierung im Sinne dieses Gesetzes sind Maßnahmen
  1. zur Beseitigung oder Verminderung der Schadstoffe (Dekontaminationsmaßnahmen),
  2. die eine Ausbreitung der Schadstoffe langfristig verhindern oder vermindern, ohne die Schadstoffe zu beseitigen (Sicherungsmaßnahmen),
  3. zur Beseitigung oder Verminderung schädlicher Veränderungen der physikalischen, chemischen oder biologischen Beschaffenheit des Bodens.

7.2 Umfang und Gefahrenabschätzung von Altlasten

7.2.1 Umfang altlastenverdächtiger Standorte

Bis Mitte 1992 wurden in der Bundesrepublik 135.000 Altlastenverdachtsflächen erfasst, davon 55.000 in den neuen Bundesländern und 80.000 in den alten Bundesländern [30]. 2010 ist die Erfassung von Altlastenverdachtsflächen weit fortgeschritten, nach Angaben der Altlastenstatistik wurden in Deutschland über 314.000 Flächen erfasst. 1992 war der Bearbeitungsstand bei der Erfassung der Altablagerungen sehr viel weiter fortgeschritten als bei den Altstandorten, so dass die Anzahl der Verdachtsflächen seitdem angestiegen ist. 2010 wies die Altlastenstatistik rund 96.600 Altablagerungen und 218.000 Altstandorte aus.

In den 90er Jahren lagen sehr unterschiedliche Prognosen zur Schätzung der Sanierungskosten vor, in Summe wurde von einer Größenordnung von 250 Mrd. DM ausgegangen.

Die Betriebsgelände und Anlagen folgender Branchen und Industrien gelten als altlastenverdächtige Standorte [3]:

- Steinkohlenbergbau, Kokereien, Gaswerke,
- Herstellung, Verarbeitung und Gewinnung von Spalt- und Brutstoffen, Glühstrumpffabriken,
- NE-Metallerzbau, NE-Metallhütten, -schmelzwerke, -gießereien,
- Mineralölverarbeitung und -lagerung (incl. Altöl),
- Oberflächenveredelung, Härten von Metallen,
- Herstellung von Batterien, Akkumulatoren,
- Herstellung von Waffen und Munition,
- Herstellung von anorganischen Grundstoffen,
- Chemische Industrie, Herstellung von Handelsdünger, Kunststoffen, Pflanzenschutz- und Schädlingsbekämpfungsmitteln etc.,
- Farben- und Lackindustrie,

- Aufbereitungsanlagen von verbrauchten Chemikalien,
- Herstellung, Veredelung und Verarbeitung von Glas,
- Säge-, Hobel- und Holzimprägnierwerke,
- Verarbeitung und Färben von Papier, Tapeten, Wolle, Baumwolle,
- Kunststoff-, Gummi- und Asbestverarbeitung,
- Erzeugung und Verarbeitung von Leder,
- Ölmühlen, Herstellung von Nahrungsfetten,
- Chemische Reinigungen / Klärwerke,
- Abfallbeseitigungsanlagen,
- Güterbahnhöfe und Bahnbetriebsanlagen,
- Flugplätze,
- Schrott- und Autowrackplätze,
- Tierkörperbeseitigung, Tierkörperverwertung,
- ehemalige militärische Liegenschaften.

7.2.2 Umweltgefahren durch Altlasten

Das Gefährdungspotenzial einer Altlast für die Umwelt lässt sich ermitteln aus der Bioverfügbarkeit und der Biotoxizität der von ihr ausgehenden Stoffe (vgl. Kap. 7.3.3). Dabei spielen die Transportmittel Luft und Wasser die entscheidende Rolle. Beeinträchtigungen der menschlichen Gesundheit und des Ökosystems sind die Folge von Emissionen aus Altlasten.

Die von einer Altlast ausgehenden unmittelbaren Gefahren für die menschliche Gesundheit werden verursacht durch die Schadstoffaufnahme über das Einatmen giftiger Gase, durch Resorption von Schadstoffen über Hautkontakt und über den Magen-Darm-Trakt mittels kontaminiertem Wasser oder kontaminierten Nahrungsmitteln. Eine weitere Gefährdung stellt die Explosions- und Brandgefahr durch Eindringen von Methangas, z. B. in Kellerräume, dar.

Ohne Anspruch auf Vollständigkeit sind im Folgenden humantoxikologisch wichtige Schadstoffe bzw. Schadstoffgruppen aufgelistet, die in Altlasten häufig vorkommen. Bezüglich der jeweiligen spezifischen Wirkungen auf den Menschen wird auf die medizinische Fachliteratur verwiesen [4]. Humantoxikologisch relevante Schadstoffe aus Altlasten sind:

- Schwermetalle wie Cadmium, Blei, Quecksilber, Chrom, Nickel, Kupfer, Zink und das Halbmetall Arsen,
- anorganische Schadstoffe wie Nitrate, Cyanide und Eisen-Cyano-Komplexe,
- Aromate (Benzol, Toluol, Xylol) und Polycyclische Aromatische Kohlenwasserstoffe (PAK), u. a. Benzo-a-pyren,
- leichtflüchtige Halogenkohlenwasserstoffe (u. a. Tetrachlorethen, Trichlorethen, 1,1,1-Trichlorethan) und deren Abbauprodukte,

- schwerflüchtige Kohlenwasserstoffe (u. a. Polychlorierte Biphenyle (PCB), Hexachlorcyclohexan (HCH), Chlorbenzole, Chlorphenole, Dioxine, Furane und deren Abbauprodukte.

7.2.3 Rechtsfragen

Vor dem in Kraft treten des Bundesbodenschutzgesetzes (BBodSchG) im Jahr 1999 gab es in Deutschland keine rechtliche Regelung, welche die Altlastensanierung bundeseinheitlich geregelt hat. Das Bundesbodenschutzgesetz wird durch die Bundes-Bodenschutz- und Altlastenverordnung (BBodSchV) ergänzt. Nach § 1 BBodSchG dient das Gesetz dem Zweck, nachhaltig die Funktionen des Bodens zu sichern oder wiederherzustellen. Hierzu sind:

- schädliche Bodenveränderungen abzuwehren,
- Boden und Altlasten sowie hierdurch verursachte Gewässerverunreinigungen zu sanieren und
- Vorsorge gegen nachteilige Einwirkungen auf den Boden zu treffen.

Der Komplex der Altlastensanierung beinhaltet folgende Bereiche, die einer rechtlichen Regelung unterliegen:

- Erfassung: Anzeigepflicht, Überwachung, Untersuchungspflicht, Kennzeichnungspflicht, Kosten,
- Gefährdungsabschätzung: Öffentliche Sicherheit und Ordnung, Wasserwirtschaft,
- Durchführung von Sanierungsmaßnahmen: Zulassungsverfahren, Überwachung, Arbeitsschutz, Nachsorge,
- Haftung,
- Finanzierung.

7.3 Erfassung, Erkundung und Bewertung

7.3.1 Erfassung

Für die Erfassung von altlastenverdächtigen Flächen und Altlasten sowie deren Aufnahme im Altlastenkataster sind die Umweltämter der Länder oder Kommunen zuständig. Die Erhebungen, die zumeist durch die unteren Bodenschutzbehörden erfolgen, umfassen Daten, Tatsachen und Erkenntnisse über:

- Lage, Größe und Zustand der Altablagerungen und Altstandorte,
- frühere Nutzung des Betriebes einschließlich der Anlagen und Einrichtungen,
- Art, Menge und Beschaffenheit der Abfälle und Stoffe, die zur Ablagerung gekommen sein könnten oder mit denen umgegangen worden sein könnte,

- Umwelteinwirkungen einschließlich möglicher Schutzgutgefährdungen, die von den Ablagerungen und Altstandorten ausgehen.

Die Daten dieser Erhebungen werden in ein Erfassungs- und Bewertungssystem eingearbeitet. Dadurch wird sowohl eine Vereinheitlichung und Vergleichbarkeit der Informationen gewährleistet als auch die Definierung von Handlungsprioritäten und Sanierungszielen ermöglicht. Die zuständige Behörde wird durch die Führung eines solchen Altlastenkatasters, das jederzeit aktualisierbar ist, befähigt, angemessene Handlungsstrategien zu entwickeln und die Erkenntnisse in die Planungsprozesse anderer Behörden auf der kommunalen und überregionalen Ebene einzubinden.

Die zielgerichtete Erkundung von Altlasten wird mit den folgenden, unter Punkt 7.3.2 dargestellten Methoden durchgeführt.

7.3.2 Erkundung

7.3.2.1 Auswertung von Archivmaterial

Industriestandorte wie auch Altablagerungen weisen meist eine jahrzehntelange, oft wechselhafte Entwicklungs- und Nutzungsgeschichte auf. Die sog. klassischen Informationsquellen zur Erfassung von altlastverdächtigen Standorten und Flächen sind archivierte Akten von Verwaltungsvorgängen, Dokumente, sonstige Schriftstücke und Pläne in den Archiven der Betriebe, Kommunen, Kreise und der überregionalen Behörden sowie die gezielte Befragung der Bevölkerung durch Presseaufrufe, Bürgerversammlungen oder Fragebogenaktionen bzw. auch gezielte Umfragen bei den Mitarbeitern in den betroffenen Behörden und Betrieben.

7.3.2.2 Karten- und Luftbildinterpretation

Mit Hilfe von topographischen Karten und Luftbildern werden vor allem die Lokalisierung und die räumliche Ausdehnung von altlastenverdächtigen Standorten ermöglicht. Weiterhin können Erkenntnisse über den Zeitpunkt der Entstehung bzw. über Nutzungsdauer und Nutzungsänderungen gewonnen werden.

Bei der Auswertung von Karten zur Erfassung und Erkundung von Verdachtsflächen ist – von Einzelfällen abgesehen – stets eine multitemporale Kartenauswertung zu bevorzugen, da nur dadurch Art und Umfang von Änderungen, die bei der Kartenfortführung (eventuell Informationsverlust durch Berichtigung o. ä.) und bei Musterblattbereinigungen (Veränderung oder Reduzierung von Inhaltskategorien, die u. U. eine große Relevanz für die Verdachtsflächenerfassung besitzen) entstehen, entsprechend berücksichtigt werden.

Luftbilder stellen eine wichtige Ergänzung zu topographischen Karten dar. Befliegungen wurden sowohl in der Vergangenheit als auch in der Gegenwart in zeitlich kurzen Sequenzen durchgeführt, somit werden auch kurzfristige Veränderungen in der Nutzungsgeschichte von Altstandorten (z. B. im Krieg zerstörte ehemalige Produktionsstätten und ehemalige Standorte der Rüstungsproduktion) dokumentiert. Zum anderen weisen

Luftbilder auch mehr Details und einen höheren Informationsgehalt als Karten auf. Sie ermöglichen z. B. die Ermittlung alter Grundrisse von ehemaligen Produktionsstätten, die durch Unterschiede im Bewuchs gekennzeichnet sind (in der Archäologie bereits unverzichtbare Arbeitsmethode) oder sie zeigen beispielsweise direkte Austritte von Ausgasungen, die an Hand von Vegetationsschäden bzw. durch Vegetationsanomalien im Luftbild erkennbar sind. Weiterhin besteht die Möglichkeit, aufgrund der dreidimensionalen Modellwahrnehmung quantitative Angaben zu Volumina von Aufhaldungen, Abgrabungen und Verfüllungen zu ermitteln. Auch bei der Auswertung und Interpretation von Luftbildern empfiehlt es sich, Befliegungen unterschiedlicher Zeiträume auszuwerten, um einen optimalen Überblick über Lage, Ausdehnung und Veränderungen von Standorten zu erhalten [31].

Neben den topographischen Karten sind auch geologische, hydrogeologische, bodenkundliche und andere thematische Karten bei der Gefährdungsabschätzung von Altlasten unverzichtbare Hilfsmittel.

7.3.2.3 Erkundung durch Bioindikatoren

Die Zuordnung von Zeigerpflanzen zu bestimmten Sickerwässern und Gas stellt eine relativ billige und wenig zeitaufwendige Methode dar, die neben ersten Hinweisen auf gefährliche Kontaminationen auch Hinweise für eine gezieltere chemische Probenahme gibt. Mit einer Kartierung der Schadensstellen einer Altablagerung kann festgestellt werden, ob noch stärkere Gasbildung stattfindet oder ob im Falle von hügelförmigen Altablagerungen normal belastete oder möglicherweise hochgradig belastete Sickerwässer austreten. Die nachfolgend genannten Pflanzenarten sind für Norddeutschland typisch. In anderen Klimabereichen werden sich zwar andere Arten ansiedeln, die Grundphänomene bleiben jedoch gleich.

Deponiegas-Austrittsstellen

Für die Besiedelbarkeit von Altablagerungen durch Pflanzen stellen Ausgasungen die stärksten Beeinträchtigungen dar. Bei Deponiegasdurchbrüchen durch eine bindige Abdeckschicht treten kahle Stellen auf, da durch Sauerstoffverdrängung im Boden alle Pflanzen absterben. Auf nicht mit bindigem Material abgedeckten Deponien kann das Gas über die gesamte Oberfläche austreten und führt nur selten zu deutlichen Ausgasungsflecken.

Deponiegas

Ausgasungsstellen sind durch spezifische Gräser gekennzeichnet. Zu den beiden häufigsten gehören Deutsches Weidelgras (*Lolium perenne*) und Rot-Straußgras (*Agrostis tenuis*). Darüber hinaus ist die Quecke (*Agropyron repens*) auf fast allen Typen von Schadstellen vertreten. Quecke und Weidelgras können die Ausgasungsstellen durch Ausläuferbildung schnell zurückerobern. Pionierpflanzen wie Silbergras (*Corynephorus canescens*), Weißer Gänsefuß (*Chenopodium album*), Geruchlose Kamille (*Tripleurospermum indorum*) und Ampfer-Knöterich (*Polygonum lapathifolium*) können bei geringerem Gasanfall aufkommen [5]. Mit abnehmendem Gasgehalt findet eine langsame Wiedereinwanderung der standorttypischen Vegetation statt.

Stauwasser-Schwankungsbereich

Siedelt sich Wolliges Honiggras (*Holcus lanatus*) oder Behaarte Segge (*Carex hirta*) in den Schadstellen an, liegt der Einfluss von Sickerwasser vor. Beide Arten wachsen gern in wechselfeuchten zur Verdichtung neigenden Böden und dokumentieren so den Wechselbereich des Stauwasserhorizontes [5].

Sickerwasser

Sickerwasseraustrittsstellen erreichen eine hohe Vegetationsdeckung und sind nicht wie Gasaustrittsstellen an kahlen Flächen erkennbar. Sie besitzen eine Vegetation, wie sie an den Rändern eutropher und hypertropher Gewässer zu finden ist, z. B. sind sie oft mit Weißem Gänsefuß und Weiß-Straußgras bestanden. Auch Quecke, Acker-Kratzdistel (*Cirsium arvense*), Brennessel (Urtica dioica) und Zaunwinde (*Calystegia sepium*) kommen sehr dicht vor.

Im Bereich von Sickerwässern mit öligen Bestandteilen findet man je nach Kontamination eine Reduktion der Artenzahl bis auf eine Art im Zentrum der Sickerstelle. Bei einem hohen Anteil chlorierter Kohlenwasserstoffe in ölhaltigem Sickerwasser bleiben nur noch die Arten Roter Gänsefuß (*Chenopodium rubrum*) und Schilf (*Phragmites australis*) im Zentrum sowie Brennessel, Zaunwinde und Wasserdarm (*Myosoton Aquaticum*) im Randbereich übrig [5].

7.3.2.4 Geophysikalische Erkundungsmethoden

Geophysikalische Verfahren ermöglichen eine schnelle und schonende Untersuchung auch großer Flächen. Probenahmepunkte und Brunnen können an besonders günstigen und repräsentativen Stellen errichtet werden. Punktinformationen von Bohrungen und Schürfen sind mit Hilfe von geophysikalisch gewonnenen Daten auf Flächen zu übertragen. Neben der lateralen wie tiefenmäßigen Abgrenzung des Deponiekörpers sind u. U. Erkenntnisse des Deponieaufbaus zu gewinnen.

Um einen Überblick über eine Altablagerung zu gewinnen, beginnt man in der Regel die Untersuchung mit einer flächenhaften Vermessung des gesamten Areals. Folgende Messungen kommen dabei in Frage:

- magnetische Messungen,
- elektromagnetische Messungen,
- Kartierung des elektrischen Widerstandes,
- Messung des elektrischen Eigenpotenzials.

Neben dem schnell ermittelten Überblick über die Begrenzung des Deponiekörpers können die Untersuchungen gegebenenfalls auch Informationen über Stau- und Sickerwasser sowie über die Abflussrichtung (Eigenpotenzialmessungen, elektrische Kartierung) liefern.

Problemzonen müssen dann entweder mit einem verdichteten Messraster mit denselben Messverfahren bearbeitet oder mit aufwendigeren Methoden untersucht werden, z. B. mit

- seismischen Messungen,
- elektrischen Kleinkartierungen,
- elektromagnetischen Reflexions-Messungen (Radar).

Sind im Areal der Altablagerung Sondierbohrungen vorhanden, müssen auch diese geophysikalisch vermessen werden, da hierdurch die Interpretierbarkeit der geophysikalischen Oberflächenmessungen abgesichert wird.

Im Folgenden werden die verschiedenen geophysikalischen Verfahren kurz dargestellt.

Magnetische Messungen

Mit einem Magnetometer wird die Stärke des magnetischen Feldes gemessen. Durch magnetische und magnetisierbare Materialien im Untergrund wird die Stärke des Erdmagnetfeldes verändert. Aus den mit dem Magnetometer erfassten Daten wird die laterale Verteilung der magnetischen Materialien im Untergrund abgeleitet. Darüber hinaus lässt sich in vielen Fällen die Größe und Tiefenlage des magnetischen Materials (z. B. Schrott, Fässer) abschätzen. Magnetische Messungen werden als Übersichtsaufnahmen relativ rasch und ohne großen Aufwand durchgeführt.

Elektromagnetische Verfahren: Induktion und Reflexion

Beim Einsatz der *elektromagnetischen Induktion* wird ein elektromagnetisches Feld mit einer Frequenz von etwa 10 kHz in den Untergrund abgestrahlt und als ein durch den Untergrund modifiziertes Feld wieder empfangen. Das Verfahren der elektromagnetischen Induktion spricht sowohl auf Leitfähigkeitsänderungen als auch auf Änderungen der Magnetisierung im Untergrund (z. B. durch metallische Ablagerungen) an und ist mit geringem Aufwand und schnellem Geländefortschritt durchzuführen.

Das *Bodenradarverfahren* macht sich die elektromagnetische Reflexion zu Nutze. Dabei wird ein hochfrequentes elektromagnetisches Signal in den Boden abgesandt, das an Grenzflächen, an denen sich die elektrischen Eigenschaften des Untergrundes ändern, reflektiert wird. Empfangen wird das reflektierte Signal von einer Antenne, die über den Boden geschleppt wird. Indem Sender und Empfangsantenne in gleichmäßiger Geschwindigkeit entlang einer Profillinie über den Boden geführt werden, wird ein Schnitt durch den Untergrund aufgebaut. Das Verfahren ist besonders geeignet, den Grundwasserspiegel zu kartieren. Mit Georadar können aber auch Tiefe, Lage und Ausdehnung einer Altlast ermittelt werden und Informationen über Art, Konsistenz und Struktur einer Altablagerung gewonnen werden.

Elektrische Verfahren

Bei der elektrischen Kartierung wird ein elektrisches Feld über zwei Elektroden in den Untergrund eingespeist und die dadurch bedingte Spannung an zwei Sonden aufgezeichnet. Wird mit einer konstanten Messgeometrie von einem Sendedipol und einem Empfangsdipol das Messareal mit einem regelmäßigen Raster überzogen, erhält man die Eindringtiefe. Eine detaillierte Erkundung wird mit einer sich ändernden Geometrie von Sende- und

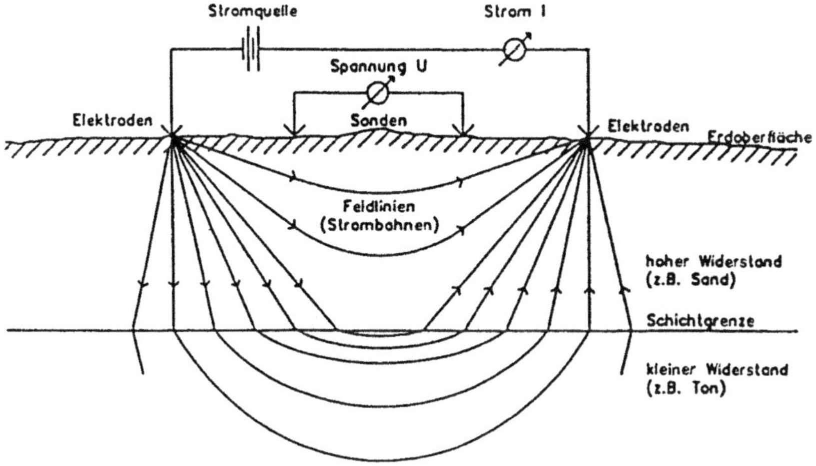

Abb. 7.1 Schlumberger-Anordnung [6]

Empfangsdipol durchgeführt. Bei einer Vergrößerung des Abstandes der beiden Dipole erreichen die Strombahnen tiefere Schichten.

Bei der geoelektrischen Tiefensondierung wird die vertikale Verteilung von Schichten mit unterschiedlichen elektrischen Widerständen untersucht. Dazu wird über zwei Elektroden ein Gleichstrom in den Boden eingespeist und an zwei Sonden die daraus resultierende Spannungsdifferenz gemessen. Für die Durchführung der Messungen haben sich verschiedene geometrische Muster von Elektroden- und Sonden-Anordnungen bewährt. Am häufigsten wird jedoch die Schlumberger-Anordnung gewählt (s. Abb. 7.1), bei der die Stromeinspeiseelektroden sukzessive weiter nach außen wandern, während die Messsonden an festen Punkten in der Mitte verbleiben. Der eingespeiste Strom erreicht um so größere Tiefen, je weiter die Elektroden voneinander entfernt sind. Die Sondierungen dienen vor allem der Erfassung der allgemeinen geologischen und hydrogeologischen Situation, können aber auch den Bereich direkt unterhalb des Deponiekörpers erschließen.

Bei Eigenpotenzialmessungen wird die Eigenschaft des Untergrundes als Stromquelle genutzt. Diese Messungen können Hinweise auf die Existenz von hohen Elektrolytgehalten liefern, wie sie im Abstrombereich von Altablagerungen zu finden sind.

Seismische Messungen

Eine kontinuierliche Vermessung von Schichtgrenzen im Untergrund ist mit seismischen Refraktionsmessungen möglich. Dazu werden akustische Wellen entweder mechanisch (Hammerschlag, Fallgewicht) oder durch kleine Explosionen erzeugt und dann von linienhaft angeordneten Geophonen aufgenommen. Aus der Messung der Ankunftszeit der Refraktionsenergie wird der Ausbreitungsweg rekonstruiert und daraus ein Bild des Untergrundes abgeleitet. Das Verfahren eignet sich gut zur Erfassung der Untergrenze einer Altablagerung und zur Ermittlung des Flurabstandes des Grundwasserspiegels [6].

Sonar

Die Echolotung wird über offenen Wasserflächen angewendet. Über einen Sender werden kurze Schallsignale in Richtung Meeres- oder Seeboden abgestrahlt. Der Dichteunterschied an der Grenze Wasser-Meeresboden reflektiert in der Regel die Signale zum Messschiff. Ausgewertet wird die Zeitdifferenz zwischen Senden und Empfangen, die in einem proportionalen Verhältnis zur Wassertiefe steht [32].

Anwendung im Altlastenbereich findet dieses Verfahren u. a. für Sucharbeiten dicht am Grund mit oder ohne Hilfe eines Tauchers, wobei auch Dichteänderungen und Gegenstände im Sediment erfasst werden können [33].

7.3.2.5 Untersuchungen des Grundwassers

Hydrogeologische Untersuchungen

Hydrogeologische Untersuchungen sollen die Grundwasserverhältnisse im Umfeld der Altlast ermitteln.

Haupttransportmittel für aus einer Altlast gelöste Stoffe ist das Sickerwasser, das sich im Grundwasser sowohl strömungsgebunden wie auch strömungsunabhängig durch Konzentrationsausgleich verteilt. Die Stoffwanderung wird durch die hydrogeologischen Gegebenheiten (Durchlässigkeit des Untergrundes, Grundwasserfließrichtung und Grundwasserfließgeschwindigkeit) und die Wechselwirkung der Sickerwasserinhaltsstoffe mit den Gesteinen des Untergrundes (Filterung, Fällung, Sorption) gesteuert. Die Kenntnis der Grundwasserbewegung erlaubt z. B. Rückschlüsse auf die Richtung und die erwartete Reichweite einer möglichen Schadstoffausbreitung und ist damit sowohl ein wichtiges Instrument der Untersuchungsplanung, z. B. zur gezielten Einrichtung von Grundwassermessstellen, als auch der Interpretation der hydrochemischen Daten. Erste Aussagen zu der generellen Fließrichtung des Grundwassers lassen sich in den meisten Fällen (besonders in Lockergesteinsgebieten) bereits aus der Interpretation geologischer und hydrogeologischer Karten sowie u. U. aus der Geländemorphologie herleiten. Eine sehr grobe Klassifizierung des Untergrundes in

- durchlässiges Lockergestein (Sand, Kies),
- klüftiges Festgestein (z. B. Kalkstein, Schiefer),
- geringdurchlässiges Gestein (Ton, Geschiebelehm u. ä.).

hilft bei der Auswahl der Untersuchungsmethoden, um die genauen hydrogeologischen Parameter zu bestimmen [7].

Voraussetzung zur Ermittlung der genauen Grundwasserverhältnisse ist das Vorhandensein mehrerer Messstellen in dem zu untersuchenden Grundwasserleiter. Bezüglich einzurichtender Grundwassermessstellen sind während des ersten Untersuchungsschrittes mindestens drei Messstellen empfehlenswert. Eine Messstelle sollte im Anstrombereich und zwei im Abstrombereich liegen. Diese Anordnung ist bei z. Z. in Betrieb befindlichen Deponien die Mindestanforderung an eine hydrogeologische Beweissicherung.

Eine Abschätzung der Bodendurchlässigkeit lässt sich anhand von Schichtenverzeichnissen und Bohrprobenansprachen treffen. Zur genaueren Bestimmung der Durchlässigkeit stehen Pumpversuche, Auffüllversuche und Wasserdruckversuche (WD-Tests) zur Verfügung, die jedoch in den meisten Erkundungsfällen zu aufwendig sind.

Sind die Kenngrößen eines Porengrundwasserleiters (k_f-Wert, nutzbares Porenvolumen, hydraulischer Gradient) aus vorhergehenden Untersuchungen bekannt, so kann die Abstandsgeschwindigkeit rechnerisch ermittelt werden. Bei klüftigen Festgesteinen muss jedoch auf Markierungsversuche zurückgegriffen werden.

Chemisch-physikalische Untersuchungen des Grundwassers

Die hydrogeologische Beweissicherung dient dem Nachweis einer Grundwasserverunreinigung. Dazu werden die Analysenbefunde der Nullsonde mit denen der Grundwassersonden im Abstrombereich verglichen.

Zur Prüfung, ob Emissionen aus der Verdachtsfläche ins Grundwasser gelangt sind, können nachstehende Parameter herangezogen werden:

- Feldparameter: Farbe, Geruch, Trübung, Leitfähigkeit, pH-Wert, Temperatur, Sauerstoffgehalt,
- Laboruntersuchungen: Calcium, Magnesium, Natrium, Ammonium (Nitrat, Nitrit), Gesamthärte, Carbonathärte, Kaliumpermanganat-Verbrauch, Chlorid, Sulfat, Borat, organische Summenparameter AOX, EOX, DOC, Kohlenwasserstoffe.

Diese Parameter sind mit Standardmethoden leicht und kostengünstig zu analysieren [8]:

Als Leitparameter für Bauschutt gelten Calcium und Sulfat. Haushaltsabfälle enthalten immer Magnesium, Natrium, Borat und Chlorid. Da Natrium und Chlorid sehr mobil sind, kommt ihnen eine Indikatorfunktion zur Früherkennung von Emissionen aus der Verdachtsfläche zu. Durch die Bestimmung von AOX und EOX können Emissionen aus gewerblichen Ablagerungen nachgewiesen werden. Die Bestimmung von Kohlenwasserstoffen dient dem Aufzeigen von Mineralölspuren.

Zur Abschätzung der Gefährlichkeit der Wasserkontamination ist im Gegensatz zum reinen Nachweis einer Emission ein analytisch weitaus aufwendigeres Programm notwendig. Die genannten Parameter bilden daher nur den Mindestumfang einer Grundwasseranalyse.

Modellierung von Grundwasserströmungs- und -beschaffenheitsprozessen

Auch wenn das Grundwasser durch die bedeckenden Bodenschichten relativ geschützt ist, wird es langfristig durch eindringende Schadstoffe gefährdet. Das können sowohl lösliche Substanzen sein, die mit eindringenden Niederschlägen als Grundwasserneubildung das Grundwasserstockwerk erreichen als auch beispielsweise Mineralölfraktionen, die sich bei Erschöpfung des Rückhaltevermögens des Bodens als flüssige Phase (Schadstofflinse) auf der Grundwasseroberfläche sammeln. Deshalb ist bei der Beurteilung von Altstandorten, Deponien und Mineralölschadensfällen eine Gefährdungsabschätzung des Grundwassers unerlässlich.

Da größere Feldversuche ausscheiden, wurden numerische Verfahren zur Berechnung der Ausbreitung von Schadstoffen und der Wirkung von Sanierungsmaßnahmen entwickelt, wie z. B.:

- Strömungsmodelle,
- Migrationsmodelle,
- Mehrphasenströmungsmodelle.

Die diese Vorgänge beschreibenden partiellen Differentialgleichungen werden durch örtliche und zeitliche Diskretisierung in ein System linearer Gleichungen überführt und iterativ gelöst.

Neben der gewählten örtlichen Diskretisierungsmethode – wesentlich ist die Methode finiter Differenzen und die Methode finiter Elemente – sind die geohydrologischen Parameter sowie Anfangs- und Randbedingungen für die Simulation der zu untersuchenden Prozesse von entscheidender Bedeutung.

Reine Strömungsaufgaben und Migrationsprobleme ohne Dichteänderung des strömenden Mediums (Tracerfall) sind mit Einphasenströmungsmodellen lösbar. Für die Modellierung der Ausbreitung von Mineralölen und der Sanierung solcher Schäden sind 2-Phasen-Modelle (Wasser/Öl) oder 3-Phasen-Modelle (Wasser/Öl/Gas) erforderlich, beispielsweise die Programme ARMOS und MOTRANS [28]. Die mathematische Kopplung der partiellen Differentialgleichungen der einzelnen Phasen erfolgt über die ‚Aufteilung' der entwässerbaren Porosität des Bodens und über Lösungs-, Fällungs- und Austauschprozesse. Bei überwiegend konvektivem Transport können letztere vernachlässigt werden [25–27].

Für den Anwender ergeben sich folgende Hauptaufgaben:

Erkundung des Gebietes

Hierzu zählen Beschaffung vorhandener Unterlagen, Festlegung von Bohransatzpunkten für Aufschlussbohrungen, Kontrollpegel und Sanierungsbrunnen, Laboranalysen von Boden-, Wasser- und gegebenenfalls weiteren flüssigen Phasen.

Ausgrenzung des Modellgebietes

Das Modellgebiet ist so zu wählen, dass natürliche (bekannte) Randbedingungen das Gebiet begrenzen. Darunter fallen Grundwasserscheiden und Oberflächengewässer u. a.

Diskretisierung des Untersuchungsgebietes

Es ist das Knotennetz (bei Anwendung der Methode finiter Elemente) bzw. die Aufteilung in Planungselemente (bei Anwendung der Methode der finiten Differenzen) festzulegen. Die vertikale Diskretisierung erfolgt aus den Ergebnissen von Aufschlussbohrungen und geologischen Karten. Dabei ist zu beachten, dass die gewählte örtliche Diskretisierung die ‚Auflösung' des Modells darstellt, da Berechnungsergebnisse an Knoten bzw. für Planungselemente bereitgestellt werden. Nachträgliche Änderungen der Diskretisierung erfordern immer einen erheblichen Aufwand an Modelländerungen.

Bereitstellung der erforderlichen Parameter
Dazu gehören:

- geohydrologische Parameter (Durchlässigkeiten etc.),
- physikalische Parameter (Dichten, Viskositäten etc.),
- chemische Parameter (Abbau- und Zerfallskonstanten, Lösungs- und Fällungsraten etc.).

Festlegung der Anfangsbedingungen
Das sind z. B. Ausgangsgrundwasserstände, Anfangskonzentrationen, Anfangsmächtigkeiten aufschwimmender Öllinsen. Sie sind in der Regel Ergebnis der Erkundung.

Definition der Randbedingungen
Mit Randbedingungen werden sowohl auf das System wirkende natürliche Elemente (z. B. Gewässer) als auch vorhandene oder geplante Eingriffe in das System (Förder- und Infiltrationsbrunnen, Kontaminationsquellen etc.) beschrieben.

Planung der Modellrechnungen
Hierbei geht es um die Festlegung des Berechnungszeitraums, der Modellzeiten für die Ausgabe von Ergebnissen und des Umfangs von Ergebnissen.

Auswertung der Modellergebnisse
Die Auswertung beinhaltet die Aufbereitung der Modellergebnisse, graphische Darstellungen, Vergleich mit aktuellen Messwerten des Zustandes des Systems und als ‚Rückkopplung' eventuell erforderliche Modellanpassungen.

Abbildung 7.2. bis 7.5 zeigen typische Modellergebnisse aus der Modellierung eines laufenden Sanierungsprozesses eines umfangreichen Mineralölschadens [29].

Aus den Modellergebnissen können wichtige planerische Daten (notwendige Fördermengen, förderbare Mengen, Reichweiten von Entnahme- und Infiltrationsmaßnahmen, Zeitdauer des Sanierungsprozesses, Optimierung der Standorte von Sanierungsbrunnen etc.) gewonnen werden. Durch Variation der Randbedingungen kann die Auswirkung sich ändernder Potenzialverhältnisse erfasst werden. Über den Vergleich der Modellergebnisse mit im Laufe der Sanierung gewonnenen Messwerten der Auswirkungen des realen Eingriffs kann das Simulationsmodell immer besser angepasst werden und so zu einem wertvollen Werkzeug bei der Begleitung des Sanierungsprozesses werden.

7.3.2.6 Untersuchungen der Bodenluft

Bodenluftuntersuchungen eignen sich als rasterförmig angelegte Vorerkundung, wodurch aufwendigere Maßnahmen gezielter eingesetzt werden können. Dabei sind leichtflüchtige Schadstoffe, die bei Bodentemperatur einen ausreichenden Dampfdruck aufweisen, problemlos zu erfassen (Abb. 7.6).

Die Bodenluft im Bereich einer Altlast und über einer „Grundwasserschadstofffahne" ist durch Diffusionsprozesse mit flüchtigen Schadstoffen aus der Kontamination belastet.

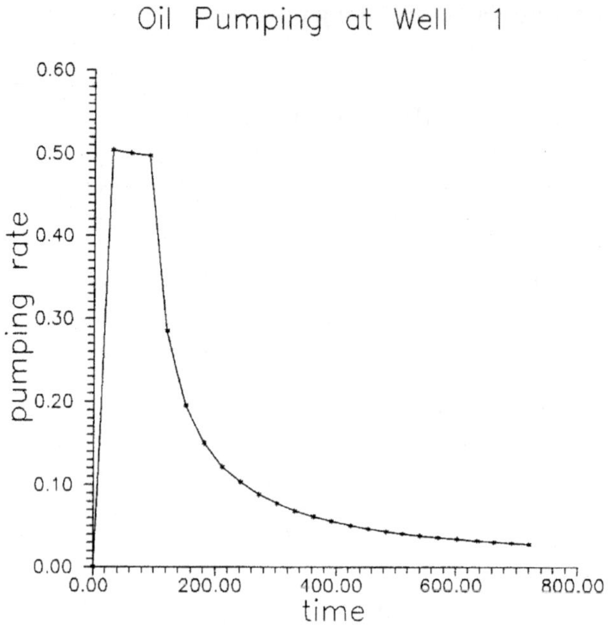

Abb. 7.2 Mineralölförderung eines Sanierungsbrunnens; Fördermengen in m^3/d, Zeiten in d [29]

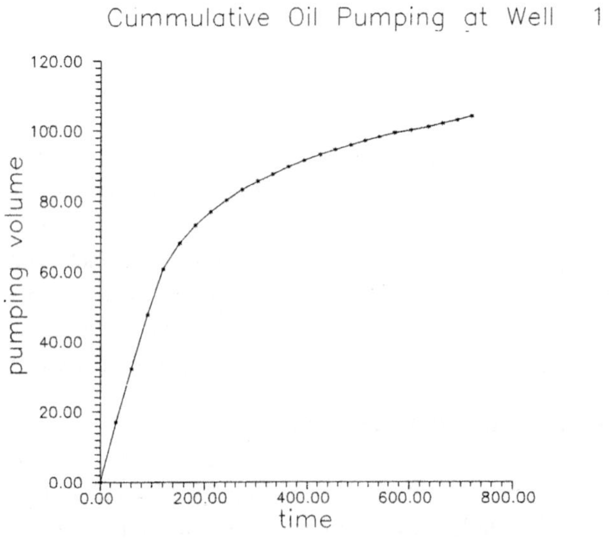

Abb. 7.3 Kumulative Ölfördermenge eines Sanierungsbrunnens; Fördermenge in m^3, Zeiten in d [29]

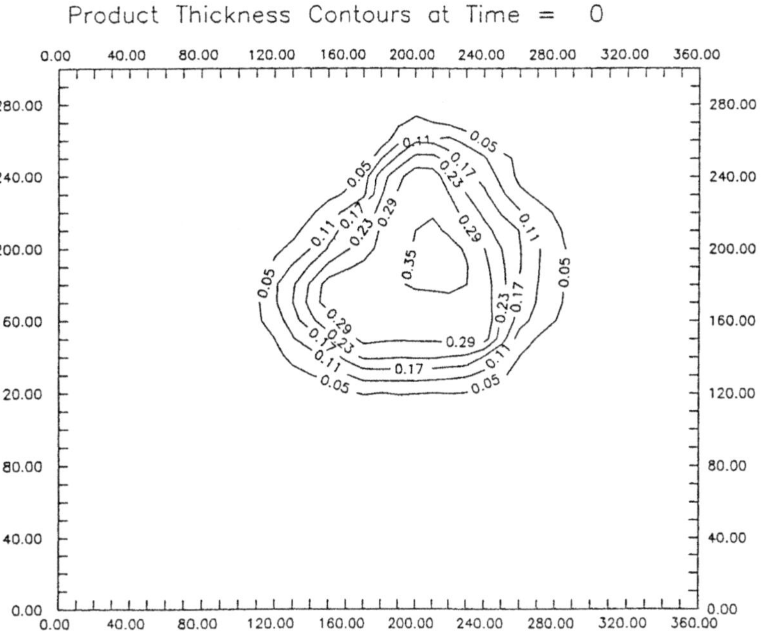

Abb. 7.4 Lage und Mächtigkeit der Mineralöllinse zur Zeit t = 0 d, in Metern

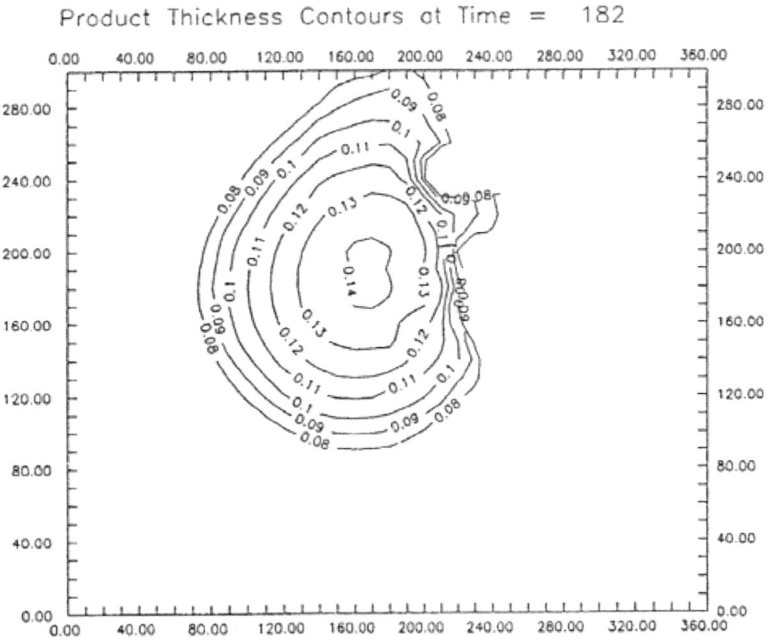

Abb. 7.5 Lage und Mächtigkeit der Mineralöllinse zur Zeit t = 182 d, in Metern

Die Bodenluftkonzentration hängt im Wesentlichen von der Schadstoffmenge, vom Abstand zwischen Erdoberfläche und Grundwasseroberfläche, von den Einflussgrößen des Untergrundes und von den Niederschlägen und dem Wassergehalt in der ungesättigten Zone ab. Der Zusammenhang zwischen der Konzentration eines Schadstoffes in der Bodenluft und der tatsächlich im Boden und Grundwasser vorhandenen Menge ist kompliziert und in der Praxis nicht quantitativ herstellbar. Relevant ist vielmehr das relative Steigen und Fallen der Messwerte von einem Entnahmepunkt zum nächsten. Die hieraus ermittelten Konzentrationsprofile, die sog. Isoanomalien, lassen die Schadstoffquellen und Ausbreitungsfahnen erkennen.

Nach dem Niederbringen eines Bohr- oder Schlagloches wird die Messsonde installiert und an der Geländeoberkante abgedichtet.

Die Bodenluft wird durch seitliche Öffnungen an der Sondenspitze mit einer Pumpe abgesaugt und einem CO_2-Messgerät zugeführt. Wenn die atmosphärische Luft abgepumpt ist und damit der CO_2-Maximalwert erreicht ist, wird eine Bodenluftprobe am Sondenkopf entnommen, um sie anschließend gaschromatographisch analysieren zu können. Die Messsonde lässt sich bei Bedarf mit Aktivkohleröhrchen umrüsten. Dadurch lassen sich die Bestimmungsgrenzen um den Faktor 100 senken, z. B. um schwerflüchtige Stoffe wie Chlorbenzole zu erfassen.

Darüber hinaus kann eine halbquantitative Erfassung auch mit speziellen Prüfröhrchen erfolgen.

Folgende leichtflüchtige Schadstoffe sind mittels Bodenluftabsaugung problemlos bestimmbar:

- chlorierte Kohlenwasserstoffe (z. B. Trichlorethan, Trichlorethylen, Tetrachlorethen und Tetrachlorkohlenstoff),
- aromatische Kohlenwasserstoffe (z. B. Benzol, Toluol, Xylol und Ethylbenzol),
- aliphatische Kohlenwasserstoffe (z. B. Methan, Hexan, Oktan etc.).

7.3.3 Abschätzung und Bewertung des Gefährdungspotenzials

Die tatsächliche Gefährdung, die von einem kontaminierten Standort ausgeht, ergibt sich einerseits aus der Menge und der Art der nachgewiesenen Schadstoffe, andererseits aber auch aus der ökotoxikologischen Gesamtsituation [7]:

- der chemischen Bindungsform der Schadstoffe, der Wasser- und Säurelöslichkeit, der Verdampfbarkeit,
- der Aufnahme in Pflanzen und Tieren,
- der Verfügbarkeit für den menschlichen Verdauungstrakt,
- den Wechselwirkungen und möglichen Reaktionen mit weiteren vorhanden Stoffen,
- der Boden- und Untergrundbeschaffenheit,
- der Nutzung des Geländes sowie des Umfeldes,
- dem Kontakt zu Grund- und Oberflächenwasser und zahlreichen Faktoren mehr.

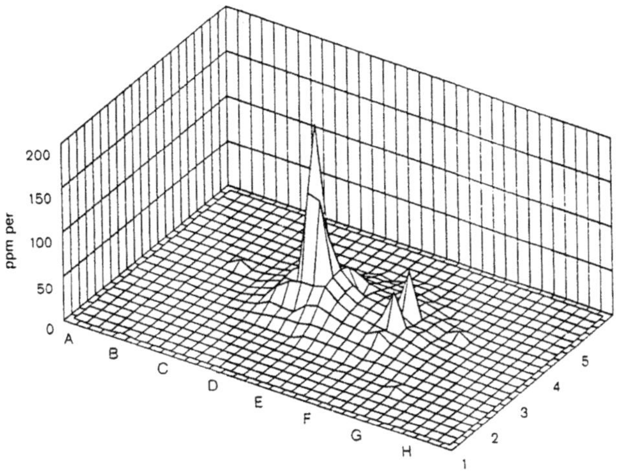

Abb. 7.6 Ergebnis einer Bodenluft-Sondierung [24]

Jede Gefährdungsabschätzung muss vor dem Hintergrund dieser Punkte gesehen werden. Auf der einen Seite ist jede Verdachtsfläche ein Einzelfall, der eine besondere Bearbeitung erfordert. Auf der anderen Seite ist aber ein einheitliches, zumindest landesweites Vorgehen erforderlich, um die Vergleichbarkeit und Nachvollziehbarkeit der Einschätzung des Gefährdungspotenzials und der Gefahren zu gewährleisten. Um Maßnahmen zur Behebung und Vermeidung derartiger Umweltschäden angemessen vorbereiten zu können, sind in den Bundesländern Bewertungsmodelle für das Gefährdungspotenzial von Verdachtsflächen entwickelt worden (s. Kap. 7.3.2.2).

7.3.3.1 Grenzwertproblematik

Eine erstmalige Angabe von Orientierungswerten zur Einschätzung von gemessenen Konzentrationen ist in der sog. Holländischen Liste aus dem niederländischen Interimsgesetz zur Bodensanierung von 1983 publiziert worden [9]. In diesem Gesetz sind rechtliche Voraussetzungen festgelegt, nach denen vorhandene oder drohende Bodenverunreinigungen kurzfristig beseitigt werden können. Mit Hilfe der Liste wurden erstmalig die Gefahren, die von einem Standort ausgehen, maßgeblich über die dort angegebenen Schwellenwerte festgelegt. In der Folgezeit hat es immer wieder Diskussionen gegeben, wie sinnvoll derartige Grenzkonzentrationen sind.

Das Problem der Festlegung von stoffspezifischen Höchstkonzentrationen dokumentiert sich durch neue, relativierende Wortschöpfungen wie Schwellenwert oder Handlungswert, die flexibler zu handhaben sind. Der Grenzwert ist jedoch juristisch genau definiert, er wird im Allgemeinen als einklagbarer Höchstwert für noch zulässige Umweltbelastungen angesehen. Neben den Grenzwerten existieren jedoch auch Richtwerte, die lediglich Orientierungscharakter, aber keine juristische Bedeutung haben.

7.3.3.2 Bewertungsverfahren

Das Ziel eines Bewertungsmodells ist es, mit einem pragmatischen Ansatz eine große Anzahl von Verdachtsflächen in relativ kurzer Zeit mit möglichst geringem Aufwand hinsichtlich ihres Gefährdungspotenzials zu unterscheiden. Damit soll eine transparente, nachvollziehbare Basis für die politische Entscheidungsfindung gegeben werden, auf der dann das tatsächlich Notwendige an Sanierungsmaßnahmen eingeleitet werden kann.

Das Bewertungsmodell dient somit ausschließlich der Prioritätensetzung. Es ermöglicht in systematischer Weise, die Verdachtsflächen mit dem dringlichsten Handlungsbedarf aus der großen Zahl von Verdachtflächen herauszufinden. Damit liefert das Bewertungsmodell eine relative Bewertung und kann lediglich Hinweise auf das absolute Gefährdungspotenzial geben [2].

Die gebräuchlichen Bewertungsverfahren sind unterschiedlich angelegt. Manche Verfahren zielen nur auf die Bewertung von Altablagerungen, andere auf Altstandorte und wieder andere auf Bodenkontaminationen insgesamt. Weiterhin sind die Bewertungskriterien und die Einteilung der einzelnen Modelle in Teilschritte unterschiedlich.

Teilschritte sind nach der in der Bundesrepublik üblichen Vorgehensweise:

- Erstbewertung, auf der Basis vorhandener Informationen einschließlich Ortsbegehung,
- Zweitbewertung, nach orientierenden Untersuchungen,
- Schlussbewertung, nach Detailuntersuchungen,
- Entscheidung über Art und Umfang von Sicherungs-, Sanierungs-, und Gefahrenabwehrmaßnahmen [10].

Mit Bewertungsmodellen soll eine formalisierte Vorgehensweise zur Abschätzung des Gefahrenpotenzials ermöglicht werden. Da jedoch die Bewertung einer Verdachtsfläche nicht zu automatisieren ist, geht die Entwicklung der Modelle in Richtung auf Expertensysteme. Erste Expertensysteme zur Abschätzung des Gefährdungspotenzials von Altlasten sind bereits in Anwendung.

7.4 Sanierungstechniken

Die Entwicklung und Erprobung neuer Sanierungstechniken ist in den letzten Jahren verstärkt in Angriff genommen worden. Vor diesem Hintergrund soll ein Überblick über den Stand der Technik der verschiedenen Sanierungsverfahren gegeben werden.

Für die Auswahl des jeweils optimalen Sanierungsverfahrens oder der optimalen Verfahrenskombination sind jedoch sorgfältige geologische, hydrogeologische, bodenkundliche und chemische Untersuchungen erforderlich.

7.4.1 Biologische Sanierungsverfahren

Voraussetzung einer erfolgreichen mikrobiologischen Sanierung ist die genaue Kenntnis der bodenphysikalischen Kennwerte und die horizontale und vertikale Verteilung der Schadstoffe innerhalb der Altlast.

Die meisten organischen Schadstoffe sind unter aeroben Bedingungen biologisch abbaubar. Dazu zählen insbesondere biogene Verbindungen, d. h. Stoffe, die durch Biosynthese entstehen, wie z. B. Mineralöle oder aromatische Kohlenwasserstoffe (vgl. Abb. 7.7). Die organischen Kohlenwasserstoffe werden beim Abbauprozess im Wesentlichen zu CO_2 und Wasser abgebaut. Einige anorganische Stoffe wie Cyanide, Thiocyanat, Schwefel, Sulfid und Thiosulfat sind ebenfalls leicht biologisch abbaubar. Bei polyaromatischen Kohlenwasserstoffen, PCB-Verbindungen und Dioxinen läuft der Abbauprozess sehr viel langsamer ab. Einige synthetisierte nieder- und hochmolekulare Verbindungen haben sich bisher als resistent gegenüber mikrobiologischem Abbau erwiesen. Schwermetalle lassen sich ebenfalls nicht abbauen.

Wichtige Einflussgrößen für die Aktivität und das Wachstum der Mikroorganismen im Boden sind Sauerstoffgehalt, Durchmischung im Boden, Temperatur, pH-Wert, Nährstoffangebot, Spurenelemente und das Vorhandensein toxischer Stoffe. Bodenspezifische Randbedingungen wie Korngrößenverteilung, Homogenität, Porenvolumen, Wassergehalt und Durchlässigkeit beeinflussen die Abbaugeschwindigkeit erheblich.

7.4.1.1 On-site-Verfahren

Bei einer biologischen On-site-Sanierung wird der betroffene Boden aufgenommen bzw. ausgekoffert und nach seiner Behandlung an Ort und Stelle wieder eingebaut.

Die verschiedenen Verfahren der biologischen Bodensanierung unterscheiden sich im Wesentlichen in der Differenziertheit, mit der jeweils die Randbedingungen für einen optimalen Schadstoffabbau ermittelt werden und in der technischen Umsetzung. Der Boden wird vor der biologischen Behandlung grundsätzlich nach dem Auskoffern mechanisch aufbereitet, um ihn dann in Mieten, Beeten oder Reaktoren mit optimalen Abbaubedingungen behandeln zu können (s. Abb. 7.8).

Der Abbauprozess wird durch Zugabe von Mikroorganismen und Nährstoffen unterstützt und beschleunigt. Hierzu werden Mikroorganismen benutzt, die im Labor an bestimmte Schadstoffe adaptiert wurden oder von verunreinigten Standorten stammen. Der Einsatz von Organismen aus dem zu behandelnden Boden, die zunächst im Labor in biotechnologischen Verfahrensweisen ausgelesen und vermehrt werden, verspricht aufgrund ihrer Anpassung den größten Nutzen. Trägersubstanzen für die Organismen sind z. B. Kiefernborke, Torf- und Sägespäne.

Die Kosten einer biologischen On-site-Sanierung werden mit 100 bis 250 €/m^3 angegeben (nach [11, 12, 16]).

leicht biologisch abbaubar	Kohlenwasserstoffe; aromatische Kohlenwasserstoffe, z.B. Benzol, Toluol, Phenol, Kresol, Xylenol, Naphthol.
↓	Alizyklische Kohlenwasserstoffe, Alkane, polyaromatische Kohlenwasserstoffe.
↓	Anorganische Verbindungen, z.B. Zyanide, Thiozyanat, Schwefel, Sulfid, und Thiosulphat.
↓	Bestimmte chlorierte aromatische Kohlenwasserstoffe, z.B. einige Chlorbenzoate, Chlorphenole und Chlorphenoxyazetate, Monochlortoluole.
schwer biologisch abbaubar	Andere chlorierte aromatische Kohlenwasserstoffe, Nitrophenole.
↓	PCB-Verbindungen (langsamer Abbau schwächer chlorierter Biphenyle).
↓	Dioxine, Dibenzufurane: wenig bis gar keine Hinweise auf biologischen Abbau.
kein biologischer Abbau	Schwermetalle

Abb. 7.7 Abbau von Umweltschadstoffen durch Mikroorganismen [20]

7.4.1.2 In-situ-Verfahren

Die In-situ-Verfahren führen die Sanierung im natürlichen Lagerungsverband des Bodens durch. Im Unterschied zu den On-site-Verfahren müssen daher besonders gründliche geologische und bodenkundliche Untersuchungen vor der eigentlichen Sanierung erfolgen. Das Einbringen von Mikroorganismen in den Boden muss den wasserrechtlichen Vorschriften entsprechen und ist mit der zuständigen Wasserbehörde abzustimmen.

Wichtige, den biologischen Abbau stimulierende Maßnahmen sind z. B. die Erhöhung des Sauerstoffgehalts des Bodens durch Auflockerungsmaßnahmen sowie das Einbringen von Ozon oder Wasserstoffperoxid.

Häufig wird das In-situ-Verfahren in Zusammenhang mit hydraulischen Verfahren angewandt. Nährstoffe, Bakterien und Wasser werden injiziert und im Bodenspülverfahren wieder an die Oberfläche gepumpt (s. Abb. 7.9). Die Grenze des Tiefgrundverfahrens liegt bei etwa 20 m.

Kosten für mikrobiologische In-situ-Verfahren liegen bei etwa 100 bis 125 €/m^3 (nach [12, 16]).

Durch geringen Eingriff in den Aquifer lassen sich die Schadstoffe auf natürlichem Wege durch biologischen Abbau mit relativ geringem technischen und finanziellen Aufwand fast vollständig eliminieren.

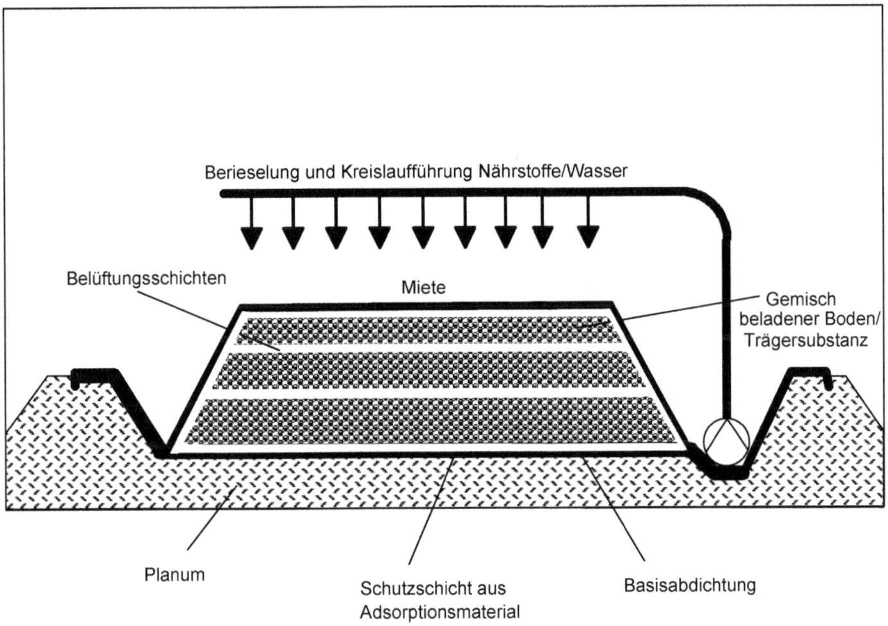

Abb. 7.8 Biologische Bodenreinigung in Mieten [17]

Hochkonzentrierte und toxische Schadstoffe setzen dem biologischen Abbau allerdings Grenzen. Als Nachteile werden zum Teil mangelnde Steuerbarkeit und Kontrollierbarkeit, verbunden mit der Gefahr der erneuten Kontamination durch Zwischenprodukte und Nährlösungen genannt.

7.4.2 Physikalisch-chemische Sanierungsverfahren

Die z. Z. in Betrieb befindlichen physikalisch-chemischen Bodenreinigungsverfahren basieren auf der Wäsche des Bodens in meist recht aufwendigen Anlagen. Die Bodenwäsche kontaminierten Aushubmaterials wird mit Extraktions- und Spülverfahren betrieben und führt zu einer Schadstoffübertragung aus dem ausgekofferten Boden in die flüssige Waschphase, in der dann in weiteren Prozessschritten eine Aufkonzentration oder Entgiftung stattfindet.

Der erste Schritt der Bodenbehandlung nach dem Ausheben ist die mechanische Bodenvorbereitung, die hauptsächlich aus Sortier-, Klassier- und Zerkleinerungs-vorgängen besteht. Der Feinkornanteil enthält den Hauptanteil der an die Bodenpartikel gebundenen Schadstoffe und ist darüber hinaus nur schlecht dekontaminierbar. Die Feinfraktion wird daher je nach Verfahren von kleiner 60 bis 200 µm abgetrennt und als Sonderabfall entsorgt (Abb. 7.10).

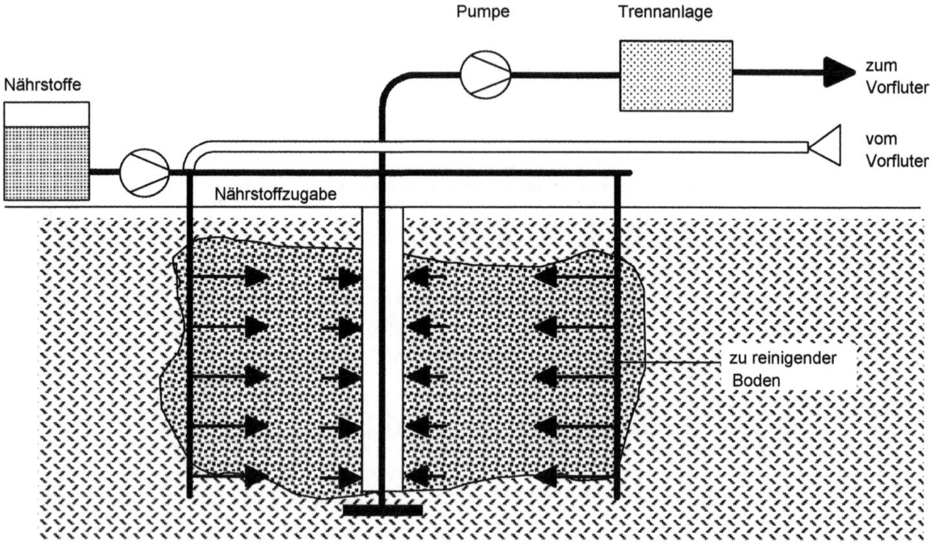

Abb. 7.9 Bodenspülverfahren mit biologischem Abbau [17]

Die grobkörnigere Bodenfraktion wird durch Abspülvorgänge, z. B. durch Hochdruckwasserstrahlen oder durch Extraktion mit wässrigen Lösungen und nicht wasserlöslichen Lösungsmitteln, von den Schadstoffpartikeln befreit. Diese werden in die flüssige Waschphase überführt. Schwermetallextraktion erfolgt z. B. mit Mineralsäuren, Ölextraktion wird bei einem Verfahren mittels wasserunlöslichem, die Ölphase lösendem Extraktionsmittel durchgeführt. Die meisten Verfahren zur Elimination organischer Substanzen arbeiten jedoch mit Wasser und einem Zusatz oberflächenaktiver Substanzen [18].

Die Prozesswasseraufbereitung ist mehr als alle anderen Anlagenbereiche auf den jeweiligen Anwendungsfall abzustimmen. Zur Wasseraufbereitung bzw. Abwasserreinigung werden bisher folgende Grundverfahren angewandt:

- mechanische Trennverfahren wie Feinsiebung, Trennung durch Hydrozyklone, Sedimentation, Flotation, Tiefen- und Oberflächenfiltration,
- physiko-chemische Verfahren wie Fällung, Flockung, Adsorption und Strippung,
- biologische Verfahren, Belebtschlammreinigung.

Ziel aller Anlagenkonzepte ist es, möglichst geschlossene Wasserkreisläufe zu erhalten, um die Menge der zu entsorgenden Abfälle gering zu halten.

Ein weiterer wichtiger Bestandteil der physikalisch-chemischen Bodenreinigungsanlagen ist die bei den meisten Anwendungsfällen notwendige Abluftreinigung.

Zum weiteren Schadstoffabbau kann der gewaschene Boden eine Zeit lang zwischengelagert werden. Bei der Bodenlagerung findet ein mikrobieller Abbau organischer

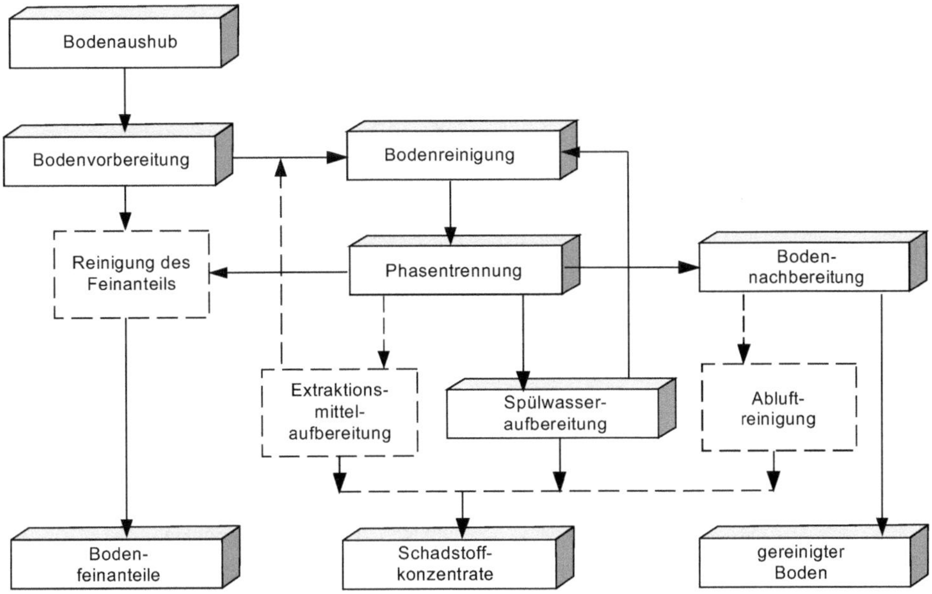

Abb. 7.10 Verfahrensprinzip zur extraktiven oder spülenden Bodenreinigung [21]

Verbindungen durch die geringere Schadstoffkonzentration und durch die aufgrund des fehlenden Bodenfeinanteils bessere Luftdurchlässigkeit statt [13].

Nachteilig ist der große verfahrenstechnische Aufwand, insbesondere bei Böden mit hohem Feinkornanteil. Die konzentrierten Schadstoffe im Schlamm müssen als gefährliche Abfälle entsorgt werden. Demgegenüber liegt bei dem Verfahren ein großer Vorteil darin, dass Schwermetalle extrahiert werden können.

7.4.3 Thermische Verfahren

Thermische Verfahren sind besonders zur Behandlung von organisch belasteten Böden geeignet und hinterlassen im Gegensatz zu den Bodenwaschverfahren kein Schadstoffkonzentrat. Abbildung 7.11 zeigt das Schema einer thermischen Bodenreinigungsanlage.

Zur thermischen Behandlung schadstoffbelasteter Böden kommen zwei Verfahren zur Anwendung: Verbrennung und Pyrolyse. Die Pyrolyse ist im Vergleich zur Verbrennung technisch aufwendiger und störanfälliger. Bei der direkten thermischen Behandlung erfolgt die Wärmezufuhr in der Regel mit Öl- oder Gasbrennern, wobei der Feuerraum meist ein Drehrohrofen ist. Die Feuerraumgestaltung der Drehrohröfen sowie die Feuerraumtemperaturen werden den jeweiligen Stoffparametern angepasst.

Je nach Stoff und Behandlungsart sind Temperaturen von ca. 800 bis 1.300 °C notwendig. Dem eigentlichen Verbrennungsteil sind in der Regel eine thermische Nachverbrennung, ein Wärmetauscher und eine Abluftreinigung nachgeschaltet.

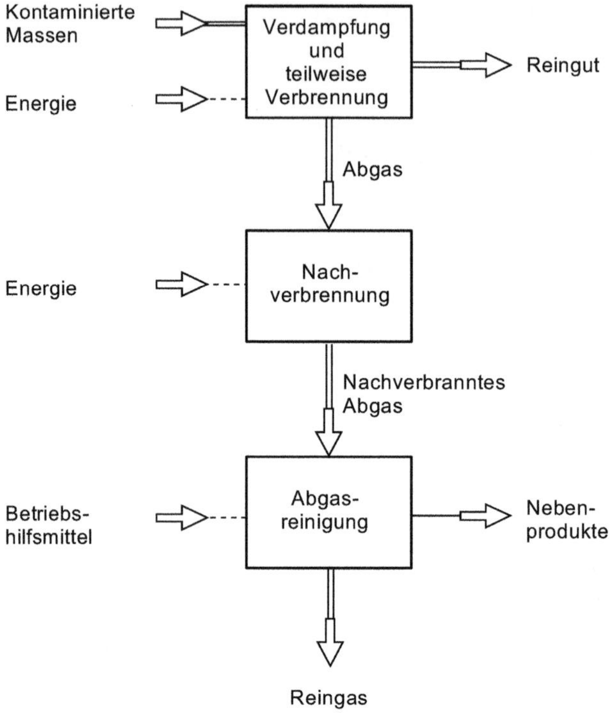

Abb. 7.11 Blockschema einer thermischen Bodenreinigungsanlage [22]

Bei der Pyrolyse wird der kontaminierte Boden unter Luftabschluss oder Luftmangel in einem indirekt beheizten Reaktor bei Temperaturen von 400 bis 800 °C entgast. Dabei entstehen brennbares Pyrolysegas, wässrige und ölähnliche Kondensate sowie feste kohlenstoffhaltige Rückstände (Pyrolysekoks). Die gereinigten Gase können zur Reaktorbeheizung oder zur Dampferzeugung genutzt werden.

Im Hinblick auf den im Vergleich zur Verbrennung niedrigen Temperaturbereich im Reaktorraum ist bei der Pyrolyse zu prüfen, welche Schadstoffe in welcher Konzentration im Boden verbleiben.

Thermische Verfahren sind grundsätzlich für alle organischen Verunreinigungen einsetzbar, es können jedoch nur wenige Schwermetalle aus dem Boden eliminiert werden. Bei der thermischen Bodenbehandlung werden die natürlichen organischen Bodenbestandteile zerstört, zurück bleiben nur die anorganischen Komponenten [15].

7.4.4 Hydraulische Maßnahmen

Unter hydraulischen Maßnahmen ist die Erzeugung von einem oder mehreren Absenktrichtern im Grundwasserkörper mit Hilfe von Grundwasserentnahmebrunnen zu

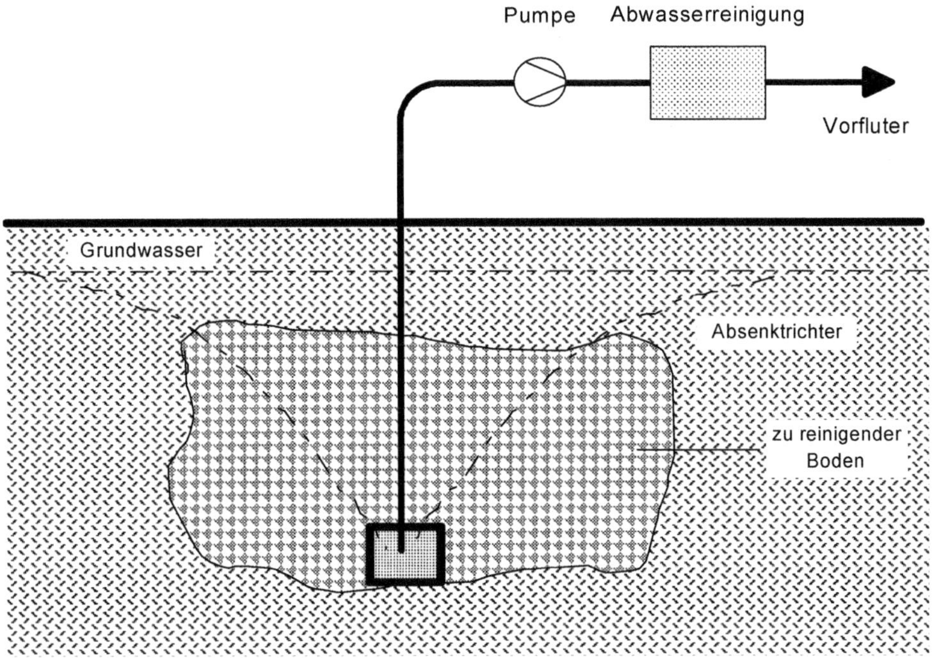

Abb. 7.12 Bodenwasser-Absaugung [17]

verstehen. Dadurch wird das kontaminierte Grundwasser aus dem Aquifer gefördert und die Ausbreitung der Kontamination wird grundwasserstromabwärts vermieden. Voraussetzung für die Durchführung hydraulischer Sanierungstechniken ist ein ausreichend poröser und permeabler Untergrund sowie detaillierte Kenntnisse über die hydrogeologische Situation wie Richtung und Fließgeschwindigkeit der Grundwassers sowie des Durchlässigkeitsbeiwertes des Untergrundes. Aus diesen Daten lässt sich die Reichweite von Absenktrichtern errechnen [16].

Es lassen sich aktive und passive hydraulische Verfahren unterscheiden. Passive hydraulische Verfahren haben die Veränderung der hydromechanischen Verhältnisse des Grundwasserkörpers zum Ziel. Die Ausbreitung von schadstoffbelastetem Grundwasser soll eingeschränkt, verhindert oder ggf. umgelenkt werden. Diese Maßnahmen setzen außerhalb des Kontaminationsherdes an.

Aktive Verfahren, in Abb. 7.12 dargestellt, dienen der Fassung und anschließenden Behandlung des belastetem Grund- oder Sickerwassers. Sie werden in der Regel innerhalb des Verunreinigungsherdes eingesetzt [14].

Hydraulische Maßnahmen allein stellen keine echte Sanierungstechnik dar, sondern eher Sicherungsmaßnahmen. Nur in Kombination mit anderen Sanierungstechniken, z. B. der Behandlung des geförderten kontaminierten Wassers und einer anschließenden Rückführung in den Boden, stellen die hydraulischen Techniken ein vollwertiges Bodensanierungsverfahren dar.

7.4.5 Bodenluftabsaugung

Die Technik der Bodenluftabsaugung eignet sich zur Sanierung von leichtflüchtigen Verbindungen und wird auf breiter Ebene bei der Sanierung von leichtflüchtigen CKW- und aliphatischen Kohlenwasserstoffbelastungen in der ungesättigten Bodenzone eingesetzt.

Die Bodenluft wird aus speziell installierten Absaugpegeln bzw. -lanzen oder aus Grundwassermessstellen abgesaugt und ggf. gereinigt. Die Effizienz der Absaugmaßnahme richtet sich nach der Durchlässigkeit des Untergrundes und dem Dampfdruck des Schadstoffes. Gegebenenfalls müssen nach einer geologischen Bewertung des Untergrundes verschiedene Schichten differenziert behandelt werden.

Wie Abb. 7.13 zeigt, wird eine Leistungssteigerung des Verfahrens bei Kombination des Verfahrens mit einer Grundwasserbelüftung erzielt. Dabei wird Luft in den unterhalb der Bodenluftabsaugstelle gelegenen Aquifer gepresst, die sich, bei ihrem Weg nach oben, mit leichtflüchtigen Schadstoffen aus dem Grundwasser belädt. In der wasserungesättigten Bodenzone wird diese kontaminierte Luft dann von der Bodenluftabsaugung erfasst.

Die Kosten des Verfahrens betragen etwa 10 bis 50 €/m^3.

Neben dem geringen technischen und finanziellen Aufwand besticht dieses Verfahren besonders durch Vermeidung einer Schadstoffverlagerung. Die Effizienz der Absaugmaßnahmen hängt jedoch vom Untergrund ab und ist nur in Bezug auf leichtflüchtige Stoffe gegeben.

7.4.6 Passive Systeme

Aufgrund der langen Dauer und der hohen Kosten von aktiven Systemen wurde intensiv an der Entwicklung kostengünstiger In-situ-Sanierungsmaßnahmen gearbeitet. Die passiven Methoden sind durch eine sehr geringe Energiezufuhr während des Sanierungsvorgangs gekennzeichnet. Dadurch können die Betriebskosten reduziert werden, die bei langen Sanierungszeiten den entscheidenden Einfluss haben [19].

7.4.6.1 Permeable Reaktionswände

Die *Permeable Reaktionswand* ist dadurch gekennzeichnet, dass praktisch über die gesamte Länge der Wand eine reaktive Zone (Reaktor) ausgebildet ist. Eine solche In-situ-Reaktionszone kann z. B. durch Einbringen von Fremdmaterial zwischen Spundwänden, durch Bohrpfähle etc. errichtet werden. In Abb. 7.14 ist ein solches System dargestellt.

Aufgrund der meist nicht unerheblichen Längen, die zur Abstromsanierung ganzer Standorte notwendig sind (oft > 100 m), muss aus wirtschaftlichen Gründen bei der heute verfügbaren Tiefbautechnik davon ausgegangen werden, dass die Füllung der reaktiven

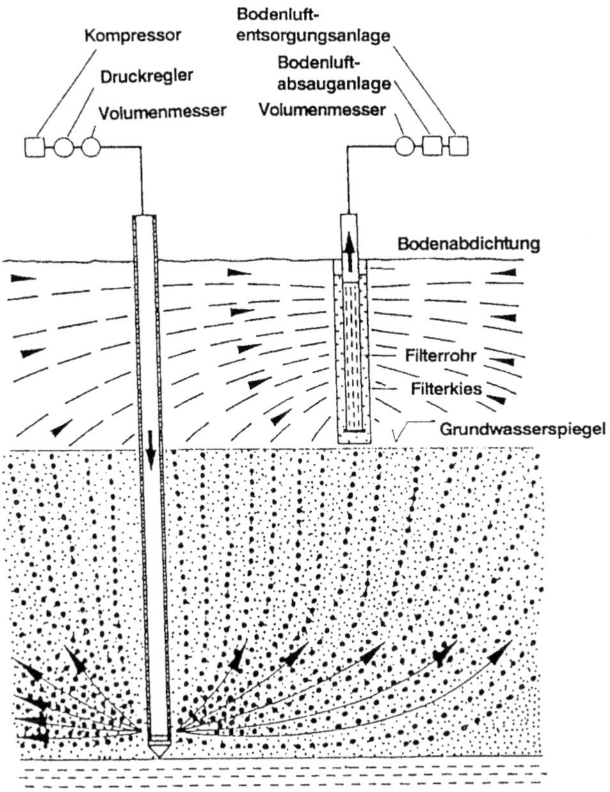

Abb. 7.13 Grundwasserbelüftung mit Bodenluftabsaugung [23]

Zone nicht zu einem späteren Zeitpunkt ausgetauscht werden kann. Falls eine Regenerierung der reaktiven Zone während der veranschlagten Sanierungszeit erforderlich erscheint, so müssen entsprechende Einbauten (z. B. Lanzen, Brunnen, Gräben etc.) vorgesehen werden. Wie Abb. 7.14 zeigt, besteht grundsätzlich die Möglichkeit mehrere reaktive Zonen (Reaktortypen) in Reihe zu schalten und so entweder eine gewünschte Abfolge des Schadstoffabbaus bzw. der -immobilisierung zu erreichen oder aber mehrere Schadstoffgruppen gemeinsam zu behandeln.

Die hydraulische Dimensionierung einer Permeablen Reaktionswand ist im Prinzip einfach. Die hydraulische Gesamtdurchlässigkeit ($K_{f,ges}$) der Wand sollte überall mindestens so groß sein wie diejenige des natürlichen Aquifers. So wird vermieden, dass durch die Reaktionswand der kontaminierte Grundwasserabstrom seine Fließrichtung ändert und die Wand eher umströmt statt durchströmt wird.

Die notwendige Tiefe der Wand wird bestimmt durch die Tiefenlage der Kontamination, die (vertikale) Grundwasserfließrichtung, die Position möglicher Geringleiterschichten sowie die Anisotropie der hydraulischen Aquiferdurchlässigkeit. Im Allgemeinen empfiehlt es sich, für die Dimensionierung der Reaktionswand ein numerisches

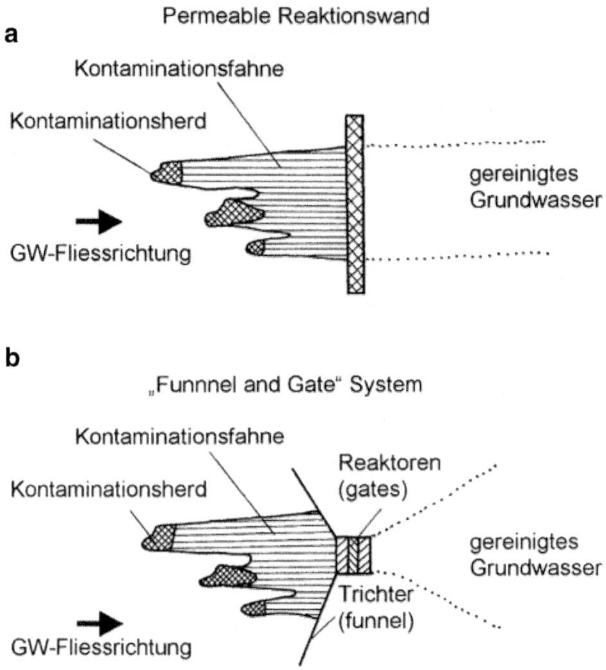

Abb. 7.14 Abstromsanierung durch **a** eine *Permeable Reaktionswand* und **b** ein *funnel-and-gate-System* [34]

Grundwasserströmungsmodell einzusetzen und damit unterschiedliche Szenarien zu simulieren.

Aufgrund der nur einmaligen Reaktorfüllung muss bei jeder Permeablen Reaktionswand vor allem die Langzeitfunktion des Systems sichergestellt werden. Unter manchen hydrogeochemischen Milieubedingungen kann z. B. der Porenraum innerhalb der reaktiven Zone durch entstehende Ausfällungsprodukte oder auch durch Biomasse verstopfen. Deshalb sind standortspezifische Voruntersuchungen in jedem Falle erforderlich. Bei den bisherigen Feldinstallationen ist ein Zuwachsen des Porenraumes allerdings noch in keinem Falle beobachtet worden [34].

7.4.6.2 Funnel-and-gate-System

Eine Alternative zu den Permeablen Reaktionswänden ist das System des *funnel-and-gate*. Dieses patentierte Konzept wurde erstmals im Jahre 1991 in Kanada im Borden-Testfeld eingesetzt. Es beruht darauf, dass nur ein kleiner Teil der In-situ-Wand als Permeable reaktive Zone (gate) verwendet wird, während der überwiegende Teil der Wand als geringdurchlässiger Trichter (funnel), z. B. in Form von Spund- oder Schlitzwänden ausgebaut wird. Der wichtigste Vorteil des funnel-and-gate Prinzips besteht darin, dass grundsätzlich die Möglichkeit gegeben ist, die Reaktorfüllung mehrfach auszutauschen.

Jedoch ist davon auszugehen, dass die hierfür erforderliche Reaktorkonstruktion, vor allem für Tiefen größer als 10 m, aufgrund der einzusetzenden Spezial-Tiefbautechnik einen wesentlichen Kostenfaktor darstellt. Das funnel-and-gate Prinzip hat vor allem dort Vorteile, wo entweder der Reaktor in regelmäßigen Zeitabständen auszutauschen (z. B. bei Sorptionsreaktoren) oder die Reaktorfüllung relativ teuer ist und nur ein kleines Reaktorvolumen benötigt wird (z. B. schnelle Katalysereaktoren). Darüber hinaus bietet es in stark heterogenen Aquifersystemen (z. B. geklüftete Aquifere) eine effizientere Nutzung der Reaktorfüllung [34].

Bei der hydraulischen Dimensionierung von funnel-and-gate-Systemen sind einige Kriterien mehr zu beachten als bei den Permeablen Reaktionswänden. Zum einen spielt das Volumen des Reaktors und seine hydraulische Gesamtdurchlässigkeit sowie die Reaktorposition eine wesentliche Rolle. Im Allgemeinen sollten die Reaktordurchlässe hydraulisch bis zu einer Zehnerpotenz besser durchlässig sein als der natürliche Aquifer, um eine möglichst effiziente Zuströmung zu erzielen. Gleichzeitig müssen jedoch die Grundwasserverweilzeiten innerhalb des Reaktors ausreichend groß sein, um im Falle kinetisch kontrollierter Prozesse einen ausreichenden Prozessumsatz zu erzielen [34].

7.4.7 Einkapselung

Einkapselungsverfahren zielen auf die Unterbrechung der Emissionspfade ab und verändern an der chemischen und physikalischen Beschaffenheit der Altlast nichts. Einkapselungsmaßnahmen lassen sich baulich folgendermaßen aufgliedern, wobei jedes der genannten Systeme für sich allein oder in Kombination angewendet werden kann [19]:

- Abdecksysteme (Oberflächenabdichtung),
- vertikales Dichtungssystem (Dichtwand),
- Basisdichtungssystem (Dichtsohle).

An die vorgenannten baulichen Systeme einer Einschließung (vgl. Abb. 7.15) werden die Anforderung nach hoher Abdichtungswirkung, großer Beständigkeit sowie nach Kontrollierbarkeit und Reparierbarkeit gestellt.

Abdecksysteme Umweltrelevante Emissionen aus einer Altlast sind kontaminiertes Sickerwasser, Gas und Staub. Durch Aufbringen einer Oberflächenabdichtung werden diese Emissionen im Falle des kontaminierten Wassers sehr stark reduziert, im Falle der Gase in ordnungsgemäßer Weise kanalisiert und im Falle des Staubes praktisch ausgeschlossen. Die Kosten für mehrschichtige Abdecksysteme liegen zwischen 75 und 125 €/m^2.

Dichtwände Durch ein Umschließen einer Altlast mit Dichtwänden wird eine weitergehende Verunreinigung des Grundwassers durch Sickerwasser verhindert, sofern die Dichtwand an ihrem unteren Ende in einen grundwasserstauenden Horizont einbindet.

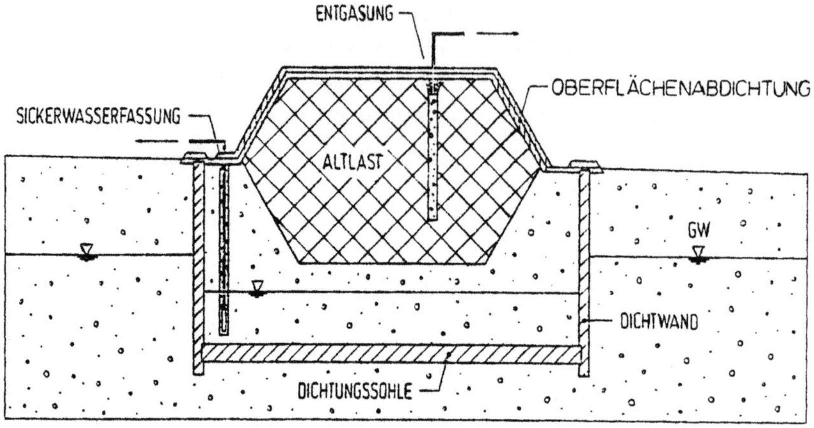

Abb. 7.15 Schematische Darstellung einer Einschließung [14]

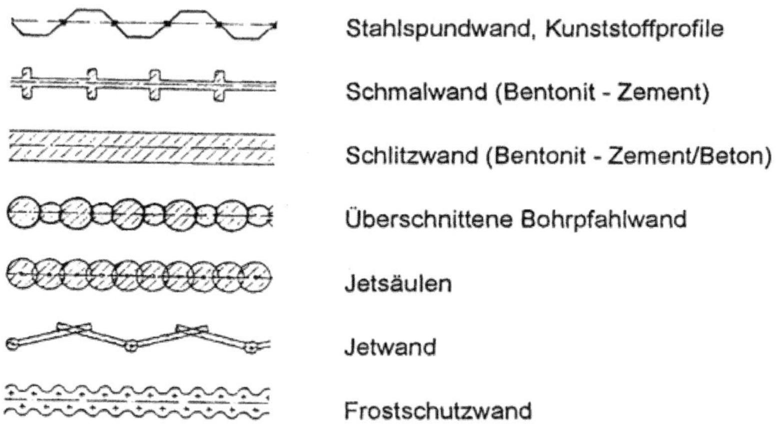

Abb. 7.16 Dichtwandarten [14]

Dadurch ist ausgeschlossen, dass die Dichtwand vom belasteten Grundwasser unterströmt wird. Dieses Verfahren setzt jedoch voraus, dass der grundwasserstauende Horizont in bautechnisch erreichbarer Tiefe liegt. Ist dies nicht der Fall, wird zusätzlich zur Dichtwand das Einziehen einer Basisabdichtung erforderlich, in die die Dichtwand eingebunden wird [15].

Aus dem Grund- und Wasserbau sind folgende technische Lösungen bekannt: Stahlspundwand, Schmalwand, Schlitzwand, überschnittene Bohrpfahlwand, Jetsäulen, Jetwand und Frostwand (vgl. Abb. 7.16).

Zur Kapselung von Altlasten werden häufig Schlitzwände gewählt. Diese werden mit einem Schlitzwandgreifer oder mit einer Schlitzwandfräse ausgehoben und im Einmassenverfahren mit einer Stützflüssigkeit aufgefüllt, die gleichzeitig als Dichtmasse fungiert.

Die Stützmasse besteht im Allgemeinen aus einer Natriumbentonit-Zement-Mischung. Calciumbentonit-Mischungen erreichen geringere Durchlässigkeiten.

Bei größeren Tiefen wird in der Regel mit dem Zweimassenverfahren gearbeitet, bei dem nach dem Aushub die Stützflüssigkeit gegen eine Dichtwandmasse ausgetauscht wird. Diese Masse ist eine Art Erdbeton, bestehend aus Ton, Zement, Bentonit und Füllstoffen wie Gesteinsmehl, Sand oder Ähnliches. Bei höchsten Anforderungen an die Dichtheit werden zusätzlich einfache oder doppelte Kunststoff-Dichtungsbahnen mit in die Schlitzwand eingestellt. Die Kosten für die unterschiedlichen Dichtwandarten liegen etwa zwischen 100 und 500 €/m^2.

Dichtungssohlen In günstigen Fällen steht im Untergrund einer Altlast eine ausreichend mächtige, homogene und gering durchlässige Schicht an. Ist ein solcher Untergrund nicht vorhanden, wird eine nachträglich hergestellte Dichtungssohle notwendig. Es stehen mehrere neuentwickelte Lösungsmöglichkeiten zur Verfügung, deren Bauerprobung jedoch noch nicht abgeschlossen ist. Die Kosten der nachträglich hergestellten Dichtungssohlen betragen je nach Verfahren zwischen 500 und 1.000 €/m^2.

Bei den Verfahren der Einschließung einer Altlast handelt es sich um keine Sanierung im eigentlichen Sinne, sondern um eine Sicherungsmaßnahme, da der Schadstoffherd nicht entfernt oder unwirksam gemacht wird.

7.4.8 Immobilisierung und Verfestigung

Die Immobilisierung von Kontaminationen im Boden erfolgt entweder durch Überführen der Schadstoffe in schwerlösliche Verbindungen oder die Schadstoffe werden in ein Verfestigungsmittel eingebettet. Die Verfahren können sowohl in-situ als auch on-site durchgeführt werden.

In-situ ist die Immobilisierung der Schadstoffe im Untergrund bei ausreichend durchlässigem Boden auf zwei Arten zu erreichen. Einerseits kann der Porenraum durch Injektion von polymerisierenden, gelierenden oder hydraulisch abbindenden Medien derart zugesetzt und undurchlässig gemacht werden, dass die Eluierbarkeit löslicher Schadstoffe drastisch herabgesetzt wird. Andererseits ist es möglich, in den Bereich der Sickerzone Lösungen zu injizieren, die aufgrund einer chemischen Reaktion eine Fixierung der Schadstoffe herbeiführen. Die Kosten der Verfahren liegen ca. zwischen 90 bis 250 €/Mg.

Das Verfestigen als On-site-Verfahren der Altlastensanierung bindet die im Boden enthaltenen Schadstoffe in eine mechanisch feste und chemisch stabile Matrix ein. Für die Verfestigung verwendete Binder sind u. a. Zement, Kalk, Alkalisilikate (Wasserglas) und organische Polymere.

Bezüglich des Langzeitverhaltens verschiedener Immobilisierungstechniken liegen bisher wenige Erfahrungswerte vor. Saure Niederschläge können z. B. zu pH-Wert-Verschiebungen und einer Remobilisierung von Schwermetallen führen. Bei alkalischen

Verfestigungsprodukten mit einem pH-Wert über 12 ist zu berücksichtigen, dass viele Schwermetalle lösliche Hydroxylkomplexe bilden können. Die Immobilisierung wird mit zunehmender Zahl verschiedener Schadstoffarten schwieriger, da ein Binder i. d. R. nicht für alle Schadstoffe gleich gute Fixierungen erzielt [23].

Literatur

1. N.N.: Abfallgesetz für das Land Nordrhein-Westfalen (Landes-abfallgesetz – LAbfG) vom 21. Juni 1988. Gesetz- und Verordnungsblatt für das Land Nordrhein-Westfalen, Nr. 26 vom 14. Juli 1988
2. Lühr, H.-P.: Altlasten, Teil 1: Anforderungen an die Bearbeitung von Verdachtsflächen, IWS-Schriftenreihe Band 7. Berlin: Erich Schmidt Verlag 1989
3. Elvers, R.; Krischok, A.: Altlastenerfassung – Anlässe, zu erhebende Daten, Altlasten-kataster. Franzius; Stegmann; Wolf (Hrsg.): Handbuch der Altlastensanierung, Kap. 2.1. Heidelberg: R.v. Decker's Verlag, G. Schenck GmbH 1988
4. Kruse, H.M.; Wieben: Emissionspfade und humantoxikologische Auswirkungen von ausgewählten Schadstoffen in Altlasten (außer Schwermetalle). Franzius; Stegmann; Wolf (Hrsg.): Handbuch der Altlastensanierung, Kap. 2.2.3. Heidelberg: R.v. Decker's Verlag, G. Schenck GmbH 1988
5. Kurz, H.: Vegetationskundliche Untersuchungen zur Altlastenerfassung. Franzius; Stegmann; Wolf (Hrsg.): Handbuch der Altlastensanierung, Kap. 2.2.3. Heidelberg: R.v. Decker's Verlag, G. Schenck GmbH 1988
6. Muckelmann, R.; Schulze, B.; Tietze, G.: Geophysikalische Untersuchungen an Altlasten anhand von praktischen Beispielen. Thomé-Kozmiensky K.J. (Hrsg.): Altlasten 2. Berlin: EF-Verlag 1988, S. 439–451
7. Barkowski, D.; et al.: Altlasten – Handbuch zur Ermittlung und Abwehr von Gefahren durch kontaminierte Standorte. Alternative Konzepte 56. Karlsruhe: Verlag C.F. Müller 1987
8. Wegener, I.: Standarduntersuchungsprogramm für Grundwasseranalysen im Nahbereich von altlastenverdächtigen Flächen. Lühr, H.-P.: Altlasten, Teil 1: Anforderungen an die Bearbeitung von Verdachtsflächen. Berlin: IWS-Schriftenreihe Band 7, Erich Schmidt Verlag 1989
9. N.N.: Holländische Liste: Bewertungstabelle für die Beurteilung des Konzentrationsniveaus verschiedener Bodenverunreinigungen. J. W. van Lidth de Jeude: Leitraad boden-sanering, Staatuitgeverij's-Gravenhage, Holland 1983
10. Lühr, H.-P.: Vergleichende prioritätssetzende Verfahren zur Gefährdungsabschätzung von Altlasten. Franzius; Stegmann; Wolf (Hrsg.): Handbuch der Altlastensanierung, Kap. 4.2.1.0. Heidelberg: R.v. Decker's Verlag, G. Schenck GmbH 1988
11. Wernicke, G.: Biologische Verfahren zur On-site-Bodensanierung – Überblick. Franzius; Stegmann; Wolf (Hrsg.): Handbuch der Altlastensanierung, Kap. 5.4.1.1.0 Heidelberg: R.v. Decker's Verlag, G. Schenck GmbH 1988
12. N.N.: Technologieregister zur Sanierung von Altlasten, TERESA: Umweltbundesamt Berlin (Hrsg.) März 1991
13. Heimhard, H.J.: Schadstoffseparation aus kontaminierten Böden mittels Hochdruckbodenwaschverfahren. Franzius (Hrsg.): Sanierung kontaminierter Standorte 1986. Abfallwirtschaft Berlin: Forschung und Praxis Band 18 (1987)
14. N.N.: Ministerium für Umwelt, Raumordnung und Landwirtschaft des Landes Nordrhein-Westfalen: Hinweise zur Ermittlung und Sanierung von Altlasten, 2. Auflage. Düsseldorf: Landwirtschaftsverlag GmbH 1987

15. N.N.: Bundesministerium für Forschung und Technologie: Statusbericht zur Altlastensanierung. Berlin: Umweltbundesamt 1988, S. 48–85
16. Stupp, H.D.: Methoden zur Sicherung und Sanierung kontaminierter Standorte. wlb-Achema-Report (1988) S. 42–54
17. N.N.: Philipp Holzmann AG: Planen und Bauen für den technischen Umweltschutz – Technischer Bericht 1987, S. 38
18. Binder, H.: Extraktions- und Spülverfahren zur Bodensanierung. Handbuch der Altlastensanierung, Kapitel 5.4.1.3.0. R.v. Decker's Verlag, G. Schenck GmbH 1988
19. Franzius; Stegmann; Wolf (Hrsg.): Handbuch der Altlastensanierung, Kap. 4.2.1.0 Heidelberg: R.v. Decker's Verlag, G. Schenck GmbH 1988
20. Bewley: Hilker-Klöckner Oecotec GmbH: Mikrobiologische On-site-Sanierung eines ehemaligen Gaswerksgeländes, dargestellt am Beispiel Blackburn, England, Sonderdruck
21. Höher, K.: Mikrobiologische Behandlung von Kontaminationen. Handbuch der Altlastensanierung, Kap. 5.4.1.2.4: R.v. Decker's Verlag, G. Schenck GmbH 1988
22. Hartmann, H.: Thermische Verfahren zur Bodensanierung. Handbuch der Altlasten-sanierung, Kap. 5.4.1.4.0. Berlin: R.v. Decker's Verlag, G. Schenck GmbH 1988
23. Holzwarth, W.; Schöndorf, T.: Technische Lösungen der Sanierung von Altlasten. Rosenkranz, D. (Hrsg.): Bodenschutz, Kap. 6005. Berlin: Erich Schmidt Verlag 1988
24. Löffelholz, R.: Sonderdruck Drägerheft 343: Erkundung von Altlasten
25. Luckner, L.; Schestakow, W.M.: Simulation der Geofiltration. Leipzig: Deutscher Verlag der Grundstoffindustrie 1975
26. Luckner, L.; Schestakow, W.M.: Migrationsprozesse im Boden- und Grundwasserbe-reich. Leipzig: Deutscher Verlag der Grundstoffindustrie 1986
27. Obermann, P.; Philip, W.; Rüdiger, G.: Beurteilung und Behandlung von Mineralölschadensfällen im Hinblick auf den Grundwasserschutz: Umweltbundesamt Berlin 1990
28. N.N.: Programmdokumentationen: ARMOS/MOTRANS Environmental Systems & Technologies, Inc. Blacksburg, USA
29. INTECUS: Untersuchungen zur Ausbreitung und Sanierung eines mit Vergaserkraftstoff und Dieselöl kontaminierten Tanklagergebäudes 1992 (unveröff.)
30. Franzius: VDI Nachrichten (1992) Nr. 48
31. Dodt, J.: Die Verwendung von Karten und Luftbildern bei der Ermittlung von Altlasten: Der Minister für Umwelt, Raumordnung und Landwirtschaft des Landes Nordrhein-Westfalen: Düsseldorf 1987
32. Aster, D.; Meyer, E.: Verbesserte Bestimmung der nautischen Tiefe im Emder Fahr-wasser. HANSA (1990) Nr. 23–24, S. 1729 ff.
33. Storch, K.: Sonar: Broschüre des Leistungsprofils Jena
34. Teutsch. G.; Grathwohl, P.; Schad, H.; Werner, P.: In-situ-Reaktionswände – ein neuer Ansatz zur passiven Sanierung von Boden- und Grundwasserverunreinigungen. Grund-wasser-Zeitschrift der Fachsektion Hydrologie 1 (1996) S. 12–20

8 Kostenbetrachtung von Abfallbehandlungsanlagen

8.1 Grundlagen des Wirtschaftlichkeitsvergleiches

Ein Wirtschaftlichkeitsvergleich von unterschiedlichen Entsorgungssystemen wird von allen in der Abfallwirtschaft Tätigen besonders interessiert aufgenommen. Faktisch hat ein strenger wirtschaftlicher Vergleich von verschiedenen Handlungsalternativen auf dem Gebiet der Abfallwirtschaft kaum einen Einfluss auf die tatsächliche politische Entscheidung für die Entsorgung einer Region. Hier haben meist politisch motivierte Gründe Vorrang.

Ein Vergleich der Wirtschaftlichkeit von verschiedenen Entsorgungssystemen kann nur für eine fiktive Region auf der „Grünen Wiese" stattfinden, die alle Abfallbeseitigungsmethoden sowohl technisch als auch ökonomisch zulässt. Diesen idealen Standort gibt es nicht, so dass in der Realität kaum alle Alternativen oder nur eine Kombination aus zwei oder drei Entsorgungsmöglichkeiten in Frage kommen. Wie die Erfahrung zeigt, sind die politisch bedingten Auswahlkriterien oftmals nicht in der Lage, die der Realität wirtschaftlich und technisch optimal angepassten Entsorgungssysteme zu bestimmen.

Wesentlich für die Behandlung von Abfällen ist, dass, wie bereits bei der Charakterisierung des Abfalls beschrieben, im Gegensatz zu vielen anderen industriellen Prozessen die Stoffmengen zeitlich stark schwanken, die heterogene Zusammensetzung der Abfälle sich im Jahresverlauf auch stark ändert und die Nachbarn einer Abfallbehandlungsanlage besonders niedrige Emissionswerte erwarten.

Durch diese komplexen Anforderungen haben alle Prozesse der Abfallwirtschaft ein hohes Niveau mit entsprechenden Behandlungskosten erreicht. Die Kostenentwicklung ist in den letzten Jahren an eine Grenze der Akzeptanz durch die Bevölkerung gestoßen. Damit werden Forderungen an die Entscheidungsträger gestellt, wirtschaftlichere Verfahren zu planen und zu bauen, bzw. die Abfallbehandlung komplett an private Betreiber in einem Ausschreibungsverfahren zeitlich befristet zu übergeben, um am Kostenvorteil den der Wettbewerb verspricht teilzunehmen.

Unabhängig vom Verfahren und den zu behandelnden Abfallarten werden die Kosten der Abfallbehandlung durch folgende Faktoren beeinflusst:

B. Bilitewski, G. Härdtle, *Abfallwirtschaft*,
DOI 10.1007/978-3-540-79531-5_8, © Springer-Verlag Berlin Heidelberg 2013

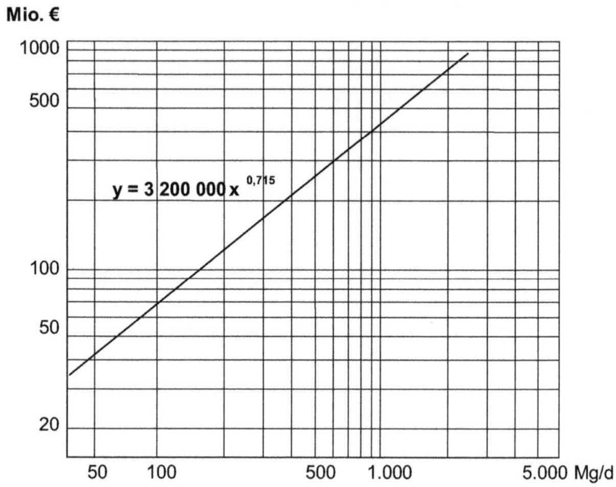

Abb. 8.1 Richtpreisdiagramm für den Anlagekapitalbedarf von Abfallverbrennungsanlagen mit Wärme-Kraftkopplung (Preisbasis 2008)

- Anlagenkapazität und Ausstattung der Anlage
- Zu errichtende Infrastruktur
- Kosten des Abfallinput
- Erlöse für Recyclingprodukte, Energie- und Wärmenutzung

8.2 Thermische Verfahren

Nachfolgend wird ein Überblick über den Kapitalbedarf und die Betriebskosten in Abhängigkeit von der installierten Entsorgungsleistung in Mg/d gegeben. Die im Abfall enthaltene Energie wird dabei immer in Form von Kraft-Wärme-Kopplung umgewandelt. Es ist hier darauf geachtet worden, die Neubaupreise aus einer Untersuchung von 2008 zu verwenden.

Im Kapitalbedarf sind die Kosten für das Grundstück nicht enthalten, jedoch wurden die notwendigen Gebühren sowie die Baufinanzierung bei einer dreijährigen Abwicklungszeit angesetzt.

8.2.1 Kapitalbedarf von Abfallverbrennungsanlagen

In Abb. 8.1 ist der Anlagenkapitalbedarf für moderne Abfallverbrennungsanlagen zur Dampf- und Stromerzeugung ohne Aufbereitung der Schlacke in einem Richtpreisdiagramm dargestellt.

Der Anlagekapitalbedarf setzt sich wie in Tab. 8.1 dargestellt aus verschiedenen Anlagekapitalbedarfspositionen zusammen. Je nach Größe der Anlage gibt es eine prozentuale Verschiebung der unterschiedlichen Hauptpositionen. Zum Beispiel steigt der Kapital-

Tab. 8.1 Prozentuale Aufteilung der Hauptpositionen des Anlagekapitalbedarfs für Abfallverbrennungsanlagen in Abhängigkeit vom Durchsatz

Durchsatz (Mg/a)	50.000	100.000	200.000	300.000
Hauptposition (%)				
Erschließung	0,5	0,4	0,3	0,2
Bau	13,6	15,7	16,2	16,4
Maschinen - Elektrik	69,7	67,9	68,3	68,2
Außenanlagen	2,5	2,5	1,6	1,5
Bauzusatzkosten, Baufinanzierung	13,7	13,5	13,6	13,7
Anlagekapitalbedarf	100,0	100,0	100,0	100,0

bedarf für den Bau überproportional mit höherem Durchsatz, gegenüber allen anderen Hauptpositionen.

8.2.2 Betriebskosten von Abfallverbrennungsanlagen

In Abb. 8.2 sind die spezifischen Gesamtkosten, also die Summe aus Kapitalkosten und Betriebskosten, für verschiedene Abfallverbrennungsanlagen in Deutschland aus einem Benchmarking von 2004 dargestellt. Die durchschnittlichen Kosten zur Verbrennung einer Tonne Abfall betrug 137,40 €.

Die Nettobeseitigungskosten werden neben den kapitalabhängigen Kosten und den Erlösen für Energie und die Metallfraktion entscheidend durch die Betriebskosten beeinflusst, die wiederum direkt von der Verfügbarkeit der Anlage abhängen. Die Verfügbarkeit wird durchschnittlich mit 75 % angenommen, obwohl in der Praxis auch höhere Werte erreicht werden.

Wie in Abb. 8.3 dargestellt ist, nehmen mit abnehmender Auslastung einer Abfallverbrennungsanlage die mengenspezifischen Kosten zu. Dies liegt in der Tatsache begründet, dass ein Teil der Gesamtkosten unabhängig vom Durchsatz ist (z. B. die Kapitalkosten, durchsatzunabhängige Betriebskosten). Diese fixen Kosten ändern sich im Gegensatz zu den variablen Kosten (wie z. B. die Beseitigungskosten für die Asche, Zusatzenergie, etc.) nicht mit der Verringerung des Durchsatzes – sie bleiben in der Höhe konstant.

Für Abfallverbrennungsanlagen, die den produzierten Dampf in einer Kraft-Wärme-Kopplung nutzen, sind in Abb. 8.4 die durchschnittlichen Gesamtkosten in €/Mg in Abhängigkeit vom Durchsatz dargestellt. Der Zusammenhang zwischen den Gesamtkosten, den Erlösen und den Nettobeseitigungskosten (die Nettobeseitigungskosten stellen den Betrag dar, der zur Deckung der Abfallbeseitigung durch Gebühren der öffentlichen Haushalte aufgebracht werden muss) wird aus dem Bild ebenfalls deutlich. Je nach Ausstattungsgrad sind Abweichungen von ± 30 % der hier vorkalkulierten Werte möglich.

In der Abbildung ergeben sich die durchschnittlichen Nettobereitungskosten, indem die Erlöse von den Gesamtkosten abgezogen werden.

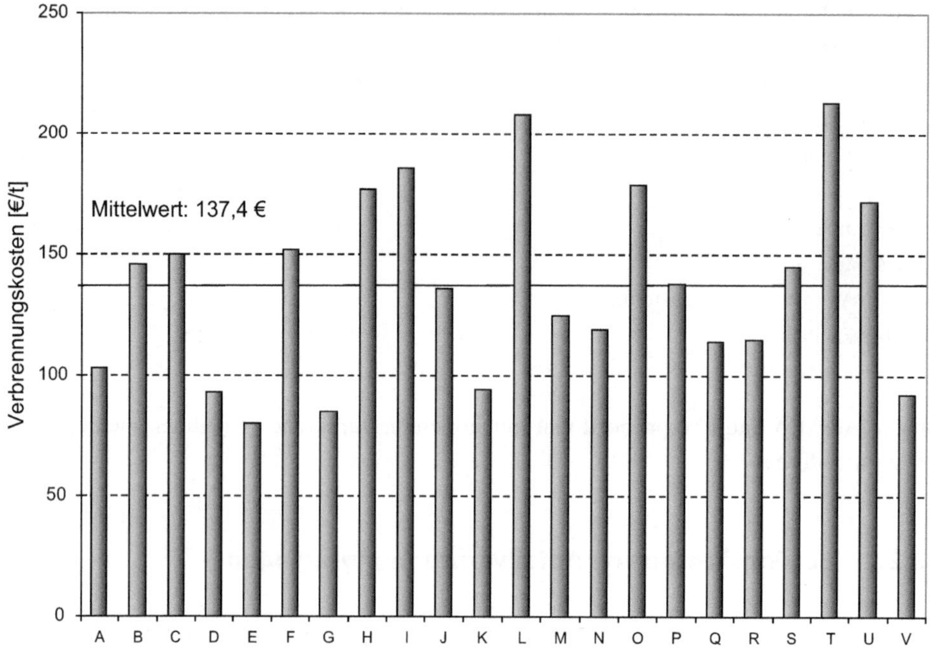

Abb. 8.2 Spezifische Gesamtkosten für die Abfallverbrennung einzelner Anlagen [1]

Abb. 8.3 Spezifische Kosten in Abhängigkeit der Kapazitätsauslastung für eine Abfallverbrennungsanlage mit einer Dauerleistung von 300.000 Mg/a (Preisbasis 2008)

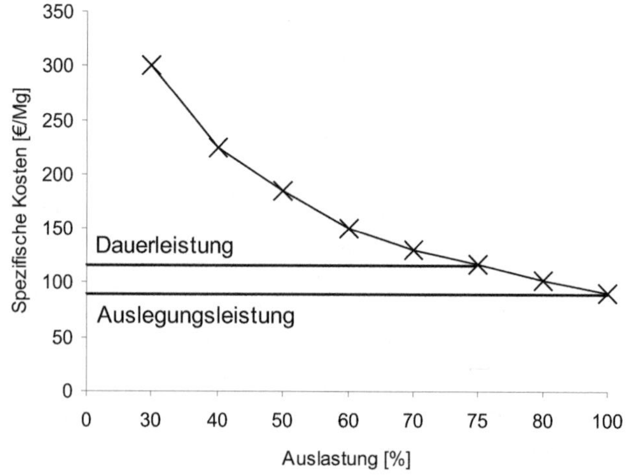

8.2.3 Behandlungskosten verschiedener Thermischer Verfahren

Die Rostfeuerungstechnik für die Verbrennung von Abfällen ist ausgereift, technisch sicher und für ein breites Band unterschiedlicher Haushalts- und Gewerbeabfälle einsetzbar. Neben der klassischen Rostfeuerung und der Wirbelschichttechnik haben sich in den

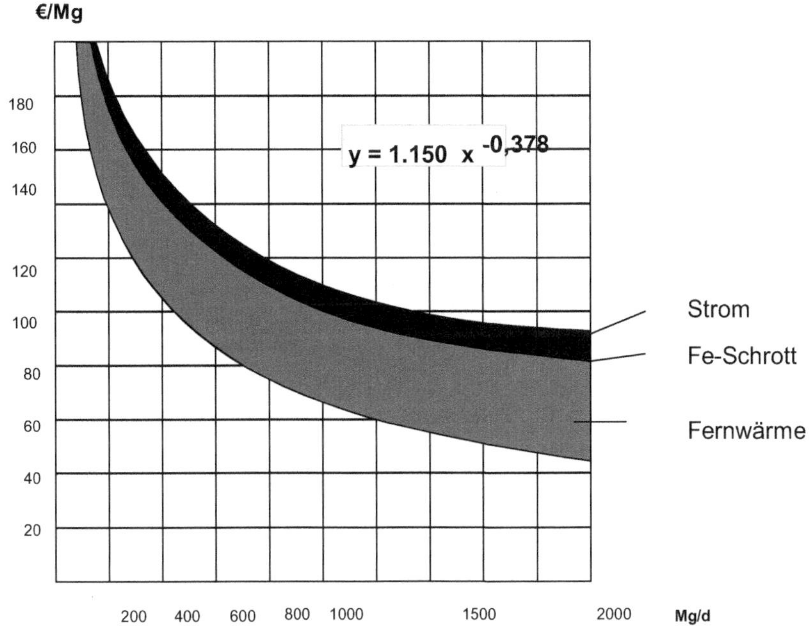

Abb. 8.4 Gesamtkosten und Nettobeseitigungskosten in €/Mg in Abhängigkeit von der installierten Leistung (Mg/d) für Abfallverbrennungsanlagen mit Kraft-Wärme-Koppelung (Preisbasis 2008)

letzten Jahren die Kombinationsverfahren in das Interesse der Öffentlichkeit geschoben. Hier sind besonders das Schwel-Brenn- und das Thermoselect-Verfahren zu erwähnen. Eine Etablierung dieser Verfahren erfolgte bisher nicht.

Das Schwel-Brenn-Verfahren stellt eine Kombination aus Entgasung im Drehrohrofen mit einer nachfolgenden Verbrennung der Entgasungsprodukte in einer Brennkammer dar.

Beim Thermoselect-Verfahren wird die Entgasung in einem Schubofen durchgeführt. Die Entgasungsprodukte werden in einem Vergaser partiell oxidiert. In dem folgenden Abb. 8.5 sind die Behandlungskosten verschiedener thermischer Abfallbehandlungsverfahren in Abhängigkeit vom Durchsatz dargestellt.

Bei einem Durchsatz von 100.000 Mg/a liegen die Kosten der thermischen Behandlung zwischen 200 und 270 €/Mg und sinken auf Werte bis 120 €/Mg bei einem Durchsatz von 500.000 Mg/a. Dies sind kalkulierte Werte, außer für Rostfeuerungsanlagen, für die Erfahrungswerte vorliegen.

8.2.4 Erlöse für Thermische Verfahren

In Abb. 8.4 (Abschn. 8.2.2) sind bereits die Erlöse im Verhältnis zu den Betriebskosten in Abhängigkeit vom Durchsatz dargestellt. Die Haupteinnahmen für die thermischen Verfahren sind Strom und Wärme.

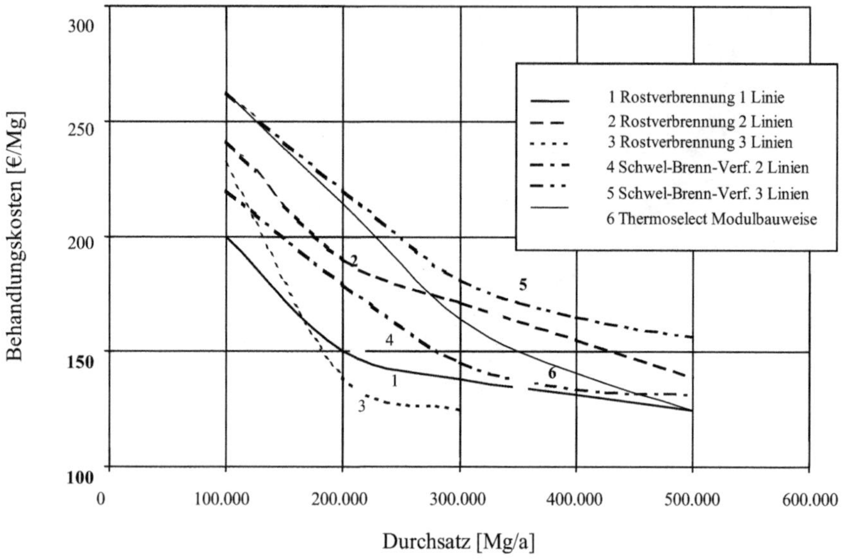

Abb. 8.5 Behandlungskosten verschiedener Verfahren zur thermischen Behandlung von Abfällen in Abhängigkeit vom Durchsatz (Preisbasis 1995, [2])

Durch Erlöse, die im Wesentlichen aus der Vergütung von Strom resultieren, lassen sich etwa 10 % der Betriebskosten reduzieren. Ist die Möglichkeit zur Einspeisung von Fernwärme gegeben, so verbessert sich die Wirtschaftlichkeit in Abhängigkeit der anzusetzenden Stromminderleistung und der erzielbaren Erlöse für die Wärme auf ca. 30–40 €/Mg Abfall. Die Auskopplung von Fernwärme aus dem Dampfsystem der MVA trägt entscheidend zur Wirkungsgraderhöhung der Anlage und zur Verbesserung der Umweltverträglichkeit bei. Gleichwohl ist diese Maßnahme aus wirtschaftlicher Sicht nicht immer sinnvoll. Abbildung 8.6 zeigt den Einfluss der Fernwärmevergütung unter Berücksichtigung der Stromminderleistung auf die Erlössituation bei Kraft-Wärmekopplung. Dargestellt ist das Ergebnisdiagramm für eine Stromminderleistung von 0,15 kWh_{el}/kWh_{th}.

Das Abb. 8.6 zeigt den Gesamterlös von ca. 4,2 Mio. € ohne Fernwärmeauskopplung. Während der Erlös für Strom sinkt und bei einer Fernwärmeauskopplung von 50 % auf ca. 2,9 Mio. € sinkt, steigt dennoch der Gesamterlös für die Anlage auf ca. 6,5 Mio. €, wenn der Fernwärmepreis bei 0,02 €/kWh_{th} liegt.

8.3 Mechanisch-biologische Abfallbehandlungsverfahren

Neben der thermischen Abfallbehandlung werden Restabfälle auch in mechanisch-biologischen Abfallbehandlungsanlagen behandelt. Abhängig vom Verfahren werden verschiedene Outputströme in thermischen Anlagen (z. B. als Ersatzbrennstoff) verwertet bzw. beseitigt.

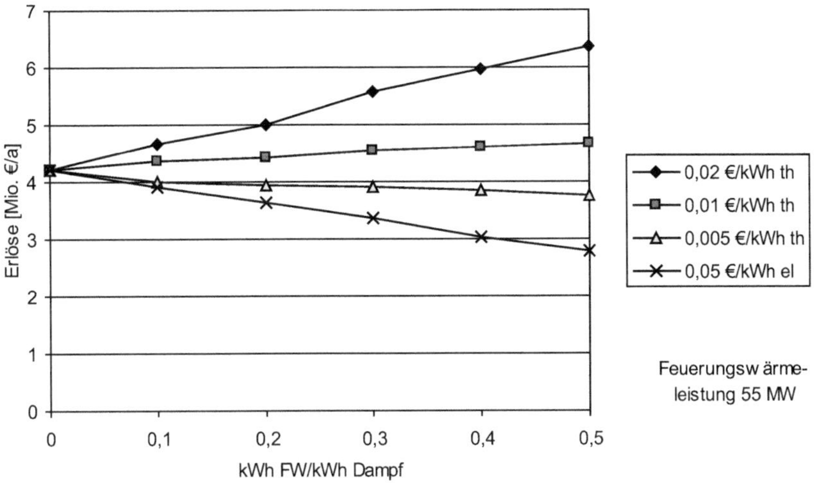

Abb. 8.6 Entwicklung der Gesamterlöse bei einer Kraft-Wärme-Kopplung in Abhängigkeit von der Fernwärmeauskoppelung im Verhältnis zur Dampfproduktion. Stromminderung: 0,15 kWh_{el}/kWh_{th} (Geändert nach [2])

Tab. 8.2 Spezifische Investitionen der MBA (Nach [17])

Investitionen	Mechanische Stufe (€/Mg)	Biologische Stufe (€/Mg)	
		Kompostierung	Vergärung
Bauteile	40	70–90	50–60
Stationäre Maschinen	20–80	110–140	130–180
Mobile Ausrüstungen	5–10		

Die Konzepte variieren in der Anordnung der Prozessschritte und dem eigentlichen Ziel der Behandlung. Entweder wird vor der biologischen Stufe der Restabfall aufgetrennt (Stoffstromsplitting) oder eine gesamte biologische Behandlung des Restabfalls mit anschließenden mechanischen Prozessschritten vorgenommen. Die biologische Stufe kann sowohl eine Kompostierung oder eine Vergärung sein. Überschlägig können die Investitionen wie in Tab. 8.2 angegeben werden.

Die Behandlungskosten werden stark geprägt durch die Kosten für die Verwertung und Entsorgung der erzeugten Outputströme. Insbesondere die Preise für die Verwertung der heizwertreichen Fraktionen bestimmen die Wirtschaftlichkeit der Anlagen sehr stark. Die Gesamtkosten der MBA liegen in einer Spannbreite zwischen 40 und 120 €/Mg.

Die Prozessstufe der biologischen Behandlung ist aerob oder anaerob möglich. Die Erfahrungen aus der Behandlung von Bio- und Grünabfällen sind auf die Restabfallbehandlung aber nicht übertragbar. Im Restabfall sind mehr verschleiß- und korrosionsfördernde Bestandteile enthalten. Insbesondere der höhere Anteil an Glas und Mineralien führt zu stärkerem Verschleiß. Aus diesem Grund sind für Wartung und Reparatur ca. 2–3 % mehr von den Investitionen für Maschinen, Förderbänder etc. im Vergleich zur Bioabfallbehandlung anzusetzen.

Tab. 8.3 Beispielhafte Darstellung der spezifischen Kosten der Aufbereitungsstufe einer MBA (Nach [16])

Position	Aufbereitung (€/a) 100.000 Mg/a	200.000 Mg/a	350.000 Mg/a
Kapitalkosten	998.920	1.771.033	2.577.563
Verwaltungskosten	47.250	81.000	121.500
Steuer- und Versicherungskosten	133.500	228.600	303.600
Personalkosten	315.000	540.000	810.000
Wartungs- und Reparaturkosten	200.000	388.000	588.000
Energiekosten	500.000	935.000	1.370.000
Sonstige Kosten	133.500	228.600	303.600
Gesamtkosten	2.318.170	4.172.233	6.074.263
Spezifische Kosten (€/Mg)	23,2	20,9	17,4

Tab. 8.4 Beispielhafte Darstellung der spezifischen Kosten der Pelletierung einer MBA (Nach [16])

Position	Pelletierung (€/a) 100.000 Mg/a
Kapitalkosten	1.491.364
Verwaltungskosten	54.000
Steuer- und Versicherungskosten	124.907
Personalkosten	360.000
Wartungs- und Reparaturkosten	512.000
Energiekosten	456.450
Sonstige Kosten	124.907
Gesamtkosten	*3.123.628*
Spezifische Kosten (€/Mg)	31,2

In Tab. 8.3 sind die spezifischen Kosten der Aufbereitungsstufe für drei unterschiedliche MBA-Anlagengrößen dargestellt (nach [16]).

Die größte Kostenposition ist die der Kapitalkosten, welche einen Anteil von ca. 42 % haben, gefolgt von Energiekosten mit 22 % und Personalkosten mit 13 %. Mit steigender Anlagengröße sinken die spezifischen Kosten in Bezug auf den Anlageninput um 25 % von der Anlage mit 100.000 Mg/a Jahresdurchsatz im Vergleich zur Anlage mit 350.000 Mg/a Jahresdurchsatz.

Die spezifischen Kosten für die Aufbereitung der heizwertreichen Fraktion durch eine Pelletieranlage sind in Tab. 8.4 zusammengefasst. Im Vergleich zur Aufbereitung (42 %) ist der Anteil der Kapitalkosten mit 48 % bei der Pelletierung höher, gefolgt von den Kosten für Wartung und Reparatur (16 %) und den Energiekosten (15 %).

Die Kosten der Behandlung der heizwertarmen Fraktion am Beispiel der Kompostierung sind in Tab. 8.5 dargestellt. Die Kompostierung verzeichnet mit einem Anteil von 50 % die höchsten Kapitalkosten, gefolgt von den Energiekosten (15 %) und Personalkosten von 11 %.

Tab. 8.5 Beispielhafte Darstellung der spezifischen Kosten der Kompostierung einer MBA (Nach [16])

Position	Kompostierung (€/a) 60.000 Mg/a
Kapitalkosten	1.042.390
Verwaltungskosten	33.750
Steuer- und Versicherungskosten	164.000
Personalkosten	225.000
Wartungs- und Reparaturkosten	144.000
Energiekosten	305.645
Sonstige Kosten	164.000
Gesamtkosten	*2.078.785*
Spezifische Kosten (€/Mg)	34,7

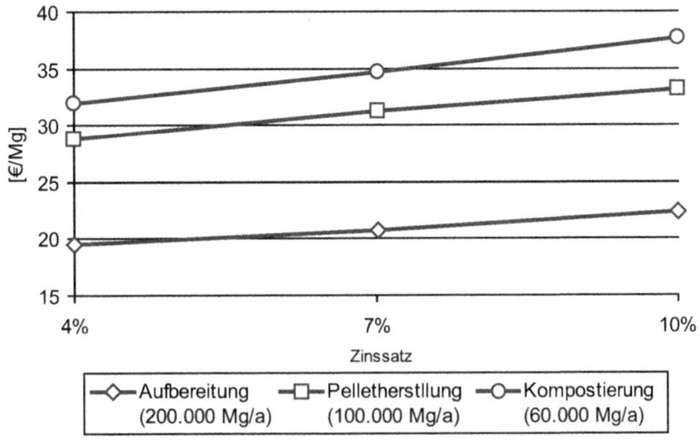

Abb. 8.7 Spezifische Kosten der Prozessstufen einer MBA in Abhängigkeit vom Zinssatz (Eigene Darstellung nach [16])

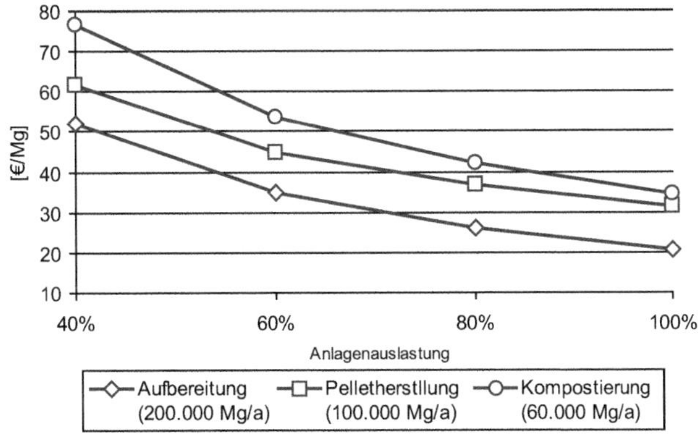

Abb. 8.8 Spezifische Kosten der Prozessstufen einer MBA in Abhängigkeit der Anlagenauslastung (Eigene Darstellung nach [16])

Es soll diskutiert werden, wie sich die Kosten verändern, wenn die Rahmenbedingungen bei der Kalkulation der Kosten sich ändern. Dies soll mit einer Sensitivitätsanalyse am Beispiel der Änderung des Zinssatzes (Abb. 8.7), der Anlagenauslastung (Abb. 8.8) und einer Steigerung von Personalkosten (Abb. 8.9) dargestellt werden.

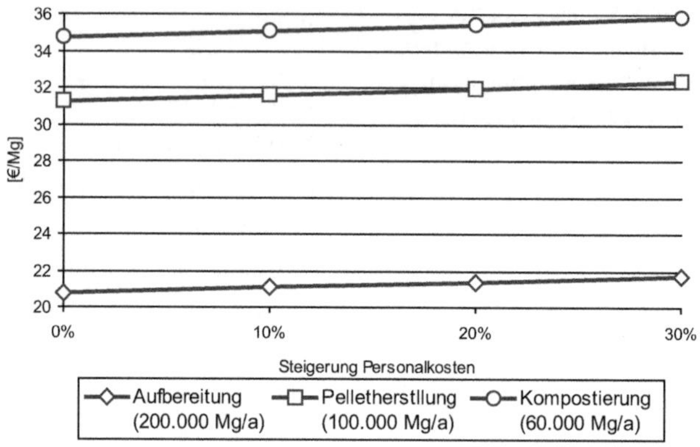

Abb. 8.9 Spezifische Kosten der Prozessstufen einer MBA in Abhängigkeit der Personalkosten (Eigene Darstellung nach [16])

Bei einer Änderung des Zinssatzes beispielhaft von 4 auf 10 % steigen die spezifischen Kosten der einzelnen Anlagenbestandteile der MBA um 14 bis 18 %. Beim Prozessschritt Kompostierung als kapitalintensivster Schritt der MBA wirkt sich eine Erhöhung des Zinssatzes am stärksten aus.

Signifikant wirkt sich die Anlagenauslastung auf die spezifischen Kosten aus. Sinkt beispielsweise die Auslastung auf 80 % der Nennauslastung, steigen die spezifischen Kosten um 17 bis 25 %. Eine Verringerung der Anlagenauslastung wirkt sich am stärksten auf den Prozessschritt der Aufbereitung aus.

Mögliche Steigerungen bei den Personalkosten wirken sich weniger stark als veränderte Zinssätze oder eine verminderte Anlagenauslastung aus. Bei einer 30 %igen Erhöhung der Personalkosten steigen die spezifischen Anlagenkosten um 3,3 bis 4,2 %.

Neben den spezifischen Anlagenkosten der MBA bestimmen sich die Behandlungskosten unter Berücksichtigung möglicher Erlöse für ausgewählte Fraktionen (Metalle) bzw. der Verwertungskosten für die heizwertreiche Fraktion und die Kosten für die Ablagerung der deponiefähigen Fraktion. Diese Kosten sind zum einen von den Qualitäten der Stoffströme (Korngröße, Heizwert bei der heizwertreichen Fraktion) abhängig und zum anderen von lokalen Bedingungen (Ablagerung Deponiegut).

8.4 Aufbereitungsverfahren

8.4.1 Anlagekapitalbedarf und Kosten einer Gewerbeabfallsortieranlage

Im Gegensatz zur Verbrennungsanlage, bei der nur eine grobe Kenntnis über die Zusammensetzung der Abfälle notwendig ist, muss bei der Auslegung einer Sortieranlage eine möglichst genaue Kenntnis der Abfallinhaltsstoffe vorhanden sein. Als Beispiel wird eine Sortierungsanlage für Gewerbe- und Baustellenabfälle zugrunde gelegt. Insgesamt wer-

Tab. 8.6 Anlagenkapitalbedarf für eine Sortieranlage (Preisbasis 2. Halbjahr 2002)

Anlagenbezeichnung	Kapitalbedarf (€)
Bauteil	
Sortierhalle und Haustechnik	8.750.000
Planung/Bauaufsicht	750.000
Summe Bauteil	9.500.000
Maschinen und Fahrzeugtechnik	
Sortieranlage	5.250.000
Fahrzeugtechnik	375.000
Summe Maschinen und Fahrzeugtechnik	5.625.000
Finanzierungskosten (9,5 %)	718.500
Anlagenkapitalbedarf (AK)	15.843.500

den 110.000 Mg/a verarbeitet. Dabei werden nicht kontaminierte Holzabfälle in einem Wirbelschichtofen in der Anlage thermisch verwertet.

In der Tab. 8.6 ist der Kapitalbedarf für eine kombinierte Gewerbe- und Baustellenabfall-Sortieranlage mit ca. 15,8 Mio. € kalkuliert. Die prognostizierte Genauigkeit beträgt ± 20 %. In der Tab. 8.7 sind die Gesamtkosten der Sortieranlage kalkuliert. Aufgrund dieser Kalkulation ergeben sich Gesamtkosten pro Jahr von 16,95 Mio. € für den Betrieb einer kombinierten Sortieranlage mit einem Durchsatz von 110.000 Mg/a. Die spezifischen Behandlungskosten betragen ohne die Berücksichtigung der Erlöse 154 €/Mg.

8.4.2 Wirtschaftlichkeitsbetrachtungen für Abbruch- und Aufbereitungsanlagen [4]

8.4.2.1 Wirtschaftlichkeitsvergleich zwischen dem klassischen Abbruch und einem kontrollierten Rückbau

Steigende Abbruchkosten, verursacht durch höhere Deponiepreise und gesetzliche Auflagen zur Trennung unterschiedlicher Baustoff-Fraktionen, bieten die Grundlage für einen ökonomischen Vergleich zwischen den herkömmlichen Abbruchverfahren und dem kontrollierten Rückbau.

Es stehen folgende Abbruchmöglichkeiten zur Verfügung:

1. Kontrollierter Rückbau eines Gebäudes in Demontagestufen mit dem Ziel einer möglichst weitgehenden Materialgewinnung. Die Sortierung der gewonnenen Fraktionen erfolgt während des Abbruchs.
2. Abbruch des gesamten Bauwerks ohne differenzierte Demontagestufen und Sortierung vor Ort (klassischer Abbruch).

Tab. 8.7 Ermittlung der kapitalabhängigen Kosten, der Betriebs- und Gesamtkosten für die Gewerbeabfallsortieranlage in € (Gerundet, Preisbasis 2. Halbjahr 2002)

I. Kapitalabhängige Kosten (€)		
Annuitäten		
Finanzierung	288.000	
Bauteil	2.416.000	
Maschinentechnik	2.253.000	
Fahrzeugtechnik	190.000	
Summe Annuitäten		5.147.000
Versicherungen und Steuern		376.000
Umlaufkapital (5 % v. AK)		1.585.000
I. Summe kapitalabhängige Kosten		7.108.000
II. Betriebskosten		
1. Personalkosten (80 Personen)		4.200.000
2. Reparatur- und Wartungskosten		
Bauteil	95.000	
Maschinentechnik	262.500	
Fahrzeuge	22.500	
Summe Reparatur- und Wartungskosten		380.000
3. Hilfs- und Betriebsstoffe		77.000
4. Treibstoff		195.000
5. Energie		
Grundgebühr 140,- €/kW	176.000	
Arbeitspreis	220.000	
Summe Energie		397.000
6. Reststoffbeseitigung		4.170.000
7. Allg. Verwaltungs- und Vertriebskosten		
5 % der Personalkosten	210.000	
4 % von Pos. 2–6	209.000	
Summe Verwaltung und Vertrieb		419.000
II. Summe der Betriebskosten		9.838.000
III. Gesamtkosten (Summe I + II)		16.946.800
Spezifische Behandlungskosten, (€/Mg)		154

Eine dritte Variante stellt die Kombination der beiden Verfahren dar:

3. Kombinierter selektiver Rückbau (Entkernung) mit anschließendem Totalabbruch des Restgebäudes.

Bei dieser Variante wird die Innenausstattung (z. B. Elektrik-, Sanitär- und Heizungsinstallationen, Bodenbeläge, Türen usw.) weitgehend demontiert. Das noch verbleibende

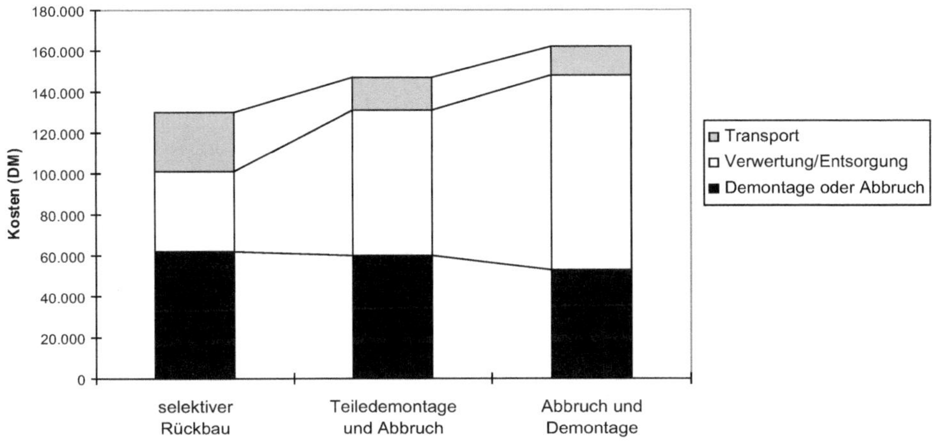

Abb. 8.10 Kostenvergleich von drei Abbruchmöglichkeiten für das Hotel Post, Dobel

Restgebäude (Dach, Außen- und Innenwände, Decken, Fundamente) wird ohne weitere Demontage abgebrochen.

Kostenvergleich beim Rückbau, Beispiel Hotel Post, Dobel [3]

In Dobel, Landkreis Calw, wurde 1993 der Abbruch eines Hotels als selektiver Rückbau durchgeführt. In diesem Zusammenhang erfolgte ein Kostenvergleich zwischen den drei oben genannten Abbruchmöglichkeiten. Das Ergebnis dieses Vergleichs ist in Abb. 8.10 dargestellt. Aus Abb. 8.10 wird deutlich, dass der selektive bzw. kontrollierte Rückbau unter den gegebenen lokalen Rahmenbedingungen die kostengünstigste Variante darstellt. Bezogen auf den Bruttorauminhalt (BRI) des Gebäudes wurden für die einzelnen Methoden folgende Gesamtkosten ermittelt:

- selektiver Rückbau: 26,40 DM/m^2 BRI,
- teilweise selektiver Rückbau: 29,67 DM/m^2 BRI,
- klassischer Abbruch: 32,64 DM/m^2 BRI.

Unter den regionalen Bedingungen erwiesen sich der klassische Abbruch um etwa 24 % und der teilweise selektive Rückbau um etwa 12 % teurer als der kontrollierte Rückbau.

Kostenvergleich beim geplanten Teilrückbau eines Industriegebäudes

Ein weiterer Kostenvergleich zwischen verschiedenen Abbruchverfahren soll anhand der Planung für den Teilrückbau eines Industriegebäudes in Dresden-Klotzsche dargestellt werden. Es handelte sich um ein Gebäude in Stahlbetonskelettbauweise. Das Gebäude sollte bis zum Rohbau komplett entkernt werden, um anschließend architektonisch neu gestaltet zu werden.

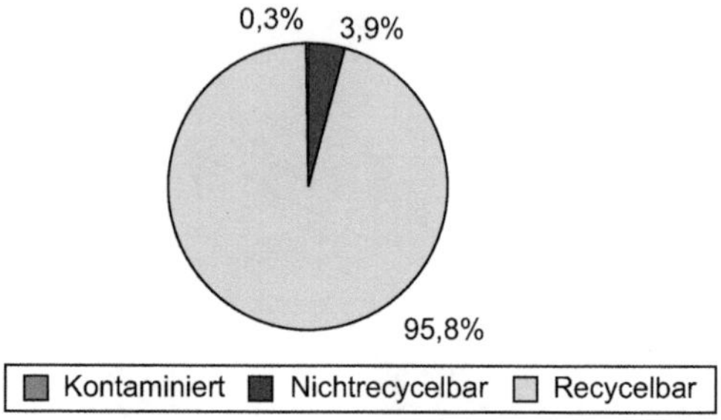

Abb. 8.11 Massenanteile der Materialklassen beim Teilrückbau eines Industriegebäudes in Dresden [3]

Zur Ermittlung der Massenanteile der einzelnen Materialklassen wurde das Gebäude detailliert analysiert. Die Gebäudeanalyse ergab, dass 95,8 % des zu demontierenden Gebäudeinhalts verwertbar, 3,9 % nicht recyclingfähig und 0,3 % kontaminiert waren (siehe Abb. 8.11).

Auf der Grundlage der Gebäudeanalyse und des Verwertungs- und Entsorgungsplanes wurden die Demontageschritte und der Zeitplan (Rückbauplan) entwickelt. Darauf basierend wurden Arbeits-, Transport- und Entsorgungs- bzw. Verwertungsaufwand abgeschätzt (Tab. 8.8).

Folgende Rückbauverfahren wurden verglichen:

1. Der kontrollierte Rückbau mit einer detaillierten Trennung der Materialien in verschiedene Verwertungsfraktionen auf der Baustelle.
2. Rückbau ohne Separierung auf der Baustelle und Anlieferung des Bauschutts bzw. der Baustellenabfälle an eine Sortieranlage.
3. Vollständige Deponierung der gebrauchten Baustoffe auf einer regionalen Deponie.

Bei allen drei Varianten wurde vorausgesetzt, dass das kontaminierte Material getrennt erfasst und einer geordneten Entsorgung zugeführt wurde. Für den Kostenvergleich wurden die 1994 in der Region Dresden geltenden Preisstrukturen zugrunde gelegt.

Der Kostenvergleich (Tab. 8.8) ergab, dass der kontrollierte Rückbau (Variante 1) und die Anlieferung an Sortieranlage (Variante 2) in der Gesamtkostenbilanz etwa gleich zu bewerten waren. Der Totalabbruch mit vollständiger Deponierung ergab ca. 14 % höhere Gesamtkosten.

Wirtschaftlichkeit verschiedener Abbruchverfahren in Abhängigkeit von der Deponiegebührenentwicklung

Die Kosten für den kontrollierten Rückbau des Industriegebäudes in Dresden wurden erstmals 1992 ermittelt. Dabei wurden die Demontage,- Transport-, Entsorgungs- bzw. Recyclingkosten erfasst. Parallel erfolgte eine Kostenschätzung für einen klassischen Abbruch. Die Ergebnisse beider Methoden wurden vergleichend dargestellt. Ein Vergleich der Ergebnisse auf der Grundlage der Kostenstrukturen von 1992 und 1994 ist in Abb. 8.12 dargestellt.

Tab. 8.8 Zusammenstellung der Kostenarten für eine Wirtschaftlichkeitsberechnung (Preisbasis 1994)

	Masse (Mg)	Demontagekosten (DM)	Transportkosten (DM)	Recycling/ Deponiekosten (DM)	Summe (DM)
Kontrollierter Rückbau des Industriegebäudes – Variante 1 –					
Kontamination	55	251.000	13.000	44.000 (800 DM/Mg)	308.000
Recycelbares Material	19.800	1.666.000 (84 DM/Mg)	170.000 (8,5 DM/Mg)	400.000 (20 DM/Mg)	2.236.000
Nichtrecycelbares Material	800	426.000	32.000 *(40 DM/Mg)*	160.000 *(200 DM/Mg)*	618.000
Summe	*20.655*	*2.342.000*	*215.000*	*604.000*	*3.161.000*
Klassischer Abriss des Industriegebäudes – Variante 2 –					
Kontamination	55	251.000	13.000	44.000 (800 DM/Mg)	308.000
Bauschutt/Baustellenrestabfall	20.600	1.545.000 *(75 DM/Mg)*	185.000 *(9 DM/Mg)*	1.133.000 *(55 DM/Mg)*	2.863.000
Summe	*20.655*	*1.796.000*	*198.000*	*1.177.000*	*3.171.000*

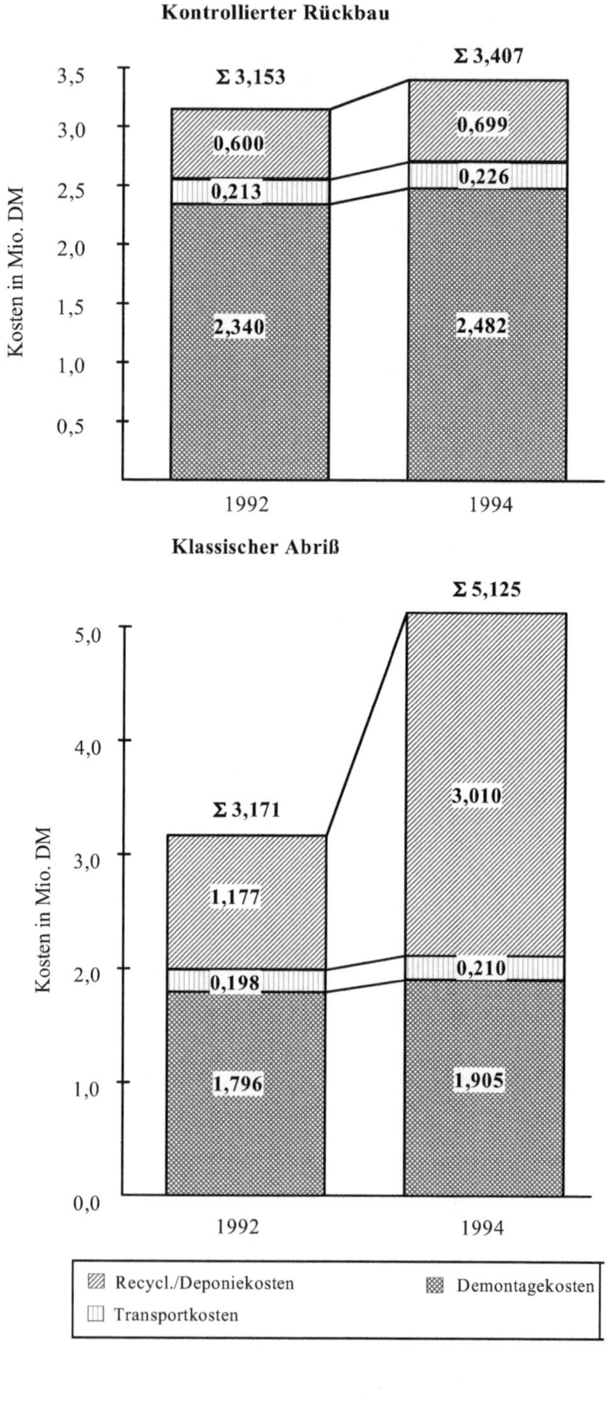

Abb. 8.12 Kostenentwicklung für den kontrollierten Rückbau und klassischen Abbruch von 1992 und 1994 für ein Industriegebäude in Dresden [3]

Während die Demontage-, Transport- und Recyclingkosten im Wesentlichen im Rahmen der allgemeinen Inflationsrate von 4–6 % stiegen, haben sich die Deponiekosten für gebrauchte Baustoffe in der Region Dresden fast verdreifacht. Waren die Gesamtkosten beider Abbruchmethoden im Jahre 1992 noch miteinander vergleichbar, so ergaben sich 1994 für den kontrollierten Rückbau um etwa ein Drittel niedrigere Gesamtkosten.

Als Schlussfolgerung lässt sich für alle dargestellten Beispiele zeigen, dass der kontrollierte Rückbau gegenüber dem klassischen Abbruch die günstigere Variante in der Gesamtkostenbilanz ist. Der ökonomische Vorteil des kontrollierten Rückbaus wird jedoch sehr stark von der regionalen Deponiegebührenstruktur bestimmt und kann deshalb nicht verallgemeinert werden.

8.4.2.2 Wirtschaftlichkeit von Aufbereitungs- und Sortieranlagen für gebrauchte Baustoffe

Baustoff-Aufbereitungsanlagen

Die Wirtschaftlichkeit von Aufbereitungs- und Sortieranlagen für gebrauchte Baustoffe wird im Wesentlichen von folgenden Faktoren beeinflusst:

- Standort,
- Infrastruktur,
- Marktsituation (Absatzchancen, Konkurrenzsituation zu Primärbaustoffen),
- Investitions- und Betriebskosten der Anlage.

Grundlage für Investitionsentscheidungen bilden Rentabilitätsanalysen, die auf Kostenabschätzungen und Erlösprognosen basieren. Marktanalysen bieten zusätzlich Informationen über die regionalen Deponiegebühren, die möglichen Verkaufserlöse sowie die minimal bzw. maximal erfassbaren Input- und Outputmengen im Umkreis.

Als positive Faktoren gehen in einer Kalkulation die Annahmeentgelte und die Verkaufserlöse für die Recycling-Baustoffe und evt. Metalle ein. Wird die Aufbereitungsanlage nicht als Dienstleistungsunternehmen, sondern im Rahmen einer Bau- bzw. Abbruchunternehmung betrieben, ergibt sich die eingesparten Deponiegebühren zusätzlich als positiver Faktor.

Nachfolgend wird eine Kostenanalyse vorgestellt, die auf Grundlage von elf als Dienstleistungsunternehmen betriebenen Baustoff-Aufbereitungsanlagen durchgeführt wurde. Bei den in der Analyse berücksichtigten Anlagen handelt es sich um sechs stationäre und fünf semimobile (stationär betriebene) Aufbereitungsanlagen. In der Kostenanalyse wurden folgende Kostenarten berücksichtigt [4]:

- Variable Kosten: Energie-, Reparatur-, Entsorgungs-, Transport und sonstige Betriebskosten;
- Fixkosten: Personal-, Abschreibungs-, Miet-, Rekultivierungs-, Labor-, Versicherungs- und Betriebsgemeinkosten sowie Verwaltungskosten.

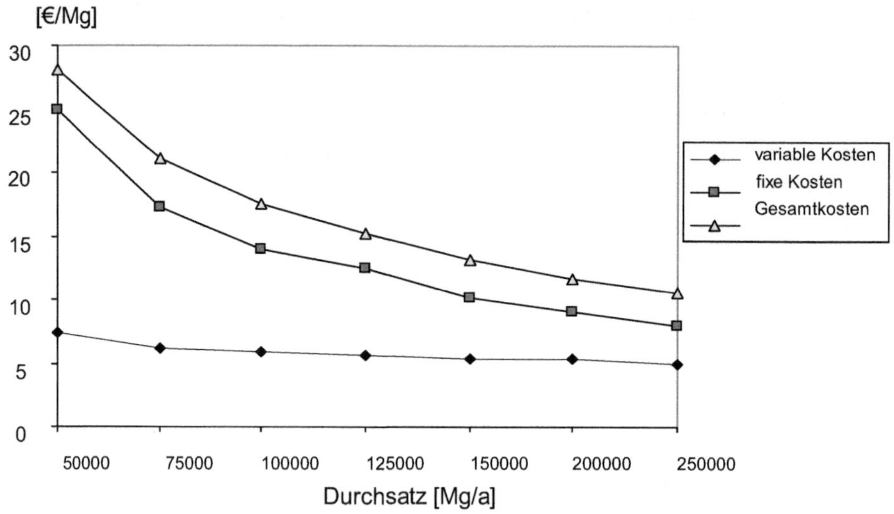

Abb. 8.13 Zusammenfassung der spezifischen Gesamt-, fixen und variablen Kosten in Abhängigkeit vom Durchsatz als Analyse von 11 Baustoff-Aufbereitungsanlagen [4]

Die Untersuchung wurde in Form einer empirischen Regressionsanalyse durchgeführt. In Abb. 8.13 sind die spezifischen Kosten in €/Mg dargestellt [4].

In der Praxis müssen in einer Wirtschaftlichkeitsbetrachtung weiterhin noch regionale Gegebenheiten wie z. B. Pachtgebühren berücksichtigt werden.

Als Ergebnis der Untersuchung lässt sich feststellen, dass die Gesamtkosten von Baustoff-Aufbereitungsanlage erheblichen Kostendegressionen unterliegen. Danach können lediglich Anlagen mit einer Mindestauslastung von 200.000 Mg/a bei durchschnittlichen Annahmegebühren und Verkaufserlösen wirtschaftlich betrieben werden. Ein Anlagenbetrieb unter betriebswirtschaftlichen Gesichtspunkten ist danach nur in städtischen Regionen mit entsprechend hohem Materialaufkommen möglich. In ländlichen Regionen mit geringen Aufkommen (deutlich unter 100.000 Mg/a) müssen andere Modelle für einen stationären Anlagenbetrieb praktiziert werden. Hier bieten sich z. B. Betreiberverträge mit der Kommune (Anschluss- und Benutzerzwang) als realisierbare Variante an.

Baustellenabfall-Sortieranlagen

Die generellen Einflussfaktoren auf die Wirtschaftlichkeit von Baustellenabfall-Sortieranlagen sind vergleichbar denen bei Baustoff-Aufbereitungsanlagen. Unterscheidungen ergeben sich aufgrund des geringeren Aufkommens an Baustellenabfällen sowie des höheren Störstoffanteils. Dies bedingt einen entsprechend hohen Aufwand bei der Sortierung zur Gewährleistung der für die Verwertung erforderlichen Qualität der Produkte.

Die Absatzchancen des inerten Anteils aus einer Baustellenabfall-Sortieranlage sind nur für untergeordnete Einsatzgebiete gegeben, was niedrigere Erlöse zur Folge hat. Die Feinfraktionen < 5–8 mm werden teilweise entsorgt, da sich hier etwaige Schadstoffe anreichern. In einer Kombinationsanlage, in der sowohl Baustellenabfälle als auch Bauschutt aufbereitet werden können, stellt sich die Vermarktungssituation bedeutend positiver dar.

Nachfolgend werden beispielhaft zwei Baustellenabfall-Sortieranlagen in einer Wirtschaftlichkeitsbetrachtung gegenübergestellt. Beide Anlagen verfügen über eine Vorsortierung mittels Greifbagger und einer Handsortierstation. Die Anlagen sind für einen Durchsatz von ca. 50.000 Mg/a ausgelegt. Unterschiedlich ist jedoch der maschinentechnische Aufwand.

In der Anlage I wird nach dem Vorabscheider das Grobkorn (> 150 mm) über einen Magnetscheider in die Handsortierung geleitet. Von der Feinfraktion wird das Feinkorn 0/15 mm abgezogen und die Mittelfraktion in zwei Siebschnitten gesichtet.

In der Anlage II wird nach der Vorsortierung das Material klassiert. Die Grobfraktion > 250 mm wird in die Handsortierstation geführt, die kleiner ausgelegt ist als bei Anlage I. Von der Fraktion < 250 mm wird die Feinfraktion 0/10 mm abgesiebt. Die Fraktion 10/250 mm wird bei 80 mm getrennt. Die Fraktion 80/250 mm wird über ein Sortieraggregat in eine weitere Handsortierung zur Kontrolle geführt. Die Fraktion 10/80 mm wird gesichtet. Der höhere Aufwand zur maschinellen Sortierung in der Anlage II schlägt sich in den höheren Maschineninvestitionskosten nieder (siehe Tab. 8.10).

Folgende Vorgaben sind für den Vergleich erforderlich:

- die Fahrzeuginvestitionen beziehen sich jeweils auf ein Fahrzeug (Bagger);
- Engineering-Kosten wurden nicht berücksichtigt,
- Pachtgebühren sind aufgrund der starken regionalen Schwankungen nicht berücksichtigt;
- die Entsorgungskosten und Erlöse sind pauschaliert.

Für die Betrachtung der Outputsituation wurde bei beiden Anlagen von dem in Tab. 8.9 dargestellten Input ausgegangen. Danach ergibt sich jeweils die abgeschätzte Zusammensetzung des Anlagenoutputs. In Tab. 8.10 sind die Einzeldaten der Wirtschaftlichkeitsbetrachtung zusammengefasst.

Die unterschiedlichen Resultate ergeben sich u. a. aus den folgenden Gründen:

- Beide Anlagen verfügen über eine Annahmehalle. Diese differiert in der Größe, da die komplette Maschinentechnik der Anlage II in der Halle untergebracht ist.
- Die Investitionskosten unterscheiden sich durch den maschinentechnischen Aufwand für die Sortieraggregate.
- Der höhere maschinelle Sortieraufwand der Anlage II bedingt weniger Arbeitskräfte zur händischen Sortierung. Damit ergeben sich geringere Personalkosten.
- Bei der Anlage I ergeben sich aufgrund der einfacheren Maschinentechnik günstigere Energie- und Reparaturkosten.

Tab. 8.9 Zusammensetzung des In- und Outputs der Baustellenabfall-Sortieranlagen [4]

Input	Anlage I und II (Gew.-%)	
Mineralische Anteile	50,0	
Metalle (Fe/NE)	3,2	
Holz	8,5	
Papier/Pappe	6,5	
Dachpappe	2,3	
Kunststoffe	0,5	
Sonstige Füll-/Reststoffe	29,0	
Output	Anlage I (Gew.-%)	Anlage II (Gew.-%)
Wertstoffe:		
Inertes Material	39,4	46,0
Füllboden	10,0	12,5
Fe-Metalle	3,1	3,1
NE-Metalle	0,1	0,1
Holz	7,0	8,3
Papier/Pappe	6,5	6,5
Kunststoff	0,5	0,5
Reststoffe:		
Mineralien	22,0	12,5
Sonstiges	11,4	10,5

- Der höhere Erlös für den Inert-Anteil der Anlage II ist durch das qualitativ hochwertige Produkt (höhere Reinheitsgrad) begründet.

Das errechnete Annahmeentgelt ergibt sich als Mindestforderung, das bei den getroffenen Annahmen zur Deckung der Kosten erforderlich ist. Die Kalkulation verdeutlicht, dass bei gleichen Standortbedingungen (Miete, Input, etc.) das Annahmeentgelt der Anlage II nur ca. 5,11 €/Mg höher liegen müsste, um die Anlage kostendeckend zu betreiben.

Schlussfolgerungen

Die dargestellten Wirtschaftlichkeitsbetrachtungen zeigen, dass für die Herstellung von Qualitätsprodukten sowohl im Bereich der Baustoff- wie auch der Baustellenabfall-Sortierung ein erheblicher technischer und verwaltungsmäßiger Aufwand erforderlich ist. Hierzu zählt auch die gesamte Unternehmensstruktur, um das Baustoff-Recycling nachhaltig zu einem umweltfreundlichen Prozess zu gestalten. Der Aufwand für die Produktion von RC-Baustoffen auf hohem Qualitätsniveau und unter Berücksichtigung aller Umweltschutzanforderungen verursacht entsprechende Kosten. Die Kosten in Abhängigkeit von der Durchsatzleistung unterliegen einem degressiven Verlauf. Für einen wirtschaftlichen

Tab. 8.10 Kosten und Erlöse von zwei beispielhaften Baustellenabfall-Sortieranlagen [4]

Parameter	Anlage I (€)	Anlage II (€)
Bauteil	500.000	800.000
Maschinen	1.300.000	4.200.000
Fahrzeug	250.000	250.000
Investitionssumme	2.050.000	5.250.000
Anlagekapital (Invest + Finanz.)	*2.234.500*	*5.722.500*
Abschreibung (Annuitätentilgung), inkl. Umlaufkapital	387.100	973.500
Versicherung und Steuern 1 % AK	44.700	114.500
Summe kapitalabhängige Kosten	*431.800*	*1.088.000*
Personalkosten 13/11 Mann	918.000	800.000
Energiekosten (Strom + Diesel)	110.000	137.000
Reparatur, Wartung, Verschleiß	174.000	381.000
Entsorgung Mineral. Reststoffe (Baustoff-Deponie) 50,- €/Mg	550 000	313 000
Entsorgung sonstige Reststoffe 200,- €/Mg	1.140.000	1.050.000
Marketingkosten 0,20 €/Mg	13.000	13.000
Eigen- und Fremdüberwachung, 0,60 €/m^3 Produkt	8.500	10.000
Allgemeine Verwaltungskosten	195.000	180.000
Summe Betriebskosten	3.108.500	2.884.000
Kalk. Wagnis und Gewinn 10 %	310.000	288.000
Gesamtkosten pro Jahr	*3.850.300*	*4.260.000*
RC-Baustoff 10,-/15,- €/Mg	197.000	345.000
Füllboden 2,- €/Mg	10.000	12.500
Fe-Schrott 80 €/Mg	124.000	124.000
NE-Schrott 200,- €/Mg	10.000	10.000
Holz -5,- €/Mg	17.500	20.750
Papier/Pappe 0,- DM/Mg	0	0
Kunststoff -10,- €/Mg	– 2.500	– 2.500
Summe Erlöse	*356.000*	*509.750*
Annahmeentgelt zur Kostendeckung	*69,89* €/Mg	*75,00* €/Mg

Anlagenbetrieb ist bei den erzielbaren Erlösen aus dem Verkauf der Produkte sowie den Einnahmen durch Annahmeentgelt eine gesicherte Jahresdurchsatzmenge erforderlich.

8.4.2.3 Kostenwirksamkeit der getrennten Erfassung auf der Baustelle

Verschiedene Untersuchungen haben gezeigt, dass durch eine Vorsortierung der Baustellenabfälle am Gestehungsort sich Kosten bei der Sortierung und Deponierung einsparen lassen. Die auf verschiedenen Baustellen durchgeführte Untersuchung des Mehraufwandes für die Trennung in verschiedene Fraktionen brachte folgende Ergebnisse (vgl. Abb. 8.14).

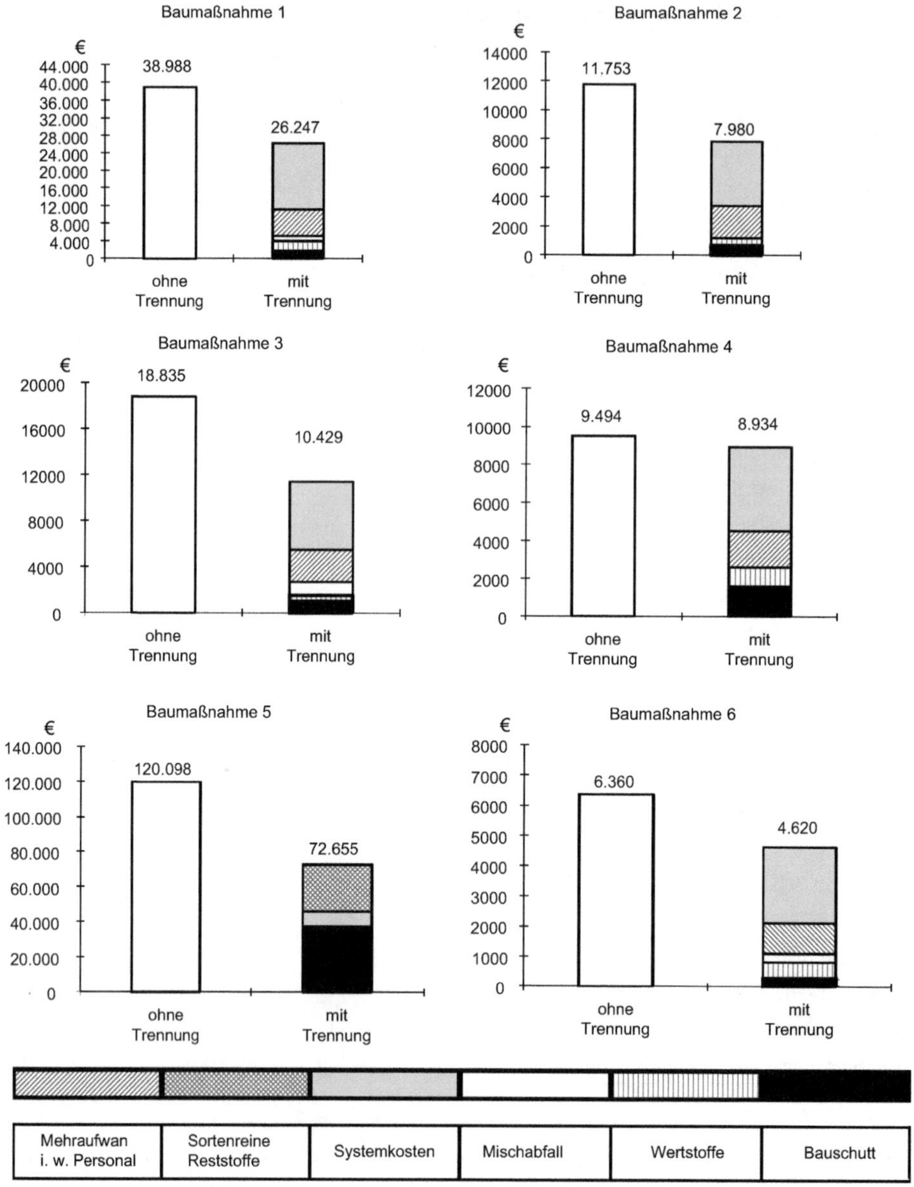

Abb. 8.14 Vergleich der Gesamtkosten mit und ohne Vorsortierung auf der Baustelle (Umgerechnet auf Preisbasis 2008, [5])

Insgesamt wurde festgestellt, dass auch unter Einbeziehung des Mehraufwandes die Trennung auf der Baustelle deutlich günstiger als die vermischte Entsorgung ist. Die Einsparung kann trotz Mehraufwand je nach örtlichen Verhältnissen in der Größenordnung des kalkulierten Gewinns aus der Baumaßnahme liegen. Örtliche Randbedingungen, wie beispielsweise beengte Platzverhältnisse oder Kleinbaustellen, lassen eine Vortrennung auf Baustellen nicht immer zu, so dass der Einsatz von Sortieranlagen grundsätzlich notwendig bleibt.

Im Rahmen von Begleitfahrten mit Leistungsdatenaufnahme wurden Klein- und Minicontainer mit Absetzbehältern (6–10 m^3) verglichen, um daraus allgemeine Planungsdaten ableiten zu können [5].

Tendenziell haben Klein- und Minicontainer bei zunehmender Anzahl an getrennten Fraktionen und in ländlichen Regionen logistische Vorteile. Außerdem sind diese evtl. bei beengten Platzverhältnissen günstig einsetzbar.

Durch die neue Forschung aus dem WAMBUKO-Projekt werden weitere Vermeidungs- und Kostensenkungsmöglichkeiten in Kap. 4 aufgezeigt.

8.4.3 Sortierkosten bei der getrennten Altpapiersammlung

Haushaltsnah erfasstes Altpapier und gewerbliches Altpapier werden vor dem Einsatz in der Papierfabrik einer Sortierung unterzogen. Dies erfolgt vor dem Hintergrund, dass zum einen Störstoffe (papierfremde Bestandteile) vor der Papierherstellung entfernt werden, zum anderen Altpapiersorten gemäß der europäischen Altpapiersortenliste [14] in definierten Qualitäten erzeugt werden. Viele Untersuchungen zum Altpapier zeigen, dass der geforderte Störstoffanteil oft schon in der Sammelware unterschritten wird. Bei der Sortierung von haushaltsnah erfasstem Altpapier werden die unteren Sorten „Sortiertes Gemischtes Altpapier (1.02)“, „Kaufhausaltpapier (1.04)“ und „Deinkingware (1.11)“ erzeugt. Eine Positivsortierung ist hier empfehlenswert.

Sehr einfache Anlagen für die Sortierung des in Depotcontainern oder Monotonnen gesammelten Altpapiers bestehen aus einem Aufgabeförderer (Plattenband), einer manuellen Sortierplattform und einer Ballenpresse. Je nach Altpapierdurchsatz und Art der Sortierung (positiv oder negativ) müssen unterschiedlich viele Arbeitsplätze an der Sortierstrecke vorhanden sein. Die Sortierer nehmen die Verunreinigungen bzw. Zeitschriften, Illustrierten oder Wellpappe vom Band und werfen diese über Fallschächte in bereitstehende Container oder ähnliches. Die einzelnen Altpapier-Sorten werden anschließend mittels einer Ballenpresse verdichtet, sofern die Verdichtung im Fahrzeug nicht ausreichend ist. Abbildung 8.15 zeigt die Spannweite der Kosten für die manuelle Sortierung von Altpapier aus verschiedenen Sammelsystemen.

Die Höhe der Sortierkosten hängt vor allem bei der einfachen manuellen Altpapiersortierung von der Art der Sortierung ab. Die negative Sortierung stellt die preiswerteste Variante dar, setzt aber voraus, dass die Altpapiere nicht gemischt, sondern bereits getrennt in graphische und Verpackungspapiere erfasst werden.

Abb. 8.15 Darstellung der Bandbreiten der Sortierkosten von gemischt und getrennt gesammeltem Altpapier aus verschiedenen Sammelsystemen durch manuelle Sortierung [10]

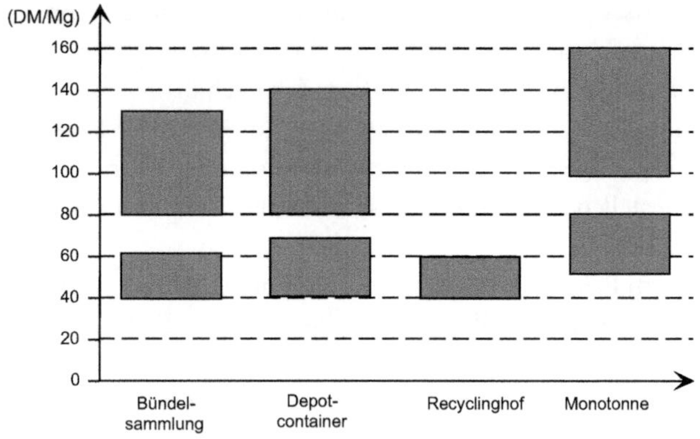

Abb. 8.16 Durchschnittliche Verteilung der Kosten der Altpapiersortierung (Preisbasis 2005)

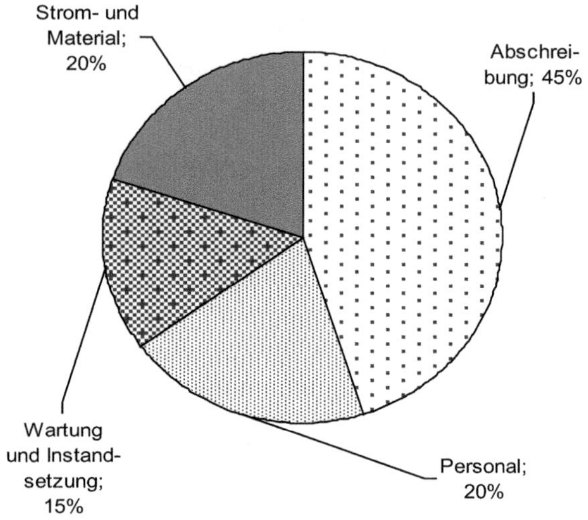

In weiter technisierten Anlagen können die durchschnittlichen Kostenanteile der Altpapiersortierung wie folgt angegeben werden (Abb. 8.16).

Altpapiersortieranlagen können verschieden konzipiert sein:

- Grundkonfiguration (hoher manueller Sortieranteil, geringe mechanischer Sortieranteil),
- Erweiterte Konfiguration (mechanische Vorsortierung) und
- Fortgeschrittene Konfiguration (automatisierter Prozess).

Entsprechend dem Anlagentyp variieren die einzelnen Kostenblöcke (Tab. 8.11).

Die durchschnittlichen spezifischen Betriebskosten pro Mg nähern sich letztendlich an, da mit steigendem Automatisierungsgrad in der Regel der Durchsatz steigt und der Personalaufwand sich minimiert. Die Spannbreiten zeigt Abb. 8.17 [17].

Tab. 8.11 Investitionen verschiedener Altpapiersortieranlagen (Preisbasis 2008, [17])

Anlagentyp	Spanne der Investitionen (€)
Grundkonfiguration[a]	30.000–80.000
Erweiterte Konfiguration[a]	120.000–1.500.000
Fortgeschrittene Konfiguration	12.000.000

[a] für eine durchschnittliche Prozesslinie

Abb. 8.17 Betriebskosten verschiedener Altpapiersortieranlagen [17]

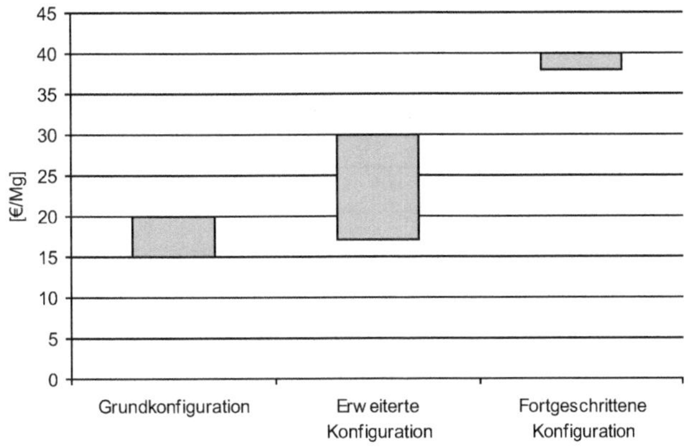

Die Intensität der Sortierung hängt unter anderem vom Altpapiermarkt ab. Insbesondere der Preisabstand der unteren Sorten untereinander bestimmt die Wirtschaftlichkeit der Altpapierverwertung. Dies ist dargestellt in Abb. 8.18. durch die Händlerpreise für Altpapier [13].

Sind die Abstände zwischen gemischten Ballen und Deinkingware relativ gering, stellt sich die Frage nach der Wirtschaftlichkeit der weitergehenden Sortierung. In diesem Fall ist eine Negativsortierung mit wesentlich weniger Aufwand für die Sortieranlagenbetreiber wirtschaftlicher.

8.4.4 Sortierkosten der Leichtverpackungen

Eine Schlüsselstellung für die Kostenentwicklung des Recycling von LVP aus der LVP-Sammlung im Gelben Sack bzw. in der Gelben Tonne kommt der Sortierung der Sammelgemische zu. Niedrige Schüttgewichte, geringe Einzelteilmassen, hohe Verunreinigungsgrade, Artikel- und Stoffvielfalt sowie eine starke Heterogenität bezüglich aller physikalischen Parameter erschweren eine mechanische Aufbereitung der LVP-Gemische.

Die gemischte Sammelware der Leichtverpackungen muss vor einer Verwertung in ihre Bestandteile, wie Metalle, Verpackungsverbunde und Kunststoffe sortiert werden. Ein Teil der gewonnenen Materialfraktionen (Metalle, Papier) ist in der Regel ohne weitere Vorbehandlung direkt zum Recycling geeignet. Kunststofffraktionen bedürfen zur stofflichen Verwertung häufig einer weiteren materialspezifischen Aufbereitung bzw. können direkt energetisch verwertet werden.

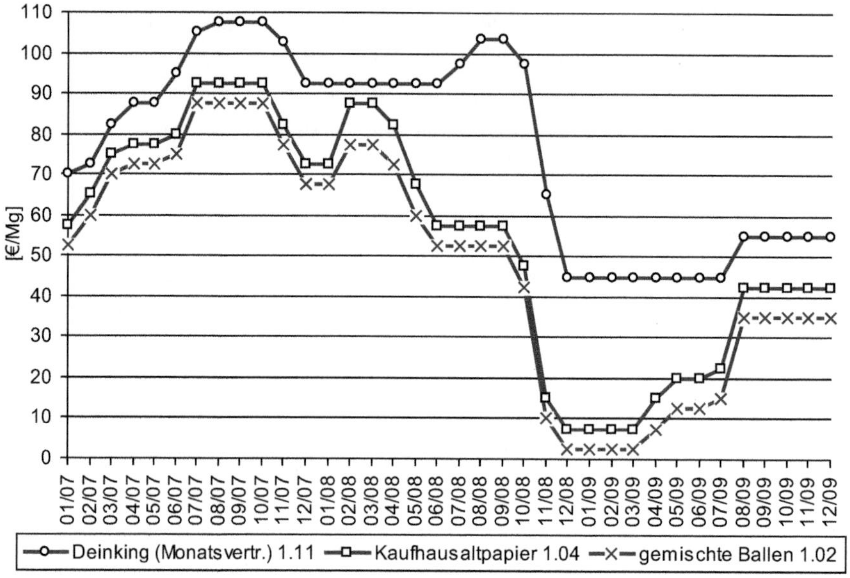

Abb. 8.18 Händlerpreise Altpapier für untere Sorten 2007–2009 [13]

Abb. 8.19 Sortierkostenniveau einer halbautomatischen LVP-Sortieranlage ohne Sortierrestentsorgung [15]

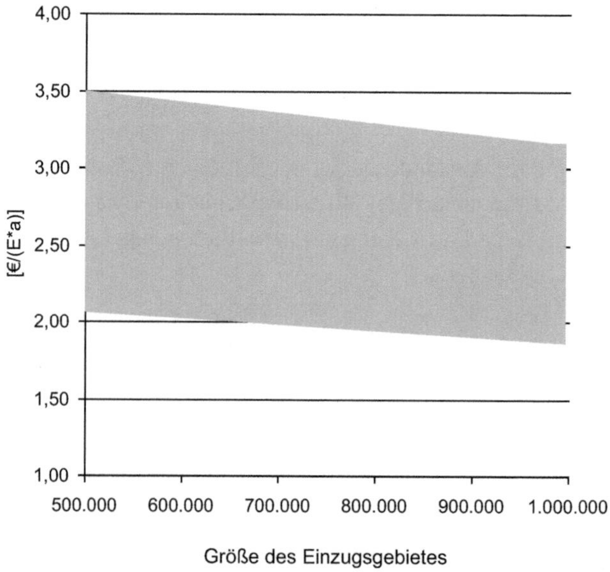

Die Kosten der Sortierung für Leichtverpackungen können in Abhängigkeit von der Anlagengröße wie folgt angegeben werden (Abb. 8.19).

Die Sortierung von Leichtverpackungen kann in folgenden Anlagenkonfigurationen erfolgen:

Tab. 8.12 Investitionen verschiedener Sortieranlagen von Leichtverpackungen (Preisbasis 2008, [17])

Anlagentyp	Spanne der Investitionen (€)
Grundkonfiguration[a]	50.000–150.000
Erweiterte Konfiguration	150.000–2.500.000
Fortgeschrittene Konfiguration	k. A.

[a] für eine durchschnittliche Prozesslinie

- Grundkonfiguration (Absieben der Feinfraktion, manuelle Sortierung der verschiedenen Materialien),
- Erweiterte Konfiguration (wie Grundkonfiguration, jedoch um weitere Schritte wie Sichtung und automatische Sortierung mit Hilfe verschiedener Sensoren und Detektoren erweitert, manuelle Nachsortierung) und
- Fortgeschrittene Konfiguration (Sortec-Technologie, trockenmechanische Aufbereitung, nassmechanische Aufbereitung und Kunststoffveredelung).

Entsprechend dem Anlagentyp variieren die einzelnen Kostenblöcke (Tab. 8.12).

Die durchschnittlichen Betriebskosten der verschiedenen Anlagenkonfigurationen zeigt Abb. 8.20 [17].

Die Wirtschaftlichkeit der Verfahren wird durch den Markt für den Anlagenoutput bestimmt. Einen großen Einfluss auf die Betriebskosten übt der Fehlwurfanteil in den Leichtverpackungen aus. In Summe liegen der Fehlwurfanteil und der nicht sortierbare Anteil (Feinfraktion) teilweise bei 50 %, so dass neben den Kosten der Sortierung auch die Kosten der Entsorgung für diese Fraktionen anfallen.

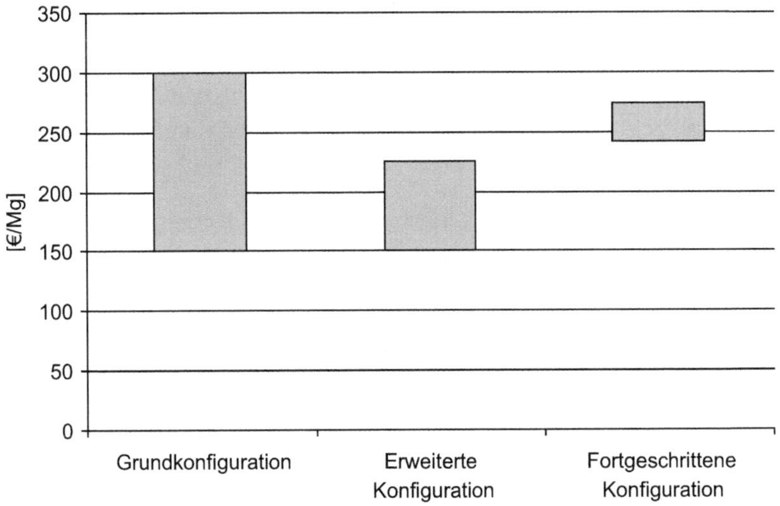

Abb. 8.20 Betriebskosten verschiedener Sortieranlagen für Leichtverpackungen [17]

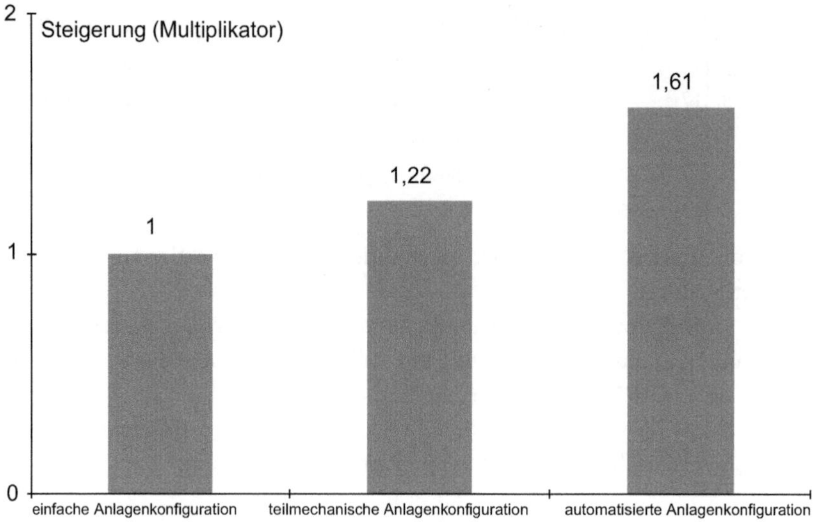

Abb. 8.21 Vergleich der Produktausbringung in einfachen und automatisierten Sortieranlagen für LVP [12]

Auch die nachfolgende beispielhafte Darstellung verdeutlicht die Kostenunterschiede zwischen einfachen und automatisierten LVP-Sortierverfahren. Wie Abb. 8.21 zeigt, wird durch das integrierte Verfahren ein deutlich höheres Ausbringen erreicht. Der Systemvergleich ist im Folgenden um eine Kostenbetrachtung ausgeweitet worden.

Abbildung 8.22 zeigt die Ergebnisse der Kostenbetrachtung, die erwartungsgemäß im Vergleich der spezifischen Betriebskosten zwischen den konventionellen Verfahren deutliche Vorteile auf Seiten der leistungsfähigeren, höher mechanisierten Variante ausweist. Trotz der deutlich höheren Investitionskosten und der Notwendigkeit, höher qualifiziertes Personal einzusetzen, erweist sich das integrierte Verfahren als das kostengünstigste, wobei sich der Abstand gegenüber den konventionellen Verfahren unter Berücksichtigung der gesamten Systemkosten noch vergrößert.

8.4.5 Sortierkosten für Sperrmüll

Sperrmüll wird auf verschiedenem Wege sortiert. Neben einer reinen Sperrabfallsortieranlage wird der Sperrabfall vor allem in Gewerbeabfallsortieranlagen oder mechanisch-biologischen Abfallbehandlungsanlagen sortiert. Viele MBA-Anlagen verfügen über eine sogenannte Sperrmülllinie bzw. bereiten den Sperrmüll in einer gesonderten Schicht unter Umfahrung bestimmter Anlagenteile auf. Weiterhin wird Sperrmüll in thermischen Abfallbehandlungsanlagen direkt eingesetzt. Die Kosten für die Sortierung/Behandlung sind entsprechend unterschiedlich.

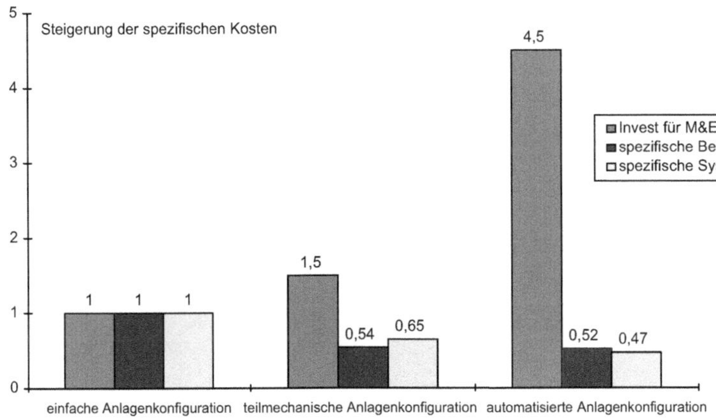

Abb. 8.22 Vergleich der spezifischen Kosten von einfachen und automatisierten Sortieranlagen für LVP [12]

Investitionskosten für eine Sperrmüllsortieranlage können mit 70–150 €/(Mg*a) angegeben werden. Die Gesamtkosten der Sortierung (inkl. Erlöse für Metalle und andere Wertstoffe und Kosten für die Entsorgung) liegen in einem mittleren Bereich zwischen 50–100 €/Mg.

Eine weitere Möglichkeit ist eine Trennung z. B. von Altholz vom restlichen Sperrabfall bei der Sammlung. Dies ist über eine sogenannte Tandemabfuhr möglich, d. h. der Sperrmüll wird mit zwei Fahrzeugen gesammelt. Das eine Fahrzeug erfasst getrennt das Altholz, das andere Fahrzeug den restlichen Sperrmüll. Die Kosten der Tandemabfuhr liegen etwa 10–30 % über den Kosten der herkömmlichen Sammlung. Wesentlich kostengünstiger ist die getrennte Erfassung des Sperrmülls auf dem Wertstoffhof. Bei ausreichendem Platz ist die Stellung mehrerer Container möglich.

8.4.6 Biologische Verfahren – Kompostierung und Vergärung

Bio- und Grünabfälle werden in Kompostierungsanlage unter aeroben Bedingungen zu Kompost oder in Vergärungsanlagen unter anaeroben Bedingungen zu Biogas und einem landwirtschaftlich verwertbaren Gärrest verwertet. In den letzten Jahren hat die Integration von Vergärungsstufen in Kompostieranlagen besondere Bedeutung gewonnen. Die Anlagenkonfigurationen bestimmen wesentlich die Investitionen und die Betriebskosten der Anlagen.

8.4.6.1 Kostenstruktur von Vergärungsanlagen

Bei der Vergärung sind die Unterschiede in den Anlagenkonfigurationen weitaus größer als bei der Kompostierung. Als Beispiele seien folgende Möglichkeiten genannt:

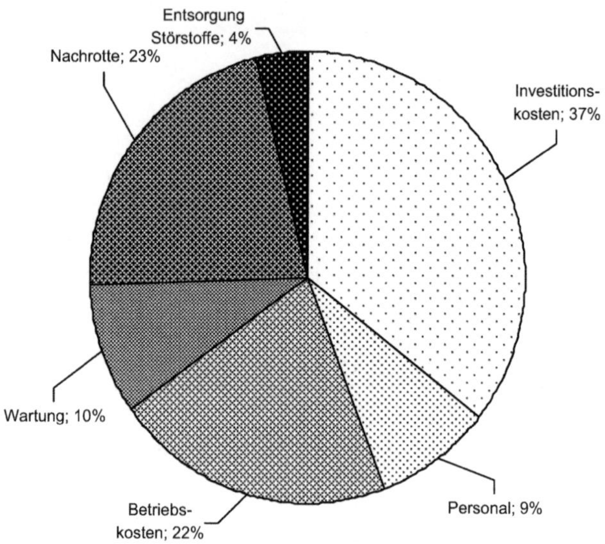

Abb. 8.23 Kostenstruktur einer Trockenvergärung mit anschließender Nachrotte des Gärrestes (Berechnungen anhand Angebote, Preisbasis 2009)

- Trocken- oder Nassvergärung,
- Ein- oder mehrstufige Verfahren,
- Mesophile oder thermophile Verfahren und
- Mono- oder Co-Vergärung.

An ausgewählten Beispielen sollen die Kosten bei der Bioabfallvergärung dargestellt werden. In den letzten Jahren hat sich, auch durch die gesonderte Förderung über das Erneuerbare-Energien-Gesetz (Technologiebonus für Trockenvergärung) das Verfahren der Trockenvergärung (Boxenvergärung) etabliert. Ein Vorteil des Verfahrens ist der geringere Investitionsbedarf, da keine aufwendigen Einbauten in den Reaktoren (Rührwerke) erforderlich sind. Das Abb. 8.23 zeigt die Kostenstruktur einer Trockenvergärungsanlage.

Abbildung 8.24 zeigt den spezifischen Anlagekapitalbedarf gegliedert nach Kostenbereichen für eine Vergärungsanlage. Im Gegensatz zum Kompostwerk erfordert der Bauteil nur etwa 20 % des Anlagekapitalbedarfs, etwa 70 % entfallen auf die maschinentechnische Ausrüstung. Abbildung 8.25 schlüsselt den Anlagekapitalbedarf des M + E-Teils der Vergärungsanlage weiter auf.

In Abhängigkeit der Anlagengröße variieren die Investitionen für die Vergärungsanlage (siehe Abb. 8.26) und die spezifischen Betriebskosten (siehe Abb. 8.27).

Mit steigender Anlagengröße sinken die spezifischen Investitionen pro Tonne Anlageninput und auch die spezifischen Betriebskosten. Die angegebenen Spannen resultieren unter anderem aus verschiedenen Verfahren, standortspezifischen Bedingungen oder auch aus unterschiedlicher Zusammensetzung des Anlageninputs.

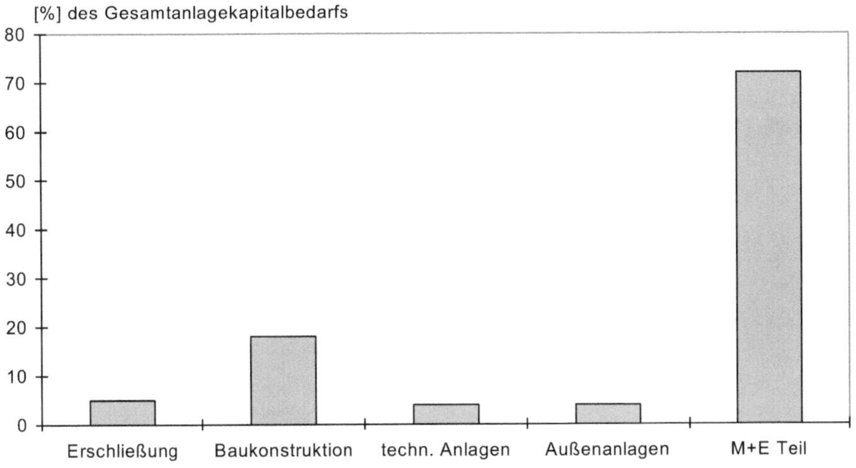

Abb. 8.24 Aufteilung des Anlagekapitalbedarfs auf Hauptpositionen für eine Vergärungsanlage [6]

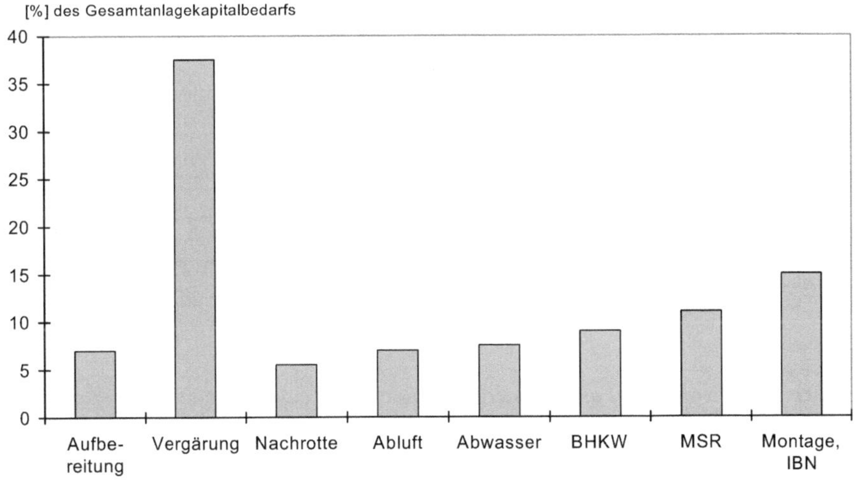

Abb. 8.25 Aufteilung des Anlagekapitalbedarfs der Verfahrenstechnik (= 100 %) auf Einzelpositionen [6]

Vergärung als Vorschaltanlage

Mit der Kombination Vergärung und anschließende Kompostierung können Ziele des Klimaschutzes (Biogaserzeugung und -nutzung) als auch der Ressourcenschonung (Herstellung hochwertiger Komposte) erreicht werden. Zudem kann mit dieser Kombination die Geruchsproblematik vermieden bzw. können höhere Anlagendurchsätze realisiert werden.

In Abhängigkeit der Verfahren zeigt Tab. 8.13 die spezifischen Investitionen und die spezifischen Betriebskosten.

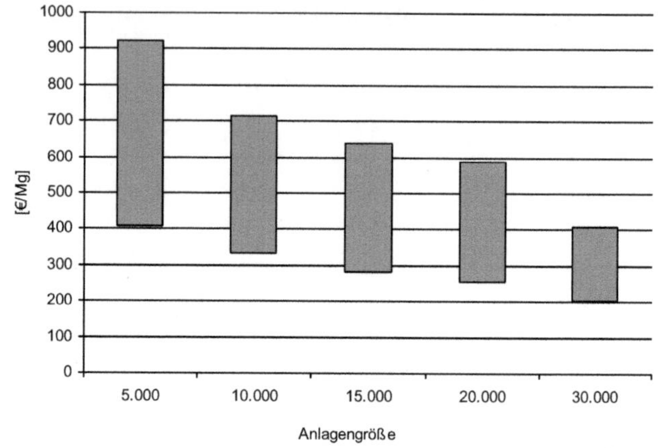

Abb. 8.26 Spezifische Investitionen von Bioabfallvergärungsanlagen in Abhängigkeit der Anlagengröße (Nach [7])

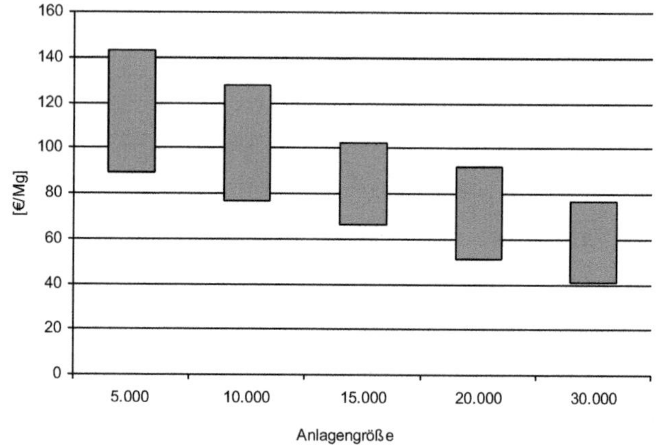

Abb. 8.27 Spezifische Betriebskosten von Bioabfallvergärungsanlagen in Abhängigkeit der Anlagengröße (Nach [7])

Je nach Verfahren gibt es unterschiedliche Biogasausbeuten. Die Erlöse, bezogen auf die Tonne Input, zeigt Tab. 8.14. Bei dieser Betrachtung wurde davon ausgegangen, dass 50 % der Überschusswärme genutzt wird. Die Nutzung der Überschusswärme hängt vom konkreten Standort ab. In der Regel werden Vergärungsanlagen meistens in Außenbereichen errichtet, so dass eine Wärmenutzung oft nur auf die Beheizung der Vergärungsreaktoren und ggfs. des Betriebsgebäudes beschränkt bleibt.

Tab. 8.13 Kostenvergleich von Vergärungsverfahren als Vorschaltanlage vor der Kompostierung [8]

Kennwerte	Boxenverfahren			Pfropfenstromverfahren			Nassvergärung		
	Min	Max	Mittel	Min	Max	Mittel	Min	Max	Mittel
Spezifische Investitionen (€/t)	160	310	230	250	470	340	260	480	350
Spezifische Betriebskosten (€/t)	15	30	23	18	38	28	20	40	30

Tab. 8.14 Erlöse von Vergärungsverfahren als Vorschaltanlage vor der Kompostierung [8]

Kennwert	Boxenverfahren			Pfropfenstromverfahren			Nassvergärung		
	Min	Max	Mittel	Min	Max	Mittel	Min	Max	Mittel
Spezifische Erlöse (€/t)	20	34	28	23	41	36	23	41	37

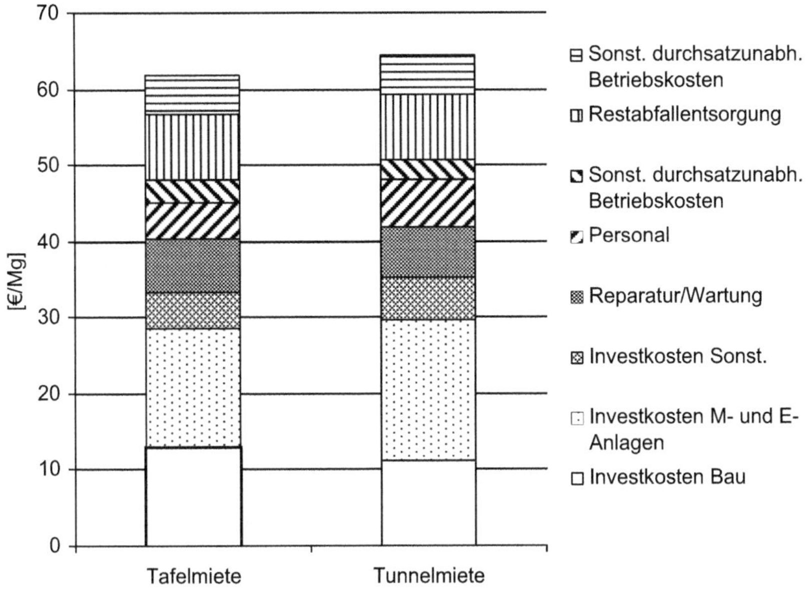

Abb. 8.28 Spezifische Kosten der Kompostierung bei einer Jahreskapazität von 40.000 Mg/a (Nach [11])

8.4.6.2 Kostenstruktur von Kompostierungsanlagen

Die Investitionen können in folgender Größenordnung angegeben werden [17]:

- Bauteil 70–100 €/(t*a)
- Maschinen 110–140 €/(t*a)

Hinzu kommen Kosten zur Grundstückserschließung.

Die spezifischen Behandlungskosten in Abhängigkeit vom Verfahren können wie in Abb. 8.28 dargestellt werden.

Die Spannbreite der Kosten der Kompostierung können im Bereich zwischen 30 und 110 €/Mg angegeben werden. Die Kosten für die Bioabfallkompostierung liegen tendenziell um 10–30 €/Mg über den Kosten der Grünabfallkompostierung. Nach Ablauf der Übergangsfrist der TA Luft für erweiterte Anforderungen an den Emissionsschutz für Kompost- und Vergärungsanlagen (z. B. Einhausung des emissionsrelevanter Anlagenteile) im Jahr 2007 ist damit zu rechnen, dass die Kosten im untersten Segment ansteigen werden.

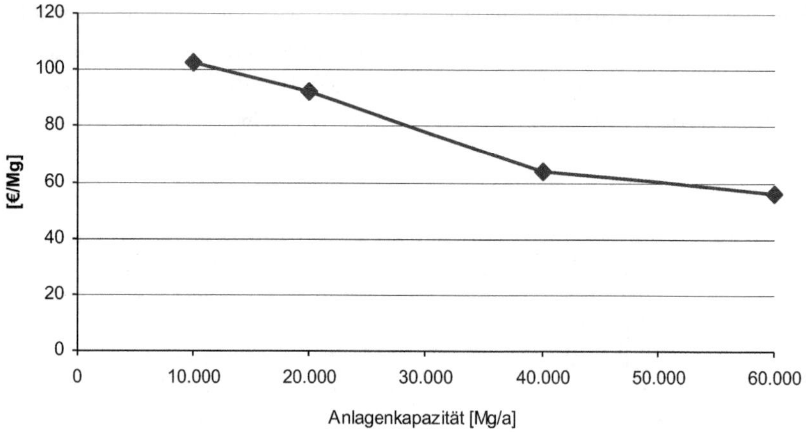

Abb. 8.29 Spezifische Kosten der Kompostierung bei in Abhängigkeit der Anlagenkapazität (Nach [11])

Die Anlagenkapazität der Kompostierung beeinflusst die spezifischen Anlagenkosten signifikant. Abbildung 8.29 verdeutlicht diesen Zusammenhang.

In den letzten Jahren ist ein leichter Anstieg bei den Erlösen für den Kompost festzustellen. In ausgewählten Regionen mit hohem Kompostbedarf und entsprechenden Kompostqualitäten sind Erlöse derzeit bis 10 €/Mg zu erzielen. Die Komposterlöse werden durch die zukünftige Entwicklung der Düngemittelpreise geprägt.

Abbildung 8.30 zeigt den spezifischen Anlagekapitalbedarf gegliedert nach sechs Hauptpositionen. Etwa 35 % des Gesamtkapitalbedarfs entfallen auf den Bauteil (Ver-

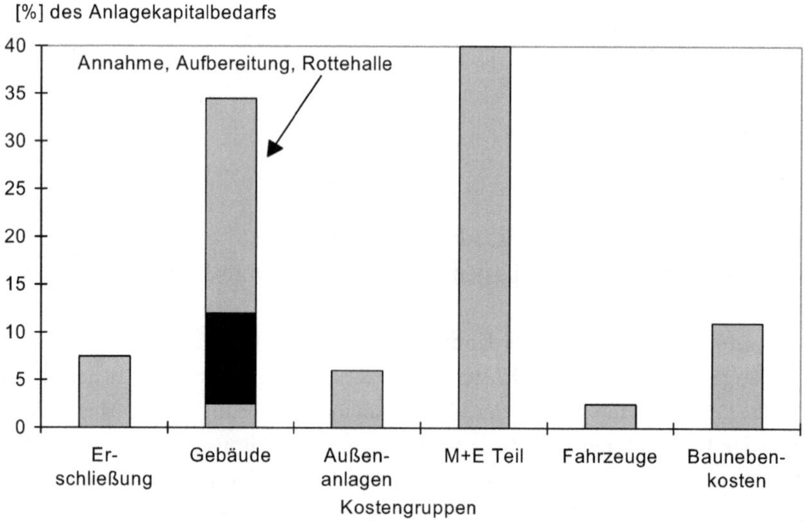

Abb. 8.30 Aufteilung des Anlagekapitalbedarfs auf Hauptpositionen für ein Kompostwerk [6]

waltung, Annahme, Aufbereitung, Rottehalle, überdachtes Lager), der M + E-Teil umfasst etwa 40 % des Anlagekapitalbedarfs. Allein die Bauwerksgründung (bewehrter, wasserundurchlässiger Beton B35) erfordert bereits einen spezifischen Kapitalbedarf in Höhe von 8 % des Gesamtkapitalbedarfs.

8.5 Kosten und finanzmathematische Grundlage der Nachsorge [18]

Unter Beachtung des deponiespezifischen Nachsorgezeitraumes erfolgt die konkrete Kostenrechnung differenziert nach:

- Anlagen der Bau-, Maschinen-, Elektro-, Mess-Steuer-Regeltechnik
- Betriebliche Maßnahmen (Reparatur, Wartung, Kontrollen etc.)

Dabei werden Maßnahmen für begrenzte Zeiträume, z. B. Maßnahmen zur Deponieentgasung bzw. praktisch unbegrenzte Zeiträume, z. B. Maßnahmen zur Sickerwasserentsorgung unterschieden. Die Kostenberechnung erfolgt für die Einzelgewerke und betriebliche Maßnahmen in den jeweiligen Anfalljahren. Die Rückstellungsberechnung zum Deponieende bzw. Ablagerungsende erfolgt auf der Grundlage des festzusetzenden Zinssatzes durch Umrechnung der Einzelkosten in „Kostenbarwerte" durch Diskontierung der Einzelkosten. Durch diese Methodik werden die Zinsgewinne im Nachsorgezeitraum bis zum jeweiligen Ausgabenzeitpunkt berücksichtigt. Weitere Zinsgewinne, die bei der Rückstellungsbewertung zu berücksichtigen sind, ergeben sich während des Deponiebetriebszeitraumes durch die kontinuierliche Zuführung der Rückstellungshöhe bis zum Nachsorgebeginn. Eindeutige diesbezügliche Regelwerte existieren bis zum heutigen Zeitpunkt nicht. Besondere Bedeutung kommt dem festzusetzenden Zinssatz bei der Rückstellungsberechnung zu. Dieser ist insbesondere bei den langen Betrachtungszeiträumen, wie sie für Nachsorgebetrachtungen üblich sind, kaum kalkulierbar, so dass man hier auf Werte zurückliegender Jahre zurückgreifen muss.

Grundsätzlich besteht die Möglichkeit der Berechnung mit:

- nominalem Zinssatz unter Berücksichtigung der Inflationsrate,
- realem Zinssatz bei Nichtberücksichtigung der Inflationsrate.

Der Ansatz des nominalen Zinssatzes bedeutet die Berücksichtigung von Preissteigerungen bei der Kostenberechnung. Einfacher ist hier der Ansatz des realen Zinssatzes. Unter der Voraussetzung, dass die Differenz des realen zum nominalen Zinssatz identisch ist mit der Inflationsrate, kann auf den Ansatz von Preissteigerungen bei der Kostenberechnung verzichtet werden.

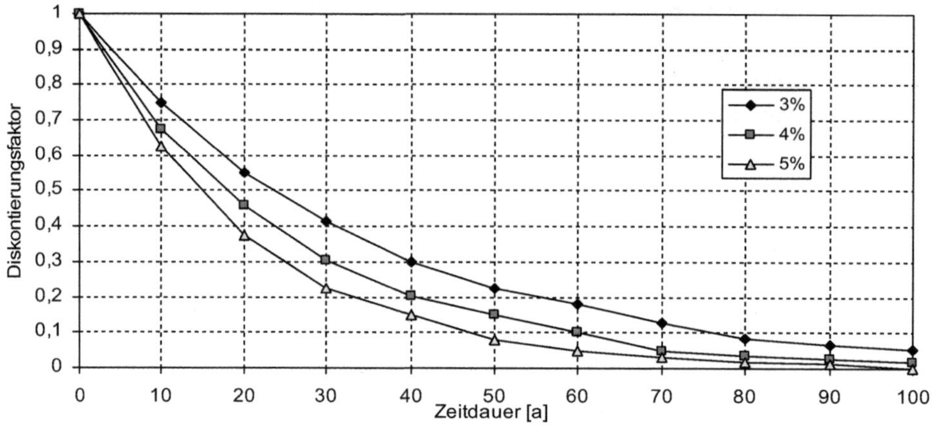

Abb. 8.31 Berechnung des Diskondierungsfaktors für reale Zinssätze von 3–5 % für einen Zeitraum bis 100 Jahren [18]

Nachfolgende Graphik zeigt den Verlauf des Diskontierungsfaktors für eine Spannbreite des realen Zinssatzes von 3–5 % über eine Zeitdauer von 100 Jahren.

Es wird deutlich, dass die Aufwendungen, die in einem großen zeitlichen Abstand nach der Stilllegung der Deponie bzw. des Ablagerungsabschnittes liegen, nur noch geringen Einfluss auf die Rückstellungshöhe aufweisen. Damit relativieren sich die Diskussionen bezüglich des technisch erforderlichen Nachsorgezeitraumes. Unter Berücksichtigung der erläuterten finanzmathematischen Berechnungsgrundlagen sind Aufwendungen, die 80 Jahre nach Betriebsende der Deponie bzw. des Ablagerungsabschnittes entstehen, für die Höhe der erforderlichen Rückstellungen vernachlässigbar (Abb. 8.31).

Die Rückstellungshöhe zum Deponieende bzw. zum Ende des jeweiligen Ablagerungsabschnittes errechnet sich aus den erforderlichen Aufwendungen für Investitionen und betrieblichen Maßnahmen im gesamten Nachsorgezeitraum. Nachfolgend werden die Rückstellungswerte als spezifische Kosten bezogen auf das gesamte Deponievolumen verschiedener Deponien dargestellt.

- Deponie A: ca. 17,00 DM/m^3
- Deponie B: ca. 15,00 DM/m^3
- Deponie C: ca. 22,00 DM/m^3

Deutlich höhere Kosten können sich durch Einbeziehung von Altbereichen, für die in der Praxis zur Erfüllung der Anforderungen des aktuellen Standes der Technik in der Vergangenheit des Öfteren zu geringe Rückstellungen gebildet wurden, ergeben.

Hier sind in Abhängigkeit der örtlichen Randbedingungen Werte von > 40 DM/m^3 erreichbar. In der Literatur werden spezifische Rückstellungen von 21 bis 46 DM/m^3 genannt.

Bei einer Investition von 20,0 Mio. DM für ein Oberflächenabdichtungssystem, die bei Aufbringen der Dichtung auf den Deponiekörper direkt nach Betriebsende unmittelbar in die erforderliche Rückstellungshöhe als Barwert einfließt, ergeben sich zusätzlich erforderliche Rücklagen für eine Reininvestition nach 50 Jahren in Höhe von ca. 4,2 Mio. DM (Grundlage: realer Zinssatz von 4 %). Dies entspricht zusätzlich ca. 20 % bezogen auf die Erstinvestition [18].

Literatur

1. Kaufhold, E.; Kaufmann, R.; Goedecke, H.: Kostenstrukturen bei der thermischen Abfallbehandlung, in Bilitewski, Urban, Faulstich (Hrsg): 10. Fachtagung Thermische Abfallbehandlung, Schriftenreihe des Instituts für Abfallwirtschaft und Altlasten Band 40 (2005), TU-Dresden, S. 219–235
2. Beckmann, R.: Einfluß abfallwirtschaftlicher und technischer Planungsgrößen auf die Anlagenkosten, in: Faulstich, Bilitewski, Urban (Hrsg.): Thermische Abfallbehandlung, Berichte aus Wassergüte- und Abfallwirtschaft der TU München Nr. 137 (1998), S. 466–480
3. Bilitewski, B.; Gewiese, A.; Härdtle, G.; Marek, K.: Vermeidung und Verwertung von Reststoffen in der Bauwirtschaft, Beiheft 30 zu Müll und Abfall, 3. Auflage (1995), S. 109–113
4. Stoll, M.; Ruhnau, B.: Kosten des Baustoff-Recyclings. Hiersche (Hrsg.): Baustoff-Recycling 94/95; S. 119–132, Stein-Verlag, Baden-Baden
5. Gallenkemper, B.; et. al.: Verstärkte Erschließung des Verwertungspotentials von Baustellenabfällen durch organisatorische und technische Maßnahmen, Forschungsbericht BMBF Förderkennzeichen 1450788-0, (Hrsg.: Umweltbundesamt 1997)
6. Oetjen-Dehne, R.; Ries, G.: Was kostest die biologische Abfallbehandlung? in Thomé-Kozmiensky, K.J. (Hrsg.): Biologische Abfallbehandlung, EF-Verlag Berlin (1995), S. 168–177
7. K. Fricke, H. Franke: Übertragbarkeit von Techniken der Abfallbehandlung – Neue Impulse für das Biogas 2000
8. Raussen, T.; Kern, M.; Lootsma, A.; Sprick, W.: Eckpunkte zur Integration einer Vergärung in Kompostierungsanlagen, in Bio- und Sekundärrohstoffverwertung IV, Witzenhausen-Institut, 2009
9. Kern, M., Sprick, W.: Neuere Ergebnisse des Verfahrensvergleichs von Anlagen zur aeroben Abfallbehandlung, in Wiemer, K.; Kern, M. (Hrsg.): Verwertung biologischer Abfälle, MIC Baeza-Verlag (1994), S. 37–62
10. Bilitewski, B.: Wer bezahlt bei der Altpapiererfassung was? in Beiträge zur Abfallwirtschaft, Band 6: 6 Jahre Verpackungsverordnung – eine Zwischenbilanz, Institut für Abfallwirtschaft und Altlasten 1997, S. 131–139
11. M. Auksutat: Kostenstrukturen der biologischen, mechanisch-biologischen und thermischen Abfallbehandlung, 1999
12. Bilitewski, B.; Stegmann (Hrsg.) Mechanisch-biologische Verfahren zur stoffspezifischen Abfallbehandlung, Beiheft zu Müll und Abfall 33, Erich Schmidt Verlag Berlin (1997), 131 Seiten
13. Europäischer Wirtschaftsdienst, 2007–2009
14. CEPI/B.I.R: Liste der europäischen Standardsorten und ihre Qualitäten, 2000
15. J. Christiani, M. Heyde: Sortierung von Verpackungsabfällen als integrierte Funktion einer mechanisch (-biologischen) Abfallbehandlung, 2003

16. F. Sabery: Modell zur Vorkalkulation von mechanisch-biologischen Restabfallbehandlungsanlagen zur Herstellung von Ersatzbrennstoffen, 2004
17. Umweltbundesamt: Bewährte Verfahren zur kommunalen Abfallbewirtschaftung, 2008
18. Gallenkemper, B.; Eitner, R.: Kosten der Deponienachsorge - Differenzierte Ansätze zur Rückstellungsberechnung in Stegmann/Rettenberger (Hrsg.): Entwicklungstendenzen in der Deponietechnik, Economica Verlag, Hamburger Berichte 12 (1998), S. 252–255

9 Integrierte Abfallwirtschaftskonzepte, zukünftige Entwicklungen

Wie in den vergangenen Kapiteln ausführlich geschildert wurde, liegt eine in Art und Umfang differenzierte Abfallproblematik vor, die somit einer ebenso differenzierten Problemlösung bedarf. Ein Abfallentsorgungssystem muss dieser Komplexität des Abfallproblems entsprechen, indem es verschiedene Einzelverfahren und Maßnahmen in ein sinnvolles Gesamtkonzept integriert.

Die Abfallgesetze der Bundesländer verpflichten die öffentlich-rechtlichen Entsorgungsträger mit der Erstellung von Abfallwirtschaftskonzepten. In der Regel ist ein Gültigkeitszeitraum von 5 Jahren vorgegeben. Darüber hinaus sind die Anforderungen an die Erstellung unterschiedlich. So ist beispielsweise in einigen Landesabfallgesetzen die Pflicht zur Beteiligung Betroffener bzw. direkt Berührter vorgegeben, andere Landesabfallgesetze geben beispielsweise vor, dass der Maßnahmeteil des Abfallwirtschaftskonzeptes durch eine Satzung verbindlich zu erklären ist.

Bei Abfallwirtschaftskonzepten ist eine strategische Umweltprüfung gemäß § 14 b Abs. 1 Nr. 2 des Gesetzes über die Umweltverträglichkeitsprüfung (UVPG) dann durchzuführen, wenn Abfallwirtschaftskonzepte einen Rahmen für die Entscheidung über die Zulässigkeit eines Vorhabens gemäß § 14 Abs. 3 UVPG setzen [1].

Dies ist insbesondere dann zutreffend, wenn ein Rahmen für die Entscheidung über die Zulässigkeit von Vorhaben gesetzt wird, welcher Festlegungen mit Bedeutung für spätere Zulassungsentscheidungen insbesondere

- zum Bedarf,
- zur Größe,
- zum Standort,
- zu Betriebsbedingungen von Vorhaben oder
- zur Inanspruchnahme von Ressourcen enthält.

Häufig sind entsorgungspflichtige Körperschaften in Abfallverbänden zusammengeschlossen. Werden die Aufgaben der Abfallsammlung von den Körperschaften selbst

B. Bilitewski, G. Härdtle, *Abfallwirtschaft*,
DOI 10.1007/978-3-540-79531-5_9, © Springer-Verlag Berlin Heidelberg 2013

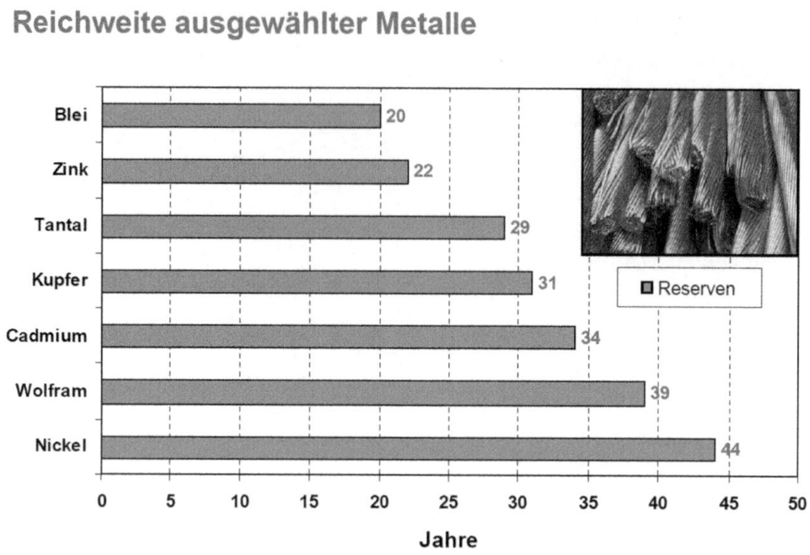

Abb. 9.1 Reichweite der natürlichen Vorkommen ausgewählter Metalle [2]

durchgeführt bzw. organisiert in Form der Beauftragung Dritter, so sind für eine effektive und wirtschaftliche Abfallbehandlung die Abfallmengen oft zu gering. Aus diesem Grund wurde die Aufgabe der Organisation der Abfallbehandlung Abfallverbänden übertragen. Die Abfallwirtschaftskonzepte der einzelnen Verbandsmitglieder sind mit den Abfallverbänden abzustimmen. Auf Basis der Abfallbilanzen und der Abfallwirtschaftskonzepte der einzelnen Kommunen erstellen die Länder ihre Abfallwirtschaftspläne.

In den Abfallwirtschaftskonzepten sind alle relevanten Abfallarten zu betrachten und die Maßnahmen untereinander abzustimmen.

Optimal ist ein integriertes Entsorgungskonzept, wenn es mit Maßnahmen der Abfallvermeidung beginnt, ökologisch und ökonomisch sinnvolle Elemente der Wertstoffsammlung und -verwertung umfasst, eine gezielte Aufbereitung und Sortierung der Abfälle einschließt und die verbleibenden, nicht verwertbaren Abfälle behandelt. Neben der Entsorgungssicherheit und der ordnungsgemäßen Abfallwirtschaft (z. B. Vermeidung von wilden Ablagerungen), steht letztendlich die Wirtschaftlichkeit und somit auch die Höhe der Abfallgebühren im besonderen Fokus. In den letzen Jahren standen der Ausbau der getrennten Wertstoffsammlung und die Konzeption zur Restabfallbehandlung (MVA oder MBA) im Mittelpunkt der Betrachtungen. Nach 2005 wird in den abfallwirtschaftlichen Konzeptionen verstärkt auf die Belange des Klimaschutzes und der Ressourcenschonung gesetzt. Die Problematik wird an der Endlichkeit der natürlichen Vorkommen deutlich [2] (Abb. 9.1).

Bereits im August 1999 hat das Bundesumweltministerium mit der Vorlage eines Eckpunktepapiers zur Zukunft der Siedlungsabfallentsorgung seine abfallpolitischen Ziele dargelegt und den langfristigen Kurs in der Abfallpolitik bis zum Jahr 2020 abgesteckt. Als strategisches Ziel ist formuliert, dass bis spätestens 2020 die Behandlungstechniken so weiterentwickelt und ausgebaut werden sollen, dass alle Siedlungsabfälle in Deutschland vollständig und umweltverträglich verwertet werden. Damit soll zugleich die oberirdische Deponierung beendet werden.

Voraussetzungen für die Zielerreichung 2020 sind mit der Beendigung der Ablagerung nicht behandelter Abfälle bereits geschaffen. Für die Erfüllung der Zielstellung 2020 reichen sie jedoch nicht aus. Der Stand der Technik ist unter Berücksichtigung der nationalen sowie der europäischen politischen und rechtlichen Vorgaben weiter zu entwickeln. Die oberirdische Deponierung ist aufzugeben. Zur Realisierung einer nahezu vollständigen Verwertung von Wertstoffen (auch über die Wertstofftonne), ist eine Effizienzsteigerung der Aufbereitungs- und Sortiertechnik, aber auch der thermischen Verwertung, erforderlich. Die Verfahren müssen den wirtschaftlichen Anforderungen genügen, so dass eine hochwertige Aufbereitung auch bezahlbar ist.

Die Hersteller sind zukünftig in noch stärkerem Maße in die Verantwortung zu nehmen. Positive Beispiele der Produktverantwortung gibt es bereits (z. B. Graphische Papiere). In welcher Form ökonomische Instrumente zur Förderung verschiedener Maßnahmen zur Abfallvermeidung und –verwertung zum Erreichen der Zielstellung erforderlich sind, ist zu prüfen.

Ein älteres Beispiel, welches von der Methodik an Aktualität jedoch nicht eingebüßt hat, ist das Konzept zum Umwelt- und Recyclingzentrum (URZ) in Berlin, welches neben einer Restabfallverbrennungsanlage mit Kraft-Wärme-Kopplung über eine Bioabfallkompostierungsanlage, eine Gewerbeabfall- und Baustellenmischabfallsortieranlage, eine Bauschuttaufbereitungsanlage, eine Anlage zur Autodemontage sowie zur Entsorgung von Kühlgeräten und weißer Ware, eine Anlage zur Vergärung von vegetabilen Abfällen, eine nasschemische Bodenreinigungsanlage, eine Anlage zur Verwertung von Speiseresten und zur Kunststoffaufbereitung, eine Shredderanlage sowie über eine Anlage zur Demontage von Elektronikgeräten verfügt (s. Abb. 9.2).

Ein integriertes Entsorgungssystem ist jedoch immer auf die speziellen Gegebenheiten des Planungsgebietes auszurichten, weshalb es kein allgemeines Patentrezept für ein solches System gibt. Es muss vielmehr für jedes Planungsgebiet ein eigenes, speziell angepasstes und damit optimales Entsorgungssystem erstellt werden, um den vielfältigen Anforderungen gerecht werden zu können.

Zur Erstellung eines Abfallwirtschaftskonzeptes sind verschiedene Planungsschritte erforderlich, die im Folgenden erläutert werden.

9.1 Ziel des Abfallwirtschaftskonzeptes

Zunächst muss eine Zielrichtung als Grundlage der Konzeptplanung bestimmt werden. Während sich die verschiedenen Konzepte in Einzelheiten unterscheiden, liegt allen Konzepten die bereits mehrfach zitierte Zielhierarchie zugrunde:

- Vermeidung,
- Vorbereitung zur Wiederverwendung,

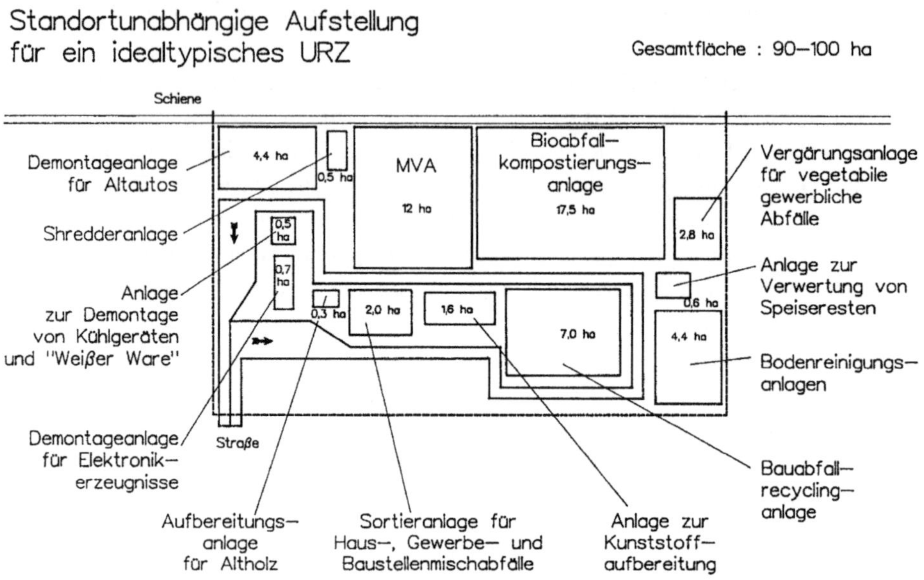

Abb. 9.2 Anlagenkonfiguration eines von INTECUS geplanten „idealtypischen" Umwelt- und Recyclingszentrums [6]

- Recycling,
- Sonstige Verwertung, z. B. energetische Verwertung,
- Beseitigung.

Die Zielvorgaben werden auf die kurz- und mittelfristige sowie auf die langfristige Planung bezogen.

Während die Zielhierarchie langfristigen Bestand hat (qualitative Vorgabe), sind die Verfahren zu ihrer Umsetzung sowie die Zielerreichungsgrade (quantitative Vorgabe) einem steten Wandel unterworfen. Das bedeutet für das Konzept, dass es stets *fortgeschrieben* werden muss und zwar sukzessive mit dem Erreichen der Zielvorgaben. Neben den allgemeinen Zielvorgaben können die spezifischen Vorgaben unterschiedlich sein. Als Beispiele sind die Umsetzung bestimmter rechtlicher Vorgaben (z. B. Pflicht zur Erfassung von Elektro- und Elektronikaltgeräten), Erhöhung von Erfassungsqualitäten (z. B. Fehlwurfquote Leichtverpackungen) oder vereinheitlichende Vorgaben bei Kreisgebietsreformen zu nennen (Abb. 9.3).

9.2 Bestandsaufnahme (Ist-Zustand)

Diese Phase beinhaltet die Zusammenstellung der Datengrundlage für die Planung. Die Datengrundlage umfasst neben dem allgemeinen rechtlichen Rahmen

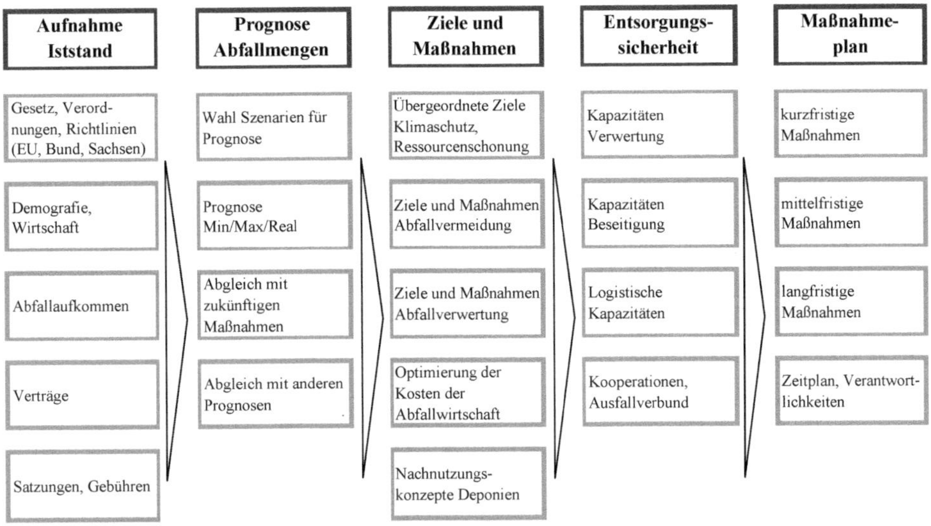

Abb. 9.3 Vorgehensweise und Arbeitsschritte für die Erstellung eines integrierten Abfallwirtschaftskonzeptes

- Abfallzusammensetzung, Abfallmengenströme und -entwicklung,
- Abfallsammlung und -sammeleinrichtungen,
- Abfallbehandlungsanlagen der Regionen,
- Entsorgungsverfahren für die verschiedenen anfallenden Abfälle,
- Vertragliche Rahmenbedingungen,
- gewerbliche Einflüsse,
- Kosten der einzelnen abfallwirtschaftlichen Maßnahmen,
- bisherige abfallwirtschaftliche Zielstellungen (z. B. Programme zur Öffentlichkeitsarbeit wie umweltpädagogische Angebote für Kindergärten und Schulen)
- Gebührenstruktur und -entwicklung.

Die Erfassung der Daten ist notwendig, um die Basis für die weiteren konzeptionellen Überlegungen zu gewinnen. Mit der Aufnahme des Iststandes ist es möglich, eine erste Schwachstellenanalyse durchzuführen und konkret die Schwerpunkte der Konzeption abzuleiten. Dies erfolgt z. B. durch die Verwendung von Kennzahlen. So können beispielsweise spezifische Abfallmengen von vergleichbaren Entsorgungsgebieten oder auch mengenspezifische Kosten für die Erfassung und Entsorgung einzelner Abfallarten verglichen werden (s. Abb. 9.4). In dem Beispiel wurden dem öffentlich-rechtlichen-Entsorgungsträger (örE) ausgewählte einwohnerspezifische Abfallmengen gegenübergestellt. Es wird deutlich, dass insbesondere beim Restabfall deutlich höhere Restabfallmengen anfallen. In diesem Fall würde sich ableiten, dass das bisherige System zur Restabfallerfassung und -behandlung mit Alternativszenarien zu vergleichen ist.

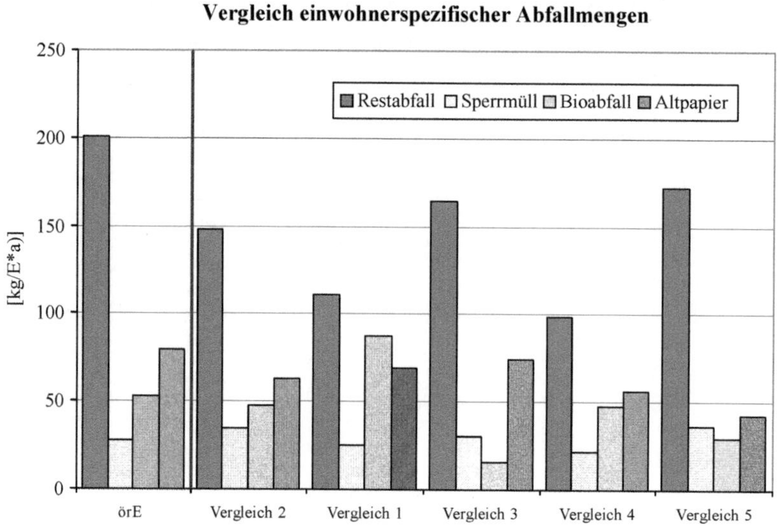

Abb. 9.4 Vergleich ausgewählter einwohnerspezifischer Abfallmengen

Neben den rein abfallwirtschaftlichen Aspekten sind auch die demografische Entwicklung und die Entwicklung des Gewerbes bei der Erstellung der Abfallmengenprognosen zu berücksichtigen.

Es ist im Rahmen der Iststandsanalyse aufzunehmen, welcher Spielraum im Abfallwirtschaftskonzept durch geschlossene Verträge besteht. Um Entsorgungssicherheit zu haben und wirtschaftliche Ergebnisse zu erzielen, werden Verträge zur Abfallsammlung meist über einen Zeitraum von 6–8 Jahren abgeschlossen, Verträge zur Restabfallbehandlung in der Regel länger. Bestehen Verträge und sind in den Verträgen auch Abfallmengen vereinbart, ist dies in der Konzeption zu berücksichtigen.

9.3 Abfallmengenprognose (Ist-Zustand)

Von besonderer Bedeutung für das Abfallwirtschaftskonzept ist die Abfallmengenprognose. Diese Prognose ist Basis für den Bau von Abfallbehandlungsanlagen oder für die Ausschreibung von Leistungen zur Abfallsammlung bzw. Abfallbehandlung. Hier lässt sich rückblickend feststellen, dass falsche Prognosen teilweise zu Überkapazitäten geführt haben und somit hohe Kosten und hohe Gebühren entstanden sind. Die Erstellung der Abfallmengenprognosen ist relativ komplex. Zum einen beeinflussen sich die Abfallmengen gegenseitig. Ist die Einführung oder Intensivierung der getrennten Bioabfallsammlung geplant, wird dies eine Reduzierung der Restabfallmengen nach sich ziehen. In die Prognose einzubeziehen ist die Menge an Bioabfall, welche bisher eigenkompostiert wurde

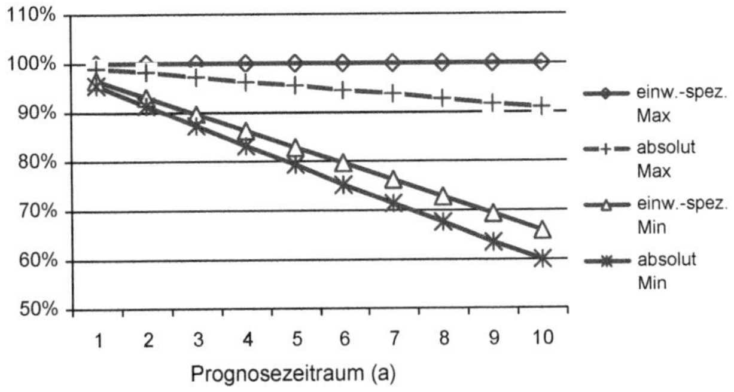

Abb. 9.5 Prozentuale Entwicklung von einwohnerspezifischen und absoluten Abfallmengen in Abhängigkeit verschiedener Szenarien

und demnach der Abfallwirtschaft nicht zur Verfügung stand. Neben diesen Wechselwirkungen der einzelnen Abfallarten kommt dem zukünftigen Gebührensystem eine zentrale Rolle zu. Am Beispiel von Sperrmüll soll die Problematik verdeutlicht werden:

Prinzipiell kann die Sperrmüllsammlung über die Straßensammlung oder über ein Kartenabholsystem organisiert werden. Beim Kartenabholsystem kann, um die Wirtschaftlichkeit der Maßnahme zu steuern, eine Gebühr mit Lenkungsfunktion erhoben werden (z. B. 20 € pro Abholung und Sperrmülleinheit). Je nachdem, welches der Modelle genutzt wird, fallen unterschiedliche Mengen an. Bei gebührenpflichtiger Sperrmüllabholung sind geringere Mengen zu erwarten als bei gebührenfreier Sammlung. Aber: Dies sind nicht die einzigen Faktoren. Wird dem Abfallerzeuger ein komfortables Erfassungssystem angeboten, fallen mehr Abfälle als bei einem weniger komfortablen System an. Ein komfortables System ist beispielsweise die Kombination von Kartenabholsystem ergänzt um ein flächendeckendes Angebot an Wertstoffhöfen, an welchen Sperrmüll ebenfalls abgegeben werden kann.

Die Methodik zur Prognoseerstellung ist auf die konkrete Aufgabenstellung abzustimmen. Ist beispielsweise der Prognosezeitraum kurz und keine Änderungen am abfallwirtschaftlichen System geplant, ist eine realistische Prognose ausreichend. Soll jedoch über einen längeren Zeitraum prognostiziert werden und sind Änderungen bei einer oder mehreren abfallwirtschaftlichen Leistungen geplant, empfiehlt sich die Anwendung eines Prognosekorridors. Seitens der statistischen Landesämter erfolgt die Bevölkerungsprognose in mehreren Szenarien. Die Ansätze für die Szenarien sind im konkreten Fall festzulegen.

Das folgende Beispiel soll dies verdeutlichen. Ausgehend vom Zeitpunkt der Prognose wird für die nächsten 10 Jahre die prozentuale Entwicklung der Abfallmenge dargestellt. Die Darstellung erfolgt zum einen einwohnerbezogen (Berechnung über kg/(E*a)) und zum anderen absolut (Mg/a). Diesem Beispiel ist in der Prognose ein Bevölkerungsrückgang hinterlegt, so dass der prozentuale Rückgang der absoluten Mengen größer ist als der prozentuale Rückgang bei den einwohnerspezifischen Mengen (Abb. 9.5).

Abb. 9.6 Vor- und Nachteile verschiedener Erfassungssysteme aus Sicht der örE

9.4 Ziele und Maßnahmen (Ist-Zustand)

Ausgehend von den eingangs formulierten Zielen und den Erkenntnissen aus der Schwachstellenanalyse bei der Iststandsaufnahme sind die Maßnahmen für die einzelnen abfallwirtschaftlichen Leistungen zu formulieren. Diese lassen sich in Maßnahmen der Abfallvermeidung, -verwertung und -behandlung gliedern. Bei der Herausarbeitung der Maßnahmen sind dem Iststand mögliche Alternativszenarien gegenüberzustellen. Bei dem Vergleich sind neben den wirtschaftlichen und ökologischen Aspekten auch weitere nichtmonetäre Aspekte wie Akzeptanz bei der Bevölkerung zu nennen. Am Beispiel der Gebührenveranlagung für den Restabfall sind beispielhaft die Vor- und Nachteile verschiedener Systeme dargestellt (Abb. 9.6) [3].

Die Betrachtung der Ziele und Maßnahmen ist in den zu betrachtenden Gebieten verschieden. Als Beispiele seien genannt:

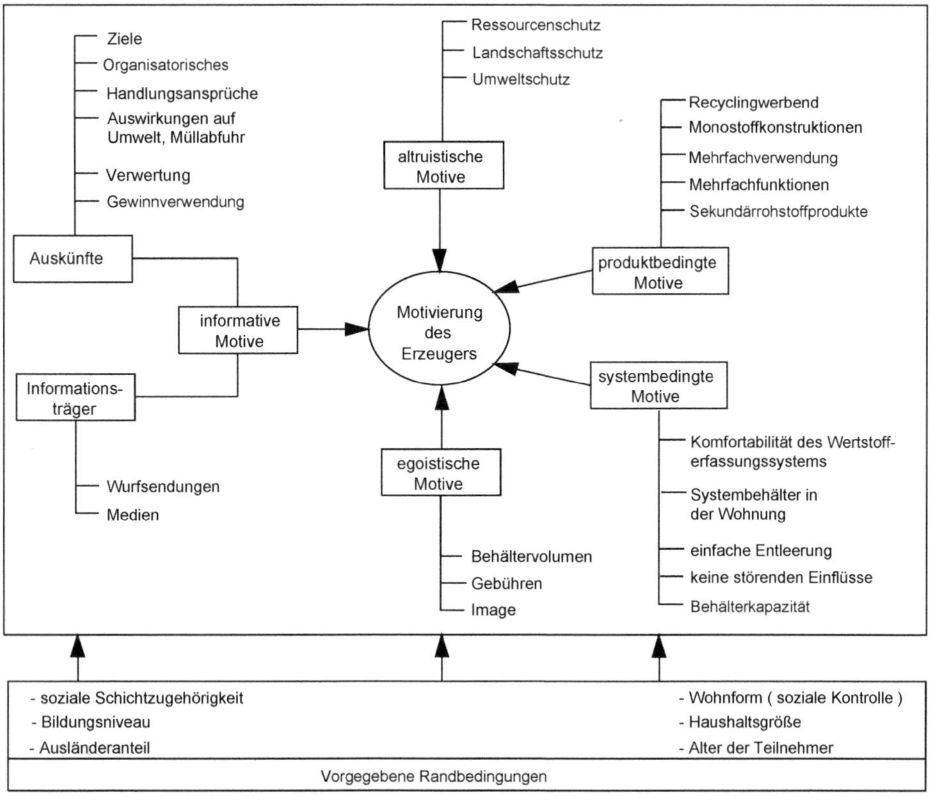

Abb. 9.7 Motive und Einflussfaktoren bei der Teilnahme an der getrennten Sammlung [7]

- Restabfallveranlagung (Müllmarke, Ident- oder Identwägesystem, pauschales System),
- Einführung abfallwirtschaftlicher Systeme (Biotonne),
- Veränderungen abfallwirtschaftlicher Systeme,
- Wertstoffhofkonzept,
- Deponienachsorge und -nutzung,
- Konzepte zur Behandlung verschiedener Abfallarten,
- Organisation der Abfallwirtschaft (Beauftragung Dritter oder kommunale Eigenleistung).

Von besonderer Bedeutung ist die Umsetzbarkeit der Maßnahmen beim Abfallerzeuger. Abbildung 9.7 zeigt die Wirkprinzipien bei der Teilnahme der Abfallerzeuger an einer getrennten Abfallerfassung.

Die einzelnen Maßnahmen sind in einem Maßnahmeplan zusammenfassend darzustellen. Neben den einzelnen Maßnahmen sind der Zeitpunkt der Umsetzung und die Verantwortlichkeit für diese Maßnahme zu benennen.

Wichtig für eine erfolgreiche Erarbeitung eines Abfallwirtschaftskonzeptes ist die Einbeziehung wesentlicher Entscheidungsträger von Beginn an. Entscheidungsträger können politische Vertreter, Vertreter der Entsorgungswirtschaft, betroffene und interessierte Vereine, Verbände und Institutionen sowie weitere Interessierte sein. Die rechtzeitige Einbindung dieser Vertreter gewährleistet eine hohe Akzeptanz bei der Verabschiedung des Abfallwirtschaftskonzeptes.

9.5 Entsorgungssicherheit

Unter Berücksichtigung aller abfallwirtschaftlichen Maßnahmen ist sicherzustellen, dass für den Gültigkeitszeitraum des Abfallwirtschaftskonzeptes ausreichend Kapazitäten für Sammlung, Sortierung, Verwertung und Beseitigung zur Verfügung stehen. Sollte dies nicht der Fall sein, sind entsprechende Maßnahmen zu formulieren. Es ist zu berücksichtigen, dass viele Maßnahmen eine relativ lange Vorlaufzeit benötigen. Dies gilt sowohl für die Errichtung von Abfallbehandlungsanlagen als auch für die Durchführung einer europaweiten Ausschreibung zur Vergabe von Leistungen. Hier sind insbesondere die Vorgaben und Fristen des Vergaberechtes zu beachten.

9.6 Betriebliche Abfallwirtschaftskonzepte und abfallwirtschaftliche Branchenkonzepte

Analog der beschrieben Methodik für kommunale Abfallwirtschaftskonzepte können auch betriebliche Abfallwirtschafskonzepte als auch sogenannte abfallwirtschaftliche Branchenkonzepte erarbeitet werden. Die Zielstellung und somit auch der Inhalt hängen von der konkreten Situation des Betriebes bzw. der Branche ab. In der Vergangenheit wurde mit Unterstützung einzelner Bundesländer sowie Branchenverbänden eine Vielzahl von abfallwirtschaftlichen Branchenkonzepten und abfallwirtschaftlichen Leitfäden erstellt. Die Zielsetzung der Branchenkonzepte ergibt sich aus der Analyse der abfallwirtschaftlichen Situation in den einzelnen Betrieben bei gesamtheitlicher Betrachtung:

1. Die wesentlichen abfallwirtschaftlichen Probleme der einzelnen Branchen werden hervorgehoben und quantifiziert (weitere umweltrelevante Faktoren wie Emissionen, Energieverbrauch usw. finden auch Berücksichtigung).
2. Durch entsprechende Untersuchungen wird eine Datengrundlage geschaffen, um sinnvolle Lösungen zu entwickeln.
3. Organisatorische Lösungen werden für einzelne Branchen und Regionen entwickelt.

Im Folgenden soll am Beispiel der Branchenkonzepte der vom Freistaat Sachsen initiierten und geförderten Industrieabfall-Koordinierungsstelle Sachsen die Methodik dargestellt werden. Bei den Branchen waren in einem ersten Schritt die Anfallstellen und das Abfalaufkommen zu identifizieren. Im Gegensatz zu kommunalen Abfallwirtschaftskonzepten

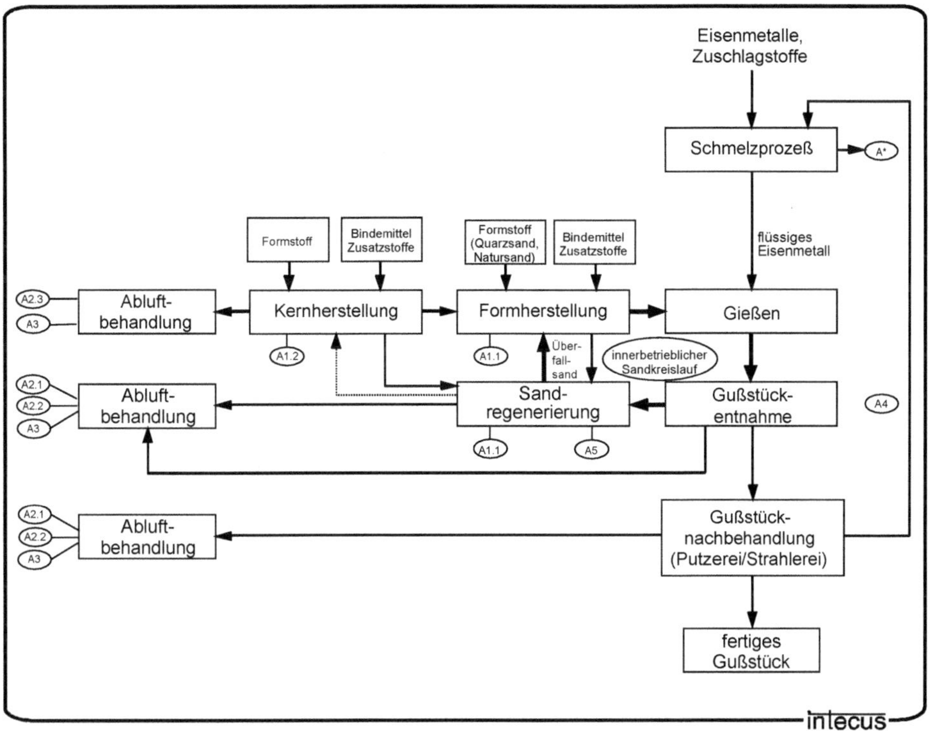

A1.1 = Gießereialtsand
A1.2 = Kernsande
A2.1 = Stäube aus Trockenentstaubungen
A2.2 = Schlämme aus Naßentstaubungen
A2.3 = saure Waschkonzentrate
A3 = Abwasser
A4 = metallischer Kreislauf
A5 = sonstige Reststoffe, z.B. Folienreste
A* = Kupolöfenstäube, Schlacken, u.a. Reststoffe des Schmelzbetriebes

Abb. 9.8 Gießereiprozess und Abfallentstehung in Eisengießereien [4]

unterscheiden sich die einzelnen Branchen untereinander sehr stark. Dies wird am Beispiel der Ernährungsindustrie deutlich, in welcher Brauereien, Bäckereien, Molkereien, fleischverarbeitende Betriebe usw. zusammengefasst sind. Am Beispiel der Gießereien wird die Methodik zur Erfassung der Abfälle gezeigt (Abb. 9.8).

Bei der Iststandsanalyse werden, wie bei den kommunalen Abfallwirtschaftskonzepten auch, spezifische Kennzahlen erhoben, um ein Maß für die Bewertung und Ansätze für die Ableitung von Maßnahmen zu erhalten (Tab. 9.1).

Eine andere Form der Kennzahlengewinnung zeigt die Mengen-Kosten-Analyse am Beispiel der Kfz-Betriebe. Es zeigt sich, dass die Abfälle der Gruppe A, welche den gefährlichen Abfällen zuzuordnen sind, bei einem Mengenanteil von ca. 10 % über 75 % der Entsorgungskosten ausmachen. Wenn Maßnahmen zur Kostensenkung diskutiert werden, ist der Fokus der Betrachtung auf diese Abfallgruppe zu richten. Soll im Gegensatz dazu die Abfallmenge reduziert werden, sind Maßnahmen zur Abfallvermeidung insbesondere bei den ungefährlichen Abfällen der Gruppe C umzusetzen (Abb. 9.9).

Tab. 9.1 Spezifische abfallwirtschaftliche Kennzahlen [5]

Krankenhaus-größenklasse (Betten)	Spezifische Abfallmenge (kg/Bett*d)	Spezifische Entsorgungskosten (€/Bett*d)	Entsorgungskosten-/ Abfallmenge (€/Mg)	Abfälle zur Verwertung/ Gesamtabfallmenge (%)
< 300	1,99–4,38	0,47–0,80	112,5–260,8	31,8–38,1
300–600	2,25–4,15	0,28–0,47	71,6–122,7	23,3–63,4
> 600	2,80–6,84	0,40–2,12	132,9–306,8	33,9–53,0

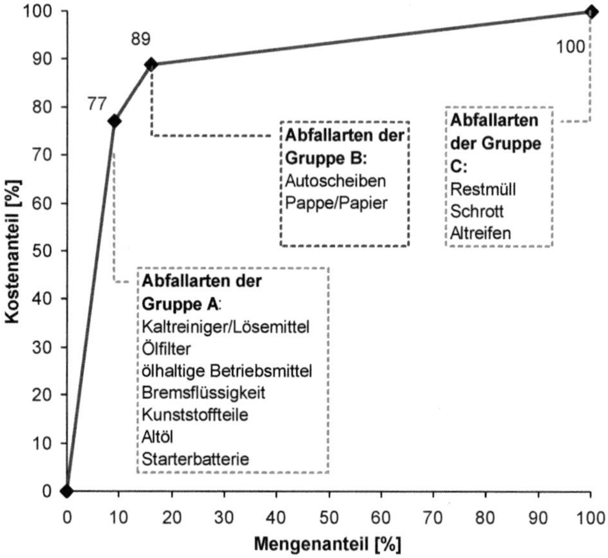

Abb. 9.9 Mengen- und Kostenanalyse [8]

Am Beispiel der Baubranche sollen Beispiele aufgezeigt werden, welche Maßnahmen der Abfallvermeidung im Einzelnen in Frage kommen. Tabelle 9.2 zeigt Beispiele für Abfallvermeidungsmaßnahmen in der Phase der Bauplanung.

Die Maßnahmen während der Phase der Bauausführung sind unterteilt nach der Reduzierung von Abfällen auf der Baustelle, dem Verhindern von Abfallgemischen und der Vermeidung von Verpackungsabfällen (Abb. 9.10).

9.7 Organisatorische, finanzielle und rechtliche Maßnahmen

Öffentlichkeitsarbeit Für die erfolgreiche Umsetzung des Abfallentsorgungskonzeptes kommt einer intensiven Öffentlichkeitsarbeit eine große Bedeutung zu. Daher werden in diesem Planungsabschnitt zunächst gängige Mittel der Öffentlichkeitsarbeit aufgezeigt. Es wird dargelegt, welche Erfahrungen mit einzelnen Maßnahmen vorliegen, welche dieser Maßnahmen im Planungsgebiet bereits durchgeführt werden und welche Maßnahmen konkret umgesetzt werden sollen.

Tab. 9.2 Abfallvermeidungsmaßnahmen im Baugewerbe bei der Bauplanung [9]

Konstruktive Maßnahmen	Bauausführung	Lange Nutzungsdauer	Recyclinggerechte Montage	Schulung
• Konstruktive Maßnahmen • Raum-Flächen-Verhältnis beachten bzw. Standardmaße verwenden • Schalungsfreie Konstruktionen wählen • Einsatz von Fertigteilen, wenn möglich Recyclingbauteilen • Baustoffe mit abfallarmer Herstellung und Verarbeitung einsetzen • Baustoffe mit bekannten Inhaltsstoffen verwenden • Umnutzungsfähige Gebäude konstruieren • Wartungs-, austausch- und reparaturfähig konstruieren • Materialbestandspläne anlegen	• Örtliche Entsorgungs- und Recyclingmöglichkeiten prüfen • Menge und Art der Reststoffe abschätzen, eventuell beproben • Sammelplätze für Reststoffe einrichten und separat kennzeichnen • Verzicht auf Verpackungsmaterial, lose Baustoffanlieferung bevorzugen, Mehrwegesysteme nutzen • Mit Lieferanten Rücknahmevereinbarungen treffen • Überwachung des Baugeschehens auf umweltrelevante Probleme • Optimierung des Entsorgungshofes, d. h. sortenreines Sammeln der Baureststoffe	• Geringe Materialvielfalt, hohe Schadenssicherheit • Konstruktive Trennung der Bauteile nach Lebensdauer • Nutzungsänderungen einplanen • Zerstörungsfreie Zugänglichkeit der reparatur- und wartungsinternen Bauteile	• Rückbaustufen einplanen • Produktrecycling vor Materialrecycling bevorzugen • Kontaminationen vermeiden	• Einbeziehung von Grundsätzen des ökologischen Bauens bereits in der Ausbildung • Schulung der Beschäftigten, um den Zweck des Umweltschutzes näher zu erklären

Abfallvermeidung bei der Bauausführung

Reduzierung der Bauabfälle auf der Baustelle

- ↗ Örtliche Entsorgungs- und Recyclingmöglichkeiten prüfen
- ↗ Mengen und Arten von Reststoffen identifizieren
- ↗ Reststoffbehälter am Entstehungsort aufstellen
- ↗ Sammelplätze für Reststoffe kennzeichnen und gegen Fremdnutzung sichern
- ↗ Baustoffe und Bauteile vor Transportschäden schützen
- ↗ Montageschäden vermeiden

Verhinderung von Abfallvermischungen

- ↗ Reststoffbehälter differenzieren, durch Farbe und Symbole kennzeichnen
- ↗ Organisationseinweisung für Wertstofftrennung durchführen
- ↗ Abfallbeauftragte einsetzen bzw. Kontrolle durch Bauleitung sichern

Verpackungsabfälle vermeiden

- ↗ Nutzung von Mehrwegsystemen
- ↗ Vermeidung von überflüssigen Verpackungen
- ↗ Rücknahmevereinbarungen mit Lieferanten
- ↗ Materialvielfalt der Packstoffe reduzieren

Abb. 9.10 Abfallvermeidungsmaßnahmen im Baugewerbe bei der Bauausführung [9]

Personalausstattung Die Erfordernisse an die Personalstruktur ergeben sich aus den einzelnen Punkten der abfallwirtschaftlichen Konzeption sowie aus ausgewählten Maßnahmen im Hinblick auf die Öffentlichkeitsarbeit. Es wird festgelegt, wie viel Personal im Einzelnen in den Bereichen

- Abfallberatung in Haushalten, Gewerbe, Handel, Dienstleistung,
- Abfallberatungs- und -verwertungszentren,
- Verwaltung,
- Anlagenplanung und -betrieb

eingesetzt werden sollen.